2026 최신개정

名品

필기 과년도, CBT 모의고사

건설재료시험기사

김현우 저

과년도 필기

BEST 명품강의 보러가기
www.kisa.co.kr

실시간 카톡문의
@kisa
1544-8509

PREFACE

건설재료시험기사 자격증 취득을 준비하시는 분들에게

이 책은 건설업에 근무하는 저자의 실무이론 및 25년간 현장에서 배우며 깨달은 건설 실무 경험을 바탕으로 이제 막 건설에 입문하는 대학생과 현장 실무에 종사하시는 분들에게 건설재료시험기사 자격증 취득을 위하여 편집된 과년도 기출문제 도서입니다.

저자는 건설현장에서의 다양한 공종별 현장실무 경험을 바탕으로 토목관련 시방서 및 관련서적 등을 참조하여 본서 집필에 최선을 다하고자 하였습니다. 하지만 독자(수험자)의 입장에서 보기에 따라 본서 내용에 많은 부족한 점이 있을거라 생각됩니다.

부족한 부분은 추후 지속적으로 수정 보완 하도록 하겠습니다. 본서가 건설재료시험기사 자격 시험을 준비하시는 토목기술인 여러분께 도움이 되리라 확신합니다.

끝으로 이 책의 출판 기회를 마련해 주신 (주)올배움 이정훈대표님과 임직원 여러분, 그리고 이 책이 나올 수 있도록 최선을 다해 밤 늦게 책 원고 정리 및 교정 등에 많은 도움을 주신 올배움 출판사관계자 분들에게 다시 한번 감사의 말씀을 드리며 그리고 가족에게도 진심으로 고마움을 표하고자 합니다.

저 자 **김현우**

건설재료시험기사 필기

INFORMATION

01 개요

부실공사에 의한 막대한 인명 및 재산피해를 미연에 방지하기 위해서 건설현장의 기초 공사에 필요한 토질검사를 실시하고, 배합설계도의 강도와 일치하는 건설재료를 사용 하고 있는가를 검사하여 건물이나 시설의 안전을 확보할 수 있는 전문인력의 양성이 요구되어 자격 제도 제정.

02 시행기관 및 원서접수

한국산업인력공단(www.q-net.or.kr)

03 수행직무

공사현장의 흙을 채취하여 여러가지 항목에 걸쳐 검사를 실시한 후 토질이 예정된 공사에 적합한가, 혹은 적절하지 못하다면 어떤 방법으로 이 문제를 해결할 것인가를 조사하며, 교량, 항만, 도로, 건물 등 건설공사에 사용되는 자갈, 모래, 아스팔트, 콘크리트 등의 품질을 배합설계도대로 강도에 일치하게 하기 위하여 혼합비율을 결정하고 공시체를 제작하여 강도시험을 하고 견본 자재를 검사하는 업무수행.

04 시험과목 및 검정방법

구분	시험과목	검정방법
필기시험	① 콘크리트공학 ② 건설시공 및 관리 ③ 건설재료 및 시험 ④ 토질 및 기초	객관식 4지 택일형, 과목당 20문항(과목당 30분)
실기시험	토질 및 건설재료 시험	복합형[필답형(2시간)+작업형(3시간 정도)]

05 합격기준

① 필기 : 100점을 만점으로 하여 과목당 40점 이상, 전 과목 평균 60점 이상
② 실기 : 100점을 만점으로 하여 60점 이상

INFORMATION

06 응시절차

1	필기원서접수	• Q-net를 통한 인터넷 원서접수 • 필기접수 기간 내 수험원서 인터넷 제출 • 사진(6개월 이내에 촬영한 3.5×4.5cm 칼라사진, 수수료 전자결제 • 수험표 본인 선택(선착순)
2	필기시험	수험표, 신분증, 필기구(흑색 싸인펜 등), 공학용계산기 지참
3	합격자 발표	• Q-net를 통한 합격확인(마이페이지 등) • 응시자격(기술사, 기능장, 산업기사, 서비스 분야 일부종목) • 제한종목은 합격예정자 발표일부터 8일 이내에(토, 공휴일 제외) • 응시자격서류를 제출하여 합격처리된 사람에 한하여 실기접수가 가능
4	실기원서 접수	• 실기접수기간 내 수험원서 인터넷(www.Q-net.or.kr)제출 • 사진(6개월 이내에 촬영한 반명함판 사진파일(JPG), 수수료(정액) • 시험일시, 장소, 본인 선택(선착순) 단, 기술사 면접시험은 시행 10일 전 공고
5	실기시험	수험표, 신분증, 필기구, 공학용 계산기, 수험자 지참준비물(작업형 시험한정) 지참
6	최종합격자 발표	Q-net를 통한 합격확인(마이페이지 등)
7	자격증 발급	• (인터넷) 인터넷 신청 후 우편 배송 • (방문수령) 여권규격사진 및 신분확인 서류

모두 바르게 빨리 **올배움** 한다.

이러닝교육기관 올배움이 특별한 이유!

01 SINCE 1997 국가기술자격증 이러닝교육기관 올배움

02 고객이 신뢰하는 브랜드대상 수상기관

03 합격생이 인정하는 최고의 명품강의

 www.kisa.co.kr   📞 1544-8509   TALK 카톡 ID : kisa

[전국 한국산업인력공단 안내]

기관명	주소	연락처
서울지역본부	(02512)서울 동대문구 장안벚꽃로 279(휘경동 49-35)	02-2137-0590
서울서부지사	(03302)서울 은평구 진관3로 36(진관동 산100-23)	02-2024-1700
서울남부지사	(07225)서울시 영등포구 버드나루로 110(당산동)	02-876-8322
서울강남지사	(06193)서울시 강남구 테헤란로 412 알레르망타워 15층(대치동)	02-2161-9100
인천지사	(21634)인천시 남동구 남동서로 209(고잔동)	032-820-8600
경인지역본부	(16626)경기도 수원시 권선구 호매실로 46-68(탑동)	031-249-1201
경기동부지사	(13313)경기 성남시 수정구 성남대로 1214 광우빌딩(1~7층)	031-750-6200
경기서부지사	(14488) 경기도 부천시 길주로 463번길 69(춘의동)	032-719-0800
경기남부지사	(17561)경기 안성시 공도읍 공도로 51-23	031-615-9000
경기북부지사	(11801)경기도 의정부시 바대논길 21 해인프라자 3~5층(고산동)	031-850-9100
강원지사	(24408)강원특별자치도 춘천시 동내면 원창 고개길 135(학곡리)	033-248-8500
강원동부지사	(25440)강원특별자치도 강릉시 사천면 방동길 60(방동리)	033-650-5700
부산지역본부	(46519)부산시 북구 금곡대로 441번길 26(금곡동)	051-330-1910
부산남부지사	(48518)부산시 남구 신선로 454-18(용당동)	051-620-1910
경남지사	(51519)경남 창원시 성산구 두대로 239(중앙동)	055-212-7200
경남서부지사	(52733)경남 진주시 남강로 1689(초전동 260)	055-791-0700
울산지사	(44538)울산광역시 중구 종가로 347(교동)	052-220-3277
대구지역본부	(42704)대구시 달서구 성서공단로 213(갈산동)	053-580-2300
경북지사	(36616)경북 안동시 서후면 학가산 온천길 42(명리)	054-840-3000
경북동부지사	(37580)경북 포항시 북구 법원로 140번길 9(장성동)	054-230-3200
경북서부지사	(39371)경상북도 구미시 산호대로 253(구미첨단의료 기술타워 2층)	054-713-3000
광주지역본부	(61008)광주광역시 북구 첨단벤처로 82(대촌동)	062-970-1700
전북지사	(54852)전북특별자치도 전주시 덕진구 유상로 69(팔복동)	063-210-9200
전북서부지사	(54098)전북특별자치도 군산시 공단대로 197번지 풍산빌딩 2층(수송동)	063-731-5500
전남지사	(57948)전남 순천시 순광로 35-2(조례동)	061-720-8500
전남서부지사	(58604)전남 목포시 영산로 820(대양동)	061-288-3300
대전지역본부	(35000)대전광역시 중구 서문로 25번길 1(문화동)	042-580-9100
충북지사	(28456)충북 청주시 흥덕구 1순환로 394번길 81(신봉동)	043-279-9000
충북북부지사	(27480)충북 충주시 호암수청2로 14 (호암동) 충주농협 호암행복지점 3~4층	043-722-4300
충남지사	(31081)충남 천안시 서북구 상고1길 27(신당동)	041-620-7600
세종지사	(30128)세종특별자치시 한누리대로 296(나성동)	044-410-8000
제주지사	(63220)제주 제주시 복지로 19(도남동)	064-729-0701

건설재료시험기사 출제기준

직무 분야	건설	중직무 분야	토목	자격 종목	건설재료 시험기사	적용 기간	2026.01.01. ~2027.12.31.
○ 직무내용 건설공사를 수행함에 있어서 품질을 확보하고 이를 향상시켜 합리적·경제적·내구적인 구조물을 만들어 냄으로써, 건설재료 품질에 대한 신뢰성을 확보하여 건설공사를 수행하는 직무이다.							
필기검정방법	객관식	문제수	80	시험시간	2시간		

필기과목명	문제수	주요항목
콘크리트공학	20	1. 콘크리트의 성질, 용도, 배합, 시험, 시공 및 품질관리에 관한 지식
건설시공및관리	20	1. 토공사 및 기초공사 2. 구조물 시공 3. 공사, 공정, 품질 및 계측관리
건설재료및시험	20	1. 건설재료의 종류, 성질, 용도 및 시험
토질및기초	20	1. 토질역학 2. 기초공학

건설재료시험기사 필기

 건설재료시험기사 과년도 필기

PART 01 건설재료시험기사 필기문제

2013년 1회 과년도 기출문제	2
2회 과년도 기출문제	28
3회 과년도 기출문제	54
2014년 1회 과년도 기출문제	79
2회 과년도 기출문제	105
4회 과년도 기출문제	129
2015년 1회 과년도 기출문제	153
2회 과년도 기출문제	178
4회 과년도 기출문제	203
2016년 1회 과년도 기출문제	229
2회 과년도 기출문제	257
4회 과년도 기출문제	283
2017년 1회 과년도 기출문제	310
2회 과년도 기출문제	337
4회 과년도 기출문제	364
2018년 1회 과년도 기출문제	391
2회 과년도 기출문제	419
4회 과년도 기출문제	447
2019년 1회 과년도 기출문제	474
2회 과년도 기출문제	498
4회 과년도 기출문제	524
2020년 1·2회 과년도 기출문제	551
3회 과년도 기출문제	578
4회 과년도 기출문제	605
2021년 1회 과년도 기출문제	633
2회 과년도 기출문제	661
4회 과년도 기출문제	688
2022년 1회 과년도 기출문제	716
2회 과년도 기출문제	744
CBT 모의고사 1회	773
CBT 모의고사 2회	799
CBT 모의고사 3회	826
CBT 모의고사 4회	854
CBT 모의고사 5회	884
CBT 모의고사 6회	911
CBT 모의고사 7회	938

PART 1

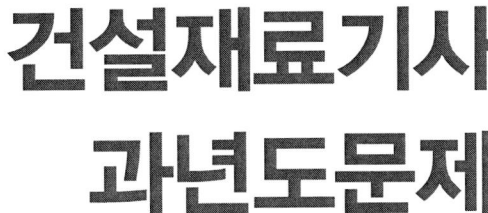

건설재료기사
과년도문제

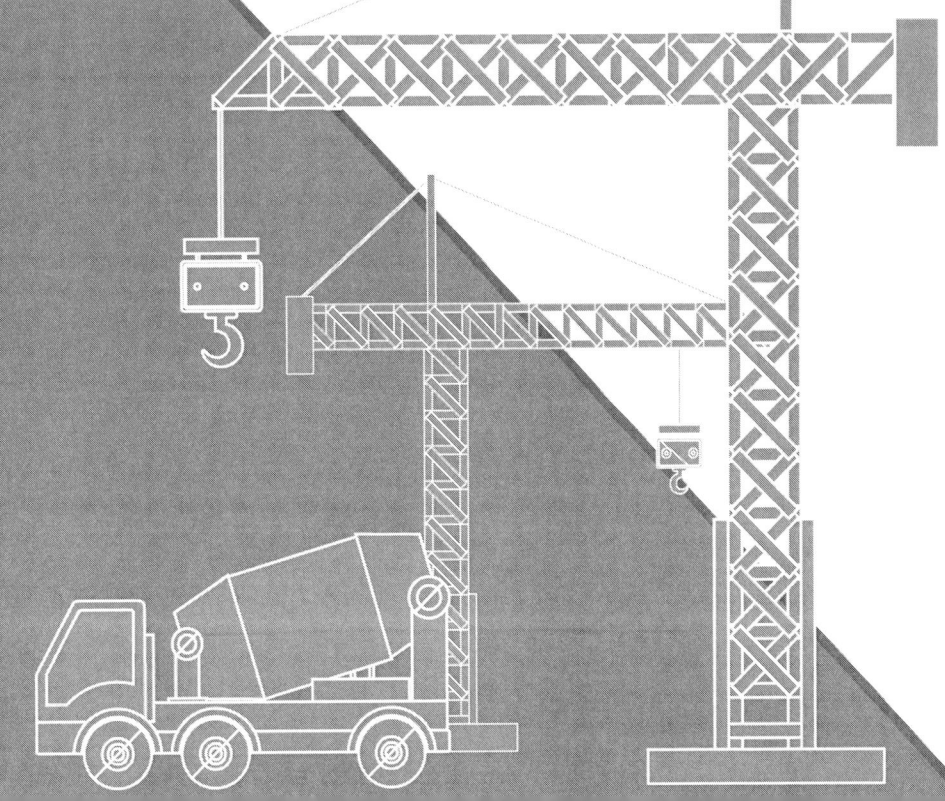

2013 기출문제
제1회 건설재료시험기사

제1과목 콘크리트공학

01 한중(寒中) 콘크리트에 사용하는 재료에 대한 설명으로 옳지 않은 것은?
① 한중 콘크리트에는 AE 콘크리트를 사용하는 것을 원칙으로 한다.
② 물-결합재비는 원칙적으로 60%이하로 한다.
③ 골재는 시트 등으로 덮어서 동결이 방지 되도록 저장해야 한다.
④ 시멘트는 냉각되지 않도록 하고, 사용시 직접 가열하여 온도 저하를 방지하는 것이 좋다.

해설
시멘트는 직접 가열해서는 안된다.

02 콘크리트의 압축강도를 시험하여 슬래브 및 보 밑면의 거푸집과 동바리를 떼어낼 때 콘크리트 압축강도 기준값으로 옳은 것은?
① 설계기준강도×1/3이상, 14MPa이상
② 설계기준강도×2/3이상, 14MPa이상
③ 설계기준강도×1/3이상, 10MPa이상
④ 설계기준강도×2/3이상, 10MPa이상

해설
콘크리트의 압축강도를 시험한 경우 거푸집 및 동바리 해체시기

부재	콘크리트 압축강도(f_{cu})
확대기초, 보 옆, 기둥 등의 측벽	5MPa 이상
슬래브 및 보의 밑면, 아치 내면	설계기준압축강도의 $\frac{2}{3}$배 이상, 또한 최소 14MPa 이상

정답 01 ④ 02 ②

03 단위 골재량의 절대부피가 800l인 콘크리트에서 잔골재율(S/a)이 40%이고, 굵은 골재의 표건밀도가 2.65g/cm³이면, 단위 굵은골재량은 얼마인가?

① 848kg
② 1,272kg
③ 1,044kg
④ 2,120kg

해설

1) 단위 잔골재 절대체적($1M^3 = 1000L$)
   $= 0.8 \times 0.4 = 0.32 m^3$
2) 단위 굵은골재 절대체적
   $= 0.8 - 0.32 = 0.48 m^3$
3) 단위 굵은골재량
   $= 0.48 \times 2.65 \times 1,000 = 1,272 kg$

04 벽 또는 기둥과 같이 높이가 높은 콘크리트를 연속해서 타설할 경우 콘크리트를 쳐 올라가는 속도로서 가장 적당한 것은?

① 30분에 0.5~1m 정도
② 30분에 1~1.5m 정도
③ 30분에 1.5~2m 정도
④ 30분에 2~2.5m 정도

해설

벽 기둥과 같은 높은 콘크리트의 타설속도는 일반적으로 30분에 1~1.5m가 적당하다.

05 콘크리트 구조물의 전자파레이더법에 의한 비파괴시험에서 진공 중에서 전자파의 속도를 C, 콘크리트의 비유전율을 ϵ_γ이라 할 때 콘크리트 내의 전자파의 속도 V를 구하는 식으로 맞는 것은?

① $V = C \cdot \epsilon_\gamma (m/s)$
② $V = C/\epsilon_\gamma (m/s)$
③ $V = C \cdot \sqrt{\epsilon_\gamma} (m/s)$
④ $V = C/\sqrt{\epsilon_\gamma} (m/s)$

해설

콘크리트 내의 전자파속도(V)
$V = C/\sqrt{\epsilon_\gamma} (m/s)$
여기서, C : 진공 중에서의 전자파속도
ϵ_γ : 콘크리트의 비유전율

정답 03 ② 04 ② 05 ④

06 프리스트레스트 콘크리트에서 프리스트레싱할 때의 사항으로 틀린 것은?
① 긴장재는 이것을 구성하는 각각의 PS강재에 소정의 인장력이 주어지도록 긴장하여야 한다.
② 긴장재를 긴장할 때 정확한 인장력이 주어지도록 하기 위해 인장력을 설계값 이상으로 주었다가 다시 설계값으로 낮추는 방법으로 시공하여야 한다.
③ 긴장재에 대해 순차적으로 프리스트레싱을 실시할 경우는 각 단계에 있어서 콘크리트에 유해한 응력이 생기지 않도록 하여야 한다.
④ 프리텐션 방식의 경우 긴장재에 주는 인장력은 고정장치의 활동에 의한 손실을 고려하여야 한다.

07 일반 콘크리트 치기에 대한 설명으로 틀린것은?
① 콘크리트 타설 도중 표면에 떠올라 고인 블리딩수가 있을 경우는 콘크리트 표면에 도랑을 만들어 물을 제거한 후 콘크리트를 타설 해야 한다.
② 한 구획 내의 콘크리트 타설이 완료될 때 까지 연속해서 타설해야 한다.
③ 콘크리트는 그 표면이 한 구획 내에서는 거의 수평이 되도록 타설하는 것을 원칙으로 한다.
④ 타설한 콘크리트를 거푸집 안에서 횡방향으로 이동시켜서는 안 된다.

해설
블리딩수 제거시 콘크리트 표면에 도랑을 만들면 시공이음시 누수의 원인이 될 수 있으므로 안된다.

08 매스 콘크리트를 시공할 때 온도균열 대한 검토는 온도균열지수에 의해 평가한다. 다음의 조건에서 재령 28일에서의 온도균열지수는? (단, 보통 포틀랜드 시멘트를 사용한 경우)

- 재령 28일에서의 수화열에 의한 부재 내부의 온도응력 최대값 : 2MPa
- $f_{cu}(t) = \dfrac{t}{a+bt} d_i f_{ck}$, $f_{sp}(t) = 0.44\sqrt{f_{cu}(t)}$
- 콘크리트 설계기준 압축강도(f_{ck}) : 30MPa
- 보통 포틀랜드 시멘트를 사용할 경우 계수 a, b, d_i의 값

a	b	d_i
4.4	0.95	1.11

① 0.8 ② 1.0
③ 1.2 ④ 1.4

해설
1) 재령 t일의 콘크리트 압축강도(MPa)
$$f_{cu}(t) = \dfrac{t}{a+bt} d_i f_{ck}$$
$$= \dfrac{28}{4.4+0.95\times 28} \times 1.11 \times 30$$
$$= 30.07 MPa$$

2) 재령 t일의 콘크리트 쪼갬 인장강도(MPa)
$$f_{sp}(t) = c\sqrt{f_{cu}(t)}$$
$$= 0.44\sqrt{30.07}$$
$$= 2.41 MPa$$

3) 온도균열지수
$$I_{cr}(t) = \frac{f_{sp}(t)}{f_t(t)} = \frac{2.41}{2} = 1.21$$

09 압력법에 의한 굳지 않은 콘크리트의 공기량시험(KS F 2421)중 물을 붓고 시험하는 경우(주수법)의 공기량 측정 용량은 최소 얼마 이상으로 하는가?
① 3L
② 5L
③ 7L
④ 9L

해설
1) 주수법 : 5L
2) 무주수법 : 7L

10 현장의 골재에 대한 체분석 결과 잔골재 속에 5mm체에 남는 것이 4%, 굵은골재 속에 5mm체를 통과하는 것이 10%였다. 시방배합표상의 단위 잔골재량은 643kg/m³ 이며, 단위 굵은골재량은 1,212kg/m³이다. 현장 배합을 위한 단위 잔골재량은 얼마인가?
① 532kg/m³
② 588kg/m³
③ 613kg/m³
④ 637kg/m³

해설
단위잔골재량(X)
$$X = \frac{100S - b(S+G)}{100 - (a+b)} = \frac{100 \times 643 - 10(643 + 1,212)}{100 - (4+10)} = 532 kg$$

11 콘크리트 압축강도 평가에 대한 설명 중 올바르지 않은 것은?
① 재하속도가 빠를수록 압축강도는 높게 평가된다.
② 모양이 다르면 크기가 작은 공시체의 압축강도가 높게 평가된다.
③ 공시체 직경 또는 한 변의 길이(D)와 높이(H)의 비(H/D)가 동일하면 원주형 공시체가 각주형 공시체보다 압축강도는 작게 평가된다.
④ 원주형과 각주형 공시체는 직경 또는 한변의 길이(D)와 높이(H)의 비(H/D)가 작을수록 압축강도는 높게 평가된다.

해설
공시체에 따른 압축강도 크기
정육면체 > 원주형 > 각주형

12 잔골재율에 대한 설명 중 틀린 것은?

① 골재 중 5mm체를 통과한 부분을 잔골재로보고, 5mm체에 남는 부분을 굵은 골재로 보아 산출한 잔골재량의 전체 골재량에 대한 절대용적비를 백분율로 나타낸 것을 말한다.
② 잔골재율이 어느 정도보다 작게 되면 콘크리트가 거칠어지고, 재료분리가 일어나는 경향이 있다.
③ 잔골재율은 소요의 워커빌리티를 얻을 수 있는 범위에서 단위수량이 최대가 되도록 한다.
④ 잔골재율을 작게 하면 소요의 워커빌리티를 얻기 위한 단위수량이 감소되고 단위시멘트량이 적게 되어 경제적이다.

해설
소요의 워커빌리티를 얻기 위해 잔골재율이 최대가 되지 않는 범위내에서 워커빌리티를 확보하도록 해야한다. 지나치게 많은 잔골재율은 단위시멘트 증가 및 단위수량의 증가로 비경제적이며 내구성 수밀성 측면이 불리해진다.

13 프리스트레스트 콘크리트에 대한 설명 중 잘못된 것은?

① 굵은골재 최대치수는 보통의 경우 25mm를 표준으로 한다.
② 팽창성 그라우트의 재령 28일 압축강도는 최소 25MPa 이상이어야 한다.
③ 프리텐션 방식에서는 프리스트레싱할 때 콘크리트 압축강도가 30MPa 이상이어야 한다.
④ 팽창성 그라우트의 팽창률은 0~10%를 표준으로 한다.

해설
재령 28일의 압축강도는 비팽창성 그라우트의 경우는 30MPa이상, 팽창성 그라우트의 경우는 20MPa 이상을 표준으로 한다.

14 거푸집 및 동바리 구조계산에 대한 설명중 틀린 것은?

① 고정하중은 철근 콘크리트와 거푸집의 중량을 고려하여 합한 하중이며, 콘크리트의 단위중량은 철근의 중량을 포함하여 보통 콘크리트에서는 $24kN/m^3$을 적용한다.
② 목재 거푸집 및 수평부재는 집중하중이 작용하는 캔틸레버보로 검토하여야 한다.
③ 고정하중과 활하중을 합한 연직하중은 슬래브 두께에 관계없이 최소 $5.0kN/m^2$이상을 고려하여 거푸집 및 동바리를 설계하여야 한다.
④ 활하중은 구조물의 수평투영면적(연직 방향으로 투영시킨 수평면적)당 최소 $2.5kN/m^2$이상으로 하여야 한다.

해설
목재 거푸집 및 수평부재는 등분포하중이 작용하는 단순보 검토를 한다.

15 압축강도에 의한 콘크리트의 품질검사에서 판정 기준으로 옳은 것은? (단, 설계기준 압축강도로부터 배합을 정한 경우로서 $f_{ck} > 35$MPa인 콘크리트 이며 콘크리트 표준시방서 규정을 따른다.)

① ㉠ 연속3회 시험값의 평균이 f_{ck}의 95%이상
㉡ 1회 시험값이 f_{ck}의 90%이상

② ㉠ 연속 3회 시험값의 평균이 ($f_{ck} - 3.5$MPa)이상
㉡ 1회 시험값이 f_{ck}의 95%이상

③ ㉠ 연속 3회 시험값의 평균이 f_{ck} 이상
㉡ 1회 시험값이 ($f_{ck} - 3.5MPa$)이상

④ ㉠ 연속 3회 시험값의 평균이 f_{ck} 이상
㉡ 1회 시험값이 f_{ck}의 90%이상

해설
압축강도에 의한 콘크리트의 품질

종류	판정 기준	
	$f_{ck} \le 35MPa$	$f_{ck} > 35MPa$
설계기준압축 강도로 부터 배합을 정한 경우	· 연속 3회시험 값의 평균이 f_{ck}이상 · 1회 시험값이 $f_{ck} \le 3.5MPa$이상	· 연속 3회 시험값의 평균이 f_{ck}이상 · 1회 시험값이 f_{ck}의 90%이상

16 프리플레이스트 콘크리트에 대한 일반적인 설명으로 틀린 것은?

① 잔골재의 조립률은 1.4~2.2의 범위로 한다.
② 굵은골재의 최소치수는 15mm이상으로 하여야 한다.
③ 대규모 프리플레이스트 콘크리트를 대상으로할 경우 굵은골재의 최소치수를 작게 하는것이 좋다.
④ 굵은골재의 최대치수와 최소치수와의 차이를 적게 하면 굵은골재의 실적률이 적어지고 주입 모르타르의 소요량이 많아진다.

해설
대규모 프리플레이스트 콘크리트를 대상으로 할 경우, 굵은골재의 최소치수를 크게하는 것이 효과적이다.

17 해양 콘크리트의 시공에서 콘크리트가 충분히 경화되기 전에 해수에 씻기면 모르타르 부분이 유실되는 등 피해를 받을 우려가 있으므로 직접 해수에 닿지 않도록 보호하여야 한다. 이렇게 보호하여야 하는 기간에 대한 설명으로 옳은 것은?

① 혼합시멘트를 사용한 경우는 설계기준 압축강도의 60% 이상의 강도가 확보될 때까지 보호하여야 한다.
② 보통 포틀랜드 시멘트를 사용한 경우는 대개 10일간 보호하여야 한다.
③ 혼합시멘트를 사용한 경우는 설계기준 압축강도의 50% 이상의 강도가 확보될 때까지 보호하여야 한다.
④ 보통 포틀랜드 시멘트를 사용한 경우는 대개 5일간 보호하여야 한다.

해설
보통 포틀랜드 시멘트를 사용할 경우 대략 5일간이며, 고로 슬래그 시멘트 등 혼합시멘트를 사용할 경우에는 이 기간을 설계기준 압축강도의 75% 이상의 강도가 확보될 때까지 연장하여야 한다.

18 콘크리트의 휨강도 시험에 대한 설명으로 틀린 것은?

① 지간은 공시체 높이의 3배로 한다.
② 재하장치의 설치면과 공시체면과의 사이에 틈새가 생기는 경우 접촉부의 공시체 표면을 평평하게 갈아서 잘 접촉할 수 있도록 한다.
③ 공시체에 하중을 가하는 속도는 가장자리 응력도의 증가율이 매초 0.6±0.4MPa이 되도록 한다.
④ 공시체가 인장쪽 표면의 지간 방향 중심선의 3등분점의 바깥쪽에서 파괴된 경우는 그 시험결과를 무효로 한다.

해설
콘크리트 휨강도 시험에 대한 하중을 가하는 속도는 가장자리 응력도의 증가율이 매초 0.06±0.04MPa이 되도록 조정하고, 최대하중 이 될 때까지 그 증가율을 유지하도록 한다.

19 숏크리트의 특징에 대한 설명으로 틀린 것은?

① 임의 방향으로 시공이 가능하나 리바운드 등의 재료손실이 많다.
② 용수가 있는 곳에서도 시공하기 쉽다.
③ 노즐맨의 기술에 의하여 품질, 시공성 등에 변동이 생긴다.
④ 수밀성이 적고 작업 시에 분진이 생긴다.

해설
숏크리트 타설시 용수가 있는 곳에서는 타설작업이 어렵다.

20 콘크리트의 균열은 재료, 시공, 설계 및 환경등 여러 가지 요인에 의해 발생한다. 다음 중 재료적 요인과 가장 관련이 많은 균열 현상은?

① 알칼리 골재반응에 의한 거북등 현상의 균열
② 온도변화, 화학작용 및 동결융해 현상에 의한 균열
③ 콘크리트 피복두께 및 철근의 정착길이 부족에 의한 균열
④ 재료분리, 콜드 조인트(cold joint)발생 에 의한 균열

해설

알카리 골재반응
알카리 골재반응은 시멘트의 알카리 성분과 골재의 실리카 성분의 이상반응으로 골재가 이상팽창을 일으키는 현상으로 시멘트 재료적 요인에 기한 균열이다.

제2과목 건설시공 및 관리

21 토량의 변화율이 L=1.2, C=0.9일 때, 보통 흙으로 45,000m^3의 성토를 하고자 한다. 운반하여야 할 토량은?

① 33,750m^3 ② 45,000m^3
③ 54,000m^3 ④ 60,000m^3

해설

1) 본바닥토량=45,000÷0.9=50,000m^3
2) 운반토량=50,000÷1.2=60,000m^3

22 아스팔트 콘크리트 포장과 비교한 시멘트 콘크리트 포장의 특성에 대한 설명으로 틀린 것은?

① 내구성이 커서 유지관리비가 저렴하다.
② 표층은 교통하중을 하부층으로 전달하는 역할을 한다.
③ 국부적 파손에 대한 보수가 곤란하다.
④ 시공 후 충분한 강도를 얻는 데까지 장시간의 양생이 필요하다.

해설

시멘트 콘크리트 구조특성상 상부하중을 표층(콘크리트슬래브)에서 부담하고 하부구조까지 응력이 미치지 않는다.

23 교량구조 중 좌우의 주형을 연결하여 구조물의 횡방향지지 및 강성을 확보, 횡하중의 받침부로 원활한 하중 전달을 하기 위해 설치된 구조는 무엇인가?

① 브레이싱 ② 교대
③ 바닥틀 ④ 구체

해설

상기문제는 브레이싱(bracing)구조 특성에 대한 설명이다.

정답 20 ① 21 ④ 22 ② 23 ①

24 토적곡선(mass curve)에 대한 설명 중 틀린 것은?
① 동일 단면 내의 절토량, 성토량은 토적곡선에서 구할 수 있다.
② 평균 운반거리는 절토량 2등분 선상의 점을 통하는 평행선과 나란 한 수평거리로 표시한다.
③ 절토구간의 토적곡선은 상승곡선이 되고 성토구간의 토적곡선은 하향곡선이 된다.
④ 곡선의 최대값을 나타내는 점은 절토에서 성토로 옮기는 점이다.

> **해설**
> 토적곡선에서 절토량, 성토량은 토적곡선에서 구할 수 없다(횡방향 토량 배제)

25 15t의 덤프트럭에 1.2m³의 버킷을 갖는 백호로 흙을 적재하고자 한다. 흙의 단위중량이 1.7t/m³이고, 토량변화율 L=1.25이고, 버킷계수가 0.9일 때 트럭 1대당 백호 적재횟수는?
① 7회
② 9회
③ 11회
④ 13회

> **해설**
> 1) $q_t = \dfrac{T}{\gamma_t}L = \dfrac{15}{1.7} \times 1.25 = 11.03 m^3$
> 2) $n = \dfrac{q_t}{qk} = \dfrac{11.03}{1.2 \times 0.9} = 10.21 ≒ 11회$

26 다음 중 흙의 지지력 시험과 직접적인 관계가 없는 것은?
① 평판재하시험
② CBR 시험
③ 표준관입시험
④ 정수위 투수시험

> **해설**
> 정수위 투수시험은 흙의 투수계수를 구하는 시험이다.

27 암석발파공법에서 1차발파 후에 발파된 원석의 2차발파공법으로 주로 사용되는 것이 아닌 공법은?
① 프리스프리팅 공법
② 블록 보링 공법
③ 스네이크 보링 공
④ 머드 캐핑 공법

> **해설**
> 프리스프리팅 공법은 1차제어발파 공법에 해당된다.

28 다음표와 같은 조건에서의 불도저 운전1시간당의 작업량(본바닥 토량)은?

- 1회 굴착압토량(느슨한 토량) : 3.8m³
- 작업효율 : 0.8
- 전진속도 : 40m/분
- 기어 변환시간 : 0.2분
- 토량변화율(L) : 1.2
- 평균굴착 압토거리 : 60m
- 후진속도 : 100m/분

① 66.09m³/h
② 73.26m³/h
③ 78.77m³/h
④ 85.38m³/h

해설

$$C_m = \frac{l}{V_1} + \frac{l}{V_2} + t_g$$

$$= \frac{60}{40} + \frac{60}{100} + 0.2 = 2.3 분$$

$$Q = \frac{60qfE}{C_m} = \frac{60 \times 3.8 \times \frac{1}{1.2} \times 0.8}{2.3}$$

$$= 66.09 m^3/hr$$

29 전압 장비 중 2축 3륜 형식으로 자갈, 쇄석의 포장 기층의 다짐에 효과적인 장비는?

① 탬핑 롤러
② 타이어 롤러
③ 머캐덤롤러
④ 탠덤 롤러

해설
1) 2축 3륜형식(머캐덤)
2) 2축 2륜형식(탠덤)

30 발파에서 폭약의 중심에서부터 자유면까지의 최단거리를 무엇이라 하는가?

① 누두공
② 최소저항선
③ 누두반경
④ 임계심도

31 아스팔트 포장의 시공에 앞서 실시하는 시험 포장의 결과로 얻어지는 사항과 관계가 없는 것은?

① 혼합물의 현장배합 입도 및 아스팔트 함량의 결정
② 플랜트에서의 작업표준 및 관리목표의 설정
③ 시공관리 목표의 설정
④ 포장두께의 결정

해설
시험포장은 본포장의 기준 및 문제점을 파악하기 위해서 실시하는 것으로 포장두께의 결정은 설계단계에서 정해지는 것으로 시험포장 단계에서는 해당되지 않는다.

32 폭우 시 옹벽 배면에 배수시설이 취약하면 옹벽저면을 통하여 침투수의 수위가 올라간다. 이 침투수가 옹벽에 미치는 영향을 설명 한 것 중 옳지 않은 것은?
① 활동면에서의 간극수압 증가
② 부분포화에 따른 뒷채움 흙무게의 증가
③ 옹벽 바닥면에서의 양압력 증가
④ 수평저항력의 증가

> **해설**
> 수평력이 증대 되는 것이지 수평저항력이 감소되는 것이 아니다.

33 옹벽의 안정상 수평 저항력을 증가시키기 위한 방법으로 가장 유리한 것은?
① 옹벽의 비탈경사를 크게 한다.
② 옹벽의 저판 밑에 돌기물(key)을 만든다.
③ 옹벽의 전면에 apron을 설치한다.
④ 배면의 본바닥에 앵커 타이(anchor tie)나 앵커벽을 설치한다.

> **해설**
> 옹벽 저판 밑에 돌기(key)를 배면쪽으로 설치하여 수평력에 대한 저항을 키우는 방법이 옹벽의 활동 안정성을 높이는 가장 유리한 방법 중 하나다.

34 도로를 신설할 때 실시하는 토질조사 중 보링(boring)에 대한 설명으로 틀린 것은?
① 토층이 변화하는 곳에는 보링의 간격을 줄인다.
② 기복이 심한 장소에는 절토와 성토 중에서 성토부분에만 보링을 실시한다.
③ 토층의 단면이 균일하면 보링의 간격을 늘려도 된다.
④ 보링의 간격은 토층 단면의 균일성, 지형 조건에 따라 달리한다.

> **해설**
> 기복이 심한 곳에서 절토 및 성토 구간 모두다 보링을 실시한다.

35 다음은 어떤 공사의 품질관리에 대한 내용이다. 가장 먼저 해야 할 일은?
① 품질특성의 선정
② 작업표준의 결정
③ 관리한계 설정
④ 관리도의 작성

> **해설**
> 품질관리 순서로 제일먼저 품질특성에 대한 선정을 우선으로 한다.

36 성토 재료의 요구조건으로 틀린 것은?
① 비탈면의 안정에 필요한 전단강도를 보유할 것
② 투수계수가 작을 것
③ 압축성, 흡수성이 클 것
④ 성토 후 압밀침하가 작을 것

해설
성토재료의 구비조건으로 전단강도가 크고, 압축성이 작으며, 투수성이 큰 재료이어야 한다.

37 말뚝기초의 부마찰력의 감소 방법으로 틀린 것은?
① 표면적이 작은 말뚝을 사용하는 방법
② 단면이 하단으로 가면서 증가하는 말뚝을 사용하는 방법
③ 선행하중을 가하여 지반침하를 미리 감소 하는 방법
④ 말뚝직경보다 약간 큰 케이싱을 박아서 부마찰력을 차단하는 방법

해설
부마찰력을 감소시키기 위해서는 말뚝 하단으로 가면서 단면적이 줄어드는 말뚝(tapered pile)을 사용하여 흙과의 주면 마찰력(부마찰력)을 줄여주는 것이 필요하다.

38 자연함수비 8%인 흙으로 성토하고자 한다. 다짐한 흙의 함수비를 14%로 관리하도록 규정하였을 때 매층마다 1m²당 몇 kg의 물을 살수해야 하는가?(단, 1층의 다짐 후 두께는 20cm이고, 토량 변화율 C=0.9이며, 원지반상태에서 흙의 단위중량은 1.8t/m³이다.)
① 7.15kg
② 15.84kg
③ 25.93kg
④ 22.22kg

해설
1) 1m³당 본바닥 체적
$$= 1 \times 1 \times 0.2 \times \frac{1}{0.9} = 0.222 m^3$$
2) $w = 8\%$일 때 흙의 무게
$$\gamma_t = \frac{W}{V} \text{에서 } 1.8 = \frac{W}{0.222}, W = 400 kg$$
3) $w = 8\%$일 때 물의 무게
$$W_w = \frac{wW}{100+w} = \frac{8 \times 400}{100+8} = 29.63 kg$$
4) $w = 14\%$일 때 물의 무게
$8 : 29.63 = 14 : W_w$
∴ $W_w = 51.85 kg$
5) 살수량=51.85-29.63=22.22kg

39 댐 공사 시 가체절공 중 가장 간단한 구조형식으로 얕은 수심에는 유리하지만 수심에 비하여 넓은 부지, 상당한 양의 토사가 필요한 가체절공은?

① 간이 가체절공
② 셀식 가체절공
③ 흙댐식 가체절공
④ 한겹 흙물막이 가체절공

해설
흙댐식 가체절공에 대한 설명이다.

40 공정관리법 가운데 CPM에 대한 설명으로 옳은 것은?

① 최소비용에 관련된 이론이 없다.
② 경험이 없는 사업에 적용한다.
③ 활동 중심의 일정 계산을 한다.
④ 3점 추정방법으로 공기를 추정한다.

해설
CPM은 반복적, 경험있는 사업, 1점시간 추정, 공비절감 목적으로 사용되는 공정관리 기법이다.

제3과목 건설재료 및 시험

41 다음 석재 중 조직이 균일하고 내구성 및 강도가 큰 편이며, 외관이 아름다운 장점이 있는 반면 내화성이 작아 고열을 받는 곳에는 적합하지 않은 것은?

① 응회암
② 화강암
③ 현무암
④ 안산암

해설
화강암은 조직이 균일하고 강도 및 내구성이 크나, 내화성은 작다.

42 목재의 강도 중 가장 큰 것은?

① 섬유에 평행방향의 압축강도
② 섬유에 직각방향의 압축강도
③ 섬유에 평행방향의 인장강도
④ 섬유에 평행방향의 전단강도

43 골재의 조립률 시험에 사용되는 10개의 체규격에 해당되지 않는 것은?

① 25mm
② 10mm
③ 1.2mm
④ 0.6mm

해설
체규격은 80mm, 40mm, 20mm, 10mm, 5mm, 2.5mm, 1.2mm, 0.6mm, 0.3mm, 0.15mm의 10개 체로 구성되어 있다.

44 콘크리트용 잔골재에 대한 설명 중 옳은 것은?
① 절대건조밀도는 2.50g/cm³이하의 값을 표준으로 한다.
② 흡수율은 3.0%이하의 값을 표준으로 한다.
③ 염화물(NaCl환산량)함유량의 허용값은 질량 백분율로 0.06% 이하이어야 한다.
④ 점토 덩어리 함유량의 허용값은 질량 백분율로 2.0% 이하이어야 한다.

해설

잔골재 품질기준
1) 절건밀도는 2.5g/cm³ 이상
2) 흡수율은 3% 이하
3) 잔골재 염화물(NaCl 환산량) 함유량은 질량백분율로 0.04% 이하
4) 점토덩어리는 질량백분율로 1% 이하
5) 안정성 10%이하

45 화약류 취급 시 주의사항을 설명한 것으로 틀린 것은?
① 뇌관과 폭약은 같은 장소에 두어야 한다.
② 운반 시 화기나 충격을 받지 않도록 하여야 한다.
③ 다이너마이트는 직사광선을 피하고 화기에 접근시키지 말아야 한다.
④ 장기 보관 시는 온도에 의해 변질되지 않고 수분을 흡수하여 동결되지 않도록 해야 한다.

해설

화약류 저장 시 뇌관과 폭약은 같은 장소에 저장하지 않아야 한다.

46 동일 시험자가 동일 시멘트에 대해 2회의 시멘트 비중시험을 실시한 결과가 다음의 표와 같을 때 이 시멘트의 비중은?

측정번호	1	2
시멘트 무게(g)	64.15	64.10
비중병 눈금의 읽음 차	20.40mL	20.10mL

① 평균값인 3.17을 시멘트의 비중값으로 한다.
② 두 시험 중 작은 값인 3.14를 시멘트의 비중값으로 한다.
③ 2회 측정한 결과가 ±0.03보다 크므로 재 시험을 실시한다.
④ 2회 측정한 평균값과 ±0.02이상 차이나는 시험결과가 있으므로 재시험을 실시한다.

해설

시멘트 비중
1) No 1

$$\text{시멘트비중} = \frac{\text{시멘트의 질량}}{\text{눈금차}} = \frac{64.15}{20.4} = 3.14$$

2) No 2

시멘트비중 = $\frac{64.1}{20.1}$ = 3.19

- 시험을 2회 이상 실시하여 평균값: 3.17
- 3.14-3.19=-0.05
- ±0.03 보다 오차값이 크므로 재시험

47 다음과 같은 합판의 제조 방법 중에서 목재의 이용효율이 높고 가장 널리 사용되는 것은?
① 로터리 베니어(rotary veneer)   ② 슬라이스 베니어(sliced veneer)
③ 소드 베니어(sawed veneer)   ④ 플라이우드(plywood)

해설
로터리 베니어(rotary veneer)에 대한 설명이다.

48 역청재료의 침입도 시험에서 중량 100g의 표준침이 5초 동안에 5mm관입했다면 이 재료의 침입도는 얼마인가?
① 100   ② 50
③ 25   ④ 5

해설
0.1mm 관입량이 침입도 1로 표시함
따라서 0.1 : 1 = 5 : x
x = 50

49 다음의 표는 어떤 혼화재료의 종류인가?

CSA계, 석고계, 철분계

① 팽창재   ② AE제
③ 방수제   ④ 급결제

해설
팽창재분류
1) 에트링 가이트계
2) 석회계
3) 철분계

50 시멘트와 관련된 내용의 연결이 잘못된 것은?
① 비카트 침(Vicat needle)-시멘트 응결시간 시험
② 수경률-시멘트 원료의 조합비
③ 강열감량-시멘트의 풍화정도
④ 르샤틀리에 플라스크-시멘트 분말도 시험

해설
르샤틀리에 플라스크는 시멘트 비중시험에 사용되는 기구

51 암석 전체의 체적에 대한 공극의 비율을 공극률(porosity)이라고 한다. 다음 암석 중 일반적으로 공극률이 가장 큰 것은?
① 화강암   ② 사암
③ 응회암   ④ 대리석

해설
모래가 오랫동안 퇴적되어 높은열과 압력으로 형성된 암석으로 사암이 공극률이 가장 크다.

52 다음 혼화재료에 대한 설명 중 틀린 것은?
① 사용량에 따라 혼화재와 혼화제로 나뉜다.
② 콘크리트의 성능을 개선, 향상시킬 목적으로 사용되는 재료이다.
③ 혼화제는 비록 1%이하의 양이 소요되지만 콘크리트의 배합 계산 시 고려해야 한다.
④ 혼화재료를 사용할 때는 반드시 시험 또는 검토를 거쳐 성능을 확인하여야 한다.

해설
혼화재료
1) 혼화재 : 콘크리트 배합계산에서 고려되는 것(시멘트 중량의 5%이상 사용)
2) 혼화제 : 콘크리트 배합계산에서 무시되는 것(시멘트 중량의 1%이하 사용)

53 콘크리트용 골재에 사용되는 하천골재 및 육상골재 중의 미립분이 콘크리트의 품질에 미치는 영향에 대한 설명 중 틀린 것은?
① 골재 중의 미립분이 증가하면 콘크리트의 단위수량이 증가한다.
② 골재 중의 미립분이 증가하면 콘크리트의 레이턴스가 감소한다.
③ 골재 중의 미립분이 증가하면 콘크리트의 블리딩이 감소한다.
④ 골재 중의 미립분이 증가하면 콘크리트의 건조수축이 증가한다.

해설
0.3mm 이하의 미립분이 콘크리트에 많이 들어있으면 단위수량이 증가하고, 블리딩이 감소하며, 표면에 레이턴스가 많아진다.

54 다음 중 택코트용으로 사용하는 유화 아스팔트는?
① RS(C)-1
② RS(C)-2
③ RS(C)-3
④ RS(C)-4

해설
택코트에 사용하는 역청재료는 양이온계 유화 아스팔트 RS(C)-4, 음이온계 유화아스팔트 RS(A)-4가 있다.

55 다음 혼화재료 중 고강도 및 고내구성을 동시에 만족하는 콘크리트를 제조하는데 가장 적합한 혼화재료는?
① 고로슬래그 미분말 1종
② 고로슬래그 미분말 2종
③ 실리카 퓸
④ 플라이 애시

해설
실리카퓸
규소합금 제조시 나오는 폐가스를 집진하여 얻어진 초미립자의 부산물로서 실리카퓸은 고강도 및 고내구성 콘크리트를 만드는데 필수적인 혼화재료이다.

56 지오텍스타일의 특징에 관한 설명으로 틀린 것은?
① 인장강도가 크다.
② 수축을 방지한다.
③ 탄성계수가 크다.
④ 열에 강하고 무게가 무겁다.

57 다음 중 금속재료에 대한 설명으로 잘못된 것은?
① 연성과 전성이 작다.
② 전기, 열의 전도율이 크다.
③ 일반적으로 상온에서 결정형을 가진 고체로서 가공성이 좋다.
④ 금속 고유의 광택이 있어 아름답다.

해설
금속재료는 전성 및 연성이 크다.

58 역청재료의 점도를 측정하는 시험방법이 아닌 것은?
① 앵글러법
② 세이볼트법
③ 환구법
④ 스토머법

해설
환구법은 연화점을 측정하는 시험방법이다.

정답 54 ④ 55 ③ 56 ④ 57 ① 58 ③

59 시멘트 분말도가 모르타르 및 콘크리트 성질에 미치는 영향을 설명한 것으로 옳은 것은?
① 분말도가 높을수록 강도 발현이 늦어진다.
② 분말도가 높을수록 블리딩이 많게 된다.
③ 분말도가 높을수록 수화열이 적게 된다.
④ 분말도가 높을수록 건조 수축이 크게 된다.

해설
시멘트 분말도가 커질수록 시멘트 입자의 비표면적이 크게되어 수화열이 커지며, 초기강도가 빠르게 발현된다. 따라서 콘크리트표면의 건조수축이 크게되는 문제점이 발생된다.

60 콘크리트용 굵은골재의 최대치수에 대한 설명 중 틀린 것은?
① 거푸집 양 측면 사이의 최소거리의 1/5을 초과하지 않아야 한다.
② 슬래브 두께의 1/4을 초과하지 않아야 한다.
③ 개별철근, 다발철근, 긴장재 또는 덕트 사이 최소 순간격의 3/4을 초과하지 않아야 한다.
④ 무근 콘크리트의 경우 부재 최소치수의 1/4을 초과하지 않아야 한다.

해설
굵은골재의 최대치수
1) 거푸집 양 측면 사이의 최소거리의 1/5
2) 슬래브 두께의 1/3
3) 개별철근, 다발철근, 긴장재 또는 덕트사이 최소 순간격의 3/4을 초과하지 않아야한다.
4) 무근콘크리트 40mm이하, 부재최소치수의1/4이하

제4과목 토질 및 기초

61 압밀시험결과 시간-침하량 곡선에서 구할 수 없는 값은?
① 1차 압밀비 (γ_p)   ② 초기 침하비
③ 선행압밀 하중(P_c)   ④ 압밀계수 (C_v)

해설
e-logP 곡선에서 선행압밀하중을 구할 수 있다.

62 체적이 V=5.83m³인 점토를 건조에서 건조시킨 결과 무게는 Ws=10.26g이었다. 이 점토의 비중이 Gs=2.65이라고 하면 이 점토의 수축한계값은 약 얼마인가?

① 28% ② 24%
③ 19% ④ 8%

해설

1) 수축비
$$R = \frac{\gamma_0}{\gamma_w} = \frac{W_0}{V_0 \gamma_w} = \frac{10.26}{5.83 \times 1} = 1.76$$

2) 수축한계
$$W_s = \left(\frac{1}{R} - \frac{1}{G_s}\right) \times 100$$
$$= \left(\frac{1}{1.76} - \frac{1}{2.65}\right) \times 100$$
$$= 19.08\%$$

63 흙의 포화단위중량이 2.0t/m³인 포화점토층을 45° 경사로 8m를 굴착하였다. 흙의 강도계수 Cu=6.63t/m², $\phi_u = 0°$,이다. 그림과 같은 파괴면에 대하여 사면의 안전율은?(단, ABCD의 면적은 70cm²,이고 0점에서 ABCD의 무게중심까지의 수직거리는 5.0m이다.)

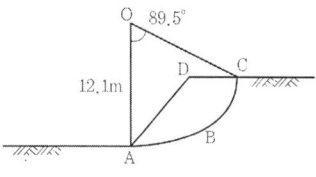

① 4.72 ② 2.67
③ 4.21 ④ 2.17

해설

1) $Fs = \dfrac{M_r}{M_d} = \dfrac{c_u \cdot L_a \cdot r}{W \cdot d} = \dfrac{1,516.21}{700} = 2.17$

2) $M_r = c_u \cdot L_a \cdot r = 6.63 \times 18.9 \times 12.1$
   $\quad\quad = 1,516.21 t \cdot m$
   · $c_u = 6.63 t/m^2$
   · $360 : \pi = 89.5 : L_a, \quad L_a = 18.9m$
   · $r = 12.1m$

3) $M_D = W \cdot d = A \cdot \gamma \times e = 70 \times 2 \times 5.0$
   $\quad\quad = 700 t \cdot m$

64 다음 표의 설명과 같은 경우 강도정수 결정에 적합한 삼축압축 시험의 종류?

> 최근에 매립된 포화 점성토 지반 위에 구조물을 시공한 직후의 초기 안정 검토에 필요한 지반 강도정수 결정

① 압밀배수 시험(CD)　　② 압밀비배수 시험(CU)
③ 비압밀비배수 시험(UU)　　④ 비압밀배수 시험(UD)

해설
UU-test를 사용하는 경우
1) 점토지반에 제방 성토 직후 초기 사면안정 해석하는 경우
2) 시공속도가 과잉간극수압 소산속도보다 빠를 때
3) 점토지반에 급속성토 시공 후

65 말뚝의 부마찰력에 대한 설명 중 틀린 것은?
① 부마찰력이 작용하면 지지력이 감소한다.
② 연약지반에 말뚝을 박은 후 그 위에 성토를 한 경우 일어나기 쉽다.
③ 부마찰력은 말뚝 주변침하량이 말뚝의 침하량보다 클 때 아래로 끌어내리는 마찰력을 말한다.
④ 연약한 점토에 있어서는 상대변위의 속도가 느릴수록 부마찰력은 크다.

해설
점토지반과 말뚝과의 상대변위 속도가 클수록 부마찰력은 커진다.

66 함수비 18%의 흙 500kg을 함수비 24%로 만들려고 한다. 추가해야 하는 물의 양은?
① 80.41kg　　② 54.52kg
③ 38.92kg　　④ 25.43kg

해설
1) $w = 18\%$일 때 물의 무게
$$W_w = \frac{wW}{100+w} = \frac{18 \times 500}{100+18} = 76.27 kg$$
2) 추가할 물의 무게
· $18 : 76.27 = (24-18) : X$
· $X = \frac{76.27 \cdot (24-18)}{18} = 25.43 kg$

정답 64 ③　65 ④　66 ④

67 어떤 시료를 입도분석한 결과, 0.075mm (No.200)체 통과량이 65%이었고, 애터버그 한계 시험결과 액성한계가 40%이었으며 소성도표(Plasticity chart)에서 A선 위의 구역에 위치한다면 이 시료의 통일분류법(USCS)상 기호로서 옳은 것은?

① CL
② SC
③ MH
④ SM

해설

1) 0.075mm체 통과량 50%이상이므로 세립토이며 A선 위에 위치하므로 점토(C)로 분류되며,
2) $LL = 40\% < 50\%$이므로 저압축성(L)이므로 CL이다.

68 다음 현장시험 중 Sounding의 종류가 아닌 것은?

① 평판재하 시험
② Vane 시험
③ 표준관입 시험
④ 동적 원추관입 시험

해설

Sounding은 로드 선단에 부착된 저항체를 땅속에 관입시켜 관입, 회전, 인발등의 저항 정도로 지반의 상태를 파악하는 시험으로 평판재하시험은 해당되지 않는다.

69 4m×4m 크기인 정사각형 기초를 내부마찰 각 $\phi = 18°$, 점착력 C=3t/m²인 지반에 설치하였다. 흙의 단위중량(γ)=1.9t/m³이고 안전율을 3으로 할 때 기초의 허용하중을 Terzaghi 지지력공식으로 구하면?(단, 기초의 깊이는 1m이고, 전반전단파괴가 발생한다고 가정하며, $N_c = 17.59$, $N_q = 7.45$, $N_\gamma = 4.97$이다.)

① 478t
② 324t
③ 522t
④ 621t

해설

1) 기초형상계수는 정사각형 기초이므로
   $\alpha = 1.3$, $\beta = 0.4$이다.
2) $q_u = \alpha C N_c + \beta B \gamma_1 N_\gamma + D_f \gamma_2 N_q$
   $= 1.3 \times 3 \times 17.59 + 0.4 \times 4 \times 1.9 \times 4.97$
   $+ 1 \times 1.9 \times 7.45 = 97.86 t/m^2$
3) $q_a = \dfrac{q_u}{F_s} = \dfrac{97.86}{3} = 32.62 t/m^2$

   $q_a = \dfrac{P}{A}$ 에서 $32.62 = \dfrac{P}{4 \times 4}$
4) $P = 522 t$

70 다짐에 대한 다음 설명 중 옳지 않은 것은?
① 세립토의 비율이 클수록 최적함수비는 증가한다.
② 세립토의 비율이 클수록 최대건조단위 중량은 증가한다.
③ 다짐에너지가 클수록 최적함수비는 감소한다.
④ 최대건조단위중량은 사질토에서 크고 점성토에서 작다.

해설
세립토의 비율이 많을수록 최대건조 단위중량은 감소하고 최적함수비는 증가된다.

71 포화점토에 대해 비압밀 비배수(UU)삼축압축 시험을 한 결과 액압 1.0kg/cm²에서 피스톤에 의한 축차 압력1.5kg/cm²일 때 파괴되었고 이때의 간극수압이 0.5kg/m²만큼 발생되었다. 액압을 2.0kg/cm²로 올린다면 피스톤에 의한 축차압력은 얼마에서 파괴가 되리라 예상되는가?
① 1.5kg/cm²
② 2.0kg/cm²
③ 2.5kg/cm²
④ 3.0kg/cm²

해설
1) 포화점토 UU시험에서는 축하중을 증가시켜도 $\varnothing = 0$ 이므로 측압관계없이 Mohr원 크기가 일정하다.
2) 따라서 $\sigma_3 = 1.0$, $\sigma_1 - \sigma_3 = 1.5$이므로
$\sigma_3 = 2$일 때도 $\sigma_1 - \sigma_3 = 1.5$이다.

72 기초폭 5m인 연속기초에서 기초면에 작용하는 합력의 연직성분은 10t이고 편심거리가 0.4m일 때, 기초지반에 작용하는 최대 압력은?
① 3t/m²
② 4t/m²
③ 6t/m²
④ 8t/m²

해설
1) $e = 0.4m < \frac{B}{6} = \frac{5}{6} = 0.83m$ 이므로
2) $q = \frac{R_v}{B \times L}(1 + \frac{6e}{B}) = \frac{10}{5 \times 1}\left(1 + \frac{6 \times 0.4}{5}\right)$
$= 2.96 t/m^2 \leq q_{all}$

73 비배수 점착력, 유효상재압력, 그리고 소성지수 사이의 관계는 $\frac{C_u}{P}$=0.11+0.0037 (PI)이다. 다음 그림에서 정규압밀점토의 두께는 15m, 소성지수(PI)가 40%일 때 점토층의 중간 깊이에서 비배수 점착력은?

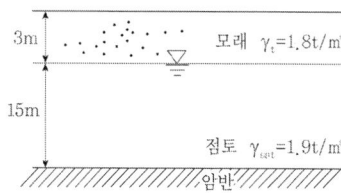

① 3.48t/m²
② 3.13t/m²
③ 2.65t/m²
④ 2.27t/m²

해설

1) 점토층 중앙점에서의 유효응력

   전응력(σ) = $1.8 \times 3 + 1.9 \times \frac{15}{2} = 19.65 t/m^2$

   간극수압(u) = $1 \times 7.5 = 7.5 t/m^2$

   유효응력($\overline{\sigma}$) = $19.65 - 7.5 = 12.15 t/m^2$

   간극수압(u) = $1 \times 7.5 = 7.5 t/m^2$

2) 비배수 전단강도 추정식

   - $\frac{C_u}{P} = 0.11 + 0.0037 PI$

   - $\frac{C_u}{12.15} = 0.11 + 0.0037 \times 40$

   - $C_u = 3.13 t/m^2$

74 침투유량(q) 및 B점에서의 간극수압(u_B)을 구한 값으로 옳은 것은?(단, 투수층의 투수 계수는 2.5×10⁻¹cm/sec이다.)

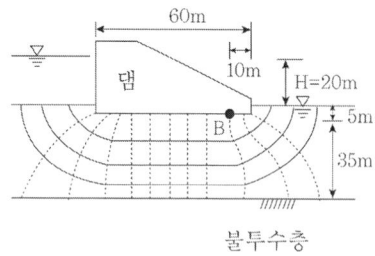

① q=100cm³/sec/cm, $u_B = 0.5 kg/cm^2$
② q=100cm³/sec/cm, $u_B = 1.0 kg/cm^2$
③ q=167cm³/sec/cm, $u_B = 0.5 kg/cm^2$
④ q=167cm³/sec/cm, $u_B = 1.0 kg/cm^2$

해설

1) 침투유량(q)
$$q = KH\frac{N_f}{N_d} = (2.5 \times 10^{-1}) \times 2{,}000 \times \frac{4}{12}$$
$$= 167 cm^3/\sec/cm$$

2) B점의 간극수압
- 전수두 $= \dfrac{n_{d'}}{N_d}H = \dfrac{3}{12} \times 20 = 5m$
- 위치수두 = -5m
- 압력수두 = 전수두 - 위치수두
  = 5-(-5) = 10m
- 간극수압 = $\gamma_w \times$ 압력수두
  = $1 \times 10 = 10t/m^2$
  = $1kg/cm^2$

75 5m×10m의 장방형기초 위에 q=6t/m²의 등분포 하중이 작용할 때, 지표면 아래 10m에서의 수직응력을 2:1법으로 구한 값은?

① 1.0t/m²   ② 2.0t/m²
③ 3.0t/m²   ④ 4.0t/m²

해설
$$\triangle \sigma_v = \frac{q_s \cdot B \cdot L}{(B+Z)(L+Z)}$$
$$= \frac{6 \times 5 \times 10}{(5+10)(10+10)} = 1 t/m^2$$

76 기초의 크기가 25m×25m인 강성기초로 된 구조물이 있다. 이 구조물의 허용각변위(angular distortion)가 1/500이라고 할 때. 최대허용 부등침하량은?

① 2cm   ② 2.5cm
③ 4cm   ④ 5cm

해설
1) 허용각변위량 = $\dfrac{\triangle \rho}{l}$

$\dfrac{1}{500} = \dfrac{\triangle \rho}{25}$

2) 허용부등침하량($\triangle \rho$)
$\triangle \rho = 0.05 cm = 5 cm$

77 샘플러(sampler)의 외경이 6cm, 내경이 5.5cm일 때, 면적비(A_r)는?

① 8.3% ② 9.0%
③ 16%   ④ 19%

해설

면적비는 샘플러를 삽입함으로써 배제되는 흙체적의 비율을 나타내며 시료면적비가 10%이하시 불교란으로 판정

$$A_r = \frac{D_o^2 - D_i^2}{D_i^2} \times 100$$

$$A_r = \frac{6^2 - 5.5^2}{5.5^2} \times 100 = 19.01\%$$

78 단면적 100cm², 길이 30cm인 모래 시료에 대한 정수두 투수시험결과가 다음의 표와 같을 때 이 흙의 투수계수는?

- 수두차 : 500cm
- 물을 모은 시간 : 5분
- 모은 물의 부피 : 500cm²

① 0.001cm/sec   ② 0.005cm/sec
③ 0.01cm/sec   ④ 0.05cm/sec

해설

1) $Q = KiA = K \cdot \dfrac{h}{L} \cdot A$

여기서, Q : t시간 동안 모은 물의 부피
A : 시료의 단면적
h : 수위차
L : 시료의 길이

2) $\dfrac{500}{5 \times 60} = K \times \dfrac{500}{30} \times 100$

∴ $K = 0.001 cm/\sec$

79 $\gamma_t = 1.8\text{t/m}^3$, $\phi = 30°$인 뒤채움 모래를 이용하여 8m 높이의 보강토 옹벽을 설치하고자 한다. 폭 75mm, 두께 3.69mm의 보강띠를 연직방향 설치간격 S_v=0.5m, 수평방향 설치간격 S_h=1.0m로 시공하고자 할 때, 보강띠에 작용하는 최대힘 T_{max}의 크기를 계산하면?

① 1.53t
② 2.53t
③ 2.40t
④ 4.53t

해설

1) $T_{max} = \gamma \cdot H \cdot K_a \cdot S_v \cdot S_h$

   $= 1.8 \times 8 \times \dfrac{1}{3} \times 0.5 \times 1$

   $= 2.4t$

2) $K_a = \tan^2\left(45° - \dfrac{\phi}{2}\right)$

   $= \tan^2\left(45° - \dfrac{30°}{2}\right) = \dfrac{1}{3}$

80 포화된 지반의 간극비를 e, 함수비를 w, 간극률을 n, 비중을 G_s라 할 때 다음 중 한계동수경사를 나타내는 식으로 적절한 것은?

① $\dfrac{G_s + 1}{1 - e}$

② $(1 + n)(G_s - 1)$

③ $\dfrac{e - w}{w(1 + e)}$

④ $\dfrac{G_s(1 - w + e)}{(1 + G_s)(1 + e)}$

해설

1) $S \cdot e = G_s \cdot \omega$ 포화상태 S=1

   $\therefore G_s = \dfrac{e}{w}$

2) 한계동수경사(i_{cr})

   $i_{cr} = \dfrac{G_s - 1}{1 + e} = \dfrac{\dfrac{e}{w} - 1}{1 + e} = \dfrac{\dfrac{e - w}{w}}{1 + e} = \dfrac{e - w}{w(1 + e)}$

2013 기출문제 제2회 건설재료시험기사

제1과목 콘크리트공학

01 다음의 콘크리트 워커빌리티 측정 시험방법 중 틀린 것은?
① 슬럼프 시험
② 리몰딩 시험
③ 구관입 시험
④ 블리딩 시험

해설
블리딩 시험은 콘크리트 내부의 물이 표면위로 상승하는 현상을 알아보기 위한 시험이다.

02 콘크리트 구조물의 건조수축, 온도 변화 등에 의해 발생되는 균열을 한 곳으로 집중시키기 위해 단면 결손부에 설치하는 것은?
① 신축이음
② 균열유발줄눈
③ 콜드 조인트(cold joint)
④ 연직시공이음

해설
<수축줄눈> 균열유발줄눈
· 구조물의 건조수축
· 온도변화 등에 의한 균열을 한 곳에 유도하기 위해서 설치하는 줄눈

03 콘크리트의 크리프에 대한 설명으로 옳지 않은 것은?
① 온도가 높을수록 크리프는 증가한다.
② 부재치수가 작을수록 크리프는 증가한다.
③ 시멘트량이 많을수록 크리프는 감소한다.
④ 중용열 시멘트나 혼합 시멘트는 보통 시멘트보다 크리프가 크다.

해설
콘크리트 크리프(creep)의 특징
1) 습도가 작을수록 크리프가 크다.
2) 대기온도가 높을수록 크리프가 크다.
3) 부재치수가 작을수록 크리프가 크다.
4) 재령이 작을수록 크리프가 크다.
5) 단위시멘트량이 많을수록, 물-시멘트비가 클수록 크리프가 크다.

정답 01 ④ 02 ② 03 ③

04 포장용 시멘트 콘크리트의 배합 기준 중 옳지 않은 것은?
① 설계기준 휨강도 : 4.5MPa 이상
② 슬럼프 : 20mm 이하
③ 공기량 : 4~6%
④ 단위수량 : 150kg/m³ 이하

해설
포장용 콘크리트의 배합설계기준

항목	기준
설계기준 휨강도(f_{28})	4.5MPa 이상
단위수량	150kg/m³ 이하
굵은골재의 최대치수	40mm 이하
슬럼프	40mm 이하
공기량	4~6%이하

05 내부 진동기를 사용하여 콘크리트를 다질 경우에 옳지 않은 것은?
① 내부 진동기는 하층의 콘크리트 속에 0.1m 정도 찔러 다진다.
② 연직방향으로 내부 진동기 삽입간격은 0.5m이하로 한다.
③ 콘크리트를 횡방향으로 이동시킬 목적으로 사용해서는 안 된다.
④ 콘크리트를 타설한 직후에 거푸집 외부에 충격을 줘서는 안 된다.

해설
콘크리트 타설한 직후 외벽에 진동을 주거나 충격을 주어서 거푸집 내부 구석 구석에 콘크리트가 채워지도록 외부 진동다짐을 주는 것이 필요하다.

06 콘크리트 연직시공이음에 대한 설명 중 틀린 것은?
① 시공이음면의 거푸집을 견고하게 지지하고 이음부위는 진동기로 충분히 다진다.
② 새 콘크리트를 타설한 후에 적당한 시기에 재진동 다지기를 하는 것이 좋다.
③ 보통 콘크리트 타설 후 여름에는 10~15시간 정도에 시공이음면의 거푸집을 제거한다.
④ 구 콘크리트 시공이음면을 쇠솔이나 쪼아내기를 하여 거칠게 하고 충분히 흡수시킨 후 시멘트 풀, 모르타르, 습윤면용에 폭시 수지 등을 바르고 새 콘크리트를 타설한다.

해설
연직시공이음면의 거푸집 제거는 콘크리트를 타설하고 난 후 여름에는 4~6시간 정도로 하며, 겨울에는 10~15시간 정도로 한다.

정답 04 ② 05 ④ 06 ③

07 섬유보강 콘크리트의 배합에 대한 설명 중 틀린 것은?
① 강섬유의 혼입량은 콘크리트 용적의 0.5~ 2% 정도이다.
② 압축강도, 인장강도, 휨강도는 섬유 혼입률에 거의 비례하여 증대하나 전단강도 및 인성은 그다지 변화하지 않는다.
③ 단위수량 증가는 섬유 혼입률 1%에 대하여 약 20kg/m³ 정도이다.
④ 강제식 믹서로 비비며 일반 콘크리트에 비해 2~4배 정도 비비기 부하가 커진다.

해설
섬유보강 콘크리트의 섬유 혼입률에 따라 인장강도, 휨강도, 전단강도 등은 비례하여 증대하나, 압축강도는 해당되지 않는다.

08 고유동 콘크리트에서 굳지 않은 콘크리트의 유동성을 관리하는 시험으로 옳은 것은?
① 슬럼프 플로 시험
② 간극 통과성 시험
③ 깔때기 유하 시간
④ 자기 충전 시험

해설
고유동 콘크리트에서 유동성은 슬럼프 플로시험으로 한다.

09 일반 콘크리트의 제조 시 굵은골재 목표 1회 계량분은 2,530kg이나 현장에서 굵은골재 저울에 의한 계량치는 2,500kg이다. 계량오차와 허용치 만족 여부에 대해 옳은 것은?
① 계량오차 : -1%, 허용치 만족 여부 : 합격
② 계량오차 : -2%, 허용치 만족 여부 : 합격
③ 계량오차 : -1%, 허용치 만족 여부 : 불합격
④ 계량오차 : -2%, 허용치 만족 여부 : 불합격

해설
1) 계량오차 = $\frac{2500-2530}{2530} \times 100 = -1.19\%$
2) 골재의 허용 오차는 ±3% 이므로 합격

10 고강도 콘크리트의 타설에 대한 내용 중 ( )에 적합한 것은?

기둥 부재에 쳐 넣은 콘크리트 강도와 슬래브나 보에 쳐 넣은 콘크리트 강도의 차가 ( )배 이상일 경우에는 기둥에 사용한 콘크리트가 수평부재의 접합면에서 0.6m정도 충분히 수평재 쪽으로 안전한 내민 길이를 확보한다.

① 0.6
② 1.0
③ 1.4
④ 1.6

11 콘크리트의 품질관리 중 받아들이기 품질검사에 대한 설명으로 틀린 것은?
① 콘크리트의 받아들이기 품질관리는 콘크리트를 타설하기 전에 실시한다.
② 강도 검사는 콘크리트의 배합검사를 실시하는 것을 표준으로 한다.
③ 내구성 검사는 공기량, 염소이온량을 측정하는 것으로 한다.
④ 워커빌리티 검사는 잔골재율의 설정치를 만족하는지의 여부를 확인하고 재료분리저항성을 실험에 의하여 확인한다.

해설
콘크리트의 받아들이기 품질검사에서 워커빌리티의 검사는 굵은골재 최대치수 및 슬럼프가 설정치를 만족하는 지의 여부를 확인하고 동시에 재료분리에 대한 저항성을 외관관찰로 확인하는 검사다.

12 콘크리트의 압축강도 시험용 공시체 제작 방법 중 옳지 않은 것은?
① 몰드를 떼어내는 시기는 콘크리트 채우기가 끝나고 16시간 이상 3일 이내로 한다.
② 공시체는 지름의 2배 높이를 가진 원기둥으로 한다.
③ 공시체의 지름은 굵은골재 최대치수의 3배 이상, 150mm 이상으로 한다.
④ 콘크리트를 몰드에 채울 때 2층 이상의 거의 같은 층으로 나눠서 채운다.

해설
압축강도 시험용 공시체는 지름의 2배 높이인 원기둥형이며 지름은 굵은골재 최대치수의 3배 이상, 10cm 이상으로 한다.

13 150×150×530mm의 공시체가 3등분 중앙부에서 파괴되고 재하하중이 45kN일 때 휨강도는?(단, 지간은 450mm이다.)
① 4.2MPa
② 4.8MPa
③ 5.3MPa
④ 6.0MPa

해설
$$f_b = \frac{Pl}{bd^2} = \frac{45,000 \times 450}{150 \times 150^2} = 6 N/mm^2 = 6.0 MPa$$

14 콘크리트 압축강도의 표준편차를 알지 못할 경우로 콘크리트의 설계기준 압축강도가 30MPa일 때 배합강도는?

① 37MPa
② 38.5MPa
③ 40MPa
④ 42MPa

해설

표준편차를 모르고 압축강도 시험횟수 14회 이하인 경우 콘크리트 배합강도
f_{ck} : 21미만인 경우 $f_{ck}+7$
f_{ck} : 21이상~35이하인 경우 $f_{ck}+8.5$
f_{ck} : 35초과 $1.1f_{ck}+5$
$f_{cr} = f_{ck}+8.5 = 30+8.5 = 38.5$MPa

15 한중 콘크리트에서 비볐을 때 콘크리트 온도가 30°C, 비빈 후부터 타설이 끝났을 때까지의 시간이 90분, 타설 시 주위의 온도가 4°C일 경우에 콘크리트의 온도는?

① 18°C
② 24.2°C
③ 20.5°C
④ 23°C

해설

치기 종료 시 콘크리트의 온도
$$T_2 = T_1 - 0.15(T_1 - T_0)t$$
$$= 30 - 0.15(30-4) \times \frac{90}{60}$$
$$= 24.2°C$$

16 콘크리트의 배합강도 결정 시 압축강도 시험 횟수에 따른 표준편차가 필요한데 이때 시험횟수와 보정계수로 옳지 않은 것은?

① 15회 : 1.16
② 20회 : 1.07
③ 25회 : 1.03
④ 30회 : 1.0

해설

압축강도의 시험횟수가 29회 이하이고 15회 이상인 경우의 표준편차 보정계수

시험횟수	표준편차 보정계수
15	1.16
20	1.08
25	1.03
30 이상	1.00

17 거푸집의 높이가 높아 슈트, 펌프 배관, 버킷, 호퍼 등으로 콘크리트를 타설 시 배출구와 타설면까지의 높이는 몇 m 이하로 하는가?
① 1m
② 1.5m
③ 2.0m
④ 2.5m

> **해설**
> 배출구와 타설면 까지의 높이는 1.5m 이하로 한다.

18 콘크리트 비파괴 시험방법으로 콘크리트 내부의 공동이나 균열 및 강도 추정 등에 이용되는 것은?
① 초음파법
② 인발법
③ 전기방식법
④ 반발경도법

> **해설**
> 초음파법에 대한 설명이다.

19 다음의 경량골재 콘크리트에 대한 설명 중 틀린 것은?
① 보통골재 콘크리트보다 슬럼프가 작아지는 경향이 있다.
② 배합 시 경량골재는 젖은 상태로 사용한다.
③ 경량골재 콘크리트의 선팽창률은 보통 콘크리트의 60~70% 정도이다.
④ 보통 골재 콘크리트의 경우보다 공기량을 1%정도 작게 한다.

> **해설**
> 경량골재 콘크리트는 일반콘크리트에 비하여 골재특성상 작아지는 경향이 크다 따라서 단위수량을 크게 하여 슬럼프를 높게 잡아주는것이 일반적이며, (50~180mm)공기량은 일반골재를 사용한 콘크리트보다 1%정도 크게 한다.

20 다음 조건과 같은 콘크리트 시방배합일 때 공기량은 얼마인가?

· 단위수량 : 180kg/m³	· 단위시멘트량 : 360kg/m³
· 잔골재량 : 750kg/m³	· 굵은골재량 : 987kg/m³
· 시멘트비중 : 3.15	· 잔골재 밀도 : 262g/cm³
· 굵은골재밀도 : 2.64g/cm³	

① 4.0%
② 4.2%
③ 4.4%
④ 4.6%

> **해설**
> 공기량 $= 1 - (\frac{180}{1,000} + \frac{360}{3.15 \times 1,000} + \frac{750}{2.62 \times 1,000} + \frac{987}{2.64 \times 1,000})$
> $= 0.0456 m^3$

정답 17 ② 18 ① 19 ④ 20 ④

제2과목 건설시공 및 관리

21 저소음, 저진동으로 시가지 공사에 적합한 구조물 기초공법으로 굴착 구멍의 붕괴를 막기 위해 벤토나이트 용액을 이용하여 벽체를 연속적으로 시공하는 공법은?
① JSP 공법
② Slurry Wall 공법
③ Open cut 공법
④ SGR 공법

해설
Slurry Wall 공법은 도심지 저소음, 저진동 흙막이 벽체(기초) 시공 공법으로 공벽붕괴 방지를 위한 안정액(벤토나이트)를 사용하여 공벽의 안정을 도모하는 공법

22 Network 공정표에서 주공정선에 대한 설명 중 틀린 것은?
① 공정 단축은 주공정선에서 한다.
② 주공정선상에서 총 여유시간(TF)은 0이다.
③ 주공정선은 반드시 1개가 존재하게 된다.
④ 주공정선은 작업경로 중에서 가장 긴 경로이다.

해설
주공정선(CP)은 네트워크상의 최장 경로로서 CP가 2개 이상 있을 수 있다.

23 다음 그림과 같은 측량성과의 횡단면적을 심프슨(Simpson)제 2법칙에 의해 구한 값은? (단, 단위는 m이다.)

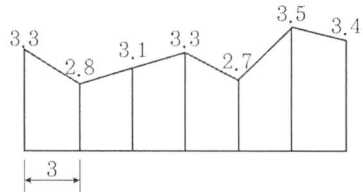

① 35.8m²
② 45.8m²
③ 55.8m²
④ 65.8m²

해설
심프슨 제2법칙
$$A = \frac{3d}{8}(y_o + y_n + 3\sum y_{\text{나머지}} + 2\sum y_{\text{3배수}})$$
$$= \frac{3 \times 3}{8}[3.3 + 3.4 + 3 \times (2.8 + 3.1 + 2.7 + 3.5) + 2 \times (3.3)] = 55.8 m^2$$

24 10m³ 덤프 트럭으로 1,200m³의 운반토량을 토사장에 운반할 때 1일 소요 대수는? (단, 트럭의 운반속도 15km/hr, 상하차시간 8분, 1일 작업시간 8시간, 토사장까지의 거리 3km)

① 8대 ② 9대
③ 10대 ④ 11대

해설

1) $C_m = \dfrac{3 \times 2}{15} \times 60 + 8 = 32$분

2) $Q_t = \dfrac{60 q_t f E_t}{C_m} = \dfrac{60 \times 10 \times 1 \times 1}{32} = 18.75$m³/hr

3) 1일 운반토량 = 18.75×8 = 150m³

4) 1일 소요대수 = $\dfrac{1200}{150} = 8$대

25 암거의 매설깊이가 1.8m이고 암거 상부 지하수면 최저 위치와의 거리 30cm, 지하수면의 경사 6°인 암거가 지하수면의 깊이를 1m로 할 때 암거 간 매설 간격은?

① 4.7m ② 9.5m
③ 8.7m ④ 10.7m

해설

암거의 간격

$D = \dfrac{2(H-h-h_1)}{\tan \beta} = \dfrac{2(1.8-1-0.3)}{\tan 6°}$

  $= 9.51 m$

여기서, D : 암거의 간격
  H : 암거 깊이
  h : 지하수의 깊이
  h_1 : 암거와 지하수면과의 최저점거리
  β : 지하수면의 경사

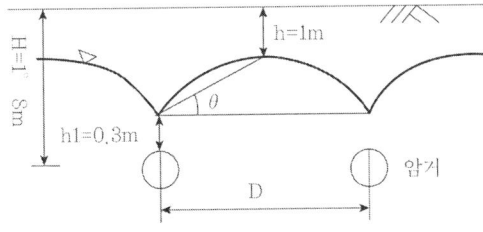

26 공사일수를 3점 견적법에 의해 산정할 때 적정한 공사 일수는?(단 낙관일수 5일, 정상 일수 7일, 비관일수 9일)

① 5일 ② 6일
③ 7일 ④ 8일

해설
3점법에 의한 추정공사일수
$$t_e = \frac{t_o + 4t_m + t_p}{6} = \frac{5 + 4 \times 7 + 9}{6} = 7일$$

27 다음의 아스팔트 포장 단면도를 보고 옳게 표현된 것은?

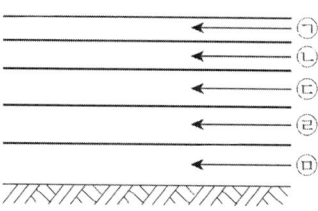

	㉠	㉡	㉢	㉣	㉤
①	표층	기층	중간층	차단층	보조기층
②	표층	중간층	기층	보조기층	차단층
③	표층	차단층	중간층	기층	보조기층
④	표층	차단층	기층	보조기층	차단층

해설
차단층은 동상방지층을 말하며 노상내 위치한다.

28 터널의 계측관리 중 일상계측 항목에 속하지 않는 것은?

① 천단침하 측정 ② 갱내 관찰조사
③ 지중변위 측정 ④ 내공변위 측정

해설
일상계측(A계측)은 터널에서 가장 일반적으로 하는 계측의 종류를 말하며 아래와 같다.
① 갱내 관찰조사
② 내공변위 측정
③ rock bolt 인발시험
④ 천단침하 측정
⑤ 지표침하측정

29 아스팔트 포장면이 거북등 모양의 균열이 발생하는 원인으로 가장 타당한 것은?
① 노반 지지력이 부족한 경우
② 포장 시 전압이 부족한 경우
③ 아스팔트 혼합물을 지나치게 가열한 경우
④ 골재와 아스팔트의 결합력이 부족한 경우

해설
거북등 균열의 원인은 토공(노상)의 다짐불량에 따른 지지력 부족으로 발생이 된다.

30 교량의 가설 위치 선정으로 옳지 않은 것은?
① 교각의 축방향이 유수의 방향과 직각이 되는 곳
② 하천의 굴곡부는 가능한 피할 것
③ 하천과 양안의 지질이 양호한 곳
④ 하천과 유수가 안정된 곳

해설
교각의 축방향은 유수의 방향에 평행하도록 설치해야 한다.

31 아스팔트 포장의 끝손질 마무리 다짐에 적합한 장비는?
① 머캐덤 롤러
② 타이어 롤러
③ 탠덤 롤러
④ 탬핑 롤러

해설
1) 머캐덤 롤러 : 1차다짐장비로서 헤어크랙 방지를 목적
2) 타이어 롤러 : 2차다짐장비로서 골재 interlocking 확보를 목적
3) 탠덤 롤러 : 아스팔트 포장의 마무리 다짐에 사용되며 타이어 롤러 자국제거를 목적으로 사용된다.

32 사질토 지반의 지하수위를 저하시키기 위한 공법으로 집수관 및 양수관, 연결관 등의 설치가 필요한 것은?
① 웰 포인트 공법
② 페이퍼 드레인 공법
③ 샌드 드레인 공법
④ 약액 주입공법

해설
well point 공법에 대한 설명으로 실트질 모래지반까지 도 강제배수(1단 7m 내외)가 가능하다.

정답 29 ① 30 ① 31 ③ 32 ①

33 암석 발파에 대한 설명 중 틀린 것은?

① 시험발파로 발파계수(C)를 알 수 있다.
② 누두지수(n)가 1보다 크면 약장약이다.
③ 누두지수 $n = \dfrac{R}{W}$ 이다.
④ 누수지수(n)가 1이면 표준장약이다.

해설

누두지수(n)
$n = \dfrac{R}{W} > 1$ 이면 과장약이다.
여기서, R : 누두반경
　　　　W : 최소저항선

34 교량의 가설공법 중 비계를 사용하는 공법이 아닌 것은?

① 새들 공법
② 벤트식 공법
③ 이랙션 트러스 공법
④ 캔틸레버식 공법

해설

비계를 사용하는 않는 공법
1) 브라켓 가설공법
2) 캔틸레버식 가설공법
3) 크레인식 공법
4) 부선식 공법

35 공기 케이슨 공법에 대한 설명으로 옳지 않은 것은?

① 장애물 제거가 용이하고 인접지반의 침하 우려가 없다.
② 토층의 토질을 확인할 수 있으며 정확한 측정이 가능하다.
③ 일반적으로 굴착깊이는 35~40m로 제한된다.
④ 소규모 공사나 심도가 얕은 시공에서 경제적이다.

해설

공기케이슨식 공법은 대규모, 수심이 깊은 깊은기초 공사에 적합하다.

36 보강토 옹벽에 관한 설명 중 틀린 것은?

① 흙과 인장력이 큰 보강재를 부설하여 마찰력에 의해 토압을 지지한다.
② 특수한 시공장비가 필요하지 않아 시공이 용이하고 공기 단축을 할 수 있다.
③ 기초 지반이 견고하지 않은 곳은 적용이 곤란하다.
④ 높은 옹벽의 축조가 가능하다.

해설

보강토 옹벽은 기초지반이 견고한 지반이 아니더라도 시공이 가능한 구조적특성을 가지고 있다.

37 히빙(heaving)의 방지 대책으로 옳지 않은 것은?
① 굴착 시 부분굴착보다 전면굴착을 한다.
② 굴착 저면의 지반을 개량한다.
③ 흙막이 근입깊이를 깊게 한다.
④ 지하수의 배수 처리를 한다.

해설
히빙현상을 방지하기 위해서는 전면 굴착 방식보다 부분적인 굴착방식으로 시행하는 것이 히빙현상을 방지하는데 필요하다.

38 52,500m³의 성토를 하는데 유용토로 느슨한 토량이 35,000m³가 있다. 이때 부족한 토량은 본바닥 토량으로 얼마인가?(단, L=1.2, C=0.9)
① 25.321m³
② 27.530m³
③ 29,166m³
④ 30,050m³

해설
1) 본바닥토량 = $52,500 \times \dfrac{1}{0.9} = 58,333$
2) 본바닥토량 = $35,000 \times \dfrac{1}{1.2} = 29,166$
3) 부족토량 = $29,166 - 58,333 = 29,166 m^3$

39 여수로의 종류 중 댐 정상부를 월류시킬 수 없을 때 댐의 한쪽 또는 양쪽에 설치하며 월류부는 난류를 막기 위해 굳은 암반상에 일직선으로 설치하는 것은?
① 그롤리홀 여수로
② 슈트식 여수로
③ 사이펀 여수로
④ 측수로 여수로

해설
측수로 여수로에 대한 설명이다.

40 다음의 조건에서 본바닥 토량으로 환산한 1시간당 불도저의 토공 작업량은?

- 1회 굴착 압토량 : 느슨한 상태로 2.9m³
- 평균 압토거리 : 50m
- 전진속도 : 50m/min
- 후진속도 : 60m/min
- 기어 변속시간 : 0.25min
- 작업효율 : 0.7
- 토량 변화율(L) : 1.2

① 30m³/hr ② 40m³/hr
③ 49m³/hr ④ 45m³/hr

해설

1) $C_m = \dfrac{l}{V_1} + \dfrac{l}{V_2} + t = \dfrac{50}{50} + \dfrac{50}{60} + 0.25 = 2.08$분

2) $Q = \dfrac{60qfE}{C_m} = \dfrac{60 \times 2.9 \times \dfrac{1}{1.2} \times 0.7}{2.08} = 48.80 m^3/hr$

제3과목 건설재료 및 시험

41 수화열에 의한 균열의 문제가 없는 경우로 한중 콘크리트에 적합한 시멘트는?

① 조강 포틀랜드 시멘트
② 보통 포틀랜드 시멘트
③ 중용열 포틀랜드 시멘트
④ 실리카 시멘트

해설

한중콘크리트에 사용되는 시멘트는 조강 포틀랜드 시멘트를 사용한다.

42 화성암에 속하지 않는 석재는?

① 현무암 ② 안산암
③ 섬록암 ④ 편마암

해설

암석의 성인에 따른 분류
1) 화성암 : 화강암, 안산암, 현무암 등
2) 퇴적암 : 사암, 점판암, 석회암 등
3) 변성암 : 대리석, 편마암, 사문암 등

43 다음 표는 혼화재의 종류별 특성을 표시한 값이다. 적합한 혼화재의 명칭은?

혼화재료	비중	이산화규소(%)	비표면적(m^2/kg)
A	2.85	34.1	505
B	2.10	53.8	387
C	2.30	92.5	18,850

	A	B	C
①	실리카 품	고로슬래그	플라이애시
②	고로슬래그	플라이애시	실리카 품
③	실리카 품	플라이애시	고로슬래그
④	고로슬래그	실리카 품	플라이애시

44 콘크리트에 사용되는 골재의 알칼리 골재 반응에 관한 설명으로 옳지 않은 것은?
① 시멘트 중 Na_2O량 및 K_2O량의 함유량과 반응성 골재에 따라 팽창성 균열이 달라진다.
② 알칼리 골재 반응을 억제하기 위해 알칼리량을 0.8%이하로 한다.
③ 알칼리 골재 반응을 일으키기 쉬운 골재는 오팔, 트리디마이트, 크리스토발라이트 등을 포함한 골재이다.
④ 알칼리 골재를 억제하기 위해 플라이애시 시멘트나 고로 슬래그 시멘트를 사용한다.

> **해설**
> 알카리골재반응은 시멘트의 알카리 성분과 골재의 실리카 성분에 의해 주로 발생되므로 시멘트의 알카리 성분을 제한해 주는 것이 필요하다.(전알칼리량 0.6%이하), 또한 시멘트의 일부를 고로 슬래그, 플라이애시 등으로 치환해서 사용하는 방법도 필요하다.

45 시멘트에 대한 설명으로 옳지 않은 것은?
① 분말도가 크면 수화열이 빨리 진행되어 초기강도가 크다.
② 시멘트의 강도는 시멘트 풀의 강도로 나타낸다.
③ 풍화된 시멘트는 비중이 감소되고 강열감량이 증가된다.
④ 시멘트의 팽창 정도를 알기 위해 시멘트의 안정성 시험을 한다.

> **해설**
> 시멘트의 강도는 시멘트 모르타르의 강도로 나타냄.

46 A골재의 조립률 6.2, B골재의 조립률 7.5인 두 종류의 골재 중량비율을 7:3으로 혼합할 때 조립률은?

① 6.24
② 6.59
③ 6.85
④ 7.11

해설

혼합조립률(FM) $= \dfrac{A \cdot a + B \cdot b}{A+B} = \dfrac{7 \times 6.2 + 3 \times 7.5}{7+3} = 6.59$

47 아스팔트 혼합물의 특성에 대한 설명 중 틀린 것은?

① 아스팔트 침입도가 클수록 안정도가 감소한다.
② 골재의 최대 입경이 작을수록 안정도가 증가한다.
③ 공극률이 작은 골재일수록 안정도가 증가한다.
④ 채움재량이 적을수록 안정도가 감소한다.

해설

아스팔트 혼합물의 안정도는 AP 침입도가 작고, 굵은골재 최대치수가 크며, 채움재가 증가할수록 안정도는 커진다.

48 콘크리트에 사용되는 골재의 품질시험에 관한 설명 중 틀린 것은?

① 잔골재의 조립률은 2.3~3.1이 적당하다.
② 콘크리트용 굵은골재의 내구성을 판단하기 위해 황산나트륨에 의한 안정성 시험을 한다.
③ 조립률에 의한 골재의 입도를 알 수 있다.
④ 유기 불순물 시험의 결과 시험용액의 색도가 표준색 용액보다 연하면 콘크리트 용으로 사용할 수 없다.

해설

유기 불순물 시험결과 시험용액의 색도가 표준용액보다 연하면 합격이다.

49 역청 혼합물의 배합설계에 대한 설명 중 틀린 것은?

① 흐름값은 최대 외력을 다져진 혼합물에 가했을 때 소성변형의 값이다.
② 마샬 안정도는 소성변형에 대한 저항값이다.
③ 최대이론밀도는 다져진 혼합물의 공극을 제외한 밀도이다.
④ 포화도는 다져진 혼합물의 골재 공극 중 역청재가 차지하는 질량 비율(%)로 나타낸다.

해설

포화도는 골재 공극률에 아스팔트가 채워져 있는 비율

$S = \dfrac{V_a}{V_a + V} \times 100(\%)$

여기서, V_a : 아스팔트의 용적률
V : 공극률

50 고무화 아스팔트가 스트레이트 아스팔트와 비교했을 때 장점으로 틀린 것은?
① 응집성이 크다.   ② 내후성이 크다.
③ 감온성이 크다.   ④ 부착력이 크다.

해설
고무아스팔트는 스트레이트 아스팔트에 비하여 감온성이 작다

51 비결정질의 유리질 재료로 잠재수경성을 가지고 있으며 유리화율이 높을수록 잠재수경성 반응이 커지는 혼화재료는?
① 플라이애시   ② 팽창재
③ 실리카 품   ④ 고로 슬래그 미분말

해설
고로 슬래그 미분말
고로슬래그의 실리카 성분이 시멘트의 수산화칼슘+물과 반응하여 잠재수경성 상태에서 수경성 반응을 일으키는 현상을 포졸란 반응이라하고 이러한 포졸란 반응은 고로슬래그에서 가장 크게 발생한다.

52 길이가 50cm, 지름이 6cm인 강봉을 축방향으로 인장시켰을 때 길이가 8mm늘고 지름이 2mm 줄었다. 이 강봉의 푸아송의 비는?
① 0.48   ② 0.96
③ 1.04   ④ 2.08

해설
푸아송비

(푸아송비) $\nu = \dfrac{\dfrac{\triangle d}{d}}{\dfrac{\triangle l}{l}} = \dfrac{\dfrac{0.2}{6}}{\dfrac{0.8}{50}} = 2.08$

53 끌을 이용하여 각목을 얇게 절단한 것으로 아름다운 결을 장식용으로 이용하기 좋은 합판은?
① 슬라이스 베니어   ② 로터리 베니어
③ 집성목판   ④ 소드 베니어

해설
슬라이스 베니어(sliced veneer)에 대한 설명이다.

정답 50 ③ 51 ④ 52 ④ 53 ①

54. 석재에 대한 설명 중 틀린 것은?

① 석재는 구조용으로 사용할 경우 주로 인 장력을 받는 부분에 사용된다.
② 석재는 취급에 불편하지 않게 1m³정도의 크기로 사용하는 것이 좋다.
③ 암석의 압축강도가 50MPa이상인 경우에는 경석이라 한다.
④ 퇴적암이나 변성암에 나타나는 평행의 절리를 층리라 한다.

해설

석재
1) 석재는 압축력을 받는 부분에 사용된다.
2) 석재의 분류

종 류	압축강도(MPa)
경 석	50 이상
준경석	10~50
연 석	10 미만

55. 골재의 실적률 시험 결과 표건밀도 2,650kg/L, 단위용적질량 1,550kg/L, 흡수 율1.6%이다. 이 골재의 공극률은?

① 40.6%
② 41.6%
③ 58.5%
④ 59.4%

해설

1) 실적률 $= \dfrac{\text{골재의 단위질량}(100+\text{흡수율})}{\text{골재의 표건밀도}}$

$= \dfrac{\text{골재의 단위용적질량}}{\text{골재의 절건밀도}} \times 100$

$= \dfrac{1.55(100+1.6)}{2.65} = 59.43\%$

2) 공극률 = 100 - 실적률 = 100 - 59.43
 = 40.57%

56. 구리, 크롬, 니켈 등의 합금원소를 소량 함유한 강재로 일반강과 비교할 때 4~8배 이상의 내식성을 가지며 자연발생적인 색상의 미려함도 큰 장점인 강재는?

① 무도장 내후성강
② 내층상 박리강
③ TMCP강
④ 일반 구조용 압연 강재

해설

무도장 내후성강에 대한 설명이다.

57 콘크리트용 혼화재료 중 응결지연제에 대한 설명으로 틀린 것은?
① 시멘트의 응결, 경화를 길게 한다.
② 서중 콘크리트에 이용된다.
③ 조기강도를 증대시켜 주는 효과가 있다.
④ 연속 타설 시 작업이음 발생을 방지한다.

해설
응결지연제는 수화작용에 의한 응결을 지연시키는 목적으로 조기강도 증대는 해당되지 않는다.

58 폭약에 대한 설명으로 틀린 것은?
① 다이너마이트보다 칼릿은 발화점이 높다.
② 다이너마이트의 주성분은 니트로글리세린이다.
③ ANFO폭약은 폭발가스량이 적고 폭발온도는 비교적 높다.
④ 니트로글리세린은 글리세린에 질산과 황산을 혼합하여 반응시켜 만든다.

해설
ANFO(초유폭약)
1) 질산암모늄(94)+연료(6)비율로 섞어 혼합한 초안폭약
2) 취급이 안전하고 가격이 저렴하다
3) 폭발가스량이 많다

59 폴리머를 판상으로 압축시키며 격자 모양의 그리드 형태로 구멍을 내 일축 또는 이축으로 연신하여 제조하므로 분자 배열이 잘 조정되어 높은 강도를 내어 보강 및 분리 기능의 용도로 사용되는 토목섬유는?
① 직포형 지오텍스타일
② 부직포형 지오텍스타일
③ 지오멤브레인
④ 지오그리드

해설
지오그리드에 대한 설명이다.

60 시멘트의 관리에 대한 설명으로 옳지 않은 것은?
① 포대 시멘트는 13포 이상 쌓아 저장해서는 안된다.
② 보통 60°C이하 온도의 시멘트를 사용하면 콘크리트 품질에 영향이 없다.
③ 시멘트는 방습적인 구조에서 저장한다.
④ 저장 중에 약간이라도 굳은 시멘트는 사용해서는 안 된다.

해설
시멘트의 온도는 일반적으로 50°C정도 이하를 사용하는 것이 좋다.

제4과목 토질 및 기초

61 포화된 점토시료에 대해 비압밀 비배수 삼축압축시험을 실시하여 얻어진 비배수 전단강도는 180kg/cm²이었고 이 시험에서 가한 구속응력은 240kg/cm²이었다. 만약 동일한 점토시료에 대해 또 한 번의 비압밀 비배수 삼축압축시험을 실시할 경우 전단 파괴 시에 예상되는 축차응력의 크기는? (단, 이번 시험에서 가해질 구속응력의 크기 는 400kg/cm²)

① 90kg/cm²
② 180kg/cm²
③ 360kg/cm²
④ 540kg/cm²

해설

1) 전단강도(c_u)=Mohr원 반경(r)=180
2) 구속응력(σ_3)=240이고 UU시험에서 Mohr원 크기가 동일하므로
3) $\sigma_1 = 200 + (180 \times 2) = 600$

따라서 UU-test($S_r = 100\%$일 때)에서 또 한번의 UU시험 결과 축차응력($\sigma_1 - \sigma_3$)은 360이 된다.

62 다음 그림과 같이 피압수압을 받고 있는 2m 두께의 모래층이 있다. 그 위의 포화된 점토층을 5m 깊이로 굴착하는 경우 분사현상이 발생하지 않기 위한 수심(h)는 최소 얼마를 초과하도록 하여야 하는가?

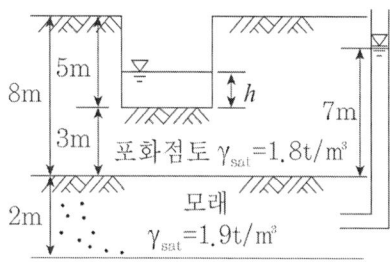

① 1.3m
② 1.6m
③ 1.9m
④ 2.4m

해설

1) $\sigma = 1 \times h + 1.8 \times 3 = h + 5.4$
2) $u = 1 \times 7 = 7t/m^2$
   $\overline{\sigma} = \sigma - u$이면 heaving이 발생되므로
3) $\overline{\sigma} = \sigma - u = h + 5.4 - 7 = 0$
   $h = 1.6m$
4) 물체력을 고려하는 방법에서 전중량(포화단위중량)과 경계면 수압($7t/m^3$)을 고려하는 방법과 유효중량(수중단위중량)과 침투수력을 고려하는 방법중 이문제는 전중량+경계면 수압에 대한 사항으로 풀이를 함.

63 표준관입시험(S.P.T)결과 N치가 30이였고, 그 때 채취한 교란시료로 입도시험을 한 결과 입자가 둥글고, 입도분포가 불량할 때 Dunham공식에 의해서 구한 내부 마찰각은?

① 33.97° ② 37.3°
③ 42.3°   ④ 48.3°

해설

Dunham 공식
$\phi = \sqrt{12N} + 15 = \sqrt{12 \times 30} + 15 = 33.97°$

64 다음 그림에서 C점의 압력수두 및 전수두 값은 얼마인가?

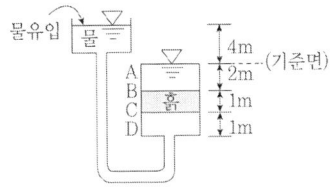

① 압력수두 3m, 전수두 2m   ② 압력수두 7m, 전수두 0m
③ 압력수두 3m, 전수두 3m   ④ 압력수두 7m, 전수두 4m

해설

1) 전수두 : $\frac{4}{1} \times 1 = 4m$

2) 위치수두 : $-3m$

3) 압력수두 : $4 - (-3) = 7m$

65 다져진 흙의 역학적 특성에 대한 설명으로 틀린 것은?

① 다짐에 의하여 간극이 작아지고 부착력이 커져서 역학적 강도 및 지지력은 증대하고 압축성, 흡수성 및 투수성은 감소한다.
② 점토를 최적함수비보다 약간 건조측의 함수비로 다지면 면모구조를 가지게 된다.
③ 점토를 최적함수비보다 약간 습윤측에서 다지면 투수계수가 감소하게 된다.
④ 면모구조를 파괴시키지 못할 정도의 작은 압력으로 점토시료를 압밀할 경우 건조측 다짐을 한 시료가 습윤측 다짐을 한 시료보다 압축성이 크게 된다.

해설

낮은압력에서 다짐시 건조측 점토시료의 압축성은 습윤측 점토시료의 압축성보다 작다.

66 Terzaghi의 극한지지력 공식에 대한 설명으로 틀린 것은?
① 기초의 형상에 따라 형상계수를 고려하고 있다.
② 지지력계수 N_c, N_q, N_γ는 내부마찰각에 의해 결정된다.
③ 점성토에서의 극한지지력은 기초의 근입깊이가 깊어지면 증가된다.
④ 극한지지력은 기초의 폭에 관계없이 기초하부의 흙에 의해 결정된다.

해설
극한지지력은 기초의 폭과 근입깊이에 따라 달라진다.

67 토질실험 결과 내부마찰각(ϕ)=30°, 점착력 c=0.5kg/cm², 간극수압이 8kg/cm²이고 파괴면에 작용하는 수직응력이 30kg/cm²일 때 이 흙의 전단응력은?
① 12.7kg/cm²
② 13.2kg/cm²
③ 15.8kg/cm²
④ 19.5kg/cm²

해설
$\tau = c + (\sigma - u)\tan\phi = 0.5 + (30 - 8)\tan 30°$
$= 13.2 kg/cm^2$

68 그림과 같이 옹벽 배면의 지표면에 등분포하중이 작용할 때, 옹벽에 작용하는 전체 주동토압의 합력(P_a)와 옹벽 저면으로부터 합력의 작용점까지의 높이(h)는?

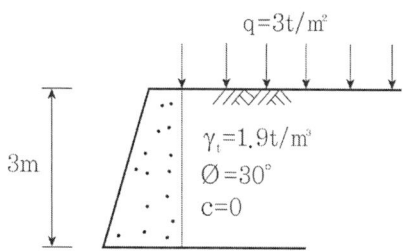

① P_a=2.85t/m, h=1.26m
② P_a=2.85t/m, h=1.38m
③ P_a=5.85t/m, h=1.26m
④ P_a=5.85t/m, h=1.38m

해설

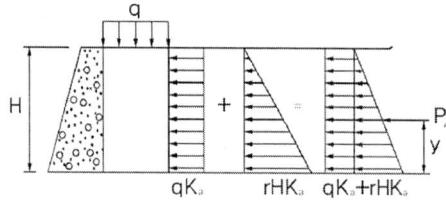

1) $K_a = \tan^2\left(45° - \dfrac{30°}{2}\right) = \dfrac{1}{3}$

2) $P_A = \dfrac{1}{2}\gamma_t H^2 K_a + q \cdot K_a H = P_{a1} + P_{a2}$

$$= \frac{1}{2} \times 1.9 \times 3^2 \times \frac{1}{3} + 3 \times \frac{1}{3} \times 3$$
$$= 2.85 + 3 = 5.85 t/m$$

3) $P_A \times y = P_{a1} \times \frac{H}{3} + P_{a2} \times \frac{H}{2}$ 식을 이용하여 y를 계산하거나 또는 아래식을 이용해서 작용점을 구한다.

$$y = \frac{H}{3} \cdot \frac{3q + \gamma_t \cdot H}{2q + \gamma_t \cdot H}$$

$$5.85 \times y = 2.85 \times \frac{3}{3} + 3 \times \frac{3}{2}$$

$$\therefore y = 1.26 m$$

69 어떤 흙 1,200g(함수비 20%)과 흙 2,600g(함수비 30%)을 섞으면 그 흙의 함수비는 약 얼마인가?

① 21.1%
② 25.0%
③ 26.7%
④ 29.5%

해설

1) 두흙의 건조토 무게
$$W_s = \frac{100 \cdot W}{100 + \omega} = \frac{100 \cdot 1200}{100 + 20} + \frac{100 \cdot 2600}{100 + 30} = 3,000g$$

2) 두 흙의 물무게(W_w)
두 흙의 전체흙무게(W)−두흙의 건조토 무게(W_s)
=(1,200+2,600)−3,000=800g

또는 $W_w = \frac{W \cdot \omega}{100 + \omega}$

3) 두 흙을 섞은 흙의 함수비(ω)
$$w = \frac{W_w}{W_s} \times 100 = \frac{800}{3,000} \times 100 = 26.67\%$$

70 동결된 지반이 해빙기에 융해되면서 얼음 렌즈가 녹은 물이 빨리 배수되지 않으면 흙의 함수비는 원래보다 훨씬 큰 값이 되어 지반의 강도가 감소하게 되는데 이러한 현상을 무엇이라 하는가?

① 동상현상
② 연화현상
③ 분사현상
④ 모세관현상

해설

연화현상에 대한 설명이다.

71 그림과 같은 지반에 재하순간 수주(水柱)가 지표면으로부터 5m이었다. 20% 압밀이 일어난 후 지표면으로부터 수주의 높이는?

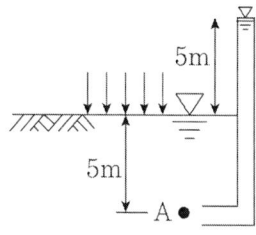

① 1m   ② 2m
③ 3m   ④ 4m

해설

1) 초기과잉간극수압 : $U_i = 1 \times 5 = 5 t/m^2$

2) 압밀도 $u_z = 1 - \dfrac{U_z}{U_i} \times 100$

   $20 = 1 - \dfrac{U_z}{5} \times 100$

   ∴ $U_z = 4 t/m^2$

3) $U_z = \gamma_w \cdot h$

   $4 = 1 \times h$

   ∴ h=4m

72 사면안정계산에 있어서 Fellenius법과 간편 Bishop법의 비교 설명 중 틀린 것은?

① Fellenius법은 간편 Bishop법보다 계산은 복잡하지만 계산결과는 더 안전측이다.
② 간편 Bishop법은 절편의 양쪽에 작용하는 연직 방향의 합력은 0(zero)이라고 가정한다.
③ Fellenius법은 절편의 양쪽에 작용하는 합력은 0(zero)이라고 가정한다.
④ 간편 Bishop법은 안전율을 시행착오법으로 구한다.

해설

Fellenius법은 절편과 수평력에 대한 가정을 모두 무시한 방법으로 Bishop보다 계산이 간편해 일반적으로 널리 사용된다. Bishop법은 Fellenius법보다 훨씬 복잡하나 안전율은 거의 실제와 비슷하게 정확치에 가깝게 나타난다.

73 폭 10cm, 두께 3mm인 Paper drain설계 시 Sand drain의 직경과 동등한 값(등치환산원의 지름)으로 볼 수 있는 것은?

① 2.5cm ② 5.0cm
③ 7.5cm ④ 10.0cm

해설

$$D = \alpha \frac{2A+2B}{\pi} = 0.75 \times \frac{2 \times 10 + 2 \times 0.3}{\pi}$$
$$= 4.92cm$$

74 다음의 연약지반개량공법에서 일시적인 개량공법은?

① well point 공법 ② 치환공법
③ paper drain 공법 ④ sand compaction pile 공법

해설

일시적 지반개량공법
1) well point 공법
2) deep well 공법
3) 대기압 공법
4) 동결 공법

75 다음 그림에서 지표면에서 깊이 6m에서의 연직응력(σ_v)과 수평응력(σ_h)의 크기를 구하면?(단, 토압계수는 0.6이다.)

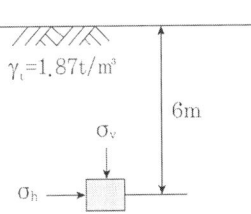

① σ_v=12.34t/m², σ_h = 7.4t/m² ② σ_v=8.73t/m², σ_h = 5.24t/m²
③ σ_v=11.22t/m², σ_h = 6.73t/m² ④ σ_v=9.52t/m², σ_h = 5.71t/m²

해설

1) $\sigma_v = \gamma_t h = 1.87 \times 6 = 11.22 t/m^2$
2) $\sigma_h = \sigma_v K = 11.22 \times 0.6 = 6.73 t/m^2$

정답 73 ② 74 ① 75 ③

76 100% 포화된 흐트러지지 않은 시료의 부피가 25cm³이고 무게는 40g이었다. 이 시료를 건조로에서 건조시킨 후의 무게가 24g일 때 간극비는 얼마인가?

① 1.36　　　　　　　　② 1.80
③ 1.62　　　　　　　　④ 1.70

해설

1) $V_v = V_w = \dfrac{W_w}{\gamma_w} = W_w = W - W_s$
   $= 40 - 24 = 16 cm^3$

2) $e = \dfrac{V_v}{V_s} = \dfrac{V_v}{V - V_v} = \dfrac{16}{25 - 16} = 1.8$

77 말뚝이 20개인 군항기초에 있어서 효율이 0.75이고 단항으로 계산된 말뚝 한 개의 허용 지지력이 15ton일 때 군항의 허용지지력은 얼마인가?

① 112.5ton　　　　　　② 225ton
③ 300ton　　　　　　　④ 400ton

해설

$R_{ag} = E N R_a = 0.75 \times 20 \times 15 = 225 t$

78 평판재하실험 결과로부터 지반의 허용지지력 값은 어떻게 결정하는가?

① 항복강도의 1/2, 극한강도의 1/3 중 작은 값
② 항복강도의 1/2, 극한강도의 1/3 중 큰 값
③ 항복강도의 1/3, 극한강도의 1/2 중 작은 값
④ 항복강도의 1/3, 극한강도의 1/2중 큰 값

해설

항복강도의 $\dfrac{1}{2}$과 극한강도의 $\dfrac{1}{3}$ 중에서 작은 값을 허용지지력(q_a)이라 한다.

79 흙속에서의 물의 흐름에 대한 설명으로 틀린 것은?

① 흙의 간극은 서로 연결되어 있어 간극을 통해 물이 흐를 수 있다.
② 특히 사질토의 경우에는 실험실에서 현장 흙의 상태를 재현하기 곤란하기 때문에 현장에서 투수시험을 실시하여 투수계수를 결정하는 것이 좋다.
③ 점토가 이산구조로 퇴적되었다면 면모구조인 경우보다 더 큰 투수계수를 갖는 것이 보통이다.
④ 흙이 포화되지 않았다면 포화된 경우보다 투수계수는 낮게 측정된다.

해설

점토의 면모구조는 분산(이산)구조보다 투수계수가 크며, 흙이 포화되지 않았다면 기포의 존재가 물의 흐름을 방해하므로 투수계수가 낮게 측정된다. 반대로 포화도가 높을수록 투수계수는 크게 측정된다.

80 토질조사에 대한 설명 중 옳지 않은 것은?

① 사운딩(Sounding)이란 지중에 저항체를 삽입하여 토층의 성상을 파악하는 현장 시험이다.
② 불교란시료를 얻기 위해서 Foil Sampler, Thin wall tube sampler등이 사용된다.
③ 표준관입시험은 로드(Rod)의 길이가 길어질수록 N치가 작게 나온다.
④ 베인 시험은 정적인 사운딩이다.

해설
Rod 길이가 길수록 지중흙의 응력이 커져서 똑같은 토질의 흙도 N치가 크게 측정된다.

2013 기출문제
제3회 건설재료시험기사

제1과목 콘크리트공학

01 물-결합재비가 45%이고 단위시멘트량 400kg/m³, 시멘트의 비중 3.1, 공기량 2%인 콘크리트의 단위 골재량의 절대부피는?

① 0.48m³
② 0.54m³
③ 0.67m³
④ 0.72m³

해설

1) $\dfrac{W}{B} = 0.45$

   $\dfrac{W}{400} = 0.45$ $W = 180kg$

2) 단위골재량 절대체적

   $= 1 - \left(\dfrac{180}{1,000} + \dfrac{400}{3.1 \times 1,000} + \dfrac{2}{100} \right)$

   $= 0.67 m^3$

02 고강도 콘크리트에 대한 일반적인 설명으로 틀린 것은?

① 고강도 콘크리트의 설계기준 압축강도는 일반적으로 40MPa 이상으로 하며, 고강도 경량골재 콘크리트는 27MPa 이상으로 한다.
② 고강도 콘크리트의 워커빌리티 확보를 위해 공기연행(AE) 감수제를 사용함을 원칙으로 한다.
③ 고강도 콘크리트의 제조 시 잔골재율은 소요의 워커빌리티를 얻도록 시험에 의하여 결정하여야 하며, 가능한 적게 하도록 한다.
④ 고강도 콘크리트의 제조 시 단위 시멘트량은 소요의 워커빌리티 및 강도를 얻을 수 있는 범위 내에서 가능한 한 적게 되도록 시험에 의해 정하여야 한다.

해설

고강도 콘크리트는 기상의 변화가 심하거나 동결융해에 대한 대책이 필요한 경우를 제외하고는 공기연행제를 사용하지 않는 것을 원칙으로 한다.

03 콘크리트 구조물의 유지관리 중 일상점검 및 정기점검에 해당하지 않는 것은?

① 균열이나 박락 여부
② 누수 부위 확인
③ 비파괴 검사
④ 처짐 또는 변위상태

해설
일상점검 및 정기점검은 주로 육안관찰에 의한 경우에 해당되며 비파괴 검사는 해당되지 않는다.

04 콘크리트 진동다지기에서 내부진동기 사용방법의 표준으로 틀린 것은?

① 2층 이상으로 나누어 타설한 경우 상층콘크리트의 다지기에서 내부진동기는 하층의 콘크리트 속으로 찔러 넣으면 안된다.
② 내부진동기의 삽입간격은 일반적으로 0.5m 이하로 하는 것이 좋다.
③ 1개소당 진동시간은 다짐할 때 시멘트 페이스트가 표면 상부로 약간 부상하기까지 한다.
④ 내부진동기는 콘크리트를 횡방향으로 이동시킬 목적으로 사용하지 않아야 한다.

해설
내부진동기를 하층의 콘크리트 속으로 0.1m이상 정도 찔러 넣어서 상하로 충분한 다짐을 하여야 한다.

05 23회의 압축강도 시험실적으로부터 구한 표준편차가 3.0MPa이었다. 콘크리트의 설계 기준 압축강도가 28MPa인 경우 배합강도는?(단, 시험횟수 20회일 때의 표준편차의 보정계수는 1.08이고, 25회일 때의 표준편차의 보정계수는 1.03이다.)

① 30MPa
② 31MPa
③ 33MPa
④ 32MPa

해설
1) 23회일 때 직선보간을 한 표준편차의 보정계수

$$\alpha = 1.03 + \frac{(1.08-1.03) \times 2}{5} = 1.05$$

2) 직선보간한 표준편차

$$s = 1.05 \times 3.0 = 3.15 MPa$$

3) $f_{ck} \leq 35 MPa$ 이므로

· $f_{cr} = f_{ck} + 1.34s = 28 + 1.34 \times 3.15$
   $= 32.22 MPa$

· $f_{cr} = (f_{ck} - 3.5) + 2.33s$
   $= (28 - 3.5) + 2.33 \times 3.15$
   $= 31.84 MPa$

상기값 중 큰 값이 배합강도이므로
$f_{cr} = 32.22 MPa$

06 콘크리트의 건조수축량에 관한 다음 설명 중 옳은 것은?

① 단위 굵은골재량이 많을수록 건조수축량은 크다.
② 분말도가 큰 시멘트일수록 건조수축량은 크다.
③ 습도가 낮을수록 온도가 높을수록 건조 수축량은 작다.
④ 물-결합재비가 동일할 경우 단위수량의 차이에 따라 건조수축량이 달라지지는 않는다.

해설
단위 잔골재율이 많을수록 건조수축은 커지며, 또한 습도가 낮고, 온도가 높을수록 건조수축은 커진다.

07 프리스트레스트 콘크리트에 요구되는 성질에 해당되지 않는 것은?

① 건조수축의 감소
② 크리프의 감소
③ 물-결합재비 증가
④ 콘크리트 압축강도의 증가

해설
물-결합재비의 증가는 해당되지 않는다.

08 서중 콘크리트에 대한 설명으로 틀린 것은?

① 하루의 평균기온이 25°C를 초과하는 것이 예상되는 경우 서중 콘크리트로 시공하여야한다.
② 콘크리트는 비빈 후 1.5시간 이내에 타설하여야 하며, 지연형 감수제를 사용한 경우라도 2시간 이내에 타설하는 것을 원칙으로 한다.
③ 콘크리트 재료의 온도를 낮추어서 사용 한다.
④ 콘크리트를 타설할 때의 콘크리트 온도는 35°C이하이어야 한다.

해설
서중콘크리트
서중 콘크리트는 지연형 감수제를 사용하는 경우라도 1.5시간 이내에 타설하여야 한다.

09 프리스트레스트 콘크리트에 대한 설명으로 틀린 것은?

① 굵은골재의 최대치수는 보통의 경우 40mm를 표준으로 한다. 그러나 부재치수, 철근간격, 펌프압송 등의 사정에 따라 25mm를 사용할 수도 있다.
② PSC 그라우트에 사용하는 혼화제는 블리딩 발생이 없는 타입의 사용을 표준으로 한다.
③ 프리스트레싱할 때의 콘크리트 압축강도는 프리텐션방식으로 시공할 경우 30MPa 이상이어야 한다.
④ 서중 시공의 경우에는 지연제를 겸한 감수제를 사용하여 그라우트 온도의 상승이나 그라우트가 급결되지 않도록 하여야 한다.

해설
프리스트레스트 콘크리트 굵은골재 최대치수는 보통의 경우 25mm를 표준으로 하며, 부재치수, 철근간격, 펌프압송 등의 사정에 따라 20mm를 사용할 수도 있다.

정답 06 ② 07 ③ 08 ② 09 ①

10 콘크리트 타설에 대한 설명 중 옳지 않은 것은?
① 콘크리트를 2층 이상으로 나누어 타설할 경우, 상층의 콘크리트 타설은 원칙적으로 하층의 콘크리트가 굳기 시작하기 전에 해야한다.
② 콘크리트 타설 도중에 표면에 떠올라 고인 블리딩수가 있을 경우에는 표면에 도랑을 만들어 제거하여야 한다.
③ 한 구획 내의 콘크리트는 타설이 완료될 때까지 연속해서 타설해야 한다.
④ 콘크리트는 그 표면이 한 구획 내에서는 거의 수평이 되도록 타설하는 것을 원칙으로 한다.

해설
블리딩에 의하여 고인물을 제거하기 위하여 도랑을 만드는 경우 오히려 시공이음의 하자가 될 수 있다.

11 거푸집의 높이가 높을 경우, 재료분리를 막고 상부의 철근 또는 거푸집에 콘크리트가 부착하여 경화하는 것을 방지하기 위해 거푸집에 투입구를 설치하거나, 연직슈트 또는 펌프배관의 배출구를 타설면 가까운 곳까지 내려서 콘크리트를 타설해야 한다. 이 경우 슈트, 펌프 배관, 버킷, 호퍼 등의 배출구와 타설 면까지의 높이는 최대 몇 m 이하를 원칙으로 하는가?
① 0.5m
② 1.0m
③ 1.5m
④ 2.0m

해설
1.5m 이하를 원칙으로 한다.

12 굳지 않은 콘크리트의 성질에 대한 설명으로 잘못된 것은?
① 단위 시멘트량이 큰 콘크리트일수록 성형성이 좋다.
② 온도가 높을수록 슬럼프는 감소된다.
③ 둥근 입형의 잔골재를 사용한 콘크리트는 모가 진 부순모래를 사용한 것에 비해 워커빌리티가 나쁘다.
④ 일반적으로 플라이 애시를 사용한 콘크리트는 워커빌리티가 개선된다.

해설
둥근 입형의 잔골재를 사용하면 워커빌리티는 좋아진다.

13 숏크리트에 대한 설명으로 틀린 것은?
① 일반 숏크리트의 장기 설계기준 압축강도는 재령 28일로 설정한다.
② 습식 숏크리트는 배치 후 60분 이내에 뿜어붙이기를 실시하여야 한다.
③ 숏크리트의 초기강도는 재령 3시간에서 1.0~3.0MPa을 표준으로 한다.
④ 굵은골재의 최대치수는 25mm의 것이 널리 쓰인다.

해설
숏크리트용 굵은골재에는 부순돌 및 강자갈이 사용되며, 최대치수는 8~20mm로 한다.

정답 10 ② 11 ③ 12 ③ 13 ④

14 콘크리트용 화학혼화제의 일반적인 특성에 관한 다음 설명 중 잘못된 것은?

① 고성능 공기연행 감수제는 감수효과가 현저히 크지만, 시간경과와 더불어 콘크리트 슬럼프가 공기연행제보다 저하되기 쉽다.
② 공기연행제는 독립된 미세한 공기포를 연행시키는 기능을 갖고, 콘크리트의 동결 융해 저항성을 현저히 증대시킨다.
③ 감수제는 시멘트 입자를 정전기적인 반발 작용에 따라 분산시켜 콘크리트의 단위수량을 감소시킨다.
④ 공기연행 감수제는 시멘트 분산작용과 공기연행작용을 병행하여 감수효과가 크다.

해설

고성능 AE감수제는 종래의 감수제에 비해 w/c를 획기적으로 감수가 가능하고, 슬럼프 저하가 적은 혼화제이다.

15 콘크리트 구조물의 온도 균열에 대한 시공상의 대책으로 틀린 것은?

① 단위시멘트량을 적게 한다.
② 1회의 콘크리트 타설 높이를 줄인다.
③ 수축이음부를 설치하고, 콘크리트 내부 온도를 낮춘다.
④ 기존의 콘크리트로 새로운 콘크리트의 온도에 따른 이동을 구속시킨다.

해설

온도에 따른 이동을 구속시키면 온도에 따른 균열이 더 크게 발생된다. 따라서 온도에 따른 구속도를 적게 하며, 수축 이음부의 설치간격을 줄이고 팽창제 사용
단위시멘트량을 적게 사용, 프리쿨링, 파이프 쿨링 등의 방법을 강구하는 것이 중요하다.

16 공기연행 콘크리트의 공기량에 대한 설명으로 옳은 것은?(단, 굵은골재의 최대치수는 40mm를 사용한 일반 콘크리트로서 보통 노출인 경우)

① 4.0%를 표준으로 하며, 그 허용오차는 ±1.0%로 한다.
② 4.5%를 표준으로 하며, 그 허용오차는 ±1.0%로 한다.
③ 4.0%를 표준으로 하며, 그 허용오차는 ±1.5%로 한다.
④ 4.5%를 표준으로 하며, 그 허용오차는 ±1.5%로 한다.

해설

공기연행 콘크리트 공기량의 표준값

굵은골재의 최대치수(mm)	공기량(%)	
	심한 노출	보통 노출
25	6.0	4.5
40	5.5	4.5

정답 14 ① 15 ④ 16 ④

17 굵은골재의 최대치수에 관한 설명으로 맞는 것은?
① 일반적인 구조물인 경우 15mm 이하를 표준으로 한다.
② 단면이 큰 구조물인 경우 50mm 이하를 표준으로 한다.
③ 철근콘크리트의 경우 부재의 최소치수의 1/5을 초과해서는 안 된다.
④ 철근의 최소 수평, 수직 순간격의 4/3를 초과해서는 안 된다.

해설
굵은골재의 최대치수
부재 최소치수의 1/5, 철근 피복 및 철근의 최소순간격의 3/4을 초과해서는 안 된다.

18 휨강도 시험을 실시하기 위하여 150×150×530mm의 장방형 공시체를 3등분점 하중법에 의해 시험한 결과 지간방향 중심선의 3등분점 사이에서 재하 하중(P)이 35kN에서 공시체가 파괴되었다. 공시체의 휨강도는 얼마인가? (단, 지간 길이는 45cm이다.)
① 4.7MPa
② 4.5MPa
③ 5MPa
④ 5.5MPa

해설
휨강도
$$f_b = \frac{Pl}{bd^2} = \frac{35,000 \times 450}{150 \times 150^2}$$
$$= 4.67 N/mm^2 = 4.7 MPa$$

19 콘크리트의 품질관리에 관한 설명 중 맞지 않는 것은?
① 시험값에 의하여 콘크리트의 품질을 관리 할 경우에는 관리도 및 히스토그램을 사용하는 것이 좋다.
② 압축강도에 의한 콘크리트 관리는 일반적으로 28일 압축강도에 의해 콘크리트를 관리한다.
③ 물-결합재비의 1회 시험 값은 동일배치에서 취한 2개 시료의 물-결합재비의 평균값으로 한다.
④ 압축강도의 1회 시험 값은 동일배치에서 취한 3개 시료의 압축강도의 평균값으로 한다.

해설
압축강도에 의한 콘크리트 품질관리
일반적인 경우 조기재령의 압축강도에 의한다.

20 해양 콘크리트에 대한 설명 중 옳지 않은 것은?

① 해양 콘크리트 구조물에 쓰이는 콘크리트의 설계기준 압축강도는 30MPa 이상으로 한다.
② 단위결합재량을 작게 하면 해수 중의 각종 염류의 화학적 침식, 콘크리트 속의 강재 부식 등에 대한 저항성이 커진다.
③ 해수에 의한 침식이 심한 경우에는 폴리머 시멘트 콘크리트와 폴리머 콘크리트 또는 폴리머 함침 콘크리트 등을 사용할 수 있다.
④ 심한 기상작용에 저항성을 높이기 위해 AE감수제 또는 고성능 감수제를 사용한다.

해설
해양콘크리트에서 단위결합재의량을 증가시키면 시멘트 이외의 고로슬래그, 플라이애쉬등의 혼합량의 증가로 해양콘크리트의 내구성 및 수밀성을 향상 시켜서 염류의 화학적 침식, 강재부식에 대한 저항이 커진다.

제2과목 건설시공 및 관리

21 폭우시 옹벽 배면에는 침투수압이 발생되는데 이 침투수에 의한 중요 영향으로 옳지 않은 것은?

① 활동면에서의 양압력 증가
② 포화에 의한 흙의 무게 증가
③ 옹벽 저면에서의 양압력 증가
④ 수평 저항력의 증대

해설
수평 저항력이 증대 되는 것이 아니고 수평력이 증대 되므로 구조물의 안정성을 저하시킨다.

22 숏크리트의 리바운드량을 감소시키는 방법으로 옳지 않은 것은?

① 시멘트량을 감소시킨다.
② 벽면과 지각으로 쏜다.
③ 골재를 13mm 이하로 한다.
④ 압력을 일정하게 한다.

해설
단위 시멘트량을 증가시켜서 부착력을 증가시켜야 리바운드량을 줄일 수 있다. 또한 가급적이면 건식보다는 습식공법을 적용하는 것이 리바운드량을 줄이는데 유리하다.

23 네트워크 공정표의 주공정선(critical path)에 관한 설명으로 옳지 않은 것은?

① 크리티컬 패스는 2개 이상이 될 수 있다.
② 크리티컬 패스상에서 총여유시간은 0이다.
③ 공정단축은 이 경로에 착안하게 된다.
④ 공정표의 개시점에서 종료점까지의 경로 중에서 시간적으로 가장 짧은 경로이다.

해설
주공정선(CP)
네트워크상의 최장경로로서 모든 작업을 마치는 데 시간이 가장 긴 경로이며, CP는 2개 이상 있을 수 있다.

24 아스팔트 콘크리트 포장의 소성변형(rutting)에 대한 설명 중 옳지 않은 것은?
① 노면에 차량의 바퀴가 집중적으로 통과하여 움푹 파인 자국이다.
② 아스팔트의 양이 많거나 여름철 이상 고온 시 발생하기 쉽다.
③ 변형된 곳에 물이 고여 수막현상으로 주행에 위험을 초래할 수 있다.
④ 골재 입도의 최대 입경이 크거나 침입도가 적은 아스팔트를 사용하게 되면 발생한다.

[해설]
소성변형(rutting)을 줄이기 위해서는 아스팔트 함량을 줄이며, 굵은골재 최대치수는 가급적 크게, 침입도가 작은 AP를 사용하는 것이 필요하다.

25 다음 토적곡선의 a-d구간에서 발생하는 토량은?

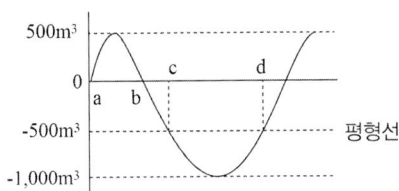

① 과잉토량 500m³　　② 부족토량 500m³
③ 과잉토량 1,000m³　　④ 부족토량 1,000m³

[해설]
절토량 500m³, 성토량 1,000m³ 따라서 부족토량 500m³

26 공정관리 기법인 PERT 기법을 설명한 것 중 틀린 것은?
① 개발은 미군수국에 의하여 개발되었다.　② 신규사업, 비반복 사업에 많이 이용된다.
③ 3점 시간 추정법을 사용한다.　　　　　④ Activity 중심의 일정으로 계산한다.

[해설]
작업활동(Activity) 중심관리는 CPM 기법에 해당된다.

27 배수로의 설계 시 유의해야 할 사항이 아닌 것은?
① 집수면적이 커야 한다.　　　　　　② 집수지역은 다소 깊어야 한다.
③ 배수단면은 하류로 갈수록 커야 한다.　④ 유하속도가 느려야 한다.

[해설]
유속을 빠르게 하여 흙의 퇴적 발생을 가급적 줄여야 한다.

28 콘크리트 포장에서 맹줄눈, 맞댄줄눈, 교합줄눈 등을 횡단하여 콘크리트 슬래브에 삽입 한 이형 봉강으로 줄눈이 벌어지거나 층이 지는 것을 막는 작용을 하는 것은?

① 타이바
② 슬립바
③ 루팅
④ 컬로코트

해설

타이바에 대한 설명이다.

29 교각의 우물통 기초를 시공하려고 한다. 주면마찰력이 314t, 지반의 극한지지력이 $20t/m^2$, 기초단면적이 $15m^2$, 수중부력이 10t일 때 우물통이 침하하기 위한 최소 상부하중(자중+재하중)은?

① 510t
② 624t
③ 730t
④ 745t

해설

우물통 침하 조건식

$W + WL \geq F + P + U$

여기서, W : 우물통하중
　　　　WL : 재하중
　　　　F : 주면마찰력
　　　　P : 선단지지력
　　　　U : 양압력

$W + WL = 314 + 20 \times 15 + 10 = 624t$

30 착암기로 표준암을 천공하여 60cm/min의 천공속도를 얻었다. 천공깊이 3m, 천공수 15공을 한 대의 착암기로 암반을 천공할 경우 소요되는 총 소요시간을 구하면?(단, 표준암에 대한 천공 대상암의 암석항력계수 1.35, 작업조건계수 0.6, 순 천공시각이 천공시간에 점유하는 비율 0.65)

① 2.0시간
② 2.4시간
③ 3.0시간
④ 3.4시간

해설

1) 천공속도(V_T)

$V_T = \alpha(C_1 \times C_2)V$

　　= 0.65×(1.35×0.6)×60
　　= 31.59cm/min

여기서, α : 천공시각이 천공시간에 점유하는 비율
　　　　C_1 : 암석항력계수
　　　　C_2 : 작업조건계수
　　　　V : 표준암 천공속도

2) 총소요시간 = $\dfrac{L(천공장)}{V_T(천공속도)} = \dfrac{300 \times 15}{31.59}$

　　= 142.45분 = 2.37시간

31 TBM(Tunnel Boring Machine)공법을 이용하여 암석을 굴착하여 터널 단면을 만들려고 한다. TBM 공법의 단점이 아닌 것은?
① 설비투자액이 고가이므로 초기 투자비가 많이 든다.
② 본바닥 변화에 대하여 적응이 곤란하다.
③ 지반에 따라 적용범위에 제약을 받는다.
④ lining 두께가 두꺼워야 한다.

해설
TBM으로 굴착하는 터널의 지질은 대부분 산악암반등 같이 지질이 좋은 조건에 시공되므로 별도로 Lining 두께가 두꺼워야할 이유가 없다.

32 Boiling 현상은 주로 어떤 지반에 많이 생기는가?
① 모래지반
② 사질점토지반
③ 보통토
④ 점토질지반

해설
Boiling현상은 모래지반에서 주로 발생된다.

33 전면에 달린 배토판을 좌하, 우하로 기울어지게 하여 작업하는 것으로 경사면 굴착이나 도랑파기 작업을 할 수 있는 도저는?
① 틸트 도저
② 스트레이트 도저
③ 앵글 도저
④ 레이크 도저

해설
틸트 도저에 대한 설명이다.

34 보통토(사질토)를 재료로 하여 36,000m³의 성토를 하는 경우 굴착 및 운반토량(m³)은 얼마인가?(단, 토량환산계수 L=1.25, C=0.90)
① 굴착토량=40,000, 운반토량=50,000
② 굴착토량=32,400, 운반토량=40,500
③ 굴착토량=28,800, 운반토량=50,000
④ 굴착토량=32,400, 운반토량=45,000

해설
1) 굴착토량=본바닥토량
$$36,000 \times \frac{1}{C} = 36,000 \times \frac{1}{0.9} = 40,000 m^3$$
2) 운반토량 $= 40,000 \times 1.25 = 50,000 m^3$

정답 31 ④ 32 ① 33 ① 34 ①

35 다음 중 비계를 이용하지 않는 강트러스교의 가설공법이 아닌 것은?

① 새들(saddle)공법
② 캔틸레버(cantilever)식 공법
③ 케이블(cable)식 공법
④ 부선(pontoon)식 공법

해설

강교가설 공법
1) 비계를 사용하는 공법
 · 새들(saddle) 공법
 · 벤트(bent) 공법
 · 이렉션트러스(election truss)공법
 · 스테이징 벤트(staging bent)공법
2) 비계를 사용하지 않는 공법
 · ILM 공법
 · 케이블 공법
 · 캔틸레버식 공법(FCM 공법)

36 P.C 말뚝에 관한 다음 설명 중 틀린 것은?

① 원심력 철근콘크리트 말뚝에 비하여 고가이다.
② 힘을 받을 때 변형량이 적다.
③ 이음부의 시공이 어렵고 신뢰성이 없다.
④ 균열이 잘 생기지 않으므로 강재가 부식하지 않고 내구성이 크다.

해설

PC 말뚝은 이음이 쉽고 신뢰도가 크다.

37 수직굴착 후 그 속에 현장 콘크리트를 타설 하여 만든 원형기초인 피어기초의 시공에 대한 설명으로 틀린 것은?

① 굴착한 벽이 무너지지 않는, 굳기가 중간 정도의 점토 지반의 굴착에 이용되는 공법으로 깊이가 약 1.2~1.8m의 원통구멍을 인력으로 굴착한 후 반원형의 강철링을 조립하여 유지한 후 굴착하는 방법을 시카고 공법이라 한다.
② 케이싱 튜브를 사용하지 않고 회전식 버킷을 사용하는 어스드릴공법에서는 굴착 후 철근 삽입 시 철근이 따라 뽑히는 공상현상이 일어난다.
③ 정수압으로 구멍의 벽을 유지하면서 물의 순환을 이용하여 드릴파이프의 끝에 설치한 특수한 비트의 회전에 의해서 굴착한 토사를 물과 함께 배출하고 소정의 깊이까지 굴착하는 공법을 RCD 공법(Reverse circulation)이라 한다.
④ 굴착 내부의 흙막이로서 강재원통을 사용하는 것으로 연약한 점토에 적당하며, 1.8~5.0m의 강재 원통을 땅속에 박고 내부의 흙을 인력으로 굴착한 후, 다시 다음의 원통을 받는 공법을 Gow 공법이라 한다.

해설

케이싱을 사용하는 공법은 베노토공법이며, 케이싱을 뽑을 때 수직도가 맞지 않으면 케이싱에 의하여 철근망이 따라 올라오는 공상현상이 발생될 수 있다.

38 지중연속벽 공법에 관한 설명 중 옳지 않은 것은?
① 주변지반의 침하를 방지할 수 있다.
② 시공 시 소음, 진동이 크다.
③ 벽체의 강성이 높고 지수성이 좋다.
④ 큰 지지력을 얻을 수 있다.

해설
벽식 지하연속벽 공법(Slurry wall)은 도심지에서 시공되는 흙막이공법 중 차수 및 벽체강성이 뛰어나며 소음 및 진동이 작다.

39 물의 흐름을 측정하거나 유량을 조절하기 위해 수로를 횡단하여 설치하는 하천공작물은?
① 도류　　　　　　　　② 수문
③ 잠거　　　　　　　　④ 위어

해설
weir(보)는 수위를 높여 수심을 유지하거나 또는 역류를 방지하기 위하여 하천을 횡단하여 설치하는 하천 공작물이다.

40 5톤 용량의 불도저를 이용하여 절토한 흙을 20m 운반할 때 주어진 조건을 이용하여 시공능력(m³/hr)을 구하면?

· 현장은 평지, 전진속도 20m/min	· 후진속도 80m/min
· 기어변속시간 0.3min	· 배토판용량 1.5m³
· 작업효율 0.7	· 토량환산계수 0.8

① 14.6m³/hr　　　　　　② 16.6m³/hr
③ 32.5m³/hr　　　　　　④ 20.6m³/hr

해설
1) $C_m = \dfrac{l}{V_1} + \dfrac{l}{V_2} + t_g$
   $= \dfrac{20}{20} + \dfrac{20}{80} + 0.3 = 1.55$ 분

2) $Q = \dfrac{60 \cdot q \cdot f \cdot E}{C_m} = \dfrac{60 \times 1.5 \times 0.8 \times 0.7}{1.55}$
   $= 32.52 m^3/hr$

제3과목 건설재료 및 시험

41 섬유보강 콘크리트를 사용하였을 때 콘크리트의 성질 중 개선되는 것이 아닌 것은?
① 균열에 대한 저항
② 내구성 증가
③ 내충격성 증가
④ 유동성 증가

해설
섬유보강 콘크리트
섬유 특성상 인장강도, 휨강도, 전단강도 및 인성은 증대되나 콘크리트 유동성은 감소된다.

42 거푸집에 다져 넣을 수 있고 거푸집을 제거하면 천천히 형상이 변하기는 하지만 허물어 지거나 재료가 분리하거나 하는 일이 없는 굳지 않은 콘크리트의 성질은?
① 피니셔빌리티
② 반죽질기
③ 워커빌리티
④ 성형성

해설
굳지않는 콘크리트 성질중 성형성에 대한 설명이다.

43 강에서 탄소의 함유량이 증가될 때 변화되는 강의 성질에 대한 설명으로 틀린 것은?
① 연신율이 작아진다.
② 인장강도가 증가된다.
③ 경도가 증가된다.
④ 항복점이 작아진다.

해설
1) 탄소함유량이 증가되면 인장강도, 경도가 증가되나 인성, 연신율, 단면축소율이 감소한다.
2) 인장강도가 증가되면서 항복점의 증가를 가져온다.

44 사면의 안전율을 높이기 위한 대책으로 가장 거리가 먼 것은?
① 표면 처리
② 기울기 저감
③ 보강재 삽입
④ 그라우팅 처리

해설
사면 붕괴 방지 대책에는 표면처리공법과 보강공법으로 나눌 수 있으며, 표면처리공법은 사면의 안전율 보다는 사면의 표면세굴 및 침식방지에 적합하다.

정답 41 ④ 42 ④ 43 ④ 44 ①

45 시방배합상의 잔골재의 양은 500kg/m³이고 굵은골재의 양은 1,000kg/m³이다. 표면 수량은 각각 5%와 3%이었다. 현장배합으로 환산한 잔골재와 굵은골재의 양은?

① 잔골재 - 525kg/m³, 굵은골재 - 1,030kg/m³
② 잔골재 - 475kg/m³, 굵은골재 - 970kg/m³
③ 잔골재 - 470kg/m³, 굵은골재 - 975kg/m³
④ 잔골재 - 520kg/m³, 굵은골재 - 1,025kg/m³

해설

1) 잔골재량
   · 잔골재 표면수량 500×0.05=25kg
   · 잔골재량 : 500+25=525kg
2) 굵은골재량
   · 굵은골재 표면수량 1,000×0.03=30kg
   · 굵은골재량 : 1,000+30=1,030kg

46 플라이 애시를 사용한 콘크리트에 대한 설명 중 옳지 않은 것은?

① 워커빌리티가 좋아진다.
② 초기강도가 크고 장기강도는 다소 작다.
③ 수화열이 작고 혼합량이 증가하면 응결이 지연된다.
④ 수밀성 개선과 단위수량을 감소시킨다.

해설

플라이 애시를 사용하면 장기강도 증가, 동결융해저항성증대, 건조수축감소, 강도, 내구성, 수밀성이 증대된다.

47 어떤 골재의 밀도가 2.60g/cm³이고 단위용적질량은 1.60t/m³이다. 이때 이 골재의 공극률(%)은 얼마인가?

① 38.5%   ② 43.2%
③ 53.5%   ④ 63.5%

해설

1) 실적률
$$=\frac{w}{g}\times 100 = \frac{1.60(t/m^3)}{2.6(t/m^3)}\times 100 = 61.54\%$$
2) 공극률 = 100 − 실적률
       = 100 − 61.54 = 38.46%

48 마샬 시험방법에 따라 아스팔트 콘크리트 배합설계를 진행할 경우 포화도는 몇%인가?[단, 아스팔트 밀도(G_a) : 1.030g/cm³, 아스팔트의 함량(A) : 6.3%, 공시체의 실측 밀도(d) : 2.435g/cm³, 공시체의 공극률(V) : 4.8%]

① 58%
② 66%
③ 71%
④ 76%

해설

1) 아스팔트 용적률(체적비)

$$V_a = \frac{W_a \times d}{G_a} = \frac{6.3 \times 2.435}{1.03} = 14.89\%$$

여기서, W_a : 아스팔트 질량비(함량)(%)
G_a : 아스팔트의 밀도(g/cm³)
d : 공시체의 실측밀도(g/cm³)

2) 포화도

$$S = \frac{V_a}{V_a + V} = \frac{14.89}{14.89 + 4.8}$$
$$= 0.7562 = 75.62\%$$

여기서, V : 공극률
V_a : 아스팔트의 체적비

49 연화점이 높고 방수공사용으로 많이 사용되고 석유계 아스팔트는?

① 록 아스팔트
② 레이크 아스팔트
③ 블론 아스팔트
④ 스트레이트 아스팔트

해설
블론 아스팔트는 주로 방수재료, 접착제, 방식 도장용등에 사용된다.

50 도폭선에서 심약(心藥)으로 사용되는 것은?

① 흑색화약
② 질화납
③ 뇌홍
④ 면화약

해설
1) 도폭선은 폭약을 금속 또는 섬유로 피복한 끈 모양의 화공품이다.
2) 도폭선의 심약으로 면화약을 사용하고 마사 면사 등으로 싸서 방습 포장을 한 것으로 점폭하면 5,000m/s 폭속으로 폭굉한다.

51 석재에 관한 설명 중 옳지 않은 것은?
① 암석을 구성하고 있는 조암광물의 접합 상태에 따라 생기는 눈의 모양을 석리라 한다.
② 암석 특유의 천연적으로 갈라진 금을 절리라 한다.
③ 변성암에서 주로 생기는 것으로 방향은 불규칙하고 작게 갈라지는 것을 벽개라 한다.
④ 갈라지기 쉬운 석재의 면을 석목 또는 돌눈이라 한다.

해설
1) 변성암에서 주로 생기는 불규칙한 절리를 편리라 한다.
2) 벽개는 암석의 잘 갈라지는 면을 말한다.

52 건설재료로 사용되는 목재 중 합판의 특성에 대한 다음 설명 중 틀린 것은?
① 함수율 변화에 의한 신축변형은 방향성을 가지며 그 변형량이 크다.
② 통나무판에 비해서 얇은 판으로 높은 강도를 얻을 수 있다.
③ 곡면가공을 하여도 균열의 발생이 적다.
④ 표면가공으로 흡음효과를 얻을 수 있고 의장적 효과를 얻을 수 있다.

해설
합판은 팽창, 수축에 의한 변형이 거의없으며, 섬유 방향에 따른 강도 차이가 없다.

53 시멘트 모르타르 인장강도 시험을 할 때 시멘트 : 표준사의 혼합비율은?
① 무게비 1 : 3
② 부피비 1 : 3
③ 무게비 1 : 2.7
④ 부피비 1 : 2.7

해설
시멘트 모르타르의 인장강도 시험시에 표준 모르타르의 배합은 1:2.7의 비율로 한다.

54 목재에 대한 설명으로 틀린 것은?
① 보통 기건상태의 함수율은 13~18%정도이다.
② 목재의 기건비중은 1.55~1.85 정도이다.
③ 목재의 자연건조법에는 공기건조법, 수침법등이 있다.
④ 목재의 함수율은 일반적으로 절건비중의 25~35%범위에 있고 평균 30% 정도이다.

해설
일반적으로 목재의 밀도는 0.3~0.9g/cm^3(기건상태)정도이다.

정답 51 ③ 52 ① 53 ③ 54 ②

55 블리딩에 관한 사항 중 잘못된 것은?

① 블리딩이 많으면 레이턴스도 많아지므로 콘크리트의 이음부에서는 블리딩이 큰 콘크리트는 불리하다.
② 시멘트의 분말도가 높고 단위수량이 적은 콘크리트는 블리딩이 작아진다.
③ 블리딩이 큰 콘크리트는 강도와 수밀성이 작아지나 철근콘크리트에서는 철근과의 부착을 증가시킨다.
④ 콘크리트 치기가 끝나면 블리딩이 발생하며 대략 2~4시간에 끝난다.

해설
블리딩이 큰 콘크리트는 강도 및 수밀성 작아지며 철근과의 부착이 감소한다.

56 굵은골재에 대한 설명으로 옳은 것은?

① 5mm 체에 거의 다 남은 골재
② 5mm 체를 통과하고 0.08mm 체에 남는 골재
③ 10mm 체에 거의 다 남는 골재
④ 20mm 체에 거의 다 남는 골재

57 골재의 흡수율에 대한 설명으로 맞는 것은?

① 절대건조상태에서 표면건조포화상태까지 흡수된 수량을 절대건조상태에 대한 골재 질량의 백분율로 나타낸 것
② 공기 중 건조상태에서 표면건조포화상태까지 흡수된 수량을 공기 중 건조상태에 대한 골재질량의 백분율로 나타낸 것
③ 표면건조포화상태에서 습윤상태까지 흡수된 수량을 표면건조포화상태에 대한 골재질량의 백분율로 나타낸 것
④ 절대건조상태에서 표면건조포화상태까지 흡수된 수량을 질량으로 나타낸 것

해설
1) 흡수율
$$= \frac{\text{표건상태의 질량} - \text{절건상태의 질량}}{\text{절건상태의 질량}} \times 100$$
2) 표면수율
$$= \frac{\text{습윤상태질량} - \text{표건상태질량}}{\text{표건상태질량}} \times 100$$

58 콘크리트용 골재의 품질 판정에 대한 설명 중 틀린 것은?
① 체가름 시험을 통하여 골재의 입도를 판정 할 수 있다.
② 골재의 입도가 일정한 경우 실적률을 통하여 골재 입형을 판정할 수 있다.
③ 황산나트륨 용액에 골재를 침수시켜 건조 시키는 조작을 반복하여 골재의 안정성을 판정할 수 있다.
④ 조립률로 골재의 입형을 판정할 수 없다.

해설

조립률로 골재의 입도를 판정할 수 있다.

59 아스팔트의 인화점 및 연소점 시험에 대한 설명으로 잘못된 것은?
① 인화점과 연소점은 ℃로 나타내며, 정수치로 보고한다.
② 인화점은 연소점보다 3~6℃ 정도 높다.
③ 일반적으로 가열속도가 빠르면 인화점은 떨어진다.
④ 사람과 장치가 같을 때 2회의 시험결과 에 있어 그 차가 8℃를 넘지 않을 때에 그 평균값을 취한다.

해설

1) 아스팔트를 가열하여 불을 가까이 하는 순간에 불이 붙을 때의 온도를 인화점이라하고 아스팔트를 계속 가열하면 불꽃이 5초동안 계속될 때의 최저온도를 연소점이라 한다.
2) 연소점은 인화점보다 25~60℃ 정도 높다.

60 고성능 감수제를 사용한 콘크리트에 대한 설명 중 틀린 것은?
① 고성능 감수제는 단위수량을 20~30%정도 크게 감소시킬 수 있어서 고강도 콘크리트 제조에 주로 사용된다.
② 고성능 감수제 사용 콘크리트는 일반적으로 믹싱 후 경과시간 2시간까지는 슬럼프 손실현상이 거의 없다.
③ 고성능 감수제의 첨가량이 증가할수록 워커빌리티는 증가하지만 과도하게 사용하면 재료분리가 발생한다.
④ 고성능 감수제를 사용하면 수량이 대폭 감소되기 때문에 건조수축이 적다.

해설

고성능 감수제
1) 고성능 감수제의 첨가량이 과대하면 슬럼프가 커져서 콘크리트 재료분리가 현저하게 일어난다.
2) 경과시간에 따른 슬럼프 손실은 보통 콘크리트와 비교해서 크기 때문에 슬럼프 손실에 따른 방안 검토가 필요하다.

제4과목 토질 및 기초

61 그림과 같은 20×30m 전면기초인 부분 보상기초(partically compensated foundation)의 지지력 파괴에 대한 안전율은?

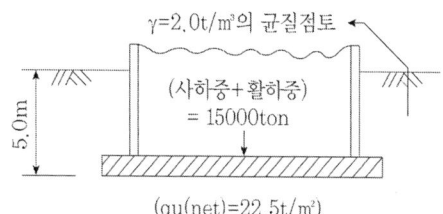

① 3.0 ② 2.5
③ 2.0 ④ 1.5

해설

1) $q_{1(net)} = \dfrac{Q_1}{A} - \gamma \cdot D_f = \dfrac{15,000}{20 \times 30} - 2 \times 5$
   $= 15 t/m^2$

2) $F_s = \dfrac{q_{u(net)}}{q_{all(net)}} = \dfrac{22.5}{15} = 1.5$

   여기서, $q_{all(net)} \geq q_{1(net)}$

62 내부마찰각이 30°, 단위중량이 1.8t/m³인 흙의 인장균열 깊이가 3m일 때 점착력은?

① 1.56t/m² ② 1.67t/m²
③ 1.75t/m² ④ 1.81t/m²

해설

$Z_c = \dfrac{2c\tan\left(45° + \dfrac{\phi}{2}\right)}{\gamma_t}$

$3 = \dfrac{2c\tan\left(45° + \dfrac{30°}{3}\right)}{1.8}$

$c = 1.56 t/m^2$

63 그림과 같은 점성토 지반의 토질실험결과 내부마찰각 $\phi = 30°$, 점착력 $c=1.5t/m^2$일 때 A점의 전단강도는?

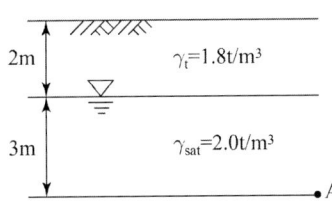

① $4.31t/m^2$ ② $4.81t/m^2$
③ $5.31t/m^2$ ④ $5.81t/m^2$

해설

1) $\sigma = 1.8 \times 2 + 2 \times 3 = 9.6 t/m^2$
   $u = 1 \times 3 = 3 t/m^2$
   $\overline{\sigma} = \sigma - u = 9.6 - 3 = 6.6 t/m^2$
2) $\tau = c + \overline{\sigma} \tan \phi$
   $= 1.5 + 6.6 \tan 30°$
   $= 5.31 t/m^2$

64 다음의 연약지반 개량공법 중 지하수위를 저하시킬 목적으로 사용되는 공법은?
① 샌드 드레인(Sand drain)공법
② 페이퍼 드레인(Paper drain)공법
③ 치환 공법
④ 웰 포인트(Well Point)공법

해설
지하수위 저하공법으로는 Well Point, Deep Well 공법, 대기압공법 등이 있다.

65 다음 그림에서 액성지수(LI)가 $0 < LI < 1$인 구간은?(단, v : 흙의 부피, W : 함수비(%))

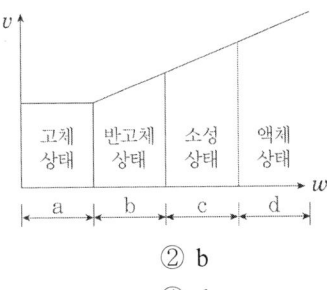

① a ② b
③ c ④ d

해설

1) $LI \leq 0$: 고체, 반고체 상태
   $0 < LI < 1$: 소성상태
   $LI \geq 0$: 액체상태
2) 따라서 소성상태로 볼 수 있다.

66 그림과 같은 사면에서 활동에 대한 안전율은?

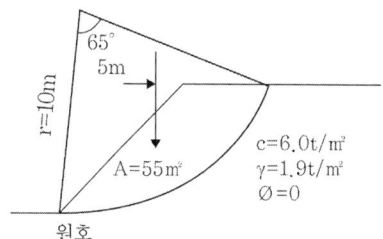

① 1.30 ② 1.50
③ 1.70 ④ 1.90

해설

1) $F_s = \dfrac{M_r}{M_d} = \dfrac{c_u \cdot L_a \cdot r}{W \cdot d} = \dfrac{전단저항모멘트}{활동모멘트}$

2) $M_r = c_u \cdot L_a \cdot r = 6 \times 11.34 \times 10$
   $= 680.4 \, t \cdot m$

   여기서 $c_u = \tau$

   • $\tau = c + \overline{\sigma} \tan\phi = c = 6 t/m^2$
   • $360 : \pi \cdot D = 65 : L_a$

   $L_a : 11.34 m$

3) $M_d = W \cdot d = A \cdot \gamma_t \cdot d$
   $= (55 \times 1.9) \times 5 = 522.5 \, t \cdot m$

4) $F_s = \dfrac{M_r}{M_d} = \dfrac{680.4}{522.5} = 1.3$

67 연약지반에 흙댐을 축조할 때에 어느 위치에서 공극수압의 변화를 측정하였다. 흙댐을 축조한 직후의 공극수압이 $10 t/m^2$이었고 5년 후에 $2 t/m^2$이었을 때 이측점의 압밀도는?

① 80% ② 40%
③ 20% ④ 10%

해설

$U_z = 1 - \dfrac{u_z}{u_i} \times 100 = 1 - \dfrac{2}{10} \times 100 = 80\%$

68 성토된 하중에 의해 서서히 압밀이 되고 파괴도 완만하게 일어나 간극수압이 발생되지 않거나 측정이 곤란한 경우 실시하는 시험은?

① 비압밀 비배수 전단시험(UU 시험)
② 압밀 배수 전단시험(CD 시험)
③ 압밀 비배수 전단시험(CU 시험)
④ 급속 전단시험

해설

CD시험은 과잉간극수압이 발생되지 않도록 배수상태에서 전단시험을 실시한다. 완속시공조건, 댐 제체의 정상침투조건, 성토하중에 의해 압밀이 되고 파괴도 완만하며 간극수압이 발생하지 않는 경우에 적용한다.

69 다음의 연약지반 개량공법 중에서 점성토지반에 쓰이는 공법은?

① 폭파다짐공법　　② 생석회 말뚝공법
③ compozer 공법　　④ 전기충격공법

해설
점성토의 지반 개량 공법
1) 치환 공법
2) preloading 공법(사전압밀 공법)
3) 전기침투 공법
4) 생석회 말뚝(Chemico pile)공법 등

70 현장다짐을 실시한 후 들밀도시험을 수행하였다. 파낸 흙의 체적과 무게가 각각 365.0cm³, 745g이었으며, 함수비는 12.5%였다. 흙의 비중이 2.65이며, 실내표준다짐 시 최대건조단위 중량이 $\gamma_{d\max}$ =1.90t/m³일 때 상대다짐도는?

① 88.7%　　② 93.1%
③ 95.3%　　④ 97.8%

해설
1) $\gamma_t(습윤상태) = \dfrac{W}{V} = \dfrac{745}{365} = 2.04 g/cm^3$

2) $\gamma_d(건조상태) = \dfrac{\gamma_t}{1+\dfrac{w}{100}} = \dfrac{2.04}{1+\dfrac{12.5}{100}} = 1.81 g/cm^3$

3) $C_d(상대다짐도) = \dfrac{\gamma_d}{\gamma_{d\max}} \times 100$
$= \dfrac{1.81}{1.9} \times 100 = 95.26\%$

71 유선망을 작성하여 침투수량을 결정할 때 유선망의 정밀도가 침투수량에 큰 영향을 끼치지 않는 이유는?

① 유선망은 유로의 수와 등수두면의 수의 비에 좌우되기 때문이다.
② 유선망은 등수두선의 수에 좌우되기 때문이다.
③ 유선망은 유선의 수에 좌우되기 때문이다.
④ 유선망은 투수계수에 좌우되기 때문이다.

해설
유선망은 그리는 사람에 따라 조금씩 달라질 수 있다 따라서 유선망의 정밀도는 정확하게 유선망을 그리는것 보다는 정확한 유로의 수와 등수두면의수가 침투수량에 영향을 준다고 볼 수 있다.

72 그림에서 흙의 단면적이 40cm²이고 투수계수가 0.1cm/sec일 때 흙속을 통과하는 유량은?

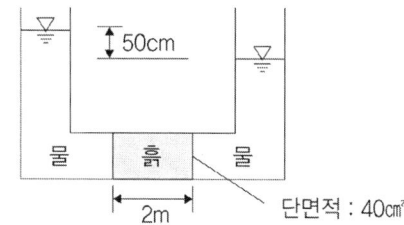

① 1m³/hr
② 1cm³/sec
③ 100m³/hr
④ 100cm³/sec

해설

$$Q = KiA = K\frac{h}{L}A$$
$$= 0.1 \times \frac{50}{200} \times 40 = 1 cm^3/\sec$$

73 Paper drain 설계 시 Drain paper의 폭이 10cm, 두께가 0.3cm일 때 Drain paper의 등치환산원의 직경이 얼마이면 Sand Drain과 동등한 값으로 볼 수 있는가?(단, 형상계수 0.75)

① 5cm
② 8cm
③ 10cm
④ 15cm

해설

$$D = \alpha \frac{2A + 2B}{\pi}$$
$$= 0.75 \times \frac{2 \times 10 + 2 \times 0.3}{\pi} = 4.92 cm$$

74 흙의 다짐에 관한 사항 중 옳지 않은 것은?

① 최적 함수비로 다질 때 최대 건조 단위중량이 된다.
② 조립토는 세립토보다 최대 건조 단위중량이 크다.
③ 점토를 최적함수비보다 작은 건조측 다짐을 하면 흙구조가 면모구조로, 습윤측 다짐을 하면 이산구조가 된다.
④ 강도증진을 목적으로 하는 도로 토공의 경우 습윤측 다짐을, 차수를 목적으로 하는 심벽재의 경우 건조측 다짐이 바람직하다.

해설

도로 토공의 다짐은 강도증진이 목적이므로 최적함수비에서 약간 건조측 다짐이 유리하며, 댐의 심벽재 다짐은 차수목적이 크므로 최적함수비에서 우측으로 습윤측 다짐이 되도록하여 흙의 투수계수를 최소화하는 다짐관리가 필요하다.

75 표준관입시험에 관한 설명 중 옳지 않은 것은?
① 표준관입시험의 N값으로 모래지반의 상대 밀도를 추정할 수 있다.
② N값으로 점토지반의 연경도에 관한 추정이 가능하다.
③ 지층의 변화를 판단할 수 있는 시료를 얻을 수 있다.
④ 모래지반에 대해서도 흐트러지지 않은 시료를 얻을 수 있다.

해설
원위치 시험을 하는 표준관입시험은 동적인 타격방식에 의해서 교란된 시료가 얻어진다.

76 Mohr의 응력원에 대한 설명 중 틀린 것은?
① Mohr의 응력원에 접선을 그었을 때, 종축과 만나는 점이 점착력 C이고, 그 접선의 기울기가 내부마찰각 ϕ이다.
② Mohr의 응력원이 파괴포락선과 접하지 않을 경우 전단파괴가 발생됨을 뜻한다.
③ 비압밀비배수 시험조건에서 Mohr의 응력원은 수평축과 평행한 형상이 된다.
④ Mohr의 응력원에서 응력상태는 파괴포락선 위쪽에 존재할 수 없다.

해설
Mohr 응력원이 파괴포락선에 접하는 순간 전단파괴가 발생 되었다고 본다.

77 함수비 17%인 흙 2,300g이 있다. 이 흙의 함수비를 25%로 증가시키려면 얼마의 물을 가해야 하는가?
① 157g
② 230g
③ 345g
④ 757g

해설
1) 함수비 17%인 흙의 물무게(W_w)
$$W_w = \frac{W \cdot \omega}{100+\omega} = \frac{2,300 \times 17}{100+17} = 334g$$
2) 추가해야 할 물의 무게(x)
17 : 334=(25-17) : x
x = 157g

78 부마찰력에 대한 설명으로 틀린 것은?
① 부마찰력을 줄이기 위하여 말뚝표면을 아스팔트 등으로 코팅하여 타설한다.
② 지하수의 저하 또는 압밀이 진행중인 연약지반에서 부마찰력이 발생한다.
③ 점성토 위에 사질토를 성토한 지반에 말뚝을 타설한 경우에 부마찰력이 발생한다.
④ 부마찰력은 말뚝을 아래 방향으로 작용하는 힘이므로 결국에는 말뚝의 지지력을 증가시킨다.

해설
부마찰력은 주변지반의 침하가 말뚝의 침하보다 크게 되는 경우 발생되며 부마찰력은 하향으로 말뚝을 끌어내리는 힘으로 작용하여 말뚝의 지지력을 감소시키며, 부마찰력이 심한 경우 중립축 부근에서 말뚝에 균열, 파손이 발생될 수 있다.

정답 75 ④ 76 ② 77 ① 78 ④

79 모래나 점토같은 입상재료(粒狀材料)를 전단하면 Dilatancy현상이 발생하며 이는 공극 수압과 밀접한 관계가 있다. 다음에 설명한 이들의 관계 중 옳지 않은 것은?

① 과압밀 점토에서는 (+)Dilatancy에 부(-)의 공극 수압이 발생한다.
② 정규압밀 점토에서는 (-)Dilatancy에 정(+)의 공극수압이 발생한다.
③ 밀도가 큰 모래에서는 (+)Dilatancy가 일어난다.
④ 느슨한 모래에서는 (+)Dilatancy가 일어난다.

해설
느슨한 모래에서는 체적이 압축이 발생되므로 (-)Dilatancy가 발생되며 (+)의 과잉간극 수압이 발생된다.

80 어떤 모래의 비중이 2.64이고 간극비가 0.75일 때 이 모래의 한계동수경사는?

① 0.45
② 0.64
③ 0.94
④ 1.52

해설
$$i_c = \frac{G_s - 1}{1 + e} = \frac{2.64 - 1}{1 + 0.75} = 0.94$$

정답 79 ④ 80 ③

2014 기출문제
제1회 건설재료시험기사

제1과목 콘크리트공학

01 고압증기양생한 콘크리트에 대한 설명으로 틀린 것은?
① 고압증기양생한 콘크리트는 어느 정도의 취성을 갖는다.
② 고압증기양생한 콘크리트는 보통양생한 것에 비해 철근의 부착강도가 약 1/2이되므로 철근콘크리트 부재에 적용하는 것은 바람직하지 못하다.
③ 고압증기양생한 콘크리트는 보통양생한 것에 비해 백태현상이 감소된다.
④ 고압증기양생한 콘크리트는 보통양생한 것에 비해 열팽창계수와 탄성계수가 매우 작다.

해설
고압증기양생한 콘크리트는 보통 양생한 콘크리트와 열팽창계수 및 탄성계수에 차이가 없다.

02 일반 콘크리트의 비비기에 관하여 잘못 설명한 것은?
① 비비기를 시작하기 전에 미리 믹서 내부를 모르타르로 부착시켜야 한다.
② 비비기는 미리 정해둔 비비기 시간의 3배 이상 계속해서는 안 된다.
③ 믹서 안의 콘크리트를 전부 꺼낸 후에 다음 비비기 재료를 투입하여야 한다.
④ 믹서 안에 재료를 투입한 후의 비비기 시간은 가경식 믹서의 경우 3분 이상을 표준으로 한다.

해설
일반 콘크리트 비비기
1) 가경식 믹서일 때 : 1분 30초 이상
2) 강제식 믹서일 때 : 1분 이상

정답 01 ④ 02 ④

03 시방배합 결과 콘크리트 1m³에 사용되는 물은 180kg, 시멘트는 390kg, 잔골재는 700kg, 굵은골재는 1,100kg이었다. 현장 골재의 상태가 다음 표와 같을 때 현장배합에 필요한 굵은골재량은?

- 현장의 잔골재는 5mm체에 남는 것을 10%포함
- 현장의 굵은골재는 5mm 체를 통과하는 것을 5% 포함
- 잔골재의 표면수량은 2%
- 굵은골재의 표면수량은 1%

① 1,060kg ② 1,071kg
③ 1,082kg ④ 1,093kg

해설

1) 입도조정
   ① 잔골재
   $$X = \frac{100S - b(S+G)}{100 - (a+b)}$$
   $$= \frac{100 \times 700 - 5(700 + 1,100)}{100 - (10+5)} = 718 kg$$

   ② 굵은골재
   $$Y = \frac{100G - a(S+G)}{100 - (a+b)}$$
   $$= \frac{100 \times 1,100 - 10(700 + 1,100)}{100 - (10+5)} = 1,082 kg$$

2) 표면수량 보정
   ① 잔골재
   $$S' = X(1 + \frac{c}{100}) = 718 \times (1 + 2/100) = 732 kg$$
   ② 굵은골재
   $$G' = Y(1 + \frac{d}{100}) = 1,082 \times (1 + 1/100) = 1,093 kg$$

04 매스 콘크리트의 타설온도를 낮추는 선행냉각(pre-cooling)방법으로 적절하지 않은 것은?

① 냉수나 얼음을 따로따로 혹은 조합해서 배합수로 사용하는 방법
② 냉각한 골재를 사용하는 방법
③ 액체질소를 사용하는 방법
④ 관로식 냉각 방법

해설

관로식 냉각(Pipe-cooling)방법은 선행냉각방식이 아닌 후행냉각방식이다.

05 콘크리트의 품질관리에 쓰이는 관리도 중 계량값 관리도에 속하지 않는 것은?

① $\bar{x}-R$ 관리도(평균값과 범위관리도)
② $\bar{x}-\sigma$ 관리도(평균값과 표준편차 관리도)
③ x 관리도(측정값 자체의 관리도)
④ p 관리도(불량률 관리도)

해설
p관리도는 계수형 관리도에 해당된다.

06 프리플레이스트 콘크리트에서 주입모르타르의 품질로 적절하지 않은 것은?

① 유하시간의 설정 값은 16~20초를 표준으로 한다.
② 블리딩률의 설정 값은 시험 시작 후 3시간에서의 값이 5% 이하가 되도록 한다.
③ 팽창률의 설정 값은 시험 시작 후 3시간에서의 값이 5~10%인 것을 표준으로 한다.
④ 모르타르가 굵은 골재의 공극에 주입될 때 재료분리가 적고 주입되어 경화되는 사이에 블리딩이 적으며 소요의 팽창을 하여야 한다.

해설
프리플레이스트 콘크리트 주입 모르타르의 블리딩률의 설정값은 시험 시작 후 3시간 에서의 값이 3%이하가 되는 것으로 한다.

07 시멘트의 수화반응에 의해 생성된 수산화칼슘이 대기중의 이산화탄소와 반응하여 콘크리트의 성능을 저하시키는 현상을 무엇이라고 하는가?

① 염해
② 중성화
③ 동결융해
④ 알칼리-골재반응

해설
중성화 반응에 대한 설명이다.

08 압축강도에 의한 콘크리트의 품질관리에서 시험을 위해 시료를 채취하는 시기 및 횟수는 일반적인 경우 하루에 치는 콘크리트마다 적어도 몇 회로 하여야 하는가?(단, 콘크리트표준시방서에 의한다.)

① 1회
② 2회
③ 3회
④ 4회

해설
압축강도에 의한 콘크리트의 품질검사

항목	시기 및 횟수
압축강도	1회/일, 또는 구조물의 중요도와 공사의 규모에 따라 100m³마다 1회, 배합이 변경될 때마다.

09 배합설계에서 다음 표와 같은 조건일 경우 콘크리트의 물-시멘트비를 결정하면 약 얼마인가?

> · 설계기준압축강도는 재령 28일에서 압축강도로서 24MPa
> · 30회 이상의 압축강도 시험으로부터 구한 표준편차는 2.98MPa
> · 지금까지의 실험에서 시멘트-물비 C/W와 재령 28일 압축강도 f_{28}과의 관계식
> $f_{28} = -13.8 + 22.6 C/W (MPa)$

① 45.6%
② 48.3%
③ 54.1%
④ 57.2%

해설

$f_{ck} = 24MPa \leq 35MPa$인 경우이므로

1) $f_{cr} = f_{ck} + 1.34S$
   $= 24 + 1.34 \times 2.98 = 27.99 MPa$
2) $f_{cr} = (f_{ck} - 2.5) + 2.33S$
   $= (24 - 3.5) + 2.33 \times 2.98$
   $= 27.44 MPa$

  1), 2)중에서 큰 값이 배합강도 이므로
  $f_{cr} = 27.99 MPa$

3) $f_{28} = -13.8 + 22.6 \dfrac{C}{W}$

   $27.99 = -13.8 + 22.6 \dfrac{C}{W}$

   ∴ $\dfrac{W}{C} = 0.541 = 54.1\%$

10 수중 불분리성 콘크리트의 타설에 대한 설명으로 틀린 것은?

① 유속이 50mm/s정도 이하의 정수 중에서 수중 낙하높이 0.5m 이하에서 타설한다.
② 콘크리트 펌프로 압송할 경우, 압송압력은 보통 콘크리트의 2~3배 정도 요구된다.
③ 품질저하 및 불균일성을 방지하기 위해 수중 유동거리는 10m 이하로 한다.
④ 소규모 공사 등에는 버킷을 이용하여 시공할 수도 있다.

해설

품질저하 및 불균일성을 방지하기 위해 수중 유동거리는 5m 이하로 한다.

11 굳지 않은 콘크리트의 슬럼프(slump) 및 슬럼프시험에 대한 설명으로 옳지 않은 것은?
① 슬럼프콘의 규격은 밑면의 안지름은 200mm, 윗면의 안지름은 100mm, 높이는 300mm이다.
② 슬럼프콘에 콘크리트를 채우기 시작하고 나서 슬럼프콘의 들어 올리기를 종료할 때 까지의 시간은 3분 이내로 한다.
③ 슬럼프의 표준값은 철근콘크리트에서 일반적인 단면인 경우 40~120mm이다.
④ 슬럼프콘을 가만히 연직으로 들어 올리고, 콘크리트의 중앙부에서 공시체 높이와의 차를 5mm 단위로 측정하여 이것을 슬럼프 값으로 한다.

해설
슬럼프의 표준값(mm)

종 류		슬럼프 값
철근콘크리트	일반적인 경우	80~150
	단면이 큰 경우	60~120

12 콘크리트의 양생에 대한 설명으로 틀린 것은?
① 고로 슬래그 시멘트를 사용한 경우, 습윤 양생의 기간은 보통 포틀랜드 시멘트를 사용한 경우보다 짧게 하여야 한다.
② 막양생제는 콘크리트 표면의 물빛(水光)이 없어진 직후에 살포하는 것이 좋다.
③ 재령 5일이 될 때까지는 해수에 콘크리트가 씻기지 않도록 보호한다.
④ 습윤양생을 실시할 경우 거푸집판이 얇든가 또는 건조의 염려가 있을 때는 살수하여 습윤상태로 유지하여야 한다.

해설
습윤양생기간의 표준

일평균 기온	보통포틀랜드 시멘트	고로슬래그시멘트	조강포틀랜드 시멘트
15℃ 이상	5일	7일	3일

13 유동화 콘크리트의 슬럼프 증가량은 몇 mm 이하를 원칙으로 하는가?
① 50mm
② 80mm
③ 100mm
④ 120mm

해설
유동화 콘크리트의 슬럼프 증가량은 100mm 이하를 원칙으로 하며, 50~80mm를 표준으로 한다.

14 콘크리트 비파괴시험방법 중 슈미트해머에 의한 반발경도법에 대한 설명으로 틀린 것은?

① 콘크리트는 함수율이 증가함에 따라 반발 경도가 크게 측정되므로 콘크리트 습윤상태에 따른 보정을 실시하여야 한다.
② 0°C 이하의 온도에서 콘크리트는 정상보다 높은 반발경도를 나타내므로, 콘크리트 내부가 완전히 융해된 후에 시험해야 한다.
③ 타격 위치는 가장자리로부터 100mm 이상 떨어지고 서로 30mm 이내로 근접해서는 안 된다.
④ 시험할 콘크리트 부재는 두께가 100mm 이상이어야 하며, 하나의 구조체에 고정되어야 한다.

해설
슈미트 해머는 콘크리트 표면의 습윤상태에 있으면 건조상태인 경우보다 반발경도가 작게 측정된다.

15 일반적으로 연직 시공이음부의 거푸집 제거시기는 콘크리트를 타설하고 난 후 얼마 정도 후에 실시하는 것이 좋은가?(단, 여름의 경우)

① 4~6시간 정도
② 10~15시간 정도
③ 1~2일 정도
④ 2~3일 정도

해설
연직시공부의 거푸집 제거시기는 여름에는 4~6시간 정도, 겨울에는 10~15 시간 정도로 한다.

16 굳지 않은 콘크리트에 관한 설명으로 틀린 것은?

① 잔골재의 세립분 함유량 및 잔골재율이 작으면 콘크리트의 재료분리 경향이 커진다.
② 단위시멘트량을 크게 하면 성형성이 나빠진다.
③ 혼합시 콘크리트의 온도가 높으면 슬럼프값은 저하한다.
④ 포졸란 재료를 사용하면 세립이 부족한 잔골재를 사용한 콘크리트의 워커빌리티를 개선시킨다.

해설
1) 잔골재에 세립분 함유량 및 잔골재량이 너무 작으면 골재의 유동성이 떨어져 재료분리가 일어날 가능성이 크며 반대로 잔골재율이 너무 크게 되면 단위수량이 늘어나 재료분리의 가능성이 생긴다. 따라서 과도한 잔골재율의 변동이 없도록 배합설계를 하는 것이 필요하다.
2) 단위시멘트량이 크면 시멘트의 부착성이 커져서 변형에 대한 저항성이 증가돼 성형성이 유지된다.

17 프리스트레스트콘크리트(PSC)와 철근콘크리트(RC)의 비교 설명으로 틀린 것은?

① PSC는 RC에 비하여 강성이 커서 변형이 작고 진동에 강하다.
② PSC는 RC에 비하여 고강도의 콘크리트와 강재를 사용하게 된다.
③ PSC는 RC에 비하여 탄성적이고 복원성이 크다.
④ PSC는 균열이 발생하지 않도록 설계되기 때문에 내구성 및 수밀성이 좋다.

해설
PSC는 단면이 작아 처짐(변형) 및 진동이 RC에 비해서 크게 발생된다.

18 일반적인 경우 콘크리트의 건조수축에 가장 큰 영향을 미치는 요인은?
① 단위시멘트량　　　　　　② 단위수량
③ 잔골재율　　　　　　　　④ 단위굵은골재량

해설
단위수량이 많을수록 콘크리트 내부물의 표면장력에 의한 시멘트페이스트 수축이 커져 건조 수축량이 증가된다.

19 경화 전의 콘크리트에 발생하는 균열에 관한 설명 중 틀린 것은?
① 초기수축균열은 콘크리트로부터의 급격한 수분증발이 주요 발생원인이다.
② 초기수축균열을 플라스틱수축균열이라고도 한다.
③ 침하균열은 블리딩이 많은 콘크리트일수록 적게 된다.
④ 침하균열은 콘크리트를 친 후 1~3시간 지나 상부표면에 주로 발생한다.

해설
침하균열은 블리딩이 많이 생길수록 많이 발생한다.

20 거푸집 및 동바리의 구조계산에 관한 설명으로 틀린 것은?
① 고정하중은 철근콘크리트와 거푸집의 중량을 고려하여 합한 하중이며, 철근의 중량을 포함한 콘크리트의 단위중량은 보통콘크리트에서는 $24kN/m^3$을 적용하고, 거푸집 하중은 최소 $0.4kN/m^3$이상을 적용한다.
② 활하중은 작업원, 경량의 장비하중, 기타 콘크리트 타설에 필요한 자재 및 공구 등의 시공하중, 그리고 충격하중을 포함한다.
③ 동바리에 작용하는 수평방향 하중으로는 고정하중의 2%이상 또는 동바리 상단의 수평방향 단위길이당 $1.5kN/m$ 이상 중에서 큰 쪽의 하중이 동바리 머리부분에 수평방향으로 작용하는 것으로 가정한다.
④ 벽체 거푸집의 경우에는 거푸집 측면에 대하여 $5.0kN/m^2$이상의 수평방향 하중이 작용하는 것으로 본다.

해설
동바리 : 고정하중 2%이상 또는 $1.5kN/m$이상 고려
옹벽거푸집 : $0.5kN/m^2$이상

제2과목 건설시공 및 관리

21 토공에서 토취장 선정에 고려하여야 할 사항으로 틀린 것은?
① 토질이 양호할 것
② 성토장소를 향하여 상향구배(1/5~1/10)일 것
③ 토량이 충분할 것
④ 운반로 조건이 양호하며, 가깝고 유지관리가 용이할 것

해설
성토 장소를 향하여 하향구배 $\frac{1}{50} \sim \frac{1}{100}$ 정도를 유지할 것

22 불도저로 압토와 리핑 작업을 동시에 실시한다. 각 작업 시의 작업량이 다음 표와 같을 때 시간당 작업량은?

- 압토 작업만 할 때의 작업량 : $Q_1 = 40 m^3/h$
- 리핑 작업만 할 때의 작업량 : $Q_2 = 60 m^3/h$

① 24m³/h
② 30m³/h
③ 34m³/h
④ 50m³/h

해설
$$Q = \frac{Q_1 Q_2}{Q_1 + Q_2} = \frac{40 \times 60}{40 + 60} = 24 m^3/h$$

23 토공에 대한 다음 설명 중 틀린 것은?
① 시공기면은 현재 공사를 하고 있는 면을 말한다.
② 토공은 굴착, 싣기, 운반, 성토(사토) 등의 4공정으로 이루어진다.
③ 준설은 수저의 토사 등을 굴착하는 작업을 말한다.
④ 법면은 비탈면으로 성토, 절토의 사면을 말한다.

해설
시공기면(formation level)
가장 경제적인 시공이 되도록 절·성토량 계획을 세우는데 필요한 지반계획고를 정하는 것을 "시공기면"이라고 함

24 PERT기법에 의한 공정관리 방법에서 정상시간이 5일, 비관적인 시간이 13일, 낙관적인 시간이 3일인 경우 공정상의 기대시간은?
① 3일　　　　　　　　　　　② 5일
③ 6일　　　　　　　　　　　④ 7일

해설
$$t_e = \frac{t_o + 4t_m + t_p}{6} = \frac{3 + 4 \times 5 + 13}{6} = 6일$$

25 지반안정용액을 주수하면서 수직굴착하고 철근콘크리트를 타설한 후 굴착하는 공법으로 타공법에 비해 차수성이 우수하고 지반변위가 작은 토류공법은?
① 강널말뚝 흙막이벽　　　　② 벽강관 널말뚝 흙막이벽
③ 벽식연속 지중벽 공법　　　④ Top down 공법

해설
벽식 연속지중벽 공법(Slurry wall)에 대한 설명으로 도심지 소음진동이 적고 차수효과가 우수한 흙막이 공법

26 연약지반처리 공법으로서 적당하지 않은 것은?
① 바이브로플로테이션 공법　② 침매공법
③ 버티컬 드레인 공법　　　　④ 치환공법

해설
침매공법은 터널시공 공법으로 해저 터널공사에 적용하는 유용한 공법이다.

27 항만공사에서 간만의 차가 큰 장소에 축조되는 항은?
① 하구항(coastal harbor)　　② 개구항(open harbor)
③ 폐구항(closed harbor)　　　④ 피난항(refuge harbor)

해설
조수 간만의 차가 큰장소에 선박의 출입이 가능하도록 폐구시켜 놓는 항을 폐구항이라 한다.

28 지하 굴착에 따라 수반되는 지하수를 배출할 때 주변지반에 미치는 영향을 설명한 것으로 틀린 것은?
① 흙막이벽에 작용하는 주동토압의 감소　② 흙막이벽에 작용하는 수동토압의 감소
③ 히빙(Heaving) 방지　　　　　　　　　　④ 지반의 압축침하와 압밀침하 발생

해설
1) 지하수가 배출되면 연직응력은 증가하나 수평응력은 감소하고(주동토압감소)배면 지반이 침하가 발생된다.
2) 주동토압의 감소로 수동토압은 증가된다.

29 아스팔트 포장 시공 단계에서 보조기층의 보호 및 수분의 모관상승을 차단하고 아스팔트 혼합물과의 접착성을 좋게 하기 위하여 실시하는 것은 무엇인가?
① 택 코트(tack coat)
② 프라임 코트(prime coat)
③ 실 코트(seal coat)
④ 컬러 코트(color coat)

해설
프라임 코트에 대한 설명이다.

30 공상현상에 대한 대책으로 올바르지 않은 것은?
① 말뚝은 수직으로 굴착하고 철근도 수직으로 세운다.
② 철근이 뽑혀올라오지 않도록 slime의 생성을 촉진한다.
③ 철근망을 달아매는 기계를 사용하여 세우는 도중의 비틀림, 좌굴을 방지한다.
④ 콘크리트를 Chute 내에서 절대로 흘리지 않게 한다.

해설
공상현상은 공내 수직도가 맞지 않아서 생기는 현상으로 Slime 생성과는 전혀 관계없다.

31 토적곡선(mass curve)의 성질에 대한 설명 중 옳지 않은 것은?
① 토적곡선이 기선 위에서 끝나면 토량이 부족하고, 반대이면 남는 것을 뜻한다.
② 곡선의 저점은 성토에서 절토로의 변이점이다.
③ 동일단면 내에서 횡방향 유용토는 제외되었으므로 동일단면내의 절토량과 성토량을 구할 수 없다.
④ 교량 등의 토공이 없는 곳에는 기선에 평행한 직선으로 표시한다.

해설
토적곡선이 기선 위에서 끝나면 사토가 발생된 것이고 기선 밑에서 끝나면 순성토가 발생된다.

32 $10,000m^3$(자연상태)의 사질토를 $4m^3$의 덤프트럭으로 운반하려고 한다. 필요한 트럭의 대수는?(단, 사질토의 토량변화율 L=1.25, C=0.88)
① 3,125대
② 2,200대
③ 2,841대
④ 2,000대

해설
트럭의 대수 $= \dfrac{10,000 \times L}{4} = \dfrac{10,000 \times 1.25}{4}$
$= 3,125$대

33 이동식 작업차 또는 가설용 트러스를 이용하여 교각의 좌우로 평형을 유지하면서 분할된 거더(길이 2~5m)를 순차적으로 시공하는 교량가설공법은?

① FCM 공법 ② FSM 공법
③ ILM 공법 ④ MSS 공법

해설
캔틸레버 공법(FCM 공법)에 대한 설명이다.

34 암거의 배열방식 중 인접한 높은 지대에서 배수지구로 스며드는 침투수를 차단하기 위하여 구역둘레에 배수암거를 매설하는 방식은?

① 빗식 ② 자연식
③ 어골식 ④ 차단식

해설
차단식에 대한 설명이다.

35 아스팔트포장의 파손현상 중 차량하중에 의해 발생한 변형량의 일부가 회복되지 못하여 발생하는 영구변형으로 차량통과위치에 균일하게 발생하는 침하를 보이는 아스팔트포장의 대표적인 파손현상을 무엇이라 하는가?

① 피로균열 ② 저온균열
③ 라벨링(Ravelling) ④ 루팅(Rutting)

해설
러팅(소성변형)에 대한 설명이다.

36 다음 그림과 같은 네트워크 공정표에서 전체 공기는?

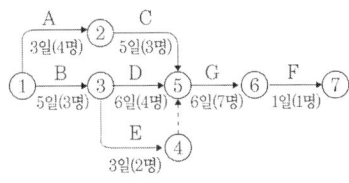

① 12일 ② 15일
③ 18일 ④ 21일

해설
1) CP : ① → ③ → ⑤ → ⑥ → ⑦
2) 소요공기 : 18일

37 버킷용량 2.0m³인 백호로 15t, 덤프 트럭에 토사를 적재하여 운반하고자 한다. 기타의 조건이 다음과 같을 때 트럭에 적재하는데 소요되는 시간은?

[조건]
- 흙의 단위중량 : 1.5t/m³
- 토량변화율(L) : 1.4
- 버킷계수(K) : 0.7
- 백호의 사이클타임(C_m) : 25sec
- 백호의 작업효율(E) : 0.7

① 2.37분 ② 3.33분
③ 4.67분 ④ 5.95분

해설

1) $q_t = \dfrac{T}{\gamma_t} L = \dfrac{15}{1.5} \times 1.4 = 14 m^3$

2) $n = \dfrac{q_t}{qk} = \dfrac{14}{2 \times 0.7} = 10$회

3) $C_{mt} = \dfrac{C_m \cdot n}{60 E_s} = \dfrac{25 \times 10}{60 \times 0.7} = 5.95$분

38 터널 라이닝(lining)시 인버트 아치(invert arch)를 필요로 하는 경우는?
① 용수가 많은 터널에서
② 구배가 큰 터널에서
③ 지질이 연약하고 불량한 터널에서
④ 라이닝 콘크리트를 경제적으로 하기 위하여

해설

Inverted lining은 터널 하부에 라이닝콘크리트를 쳐서 터널의 단면을 구조적으로 원형화 시켜 터널의 안정성을 높이기 위해 측벽과 폐합시키는 콘크리트로서 지질이 연약하고 불량한 터널 공사시 적합하다.

39 암석을 발파할 때 암석이 외부의 공기 및 물과 접하는 표면을 자유면이라 한다. 이 자유면으로부터 폭약의 중심까지의 최단 거리를 무엇이라 하는가?
① 보안거리   ② 누두반경
③ 적정심도   ④ 최소저항선

해설

최소저항선에 대한 설명이다.

40 트랙터의 단위중량 17t, 전장비 중량 23t, 접지장 270cm, 캐터필러 폭 55cm, 캐터필러의 중심거리가 2m일 때 불도저의 평균 접지압은 얼마인가?

① 0.37kg/cm² ② 0.77kg/cm²
③ 1.11kg/cm² ④ 2.96kg/cm²

해설

$$접지압 = \frac{전장비중량}{접지면적} = \frac{23,000}{270 \times 55 \times 2}$$
$$= 0.77 kg/cm^2$$

제3과목   **건설재료 및 시험**

41 다음 콘크리트용 혼화재료에 대한 설명 중 틀린 것은?
① 감수제는 시멘트 입자를 분산시켜 콘크리트의 단위수량을 감소시키는 작용을 한다.
② 촉진제는 시멘트의 수화작용을 촉진하는 혼화제로서 보통 나프탈린 설폰산염을 많이 사용한다.
③ 지연제는 여름철에 레미콘의 슬럼프 손실 및 콜드 조인트의 방지 등에 효과가 있다.
④ 급결제는 시멘트의 응결시간을 촉진하기 위하여 사용하며 숏크리트, 물막이 공법 등에 사용한다.

해설
촉진제는 시멘트의 수화반응 작용을 촉진하는 혼화제의 일종으로 일반적으로 염화칼슘을 포함한 감수제가 사용된다.

42 실리카퓸이 콘크리트의 성질에 미치는 영향으로 옳지 않은 것은?
① 실리카퓸의 혼합량을 증가시키면서 목표 슬럼프를 유지하기 위하여 필요한 단위수량을 감소시킬 수 있다.
② 실리카퓸은 매우 미세한 입자이기 때문에 블리딩과 재료의 분리를 감소시킨다.
③ 실리카퓸은 초미립분말이기 때문에 조기에 포졸란 반응이 발생한다.
④ 실리카퓸의 혼합률이 증가할수록 어느 수준까지는 압축강도가 증가한다.

해설
1) 장점
   콘크리트 강도, 내구성, 수밀성을 증대
2) 단점
   ・워커빌리티가 불량
   ・건조수축 증가
   ・단위수량 증가

43 일반적으로 풍화한 시멘트에서 나타나는 성질이 아닌 것은?
① 응결지연
② 비중감소
③ 강열감량 감소
④ 강도발현 저하

> **해설**
> 시멘트 풍화가 진행될수록 강열감량은 증가된다.

44 암석은 생성원인에 따라 화성암, 변성암, 퇴적암으로 나뉜다. 다음 중에서 생성원인이 다른 암석은?
① 현무암
② 섬록암
③ 화강암
④ 편마암

> **해설**
> 암석의 분류
> 1) 화성암 : 화강암, 섬록암, 안산암, 현무암
> 2) 퇴적암 : 응회암, 사암, 혈암, 점판암
> 3) 변성암 : 편마암, 대리석

45 어떤 재료의 포아송 비가 1/3이고, 탄성계수는 2×10^5 MPa일 때 전단 탄성계수는?
① 25,600MPa
② 75,000MPa
③ 544,000MPa
④ 229,500MPa

> **해설**
> $$G = \frac{E}{2(1+\nu)} = \frac{2 \times 10^5}{2\left(1+\frac{1}{3}\right)} = 75,000 MPa$$

46 목재의 건조방법 중 인공건조법이 아닌 것은?
① 끓임법(자비법)
② 열기건조법
③ 공기건조법
④ 증기건조법

> **해설**
> 목재의 건조 방법
> 1) 자연건조법 : 공기건조법, 침수법
> 2) 인공건조법 : 자비법, 증기건조법, 열기건조법

정답 43 ③ 44 ④ 45 ② 46 ③

47 콘크리트용 혼화재료로 사용되는 고로슬래그 미분말에 대한 설명 중 틀린 것은?
① 고로슬래그 미분말을 사용한 콘크리트는 보통콘크리트보다 콘크리트 내부의 세공경이 작아져 수밀성이 향상된다.
② 고로슬래그 미분말은 플라이애시나 실리카퓸에 비해 포틀랜드시멘트와의 비중차가 작아 혼화재로 사용할 경우 혼합 및 분산성이 우수하다.
③ 고로슬래그 미분말을 혼화재로 사용한 콘크리트는 염화물이온 침투를 억제하여 철근부식 억제효과가 있다.
④ 고로슬래그 미분말의 혼합률을 시멘트 중량에 대하여 70% 혼합한 경우 중성화속도가 보통콘크리트의 1/2정도로 감소되어 내구성이 향상된다.

> **해설**
> 고로슬래그 미분말의 적정 사용량은 콘크리트의 내구성, 수밀성을 향상 시키는 효과가 있으나 과다하게 사용하는 경우 콘크리트의 수산기 감소로 콘크리트 중성화 우려가 있다.

48 로스앤젤레스 마모시험에서 강철구를 넣어 회전한 후 시험기로부터 꺼낸 시료를 체가름 한다. 이때 사용되는 체의 규격은?
① 1.2mm
② 1.7mm
③ 2.5mm
④ 5mm

49 시멘트의 응결시험 방법으로 옳은 것은?
① 블레인 방법
② 오토 클레이브 방법
③ 길모아침에 의한 방법
④ 비비 시험

> **해설**
> 응결시간시험-비카트침, 길모어침

50 Cut back asphalt중 건조가 가장 빠른 것은?
① RC
② MC
③ SC
④ LC

정답 47 ④ 48 ② 49 ③ 50 ①

51 잔골재에 대한 체가름 시험을 한 결과가 다음 표와 같을 때 조립률은?(단, 10mm 이상 체에 잔류된 잔골재는 없다.)

체의호칭(mm)	5	2.5	1.2	0.6	0.3	0.15	Pan
각 체에 남은 양(%)	2	11	20	22	24	16	5

① 1.0
② 2.63
③ 2.77
④ 3.15

해설

체의호칭(mm)	5	2.5	1.2	0.6	0.3	0.15	Pan
각 체에 남은 양(%)	2	11	20	22	24	16	5
누적잔유량	2	13	33	55	79	95	100

$$FM = \frac{2+13+33+55+79+95}{100} = 2.77$$

52 건설용 재료로 목재를 사용하기 위하여 목재를 건조시키는 목적 및 효과로 틀린 것은?

① 가공성을 향상시킨다.
② 균류의 발생을 방지할 수 있다.
③ 수축균열 및 부정변형을 방지할 수 있다.
④ 목재의 중량을 경감시킬 수 있다.

해설
가공성은 해당되지 않는다.

53 잔골재의 유해물 함유량의 한도 중 점토덩어리인 경우 중량백분율로 최대치는 얼마인가?

① 1%
② 2%
③ 3%
④ 4%

해설
잔골재의 유해물 함유량 한도

종류	최대값
점토 덩어리	1%
염화물(NaCl 환산량)	0.04%

54 포틀랜드 시멘트의 주성분 비율 중 수경률(H.M. : Hydraulic Modulus)에 대한 설명으로 옳지 않은 것은?

① 수경률은 CaO 성분이 높을 경우 커진다.
② 수경률은 다른 성분이 일정할 경우 석고량이 많을 경우 커진다.
③ 수경률이 크면 초기강도가 커진다.
④ 수경률이 크면 수화열이 큰 시멘트가 생긴다.

해설
수경률(Hydraulic modulus)
1) 수경률(HM) = $\dfrac{CaO}{SiO_2 + Al_2O_3 + Fe_2O_3}$
2) 수경률은 산성성분에 대한 염기성분의 비율을 나타내는 것으로 수경률이 클수록 초기강도가 증가하며, 석고량과는 관계가 없다.

55 아스팔트 혼합물 중 역청 재료량(W_a)이 5.0%, 실측 밀도(d)가 2.355g/cm³, 역청재료의 밀도(G_a)가 1.03g/cm³이고 공극률(V)이 5.3%일 때 포화도(S)는?

① 62.0%
② 64.0%
③ 68.0%
④ 66.0%

해설
1) 역청재료의 체적비
$V_a = \dfrac{W_a \times d}{G_a}(\%) = \dfrac{5.0 \times 2.355}{1.03} = 11.43\%$
여기서, W_a : 역청재료량(%)
d : 시험체의 실측밀도(g/cm³)
G_a : 역청재료의 밀도(g/cm³)
2) 포화도
$S = \dfrac{V_a}{V_a + V} = \dfrac{11.43}{11.43 + 5.3} = 0.68 = 68\%$
여기서, V : 공극률(%)

56 면이 원칙적으로 거의 사각형에 가까운 것으로, 길이는 4면을 쪼개어 면에 직각으로 잰 길이는 면의 최소변에 1.5배 이상인 석재는?

① 사고석
② 각석
③ 판석
④ 견치석

해설
견치석에 대한 설명이다.

57 토목섬유(geotextiles)의 특징에 대한 설명으로 틀린 것은?

① 인장강도가 크다.
② 탄성계수가 작다.
③ 차수성, 분리성, 배수성이 크다.
④ 수축을 방지한다.

해설
토목섬유는 탄성계수가 크다.

58 습윤상태의 모래 600g을 건조로에서 건조시킨 후 550g이 되었다. 이 모래의 흡수율이 4%일 때 표면 수율은?

① 2.9%
② 3.4%
③ 4.4%
④ 4.9%

해설
1) 흡수율 = $\dfrac{\text{표건상태질량} - \text{절건상태질량}}{\text{절건상태질량}} \times 100$

$4 = \dfrac{\text{표건상태질량} - 550}{550} \times 100$

∴ 표건상태질량 $= 572kg$

2) 표면수율
$= \dfrac{\text{습윤상태질량} - \text{표건상태질량}}{\text{표건상태질량}} \times 100$

$= \dfrac{600 - 572}{572} \times 100 = 4.9\%$

59 다이너마이트 중 폭발력이 가장 강하여 터널과 암석발파에 주로 사용되는 것은?

① 규조토 다이너마이트
② 교질 다이너마이트
③ 스트레이트 다이너마이트
④ 분상 다이너마이트

해설
교질 다이너마이트에 대한 설명이다.

60 아스팔트 연화점시험에서 사용되지 않는 기구는?

① 다짐용 해머
② 가열중탕
③ 황동제 환(環)
④ 강구

해설
1) 아스팔트가 온도가 높아지면서 아스팔트가 액상화가 되는 과정중에 일정한 점도에 도달했을 때의 온도를 연화점이라 한다.
2) 연화점은 시료가 규정된 거리(25.4mm)로 처졌을 때의 온도를 의미하며, 침입도와 연화점은 반비례 상태로서 연화점은 35~75℃ 정도이다.

제4과목 토질 및 기초

61 암질을 나타내는 항목과 직접관계가 없는 것은?
① N치
② RQD값
③ 탄성파속도
④ 균열의 간격

해설
N치 측정은 토층에 대한 저항치로 단단한 정도를 나타내는 원위치 시험의 일종이며, RQD, 일축압축강도, 절리간격, 탄성파 속도 등은 암질에 대한 평가기준에 해당된다.

62 압밀 시험에서 시간-압축량 곡선으로부터 구할 수 없는 것은?
① 압밀계수 (C_v)
② 압축지수 (C_c)
③ 체적변화 계수(m_v)
④ 투수계수(k)

해설
압축지수(C_c)는 e-log 하중곡선에서 구할 수 있다.

63 말뚝기초의 지반거동에 관한 설명으로 틀린 것은?
① 연약지반상에 타입되어 지반이 먼저 변형 하고 그 결과 말뚝이 저항하는 말뚝을 주동말뚝이라 한다.
② 말뚝에 작용한 하중은 말뚝주변의 마찰력과 말뚝선단의 지지력에 의하여 주변 지반에 전달된다.
③ 기성말뚝을 타입하면 전단파괴를 일으키며 말뚝 주위의 지반은 교란된다.
④ 말뚝 타입 후 지지력의 증가 또는 감소현상을 시간효과(Time effect)라 한다.

해설
1) 주동말뚝
움직임의 주체가 말뚝이 되는 경우로서 말뚝이 지표면에서 수평력을 받아 말뚝이 변형함에 따라 지반이 저항하는 형태
2) 수동말뚝
움직임의 주체가 연약지반으로서 먼저 연약지반이 측방유동에 의해 지반이 먼저 움직이고 그 결과 말뚝이 저항하는 형태

정답 61 ① 62 ② 63 ①

64 연약지반개량공법 중 프리로딩공법에 대한 설명으로 틀린 것은?

① 압밀침하를 미리 끝나게 하여 구조물에 잔류침하를 남기지 않게 하기 위한 공법이다.
② 도로의 성토나 항만의 방파제와 같이 구조물 자체의 일부를 상재하중으로 이용하여 개량 후 하중을 제거할 필요가 없을 때 유리하다.
③ 압밀계수가 작고 압밀토층 두께가 큰 경우에 주로 적용한다.
④ 압밀을 끝내기 위해서는 많은 시간이 소요되므로, 공사기간이 충분해야 한다.

> **해설**
> 압밀계수가 작고 두께가 두꺼운 점성토층에서는 프리로딩 단독작업으로 압밀배수 효과가 적어 연직배수공법(sand drain, P.B.D 공법 등)을 병용한다.

65 암반층 위에 5m 두께의 토층이 경사 15°의 자연사면으로 되어 있다. 이 토층은 c=1.5t/m², $\phi = 30°$, γ_{sat}=1.8t/m³이고, 지하수면은 토층의 지표면과 일치하고 침투는 경사면과 대략 평행이다. 이때의 안전율은?

① 0.8
② 1.1
③ 1.6
④ 2.0

> **해설**
> $$F_s = \frac{c'}{\gamma_{sat} h \cos i \sin i} + \frac{\gamma_{sub} \cdot \tan \phi'}{\gamma_{sat} \cdot \tan i}$$
> $$= \frac{1.5}{1.8 \times 5 \times \cos 15° \times \sin 15°} + \frac{0.8}{1.8} \times \frac{\tan 30°}{\tan 15°}$$
> $$= 1.624$$

66 크기가 30cm×30cm의 평판을 이용하여 사질토 위에서 평판재하시험을 실시하고 극한 지지력 20t/m²을 얻었다. 크기가 1.8m×1.8m인 정사각형기초의 총허용하중은 약 얼마인가?(단, 안전율 3을 사용)

① 22ton
② 66ton
③ 130ton
④ 150ton

> **해설**
> 1) 정사각형 기초의 극한지지력
> $$q_{u(기초)} = q_{u(재하판)} \cdot \frac{B_{(기초)}}{B_{(재하판)}} = 20 \times \frac{1.8}{0.3}$$
> $$= 120 t/m^2$$
> 2) $q_a = \frac{q_u}{F_s} = \frac{120}{3} = 40 t/m^2$
> 3) $q_a = \frac{P}{A}$ 에서 $40 = \frac{P}{1.8 \times 1.8}$
> ∴ $P = 129.6t$

67 흙의 투수계수 K에 관한 설명으로 옳은 것은?
① K는 점성계수에 반비례한다.
② K는 형상계수에 반비례한다.
③ K는 간극비에 반비례한다.
④ K는 입경의 제곱에 반비례한다.

해설
흙의 투수계수는 점성계수에 반비례 하고, 입경의 제곱에 비례한다.
$$K = D_s^2 \cdot \frac{\gamma_w}{\mu} \frac{e^3}{1+e} c$$

68 다음 중 흙의 연경도(consistency)에 대한 설명 중 옳지 않은 것은?
① 액성한계가 큰 흙은 점토분을 많이 포함하고 있다는 것을 의미한다.
② 소성한계가 큰 흙은 점토분을 많이 포함하고 있다는 것을 의미한다.
③ 액성한계나 소성지수가 큰 흙은 연약 점토지반이라고 볼 수 있다.
④ 액성한계와 소성한계가 가깝다는 것은 소성이 크다는 것을 의미한다.

해설
소성지수 $PI = LL - PL$ 범위의 함수비를 의미하며 소성이 작을수록 액성한계는 크며, 소성지수 범위도 작아지므로 액성한계가 소성한계와 가깝다.

69 옹벽배면의 지표면 경사가 수평이고, 옹벽배면 벽체의 기울기가 연직인 벽체에서 옹벽과 뒷채움 흙 사이의 벽면마찰각(δ)을 무시할 경우, Rankine토압과 Coulomb토압의 크기를 비교하면?
① Rankine토압이 Coulomb토압보다 크다.
② Coulomb토압이 Rankine토압보다 크다.
③ 주동토압은 Rankine토압이 더 크고, 수동토압은 Coulomb토압이 더 크다.
④ 항상 Rankine토압과 Coulomb토압의 크기는 같다.

해설
Coulomb 토압론은 구조물 벽면과 흙의 마찰을 고려($\delta \neq 0$)한 이론으로 벽 마찰각($\delta = 0$)이 무시되면 Coulomb 토압과 Rankine 토압계수가 같다.

정답 67 ① 68 ④ 69 ④

70 그림과 같이 모래층에 널말뚝을 설치하여 물막이공 내의 물을 배수하였을 때, 분사현상이 일어나지 않게 하려면 얼마의 압력을 가하여야 하는가? (단, 모래의 비중은 2.65, 간극비는 0.65, 안전율은 3)

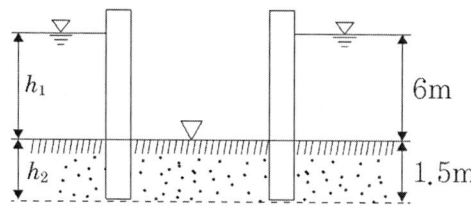

① 6.5t/m²
② 13t/m²
③ 33t/m²
④ 16.5t/m²

해설

1) $\gamma_{sub} = \dfrac{G_s - 1}{1 + e}\gamma_w = \dfrac{2.65 - 1}{1 + 0.65} = 1 t/m^3$

2) $\overline{\sigma} = \gamma_{sub} h_2 = 1 \times 1.5 = 1.5 t/m^2$

3) $F = \gamma_w h_1 = 1 \times 6 = 6 t/m^2$

4) F_s(안전율)
$= \dfrac{\text{흙의 유효응력}(\overline{\sigma})}{\text{수두차에 의한 침투압력}(h_1 \cdot \gamma_w)}$

$F_s = \dfrac{\overline{\sigma} + \Delta\overline{\sigma}}{F}$ 에서 $3 = \dfrac{1.5 + \Delta\overline{\sigma}}{6}$

$\Delta\overline{\sigma} = 16.5 t/m^2$

71 다음의 경우 중 유효응력이 증가하는 것은?
① 땅속의 물이 정지해 있는 경우
② 땅속의 물이 아래로 흐르는 경우
③ 땅속의 물이 위로 흐르는 경우
④ 분사현상이 일어나는 경우

해설

하향침투시 수두차(ΔH)만큼 유효응력의 증가가 발생된다(현장에서 물다짐 효과)

72 내부마찰각 $\phi = 30°$, 점착력 c=0인 그림과 같은 모래지반이 있다. 지표에서 6m 아래 지반의 전단강도는?

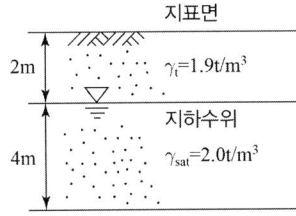

① 7.8t/m² ② 9.8t/m²
③ 4.5t/m² ④ 6.5t/m²

해설

1) 유효응력

전응력 $\sigma = 2 \times 1.9 + 4 \times 2 = 11.8 t/m^2$

간극수압 $u = 1 \times = 4 t/m^2$

유효응력 $\bar{\sigma} = \sigma - u = 11.8 - 4 = 7.8 t/m^2$

2) 전단강도

$\tau = c + \bar{\sigma} \tan\phi = 0 + 7.8 \tan 30° = 4.5 t/m^2$

73 포화 점토에 대해 베인전단시험을 실시하였다. 베인의 직경과 높이는 각각 7.5cm 와 15cm이고, 시험 중 사용한 최대 회전 모멘트는 250kg·cm이다. 점성토의 액성한계는 65%이고 소성한계는 30%이다. 설계에 이용할 수 있도록 수정 비배수 강도를 구하면? (단, 수정계수(μ)=1.7-0.54log(PI)를 사용하고, 여기서 PI는 소성지수이다.)

① 0.8t/m² ② 1.40t/m²
③ 1.82t/m² ④ 2.0t/m²

해설

1) $C = \dfrac{M_{\max}}{\pi D^2 \left(\dfrac{H}{2} + \dfrac{D}{6}\right)} = \dfrac{250}{\pi \times 7.5^2 \left(\dfrac{15}{2} + \dfrac{7.5}{6}\right)}$

$= 0.16 kg/cm^2$

2) 수정계수 μ = 1.7-0.54 logPI
   = 1.7-0.54 log(65-30)
   = 0.87

3) 수정전단강도 $C_u' = \mu C_u = 0.87 \times 0.16$
   $= 0.14 kg/cm^2$
   $= 1.4 t/m^2$

74 어떤 모래의 건조단위중량이 1.7t/m³이고, 이모래의 $\gamma_{d\max}$=1.8t/m³, $\gamma_{d\min}$=1.6t/m³이라면, 상대밀도는?

① 47% ② 49%
③ 51% ④ 53%

해설

$$D_r = \frac{\gamma_{d\max}}{\gamma_d} \times \frac{\gamma_d - \gamma_{d\min}}{\gamma_{d\max} - \gamma_{d\min}}$$
$$= \frac{1.8}{1.7} \times \frac{1.7-1.6}{1.8-1.6} = 0.53 = 53\%$$

75 통일분류법(統一分類法)에 의해 SP로 분류 된 흙의 설명으로 옳은 것은?
① 모래질 실트를 말한다. ② 모래질 점토를 말한다.
③ 압축성이 큰 모래를 말한다. ④ 입도분포가 나쁜 모래를 말한다.

76 다음 그림과 같이 점토질 지반에 연속기초가 설치되어 있다. Terzaghi공식에 의한 이 기초의 허용지지력 q_u는 얼마인가?(단, $\phi=0$이며, 폭(B)=2m, N_c=5.14, $N_q=1.0$, $N_\gamma=0$, 안전율 $F_s=3$이다.)

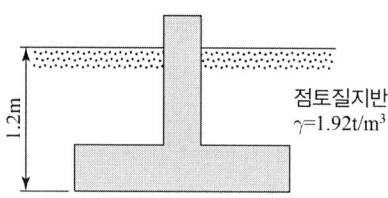

일축압축강도 : q_u=14.86t/m²

① 6.4t/m² ② 13.5t/m²
③ 18.5t/m² ④ 40.49t/m²

해설

연속기초이므로 기초형상계수는 $\alpha=1.0, \beta=0.5$이다.

1) $q_u = acN_c + \beta \cdot B \cdot \gamma_1 \cdot N_r + D_f \gamma_2 N_q$

$= 1 \times \frac{14.86}{2} \times 5.14 + 0 + 1.2 \times 1.92 \times 1$

$= 40.49 t/m^2$

2) $q_a = \frac{q_u}{F_s} = \frac{40.49}{3} = 13.5 t/m^2$

77 직경 30cm 콘크리트 말뚝을 단동식 증기해머로 타입하였을 때 엔지니어링 뉴스 공식을 적용한 말뚝의 허용지지력은?(단, 타격에너지=3.6t·m, 해머효율=0.8, 손실상수=0.25cm, 마지막 25mm관입에 필요한 타격횟수=5)

① 64t
② 128t
③ 192t
④ 384t

해설

1) $R_u = \dfrac{W.H.E}{s+0.25} = \dfrac{3.6 \times 100 \times 0.8}{\dfrac{2.5}{5}+0.25} = 384t$

2) $R_a = \dfrac{R_u}{F_s} = \dfrac{384}{6} = 64t$

78 그림과 같이 같은 두께의 3층으로 된 수평 모래층이 있을 때 모래층 전체의 연직방향 평균투수계수는?(단, k_1, k_2, k_3는 각 층의 투수 계수임)

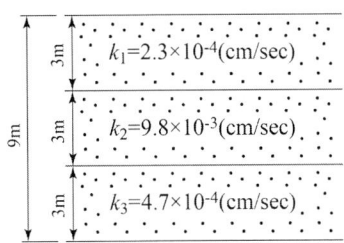

① 2.38×10^{-3}cm/sec
② 4.56×10^{-4}cm/sec
③ 3.01×10^{-4}cm/sec
④ 3.36×10^{-5}cm/sec

해설

연직방향 투수계수

$K_v = \dfrac{H}{\dfrac{h_1}{K_1}+\dfrac{h_2}{K_2}+\dfrac{h_3}{K_3}}$

$= \dfrac{900}{\dfrac{300}{2.3 \times 10^{-4}}+\dfrac{300}{9.8 \times 10^{-3}}+\dfrac{300}{4.7 \times 10^{-4}}}$

$= 4.56 \times 10^{-4} cm/\sec$

79 모래시료에 대해서 압밀배수 삼축압축시험을 실시하였다. 초기 단계에서 구속응력(σ_3)은 100kg/cm² 이고 전단파괴시에 작용된 축차응력(σ_{df})은 200kg/cm²이었다. 이와 같은 모래시료의 내부마찰각(ϕ) 및 파괴면에 작용하는 전단응력(τ_f)의 크기는?

① $\phi=30°$, $\tau_f=115.47$kg/cm²
② $\phi=40°$, $\tau_f=115.47$kg/cm²
③ $\phi=30°$, $\tau_f=86.60$kg/cm²
④ $\phi=40°$, $\tau_f=86.60$kg/cm²

해설

1) $\sigma_1 - \sigma_3 = 200 kg/cm^2$ 이므로
$\sigma_1 = (\sigma_1 - \sigma_3) + \sigma_3$
$= 200 + 100 = 300 kg/cm^2$

2) $\sin\phi = \dfrac{\sigma_1 - \sigma_3}{\sigma_1 + \sigma_3} = \dfrac{300-100}{300+100} = \dfrac{1}{2}$
∴ $\phi = 30°$

3) $\theta = 45° + \dfrac{\phi}{2} = 45° + \dfrac{30°}{2} = 60°$

4) $\tau = \dfrac{\sigma_1 - \sigma_3}{2}\sin 2\theta$
$= \dfrac{300-100}{2} \times \sin(2 \times 60°)$
$= 86.6 kg/cm^2$

80 흐트러지지 않은 연약한 점토시료를 채취하여 일축압축시험을 실시하였다. 공시체의 직경이 35mm, 높이가 80mm이고 파괴 시의 하중계의 읽음값이 2kg, 축방향의 변형량이 12mm일 때 이 시료의 전단강도는?

① 0.04kg/cm²
② 0.06kg/cm²
③ 0.08kg/cm²
④ 0.1kg/cm²

해설

1) $A_0 = \dfrac{A}{1-\epsilon} = \dfrac{\frac{\pi D^2}{4}}{1-\frac{\Delta l}{l}} = \dfrac{\frac{\pi \times 3.5^2}{4}}{1-\frac{1.2}{8}} = 11.319$

2) $\sigma = \dfrac{P}{A_o} = \dfrac{2}{11.319} = 0.177 kg/cm^2$

3) $\tau = C = \dfrac{q_u}{2} = \dfrac{0.177}{2} = 0.089 kg/cm^2$

2014 기출문제
제2회 건설재료시험기사

제1과목 콘크리트공학

01 프리스트레스트 콘크리트 구조물이 철근콘크리트 구조물보다 유리한 점을 설명한 것 중 옳지 않은 것은?
① 사용하중하에서는 균열이 발생하지 않도록 설계되기 때문에 내구성 및 수밀성이 우수하다.
② 콘크리트의 전단면을 유효하게 이용할 수 있어 동일한 하중에 대해 부재 처짐 이 작다.
③ 충격하중이나 반복하중에 대해 저항력이 크며 부재의 중량을 줄일 수 있어 장대교량에 유리하다.
④ 강성이 크기 때문에 변형이 작고, 고온에 대한 저항력이 우수하다.

해설
RC에 비해 강성이 작아 변형이 크고 내화성에 불리하다.

02 콘크리트를 제조할 때 재료의 계량에 대한 설명으로 틀린 것은?
① 계량은 시방 배합에 의해 실시하여야 한다.
② 유효 흡수율의 시험에서 골재에 흡수시키는 시간은 실용상으로 보통 15~30분간의 흡수율을 유효 흡수율로 보아도 좋다.
③ 골재의 경우 1회 계량분의 계량허용오차는 ±3%이다.
④ 혼화재의 경우 1회 계량분의 계량허용오차는 ±2%이다.

해설
재료의 계량은 시방배합을 현장배합으로 수정한 후 현장배합에 의한 계량을 하여야 한다.

03 콘크리트 면의 마무리에서 평탄성의 표준값으로 적절하지 않은 것은?
① 마무리 두께가 7mm이상인 경우, 1m당 10mm 이하
② 마무리 두께가 7mm이하인 경우, 3m당 10mm 이하
③ 양호한 평탄함이 필요한 경우, 3m당 10mm 이하
④ 제물치장 마무리인 경우 3m당 5mm 이하

해설
제물치장 마무리인 경우 3m당 7mm 이하로 한다.

정답 01 ④ 02 ① 03 ④

04 콘크리트 타설 시 유의사항으로 잘못된 것은?

① 콘크리트 타설 도중 블리딩 수가 있을 경우 그 물을 제거하고 그 위에 콘크리트를 친다.
② 콘크리트 타설의 1층 높이는 진동기의 성능을 고려하여 1~1.5m 정도로 한다.
③ 2층 이상으로 나누어 콘크리트를 타설하는 경우 아래층이 굳기 시작하기 전에 윗층의 콘크리트를 친다.
④ 콘크리트의 자유낙하 높이가 너무 크면 콘크리트의 분리가 일어나므로 슈트, 펌프 배관 등의 배출구와 타설면까지의 높이는 1.5m 이하를 원칙으로 한다.

해설
1) 콘크리트 타설의 1층 높이는 다짐능력을 고려하여 이를 결정하여야 한다.
2) 통상 타설높이가 높으면 재료분리 및 측압에 따른 거푸집 변형, 다짐불량, 침하균열등에 따른 콘크리트의 내구성 및 수밀성에 문제가 생길 수 있다.

05 다음 중 콘크리트의 작업성(workability)을 증진시키기 위한 방법으로서 적당하지 않은 것은?

① 입도나 입형이 좋은 골재를 사용한다.
② 일반적으로 콘크리트 반죽의 온도상승을 막아야 한다.
③ 일정한 슬럼프의 범위에서 시멘트량을 줄인다.
④ 혼화재료로서 AE제나 분산제를 사용한다.

해설
작업성이 좋아지기 위해서는 혼화재료를 사용 것 이외에 단위수량으로 조절할 수 있으며, 단위수량을 증가시키면 단위시멘트량도 증가된다.

06 시방배합 결과 물 180kg/m³, 잔골재 650kg/m³, 굵은골재 1000kg/m³을 얻었다. 잔골재의 흡수율이 2%, 표면수율이 3%라고 하면 현장배합상의 단위 잔골재량은?

① 637.0kg/m³
② 656.5kg/m³
③ 663.0kg/m³
④ 669.5kg/m³

해설
표면수 보정에 따른 단위 잔골재량
단위 잔골재량=650×1.03=669.5kg/m³

07 다음 표와 같은 조건의 프리스트레스트 콘크리트에서 거푸집 내에서 허용되는 긴장재의 배치오차 한계로서 옳은 것은?

> 도심 위치 변동의 경우로서 부재치수가 1.6m인 프리스트레스트 콘크리트

① 5mm
② 8mm
③ 10mm
④ 13mm

해설

프리스트레스트 콘크리트 시방기준
1) 거푸집 내에서 허용되는 긴장재의 배치오차는 부재치수가 1m 미만시 5mm를 넘어서는 안되며, 또 1m 이상인 경우 부재치수의 $\frac{1}{200}$ 이하로 10mm를 넘지 않도록 한다. 어떠한 경우라도 10mm넘는 경우에는 수정을 해야한다.
2) 긴장재의 배치오차 = $1,600 \times \frac{1}{200} = 8mm$

08 일반콘크리트의 배합에서 물-결합재비에 대한 설명으로 틀린 것은?
① 제빙화학제가 사용되는 콘크리트의 물-결합재비는 55% 이하로 한다.
② 콘크리트의 수밀성을 기준으로 물-결합재비를 정할 경우 그 값은 50% 이하로 한다.
③ 콘크리트의 탄산화 저항성을 고려하여 물-결합재비를 정할 경우 55% 이하로 한다.
④ 물에 노출되었을 때 낮은 투수성이 요구 되는 콘크리트로서 내동해성을 기준으로 물-결합재비를 정할 경우 50% 이하로 한다.

해설

제빙화학제가 사용되는 콘크리트의 물-결합재비는 45%이하로 한다.

09 콘크리트 구조물의 내구성을 향상시키기 위해 유의하여야 할 사항 중 옳지 않은 것은?
① 배합시 단위수량을 될 수 있는 한 적게 사용한다.
② 충분한 피복두께를 확보한다.
③ 가능한 한 비중이 작은 골재를 사용한다.
④ 콜드조인트를 만들지 않는다.

해설

콘크리트에 사용되는 골재의 비중이 클수록 내부조직이 치밀하고 흡수량이 적으며 내구성이 크다.

10 한중콘크리트의 동결융해에 대한 내구성 개선에 주로 사용되는 혼화제는?
① 포졸란
② 플라이애시
③ 지연제
④ AE제

11 거푸집 및 동바리의 구조를 계산할 때 연직하중에 대한 설명으로 틀린 것은?
① 고정하중으로서 콘크리트의 단위중량은 철근의 중량을 포함하여 보통 콘크리트 인 경우 20kN/m³을 적용하여야 한다.
② 고정하중으로서 거푸집 하중은 최소 0.4kN/m³을 적용하여야 한다.
③ 특수 거푸집이 사용된 경우에는 고정하중으로 그 실제의 중량을 적용하여 설계하여야 한다.
④ 활하중은 구조물의 수평투영면적(연직 방향으로 투영시킨 수평면적)당 최소 2.5kN/m² 이상으로 하여야 한다.

> **해설**
> 거푸집 및 동바리 구조계산
> 1) 철근콘크리트 단위질량(24.5kN/m³)
> 2) 거푸집 최소하중(0.4kN/m²)이상
> 3) 활하중 최소(2.5kN/m²)이상

12 섬유보강콘크리트에 관한 설명 중 틀린 것은?
① 섬유보강콘크리트는 콘크리트의 인장강도와 균열에 대한 저항성을 높인 콘크리트이다.
② 믹서는 섬유를 콘크리트 속에 균일하게 분산시킬 수 있는 가경식 믹서를 사용하는 것을 원칙으로 한다.
③ 시멘트계 복합재료용 섬유는 강섬유, 유리섬유, 탄소섬유 등의 무기계섬유와 아라미드섬유, 비닐론섬유 등의 유기계섬유로 분류한다.
④ 섬유보강콘크리트에 사용되는 섬유는 섬유와 시멘트 결합재 사이의 부착성이 양호하고, 섬유의 인장강도가 커야 한다.

> **해설**
> 섬유보강 콘크리트에 사용하는 믹서는 강제식 믹서를 사용하는 것을 원칙으로 한다.

13 콘크리트의 탄성계수에 대한 일반적인 설명으로 틀린 것은?
① 압축강도가 클수록 작다.
② 콘크리트의 탄성계수라 함은 할선탄성계수를 말한다.
③ 응력-변형률 곡선에서 구할 수 있다.
④ 콘크리트의 단위용적중량이 증가하면 탄성계수도 커진다.

> **해설**
> 콘크리트의 탄성계수($E = \dfrac{\sigma}{\varepsilon}$)
> 탄성계수가 클수록 콘크리트 압축강도도 커진다.

정답 10 ④ 11 ① 12 ② 13 ①

14 다음 중 프리스트레스트 콘크리트의 프리스트레스 감소의 원인이 아닌 것은?
① 강재의 릴랙세이션
② 콘크리트의 건조수축
③ 콘크리트의 크리프
④ 시스관의 크기

> 해설
1) PS 도입시 일어나는 손실원인
  · 콘크리트의 탄성변형
  · PS강재와 시스 사이의 마찰
  · 정착장치의 활동
2) 도입 후 손실원인
  · 콘크리트 크리프
  · 콘크리트 건조수축
  · PS강재의 Relaxation

15 다음은 경화한 콘크리트의 강도를 비파괴적으로 추정하는 방법을 설명한 것이다. 옳지 않은 것은?
① 초음파속도법 : 피측정물이 공진할 때의 동적특성치로 강도를 추정한다.
② 반발경도법 : 콘크리트 표면 타격 때 반발경도의 정도에서 강도를 추정한다.
③ 복합법 : 반발경도법과 초음파속도법을 병용하여 강도를 추정한다.
④ 인발법 : 콘크리트 중에 묻힘 가력 Head를 지닌 Insert와 반력 Ring을 사용하여 원추 대상의 콘크리트 덩어리를 뽑아낼 때의 최대 내력에서 강도를 추정한다.

> 해설
초음파속도법
물체내에 전파하는 초음파의 전파속도를 측정하여 구조물의 압축강도, 균열깊이, 내부결함 등을 구하는 시험방법

16 압력법에 의한 굳지 않은 콘크리트의 공기량 시험(KS F2421)에 대한 설명으로 틀린 것은?
① 물을 붓지 않고 시험(무주수법)하는 경우 용기의 용적은 7L 정도 이상으로 한다.
② 물을 붓고 시험(주수법)하는 경우 용기의 용적은 적어도 5L로 한다.
③ 인공 경량 골재와 같은 다공질 골재를 사용한 콘크리트에 대해서도 적용된다.
④ 결과의 계산에서 콘크리트의 공기량은 겉보기 공기량에서 골재 수정계수를 뺀 값이다.

> 해설
압력법에 의한 콘크리트의 공기량
시험은 워싱턴형 공기량 측정기를 사용하여, 공기실에 일정한 압력을 콘크리트에 주었을 때 공기량으로 인하여 내부압력이 감소되는 것으로부터 공기량을 구하는 시험으로 인공경량골재와 같은 경량골재콘크리트에 대해서는 부적당하다.

17 외기온도가 25°C를 초과하고 지연제의 사용등 특별한 조치를 하지 않은 일반콘크리트에서 비비기에서 치기가 끝날 때까지 허용되는 최대시간은?

① 1.5시간
② 2시간
③ 2.5시간
④ 3시간

해설
비비기로부터 타설이 끝날 때까지의 시간은 외기온도가 25°C이상일 때는 1.5시간, 25°C미만일 때는 2시간 이내

18 콘크리트의 성능저하 원인의 하나인 알칼리 골재 반응에 관한 설명 중 틀린 것은?

① 알칼리골재 반응은 알칼리-실리카 반응, 알칼리-탄산염 반응, 알칼리-실리케이트 반응으로 분류한다.
② 알칼리골재 반응을 억제하기 위하여 단위 시멘트량을 크게 하여야 한다.
③ 알칼리골재 반응은 고로슬래그 미분말, 플라이애시 등의 포졸란 재료에 의해 억제된다.
④ 알칼리골재 반응이 진행되면 무근콘크리트에서는 거북이 등과 같은 균열이 진행된다.

해설
알카리 골재 반응을 억제하기 위하여 단위시멘트량 사용을 줄여서 시멘트의 알카리성분 함량 낮추는 것이 필요하다.

19 콘크리트 다지기에 대한 설명으로 잘못된 것은?

① 내부진동기는 연직방향으로 일정한 간격으로 찔러 넣는다.
② 내부진동기는 콘크리트를 횡방향으로 이동시킬 목적으로 사용해서는 안 된다.
③ 콘크리트를 타설한 직후에는 절대 거푸집의 외측에 충격을 주어서는 안 된다.
④ 내부진동기를 하층의 콘크리트 속으로 0.1m정도 찔러 넣는다.

해설
콘크리트 타설후 외부 거푸집에 대하여 외부 진동장비로 충격을 주어서 거푸집 내부에 구석구석 콘크리트가 잘 채워질 수 있도록 하며 밀실한 콘크리트가 되도록 하는 것이 필요하다.

20 30회 이상의 실험실적으로부터 구한 콘크리트 압축강도의 표준편차가 5MPa이고, 설계기준 압축강도가 40MPa인 경우의 배합강도는?

① 46.7MPa
② 47.7MPa
③ 48.2MPa
④ 50.0MPa

해설
$f_{ck} = 40MPa > 35MPa$

1) $f_{cr} = f_{cq} + 1.34S$
   $= 40 + 1.34 \times 5 = 46.7MPa$
2) $f_{cr} = 0.9f_{cq} + 2.33S$
   $= 0.9 \times 40 + 2.33 \times 5 = 47.65MPa$
3) 상기 식중에서 큰 값을 배합강도로 정한다.
   $\therefore f_{cr} = 47.65MPa$

제2과목 건설시공 및 관리

21 성토사면의 토사 속에 고분자합성수지로 된 특수섬유와 모래를 혼합시킨 특수보강재를 살포하여 인공뿌리역할을 하도록 함으로써 사면보호기능을 하는 공법은?

① 코어프레임공법　　② 소일시멘트공법
③ 지오그리드공법　　④ 텍솔공법

해설
텍솔공법에 대한 설명이다.

22 RCD(reverse circulation drill)공법의 시공방법 설명 중 옳지 않은 것은?

① 물을 사용하여 약 0.2~0.3kg/cm^{2}의 정수압으로 공벽을 안정시킨다.
② 기종에 따라 15°정도의 경사 말뚝 시공이 가능하다.
③ 케이싱 없이 굴삭이 가능한 공법이다.
④ 순환수와 토사를 공외로 배출한 후 토사를 침전하고 상등수를 재활용하는 역순환 니수 굴삭공법이다.

해설
케이싱을 차고 15°정도의 경사말뚝 시공이 가능한 공법은 베네토(Beneto)공법에 대한 내용이다.

23 흙을 자연 상태로 쌓아 올렸을 때 급경사면은 점차로 붕괴하여 안정된 비탈면이 되는데 이때 형성되는 각도를 무엇이라 하는가?

① 흙의 자연각　　② 흙의 경사각
③ 흙의 안정각　　④ 흙의 안식각

해설
안식각에 대한 설명이다.

24 해저터널의 굴착에 특히 유효한 shield 공법의 적당한 지질은?

① 풍화암　　② 연암
③ 보통흙　　④ 연약지반

해설
실드 공법은 연약지반 시공에 유효한 기계식 굴착공법이다.

정답 21 ④　22 ②　23 ④　24 ④

25 말뚝의 지지력 산정에 있어서 말뚝과 지반 및 말뚝 머리의 탄성변형량을 고려한 공식은?
① Meyerhof 공식　　② Sander 공식
③ Hiley 공식　　④ Engineering News 공식

> **해설**
> Hiley 공식에 대한 설명이다.

26 터널 굴착공법 중 TBM공법의 특징에 대한 설명으로 틀린 것은?
① 단면 형상의 변경이 용이하다.　　② 동바리공이 간단하다.
③ 라이닝의 두께를 얇게 할 수 있다.　　④ 낙석이 적다.

> **해설**
> TBM 공법은 기계식 굴착공법으로 단면형상은 원형단면을 유지하며, 단면형상의 변경이 용이하지 않으며 지질의 변화에 대한 대처 능력이 떨어진다.

27 교량에서 좌우의 주형을 연결하여 구조물의 휨방향지지, 교량 단면 형상의 유지, 강성의 확보, 횡하중의 받침부로의 원활한 전달 등을 위해서 설치하는 것은?
① 교좌　　② 바닥판
③ 바닥틀　　④ 브레이싱

> **해설**
> 브레이싱(bracing)에 대한 설명이다.

28 특수 터널 공법 중 침매 공법의 특징에 대한 설명으로 틀린 것은?
① 단면형상이 비교적 자유롭고 큰 단면으로 만들 수 있다.
② 육상에서 터널 본체를 제작하므로, 시공 기간이 짧아진다.
③ 시공 시 유속으로 인한 영향이 없으므로, 유속이 빠른 협소한 수로 등에 특히 유리하다.
④ 수중에 설치하므로 부력작용으로 자중이 작아 비교적 쉽게 작업할 수 있다.

> **해설**
> 침매공법은 유속이 빠른 협소한 수로등에서 시공이 어렵다.

정답 25 ③ 26 ① 27 ④ 28 ③

29 폭우 시 옹벽 배면의 흙은 다량의 물을 함유하게 되는데 뒷채움 토사에 배수 시설이 불량할 경우 침투수가 옹벽에 미치는 영향에 대한 설명으로 틀린 것은?

① 포화 또는 부분포화에 의한 흙의 무게증가
② 활동면에서의 양압력 발생
③ 수동저항(passive resistance)의 증가
④ 옹벽저면에 대한 양압력 발생으로 안정성 감소

해설
침투의 영향으로 주동토압의 증가가 발생된다.

30 댐 시공 시 건작업(dry-work)을 위하여 물을 배제하는 임시 물막이 공법 중 강널말뚝(sheet pile)을 원통형으로 박고 그 속에 토사를 채워 높은 안정성과 깊은 수심의 임시물막이로 많이 사용되는 공법은?

① 외겹 시트파일(sheet pile) 가체절공
② 두겹 널말뚝식 가체절공
③ 셀식(cell type) 가체절공
④ 흙댐식 가체절공

해설
cell식 공법에 대한 설명이다.

31 샌드 드레인 공법에서 Sand pile을 정삼각형 배치할 경우 모래기둥의 간격은?(단, Sand pile의 유효지름은 40cm이다.)

① 35.3cm
② 36.9cm
③ 38.1cm
④ 39.2cm

해설
1) $d_e = 1.05d$
2) $40 = 1.05d$
∴ $d = 38.1cm$

32 8t 덤프 트럭으로 보통 토사를 운반하고자 할 때, 적재장비를 버킷용량 2.0m³인 백호를 사용하는 경우 백호의 적재횟수는?(단, 흙의 γ=1.5t/m³, 토량변화율(L)=1.2, 버킷계수(K)=0.85, 백호의 사이클 시간(C_{ms})=25s, 작업효율(E)=0.75)

① 2회
② 4회
③ 6회
④ 8회

해설
1) $q_t = \dfrac{T}{r_t}L = \dfrac{8}{1.5} \times 1.2 = 6.4 m^3$
2) $n = \dfrac{q_t}{q \cdot k} = \dfrac{6.4}{2 \times 0.85} = 3.76 = 4회$

33 사이폰 관거(syphon drain)에 대한 다음 설명 중 옳지 않은 것은?

① 암거가 앞뒤의 수로바닥에 비하여 대단히 낮은 위치에 축조된다.
② 일종의 집수암거로 주로 하천의 복류수를 이용하기 위하여 쓰인다.
③ 용수, 배수, 운하 등 성질이 다른 수로가 교차하지만 합류시킬 수 없을 때 사용한다.
④ 다른 수로 혹은 노선과 교차할 때 사용된다.

해설

사이펀 암거
수로교로서 물을 횡단시키지 못하는 경우에 암거 전후의 수로바닥보다 대단히 낮은 위치에 만들어 물을 횡단시키는 목적으로 설치한다.

34 보조기층의 보호 및 수분의 모관 상승을 차단하고 아스팔트 혼합물과의 접착성을 향상시키기 위하여 실시하는 것은?

① 프라임 코트(prime coat)
② 실 코트(seal coat)
③ 택 코트(tack coat)
④ 피치(pitch)

해설

프라임 코트에 대한 설명이다.

35 $\bar{x} - R$ 관리도에서 필요하지 않은 관리선은?

① UCL
② PCL
③ LCL
④ CL

해설

$\bar{x} - R$ 관리도
· 중심선 : CL
· 상부 관리한계 : UCL
· 하부 관리한계 : LCL

36 디퍼 준설선(Dipper Dredger)의 특징으로 틀린 것은?

① 암석이나 굳은 토질에도 적합하다.
② 작업장소가 넓지 않아도 된다.
③ 준설비가 비교적 작고, 연속식에 비하여 작업능률이 뛰어나다.
④ 기계의 고장이 비교적 적다.

해설

디퍼 준설선
1) 동력으로 작동되는 강력한 셔블을 가지고 바닥을 퍼올리는 장비
2) 연질토사부터 파쇄된 암석까지 준설에 적합
3) 경사면 준설이 가능
4) 준설능력이 적으므로 준설단가가 고가

정답 33 ② 34 ① 35 ② 36 ③

37 다음의 연약지반 처리 공법 중에서 일시적인 공법이 아닌 것은?
① 약액주입공법   ② 동결공법
③ 대기압공법   ④ 웰포인트 공법

해설
약액 주입 공법은 일시적 주입공법에 해당되지 않는다.

38 다음 공정표에 대한 설명으로 가장 적합한 것은?

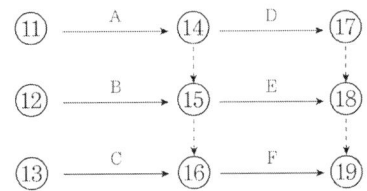

① D는 A,B가 완료하여야 시작할 수 있다.   ② F는 A,B,C가 완료하여야 시작할 수 있다.
③ E는 A만 완료하면 시작할 수 있다.   ④ E는 A,D가 완료하여야 시작할 수 있다.

해설
1) D는 A가 완료하여야 시작할 수 있다.
2) F는 A,B,C가 완료하여야 시작할 수 있다.
3) E는 A,B가 완료하여야 시작할 수 있다.

39 점성토에서 발생하는 히빙의 방지대책으로 틀린 것은?
① 널말뚝의 근입 깊이를 짧게 한다.
② 표토를 제거하거나 배면의 배수 처리로 하중을 작게 한다.
③ 연약지반을 개량한다.
④ 부분굴착 및 트렌치 컷 공법을 적용한다.

해설
널말뚝의 근입깊이를 길게 한다.

40 케이슨을 침하시킬 때 유의사항으로 틀린 것은?
① 침하 시 초기 3m까지는 안정하므로 경사 이동의 조정이 용이하다.
② 케이슨은 정확한 위치의 확보가 중요하다.
③ 토질에 따라 케이슨의 침하 속도가 다르므로 사전 조사가 중요하다.
④ 편심이 생기지 않도록 주의해야 한다.

해설
케이슨을 침하 시키는 초기 단계에서 편심으로 인한 경사가 발생되기 쉬우므로 최소 초기 3m 까지 정확한 측량 및 케이슨의 편심에 의한 경사가 발생되지 않도록 관리하는게 매우 중요하다.

제3과목 건설재료 및 시험

41 경량골재 콘크리트에 사용되는 경량골재에 대한 설명 중 틀린 것은?
① 깨끗하고, 강하며 내구적이어야 하고 적당한 입도 및 단위질량을 가져야 한다.
② 골재의 씻기 시험에 의하여 손실되는 양은 10%이하로 하여야 한다.
③ 굵은 골재의 최대 치수는 원칙적으로 25mm로 한다.
④ 경량골재 중 잔골재는 건조된 상태의 최대 단위질량이 1,100kg/m³이어야 한다.

[해설]
경량골재 콘크리트의 굵은골재 최대치수는 원칙적으로 20mm로 한다.

42 시멘트의 분말도와 물리적 성질에 관한 설명 중 틀린 것은?
① 시멘트의 분말도는 높을수록 콘크리트의 초기 강도가 크다.
② 분말도가 높은 시멘트는 작업이 용이한 콘크리트를 얻을 수 있다.
③ 분말도가 높으면 수축률이 커지기 쉽고 콘크리트에 틈이 생길 가능성이 많다.
④ 분말도가 높으면 내구성이 따라서 증가한다.

[해설]
분말도가 큰 시멘트는 초기강도는 증가되나 궁극적으로 표면의 건조수축량이 커져서 내구성이 증가 되지는 않는다.

43 암석은 그 성인(成因)에 따라 대별되는데 편마암, 대리석 등은 어느 암으로 분류되는가?
① 수성암　　　　　　　　② 화성암
③ 변성암　　　　　　　　④ 석회질암

[해설]
암석의 성인에 따른 분류
1) 화성암 : 화강암, 안산암, 현무암 등
2) 변성암 : 대리석, 편마암, 사문암 등
3) 퇴적암 : 사암, 적판암, 석회암 등

44 다음 골재의 함수상태를 표시한 것 중 틀린 것은?

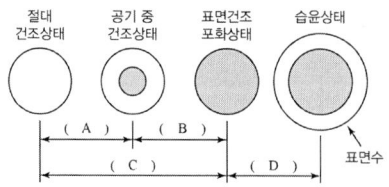

① A : 기건 함수량　　　　② B : 유효 흡수량
③ C : 함수량　　　　　　④ D : 표면수량

[해설]
C는 흡수량이다.

45 콘크리트용 골재(骨材)에 요구되는 성질 중 옳지 않은 것은?
① 물리적으로 안정하고 내구성이 클 것
② 화학적으로 안정할 것
③ 시멘트 풀과의 부착력이 큰 표면조직을 가질 것
④ 골재의 입도 크기가 균일할 것

해설
골재의 입도는 크고 작은 입도로 골고루 섞여있어야 한다.

46 어떤 목재의 함수율을 시험한 결과 건조 전 목재의 중량은 165g이고, 비중이 1.5일 때 함수율은 얼마인가?(단, 목재의 절대 건조 무게는 142g이었다.)
① 13.9% ② 15.2%
③ 16.2% ④ 17.2%

해설
1) 함수율 = $\dfrac{\text{건조 전중량} - \text{건조 후중량}}{\text{건조 후중량}}$
2) 함수율 = $\dfrac{165 - 142}{142} \times 100 = 16.2\%$

47 시멘트 제조 공정 중 소성이 불충분한 경우 발생하는 현상이 아닌 것은?
① 수화작용이 빨리 일어나 시멘트의 조기 강도가 커진다.
② 시멘트의 밀도가 작아진다.
③ 시멘트의 안정성이 저하되고 장기강도가 저하된다.
④ 시멘트의 주원료인 석회성분의 분리현상이 발생된다.

해설
시멘트 소성이 불충분하면 시멘트 비중이 저하되고 시멘트 강도가 저하된다.

48 다음 토목섬유 중 폴리머를 판상으로 압축시키면서 격자모양의 형태로 구멍을 내어 만든 후 여러 가지 모양으로 늘린 것으로 연약지반 처리 및 지반 보강용으로 사용되는 것은?
① 지오텍스타일(geotextile) ② 지오그리드(geogrids)
③ 지오네트(geonets) ④ 웨빙(webbings)

해설
지오그리드에 대한 설명이다.

정답 45 ④ 46 ③ 47 ① 48 ②

49 콘크리트용 골재의 성질 중 굵은골재 최대치수가 콘크리트의 품질에 미치는 영향에 대한 설명 중 틀린 것은?

① 굵은골재 최대치수가 지나치게 크면 콘크리트의 혼합 및 취급이 어렵고 재료분리가 일어난다.
② 물-시멘트비가 일정한 경우에는 굵은 골재 최대치수가 커짐에 따라 압축강도는 증가한다.
③ 굵은골재 최대치수가 클수록 콘크리트의 단위수량 및 단위시멘트량을 감소시킬 수 있어 경제적이다.
④ 콘크리트의 압축강도가 40MPa 이상이면 굵은골재 최대치수를 크게 할수록 단위 시멘트량이 증가한다.

해설
물-시멘트비가 일정한 경우 굵은골재
최대치수가 커지지면 단위수량 및 단위시멘트량 감소로 경제적이며, 콘크리트의 배합강도이상으로 압축강도가 증가되기는 어렵다.

50 최근 아스팔트 품질에 있어 공용성 등급(Performance Grade)을 KS등에 도입하여 적용하고 있다. 다음 표와 같은 표기에서 "76"의 의미로 옳은 것은?

PG 76-22

① 7일간의 평균 최고 포장 설계 온도
② 22일간의 평균 최고 포장 설계 온도
③ 최저 포장 설계 온도
④ 연화점

해설
PG 76-22
1) 76은 7일 평균 최고 포장온도를 의미한다.
2) -22는 최저 포장온도를 의미한다.

51 콘크리트용 혼화재료에 의한 포졸란 반응이 콘크리트의 성질에 미치는 영향에 대한 설명으로 틀린 것은?

① 포졸란 반응은 시멘트의 수화반응에 비해 늦어 콘크리트의 초기수화열이 저감된다.
② 포졸란 반응에 의해 모세관 공극의 효과적으로 채워져 콘크리트의 수밀성이 향상된다.
③ 포졸란 반응에 의해 염분의 침투를 막을 수 있어 콘크리트의 내염성이 향상된다.
④ 포졸란 반응은 시멘트에서 생성되는 수산화칼슘을 소모하기 때문에 콘크리트의 중성화 억제효과가 있다.

해설
포졸란 반응으로 콘크리트에 중성화가 생길 가능성이 커진다.

52 목재의 특징에 대한 설명 중 틀린 것은?
① 함수율에 따라 수축팽창이 크다.
② 가연성이 있어 내화성이 작다.
③ 온도에 의한 수축, 팽창이 크다.
④ 부식이 쉽고 충해를 입는다.

해설
목재는 온도에 의한 수축, 팽창의 영향은 적고 대신 함수율의 변화에 의한 수축, 팽창의 영향을 크게 받는다.

53 콘크리트 내부에 미세 독립기포를 형성하여 워커빌리티 및 동결융해저항성을 높이기 위하여 사용하는 혼화제는?
① 고성능감수제
② 팽창제
③ 발포제
④ AE제

해설
AE제에 대한 설명이다.

54 방청제를 사용한 콘크리트에서 방청제의 작용에 의한 방식방법에 대한 설명으로 틀린 것은?
① 콘크리트 중의 철근표면의 부동태피막을 보강하는 방법
② 콘크리트 중의 이산화탄소를 소비하여 철근에 도달하지 않도록 하는 방법
③ 콘크리트 중의 염소이온을 결합하여 고정 하는 방법
④ 콘크리트의 내부를 치밀하게 하여 부식성 물질의 침투를 막는 방법

해설
방청제의 작용
1) 철근 표면의 부동태 피막을 보강한다.
2) 산소를 소비하거나 염소이온을 결합하여 고정한다.
3) 콘크리트 내부를 치밀하게 하여 부식성 물질의 침투를 막는다.

55 다음 표에서 설명하는 아스팔트의 성질은?

> 고체상에서 액상으로 되는 과정 중에 일정한 반죽질기(즉, 점도)에 달했을 때의 온도를 나타내는 것으로 일반적인 측정방법으로는 환구법이 사용된다.

① 연화점
② 인화점
③ 신도
④ 연소점

해설
연화점(softening point)에 대한 설명이다.

정답 52 ③ 53 ④ 54 ② 55 ①

56 대폭파와 수중폭파 등 동시 폭파할 경우 뇌관 대신에 사용하는 기폭용품은?
  ① 도화선　　　　　　　② 첨장제
  ③ 테트릴　　　　　　　④ 도폭선

  해설
  기폭용품으로 도폭선에 대한 설명이다.

57 콘크리트의 건조수축균열을 방지하고 화학적 프리스트레스를 도입하는 데 사용되는 시멘트는?
  ① 팽창시멘트　　　　　② 알루미나시멘트
  ③ 고로슬래그시멘트　　④ 초속경시멘트

  해설
  팽창시멘트에 대한 설명이다.

58 다음 중 아스팔트의 침입도에 대한 설명으로 틀린 것은?
  ① 온도가 상승하면 침입도는 감소한다.
  ② 침입도지수란 온도에 대한 침입도의 변화를 나타내는 지수이다.
  ③ 스트레이트 아스팔트가 블론 아스팔트 보다 침입도가 크다.
  ④ 침입도는 아스팔트의 반죽질기를 물리적으로 나타내는 것이다.

  해설
  온도가 상승하면 침입도는 증가한다.

59 KS F 2530에 규정되어 있는 경석의 압축강도 기준은?
  ① 60MPa 이상　　　　② 50MPa 이상
  ③ 40MPa 이상　　　　④ 30MPa 이상

  해설
  석재의 분류

종류	압축강도(MPa)
경석	50 이상
준경석	50~10
연석	10 미만

정답　56 ④　57 ①　58 ①　59 ②

60 이형철근의 인장시험 데이터가 다음과 같을 때 파단연신율(%)은?

- 원단면적 $A_o = 190mm^2$
- 표점거리 $l_0 = 128mm$
- 파단 후 표점거리 $l = 156mm$
- 파단 후 단면적 $A = 130mm^2$
- 최대인장하중 $P_{\max} = 11800kN$

① 19.85　　　　　　　　② 21.88
③ 23.85　　　　　　　　④ 25.88

해설

파단연신율 $= \dfrac{l - l_o}{l_o} \times 100$

$= \dfrac{156 - 128}{128} \times 100 = 21.88\%$

여기서, $l =$ 파단후표점거리,
　　　　$l_o =$ 표점거리

제4과목　토질 및 기초

61 정규압밀점토에 대하여 구속응력 1kg/cm²로 압밀배수 시험한 결과 파괴 시 축차응력이 2kg/cm²이었다. 이 흙의 내부마찰각은?

① 20°　　　　　　　　② 25°
③ 30°　　　　　　　　④ 40°

해설

1) $\sigma_3 = 1$, $\sigma_1 - \sigma_3 = 2$, $\sigma_1 = 3$

2) $\sin\phi = \dfrac{\sigma_1 - \sigma_3}{\sigma_1 + \sigma_3} = \dfrac{3-1}{3+1} = \dfrac{1}{2}$

　∴ $\phi = 30°$

62 다음 그림에서 투수계수 K=4.8×10⁻³cm/sec일 때 Darcy유출속도 v와 실제 물의 속도(침투속도) v_s는?

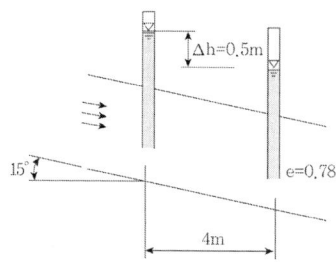

① $v = 3.4 \times 10^{-4} cm/\sec,\ v_s = 5.6 \times 10^{-4} cm/\sec$
② $v = 3.4 \times 10^{-4} cm/\sec,\ v_s = 9.4 \times 10^{-4} cm/\sec$
③ $v = 5.8 \times 10^{-4} cm/\sec,\ v_s = 10.8 \times 10^{-4} cm/\sec$
④ $v = 5.8 \times 10^{-4} cm/\sec,\ v_s = 13.2 \times 10^{-4} cm/\sec$

해설

1) $V = ki = k \cdot \dfrac{h}{L}$

$= (4.8 \times 10^{-3}) \times \dfrac{50}{\left(\dfrac{400}{\cos 15°}\right)}$

$= 5.8 \times 10^{-4} cm/\sec$

2) $V_s = \dfrac{V}{n}$

$n = \dfrac{e}{1+e} = \dfrac{0.78}{1+0.78} = 0.438$

$V_s = \dfrac{5.8 \times 10^{-4}}{0.438}$

$= 13.2 \times 10^{-4} cm/\sec$

63 단위중량(γ_t) = $1.9t/m^3$, 내부마찰각(ϕ) = $30°$, 정지토압계수(K_o)=0.5인 균질한 사질토지반이 있다. 지하수위면이 지표면 아래 2m지점에 있고 지하수위면 아래의 단위중량(γ_{sat})=$2.0t/m^3$이다. 지표면 아래 4m지점에서 지반내 응력에 대한 다음 설명 중 틀린 것은?

① 간극수압(u)은 $2.0t/m^2$이다.
② 연직응력(σ_u)은 $8.0t/m^2$이다.
③ 유효연직응력(σ_u')은 $5.8t/m^2$이다.
④ 유효수평응력(σ_h')은 $2.9t/m^2$이다.

해설

1) $\sigma = 1.9 \times 2 + 2 \times 2 = 7.8 t/m^2$
2) $u = 1 \times 2 = 2 t/m^2$
3) $\overline{\sigma} = \sigma - u = 7.8 - 2 = 5.8 t/m^2$
4) $\overline{\sigma_h} = \overline{\sigma} \cdot K_o = 5.8 \times 0.5 = 2.9 t/m^2$

64 점토광물에서 점토입자의 동형치환(同形置換)의 결과로 나타나는 현상은?
① 점토입자의 모양이 변화되면서 특성도 변하게 된다.
② 점토입자가 음(-)으로 대전된다.
③ 점토입자의 풍화가 빨리 진행된다.
④ 점토입자의 화학성분이 변화되었으므로 다른 물질로 변한다.

> **해설**
> 동형치환은 한 원자가 비슷한 원자로 바뀌게 되는 현상을 말하며, 동형치환이 발생하면 음이온(-)전자가 발생되고 이음이온들과 양이온이 서로 균형을 맞추게 된다.

65 흙의 내부마찰각(ϕ)은 20°, 점착력(c)이 2.4t/m²이고, 단위중량(γ_t)은 1.93t/m³인 사면의 경사각이 45°일 때 임계높이는 약 얼마인가?(단, 안정수 m=0.06)
① 15m ② 18m
③ 21m ④ 24m

> **해설**
> $$H_c = \frac{N_s \cdot c}{\gamma_t} = \frac{\frac{1}{m} \times c}{\gamma_t} = \frac{\frac{1}{0.06} \times 2.4}{1.93} = 20.73m$$
> 여기서 N_s : 안정계수

66 Terzaghi의 1차 압밀에 대한 설명으로 틀린 것은?
① 압밀방정식은 점토 내에 발생하는 과잉 간극 수압의 변화를 시간과 배수거리에 따라 나타낸 것이다.
② 압밀방정식을 풀면 압밀도를 시간계수의 함수로 나타낼 수 있다.
③ 평균압밀도는 시간에 따른 압밀침하량을 최종 압밀침하량으로 나누면 구할 수 있다.
④ 하중이 증가하면 압밀침하량이 증가하고 압밀도도 증가한다.

> **해설**
> 1) 하중이 증가하면 압밀침하량은 증가하고 압밀도는 감소한다.
> 2) 하중에 의한 압밀도
> $$\left(U_Z = 1 - \frac{u}{p} \times 100\right)$$

67 다음은 주요한 Sounding(사운딩)의 종류를 나타낸 것이다. 이 가운데 사질토에 가장 적합하고 점성토에서도 쓰이는 조사법은?
① 더치 콘(Dutch Cone)관입시험기 ② 베인 시험기(Vane tester)
③ 표준 관입시험기 ④ 이스키미터(Iskymeter)

> **해설**
> 표준관입시험에 대한 설명이다.

68 무게 320kg인 드롭해머(drop hammer)로 2m의 높이에서 말뚝을 때려 박았더니 침하량이 2cm이었다. Sander의 공식을 사용할 때 이 말뚝의 허용지지력은?

① 1,000kg
② 2,000kg
③ 3,000kg
④ 4,000kg

해설

$$R_u = \frac{wh}{8s} = \frac{320 \times 200}{8 \times 2} = 4,000 kg$$

69 다음 그림에서 분사현상에 대한 안전율을 구하면?

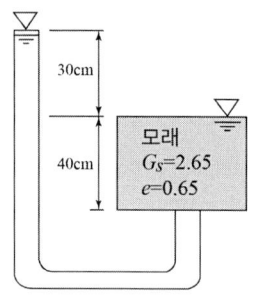

① 1.01
② 1.33
③ 1.66
④ 2.01

해설

$$F_s = \frac{i_c}{i} = \frac{\dfrac{G_s - 1}{1+e}}{\dfrac{h}{L}} = \frac{\dfrac{2.65-1}{1+0.65}}{\dfrac{30}{40}} = 1.33$$

70 흙의 다짐에 관한 설명으로 틀린 것은?

① 다짐에너지가 클수록 최대건조단위중량($\gamma_{d\max}$)은 커진다.
② 다짐에너지가 클수록 최적함수비(W_{opt})는 커진다.
③ 점토를 최적함수비(W_{opt})보다 작은 함수비로 다지면 면모구조를 갖는다.
④ 투수계수는 최적함수비(W_{opt})근처에서 거의 최소값을 나타낸다.

해설

다짐에너지가 클수록 $\gamma_{d\max}$는 커지고 최적함수비(W_{opt})는 작아진다.

71 다음은 전단시험을 한 응력경로이다. 어느 경우인가?

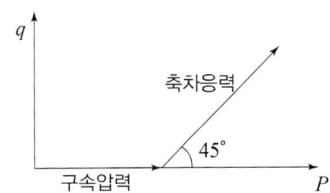

① 초기단계의 최대주응력과 최소주응력이 같은상태에서 시행한 삼축압축시험의 전응력 경로이다.
② 초기단계의 최대주응력과 최소주응력이 같은상태에서 시행한 일축압축시험의 전응력 경로이다.
③ 초기단계의 최대주응력과 최소주응력이 같은상태에서 $K_o = 0.5$인 조건에서 시행한 삼축압축시험의 전응력 경로이다.
④ 초기단계의 최대주응력과 최소주응력이 같은상태에서 $K_o = 0.7$인 조건에서 시행한 일축압축시험의 전응력 경로이다.

해설

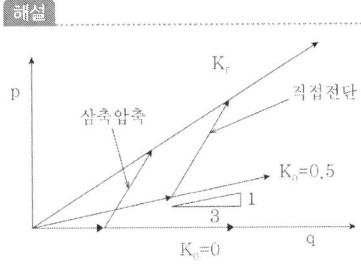

삼축압축시험은 초기에 등방압축을 한 후 축차응력을 가해 전단파괴 시키는 전응력경로를 설명하고 있다.

72 연약점성토층을 관통하여 철근콘크리트 파일을 박았을 때 부마찰력(Negative friction)은? (단, 이때 지반의 일축압축강도 $q_u = 2t/m^2$, 파일직경 D=50cm, 관입깊이 $l = 10m$이다.)

① 15.71t
② 18.53t
③ 20.82t
④ 24.24t

해설

$$R_{nf} = f_s \cdot U \cdot \ell = \frac{q_u}{2} \cdot \pi D \cdot \ell$$
$$= \frac{2}{2} \times (\pi \times 0.5 \times 10) = 15.71t$$

73 모래지층 사이에 두께 6m의 점토층이 있다. 이 점토의 토질 실험결과가 다음 표와 같을 때, 이 점토층의 90%압밀을 요하는 시간은 약 얼마인가?(단, 1년은 365일로 계산)

- 간극비 : 1.5
- 압축계수(a_v) : 4×10^{-4}(cm²/g)
- 투수계수 k=3×10^{-7}(cm/sec)

① 52.2년　　　　　　　　② 12.9년
③ 5.22년　　　　　　　　④ 1.29년

해설

$$t_{90} = \frac{0.848 H^2}{C_v} = \frac{0.848 \times \left(\frac{600}{2}\right)^2}{1.875 \times 10^{-3}}$$
$$= 40,704,000\text{초}$$
$$= 40,704,000 \div (365 \times 24 \times 60 \times 60)$$
$$= 1.29\text{년}$$

여기서 $K = C_v m_v \gamma_w = C_v \cdot \dfrac{a_v}{1+e_1} \cdot \gamma_w$

∴ $C_v = 1.875 \times 10^{-3} cm^2/\sec$

74 그림과 같이 6m 두께의 모래층 밑에 2m 두께의 점토층이 존재한다. 지하수면은 지표아래 2m지점에 존재한다. 이때, 지표면에 $\triangle P = 5.0 t/m^2$의 등분포하중이 작용하여 상당한 시간이 경과한 후, 점토층의 중간높이 A점에 피에조미터를 세워 수두를 측정한 결과, h=4.0m로 나타났다면 A점의 압밀도는?

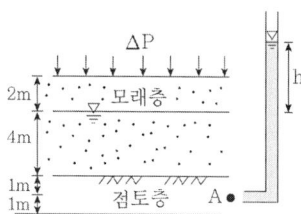

① 20%　　　　　　　　② 30%
③ 50%　　　　　　　　④ 80%

해설

$U_Z = 1 - \dfrac{u_z}{u_i} \times 100 = \left(1 - \dfrac{4}{5}\right) \times 100 = 20\%$

75 그림에서 정사각형 독립기초 2.5m×2.5m가 실트질 모래 위에 시공되었다. 이때 근입깊이가 1.50m인 경우 허용지지력은 약 얼마인가? (단, $N_c = 35$, $N_\gamma = N_q = 20$, 안전율은 3)

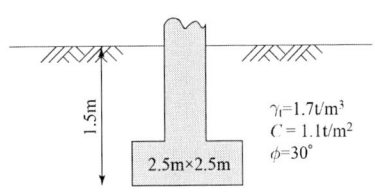

① $25t/m^2$
② $30t/m^2$
③ $35t/m^2$
④ $45t/m^2$

해설

1) 정사각형 기초 형상계수 $\alpha = 1.3$, $\beta = 0.4$
2) $q_u = \alpha c N_c + \beta \gamma_1 B N_r + \gamma_2 D_f N_q$
   $= 1.3 \times 1.1 \times 35 + 0.4 \times 1.7 \times 2.5 \times 20 + 1.7 \times 1.5 \times 20$
   $= 135.05 t/m^2$
3) $q_a = \dfrac{q_u}{F_s} = \dfrac{135.05}{3} = 45.0 t/m^2$

76 토립자가 둥글고 입도분포가 나쁜 모래 지반에서 표준관입시험을 한 결과 N치는 10이었다. 이 모래의 내부 마찰각을 Dunham의 공식으로 구하면?

① 21°
② 26°
③ 31°
④ 36°

해설

Dunham 공식의 N값 산정

토질입자가 둥글고 균일한(불량입도)경우	$\phi = \sqrt{12N} + 15$
토질입자가 둥글고 입도분포가 양호 토립자가 모가나고 균일한(불량한입도)경우	$\phi = \sqrt{12N} + 20$
토립자가 모가나고 입도분포가 좋을 때	$\phi = \sqrt{12N} + 25$

$\phi = \sqrt{12N} + 15$
$= \sqrt{12 \times 10} + 15 = 25.95°$

77 Jaky의 정지토압계수를 구하는 공식 $K_o = 1 - \sin\phi$가 가장 잘 성립하는 토질은?

① 과입말점토
② 정규압밀점토
③ 사질토
④ 풍화토

해설

사질토 지반에 해당된다.

78 통일분류법에 의한 분류기호와 흙의 성질을 표현한 것으로 틀린 것은?
① GP-입도분포가 불량한 자갈
② GC-점토 섞인 자갈
③ CL-소성이 큰 무기질 점토
④ SM-실트 섞인 모래

> **해설**
> CL은 저압축성의 점토를 말한다.

79 모래지반에 30cm×30cm의 재하판으로 재하실험을 한 결과 10t/m²의 극한지지력을 얻었다. 4m×4m의 기초를 설치할 때 기대되는 극한지지력은?
① 10t/m²
② 100t/m²
③ 133t/m²
④ 154t/m²

> **해설**
> 1) $q_{u(f)} = q_{u(p)} \cdot \dfrac{B_{(f)}}{B_{(p)}}$
> 2) $q_{u(f)} = 10 \times \dfrac{4}{0.3} = 133 t/m^2$

80 $\phi = 33°$인 사질토에 25°경사의 사면을 조성하려고 한다. 이 비탈면의 지표까지 포화되었을 때 안전율을 계산하면?(단, 사면 흙의 $\gamma_{sat} = 1.8 t/m^3$)
① 0.62
② 0.70
③ 1.12
④ 1.41

> **해설**
> $F_s = \dfrac{\gamma_{sub}}{\gamma_{sat}} \cdot \dfrac{\tan\phi}{\tan i} = \dfrac{0.8}{1.8} \times \dfrac{\tan 33°}{\tan 25°} = 0.62$

2014 기출문제
제4회 건설재료시험기사

제1과목 콘크리트공학

01 콘크리트의 배합강도 결정에 대한 설명으로 옳지 않은 것은?
① 설계기준 압축강도가 20MPa이고, 압축강도시험의 기록이 없는 현장의 배합강도는 27MPa로 정한다.
② 설계기준 압축강도가 40MPa이고, 압축강도시험이 기록이 없는 현장의 배합강도는 49MPa로 정한다.
③ 압축강도 시험 횟수가 20회인 현장에서 표준편차(S)의 보정계수는 1.08을 사용한다.
④ 설계기준 압축강도 35MPa이고, 30회 이상의 시험 실적으로부터 구한 표준편차가 3MPa인 현장에서 배합강도를 38.49MPa로 정한다.

해설

1) 표준편차(s)를 모르고 압축강도 14회 이하인 경우 콘크리트 배합강도

설계기준강도	배합강도
21미만	$f_{ck}+7$
21이상 35이하	$f_{ck}+8.5$
35초과	$f_{ck} \cdot 1.1 + 5$

2) 압축강도시험(29이하~15회이상) 표준편차 보정계수

시험횟수	표준편차보정계수
15	1.16
20	1.08
25	1.03
30이상	1

3) 표준편차의한 경우(30회이상 시험)
  $f_{ck} \leq 35 MPa$
  1) $f_{cr} = f_{ck} + 1.34 S$
     $= 35 + 1.34 \times (3 \times 1.0)$
     $= 39.02 MPa$
  2) $f_{cr} = (f_{ck} - 3.5) + 2.33 S$
     $= (35 - 3.5) + 2.33 \times (3 \times 1.0)$
     $= 38.49 MPa$
  ①, ② 값 중 큰 값인 39.02MPa이다.

02 PS 강재에 요구되는 일반적인 특성을 설명한 것으로 옳지 않은 것은?
① 인장강도가 높아야 한다.
② 릴랙세이션이 커야 한다.
③ 어느 정도의 늘음과 인성이 있어야 한다.
④ 항복비가 커야 한다.

> **해설**
> PS강재는 릴랙세이션이 작아야 한다.

03 콘크리트의 비파괴 시험 중 철근 부식 여부를 조사할 수 있는 방법이 아닌 것은?
① 전위차 적정법
② 자연전위법
③ 분극저항법
④ 전기저항법

> **해설**
> 철근 부식 평가 방법
> 1) 자연전위법
> 2) 분극저항법
> 3) 전기저항법

04 콘크리트 제작시 재료의 계량에 대한 설명으로 틀린 것은?
① 각 재료는 1배치씩 질량으로 계량하여야 한다.
② 계량 허용오차는 물과 혼화제가 각각 ±2% 이하이다.
③ 연속믹서를 사용할 경우, 각 재료는 용적으로 계량해도 좋다.
④ 시멘트의 계량 허용오차는 ±1%이다.

> **해설**
> 재료의 계량 허용오차
> 1) 물, 시멘트 : 1% 이하
> 2) 골재, 혼화제 : 3%
> 3) 혼화재 : 2% 이하

05 콘크리트 구조물의 내화성을 향상시키기 위한 방안으로 틀린 것은?
① 제조 시에 골재는 화강암이나 사암을 사용하면 좋다.
② 콘크리트 표면을 단열재로 보호한다.
③ 내화성능이 약한 강재는 보호하여 피복두께를 충분히 취한다.
④ 철근의 외측 콘크리트가 벗겨지는 것을 방지하기 위하여 팽창성 금속(expanded metal)을 표층부에 넣는다.

> **해설**
> 화강암은 내화성에 약하다

06 다음 관리도의 종류에서 정규분포이론이 적용되지 않는 것은?
① P 관리도(불량률 관리도)
② x 관리도(측정값 자체의 관리도)
③ $\bar{x} - R$ 관리도(평균값과 범위의 관리도)
④ $\bar{x} - \sigma$ 관리도(평균값과 표준편차의 관리도)

> **해설**
> P관리도는 이항분포 이론을 적용한다.

07 매스 콘크리트의 온도균열 발생에 대한 검토는 온도균열지수에 의해 평가하는 것을 원칙으로 하고 있다. 철근이 배치된 일반적인 구조물의 균열 발생을 방지하여야 할 경우 표준적인 온도균열지수의 값으로 옳은 것은?
① 1.5이상
② 1.2~1.5
③ 0.7~1.2
④ 0.7 이하

> **해설**
> 1) 균열발생을 방지하여야 할 경우 : 1.5이상
> 2) 균열 발생을 제한할 경우 : 1.2~1.5
> 3) 유해한 균열 발생을 제한할 경우: 0.7~1.2

08 고압증기양생을 실시한 콘크리트의 특징에 대한 설명으로 틀린 것은?
① 고압증기양생을 실시한 콘크리트는 융해성의 유리석회가 없기 때문에 백태현상을 감소시킨다.
② 보통양생한 콘크리트에 비해 철근의 부착 강도가 증가된다.
③ 외관은 보통양생한 포틀랜드 시멘트 콘크리트 색의 특징과 다르며, 주로 흰색을 띈다.
④ 고압증기양생한 콘크리트는 어느 정도의 취성을 가진다.

> **해설**
> 고압증기양생은 보통양생한 콘크리트에 비해 철근의 부착강도가 약 1/2이 되는 문제점이 있다.

09 거푸집 및 동바리의 구조를 계산할 때 연직하중에 대한 설명으로 틀린 것은?
① 고정하중으로서 콘크리트의 단위중량은 철근의 중량을 포함하여 보통 콘크리트인 경우 20N/m³을 적용하여야 한다.
② 고정하중으로서 거푸집 하중은 최소 0.4kN/m³ 이상을 적용하여야 한다.
③ 특수 거푸집이 사용된 경우에는 고정하중으로 그 실제의 중량을 적용하여 설계하여야한다.
④ 활하중은 구조물의 수평투영면적(연직방향으로 투영시킨 수평면적)당 최소 2.5kN/m²이상으로 하여야 한다.

> **해설**
> 콘크리트의 단위중량은 철근의 중량을 포함하여 보통 콘크리트인 경우 24kN/m³을 적용한다.

10 콘크리트 배합의 잔골재율에 대한 설명으로 틀린 것은?

① 고성능 공기연행 감수제를 사용한 콘크리트의 경우서 물-결합재비 및 슬럼프가 같으면, 일반적인 공기연행 감수제를 사용한 콘크리트와 비교하여 잔골재율을 3~4% 정도 크게 하는 것이 좋다.
② 공사 중에 잔골재의 입도가 변하여 조립률이 ±0.20 이상 차이가 있을 경우에는 워커빌리티가 변화하므로 배합을 수정할 필요가 있다.
③ 유동화 콘크리트의 경우, 유동화 후 콘크리트의 워커빌리티를 고려하여 잔골재율을 결정할 필요가 있다.
④ 잔골재율은 소요의 워커빌리티를 얻을 수 있는 범위 내에서 단위수량이 최소가 되도록 시험에 의해 정하여야 한다.

해설
고성능 공기연행 감수제를 사용한 콘크리트의 경우로서 물-결합재비 및 슬럼프가 같으면 일반적인 공기연행 감수제를 사용한 콘크리트와 비교하여 잔골재율을 1~2% 크게 하는 것이 좋다.

11 콘크리트의 동결융해에 대한 설명 중 틀린 것은?

① 콘크리트의 초기 동결융해에 대한 저항성을 높이기 위해서는 물-시멘트비를 크게 한다.
② 콘크리트의 표층 박리(scaling)는 동결융해 작용에 의한 피해의 일종이다.
③ 동결융해에 의한 콘크리트의 피해는 콘크리트가 물로 포화되었을 때 가장 크다.
④ 다공질의 골재를 사용한 콘크리트는 일반적으로 동결융해에 대한 저항성이 떨어진다.

해설
콘크리트의 초기 동결융해에 대한 저항성을 높이기 위해서는 물-시멘트비를 작게 한다.

12 지름이 100mm이고 길이가 200mm인 원주형 공시체에 대한 할렬 인장시험결과 최대하중이 120kN이라고 할 경우 이 공시체의 할렬 인장강도는?

① 1.87MPa
② 3.82MPa
③ 6.03MPa
④ 7.66MPa

해설
인장강도 $= \dfrac{2P}{\pi dl} = \dfrac{2 \times 120,000}{3.14 \times 100 \times 200} = 3.82 MPa$

13 경량골재 콘크리트에 대한 설명으로 잘못된 것은?

① 경량골재 콘크리트란 일반적으로 기건 단위용적질량이 2.0t/m³이하의 콘크리트를 말한다.
② 천연경량골재는 인공경량골재에 비해 입자의 모양이 좋고 흡수율이 작아 구조용으로 많이 쓰인다.
③ 콘크리트의 수밀성을 기준으로 물-결합재비를 정할 경우에는 50% 이하를 표준으로 한다.
④ 경량골재는 동결융해에 대한 저항성이 보통 콘크리트보다 상당히 나쁘므로 유의해야 한다.

해설
천연경량골재는 인공경량골재에 비해 입형이 불량하며 강도도 약해 콘크리트 구조물에 부적합하다.

14 콘크리트 타설에 대한 설명 중 옳지 않은 것은?
① 콘크리트를 2층 이상으로 나누어 타설할 경우, 상층의 콘크리트 타설은 원칙적으로 하층의 콘크리트가 굳기 시작하기 전에 해야 한다.
② 콘크리트 타설 도중에 표면에 떠올라 고인 블리딩 수가 있을 경우에는 표면에 도랑을 만들어 제거하여야 한다.
③ 한 구획 내의 콘크리트는 타설이 완료될 때까지 연속해서 타설해야한다.
④ 콘크리트는 그 표면이 한 구획 내에서는 거의 수평이 되도록 타설하는 것을 원칙으로 한다.

15 프리스트레스트 콘크리트에 있어서 프리스트레싱을 할 때의 콘크리트의 압축강도는 프리스트레스를 준 직후 콘크리트에 일어나는 최대압축 응력의 최소 몇 배 이상이어야 하는가?
① 1.3배
② 1.5배
③ 1.7배
④ 2.0배

> **해설**
> 프리스트레싱 작업시 콘크리트의 압축강도는 프리스트레싱후 콘크리트에서 발생되는 최대 압축응력의 최소 1.7배 이상

16 콘크리트의 크리프에 영향을 미치는 요인 중 틀린 것은?
① 온도가 높을수록 크리프는 증가한다.
② 조강시멘트는 보통시멘트보다 크리프가 작다.
③ 단위 시멘트량이 많을수록 크리프는 감소한다.
④ 물-시멘트비, 응력이 클수록 크리프는 증가한다.

> **해설**
> 단위 시멘트량이 많을수록 크리프는 증가한다.

17 유동화 콘크리트 배합에 대한 설명 중 틀린 것은?
① 슬럼프 증가량은 100mm 이하를 원칙으로 하며 50~80mm를 표준으로 한다.
② 베이스 콘크리트 및 유동화 콘크리트의 슬럼프 및 공기량 시험은 50m³마다 1회씩 실시하는 것을 표준으로 한다.
③ 유동화제는 희석시켜 사용하며 미리 정한 소정의 양을 1/2씩 2번에 나누어 첨가한다.
④ 유동화 콘크리트의 재유동화는 원칙적으로 할 수 없다.

> **해설**
> 유동화제는 원액으로 사용하고 미리 정한 소정의 양을 한꺼번에 첨가한다.

정답 14 ② 15 ③ 16 ③ 17 ③

18 매일 생산되는 레미콘 공장의 품질 변동 상황을 알기 위해 사용되는 통계적 수법으로 적합한 것은?
① 관리도
② 산점도
③ 파레토도
④ 체크시트

해설
관리도에 대한 설명이다.

19 섬유보강 콘크리트에 사용되는 강섬유는 지름에 대한 길이의 비인 형상비는 어느 정도의 것을 사용하는가?
① 30~100
② 20~30
③ 10~20
④ 5~10

해설
보통 형상비는 50 이상이며 일반적으로 30~100범위를 적용

20 아래 표와 같은 조건의 시방배합에서 굵은골재의 단위량은 약 얼마인가?

- 단위수량=189kg, S/a=50%, W/C=50%
- 시멘트 밀도=3.15g/cm³
- 잔골재 표건밀도=2.6g/cm³
- 굵은골재 표건밀도=2.7g/cm³
- 공기량=1.5%

① 935kg
② 1,115kg
③ 1,042kg
④ 913kg

해설
1) 단위시멘트량
$$\frac{W}{C}=50\%, \quad \therefore \ C=\frac{189}{0.5}=378kg$$
2) 단위골재의 체적
$$V=1-\left(\frac{189}{1,000}+\frac{378}{3.15\times 1,000}+\frac{1.5}{100}\right)=0.676m^3$$
3) 굵은골재의 체적
$$0.676\times(1-0.5)=0.338m^3$$
4) 굵은골재량
$$2.7\times 0.338\times 1,000=913kg$$

제2과목 건설시공 및 관리

21 함수비가 큰 점질토의 다짐에 적합한 다짐 기계는 어느 것인가?
① 로드 롤러(Road Roller)
② 진동 롤러
③ 탬핑 롤러(Tamping Roller)
④ 타이어 롤러(Tire Roller)

22 옹벽의 수평 저항력을 증가시키려면 다음 중 어느 방법이 가장 좋은가?
① 옹벽의 비탈구배를 크게 한다.
② 옹벽 전면에 Apron를 설치한다.
③ 옹벽 기초 밑판에 돌기 Key를 설치한다.
④ 옹벽 배면에 Anchor를 설치한다.

> 해설
> 옹벽 기초 밑판에 돌기 Key를 설치한다.

23 암거의 매설을 위한 기초공에 대한 설명 중 옳지 않은 것은?
① 기초가 다소 불량한 곳은 침목, 콘크리트 침목 등의 기초공을 해야 한다.
② 기초가 양호하면 암거를 직접 매설하여도 된다.
③ 기초바닥이 매우 불량할 때는 말뚝기초를 하여야 한다.
④ 부등침하의 우려가 있는 기초에는 잡석, 조약돌 등을 포설한다.

> 해설
> 부등침하 우려가 있는 경우 기초에 조약돌, 잡석을 포설하면 부등침하의 가능성이 있다.

24 보통토(사질토)를 재료로 하여 $35,000m^3$의 성토를 하는 경우 굴착 및 운반 토량(m^3)은 얼마인가?(단, 토량환산계수 L=1.25, C=0.90)
① 굴착토량=38,889, 운반토량=48,611
② 굴착토량=32,400, 운반토량=40,500
③ 굴착토량=28,800, 운반토량=50,000
④ 굴착토량=32,400, 운반토량=45,000

> 해설
> 1) $C = \dfrac{\text{성토한 토량}}{\text{굴착할 토량}}$
>
> ∴ 굴착할 토량 = $\dfrac{35,000}{0.9} = 38,889 m^3$
>
> 2) $L = \dfrac{\text{운반할 토량}}{\text{굴착할 토량}}$
>
> ∴ 운반할 토량 = $1.25 \times 38,889 = 48,611 m^3$

정답 21 ③ 22 ③ 23 ④ 24 ①

25 다음 중 포장 두께를 결정하기 위한 시험이 아닌 것은?
① CBR시험
② 평판재하시험
③ 마샬 시험
④ 1축압축시험

해설
1축 압축시험은 흙의 전단강도 측정을 하는 시험이다.

26 불도저로 토공 작업을 하는 현장에서 다음과 같은 작업 조건일 때 불도저의 시간당 작업량을 본바닥 토량으로 계산하면?

- 흙의 평균 운반거리 : 60m
- 전진 속도 : 55m/분
- 후진속도 : 70m/분
- 기어변속시간 : 15초
- 작업효율 : 0.8
- 1회의 압토량 : 2.3m³
- 토량의 변화율(L) : 1.1

① 125.5m³/h
② 97.2m³/h
③ 64.9m³/h
④ 45.66m³/h

해설
1) $C_m = \dfrac{l}{V_1} + \dfrac{l}{V_2} + t = \dfrac{60}{55} + \dfrac{60}{70} + \dfrac{15}{60} = 2.198$ 분

2) $Q = \dfrac{60qfE}{C_m} = \dfrac{60 \times 2.3 \times \dfrac{1}{1.1} \times 0.8}{2.198}$
$= 45.66 m^3/hr$

27 암거의 배열방식 중 집수지거를 향하여 지형의 경사가 완만하고, 같은 습윤상태인 곳에 적합하며, 1개의 간선집수지 또는 집수지거로 가능한 한 많은 흡수거를 합류하도록 배열하는 방식은?
① 자연식(Natural system)
② 차단식(Intercepting system)
③ 빗식(Gridiron system)
④ 집단식(Grouping system)

해설
암거배열 방식중 빗식에 대한 설명이다.

28 아스팔트 포장에서 표층에 가해지는 하중을 분산시켜 보조기층에 전달하며, 교통하중에 의한 전단에 저항하는 역할을 하는 층은?
① 차단층
② 기층
③ 노체
④ 노상

해설
기층에 대한 설명이다.

29 T.B.M(tunnel boring machine)공법에 대한 설명으로 거리가 먼 것은?
① 폭약을 사용하지 않고, 원형으로 굴착하므로 역학적으로도 안전하다.
② 기계의 시공 충격으로 인하여 폭파에 의한 터널굴착공법보다 동바리공이 더 많이 필요하다.
③ 굴착은 필요 이상의 큰 단면을 하지 않으므로 라이닝과 본바닥에 밀착되어 재료가 절약된다.
④ 굴착 진전이 비교적 빠른 반면, 다량의 열이 발생되므로 냉각설비가 필요하다.

해설
기계식 굴착공법 특성상 폭파에 의한 터널굴착 공법에 비하여 동바리 사용이 적다

30 다음의 옹벽 설명에서 역 T형 옹벽에 대한 설명으로 옳은 것은?
① 자중과 뒤채움 토사의 중량으로 토압에 저항한다.
② 자중만으로 토압에 저항한다.
③ 일반적으로 옹벽의 높이가 낮은 경우에 사용된다.
④ 자중이 다른 형식의 옹벽보다 대단히 크다.

31 댐의 그라우트(Grout)에 관한 기술 중 옳은 것은?
① 커튼 그라우트(curtain grout)는 기초암반의 변형성이나 강도를 개량하기 위하여 실시한다.
② 콘솔리데이션 그라우트(consolidation grout)는 기초암반의 지내력 등을 개량하기 위하여 실시한다.
③ 콘택트 그라우트(contact grout)는 기초암반의 지내력 등을 개량하기 위하여 실시한다.
④ 림 그라우트(rim grout)는 콘크리트와 암반 사이의 공극을 메우기 위하여 실시한다.

해설
1) 커튼(Curtain Grouting) 공법
   기초지반내의 균열, 간극에 시멘트, 점토, 약액을 주입하여 지수막을 형성 하는방법으로 기초암반에 침투하는 물을 차수할 목적으로 시공
2) 콘택트(Contact Grouting) 공법
   암반위에 콘크리트 타설 후 콘크리트와 암반부의 사이의 공극 충진을 하기 위하여 실시하는 Grouting
3) 림(Rim Grouting)공법
   댐의 또는 저수지 주변에 차수대를 연장하기 위해서 실시하는 것으로 차수 그라우팅에 준하여 실시
4) 블랭킷(Blanket Grouting) 공법
   기초의 표층부로 흐르는 침투류를 억제 콘솔리데이션과 커튼그라우팅이 효과 증대 목적

32 큰 중량의 중추를 높은 곳에서 낙하시켜 지반에 가해지는 충격에너지와 그 때의 진동에 의해 지반을 다지는 개량공법으로 대부분의 지반에 지하수위와 관계없이 시공이 가능하고 시공 중 사운딩을 실시하여 개량효과를 점검하는 시공법은?

① 지하연속벽 공법
② 폭파다짐 공법
③ 바이브로플로테이션 공법
④ 동다짐 공법

해설

동다짐 공법(동압밀 공법)
무거운추(10~200TON)를 크레인을 이용하여 10m 이상 높이에서 낙하시켜 지표면에 가해지는 충격 에너지가 지반의 심층까지 지반을 다짐해 주는 공법

33 $\bar{x} - R$ 품질관리도에서 1조의 측정치가 9, 7, 12, 13의 값을 가지며 2조의 측정치가 8, 9, 10, 11의 값을 가질 때 중심(CL)의 값은?

① 9.75
② 9.88
③ 10.25
④ 10.50

해설

· 1조 $\bar{x} = \dfrac{9+7+12+13}{4} = 10.25$

· 2조 $\bar{x} = \dfrac{8+9+10+11}{4} = 9.5$

∴ $CL = \bar{\bar{x}} = \dfrac{10.25 + 9.5}{2} = 9.88$

34 터널굴착에 대한 다음 설명 중 틀린 것은?

① 전단면 굴착공법은 도갱을 하지 않고 전단면을 한꺼번에 굴착하는 공법으로 지질이 안정되어 있는 지반에 이용된다.
② 도갱은 버력 운반로, 용수의 처리, 지질의 확인을 목적으로 설치한다.
③ 상부 반단면 공법에서 하반부의 굴착은 벤치컷 공법이 적당하다.
④ 단면이 크고 지질이 나쁘면 저설도갱식이 적당하다.

해설

단면이 크고 지질이 나쁜 경우에는 저설도갱 보다는 측벽 도갱을 통한 시공이 적당하다.

35 로드 롤러를 사용하여 전압횟수 4회, 전압포설 두께 0.2m, 유효 전압폭 2.5m, 전압 작업속도를 5km/h로 할 때 시간당 작업량을 구하면? (단, 토량환산계수는 1, 롤러의 효율은 0.8을 적용한다.)

① 500m³/h ② 251m³/h
③ 200m³/h ④ 151m³/h

해설
다짐기계의 다짐토량
$$Q = \frac{1000 \cdot V \cdot W \cdot H \cdot f \cdot E}{N}$$
$$= \frac{1000 \times 5 \times 2.5 \times 0.2 \times 1 \times 0.8}{4} = 500 m^3/h$$

36 기초공의 구조상 요구 조건으로 틀린 것은?

① 시공 가능한 구조일 것
② 내구성을 가지고 경제적일 것
③ 구조물을 안전하게 지지할 것
④ 침하가 없을 것

해설
침하는 허용침하량 이내에 발생될 것

37 교량 시공방법 중 프리캐스트 세그먼트를 제작하여 교축방향으로 밀어 점차적으로 교량을 가설하며, 직선 또는 일정 곡률반경의 교량에 시공할 수 있는 공법은?

① FCM공법 ② MSS 공법
③ ILM공법 ④ 프리캐스트 거더 공법

해설
I.L.M (Incremental Launching Method) : 압출공법
1) 작업장(Launching Mould)에서 일정 길이로 1 Segment 씩 제작한 다음 압출장치를 써서 교량의 종방향으로 압출시키는 방법으로 직선 또는 일정 곡률반경의 교량 시공이 가능하다.
2) Nose(추진코) 역할은 교각 통과중에 전도 및 휨moment 발생을 방지 및 종단 선형을 유도한다.

38 P.C 말뚝에 관한 다음 설명 중 틀린 것은?

① 원심력 철근콘크리트 말뚝에 비하여 고가이다.
② 힘을 받을 때 변형량이 적다.
③ 이음부의 시공이 어렵고 신뢰성이 없다.
④ 균열이 잘 생기지 않으므로 강재가 부식하지 않고 내구성이 크다.

해설
PC 말뚝은 이음이 쉽고 신뢰성이 크다.

정답 35 ① 36 ④ 37 ③ 38 ③

39 다음은 네트워크(network) 공정표의 특징을 설명한 것이다. 옳지 않은 것은?
① 담당자의 공사착수가 예정되므로 미리 충분한 계획을 세울 수 있다.
② 공정표가 보기 쉽고 개념적인 것이 숫자화되어 신뢰도가 크다.
③ 작성 및 수정이 어렵다.
④ 공정의 진척, 지연의 상황 판단이 어렵다.

해설
공정의 진척, 지연의 상황 판단이 용이하다.

40 지하수위가 높은 사질토 지반의 보일링 현상에 대한 대책으로 옳지 않은 것은?
① 흙막이벽의 강성을 높게 한다.
② 배면의 지하수위를 낮춘다.
③ 흙막이벽의 근입 깊이를 깊게 한다.
④ 바닥저면의 투수성을 낮게 한다.

해설
보일링 현상은 흙막이벽 강성과 상관성이 없다.

제3과목 건설재료 및 시험

41 조강 포틀랜드 시멘트 사용시 옳지 않은 것은?
① 거푸집을 단시일 내에 제거할 수 있다.
② 수화열이 크므로 단면이 큰 콘크리트 구조물에 적당하다.
③ 양생기간을 단축시킨다.
④ 한중공사에 적합하다.

해설
수화열이 크므로 단면이 큰 콘크리트 구조물에 부적합하다.

42 화성암은 산성암, 중성암, 염기성암으로 분류가 되는데, 이때 분류 기준이 되는 것은 무엇인가?
① 규산의 함유량   ② 석영의 함유량
③ 장석의 함유량   ④ 각섬석의 함유량

해설
규산의 함유량에 따라 산성암, 중성암, 염기성암으로 분류된다.

43 대폭파 또는 수중폭파에서 동시폭파를 실시하기 위하여 뇌관 대신에 사용하는 것은?
① 도화선   ② 도폭선
③ 전기뇌관   ④ 첨장약

해설
도폭선에 대한 설명이다.

44 고무혼입 아스팔트를 스트레이트 아스팔트와 비교할 때 다음 설명 중 옳지 않은 것은?
① 응집성 및 부착력이 크다.   ② 마찰계수가 크다.
③ 충격저항이 크다.   ④ 감온성이 크다.

해설
고무혼입 아스팔트 특징
1) 스트레이트 아스팔트에 비해서 감온성이 작다.
2) 스트레이트 아스팔트에 비해서 응집성이 크다.
3) 스트레이트 아스팔트에 비해서 탄성 및 충격저항이 크다.
4) 스트레이트 아스팔트에 비해서 마찰 계수가 크다.

45 목재의 역학적 성질에 관한 설명으로 옳지 않은 것은?
① 목재의 인장강도는 섬유방향에 평행한 경우에 가장 강하다.
② 비중이 큰 목재는 가벼운 목재보다 강도가 크다.
③ 일반적으로 심재가 변재에 비하여 강도가 크다.
④ 섬유포화점 이하에서는 함수율이 클수록 강도가 크다.

해설
섬유포화점 이하에서는 함수율이 클수록 강도가 작다.

46 시멘트 응결 및 경화에 영향을 미치는 요소에 대한 설명으로 틀린 것은?
① 풍화되면 응결 및 경화가 빨라진다.
② 온도가 높으면 응결 및 경화가 빠르다.
③ 배합 수량이 많으면 응결 및 경화가 늦어진다.
④ 석고를 첨가하면 응결 및 경화가 늦어진다.

해설
시멘트 풍화의 특성
1) 비중이 떨어짐(밀도 $3.15g/cm^3$)
2) 분말도 높을수록 풍화 빨라짐
3) 강도가 저하
4) 수화열 작아짐
5) 응결이 지연됨

47 컷백(cut back) 아스팔트에 대한 설명으로 틀린 것은?
① 대부분의 도로포장에 사용된다.
② 경화 속도 순서로 나누면 RC>MC>SC의 순이다.
③ 컷백 아스팔트를 사용할 때는 가열하여 사용하여야 한다.
④ 침입도 60~120 정도의 연한 스트레이트 아스팔트에 용제를 가해 유동성을 좋게 한 것이다.

해설
컷백 아스팔트를 사용할 때는 원유 중의 아스팔트 성분이 열에 의한 변화가 생기지 쉬우므로 가열해서는 안된다.

48 콘크리트용 혼화재료로 사용되는 고로 슬래그 미분말에 대한 설명으로 틀린 것은?
① 고로 슬래그 미분말을 사용한 콘크리트는 보통 콘크리트보다 콘크리트 내부의 세공경이 작아져 수밀성이 향상된다.
② 고로 슬래그 미분말은 플라이 애시나 실리카 퓸에 비해 포틀랜드 시멘트와의 비중차가 작아 혼화재로 사용할 경우 혼합 및 분산성이 우수하다.
③ 고로 슬래그 미분말을 혼화재로 사용한 콘크리트는 염화물이온 침투를 억제하여 철근부식 억제효과가 있다.
④ 고로 슬래그 미분말의 혼합률을 시멘트 중량에 대하여 70% 정도 혼합한 경우 중성화 속도가 보통 콘크리트의 1/2정도로 감소된다.

해설
고로슬래그 미분말의 치환율을 25%까지로 정하는 것이 적정하며, 고로 슬래그 미분말 사용이 많을수록 중성화 속도가 빠르고 중성화 깊이가 크다.

49 콘크리트용 혼화재료에 대한 설명으로 틀린 것은?
① 방청제는 철근이나 PC강선이 부식하는 것을 방지하기 위해 사용한다.
② 급결제를 사용한 콘크리트는 초기 28일의 강도증진은 매우 크고, 장기강도의 증진 또한 큰 경우가 많다.
③ 지연제는 시멘트의 수화반응을 늦춰 응결시간을 길게 할 목적으로 사용되는 혼화제이다.
④ 촉진제는 보통 염화칼슘을 사용하며 일반적인 사용량은 시멘트 질량에 대하여 2% 이하를 사용한다.

해설
급결제를 사용한 콘크리트는 초기의 강도증진은 매우 크지만 장기강도의 증진은 일반적으로 느린 경우가 많다.

50 표면건조 포화상태의 골재시료 1,782g을 공기중에서 건조시켰더니 1,731g이 되었고, 이를 다시 노건조시켰더니 1,709g이 되었다. 이 골재시료의 흡수율은?

① 1.3% ② 2.8%
③ 3.9% ④ 4.3%

해설

흡수율 = $\dfrac{1,782 - 1,709}{1,709} \times 100 = 4.3\%$

51 콘크리트용 강섬유의 품질에 대한 설명으로 틀린 것은?

① 강섬유의 평균 인장강도는 500MPa 이상이 되어야 한다.
② 강섬유는 콘크리트 내에서 분산이 잘 되어야 한다.
③ 강섬유 각각의 인장강도는 400MPa 이상이어야 한다.
④ 강섬유는 16°C이상의 온도에서 지름 안쪽 90°(곡선 반지름 3mm)방향으로 구부렸을 때, 부러지지 않아야 한다.

해설

강섬유 각각의 인장강도는 450 MPa이상이어야 한다.

52 표점거리 L=50mm, 직경 D=14mm의 원형 단면봉을 가지고 인장시험을 하였다. 축인장하중 P=100kN이 작용하였을 때, 표점거리 L=50.633mm와 직경 D=13.970mm가 측정되었다. 이 재료의 탄성계수는 약 얼마인가?

① 143GPa ② 51GPa
③ 27GPa   ④ 8GPa

해설

$E = \dfrac{f}{\epsilon} = \dfrac{P/A}{\triangle l/l} = \dfrac{Pl}{A \cdot \triangle l} = \dfrac{100,000 \times 50}{153.86 \times 0.633}$
$= 51,338 MPa = 51 GPa$

여기서, $A = \dfrac{\pi D^2}{4} = \dfrac{3.14 \times 14^2}{4} = 153.86 mm^2$

53 목재에 대한 설명으로 틀린 것은?

① 목재의 벌목에 적당한 시기는 가을에서 겨울에 걸친 기간이다.
② 목재의 건조방법 중 자비법(煮沸法)은 자연건조법의 일종이다.
③ 목재의 방부처리법은 표면처리법과 방부제 주입법으로 크게 나눌 수 있다.
④ 목재의 비중은 보통 기건비중을 말하며 이때의 함수율은 15% 전후이다.

해설

목재의 자연건조법
공기건조법, 수침법

54 콘크리트 내부에 독립된 미세기포를 발생시켜 콘크리트의 워커빌리티 개선과 동결융해에 대한 저항성을 갖도록 하기 위해 사용하는 혼화제는?

① 공기연행제
② 응결경화촉진제
③ 지연제
④ 기포제

해설
공기연행제에 대한 설명이다.

55 전체 500g의 잔골재를 체분석한 결과가 아래 표와 같을 때 조립률은?

체 호칭(mm)	10	5	2.5	1.2	0.6	0.3	0.15	pan
잔류량(g)	0	25	35	65	215	120	35	5

① 2.67
② 2.87
③ 3.01
④ 3.22

해설

체 호칭(mm)	10	5	2.5	1.2	0.6	0.3	0.15	pan
잔류율(%)	0	5	7	13	43	24	7	1
가적 잔류율(%)	0	5	12	25	68	92	99	100

$$FM = \frac{5+12+25+68+92+99}{100} = 3.01$$

56 콘크리트용 잔골재의 유해물 중 염화물(NaCl 환산량)의 함유량 한도(질량 백분율)는 몇 %인가?

① 0.04%
② 0.1%
③ 0.5%
④ 1%

해설
염화물 함유량 시험 방법에 따라 시험하였을 때 0.04% 이하여야 한다.

57 석재의 사용시 고려할 사항으로 틀린 것은?

① 인장응력이나 휨응력을 받는 곳은 가능한 사용하지 않는 것이 좋다.
② 콘크리트 포장용이나 외벽에 사용되는 석재는 연석을 피한다.
③ 내화성 재료로 석재는 부적합하다.
④ 석재는 구조용으로 사용할 경우 주로 압축력을 받는 부분에 사용된다.

해설
석재를 내화성 재료로 사용하는 경우 주로 압축력을 받는 부분에 사용한다.

58 아스팔트의 특성을 설명한 것 중 틀린 것은?
① 샌드 아스팔트는 천연 아스팔트가 모래 속에 스며든 것이다.
② 레이크 아스팔트는 지표의 낮은 부분에 퇴적물이 생긴다.
③ 스트레이트 아스팔트는 도로 포장용에 사용된다.
④ 아스팔타이트는 천연 아스팔트가 석회암, 사암 등의 다공질 암석 사이에 스며든 것이다.

해설
1) 록 아스팔트는 천연 아스팔트가 석회암, 사암등의 다공질 암석 사이에 스며든 것이다.
2) 아스팔타이트는 암석의 균열등에 석유가 스며들어 오랜세월에 걸쳐 아스팔트로 변질된 것이다.

59 다음 중 시멘트에 대한 설명 중 틀린 것은?
① 조강 시멘트 : 조기강도가 높아 한중 공사에 적합하다.
② 플라이 애시 시멘트 : 댐 공사에 적합하다.
③ 팽창 시멘트 : 콘크리트의 건조 수축을 개선하기 위해 사용한다.
④ 알루미나 시멘트 : 장식용 제조용에 사용된다.

해설
알루미나 시멘트
1) 보크사이트와 석회석을 혼합해서 분말로 만든 시멘트
2) 1일 강도가 보통 포틀랜드 시멘트의 28일 강도와 같다.
3) 발열량이 커 한중공사, 긴급공사에 적합하다.
4) 해수 및 기타 화학작용을 받는 곳에 저항성이 크다.
5) 열분해 온도가 높으므로 내화용 콘크리트에 적합하다.

60 경량골재의 취급에 대한 설명 중 틀린 것은?
① 파쇄되지 않도록 한다. ② 습윤상태를 유지한다.
③ 크고 작은 낱알이 분리되도록 한다. ④ 햇볕을 덜 받는 장소에 보관한다.

해설
경량골재는 크고 작은 낱알이 분리되지 않도록 한다.

제4과목 | 토질 및 기초

61 말뚝 지지력에 관한 여러가지 공식 중 정역학적 지지력 공식이 아닌 것은?
① Dorr의 공식 ② Terzaghi의 공식
③ Meyerhof의 공식 ④ Engineering-News 공식

해설
Engineering News 공식은 동역학적 지지력 공식에 해당된다.

62 다음 연약지반 개량공법에 관한 사항 중 옳지 않은 것은?
① 샌드드레인 공법은 2차 압밀비가 높은 점토와 이탄 같은 흙에 큰 효과가 있다.
② 장기간에 걸친 배수공법은 샌드 드레인이 페이퍼 드레인보다 유리하다.
③ 동압밀공법 적용시 과잉간극 수압의 소산에 의한 강도 증가가 발생한다.
④ 화학적 변화에 의한 흙의 강화공법으로는 소결 공법, 전기화학적 공법 등이 있다.

> **해설**
> 샌드드레인 공법은 2차 압밀침하 보다 1차 압밀침하를 조절하는데 유효한 공법이다.

63 흙을 다지면 흙의 성질이 개선되는데 다음 설명 중 옳지 않은 것은?
① 투수성이 감소한다.　　② 부착성이 감소한다.
③ 흡수성이 감소한다.　　④ 압축성이 감소한다.

> **해설**
> 흙을 다지면 부착성이 증가한다.

64 깊은 기초의 지지력 평가에 관한 설명 중 잘못된 것은?
① 정역학적 지지력 추정방법은 논리적으로 타당하나 강도정수를 추정하는 데 한계성을 내포하고 있다.
② 동역학적 방법은 항타장비, 말뚝과 지반조건이 고려된 방법으로 해머 효율의 측정이 필요하다.
③ 현장 타설 콘크리트 말뚝 기초는 동역학적방법으로 지지력을 추정한다.
④ 말뚝 항타분석기(PDA)는 말뚝의 응력분포, 경시 효과 및 해머 효율을 파악할 수 있다.

> **해설**
> 현장타설 콘크리트 말뚝은 정동재하시험 및 정적인 재하시험에 의한 방법에 의해서 지지력을 추정한다.

65 아래 조건에서 점토층 중간면에 작용하는 유효응력과 간극수압은?
① 유효응력 : 5.58(t/m²), 간극수압 : 10(t/m²)
② 유효응력 : 9.58(t/m²), 간극수압 : 8(t/m²)
③ 유효응력 : 5.58(t/m²), 간극수압 : 8(t/m²)
④ 유효응력 : 9.58(t/m²), 간극수압 : 10(t/m²)

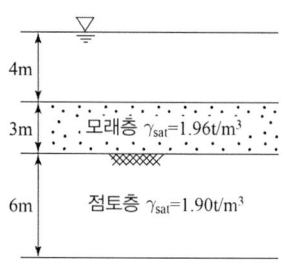

> **해설**
> 1) $\overline{P} = (1.96-1) \times 3 + (1.9-1) \times 3 = 5.58 t/m^2$
> 2) $u = \gamma_w \cdot h = 1 \times (4+3+3) = 10 t/m^2$

66 포화된 점토에 대하여 비압밀비배수(UU)시험을 하였을 때의 결과에 대한 설명 중 옳은 것은?(단, ϕ:내부마찰각, c:점착력)

① ϕ와 c가 나타나지 않는다.
② ϕ는 "0"이 아니지만 c는 "0"이다.
③ ϕ와 c가 모두 "0"이 아니다.
④ ϕ는 "0"이고 c는 "0"이 아니다.

해설

uu 시험은 ϕ는 "0"이고 c는 "0"이 아니다.

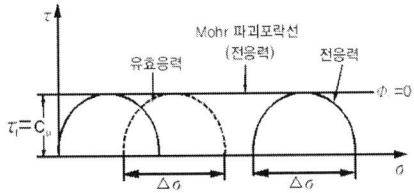

67 그림과 같이 c=0인 모래로 이루어진 무한사면이 안정을 유지(안전율≥1)하기 위한 경사각 β의 크기로 옳은 것은?

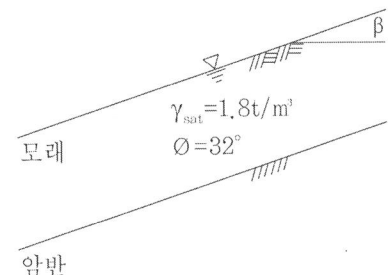

① $\beta \leq 7.8°$
② $\beta \leq 15.5°$
③ $\beta \leq 31.3°$
④ $\beta \leq 35.6°$

해설

$$F_s = \frac{\gamma_{sub}}{\gamma_{sat}} \cdot \frac{\tan\phi}{\tan i} \quad 1 = \frac{0.8}{1.8} \times \frac{\tan 32°}{\tan i}$$

$$\therefore \tan_i = \frac{0.8 \times 1 \times \tan 32°}{1.8} = 0.2777$$

$$i = \tan^{-1} 0.2777 = 15.5°$$

정답 66 ④ 67 ②

68 현장 흙의 들밀도시험 결과 흙을 파낸 부분의 체적과 파낸 흙의 무게는 각각 1,800cm³, 3.95kg이었다. 함수비는 11.2%이고, 흙의 비중 2.65이다. 최대건조 단위중량이 2.07g/cm³일 때 상대다짐도는?

① 95.1% ② 95.2%
③ 97.1% ④ 98.1%

해설

1) $\gamma_t = \dfrac{W}{V} = \dfrac{3950}{1800} = 2.19 g/cm^3$

2) $\gamma_d = \dfrac{\gamma_t}{1+\dfrac{w}{100}} = \dfrac{2.19}{1+\dfrac{11.2}{100}} = 1.97 g/cm^3$

3) 다짐도 $= \dfrac{\gamma_d}{\gamma_{d\max}} \times 100 = \dfrac{1.97}{2.07} \times 100 = 95.2\%$

69 지표가 수평인 곳에 높이 5m의 연직옹벽이 있다. 흙의 단위중량이 1.8t/m³, 내부마찰각이 25°이고 점착력이 없을 때 주동토압은 얼마인가?

① 4.5t/m ② 5.5t/m
③ 6.5t/m ④ 9.13t/m

해설

$P_a = \dfrac{1}{2}\gamma H^2 \tan^2\left(45° - \dfrac{\phi}{2}\right)$
$= \dfrac{1}{2} \times 1.8 \times 5^2 \tan^2\left(45° - \dfrac{25°}{2}\right) = 9.13 t/m$

70 외경(D_o) 50.8mm, 내경(D_i) 35.9mm인 스플리트 스푼 샘플러의 면적비로 옳은 것은?

① 46%   ② 53%
③ 106% ④ 100%

해설

$A_r = \dfrac{D_w^2 - D_e^2}{D_e^2} \times 100$
$= \dfrac{50.8^2 - 35.9^2}{35.9^2} \times 100 = 100\%$

71 $\phi = 0°$인 포화된 점토시료를 채취하여 일축압축시험을 행하였다. 공시체의 직경이 3cm, 높이가 7cm이고 파괴시의 하중계의 읽음값이 4.0kg, 축방향의 변형량이 1.6cm일 때, 이 시료의 전단강도는 약 얼마인가?

① 0.07kg/cm²
② 0.22kg/cm²
③ 0.25kg/cm²
④ 0.32kg/cm²

해설

1) $A = \dfrac{\pi d^2}{4} = \dfrac{3.14 \times 3^2}{4} = 7.07 cm^2$

2) $A_o = \dfrac{A}{1-\epsilon} = \dfrac{A}{1-\dfrac{\triangle h}{h}} = \dfrac{7.07}{1-\dfrac{1.6}{7}} = 9.14 cm^2$

3) $q_u = \dfrac{P}{A_o} = \dfrac{4}{9.16} = 0.44 kg/cm^2$

$\tau = C_u = \dfrac{q_u}{2} = \dfrac{0.44}{2} = 0.22 kg/cm^2$

72 그림과 같은 지반에 대해 수직방향 등가투수계수를 구하면?

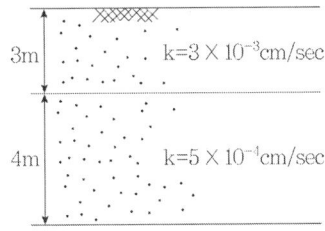

① 3.89×10⁻⁴cm/sec
② 7.78×10⁻⁴cm/sec
③ 1.57×10⁻³cm/sec
④ 3.14×10⁻³cm/sec

해설

$k_v = \dfrac{H}{\dfrac{H_1}{K_1}+\dfrac{H_2}{K_2}} = \dfrac{700}{\dfrac{300}{3\times 10^{-3}}+\dfrac{400}{5\times 10^{-4}}}$

$= 7.78 \times 10^{-4} cm/sec$

73 널말뚝을 모래지반에 5m 깊이로 박았을 때 상류와 하류의 수두차가 4.5m이었다. 이때 모래지반의 포화단위중량이 2.0t/m³이다. 현재 이 지반의 분사현상에 대한 안전율은?

① 0.85
② 1.11
③ 2.0
④ 2.5

해설

1) $i = \dfrac{H}{L} = \dfrac{4.5}{5} = 0.9$

2) $i_c = \dfrac{\gamma_{sub}}{\gamma_w} = \dfrac{(2-1)}{1} = 1$

3) $F = \dfrac{i_c}{i} = \dfrac{1}{0.9} = 1.11$

74 습윤단위중량이 2t/m³, 함수비 20%, 흙의 비중 Gs=2.6인 경우 포화도는?

① 86.1%
② 92.9%
③ 95.6%
④ 100%

해설

1) 건조밀도

$\gamma_d = \dfrac{\gamma_t}{1 + \dfrac{\omega}{100}} = \dfrac{2.0}{1 + \dfrac{20}{100}} = 1.67 t/m^3$

2) 간극비

$e = \dfrac{\gamma_w}{\gamma_d} G_s - 1 = \dfrac{1}{1.67} \times 2.6 - 1 = 0.56$

3) 포화도

$S \cdot e = G_s \cdot \omega$

$\therefore S = \dfrac{G_s \omega}{e} = \dfrac{2.6 \times 20}{0.56} = 92.9\%$

75 지름 d=20cm인 나무말뚝을 25본 박아서 기초 상판을 지지하고 있다. 말뚝의 배치를 5열로 하고 각열은 등간격으로 5본씩 박혀 있다. 말뚝의 중심간격 S=1m이고 1본의 말뚝이 단독으로 20t의 지지력을 가졌다면 하면 이 무리 말뚝은 전체로 얼마의 하중을 견딜 수 있는가?(단, Converse-Labbarre식을 사용한다.)

① 100t
② 400t
③ 300t
④ 200t

해설

1) $\phi = \tan^{-1} \dfrac{D}{S} = \tan^{-1} \left(\dfrac{20}{100} \right) \fallingdotseq 11.31$

2) $E = 1 - \dfrac{\phi}{90} \left\{ \dfrac{(n-1)m + (m-1)n}{mn} \right\} = 1 - \dfrac{11.31}{90} \left\{ \dfrac{(5-1)5 + (5-1)5}{5 \times 5} \right\} = 0.799$

3) $R_{ag} = ENR_a = 0.799 \times 25 \times 20 \fallingdotseq 400t$

76 베인 시험(Vane test)에 관하여 잘못 설명된 것은?
① 연약 점토의 강도 측정에 이용된다.
② 비배수 조건하의 사면 안정해석에 이용된다.
③ 내부 마찰각을 정확히 측정할 수 있다.
④ 회전 모멘트에 의하여 강도를 구할 수 있다.

해설

비배수 점착력 $C = \dfrac{M_{max}}{\pi D^2 \left(\dfrac{H}{2} + \dfrac{D}{6}\right)}$

77 점토층이 소정의 압밀도에 도달소요시간이 단면배수일 경우 4년이 걸렸다면 양면배수일 때는 몇 년이 걸리겠는가?
① 1년　　② 2년
③ 4년　　④ 16년

해설

1) $t = \dfrac{T_v \cdot H^2}{C_v}$

2) $t_1 : H_1^2 = t_2 : H_2^2$ 이므로

3) $4 : H^2 = t_2 : \left(\dfrac{H}{2}\right)^2$, ∴ $t_2 = \dfrac{4\left(\dfrac{H}{2}\right)^2}{H^2} = 1$년

78 흙의 구성도에서 체적 V를 1로 했을 때 간극의 체적은? (단, 흙 입자의 비중 G_s, 함수비 w, 간극률 n, 단위무게 γ_w)
① $G_s w$　　② $\dfrac{n}{100}$
③ $n(G_s - 1)$　　④ $(1-n)\gamma_w$

해설

$n = \dfrac{V_v}{V} \times 100$ ∴ $V_v = \dfrac{n \cdot V}{100} = \dfrac{n}{100}$

79 삼축압축시험에 관련된 아래 식에 대한 설명 중 틀린 것은?

$$\triangle u = B[\triangle\sigma_3 + A(\triangle\sigma_1 - \triangle\sigma_3)]$$

① 간극수압 계수 A값은 언제나(+)값을 나타낸다.
② 포화된 흙의 경우 B=1이다.
③ 간극수압 계수 A값은 삼축압축시험에서 구할 수 있다.
④ 포화된 점토에 구속응력을 일정하게 하고 간극수압을 측정했을 경우 축차응력과 간극수압으로부터 A값을 계산할 수 있다.

해설
간극수압계수 A값은 부의 간극수압(-)값도 나타난다.

80 아래 그림의 각측 손실수두 $\triangle h_1$, $\triangle h_2$, $\triangle h_3$를 구한 값은?

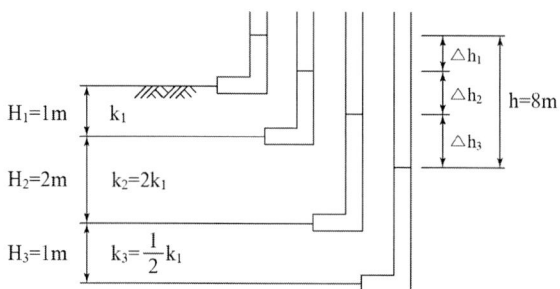

① $\triangle h_1$=3m, $\triangle h_2$=4m, $\triangle h_3$=1m
② $\triangle h_1$=4m, $\triangle h_2$=2m, $\triangle h_3$=2m
③ $\triangle h_1$=2m, $\triangle h_2$=3m, $\triangle h_3$=3m
④ $\triangle h_1$=2m, $\triangle h_2$=2m, $\triangle h_3$=4m

해설
각 층의 손실수두

1) $\triangle h_1 = \dfrac{H_1}{K_1} = \dfrac{1}{K_1}$

2) $\triangle h_2 = \dfrac{H_2}{K_2} = \dfrac{2}{2K_1} = \dfrac{1}{K_1}$

3) $\triangle h_3 = \dfrac{H_3}{K_3} = \dfrac{1}{\frac{1}{2}K_1} = \dfrac{2}{K_1}$

4) 총 손실수두가 8m에 대하여 1 : 1 : 2 비율을 고려하면 2m, 2m, 4m 이다.

2015 기출문제
제1회 건설재료시험기사

제1과목 콘크리트공학

01 급속 동결융해에 대한 콘크리트의 저항시험 방법에서 동결융해 1사이클의 소요시간으로 옳은 것은?
① 1시간 이상, 2시간 이하로 한다.
② 2시간 이상, 4시간 이하로 한다.
③ 4시간 이상, 5시간 이하로 한다.
④ 5시간 이상, 7시간 이하로 한다.

해설
동결융해에 대한 1사이클 소요시간은 2시간 이상 4시간 이하로 한다.

02 구조물의 보강 공법에 해당되지 않는 것은?
① 주입공법
② 세로보 증설공법
③ 브레이싱 보강 공법
④ 강판 덧붙이기 공법

해설
주입공법은 구조물 보수공법에 해당된다.

03 오토클레이브(Autoclave)양생에 대한 설명으로 틀린 것은?
① 양생온도 180℃정도, 증기압 0.8MPa정도의 고온고압 상태에서 양생하는 방법이다.
② 오토클레이브양생을 실시한 콘크리트의 외관은 보통양생한 포틀랜드시멘트 콘크리트 색의 특징과 다르며, 흰색을 띤다.
③ 오토클레이브양생을 실시한 콘크리트는 어느정도의 취성을 가지게 된다.
④ 오토클레이브양생은 고강도 콘크리트를 얻을 수 있어 철근콘크리트 부재에 적용할 경우 특히 유리하다.

해설
고압증기 양생은 보통 양생한 것에 비해 철근의 부착강도가 약 $\frac{1}{2}$로 줄어들어 철근 콘크리트부재에 적용하는 것은 바람직하지 못하다.

04 한중 콘크리트에서 비볐을 때의 콘크리트 온도가 25°C, 주위의 대기온도가 15°C이고 비빈 후부터 타설이 끝났을 때까지의 시간이 2시간이 소요되었을 때, 타설이 끝났을 때 콘크리트의 온도는 몇 도인가?(단, 시간당 온도저하율은 비볐을 때의 콘크리트 온도와 주위의 온도의 차의 15%로 가정한다.)

① 20°C
② 22°C
③ 24°C
④ 26°C

해설

$$T_2 = T_1 - 0.15(T_1 - T_0)t$$
$$= 25 - 0.15(25 - 15) \times 2 = 22°C$$

05 고강도 콘크리트에 대한 일반적인 설명으로 틀린 것은?

① 고강도 콘크리트의 설계기준압축강도는 일반적으로 40MPa 이상으로 하며, 고강도 경량골재 콘크리트는 27MPa 이상으로 한다.
② 고강도 콘크리트의 제조 시 단위 시멘트량은 소요의 워커빌리티 및 강도를 얻을 수 있는 범위 내에서 가능한 적게 되도록 시험에 의해 정하여야 한다.
③ 고강도 콘크리트의 제조 시 잔골재율은 소요의 워커빌리티를 얻도록 시험에 의하여 결정하여야 하며, 가능한 적게 하도록 한다.
④ 고강도 콘크리트의 워커빌리티 확보를 위해 AE감수제를 사용함을 원칙으로 한다.

해설

고강도 콘크리트는 동결에 대한 대책이 필요한 경우를 제외하고 공기연행제(AE)를 사용하지 않는 것을 원칙으로 한다.

06 잔골재의 유해물 함유량 한도(질량 백분율)을 나타낸 것 중 잘못된 것은?

① 염화물(NaCl 환산량)의 최대값은 0.3%이다.
② 콘크리트의 표면이 마모작용을 받는 경우, 0.08mm체 통과량의 최대값은 3.0% 이다.
③ 점토덩어리의 최대값은 1.0%이다.
④ 콘크리트의 외관이 중요한 경우, 석탄, 갈탄 등으로 밀도 0.002g/mm²의 액체에 뜨는 것의 최대값은 0.5%이다.

해설

1) 잔골재 유해물 함유량 한도

종 류	최대값
점토 덩어리	1%
0.08mm체 통과량	
・콘크리트 표면이 마모작용을 받는 경우	3%
・기타의 경우	5%
염화물(NaCl 환산량)	④ 0.04%

2) 염화물(NaCl 환산량)의 최대값은 0.04%이다.

07 서중 콘크리트에 대한 설명으로 틀린 것은?
① 콘크리트를 타설할 때의 콘크리트의 온도는 35℃이하이어야 한다.
② 하루 평균기온이 25℃를 초과하는 것이 예상되는 경우 서중 콘크리트로 시공하여야한다.
③ 콘크리트는 비빈 후 즉시 타설하여야 하며, 지연형 감수제를 사용하는 등의 일반적인 대책을 강구한 경우 이외에는 1.5시간 이내에 타설하여야 한다.
④ 일반적으로 기온 10℃의 상승에 대하여 단위수량은 2~5% 증가하므로 소요의 압축강도를 확보하기 위해서는 단위수량에 비례하여 단위 시멘트량의 증가를 검토하여야 한다.

해설
지연형 감수제를 강구한 경우라도 콘크리트는 비빈후 1.5시간이내 타설해야 한다.

08 경량콘크리트의 특징으로 옳지 않은 것은?
① 강도가 낮다. ② 탄성계수가 작다.
③ 열전도율이 작다. ④ 흡수율이 작다.

해설
경량콘크리트를 사용한 경우 흡수율이 크다.

09 지름이 150mm이고 길이가 300mm인 원주형공시체에 대한 쪼갬인장시험결과 최대하중이 160kN이라고 할 경우 이 공시체의 인장강도는?
① 1.78MPa ② 2.26MPa
③ 3.54MPa ④ 4.12MPa

해설
$$f = \frac{2P}{\pi Dl} = \frac{2 \times (160 \times 10^3)}{\pi \times 150 \times 300} = 2.26 N/mm^2 = 2.26 MPa$$

10 콘크리트의 압축강도 시험에서 공시체의 형상 및 치수에 관한 설명으로 옳은 것은?(단, H는 공시체의 높이, D는 변장 또는 지름)
① 원주형 공시체의 경우 H/D의 값이 작을수록 압축강도가 크다.
② H/D가 동일할 경우 원주형 공시체가 각주형 공시체보다 작은 강도를 나타낸다.
③ 형상이 닮은꼴이면 치수가 클수록 큰 강도를 나타낸다.
④ 일반적으로 콘크리트 압축강도란 H/D의 값이 1인 공시체를 사용하여 구한 값으로 한다.

해설
1) 공시체에 따른 압축강도 크기
   정육면제> 원주형> 각주형
2) 원주형 공시체의 경우 H/D의 값이 작을수록 압축강도가 크다.
3) 재하속도가 빠를수록 압축강도 증가
4) 공시체 표면에 요철이 있는 경우 강도가 작게 측정

정답 07 ③ 08 ④ 09 ② 10 ①

11 구조체 콘크리트의 압축강도 비파괴 시험에 사용되는 슈미트 해머로써 구조체가 경량 콘크리트인 경우 사용하는 슈미트 해머는?

① N형 슈미트 해머
② L형 슈미트 해머
③ P형 슈미트 해머
④ M형 슈미트 해머

해설
1) N형 슈미트 해머 : 보통 콘크리트
2) P형 슈미트 해머 : 저강도 콘크리트
3) L형 슈미트 해머 : 경량 콘크리트
4) M형 슈미트 해머 : 매스 콘크리트

12 현장 배합에 의한 재료량 및 재료의 계량값이 다음 표와 같을 때 계량오차를 초과하여 불합격인 재료는?

구분 \ 재료	물	시멘트	플라이애시	잔골재
현장배합(kg)	145	272	68	820
계량값(kg)	144	270	65	844

① 물
② 시멘트
③ 플라이애시
④ 잔골재

해설
1) 재료계량의 허용오차
　・시멘트(-1%, +2%), 물(-2%, +1%)
　・혼화재 : ±2%이내
　・골재, 혼화제 : ±3%이내
2) 플라이애시 계량오차
$$= \frac{68-65}{65} \times 100 = 4.62\% > 2\% \text{이상이므로}$$
불합격이다.

13 15회의 시험실적으로부터 구한 콘크리트 압축강도의 표준편차가 2.5MPa이고, 콘크리트의 설계기준 압축강도가 30MPa인 경우 콘크리트의 배합강도는?

① 32.3MPa
② 33.3MPa
③ 33.9MPa
④ 34.9MPa

해설

1) 시험실적에 따른 표준편차 보정계수

시험회수	보정계수
15회	1.16
20회	1.08
25회	1.03
30회	1

2) 시험횟수 15회일 때 표준편차의 보정계수가 1.16이므로
$S = 1.16 \times 2.5 = 2.9 MPa$

3) 설계기준 강도 35MPa 이하이므로
$f_{cr} = f_{cq} + 1.34S$
$= 30 + 1.34 \times 2.9 = 33.89 MPa$
$f_{cr} = (f_{cq} - 3.5) + 2.33S$
$= (30 - 3.5) + 2.33 \times 2.9 = 33.26 MPa$
두 값 중에서 큰 값을 배합강도로 정한다.
$\therefore f_{cr} = 33.89 MPa$

14 일반콘크리트의 비비기는 미리 정해 둔 비비기 시간의 최대 몇 배 이상 계속해서는 안 되는가?

① 2배
② 3배
③ 4배
④ 5배

15 콘크리트 표준시방서의 규정에 따라 기둥부재에 타설한 고강도 콘크리트를 슬래브-기둥의 접합면으로부터 슬래브쪽으로 0.6m정도 내민 길이를 확보하여 콘크리트를 타설하였다. 기둥에 타설되는 콘크리트의 설계기준 압축강도가 52MPa일 때, 슬래브에 타설되는 콘크리트의 설계기준압축강도는 얼마 이하의 값을 갖고 있어야 하는가?

① 30MPa
② 37MPa
③ 40MPa
④ 47MPa

해설

고강도 콘크리트 기둥부재에 타설하는 콘크리트 강도와 슬래브나 보에 타설하는 콘크리트의 강도가 1.4배 이상 차이가 생길경우에는 기둥에 사용한 콘크리트가 수평부재의 접합면에서 0.6m 정도 충분히 수평부재쪽으로 안전한 내민길이를 확보하면서 콘크리트를 타설하여야 한다.

따라서 $\dfrac{52}{1.4} = 37.14 MPa$

16 콘크리트 타설 및 다지기 작업 시 주의해야 할 사항으로 틀린 것은?

① 연직 시공 일 때 슈트 등의 배출구와 타설면까지의 높이는 1.5m이하를 원칙으로 한다.
② 내부진동기를 이용하여 진동다지기를 할 경우 내부진동기를 하층의 콘크리트 속으로 0.1m 정도 찔러 넣는다.
③ 타설한 콘크리트를 거푸집 안에서 횡방향으로 이동시켜서는 안 된다.
④ 내부진동기를 사용하여 진동다지기를 할 경우 삽입간격은 일반적으로 1m 이하로 하는 것이 좋다.

해설
내부진동기는 연직으로 찔러 넣으며 삽입간격은 일반적으로 0.5m 이하로 한다.

17 프리스트레스트 콘크리트의 그라우트의 품질 기준으로 옳지 않은 것은?

① 블리딩률은 5% 이하를 표준으로 한다.
② 팽창성 그라우트에서의 팽창률은 0~10%를 표준으로 한다.
③ 물-결합재비는 45%이하로 한다.
④ 염화물이온의 총량은 사용되는 단위 시멘트량의 0.08%이하를 원칙으로 한다.

해설
프리스트레스트 콘크리트 그라우트의 블리딩률은 0%를 표준으로 하며, 팽창성 그라우트에서의 팽창률은 0~10%를 표준으로 한다.

18 시방배합결과 단위잔골재량 700kg/m³, 단위굵은골재량 1,300kg/m³을 얻었다. 현장 골재의 입도만을 고려하여 현장배합으로 수정하면 굵은골재의 양은?(단, 현장 잔골재 : 야적 상태에서 포함된 굵은골재 =2%, 현장 굵은골재 : 야적 상태에서 포함된 잔골재=4%)

① 1,284kg/m³
② 1,316kg/m³
③ 1,340kg/m³
④ 1,400kg/m³

해설
단위 굵은골재량(Y)
$$Y = \frac{100G - a(S+G)}{100 - (a+b)} = \frac{100 \times 1,300 - 2(700 + 1,300)}{100 - (2+4)}$$
$= 1,340 kg/m^3$

19 숏크리트에 대한 설명으로 옳지 않은 것은?

① 거푸집이 불필요하다.
② 공법에는 건식법과 습식법이 있다.
③ 평활한 마무리면을 얻을 수 있다.
④ 작업 시에 분진이 많이 발생한다.

해설
숏크리트 타설시 평활한 마무리면을 얻기 어렵다.

정답 16 ④ 17 ① 18 ③ 19 ③

20 고유동 콘크리트의 특성을 평가하는 방법으로 틀린 것은?

① 유동성-슬럼프 플로시험
② 재료 분리 저항성-슬럼프 플로 600mm 도달시간
③ 고유동 콘크리트 품질관리는 재료분리 저항성, 유동성, 자기충전성 품질관리가 필요하다.
④ 자기 충전성-충전장치를 이용한 간극 통과성 시험

해설
1) 재료분리저항성은 슬럼프로 500mm에 도달하는 시간 및 깔때기를 사용한 유하시험
2) 자기 충전성 : 충전장치를 이용한 간극 통과성 시험

제2과목 건설시공 및 관리

21 절토사면의 안전율을 증대시키기 위하여 적용하는 사면보강공법이 아닌 것은?

① 앵커공법　　　　　　　　② 숏크리트
③ Soil nailing 공법　　　　　④ 억지말뚝공법

해설
숏크리트 공법은 사면보호공법에 해당된다.

22 콘크리트 포장 이음부의 시공과 관계가 가장 적은 것은?

① 슬립폼(slip form)　　　　② 타이바(tie bar)
③ 다우웰바(dowel bar)　　　④ 프라이머(primer)

해설
프라이머(primer)
아스팔트 포장의 보조기층 위에 살포되는 역청재료로 기층과의 부착성 및 방수를 목적으로 사용

23 사장교를 케이블 형상에 따라 분류할 때 그 종류가 아닌 것은?

① 플랫형(pratt)　　　　　　② 방사형(radiating)
③ 하프형(harp)　　　　　　④ 별형(star)

해설
플랫형은 해당되지 않는다.

24 토취장에서 흙을 적재하여 고속도로의 노체를 성토코자 한다. 노체에 다짐을 시행할 때 자연상태 때의 흙의 체적을 1이라 하고, 느슨한 상태에서 1.25, 다져진 상태에서 토량변화율이 0.8이라면 본공사의 토량환산계수는?

① 0.64
② 0.80
③ 0.70
④ 1.25

해설
본공사의 토량환산계수는 다짐상태의 토량을 구하는 것 이므로
$$\frac{구하는토량}{기준토량} = \frac{C}{L} = \frac{0.8}{1.25} = 0.64$$

25 케이슨 기초 중 오픈케이슨 공법의 특징에 대한 설명으로 틀린 것은?
① 굴착 시 히빙이나 보일링 현상의 우려가 있다.
② 기계설비가 비교적 간단하다.
③ 일반적인 굴착깊이는 30~40m 정도로 침하 깊이에 제한을 받는다.
④ 큰 전석이나 장애물이 있는 경우 침하작업이 지연된다.

해설
일반적인 굴착깊이 30~40m 정도의 굴착깊이의 제한은 뉴메틱케이슨 공법에 해당 된다.

26 토적곡선의 성질에 대한 설명으로 틀린 것은?
① 토적곡선의 하향구간은 쌓기 구간이고 상향구간은 깎기 구간이다.
② 깎기에서 쌓기까지의 평균운반거리는 깎기의 중심과 쌓기의 중심간 거리로 표시된다.
③ 토적곡선이 기선의 위쪽에서 끝이 나면 토량이 부족하고 아래쪽에서 끝이 나면 과잉토량이 된다.
④ 기선에 평행한 임의의 직선을 그어 토적곡선과 교차하는 인접한 교차점 사이의 깎기량과 쌓기량은 서로 같다.

해설
토적곡선이 기선의 위쪽에서 끝나면 사토(과잉)량이고 아래쪽에서 끝나면 부족토량(성토)이 된다.

27 숏크리트 리바운드(Rebound)량을 감소시키는 방법으로 옳은 것은?
① 시멘트량을 줄인다.
② 분사 부착면을 거칠게 한다.
③ 조골재를 19mm 이상으로 한다.
④ 벽면과 45°각도로 분사한다.

해설
숏크리트 리바운드량 감소대책
1) 습식 공법 채용
2) 단위수량을 크게 한다.
3) 단위시멘트량을 크게 한다.
4) 노즐을 시공면과 직각으로 한다.
5) 굵은골재 최대치수(10~15mm)를 작게 한다.

28 댐 기초처리를 위한 그라우팅의 종류 중 다음의 표에서 설명하는 것은?

> 기초암반의 변형성이나 강도를 개량하여 균일성을 주기 위하여 기초 전반에 걸쳐 격자형으로 그라우팅을 하는 방법이다.

① 커튼 그라우팅
② 콘솔리데이션 그라우팅
③ 블랭킷 그라우팅
④ 콘택트 그라우팅

해설
콘솔리데이션 그라우팅에 대한 설명이다.

29 교대 날개벽의 가장 주된 역할은?
① 미관의 향상
② 교대하중의 부담 감소
③ 교대배면 성토의 보호 및 세굴방지
④ 유량을 경감시켜 토사의 퇴적을 촉진시켜 교대의 보호증진

해설
교대 날개벽은 교대배면 성토의 보호 및 세굴방지를 목적으로 한다.

30 수중 콘크리트를 타설할 때 가장 많이 사용하는 기구는 다음 중 어느 것인가?
① 버킷
② 슈트
③ 트레미
④ 콘크리트 플레이서

해설
수중 콘크리트에서 트레미 파이프를 가장 많이 이용한다.

31 PERT와 CPM에 대한 설명으로 틀린 것은?
① 작업에 편리한 인원수를 합리적으로 결정할 수 없다.
② 각 작업간의 시간적인 상호관계가 명확하다.
③ 각 작업의 착공일이 명확해지므로 필요자재의 재고 관리가 원활하게 된다.
④ 각 작업의 지연으로 인해 다른 작업에 미치는 영향 범위를 검토할 수 있다.

해설
Network 공정표는 작업에 편리한 인원수를 합리적으로 결정할 수 있다.

정답 28 ② 29 ③ 30 ③ 31 ①

32 항타말뚝은 주로 해머를 이용하여 말뚝을 지반에 근입시킨다. 다음 중 항타말뚝에 사용되는 디젤해머의 특징에 대한 설명으로 틀린 것은?

① 취급이 비교적 간단하다.
② 부대설비가 적어 작업성과 기동성이 있다.
③ 배기가스 및 소음공해가 있다.
④ 연약지반에서 매우 유용하다.

해설
타입식 공법중 디젤 해머는 타격력이 우수하나, 소음, 진동, 비산의 문제로 도심지 말뚝공사에는 부적합하다. 또한 연약지반에 항타시 리바운드량이 커져서 말뚝에 인장응력이 발생하며 이는 말뚝의 구조적 안정성에도 좋지 않다.

33 운반토량 $1,200m^3$을 용적이 $8m^3$인 덤프 트럭으로 운반하려고 한다. 트럭의 평균속도는 10km/h이고, 상하차 시간이 각각 4분일 때 하루에 전량을 운반하려면 몇 대의 트럭이 필요한가?(단, 1일 덤프 트럭 가동시간은 8시간이며, 토사장까지의 거리는 2km이다.)

① 10대 ② 13대
③ 15대 ④ 18대

해설
1) $C_{mt} = \dfrac{60 \times 2}{10} + \dfrac{60 \times 2}{10} + 4 \times 2 = 32$분

   상하차 시간 각각 4분씩이므로 8분

2) $Q = \dfrac{60 q_t f E_t}{C_{mt}}$

   $= \dfrac{60 \times 8 \times 1 \times 1}{32} = 15 m^3/hr$

3) 1일 트럭 1대 운반량 = $15 \times 8 = 120 m^3$

4) 트럭대수 = $\dfrac{1,200}{120} = 10$대

34 지하층을 구축하면서 동시에 지상층도 시공이 가능한 역타공법(Top-down공법)이 현장에서 많이 사용된다. 역타공법의 특징으로 틀린 것은?

① 인접건물이나 인접지대에 영향을 주지 않는 지하굴착 공법이다.
② 대지의 활용도를 극대화할 수 있으므로 도심지에서 유리한 공법이다.
③ 지하층 슬래브와 지하벽체 및 기초 말뚝기둥과의 연결 작업이 쉽다.
④ 지하주벽을 먼저 시공하므로 지하수차단이 쉽다.

해설
Top-down공법 단점
지하층 슬래브와 지하벽체 및 기초말뚝 기둥과의 연결작업이 어렵다.

정답 32 ④ 33 ① 34 ③

35 주공정선(critical path)의 성질에 관한 다음 설명 중 옳지 않은 것은?
① 현장 소장으로서 중점 관리해야 할 활동의 연속을 뜻한다.
② 크리티컬 패스의 지연은 곧 공기연장을 뜻한다.
③ 자재나 장비를 최우선적으로 투입해야 하는 공정이다.
④ 활동의 연속이 최단 공기를 갖게 되며 자원배당 시 조정이 가능한 활동이다.

해설
C.P(critical path)
네트워크상의 최장경로로서 모든 작업을 마치는데 시간이 가장 긴 경로이며 최장 공기로 자원 배당시 조정이 불가한 활동이다.

36 TBM(Tunnel Boring Machine)에 의한 굴착의 특징이 아닌 것은?
① 안정성(安定性)이 높다.
② 여굴에 의한 낭비가 적다.
③ 노무비 절약이 가능하다.
④ 복잡한 지질의 변화에 대응이 용이하다.

해설
TBM 공법은 복잡한 지질의 변화에 대응이 어렵다.

37 다음의 표에서 설명하는 흙막이 굴착공법의 명칭은?

> 비탈면 개착공법과 흙막이벽 개착공법의 장점을 이용한 공법으로 흙막이벽이 자립할 수 있을 정도로 굴착하고, 그 이하는 비탈면 개착공법과 같이 내부를 굴착하여 구조체를 먼저 구축하고, 그 구조체에 경사 버팀대나 수평 버팀대로 흙막이 벽을 지지하고 외곽부분을 굴착하여 외주부분의 구조체를 구축하는 공법

① 트렌치 컷 공법
② 역타 공법
③ 언더피닝 공법
④ 아일랜드 공법

해설
아일랜드 공법에 대한 설명이다.

정답 35 ④ 36 ④ 37 ④

38 아스팔트포장 표면에 발생하는 소성변형(Rutting)에 대한 설명으로 틀린 것은?

① 침입도가 작은 아스팔트를 사용하거나 골재의 최대 치수가 큰 경우에 발생하기 쉽다.
② 종방향 평탄성에는 심각하게 영향을 주지는 않지만 물이 고인다면 수막현상을 일으켜 주행 안전성에 심각한 영향을 줄 수 있다.
③ 하절기의 이상 고온 및 아스콘에 아스팔트량이 많은 경우 발생하기 쉽다.
④ 외기온이 높고 중차량이 많은 저속구간 도로에서 주로 발생하고, 교량구간은 토공구간에 비해 적게 발생한다.

해설

소성변형의 대책
1) 침입도가 적은 아스팔트를 사용
2) 아스팔트 함량을 줄인다.
3) 굵은골재 최대치수를 크게 한다.
4) 석분의 함량을 늘인다.

39 전장비 중량 22t, 접지장 270cm, 캐터필러 폭 55cm, 캐터필러의 중심거리가 2m일 때 불도저의 접지압은 얼마인가?

① 0.37kg/cm²
② 0.74kg/cm²
③ 1.11kg/cm²
④ 2.96kg/cm²

해설

접지압 = $\dfrac{22000}{270 \times 55 \times 2} = 0.74 kg/cm^2$

40 다음의 주어진 조건을 이용하여 3점시간법을 적용하여 activity time을 결정하면?(조건 : 표준값 =5시간, 낙관값 =3시간, 비관값=10시간)

① 4.5시간
② 5.0시간
③ 5.5시간
④ 6.0시간

해설

$t_e = \dfrac{t_o + 4t_m + t_p}{6} = \dfrac{3 + 4 \times 5 + 10}{6}$ = 5.5시간

여기서, t_e : 3점법에 의한 추정공사일수
t_o : 낙관작업일수
t_m : 정상작업일수
t_p : 비관작업일수

제3과목 건설재료 및 시험

41 시멘트의 주요 조성광물 중 중용열 포틀랜드 시멘트의 장기 강도를 높여 주기 위해 그 함유량을 다른 포틀랜드 시멘트보다 증가시키는 성분은?
① C_3S
② C_2S
③ C_4AF
④ C_3A

해설
C_2S 성분이 증가되면 장기강도에 유리하다.

42 양질의 포졸란을 사용한 콘크리트의 일반적인 특징으로 보기 어려운 것은?
① 워커빌리티가 향상된다.
② 블리딩 현상이 감소한다.
③ 발열량이 적어지므로 단면이 큰 콘크리트에 적합하다.
④ 초기강도는 크나 장기강도가 작아진다.

해설
포졸란 반응시 콘크리트의 장기강도가 증가된다.

43 암석의 구조에 대한 설명으로 틀린 것은?
① 절리 : 암석 특유의 천연적으로 갈라진 금으로 화성암에서 많이 보임
② 석목 : 암석의 갈라지기 쉬운 면을 말하며 돌눈이라고도 함
③ 층리 : 암석을 구성하는 조암광물의 집합상태에 따라 생기는 눈 모양
④ 편리 : 변성암에서 된 절리로 암석이 얇은 판자모양 등으로 갈라지는 성질

해설
층리는 퇴적암이나 변성암의 일부에서 생기는 평행상의 절리.

44 도로의 표층공사에서 사용되는 가열아스팔트 혼합물의 안정도 시험은 어느 방법으로 판정하는가?
① 엥글러시험
② 레드우드시험
③ 마샬시험
④ 박막가열시험

해설
마샬시험 시험법에 대한 설명이다.

정답 41 ② 42 ④ 43 ③ 44 ③

45 석재를 모양에 따라 분류할 경우 다음의 표에서 설명하는 것은?

> 나비가 두께의 3배 미만이며, 일정한 길이를 가지고 있는 것

① 사고석 ② 견치석
③ 각석 ④ 판석

해설

석재의 형상
1) 각석 : 폭의 두께의 3배 미만이고 어느 정도의 길이를 가진 석재이다.
2) 판석 : 폭의 두께의 3배 이상이고 두께가 15cm미만인 석재이다.

46 콘크리트용 혼화제인 AE제에 의한 연행공기량에 영향을 미치는 요인에 대한 설명 중 틀린 것은?

① 사용 시멘트의 비표면적이 클수록 연행공기량은 증가한다.
② 플라이애시를 혼화재로 사용할 경우 미연소 탄소 함유량이 많으면 연행공기량이 감소한다.
③ 단위잔골재량이 많으면, 연행공기량은 감소한다.
④ 콘크리트의 온도가 높으면 연행공기량은 감소한다.

해설

일정한 AE제를 사용한 경우에 연행되는 공기량
1) 슬럼프 클수록 공기량 증가
2) 단위 잔골재량이 많을수록 공기량 증가
3) 콘크리트온도 낮을수록 공기량 증가
4) 물-시멘트비 클수록 공기량 증가

47 건설공사에 사용되는 흑색화약에 대한 설명으로 잘못된 것은?

① 황(S), 목탄(C), 초석(KNO_3)의 미분말을 혼합한 것이다.
② 색은 흑회색이며, 밀도는 1.5~1.8g/cm³정도이다.
③ 충격 또는 가열(260~280°C정도)에 의해 폭발한다.
④ 폭발력이 강하여 위험하고 수중에서도 폭발시킬 수 있어 수중폭파에 많이 사용된다.

해설

흑색화약
1) 질산칼슘(KNO_3) 70%, 황(S) 15%, 목탄(C) 15% 등의 3성분으로 구성되어 있으며 이성분의 개개성질을 보면 폭발성은 없으나, 이들을 혼합하면 폭발성을 갖는다.
2) 폭파력은 그다지 강하지 않으나, 값이 싸고 취급 및 보관이 용이하여 위험성이 작으나 흡수성이 커서 수중에서는 폭발하지 않는다.

48 시멘트의 응결시험 시 습기함이나 습기실의 상대습도는 몇%이상이어야 하는가?
① 30% ② 50%
③ 70% ④ 90%

해설
1) 실험실의 상대습도는 50% 이상
2) 습기함이나 습기실은 90%이상

49 아스팔트 시료를 일정비율 가열하여 강구의 무게에 의해 시료가 25.4mm 내려갔을 때 온도를 측정한다. 이는 무엇을 구하기 위한 시험인가?
① 침입도 ② 인하점
③ 연소점 ④ 연화점

해설
아스팔트의 연화점 시험법(환구법)에 대한 설명이다.

50 다루기 쉽고 안전하여 안전폭약이라고도 하며, 흡습성이 보통 폭약보다 크므로 취급 시 방습에 특히 유의를 해야 하나, 값이 저렴하여 채석, 채광, 갱 등의 발파에 많이 사용하는 폭약은?
① 질산암모늄계 폭약 ② 칼릿
③ 다이너마이트 ④ 니트로글리세린

해설
질산암모늄계 폭약에 대한 설명이다.

51 강재의 가공법에 의한 분류에 속하지 않는 것은?
① 압연 ② 제강
③ 인발 ④ 단조

해설
강재의 가공법
1) 압연
2) 인발
3) 압출
4) 단조

정답 48 ④ 49 ④ 50 ① 51 ②

52 다음 실험 결과에서 굵은 골재의 마모감량으로 옳은 것은?

- 시험 전 시료의 질량 : 1250g
- 시험 후 1.7mm체에 남은 시료의 질량 : 850g

① 32% ② 35%
③ 47% ④ 56%

해설

마모감량(R)

$$R = \frac{\text{시험전시료질량} - \text{시험후}\,1.7mm\text{체 남는질량}}{\text{시험전시료질량}} \times 100$$

$$= \frac{1{,}250 - 850}{1{,}250} \times 100 = 32\%$$

53 토목섬유가 힘을 받아 한 방향으로 찢어지는 특성을 측정하는 시험법은 무엇인가?

① 인열강도시험 ② 할렬강도시험
③ 봉합강도시험 ④ 직접전단시험

해설

인열강도 시험에 대한 설명이다.

54 다음은 재료의 역학적 성질에 대한 설명이다. 옳게 연결된 것은?

① 경도 : 하중이 작용할 때 그 하중에 저항하는 재료의 능력
② 연성 : 하중을 받으면 작은 변형에서도 갑작스런 파괴가 일어나는 성질
③ 소성 : 하중을 받아 변형된 재료가 하중이 제거되었을 때 다시 원래대로 돌아가려는 성질
④ 푸아송(Poisson) 효과 : 재료가 하중을 받았을 때 변형이 일어남과 동시에 이와 직각방향으로도 함께 변형이 일어나는 현상

해설

1) 경도 : 재료의 긁기, 절단, 마모 등에 대한 저항성질
2) 연성 : 재료에 인장력을 주었을 때 재료가 가늘고 길게 늘어나는 성질
3) 소성 : 하중을 받아 변형된 재료가 하중이 제거되었을 때에 다시 원래대로 돌아가지 못하는 성질

55 수지 혼입 아스팔트의 성질에 대한 설명으로 틀린 것은?

① 신도가 크다. ② 점도가 높다.
③ 가열 안정성이 좋다. ④ 감온성이 저하한다.

해설

에폭시 수지 혼입 아스팔트는 에폭시 수지를 아스팔트에 혼입하여 아스팔트의 인성, 탄성, 감온성을 개선한 아스팔트로서 신도가 작다.

56 콘크리트용 혼화재로 실리카 퓸(Silica fume)을 사용한 경우 효과에 대한 설명으로 잘못된 것은?
① 콘크리트의 재료분리 저항성, 수밀성이 향상된다.
② 알칼리 골재반응의 억제효과가 있다.
③ 내화학약품성이 향상된다.
④ 단위수량과 건조수축이 감소된다.

> **해설**

실리카 퓸
1) 실리카 퓸은 장기적으로 강도를 증진시키는 혼화재료로서 고강도 콘크리트를 만드는데 필수적으로 사용된다.
2) 실리카퓸은 강도증진에 따른 콘크리트 표면의 건조수축 현상을 다소 증가시킨다.

57 어떤 콘크리트용 굵은 골재에 유해물인 점토덩어리의 함유량이 0.20%이었다면, 연한 석편의 함유량은 최대 얼마 이하이어야 하는가?(단, 철근콘크리트에 사용하는 경우)
① 3.8%
② 4%
③ 4.8%
④ 5%

> **해설**

굵은골재 유해함유량의 허용치
1) 점토덩어리 함유량 : 0.25%, 연한석편 : 5%이하
2) 점토덩어리와 연한석편 함유량 그 합은 5%를 초과하지 않아야 한다.
3) 연한석편의 함유량=5-0.2=4.8%이하

58 목재의 강도에 대하여 바르게 설명한 것은?
① 일반적으로 휨강도는 압축강도보다 작다.
② 일반적으로 섬유에 평행방향의 인장강도는 압축강도보다 크다.
③ 일반적으로 섬유에 평행방향의 압축강도는 섬유에 직각 방향의 압축강도보다 작다.
④ 일반적으로 전단강도는 휨 강도보다 크다.

> **해설**

목재강도
1) 휨강도는 세로 압축강도의 1.5배이다.
2) 세로 인장강도는 세로 압축강도의 2.5배 이다.
3) 일반적으로 섬유에 평행방향의 인장강도는 압축강도보다 크다.
4) 일반적으로 휨강도가 전단강도 보다 크다.

정답 56 ④ 57 ③ 58 ②

59 잔골재 A의 조립률이 2.5이고, 잔골재 B의 조립률이 2.9일 때, 이 잔골재 A와 B를 섞어 조립률 2.8의 잔골재를 만들려면 A와 B의 질량비를 얼마로 섞어야 하는가?

① 1:1
② 1:2
③ 1:3
④ 1:4

> 해설
> 1) A+B=100---------------①
> 2) (2.5A+2.9B)=2.8(A+B)--②
> 3) ②에서 2.5A+2.9B=2.8A+2.8B
>   0.3A-0.1B = 0 -------③
>   0.3A=0.1(100-A)
>   0.3A=10-0.1A
> 4) A = 25%(1), B=75%(3)

60 콘크리트용 골재로서 부순 굵은골재에 대한 일반적인 설명으로 틀린 것은?

① 부순 굵은골재는 모가 나 있기 때문에 실적률이 적다.
② 동일한 물-시멘트비인 경우 강자갈을 사용한 콘크리트보다 압축강도가 10% 정도 낮아진다.
③ 콘크리트에 사용될 때 작업성이 떨어진다.
④ 동일 슬럼프를 얻기 위한 단위수량은 입도가 좋은 강자갈보다 6~8%정도 높아진다.

> 해설
> 부순 굵은골재는 표면적이 거칠기 때문에 시멘트풀과의 부착이 좋아서 강자갈보다 압축강도는 15~30% 커진다.

제4과목 토질 및 기초

61 사운딩에 대한 설명 중 틀린 것은?

① 로드 선단에 지중저항체를 설치하고 지반내 관입, 압입 또는 회전하거나 인발하여 그 저항치로부터 지반의 특성을 파악하는 지반조사방법이다.
② 정적사운딩과 동적사운딩이 있다.
③ 압입식사운딩의 대표적인 방법은 Standard penetration test(SPT)이다.
④ 특수사운딩 중 측압사운딩의 공내횡방향재하시험은 보링공을 기계적으로 수평으로 확장시키면서 측압과 수평변위를 측정한다.

> 해설
> S.P.T 시험은 압입식(정적) 시험이 아닌 동적인 사운딩이다.

62 다음 표는 흙의 다짐에 대해 설명한 것이다. 옳게 설명한 것을 모두 고른 것은?

(1) 사질토에서 다짐에너지가 클수록 최대건조단위 중량은 커지고 최적함수비는 줄어든다.
(2) 입도분포가 좋은 사질토가 입도분포가 균등한 사질토보다 더 잘 다져진다.
(3) 다짐곡선은 반드시 영공기간극곡선의 왼쪽에 그려진다.
(4) 양족롤러(Sheepsfoot roller)는 점성토를 다지는데 적합하다.
(5) 점성토에서 흙은 최적함수비보다 큰 함수비로 다지면 면모구조를 보이고 작은 함수비로 다지면 이산구조를 보인다.

① (1), (2), (3), (4)
② (1), (2), (3), (5)
③ (1), (4), (5)
④ (2), (4), (5)

63 현장에서 완전히 포화되었던 시료라 할지라도 시료채취 시 기포가 형성되어 포화도가 저하될 수 있다. 이 경우 생성된 기포를 원상태로 용해시키기 위해 작용시키는 압력을 무엇이라고 하는가?

① 구속압력(confined pressure)
② 축차응력(deviator stress)
③ 배압(back pressure)
④ 선행압밀압력(preconsolidation pressure)

해설
시료를 포화상태로하여 현장간극수압의 조건과 일치시키기 위하여 실험실에서 통상 2~3kg/cm²의 압력을 가하게 되는데 이때의 압력을 배압이라 한다.

64 어떤 흙에 대한 일축압축시험 결과, 일축압축강도는 1.0kg/cm², 파괴면과 수평면이 이루는 각은 50°였다. 이 시료의 점착력은?

① 0.36kg/cm²
② 0.42kg/cm²
③ 0.5kg/cm²
④ 0.54kg/cm²

해설

1) $c = \dfrac{q_u}{2\tan\left(45° + \dfrac{\varnothing}{2}\right)}$

2) 여기서 파괴면과 수평면이 이루는각은 파괴각(θ)이므로 $c = \dfrac{q_u}{2 \cdot \tan\theta}$

$c = \dfrac{1}{2 \cdot \tan 50°} = 0.42 kg/cm^2$

65 다음 그림과 같은 p-q 다이어그램에서 K_f선이 파괴선을 나타낼 때 이 흙의 내부마찰각은?

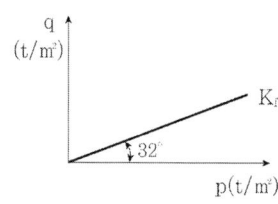

① 32°
② 36.5°
③ 38.7°
④ 40.8°

해설

파괴포락선과 수정파괴포락선 관계
$\sin\phi = \tan\alpha$
$\sin\phi = \tan 32°$ ∴ $\phi = 38.67°$

66 기초폭 4m의 연속기초를 지표면 아래 3m 위치의 모래지반에 설치하려고 한다. 이때 표준관입시험 결과에 의한 사질지반의 평균 N값이 10일 때 극한지지력은?(단, Meyerhof공식 사용)

① 420t/m²
② 210t/m²
③ 105t/m²
④ 75t/m²

해설

Meyerhof 공식
$q_u = 3NB\left(1 + \dfrac{D_f}{B}\right) = 3 \times 10 \times 4\left(1 + \dfrac{3}{4}\right) = 210 t/m^2$

67 그림과 같이 3m×3m크기의 정사각형 기초가 있다. Terzaghi 지지력공식
$q_u = 1.3cN_c + \gamma_1 D_f N_q + 0.4\gamma_2 BN_\gamma$을 이용하여 극한지지력을 산정할 때, 사용되는 흙의 단위중량 γ_2의 값은?

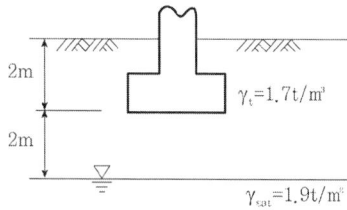

① 0.9t/m³
② 1.17t/m³
③ 1.43t/m³
④ 1.7t/m³

해설

지하수위가 기초바닥 아래에 있는 경우
$\gamma_2 = \dfrac{1}{B}(d \cdot \gamma_t + (B-d) \cdot \gamma_{sat}) = \dfrac{1}{3}[2 \times 1.7 + 1 \times (1.9-1)] = 1.43 t/m^3$

68 통일분류법으로 흙을 분류할 때 사용하는 인자가 아닌 것은?

① 입도 분포   ② 아터버그 한계
③ 색, 냄새   ④ 군지수

해설
1) 군지수는 AASHTO 분류 방법에 사용되는 인자이다.
2) 군지수가 크면 노상토 재료로 부적합하다.

69 다음 중 투수계수를 좌우하는 요인이 아닌 것은?

① 토립자의 크기   ② 공극의 형상과 배열
③ 포화도   ④ 토립자의 비중

70 유선망의 특징에 대한 설명으로 틀린 것은?

① 균질한 흙에서 유선과 등수두선은 상호 직교한다.
② 유선 사이에서 수두감소량(head loss)은 동일하다.
③ 유선은 다른 유선과 교차하지 않는다.
④ 유선망은 경계조건을 만족하여야 한다.

해설
인접한 등수두선간의 수두차는 모두 같다.

71 사면안정 해석방법에 대한 설명으로 틀린 것은?

① 일체법은 활동면 위에 있는 흙덩어리를 하나의 물체로 보고 해석하는 방법이다.
② 절편법은 활동면 위에 있는 흙을 몇 개의 절편으로 분할하여 해석하는 방법이다.
③ 마찰원방법은 점착력과 마찰각을 동시에 갖고 있는 균질한 지반에 적용된다.
④ 절편법은 흙이 균질하지 않아도 적용이 가능하지만, 흙속에 간극수압이 있을 경우 적용이 불가능하다.

해설
절편법(분할법)
1) 파괴면 위의 흙을 수 개의 절편으로 나눈 후 각각의 절편에 대해 안정성을 계산하는 방법으로
2) $F_s = \dfrac{c \cdot l + (W\cos\theta - U)\tan\varnothing}{W\sin\theta}$

절편법 Fellenius 식에서 간극수압 U를 고려하고 있다.

정답 68 ④ 69 ④ 70 ② 71 ④

72 흙시료 채취에 대한 설명으로 틀린 것은?

① 교란의 효과는 소성이 낮은 흙이 소성이 높은 흙보다 크다.
② 교란된 흙은 자연상태의 흙보다 압축강도가 작다.
③ 교란된 흙은 자연상태의 흙보다 전단강도가 작다.
④ 흙시료 채취 직후에 비교적 교란되지 않은 코어(core)는 부(負)의 과잉간극수압이 생긴다.

해설

교란의 효과 : 교란이 생기면 흙의 전단강도가 작아지며 소성이 큰(점토)흙이 교란의 영향으로 흙의 전단강도 상실이 크게된다. 따라서 소성이 낮은 흙(실트)이 교란의 영향을 적게받는다.

73 다음 그림과 같은 지표면에 2개의 집중하중이 작용하고 있다. 3t의 집중하중 작용점 하부 2m 지점A에서의 연직하중의 증가량은 약 얼마인가?(단, 영향계수는 소수점 이하 넷째자리까지 구하여 계산하시오)

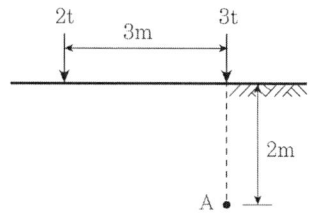

① 0.37t/m²
② 0.89t/m²
③ 1.42t/m²
④ 1.94t/m²

해설

1) 3t의 연직하중 증가량

$$\triangle \sigma_{z1} = \frac{P}{Z^2} \cdot I = \frac{P}{Z^2} \cdot \frac{3}{2\pi}$$

$$= \frac{3}{2^2} \times \frac{3}{2\pi} = 0.36 t/m^2$$

여기서 직하상태 영향계수

$$I = \frac{3}{2\pi} \text{ 또는 } 0.4777 \text{을 사용}$$

2) 2t의 연직하중 증가량

· $R = \sqrt{3^2 + 2^2} = 3.6056$

· $I = \dfrac{3Z^5}{2\pi R^5} = \dfrac{3 \times 2^5}{2\pi \times 3.6056^5} = 0.0251$

· $\triangle \sigma_{z2} = \dfrac{P}{Z^2} \cdot I = \dfrac{2}{2^2} \times 0.0251 = 0.01 t/m^2$

3) $\triangle \sigma_z = \triangle \sigma_{z_1} + \triangle \sigma_{z_2}$
$= 0.36 + 0.01 = 0.37 t/m^2$

74 직경 30cm의 평판재하시험에서 작용압력이 30t/m²일 때 평판의 침하량이 30mm이었다면, 직경 3m의 실제 기초에 30t/m²의 압력이 작용할 때의 침하량은?(단, 지반은 사질토 지반이다.)

① 30mm   ② 99.2mm
③ 187.4mm   ④ 300mm

해설

$$S_{(f)} = S_{(p)} \cdot \left[\frac{2B_{(f)}}{B_{(p)}+B_{(f)}}\right]^2$$
$$= 30 \times \left[\frac{2 \times 3}{0.3+3}\right]^2 = 99.17mm$$

75 내부 마찰각 30°, 점착력 1.5t/m² 그리고 단위중량이 1.8t/m³인 흙에 있어서 인장균열(tension crack)이 일어나기 시작하는 깊이는 약 얼마인가?

① 2.2m   ② 2.7m
③ 2.87m   ④ 3.5m

해설

$$Z_c = \frac{2c\tan\left(45°+\frac{\phi}{2}\right)}{\gamma_t} = \frac{2 \times 1.5\tan\left(45°+\frac{30°}{2}\right)}{1.8} = 2.87m$$

76 다음 그림과 같은 폭(B) 1.2m, 길이(L) 1.5m인 사각형 얕은 기초에 폭(B)방향에 대한 편심이 작용하는 경우 지반에 작용하는 최대압축응력은?

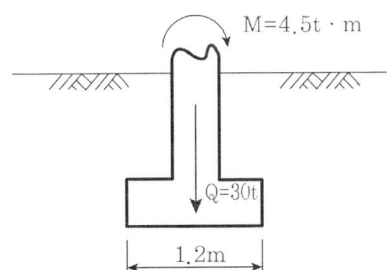

① 29.2t/m²   ② 38.5t/m²
③ 39.7t/m²   ④ 41.5t/m²

해설

1) 편심거리
   $M = Pe$
   4.5 = 30×e
   ∴ $e = 0.15$

2) $e < \frac{B}{6}\left(0.15 < \frac{1.2}{6} = 0.2\right)$이므로

$$q_{max} = \frac{P}{BL}\left(1 + \frac{6e}{B}\right)$$
$$= \frac{30}{1.2 \times 1.5}\left(1 + \frac{6 \times 0.15}{1.2}\right)$$
$$= 29.17 t/m^2$$

3) $q_{max} \leq q_{all}$

[참고]
옹벽 저면에 작용하는 저판의 지반반력 구하는 공식과 동일한 내용임

$$q_{\substack{max \\ min}} = \frac{R_v}{B} \cdot (1 \pm \frac{6.e}{B}) \leq q_{all}$$

77. 어떤 흙의 입도분석 결과 입경가적곡선의 기울기가 급경사를 이룬 빈입도일 때 예측할 수 있는 사항으로 틀린 것은?

① 균등계수는 작다.
② 간극비는 크다.
③ 흙을 다지기가 힘들 것이다.
④ 투수계수는 작다.

해설
급경사를 이루는 경우는 어느 특정입도가 몰려 있는 경우로서 주로 배수를 목적으로 하는 옹벽의 뒷채움 등의 경우 사용된다. 따라서 투수계수가 크다.

78. 어떤 흙의 변수위 투수시험을 한 결과 시료의 직경과 길이가 각각 5.0cm, 2.0cm이었으며, 유리관의 내경이 4.5mm, 1분 10초 동안에 수두가 40cm에서 20cm로 내렸다. 이 시료의 투수계수는?

① 4.95×10^{-4} cm/s
② 5.45×10^{-4} cm/s
③ 1.60×10^{-4} cm/s
④ 7.39×10^{-4} cm/s

해설

1) $A = \dfrac{\pi \times 5^2}{4} = 19.63 cm^2$

2) $a = \dfrac{\pi \times 0.45^2}{4} = 0.16 cm^2$

여기서, A : 시료의 단면적
 a : Stand pipe단면적

3) $K = \dfrac{2.3aL}{A.t} \log \dfrac{h_1}{h_2}$

$$= \frac{2.3 \times 0.16 \times 2}{19.63 \times 70} \times \log\frac{40}{20}$$
$$= 1.61 \times 10^{-4} cm/s$$

여기서, t : 수위 h_1에서 h_2로 내려오는데 걸린시간
 h_1 : 시험개시시의 수위
 h_2 : 시험종료시의 수위

79 지표면에 4t/m²의 성토를 시행하였다. 압밀이 70% 진행되었다고 할 때 현재의 과잉간극수압은?

① 0.8t/m²　　② 1.2t/m²
③ 2.2t/m²　　④ 2.8t/m²

해설

$U_z = (1 - \dfrac{u_z}{u_i}) \times 100$

$70 = (1 - \dfrac{u_z}{4}) \times 100$

∴ $u = 1.2 t/m^2$

80 sand drain 공법에서 sand pile을 정삼각형으로 배치할 때 모래기둥의 간격은?(단, pile의 유효지름은 40cm이다.)

① 35cm　　② 38cm
③ 42cm　　④ 45cm

해설

$d_e = 1.05d$

$40 = 1.05d$

∴ $d = 38.1 cm$

정답 79 ② 80 ②

2015 기출문제 제2회 건설재료시험기사

제1과목 콘크리트공학

01 매스 콘크리트에 대한 다음 표의설명에서 빈칸에 알맞은 수치는?

> 매스 콘크리트로 다루어야 하는 구조물의 부재 치수는 일반적인 표준으로서 넓이가 넓은 평판구조의 경우 두께 (㉮)m 이상, 하단이 구속된 벽조의 경우 두께 (㉯)m이상으로 한다.

① ㉮ : 0.8, ㉯ : 0.5
② ㉮ : 1.0, ㉯ : 0.5
③ ㉮ : 0.5, ㉯ : 0.8
④ ㉮ : 0.5, ㉯ : 1.0

해설
매스콘크리트로 다루어야 하는 구조물의 부재치수는 일반적인 표준으로서 넓이가 넓은 평판구조의 경우 두께 0.8m 이상, 하단이 구속된 벽의 경우 두께 0.5m 이상되는 구조물을 매스콘크리트로 분류

02 프리플레이스트 콘크리트에 대한 설명으로 틀린 것은?

① 프리플레이스트 콘크리트의 강도는 원칙적으로 재령 28일 또는 재령 91일의 압축강도를 기준으로 한다.
② 굵은 골재의 최대 치수와 최소 치수와의 차이를 크게 하면 굵은 골재의 실적률이 적어지므로 주입모르타르의 소요량이 적어진다.
③ 굵은 골재의 최소 치수는 15mm이상으로 하여야 한다.
④ 잔골재의 조립률은 1.4~2.2의 범위로 한다.

해설
굵은 골재의 최대치수와 최소치수와의 차이를 적게 하면 굵은 골재의 실적률이 적어지고 주입 모르타르의 소요량이 많아지므로 적절한 입도분포를 선정해야 한다.

03 콘크리트를 거푸집에 타설한 후부터 응결이 종료할 때까지 발생하는 균열을 초기균열이라고 한다. 다음 중 초기 균열을 올바르게 묶은 것은?

① 침하 수축균열-온도균열 ② 침하 수축균열-플라스틱 수축균열
③ 플라스틱 수축균열-온도균열 ④ 플라스틱 수축균열-건조 수축균열

해설

초기균열(경화전의 균열)
1) 동바리 및 거푸집 변형에 따른 균열
2) 소성수축균열
3) 침하균열
4) 진동에 의한 균열
5) 피복두께 부족에 따른 균열

04 다음 중 콘크리트의 크리프에 대한 설명으로 잘못된 것은?

① 콘크리트의 크리프란 일정한 지속응력하에 있는 콘크리트의 시간적인 소성변형을 말한다.
② 일반적으로 콘크리트의 크리프는 지속응력이 클수록 크게 된다.
③ 조강 시멘트를 사용한 콘크리트는 보통 시멘트를 사용한 경우보다 크리프가 작다.
④ 배합 시 시멘트량이 많을수록 크리프가 작다.

해설

크리프(creep)특징
1) 습도가 작을수록 크리프가 크다.
2) 대기온도가 높을수록 크리프가 크다.
3) 부재치수가 작을수록 크리프가 크다.
4) 재하응력이 클수록, 재령이 작을수록 크리프가 크다.
5) 단위시멘트량이 많을수록, 물-시멘트비가 클수록 크리프가 크다.
6) 조강시멘트가 보통시멘트 보다 초기발현이 좋아서 역학적으로 우수하므로 크리프가 작다.

05 콘크리트의 비파괴 시험 중 초음파법에 의한 균열깊이를 평가하는 방법이 아닌 것은?

① T-법 ② Pull-out 법
③ $T_c - T_o$법 ④ BS법

해설

Pull-out 법은 콘크리트 중에 파묻힌 가력헤드를 가진 insert와 반력 ring을 사용하여 원추대상의 콘크리트를 뽑아낼 때의 콘크리트의 압축강도를 추정하는 시험법

06 콘크리트의 압축강도 시험값을 기준으로 거푸집널을 해체하고자 할 때 확대기초, 보, 기둥 등의 측면 거푸집널은 압축강도가 얼마 이상인 경우 해체할 수 있는가?(단, 콘크리트표준시방서의 기준값)

① 설계기준압축강도의 1/3배 이상
② 설계기준압축강도의 2/3배 이상
③ 5MPa 이상
④ 14MPa 이상

해설

콘크리트의 압축강도를 시험한 경우 거푸집 널의 해체 시기

부 재	콘크리트압축강도(f_{cu})
확대기초, 보 옆, 기둥 등의 측벽	5MPa 이상
슬래브 및 보의 밑면, 아치내면	설계기준압축강도의 $\frac{2}{3}$배이상, 또한 최소 14MPa이상

07 다음 중 한중 콘크리트에 적절하지 않은 양생방법은?

① 증기양생
② 전열양생
③ 기건양생
④ 막양생

해설

대기중 양생은 콘크리트 동해를 받기 쉬우므로 기건양생은 적절하지 않다.

08 프리스트레스트 콘크리트의 원리를 설명하는 3가지 방법에 속하지 않는 것은?

① 균등질 보의 개념
② 모멘트 분배의 개념
③ 내력 모멘트의 개념
④ 하중평형의 개념

해설

PSC의 기본개념
1) 응력개념(균질보의 개념)
2) 강도개념(내력 모멘트 개념)
3) 하중평형개념(등가하중개념)

09 콘크리트의 탄성계수에 대한 설명으로 옳은 것은?

① 일반적으로 콘크리트의 탄성계수라 함은 초기접선계수를 말한다.
② 콘크리트가 물로 포화되어 있을 때의 탄성계수는 건조해 있을 때의 탄성계수보다 작다.
③ 콘크리트의 밀도가 클수록 탄성계수값은 크다.
④ 콘크리트의 압축강도가 클수록 탄성계수 값은 작다.

해설

콘크리트의 압축강도가 클수록 탄성계수가 크다.

$(E = \dfrac{\sigma}{\varepsilon})$

정답 06 ③ 07 ③ 08 ② 09 ③

10 콘크리트 제작 시 재료의 계량에 대한 설명으로 틀린 것은?
① 각 재료는 1배치씩 질량으로 계량하여야 한다.
② 혼화재의 계량 허용오차는 ±2% 이하이다.
③ 연속믹서를 사용할 경우, 각 재료는 용적으로 계량해도 좋다.
④ 계량은 시방배합에 의해 실시하는 것으로 한다.

해설
계량은 현장배합에 의해 실시하는 것으로 한다.

11 프리스트레스트 콘크리트그라우트에 대한 설명으로 틀린 것은?
① 유동성은 유하시간에 의해 설정하며, 유하시간의 범위는 미리 실험에 의해 정하여야 한다.
② 비팽창성 그라우트에서의 팽창률은 −0.5~0.5%를 표준으로 한다.
③ 블리딩률은 5% 이하를 표준으로 한다.
④ 물-결합재비는 45%이하로 한다.

해설
프리스트레스트 콘크리트 그라우팅의 블리딩률은 0%를 표준으로 한다.

12 콘크리트의 받아들이기 품질검사에 대한 설명으로 틀린 것은?
① 워커빌리티의 검사는 굵은골재 최대치수 및 슬럼프가 설정치를 만족하는지의 여부를 확인함과 동시에 재료분리 저항성을 외관관찰에 의해 확인하여야 한다.
② 내구성 검사는 공기량, 염소이온량을 측정하는 것으로 한다.
③ 콘크리트를 타설하기 전에 실시하여야 한다.
④ 강도검사는 압축강도 시험에 의한 검사를 원칙으로 한다.

해설
콘크리트 강도검사는 콘크리트의 배합검사를 실시하는 것을 표준으로 하며 배합검사를 하지 않는 경우에는 압축강도시험에 의한 검사를 실시한다.

13 섬유보강콘크리트를 사용하였을 때 콘크리트의 성질 중 개선되는 것이 아닌 것은?
① 균열에 대한 저항성
② 내구성 증가
③ 내충격성 증가
④ 유동성 증가

해설
섬유보강 투입으로 섬유가 워커빌러티에 저항하기 때문에 유동성이 나빠지고 작업성이 저하될 우려가 크다.

정답 10 ④ 11 ③ 12 ④ 13 ④

14 유동화 콘크리트에 대한 설명으로 틀린 것은?
① 유동화 콘크리트의 슬럼프 증가량은 50mm 이하를 원칙으로 한다.
② 유동화 콘크리트를 제조할 때 유동화제를 첨가하기 전의 기본 배합의 콘크리트를 베이스 콘크리트라고 한다.
③ 베이스 콘크리트 및 유동화 콘크리트의 슬럼프 및 공기량 시험은 50m³마다 1회씩 실시하는 것을 표준으로 한다.
④ 유동화제는 원액으로 사용하고, 미리 정한 소정의 양을 한꺼번에 첨가하여야 한다.

> **해설**
> 유동화 콘크리트의 슬럼프 증가량은 100mm이하를 원칙으로 하며, 50~80mm를 표준으로 한다.

15 콘크리트 비비기에 관한 설명 중 잘못된 것은?
① 되비비기는 응결이 시작된 이후 다시 비비는 경우로서 강도가 저하한다.
② 연속믹서를 사용할 경우 비비기 시작 후 최초에 배출되는 콘크리트는 사용해서는 안 된다.
③ 비비기는 미리 정해 둔 비비기 시간 이상 계속해서는 안 된다.
④ 비비기를 시작하기 전에 미리 믹서에 모르타르를 부착시켜야 한다.

> **해설**
> 비비기는 미리 정해 둔 시간의 3배 이상 계속하지 않아야 한다.

16 골재의 절대용적이 700L인 콘크리트에서 잔골재율이 45%이고, 잔골재의 표건밀도가 2.65g/cm³이면 단위 잔골재량은 얼마인가?
① 1,113kg/m³
② 984.6kg/m³
③ 848kg/m³
④ 722.4kg/m³

> **해설**
> 1) 골재의 절대체적
> $1 : 1000 = x : 700$
> $x = 0.7 m^3$
> 2) 단위잔골재 절대체적
> $= V_a \times \dfrac{s}{a} = 0.7 \times 0.45 = 0.32 m^3$
> 3) 단위 잔골재량
>   = 단위잔골재 절대체적×잔골재 비중×1,000
>   = 0.32 × 2.65 × 1,000
>   = 848kg

정답 14 ① 15 ③ 16 ③

17 시방배합결과 단위 잔골재량 660kg/m³, 단위 굵은골재량 1000kg/m³을 얻었다. 현장골재의 입도만을 고려하여 현장배합으로 수정하면 잔골재와 굵은골재의 양은?(단, 현장 잔골재 : 야적 상태에서 포함된 굵은골재 : 3%, 현장 굵은골재 : 야적 상태에서 포함 된 잔골재 : 4%)

① 잔골재량 : 614kg/m³, 굵은 골재량 : 1,046kg/m³
② 잔골재량 : 638kg/m³, 굵은골재량 : 1,022kg/m³
③ 잔골재량 : 644kg/m³, 굵은골재량 : 1,016kg/m³
④ 잔골재량 : 667kg/m³, 굵은골재량 : 993kg/m³

해설

1) 잔골재 입도조정(X)

$$X = \frac{100 \cdot S - b(S+G)}{100-(a+b)}$$
$$= \frac{100 \times 660 - 4(660+1000)}{100-(3+4)}$$
$$= 638 kg/m^3$$

2) 굵은골재 입도조정(Y)

$$Y = \frac{100 \cdot G - a(S+G)}{100-(a+b)}$$
$$= \frac{100 \times 1000 - 3(660+1000)}{100-(3+4)}$$
$$= 1,022 kg/m^3$$

18 알칼리골재반응(alkali-aggregate reaction)에 대한 설명 중 틀린 것은?

① 콘크리트 중의 알칼리 이온이 골재 중의 실리카 성분과 결합하여 구조물에 균열을 발생시키는 것을 말한다.
② 알칼리골재반응의 진행에 필수적인 3요소는 반응성 골재의 존재와 알칼리량 및 반응을 촉진하는 수분의 공급이다.
③ 알칼리골재반응이 진행되면 구조물의 표면에 불규칙한(거북이등 모양 등)균열이 생기는 등의 손상이 발생한다.
④ 알칼리골재반응을 억제하기 위하여 포틀랜드시멘트의 등가알칼리량을 6% 이하의 시멘트를 사용하는 것이 좋다.

해설

알칼리골재반응 대책
1) 반응성 골재, 물, 시멘트 중 한 가지를 없앤다.
2) 무반응 골재 사용
3) 저알카리 시멘트 사용(0.6%이하)
4) 고로슬래그나 플라이 애쉬 시멘트 사용

정답 17 ② 18 ④

19 다음 중 콘크리트 배합설계에서 가장 먼저 결정해야 하는 것은?

① 물-결합재 비
② 단위수량
③ 골재량
④ 혼화재량

> **해설**
> 배합설계 순서
> 설계기준강도 → 배합강도 → 물시멘트비 → 슬럼프 → G_{max} → S/a → 단위량 → 시방배합

20 콘크리트의 워커빌리티(workability)를 측정하기 위한 시험방법 중 콘크리트에 일정한 에너지를 가하여 밀도의 변화를 수치적으로 나타내는 시험법은?

① 흐름시험(flow test)
② 슬럼프 시험(slump test)
③ 리몰딩 시험(remolding test)
④ 다짐계수시험(comfacting factor test)

> **해설**
> 다짐계수시험
> 1) 상부호퍼에 시료를 다져놓고 신속하게 하부호퍼로 시료를 낙하시킨 다음 실린더 몰드의 다진값과의 무게 측정비를 계수치로 나타내는 시험
> 2) 슬럼프 25mm 이상인 경우 사용

제2과목 건설시공 및 관리

21 성토높이 7m인 사면에서 비탈구배가 1:1.3일 때 수평거리는?

① 6.2m
② 9.1m
③ 9.4m
④ 8.3m

> **해설**
> 1 : 1.3 = 7 : L
> ∴ L=1.3×7=9.1m

22 아스팔트 포장의 시공에서 보조기층 마무리 면에 아스팔트 혼합물을 포설하기 직전에 실시하며, 보조기층의 보호 및 수분의 모관상승을 차단하고, 아스팔트 혼합물과의 접착성을 좋게 하기 위하여 실시하는 것은?

① 택 코트
② 프라임 코트
③ 컨솔리데이션 그라우팅
④ 커튼 그라우트

> **해설**
> 프라임 코드에 대한 설명이다.

23 현장타설 콘크리트 말뚝의 장점이 아닌 것은?
① 재료의 운반에 제한을 받지 않는다.
② 소음, 진동이 적어서 도심지 공사에 적합 하다.
③ 현장 지반중에서 제작 양생되므로 품질 관리가 용이하다.
④ 지층의 깊이에 따라 말뚝 길이를 자유로이 조절 가능하다.

해설
현장 콘크리트 말뚝은 지중에 콘크리트 시공이 되면서 공벽붕괴, 트레미파이프 누수, 이탈 등의 문제로 콘크리트 품질이 저하될 가능성이 크다.

24 PERT 공정관리기법에 관한 설명 중 옳지 않은 것은?
① PERT 기법에서는 시간견적을 3점법으로 확률계산한다.
② PERT 기법의 중심관리는 작업단계(event)이다.
③ PERT 기법은 비용문제를 포함한 반복사업에 이용된다.
④ PERT 기법은 신규사업 및 경험이 없는 사업에 적용한다.

해설
PERT 기법은 공사기간 단축을 목적으로 한다.

25 콘크리트 중력댐에 대한 설명으로 옳은 것은?
① 자중이 크므로 견고한 지반이 필요하다.
② 댐의 상단에서 직접 홍수량을 방류하는 형식을 비월류식이라 한다.
③ 일종의 필댐이다.
④ 댐의 총 자중은 총 수평력보다 작아야 한다.

해설
중력식 콘크리트댐은 댐의 자중에 의한 수평력이 수압에 저항하는 방식으로 견고한 암반에 설치하여 암반과의 부착력이 댐의 안정성과 관련하여 매우 중요하다.

26 아스팔트 포장과 콘크리트 포장을 비교 설명한 것 중 아스팔트 포장의 특징이 아닌 것은?
① 양생기간이 거의 필요 없다.
② 유지 수선이 콘크리트 포장보다 쉽다.
③ 주행성이 콘크리트 포장보다 좋다.
④ 초기 공사비가 고가이다.

해설
콘크리트 포장이 초기 장비투입에 따른 공사비가 고가이다.

정답 23 ③ 24 ③ 25 ① 26 ④

27 8ton의 덤프트럭에 1.0m³의 버킷을 갖는 백호로 흙을 적재하고자 한다. 흙의 단위중량이 1.6t/m³이고 토량변화율(L)은 1.2이고 버킷계수가 0.9일 때 트럭 1대의 만차에 필요한 백호 적재회수는?

① 6회
② 7회
③ 8회
④ 9회

해설

1) $q_t = \dfrac{T}{\gamma_t} L = \dfrac{8}{1.6} \times 1.2 = 6m^3$

2) $n = \dfrac{q_t}{qk} = \dfrac{6}{1 \times 0.9} = 6.67 = 7$회

28 어느 토공현장에서 흙의 운반거리가 60m, 불도저의 전진속도 40m/min, 후진속도 60m/min, 1회의 압토량 2.5m³, 기어 변속시간 0.25분이고, 작업효율 0.65일 때 불도저의 시간당 작업량을 본바닥 토량으로 구하면? (단, 토질은 보통토, 평탄지로 토량의 변화율 C=0.9, L=1.25이다.)

① 27.3m³/h
② 28.4m³/h
③ 38.6m³/h
④ 42.4m³/h

해설

1) $C_m = \dfrac{l}{V_1} + \dfrac{l}{V_2} + t_g$

   $= \dfrac{60}{40} + \dfrac{60}{60} + 0.25 = 2.75$ 분

2) $Q = \dfrac{60 \cdot q \cdot f \cdot E}{C_m} = \dfrac{60 \times 2.5 \times \dfrac{1}{1.25} \times 0.65}{2.75}$

   $= 28.36 m^3/hr$

29 Open caisson에 대한 설명으로 틀린 것은?

① 케이슨의 선단부를 보호하고 침하를 쉽게 하기 위하여 curve shoe라 불리우는 날끝을 붙인다.
② 전석과 같은 장애물이 많은 곳에서의 작업은 곤란하다.
③ 케이슨의 침하 시 주면마찰력을 줄이기 위해 진동발파공법을 적용할 수 있다.
④ 굴착 시 지하수를 저하시키지 않으며, 히빙, 보일링의 염려가 없어 인접 구조물의 침하우려가 없다.

해설

오픈케이슨은 굴착 시 Boiling 및 Heaving 발생 가능성이 높다.

30 발파에 의한 터널공사 시공 중 발파진동 저감대책으로 틀린 것은?
① 정밀한 천공   ② 장약량 조절
③ 동시발파   ④ 방진공(무장약공) 수행

해설
발파진동 저감대책
1) 저폭속, 저비중 폭약사용
2) 지발당 장약량의 제한 및 다단발파
3) 방진구 시공
4) 시험시공에 의한 본 발파설계

31 지하수 침강 최소깊이 3m, 암거매립간격 10m, 투수계수 10^{-7}cm/sec라 할 때, 불투수층에 놓인 암거 1m당 1시간 동안의 배수량을 구하면?(단, Donnan식에 의해 산출하시오.)

① 1.3l ② 1.0l
③ 1.5l ④ 2.0l

해설
$$D = \frac{4K}{Q}\left(H_0^2 - h_0^2\right)$$

여기서, D : 암거의 간격
   Q : 암거의 단위길이당 배수량
   H_0^2 : 최소침강지하수면까지의 거리
   h_0^2 : 암거매립 위치까지의 거리
   K : 투수계수

$$10 = \frac{4 \times 10^{-7}}{Q}(3^2 - 0)$$

$\therefore Q = 3.6 \times 10^{-7} m^3/\sec$
$= 3.6 \times 10^{-7} \times (60 \times 60)$
$= 1.296 \times 10^{-3} m^3/hr = 1.3 l/hr$

32 40,000m³(완성된 토량)의 성토를 하는데 유용토가 30,000m³(느슨한 토량)이 있다. 이 때 부족한 토량은 본바닥 토량으로 얼마인가? (단, 토량의 변화율은 L=1.25, C=0.90이다.)

① 7,800m³   ② 13,800m³
③ 16,200m³   ④ 20,444m³

해설
1) 자연상태의 토량(완성토량)
 $= 40,000 \times \frac{1}{C} = 40,000 \times \frac{1}{0.9} = 44,444 m^3$
2) 자연상태의 토량(유용토)
 $= 30,000 \times \frac{1}{L} = 30,000 \times \frac{1}{1.25} = 24,000 m^3$
3) 부족토량 $= 44,444 - 24,000 = 20,444 m^3$

33 흙막이 굴착공법 중 역타공법은 구조물 본체의 바닥 및 보를 구축한 후 이를 지지구조로 사용하여 직접 흙막이 벽에 걸리는 토압 및 수압을 분담시키면서 굴착을 진행하는 공법이다. 이러한 역타공법에 대한 설명으로 틀린 것은?

① 흙막이의 안정성이 높아진다.
② 지하 굴착깊이가 깊고 구조물의 형태가 일정하지 않을 경우에도 적용이 용이하다.
③ 본 구조물의 지보공으로 이용하므로 지보공의 변형, 압력이 적어서 안전하다.
④ 1층바닥을 먼저 시공한 후 그곳을 작업바닥으로 유효하게 이용할 수 있으므로 대지의 여유가 없는 경우에 유리하다.

해설
역타공법은 1층 바닥을 시공한 후 상, 하부를 동시에 시공에 나가는 공기단축에 유리한 흙막이 공법으로 구조물의 형태가 일정하지 않을 경우에는 역타공법의 적용이 곤란하다.

34 네트워크 관리도 작성의 기본원칙 가운데 모든 공정은 각각 독립공정으로 간주하며, 모든 공정은 의무적으로 수행되어야 한다는 원칙은?

① 공정원칙
② 단계원칙
③ 활동원칙
④ 연결원칙

해설
네트워크 작성의 기본원칙
1) 공정원칙 : 네트워크 관리도 작성의 기본원칙 가운데 모든 공정은 대체 공정이 아닌 각각 독립 공정으로 반드시 수행 되어야만 공사가 완료된다.
2) 단계원칙 : 선행 activity 시작과 끝은 반드시 event로 연결되어야 한다.
3) 연결원칙 : 공정표에서의 각단계는 작업들 간의 관계로서 네트워크가 모두 연결되어 있어야 한다.
4) 활동원칙 : 결합점(event)과 결합점(event) 사이에는, Activity로 연결되어 있어야 한다.

35 교대의 명칭 중 구체(main body)를 가장 적절하게 설명한 것은?

① 교량의 일단을 지지하는 것
② 축제의 상부를 지지하여 흙이 교좌에서 무너지는 것을 막는 것
③ 상부구조에서 오는 전하중을 기초에 전달하고 배후 구조에 저항하는 것
④ 하중을 기초 지반에 넓게 분포시켜 교대의 안정을 도모하는 것

해설
교대는 상부구조의 하중을 기초에 전달하고 배후 토압에 저항하는 구조물이다.

36 공사일수를 3점 시간 추정법에 의해 산정할 경우 적절한 공사 일수는?(단, 낙관일수는 6일, 정상일수는 8일, 비관일수는 10일이다.)

① 6일
② 7일
③ 8일
④ 9일

해설

$$t_e = \frac{t_o + 4t_m + t_p}{6} = \frac{6 + 4 \times 8 + 10}{6} = 8일$$

37 지하철 공사의 공법에 관한 다음 설명 중 틀린 것은?

① Open cut 공법은 얕은 곳에서는 경제적이나 노면복공을 하는데 지상에서의 지장이 크다.
② 개방형 실드로 지하수위 아래를 굴착할때는 압기할 때가 많다.
③ 연속 지중벽 공법은 연약지반에서 적합하고 지수성도 양호하나, 소음 대책이 어렵다.
④ 연속 지중벽 공법의 대표적인 것은 이코스공법, 엘제공법, 솔레턴슈 공법 등이 있다.

해설

연속지중벽 공법
저소음, 저진동 공법으로 건설공해 대책의 일환으로 도심지 대규모 흙막이 공사에 사용된다.

38 다짐 장비는 다짐의 원리를 이용한 것이다. 다짐기계의 다짐방법의 분류에 속하지 않는 것은?

① 진동식 다짐
② 전압식 다짐
③ 충격식 다짐
④ 인장식 다짐

39 토공에서 시공기면을 정할 경우 성토와 절토량이 최소가 되게 하는 것이 경제적이다. 토공의 균형을 알아내기 위해 사용되는 것은?

① 유토곡선
② 토취곡선
③ 균형곡선
④ 평균곡선

해설

토적곡선(유토곡선)에 대한 설명이다.

40 다음 중 터널 공사에서 이상지압 원인으로 거리가 먼 것은?

① 편압
② 본바닥 팽창
③ 잠재응력 해방
④ 토압

제3과목 건설재료 및 시험

41 금속재료에 대한 설명으로 틀린 것은?
① 알루미늄은 비금속재료이다.
② 금속재료는 열전도율이 크다.
③ 금속재료는 내식성이 크다.
④ 주철은 금속재료이다.

해설
알루미늄은 금속재료이다.

42 다음 표와 같은 조건이 주어졌을 때 아스팔트 혼합물에 대한 공극률은?

- 시험체의 이론 최대밀도(D) : 2.437g/cm³
- 시험체의 실측밀도(d): 2.235g/cm³

① 8.3%   ② 4.2%
③ 5.3%   ④ 5.8%

해설
공극률
$$V = \left(1 - \frac{d}{D}\right) \times 100$$
$$= \left(1 - \frac{2.235}{2.437}\right) \times 100 = 8.3\%$$

43 목재의 건조법 중 자연건조법의 종류에 해당 하는 것은?
① 수침법
② 끓임법
③ 열기건조법
④ 고주파건조법

해설
목재의 건조법
1) 자연건조법 : 공기건조법, 침수법
2) 인공건조법 : 끓임법(자비법), 증기건조법, 열기건조법

44 다음의 혼화재료 중 주로 잠재수경성이 있는 재료는?
① 팽창재
② 고로 슬래그 미분말
③ 플라이 애시
④ 규산질 미분말

해설
1) 잠재수경성은 혼화재료에 있는 실리카성분이 물과 있는 상태에서는 잠재적인 수경성 상태로 보이다, 시멘트의 수산화칼슘이 들어가면서 수경성 반응을 보이는 현상을 포졸란 반응이라고 한다.
2) 이러한 포졸란 반응을 가장 크게 가지고 있는 것이 고르슬래그 미분말 이다.

정답 41 ① 42 ① 43 ① 44 ②

45 화강암의 일반적인 특징에 대한 설명으로 틀린 것은?
① 조직이 균일하고 내구성 및 강도가 크다.
② 내화성이 풍부하여 내화구조물용으로 적당하다.
③ 경도 및 자중이 커서 가공 및 시공이 어렵다.
④ 균열이 적기 때문에 큰 재료를 채취할 수 있다.

해설
화강암은 조직이 균일하고 강도 및 내구성이 크나, 내화성이 작다.

46 화약류 취급 및 사용 시의 주의점에 대한 설명으로 틀린 것은?
① 뇌관과 폭약은 항상 동일장소에 식별이 용이토록 구분하여 보관함으로서 손실로 인한 작업의 중단이 없도록 하여야 한다.
② 장기간 보관 시는 온도나 습도에 의해 변질하지 않도록 하고 흡수하여 동결하지 않도록 해야 한다.
③ 도화선과 뇌관의 이음부에 수분이 침투하지 못하도록 기름 등을 도포해야 한다.
④ 도화선을 삽입하여 뇌관에 압착할 때 충격이 가해지지 않도록 해야 한다.

해설
폭약의 취급 시 주의사항
뇌관과 폭약은 따로따로 다른 장소에 저장해야 한다.

47 잔골재에 대한 체가름 시험을 실시한 결과 각체에 남은량(질량백분율, %)은 다음 표와 같다. 이 골재의 조립률은? (단, 10mm 이상 체잔량은 0이다.)

체구분(mm)	5	2.5	1.2	0.6	0.3	0.15	Pan
남은량(%)	2	11	20	22	21	19	5

① 2.60
② 2.74
③ 2.77
④ 3.73

해설
1) 가적잔류율

체구분	잔류율(%)	가적잔류율(%)
5	2	2
2.5	11	13
1.2	20	33
0.6	22	55
0.3	21	76
0.15	19	95
Pan	5	100

2) $FM = \dfrac{2+13+33+55+76+95}{100} = 2.74$

48 목재의 주성분으로서 목질건조 중량의 60%정도를 차지하며, 세포막을 구성하는 성분은?
① 리그닌
② 타닌
③ 셀룰로오스
④ 수지

해설
셀룰로오스에 대한 설명이다.

49 최대 치수가 20mm 정도인 굵은골재로 체가름 시험을 하고자 할 경우 시료의 최소 건조 질량으로 옳은 것은?
① 1kg
② 2kg
③ 3kg
④ 4kg

해설
체가름 시험 시료량
1) 25mm인 경우(5kg)
2) 20mm인 경우(4kg)
3) 40mm인 경우(8kg)

50 토목섬유 중 지오텍스타일의 기능을 설명한 것으로 틀린 것은?
① 배수 : 물이 흙으로부터 여러 형태의 배수로로 빠져나갈 수 있도록 한다.
② 보강 : 토목섬유의 인장강도는 흙의 지지력을 증가시킨다.
③ 여과 : 입도가 다른 두 개의 층 사이에 배치될 때 침투수가 세립토층에서 조립토 층으로 흘러갈 때 세립토의 이동을 방지한다.
④ 혼합 : 도로 시공 시 여러 개의 흙층을 혼합하여 결합시키는 역할을 한다.

해설
혼합 기능은 토목섬유의 기능에 해당되지 않는다.

51 시멘트의 응결에 대한 설명으로 틀린 것은?
① 온도가 높을수록 응결은 빨라진다.
② 습도가 높을수록 응결은 빨라진다.
③ 분말도가 낮으면 응결은 빨라진다.
④ C_3A가 많을수록 응결은 빨라진다.

해설
시멘트의 응결은 습도가 낮을수록 빨라진다.

52 고무혼입 아스팔트와 스트레이트 아스팔트를 비교한 설명 중 옳지 않은 것은?
① 감온성은 고무혼입 아스팔트가 작다.
② 마찰계수는 고무혼입 아스팔트가 크다.
③ 응집성은 스트레이트 아스팔트가 크다.
④ 충격저항성은 스트레이트 아스팔트가 작다.

해설

고무혼입 아스팔트
1) 고무혼입 아스팔트는 스트레이트 아스팔트에 고무를 2~5% 정도 혼입 후 아스팔트 성질을 개선한 특수 아스팔트
2) 고무 혼입 아스팔트 특징(감온성만 작다)
 · 감온성이 작다.
 · 응집성, 부착성이 크다.
 · 탄성, 충격저항성이 크다.
 · 내노화성이 크다.
 · 마찰계수가 크다.

53 콘크리트용 응결촉진제에 대한 설명으로 틀린 것은?
① 조기강도를 증가시키지만 사용량이 과다하면 순결 또는 강도저하를 나타낼 수 있다.
② 한중 콘크리트에 있어서 동결이 시작되기 전에 미리 동결에 저항하기 위한 강도를 조기에 얻기 위한 용도로 많이 사용한다.
③ 염화칼슘을 주성분으로 한 촉진제는 콘크리트의 황산염에 대한 저항성을 증가시키는 경향을 나타낸다.
④ PSC강재에 접촉하면 부식 또는 녹이 슬기 쉽다.

해설

응결촉진제
1) 시멘트 수화를 촉진
2) 염화칼슘, 염화칼슘 포함된 감수제 사용
3) 사용량이 많으면 철근 부식 발생
4) 염화칼슘은 시멘트량의 1~2% 사용시 조기강도 증가하나 2%이상 사용시 순결, 강도저하 우려

54 표준체 $45\mu m$에 의한 시멘트 분말도 시험에 의한 결과가 다음의 표와 같을 때 시멘트의 분말도는?

· 표준체 보정계수 : +30.2%
· 시험한 시료의 잔사 : 0.088g

① 73.6% ② 81.2%
③ 88.5% ④ 91.7%

해설

1) $R_c = R_s \times (100 + C)$
 $= 0.088(100 + 30.2) = 11.46\%$

정답 52 ③ 53 ③ 54 ③

2) $F = 100 - R_c = 100 - 11.46 = 88.54\%$

여기서, R_c : 보정된 체안에 남는량(%)
R_s : 시험한 시료의 잔사량(g)
C : 표준체의 보정계수
F : 분말도

55 다음 중 급결제를 사용해야 하는 경우는?

① 레디믹스트 콘크리트의 운반거리가 멀 경우
② 서중 콘크리트를 시공할 경우
③ 연속 타설에 의한 콜트 조인트를 방지하기 위해
④ 숏크리트 타설 시

해설
숏크리트 타설시 타설 벽면과의 신속한 부착을 위하여 급결제를 사용한다.

56 아스팔트의 성질에 대한 설명 중 틀린 것은?

① 아스팔트의 비중은 침입도가 작을수록 작다.
② 아스팔트의 비중은 온도가 상승할수록 저하된다.
③ 아스팔트는 온도에 따라 컨시스턴시가 현저하게 변화된다.
④ 아스팔트의 강성은 온도가 높을수록, 침입도가 클수록 작다.

해설
아스팔트 비중은 침입도가 작을수록 크다.

57 콘크리트용으로 사용하는 굵은골재의 안정성은 황산나트륨으로 5회 시험을 하여 평가한다. 이때 손실 질량은 몇 % 이하를 표준으로 하는가?

① 5%
② 7%
③ 10%
④ 12%

해설
골재의 안정성 시험
1) 골재의 안정성 시험은 골재의 내구성을 알기위해 황산나트륨 용액으로 골재의 부서짐 작용에 대한 저항성을 확인하는 시험이다.
2) 5회 시험했을 때 손실 질량 백분율

시험 용액	손실 질량비(%)	
	잔골재	굵은골재
황산나트륨	10이하	12이하

58 르샤틀리에 비중병의 0.5cc 눈금까지 광유를 주입하고 시료로 시멘트 64g을 가하여 눈금이 23cc로 증가되었을 때 이 시멘트의 비중은?

① 3.04
② 3.08
③ 2.84
④ 3.16

해설

시멘트 비중 = $\dfrac{64}{눈금차} = \dfrac{64}{23-0.5} = 2.84$

59 다음의 표에서 설명하는 시멘트 관련 용어는?

> 시멘트를 염산 및 탄산나트륨 용액으로 처리해도 용해되지 않고 남는 부분으로서 이것을 소성하여 석회와 반응시키면 산에 용해되는 클링커 화합물이 되어 소성가마에서 소성반응이 완전한지 아닌지를 판단하는 기준이 됨

① 석회포화도
② 수경률
③ 강열감량
④ 불용해잔분

해설

시멘트를 염산 및 탄산나트륨 용액에 넣었을 때 녹지않고 남는 부분을 "불용해 잔분"이라고 하며 이는 소성반응의 완전여부를 알아내는 척도로 보통 p.c 의 "불용해잔분"은 0.1~0.6%임

60 황색의 미세한 결정으로 기폭약 중에서 가장 강력한 폭약으로 폭발력은 TNT와 동일하고 발화점은 약 180도 정도인 기폭약은?

① 뇌산수은
② DDNP
③ 질화납
④ 칼릿

해설

DDNP(디아조디니트로페놀)은 황색내지 황갈색 분말로 폭약 중에서 가장 강력한 폭약으로 발화점은 약180℃이다.

제4과목 토질 및 기초

61 어떤 점토의 토질시험 결과 일축압축강도 0.45kg/cm², 단위중량 1.7t/m³이었다. 이 점토의 한계고는?

① 6.34m
② 4.87m
③ 9.24m
④ 5.29m

해설

$H_c = \dfrac{2q_u}{\gamma_t} = \dfrac{2 \times 4.5}{1.7} = 5.29m$

정답 58 ③ 59 ④ 60 ② 61 ④

62 굳은 점토지반에 앵커를 그라우팅하여 고정시켰다. 고정부의 길이가 5m, 직경 20cm, 시추공의 직경은 10cm이었다. 점토의 비배수전단강도(C_u) = $1.0 kg/cm^2$, $\phi = 0°$라고 할 때 앵커의 극한 지지력은?(단, 표면마찰계수는 0.7으로 가정한다.)

① 9.4ton ② 15.7ton
③ 21.98ton ④ 31.3ton

해설

$P_u = C_a \cdot \pi Dl = 0.7c \cdot \pi Dl$
$= (0.7 \times 10) \times (\pi \times 0.2 \times 5) = 21.98t$

63 Sand drain의 지배영역에 관한 Barron의 정삼각형 배치에서 샌드 드레인의 간격을 d, 유효원의 직경을 d_e라 할 때 d_e를 구하는 식으로 옳은 것은?

① $d_e = 1.128d$ ② $d_e = 1.028d$
③ $d_e = 1.050d$ ④ $d_e = 1.50d$

해설

sand pile의 배열과 영향원 지름
1) 정삼각형 배열 : $d_e = 1.05d$
2) 정사각형 배열 : $d_e = 1.13d$

64 어느 점토의 체가름 시험과 액·소성시험 결과 0.002mm($2\mu m$)이하의 입경이 전시료 중량의 90%, 액성한계 60%, 소성한계 20%이었다. 이 점토 광물의 주성분은 어느 것으로 추정되는가?

① Kaolinite ② Illite
③ Calcite ④ Montmorillonite

해설

활성도에 따른 흙의 분류

$A = \dfrac{PI}{2\mu m \text{ 이하의 점토입자의 중량백분률(\%)}}$

1) $PI = LL - PL = 60 - 20 = 40\%$
2) $A = \dfrac{40}{90} = 0.44$
3) 판정
   A < 0.75 = 비활성점토(Kaolinite)
   0.75 ≤ A ≤ 1.25 = 보통점토(Illite)
   A > 1.25 = 활성점토(Montmorillonite)
   ∴ Kaolinite로 분류함

65 응력경로(stress path)에 대한 설명으로 옳지 않은 것은?

① 응력경로는 특성상 전응력으로만 나타 낼 수 있다.
② 응력경로란 시료가 받는 응력의 변화과정을 응력공간에 궤적으로 나타낸 것이다.
③ 응력경로는 Mohr의 응력원에서 전단응력이 최대인 점을 연결하여 구해진다.
④ 시료가 받는 응력상태에 대해 응력경로를 나타내면 직선 또는 곡선으로 나타내어진다.

해설

응력경로
응력경로는 전응력으로 표시하는 전응력 경로와 유효응력으로 표시하는 유효응력 경로로 나타낸다.

66 그림과 같은 점성토 지반의 토질실험결과 내부마찰각 $\phi = 32°$, 점착력 $c=1.6t/m^2$일 때 A점의 전단강도는?

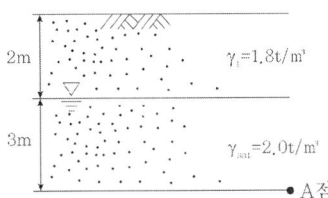

① $5.72t/m^2$
② $5.95t/m^2$
③ $6.38t/m^2$
④ $7.04t/m^2$

해설

1) 전응력 $\sigma = 1.8 \times 2 + 2 \times 3 = 9.6 t/m^2$
   간극수압 $u = 1 \times 3 = 3 t/m^2$
   유효응력 $\overline{\sigma} = \sigma - u = 9.6 - 3 = 6.6 t/m^2$
2) $\tau = c + \overline{\sigma} \tan\phi$
   $= 1.6 + 6.6 \tan 32°$
   $= 5.72 t/m^2$

67 어떤 점토지반의 표준관입 시험 결과 N값이 2~4이었다. 이 점토의 consistency는?

① 대단히 견고
② 연약
③ 견고
④ 대단히 연약

해설

N값	점토의 컨시스턴시
<2	대단히 연약(very soft)
2~4	연약(soft)
4~8	중간(medium)
8~15	견고(stiff)
15~30	대단히 견고(very stiff)
>30	고결(hard)

정답 65 ① 66 ① 67 ②

68 $\triangle h_1 = 5$이고, $K_{v2} = 10K_{v1}$일 때, K_{v3}의 크기는?

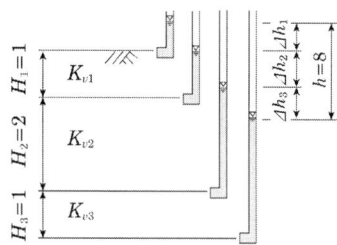

① $1.0K_{v1}$
② $1.5K_{v1}$
③ $2.0K_{v1}$
④ $2.5K_{v1}$

해설

$V = KI$에서 수두차 $(\triangle h) = \dfrac{H}{K}$

$\triangle h_1 = \dfrac{H}{K_{v1}}, \ 5 = \dfrac{1}{K_{v1}}, \ K_{v1} = 0.2$

$K_{v2} = \dfrac{H_2}{\triangle h_2}, \ 10K_{v1} = \dfrac{2}{\triangle h_2}$

$\triangle h_2 = \dfrac{2}{2} = 1$

$K_{v3} = \dfrac{H_3}{\triangle h_3}, \ K_{v3} = \dfrac{1}{(8-5-1)} = 0.5$

$K_{v1} = 0.2$로 나누어 주면 $K_{v3} = 2.5K_{v1}$

69 Rod에 붙인 어떤 저항체를 지중에 넣어 관입, 인발 및 회전에 의해 흙의 전단강도를 측정하는 원위치 시험은?

① 보링(boring)
② 사운딩(sounding)
③ 시료채취(sampling)
④ 비파괴 시험(NDT)

해설

Sounding에 대한 설명이다.

70 평판 재하 실험에서 재하판의 크기에 의한 영향(scale effect)에 관한 설명으로 틀린 것은?

① 사질토 지반의 지지력은 재하판의 폭에 비례한다.
② 점토지반의 지지력은 재하판의 폭에 무관하다.
③ 사질토 지반의 침하량은 재하판의 폭이 커지면 약간 커지기는 하지만 비례하는 정도는 아니다.
④ 점토지반의 침하량은 재하판의 폭에 무관하다.

해설

재하판 크기에 대한 보정
1) 점성토 기초지지력

$$q_{u(f)} = q_{u(p)}$$

2) 점성토 즉시 침하량

$$S_f = S_p \cdot \frac{B_f}{B_p}$$

3) 사질토 기초지지력

$$q_{u(f)} = q_{u(p)} \cdot \frac{B_{(f)}}{B_{(p)}}$$

4) 사질토 즉시 침하량

$$S_f = S_p \cdot \left(\frac{2B_f}{B_p + B_f}\right)^2$$

71 어느 흙 댐의 동수경사 1.1, 흙의 비중이 2.65, 함수비 45%인 포화토에 있어서 분사현상에 대한 안전율을 구하면?

① 0.7   ② 1.0
③ 1.2   ④ 1.4

해설

1) $Se = w\,G_s$ 에서 $1 \times e = 0.45 \times 2.65$

   ∴ $e = 1.19$

2) $F_s = \dfrac{i_c}{i} = \dfrac{\dfrac{G_s - 1}{1 + e}}{i}$

   $= \dfrac{\dfrac{2.65 - 1}{1 + 1.19}}{1.1} = 0.68$

72 2m×2m 정방형 기초가 2.0m 깊이에 있다. 이 흙의 단위중량 $\gamma = 1.7t/m^3$, 점착력 $c = 0$이며, $N_\gamma = 19$, $N_q = 22$이다. Terzaghi의 공식을 이용하여 전허용하중(Q_{all})을 구한 값은?(단, 안전율 $F_s = 3$으로 한다.)

① 27.3t   ② 54.6t
③ 81.9t   ④ 134.2t

해설

1) $q_u = \alpha c N_c + \beta B \gamma_1 N_r + D_f \gamma_2 N_q$
   $= 0 + 0.4 \times 2 \times 1.7 \times 19 + 2 \times 1.7 \times 22$
   $= 100.64 t/m^2$

2) $q_a = \dfrac{q_u}{F_s} = \dfrac{100.64}{3} = 33.55 t/m^2$

   $q_a = \dfrac{Q_{all}}{A}$ 에서

   $33.55 = \dfrac{Q_{all}}{2 \times 2}$

   ∴ $Q_{all} = 134.19 t$

73 약액주입공법은 그 목적이 지반의 차수 및 지반보강에 있다. 다음 중 약액주입공법에서 고려해야 할 사항으로 거리가 먼 것은?

① 주입률
② Piping
③ Grout 배합비
④ Gel Time

해설
piping 현상은 약액주입공법과 거리가 멀다.

74 유선망의 특징을 설명한 것으로 옳지 않은 것은?

① 각 유로의 침투유량은 같다.
② 유선과 등수두선은 서로 직교한다.
③ 유선망으로 이루어지는 사각형은 이론상 정사각형이다.
④ 침투속도 및 동수구배는 유선망의 폭에 비례한다.

해설
침투속도 및 동수구배는 유선망의 폭에 반비례한다.

75 연약점토지반에 성토제방을 시공하고자 한다. 성토로 인한 재하속도가 과잉간극수압이 소산되는 속도보다 빠를 경우, 지반의 강도정수를 구하는 가장 적합한 시험방법은?

① 압밀 배수시험
② 압밀 비배수시험
③ 비압밀 비배수시험
④ 직접전단시험

해설
비압밀 비배수 (UU-test)시험에 대한 설명이다.

76 10m 깊이의 쓰레기층을 동다짐을 이용하여 개량하려고 한다. 사용할 해머 중량이 40t, 하부면적 반경 2m의 원형 블록을 이용하였다면, 해머의 낙하고는?

① 15m
② 10m
③ 25m
④ 23m

해설
$D = \dfrac{1}{2}\sqrt{Wh}$

$10 = \dfrac{1}{2}\sqrt{40h}$

$\therefore h = 10m$

여기서, D : 토층깊이
W : 해머중량(ton)
h : 해머낙하고(m)

77 현장 흙의 단위중량을 구하기 위해 부피 500cm³의 구멍에서 파낸 젖은 흙의 무게가 900g이고, 건조시킨 후의 무게가 850g이다. 건조한 흙 450g을 몰드에 가장 느슨한 상태로 채운 부피가 280cm³이고, 진동을 가하여 조밀하게 다진 후의 부피는 210cm³이다. 흙의 비중이 2.7일 때 이 흙의 상대밀도는?

① 33% ② 38%
③ 21% ④ 48%

해설

1) $\gamma_d = \dfrac{W_s}{V} = \dfrac{850}{500} = 1.7 g/cm^3$

2) $\gamma_{d\min} = \dfrac{W_s}{V} = \dfrac{450}{280} = 1.61 g/cm^3$

   $\gamma_{d\max} = \dfrac{W_s}{V} = \dfrac{450}{210} = 2.14 g/cm^3$

3) $D_\gamma = \dfrac{\gamma_{d\max}}{\gamma_d} \times \dfrac{\gamma_d - \gamma_{d\min}}{\gamma_{d\max} - \gamma_{d\min}} \times 100$

   $= \dfrac{2.14}{1.7} \times \dfrac{1.7 - 1.61}{2.14 - 1.61} \times 100$

   $= 21.38\%$

78 다음과 같은 흙의 입도분포곡선에 대한 설명으로 옳은 것은?

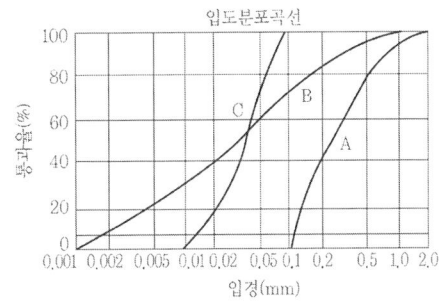

① A는 B보다 유효경이 작다.　② A는 B보다 균등계수가 작다.
③ C는 B보다 균등계수가 크다.　④ B는 C보다 유효경이 크다.

해설

1) A의 균등계수 $\dfrac{D_{60}}{D_{10}} = \dfrac{0.35}{0.1} = 3.5 mm$

2) B의 균등계수 $\dfrac{D_{60}}{D_{10}} = \dfrac{0.05}{0.002} = 25 mm$

3) A균등계수가 B의 균등계수보다 작다.

79 그림과 같은 5m 두께의 포화점토층이 10t/m²의 상재하중에 의하여 30cm의 침하가 발생하는 경우에 압밀도는 약 $U = 60\%$에 해당하는 것으로 추정되었다. 향후 몇 년이면 이 압밀도에 도달하겠는가?

(단, 압밀계수($C_V = 3.5 \times 10^{-4} cm^2/\sec$)

U(%)	T_v
40	0.126
50	0.197
60	0.287
70	0.403

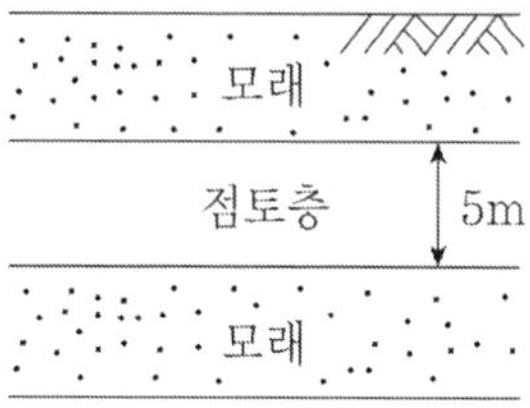

① 약 1.3년 ② 약 1.6년
③ 약 2.2년 ④ 약 2.4년

해설

$$t_{60} = \frac{0.287H^2}{C_V} = \frac{0.287\left(\frac{500}{2}\right)^2}{3.5 \times 10^{-4}}$$
$$= 49,642,900초/60.60.24.365$$
$$= 1.57년$$

80 $\gamma_{sat} = 2.0t/m^3$인 사질토가 30°로 경사진 무한사면이 있다. 지하수위가 지표면과 일치하는 경우 이 사면의 안전율이 1 이상이 되기 위해서는 흙의 내부마찰각이 최소 몇 도 이상이어야 하는가?

① 18.21° ② 20.52°
③ 49.1° ④ 45.47°

해설

$$F_s = \frac{\gamma_{sub}}{\gamma_{sat}} \cdot \frac{\tan\phi}{\tan i} = \frac{1}{2} \times \frac{\tan\phi}{\tan 30°} \geq 1$$
$$\therefore \phi \geq 49.1°$$

2015 기출문제 제4회 건설재료시험기사

제1과목 콘크리트공학

01 시방배합에 의한 단위 잔골재량은 698kg/m³, 단위 굵은골재량은 1,120kg/m³이다. 현장의 입도에 대한 골재 상태가 5mm체에 남는 잔골재량은 4%이고 5mm체를 통과하는 굵은골재량은 3%이다. 입도에 의한 현장배합의 잔골재량(Xkg)과 굵은골재량(Ykg)은?

① $X=680$, $Y=1,126$
② $X=692$, $Y=1,126$
③ $X=720$, $Y=1,086$
④ $X=740$, $Y=1,066$

해설

1) 잔골재량(X)

$$X = \frac{100 \cdot S - b(S+G)}{100-(a+b)} = \frac{100 \times 698 - 3 \times (698+1,120)}{100-(4+3)}$$
$= 692\text{kg/m}^3$

2) 굵은골재량(Y)

$$Y = \frac{100 \cdot G - a(S+G)}{100-(a+b)} = \frac{100 \times 1,120 - 4 \times (698+1,120)}{100-(4+3)}$$
$= 1,126\text{kg/m}^3$

02 굳은 콘크리트의 압축강도 시험에 대한 설명으로 잘못된 것은?

① 공시체 양생은 20±2℃에서 습윤상태로 양생한다.
② 공시체는 지름의 3배의 높이를 가진 원기둥형으로 하며, 그 지름은 굵은골재의 최대치수의 3배 이상, 150mm 이상으로 한다.
③ 몰드를 떼는 시기는 채우기가 끝나고 나서 16시간 이상 3일 이내로 한다.
④ 하중을 가하는 속도는 압축 응력도의 증가율이 매초 0.6±0.4MPa이 되도록 한다.

해설

콘크리트 압축강도 공시체
1) 지름은 굵은골재 최대치수의 3배 이상, 100mm이상으로 한다.
2) 참고 : 인장강도 굵은골재 최대치수 4배이상 150mm 이상

정답 01 ② 02 ②

03 일반 콘크리트의 계량 및 비비기에 대한 설명으로 틀린 것은?
① 계량은 현장배합에 의해 실시하는 것으로 한다.
② 혼화제를 녹이는 데 사용하는 물이나 혼화제를 묽게 하는 데 사용하는 물은 단위수량의 일부로 보아야 한다.
③ 비비기 시간에 대한 시험을 실시하지 않은 경우 그 최소 시간은 강제식 믹서일 때에는 1분 30초 이상을 표준으로 한다.
④ 비비기는 미리 정해 둔 비비기 시간의 3배 이상 계속하지 않아야 한다.

해설
비비기 시간은 그 최소시간은 가경식 믹서일 때에는 1분 30초 이상, 강제식 믹서일 때에는 1분 이상을 표준으로 한다.

04 22회의 시험실적으로부터 구한 콘크리트 압축강도의 표준편차가 4MPa이고, 실제기준 압축강도가 40MPa인 경우 배합강도는? (단, 시험횟수가 20회인 경우 표준편차의 보정계수는 1.08이고, 시험횟수가 25회인 경우 표준편차의 보정계수는 1.03이다.)

① 46.5MPa ② 47.2MPa
③ 45.9MPa ④ 48.9MPa

해설
1) 22회일 때 표준편차 보정계수
$= 1.03 + \dfrac{(1.08 - 1.03) \times 3}{5} = 1.06$
2) 직선보간한 표준편차
$S = 1.06 \times 4 = 4.24 MPa$
3) 배합강도
$f_{cr} = f_{cq} + 1.34S$
$= 40 + 1.34 \times 4.24 = 45.68 MPa$
$f_{cr} = 0.9 f_{cq} + 2.33 S$
$= 0.9 \times 40 + 2.33 \times 4.24$
$= 45.88 MPa$
두 값 중 큰 값이 배합강도이므로
∴ $f_{cr} = 45.88 MPa$

05 콘크리트의 워커빌리티 측정 방법이 아닌 것은?
① 슬럼프 시험 ② Vee-Bee시험
③ 흐름 시험   ④ 지깅 시험

해설
지깅시험(jigging test) : 골재의 단위중량 시험이다.

06 콘크리트의 압축강도를 시험하여 거푸집널을 해체하고자 할 때 다음 표와 같은 조건에서 콘크리트 압축강도는 얼마 이상인 경우 해체가 가능한가?

> · 슬래브 밑면의 거푸집널
> · 콘크리트 설계기준강도 : 20MPa

① 5MPa 이상   ② 10MPa 이상
③ 12MPa 이상   ④ 14MPa 이상

해설

1) $20 \times \dfrac{2}{3} = 13 MPa$
2) 최소 압축강도 14MPa 보다 작으므로 14 사용

[콘크리트 압축강도를 시험한 경우]

부재	콘크리트 압축강도(f_{cu})
확대기초, 보 옆, 기둥 등의 측벽	5MPa 이상
슬래브 및 보의 밑면, 아치 내면	설계기준압축강도의 $\dfrac{2}{3}$ 배 이상, 또한 최소 14MPa 이상

07 콘크리트의 블리딩시험(KS F 2414)에 대한 설명으로 틀린 것은?

① 블리딩 시험은 굵은골재의 최대 치수가 50mm 이하인 경우에 적용한다.
② 콘크리트를 블리딩 용기에 채울 때 콘크리트 표면이 용기의 가장자리에서 3±0.3cm 높아지도록 고른다.
③ 시험 중에는 실온 20±3℃로 한다.
④ 기록한 처음 시각에서 60분 동안 10분마다, 콘크리트 표면에 스며나온 물을 빨아낸다.

해설

블리딩 용기에 채울 때 콘크리트 표면이 용기의 가장자리에서 3±0.3cm낮게 고른다.

08 콘크리트의 알칼리 골재반응을 일으키는 광물이 아닌 것은?

① 석회암   ② 오팔
③ 은미정질의 석영   ④ 화산성 유리

해설

알카리 골재반응과 관련이 없는 물질은 석회암이다.

09 일반콘크리트의 타설 후 다지기에서 내부진동기를 사용할 경우 진동다지기는 얼마 정도의 간격으로 찌르는가?

① 0.2m 이하   ② 0.5m 이하
③ 1.0m 이하   ④ 1.5m 이하

정답 06 ④ 07 ② 08 ① 09 ②

10 프리스트레스트 콘크리트에서 프리스트레싱 할 때의 유의사항에 대한 설명으로 틀린 것은?
① 긴장재에 대한 순차적으로 프리스트레싱을 실시할 경우는 각 단계에 있어서 콘크리트에 유해한 응력이 생기지 않도록 하여야 한다.
② 프리텐션 방식의 경우 긴장재에 주는 인장력은 고정장치의 활동에 의한 손실을 고려하여야 한다.
③ 긴장재에 인장력이 주어지도록 긴장할 때 인장력을 설계 값 이상으로 주었다가 다시 설계값으로 낮추어 정확한 힘이 전달되도록 시공하여야 한다.
④ 프리스트레싱 작업 중에는 어떠한 경우라도 인장장치 또는 고정장치 뒤에 사람이 서 있지 않도록 하여야 한다.

해설
프리스트레싱
긴장재는 각각의 ps 강재에 소정의 인장력이 주어지도록 긴장하여야 한다. 이때 인장력은 설계값 이상으로 긴장해야 한다.

11 프리플레이스트 콘크리트에 사용되는 굵은 골재의 최소 치수에 대한 설명으로 틀린 것은?
① 질량으로 적어도 95% 이상 남는 체중에서 최대 치수의 체눈의 호칭치수로 나타낸 굵은골재의 치수를 말한다.
② 일반적으로 굵은골재의 최대 치수는 최소 치수의 2~4배 정도로 한다.
③ 굵은골재의 최소 치수는 15mm 이상으로 하여야 한다.
④ 굵은골재의 최소 치수가 작을수록 주입모르타르의 주입성이 현저하게 개선된다.

해설
프리플레이스트 콘크리트
1) 굵은골재의 최소치수는 15mm이상,
2) 굵은골재 최소치수가 클수록 주입모르타르의 주입성이 현저히 개선된다.
3) 굵은골재의 최대치수는 부재단면 최소 치수의 1/4이하, 철근콘크리트 경우 철근 순간격의 2/3이하로 하여야 한다.

12 공기 중의 탄산가스의 작용을 받아 콘크리트중의 수산화칼슘이 서서히 탄산칼슘으로 되어 콘크리트가 알칼리성을 상실하는 것을 무엇이라 하는가?
① 알칼리반응　　② 염해
③ 손식　　　　　④ 중성화

해설
중성화에 대한 설명이다.

13 매스(mass)콘크리트의 온도균열을 방지 또는 제어하기 위한 방법으로 잘못된 것은?
① 외부구속을 많이 받는 벽체 구조물의 경우에는 균열유발줄눈을 설치하여 균열발생 위치를 제어하는 것이 효과적이다.
② 콘크리트의 프리쿨링, 파이프쿨링 등에 의한 온도저하 방법을 사용하는 것이 효과적이다.
③ 조강포틀랜드 시멘트 등 조기강도가 큰 시멘트를 사용하여 경화시간을 줄이는 것이 균일 방지에 효과적이다.
④ 팽창콘크리트를 사용하여 균열을 방지하는 것이 효과적이다.

> 해설
> 조강 시멘트를 사용하는 경우 초기강도 확보에 유리하나 대단히 높은 수화열로 인하여 초기 온도 균열발생 커진다.

14 고강도 콘크리트에 대한 일반적인 설명으로 틀린 것은?
① 콘크리트의 강도를 확보하기 위하여 공기 연행제를 사용하는 것을 원칙으로 한다.
② 경량골재 콘크리트인 경우 설계기준압축 강도가 27MPa이상인 콘크리트를 고강도 콘크리트라고 한다.
③ 굵은골재의 최대 치수는 40mm이하로서 가능한 25mm이하로 하여야 한다.
④ 단위 시멘트량은 소요의 워커빌리티 및 강도를 얻을 수 있는 범위 내에서 가능한 한 적게 되도록 시험에 의해 정하여야 한다.

> 해설
> 고강도 콘크리트는 기상의 변화가 심하거나 동결융해에 대한 대책이 필요한 경우를 제외하고는 공기연행제를 사용하지 않는 것을 원칙으로 한다.

15 콘크리트 배합설계에서 잔골재율(S/a)을 작게 하였을 때 나타나는 현상 중 옳지 않은 것은?
① 소요의 워커빌리티를 얻기 위하여 필요한 단위시멘트량이 증가한다.
② 소요의 워커빌리티를 얻기 위하여 필요한 단위수량이 감소한다.
③ 재료분리가 발생되기 쉽다.
④ 워커빌리티가 나빠진다.

> 해설
> 잔골재율이 작게 하면 단위수량이 줄어들고 단위시멘트량이 줄어든다.

16 다음 중 품질관리의 순서로 옳은 것은?
① 계획-실시-검토-조치
② 계획-검토-조치-실시
③ 검토-계획-조치-실시
④ 검토-계획-실시-조치

17 콘크리트 시방배합설계 에서 단위수량 170kg/m³, 물-시멘트비가 40%이고, 시멘트 비중 3.15, 공기량 1.0%로 하는 경우 골재의 절대용적은?

① 0.690m³
② 0.620m³
③ 0.580m³
④ 0.310m³

해설

1) 단위수량

$$\frac{W}{C}=0.4 \text{에서} \quad \frac{170}{C}=0.4 \quad \therefore C=425kg$$

2) 단위골재량 절대체적

$$=1-\left(\frac{\text{단위수량}}{1,000}+\frac{\text{단위시멘트량}}{\text{시멘트비중}\times 1,000}+\frac{\text{공기량}}{100}\right)$$

$$=1-\left(\frac{170}{1,000}+\frac{425}{3.15\times 1,000}+\frac{1}{100}\right)$$

$$=0.69m^3$$

18 다음의 비파괴검사 시험 방법 중 철근배근 조사 방법은?

① 초음파속도법
② 전자파 레이더법
③ 인발법
④ 슈미트 해머법

해설

철근 배근 비파괴 검사법
1) 전자파 레이더법
2) 전자 유도법
3) 방사선법

19 콘크리트의 받아들이기 품질검사 항목에 따른 판정기준으로 틀린 것은?

① 공기량의 허용오차는 ±1.5%이다.
② 염소이온량은 원칙적으로 0.3kg/m³이하이어야 한다.
③ 슬럼프값이 30mm 이상 80mm미만일 경우의 허용오차는 ±15mm이다.
④ 콘크리트 펌프의 최대 이론토출압력에 대한 최대 압송부하의 비율이 70%이하 이어야 한다.

해설

콘크리트 받아들이기 품질검사중 콘크리트 펌프의 최대 이론토출압력에 대한 최대 압송부하의 비율은 80%이하로 한다.

20 고압증기양생을 실시한 콘크리트의 특징에 대한 설명으로 틀린 것은?

① 고압증기양생을 실시한 콘크리트는 용해성의 유리석회가 없기 때문에 백태현상을 감소시킨다.
② 외관은 보통양생한 포틀랜드시멘트 콘크리트 색의 특징과 다르며 주로 흰색을 띤다.
③ 보통양생한 콘크리트에 비해 철근의 부착강도가 증가된다.
④ 고압증기양생한 콘크리트는 어느 정도의 취성을 가진다.

> **해설**
> 고압증기 양생을 하면 백태현상이 감소되나, 부착강도는 보통 양생한 것에 비해 철근의 부착강도가 약 1/2이 되므로 중요 철근 콘크리트 부재에 고압 증기 양생을 하는것은 바람직하지 못하다.

제2과목 건설시공 및 관리

21 벤토나이트 공법을 써서 굴착벽면의 붕괴를 막으면서 굴착된 구멍에 철근 콘크리트를 넣어 말뚝이나 벽체를 연속적으로 만드는 공법은?

① Slurry Wall 공법
② Earth Drill 공법
③ Earth Anchor 공법
④ Open Cut 공법

> **해설**
> Slurry Wall 공법에 대한 설명이다.

22 유토곡선의 성질에 대한 설명으로 틀린 것은?

① 곡선의 상향구간은 절토구간이다.
② 곡선이 기선 아래에서 끝나면 토량의 과잉을 나타낸다.
③ 곡선의 정점과 저점의 차가 두 점간의 전토량을 표시한다.
④ 곡선의 저점은 성토에서 절토로 변이하는 지점이다.

> **해설**
> 곡선이 기선 아래에서 끝나면 토량이 부족한 경우를 나타낸다.

23 교대에서 날개벽(Wing)의 역할로 가장 적당한 것은?

① 배면(背面)토사를 보호하고 교대 부근의 세굴을 방지한다.
② 교대의 하중을 부담한다.
③ 유량을 경감하여 토사의 퇴적을 촉진시킨다.
④ 교량의 상부구조를 지지한다.

24 네트워크 공정표의 장점에 대한 설명으로 틀린 것은?
① 중점관리가 용이하다.
② 전체와 부분의 관련을 이해하기 쉽다.
③ 기자재, 노무 등 배치인원 계획이 합리적으로 이루어진다.
④ 작성 및 수정이 쉽다.

해설
네트워크 공정표는 작성 및 수정이 어렵다.

25 현장에서 타설하는 피어공법 중 시공 시 케이싱 튜브를 인발할 때 철근이 따라 올라오는 공상(共上)현상이 일어나는 단점이 있는 것은?
① 시카고 공법
② 돗바늘 공법
③ 베노토 공법
④ RCD(Reverse Circulation Drill)공법

해설
베노토 공법은 케이싱을 사용함에 따라서 수직도가 불량할 경우 케이싱 인발시 철근망을 끌고 올라오는 공상이 발생될 수 있다.

26 연약지반 개량공법 중 개량 원리가 다른 것은?
① 모래다짐말뚝(sand compaction pile) 공법
② 바이브로 플로테이션(vibro flotation)공법
③ 동다짐(dynamic compaction)공법
④ 선행재하(preloading)공법

해설
선행재하 공법은 점성토 지반에 대한 연약지반 개량 공법이다.

27 우물통의 침하공법 중 초기에는 자중으로 침하되지만 심도가 깊어짐에 따라 레일, 철괴, 콘크리트 블록, 흙가마니 등이 사용되는 공법은 무엇인가?
① 발파에 의한 침하 공법
② 물하중식 침하 공법
③ 재하중에 의한 공법
④ 분기식 침하공법

해설
재하중에 의한 공법 설명이다.

28 다음의 표에서 설명하는 교량 가설공법의 명칭은?

> 캔틸레버 공법의 일종으로 일정한 길이로 분할된 세그먼트를 공장에서 제작하여 가설현장에서는 크레인 등의 가설장비를 이용하여 상부구조를 완성하는 공법

① F.S.M
② I.L.M
③ M.S.S
④ P.S.M

해설
P.S.M 공법에 대한 설명이다.

29 함수비가 큰 점토질 흙의 다짐에 가장 적합한 기계는?
① 로드롤러
② 진동롤러
③ 탬핑롤러
④ 타이어 롤러

해설
점성토 지반에는 정적인 다짐을 할 수 있는 탬핑롤러가 적합하다.

30 뉴메틱 케이슨 기초의 일반적인 특징에 대한 설명으로 틀린 것은?
① 지하수를 저하시키지 않으며, 히빙, 보일링을 방지할 수 있으므로 인접 구조물의 침하 우려가 없다.
② 오픈 케이슨보다 침하공정이 빠르고 장애물 제거가 쉽다.
③ 지형 및 용도에 따른 다양한 형상에 대응 할 수 있다.
④ 소음과 진동이 없어 도심지 공사에 적합하다.

해설
뉴매틱 케이슨 기초는 소음과 진동이 커서 도심지 공사에 적합하지 않다.

31 암거의 매설깊이는 1.8m, 암거와 암거 상부지하수면 최저점과의 거리가 30cm, 지하수면의 구배가 4.5°이다. 지하수면의 깊이를 1m로 하려면 암거간 매설거리는 얼마로 해야 하는가?
① 4.8m
② 12.7m
③ 15.2m
④ 61m

해설

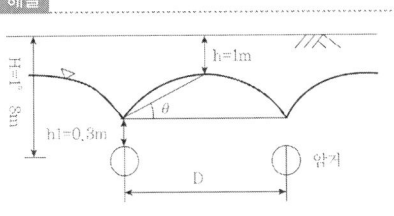

$$D = \frac{2(H-h-h_1)}{\tan \beta} = \frac{2(1.8-1-0.3)}{\tan 4.5°} = 12.71m$$

여기서 D : 암거간격
H : 암거 매설깊이
h : 지하수면의 깊이
h_1 : 암거와 지하수면의 최저점과의 거리
β : 지하수면 구배

32 버킷의 용량이 $0.7m^3$, 버킷계수가 0.9, 작업효율이 0.8, 사이클 타임이 25초일 때 파워 셔블의 시간당 작업량은?(단, 본바닥 토량으로 구하며, 토량변화율 L=1.25, C=0.9)

① $27.4m^3/h$
② $35.5m^3/h$
③ $58.1m^3/h$
④ $54.4m^3/h$

해설

$$Q = \frac{3,600 \cdot q \cdot k \cdot f \cdot E}{C_m}$$

$$= \frac{3,600 \times 0.7 \times 0.9 \times \frac{1}{1.25} \times 0.8}{25}$$

$$= 58.06 m^3/hr$$

33 아스팔트 포장에 주로 발생하는 소성변형의 발생원인에 대한 설명으로 틀린 것은?

① 하절기의 이상 고온
② 아스콘에 아스팔트량이 적을 때
③ 침입도가 큰 아스팔트를 사용한 경우
④ 골재의 최대 치수가 적은 경우

해설

소성변형 대책
1) 아스콘에 설계아스팔트량 보다 가급적 아스팔트량을 적게 사용.
2) 굵은골재 최대치수 13 → 19mm사용
3) 양질의 석분 함량 증가
4) 침입도가 작은 아스팔트 사용

34 함수비 조절과 재료혼합을 위하여 사용되는 기계는?

① 스크레이퍼(Scraper)
② 스태빌라이저(Stabilizer)
③ 콤팩터(Compactor)
④ 불도저(Buldozer)

해설

스태빌라이저에 대한 설명이다.

35 다음의 표에서 설명하는 터널공급의 명칭으로 옳은 것은?

> 함수성 토사층에 철제원통을 수평방향으로 잭에 의하여 추진하면서 굴진하고 그 후미에서 세그먼트를 조립·구축하여 터널을 형성해 가는 공법

① 아일랜드 공법 ② 침매 공법
③ 실드 공법 ④ TBM 공법

해설
쉴드공법에 대한 설명이다.

36 다음의 표에서 설명하는 댐은?

> 초경질 반죽의 빈배합 콘크리트를 덤프 트럭으로 운반을 한 후, 불도저로 고르게 깔고 진동롤러로 다져서 제체를 구축한다.

① Roller compact concrete dam ② Rock fill dam
③ Gravity dam ④ Earthdam

해설
RCCD(Roller Compacted Concrete Dam)에 대한 설명이다.

37 터널굴착 방법 중 기계굴착 방법의 특징에 대한 설명으로 틀린 것은?
① 견고한 암반에 주로 적용한다.
② 폭발물을 사용하지 않으므로 안정성이 높다.
③ 원지반의 이완이 적어서 지보공이 절약된다.
④ 기계의 방향제어를 정확히 관리하면 여굴이 감소하므로 굴착량과 콘크리트량을 절감 할 수 있다.

해설
TBM 공법 산악지대 경암굴착이 가능하며, Shield 공법은 주로 연약지반굴착에 적용이 가능하다.

38 아스팔트 포장설계에 이용되는 최적 아스팔트 함량을 결정하기 위해 마샬 안정도시험을 수행한다. 다음 중 최적 아스팔트 함량 결정에 이용되지 않는 것은?
① 회복탄성계수 ② 공극률
③ 포화도 ④ 흐름치

해설
회복탄성계수는 교통하중이 반복되는 도로조건에서 포장체의 탄성적 거동을 평가하는 실내에서 하는 하중반복재하시험이다.

정답 35 ③ 36 ① 37 ① 38 ①

39 사질토를 재료로 하여 50,000m³의 성토를 하는 경우 굴착토량과 운반토량은 각각 얼마인가? (단, 토량환산계수 L=1.25, C=0.9)

① 36,000m³, 50,000m³
② 40,500m³, 50,625m³
③ 40,500m³, 56,250m³
④ 55,555m³, 69,444m³

해설

1) 굴착토량 $= 50,000 \times \dfrac{1}{C}$
   $= 50,000 \times \dfrac{1}{0.9} = 55,555 m^3$

2) 운반토량 $= 50,000 \times \dfrac{L}{C}$
   $= 50,000 \times \dfrac{1.25}{0.9} = 69,444 m^3$

40 어떤 공사의 공정에 따른 비용 증가율이 다음의 그림과 같을 때 이 공정을 계획보다 3일 단축하고자 하면, 소요되는 추가 직접비용은 얼마인가?

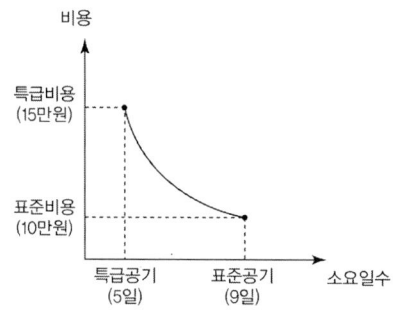

① 40,000원
② 37,500원
③ 35,000원
④ 32,500원

해설

1) 비용경사 $= \dfrac{특급공비 - 표준공비}{표준공기 - 특급공기}$
   $= \dfrac{150,000 - 100,000}{9 - 5}$
   $= 12,500$ 원/일

2) 추가직접비용 $= 3 \times 12,500 = 37,500$ 원

제3과목 건설재료 및 시험

41 시멘트의 응결과 경화에 대한 설명으로 틀린 것은?
① 시멘트는 물과 접해도 바로 굳지 않고 어느 기간 동안 유동성을 유지한 후, 재차 상당한 발열반응과 함께 수화되면서 유동성을 잃게 된다.
② 응결이 10~30분을 벗어나면 이상응결 이라 한다.
③ 시멘트에 석고가 첨가되지 않으면 C_3A가 급격히 수화되어 급결이 일어난다.
④ 수화과정에서 생성된 시멘트 수화물의 겔은 미세한 집합체로서, 시간의 경과에 따라 공극을 채우면서 밀도가 높은 경화체가 되면서 강도를 증가시킨다.

해설
이상응결
시멘트에 주수하여 비빈 후 5~10분후 에 급격히 컨시스턴시가 저하하는 현상으로 비빔을 계속하면 다시 부드러워진다. 모르타르 및 콘크리트에서도 볼 수 있다.

42 고무혼입 아스팔트(rubberized asphalt)를 스트레이트 아스팔트와 비교할 때 다음 설명 중 옳지 않은 것은?
① 응집성 및 부착력이 크다.
② 마찰계수가 크다.
③ 충격저항이 크다.
④ 감온성이 크다.

해설
고무혼입 아스팔트는 스트레이트 아스팔트에 비하여 감온성이 작다.

43 조암광물에 대한 설명 중 틀린 것은?
① 석영은 무색, 투명하며 산 및 풍화에 대 한 저항력이 크다.
② 사장석은 Al, Ca, Na, K 등의 규산화합물이며 풍화에 대한 저항력이 크다.
③ 백운석은 산에 녹기 쉬운 광물이다.
④ 석고는 경도가 1.5~2.0정도이고 입상, 편상, 섬유모양으로 결합되어 있다.

해설
사장석은 주화학 성분은 Al, Ca, Na, K 등의 규산화합물로 이루어져 있으며, 풍화에 대하여 저항력이 작다

44 폭약 취급에 대한 설명으로 틀린 것은?
① 다이너마이트는 직사광선을 피한다.
② 뇌관과 폭약은 함께 보관한다.
③ 운반 중에 충격을 주지 않는다.
④ 흡습, 동결되지 않도록 한다.

해설
뇌관과 폭약은 별도의 장소로 각각 보관해야 한다.

정답 41 ② 42 ④ 43 ② 44 ②

45 역청 유제에 관한 다음 설명 중 옳지 않은 것은?

① 점토계 유제는 유화제로서 벤토나이트, 점토무기수산화물과 같이 물에 녹지 않는 광물질을 수중에 분산시켜 이것에 역청제를 가하여 유화시킨 것으로서 유화액은 산성이다.
② 음이온계 유제는 적당한 유화제를 가하여 희박알칼리 수용액 중에 아스팔트 입자를 분산시켜 생성한 미립자 표면을 전기적으로 부(-)로 대전시킨 것이다.
③ 양이온계 유제의 유화액은 산성이다.
④ 역청 유제는 유제의 분해 속도에 따라 RS, MS, SS의 세 종류로 분류할 수 있다.

해설
역청 유제(유화아스팔트)
점토계 유제는 물에 잘 녹는 광물질로 수중에 분산시켜 이것에 역청제를 가하여 유화시킨 것으로 유화액은 약산성이다.

46 플라이 애시의 품질시험 항목에 포함되지 않는 것은?

① 이산화규소(%) 함유량
② 강열감량(%)
③ 활성도 지수(%)
④ 길이변화(%)

해설
플라이 애시의 품질규격(KSF 5405)

항목	규정치
이산화규소[%]	45이상
수분[%]	1이하
강열감량[%]	5이하
활성도지수(재령28일)[%]	60이상

47 역청재료의 점도를 측정하는 시험방법이 아닌 것은?

① 앵글러법
② 세이볼트법
③ 환구법
④ 스토미법

해설
환구법 : 역체재료의 연화점을 알아내는 시험방법이다.

48 목재에 대한 일반적인 설명으로 틀린 것은?

① 목재가 공극을 포함하지 않은 실제 부분의 비중을 진비중이라 하며, 일반적으로 1.48~1.56정도이다.
② 목재의 함수율의 변화에 따라 현저한 체적변화가 생긴다.
③ 일반적으로 목재의 강도는 비중에 반비례 하므로 비중을 알면 강도 및 탄성계수를 추정할 수 있다.
④ 목재의 강도 및 탄성은 하중의 작용방향과 섬유방향의 관계에 따라 현저한 차이가 생긴다.

해설
목재의 강도는 비중과 비례하여 클수록 강도는 증가된다.

49 다음 중 재료에 작용하는 반복하중과 관계 있는 성질은?

① 크리프(creep)
② 건조수축(dry shrinkage)
③ 응력완화(relaxation)
④ 피로(fatigue)

해설
피로는 재료에 작용하는 반복하중과 관계있는 성질로서, 반복하중에 의하여 정적하중강도보다 작은하중 하에서 피로파괴시 강도를 피로강도라고 한다.

50 잔골재 밀도시험의 결과가 다음과 같을 때 이 잔골재의 진밀도는?

- 검정된 용량을 나타낸 눈금까지 물을 채운 플라스크의 질량 : 670g
- 표면건조포화상태 시료의 질량 : 500g
- 절대건조상태 시료의 질량 : 495g
- 시료와 물로 검정된 용량을 나타낸 눈금까지 채운 플라스크의 질량 : 980g
- 시험온도에서의 물의 밀도 : 0.997g/cm³

① 2.62g/cm³
② 2.67g/cm³
③ 2.71g/cm³
④ 2.75g/cm³

해설

1) 잔골재의 진밀도

$$= \frac{A}{B+A-C} \times \rho_w$$

$$= \frac{495}{670+495-980} \times 0.997 = 2.67 g/cm^3$$

2) 절대건조 상태의 밀도

$$= \frac{A}{B+m-C} \times \rho_w$$

3) 표면건조 포화상태의 밀도

$$= \frac{m}{B+m-C} \times \rho_w$$

여기서, A : 절대 건조 상태의 질량(g)
m : 표면건조포화상태 시료의 질량(g)
B : 물을 검정선까지 채운 플라스크의 질량 (g)
C : 시료와 물을 검정선까지 채운 플라스크의 질량(g)
ρ_w : 시험온도에서 물이 밀도(g/cm^3)

51 시멘트의 분말도(粉末度)에 대한 설명으로 틀린 것은?

① 분말도 시험방법에는 표준체($45\mu m$)에 의한 방법과 비표면적을 구하는 블레인 방법 등이 있다.
② 비표면적이란 시멘트 1g의 입자의 전표면적을 cm^2로 나타낸 것으로 시멘트의 분말도를 나타낸다.
③ KS L 5201에 규정된 포틀랜드 시멘트의 분말도는 2,000cm^2/g이상이다.
④ 시멘트의 품질이 일정한 경우 분말도가 클수록 수화작용이 촉진되므로 응결이 빠르며 초기강도가 높아진다.

해설

시멘트 분말도 규격(KS L 5201)

시멘트의 종류		비표면적(cm^2/g)
포틀랜드 시멘트	보통	2,800이상
	중용열	2,800이상
	조강	3,300이상

52 플라이애시를 사용한 콘크리트의 특성으로 옳은 것은?

① 작업성 저하
② 단위수량 감소
③ 수화열 증가
④ 건조수축 증가

해설

플라이애쉬를 사용한 콘크리트는 워커빌러티가 좋아지고 단위수량이 감소한다.

53 다음 중 시멘트 저장 시 주의사항으로 옳지 않은 것은?

① 포대시멘트 쌓기의 높이는 13포대를 한도로 한다.
② 저장 중에 약간이라도 굳은 시멘트는 공사에 사용하지 않아야 한다.
③ 통풍이 잘 되도록 환기창을 설치하는 것이 좋다.
④ 포대시멘트는 지면에서 0.3m 이상 떨어진 마루 위에 저장한다.

54 혼화재료에 대한 다음 설명 중 옳은 것은?

① 지연제는 분자가 상당히 작아 시멘트입자 표면에 흡착되어 물과 시멘트와의 접촉을 차단하여 조기 수화작용을 빠르게 한다.
② 감수제는 시멘트의 입자를 분산시켜 시멘트풀의 유동성을 감소시키거나 워커빌리티를 좋게 한다.
③ 경화촉진제는 순도가 높은 염화칼슘을 사용하며 시멘트 질량의 4~6% 정도 넣어 사용하면 강도가 증가한다.
④ 포졸란을 사용하면 시멘트가 절약되며 콘크리트의 장기강도와 수밀성이 커진다.

해설

포졸란을 사용하면 콘크리트 장기강도 증진 및 수밀성, 내구성이 향상된다.

정답 51 ③ 52 ② 53 ③ 54 ④

55 골재의 체가름시험에 대한 설명으로 틀린 것은?
① 굵은골재의 경우 사용하는 골재의 최대치수(mm)의 2배를 시료의 최소 건조 질량(kg)으로 한다.
② 시험에 사용할 시료는 105±5℃에서 24시간, 일정 질량이 될 때까지 건조시킨다.
③ 체가름은 1분간 각 체를 통과하는 것이 전시료질량의 0.1%이하로 될 때까지 작업을 한다.
④ 체 눈에 막힌 알갱이는 파쇄되지 않도록 주의하면서 되밀어 체에 남은 시료로 간주한다.

해설
체가름시험(KSF 2502)

굵은 골재 최대치수(mm)	시료의 양(kg)
20	4
25	5
40	8

56 다음의 표에서 설명하는 것은?

- 시멘트를 염산 및 탄산나트륨용액에 넣었을 때 녹지 않고 남는 부분을 말한다.
- 이 양은 소성반응의 완전여부를 알아내는 척도가 된다.
- 보통 포틀랜드시멘트의 경우 이 양은 일반적으로 점토성분의 미소성에 의하여 발생되며 약 0.1~0.6% 정도이다.

① 강열감량 ② 불용해잔분
③ 수경률   ④ 규산율

해설
불용해 잔분에 대한 설명이다.

57 강을 적당한 온도(800~1000℃)로 일정한 시간 가열한 후 로 안에서 천천히 냉각시켜 가공성과 기계적, 물리적 성질을 향상시키는 열처리 방법은?
① 풀림   ② 불림
③ 담금질   ④ 뜨임질

해설
풀림 : 강을 적당한 온도(800~1000℃)로 일정한 시간 가열한 후에 용광로 안에서 서서히 냉각시키는 방법

58 지오텍스타일의 특징에 관한 설명으로 틀린 것은?
① 인장강도가 크다.   ② 수축을 방지한다.
③ 탄성계수가 크다.   ④ 열에 강하고 무게가 무겁다.

해설
토목섬유는 열에 취약하고 무게가 가볍다.

59 골재의 단위용적질량이 1.8t/m³, 밀도가 2.6g/cm³일 때 이 골재의 공극률은?

① 65.4%
② 52.9%
③ 47.1%
④ 30.8%

해설

1) 실적률 = $\dfrac{골재의\ 단위용적질량}{골재의\ 절건밀도} \times 100$

   $= \dfrac{1.8}{2.6} \times 100 = 69.2\%$

2) 공극률 = 100 − 실적률
   = 30.77%

60 석재로서 화강암의 특징을 설명한 것으로 틀린 것은?

① 내화성이 강하므로 고열을 받는 내화용재료로 많이 사용된다.
② 조직이 균일하고 내구성 및 강도가 크다.
③ 균열이 적기 때문에 비교적 큰 재료를 채취할 수 있다.
④ 외관이 아름다워 장식재료로 사용할 수 있다.

해설

화강암은 내화성에 취약하다.

제4과목 토질 및 기초

61 실내시험에 의한 점토의 강도증가율(C_u/P)산정 방법이 아닌 것은?

① 소성지수에 의한 방법
② 비배수 전단강도에 의한 방법
③ 압밀비배수 삼축압축시험에 의한 방법
④ 직접전단시험에 의한 방법

해설

강도 증가율 추정법
1) 비배수 전단강도에 의한 방법(UU시험)
2) $\overline{CU}$시험에 의한 방법
3) CU시험에 의한 방법
4) 소성지수에 의한 방법
5) 액성한계에 의한 방법

62 점성토시료를 교란시켜 재성형을 한 경우 시간이 지남에 따라 강도가 증가하는 현상을 나타내는 용어는?

① 크립(creep) ② 틱소트로피(thixotropy)
③ 이방성(anisotropy) ④ 아이소크론(isocron)

해설
점토를 재성형(교란)한 시료를 함수비의 변화없이 그대로 방치하여 두면 시간이 경과되면서 어느정도 강도가 회복되는데 이러한 현상을 딕소트로피현상이라 한다.

63 두께 2cm인 점토시료의 압밀시험 결과 전 압밀량의 90%에 도달하는 데 1시간이 걸렸다. 만일 같은 조건에서 같은 점토로 이루어진 3m의 토층 위에 구조물을 축조한 경우 최종침하량의 90%에 도달하는 데 걸리는 시간은?

① 약 250일 ② 약 368일
③ 약 938일 ④ 약 525일

해설

1) $t_{90} = \dfrac{0.848H^2}{C_v}$

$1 = \dfrac{0.848 \times \left(\dfrac{0.02}{2}\right)^2}{C_v}$

∴ $C_v = 8.48 \times 10^{-5} m^2/hr$

2) $t_{90} = \dfrac{0.848H^2}{C_v} = \dfrac{0.848 \times \left(\dfrac{3}{2}\right)^2}{8.48 \times 10^{-5}}$

$= \dfrac{22,500}{24} = 938$일

64 무게 400kg의 드롭해머로 3.5m 높이에서 말뚝을 타입할 때 1회 타격당 최종침하량이 1.5cm 발생하였다. Sander 공식을 이용하여 산정한 말뚝의 허용지지력은?

① 11.7t ② 8.61t
③ 9.37t ④ 15.67t

해설
$R_a = \dfrac{Wh}{8s} = \dfrac{0.4 \times 350}{8 \times 1.5} = 11.7t$

정답 62 ② 63 ③ 64 ①

65 점착력이 0.1kg/cm², 내부마찰각이 35°인 흙에 수직응력 25kg/cm²을 가할 경우 전단 응력은?

① 20.1kg/cm² ② 6.76kg/cm²
③ 1.16kg/cm² ④ 17.61kg/cm²

해설

$\tau = c + \bar{\sigma} \tan \phi$
$= 0.1 + 25 \times \tan 35°$
$= 17.61 kg/cm^2$

66 4m×4m인 정사각형 기초를 내부마찰각 $\phi = 20°$, 점착력 $c = 2t/m^2$인 지반에 설치하였다. 흙의 단위중량 $\gamma = 1.8t/m^3$이고 안전율이 3일 때 기초의 허용하중은?(단, 기초의 깊이는 1m이고 $N_q = 7.44$, $N_\gamma = 4.97$, $N_c = 16.65$이다.)

① 450t ② 379t
③ 675t ④ 814t

해설

1) $q_u = \alpha c N_c + \beta B_{\gamma 1} N_\gamma + D_f \gamma_2 N_q$
$= 1.3 \times 2 \times 16.65 + 0.4 \times 4 \times 1.8 \times 4.97 + 1 \times 1.8 \times 7.44$
$= 71 t/m^2$

2) $q_a = \dfrac{q_u}{F_s} = \dfrac{71}{3} = 23.67 t/m^2$

3) $P = q_a \times A = 23.67 \times (4 \times 4) = 379 t$

67 두 개의 기둥하중 Q_1=35t, Q_2=25t을 받기 위한 사다리꼴 기초의 폭 B_1, B_2를 구하면?(단, 지반의 허용지지력 $q_a = 2.5t/m^2$)

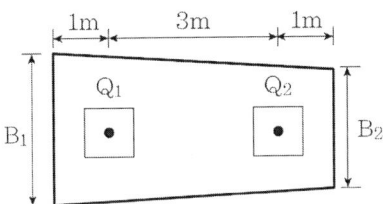

① $B_1 = 7.2m$, $B_2 = 2.8m$
② $B_1 = 7.8m$, $B_2 = 2.2m$
③ $B_1 = 6.2m$, $B_2 = 3.8m$
④ $B_1 = 6.2m$, $B_2 = 3.4m$

해설

1) $\sum V = 0$

$$Q_1 + Q_2 = q_a \cdot \left(\frac{B_1 + B_2}{2} \times L\right)$$

$$35 + 25 = 2.5 \times \left(\frac{B_1 + B_2}{2} \times 5\right)$$

$$\therefore B_1 + B_2 = 9.6m \cdots \text{ⓐ}$$

2) $\sum M_0 = 0$

$$Q_1 \times L_1 + Q_2 \times L_2$$
$$= q_a \times \left(\frac{B_1 + B_2}{2} \times L\right) \times \left(\frac{B_1 + 2B_2}{B_1 + B_2} \times \frac{5}{3}\right)$$

$$35 \times 1 + 25 \times 4$$
$$= 2.5 \times \left(\frac{B_1 + B_2}{2} \times 5\right) \times \left(\frac{B_1 + 2B_2}{B_1 + B_2} \times \frac{5}{3}\right) \cdots \text{ⓑ}$$

식 ⓐ를 식 ⓑ에 대입하여 정리하면
$B_1 = 6.2m$, $B_2 = 3.4m$

68 입경가적곡선에서 가적통과율 30%에 해당하는 입경이 $D_{30} = 1.2mm$일 때 다음 설명 중 옳은 것은?

① 균등계수를 계산하는 데 사용된다.
② 이 흙의 유효입경은 1.2mm이다.
③ 시료의 전체무게 중에서 30%가 1.2mm 보다 작은 입자이다.
④ 시료의 전체무게 중에서 30%가 1.2mm 보다 큰 입자이다.

해설

시료의 전체 무게중 통과중량백분율 30% 는 1.2mm 시료보다 작은입자이다.

69 함수비 18%의 흙 600kg을 함수비 24%로 만들려고 한다. 추가해야 하는 물의 양은?

① 80.41kg
② 54.52kg
③ 38.92kg
④ 30.51kg

해설

1) 함수비 18%일 때
$$W_w = \frac{wW}{100+w} = \frac{18 \times 600}{100+18} = 91.53 kg$$

2) 추가시킬 물무게
$$18 : 91.53 = (24-18) : x$$
$$x = \frac{91.53 \times (24-18)}{18} = 30.51 kg$$

70 그림과 같이 3층으로 되어 있는 성토층의 수평방향의 평균투수계수는?

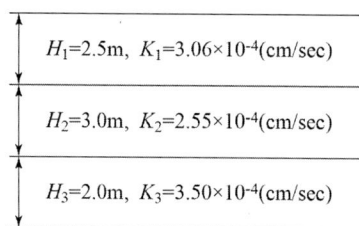

① 2.97×10^{-4} cm/sec
② 3.04×10^{-4} cm/sec
③ 6.97×10^{-4} cm/sec
④ 4.04×10^{-4} cm/sec

해설

$$K_h = \frac{K_1 h_1 + K_2 h_2 + K_3 h_3}{H}$$
$$= \frac{\{3.06 \times 10^{-4} \times 250 + 2.55 \times 10^{-4} \times 300 + 3.5 \times 10^{-4} \times 200\}}{250+300+200}$$
$$= 2.97 \times 10^{-4} cm/\sec$$

71 활동면 위의 흙을 몇 개의 연직 평행한 절편으로 나누어 사면의 안정을 해석하는 방법이 아닌 것은?

① Fellenius 방법
② 마찰원법
③ Spencer 방법
④ Bishop의 간편법

해설

절편법
1) Fellenius 방법
2) Bishop 방법
3) Spencer 방법
4) janbu 방법

72 다음 그림과 같은 Sampler에서 면적비는 얼마인가?

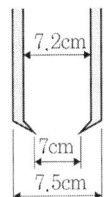

① 5.80%   ② 5.97%
③ 14.62% ④ 14.80%

해설

$$A_r = \frac{D_w^2 - D_e^2}{D_e^2} \times 100$$
$$= \frac{7.5^2 - 7^2}{7^2} \times 100$$
$$= 14.79\%$$

73 다음 중 사운딩시험이 아닌 것은?

① 표준관입시험   ② 평판재하시험
③ 콘관입시험   ④ 베인시험

해설

사운딩은 지반에 저항체로 관입, 회전, 인발의 과정을 통해 지반의 지지력을 알아보는 시험으로 평판재하시험은 해당되지 않는다.

74 $\gamma_t = 1.8 t/m^3$, $c_u = 5.0 t/m^2$, $\phi = 0$의 점토지반을 수평면과 $45°$의 기울기로 굴착하려고 한다. 안전율을 2.0으로 가정하여 평면활동 이론에 의해 굴착깊이를 결정하면?

① 2.80m   ② 5.60m
③ 13.4m   ④ 9.84m

해설

평면파괴면을 갖는 사면의(culmann)의 도해법에 의한 한계고

1) $H_c = \frac{4c}{\gamma_t}\left[\frac{\sin\beta \cdot \cos\phi}{1-\cos(\beta-\phi)}\right]$

$= \frac{4 \times 5}{1.8}\left[\frac{\sin 45° \cdot \cos 0°}{1-\cos(45°-0)}\right]$

$= 26.8 m$

2) $F_s = \frac{H_c}{H}$

$2 = \frac{26.8}{H}$

$\therefore H = 13.4 m$

75 1.5m×3m 크기의 직사각형 기초에 5t/m²의 등분포하중이 작용할 때 기초 아래 10m 되는 깊이에서의 응력증가량을 2:1분포법으로 구한 값은?

① 0.15t/m²
② 0.54t/m²
③ 1.33t/m²
④ 1.83t/m²

해설

$$\triangle \sigma_v = \frac{B \cdot L \cdot q_s}{(B+Z)(L+Z)}$$
$$= \frac{1.5 \times 3 \times 5}{(1.5+10)(3+10)} = 0.15 t/m^2$$

76 접지압(또는 지반반력)이 그림과 같이 되는 경우는?

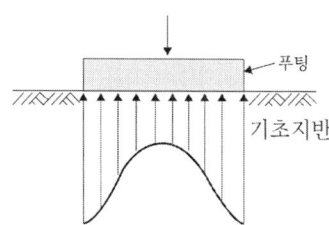

① 푸팅 : 강성, 기초지반 : 점토
② 푸팅 : 강성, 기초지반 : 모래
③ 푸팅 : 연성, 기초지반 : 점토
④ 푸팅 : 연성, 기초지반 : 모래

해설
강성기초형태로 점성토 지반의 지반반력 형태이다.

77 현장에서 다짐된 사질토의 상대다짐도가 95%이고 최대 및 최소 건조단위중량이 각각 1.80t/m³, 1.5t/m³이라고 할 때 현장시료의 상대밀도는?

① 64%
② 74%
③ 69%
④ 59%

해설

1) $C_d = \frac{\gamma_d}{\gamma_{d\max}} \times 100$

   $95 = \frac{\gamma_d}{1.80} \times 100$

   $\therefore \gamma_d = 1.71 t/m^3$

2) $D_r = \frac{\gamma_{d\max}}{\gamma_d} \times \frac{\gamma_d - \gamma_{d\min}}{\gamma_{d\max} - \gamma_{d\min}}$

   $= \frac{1.8}{1.71} \times \frac{1.71 - 1.5}{1.80 - 1.5} \times 100$

   $= 73.68\%$

78 그림과 같은 옹벽배면에 작용하는 토압의 크기를 Rankinge의 토압공식으로 구하면?

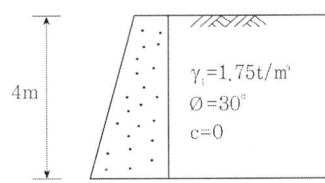

① 3.2t/m
② 3.7t/m
③ 4.7t/m
④ 5.2t/m

해설

1) $K_a = \tan^2\left(45° - \dfrac{\phi}{2}\right)$
   $= \tan^2\left(45° - \dfrac{30°}{2}\right)$
   $= \dfrac{1}{3}$

2) $P_a = \dfrac{1}{2}\gamma_t h^2 K_a$
   $= \dfrac{1}{2} \times 1.75 \times 4^2 \times \dfrac{1}{3}$
   $= 4.67 t/m$

79 도로의 평판재하시험을 끝낼 수 있는 조건이 아닌 것은?
① 하중강도가 현장에서 예상되는 최대접지압을 초과 시
② 하중강도가 그 지반의 항복점을 넘을 때
③ 침하가 더 이상 일어나지 않을 때
④ 침하량이 15mm에 달할 때

해설

평판재하시험(PBT-test)종료 조건
1) 침하량이 15mm에 달할 때
2) 하중강도가 최대접지압을 넘거나 또는 지반의 항복점을 초과할 때

80 그림의 유선망에 대한 설명 중 틀린 것은? (단, 흙의 투수계수는 3.5×10^{-3} cm/sec)

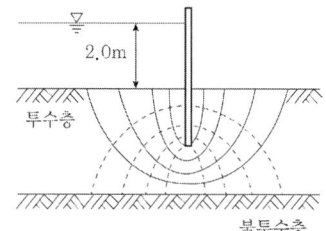

① 유선의 수=6　　　　　　② 등수두선의 수=6
③ 유로의 수=5　　　　　　④ 전침투유량 Q=0.3889cm³/sec

> **해설**

1) 유선의 수 : 6개
2) 등수두선의 수 : 10개
3) 유면 : 5개
4) 등수두면 : 9개
5) 침투수량

$$Q = KH \frac{N_f(\text{유면수})}{N_d(\text{등수두면수})}$$
$$= (3.5 \times 10^{-3}) \times 200 \times \frac{5}{9}$$
$$= 0.3889 cm^3/\sec$$

2016 기출문제
제1회 건설재료시험기사

제1과목 콘크리트공학

01 아래의 조건에서 콘크리트의 배합강도를 결정하면?

[조 건]
- 설계기준 압축강도(f_{ck}) : 40MPa
- 압축강도의 시험횟수 : 23회
- 23회의 압축강도시험으로부터 구한 표준편차 : 6MPa
- 압축강도 시험회수 20회, 25회인 경우 표준편차의 보정계수 : 1.08, 1.03

① 48.5MPa ② 49.6MPa
③ 50.7MPa ④ 51.2MPa

해설

1) 23회일 때 직선보간을 한 표준편차의 보정계수
$$\alpha = 1.03 + \frac{(1.08-1.03)\times 2}{5} = 1.05$$

2) 직선보간한 표준편차
$S = 1.05 \times 6.0 = 6.3 MPa$

3) $f_{ck} > 35MPa$이므로
$f_{cr} = f_{ck} + 1.34S = 40 + 1.34 \times 6.3$
$\quad = 48.44 MPa$
$f_{cr} = 0.9 \cdot f_{ck} + 2.33S$
$\quad = 0.9 \times 40 + 2.33 \times 6.3$
$\quad = 50.68 MPa$

상기값 중 큰 값이 배합강도이므로
$f_{cr} = 50.7 MPa$

02 한중 콘크리트에서 주위의 기온이 영하 6°C, 비볐을 때의 콘크리트 온도가 15°C, 비빈 후부터 타설이 끝났을 때의 시간은 2시간이 소요되었다면 콘크리트 타설이 끝났을 때 콘크리트 온도는?

① 6.7°C
② 7.2°C
③ 7.8°C
④ 8.7°C

해설
한중콘크리트 타설완료 후 콘크리트 온도
$T_2 = T_1 - 0.15(T_1 - T_0) \cdot t$
 $= 15 - 0.15(15-(-6)) \times 2$
 $= 8.7°C$
여기서 T_2 : 타설후 콘크리트 온도(°C)
  T_1 : 비볐을 때 콘크리트 온도(°C)
  T_0 : 주위의 온도(°C)
  t : 비빈후부터 타설이 끝났을 때까지의 시간

03 굳은 콘크리트의 압축강도 시험에서 시험조건에 따른 강도의 변화에 대한 설명으로 틀린 것은?
① 완전히 건조된 공시체가 포화된 공시체보다 강도가 크게 되는 경향이 있다.
② 재하속도가 빠를수록 강도가 크게 나타난다.
③ 공시체가 같은 형상일 경우 공시체의 치수가 클수록 강도는 작게 된다.
④ 편심재하를 할 경우 강도가 크게 나타난다.

해설
편심재하(요철)를 할 경우 강도가 작게 나타난다.

04 콘크리트 다지기에 대한 설명으로 틀린 것은?
① 콘크리트 다지기에는 내부진동기 사용을 원칙으로 한다.
② 내부진동기는 콘크리트로부터 천천히 빼내어 구멍이 남지 않도록 해야 한다.
③ 내부진동기는 될 수 있는 대로 연직으로 일정한 간격으로 찔러 넣는다.
④ 콘크리트가 한 쪽에 치우쳐 있을 때는 내부진동기로 평평하게 이동시켜야 한다.

해설
내부진동기로 콘크리트를 횡방향으로 이동시킬 목적으로 사용하지 않는다.

05 프리플레이스트 콘크리트에 대한 일반적인 설명으로 틀린 것은?
① 사용하는 잔골재의 조립률은 1.4 ~ 2.2 범위로 한다.
② 대규모 프리플레이스트 콘크리트를 대상으로 할 경우, 굵은 골재의 최소 치수를 작게 하는 것이 효과적이다.
③ 프리플레이스트 콘크리트의 강도는 원칙적으로 재령 28일 또는 재령 91일의 압축강도를 기준으로 한다.
④ 굵은 골재의 최소 치수는 15mm이상, 굵은 골재의 최대 치수는 부재단면 최소치수의 1/4 이하, 철근 콘크리트의 경우 철근 순간격의 2/3 이하로 하여야 한다.

해설
대규모 프리플레이스트 콘크리트를 대상으로 할 경우, 굵은 골재의 최소 치수가 클수록 주입모르타르의 주입성이 현저히 개선되므로 굵은골재 최소치수는 40mm 이상이어야 한다.

06 고압증기양생을 한 콘크리트의 특징에 대한 설명으로 틀린 것은?
① 매우 짧은 기간에 고강도가 얻어진다.
② 황산염에 대한 저항성이 증대된다.
③ 건조수축이 증가한다.
④ 철근의 부착강도가 감소한다.

해설
고압증기 양생은 표준온도로 양생한 콘크리트에 비하여 수축률이 다소 감소하는 경향이 있다.

07 설계기준강도가 21MPa인 콘크리트로부터 5개의 공시체를 만들어 압축강도 시험을 한 결과 압축강도가 아래의 표와 같았다. 품질관리를 위한 압축강도의 변동계수값은 약 얼마인가?(단, 표준편차는 불편분산의 개념으로 구할 것)

22, 23, 24, 27, 29 (MPa)

① 11.7%   ② 13.6%
③ 15.2%   ④ 17.4%

해설
1) 변동계수
$$변동계수(V) = \frac{S}{\overline{x}} \times 100(\%) = \frac{2.92}{25} \times 100 = 11.7\%$$

2) 표준편차
$$S = \sqrt{\frac{\sum(X_i - \overline{x})^2}{n-1}} = \sqrt{\frac{34}{4}} = 2.92$$

정답 05 ② 06 ③ 07 ①

3) 압축강도 시험 평균값

$$\bar{x} = \frac{22+23+24+27+29}{5} = 25$$

4) 편차의 제곱합

$$\Sigma(22-25)^2 + (23-25)^2 + (24-25)^2 + (27-25)^2 + (29-25)^2 = 34$$

여기서 V : 변동계수
       S : 표준편차
       X_i : 각 강도의 시험값
       $\bar{x}$: n회의 압축강도 시험 평균값
       n : 압축강도 시험횟수
       $\Sigma(X_i - \bar{x})^2$: 편차의 제곱합

08 프리스트레스트 콘크리트(PSC)를 철근콘크리트(RC)와 비교할 때 사용재료와 역학적 성질의 특징에 대한 설명으로 틀린 것은?

① 부재 전단면의 유효한 이용
② 부재의 탄성과 복원성이 뛰어남
③ 긴장재로 인한 자중과 전단력의 증가
④ 고강도 콘크리트와 고강도 강재의 사용

해설

긴장재로 인하여 콘크리트 자중감소 및 콘크리트 하단부에 발생되는 인장응력에 상쇄하는 압축응력 도입으로 콘크리트 역학적 성질을 개선시킨다.

09 숏크리트의 특징에 대한 설명으로 틀린 것은?

① 임의 방향으로 시공 가능하나 리바운드 등의 재료손실이 많다.
② 용수가 있는 곳에서도 시공하기 쉽다.
③ 노즐맨의 기술에 의하여 품질, 시공성 등에 변동이 생긴다.
④ 수밀성이 적고 작업 시에 분진이 생긴다.

해설

용수가 있는 곳에서는 작업성이 떨어지며 리바운드량 발생이 증가된다.

10 시방배합상의 잔골재의 양은 500kg/m³이고 굵은골재의 양은 1000kg/m³이다. 표면수량은 각각 5%와 3%이었다. 현장배합으로 환산한 잔골재와 굵은골재의 양은?

① 잔골재 : 525kg/m³, 굵은골재 : 1030kg/m³
② 잔골재 : 475kg/m³, 굵은골재 : 970kg/m³
③ 잔골재 : 470kg/m³, 굵은골재 : 975kg/m³
④ 잔골재 : 520kg/m³, 굵은골재 : 1025kg/m³

> 해설
1) 잔골재량
 · 잔골재 표면수량 $500 \times 0.05 = 25 kg$
 · 잔골재량 : $500 + 25 = 525 kg$
2) 굵은골재량
 · 굵은골재 표면수량 $1,000 \times 0.03 = 30 kg$
 · 굵은골재량 : $1,000 + 30 = 1,030 kg$

11 프리스트레스트 콘크리트에 대한 일반적인 설명으로 틀린 것은?

① 굵은 골재 최대 치수는 보통의 경우 40mm를 표준으로 한다.
② 프리스트레스트 콘크리트그라우트에 사용하는 혼화제는 블리딩 발생이 없는 타입의 사용을 표준으로 한다.
③ 그라우트되는 다수의 강선, 강연선 또는 강봉을 배치하기 위한 덕트는 내부 단면적이 긴장재 단면적의 2배 이상이어야 한다.
④ 프리텐션 방식에서 프리스트레싱할 때의 콘크리트의 압축강도는 30MPa이상이어야 한다.

> 해설
프리스트레스트 콘크리트의 굵은골재 최대치수 표준은 25mm를 기준으로 한다.

12 아래 표와 같은 조건의 시방배합에서 굵은골재의 단위량은 약 얼마인가?

| · 단위수량=189kg, S/a=40%, W/C=50% · 시멘트 밀도=3.15g/cm³ |
| · 잔골재표건밀도=2.6g/cm³   · 굵은골재표건밀도=2.7g/cm³ |
| · 공기량=1.5% |

① 945kg   ② 1015kg
③ 1052kg   ④ 1095kg

> 해설
1) 단위 골재량 전체체적 $V_{(S+G)}$
$$1 - \left(\frac{189}{1,000} + \frac{378}{3.15 \times 1,000} + \frac{1.5}{100}\right) = 0.676 m^3$$
2) 단위 잔골재량
$= 0.676 \times 0.4 \times 2.6 \times 1,000 = 703 kg$
3) 단위 굵은골재량
$= 0.676 \times (1-0.4) \times 2.7 \times 1,000 = 1,095 kg$

13 경량골재 콘크리트의 배합에 대한 설명으로 틀린 것은?
① 경량골재 콘크리트는 공기연행 콘크리트로 하는 것을 원칙으로 한다.
② 슬럼프는 일반적인 경우 대체로 50~180mm를 표준으로 한다.
③ 경량골재 콘크리트의 공기량은 일반 골재를 사용한 콘크리트보다 1% 정도 작게 하여야 한다.
④ 경량골재 콘크리트의 시방배합의 표시는 골재의 질량으로 표시하지 않고 함수 상태에 따라 변화가 없는 절대용적으로 표시하여야 한다.

해설
경량골재 콘크리트의 공기량은 일반 골재를 사용한 콘크리트보다 1% 정도 크게 하여야 한다.

14 콘크리트의 배합에서 굵은 골재의 최대치수를 증대시켰을 경우 발생되는 사항으로 틀린 것은?
① 단위시멘트량이 증가한다.
② 공기량이 작아진다
③ 잔골재율이 작아진다.
④ 단위수량을 줄일 수 있다.

해설
굵은골재 최대치수를 증대하였을 경우 단위시멘트량이 줄어든다.

15 콘크리트 타설에 대한 설명 중 옳지 않은 것은?
① 콘크리트를 2층 이상으로 나누어 타설할 경우, 상층의 콘크리트 타설은 원칙적으로 하층의 콘크리트가 굳기 시작하기 전에 해야 한다.
② 콘크리트 타설 도중에 표면에 떠올라 고인 블리딩 수가 있을 경우에는 표면에 도랑을 만들어 제거하여야 한다.
③ 한 구획 내의 콘크리트는 타설이 완료될때까지 연속해서 타설해야 한다.
④ 콘크리트는 그 표면이 한 구획 내에서는 거의 수평이 되도록 타설하는 것을 원칙으로 한다.

해설
블리딩 수가 있을 경우 표면에 도랑을 만드는 경우 하자(누수)의 원인이 될 수 있다.

16 콘크리트에 발생되는 크리프에 대한 설명 중 틀린 것은?
① 시멘트량이 많을수록 크리프는 증가한다.
② 온도가 낮을수록 크리프는 증가한다.
③ 조강 시멘트는 보통 시멘트보다 크리프가 작다.
④ 부재의 치수가 작을수록 크리프는 증가한다.

해설
온도가 낮을수록 크리프는 감소한다.

17 페놀프탈레인 1% 알콜용액을 구조체 콘크리트 또는 코어공시체에 분무하여 측정할 수 있는 것은?
① 균열폭과 깊이
② 철근의 부식정도
③ 콘크리트의 투수성
④ 콘크리트의 탄산화깊이

해설
페놀프탈레인 용액 1% 알콜용액으로 코어 공시체로부터 콘크리트 중성화(탄산화) 깊이를 파악할 수 있다.

18 콘크리트 비비기에 대한 설명으로 틀린 것은?
① 강제식 믹서를 사용하여 비비기를 할 경우 비비기 시간은 최소 1분 이상을 표준으로 한다.
② 비비기는 미리 정해둔 비비기 시간의 5배 이상 계속하지 않아야 한다.
③ 비비기를 시작하기 전에 미리 믹서 내부를 모르타르로 부착시켜야 한다.
④ 연속믹서를 사용할 경우, 비비기 시작 후 최초에 배출되는 콘크리트는 사용하지 않아야 한다.

해설
비비기는 미리 정해둔 비비기 시간의 3배 이상 계속하지 않아야 한다.

19 직경이 150mm이고 높이가 300mm인 원주형 콘크리트 공시체를 쪼갬인장강도 시험한 결과 최대 강도가 141.4kN 이었다. 이 공시체의 인장강도는?
① 6.3MPa
② 3.1MPa
③ 8.0MPa
④ 2.0MPa

해설
쪼갬인장강도 시험
$$(f_{sp}) = \frac{2P}{\pi d \ell}(MPa)$$
$$= \frac{2 \times 141,400 N}{\pi \times 150 \times 300} = 2N/mm^2 = 2MPa$$

20 잔골재율에 대한 설명 중 틀린 것은?
① 골재 중 5mm체를 통과한 부분은 잔골재로 보고, 5mm체에 남는 부분을 굵은골재로 보아 산출한 잔골재량의 전체 골재량에 대한 절대용적비를 백분율로 나타낸 것을 말한다.
② 잔골재율이 어느 정도보다 작게 되면 콘크리트가 거칠어지고, 재료분리가 일어나는 경향이 있다.
③ 잔골재율은 소요의 워커빌리티를 얻을 수 있는 범위에서 단위수량이 최대가 되도록 한다.
④ 잔골재율을 작게하면 소요의 워커빌리티를 얻기 위한 단위수량이 감소되고 단위 시멘트량이 적게 되어 경제적이다.

해설
잔골재율은 소요의 워커빌리티를 얻을 수 있는 범위에서 단위수량을 최소가 되도록 한다.

제2과목 건설시공 및 관리

21 옹벽 등 구조물의 뒤채움 재료에 대한 조건으로 틀린 것은?
① 투수성이 있어야 한다.
② 압축성이 좋아야 한다.
③ 다짐이 양호해야 한다.
④ 물의 침입에 의한 강도 저하가 적어야 한다.

해설
압축성이 작아야 한다.

22 도로 토공을 위한 횡단 측량 결과가 아래 그림과 같을 때 Simpson 제 2법칙에 의해 횡단면적을 구하면?(단, 그림의 단위는 m)

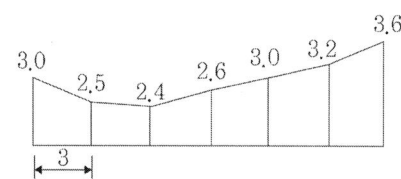

① 50.74m²
② 54.27m²
③ 57.63m²
④ 61.35m²

해설
심프슨 제2법칙

$$A = \frac{3d}{8}(y_o + y_n + 3\sum_{y나머지} + 2\sum_{y3배수})$$
$$= \frac{3 \times 3}{8}[3.0 + 3.6 + 3 \times (2.5 + 2.4 + 3.0 + 3.2) + 2 \times (2.6)] = 50.74m^2$$

23 교량 받침 계획에 있어서 고정받침을 배치하고자 할 때 고려하여야 할 사항으로 틀린 것은?
① 고정하중의 반력이 큰 지점
② 종단 구배가 높은 지점
③ 수평반력 흡수가 가능한 지점
④ 가동받침 이동량을 최소화할 수 있는 지점

해설
교량의 고정단 받침은 상부슬래브의 횡방향 움직임에 대하여 저항하는 구조로 종단구배가 낮은 지점에 설치한다.

24 아스팔트 콘크리트포장의 소성변형(rutting)에 대한 설명으로 틀린 것은?
① 아스팔트 콘크리트포장의 노면에서 차의 바퀴가 집중적으로 통과하는 위치에 생기는 도로연장 방향으로의 변형을 말한다.
② 하절기의 이상 고온 및 아스팔트량이 많을 경우 발생하기 쉽다.
③ 침입도가 작은 아스팔트를 사용하거나 골재의 최대치수가 큰 경우 발생하기 쉽다.
④ 변형이 발생한 위치에 물이 고일 경우 수막현상 등을 일으켜 주행 안전성에 심각한 영향을 줄 수 있다.

해설
소성변형 방지대책
1) 침입도가 적은 아스팔트 사용
2) 굵은골재 최대치수가 가급적 크게 적용
3) 아스팔트 사용량을 가급적 줄여사용
4) 채움재 사용을 늘여 안정성을 크게 한다.

25 유토곡선(mass curve)을 작성하는 목적으로 거리가 먼 것은?
① 토량을 배분하기 위해서
② 토량의 평균 운반거리를 산출 위해서
③ 절·성토량을 산출하기 위해서
④ 토공기계를 결정하기 위해서

해설
유토곡선은 종단면도를 고려해서 작성되므로 횡단면도에 대한 고려가 반영되지 않아 절, 성토량 산출보다는 토량배분의 목적이 크다.

26 아스팔트 포장의 시공에 앞서 실시하는 시험포장의 결과로 얻어지는 사항과 관계가 없는 것은?
① 혼합물의 현장배합 입도 및 아스팔트 함량의 결정
② 플랜트에서의 작업표준 및 관리목표의 설정
③ 시공관리 목표의 설정
④ 포장두께의 결정

해설
포장에 대한 다짐두께의 결정은 할 수 있으나, 전체적인 포장두께는 포장설계에 의하여 결정되어 지므로 시험포장에서 결정되는 사항이 아니다.

27 가물막이 공법은 크게 중력식 공법과 널말뚝(sheet pile)식 공법으로 나눌 수 있다. 다음 중 중력식 가물막이 공법이 아닌 것은?
① Dam식
② Box식
③ Cell식
④ Caisson식

해설
Cell식 가체절공은 강널말뚝을 원통형으로 박고 그속에 토사를 채움하는 방식으로 안정성 및 수밀성이 우수하다.

28 품질관리를 위한 관리 사이클의 4단계를 설명한 것으로 틀린 것은?

① P - Plan(計劃)
② S - Sample(絹本)
③ D - Do
④ C - Check

해설

품질관리 4단계
P → D → C → A

29 터널 시공시 pilot tunnel의 역할은?

① 지질조사 및 지하수 배제
② 측량을 위한 예비터널
③ 환기시설
④ 기자재 운반

해설

pilot 터널은 지질에 대한 육안판단 및 지하수를 유도하여 배수를 목적으로 시공한다.

30 아래의 표에서 설명하는 준설선은?

준설능력이 크므로 비교적 대규모 준설현장에 적합하며 경토질의 준설이 가능하고, 다른 준설선보다 비교적 준설면을 평탄하게 시공할 수 있다.

① 디퍼 준설선
② 버킷 준설선
③ 쇄암선
④ 그래브 준설선

해설

버킷준설선
버킷준설선은 상향식 에스컬레이터와 같은 사다리로 물밑까지 내리고 체인으로 연결된 버킷들이 바닥의 흙, 모래 등을 준설하는 장비로 준설능력이 크고 대규모 준설 및 평탄하게 해저를 비교적 고르게 준설할 수 있다.

31 흙막이 구조물에 설치하는 계측기 중 아래의 표에서 설명하는 용도에 맞는 계측기는?

Strut, Earth anchor 등의 축하중 변화상태를 측정하여 이들 부재의 안전상태 파악 및 분석 자료에 이용한다.

① 지중수평변위계
② 간극수압계
③ 하중계
④ 경사계

해설

하중계에 대한 설명이다.

정답 28 ② 29 ① 30 ② 31 ③

32 보통 토사 27,000m³을 흙쌓기 하고자 할 때 토취장의 굴착 토량(A)과 운반토량(B)을 구하면?(단, L=1.25, C=0.9)

① A = 24,300m³ B = 33,750m³
② A = 30,000m³ B = 33,750m³
③ A = 24,300m³ B = 37,500m³
④ A = 30,000m³ B = 37,500m³

해설

굴착토량(본바닥) = $\dfrac{성토토량}{C} = \dfrac{27,000}{0.9} = 30,000 m^3$

운반토량 = 본바닥토량 × L = $30,000 \times 1.25 = 37,500 m^3$

33 암거의 배열방식 중 여러개의 흡수구를 1개의 간선집수거 또는 집수지거로 합류시키게 배치한 방식은?

① 차단식
② 자연식
③ 빗식
④ 사이펀식

해설

암거 배열방식중 빗식에 대한 설명이다.

34 아래 표와 같은 조건에서 불도저로 압토와 리핑 작업을 동시에 실시할 때 시간당 작업량은?

- 압토 작업만 할 때의 작업량(Q_1) : 40m³/h
- 리핑 작업만 할 때의 작업량(Q_2) : 60m³/h

① 24m³/h
② 37m³/h
③ 40m³/h
④ 50m³/h

해설

$Q = \dfrac{Q_1 Q_2}{Q_1 + Q_2} = \dfrac{40 \times 60}{40 + 60} = 24 m^3/h$

35 댐에 대한 일반적인 설명으로 틀린 것은?

① 필댐(fill dam)은 공사비가 콘크리트 댐보다 적고 홍수 시의 월류에도 대단히 안전하다.
② 중력식 댐은 그 자중으로 수압에 저항하고 기초의 전단 강도가 댐의 안전상 중요하다.
③ 중공댐은 비교적 높이가 높은 댐이고 U자형의 넓은 계곡인 경우 콘크리트량이 절약되어 유리하다.
④ 아치댐은 양안의 교대(abutment) 기초 암반의 두께와 강도가 중요하다.

해설

필댐(fill dam)은 공사비가 콘크리트 댐보다 적고 홍수 시 월류방지를 위한 여수로의설치가 필요하며, 침하가 발생된다.

정답 32 ④ 33 ③ 34 ① 35 ①

36 큰 중량의 중추를 높은 곳에서 낙하시켜 지반에 가해지는 충격에너지와 그 때의 진동에 의해 지반을 다지는 개량공법으로 대부분의 지반에 지하수위와 관계없이 시공이 가능하고 시공 중 사운딩을 실시하여 개량효과를 점검하는 시공법은?

① 지하연속벽공법
② 폭파다짐공법
③ 바이브로플로테이션공법
④ 동다짐공법

해설

동다짐공법
무거운추(10~200ton)를 크레인을 이용하여 10m이상 높이에서 낙하시켜 지표면에 가해지는 충격에너지가 지반의 심층까지 다짐을 해주는 공법이다.

37 지름이 30cm, 길이가 12m인 말뚝을 3ton의 증기 해머로 1.5m를 낙하시켜 박는 말뚝 타입 시험에서 1회 타격으로 인한 최종침하량은 5mm이었다. 이때 말뚝의 허용지지력은 약 얼마인가?(단, 엔지니어링뉴스 공식으로 단동식 증기해머 사용)

① 100 ton
② 120 ton
③ 140 ton
④ 160 ton

해설

$$Q_a = \frac{W \cdot H}{6(S+0.254)} = \frac{3 \times 150}{6 \times (0.5+0.254)} = 99.5(ton)$$

여기서, S : 말뚝의 최종관입량(cm)
W : 해머의 중량(ton)
H : 해머의 낙하고(cm)

38 샌드드레인(sand drain) 공법에서 영향원의 지름을 d_e, 모래말뚝의 간격을 d라 할 때 정사각형의 모래말뚝 배열 식으로 옳은 것은?

① $d_e = 1.0d$
② $d_e = 1.05d$
③ $d_e = 1.08d$
④ $d_e = 1.13d$

해설

샌드드레인 유효지름
$d_e = 1.05d$(정삼각형 배치)
$d_e = 1.13d$(정사각형 배치)

39 아스팔트 콘크리트포장과 비교한 시멘트 콘크리트포장의 특성에 대한 설명으로 틀린 것은?
① 내구성이 커서 유지관리비가 저렴하다.
② 표층은 교통하중을 하부층으로 전달하는 역할을 한다.
③ 국부적 파손에 대한 보수가 곤란하다.
④ 시공 후 충분한 강도를 얻는데까지 장시간의 양생이 필요하다.

해설
시멘트 콘크리트 포장의 표층(슬래브)은 하부로 교통하중을 전달하지 않는 구조적특성을 가지고 있다.

40 버킷의 용량이 0.6m³, 버킷계수가 0.9, 토량변화율(L)=1.25, 작업효율이 0.7, 사이클타임이 25sec인 파워쇼벨의 시간당 작업량은?
① 68.0m³/h
② 61.2m³/h
③ 54.4m³/h
④ 43.5m³/h

해설
셔블계의 작업량(Q)

$$Q = \frac{3{,}600 \times q \times k \times f \times E}{C_m}$$

$$Q = \frac{3{,}600 \times 0.6 \times 0.9 \times \frac{1}{1.25} \times 0.7}{25} = 43.5 m^3/hr$$

여기서 q : 버킷의 용량(m³)
E : 작업 효율
f : 토량 환산 계수 ($f = \frac{1}{L}$)
k : 버킷 계수
C_m : Cycle Time(sec)

제3과목 건설재료 및 시험

41 합판에 대한 설명으로 틀린 것은?
① 합판의 종류에는 섬유판, 조각판, 적층판 및 강화적층재 등이 있다.
② 로터리 베니어는 증기에 가열 연화되어진 둥근 원목을 나이테에 따라 연속적으로 감아 둔 종이를 펴는 것과 같이 얇게 벗겨낸 것이다.
③ 슬라이스트 베니어는 끌로서 각목을 얇게 절단한 것으로 아름다운 결을 장식용으로 이용하기에 좋은 특징이 있다.
④ 합판의 특징은 동일한 원재로부터 많은 정목판과 나무결 무늬판이 제조되며, 팽창 수축등에 의한 결점이 없고 방향에 따른 강도 차이가 없다.

해설
합판의 종류
1) 일반합판 : 일반 포장용 및 건축용합판
2) O.S.B 합판 : 원목의 칩을 합포하여 만든 합판
3) 태고합판 : 양면에 필름을 접착하고 열에 달구어서 생산된 합판
4) 코아합판 : 양면에 베니어를 속에는 목판을 접합 생산된 합판

42 실리카 퓸을 혼합한 콘크리트에 대한 설명으로 틀린 것은?
① 수화열을 저감시킨다.
② 강도증가 효과가 우수하다.
③ 재료분리와 블리딩이 감소된다.
④ 단위수량을 줄일 수 있고 건조수축 등에 유리하다.

해설
실리카 퓸을 사용하면 고강도 콘크리트를 만드는데 W/C가 너무 적어서 건조수축이 발생될 가능성이 있다.

43 아스팔트의 침입도 시험기를 사용하여 온도 25°C로 일정한 조건에서 100g의 표준침이 3mm 관입했다면, 이 재료의 침입도는?
① 3
② 6
③ 30
④ 60

해설
침입도는 침의 관입량을 0.1mm 단위로 나타낸 것을 침입도 1로 한다.
1) 0.1 : 1 = 3 : x
2) x = 30

44 응결지연제의 사용목적으로 틀린 것은?
① 거푸집의 조기탈형과 장기강도 향상을 위하여 사용한다.
② 시멘트의 수화반응을 늦추어 응결과 경화시간을 길게 할 목적으로 사용한다.
③ 서중콘크리트나 장거리 수송 레미콘의 워커빌리티 저하방지를 도모한다.
④ 콘크리트의 연속타설에서 작업이음을 방지한다.

해설
응결지연제
시멘트 응결지연을 목적으로 사용되는 혼화제로서 서중 콘크리트나 장거리 운반시 사용되며 콜드조인트 방지에 유효하다.

45 역청유제 중 유화제로서 벤토나이트와 같이 물에 녹지 않는 광물질을 수중에 분산시켜 이것에 역청제를 가하여 유화시킨 것은?
① 음이온계 유제
② 점토계 유제
③ 양이온계 유제
④ 타르 유제

해설
점토계 유제에 대한 설명이다.

46 블론(blown) 아스팔트와 스트레이트(stratight) 아스팔트의 성질에 대한 설명으로 틀린 것은?
① 스트레이트 아스팔트는 블론 아스팔트보다 연화점이 낮다.
② 스트레이트 아스팔트는 블론 아스팔트보다 감온성이 적다.
③ 블론 아스팔트는 스트레이트 아스팔트보다 내구성이 크다.
④ 블론 아스팔트는 스트레이트 아스팔트보다 방수성이 적다.

해설
블론(blown asphalt)는 약 260°C로 가열한 스트레이트 아스팔트에 공기를 불어넣어 제조한 아스팔트로서 블론 아스팔트는 스트레이트 아스팔트보다 감온성이 적다.

47 철근에 대한 설명으로 옳은 것은?
① 철근표면에는 어떠한 처리도 해서는 안 된다.
② 주철근으로는 원형철근만 사용한다.
③ 이형철근의 공칭직경은 돌기의 직경으로 한다.
④ 철근의 종류가 SD300으로 표시된 경우 항복점 또는 항복강도는 $300N/mm^2$ 이상이어야 한다.

해설
이형철근의 공칭지름이란 단위길이당의 무게가 이형철근과 같은 원형철근을 가정하였을 때의 이 지름을 공칭지름이라고 한다.

48 콘크리트용 혼화제인 고성능감수제에 대한 설명으로 틀린 것은?
① 고성능감수제는 감수제와 비교해서 시멘트 입자 분산능력이 우수하여 단위수량을 20~30% 정도 크게 감소시킬 수 있다.
② 고성능감수제는 물-시멘트비 감소와 콘크리트의 고강도화를 주목적으로 사용되는 혼화제이다.
③ 고성능감수제의 첨가량이 증가할수록 워커빌리티는 증가 되지만 과도하게 사용하면 재료분리가 발생한다.
④ 고성능감수제를 사용한 콘크리트는 보통콘크리트와 비교해서 경과시간에 따른 슬럼프 손실이 작다.

해설
고성능 감수제를 사용한 콘크리트는 보통콘크리트와 비교해서 경과시간에 따른 슬럼프 손실이 크게 발생될 우려가 크므로 사용전 반드시 품질시험을 통한 확인이 필요하다.

정답 45 ② 46 ② 47 ④ 48 ④

49 목재의 장점에 대한 설명으로 옳은 것은?
① 부식성이 크다.
② 내화성이 크다.
③ 목질이나 강도가 균일하다.
④ 충격이나 진동 등을 잘 흡수한다.

해설
1) 목재의 장점
  · 충격 및 진동을 잘 흡수한다.
  · 가볍고 취급 및 가공 등이 쉽다
  · 온도에 대한 신축이 작다
2) 목재의 단점
  · 부식이 쉽고 충해를 받기 쉽다.
  · 재질과 강도가 균일하지 못하다.
  · 함수율에 따른 팽창과 수축이 크다.

50 섬유보강 콘크리트에 사용되는 섬유 중 유기계섬유가 아닌 것은?
① 아라미드섬유
② 비닐론섬유
③ 유리섬유
④ 폴리프로필렌섬유

해설
보강섬유의 종류
1) 무기계 섬유
  · 강섬유
  · 유리섬유
  · 탄소섬유
2) 유기계 섬유
  · 아라미드섬유
  · 비닐론섬유
  · 폴리프로필렌섬유
  · 나이론섬유

51 주변 암반에 심한 균열과 거친단면의 생성을 보완하고 과발파를 방지하기 위한 것으로 여굴억제를 위한 제어발파용, 터널설계굴착천공 등에 사용하는 폭약은?
① 다이나마이트
② 에멀젼
③ ANFO
④ 정밀폭약

해설
정밀폭약의 터널 외각공에 설치하여 터널설계 굴착선을 따라 계획 굴착이되도록 하는 목적으로 사용되는 폭약으로 과다 여굴이 생기는 것을 방지하는 제어발파용 폭약이다.

정답 49 ④ 50 ③ 51 ④

52 아래의 표에서 설명하는 석재는?

두께가 15cm 미만이며, 나비가 두께의 3배 이상인 것

① 판석
② 각석
③ 사고석
④ 견치석

해설

석재의 규격
1) 각 석
  폭이 두께의 3배 미만이고 폭보다 길이가 긴 직육면체형의 석재
2) 판 석
  두께가 15cm 미만이고 폭이 두께의 3배 이상인 판 모양의 석재
3) 견치석
  앞면은 규칙적으로 거의 사각형에 가깝고 길이는 최소변의 1.5배 이상인 석재
4) 활 석(사고석)
  앞면은 거의 정사각형에 가깝고 길이는 최소변의 1.2배 이상인 석재

53 시멘트의 강열감량(ignition loss)에 대한 설명으로 옳은 것은?
① 시멘트를 염산 및 탄산나트륨 용액에 넣었을 때 녹지 않고 남는 양을 나타낸다.
② 강열감량은 시멘트 중에 함유된 H_2O와 CO_2의 양이다.
③ 시멘트의 강열감량이 증가하면 시멘트 비중도 증가한다.
④ 시멘트가 풍화하면 강열감량이 적어지므로 시멘트가 풍화된 정도를 판정하는데 이용된다.

해설

풍화 정도를 판단하는 방법(강열감량)
1) 시멘트를 1,000℃ 가열후 감소되는 질량 측정 후 백분율로 나타내서 시멘트 풍화정도를 판단
2) 강열감량 = $\dfrac{물 + CO_2 와 결합된\ Cement량}{최초의\ 시멘트량} \times 100\%$
3) Fresh 한 시멘트 강열감량 범위는 0.5~0.8%이며 관리기준은 3%이하로 한다.

54 일반콘크리트용으로 사용되는 굵은 골재의 물리적 성질에 대한 규정내용으로 틀린 것은?(단, 부순골재, 고로 슬래그 골재, 경량골재는 제외)

① 절대건조상태의 밀도는 2.50g/cm³이상이어야 한다.
② 흡수율은 3.0%이하이어야 한다.
③ 황산나트륨으로 시험한 안정성은 20%이하이어야 한다.
④ 마모율은 40%이하이어야 한다.

해설

골재의 안정성시험
1) 골재의 내구성을 알기위해 황산나트륨 또는 황산마그네슘 포화용액으로 골재의 부서짐 저항성을 시험하는 것
2) 골재의 손실질량 백분율

시험용 용액	손실질량 백분율(%)	
	잔 골 재	굵은골재
황산나트륨	10%이하	12%이하
황산마그네슘	15%이하	18%이하

55 고로 슬래그 시멘트는 제철소의 용광로에서 선철을 만들 때 부산물로 얻은 슬래그를 포틀랜드 시멘트 클링커에 섞어서 만든 시멘트이다. 그 특성으로 맞지 않는 것은?

① 포틀랜드 시멘트에 비해 응결시간이 느리다.
② 조기 강도가 작으나 장기 강도는 큰 편이다.
③ 수화열이 크므로 매스 콘크리트에는 적합하지 않다.
④ 일반적으로 내화학성이 좋으므로 해수, 하수, 공장폐수 등에 접하는 콘크리트에 적합하다.

해설

고로슬래그 시멘트는 수화열이 작아 매스콘크리트용으로 적합하다.

56 단위용적질량이 1,680kg/m³인 굵은골재의 표건밀도가 2.81g/cm³이고, 흡수율이 6%인 경우 이 골재의 공극률은?

① 36.6% ② 40.2%
③ 51.6% ④ 59.8%

해설

1) 실적률
$$= \frac{골재의\ 단위질량(100+흡수율)}{골재의\ 표건밀도}$$
$$= \frac{골재의\ 단위용적질량}{골재의\ 절건밀도} \times 100$$
$$= \frac{1.68(100+6)}{2.81} = 63.4\%$$

2) 공극률
= 100 − 실적률 = 100 − 63.4
= 36.6%

57 콘크리트용 인공경량골재에 대한 설명으로 틀린 것은?
① 흡수율이 큰 인공경량골재를 사용할 경우 프리웨팅(pre-wetting)하여 사용하는 것이 좋다.
② 인공경량골재를 사용한 콘크리트의 탄성계수는 보통골재를 사용한 콘크리트탄성계수보다 크다.
③ 인공경량골재의 부립률이 클수록 콘크리트의 압축강도는 저하된다.
④ 인공경량골재를 사용하는 콘크리트는 AE콘크리트로 하는 것을 원칙으로 한다.

해설
인공경량골재를 사용한 콘크리트의 탄성계수는 보통골재를 사용한 콘크리트의 탄성계수보다 작으며, 공기량은 동해우려가 있어 보통콘크리트보다 1%정도 크게한다.

58 분말로 된 흑색화약을 마사와 종이테이프로 감아 도료를 사용하여 방수시킨 줄로서 뇌관을 점화시키기 위한 것을 무엇이라 하는가?
① 점화제　　　　　　　　② 도폭선
③ 도화선　　　　　　　　④ 기폭제

해설
도화선에 대한 설명으로 연소속도가 120~149초/m로 점화력이 크고 내수성이 있어야 한다.

59 포틀랜드시멘트의 클링커에 대한 설명 중 틀린 것은?
① 클링커는 단일조성의 물질이 아니라 C_3S, C_2S, C_3A, C_4AF의 4가지 주요 화합물로 구성되어 있다.
② 클링커의 화합물 중 C_3S 및 C_2S는 시멘트 강도의 대부분을 지배한다.
③ C_3A는 수화속도가 대단히 빠르고 발열량이 크며 수축도 크다.
④ 클링커의 화합물 중 C_3S가 많고 C_2S가 적으면 시멘트의 강도 발현이 늦어지지만 장기재령은 향상된다.

해설
클링커 화합물 중 C_3S가 많아지면 시멘트 강도 발현이 빨라지고 초기재령이 증가되며, 반대로 C_2S가 많아지면 시멘트 강도 발현이 늦어지면서 장기재령 강도는 향상된다.

60 콘크리트용 골재의 입도, 입형 및 최대치수에 관한 설명으로 틀린 것은?
① 굵은 골재의 최대치수는 질량으로 90%이상 통과시키는 체중에서 최소치수의 체눈을 공칭치수로 나타낸 것이다.
② 골재알의 모양이 구형(舊形)에 가까운 것은 공극률이 크므로 시멘트와 혼합수의 사용량이 많이 요구된다.
③ 골재의 입도는 균일한 크기의 입자만 있는 경우보다 작은 입자와 굵은 입자가 적당히 혼합된 경우가 유리하다.
④ 조립률(F.M)이란 10개의 표준체를 1조로 체가름시험 하였을 때 각 체에 남은 양의 전시료에 대한 누가질량 백분율의 합계를 100으로 나눈 값으로 정의한다.

해설
1) 골재알의 모양이 구형(舊形)에 가까운 것은 강자갈에 해당된다.
2) 강자갈의 사용은 골재의 실적률 증가로 공극률이 감소하며 또한 단위수량의 사용량이 적어져 콘크리트의 내구성 및 수밀성이 향상된다.

제4과목 토질 및 기초

61 점착력이 $5t/m^2$, $\gamma_t=1.8t/m^3$의 비배수상태($\phi=0$)인 포화된 점성토 지반에 직경 40cm, 길이 10m의 PHC 말뚝이 항타시공되었다. 이 말뚝의 선단지지력은? (단, Meyerhof 방법을 사용)

① 1.57t ② 3.23t
③ 5.65t ④ 45t

해설

Meyerhof 공식에 의한 (비배수 상태)($\varnothing = 0$) 포화점토시 선단지지력

$Q_p = A_p \cdot q_p = A_p \cdot 9c_u$

$Q_p = \dfrac{3.14 \times 0.4^2}{4} \cdot (9 \times 5) = 5.65 \, ton$

여기서, Q_p : 말뚝의 선단지지력
 A_p : 말뚝하단의 면적
 q_p : 단위선단지지력
 c_u : 말뚝하단 흙의 비배수 점착력

62 그림에서 안전율 3을 고려하는 경우, 수두차 h를 최소 얼마로 높일 때 모래시료에 분사현상이 발생하겠는가?

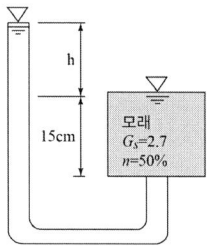

① 12.75cm ② 9.75cm
③ 4.25cm ④ 3.25cm

해설

한계동수 경사에 의한 분사현상

$F_s = \dfrac{i_{cr}}{ic} = \dfrac{0.85}{\dfrac{\triangle H}{L}} = \dfrac{0.85}{\dfrac{\triangle H}{15}}$

$\triangle H = \dfrac{0.85 \times 15}{3} = 4.25 cm$

$i = \dfrac{\triangle H}{L} = \dfrac{\triangle H}{15}$

$i_{cr} = \dfrac{G_s - 1}{1+e} = \dfrac{2.7-1}{1+1} = 0.85$

$e = \dfrac{n}{100-n} = \dfrac{50}{100-50} = 1$

63 그림과 같은 지반에 널말뚝을 박고 기초굴착을 할 때 A점의 압력수두가 3m이라면 A점의 유효응력은?

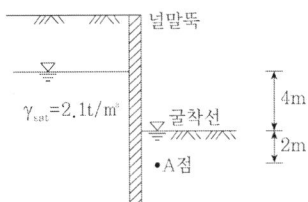

① 0.1t/m²
② 1.2t/m²
③ 4.2t/m²
④ 7.2t/m²

해설

1) A점의 전응력 $\sigma = 2.1 \times 2 = 4.2 t/m^2$
2) A점의 간극수압 $u = 1 \times 3 = 3 t/m^2$
3) A점의 유효응력
 $\overline{\sigma}$ = 전응력 − 간극수압 $= 4.2 - 3 = 1.2 t/m^2$

64 내부마찰각이 30°, 단위중량이 1.8t/m³인 흙의 인장균열 깊이가 3m일 때 점착력은?

① 1.56t/m²
② 1.67t/m²
③ 1.75t/m²
④ 1.81t/m²

해설

인장균열깊이

$$Z_c = \frac{2c}{\gamma_t} \tan\left(45° + \frac{\varnothing}{2}\right)$$

$$c = \frac{Z_c \times \gamma_t}{2\tan\left(45 + \frac{\varnothing}{20}\right)} = \frac{3 \times 1.8}{2 \cdot \tan\left(45 + \frac{30}{2}\right)} = 1.56 t/m^2$$

65 다져진 흙의 역학적 특성에 대한 설명으로 틀린 것은?

① 다짐에 의하여 간극이 작아지고 부착력이 커져서 역학적 강도 및 지지력은 증대하고, 압축성, 흡수성 및 투수성은 감소한다.
② 점토를 최적함수비보다 약간 건조측의 함수비로 다지면 면모구조를 가지게 된다.
③ 점토를 최적함수비보다 약간 습윤측에서 다지면 투수계수가 감소하게 된다.
④ 면모구조를 파괴시키지 못할 정도의 작은 압력으로 점토시료를 압밀할 경우 건조측 다짐을 한 시료가 습윤측 다짐을 한 시료보다 압축성이 크게 된다.

해설
면모구조를 파괴시키지 못할 정도의 작은 압력으로 점토시료를 압밀할 경우 건조측 다짐을 한 시료가 습윤측 다짐을 한 시료보다 흙의 강도가 크게 된다.

66 아래 표의 식은 3축 압축시험에 있어서 간극수압을 측정하여 간극수압계수 A를 계산하는 식이다. 이 식에 대한 설명으로 틀린 것은?

$$\triangle \mu = B[\triangle \sigma_3 + A(\triangle \sigma_1 - \triangle \sigma_3)]$$

① 포화된 흙에서는 B=1 이다.
② 정규압밀 점토에서는 A값이 1에 가까운 값을 나타낸다.
③ 포화된 점토에서 구속압력을 일정하게 할 경우 간극수압의 측정값과 축차응력을 알면 A값을 구할 수 있다.
④ 매우 과압밀된 점토의 A값은 언제나 (+)의 값을 갖는다.

해설

간극수압계수 A
1) 정규압밀점토 A≒1
2) 약간 과압밀점토 0 < A < 1
3) 심한 과압밀점토 A < 0

67 모래지반의 현장상태 습윤 단위 중량을 측정한 결과 1.8t/m³으로 얻어졌으며 동일한 모래를 채취하여 실내에서 가장 조밀한 상태의 간극비를 구한 결과 e_{min}=0.45, 가장 느슨한 상태의 간극비를 구한 결과 e_{max}=0.92를 얻었다. 현장상태의 상대밀도는 약 몇 %인가? (단, 모래의 비중 $G_s = 2.7$이고, 현장상태의 함수비 $\omega = 10\%$ 이다.)

① 44%   ② 57%
③ 64%   ④ 80%

해설

상대밀도
1) 상대밀도

$$D_r = \frac{e_{max} - e}{e_{max} - e_{min}} \times 100$$
$$= \frac{0.92 - 0.65}{0.92 - 0.45} \times 100$$
$$= 57\%$$

2) 습윤밀도

$$\gamma_t = \frac{(G_s + S \cdot e)}{1+e} \cdot \gamma_w = \frac{(G_s + G_s \cdot w)}{1+e} \gamma_w$$
$$1.8 = \frac{(2.7 + 2.7 \times 0.1)}{1+e} \times 1$$
$$e = 0.65$$

68 그림과 같은 점토지반에 재하순간 A점에서의 물의 높이가 그림에서와 같이 점토층의 윗면으로부터 5m이었다. 이러한 물의 높이가 4m까지 내려오는데 50일이 걸렸다면, 50%압밀이 일어나는데는 며칠이 더 걸리겠는가?

(단, 10% 압밀시 시간계수 $T_v = 0.008$
　　　20% 압밀시　　　　　$T_v = 0.031$
　　　50% 압밀시　　　　　$T_v = 0.197$이다.)

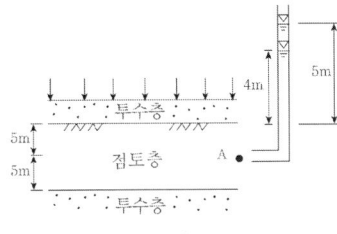

① 268일　　　　　　　　② 618일
③ 1181일　　　　　　　　④ 1231일

해설

1) 수위가 5m에서 4m까지 되었을 때 압밀도(U_z)

$$U_z = 1 - (\frac{u_z}{u_i}) \times 100$$
$$= 1 - (\frac{4}{5}) \times 100 = 20\%$$

2) 압밀도 20%가 되었을때의 압밀계수

$$t_{20} = \frac{T_v \cdot H^2}{C_v}$$

$$C_v = \frac{T_v \cdot H^2}{t_{20}} = \frac{0.031 \times (\frac{10}{2})^2}{50}$$
$$= 0.0155 m^2/day$$

3) 압밀 50%가 일어나는데 걸린전체시간

$$t_{50} = \frac{0.197 \times (\frac{10}{2})^2}{0.0155} = 318일$$

4) 압밀 50%가 일어나는데 50일 이후 추가시간
318일-50일=268일

69 그림과 같은 20×30m 전면기초인 부분보상기초 (partially compensated foundation)의 **지지력 파괴에 대한 안전율은?**

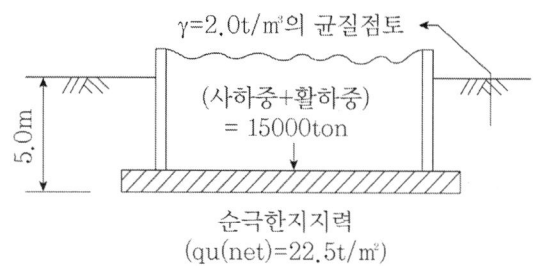

① 3.0 ② 2.5
③ 2.0 ④ 1.5

해설

1) $q_{1(net)} = \dfrac{Q_1}{A} - \gamma \cdot D_f = \dfrac{15,000}{20 \times 30} - 2 \times 5$
   $= 15 t/m^2$

2) $F_s = \dfrac{q_{u(net)}}{q_{all(net)}} = \dfrac{22.5}{15} = 1.5$
   여기서 $q_{all(net)} \geq q_{1(net)}$

70 시험종류와 시험으로부터 얻을 수 있는 값의 연결이 틀린 것은?

① 비중계분석시험 - 흙의 비중(G_s)   ② 삼축압축시험 - 강도정수(c, ϕ)
③ 일축압축시험 - 흙의 예민비(S_t)   ④ 평판재하시험 - 지반반력계수(k_s)

해설

1) 비중계 분석시험
   비중계 시험은 시료를 물에 희석시켜 교반시킨 후 흙탕물 속에서 토립자가 침강되는 동안 상부는 묽어지고 하부는 짙어지는 흙 입자의 낙하속도를 간접적으로 측정함으로써 흙의 입경을 추정하는 방법이다
2) 흙의비중시험
   흙입자의 비중은 흙입자의 무게를 같은 체적의 물의 무게로 나눈값

71 사면안정계산에 있어서 Fellenius법과 간편 Bishop법의 비교 설명으로 틀린 것은?

① Fellenius법은 간편 Bishop법보다 계산은 복잡하지만 계산결과는 더 안전측이다.
② 간편 Bishop법은 절편의 양쪽에 작용하는 연직 방향의 합력은 0(zero)이라고 가정한다.
③ Fellenius법은 절편의 양쪽에 작용하는 합력은 0(zero)이라고 가정한다.
④ 간편 Bishop법은 안전율을 시행착오법으로 구한다.

해설

Fellenius법은 간편 Bishop법보다 계산은 간단하면서 계산결과는 부정해에 가까워 신뢰성이 다소 떨어진다.

72 사질토에 대한 직접 전단시험을 실시하여 다음과 같은 결과를 얻었다. 내부마찰각은 약 얼마인가?

수직응력(t/m²)	3	6	9
최대전단응력(t/m²)	1.73	3.46	5.19

① 25° ② 30°
③ 35° ④ 40°

해설

$\varnothing = \tan^{-1}(\dfrac{3.46-1.73}{6-3}) = 30°$

73 지름 d=20cm인 나무말뚝을 25본 박아서 기초 상판을 지지하고 있다. 말뚝의 배치를 5열로 하고 각 열은 등간격으로 5본씩 박혀있다. 말뚝의 중심간격 S=1m이고 1본의 말뚝이 단독으로 10t의 지지력을 가졌다고 하면 이 무리 말뚝은 전체로 얼마의 하중을 견딜 수 있는가?(단, Converse - Labbarre식을 사용한다.)

① 100t ② 200t
③ 300t ④ 400t

해설

군항의 허용지지력(R_{ag})

1) $R_{ag} = E.N.R_a = 0.8 \times 25 \times 10 = 200 \, ton$

2) $\varnothing = \tan^{-1}\dfrac{D}{S} = \tan^{-1}\dfrac{20}{100} = 11.31°$

$E = 1 - \varnothing \cdot \dfrac{m.(n-1)+n.(m-1)}{90m.n}$

$= 1 - 11.31 \times \dfrac{5(5-1)+5(5-1)}{90\times5\times5}$

$= 0.80$

여기서, E : 말뚝의 효율
N : 말뚝의 총수
R_a : 단항의 허용지지력

74 다음 그림에서 흙의 저면에 작용하는 단위 면적당 침투수압은?

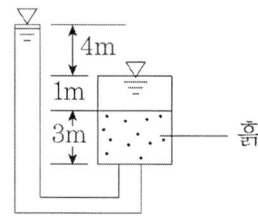

① 8t/m²
② 5t/m²
③ 4t/m²
④ 3t/m²

해설

단위면적당 침투수압
$$F = i \cdot \gamma_w \cdot z = \frac{\Delta h}{L} \cdot \gamma_w \cdot z = \frac{4}{3} \times 1 \times 3 = 4t/m^2$$

75 포화된 점토지반위에 급속하게 성토하는 제방의 안정성을 검토할 때 이용해야 할 강도정수를 구하는 시험은?

① CU-test
② UU-test
③ $\overline{CU}$-test
④ CD-test

해설

포화점토 지반에 급속성토를 하는 제방의 안정성은 급속성토로 인하여 간극수압이 빠져나가지 못하는 상태이으로 시험실에서는 비압밀 비배수 상태의 시험 강도 정수를 사용해야한다.

76 흙의 비중이 2.60, 함수비 30%, 간극비 0.80일 때 포화도는?

① 24.0%
② 62.4%
③ 78.0%
④ 97.5%

해설

$$S \cdot e = G_s \cdot w, \quad S = \frac{G_s \cdot w}{e} = \frac{2.6 \times 30}{0.8} = 97.5\%$$

77 현장 도로 토공에서 모래치환법에 의한 흙의 밀도 시험을 하였다. 파낸 구멍의 체적이 V=1,960cm³, 흙의 질량이 3,390g이고, 이 흙의 함수비는 10%이었다. 실험실에서 구한 최대 건조 밀도 $\gamma_{d\max}$ =1.65g/cm³ 일 때 다짐도는?

① 85.6% ② 91.0%
③ 95.3% ④ 98.7%

해설

1) γ_t(습윤상태) $= \dfrac{W}{V} = \dfrac{3390}{1960} = 1.73 g/cm^3$

2) γ_d(건조상태) $= \dfrac{\gamma_t}{1+\dfrac{w}{100}} = \dfrac{1.73}{1+\dfrac{10}{100}} = 1.57 g/cm^3$

3) C_d(상대다짐도) $= \dfrac{\gamma_d}{\gamma_{d\max}} \times 100$
$= \dfrac{1.57}{1.65} \times 100 = 95.3\%$

78 흙 속에서 물의 흐름에 대한 설명으로 틀린 것은?

① 투수계수는 온도에 비례하고 점성에 반비례한다.
② 불포화토는 포화토에 비해 유효응력이 작고, 투수계수가 크다.
③ 흙 속의 침투수량은 Darcy 법칙, 유선망, 침투해석 프로그램 등에 의해 구할 수 있다.
④ 흙 속에서 물이 흐를 때 수두차가 커져 한계동수구배에 이르면 분사현상이 발생한다.

해설

1) 온도가 증가함에 따라 물의 점성계수는 감소하고 투수계수는 증가한다.

$k_{15} = k_t \cdot \dfrac{\eta_t}{\eta_{15}}$

여기서, k_{15} : 15°에서의 투수계수
η_{15} : 15°에서의 점성계수
k_t : t시간에서의 투수계수
η_t : t시간에서의 점성계수

2) 흙이 포화되지 않았다면 기포가 물의 흐름을 방해하므로 포화도가 높을수록 투수계수는 커진다.

79 시료가 점토인지 아닌지를 알아보고자 할 때 다음 중 가장 거리가 먼 사항은?

① 소성지수 ② 소성도 A선
③ 포화도   ④ 200번(0.075mm)체 통과량

해설

포화도는 시료의 점토를 파악하는 것과는 거리가 멀고, 포화도가 클수록 투수계수가 크다.

80 일반적인 기초의 필요조건으로 틀린 것은?
① 동해를 받지 않는 최소한의 근입깊이를 가져야 한다.
② 지지력에 대해 안정해야 한다.
③ 침하를 허용해서는 안 된다.
④ 사용성, 경제성이 좋아야 한다.

해설
기초의 침하는 허용침하량 이내의 균등침하가 발생될 수 있다.

2016 기출문제
제2회 건설재료시험기사

제1과목 콘크리트공학

01 다음 4조의 압축강도 시험결과 중 변동계수가 가장 큰 것은?
① 19.8, 19.5, 21.0, 19.7
② 20.2, 19.0, 19.0, 21.8
③ 21.0, 20.5, 18.5, 20.0
④ 18.9, 20.0, 19.6, 21.5

해설

②에 대한 변동계수(V)
1) 변동계수

$$변동계수(V) = \frac{S}{\overline{x}} \times 100(\%) = \frac{1.33}{20} \times 100 = 6.65\%$$

2) 불편분산에 의한 표준편차(sample)

$$S = \sqrt{\frac{\sum(X_i - \overline{x})^2}{n-1}} = \sqrt{\frac{5.28}{3}} = 1.33$$

3) 시험 평균값

$$\overline{x} = \frac{20.2 + 19 + 19 + 21.8}{4} = 20$$

4) 편차 제곱합

$$\sum(20.2-20)^2 + (19-20)^2 + (19-20)^2 + (21.8-20)^2 = 5.28$$

여기서, V : 변동계수
S : 표준편차
X_i : 각 강도의 시험값
$\overline{x}$: n회의 압축강도 시험 평균값
n : 압축강도 시험횟수
$\sum(X_i - \overline{x})^2$: 편차의 제곱합

☞ 표준편차를 구할 때 유의할 사항
data를 모집단에서 추출된 일부 표본(sample)을 사용하는 경우(n-1)사용하고 원래의 data 전체를 사용하는 경우는 (n)을 사용한다.

정답 01 ②

02 블리딩에 관한 사항 중 잘못된 것은?

① 블리딩이 많으면 레이턴스도 많아지므로 콘크리트의 이음부에서는 블리딩이 큰 콘크리트는 불리하다.
② 시멘트의 분말도가 높고 단위수량이 적은 콘크리트는 블리딩이 작아진다.
③ 블리딩이 큰 콘크리트는 강도와 수밀성이 작아지나 철근콘크리트에서는 철근과의 부착을 증가시킨다.
④ 콘크리트치기가 끝나면 블리딩이 발생하며 대략 2~4시간에 끝난다.

해설

블리딩이 많아지면 강도, 수밀성 및 철근과의 부착력이 작아진다.

03 단위 골재량의 절대부피가 800ℓ인 콘크리트에서 잔골재율(S/a)이 40%이고, 굵은 골재의 표건밀도가 2.65g/cm³이면, 단위 굵은 골재량은 얼마인가?

① 848kg
② 1,044kg
③ 1,272kg
④ 2,120kg

해설

1) 단위 잔골재 절대체적(1m³=1,000L)
   $= 0.8 \times 0.4 = 0.32 m^3$
2) 단위 굵은골재 절대체적
   $= 0.8 - 0.32 = 0.48 m^3$
3) 단위 굵은골재량
   $= 0.48 \times 2.65 \times 1,000 = 1,272 kg$

04 섬유보강콘크리트에 대한 일반적인 설명으로 틀린 것은?

① 섬유보강콘크리트의 비비기에 사용하는 믹서는 가경식 믹서를 사용하는 것을 원칙으로 한다.
② 섬유보강 콘크리트 1m³중에 점유하는 섬유의 용적 백분율(%)을 섬유 혼입률이라고 한다.
③ 보강용 섬유를 혼입하여 주로 인성, 균열억제, 내충격성 및 내마모성 등을 높인 콘크리트를 섬유보강콘크리트라고 한다.
④ 강섬유보강콘크리트의 보강효과는 강섬유가 길수록 크며, 섬유의 분산 등을 고려하면 굵은골재 최대치수의 1.5배 이상의 길이를 갖는 것이 좋다.

해설

섬유보강콘크리트의 비비기에 사용하는 믹서는 강제식 믹서를 사용하는 것을 원칙으로 한다.

05 팽창콘크리트의 팽창률에 대한 설명으로 틀린 것은?
① 콘크리트의 팽창률은 일반적으로 재령 28일에 대한 시험치를 기준으로 한다.
② 수축보상용 콘크리트의 팽창률은 $(150~250)\times10^{-6}$을 표준으로 한다.
③ 화학적 프리스트레스용 콘크리트의 팽창률은 $(200~700)\times10^{-6}$을 표준으로 한다.
④ 공장제품에 사용되는 화학적 프리스트레스용 콘크리트의 팽창률은 $(200~1,000)\times10^{-6}$을 표준으로 한다.

해설
콘크리트의 팽창률은 일반적으로 재령 7일에 대한 시험치를 기준으로 한다.

06 외기온도가 25°C를 넘을 때 콘크리트의 비비기로부터 치기가 끝날 때까지 얼마의 시간을 넘어서는 안 되는가?
① 0.5시간
② 1시간
③ 1.5시간
④ 2시간

해설
25°C 이하 : 2시간

07 프리스트레스트 콘크리트에서 프리스트레싱에 대한 설명으로 틀린 것은?
① 긴장재에 대해 순차적으로 프리스트레싱을 실시할 경우는 각 단계에 있어서 콘크리트에 유해한 응력이 생기지 않도록 하여야 한다.
② 긴장재는 이것을 구성하는 각각의 PS강재에 소정의 인장력이 주어지도록 긴장하여야 하는데, 이때 인장력을 설계값 이상으로 주었다가 다시 설계값으로 낮추는 방법으로 시공하여야 한다.
③ 고온촉진양생을 실시한 경우, 프리스트레스를 주기전에 완전히 냉각시키면 부재간의 노출된 긴장재가 파단 할 우려가 있으므로 온도가 내려가지 않는 동안에 부재에 프리스트레스를 주는 것이 바람직하다.
④ 프리스트레싱을 할 때의 콘크리트의 압축강도는 어느 정도의 안전도를 확보하기 위하여 프리스트레스를 준 직후, 콘크리트에 일어나는 최대 압축응력의 1.7배 이상이어야 한다.

해설
긴장재는 이것을 구성하는 각각의 PS강재에 소정의 인장력이 주어지도록 긴장하여야 하는데, 이때 인장력을 설계값 이상으로 주었다가 다시 설계값으로 낮추는 방법으로 시공하면 안된다.

08 일반콘크리트의 비비기에서 강제식 믹서일 경우 믹서 안에 재료를 투입한 후 비비는 시간의 표준은?
① 30초 이상
② 1분 이상
③ 1분 30초 이상
④ 2분 이상

09 콘크리트의 응결시간 측정에 사용하는 기구로 적당한 것은?
① 길모아 침 시험장치
② 비카트 침 시험장치
③ 프록터 관입시험장치
④ 구관입 시험장치

해설
프록터 관입저항침 시험
1) 이 시험은 슬럼프가 0보다 큰 콘크리트에서 체(4.75mm)로 쳐서 얻은 몰탈에 대한 관입저항을 측정함으로써 콘크리트 응결시간을 측정하는 시험방법이다.
2) 시멘트에 대한 응결시간 측정 시험은 길모아침, 비카트침 시험방법이 있다.

10 콘크리트 구조물의 전자파레이더법에 의한 비파괴시험에서 진공중에서 전자파의 속도를 C, 콘크리트의 비유전율을 ε_r이라 할 때 콘크리트내의 전자파의 속도 V를 구하는 식으로 옳은 것은?
① $V = C \cdot \varepsilon_r (m/s)$
② $V = C/\varepsilon_r (m/s)$
③ $V = C \cdot \sqrt{\varepsilon_r} (m/s)$
④ $V = C/\sqrt{\varepsilon_r} (m/s)$

해설
콘크리트내의 전자파 속도
$V = C/\sqrt{\varepsilon_r} (m/s)$
여기서, C : 진공중에서의 전자파속도
ε_r : 콘크리트의 비유전율

11 매스 콘크리트의 온도균열 발생에 대한 검토는 온도균열지수에 의해 평가하는 것을 원칙으로 하고 있다. 온도균열지수에 대한 설명으로 틀린 것은?
① 온도균열지수는 임의 재령에서의 콘크리트 압축강도와 수화열에 의한 온도 응력의 비로 구한다.
② 온도균열지수는 그 값이 클수록 균열이 발생하기 어렵고 값이 작을수록 균열이 발생하기 쉽다.
③ 일반적으로 온도균열지수가 작으면 발생하는 균열의 수도 많아지고 균열폭도 커지는 경향이 있다.
④ 철근의 배치된 일반적인 구조물에서 균열발생을 방지하여야 할 경우 온도균열지수는 1.5이상으로 하여야 한다.

해설
온도균열지수는 콘크리트 인장강도와 온도에 의한 인장응력의 상관관계를 지수화한 것이다.

정답 08 ② 09 ③ 10 ④ 11 ①

12 콘크리트의 설계기준 압축강도가 40MPa이고 22회의 압축강도시험결과로부터 구한 압축강도의 표준편차가 5MPa인 경우 배합강도는?(단, 시험횟수가 20회 및 25회인 경우 표준편차의 보정계수는 각각 1.08, 1.03이다.)

① 47.10MPa
② 47.65MPa
③ 48.35MPa
④ 48.85MPa

해설

1) 22회일 때 직선보간을 한 표준편차의 보정계수
$$\alpha = 1.03 + \frac{(1.08 - 1.03) \times 3}{5} = 1.06$$
2) 직선보간한 표준편차
$$S = 1.06 \times 5.0 = 5.3 MPa$$
3) $f_{ck} > 35MPa$이므로
$$f_{cr} = f_{ck} + 1.34S = 40 + 1.34 \times 5.3$$
$$= 47.10 MPa$$
$$f_{cr} = 0.9 \cdot f_{ck} + 2.33S$$
$$= 0.9 \times 40 + 2.33 \times 5.3 = 48.35 MPa$$
상기값 중 큰 값이 배합강도이므로
$$f_{cr} = 48.35 MPa$$

13 콘크리트의 비파괴 시험 중 철근부식 여부를 조사할 수 있는 방법이 아닌 것은?

① 전위차 적정법
② 자연전위법
③ 분극저항법
④ 전기저항법

해설

전위차 적정법은 콘크리트 염화물함량 시험방법이다.

14 한중콘크리트에 대한 설명으로 틀린 것은?

① 하루의 평균기온이 4℃이하가 예상되는 조건일 때는 한중콘크리트로 시공하여야 한다.
② 재료를 가열할 경우, 물 또는 골재를 가열하는 것으로 하며, 시멘트는 어떠한 경우라도 직접 가열할 수 없다.
③ 가열한 재료를 믹서에 투입하는 순서는 가열한 물과 시멘트를 먼저 투입하고 다음에 굵은 골재, 잔골재를 투입하는 것이 좋다.
④ 한중 콘크리트에는 공기연행 콘크리트를 사용하는 것을 원칙으로 한다.

해설

가열한 재료를 믹서에 투입하는 순서는 더운물과 굵은골재, 잔골재 순으로 넣어서 믹서안의 온도가 40℃이하가 되고나서 최종적으로 시멘트를 투입한다.

15 공기연행 콘크리트의 공기량에 대한 설명으로 옳은 것은?(단, 굵은 골재의 최대치수는 40mm을 사용한 일반콘크리트로서 보통 노출인 경우)

① 4.0%를 표준으로 하며, 그 허용오차는 ±1.0%로 한다.
② 4.5%를 표준으로 하며, 그 허용오차는 ±1.0%로 한다.
③ 4.0%를 표준으로 하며, 그 허용오차는 ±1.5%로 한다.
④ 4.5%를 표준으로 하며, 그 허용오차는 ±1.5%로 한다.

해설
굵은골재 최대치수 40mm인 경우 공기량은 4.5%를 표준으로 하며, 그 허용오차는 ±1.5%로 한다.

16 콘크리트의 중성화에 관한 설명으로 틀린 것은?

① 콘크리트 중의 수산화칼슘이 공기중의 탄산가스와 반응하면 중성화가 진행된다.
② 중성화가 철근의 위치까지 도달하면 철근은 부식되기 시작한다.
③ 공기중의 탄산가스의 농도가 높을수록, 온도가 높을수록 중성화 속도는 빨라진다.
④ 중성화의 대책으로는 플라이애시와 같은 실리카질 혼화재를 시멘트와 혼합하여 사용하는 것이 좋다.

해설
플라이애시와 같은 실리카질 혼화재를 시멘트와 혼합하여 사용하면 시멘트의 알카리성분이 감소하여 중성화 발생가능성이 있을 수 있다.

17 다음 중 재료 계량의 허용오차가 가장 큰 것은?

① 혼화제　　　　　　　　　② 혼화재
③ 물　　　　　　　　　　　④ 시멘트

해설
계량 허용오차
・골재와 혼화제는 ±3% 이다.
・시멘트 : -1%, +2%
・물 : -2%, +1%

18 일반콘크리트의 배합설계에 대한 설명으로 틀린 것은?

① 구조물에 사용된 콘크리트의 압축강도가 설계기준압축강도보다 작아지지 않도록 현장 콘크리트의 품질변동을 고려하여 콘크리트의 배합강도를 설계기준압축강도보다 충분히 크게 정하여야 한다.
② 제빙화학제가 사용되는 콘크리트의 물-결합재비는 45% 이하로 한다.
③ 콘크리트의 수밀성을 기준으로 물-결합재비를 정할 경우 그 값은 50% 이하로 한다.
④ 콘크리트의 탄산화 저항성을 고려하여 물-결합재비를 정할 경우 60%이하로 한다.

해설
콘크리트의 탄산화 저항성을 고려하여 물-결합재비를 정하는 경우 55% 이하로 한다.

19 내부진동기의 사용 방법으로 적합하지 않은 것은?

① 내부진동기를 하층의 콘크리트 속으로 0.1m 정도 찔러 넣는다.
② 내부진동기는 연직으로 찔러 넣으며 삽입간격은 일반적으로 1.0m 이하로 한다.
③ 내부진동기의 1개소당 진동 시간은 다짐할 때 시멘트 페이스트가 표면 상부로 약간 부상하기까지 한다.
④ 내부진동기의 사용이 곤란한 장소에서는 거푸집 진동기를 사용해도 좋다.

해설
내부진동기는 연직으로 찔러 넣으며 삽입간격은 일반적으로 0.5m 이하로 한다.

20 일반 콘크리트를 친 후 습윤양생을 하는 경우 습윤상태의 보호기간은 조강포틀랜드 시멘트를 사용한 때 얼마 이상을 표준으로 하는가?(단, 일평균기온이 15℃ 이상인 경우)

① 1일   ② 3일
③ 5일   ④ 7일

해설

일평균기온	조강포틀랜드시멘트
15℃이상	3일
10℃이상	4일
5℃이상	5일

정답 18 ④ 19 ② 20 ②

제2과목 건설시공 및 관리

21 디퍼(dipper)용량이 0.8m³일 때 파워쇼벨(power shovel)의 1일 작업량을 구하면?(단, shovel cycle time : 30sec, dipper 계수 : 1.0, 흙의 토량 변화율(L) : 1.25, 작업효율 : 0.6, 1일 운전시간 : 8시간)

① 286.64m³/day　　　② 324.52m³/day
③ 368.64m³/day　　　④ 452.50m³/day

해설

셔블계의 작업량(Q)

1) $Q = \dfrac{3{,}600 \times q \times k \times f \times E}{C_m}$

$Q = \dfrac{3{,}600 \times 0.8 \times 1 \times \dfrac{1}{1.25} \times 0.6}{30} = 46.08 m^3/\sec$

2) 일일 작업량
$46.08 \times 8 = 368.64 m^3/일$

22 발파시에 수직갱에 물이 고여 있을 때의 심빼기 발파공법으로 가장 적당한 것은?

① 스윙 컷(Swing Cut)　　　② V컷 (V Cut)
③ 피라미드 컷(Pyramid Cut)　　　④ 번 컷(Burn Cut)

해설

심빼기 발파 공법중 스윙 컷에 대한 설명이다.

23 공정관리기법 가운데 PERT에 대한 설명으로 옳은 것은?

① 경험이 있는 사업에 적용한다.　　　② 확률적 모델이다.
③ 1점 시간추정방법으로 공기를 추정한다.　　　④ 활동중심의 일정계산을 한다.

해설

PERT 기법의 특징
1) 신규사업, 비 반복사업, 경험이 없는 사업등에 활용
2) 소요시간 추정 (3점법 확률 계산)
3) 가중 평균치 사용

$t_e = \dfrac{t_o + 4t_m + t_p}{6}$

여기서, t_o : 낙관 작업일수
t_m : 정상 작업일수
t_p : 비관작업일수
t_e : 3점법에 의한 추정공사일수

4) 작업단계(event) 중심관리(결합점 중심관리)
5) 확률론적 검토
6) 공기 단축이 목적

24 댐 기초의 그라우팅에 대한 일반적인 설명으로 틀린 것은?
① 콘솔리데이션 그라우팅은 기초 전반에 그라우팅하여 기초지반을 보강한다.
② 커튼그라우팅은 댐 축방향 기초 상류 쪽에 그라우팅한다.
③ 그라우팅 깊이는 커튼그라우팅이 콘솔리데이션 그라우팅보다 깊다.
④ 콘솔리데이션 그라우팅은 댐 축방향 기초하류 쪽에 그라우팅한다.

> **해설**
> 콘솔리데이션 그라우팅은 기초 전반에 걸쳐서 격자형태로 그라우팅 실시

25 지반중에 초고압으로 가압된 경화재를 에어제트와 함께 이중관 선단에 부착된 분사노즐로 분사시켜 지반의 토립자를 교반하여 경화재와 혼합 고결시키는 공법은?
① LW 공법
② SGR 공법
③ SCW 공법
④ JSP 공법

> **해설**
> JSP 공법
> 연약지반 개량공법으로 초고압 200kg/cm²의 에어젯트를 이용하여 차수, 지지말뚝, 기초지반의 지지력 증대 등의 목적으로 사용되는 지반 고결제 주입공법이다.

26 흙의 굴착뿐만 아니라 싣기, 운반, 사토, 정지 등의 기능을 함께 가진 토공기계는?
① 불도져
② 스크레이퍼
③ 드래그라인
④ 백호우

> **해설**
> 스크레이퍼
> 1) 스크레이퍼는 트랙터에 견인되어 흙을 굴삭, 적재, 운반, 포설 할 수 있는 피견인식 스크레이퍼와 자주식 모터스 크레이퍼가 있다.
> 2) 스크레이퍼는 절삭 칼날을 내리고 흙을 깎으면서 전진하여 흙을 상자(bowl)에 담아 포설장소 까지 주행후 흙을 포설하는 방식으로 넓은 면적의 표면 굴착, 절취, 성토, 굴착 및 운반에 사용된다.

27 필형 댐(fill type dam)의 설명으로 옳은 것은?
① 필형 댐은 여수로가 반드시 필요하지는 않다.
② 암반강도 면에서는 기초암반에 걸리는 단위 체적당의 힘은 콘크리트 댐보다 크므로 콘크리트 댐보다 제약이 많다.
③ 필형 댐은 홍수시 월류에도 대단히 안정하다.
④ 필형 댐에서는 여수로를 댐 본체(本體)에 설치할 수 없다.

> **해설**
> 필형 댐에서는 여수로나 방류설비 등을 제체의 가운데나 위 또는 바닥에 둘 수가 없기 때문에 주변의 원지반에 설치한다.

28 터널굴착공법 중 쉴드(shield)공법의 장점으로서 옳지 않은 것은?

① 밤과 낮에 관계없이 작업이 가능하다.
② 지하의 깊은 곳에서 시공이 가능하다.
③ 소음과 진동의 발생이 적다.
④ 지질과 지하수위에 관계없이 시공이 가능하다.

해설

Shied 공법 특징
1) 지하 수심이 깊은 연약지반에서 시공이 가능하다.
2) 주야 작업이 가능하며 굴진 속도 빠르다.
3) 진동, 소음 작아 민원 발생 소지가 적다.
4) 지질 및 지하수의 영향을 고려해야 한다.
5) 설비투자비가 많이들며 공사비가 고가이다.
6) 대단면 시공이 어렵고 곡선부 반경이 작은 경우(급곡선) 시공에 어려움이 있다.

29 다른 형식보다 재료가 적게 소요되고 높은 파고에서도 안전성이 높으며 지반이 양호하고 수심이 얕은 곳에 축조하는 방파제는?

① 부양 방파제
② 직립식 방파제
③ 혼성식 방파제
④ 경사식 방파제

해설

직립식 방파제에 대한 설명이다.

30 터널의 시공에 사용되는 숏크리트 습식공법의 장점으로 틀린 것은?

① 분진이 적다.
② 품질관리가 용이하다.
③ 장거리 압송이 가능하다.
④ 대규모 터널 작업에 적합하다.

해설

숏크리트 공법의 특징

구 분	건 식	습 식
Con'c 품질	품질관리 어렵다	품질관리 쉽다
운반시간 제약	적 다	크 다
압송 거리	장거리	단거리
분진 발생	큼	적음
반 발 량	큼	적음
청소,유지보수	Nozzle 청소쉽다	어렵다

정답 28 ④ 29 ② 30 ③

31 성토시공 공법 중 두께가 90~120cm로 하천제방, 도로, 철도의 축제에 시공되며, 층마다 일정 기간 동안 방치하여 자연침하를 기다려 다음 층을 위에 쌓아 올리는 방법은?

① 물 다짐 공법 ② 비계 쌓기법
③ 전방 쌓기법 ④ 수평층 쌓기법

해설
수평층 쌓기법에 대한 설명이다.

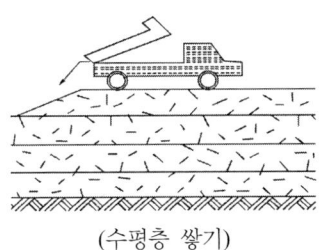

(수평층 쌓기)

32 말뚝의 지지력을 결정하기 위한 방법 중에서 가장 정확한 것은?

① 말뚝재하시험 ② 동역학적공식
③ 정역학적공식 ④ 허용지지력 표로서 구하는 방법

해설
말뚝에 대한 실물 재하를 하는 방법이 가장 정확하고 신뢰성이 크다.

33 원지반의 토량 500m³를 덤프 트럭(5m³ 적재) 2대로 운반하면 운반소요 일수는?(단, L=1.20이고, 1대 1일당 운반횟수 5회)

① 12일 ② 14일
③ 16일 ④ 18일

해설
운반소요일수 = $\dfrac{500 \times 1.2}{5 \times 2 \times 5}$ = 12일

34 아스팔트 포장에서 표층에 대한 설명으로 틀린 것은?
① 노상 바로 위의 인공층이다.
② 교통에 의한 마모와 박리에 저항하는 층이다.
③ 표면수가 내부로 침입하는 것을 막는다.
④ 기층에 비해 골재의 치수가 작은 편이다.

해설
아스팔트 포장 구성

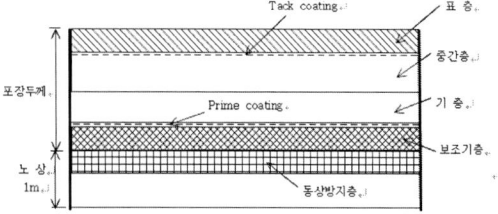

35 PSC 교량가설공법과 시공상의 특징에 대한 설명이 적절하지 않은 것은?
① 연속압출공법(ILM) : 시공부위의 모멘트감소를 위해 steel nose(추진코) 사용
② 동바리공법(FSM) : 콘크리트 치기를 하는 경간에 동바리를 설치하여 자중 등의 하중을 일시적으로 동바리가 지지하는 방식
③ 캔틸레버공법(FCM) : 교량외부의 제작장에서 일정길이만큼 제작 후 연결시공
④ 이동식 비계공법(MSS) : 교각위에 브래킷설치 후 그 위를 이동하며 콘크리트 타설

해설
F.C.M (Free Cantilever Method) : 외팔보공법
1) 기시공된 교각을 중심으로 좌우평형을 유지하며 순차적으로 이동식 작업차를 이용하여 Segment 제작하면서 상부구조 시공해 나가는 공법으로 캔틸레버식 가설공법이라고 한다.(Dywidag)
2) 동바리가 불필요하며 이동식 작업차에서 공사를 시행하므로 전천후 시공이 가능하다.
3) 교량외부의 제작장에서 일정길이 만큼 제작 후 연결하는 방식은 P.S.M 공법이다.

36 아래의 표에서 설명하는 아스팔트 포장의 파손은?

- 골재입자가 분리됨으로써 표층으로부터 하부로 진행되는 탈리 과정이다.
- 표층에 잔골재가 부족하거나 아스팔트층의 현장밀도가 낮은 경우에 주로 발생한다.

① 영구변형(Rutting) ② 라벨링(Ravelling)
③ 블록 균열 ④ 피로 균열

해설
아스팔트 포장의 Ravelling
1) 골재에 세립먼지가 두껍게 형성되어 아스팔트 피막이 먼지를 코팅하게 되는 경우 골재 입자가 분리 되는 탈리현상이다.
2) 주로 잔골재가 부족한 표층에 골재 분리현상이 발생되며 또한 다짐이 부적절한 경우(현장밀도가 낮을 경우)발생된다.

37 토량 변화율 L=1.25, C=0.9인 사질토로 35,000m³를 성토할 경우 운반토량은?

① 33,333m³ ② 39,286m³
③ 48,611m³ ④ 54,374m³

해설

1) 본바닥 토량 = $\frac{35,000}{0.9} = 38,888 m^3$

2) 운반토량 = $38,888 \times 1.25 = 48,611 m^3$

38 점보드릴(Jumbo drill)에 대한 설명으로 옳지 않은 것은?

① 착암기를 싣고 굴착작업을 할 수 있도록 되어있는 장비이다.
② 한 대의 Jumbo 위에는 여러 대의 착암기를 장치할 수 있다.
③ 상·하로 자유로이 이동작업이 가능하나 좌·우로의 조정은 불가능하다.
④ NATM 공법에 많이 사용한다.

해설

점보드릴 장비
점보드릴 장비는 터널 NATM 공사의 천공작업에 사용되는 장비로서 상,하 좌,우로 이동작업이 가능하다.

39 네트워크 공정표를 작성할 때의 기본적인 원칙을 설명한 것으로 잘못된 것은?

① 네트워크의 개시 및 종료 결합점은 두 개 이상으로 구성되어야 한다.
② 무의미한 더미가 발생하지 않도록 한다.
③ 결합점에 들어오는 작업군이 모두 완료되지 않으면 그 결합점에서 나가는 작업은 개시할 수 없다.
④ 가능한 요소 작업 상호간의 교차를 피한다.

해설

네트워크의 개시, 종료 결합점은 각기 하나씩 되도록 한다.

40 국내 도로 파손의 주요 원인은 소성변형으로 전체 파손의 큰 부분을 차지하고 있다. 최근 이러한 소성변형의 억제방법 중 하나로 기존의 밀입도 아스팔트 혼합물 대신 상대적으로 큰 입경의 골재를 이용하는 아스팔트 포장방법을 무엇이라 하는가?

① SBS ② SBR
③ SMA ④ SMR

해설

SMA(Stone Mastic Asphalt)
1) 소성변형의 억제방법 중 하나로 기존의 밀입도 아스팔트 혼합물 대신 상대적으로 큰 입경의 골재를 이용하는 아스팔트 포장 방법이다.
2) 아스팔트 바인더 자체의 물성변화에 따른 혼합물의 개념보다는 골재의 맞물림 특성을 최대로 이용하여 기존의 밀입도 아스팔트 혼합물의 소성변형 문제점에 대한 대책 공법중 하나이다.

정답 37 ③ 38 ③ 39 ① 40 ③

제3과목 건설재료 및 시험

41 제철소에서 발생하는 산업부산물로서 찬공기나 냉수로 급냉한 후 미분쇄하여 사용하는 혼화재는?
① 고로슬래그 미분말
② 플라이애시
③ 화산회
④ 실리카흄

해설
고로슬래그 미분말에 대한 설명이다.

42 다음의 목재 중요 성분 중 세포 상호간 접착제 역할을 하는 것은?
① 셀룰로오스
② 리그닌
③ 탄닌
④ 수지

해설
리그닌에 대한 설명이다.

43 암석의 종류 중 퇴적암이 아닌 것은?
① 사암
② 혈암
③ 석회암
④ 안산암

해설
1) 화성암 : 화강암, 섬록암, 안산암, 현무암
2) 퇴적암 : 응회암, 사암, 혈암, 석회암
3) 변성암 : 편마암, 편암, 대리석

44 강모래를 이용한 콘크리트와 비교한 부순 잔골재를 이용한 콘크리트의 특징을 설명한 것으로 틀린 것은?
① 동일 슬럼프를 얻기 위해서는 단위수량이 더 많이 필요하다.
② 미세한 분말량이 많아질 경우 건조수축률은 증대한다.
③ 미세한 분말량이 많아짐에 따라 응결의 초결시간과 종결시간이 길어진다.
④ 미세한 분말량이 많아지면 공기량이 줄어들기 때문에 필요시 공기량을 증가시켜야 한다.

해설
부순골재의 콘크리트에 미치는 영향
부순잔골재 증가는 미분량이 콘크리트 내에서 충전효과를 일으켜서 공기량감소, 슬럼프감소, 건조수축 증가, bleeding 감소, 압축강도 증가가 대체적으로 발생된다.

정답 41 ① 42 ② 43 ④ 44 ③

45 골재의 안정성 시험(KS F 2507)에 대한 설명으로 틀린 것은?
① 기상작용에 대한 골재의 내구성을 조사할 목적으로 실시한다.
② 시험용 잔골재는 5mm체를 통과하는 골재를 사용한다.
③ 시험용 굵은골재는 5mm체에 잔류하는 골재를 사용한다.
④ 시험용 용액은 황산나트륨 포화용액으로 한다.

> **해설**
> 안정성 시험에 사용되는 시험용 잔골재는 10mm체를 통과한 것이어야 하며, 시료는 다음 각 무더기에서 100g이상 나올수 있는 것이어야 하며 중량 백분율이 5% 이상이어야 한다.

46 아스팔트 신도시험에 대한 설명으로 틀린 것은?
① 별도의 규정이 없는 한 시험할 때 온도는 (20±0.5℃)을 적용한다.
② 별도의 규정이 없는 한 인장하는 속도는 5±0.25cm/min을 적용한다.
③ 저온에서 시험할 때 온도는 4℃를 적용한다.
④ 저온에서 시험할 때 인장하는 속도는 1cm/min을 적용한다.

> **해설**
> 아스팔트 신도시험시 온도는 25±5℃를 적용한다.

47 댐, 기초와 같은 매시브한 구조물에 적합하며 조기강도는 적으나 내침식성과 내구성이 크고 안정하며 수축이 적은 시멘트는?
① 내황산염 포틀랜드시멘트　② 중용열 포틀랜드시멘트
③ 알루미나시멘트　　　　　④ 조강 포틀랜드시멘트

> **해설**
> 중용열 포틀랜드 시멘트에 대한 설명이다.

48 석재를 모양 및 치수에 의해 구분할 때 아래표의 내용에 해당하는 것은?

> 면이 원칙적으로 거의 사각형에 가까운 것으로, 길이는 4면을 쪼개어 면에 직각으로 잰 길이는 면의 최소변의 1.5배 이상인 것

① 견치석　　　　　　　② 판석
③ 각석　　　　　　　　④ 사고석

> **해설**
> 견치석에 대한 설명이다.

49 다음 혼화재료 중 콘크리트의 응결시간에 영향을 미치지 않는 것은?
① 염화칼슘 ② 인산염
③ 당류   ④ 라텍스

해설
천연고무라텍스는 천연 라텍스 고무를 가리키기도 하며, 또 합성 고무 라텍스를 가리키기도 한다. 고무나무의 껍질에 흠을 낸 뒤 채취하며, 젖빛의 액체이다.

50 포졸란을 사용한 콘크리트의 성질에 대한 설명으로 틀린 것은?
① 수밀성이 크고 발열량이 적다.
② 해수 등에 대한 화학적 저항성이 크다.
③ 워커빌리티 및 피니셔빌리티가 좋다.
④ 강도의 증진이 빠르고 조기강도가 크다.

해설
포졸란을 사용한 콘크리트는 초기강도 보다는 장기강도가 증진이 일어난다.

51 골재의 체가름시험에 사용하는 시료의 최소건조질량에 대한 설명으로 틀린 것은?
① 굵은 골재의 경우 사용하는 골재의 최대치수(mm)의 0.2배를 시료의 최소 건조 질량(kg)으로 한다.
② 잔골재의 경우 1.18mm체를 95%(질량비)이상 통과하는 것에 대한 최소 건조 질량은 100g으로 한다.
③ 잔골재의 경우 1.18mm체를 5%(질량비) 이상 남는 것에 대한 최소 건조 질량은 500g으로 한다.
④ 구조용 경량 골재의 최소 건조 질량은 보통 중량 골재의 최소 건조 질량의 2배로 한다.

해설
구조용 경량 골재의 최소건조질량은 보통 중량 골재의 최소 건조 질량의 1/2로 한다.

52 콘크리트용 강섬유에 대한 설명으로 틀린 것은?
① 형상에 따라 직선섬유와 이형섬유가 있다.
② 강섬유의 인장강도 시험은 강섬유 5ton마다 10개 이상의 시료를 무작위로 추출해서 수행한다.
③ 강섬유의 평균인장강도는 200MPa 이상이 되어야 한다.
④ 강섬유는 16°C 이상의 온도에서 지름 안쪽 90°방향으로 구부렸을 때 부러지지 않아야 한다.

해설
강섬유의 평균인장강도는 500MPa 이상, 각각의 인장강도는 450MPa 이상

53 스트레이트 아스팔트와 비교할 때 고무화 아스팔트의 장점이 아닌 것은?

① 감온성이 크다. ② 부착력이 크다.
③ 탄성이 크다. ④ 내후성이 크다.

해설
고무화 아스팔트의 특징
1) 감온성이 작다.
2) 응집성이 크다.
3) 탄성 및 충격저항이 크다.
4) 마찰계수가 크다.

54 목재의 건조방법 중 인공건조법이 아닌 것은?

① 끓임법(자비법) ② 열기건조법
③ 공기건조법 ④ 증기건조법

해설
목재의 건조방법
1) 자연 건조법
  · 공기 건조법
  · 침수법
2) 인공 건조법
  · 자비법(끓임법)
  · 증기법
  · 열기법
  · 훈연법

55 다음은 굵은 골재를 시험한 결과이다. 이 결과를 이용하여 굵은 골재의 공극률을 구하면?

· 단위용적질량=1,500kg/m³
· 밀도=2.60g/cm³
· 조립률=6.50

① 42.3% ② 43.4%
③ 56.6% ④ 57.7%

해설
1) 실적률 = $\dfrac{\text{단위용적질량}}{\text{밀도}} \times 100$

  $= \dfrac{1.5}{2.6} \times 100 = 57.7\%$

2) 공극률 = 100 - 실적률
  = 100 - 57.7 = 42.3%

정답 53 ① 54 ③ 55 ①

56 시멘트의 성질 및 특성에 대한 설명으로 틀린 것은?
① 시멘트의 분말도는 일반적으로 비표면적으로 표시하며 시멘트 입자의 굵고 가는 정도로 단위는 cm^2/g이다.
② 시멘트 응결이란 시멘트 풀이 유동성과 점성을 상실하고 고화하는 현상을 말한다.
③ 시멘트가 공기중의 수분 및 이산화탄소를 흡수하여 가벼운 수화반응을 일으키게 되는데, 이것을 풍화라 한다.
④ 시멘트의 강도시험은 시멘트 페이스트 강도시험으로 측정한다.

해설
시멘트의 강도시험은 모르타르를 압축강도 시험으로 측정한다.

57 시멘트의 저장 및 사용에 대한 설명 중 틀린 것은?
① 시멘트는 방습적인 구조물에 저장한다.
② 시멘트는 13포대 이하로 쌓는 것이 바람직하다.
③ 저장 중에 약간 굳은 시멘트는 품질검사 후 사용한다.
④ 일반적으로 50℃이하 온도의 시멘트를 사용하면 콘크리트의 품질에 이상이 없다.

해설
시멘트는 약간의 굳은 시멘트라도 사용해서는 안된다.

58 아스팔트의 침입도 지수(PI)를 구하는 식으로 옳은 것은?
(단, $A = \dfrac{\log 800 - \log P_{25}}{\text{연화점} - 25}$ 이고, P_{25}는 25℃에서의 침입도이다.)

① $PI = \dfrac{25}{1+50A} - 10$
② $PI = \dfrac{30}{1+50A} - 10$
③ $PI = \dfrac{25}{1+40A} - 10$
④ $PI = \dfrac{30}{1+40A} - 10$

해설
1) 아스팔트 바인더는 온도가 높아지면 연성이 증가하고 온도가 낮아지면 점성이 증가하는 특성을 갖는다. Pfeiffer 외(1936)는 아스팔트 바인더의 온도에 대한 민감성을 나타내는 방법으로 침입도 지수를 제시하였다.
2) 침입도지수 : $PI = \dfrac{30}{1+50A} - 10$

정답 56 ④ 57 ③ 58 ②

59 강을 제조방법에 따라 분류한 것으로 볼 수 없는 것은?

① 평로강   ② 전기로강
③ 도가니강   ④ 합금강

해설

강의 화학성분에 따른 분류
1) 탄소강   2) 합금강

60 수중에서 폭발하며 발화점이 높고 구리와 화합하면 위험하므로 뇌관의 관체는 알루미늄을 사용하는 기폭약은?

① 뇌산수은   ② 질화납
③ DDNP   ④ 칼릿

해설

1) 기폭약의 종류
 · 뇌홍   · 질화납   · D.D.N.P(디아조디니트로페놀)
2) 질화납은 점폭약으로 많이 사용된다.

제4과목 토질 및 기초

61 점착력이 1.4t/m², 내부마찰각이 30°, 단위중량이 1.85t/m³인 흙에서 인장균열 깊이는 얼마인가?

① 1.74m   ② 2.62m
③ 3.45m   ④ 5.24m

해설

$$Z_c = \frac{2c\tan\left(45° + \frac{\phi}{2}\right)}{\gamma_t} = \frac{2 \times 1.4\tan\left(45° + \frac{30°}{2}\right)}{1.85} = 2.62m$$

62 흙의 다짐에 대한 설명으로 틀린 것은?

① 다짐에너지가 증가할수록 최대 건조단위중량은 증가한다.
② 최적함수비는 최대 건조단위중량을 나타낼 때의 함수비이며, 이때 포화도는 100%이다.
③ 흙의 투수성 감소가 요구될 때에는 최적함수비의 습윤측에서 다짐을 실시한다.
④ 다짐에너지가 증가할수록 최적함수비는 감소한다.

해설

최적함수비는 최대 건조단위 중량을 나타 낼 때의 함수비이며, 포화도는 100% 이하를 나타내며 포화도이다. 포화도 100%일 때 다짐곡선은 영공기 간극곡선을 의미한다.

정답 59 ④ 60 ② 61 ② 62 ②

63 연약한 점성토의 지반특성을 파악하기 위한 현장조사 시험방법에 대한 설명 중 틀린 것은?
① 현장베인시험은 연약한 점토층에서 비배수 전단강도를 직접 산정할 수 있다.
② 정적콘관입시험(CPT)은 콘지수를 이용하여 비배수 전단강도 추정이 가능하다.
③ 표준관입시험에서의 N값은 연약한 점성토지반특성을 잘 반영해 준다.
④ 정적콘관입시험(CPT)은 연속적인 지층분류 및 전단강도 추정 등 연약점토 특성분석에 매우 효과적이다.

> **해설**
> 표준관입시험은 사질토 지반에 가장 적합하며 점성토 지반에도 사용하나 점성토지반 특성을 잘 반영하지 못한다.

64 그림과 같은 지층단면에서 지표면에 가해진 $5t/m^2$의 상재하중으로 인한 점토층(정규압밀점토)의 1차압밀 최종침하량(S)을 구하고, 침하량이 5cm 일 때 평균압밀도(U)를 구하면?

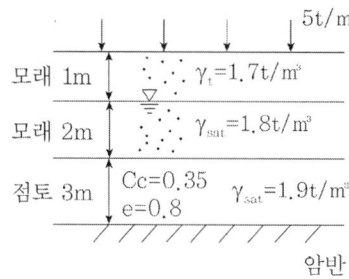

① S = 18.5cm, U = 27%
② S = 14.7cm, U = 22%
③ S = 18.5cm, U = 22%
④ S = 14.7cm, U = 27%

> **해설**
> 1) 1차압밀침하량(정규압밀점토)
> $$S = \frac{C_c}{1+e_o} H \log \frac{P_o + \Delta P}{P_o}$$
> $$= \frac{0.35}{1+0.8} 3 \log \frac{4.65 + 5}{4.65} = 18.5 cm$$
> $P_0 = 1.7 \times 1 + 0.8 \times 2 + 0.9 \times 1.5$
> $\quad = 4.65 t/m^2$
> 2) 평균압밀도
> $$\overline{U} = \frac{S_t}{S} \times 100 = \frac{5}{18.5} \times 100 = 27.02\%$$

65 폭 10cm, 두께 3mm인 Paper Drain설계 시 Sand drain의 직경과 동등한 값(등치환산원의 지름)으로 볼 수 있는 것은?

① 2.5cm ② 5.0cm
③ 7.5cm ④ 10.0cm

해설

$$D = \alpha \cdot \frac{2A+2B}{\pi}$$

여기서, D : paper drain의 등치환산원의 지름
  α : 형상계수(0.75)
  A, B : paper drain폭과 두께(cm)

$$D = 0.75 \times \frac{2 \times 10 + 2 \times 0.3}{3.14} = 4.92 cm$$

66 그림과 같이 흙입자가 크기가 균일한 구(직경 : d)로 배열되어 있을 때 간극비는?

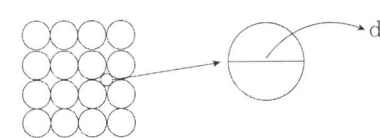

① 0.91 ② 0.71
③ 0.51 ④ 0.35

해설

동일한 구의 결합형태와 공극비
1) 단순입방체 공극비 : 0.91

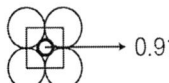

2) 등방 사면체 : 0.65

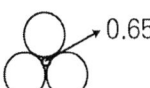

67 Mohr 응력원에 대한 설명 중 옳지 않은 것은?
① 임의 평면의 응력상태를 나타내는데 매우 편리하다.
② 평면기점(origin of plane, Op)은 최소주응력을 나타내는 원호상에서 최소주응력면과 평행선이 만나는 점을 말한다.
③ σ_1과 σ_3의 차의 벡터를 반지름으로 해서 그린 원이다.
④ 한 면에 응력이 작용하는 경우 전단력이 0이면, 그 연직응력을 주 응력으로 가정한다.

해설
Mohr의 응력원은 최대주응력(σ_1)과 최소주응력(σ_3)의 차를 직경으로 해서 수직 응력-전단응력 관계도를 2차원적으로 응력상태를 나타낸 원을 말한다.

68 동일한 등분포 하중이 작용하는 그림과 같은 (A)와 (B) 두 개의 구형기초판에서 A와 B점의 수직 Z되는 깊이에서 증가되는 지중응력을 각각 σ_A, σ_B가 할 때 다음 중 옳은 것은?(단, 지반 흙의 성질은 동일함)

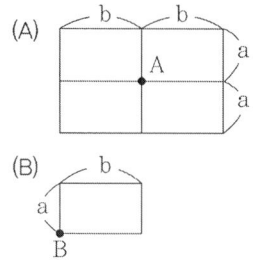

① $\sigma_A = \dfrac{1}{2}\sigma_B$ ② $\sigma_A = \dfrac{1}{4}\sigma_B$
③ $\sigma_A = 2\sigma_B$ ④ $\sigma_A = 4\sigma_B$

해설
구형단면에 동일한 등분포하중이 작용하고 일정 깊이에서 증가되는 흙의성질이 동일할 때 모서리 이외의 점에 대한 연직응력은 중첩의 원리에 의해서
$\sigma_A = 4\sigma_B$ 관계가 성립된다.

69 콘크리트 말뚝을 마찰말뚝으로 보고 설계할 때, 총 연직하중을 200ton, 말뚝 1개의 극한지지력을 89ton, 안전율을 2.0으로 하면 소요말뚝의 수는?
① 6개 ② 5개
③ 3개 ④ 2개

해설
$F_s = \dfrac{극한지지력}{허용지지력}$, $2 = \dfrac{89 \times n}{200}$
$n = \dfrac{400}{89} = 5개$

70 흙의 분류에 사용되는 Casagrande 소성도에 대한 설명으로 틀린 것은?

① 세립토를 분류하는 데 이용된다.
② U선은 액성한계와 소성지수의 상한선으로 U선 위쪽으로는 측점이 있을 수 없다.
③ 액성한계 50%를 기준으로 저소성(L) 흙과 고소성(H) 흙으로 분류한다.
④ A선 위의 흙은 실트(M) 또는 유기질토(O)이며, A선 아래의 흙은 점토(C)이다.

해설
A선 위의 흙은 점토 또는 유질질토이며, A선 아래의 흙은 실트 또는 유기질토 흙이다.

71 표준관입시험(S.P.T)결과 N치가 25이었고, 그 때 채취한 교란시료로 입도시험을 한 결과 입자가 둥글고, 입도분포가 불량할 때 Dunham 공식에 의해서 구한 내부 마찰각은?

① 32.3° ② 37.3°
③ 42.3° ④ 48.3°

해설
Dunham 공식의 N값의 산정

토질입자가 둥글고 균일한(불량입도)경우	$\phi = \sqrt{12N} + 15$
토질입자가 둥글고 입도 분포가 양호 토립자가 모가나고 균일한(불량한입도)경우	$\phi = \sqrt{12N} + 20$
토립자가 모가나고 입도분포가 좋을때	$\phi = \sqrt{12N} + 25$

$\Phi = \sqrt{12N} + 15$
$= \sqrt{12 \times 25} + 15 = 32.32°$

72 다음 그림에서 C점의 압력수두 및 전수두 값은 얼마인가?

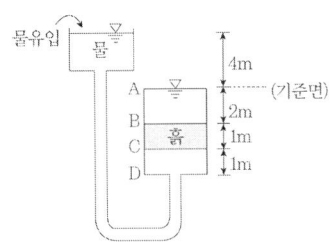

① 압력수두 3m, 전수두 2m ② 압력수두 7m, 전수두 0m
③ 압력수두 3m, 전수두 3m ④ 압력수두 7m, 전수두 4m

해설
1) C점의 전수두 $= \dfrac{4}{1} \times 1 = 4m$
2) C점의 위치수두 $= -3m$
3) C점의 압력수두= 전수두-위치수두 $= 4-(-3)=7m$

73 수평방향투수계수가 0.12cm/sec이고, 연직방향 투수계수가 0.03cm/sec일 때 1일 침투유량은?

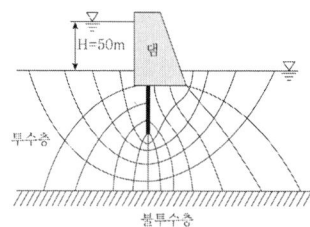

① 970m³/day/m
② 1,080m³/day/m
③ 1,220m³/day/m
④ 1,410m³/day/m

해설

1일 침투유량 Q

$$Q = \sqrt{K_v \cdot K_h} \cdot H \cdot \frac{N_f}{N_d}$$

$$= \sqrt{0.0003 \times 0.0012} \times 50 \times \frac{5}{12}$$

$$= 0.0125 \, m^3/\sec$$

$$= 0.0125 \times 60 \times 60 \times 24$$

$$= 1080 \, m^3/day$$

74 두께가 4미터인 점토층이 모래층 사이에 끼어있다. 점토층에 3t/m²의 유효응력이 작용하여 최종침하량이 10cm가 발생하였다. 실내압밀시험결과 측정된 압밀계수(C_v) =2×10⁻⁴cm²/sec라고 할 때 평균압밀도 50%가 될 때까지 소요일수는?

① 288일
② 312일
③ 388일
④ 456일

해설

1) 압밀도 50% 소요일수(t_{50})

$$t_{50} = \frac{T_v \cdot H^2}{C_v} = \frac{0.196 \cdot (\frac{400}{2})^2}{2 \times 10^{-4}}$$

$$= \frac{3.92 \times 10^7}{60 \times 60 \times 24} \fallingdotseq 454\text{일}$$

2) 압밀도 50%일 때의 시간계수(T_v)

$$T_v = \frac{\pi}{4}(\frac{u(\%)}{100})^2$$

$$= \frac{\pi}{4} \cdot (\frac{50}{100})^2 = 0.196$$

75 흙의 다짐에 있어 램머의 중량이 2.5kg, 낙하고 30cm, 3층으로 각층 다짐횟수가 25회일 때 다짐에너지는?(단, 몰드의 체적은 1000cm³이다.)

① 5.63kg・cm/cm³
② 5.96kg・cm/cm³
③ 10.45kg・cm/cm³
④ 0.66kg・cm/cm³

해설

다짐에너지

$$E_c = \frac{W_R \cdot H \cdot N_B \cdot N_L}{V} = \frac{2.5 \times 30 \times 25 \times 3}{1,000}$$

$$= 5.63 kg \cdot cm/cm^3$$

76 그림과 같은 지반에서 유효응력에 대한 점착력 및 마찰각이 각각 $c'=1.0t/m^2$, $\phi'=20°$일 때 A점에서의 전단강도(t/m²)는?

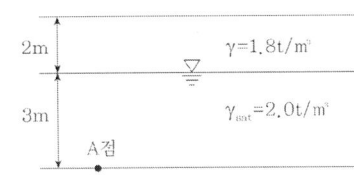

① 3.4t/m²
② 4.5t/m²
③ 5.4t/m²
④ 6.6t/m²

해설

1) 지반의 전단강도
$$\tau = c + \overline{\sigma} \cdot \tan\phi$$
$$= 1 + 6.6 \cdot \tan 20°$$
$$= 3.4 t/m^2$$

2) 유효응력
$$\overline{\sigma} = 1.8 \times 2 + (2-1) \times 3 = 6.6 t/m^2$$

77 다음 중 사면의 안정해석 방법이 아닌 것은?

① 마찰원법
② 비숍(Bishop)의 방법
③ 펠레니우스(Fellenius) 방법
④ 테르자기(Terzaghi)의 방법

78 말뚝재하시험 시 연약점토지반인 경우는 pile의 타입 후 20여일 지난 다음 말뚝재하시험을 한다. 그 이유는?

① 주면 마찰력이 너무 크게 작용하기 때문에
② 부마찰력이 생겼기 때문에
③ 타입시 주변이 교란되었기 때문에
④ 주위가 압축되었기 때문에

해설

Thixotropy 현상
연약지반에 말뚝을 타입 후 말뚝 주변지반의 교란으로 말뚝의 주면 마찰력이 작아지나 시간이 경과한 후 Thixotropy 현상에 의하여 주변 지반의 강도가 어느정도 회복이 되어지게 되므로 말뚝 타입 후 바로 지지력 측정을 하지 않고 20여일 정도 지난 후 지지력을 측정한다.

79 최대주응력이 $10t/m^2$, 최소주응력이 $4t/m^2$일 때 최소주응력 면과 45°를 이루는 평면에 일어나는 수직응력은?

① $7t/m^2$
② $3t/m^2$
③ $6t/m^2$
④ $4\sqrt{2}\ t/m^2$

해설

임의 평면에서 수직응력과 전단응력을 구하는 방법중 Mohr원을 이용한 2θ법

$$\sigma_n = \frac{\sigma_1 + \sigma_3}{2} + \frac{\sigma_1 - \sigma_3}{2} \cdot \cos 2\theta$$
$$= \frac{10+4}{2} + \frac{10-4}{2} \cdot \cos 90°$$
$$= 7 t/m^2$$

80 간극률 50%이고, 투수계수가 9×10^{-2} cm/sec인 지반의 모관 상승고는 대략 어느 값에 가장 가까운가? (단, 흙입자의 형상에 관련된 상수 $C=0.3cm^2$, Hazen공식 : $k = c_1 \times D_{10}^2$ 에서 c_1=100으로 가정)

① 1.0cm
② 5.0cm
③ 10.0cm
④ 15.0cm

해설

1) 모관상승고
$$h_c = \frac{C}{e \cdot D_{10}} = \frac{0.3}{1 \times 0.03} = 10 cm$$

2) 간극비
$$e = \frac{n}{100-n} = \frac{50}{100-50} = 1$$

3) 흙의 유효입경
$$D_{10} = \sqrt{\frac{k}{c}} = \sqrt{\frac{9 \times 10^{-2}}{100}} = 0.03$$

2016 기출문제
제4회 건설재료시험기사

제1과목 콘크리트공학

01 콘크리트의 배합강도를 결정하기 위하여 23회의 압축강도시험을 실시하여 4MPa의 표준편차를 구하였다. 아래 표의 보정계수를 참고하여 배합강도 결정에 적용할 표준편차를 구하면?

시험 횟수	표준편차의 보정계수
15	1.16
20	1.08
25	1.03
30 이상	1.00

① 4.0 MPa
② 4.12 MPa
③ 4.2 MPa
④ 4.32 MPa

해설
1) 23회일 때 직선보간을 한 표준편차의 보정계수
$$\alpha = 1.03 + \frac{(1.08-1.03) \times 2}{5} = 1.05$$
2) 직선보간한 표준편차
$S = 1.05 \times 4.0 = 4.2 MPa$

02 AE콘크리트에 대한 설명 중 옳지 않은 것은?
① 수밀성 및 화학적 저항성이 증대된다.
② 동일한 슬럼프에 대한 사용수량을 감소시킨다.
③ 콘크리트의 유동성을 증가시키고 재료분리에 대한 저항성을 증대시킨다.
④ 물-시멘트비가 일정할 경우 공기량이 증가할수록 강도 및 내구성이 증가한다.

해설
물-시멘트비가 일정할 경우 공기량이 증가할수록 강도 및 내구성이 감소한다.

03 콘크리트의 압축강도를 시험하여 슬래브 및 보 밑면의 거푸집과 동바리를 떼어낼 때 콘크리트 압축강도 기준값으로 옳은 것은?

① 설계기준압축강도×1/3 이상, 14MPa 이상
② 설계기준압축강도×2/3 이상, 14MPa 이상
③ 설계기준압축강도×1/3 이상, 10MPa 이상
④ 설계기준압축강도×2/3 이상, 10MPa 이상

해설

부재	콘크리트 압축강도(f_{cu})
확대기초, 보 옆, 기둥 등의 측벽	5MPa 이상
슬래브 및 보의 밑면, 아치 내면	설계기준압축강도의 $\frac{2}{3}$ 배 이상, 또한 최소 14MPa 이상

04 아래 표와 같은 조건의 프리스트레스트 콘크리트에서 거푸집 내에서 허용되는 긴장재의 배치오차 한계로서 옳은 것은?

도심 위치 변동의 경우로서 부재치수가 1.6m인 프리스트레스트 콘크리트

① 5mm   ② 8mm
③ 10mm ④ 13mm

해설

1) 거푸집 내에서 허용되는 긴장재의 배치오차는 부재치수가 1m 미만시 5mm를 넘어서는 안된다.
2) 또 1m이상 인 경우 부재치수의 1/200이하로 10mm를 넘지 않도록 한다.
3) 배치오차 한계 : $\frac{1,600}{200} = 8mm$

05 숏크리트(Shotcrete)시공에 대한 주의사항으로 잘못된 것은?

① 대기 온도가 10℃ 이상일 때 뿜어붙이기를 실시하며, 그 이하의 온도일 때는 적절한 온도대책을 세운 후 실시한다.
② 숏크리트는 빠르게 운반하고, 급결제를 첨가한 후는 바로 뿜어붙이기 작업을 실시하여야 한다.
③ 숏크리트 작업에서 반발량이 최소가 되도록 하고, 리바운드된 재료는 즉시 혼합하여 사용하여야 한다.
④ 숏크리트는 뿜어붙인 콘크리트가 흘러내리지 않는 범위의 적당한 두께를 뿜어붙이고, 소정의 두께가 될 때까지 반복해서 뿜어붙여야 한다.

해설

숏크리트 작업에서 반발량이 최소가 되도록 하고, 리바운드된 재료는 재 사용 해서는 안된다.

06 콘크리트 받아들이기 품질관리에 대한 설명으로 틀린 것은?(단, 콘크리트표준시방서 규정을 따른다.)
① 콘크리트 슬럼프시험은 압축강도 시험용 공시체 채취시 및 타설 중에 품질변화가 인정될 때 실시한다.
② 염소이온량 시험은 바다 잔골재를 사용할 경우는 1일에 2회 실시하고, 그 밖의 경우는 1주에 1회 실시한다.
③ 콘크리트 받아들이기 품질검사는 콘크리트가 타설되고 난 후에 실시하는 것을 원칙으로 한다.
④ 굳지 않은 콘크리트의 상태에 대한 검사는 외관 관찰로서 콘크리트 타설 개시 및 타설 중 수시로 실시한다.

해설
콘크리트 받아들이기 품질검사는 콘크리트가 타설되기 전에 실시하는 것을 원칙으로 한다.

07 콘크리트의 균열에 대한 설명으로 틀린 것은?
① 굳지 않은 콘크리트에 발생하는 침하균열은 철근의 직경이 작을수록, 슬럼프가 작을수록, 피복두께가 클수록 증가한다.
② 단위수량이 클수록 건조수축에 의한 균열량이 많아진다.
③ 콘크리트 타설 후 경화되기 이전에 건조한 바람이나 고온저습한 외기에 의하여 발생하는 균열을 소성축균열이라고 한다.
④ 알칼리 골재반응에 의하여 콘크리트는 팽창되며 균열이 유발될 수 있다.

해설
굳지 않은 콘크리트에 발생하는 침하균열은 철근의 직경이 작을수록, 슬럼프가 작을수록, 피복두께가 클수록 감소한다.

08 다음 중 프리스트레스트 콘크리트의 프리스트레스 감소의 원인이 아닌 것은?
① 강재의 릴렉세이션
② 콘크리트의 건조수축
③ 콘크리트의 크리프
④ 쉬이스관의 크기

해설
1) PS 도입시 일어나는 손실원인
 · 콘크리트의 탄성변형
 · PS강재와 시스 사이의 마찰
 · 정착장치의 활동
2) 도입 후 손실원인
 · 콘크리트 크리프
 · 콘크리트 건조수축
 · PS강재의 Relaxation

정답 06 ③ 07 ① 08 ④

09 콘크리트 공시체의 압축강도에 관한 설명으로 옳은 것은?

① 원주형 공시체의 직경과 입방체 공시체의 한 변의 길이가 같으면 원주형 공시체의 강도가 작다.
② 하중재하속도가 빠를수록 강도가 작게 나타난다.
③ 공시체에 요철이 있는 경우는 압축강도가 크게 나타난다.
④ 시험 직전에 공시체를 건조시키면 강도가 크게 감소한다.

해설

콘크리트 공시체 압축강도
1) 재하속도가 빠를수록 압축강도는 높게 평가된다.
2) 모양이 다르면 크기가 작은 공시체의 압축강도가 높게 평가된다.
3) 원주형 공시체의 직경과 입방체 공시체의 한 변의 길이가 같으면 원주형 공시체의 강도가 작다.
4) 공시체에 따른 압축강도 크기
   정육면체 > 원주형 > 각주형
5) 원주형과 각주형 공시체는 직경 또는 한 변의 길이(D)와 높이(H)의 비(H/D)가 작을수록 압축강도는 높게 평가된다.

10 굳지 않은 콘크리트에 관한 설명으로 틀린 것은?

① 잔골재의 세립분 함유량 및 잔골재율이 작으면 콘크리트의 재료분리 경향이 커진다.
② 단위시멘트량을 크게 하면 성형성이 나빠진다.
③ 혼합시 콘크리트의 온도가 높으면 슬럼프값은 저하된다.
④ 포졸란 재료를 사용하면 세립이 부족한 잔골재를 사용한 콘크리트의 워커빌리티를 개선시킨다.

해설

단위시멘트량을 크게 하면 시멘트의 부착성이 커져서 콘크리트의 성형성이 좋아진다.

11 시방배합을 통해 단위수량 170kg/m³, 시멘트량 370kg/m³, 잔골재 700kg/m³, 굵은골재 1,050kg/m³을 산출하였다. 현장골재의 입도를 고려하여 현장배합으로 수정한다면 잔골재의 양은?(단, 현장골재의 입도는 잔골재 중 5mm체에 남는 양이 10%이고, 굵은골재 중 5mm체를 통과한 양이 5%이다.)

① 721kg/m³
② 735kg/m³
③ 752kg/m³
④ 767kg/m³

해설

잔골재 입도조정(X)

$$X = \frac{100 \cdot S - b(S+G)}{100 - (a+b)}$$

$$= \frac{100 \times 700 - 5(700+1050)}{100 - (10+5)} = 721 kg/m^3$$

정답 09 ① 10 ② 11 ①

12 유동화 콘크리트에 대한 설명으로 틀린 것은?

① 미리 비빈 베이스 콘크리트에 유동화제를 첨가하여 유동성을 증대시킨 콘크리트를 유동화 콘크리트라고 한다.
② 유동화제는 희석하여 사용하고, 미리 정한 소정의 양을 2~3회 나누어 첨가하며, 계량은 질량 또는 용적으로 계량하고, 그 계량오차는 1회에 1% 이내로 한다.
③ 유동화 콘크리트의 슬럼프 증가량은 100mm 이하를 원칙으로 하며, 50~80mm를 표준으로 한다.
④ 베이스 콘크리트 및 유동화 콘크리트의 슬럼프 및 공기량 시험은 50m³마다 1회씩 실시하는 것을 표준으로 한다.

해설

1) 유동화제는 물에 희석해서는 안되고 원액으로 사용하고, 미리 정한 소정의 양을 한꺼번에 첨가하여 유동화시킨다.
2) 유동화 콘크리트의 재유동화는 원칙으로 할 수 없으며, 부득이한 경우 책임기술자의 승인하에 1회에 한하여 재유동화 할 수 있다.
3) 베이스콘크리트 및 유동화콘크리트의 슬럼프 및 공기량 시험은 50m³마다 1회씩 실시하는 것을 표준으로 한다.

13 쪼갬인장강도시험으로 부터 최대하중 P=150kN을 얻었다. 원주 공시체의 직경이 150mm, 길이가 300mm 이라고 하면 이 공시체의 쪼갬인장강도는?

① 1.06MPa
② 1.22MPa
③ 2.12MPa
④ 2.43MPa

해설

쪼갬인장강도 시험

$$(f_{sp}) = \frac{2P}{\pi d \ell}(MPa)$$
$$= \frac{2 \times 150,000N}{\pi \times 150 \times 300} = 2.12 N/mm^2 = 2.12 MPa$$

14 수중콘크리트에 대한 설명으로 틀린 것은?

① 수중콘크리트를 시공할 때 시멘트가 물에 씻겨서 흘러나오지 않도록 트레미나 콘크리트 펌프를 사용해서 타설하여야 한다.
② 수중콘크리트를 타설할 때 완전히 물막이를 할 수 없는 경우에도 유속은 50mm/s 이하로 하여야 한다.
③ 일반 수중콘크리트는 수중에서 시공할 때의 강도가 표준공시체 강도의 1.2~1.5배가 되도록 배합강도를 설정하여야 한다.
④ 수중콘크리트의 비비는 시간은 시험에 의해 콘크리트 소요의 품질을 확인하여 정하여야 하며, 강제식 믹서의 경우 비비기시간은 90~180초를 표준으로 한다.

정답 12 ② 13 ③ 14 ③

해설

수중콘크리트
현장타설 콘크리트 말뚝 및 지하연속벽에 적용하는 수중 콘크리트는 수중시공시의 강도를 공기중 시공시 강도의 0.8배 정도, 안정액 중에서의 시공시의 강도는 공기중 시공시의 0.7배의 정도로 보고 배합강도를 설정한다.

15 보통포틀랜드시멘트를 사용한 경우 콘크리트의 습윤양생 기간의 표준은?(단, 일평균기온이 10℃ 이상이고, 15℃ 미만인 경우)
① 1일 이상
② 3일 이상
③ 5일 이상
④ 7일 이상

해설

습윤양생 기간의 표준

일평균 기온	조강 P.C	보통 P.C	고로 슬래그및플라이애시시멘트 B종
15℃ 이상	3일	5일	7일
10℃ 이상	4일	7일	9일
5℃ 이상	5일	9일	12일

16 고압증기양생한 콘크리트에 대한 설명으로 틀린 것은?
① 고압증기양생한 콘크리트는 어느 정도의 취성을 갖는다.
② 고압증기양생한 콘크리트는 보통양생한 것에 비해 철근의 부착강도가 약 1/2이되므로 철근콘크리트 부재에 적용하는 것은 바람직하지 못하다.
③ 고압증기양생한 콘크리트는 보통양생한 것에 비해 백태현상이 감소된다.
④ 고압증기양생한 콘크리트는 보통양생한 것에 비해 열팽창계수와 탄성계수가 매우 작다.

해설

고압증기양생한 콘크리트는 보통양생한 콘크리트와 열팽창계수 및 탄성계수에 차이가 없다.

17 배합설계에서 아래 표와 같은 조건일 경우 콘크리트의 물-시멘트비를 결정하면 약 얼마인가?

- 설계기준압축강도는 재령 28일에서의 압축강도로서 24MPa
- 30회 이상의 압축강도 시험으로부터 구한 표준편차는 2.98MPa
- 지금까지의 실험에서 시멘트-물비C/W와 재령 28일 압축강도 f_{28}과의 관계식
  f_{28}=-13+21.6 C/W(MPa)

① 45.6% ② 48.3%
③ 51.7% ④ 57.2%

해설

$f_{ck}=24MPa \leq 35MPa$인 경우이므로
1) $f_{cr} = f_{ck} + 1.34S$
   $= 24 + 1.34 \times 2.98 = 27.99 MPa$
2) $f_{cr} = (f_{ck} - 2.5) + 2.33S$
   $= (24 - 3.5) + 2.33 \times 2.98$
   $= 27.44 MPa$

1), 2)중에서 큰 값이 배합강도 이므로
$f_{cr} = 27.99 MPa$

3) $f_{28} = -13.8 + 21.6 \dfrac{C}{W}$

   $27.99 = -13.8 + 21.6 \dfrac{C}{W}$

   $\therefore \dfrac{W}{C} = 0.517 = 51.7\%$

18 온도균열을 완화하기 위한 시공상의 대책으로 맞지 않는 것은?

① 단위시멘트량을 크게 한다.
② 수화열이 낮은 시멘트를 선택한다.
③ 1회에 타설하는 높이를 줄인다.
④ 사전에 재료의 온도를 가능한 한 적절하게 낮추어 사용한다.

해설

콘크리트 온도균열 방지 대책
① 균열 유발 줄눈 설치
② 콘크리트의 구속도를 적게 해준다.
③ 팽창성 혼화재료를 사용한다.
④ 단위 시멘트량 사용량을 적게 한다.
⑤ 중용열 Portland Cement 사용
⑥ 1 Lift 타설 높이를 적게 시공 (1.5m 이내)
⑦ Pre-Cooling 또는 Pipe-Cooling 실시

19 페놀프탈레인 용액을 사용한 콘크리트의 탄산화 판정시험에서 탄산화된 부분에서 나타나는 색은?
① 붉은색　　② 노란색
③ 청색　　④ 착색되지 않음

해설
알카리성을 유지하는 경우는 붉은색을 나타내며 탄산화가 진행된 경우는 무색

20 콘크리트 비비기에 대한 설명으로 잘못된 것은?
① 비비기 시간에 대한 시험을 실시하지 않은 경우 그 최소시간은 강제식 믹서일 때에는 1분 이상을 표준으로 한다.
② 비비기는 미리 정해둔 비비기 시간 이상 계속해서는 안 된다.
③ 믹서 안의 콘크리트를 전부 꺼낸 후가 아니면 믹서 안에 다음 재료를 넣어서는 안 된다.
④ 연속믹서를 사용할 경우, 비비기 시작 후 최초에 배출되는 콘크리트는 사용해서는 안 된다.

해설
비비기는 미리 정해둔 비비기 시간의 3배 이상 계속하지 않아야 한다.

제2과목　건설시공 및 관리

21 아래 그림과 같은 지형에서 등고선법에 의한 전체 토량을 구하면?(단, 각 등고선간의 높이차는 20m이고, A_1의 면적은 1,400m², A_2의 면적은 950m², A_3의 면적은 600m², A_4의 면적은 250m², A_5의 면적은 100m²이다.)

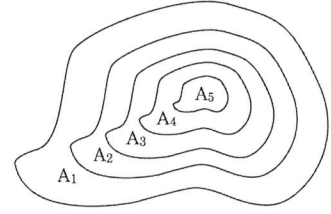

① 38,200m³　　② 44,400m³
③ 50,000m³　　④ 56,000m³

해설
등고선법(n 단면수가 홀수 인 경우)
전체 토적 (V)
V= h/3 {A_1 + A_n + 4(A_2 + ...+ A_{n-1}) + 2(A_3 + ... + A_{n-2})}
$$V = \frac{20}{3} \times \{1,400 + 100 + 4 \times (950 + 250) + 2 \times (600)\}$$
$$= 50,000 m^3$$
여기서, 4×(A_2 + ... + A_{n-1}) : 짝수
　　　　2×(A_3 + ... + A_{n-2}) : 홀수

22 교각의 기초와 같은 깊은 수중의 기초 터파기에는 다음 어느 굴착기계가 가장 적당한가?
① 파워 쇼벨 (Power shovel)
② 백호우 (Back hoe)
③ 드래그 라인 (Drag line)
④ 클램 쉘 (Clam shell)

해설

클램 쉘 (Clam shell)
1) 양쪽으로 개방되는 버킷의 구조로 와이어로프에 매달아서 조작한다.
2) 주로 우물통 기초굴착, 협소한 장소의 깊은 굴착, 수중굴착, 지하철 개착공사에서 버팀보가 많은 경우 등에 적합하다.
3) 적용토질은 주로 연약한 지반의 굴착이나 토사 싣기에 적합하며, 단단한 지반에는 부적합하다.

23 아래 표와 같은 조건에서 3점 견적법에 따른 기대공사일수를 구하면?

낙관일수=5일, 정상일수=8일, 비관일수=17일

① 6일
② 8일
③ 9일
④ 10일

해설

$$t_e = \frac{t_o + 4t_m + t_p}{6}$$

여기서, t_o : 낙관 작업일수
t_m : 정상 작업일수
t_p : 비관 작업일수

$$t_e = \frac{5 + 4 \times 8 + 17}{6} = 9일$$

24 발파에 대한 용어 중 장약중심으로부터 자유면까지의 최단거리를 무엇이라 하는가?
① 최소 누두반경
② 최소 저항선
③ 누두공
④ 누두지수

해설

최소저항선(W)
폭약의 중심에서 자유면까지의 최단거리

정답 22 ④ 23 ③ 24 ②

25 습윤상태가 곳에 따라 여러 가지로 변화하고 있는 배수지구에서는 습윤상태에 알맞은 암거배수의 양식을 취한다. 이와 같이 1지구내에 소규모의 여러 가지 양식의 암거배수를 많이 설치한 암거의 배열 방식은?

① 차단식
② 집단식
③ 자연식
④ 빗식

해설

집단식
1개 지구내에 여러개의 형태의 소규모 암거배수를 집단적으로 설치하여 배수시키는 배열방식

26 다져진 토량 $45,000m^3$를 성토하는데 흐트러진 토량 $30,000m^3$가 있다. 이 때, 부족토량은 자연상태 토량(m^3)으로 얼마인가?(단, 토량변화율 L=1.25, C=0.9)

① $18,600m^3$
② $19,400m^3$
③ $23,800m^3$
④ $26,000m^3$

해설

다져진토량(자연)=$45,000 \times \dfrac{1}{0.9} = 50,000$

다져진토량(자연)=운반토량(자연)
$= 30,000 \times \dfrac{1}{1.25} = 24,000$

다져진토량(자연)=운반토량(자연)-부족토량(자연)
$=50,000-24,000=26,000m^3$

27 딥퍼의 용량 $0.6m^3$, 흙의 체적변화율(L) 1.2, 기계의 능률계수 0.9, 딥퍼계수 0.85, 싸이클타임 25sec인 파워 쇼벨의 1시간당 굴착 작업량은?

① $52.45m^3/h$
② $55.08m^3/h$
③ $64.84m^3/h$
④ $79.32m^3/h$

해설

셔블계의 작업량(Q)

$Q = \dfrac{3,600 \times q \times k \times f \times E}{C_m}$

$Q = \dfrac{3,600 \times 0.6 \times 0.85 \times \dfrac{1}{1.2} \times 0.9}{25} = 55.08 m^3/hr$

28 특수제작된 거푸집을 이동시키면서 진행방향으로 슬래브를 타설하는 공법이며, 유압잭을 이용하여 전·후진의 구동이 가능하며 Main girder 및 Form work를 상하좌우로 조절 가능한 기계화된 교량가설공법은?

① MSS 공법   ② ILM 공법
③ FCM 공법   ④ Dywidag 공법

해설

M.S.S (Movable Scaffolding System) ; 이동식 지보공법
1) 교각위에 브라켓트를 설치하여 Main Girder와 특수 제작된 거푸집이 교각과 교각사이를 이동지보하며 슬래브 콘크리트 타설 후 Prestressing 도입하는 공법이다.
2) 유압잭으로 전, 후진 구동이 가능하며 Main girder 및 foam work를 상하좌우로 조절 가능한 기계화된 교량 가설공법이다.

29 흙댐을 구조상 분류할 때 중앙에 불투성의 흙을, 양측에는 투수성 흙을 배치한 것으로 두 가지 이상의 재료를 얻을 수 있는 곳에서 경제적인 댐 형식은?

① 심벽형 댐   ② 균일형 댐
③ 월류 댐   ④ Zone형 댐

해설

중심 Zone형 필댐(fill dam)
1) 제체 내 심벽과 투과층의 Zone을 두어 각층의 투수 특성을 이용하는 댐을 Zone형 필댐이라 한다.
2) 투수성재료(Rock zone), 반투수성재료(Filter zone), 불투수성재료(Core zone)로 구성 되어있다.

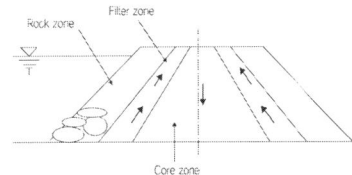

30 다음은 아스팔트 포장의 단면도이다. 상단부터 (A~E) 차례대로 옳게 기술한 것은?

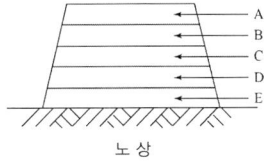

① 차단층, 중간층, 표층, 기층, 보조기층
② 표층, 기층, 중간층, 보조기층, 차단층
③ 표층, 중간층, 차단층, 기층, 보조기층
④ 표층, 중간층, 기층, 보조기층, 차단층

31 뉴매틱 케이슨(Pneumatic caisson)공법의 장점에 대한 설명으로 틀린 것은?

① 압축공기를 이용하여 시공하므로 소규모 공사나 심도가 얕은 기초공사에 경제적이다.
② 오픈 케이슨보다 침하공정이 빠르고 장애물 제거가 쉽다.
③ 시공 시에 토질 확인이 가능하며, 평판재하시험을 통한 지지력 측정이 가능하다.
④ 지하수를 저하시키지 않으며, 히빙, 보일링을 방지할 수 있으므로 인접 구조물의 침하 우려가 없다.

해설

뉴메틱케이슨 기초(Pneumatic Caisson) 특징
1) 오픈케이슨 보다 침하속도가 빠르고 장애물 제거가 용이하다.
2) 일반적인 굴착깊이는 30~40m로 제한되어 있다.
3) 토질 및 토층에 대한 확인이 용이하고 정확한 지지력 측정이 가능하다.
4) 콘크리트 시공의 품질관리가 확실하여 신뢰성이 높다.
5) 공기압으로 heaving 또는 boiling 발생을 방지할 수 있다.
6) 기계설비가 대규모로 공사비가 비싸고 소규모 공사에는 비경제적이다.

32 두꺼운 연약지반의 처리공법 중 점성토이며, 압밀속도를 빨리 하고자 할 때 가장 적당한 공법은?

① 제거치환 공법
② Vertical drain 공법
③ Vibro floatation 공법
④ 압성토 공법

해설

Vertical drain 공법
Vertical drain 공법은 두꺼운 연약지반 처리공법 중 점성토로서 압밀속도가 극히 늦을 경우에 가장 적당한 공법으로 샌드드레인, 페이퍼드레인, 팩드레인 P.B.D 공법 등이 있다.

33 유효다짐폭 3m의 10t 머캐덤 로울러(Macadam roller) 1대를 사용하여 성토의 다짐을 시행할 때 평균 깔기두께 20cm, 평균작업속도 2km/hr, 다짐횟수를 10회, 작업효율 0.6으로 하면 1시간당 작업량은 약 얼마인가?(단, 토량변화율(L)은 1.25 이다.)

① 48.4m³/h
② 52.7m³/h
③ 57.6m³/h
④ 64.3m³/h

해설

운전 1시간당 다짐 토량

$$Q = \frac{1,000 \times V \times W \times H \times f \times E}{N}$$

$$Q = \frac{1,000 \times 2 \times 3 \times 0.2 \times \frac{1}{1.25} \times 0.6}{10} = 57.6 m^3/hr$$

34 아래 그림과 같은 네트워크 공정표에서 표준공기를 구하면?

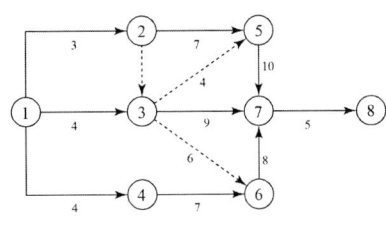

① 23일　　　　　　　　　② 24일
③ 25일　　　　　　　　　④ 26일

해설
C.P : ① → ② → ⑤ → ⑦ → ⑧
총 소요 일 수 : 25일

35 폭우시 옹벽 배면에 배수시설이 취약하면 옹벽저면을 통하여 침투수의 수위가 올라간다. 이 침투수가 옹벽에 미치는 영향을 설명한 것 중 옳지 않은 것은?

① 수평저항력의 증가　　　　② 활동면에서의 간극수압 증가
③ 옹벽 바닥면에서의 양압력 증가　　④ 부분포화에 따른 뒷채움 흙무게의 증가

해설
침투수로 인하여 옹벽 배면의 수평력이 증가된다.

36 아스팔트포장의 파손현상 중 차량하중에 의해 발생한 변형량의 일부가 회복되지 못하여 발생하는 영구변형으로 차량통과위치에 균일하게 발생하는 침하를 보이는 아스팔트포장의 대표적인 파손현상을 무엇이라 하는가?

① 피로균열　　　　　　　② 저온균열
③ 라벨링(Ravelling)　　　　④ 루팅(Rutting)

해설
소성변형(루팅 : Rutting)에 대한 설명이다.

37 정수의 값이 3, 동결지수가 400℃·day일 때, 데라다 공식을 이용하여 동결깊이를 구하면?

① 30cm　　　　　　　　② 40cm
③ 50cm　　　　　　　　④ 60cm

해설
$Z = C \cdot \sqrt{F} = 3 \times \sqrt{400} = 60cm$

38 T.B.M 공법에 대한 설명으로 옳은 것은?

① 무진동 화약을 사용하는 방법이다.
② Cutter에 의하여 암석을 압쇄 또는 굴착하여 나가는 굴착공법이다.
③ 암층의 변화에 대하여 적용하기가 쉽다.
④ 여굴이 많아질 우려가 있다.

해설

T.B.M 공법에 대한 설명이다.

39 Preloading공법에 대한 설명 중에서 적당하지 못한 것은?

① 공기가 급한 경우에 적용한다.
② 구조물의 잔류 침하를 미리 막는 공법의 일종이다.
③ 압밀에 의한 점성토지반의 강도를 증가시키는 효과가 있다.
④ 도로, 방파제 등 구조물 자체가 재하중으로 작용하는 형식이다.

해설

Pre-loading 공법
공사기간이 충분한 여유가 있는 경우 상재하중에 의한 연약점토 지반의 압밀을 촉진시켜 지반의 강도를 증진 시키는 공법이다.

40 지반안정용액을 주수하면서 수직굴착하고 철근 콘크리트를 타설한 후 굴착하는 공법으로 타공법에 비해 차수성이 우수하고 지반변위가 작은 토류공법은?

① 강널말뚝 흙막이벽
② 벽강관 널말뚝 흙막이벽
③ 벽식연속 지중벽 공법
④ Top down 공법

해설

Slurry Wall 공법
가이드월을 따라 굴착장비로 계획바다 까지 굴착후 안정액(벤토나이트)으로 벽체 붕괴를 방지하면서 철근망 삽입 후 수중 콘크리트를 트레미관을 통해 지하에 타설하면서 지중 연속벽을 축조하는 공법으로, 대표적인 공법은 이코스공법, 엘제공법 등이 있다.

제3과목 건설재료 및 시험

41 재료의 일반적 성질 중 다음에 해당하는 성질은 무엇인가?

> 외력에 의해서 변형된 재료가 외력을 제거했을 때, 원형으로 되돌아가지 않고 변형된 그대로 있는 성질

① 인성
② 취성
③ 탄성
④ 소성

해설

소성의 성질에 대한 설명이다.

42 KS F 2530에 규정되어 있는 경석의 압축강도 기준은?

① 60MPa 이상　　② 50MPa 이상
③ 40MPa 이상　　④ 30MPa 이상

해설

석재 압축강도 기준

종류	압축강도(MPa)
경석	50 이상
준경석	50~10
연석	10 미만

43 토목섬유 중 직포형과 부직포형이 있으며 분리, 배수, 보강, 여과기능을 갖고 오탁방지망, Drain board, Pack drain 포대, Geo web 등에 사용되는 자재는?

① 지오텍스타일　　② 지오그리드
③ 지오네트　　　　④ 지오맴브레인

해설

지오텍스타일에 대한 설명이다.

44 콘크리트 잔골재의 유해물 함유량 기준에 대한 설명으로 부적합한 것은? (단, 질량백분율)

① 콘크리트 표면이 마모작용을 받을 경우 0.08mm체 통과량 : 5.0% 이내
② 점토덩어리 : 1% 이내
③ 염화물(NaCl 환산량) : 0.04% 이내
④ 콘크리트 외관이 중요한 경우로 석탄, 갈탄 등으로 $0.002g/mm^3$의 액체에 뜨는 것 : 0.5% 이내

해설

종류	최대값
점토 덩어리	1%
0.08mm체 통과량 ·콘크리트 표면이 마모작용을 받는 경우 ·기타의 경우	3% 5%
염화물(NaCl 환산량)	0.04%
콘크리트 외관이 중요한 경우로 석탄, 갈탄 등으로 $0.002g/mm^3$의 액체에 뜨는 것	0.5%

45 석재로서의 화강암에 대한 설명으로 틀린 것은?
① 조직이 균일하고 내구성 및 강도가 크다.
② 내화성이 강해 고열을 받는 내화구조용으로 적합하다.
③ 균열이 적기 때문에 큰 재료를 채취할 수 있다.
④ 외관이 비교적 아름답기 때문에 장식재료로 사용할 수 있다.

해설
화강암은 압축강도, 내구성 크나 내화성에 취약하다.

46 어떤 재료의 포아송 비가 1/3이고, 탄성계수는 2×10^5MPa 일 때 전단 탄성계수는?
① 25,600 MPa
② 75,000 MPa
③ 544,000 MPa
④ 229,500 MPa

해설
$$G = \frac{E_c}{2.(1+\nu)} = \frac{2 \times 10^5}{2 \times (1+\frac{1}{3})} = 75,000 MPa$$

47 다음 특성을 가지는 시멘트는?

- 발열량이 대단히 많으며 조강성이 크다.
- 열분해 온도가 높으므로 (1,300°C 정도) 내화용 콘크리트에 적합하다.
- 해수 기타 화학작용을 받는 곳에 저항성이 크다.

① 플라이애시 시멘트
② 고로 시멘트
③ 백색 포틀랜드 시멘트
④ 알루미나 시멘트

해설
알루미나 시멘트에 대한 설명이다

48 아스팔트 혼합재에서 채움재(filler)를 혼합하는 목적은 다음 중 어느 것인가?
① 아스팔트의 비중을 높이기 위해서
② 아스팔트의 침입도를 높이기 위해서
③ 아스팔트의 공극을 메우기 위해서
④ 아스팔트의 내열성을 증가시키기 위해서

해설
채움재는 아스팔트 혼합물의 공극을 채워서 점도를 증가 시킨다.

49 콘크리트 중의 염화물 함유량은 콘크리트 중에 함유된 염화물 이온의 총량으로 표시하는데 비빌 때 콘크리트 중의 전염화물 이온량은 원칙적으로 얼마 이하로 하여야 하는가?
① 0.5kg/m³
② 0.3kg/m³
③ 0.2kg/m³
④ 0.1kg/m³

해설

염화물 함유량 시험
1) 굳지 않은 콘크리트 중의 전 염소이온량은 원칙적으로 0.3kg/m³ 이하로 표시
2) 염소이온량 검사 횟수
3) 바다 잔골재 : 2회/일
4) 그 외 경우는 1회/주

50 콘크리트용 부순골재에 대한 설명 중 틀린 것은?
① 부순골재는 입자의 형상판정을 위하여 입형판정실적률을 사용한다.
② 부순골재를 사용한 콘크리트는 동일한 워커빌리티를 얻기 위해서 단위수량이 증가된다.
③ 양질의 부순골재를 사용한 콘크리트의 압축강도는 일반 강자갈을 사용한 콘크리트의 압축강도보다 감소된다.
④ 부순골재의 실적률이 작을수록 콘크리트의 슬럼프 저하가 크다.

해설

양질의 부순골재를 사용한 콘크리트의 압축강도는 일반 강자갈을 사용한 콘크리트의 압축강도보다 증가되나, 내구성, 수밀성은 저하된다.

51 콘크리트용 혼화제(混和劑)에 대한 일반적인 설명으로 틀린 것은?
① AE제에 의한 연행공기는 시멘트, 골재입자 주위에서 베어링(Bearing)과 같은 작용을 함으로써 콘크리트의 워커빌리티를 개선하는 효과가 있다.
② 고성능 감수제는 그 사용방법에 따라 고강도 콘크리트용 감수제와 유동화제로 나누어지지만 기본적인 성능은 동일하다.
③ 촉진제는 응결시간이 빠르고 조기강도를 증대시키는 효과가 있기 때문에 여름철공사에 사용하면 유리한다.
④ 지연제는 사일로, 대형구조물 및 수조 등과 같이 연속 타설을 필요로 하는 콘크리트 구조에 작업이음의 발생 등의 방지에 유효하다.

해설

촉진제는 응결시간이 빠르고 조기강도를 증대시키는 효과가 있기 때문에 여름철공사에 사용하면 콘크리트의 응결 경화를 촉진 시키며 또한 수화열 발생이 증가하여 콘크리트의 시공이음(콜드조인트) 발생 및 강도, 내구성, 수밀성 저하를 가져온다.

정답 49 ② 50 ③ 51 ③

52 목재의 특징에 대한 설명 중 틀린 것은?
① 함수율에 따라 수축팽창이 크다.
② 가연성이 있어 내화성이 작다.
③ 온도에 의한 수축, 팽창이 크다.
④ 부식이 쉽고 충해를 입는다.

해설
목재의 특징
1) 가볍고 취급 및 가공 등이 쉽다.
2) 온도에 의한 수축이 작고 탄성, 인성이 크다.
3) 충격, 진동을 잘 흡수한다.
4) 가연성이므로 내화성이 작다.
5) 재질과 강도가 균일하지 못하다.
6) 함수율에 따른 변형과 팽창, 수축이 크다.

53 포틀랜드시멘트의 일반적인 성질에 대한 설명으로 옳은 것은?
① 시멘트는 풍화되거나 소성이 불충분할 경우 비중이 증가한다.
② 시멘트의 분말도가 낮으면 콘크리트의 조기강도는 높아진다.
③ 시멘트의 안정성은 클링커의 소성이 불충분할 경우 생긴 유리석회 등의 양이 지나치게 많을 경우 불안정해 진다.
④ 시멘트의 물이 반응하여 점차 유동성과 점성을 상실하는 상태를 경화라 한다.

해설
1) 시멘트는 풍화되거나 소성이 불충분할 경우 비중이 감소한다.
2) 시멘트의 분말도가 낮으면 콘크리트의 조기강도는 작아진다.
3) 시멘트의 안정성은 클링커의 소성이 불충분할 경우 생긴 유리석회 등의 양이 지나치게 많을경우 불안정해 진다.

54 천연 아스팔트에 속하지 않는 것은?
① 록 아스팔트
② 레이크 아스팔트
③ 샌드 아스팔트
④ 스트레이트 아스팔트

해설
천연 아스팔트
1) 레이크 아스팔트
2) 록 아스팔트
3) 오일샌드 아스팔트
4) 아스팔타이트

55 콘크리트용 화학 혼화제(KS F 2560)에서 규정하고 있는 AE제의 품질 성능에 대한 규정항목이 아닌 것은?
① 경시 변화량
② 감수율
③ 블리딩양의 비
④ 길이 변화비

해설
경시변화량 시험은 고성능 AE감수제의 슬럼프 변화량을 알아보는 시험이다.

56 다음 중 시멘트의 성질과 그 성질을 측정하는 시험기의 연결이 잘못된 것은?
① 안정성-오토클레이브
② 비중-르샤틀리에병
③ 응결-비카트침
④ 유동성-길모아침

해설
시멘트 응결시험
1) 비카트침
2) 길모아침

57 혼화재료의 일반적인 사용목적이 아닌 것은?
① 강도 증가
② 발열량 증가
③ 수밀성 증진
④ 응결, 경화시간 조절

58 폭파약 취급상의 주의할 사항으로 틀린 것은?
① 운반 중 화기 및 충격에 대해서 세심한 주의를 한다.
② 뇌관과 폭약은 동일 장소에 두어서 사용에 편리하게 한다.
③ 장기보존에 의한 흡습, 동결에 대하여 주의를 한다.
④ 다이너마이트는 일광의 직사와 화기 있는 곳을 피한다.

해설
뇌관과 폭약은 별도의 장소로 각각 보관해야 한다.

59 어떤 골재의 밀도가 $2.60g/cm^3$이고 단위용적질량은 $1.65t/m^3$이다. 이 때 이 골재의 공극률(%)은?
① 36.5%
② 43.2%
③ 53.5%
④ 63.5%

해설
1) 실적률 = $\dfrac{\text{단위용적질량}}{\text{밀도}} \times 100 = \dfrac{1.65}{2.6} \times 100 = 63.46\%$
2) 공극률 = 100 − 실적율 = 100 − 63.5 = 36.5%

정답 55 ① 56 ④ 57 ② 58 ② 59 ①

60 일반적으로 도로포장에 사용되는 포장용 가열 아스팔트 혼합물의 생산온도로 가장 가까운 것은?

① 70°C
② 90°C
③ 160°C
④ 220°C

해설
가열 아스팔트 혼합물의 생산시 온도 160~180°C 범위

제4과목 토질 및 기초

61 암질을 나타내는 항목과 직접 관계가 없는 것은?

① N치
② RQD값
③ 탄성파속도
④ 균열의 간격

해설
표준관입시험(S.P.T)
중공의 Split Spoon Sampler를 Drill Rod에 장착하여 (63.5±0.5)kg의 해머로 (76±1)cm의 높이에서 타격하여 Sampler가 30cm 관입될 때까지 요구되는 타격횟수 N값을 구하는 시험으로 암질 시험과는 직접 관계가 없다.

62 Paper drain 설계 시 Drain paper의 폭이 10cm, 두께가 0.3cm 일 때 Drain paper의 등치환산원의 직경이 얼마이면 Sand Drain과 동등한 값으로 볼 수 있는가?(단, 형상계수 : 0.75)

① 5cm
② 8cm
③ 10cm
④ 15cm

해설
$$D = \alpha \frac{2A + 2B}{\pi}$$
$$= 0.75 \times \frac{2 \times 10 + 2 \times 0.3}{\pi} = 4.92 cm$$

63 3층 구조로 구조결합 사이에 치환성 양이온이 있어서 활성이 크고 시트 사이에 물이 들어가 팽창 수축이 크고 공학적 안정성은 약한 점토광물은?

① Kaolinite
② illite
③ Montmorillonite
④ Sand

해설
Montmorillonite에 대한 설명이다.

64 강도정수기 c=0, ϕ=40°인 사질토 지반에서 Rankine 이론에 의한 수동토압계수는 주동토압계수의 몇 배인가?

① 4.6
② 9.0
③ 12.3
④ 21.1

해설

1) 주동 토압계수
$$K_a = \frac{\sigma_h}{\sigma_v} = \frac{1-\sin\varnothing}{1+\sin\varnothing} = \tan^2(45° - \frac{\varnothing}{2})$$
$$= \tan^2(45 - \frac{40}{2}) = 0.217$$

2) 수동 토압계수
$$K_P = \frac{\sigma_h}{\sigma_v} = \frac{1-\sin\varnothing}{1+\sin\varnothing} = \tan^2(45° + \frac{\varnothing}{2})$$
$$= \tan^2(45 + \frac{40}{2}) = 4.59$$

3) $\frac{K_p}{K_a} = \frac{4.59}{0.217} = 21.1$

65 어떤 퇴적층에서 수평방향의 투수계수는 4.0×10^{-4}cm/sec이고, 수직방향의 투수계수는 3.0×10^{-4}cm/sec이다. 이 흙을 등방성으로 생각할 때, 등가의 평균투수계수는 얼마인가?

① 3.46×10^{-4}cm/sec
② 5.0×10^{-4}cm/sec
③ 6.0×10^{-4}cm/sec
④ 6.93×10^{-4}cm/sec

해설

등가 평균투수계수
1) $k = \sqrt{k_h \cdot k_v}$
$K = \sqrt{(4\times10^{-4})\times(3\times10^{-4})} = 3.46\times10^{-4}$

66 크기가 1m×2m인 기초에 10t/m²의 등분포하중이 작용할 때 기초 아래 4m인 점의 압력증가는 얼마인가?(단, 2:1 분포법을 이용한다.)

① 0.67t/m²
② 0.33t/m²
③ 0.22t/m²
④ 0.11t/m²

해설

$$\triangle\sigma_v = \frac{q_s \cdot B \cdot L}{(B+Z)(L+Z)}$$
$$= \frac{10\times1\times2}{(1+4)\times(2+4)} = 0.67 t/m^2$$

정답 64 ④ 65 ① 66 ①

67 어느 지반에 30cm×30cm 재하판을 이용하여 평판재하시험을 한 결과, 항복하중이 5t, 극한하중이 9t이었다. 이 지반의 허용지지력은?

① 55.6t/m²
② 27.8t/m²
③ 100t/m²
④ 33.3t/m²

해설

지반의 허용지지력 결정
(1) 항복강도(q_y)
$$q_y = \frac{P_y(\text{항복하중})}{A(\text{재하판 크기})} = \frac{5}{0.3 \times 0.3} = 55.6 t/m^2$$
(2) 극한강도(q_u)
$$q_u = \frac{P_u(\text{극한하중})}{A(\text{재하판 크기})} = \frac{9}{0.3 \times 0.3} = 100 t/m^2$$
(3) 재하시험 결과에 의한 허용지지력(q_t)
　1) $q_t = q_y/2 = \frac{55.6}{2} = 27.8 t/m^2$
　2) $q_t = q_u/3 = \frac{100}{3} = 33.3 t/m^2$
(4) 허용지지력은 위 둘 중 작은값을 사용한다.

68 두께 5m의 점토층을 90% 압밀하는데 50일이 걸렸다. 같은 조건하에서 10m의 점토층을 90% 압밀하는데 걸리는 시간은?

① 100일
② 160일
③ 200일
④ 240일

해설

1) $50 : 5^2 = X : 10^2$
2) $X = \frac{10^2}{5^2} \times 50 = 200$일

69 흙의 연경도(Consistency)에 관한 설명으로 틀린 것은?

① 소성지수는 점성이 클수록 크다.
② 터프니스지수는 Colloid가 많은 흙일수록 값이 작다.
③ 액성한계시험에서 얻어지는 유동곡선의 기울기를 유동지수라 한다.
④ 액성지수와 컨시스턴시지수는 흙지반의 무르고 단단한 상태를 판정하는데 이용된다.

해설

터프니스 지수(I_t)(Toughness index)
1) $I_t = \dfrac{PI}{I_f}$
2) 터프니스지수(Toughness Index, I_t)가 클수록 콜로이드(Colloid) 함유율이 높다.

70 그림과 같이 6m인 두께의 모래층 밑에 2m 두께의 점토층이 존재한다. 지하수면은 지표아래 2m 지점에 존재한다. 이때, 지표면에 △P=5.0t/m²의 등분포하중이 작용하여 상당한 시간이 경과한 후, 점토층의 중간높이 A점에 피에조미터를 세워 수두를 측정한 결과, h=4.0m로 나타났다면 A점의 압밀도는?

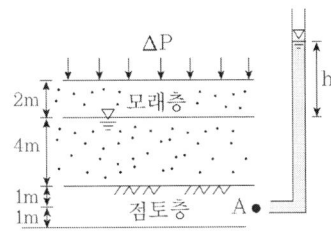

① 20% ② 30%
③ 50% ④ 80%

해설

1) $U_z = \dfrac{u_i - u}{u_i} \times 100 = (1 - \dfrac{u}{u_i}) \times 100$

여기서, U : 압밀도
u : 시간이 t시간일 때의 간극수압
u_i : 초기 간극수압

2) $(1 - \dfrac{4}{5}) \times 100 = 20\%$

71 그림과 같은 조건에서 분사현상에 대한 안전율을 구하면?(단, 모래의 γ_{sat}=2.0t/m³이다.)

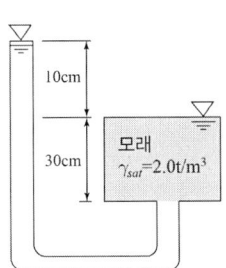

① 1.0 ② 2.0
③ 2.5 ④ 3.0

해설

1) $i = \dfrac{H}{L} = \dfrac{0.1}{0.3} = 0.33$

2) $i_c = \dfrac{\gamma_{sub}}{\gamma_w} = \dfrac{(2-1)}{1} = 1$

3) $F = \dfrac{i_c}{i} = \dfrac{1}{0.33} = 3$

72 4m×4m 크기인 정사각형 기초를 내부마찰각 $\phi=20°$, 점착력 c=3t/m²인 지반에 설치하였다. 흙의 단위중량(γ)=1.9t/m³이고 안전율을 3으로 할 때 기초의 허용하중을 Terzaghi 지지력공식으로 구하면?(단, 기초의 깊이는 1m이고, 전반전단파괴가 발생한다고 가정하며, N_c=17.69, N_q=7.44, N_γ=4.97 이다.)

① 478t ② 524t
③ 567t ④ 621t

해설

1) 극한지지력
$$q_u = \alpha c N_c + \beta B \gamma_1 N_r + D_f \gamma_2 N_q$$
$$= 1.3 \times 3 \times 17.69 + 0.4 \times 4 \times 1.9 \times 4.97 + 1 \times 1.9 \times 7.44$$
$$= 98.24 t/m^2$$

2) 허용지지력
$$q_a = \frac{q_u}{F_s} = \frac{98.24}{3} = 32.75 t/m^2$$

3) 허용하중
$$Q_a = q_a \times A = 32.75 \times (4 \times 4) = 524t$$

73 연약 점토층을 관통하여 철근콘크리트 파일을 박았을 때 부마찰력(Negative friction)은?(단, 지반의 일축압축강도 q_u=2t/m², 파일직경 D=50cm, 관입깊이 ℓ=10m 이다.)

① 15.71t ② 18.53t
③ 20.82t ④ 24.24t

해설

$$R_{nf} = f_s \cdot U \cdot \ell = \frac{q_u}{2} \cdot \pi D \cdot \ell$$
$$= \frac{2}{2} \times (\pi \times 0.5 \times 10) = 15.71t$$

74 다짐에 대한 다음 설명 중 옳지 않은 것은?

① 세립토의 비율이 클수록 최적함수비는 증가한다.
② 세립토의 비율이 클수록 최대건조 단위중량은 증가한다.
③ 다짐에너지가 클수록 최적함수비는 감소한다.
④ 최대건조 단위중량은 사질토에서 크고 점성토에서 작다.

해설

세립토의 비율이 클수록 최대건조 단위중량은 감소한다.

75 다음 현장시험 중 Sounding의 종류가 아닌 것은?
① Vane 시험
② 표준관입 시험
③ 동적 원추관입 시험
④ 평판재하 시험

해설
사운딩(Sounding)
1) 현장에서 Rod 선단에 장착된 저항체를 땅속에 관입시켜 관입, 회전, 인발등의 저항 정도로 지반의 상태를 파악하는 원위치 시험을 사운딩이라 한다.
2) 사운딩의 종류
 ① 정적사운딩 (점성토 지반)
  휴대용 원추관입시험기, 화란식 원추 관입시험기, 스웨덴식 관입시험기, 이스키미터, 베인시험기 등
 ② 동적사운딩 (사질토 지반)
  동적원추 관입시험기, 표준 관입시험기(S.P.T)등

76 다음 중 일시적인 지반 개량 공법에 속하는 것은?
① 다짐 모래말뚝 공법
② 약액주입 공법
③ 프리로딩 공법
④ 동결공법

해설
일시적 지반 개량 공법
1) 생석회 Pile 공법(산화 칼슘 CaO)
2) 소결공법
3) 동결공법
4) Well point 공법
5) 대기압공법

77 직접진단 시험을 한 결과 수직응력이 12kg/cm²일 때 전단저항이 5kg/cm², 또 수직응력이 24kg/cm²일 때 전단저항이 7kg/cm²이었다. 수직응력이 30kg/cm²일 때의 전단저항은 약 얼마인가?
① 6kg/cm²
② 8kg/cm²
③ 10kg/cm²
④ 12kg/cm²

해설
$\tau = c + \overline{\sigma} \tan$ 에서
$5 = c + 12\tan\phi$ ············ ①
$7 = c + 24\tan\phi$ ············ ②
식 ①,②를 풀면
$c = 3 kg/cm^2$, $\phi = 9.46$
$\tau = 3 + 30 \cdot \tan(9.46) = 8 kg/cm^2$

78 흙의 내부마찰각(ϕ)은 20°, 점착력(c)이 2.4t/m²이고, 단위중량(γ_t)은 1.93t/m³인 사면의 경사각이 45°일 때 임계높이는 약 얼마인가?(단, 안정수 m=0.06)

① 15m
② 18m
③ 21m
④ 24m

해설

$$H_c = \frac{N_s \cdot c}{\gamma_t} = \frac{\frac{1}{m} \times c}{\gamma_t} = \frac{\frac{1}{0.06} \times 2.4}{1.93} = 20.73m$$

여기서, N_s : 안정계수

79 암반층 위에 5m 두께의 토층이 경사 15°의 자연사면으로 되어 있다. 이 토층은 c=1.5t/m², ϕ=30°, γ_{sat}=1.8t/m³이고, 지하수면은 토층의 지표면과 일치하고 침투는 경사면과 대략 평행이다. 이 때의 안전율은?

① 0.8
② 1.1
③ 1.6
④ 2.0

해설

무한사면 안전율

$$F_s = \frac{c'}{\gamma_{sat} h \cos i \sin i} + \frac{\gamma_{sub} \cdot \tan \phi'}{\gamma_{sat} \cdot \tan i}$$

$$= \frac{1.5}{1.8 \times 5 \times \cos 15° \times \sin 15°} + \frac{0.8}{1.8} \times \frac{\tan 30}{\tan 15} = 1.624$$

80 다음은 정규압밀점토의 삼축압축 시험결과를 나타낸 것이다. 파괴시의 전단응력 τ와 수직응력 σ를 구하면?

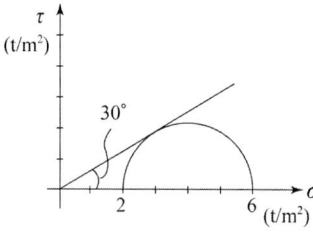

① τ=1.73t/m², σ=2.50t/m²
② τ=1.41t/m², σ=3.00t/m²
③ τ=1.41t/m², σ=2.50t/m²
④ τ=1.73t/m², σ=3.00t/m²

해설

1) 파괴각

$$\theta = 45° + \frac{\phi}{2} = 45° + \frac{30°}{2} = 60°$$

2) 수직응력

$$\sigma = \frac{\sigma_1 + \sigma_3}{2} + \frac{\sigma_1 - \sigma_3}{2}\cos 2\theta$$
$$= \frac{6+2}{2} + \frac{6-2}{2}\cos(2 \times 60°) = 3t/m^2$$

3) 전단응력

$$\tau = \frac{\sigma_1 - \sigma_3}{2}\sin 2\theta$$
$$= \frac{6-2}{2}\sin(2 \times 60°) = 1.73t/m^2$$

2017 기출문제 제1회 건설재료시험기사

제1과목 콘크리트공학

01 경량골재 콘크리트에 대한 설명으로 옳은 것은?
① 내구성이 보통 콘크리트보다 크다.
② 열전도율은 보통 콘크리트보다 작다.
③ 탄성계수는 보통 콘크리트의 2배 정도이다.
④ 건조수축에 의한 변형이 생기지 않는다.

해설

경량골재 콘크리트 특징
1) 강도가 작다.
2) 열전도율이 작다.
3) 흡수율이 크다.
4) 탄성계수가 작다.

02 콘크리트 진동다지기에서 내부진동기 사용방법의 표준으로 틀린 것은?
① 2층 이상으로 나누어 타설한 경우 상층 콘크리트의 다지기에서 내부진동기는 하층의 콘크리트 속으로 찔러 넣으면 안 된다.
② 내부진동기의 삽입 간격은 일반적으로 0.5m 이하로 하는 것이 좋다.
③ 1개소당 진동시간은 5~15초로 한다.
④ 내부진동기는 콘크리트를 횡방향으로 이동시킬 목적으로 사용하지 않아야 한다.

해설

2층 이상으로 나누어 타설한 경우 상층 콘크리트의 다지기에서 내부진동기는 하층의 콘크리트 속으로 0.1m 정도 찔러 넣어 상층과 하층 콘크리트를 충분히 다져준다.

정답 01 ② 02 ①

03 고압증기양생을 실시한 콘크리트에 대한 일반적인 설명으로 틀린 것은?
① 고압증기양생을 실시한 콘크리트는 보통 양생한 콘크리트에 비해 철근의 부착강도가 약 2배 정도 증가된다.
② 고압증기양생을 실시한 콘크리트의 크리프는 크게 감소된다.
③ 고압증기양생을 실시한 콘크리트의 황산염에 대한 저항성이 향상된다.
④ 고압증기양생을 실시한 콘크리트의 외관은 흰색을 띤다.

해설
고압증기양생을 실시한 콘크리트는 보통 양생한 콘크리트에 비해 철근의 부착강도가 약 1/2배 정도 감소된다.

04 콘크리트 배합설계 시 굵은 골재 최대치수의 선정방법 중 틀린 것은?
① 단면이 큰 구조물인 경우 40mm를 표준으로 한다.
② 일반적인 구조물의 경우 20mm 또는 25mm를 표준으로 한다.
③ 거푸집 양 측면 사이의 최소 거리의 1/3을 초과해서는 안 된다.
④ 개별철근, 다발철근, 긴장재 또는 덕트 사이 최소 순간격의 3/4을 초과해서는 안된다.

해설
굵은골재 최대치수 선정방법
1) 거푸집 양 측면 사이의 최소 거리의 1/5을 초과해서는 안 된다.
2) 슬래브 두께의 1/3 이하

05 30회 이상의 시험실적으로부터 구한 콘크리트 압축강도의 표준편차가 5MPa 이고, 설계기준 압축강도가 40MPa인 경우의 배합강도는?
① 46.7MPa
② 47.7MPa
③ 48.2MPa
④ 50.0MPa

해설
$f_{ck} > 35MPa$ 이므로
$f_{cr} = f_{cq} + 1.34S = 40 + 1.34 \times 5$
$= 46.7 MPa$
$f_{cr} = 0.9 \cdot f_{cq} + 2.33S$
$= 0.9 \times 40 + 2.33 \times 5$
$= 47.65 MPa$
상기값 중 큰 값이 배합강도이므로
$f_{cr} = 47.65 MPa$

정답 03 ① 04 ③ 05 ②

06 품질이 동일한 콘크리트 공시체의 압축강도 시험에 대한 설명으로 옳은 것은?(단, 공시체의 높이:H, 공시체의 지름:D)

① 품질이 동일한 콘크리트는 공시체의 모양, 크기 및 재하방법이 달라져도 압축강도가 항상 같다.
② H/D비가 작으면 압축강도가 작다.
③ H/D비가 일정해도 공시체의 치수가 커지면 압축강도는 작아진다.
④ H/D비가 2.0에서 압축강도는 최대값을 나타낸다.

> **해설**
>
> 콘크리트 공시체 압축강도
> 1) 재하속도가 빠를수록 압축강도는 높게 평가된다.
> 2) 모양이 다르면 크기가 작은 공시체의 압축강도가 높게 평가된다.
> 3) 원주형 공시체의 직경과 입방체 공시체의 한 변의 길이가 같으면 원주형 공시체의 강도가 크다.
> 4) 공시체에 따른 압축강도 크기
>   정육면체 > 원주형 > 각주형
> 5) 원주형과 각주형 공시체는 직경 또는 한변의 길이(D)와 높이(H)의 비(H/D)가 작을수록 압축강도는 높게 평가된다.

07 프리스트레스트 콘크리트에서 프리스트레싱할 때의 일반적인 사항으로 틀린 것은?

① 긴장재는 이것을 구성하는 각각의 PS강재에 소정의 인장력이 주어지도록 긴장하여야 한다.
② 긴장재를 긴장할 때 정확한 인장력이 주어지도록 하기 위해 인장력을 설계값 이상으로 주었다가 다시 설계값으로 낮추는 방법으로 시공하여야 한다.
③ 긴장재에 대해 순차적으로 프리스트레싱을 실시할 경우는 각 단계에 있어서 콘크리트에 유해한 응력이 생기지 않도록 하여야 한다.
④ 프리텐션 방식의 경우 긴장재에 주는 인장력은 고정장치의 활동에 의한 손실을 고려하여야 한다.

> **해설**
>
> 긴장재를 긴장할 때 정확한 인장력이 주어지도록 하기 위해 인장력을 설계값 이상으로 긴장 하여야 한다.

08 다음 중 블리딩(bleeding)방지법으로 옳지 않은 것은?

① 단위수량이 적은 된비빔의 콘크리트로 한다.
② 단위시멘트량을 적게 한다.
③ 혼화제 중에서 AE제나 감수제를 사용한다.
④ 골재의 입도분포가 양호한 것을 사용한다.

> **해설**
>
> 블리딩을 방지하기 위해서 단위시멘트량을 증가한다.

09 시방배합결과 물 180kg/m³, 잔골재 650kg/m³, 굵은 골재 1000kg/m³을 얻었다. 잔골재의 흡수율이 2%, 표면수율이 3%라고 하면 현장배합상의 단위 잔골재량은?

① 637.0kg/m³
② 656.5kg/m³
③ 663.0kg/m³
④ 669.5kg/m³

해설
표면수 보정에 따른 단위 잔골재량 단위 잔골재량
=650×1.03=669.5kg/m³

10 일반적인 수중콘크리트에 관한 설명으로 틀린 것은?
① 물-결합재비는 50%이하, 단위시멘트량은 370kg/m³이상을 표준으로 한다.
② 잔골재율을 적절한 범위 내에서 크게 하여 점성이 풍부한 배합으로 할 필요가 있다.
③ 수중콘크리트의 치기는 물을 정지시킨 정수 중에서 치는 것이 좋다.
④ 강제식 배치믹서를 사용하여 비비는 경우 콘크리트가 드럼내부에 부착되어 충분히 비벼지지 못할 경우가 있기 때문에 믹서는 가경식 배치믹서를 사용하여야 한다.

해설
가경식 배치믹서를 사용하여 비비는 경우 콘크리트가 드럼내부에 부착되어 충분히 비벼지지 못할 경우가 있기 때문에 믹서는 강제식 배치믹서를 사용하여야 한다.

11 콘크리트의 받아들이기 품질검사에 대한 설명으로 틀린 것은?
① 콘크리트의 받아들이기 검사는 콘크리트가 타설된 이후에 실시하는 것을 원칙으로 한다.
② 굳지 않은 콘크리트의 상태는 외관 관찰에 의하며, 콘크리트 타설 개시 및 타설 중 수시로 검사하여야 한다.
③ 바다 잔골재를 사용한 콘크리트의 염소이온량은 1일에 2회 시험하여야 한다.
④ 강도검사는 콘크리트의 배합검사를 실시하는 것을 표준으로 한다.

해설
콘크리트의 받아들이기 검사는 콘크리트가 타설전에 실시하는 것을 원칙으로 한다.

12 포스트텐션 방식의 프리스트레스트 콘크리트에서 긴장재의 정착장치로 일반적으로 사용되는 방법이 아닌 것은?
① PS강봉을 갈고리로 만들어 정착시키는 방법
② 반지름 방향 또는 원주 방향의 쐐기 작용을 이용한 방법
③ PS강봉의 단부에 나사 전조가공을 하여 너트로 정착하는 방법
④ PS강봉의 단부에 헤딩(heading)가공을 하여 가공된 강재 머리에 의하여 정착하는 방법

정답 09 ④ 10 ④ 11 ① 12 ①

13 콘크리트의 재료분리 현상을 줄이기 위한 사항으로 틀린 것은?

① 잔골재율을 증가시킨다.
② 물-시멘트비를 작게 한다.
③ 굵은 골재를 많이 사용한다.
④ 포졸란을 적당량 혼합한다.

해설
일반적으로 굵은골재를 많이 사용하면 콘크리트 강도, 내구성, 수밀성 등이 좋아지나 지나치게 많이 사용하면 잔골재율 및 단위수량의 감소로 콘크리트 작업성이 떨어져서 재료분리의 원인이 된다.

14 프리플레이스트 콘크리트에 대한 설명으로 틀린 것은?

① 잔골재의 조립률은 1.4~2.2 범위로 한다.
② 굵은 골재의 최소 치수는 15mm이상으로 하여야 한다.
③ 프리플레이스트 콘크리트의 강도는 원칙적으로 재령 14일의 조기재령의 압축강도를 기준으로 한다.
④ 굵은 골재의 최대 치수와 최소 치수의 차이를 적게 하면 굵은 골재의 실적률이 적어지고 주입모르타르의 소요량이 많아진다.

해설
프리플레이스트 콘크리트의 강도는 원칙적으로 재령 28일 또는 재령 91일 압축강도를 기준으로 한다.

15 콘크리트의 탄산화에 대한 설명으로 틀린 것은?

① 탄산화는 콘크리트의 내부에서 발생하여 콘크리트의 표면으로 진행된다.
② 콘크리트의 탄산화깊이 및 탄산화속도는 구조물의 건전도 및 잔여수명을 예측하는데 중요한 요소가 된다.
③ 탄산화에 의한 물리적 열화는 콘크리트 내부 철근의 녹슬음에 의한 것이 가장 크다.
④ 탄산화 깊이를 조사하기 위한 시약으로는 페놀프탈레인 용액이 사용된다.

해설
탄산화는 콘크리트의 외부에서 발생하여 콘크리트의 내부로 진행된다.

16 아래 표의 조건과 같을 경우 콘크리트의 압축강도(f_{cu})를 시험하여 거푸집널의 해체시기를 결정하고자 한다. 콘크리트의 압축 강도(f_{cu})가 몇 MPa 이상인 경우 거푸집널을 해체할 수 있는가?

> · 설계기준압축강도(f_{ck})가 30MPa
> · 슬래브 및 보의 밑면 거푸집

① 5MPa
② 10MPa
③ 14MPa
④ 20MPa

해설

부재	콘크리트 압축강도(f_{cu})
확대기초, 보 옆, 기둥 등의 측벽	5MPa 이상
슬래브 및 보의 밑면, 아치 내면	설계기준압축강도의 $\frac{2}{3}$배 이상, 또한 최소 14MPa 이상

17 섬유보강 콘크리트에 대한 설명으로 틀린 것은?
① 강섬유보강 콘크리트의 경우, 소요단위수량은 강섬유의 용적 혼입률 1% 증가에 대하여 약 20kg/m³정도 증가한다.
② 섬유보강으로 인해 인장강도, 휨강도, 전단강도 및 인성은 증대되지만, 압축강도는 그다지 변화하지 않는다.
③ 강제식 믹서를 이용한 경우, 섬유보강 콘크리트의 비비기 부하는 일반 콘크리트에 비해 2~4배 커지는 수가 있다.
④ 섬유혼입률은 섬유보강 콘크리트 1m³중에 점유하는 섬유의 질량백분율(%)로서 보통 0.5~2.0% 정도이다.

해설
섬유혼입률은 섬유보강 콘크리트 1m³중에 점유하는 섬유의 용적백분율(%)로서 보통 0.5~2.0% 정도이다.

18 서중콘크리트에 대한 설명으로 틀린 것은?
① 일반적으로는 기온 10℃의 상승에 대하여 단위수량은 2~5% 감소하므로 단위수량에 비례하여 단위시멘트량의 감소를 검토하여야 한다.
② 하루 평균기온이 25℃를 초과하는 경우 서중 콘크리트로 시공한다.
③ 콘크리트를 타설하기 전에 지반, 거푸집 등을 습윤상태로 유지하기 위해서 살수 또는 덮개 등의 적절한 조치를 취해야 한다.
④ 콘크리트는 비빈 후 즉시 타설하여야 하며, 일반적인 대책을 강구한 경우라도 1.5시간 이내에 타설하여야 한다.

해설
일반적으로는 기온 10℃의 상승에 대하여 단위수량은 2~5% 증가하므로 단위수량에 비례하여 단위시멘트량의 증가를 검토하여야 한다.

19 콘크리트의 시공이음에 대한 설명으로 틀린 것은?
① 시공이음은 부재의 압축력이 작용하는 방향과 직각이 되도록 하는 것이 원칙이다.
② 시공이음을 계획할 때는 온도 및 건조수축 등에 의한 균열의 발생도 고려해야 한다.
③ 바닥틀과 일체로 된 기둥 또는 벽의 시공이음은 바닥틀과의 경계 부근에 설치하는 것이 좋다.
④ 시공이음은 될 수 있는 대로 전단력이 큰 위치에 설치해야 한다.

> 해설
> 시공이음은 될 수 있는 대로 전단력이 작은 위치에 설치해야 한다.

20 콘크리트 강도에 영향을 주는 요소가 아닌것은?
① 골재의 입도
② 양생조건
③ 물-시멘트 비
④ 거푸집의 형태와 크기

제2과목 건설시공 및 관리

21 PERT와 CPM의 비교 설명 중 PERT에 관련된 내용이 아닌 것은?
① 공비절감을 주목적으로 한다.
② 비반복사업을 대상으로 한다.
③ 신규사업을 대상으로 한다.
④ 3점견적법으로 공기를 추정한다.

> 해설
> PERT와 CPM 비교
> 1) PERT 기법
>   가. 신규사업, 비 반복사업, 경험이 없는 사업 등에 활용
>   나. 소요시간 추정 (3점법 확률 계산)
>   다. 가중 평균치 사용
> $$t_e = \frac{t_o + 4t_m + t_p}{6}$$
>   여기서, t_o : 낙관 작업일수
> t_m : 정상 작업일수
> t_p : 비관 작업일수
> t_e : 3점법에 의한 추정공사일수
>   라. 작업단계(event) 중심관리(결합점 중심관리)
>   마. 확률론적 검토
>   바. 공기 단축이 목적
> 2) CPM 기법
>   가. 반복사업, 경험이 있는 사업에 적용한다.
>   나. 1점 시간 추정(t_m)
>   다. 작업활동(Activity) 중심관리
>   라. 비용견적, 비용구배, 일정단축
>   바. 공비 절감이 목적

22 사장교를 케이블 형상에 따라 분류할 때 여기에 속하지 않는 것은?
① 방사(radiating)형 ② 하프(harp)형
③ 타이드(tied)형 ④ 팬(fan)형

23 아래의 작업 조건하에서 백호로 굴착 상차작업을 하려고 할 때 시간당 작업량은 본바닥토량으로 얼마인가?

- 작업효율 : 0.6
- C_m : 42초
- 버킷계수 : 0.9
- 버킷용량 : $0.7m^3$
- L = 1.25, C = 0.9

① $23.3m^3/hr$ ② $25.9m^3/hr$
③ $29.2m^3/hr$ ④ $40.5m^3/hr$

해설

$$Q = \frac{3,600 \cdot q \cdot k \cdot f \cdot E}{C_m}$$

$$= \frac{3,600 \times 0.7 \times 0.9 \times \frac{1}{1.25} \times 0.6}{25} = 25.9 m^3/hr$$

24 아스팔트 포장 시공 단계에서 보조기층의 보호 및 수분의 모관상승을 차단하고 아스팔트 혼합물과의 접착성을 좋게하기 위하여 실시하는 것은 무엇인가?
① 택 코우트(tack coat) ② 프라임 코우트(prime coat)
③ 실 코우트(seal coat) ④ 컬러 코우트(color coat)

25 오픈 케이슨 기초의 특징에 대한 일반적인 설명으로 틀린 것은?
① 기계설비가 비교적 간단하다.
② 다른 케이슨 기초와 비교하여 공사비가 싸다.
③ 침하 깊이의 제한을 받지 않는다.
④ 굴착 시 히빙이나 보일링 현상의 우려가 없다.

해설

뉴메틱케이슨 기초(Pneumatic Caisson) 특징
1) 오픈케이슨 보다 침하속도가 빠르고 장애물 제거가 용이하다.
2) 일반적인 굴착깊이는 30~40m로 제한되어 있다.
3) 토질 및 토층에 대한 확인이 용이하고 정확한지지력 측정이 가능하다.
4) 콘크리트 시공의 품질관리가 확실하여 신뢰성이 높다.
5) 공기압으로 heaving 또는 boiling 발생을 방지할 수 있다.
6) 기계설비가 대규모로 공사비가 비싸고 소규모 공사에는 비경제적이다.

정답 22 ③ 23 ② 24 ② 25 ④

26 다음 중 연약 점성토 지반의 개량공법으로 적합하지 않은 것은?
① 침투압(MAIS) 공법
② 프리로딩(pre-loading) 공법
③ 샌드드레인(sand drain) 공법
④ 바이브로플로테이션(vibroflotation) 공법

해설
바이브로플로테이션(vibroflotation) 공법은 사질토지반 개량공법이다.

27 다음과 같은 절토공사에서 단면적은 얼마인가?

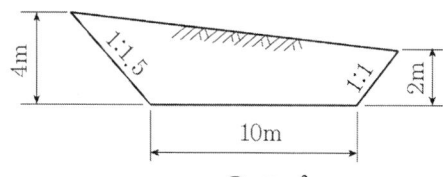

① 32m²
② 40m²
③ 51m²
④ 55m²

해설
1) 윗변 길이 = 밑변 +(기울기×높이)×2
2) 단면적 = $\frac{밑변 + 윗변}{2} \times 높이$

$[\frac{(4+2) \times 18}{2}] - [(\frac{6 \times 4}{2})] - (\frac{2 \times 2}{2}) = 40m^2$

28 다져진 토량 37,800m³를 성토하는데 흐트러진 토량 30,000m³가 있다. 이 때, 부족토량은 자연 상태 토량(m³)으로 얼마인가?(단, 토량변화율 L = 1.25, C = 0.9)
① 22,000m³
② 18,000m³
③ 15,000m³
④ 11,000m³

해설
부족토량
$= 37,800 \times \frac{1}{0.9} = 42,000 m^3 (자연상태)$
$= 30,000 \times \frac{1}{1.25} = 24,000 m^3 (자연상태)$
$= 42,000 - 24,000 = 18,000 m^3$

29 겨울철 동상에 의한 노면의 균열과 평탄성의 악화와 더불어 초봄의 노상지지력의 저하로 인한 포장의 구조파괴를 동결융해작용 이라고 한다. 이는 3가지 조건을 동시에 만족하여야 하는데 그 중 관계가 없는 것은?

① 지반의 토질이 동상을 일으키기 쉬울 때
② 동상을 일으키기에 필요한 물의 보급이 충분할 때
③ 0°C 이상의 기온일 때
④ 모관상승고가 동결심도 보다 클 때

해설
동상 조건
1) 실트질 모래
2) 0°C 이하 기온
3) 지하수 공급

30 교량에서 좌우의 주형을 연결하여 구조물의 횡방향 지지, 교량 단면형상의 유지, 강성의 확보, 횡하중의 받침부로의 원활한 전달 등을 위해서 설치하는 것은?

① 교좌   ② 바닥판
③ 바닥틀   ④ 브레이싱

해설
브레이싱에 대한 설명이다.

31 터널 굴착 방식인 NATM의 시공순서로 올바르게 된 것은?

① 발파 → 천공 → 록볼트 → 숏크리트 → 버력처리 → 환기
② 발파 → 천공 → 숏크리트 → 록볼트 → 버력처리 → 환기
③ 천공 → 발파 → 환기 → 버력처리 → 숏크리트 → 록볼트
④ 천공 → 버력처리 → 발파 → 환기 → 록볼트 → 숏크리트

32 다음 발파공 중 심빼기 발파공이 아닌 것은?

① 번 컷   ② 스윙 컷
③ 피라미드 컷   ④ 벤치 컷

해설
벤치 컷은 계단식으로 굴착해서 자유면 확보를 용이하도록 하기위한 공법으로 본발파공법에 해당된다.

정답 29 ③ 30 ④ 31 ③ 32 ④

33 15t 덤프트럭으로 토사를 운반하고자 한다. 적재장비로 버킷용량이 $2.5m^3$인 백호를 사용하는 경우 트럭 1대를 적재하는데 소요되는 시간은?(단, 흙의 단위중량은 $1.5t/m^3$, L = 1.25, 버킷계수 K=0.85, 백호의 사이클타임=25sec, 작업효율 E=0.75 이다.)

① 3.33min
② 3.89min
③ 4.37min
④ 4.82min

해설

1) $q_t = \dfrac{T}{\gamma_t}L = \dfrac{15}{1.5} \times 1.25 = 12.5m^3$

2) $n = \dfrac{q_t}{qk} = \dfrac{12.5}{2.5 \times 0.85} = 5.88회$

3) $C_{mt} = \dfrac{C_m \cdot n}{60E_s} = \dfrac{25 \times 6}{60 \times 0.75} = 3.33\min$

34 토공에 대한 설명 중 틀린 것은?
① 시공기면은 현재 공사를 하고 있는 면을 말한다.
② 토공은 굴착, 싣기, 운반, 성토(사토) 등의 4공정으로 이루어진다.
③ 준설은 수저의 토사 등을 굴착하는 작업을 말한다.
④ 법면은 비탈면으로 성토, 절토의 사면을 말한다.

해설

가장 경제적인 시공이 되도록 하기 위해서 절, 성토 토량 계획을 세우는데 필요한 지반 계획고를 정하는 것을 시공기면 이라고 한다.

35 말뚝기초의 부마찰력 감소방법으로 틀린 것은?
① 표면적이 작은 말뚝을 사용하는 방법
② 단면이 하단으로 가면서 증가하는 말뚝을 사용하는 방법
③ 선행하중을 가하여 지반침하를 미리 감소하는 방법
④ 말뚝직경보다 약간 큰 케이싱을 박아서 부 마찰력을 차단하는 방법

해설

부마찰력의 방지대책
① 말뚝 선단면적 증가
② 말뚝 본수증가
③ 말뚝의 근입깊이 증가
④ 이중관(Slip Layer) 사용
⑤ 말뚝표면에 아스팔트(역청재) 도포
⑥ Tapered Pile 사용(단면이 하단으로 가면서 감소하는 말뚝 : 측면경사말뚝)

정답 33 ① 34 ① 35 ②

36 옹벽의 안정상 수평 저항력을 증가시키기 위한 방법으로 가장 유리한 것은?

① 옹벽의 비탈경사를 크게 한다.
② 옹벽의 저판 밑에 돌기물(Key)을 만든다.
③ 옹벽의 전면에 Apron을 설치한다.
④ 배면의 본바닥에 앵커 타이(Anchor tie)나 앵커벽을 설치한다.

해설

옹벽의 안정대책
(1) 활동에 대한 안정대책
   Shear Key 설치, 말뚝기초시공, 밑판의 길이를 증대
   ※ Shear Key(돌기물) 설치가 가장 유리한 방법
(2) 전도에 대한 안정대책
   자중증대, 밑판(뒷굽)길이를 증대
(3) 침하에 대한 안정대책
   저판면적확대, 지반개량
(4) 원호활동에 대한 안정대책
   E/A시공, 파일시공

37 아래의 표에서 설명하는 여수로(spill way)는?

> · 필형 댐과 같이 댐 정상부를 월류시킬 수 없을 때 한쪽 또는 양쪽에 설치하는 여수로
> · 이 여수로의 월류부는 난류를 막기 위하여 굳은 암반상에 일직선으로 설치한다.

① 슈트식 여수로　　② 그롤리 홀 여수로
③ 측수로 여수로　　③ 사이펀 여수로

해설

여수토의 종류
① 슈트식(Chute) 여수토
  1) 댐 본체에서 완전히 분리시켜 설치하는 여수토
  2) 댐 가장자리 위치에 설치하고 월류부는 보통 수평으로 한다.
② 측수로 여수토
  1) Rock fill 댐 같이 댐 정상부를 월류 시킬 수 없을 때 댐의 한쪽 또는 양쪽에 설치하는 여수토
  2) 월류부는 난류를 막기 위하여 굳은 암반상에 일직선으로 설치한다.
③ 사이펀 여수토
  1) 사이펀 여수토는 여수로 설치 공간에 제한을 받는 경우 제체 안에 설치하는 관로시설물 로서 유출부로부터 공기 유입을 막기 위하여 관로 끝을 U형태로 구부리며 유입된 공기는 사이펀 마루(Crown)에서 방출되도록 만든 여수토
  2) 상하류면의 수위차를 이용한 것으로 자유월류방식에 비하여 다량의 물을 하류로 배출시킬 수 있다.
④ 나팔관형 여수토(그롤리홀 여수토)
  1) 원형나팔관으로 되어 있고 자유낙하부, 곡관부, 원형 터널 등으로 구성 되어있다.
  2) 유수의 유입에 의한 여수토 터널 내부 부압이 발생될 가능성이 있으므로 유의해야 한다.

38 다음 중 품질관리의 순환과정으로 옳은 것은?
① 계획 → 실시 → 검토 → 조치
② 실시 → 계획 → 검토 → 조치
③ 계획 → 검토 → 실시 → 조치
④ 실시 → 계획 → 조치 → 검토

해설
품질관리 순서
계획 → 실시 → 검토 → 조치

39 대형기계로 회전대에 달린 Boom을 사용하여 버킷을 체인의 힘으로 전후 이동시켜서 작업이 곤란한 장소 또는 좁은 곳의 얕은 굴착을 할 경우 적당한 장비는?
① 트랙터 쇼벨
② 리사이클플랜트
③ 벨트콘베이어
④ 스키머스코우프

40 다음 중 보일링 현상이 가장 잘 생기는 지반은?
① 사질지반
② 사질점토지반
③ 보통토
④ 점토질지반

해설
보일링 현상은 사질토 모래 지반에서 발생된다.

제3과목 건설재료 및 시험

41 포틀랜드 시멘트의 주성분 비율 중 수경률(H.M, Hydraulic Modulus)에 대한 설명으로 틀린 것은?
① 수경률은 CaO성분이 높을 경우 커진다.
② 수경률은 다른 성분이 일정할 경우 석고량이 많을 경우 커진다.
③ 수경률이 크면 초기강도가 커진다.
④ 수경률이 크면 수화열이 큰 시멘트가 생긴다.

해설
시멘트 수경률
① 수경률이란?
시멘트의 화학분석치로부터 시멘트 성질을 유추하는 수치로 염기성분/산기성분 나누어서 시멘트 원료 배합비를 결정

$$(수경률) H.M = \frac{CaO - 0.7 \times SO_3}{SiO_2 + Al_2O_3 + FeO_3}$$

② 수경률이 크면 초기강도 크고 수화열 큼
③ 석고량이 많을수록 수경률이 작아지고 응결이 지연된다.

42 목재 시험편의 중량을 측정한 결과 건조전의 중량이 30g, 절대건조 중량이 25g 일 때 이 목재의 함수율은?

① 10% ② 15%
③ 20% ④ 25%

해설

목재의 함수율
1) 목재의 기건 상태의 함수율은 보통 12~18%이다.
2) 함수율 : $\dfrac{건조전중량(W_1) - 건조후중량(W_2)}{건조후중량(W_2)} \times 100(\%)$

43 아스팔트의 침입도 시험에서 표준침의 관입량이 8.1mm이었다. 이 아스팔트의 침입도는 얼마인가?

① 0.081 ② 0.81
③ 8.1   ④ 81

해설

침입도
① 아스팔트의 굳기 정도(경도)를 측정하는 것으로, 침입도는 아스팔트의 반죽질기를 물리적으로 나타내는 것이다.
② 아스팔트의 콘시스턴시를 표준침의 관입 저항을 측정 평가하는 것으로 일정한 온도(25℃), 하중(100g), 시간(5초)을 기준으로 하여 침의 관입 깊이를 나타낸다.
③ 침의 관입량을 0.1mm 단위로 나타낸 것을 침입도 1로 한다.

44 커트백(Cut back) 아스팔트에 대한 설명으로 틀린 것은?

① 대부분의 도로포장에 사용된다.
② 경화 속도 순서로 나누면 RC > MC > SC 순이다.
③ 커트백 아스팔트를 사용할 때는 가열하여 사용하여야 한다.
④ 침입도 60~120 정도의 연한 스트레이트 아스팔트에 용제를 가해 유동성을 좋게 한 것이다.

해설

컷백 아스팔트를 사용할 때는 원유 중의 아스팔트 성분이 열에 의한 변화가 생기기 쉬우므로 가열해서는 안된다.

45 상온에서 액체이며 동해를 입기에 가장 쉬운 폭약은?

① 다이너마이트 ② 칼릿
③ 니트로글리세린 ④ 질산암모늄계 폭약

해설

니트로글리세린(nitroglycerine, NG)
1) 상온에서 무색, 무취의 투명하고 무거운 기름같은 액체 상태로서, 가장 강력한 폭약으로 충격 및 마찰, 진동에 예민하여 폭발위험성이 크다.
2) 단독으로는 사용하지 못하고 다이너마이트 또는 무연 화약 의 화약제조에 사용되며, 동해를 입기 쉽고 점화만으로 연소한다.

46 아래 표의 시험기는 암석의 어떤 특성을 파악하기 위한 것인가?

> Los Angeles 시험기, Deval 시험기

① 반발경도 ② 압입경도
③ 마모저항성 ④ 압축강도

해설

1) Deval 시험기
   골재의 마모시험을 하는 장치로 한번에 여러 종류시험이 동시에 가능한 시험기
2) Los Angeles 시험기
   ① 굵은골재 마모율을 측정하는 시험(KS F 2508)
   ② 골재의 마모율
   $$마모감량(\%) = \frac{시험전시료질량 - 시험후시료질량}{시험 전시료질량} \times 100$$

47 폴리머시멘트 콘크리트에 대한 설명으로 틀린 것은?

① 방수성, 불투수성이 양호하다.
② 타설 후, 경화 중에 물을 뿌려주는 등의 표면 보호 조치가 필요하다.
③ 인장, 휨, 부착강도는 커지나, 압축강도는 일반 시멘트 콘크리트에 비해 감소하거나 비슷한 값을 보인다.
④ 내충격성 및 내마모성이 좋다.

해설

폴리머 콘크리트(Polymer Concrete)
1) 보통 포틀랜드 시멘트를 사용한 콘크리트는 경제적, 구조 특성상 장점이 있으나 결합체가 시멘트 수화물로 늦은경화 작은 인장강도, 큰건조수축, 내약품성 등에 대한 취약한 문제점을 가지고 있다
2) 이러한 콘크리트의 단점을 개선 위해서 Con'c 제조시 사용되는 결합재의 일부 또는 전체를 고분자 화학 구조를 가진 폴리머로 대체시켜 제조한 콘크리트로서 별도의 물을 뿌려주는 표면보호 조치가 불필요 하다.

48 석재의 분류방법에서 수성암에 속하지 않는 것은?
① 섬록암
② 석회암
③ 사암
④ 응회암

해설

성인에 의한 암석 분류
1) 화성암
   ① 화강암
   ② 섬록암
   ③ 안산암
   ④ 현무암
2) 퇴적암 (수성암)
   ① 응회암
   ② 사암
   ③ 혈암
   ④ 점판암
   ⑤ 석회암
   ⑥ 규조토
3) 변성암
   ① 편마암
   ② 편암(천매암)
   ③ 대리석

49 아스팔트 시험에 대한 설명으로 틀린 것은?
① 아스팔트 침입도 시험에서 침입도 측정값의 평균값이 50.0미만인 경우 침입도 측정값의 허용차는 2.0으로 규정하고 있다.
② 환구법에 의한 아스팔트 연화점시험은 시료를 환에 주입하고 4시간 이내에 시험을 종료하여야 한다.
③ 환구법에 의한 아스팔트 연화점시험에서 시료를 규정조건에서 가열하였을 때, 시료가 연화되기 시작하여 규정된 거리(25.4mm)로 처졌을 때의 온도를 연화점이라 한다.
④ 아스팔트의 신도시험에서 2회 측정의 평균값을 0.5cm 단위로 끝맺음하고 신도로 결정한다.

해설

아스팔트 신도시험
1) 아스팔트의 신장능력(연성)을 측정하는 시험
2) 아스팔트의 신도시험에서 3회 측적의 평균값을 1cm 단위로 끝맺음하고 신도로 결정한다.

50 일반적인 콘크리트용 골재에 대한 설명으로 틀린 것은?

① 잔골재의 절대건조밀도를 0.0025g/mm³ 이상의 값을 표준으로 한다.
② 잔골재의 흡수율은 5% 이하의 값을 표준으로 한다.
③ 굵은 골재의 안정성은 황산나트륨으로 5회 시험을 하여 평가한다.
④ 굵은 골재의 절대건조밀도는 0.0025g/mm³ 이상의 값을 표준으로 한다.

> **해설**
> 잔골재의 흡수율은 3% 이하의 값을 표준으로 한다.

51 일반구조용 압연강재를 SS330, SS400, SS490등과 같이 표현하고 있다. 이 때 "SS400"에서 400이란 무엇에 대한 최소 기준인가?

① 항복점(N/mm²)
② 항복점(kg/mm²)
③ 인장강도(N/mm²)
④ 연신율(%)

> **해설**
> SS(Steel Structure)400 일반 구조용 강재로서 인장강도 400N/mm²를 의미한다.

52 재료의 성질과 관련된 용어의 설명으로 틀린 것은?

① 강성(rigidity) : 큰 외력에 의해서도 파괴되지 않는 재료를 강성이 큰 재료라고 하며, 강도와 관계가 있으나, 탄성계수와는 관계가 없다.
② 연성(ductility) : 재료에 인장력을 주어 가늘고 길게 늘어나게 할 수 있는 재료를 연성이 풍부하다고 한다.
③ 취성(brittleness) : 재료가 작은 변형에도 파괴가 되는 성질을 취성이라고 한다.
④ 인성(toughness) : 재료가 하중을 받아 파괴 될 때까지의 에너지 흡수능력으로 나타낸다.

> **해설**
> 1) 강성
>   재료가 외력을 받아 변형에 저항하는 성질로서, 탄성계수와 관계가 있다.
> 2) 강도
>   재료가 외력에 대하여 저항하는 성질로서 탄성계수와 직접적인 관계가 없다.

53 특수시멘트 중 벨라이트시멘트에 대한 설명으로 틀린 것은?
① 수화열이 적어 대규모의 댐이나 고층 건물등과 같은 대형 구조물공사에 적합하다.
② 보통 포틀랜드시멘트를 사용한 콘크리트와 동일한 유동성을 확보하기 위해서 단위수량 및 AE제 사용량의 증가가 필요하다.
③ 장기강도가 높고 내구성이 좋다.
④ 고분말도형(고강도형)과 저분말도형(저발열형)으로 나누어 공업적으로 생산된다.

해설

1) 규산 삼석회(C_3S) (알라이트) : $3CaO \cdot SiO_2$
시멘트 클링커 성분중 제일 많이 차지하며, 콘크리트 조기강도가 빨리 나타나고, 중용열 포틀랜드 시멘트에서는 사용량을 50% 이하로 제한하고 있다.
2) 규산 이석회(C_2S) (벨라이트) : $2CaO \cdot SiO_2$
시멘트 수산화작용이 늦고 콘크리트 장기강도가 크게 나타난다.
3) 알루민산 3석회(C_3A) (알루미네이트) : $3CaO \cdot Al_2O_3$
시멘트 수산화작용이 가장 빠르며 초기강도가 매우크다.
4) 알루민산철 4석회(C_4AF) (펠라이트) : $4CaO \cdot Al_2O_3 \cdot Fe_2O_3$
시멘트 수산화작용이 늦고 화학적 저항성이 커서 내황산염 시멘트에 사용된다.

54 AE제를 사용한 콘크리트의 특성을 설명한 것으로 옳지 않은 것은?
① 동결융해에 대한 저항성이 크다.
② 철근과의 부착강도가 작다.
③ 콘크리트의 워커빌리티를 개선하는 데 효과가 있다.
④ 콘크리트 블리딩 현상이 증가된다.

해설

AE제를 사용한 콘크리트는 블리딩 현상이 감소된다.

55 굵은 골재의 체가름 시험 결과 각 체의 누적 잔류량이 다음의 표와 같을 때 조립률은 얼마인가?

체의 크기	각 체의 잔류 누가 중량 백분율(%)
80mm	0
40mm	5
20mm	55
10mm	80
5mm	95
2.5mm	100

① 3.35
② 5.58
③ 7.35
④ 8.58

해설

$$조립률 = \frac{각 체에 남은 잔류시료의 중량백분율의 합}{100}$$

$$조립률 = \frac{5+55+80+95+100+400}{100} = 7.35$$

정답 53 ② 54 ④ 55 ③

56 강(鋼)의 조직을 미세화하고 균질의 조직으로 만들며 강의 내부 변형 및 응력을 제거하기 위하여 변태점 이상의 높은 온도로 가열한 후 대기 중에서 냉각시키는 열처리 방법은?

① 불림(normalizing)
② 풀림(annealing)
③ 뜨임질(tempering)
④ 담금질(quenching)

해설

강의 열처리
① 풀 림
  1) 강을 적당한 온도(800~1,000℃)로 일정한 시간 가열한 후에 용광로 안에서 서서히 냉각시키는 방법
  2) 강을 연화, 결정조직을 균질화, 내부응력의 제거, 및 강의 기계적 물리적 성질변화를 목적으로 한다.
② 불 림
  1) 강(鋼)의 조직을 균질화 시키기 위해서 변태점이상의 높은 온도로 가열한 후 대기 중에서 냉각시키는 방법이다.
  2) 불균질한 조직을 미세화하고 균질화, 기계적 성질 향상, 강의 내부변형 및 응력의 제거 등을 목적으로 한다.
③ 담금질
  1) 강을 700~750℃ 정도 가열했다가 물 또는 기름속에서 급냉시키는 열처리 과정을 말한다.
  2) 강의 강도 및 경도를 증대시킬 목적으로 한다.
④ 뜨 임
  1) 뜨임은 강을 담금질하면 경도는 커지나 메지기 쉬우므로 이를 변태점 이하의 적당한 온도로 재가열했다가 공기 속에서 냉각 시키는 방법
  2) 담금질한 강에 인성을 주기위하여 조직을 연화,안정시켜서 내부응력을 없애는 열처리 방법으로 소려(燒戾)라고도 한다.

57 혼화재 중 대표적인 포졸란의 일종으로서, 화력발전소 등에서 분탄을 연소시킬 때 불연 부분이 용융상태로 부유한 것을 냉각 고화시켜 채취한 미분탄재를 무엇이라고 하는가?

① 플라이애시
② 고로슬래그
③ 실리카 퓸
④ 소성점토

해설

플라이 애시
플라이 애시를 사용하면 장기강도 증가, 동결융해저항성증대, 건조수축감소, 강도, 내구성, 수밀성이 증대된다.

58 응결 촉진제로서 염화칼슘을 사용할 경우 콘크리트의 성질에 미치는 영향에 대한 설명으로 틀린 것은?

① 보통 콘크리트보다 초기강도는 증가하나 장기강도는 감소한다.
② 콘크리트의 건조수축과 크리프가 커진다.
③ 황산염에 대한 저항성과 내구성이 감소한다.
④ 알칼리 골재반응을 악화시키나 철근의 부식을 억제한다.

해설

응결촉진제
응결 촉진제로서 염화칼슘을 사용할 경우 철근의 부식을 촉진한다.

59 토목섬유재료인 EPS 블록은 고분자 재료중 어떤 원료를 주로 사용 하는가?
① 폴리에틸렌 ② 폴리스틸렌
③ 폴리아미드 ④ 폴리프로필렌

해설
토목섬유재료인 EPS 블록은 폴리스틸렌을 주 원료로 사용한다.

60 일반적으로 알루미늄 분말을 사용하며 프리플레이스트 콘크리트용 그라우트 또는 건축분야에서 부재의 경량화 등의 용도로 사용되는 혼화제는?
① AE제 ② 방수제
③ 방청제 ④ 발포제

해설
발포제
알루미늄 분말 또는 아연분말로 콘크리트 속의 미세기포를 형성시켜 PC용 그라우팅 재료에 사용된다.

제4과목 토질 및 기초

61 연속 기초에 대한 Terzaghi의 극한지지력공식은 $q_u = c \cdot N_c + 0.5 \cdot \gamma_1 \cdot B \cdot N_\gamma + \gamma_2 \cdot D_f \cdot N_q$로 나타낼 수 있다. 아래 그림과 같은 경우 극한지지력 공식의 두 번째 항의 단위중량 γ_1의 값은?

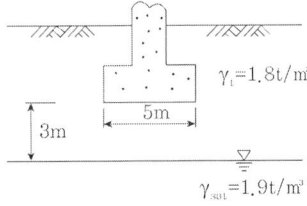

① 1.44t/m³ ② 1.60t/m³
③ 1.74t/m³ ④ 1.82t/m³

해설
지하수위가 기초바닥 아래에 있는 경우
$\gamma_2 = \dfrac{1}{B}(d \cdot \gamma_t + (B-d) \cdot \gamma_{sub})$
$= \dfrac{1}{5}[3 \times 1.8 + (5-3) \times (1.9-1)]$
$= 1.44 t/m^3$

62 아래 그림과 같은 무한 사면이 있다. 흙과 암반의 경계면에서 흙의 강도정수 c=1.8t/m², ϕ=25°이고, 흙의 단위중량 γ=1.9t/m³인 경우 경계면에서 활동에 대한 안전율을 구하면?

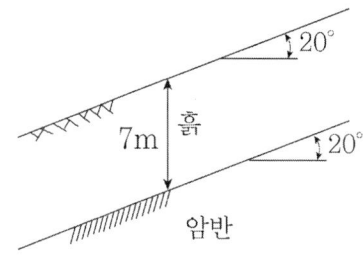

① 1.55
② 1.60
③ 1.65
④ 1.70

해설

Fellenius 일반식

1) $F_s = \dfrac{c' \cdot l + (W\cos \cdot i - ul)\tan \varnothing'}{W\sin \cdot i}$

여기서 $W = \gamma \cdot h \cdot b = \gamma \cdot h$ 여기서 b=1m

$l = \dfrac{1}{\cos \cdot i}$

분모, 분자에 $\cos \cdot i$를 곱해주면

$F_s = \dfrac{c' + (\gamma \cdot h \cdot \cos^2 i - u)\tan \varnothing'}{\gamma \cdot h \cdot \sin i \cdot \cos i}$

$F_s = \dfrac{1.8 + (1.9 \times 7 \times \cos(20)^2 - 0)\tan 25}{1.9 \times 7 \times \sin 20 \times \cos 20} = 1.7$

63 흐트러지지 않은 시료를 이용하여 액성한계 40%, 소성한계 22.3%를 얻었다. 정규압밀 점토의 압축지수(C_c)값을 Terzaghi와 Peck이 발표한 경험식에 의해 구하면?

① 0.25
② 0.27
③ 0.30
④ 0.35

해설

Skempton의 경험식에 의한 Cc 값의 추정

1) 불교란 시료의 압축지수(Cc)

$C_c = 0.009(w_L - 10)$
$= 0.009(40 - 10) = 0.027$

2) 교란시료의 압축지수(Cc)

$C_c = 0.007(w_L - 10)$
여기서 w_L : 액성한계

64 말뚝기초의 지반거동에 관한 설명으로 틀린 것은?

① 연약지반상에 타입되어 지반이 먼저 변형하고 그 결과 말뚝이 저항하는 말뚝을 주동말뚝이라 한다.
② 말뚝에 작용한 하중은 말뚝주변의 마찰력과 말뚝선단의 지지력에 의하여 주변지반에 전달된다.
③ 기성말뚝을 타입하면 전단파괴를 일으키며 말뚝 주위의 지반은 교란된다.
④ 말뚝 타입 후 지지력의 증가 또는 감소현상을 시간효과(time effect)라 한다.

해설

1) 주동말뚝
   말뚝이 수평력을 받는 경우 움직임의 주체가 말뚝이 되어서 지반이 저항하는 형식의 말뚝을 말한다.
2) 수동말뚝
   지반이 먼저 움직여서 변형을 일으키고 그 결과 말뚝이 움직이게 되는 경우 지반이 움직임의 주체가 되는 말뚝을 말한다.

65 흙의 다짐에 관한 설명 중 옳지 않은 것은?

① 조립토는 세립토보다 최적함수비가 작다.
② 최대 건조단위중량이 큰 흙일수록 최적함수비는 작은 것이 보통이다.
③ 점성토 지반을 다질 때는 진동 로울러로 다지는 것이 유리하다.
④ 일반적으로 다짐 에너지를 크게 할수록 최대 건조단위중량은 커지고 최적함수비는 줄어든다.

해설

점성토 지반을 다질 때는 정적인 상태로 지반을 다져야 한다.

66 흐트러지지 않은 연약한 점토시료를 채취하여 일축압축시험을 실시하였다. 공시체의 직경이 35mm, 높이가 100mm이고 파괴 시의 하중계의 읽음값이 2kg, 축방향의 변형량이 12mm일 때 이 시료의 전단강도는?

① 0.04kg/cm²
② 0.06kg/cm²
③ 0.09kg/cm²
④ 0.12kg/cm²

해설

1) $A_0 = \dfrac{A}{1-\epsilon} = \dfrac{\dfrac{\pi D^2}{4}}{1-\dfrac{\Delta l}{l}} = \dfrac{\dfrac{\pi \times 3.5^2}{4}}{1-\dfrac{1.2}{10}} = 11.31$

2) $\sigma = \dfrac{P}{A_o} = \dfrac{2}{11.31} = 0.177 kg/cm^2$

3) $\tau = C = \dfrac{q_u}{2} = \dfrac{0.177}{2} = 0.09 kg/cm^2$

67 정규압밀점토에 대하여 구속응력 1kg/cm²로 압밀배수 시험한 결과 파괴 시 축차응력이 2kg/cm²이었다. 이 흙의 내부마찰각은?

① 20° ② 25°
③ 30° ④ 40°

해설

1) $\sigma_3 = 1$, $\sigma_1 - \sigma_3 = 2$, $\sigma_1 = 3$
2) $\sin\phi = \dfrac{\sigma_1 - \sigma_3}{\sigma_1 + \sigma_3} = \dfrac{3-1}{3+1} = \dfrac{1}{2}$
   ∴ $\phi = 30°$

68 침투유량(q) 및 B점에서의 간극수압(u_B)을 구한 값으로 옳은 것은?(단, 투수층의 투수계수는 3×10^{-1}cm/sec이다.)

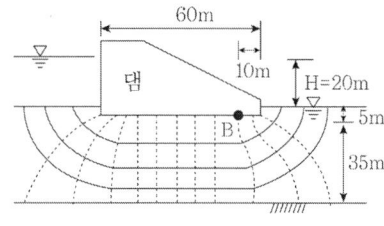

① q = 100cm³/sec/cm, u_B = 0.5kg/cm²
② q = 100cm³/sec/cm, u_B = 1.0kg/cm²
③ q = 200cm³/sec/cm, u_B = 0.5kg/cm²
④ q = 200cm³/sec/cm, u_B = 1.0kg/cm²

해설

1) 침투수량
$$Q = KH\dfrac{N_f(유면수)}{N_d(등수두면수)}$$
$$= (3 \times 10^{-1}) \times 20 \times \dfrac{4}{12} = 200 cm^3/sec/cm$$

2) 간극수압
   ① 전수두 (h_t)
   $$h_t = \dfrac{N_d'}{N_d} \cdot H = \dfrac{3}{12} \times 20 = 5m$$
   ② 위치수두 (h_e)
   $$h_e = (-)\Delta H = (-)-5 = 5m$$
   ③ 압력수두 (h_p)
   $$h_p = h_e + h_p$$
   $$h_p = h_t - h_e = \dfrac{N_d'}{N_d} \cdot H + \Delta H = 5+5 = 10m$$
   ∴ 간극수압(U_p)
   $$U_p = h_p \times \gamma_w = 10 \times 1 = 10t/m^2 = 1kg/cm^2$$

69 표준관입시험에 관한 설명 중 옳지 않은 것은?
① 표준관입시험의 N값으로 모래지반의 상대밀도를 추정할 수 있다.
② N값으로 점토지반의 연경도에 관한 추정이 가능하다.
③ 지층의 변화를 판단할 수 있는 시료를 얻을 수 있다.
④ 모래지반에 대해서도 흐트러지지 않은 시료를 얻을 수 있다.

해설
표준관입시험은 모래지반에 대해서 흐트러진 시료를 얻을 수 있다.

70 지반내 응력에 대한 다음 설명 중 틀린 것은?
① 전응력이 커지는 크기만큼 간극수압이 커지면 유효응력은 변화없다.
② 정지토압계수 K_0는 1보다 클 수 없다.
③ 지표면에 가해진 하중에 의해 지중에 발생하는 연직응력의 증가량은 깊이가 깊어지면서 감소한다.
④ 유효응력이 전응력보다 클 수도 있다.

해설
정지토압계수는 과압밀점토 지반에서는 정지토압계수가 1보다 큰 경우가 생긴다.

71 간극비 $e_1=0.80$인 어떤 모래의 투수계수 $k_1=8.5\times10^{-2}$cm/sec 일 때 이 모래를 다져서 간극비를 $e_2=0.57$로 하면 투수계수 k_2는?
① 8.5×10^{-3}cm/sec
② 3.5×10^{-2}cm/sec
③ 8.1×10^{-2}cm/sec
④ 3.5×10^{-1}cm/sec

해설
Taylor 경험식
$k = D_{10}^2 \cdot \dfrac{r_w}{\mu} \cdot \dfrac{e^3}{1+e} \cdot C$ 에서
$8.5\times10^{-2} : \dfrac{0.8^3}{1+0.8} = x : \dfrac{0.57^3}{1+0.57}$
$x = 3.5\times10^{-2} cm/\sec$

72. 아래의 표와 같은 조건에서 군지수는?

- 흙의 액성한계 : 49%
- 10번체 통과율 : 96%
- 200번체 통과율 : 70%
- 흙의 소성지수 : 25%
- 40번체 통과율 : 89%

① 9
② 12
③ 15
④ 18

해설

군지수 : $GI = 0.2a + 0.005ac + 0.01bd$
$GI = 0.2 \times 35 + 0.005 \times 35 \times 9 + 0.01 \times 40 \times 15$
$\quad = 14.57 = 15(정수처리)$

여기서
a=70–35=35(20번체 통과율-35)
b=70–15=55(0 ~ 40범위이므로 40적용)
c=49–40=9(LL–40)
d=25–10=15(PI–10)

73. 사질토 지반에서 직경 30cm의 평판재하시험결과 30t/m²의 압력이 작용할 때 침하량이 10mm라면, 직경 1.5m의 실제 기초에 30t/m²의 하중이 작용할 때 침하량의 크기는?

① 14mm
② 25mm
③ 28mm
④ 35mm

해설

사질토 즉시 침하량

$$S_f = S_p \cdot \left(\frac{2B_f}{B_p + B_f}\right)^2 = 10 \times \left(\frac{2 \times 1.5}{0.3 + 1.5}\right)^2 = 27.8mm$$

74. 흙막이 벽체의 지지없이 굴착 가능한 한계굴착깊이에 대한 설명으로 옳지 않은 것은?

① 흙의 내부마찰각이 증가할수록 한계굴착깊이는 증가한다.
② 흙의 단위중량이 증가할수록 한계굴착깊이는 증가한다.
③ 흙의 점착력이 증가할수록 한계굴착깊이는 증가한다.
④ 인장응력이 발생되는 깊이를 인장균열깊이라고 하며, 보통 한계굴착깊이는 인장균열깊이의 2배 정도이다.

해설

흙의 단위중량이 증가할수록 한계굴착깊이는 감소한다.

75 아래 그림과 같은 점성토 지반의 토질시험결과 내부마찰각(ϕ)은 30°, 점착력(c)은 1.5t/m²일 때 A점의 전단강도는?

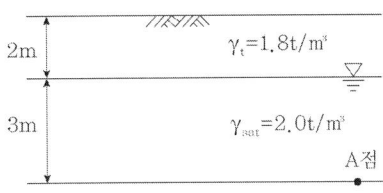

① 3.84t/m² ② 4.27t/m²
③ 4.84t/m² ④ 5.31t/m²

해설

1) $\sigma = 1.8 \times 2 + 2 \times 3 = 9.6 t/m^2$
   $u = 1 \times 3 = 3 t/m^2$
   $\bar{\sigma} = \sigma - u = 9.6 - 3 = 6.6 t/m^2$
2) $\tau = c + \bar{\sigma} \tan \phi$
   $= 1.5 + 6.6 \tan 30°$
   $= 5.31 t/m^2$

76 중심간격이 2.0m, 지름 40cm인 말뚝을 가로 4개, 세로 5개씩 전체 20개의 말뚝을 박았다. 말뚝 한 개의 허용지지력이 15ton이라면 이 군항의 허용지지력은 약 얼마인가? (단, 군말뚝의 효율은 Converse-Labarre 공식을 사용)

① 450.0t ② 300.0t
③ 241.5t ④ 114.5t

해설

군항의 허용지지력(R_{ag})

1) $R_{ag} = E.N.R_a = 0.805 \times 20 \times 15 = 241.5 ton$
2) $\varnothing = \tan^{-1} \dfrac{D}{S} = \tan^{-1} \dfrac{40}{200} = 11.31°$

   $E = 1 - \varnothing \cdot \dfrac{m.(n-1) + n.(m-1)}{90 m.n}$
   $= 1 - 11.31 \times \dfrac{4(5-1) + 5(4-1)}{90 \times 4 \times 5}$
   $= 0.805$

   여기서, E : 말뚝의 효율
   N : 말뚝의 총수
   R_a : 단항의 허용지지력

정답 75 ④ 76 ③

77 어떤 흙의 습윤 단위중량이 2.0t/m³, 함수비 20%, 비중 G_s=2.7인 경우 포화도는 얼마인가?

① 84.1% ② 87.1%
③ 95.6% ④ 98.5%

해설

$S \cdot e = G_s \cdot w$, $S = \dfrac{G_s \cdot w}{e} = \dfrac{2.7 \times 20}{0.62} = 87.1\%$

78 다음의 연약지반개량공법에서 일시적인 개량공법은?

① well point 공법 ② 치환공법
③ paper drain 공법 ④ sand compaction pile

해설

일시적 지반개량공법
1) well point 공법
2) deep well 공법
3) 대기압 공법
4) 동결 공법

79 유선망은 이론상 정사각형으로 이루어진다. 동수경사가 가장 큰 곳은?

① 어느 곳이나 동일함 ② 땅속 제일 깊은 곳
③ 정사각형이 가장 큰 곳 ④ 정사각형이 가장 작은 곳

해설

$i = \dfrac{\triangle H}{L}$ 에서 L이 작아지면 정사각형이 작아지므로 동수경사가 커진다.

80 베인전단시험(vane shear test)에 대한 설명으로 옳지 않은 것은?

① 베인전단시험으로부터 흙의 내부마찰각을 측정할 수 있다.
② 현장 원위치 시험의 일종으로 점토의 비배수전단강도를 구할 수 있다.
③ 십자형의 베인(vane)을 땅속에 압입한 후, 회전모멘트를 가해서 흙이 원통형으로 전단파괴될 때 저항모멘트를 구함으로써 비배수 전단강도를 측정하게 된다.
④ 연약점토지반에 적용된다.

해설

연약한 점성토 지반의 특성을 파악하기 위한 베인전단 시험으로는 흙의 내부마찰각을 측정할 수 없다.

2017 기출문제
제2회 건설재료시험기사

제1과목 콘크리트공학

01 프리스트레스트 콘크리트의 특징으로 틀린 것은?
① 철근콘크리트에 비하여 고강도의 콘크리트와 강재를 사용한다.
② 철근콘크리트에 비하여 탄성적이고 복원성이 크다.
③ 철근콘크리트 보에 비하여 복부의 폭을 얇게 할 수 있어서 부재의 자중이 경감된다.
④ 철근콘크리트에 비하여 강성이 크므로 변형 및 진동이 작다.

해설
P.S.C의 단점
① RC에 비하여 강성이 작아 변형이 크고 진동에 취약하다.
② 고강도 강재는 고온(400°C이상)에 접하는 경우 강도 감소로 RC보다 내화성이 불리하다.

02 한중콘크리트에 대한 설명으로 틀린 것은?
① 하루의 평균기온이 10°C이하가 예상되는 조건일 때는 한중콘크리트로 시공하여야 한다.
② 한중콘크리트에는 공기연행 콘크리트를 사용하는 것을 원칙으로 한다.
③ 재료를 가열할 경우 시멘트는 어떠한 경우라도 직접 가열할 수 없다.
④ 기상조건이 가혹한 경우나 부재두께가 얇을 경우에는 타설할 때의 콘크리트 최저 온도는 10°C정도를 확보하여야 한다.

해설
하루의 평균기온이 4°C이하가 예상되는 조건일 때는 한중콘크리트로 시공하여야 한다.

03 콘크리트 양생 중 적절한 수분공급을 하지 않은 경우 발생할 수 있는 결함은?
① 초기 건조균열이 발생한다.
② 콘크리트의 부등침하에 의한 침하수축균열이 발생한다.
③ 시멘트, 골재입자 등이 침하함으로써 물의 분리 상승 정도가 증가한다.
④ 블리딩에 의하여 콘크리트 표면에 미세한 물질이 떠올라 이음부 약점이 된다.

> 해설
> 콘크리트 양생기간중 적절한 수분 공급이 유지 되지 않는 경우 건조수축 균열이 발생된다.

04 초음파법에 의한 균열깊이 평가방법이 아닌 것은?
① TS법   ② Tc-To법
③ BS법   ④ Pull-off법

> 해설
> Pull out법은 원주 시험체에 인장하중을 가하고 그 때의 인장강도로부터 콘크리트 압축강도를 추정하는 시험법이다.

05 아래의 표에서 설명하는 워커빌리티(반죽질기)의 측정방법은?

> • 실험실 내에서 행해지는 실험으로 충격을 받은 콘크리트 덩어리의 퍼짐 정도를 측정한다.
> • 이 시험에서 가장 잘 측정되는 것은 분리 저항성에 관한 성질이지만, 부배합이나 점성이 높은 콘크리트의 유동성을 측정하는 것에도 적용되고 있다.

① 슬럼프 시험(slump test)   ② 구 관입시험(Kelly ball test)
③ 흐름 시험(flow test)   ④ 블리딩 시험(bleeding test)

> 해설
> 워커빌리티 측정방법
> ① 슬럼프 시험
>   콘크리트 반죽질기를 간단히 측정하는 방법으로 콘크리트 자체 무게에 의하여 변형이 발생 되려는 힘과 그 변형에 저항하는 힘이 비길 때 그 변형량을 측정
> ② 구관입 시험(켈리볼 시험)
>   켈리볼 시험이라고 하며, 질량이 14Kg 정도의 강철로 만든 반구(半球)를 콘크리트 표면에 놓았을 때 반구가 콘크리트 속으로 들어간 관입깊이를 측정
> ③ 다짐계수시험
>   이 시험기는 상부 호퍼에 시료를 다져넣고 신속하게 하부 호퍼로 시료를 낙하시킨 다음 다시 아래 실린더 몰드에 시료를 낙하시킨 후 몰드 윗면을 고르게 한 다음 무게 측정비를 계수치로 나타내는 시험
> ④ 흐름시험(Flow Test)
>   중력에 의한 콘크리트 퍼짐 정도로 콘크리트 재료 분리 저항성 및 유동성을 측정하는 시험

06 믹서로 콘크리트를 혼합하는 경우 콘크리트의 혼합시간과 압축강도, 슬럼프 및 공기량의 관계를 설명한 것으로 틀린 것은?

① 혼합시간이 짧으면 압축강도가 작을 우려가 있다.
② 혼합시간을 너무 길게 하면 골재가 파쇄되어 강도가 저하될 우려가 있다.
③ 어느 정도 이상 혼합하면 소정의 슬럼프가 얻어지며 추가의 혼합에 의한 슬럼프의 변화는 크지 않다.
④ 공기량은 적당한 혼합시간에서 최소값을 나타내며 혼합시간이 길어지면 다시 증가하는 경향이 있다.

해설
공기량은 적당한 혼합시간에서 최대값을 나타내며 혼합시간이 길어지면 다시 감소하는 경향이 있다.

07 일반 콘크리트의 배합에서 물-결합재비에 대한 설명으로 틀린 것은?

① 물-결합재비는 소요의 강도, 내구성, 수밀성, 균열저항성 등을 고려하여 정하여야 한다.
② 제빙화학제가 사용되는 콘크리트의 물-결합재비는 55% 이하로 한다.
③ 콘크리트의 수밀성을 기준으로 물-결합재비를 정할 경우 그 값은 50%이하로 한다.
④ 콘크리트의 탄산화 저항성을 고려하여 물-결합재비를 정할 경우 55%이하로 한다.

해설
제빙화학제가 사용되는 콘크리트의 물-결합재비는 45% 이하로 한다.

08 콘크리트 시방배합설계 계산에서 단위골재의 절대용적이 689ℓ이고, 잔골재율이 41%, 굵은골재의 표건밀도가 $2.65g/cm^3$일 경우 단위굵은골재량은?

① 739kg
② 1,021kg
③ 1,077kg
④ 1,137kg

해설
단위굵은골재량
$[0.689 \times (1 - 0.41) - (2.65 \times 10^3)] = 1,077kg$

09 프리스트레스트 콘크리트에 있어서 프리스트레싱을 할 때의 콘크리트의 압축강도는 프리스트레스를 준 직후 콘크리트에 일어나는 최대압축응력의 최소 몇 배 이상이어야 하는가?

① 1.3배
② 1.5배
③ 1.7배
④ 2.0배

해설
프리스트레싱을 할 때의 콘크리트의 압축강도는 어느 정도의 안전도를 확보하기 위하여 프리스트레스를 준 직후, 콘크리트에 일어나는 최대 압축응력의 1.7배 이상이어야 한다.

정답 06 ④ 07 ② 08 ③ 09 ③

10 거푸집 및 동바리 구조계산에 대한 설명으로 틀린 것은?

① 고정하중은 철근 콘크리트와 거푸집의 중량을 고려하여 합한 하중이며, 콘크리트의 단위 중량은 철근의 중량을 포함하여 보통 콘크리트에서는 24kN/m³을 적용한다.
② 활하중은 구조물의 수평투영면적(연직방향으로 투영시킨 수평면적)당 최소 2.5kN/m² 이상으로 하여야 한다.
③ 고정하중과 활하중을 합한 연직하중은 슬래브 두께에 관계없이 최소 5.0kN/m² 이상을 고려하여 거푸집 및 동바리를 설계하여야 한다.
④ 목재 거푸집 및 수평부재는 집중하중이 작용하는 캔틸레버보로 검토하여야 한다.

해설
목재 거푸집 및 수평부재는 등분포하중이 작용하는 단순보로 검토하여야 한다.

11 일반 콘크리트의 비비기에 대한 설명으로 틀린 것은?

① 연속믹서를 사용할 경우, 비비기 시작 후 최초에 배출되는 콘크리트는 사용하지 않아야 한다.
② 비비기 시간에 대한 시험을 실시하지 않은 경우 가경식 믹서일 때에는 1분 이상 비비는 것을 표준으로 한다.
③ 비비기는 미리 정해둔 비비기 시간의 3배 이상 계속하지 않아야 한다.
④ 비비기를 시작하기 전에 미리 믹서 내부를 모르타르로 부착시켜야 한다.

해설
비비기 시간에 대한 시험을 실시하지 않은 경우 가경식 믹서일 때에는 1분 30초 이상 비비는 것을 표준으로 한다.

12 매스 콘크리트를 시공할 때는 구조물에 필요한 기능 및 품질을 손상시키지 않도록 온도균열 제어를 통해 균열발생을 제어하여야 한다. 이러한 온도균열 발생에 대한 검토는 온도균열지수에 의해 평가한다. 아래의 조건에서 재령 28일에서의 온도균열지수는?(단, 보통 포틀랜드 시멘트를 사용한 경우)

[조건]
- 재령 28일에서의 수화열에 의한 부재 내부의 온도 응력 최대값 : 2MPa
- $f_{cu}(t) = \dfrac{t}{a+bt} d_i f_{ck}$,
  $f_{sp}(t) = 0.44\sqrt{f_{cu}(t)}$
- 콘크리트 설계기준압축강도(f_{ck}) : 30MPa
- 보통 포틀랜드 시멘트를 사용할 경우 계수 a, b, d_i의 값

a	b	d_i
4.5	0.95	1.11

① 0.8 ② 1.0
③ 1.2 ④ 1.4

해설

1) 재령 t일의 콘크리트 압축강도(MPa)

$$f_{cu}(t) = \frac{t}{a+bt} d_i f_{ck}$$
$$= \frac{28}{4.5+0.95 \times 28} \times 1.11 \times 30$$
$$= 29.98 MPa$$

2) 재령 t일의 콘크리트 쪼갬 인장강도(MPa)

$$f_{sp}(t) = c\sqrt{f_{cu}(t)}$$
$$= 0.44\sqrt{29.98}$$
$$= 2.41 MPa$$

3) 온도균열지수

$$I_{cr}(t) = \frac{f_{sp}(t)}{f_t(t)} = \frac{2.41}{2} = 1.21$$

13 23회의 시험실적으로부터 구한 압축강도의 표준편차가 4MPa이었고, 콘크리트의 설계기준압축강도가 30MPa일 때 배합강도는?(단, 시험횟수가 20회인 경우 표준편차의 보정 계수는 1.08이고 25회인 경우는 1.03)

① 34.4MPa
② 35.7MPa
③ 36.3MPa
④ 38.5MPa

해설

1) 23회일 때 직선보간을 한 표준편차의 보정계수

$$\alpha = 1.03 + \frac{(1.08-1.03) \times 2}{5} = 1.05$$

2) 직선보간한 표준편차

$$S = 1.05 \times 4.0 = 4.2 MPa$$

3) $f_{ck} \leq 35 MPa$ 이므로

$$f_{cr} = f_{ck} + 1.34S = 30 + 1.34 \times 4.2$$
$$= 35.63 MPa$$
$$f_{cr} = (f_{ck} - 3.5) + 2.33S$$
$$= (30-3.5) + 2.33 \times 4.2$$
$$= 36.29 MPa$$

상기값 중 큰 값이 배합강도이므로

$$f_{cr} = 36.29 MPa$$

정답 13 ③

14 콘크리트 재료에 염화물이 많이 함유되어 시공할 구조물이 염해를 받을 가능성이 있는 경우에 대한 조치로서 틀린 것은?

① 물 – 결합재비를 작게 하여 사용한다.
② 충분한 철근피복두께를 두어 열화에 대비한다.
③ 가능한 균열폭을 작게 만든다.
④ 단위수량을 늘려 염분을 희석시킨다.

해설
염해 가능성이 있는 경우 단위수량을 줄여 콘크리트 내구성 및 수밀성을 크게한다.

15 콘크리트의 내구성 향상 방안으로 옳지 않은 것은?

① 알칼리금속이나 염화물의 함유량이 많은 재료를 사용한다.
② 내구성이 우수한 골재를 사용한다.
③ 물 – 결합재비를 될 수 있는 한 적게 한다.
④ 목적에 맞는 시멘트나 혼화재료를 사용한다.

해설
알칼리금속이나 염화물의 함유량이 적은 재료를 사용한다.

16 경량골재 콘크리트에 대한 설명으로 틀린 것은?

① 골재의 전부 또는 일부를 인공 경량골재를 써서 만든 콘크리트로서 기건 단위질량이 1400~2000kg/m^{3}인 콘크리트를 말한다.
② 경량골재 콘크리트는 공기연행제를 사용하지 않는 것을 원칙으로 한다.
③ 경량골재를 건조한 상태로 사용하면 콘크리트의 비비기 및 운반 중에 물을 흡수하므로 이 흡수를 적게 하기 위해 골재를 사용하기 전에 미리 흡수시키는 조작이 필요하다.
④ 슬럼프는 일반적인 경우 대체로 50~180mm를 표준으로 한다.

해설
경량골재 콘크리트는 공기연행제를 사용하는 것을 원칙으로 하며, 공기량은 일반 골재를 사용한 콘크리트보다 1% 정도 크게 하여야 한다.

정답 14 ④ 15 ① 16 ②

17 콘크리트 배합에 관한 일반적인 설명으로 틀린 것은?
① 콘크리트를 경제적으로 제조한다는 관점에서 될 수 있는 대로 최대 치수가 작은 굵은 골재를 사용하는 것이 유리하다.
② 고성능 공기연행감수제를 사용한 콘크리트의 경우로서 물 – 결합재비 및 슬럼프가 같으면, 일반적인 공기연행감수제를 사용한 콘크리트와 비교하여 잔골재율을 1~2%정도 크게 하는 것이 좋다.
③ 공사 중에 잔골재의 입도가 변하여 조립률이 ±0.20 이상 차이가 있을 경우에는 워커빌리티가 변화하므로 배합을 수정할 필요가 있다.
④ 유동화 콘크리트의 경우, 유동화 후 콘크리트의 워커빌리티를 고려하여 잔골재율을 결정할 필요가 있다.

> **해설**
> 콘크리트를 경제적으로 제조한다는 관점에서 될 수 있는 대로 최대 치수가 큰 굵은 골재를 사용하는 것이 유리하다.

18 콘크리트 압축강도 시험에서 하중은 공시체에 충격을 주지 않도록 똑같은 속도로 가하여야 한다. 이 때 하중을 가하는 속도는 압축 응력도의 증가율이 매초 얼마가 되도록 하여야 하는가?
① 0.2~1.0MPa
② 1.2~2.0MPa
③ 2.0~2.6MPa
④ 2.8~3.4MPa

> **해설**
> 1) 압축강도 시험방법
>   매초 0.6±0.4MPa의 일정한 비율로 증가시켜 하중을 가한다(0.2~1.0MPa)
> 2) 인장강도 및 휨강도 시험방법
>   매초 0.06±0.04MPa의 일정한 비율로 증가시켜 하중을 가한다.

19 콘크리트 재료 계량의 허용오차에 대한 설명으로 옳은 것은?
① 혼화재의 계량 허용오차는 ±2%이다.
② 혼화제의 계량 허용오차는 ±2%이다.
③ 골재의 계량 허용오차는 ±2%이다.
④ 시멘트의 계량 허용오차는 ±2%이다.

> **해설**
> 재료의 계량 허용오차
> 1) 물, 시멘트 : 1% 이하
> 2) 골재, 혼화제 : 3%
> 3) 혼화재 : 2% 이하

20 길모아 장치에 의한 시험은 무엇을 알기 위한 시험인가?
① 시멘트 분말도
② 시멘트 응결시간
③ 시멘트 팽창도
④ 시멘트 비중

해설
시멘트 응결시험
· 길모아 장치에 의한 시험
· 비이카침 장치에 의한 시험

제2과목 건설시공 및 관리

21 그림과 같은 단면으로 성토 후 비탈면에 떼붙임을 하려고 한다. 성토량과 떼붙임 면적을 계산하면?(단, 마구리면의 떼붙임은 제외함.)

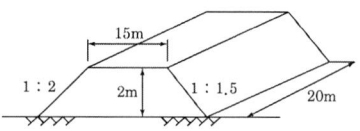

① 성토량 : 370m³, 떼붙임 면적 : 61m²
② 성토량 : 740m³, 떼붙임 면적 : 161m²
③ 성토량 : 740m³, 떼붙임 면적 : 61m²
④ 성토량 : 370m³, 떼붙임 면적 : 161m²

해설
1) 성토량
$$\frac{(4+15+3)}{2} \times 2 \times 20 = 740 m^2$$
2) 떼붙임
$$(\sqrt{2^2+4^2}) \times 20 + (\sqrt{2^2+3^2}) \times 20 = 161 m^2$$

22 옹벽의 수평 저항력을 증가시키기 위해 경제성과 시공성을 고려할 경우 다음 중 가장 적합한 방법은?
① 옹벽의 비탈구배를 크게 한다.
② 옹벽 전면에 Apron를 설치한다.
③ 옹벽 기초밑판에 돌기 Key를 설치한다.
④ 옹벽 배면에 Anchor를 설치한다.

해설
활동에 대한 안정
① 안정조건 : $F_S = \dfrac{\text{저면마찰력의 합}}{\text{수평력의 합}} \geq 1.5$
② 대 책 : Shear Key 설치, 말뚝기초시공, 밑판의 길이를 증대
  ※ Shear Key(돌기물) 설치가 가장 유리한 방법

23 필댐의 특징에 대한 설명으로 틀린 것은?
① 제체 내부의 부등침하에 대한 대책이 필요하다.
② 제체의 단위면적당 기초지반에 전달되는 응력이 적다.
③ 여수로는 댐 본체와 일체가 되므로 경제적으로 유리하다.
④ 댐 주변의 천연재료를 이용하고 기계화 시공이 가능하다.

> **해설**
> 필댐은 침하가 불가피한 구조물이므로 여수로와 같은 구조물을 제체위에 설치하기 어려워 통상 댐제체와 분리하여 설계

24 흙쌓기 재료로서 구비해야 할 성질 중 틀린 것은?
① 완성 후 큰 변형이 없도록 지지력이 클 것
② 압축침하가 적도록 압축성이 클 것
③ 흙쌓기 비탈면의 안정에 필요한 전단강도를 가질 것
④ 시공기계의 Trafficability가 확보될 것

> **해설**
> 압축침하가 적도록 압축성이 작을 것

25 공정관리 수법중 Net work 공정의 특징에 관한 설명으로 옳지 않은 것은?
① 간단하게 작성할 수 있다.   ② 합리적으로 설득성이 있다.
③ 중점적으로 관리할 수 있다.   ④ 전체와 부분의 관계가 명백하다.

> **해설**
> Net work 공정은 작업의 세분화로 공정작성 및 수정이 어렵다.

26 TBM(Tunnel Boring Machine)공법을 이용하여 암석을 굴착하여 터널단면을 만들려고 한다. TBM 공법의 단점이 아닌 것은?
① 설비투자액이 고가이므로 초기 투자비가 많이 든다.
② 본바닥 변화에 대하여 적응이 곤란하다.
③ 지반에 따라 적용범위에 제약을 받는다.
④ lining 두께가 두꺼워야 한다.

> **해설**
> 주변암반의 상태가 좋은 조건에서는 터널 라이닝(lining)두께가 얇게 설계될 수 있다.

정답 23 ③ 24 ② 25 ① 26 ④

27 다음 중 흙의 지지력 시험과 직접적인 관계가 없는 것은?
① 평판재하시험
② CBR 시험
③ 표준관입시험
④ 정수위 투수시험

해설
정수위 투수시험은 모래지반에 대한 투수계수 측정 시험방법이다.

28 시멘트 콘크리트 포장에 대한 설명으로 틀린 것은?
① 무근 콘크리트 포장(JCP)은 콘크리트를 타설한 후 양생이 되는 과정에서 발생하는 무분별한 균열을 막기 위해서 줄눈을 설치하는 포장이다.
② 철근콘크리트 포장(JRCP)은 줄눈으로 인한 문제점을 해소하고자 줄눈의 개수를 줄이고, 철근을 넣어 균열을 방지하거나 균열 폭을 최소화하기 위한 포장이다.
③ 연속 철근콘크리트 포장(CRCP)은 철근을 많이 배근하여 종방향 줄눈을 완전히 제거하였으나, 임의 위치에 발생하는 균열로 인하여 승차감이 불량한 단점이 있다.
④ 롤러 전압 콘크리트 포장(RCCP)은 된비빔 콘크리트를 롤러 등으로 다져서 시공하며 건조수축이 작아 표면처리를 따로 할 필요가 없는 장점이 있으나, 포장 표면의 평탄성이 결여되는 등의 단점이 있다.

해설
연속 철근콘크리트 포장(CRCP)은 철근을 많이 배근하여 횡방향 줄눈을 완전히 제거하여, 차량의 주행성 및 승차감이 우수하다.

29 폭우 시 옹벽 배면의 흙은 다량의 물을 함유하게 되는데 뒷채움 토사에 배수 시설이 불량할 경우 침투수가 옹벽에 미치는 영향에 대한 설명으로 틀린 것은?
① 포화 또는 부분포화에 의한 흙의 무게 증가
② 활동면에서의 양압력 발생
③ 수동저항(passive resistance)의 증가
④ 옹벽저면에 대한 양압력 발생으로 안정성 감소

해설
옹벽 배면의 토압 및 수압의 증가로 수동저항이 감소한다.

30 샌드드레인(sand drain) 공법에서 영향원의 지름을 de, 모래말뚝의 간격을 d라 할 때 정사각형의 모래말뚝 배열 식으로 옳은 것은?

① de=1.13d ② de=1.10d
③ de=1.05d ④ de=1.03d

해설
Sand pile의 배열과 영향원 지름
1) 정삼각형 배열 : $d_e = 1.05d$
2) 정사각형 배열 : $d_e = 1.13d$

31 다짐유효 깊이가 크고 흙덩어리를 분쇄하여 토립자를 이동 혼합하는 효과가 있어 함수비 조절 및 함수비가 높은 점토질의 다짐에 유리한 다짐기계는?

① 탬핑롤러 ② 진동롤러
③ 타이어롤러 ④ 머캐덤롤러

해설
탬핑롤러(Tamping Roller)
1) 드럼에 다수의 돌기를 붙여 흙의 깊은 위치를 다지는 기계.
2) 함수비가 높은 점토질 지반의 다짐에 적합

32 착암기로 사암을 착공하는 속도를 0.3m/min라 할 때 2m 깊이의 구멍을 10개 뚫는데 걸리는 시간은? (단, 착암기 1대를 사용하는 경우)

① 20분 ② 66.6분
③ 220분 ④ 666분

해설
$$총소요시간 = \frac{L(천공장)}{V_T(천공속도)} = \frac{2 \times 10}{0.3} = 66.6 \min$$

33 100,000m³의 성토공사를 위하여 L=1.2, C=0.8인 현장 흙을 굴착 운반하고자 한다. 운반 토량은?

① 120,000m³ ② 125,000m³
③ 145,000m³ ④ 150,000m³

해설
1) 본바닥토량=다짐토량
$$100,000 \times \frac{1}{C} = 100,000 \times \frac{1}{0.8} = 125,000 m^3$$
2) 운반토량 $= 125,000 \times 1.2 = 150,000 m^3$

정답 30 ① 31 ① 32 ② 33 ④

34 오픈 케이슨기초에 대한 설명으로 틀린 것은?
① 다른 케이슨기초와 비교하여 공사비가 싸다.
② 굴착시 히빙이나 보일링 현상의 우려가 있다.
③ 침하깊이에 제한을 받는다.
④ 케이슨 저부 연약토 제거가 확실하지 않고, 지지력 및 토질상태 파악이 어렵다.

해설
오픈케이슨 기초는 시공깊이에 제한이 없으며 기계설비가 비교적 간단하다.

35 아래 표와 같은 조건에서 불도저 운전 1시간 당의 작업량(본바닥의 토량)은?

[조건]
· 1회 굴착압토량 : 2.3m³ · 토량변화율 : L=1.2, C=0.8
· 작업효율 : 0.6 · 흙의 운반거리 : 60m
· 전진속도 40m/min, 후진속도 100m/min · 기어변속시간 : 0.25분

① 19.72m³/h ② 28.19m³/h
③ 29.36m³/h ④ 44.04m³/h

해설
$$C_m = \frac{l}{V_1} + \frac{l}{V_2} + t_g$$
$$= \frac{60}{40} + \frac{60}{100} + 0.25 = 2.35분$$
$$Q = \frac{60 \cdot q \cdot f \cdot E}{C_m} = \frac{60 \times 2.3 \times \frac{1}{1.2} \times 0.6}{2.35}$$
$$= 29.36 m^3/hr$$

36 교량의 구조에 따른 분류 중 아래의 표에서 설명하는 교량 형식은?

주탑, 케이블, 주형의 3요소로 구성되어 있고, 케이블을 주형에 정착시킨 교량형식이며, 장지간 교량에 적합한 형식으로서 국내 서해대교에 적용된 형식이다.

① 사장교 ② 현수교
③ 아치교 ④ 트러스교

해설
사장교
교량상판이 주 케이블에 지지되는 형태로 주탑, 케이블, 주형 3요소로 구성

37 운동장, 광장 등 넓은 지역의 배수방법으로 적당한 것은?
① 개수로 배수
② 암거 배수
③ 지표 배수
④ 맹암거 배수

해설
맹암거
① 지하수의 집. 배수를 위하여 모래, 자갈, 호박돌, 다발로 묶은 나뭇가지 등을 땅 속에 매설한 일종의 수로이다.
② 주로 운동장 또는 광장과 같은 넓은 지역의 배수를 위하여 설치한다.

38 장약공 주변에 미치는 파괴력을 제어함으로써 특정방향에만 파괴효과를 주어 여굴을 적게하는 등의 목적으로 사용하는 조절폭파공법의 종류가 아닌 것은?
① 라인 드릴링
② 벤치 컷
③ 쿠션 블라스팅
④ 프리스플리팅

해설
제어발파 공법의 종류
1) 라인드릴링 공법(Line drilling method)
2) 쿠션블라스팅(Cushion blasting method)
3) 프리스프리팅(Pre splitting method)
4) 스무스블라스팅(Smooth blasting method)

39 아스팔트 포장에서 다짐도, 다짐 후의 두께, 재료분리, 부설 및 다짐방법 등을 검토하기 위하여 시험포장을 하여야 하는데 적당한 면적으로 옳은 것은?
① 2,000m²
② 1,500m²
③ 1,000m²
④ 500m²

해설
시험포장은 본포장의 기준 및 문제점을 파악하기 위해서 실시하는 것으로 500m² 면적 정도를 사용한다.

40 1개마다 양·불량으로 구별할 경우 사용하나 불량률을 계산하지 않고 불량개수에 의해서 관리하는 경우에 사용하는 관리도는?
① U관리도
② C관리도
③ P관리도
④ Pn관리도

해설
계수형 관리도
1) P 관리도 : 불량률 관리
2) C 관리도 : 결점수 관리
3) U 관리도 : 단위당 결점수 관리
4) Pn 관리도 : 불량개수 관리

제3과목 건설재료 및 시험

41 혼합시멘트 중 고로슬래그 시멘트에 대한 설명으로 틀린 것은?
① 고로슬래그 시멘트는 고로슬래그 혼합량이 증가할수록 비중이 작아진다.
② 고로슬래그 시멘트를 사용한 콘크리트는 경화할 때 수산화칼슘의 생성이 커져 염류에 대한 저항성이 저하된다.
③ 고로슬래그 시멘트를 사용한 콘크리트는 초기재령에서의 강도가 보통포틀랜드시멘트를 사용한 콘크리트에 비해서 작다.
④ 고로슬래그 자체는 수경성이 없으나 수화에 의하여 생성되는 수산화칼슘의 자극을 받아 수화하는 잠재수경성을 가진다.

해설
고로슬래그 시멘트를 사용한 콘크리트는 경화할 때 수밀성이 좋아 내화학 약품성에 대한 저항성이 좋아진다.

42 다음 콘크리트용 혼화재료에 대한 설명 중 틀린 것은?
① 감수제는 시멘트 입자를 분산시켜 콘크리트의 단위 수량을 감소시키는 작용을 한다.
② 촉진제는 시멘트의 수화작용을 촉진하는 혼화제로서 보통 나프탈린 설폰산염을 많이 사용한다.
③ 지연제는 여름철에 레미콘의 슬럼프 손실 및 콜드 조인트의 방지 등에 효과가 있다.
④ 급결제는 시멘트의 응결시간을 촉진하기 위하여 사용하며 숏크리트, 물막이 공법 등에 사용한다.

해설
혼화재료중 나프탈린 설폰산염은 감수제 또는 유동화제의 단위수량을 줄이는데 사용한다.

43 강재의 화학적 성분중에서 경도를 증가시키는 가장 큰 성분은 무엇인가?
① 탄소(C)
② 인(P)
③ 규소(Si)
④ 알루미늄(Al)

해설
탄소(C)는 강의 인장강도 및 경도를 증가시킨다.

정답 41 ② 42 ② 43 ①

44 시멘트 콘크리트 결합재의 일부를 합성수지, 유제 또는 합성고무 라텍스 소재로 한 것을 무엇이라 하는가?

① 가스켓
② 케미칼 그라우트
③ 불포화 폴리에스테르
④ 폴리머 시멘트 콘크리트

해설

폴리머 시멘트 콘크리트
1) 시멘트 콘크리트에서 결합재인 시멘트의 일부를 폴리머라텍스 등으로 시멘트 사용량의 5~30% 대체시켜 만든 것을 폴리머 시멘트 콘크리트라 한다.
2) 특 징
   가. 고강도 (120MPa)
   나. 휨강도 우수
   다. 인장강도 크다.
   라. 동결융해 저항성 크다.
   마. 내화학성 우수

45 콘크리트용 잔골재의 유해물 함유량의 한도(질량 백분율)에 대한 설명으로 틀린 것은?

① 점토 덩어리는 최대 1.0% 이하이어야 한다.
② 염화물(NaCl환산량)은 최대 0.4% 이하이어야 한다.
③ 콘크리트의 표면이 마모작용을 받는 경우 0.08mm체 통과량은 최대 3.0% 이하이어야 한다.
④ 콘크리트의 외관이 중요한 경우 석탄, 갈탄 등으로 밀도 $0.002g/mm^3$의 액체에 뜨는 것은 최대 0.5% 이하이여야 한다.

해설

콘크리트 잔골재 유해물 함유량중 염화물(NaCl 환산량)은 최대 0.04% 이하이어야 한다.

46 아래의 표에서 설명하는 혼화재료는?

> 각종 실리콘이나 훼로실리콘(ferro silicon) 등의 규소합금을 전기아크식 노에서 제조할 때 배출되는 가스에 부유하여 발생되는 부산물로서 시멘트 질량의 5~15% 정도 치환하면 콘크리트가 치밀한 구조로 되고 콘크리트의 재료분리 저항성, 수밀성, 내화학약품성이 향상되며 알칼리 골재반응의 억제효과 및 강도증가 등을 기대할 수 있다.

① 고로 슬래그
② 플라이 애시
③ 폴리머
④ 실리카 퓸

해설

실리카퓸
규소합금 제조시 나오는 폐가스를 집진하여 얻어진 초미립자의 부산물로서 실리카퓸은 고강도 및 고내구성 콘크리트를 만드는데 필수적인 혼화재료이다.

47 포틀랜드시멘트 클링커 화합물에 대한 설명으로 옳은 것은?

① 포틀랜드시멘트 클링커는 단일조성이 아니라 알라이트(Alite), 벨라이트(Belite), 석회(CaO), 산화철(Fe_2O_3)이라 하는 4가지의 주요 화합물로 구성된다.
② C_3A는 수화속도가 매우 느리고 발열량이 적으며 수축도 작다.
③ C_3S 및 C_2S는 시멘트 강도의 대부분을 지배하는 것으로 그 합이 포틀랜드 시멘트에서는 70~80% 정도이다.
④ 육각형 모양을 한 알라이트는 $2CaO \cdot SiO_2(C_2S)$를 주성분으로 하며 다량의 Al_2O_3 및 MgO 등을 고용한 결정이다.

해설

포틀랜드시멘트
① 포틀랜드시멘트 클링커는 단일조성이 아니라 알라이트, 벨라이트, 알루미네이트, 펠라이트 4가지의 주요 화합물로 구성된다.
② C_3A는 수화속도가 매우 빠르고 발열량이 크며 초기강도가 매우크다.
③ C_3S 및 C_2S는 시멘트 강도의 대부분을 지배하는 것으로 그 합이 포틀랜드 시멘트에서는 70~80% 정도이다.

48 굵은 골재의 최대치수가 50mm인 경량골재를 사용하여 밀도 및 흡수율시험을 실시하고자 할 때 1회 시험에 사용하는 시료의 최소 질량은?(단, 경량 굵은골재의 추정밀도는 1.4g/cm³)

① 2.0kg ② 2.5kg
③ 2.8kg ④ 5.0kg

해설

$$m_{\min} = \frac{d_{\max} \times De}{25} = \frac{50 \times 1.4}{25} = 2.8kg$$

49 대폭파 또는 수중폭파를 동시에 실시하기 위해 뇌관 대신에 사용하는 것은?

① DDNP ② 도폭선
③ 도화선 ④ 데토릴

해설

도폭선
폭약을 금속 또는 섬유로 피복한 끈 모양의 화공품

정답 47 ③ 48 ③ 49 ②

50 아스팔트 포장용 혼합물의 아스팔트 함유량 시험(KS F 2354)에 사용되는 시약이 아닌 것은?
① 염화메틸렌   ② 탄산암모늄 용액
③ 황산나트륨   ④ 삼염화에틸렌

해설
아스팔트 함유량 시험에 사용되는 시약
1) 포화탄산암모늄 용액
2) 염화에틸렌
3) 삼염화에틸렌
4) 삼염화에탄

51 재료의 역학적 성질 중 재료를 얇게 펴서 늘일 수 있는 성질을 무엇이라 하는가?
① 인성   ② 강성
③ 전성   ④ 취성

해설
전성 : 압력을 가하거나 망치로 두드리면 넓은 판으로 얇게 펴지는 성질

52 조립률이 3.43인 모래 A와 조립률이 2.36인 모래 B를 혼합하여 조립률 2.80의 모래 C를 만들려면 모래 A와 B는 얼마를 섞어야 하는가? (단, A : B의 질량비)
① 41(%) : 59(%)   ② 43(%) : 57(%)
③ 40(%) : 60(%)   ④ 38(%) : 62(%)

해설
A+B = 100 ················· ①
$2.8 = \dfrac{A \times 3.43 + B \times 2.36}{A+B}$ ············ ②
2.8A+2.8B=3.43A+2.36B
0.63A = 0.44B
0.63×(100-B)=0.44B
A = 41%, B=59%

53 다음 혼화재료에 대한 설명으로 틀린 것은?
① 사용량에 따라 혼화재와 혼화제로 나뉜다.
② 콘크리트의 성능을 개선, 향상시킬 목적으로 사용되는 재료이다.
③ 혼화재료를 사용할 때는 반드시 시험 또는 검토를 거쳐 성능을 확인하여야 한다.
④ 혼화제는 비록 시멘트 사용량의 5%이하로 소요되지만 콘크리트의 배합계산시 고려해야 한다.

해설
혼화제는 비록 시멘트 사용량의 1%이하로 콘크리트의 배합계산시 제외한다.

정답 50 ③ 51 ③ 52 ① 53 ④

54 암석의 구조에 대한 설명으로 틀린 것은?
① 절리 : 암석 특유의 천연적으로 갈라진 금으로 화성암에서 많이 보임
② 석목 : 암석의 갈라지기 쉬운 면을 말하며 돌눈이라고도 함
③ 층리 : 암석을 구성하는 조암광물의 집합상태에 따라 생기는 눈 모양
④ 편리 : 변성암에서 된 절리로 암석이 얇은 판자모양 등으로 갈라지는 성질

해설
층리
퇴적암이나 변성암에 나타나는 평행한 절리를 말한다.

55 석유계아스팔트로서 연화점이 높고 방수공사용으로 가장 많이 사용되는 재료는?
① 스트레이트 아스팔트
② 블로운 아스팔트
③ 레이크 아스팔트
④ 록 아스팔트

해설
블로운 아스팔트
약 260℃ 정도로 가열한 스트레이트 아스팔트에 공기를 불어 넣어 제조한 아스팔트로서 방수공사에 많이 사용된다.

56 건설용 재료로 목재를 사용하기 위하여 목재를 건조시키는 목적 및 효과로 틀린 것은?
① 가공성을 향상 시킨다.
② 균류의 발생을 방지할 수 있다.
③ 수축균열 및 부정변형을 방지할 수 있다.
④ 목재의 중량을 경감시킬 수 있다.

해설
목재의 건조 목적 중 가공성은 해당되지 않는다.

57 아래의 표에서 설명하는 아스팔트의 성질은?

> 고체상에서 액상으로 되는 과정 중에 일정한 반죽질기(즉, 점도)에 달했을 때의 온도를 나타내는 것으로 일반적인 측정방법으로는 환구법이 사용된다.

① 연화점
② 인화점
③ 신 도
④ 연소점

해설
연화점
1) 아스팔트가 온도가 높아지면서 아스팔트가 액상화가 되는 과정 중에 일정한 점도에 도달했을 때의 온도를 연화점이라 한다.
2) 연화점은 시료가 규정된 거리 (25.4mm)로 처졌을 때의 온도를 의미하며, 침입도와 연화점은 반비례 상태로서 연화점은 35~75℃정도로 일반적인 측정방법으로 환구법을 사용한다.

58 시멘트 분말도가 모르타르 및 콘크리트 성질에 미치는 영향을 설명한 것으로 옳은 것은?
① 분말도가 높을수록 강도 발현이 늦어진다.
② 분말도가 높을수록 블리딩이 많게 된다.
③ 분말도가 높을수록 수화열이 적게 된다.
④ 분말도가 높을수록 건조수축이 크게 된다.

해설
시멘트 분말도가 커질수록 시멘트 입자의 비표면적이 크게되어 수화열이 커지며, 초기강도가 빠르게 발현된다. 따라서 콘크리트 표면의 건조수축이 크게되는 문제점이 발생된다.

59 전체 6kg의 굵은 골재로 체가름 시험을 실시한 결과가 아래의 표와 같을 때 이 골재의 조립률은?

체호칭(mm)	40	30	25	20	15	10	5
남은양(g)	0	480	780	1560	1680	960	540

① 6.72 ② 6.93
③ 7.14 ④ 7.38

해설

체 호칭(mm)	40	30	25	20	15	10	5	pan
잔류율(%)	0	8	13	26	28	16	9	
가적 잔류율(%)	0	8	21	47	75	91	100	

$$FM = \frac{47+91+100+500}{100} = 7.38$$

60 암석의 분류중 성인(지질학적)에 의한 분류의 결과가 아닌 것은?
① 화성암 ② 퇴적암
③ 점토질암 ④ 변성암

해설
1) 화성암
 지구 내부에 용융상태로 마그마가 냉각 응고 된 것으로 규산(실리카)의 함유량에 딸 산성암, 중성암, 염기성암으로 분류
2) 퇴적암
 물, 바람의 작용으로 퇴적되어 이루어진 암석
3) 변성암
 높은 열, 압력 작용으로 암석이 변질 작용을 받아 생성된 암석

제4과목 토질 및 기초

61 γ_t = 1.9t/m³, ϕ = 30°인 뒤채움 모래를 이용하여 8m 높이의 보강토 옹벽을 설치하고자 한다. 폭 75mm, 두께 3.69mm의 보강띠를 연직방향 설치간격 S_v = 0.5m, 수평방향 설치간격 S_h = 1.0m로 시공하고자 할 때, 보강띠에 작용하는 최대힘 $T_{\max}$의 크기를 계산하면?

① 1.53t
② 2.53t
③ 3.53t
④ 4.53t

해설

1) $T_{\max} = \gamma \cdot H \cdot K_a \cdot S_v \cdot S_h$
   $= 1.9 \times 8 \times 0.333 \times 0.5 \times 1$
   $= 2.53t$

2) $K_a = \tan^2\left(45° - \dfrac{\phi}{2}\right)$
   $= \tan^2\left(45° - \dfrac{30°}{2}\right) = \dfrac{1}{3} = 0.333$

62 흙의 다짐에 관한 설명으로 틀린 것은?

① 다짐에너지가 클수록 최대건조단위중량($\gamma_{d\max}$)은 커진다.
② 다짐에너지가 클수록 최적함수비(w_{opt})는 커진다.
③ 점토를 최적함수비(w_{opt})보다 작은 함수비로 다지면 면구조를 갖는다.
④ 투수계수는 최적함수비(w_{opt}) 근처에서 거의 최소값을 나타낸다.

해설

흙의 다짐에너지가 클수록 최적함수비(w_{opt})는 줄어든다.

63 다짐되지 않은 두께 2m, 상대밀도 40%의 느슨한 사질토 지반이 있다. 실내시험결과 최대 및 최소 간극비가 0.80, 0.40으로 각각 산출되었다. 이 사질토를 상대 밀도 70%까지 다짐할 때 두께의 감소는 약 얼마나 되겠는가?

① 12.4cm
② 14.6cm
③ 22.7cm
④ 25.8cm

해설

상대밀도

1) $D_r = \dfrac{e_{\max} - e_1}{e_{\max} - e_{\min}} \times 100$

   $40 = \dfrac{0.8 - e_1}{0.8 - 0.4} \times 100$

정답 61 ② 62 ② 63 ②

$$\therefore e_1 = 0.64$$

$$70 = \frac{0.8 - e_2}{0.8 - 0.4} \times 100$$

$$\therefore e_2 = 0.52$$

2) $\triangle H = \frac{e_1 - e_2}{1 + e_1} H = \frac{0.64 - 0.52}{1 + 0.64} \times 200$

$\quad \fallingdotseq 14.63 cm$

64 말뚝 지지력에 관한 여러 가지 공식 중 정역학적 지지력 공식이 아닌 것은?

① $D\ddot{o}rr$의 공식   ② $Terzaghi$의 공식
③ $Meyerhof$의 공식   ④ $Engineering\text{-}News$ 공식

해설

Engineering-News 공식은 동역학적 공식에 해당된다.

65 다음 그림에서 A점의 간극 수압은?

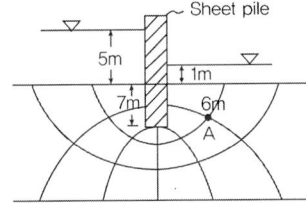

① $4.87 t/m^2$ ② $6.67 t/m^2$
③ $12.31 t/m^2$ ④ $4.65 t/m^2$

해설

전수두 : $\frac{nd'}{nd} \times \triangle h = \frac{1}{6} \times 4 = 0.67 m$

위치수두 : $-6m$

압력수두 : $0.67 - (-6) = 6.67 m$

간극수압 : $1 t/m^3 \times 6.67 m = 6.67 t/m^2$

정답 64 ④ 65 ②

66. 아래 표의 설명과 같은 경우 강도정수 결정에 적합한 삼축 압축 시험의 종류는?

> 최근에 매립된 포화 점성토지반 위에 구조물을 시공한 직후의 초기 안정 검토에 필요한 지반 강도정수 결정

① 압밀배수 시험(CD)
② 압밀비배수 시험(CU)
③ 비압밀비배수 시험(UU)
④ 비압밀배수 시험(UD)

해설

UU-test를 사용하는 경우
1) 점토지반에 제방 성토 직후 초기 사면안정 해석하는 경우
2) 시공속도가 과잉간극수압 소산속도보다 빠를 때
3) 점토지반에 급속성토 시공 후

67. 단위중량이 $1.8t/m^3$인 점토지반의 지표면에서 5m되는 곳의 시료를 채취하여 압밀시험을 실시한 결과 과압밀비(over consolidation ratio)가 2임을 알았다. 선행압밀압력은?

① $9t/m^2$
② $12t/m^2$
③ $15t/m^2$
④ $18t/m^2$

해설

과압밀비
1) $\overline{Po} = 1.8 \times 5 = 9t/m^2$
2) $O.C.R = \dfrac{\text{선행 압밀하중}(P_c)}{\text{현재 유효상재하중}(P_o)}$

$2 = \dfrac{Pc}{9}, \qquad Pc = 18$

68. 연약지반 위에 성토를 실시한 다음, 말뚝을 시공하였다. 시공 후 발생될 수 있는 현상에 대한 설명으로 옳은 것은?

① 성토를 실시하였으므로 말뚝의 지지력은 점차 증가한다.
② 말뚝을 암반층 상단에 위치하도록 시공하였다면 말뚝의 지지력에는 변함이 없다.
③ 압밀이 진행됨에 따라 지반의 전단강도가 증가되므로 말뚝의 지지력은 점차 증가된다.
④ 압밀로 인해 부의 주면마찰력이 발생되므로 말뚝의 지지력은 감소된다.

해설

부마찰력
1) 점성토 지반에서 타설한 말뚝의 침하량보다 연약지반의 침하가 더 커서 말뚝주면이 아래쪽으로 작용하는 마찰력이 발생하게 되는데 이러한 주면 마찰력을 부마찰력
2) 부마찰력 발생으로 말뚝의 지지력은 감소된다.

69 점토지반으로부터 불교란 시료를 채취하였다. 이 시료는 직경 5cm, 길이 10cm이고, 습윤무게는 350g이고, 함수비가 40%일 때 이 시료의 건조단위무게는?

① 1.78g/cm³ ② 1.43g/cm³
③ 1.27g/cm³ ④ 1.14g/cm³

해설

1) $\gamma_t = \dfrac{W}{V} = \dfrac{350}{(\dfrac{\pi \cdot 5^2}{4}) \times 10} = 1.78 t/m^2$

2) $\gamma_d = \dfrac{1.78}{(1 + \dfrac{40}{100})} = 1.27 t/m^2$

70 다음 그림과 같은 p – q 다이아그램에서 K_f선이 파괴선을 나타낼 때 이 흙의 내부마찰각은?

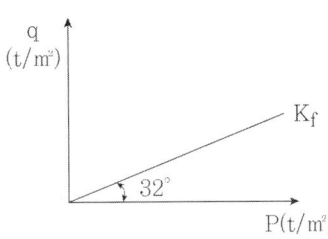

① 32° ② 36.5°
③ 38.7° ④ 40.8°

해설

파괴포락선과 수정파괴포락선 관계
$\sin\phi = \tan\alpha$
$\sin\phi = \tan 32°$ ∴ $\phi = 38.67°$

71 사질토 지반에 축조되는 강성기초의 접지압 분포에 대한 설명 중 맞는 것은?

① 기초 모서리 부분에서 최대 응력이 발생한다.
② 기초에 작용하는 접지압 분포는 토질에 관계없이 일정하다.
③ 기초의 중앙 부분에서 최대 응력이 발생한다.
④ 기초 밑면의 응력은 어느 부분이나 동일하다.

해설

강성기초의 접지압 분포

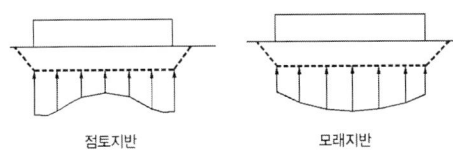

가. 기초가 강성이므로 균등침하가 발생된다.
나. 점토지반에서는 모서리쪽 접지압이 커지고 중앙부 접지압이 줄어든다.
다. 모래지반에서는 모서리쪽 접지압이 작고 중앙부 접지압이 커진다.

정답 69 ③ 70 ③ 71 ③

72 두께 2m인 투수성 모래층에서 동수경사가 $\frac{1}{10}$이고, 모래의 투수계수가 5×10^{-2}cm/sec라면 이 모래층의 폭 1m에 대하여 흐르는 수량은 매분당 얼마나 되는가?

① 6,000cm³/min ② 600cm³/min
③ 60cm³/min ④ 6cm³/min

해설

$Q = K.I.A = 5 \times 10^{-2} \times \frac{1}{10} \times 200 \times 100$
$= 6,000 cm^3/\min$

73 단면적 20cm², 길이 10cm의 시료를 15cm의 수두차로 정수위 투수시험을 한 결과 2분 동안에 150cm³의 물이 유출되었다. 이 흙의 비중은 2.67이고, 건조중량이 420g이었다. 공극을 통하여 침투하는 실제침투유속 V_s는 약 얼마인가?

① 0.018cm/sec ② 0.296cm/sec
③ 0.437cm/sec ④ 0.628cm/sec

해설

1) $Q = K.i.A.t = K \cdot \frac{h}{L} \cdot A.t$

$K = \frac{Q.L}{h.A.t} = \frac{150 \times 10}{10 \times 20 \times (2 \times 60)} = 0.0417 cm/\sec$

2) $v = K.i = 0.0417 \times \frac{15}{10} = 0.063 cm/\sec$

3) $v_s = \frac{v}{n} = \frac{0.063}{0.2135} = 0.296 cm/\sec$

여기서 $n = \frac{Vv}{V} \times 100 = \frac{V - Vs}{V} \times 100$

$= \frac{(20-10) - 157.3}{20 \times 10} \times 100 = 21.35\%$

74 평판재하실험 결과로부터 지반의 허용지지력값은 어떻게 결정하는가?

① 항복강도의 $\frac{1}{2}$, 극한강도의 $\frac{1}{3}$ 중 작은 값

② 항복강도의 $\frac{1}{2}$, 극한강도의 $\frac{1}{3}$ 중 큰 값

③ 항복강도의 $\frac{1}{3}$, 극한강도의 $\frac{1}{2}$ 중 작은 값

④ 항복강도의 $\frac{1}{3}$, 극한강도의 $\frac{1}{2}$ 중 큰 값

정답 72 ① 73 ② 74 ①

> **해설**
>
> 평판재하시험에서 지반의 허용지지력 결정방법
> 항복강도의 $\frac{1}{2}$, 극한강도의 $\frac{1}{3}$ 중 작은 값 사용

75 Vane Test에서 Vane의 지름 5cm, 높이 10cm, 파괴시 토오크가 590kg·cm일 때 점착력은?

① 1.29kg/cm²
② 1.57kg/cm²
③ 2.13kg/cm²
④ 2.76kg/cm²

> **해설**
>
> $$점착력(C) = \frac{M_{\max}}{\pi D^2\left(\frac{H}{2}+\frac{D}{6}\right)} = \frac{590}{\pi \cdot 5^2\left(\frac{10}{2}+\frac{5}{6}\right)}$$
> $$= 1.29 kg/cm^2$$

76 두 개의 규소판 사이에 한 개의 알루미늄판이 결합된 3층구조가 무수히 많이 연결되어 형성된 점토광물로서 각 3층구조 사이에는 칼륨이온(K^+)으로 결합되어 있는 것은?

① 몬모릴로나이트(montmorillonite)
② 할로이사이트(halloysite)
③ 고령토(kaolinite)
④ 일라이트(illite)

> **해설**
>
> 3대 점토광물의 기본 구조
> ① Kaolinite (고령토)
>   1) 수축, 팽창이 없어 공학적 안정성이 대단히 좋다.
>   2) 활성이 적다.
>   3) 수소결합의 2층 판상구조
> ② Illite(일라이트)
>   1) 수축, 팽창이 거의 없지만 공학적 안전성은 중간
>   2) 두 개의 규소판 사이에 한 개의 알루미늄판이 결합된 3층 판상구조 사이에 칼륨이온(K^+)으로 결합되어 있는 점토광물
> ③ Montmorillonite(몬모릴로나이트)
>   1) 팽창, 수축이 커 공학적 안정성이 제일 불안전
>   2) 활성도가 제일 크다.
>   3) 3층 판상구조로 구조 결합 사이에 치환성 양이온이 있어서 활성이 제일 크다.

정답 75 ① 76 ④

77 $\phi=33°$인 사질토에 25°경사의 사면을 조성하려고 한다. 이 비탈면의 지표까지 포화되었을 때 안전율을 계산하면?(단, 사면 흙의 $\gamma_{sat}=1.8t/m^3$)

① 0.62
② 0.70
③ 1.12
④ 1.14

해설

$$F_s = \frac{\gamma_{sub}}{\gamma_{sat}} \cdot \frac{\tan\phi}{\tan i} = \frac{0.8}{1.8} \times \frac{\tan 33°}{\tan 25°} = 0.62$$

78 아래 그림에서 A점 흙의 강도정수가 $c=3t/m^2$, $\phi=30°$일 때 A점의 전단강도는?

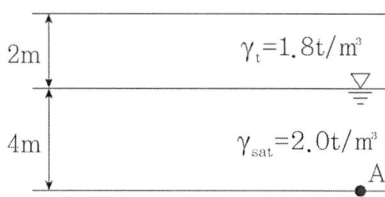

① 6.93t/m²
② 7.39t/m²
③ 9.93t/m²
④ 10.39t/m²

해설

(1) 유효응력
$$\bar{\sigma} = 1.8 \times 2 + 1 \times 4 = 7.6 t/m^2$$

(2) 지반의 전단강도
$$\tau = c + \bar{\sigma} \cdot \tan\phi = 3 + 7.6 \cdot \tan 30° = 7.39 t/m^2$$

79 얕은 기초에 대한 Terzaghi의 수정지지력 공식은 아래의 표와 같다. 4m × 5m의 직사각형 기초를 사용할 경우 형상계수 α와 β의 값으로 옳은 것은?

$$q_u = \alpha c N_c + \beta \gamma_1 B N_\gamma + \gamma_2 D_f N_q$$

① $\alpha=1.2$, $\beta=0.4$
② $\alpha=1.28$, $\beta=0.42$
③ $\alpha=1.24$, $\beta=0.42$
④ $\alpha=1.32$, $\beta=0.38$

해설

1) 기초의 형상계수

구 분	연 속	정사각형(정방형)	원 형	직사각형
α	1.0	1.3	1.3	$1+0.3\dfrac{B}{L}$
β	0.5	0.4	0.3	$0.5-0.1\dfrac{B}{L}$

2) 직사각형 형상계수

$$\alpha = 1 + 0.3\frac{B}{L} = 1 + 0.3 \times \frac{4}{5} = 1.24$$

$$\beta = 0.5 - 0.1\frac{B}{L} = 0.5 - 0.1 \times \frac{4}{5} = 0.42$$

80 연약지반에 구조물을 축조할 때 피조미터를 설치하여 과잉간극수압의 변화를 측정했더니 어떤 점에서 구조물 축조 직후 $10t/m^2$이었지만, 4년 후는 $2t/m^2$이었다. 이때의 압밀도는?

① 20% ② 40%
③ 60% ④ 80%

해설

1) $u_i = 10t/m^2$
2) $u = 2t/m^2$
3) $U_z = \dfrac{u_i - u}{u_i} \times 100 = \dfrac{10-2}{10} \times 100 = 80\%$

2017 기출문제 제4회 건설재료시험기사

제1과목 콘크리트공학

01 숏크리트에 대한 설명으로 옳지 않은 것은?
① 거푸집이 불필요하다.
② 공법에는 건식법과 습식법이 있다.
③ 평활한 마무리면을 얻을 수 있다.
④ 작업시에 분진이 많이 발생한다.

해설
숏크리트 공법의 종류 및 특징

구 분	건 식	습 식
Con'c 품질	품질관리 어렵다	품질관리 쉽다
운반시간 제약	적 다	크 다
압송 거리	장거리 (500m)	단거리
분진 발생	큼	적음
반 발 량	큼	적음
청소,유지보수	Nozzle 청소쉽다	어렵다

02 매스(mass) 콘크리트에 대한 설명으로 틀린 것은?
① 매스 콘크리트로 다루어야 하는 구조물의 부재치수는 일반적인 표준으로서 넓이가 넓은 평판구조의 경우 두께 0.8m이상으로 한다.
② 매스 콘크리트로 다루어야 하는 구조물의 부재치수는 일반적인 표준으로서 하단이 구속된 벽조의 경우 두께 0.3m이상으로 한다.
③ 콘크리트를 타설한 후에 침하의 발생이 우려되는 경우에는 재진동 다짐 등을 실시하여야 한다.
④ 수축이음을 설치할 경우 계획된 위치에서 균열 발생을 확실히 유도하기 위해서 수축이음의 단면 감소율을 35%이상으로 하여야 한다.

해설
매스 콘크리트로 다루어야 하는 구조물의 부재치수는 일반적인 표준으로서 하단이 구속된 벽조의 경우 두께 0.5m이상으로 한다.

03 콘크리트 양생에 대한 설명으로 틀린 것은?
① 고로 슬래그 시멘트를 사용한 경우, 습윤양생의 기간은 보통 포틀랜드 시멘트를 사용한 경우보다 짧게 하여야 한다.
② 막양생제는 콘크리트 표면의 물빛(水光)이 없어진 직후에 살포하는 것이 좋다.
③ 재령 5일이 될 때까지는 해수에 콘크리트가 씻기지 않도록 보호한다.
④ 습윤양생을 실시할 경우 거푸집판이 얇든가 또는 건조의 염려가 있을 때는 살수하여 습윤상태로 유지하여야 한다.

해설

습윤양생 기간의 표준

일평균 기온	조강 P.C	보통 P.C	고로 슬래그 및 플라이애시시멘트 B종
15°C 이상	3일	5일	7일
10°C 이상	4일	7일	9일
5°C 이상	5일	9일	12일

고로 슬래그 시멘트를 사용한 경우, 습윤양생의 기간은 보통 포틀랜드 시멘트를 사용한 경우보다 길게 하여야 한다.

04 콘크리트의 슬럼프시험에 대한 설명으로 틀린 것은?
① 다짐봉은 지름 16mm, 길이 500~600mm의 강 또는 금속제 원형봉으로 그 앞 끝을 반구모양으로 한다.
② 슬럼프 콘에 콘크리트 시료를 거의 같은 양의 3층으로 나눠서 채운다.
③ 콘크리트 시료의 각 층을 다질 때 다짐봉의 깊이는 그 앞 층에 거의 도달할 정도로 한다.
④ 슬럼프는 1mm 단위로 표시한다.

해설

슬럼프 시험
① 슬럼프 콘에 시료를 채우고 벗길 때까지 전 작업시간은 3분 이내로 한다.
② 슬럼프 콘을 들어 올리는 시간은 높이 30cm에서 2~3초로 한다.(전 작업시간 3분이내)
③ 콘크리트가 내려앉은 길이를 콘크리트 중앙부에서 5mm 단위로 측정

05 콘크리트 비파괴 시험방법 중 철근 부식상태를 평가할 수 있는 시험법은?
① 초음파속도법
② 전자유도법
③ 전자파 레이더법
④ 자연전위법

해설

철근의 부식상태 평가 방법
① 전기화학적인 자연전위법
② 분극 저항법
③ 전기적인 전기저항법

06 다음 중 경량골재 콘크리트에 대한 설명으로 틀린 것은?

① 경량골재 콘크리트를 내부진동기로 다질 때 보통골재 콘크리트의 경우보다 진동기를 찔러 넣는 간격을 작게 하거나 진동시간을 약간 길게 해 충분히 다져야 한다.
② 경량골재 콘크리트의 탄성계수는 보통골재 콘크리트의 40~70% 정도이다.
③ 경량골재 콘크리트의 공기량은 보통골재 콘크리트의 경우보다 공기량을 1% 정도 크게 해야 한다.
④ 경량골재 콘크리트는 동일한 반죽질기를 갖는 보통골재 콘크리트에 비하여 슬럼프가 커지는 경향이 있다.

해설
경량골재 콘크리트는 동일한 반죽질기를 갖는 보통골재 콘크리트에 비하여 슬럼프가 작아지는 경향이 있다.(골재의 흡수성이 큼)

07 콘크리트 배합 시 단위수량을 감소시킬 경우 얻는 이점이 아닌 것은?

① 압축과 휨강도를 증진시킨다.
② 철근과 다른 층의 콘크리트 간의 접착력을 증가시킨다.
③ 투수율을 증가시킨다.
④ 건조수축이 줄어든다.

해설
단위수량을 감소하면 투수율이 감소되어서 콘크리트 수밀성이 좋아진다.

08 프리스트레스트 콘크리트에 사용하는 그라우트에 대한 설명으로 틀린 것은?

① 팽창성 그라우트의 팽창률은 0~10%를 표준으로 한다.
② 블리딩률은 5% 이하를 표준으로 한다.
③ 팽창성 그라우트의 재령 28일의 압축강도는 20MPa 이상을 표준으로 한다.
④ 물-결합재비는 45% 이하로 한다.

해설
프리스트레스트 콘크리트 그라우트 블리딩률은 0%를 표준으로 한다.

09 다음 중 수중콘크리트 타설의 원칙에 대한 설명으로 틀린 것은?

① 콘크리트 타설에서 완전히 물막이를 할 수 없는 경우 유속은 1초간 100mm 이하로 하는 것이 좋다.
② 콘크리트를 수중에 낙하시키면 재료분리가 일어나고 시멘트가 유실되므로 콘크리트는 수중에 낙하시키지 않아야 한다.
③ 수중 콘크리트를 시공할 때 시멘트가 물에 씻겨서 흘러나오지 않도록 트레미나 콘크리트 펌프를 사용해서 타설하여야 한다.
④ 한 구획의 콘크리트 타설을 완료한 후 레이턴스를 모두 제거하고 다시 타설하여야 한다.

해설
수중 콘크리트 타설에서 완전히 물막이를 할 수 없는 경우 유속은 1초간 50mm 이하로 하는 것이 좋다.

10 콘크리트의 블리딩시험(KS F 2414)에 대한 설명으로 틀린 것은?
① 시험 중에는 실온(20±3)°C로 한다.
② 용기에 콘크리트를 채울 때 콘크리트 표면이 용기의 가장자리에서 (30±3)mm 높아지도록 고른다.
③ 최초로 기록한 시각에서부터 60분 동안 10분마다 콘크리트 표면에서 스며 나온 물을 빨아낸다.
④ 물이 쉽게 빨아내기 위하여 2분 전에 두께 약 50mm의 블록을 용기의 한쪽 밑에 주의 깊게 괴어 용기를 기울이고, 물을 빨아낸 후 수평위치로 되돌린다.

해설
콘크리트 블리딩 시험 용기에 콘크리트를 채울 때 콘크리트 표면이 용기의 가장자리에서 (30±3)mm 낮아지도록 고른다.

11 서중 콘크리트에 대한 설명으로 틀린 것은?
① 콘크리트를 타설할 때의 콘크리트 온도는 35°C이하이어야 한다.
② 타설을 끝낸 콘크리트에는 살수, 덮개 등의 조치를 하여 표면의 건조를 억제한다.
③ 배관에 의해 유동화 콘크리트를 타설 할 때, 운반 후 타설 완료까지 1시간 이내로 하여야 한다.
④ 일반적으로는 기온 10°C의 상승에 대하여 단위수량은 2~5% 정도 증가하는 경향이 있다.

해설
서중 콘크리트는 지연형 감수제를 사용한 경우라도 1.5시간 이내 타설 완료하여야 한다.

12 압축강도에 의한 콘크리트 품질관리에 대한 설명으로 틀린 것은?
① 일반적인 경우 조기재령에 있어서의 압축강도에 의해 실시한다.
② 1회의 시험값은 현장에서 채취한 시험체 3개의 압축강도 시험값의 평균값으로 한다.
③ 시험값에 의하여 콘크리트의 품질을 관리할 경우에는 관리도 및 히스토그램을 사용하는 것이 좋다.
④ 압축강도 시험실시의 시기 및 횟수는 1일 1회 또는 구조물의 중요도와 공사규모에 따라 500m^3마다 1회, 배합이 변경될 때마다 1회로 한다.

해설
압축강도 시험실시의 시기 및 횟수는 1일 1회 또는 구조물의 중요도와 공사규모에 따라 100m^3마다 1회, 배합이 변경될 때마다 1회로 한다.

13 거푸집 및 동바리의 구조를 계산할 때 연직하중에 대한 설명으로 틀린 것은?
① 고정하중으로서 콘크리트의 단위중량은 철근의 중량을 포함하여 보통 콘크리트인 경우 20kN/m^3을 적용하여야 한다.
② 고정하중으로서 거푸집 하중은 최소 0.4kN/m^3이상을 적용하여야 한다.
③ 특수거푸집이 사용된 경우에는 고정하중으로 그 실제의 중량을 적용하여 설계하여야 한다.
④ 활하중은 구조물의 수평투영면적(연직방향으로 투영시킨 수평면적)당 최소 2.5kN/m^2이상으로 하여야 한다.

해설
고정하중으로서 콘크리트의 단위중량은 철근의 중량을 포함하여 보통 콘크리트인 경우 24.5kN/m^3을 적용하여야 한다.

정답 10 ② 11 ③ 12 ④ 13 ①

14 굳지 않은 콘크리트의 워커빌리티에 영향을 미치는 요인에 대한 설명으로 옳은 것은?
① 시멘트의 비표면적인 크면 워커빌리티가 나빠진다.
② 모양이 각진 골재를 사용하면 워커빌리티가 좋아진다.
③ AE제, 플라이애쉬를 사용하면 워커빌리티가 개선된다.
④ 콘크리트의 온도가 높을수록 슬럼프는 증가한다.

해설

굳지않은 콘크리트 워커빌리티에 영향요인
① 시멘트의 비표면적인 작으면 워커빌리티가 나빠진다.
② 모양이 둥근 골재를 사용하면 워커빌리티가 좋아진다.
③ AE제, 플라이애쉬를 사용하면 워커빌리티가 개선된다.
④ 콘크리트의 온도가 높을수록 슬럼프는 감소한다.

15 아래 표와 같은 시방배합을 현장배합으로 고칠 경우 1m³의 콘크리트를 제조하기 위한 각 재료의 양을 설명한 것으로 틀린 것은?

굵은 골재 최대치수 (mm)	물-결합재비 W/B(%)	잔골재율 S/a (%)	단위질량(kg/m³)					
			물	시멘트	플라이애시	잔골재	굵은골재	혼화제
25	50	45.1	170	272	68	800	973	2.72

(단, 현장의 잔골재 중에서 5mm체에 남는 것은 3%, 굵은골재 중에서 5mm체를 통과하는 것은 5%, 잔골재의 흡수율은 1.3%, 잔골재의 함수율은 3.8%, 굵은골재는 표면건조포화상태이다.)
① 잔골재량은 773kg이다.   ② 굵은골재량은 1000kg이다.
③ 수(水)량은 151kg이다.   ④ 결합재량은 340kg이다.

해설

1) 잔골재량(X)
$$X = \frac{100 \cdot S - b(S+G)}{100 - (a+b)} = \frac{100 \times 800 - 5 \times (800+973)}{100 - (3+5)} = 773 \text{kg/m}^3$$

2) 굵은골재량(Y)
$$Y = \frac{100 \cdot G - a(S+G)}{100 - (a+b)} = \frac{100 \times 973 - 3 \times (800+973)}{100 - (3+5)} = 1{,}000 \text{kg/m}^3$$

3) 단위수량
$W/B = 0.5$
$W = (272+68) \times 0.5 = 170 kg/m^3$

4) 결합재량
$W/B = 0.5$, $B = 170/0.5 = 340 kg/m^3$
※ 문제에서 틀린답은 ③임

16 설계기준 압축강도가 28MPa이고, 15회의 압축강도 시험으로부터 구한 압축강도의 표준편차가 3.5MPa일 때 콘크리트의 배합강도를 구하면?

① 33MPa
② 34MPa
③ 35MPa
④ 36.5MPa

해설

1) 15회일 때 표준편차 보정계수
   1.16
2) 직선보간한 표준편차
   $S = 3.5 \times 1.16 = 4.06 MPa$
3) 배합강도($f_{ck} \leq 35MPa$)
   $f_{cr} = f_{ck} + 1.34S$
   $\quad = 28 + 1.34 \times 4.06 = 33.44 MPa$
   $f_{cr} = (f_{ck} - 3.5) + 2.33S$
   $\quad = (28 - 3.5) + 2.33 \times 4.0 + 4.06$
   $\quad = 33.96 MPa$
   두 값 중 큰 값이 배합강도이므로
   ∴ $f_{cr} = 34 MPa$

17 일반 콘크리트의 타설 및 다지기에 관한 설명으로 옳은 것은?

① 타설한 콘크리트를 거푸집안에서 횡방향으로 원활히 이동시켜야 한다.
② 슈트, 펌프배관 등의 배출구와 타설면까지의 높이는 1.5m 이상을 원칙으로 한다.
③ 깊은 보와 두꺼운 벽 등 부재가 두꺼운 경우 거푸집 진동기의 사용을 원칙으로 한다.
④ 2층으로 나누어 타설할 경우 상층의 콘크리트 타설은 원칙적으로 하층의 콘크리트가 굳기 시작하기 전에 해야 한다.

해설

콘크리트 타설 및 다지기
① 타설한 콘크리트를 거푸집안에서 횡방향으로 원활히 이동시켜서는 안된다.
② 슈트, 펌프배관 등의 배출구와 타설면까지의 높이는 1.5m 이하를 원칙으로 한다.
③ 깊은 보와 두꺼운 벽 등 부재가 두꺼운 경우 내부 진동기의 사용을 원칙으로 한다.
④ 2층으로 나누어 타설할 경우 상층의 콘크리트 타설은 원칙적으로 하층의 콘크리트가 굳기 시작하기 전에 해야 한다.

18 프리스트레스트 콘크리트에 대한 설명 중 틀린 것은?
① 긴장재에 긴장을 주는 시기에 따라서 포스트텐션방식과 프리텐션방식으로 분류된다.
② 프리텐션방식에 있어서 프리스트레싱할 때의 콘크리트압축강도는 20MPa 이상이어야 한다.
③ 프리스트레싱을 할 때의 콘크리트의 압축강도는 프리스트레스를 준 직후에 콘크리트에 일어나는 최대 압축 응력의 1.7배 이상이어야 한다.
④ 그라우트 시공은 프리스트레싱이 끝나고 8시간이 경과한 다음 가능한 한 빨리 하여야 한다.

> **해설**
> 프리텐션방식에 있어서 프리스트레싱할 때의 콘크리트 압축강도는 30MPa 이상이어야 한다.

19 일반 콘크리트에 사용되는 재료의 계량허용오차에 대한 설명으로 틀린 것은?
① 잔골재 : ±3%
② 혼화제 : ±3%
③ 혼화재 : ±3%
④ 굵은 골재 : ±3%

> **해설**
> 계량 허용오차
> · 골재 및 혼화제 ±3%
> · 시멘트 : -1%, +2%
> · 물 : -2%, +1%
> · 혼화재 : ±2%

20 콘크리트의 균열은 재료, 시공, 설계 및 환경 등 여러 가지 요인에 의해 발생한다. 다음 중 재료적 요인과 가장 관련이 많은 균열현상은?
① 알칼리골재반응에 의한 거북등현상의 균열
② 온도변화, 화학작용 및 동결융해 현상에 의한 균열
③ 콘크리트 피복두께 및 철근의 정착길이 부족에 의한 균열
④ 재료분리, 콜드조인트(cold joint) 발생에 의한 균열

> **해설**
> 알칼리 골재반응에 의한 거북등 현상의 균열은 시멘트의 알카리 성분과 골재의 실리카 성분의 결합에 의한 재료적 요인이다.

제2과목 건설시공 및 관리

21 아스팔트 포장의 안정성 부족으로 인해 발생하는 대표적인 파손은 소성변형(바퀴자국, 측방유동)이다. 최근 우리나라의 도로에서 이 소성변형이 문제가 되고 있는데, 다음 중 그 원인이 아닌 것은?

① 여름철 고온 현상
② 중차량 통행
③ 수막현상
④ 표시된 차선을 따라 차량이 일정위치로 주행

해설

소성변형 발생원인
1) Asphalt함량이 과다한 경우
2) 골재의 최대치수가 적은경우
3) 침입도가 큰 아스팔트 사용
4) 시공불량 : 다짐불량, 온도관리 불량 등

22 토공에서 성토재료에 대한 요구조건으로 틀린 것은?

① 투수성이 낮은 흙일 것
② 시공장비에 대한 트래피커빌리티의 확보가 용이할 것
③ 노면의 시공이 쉽도록 압축성이 클 것
④ 다져진 흙의 전단강도가 클 것

해설

성토용 재료가 압축성이 클 경우 지지력 및 침하에 문제가 있다.

23 자연 함수비 8%인 흙으로 성토하고자 한다. 다짐한 흙의 함수비를 15%로 관리하도록 규정하였을 때 매층마다 1m²당 약 몇 kg의 물을 살수해야 하는가?(단, 1층의 다짐 후 두께는 30cm이고, 토량 변화율 C=0.9이며, 원지반상태에서 흙의 단위중량은 1.8t/m³이다.)

① 27.4kg
② 34.2kg
③ 38.9kg
④ 46.7kg

해설

1) 1m³당 본바닥 체적

$$= 1 \times 1 \times 0.3 \times \frac{1}{0.9} = 0.333 m^3$$

2) $w = 8\%$일 때 흙의 무게

$$\gamma_t = \frac{W}{V} \text{에서 } 1.8 = \frac{W}{0.333}, W = 599.4 kg$$

3) $w = 8\%$일 때 물의 무게

$$W_w = \frac{wW}{100+w} = \frac{8 \times 599.4}{100+8} = 44.4 kg$$

4) $w = 15\%$일 때 물의 무게

$$8 : 44.4 = 15 : W_w$$
$$\therefore W_w = 83.25 kg$$

5) 살수량 = $83.25 - 44.37 = 33.88 kg$

정답 21 ③ 22 ③ 23 ③

24 네트워크 공정표작성에 필요한 용어 중 아래의 표에서 설명하고 있는 것은?

> 실제적으로는 시간과 물량이 없는 명목상의 작업으로 한쪽 방향에 화살표를 가진 점선으로 표시한다.

① 작업활동(activity)   ② 더미(dummy)
③ 이벤트(event)   ④ 주공정선(critical path)

해설
더미(dummy)
1) 자원과 시간이 필요 없는 명목상의 활동이다.
2) 공정의 전후 관계를 명확히 규정하는 점선으로 나타내는 Activity로 점선의 화살표로 표시한다.

25 암석발파공법에서 1차발파 후에 발파된 원석의 2차발파공법으로 주로 사용되는 것이 아닌 공법은?

① 프리스프리팅공법   ② 블록보링공법
③ 스네이크보링공법   ④ 머드캐핑공법

해설
프리스프리팅 공법은 1차 제어발파 공법에 해당된다.

26 교량 가설공법 중 압출공법(ILM)의 특징을 설명한 것으로 틀린 것은?

① 비계작업 없이 시공할 수 있으므로 계곡 등과 같은 교량 밑의 장해물에 관계없이 시공할 수 있다.
② 기하학적인 형상에 적용이 용이하므로 곡선교 및 곡선의 변화가 많은 교량의 시공에 적합하다.
③ 대형 크레인 등 거치장비가 필요하다.
④ 몰드 및 추진성에 제한이 있어 상부 구조물의 횡단면과 두께가 일정해야 한다.

해설
I.L.M 공법은 곡선교 및 곡선의 변화가 많은 교량의 시공에 적합하지 않다.

27 다음은 어떤 공사의 품질관리에 대한 내용이다. 가장 먼저 해야 할 일은?

① 품질특성의 선정   ② 작업표준의 결정
③ 관리한계 설정   ④ 관리도의 작성

해설
품질관리 순서
1) 품질특성을 선정
2) 품질표준을 결정
3) 작업표준을 결정
4) 규격 대조
5) 공정, 안전 검토

정답 24 ② 25 ① 26 ② 27 ①

28 웰 포인트(well point)공법으로 강제배수시 point와 point의 일반적인 간격으로 적당한 것은?
① 1 ~ 2m
② 3 ~ 5m
③ 5 ~ 7m
④ 8 ~ 10m

해설
웰포인트 공법의 일반적인 Point와 Point 간격은 1~2m

29 아스팔트포장에서 표층에 가해지는 하중을 분산시켜 보조기층에 전달하며, 교통하중에 의한 전단에 저항하는 역할을 하는 층은?
① 차단층
② 노체
③ 기층
④ 노상

해설
기 층
1) 표층하중을 분산시켜 보조기층에 전달하며 교통하중에 의한 전단에 저항하는 역할을 하는 층
2) 가열혼합식에 의한 아스팔트 안정 처리 기층을 블랙베이스(black base) 라고 하며, 기층을 시멘트 콘크리트 슬래브로 하는 경우는 화이트베이스 (white base)라고 한다.

30 15t 불도우저로 60m를 도우저 작업을 할 경우에 시간당 작업능력은?(단, 토질은 보통토, 평탄지로 작업효율 0.65, 불도우저의 전진속도 40m/min, 후진속도 100m/min, 브레이드의 정격용량 2.3m³, 토량의 변화율은 보통토로서 C=0.9, L=1.25이고 기어 변속시간은 0.25분이다.)
① 28.2m³/h
② 30.5m³/h
③ 43.7m³/h
④ 53.1m³/h

해설
1) $C_m = \dfrac{l}{V_1} + \dfrac{l}{V_2} + t$

$= \dfrac{60}{40} + \dfrac{60}{100} + 0.25 = 2.35 \min$

2) $Q = \dfrac{60qfE}{C_m} = \dfrac{60 \times 2.3 \times \dfrac{1}{1.25} \times 0.65}{2.35} = 30.5 m^3/hr$

31 기초를 시공할 때 지면의 굴착 공사에 있어서 굴착면이 무너지거나 변형이 일어나지 않도록 흙막이 지보공을 설치하는데 이 지보공의 설비가 아닌 것은?
① 흙막이판
② 널 말뚝
③ 띠장
④ 우물통

해설
우물통은 교량의 케이슨 기초 공법에 해당된다.

정답 28 ① 29 ③ 30 ② 31 ④

32 본바닥 토량 20,000m³를 0.6m³ 백호를 사용하여 굴착하고자 한다. 아래 표의 조건과 같을 때 굴착완료에 며칠이 소요되는가?

- 버킷계수(K)=1.2
- 싸이클타임(C_m)=25초
- 1일 작업시간=8시간
- 작업효율(E)=0.7
- 토량변화율(L=1.2, C=0.8)

① 35일
② 38일
③ 42일
④ 46일

해설

1) $Q = \dfrac{3{,}600 \cdot q \cdot k \cdot f \cdot E}{C_m} = \dfrac{3{,}600 \times 0.6 \times 1.2 \times \dfrac{1}{1.2} \times 0.7}{25} = 60.48 m^3/hr$

2) 1일작업량 : $60.48 \times 8 = 483.84 m^3$/일

3) 소요일수 : $20{,}000 \div 483.84 = 42$일

33 운동장 또는 광장 등 넓은 지역의 배수는 주로 어떤 배수로 하는 것이 좋은가?

① 암거 배수
② 개수로 배수
③ 지표 배수
④ 맹암거 배수

해설

맹암거 배수
① 지하수의 집. 배수를 위하여 모래, 자갈, 호박돌, 다발로 묶은 나뭇가지 등을 땅 속에 매설한 일종의 수로이다.
② 주로 운동장 또는 광장과 같은 넓은 지역의 배수를 위하여 설치한다.

34 불도저의 종류 중 배토판을 좌, 우로 10~40cm 정도 기울여 경사면 굴착이나 도랑파기 작업에 유리한 것은?

① U도저
② 레이크도저
③ 틸트도저
④ 스트레이트도저

해설

불도저 분류

분류	개요
틸트 도저 (Tilt Dozer)	배토판의 좌우(10~40cm)를 밑으로 기울게하여 도랑 파기, 경사굴착 등을 한다.
스트레이트 도저 (Straight Dozer)	배토판의 상단부를 전후로 이동하여 조정하므로 도랑파기 또는 동결지반의 굴착에 편리하다.
앵글 도저 (Angle Dozer)	배토판을 진행 방향에 전후로 20~30°이동시켜서 배토판의 작업각도를 변동할 수 있어 굴착토사를 한쪽으로 이동 시킬 수 있다.
레이크 도저 (Rake Dozer)	배토판 대신에 레이크를 정착하여 벌개제근, 나무뿌리제거 작업등을 할 수 있다.

35 폭우 시 옹벽 배면에는 침투수압이 발생되는데, 이 침투수에 의한 중요 영향과 관계가 먼 것은?

① 옹벽 저면에서의 양압력 증가
② 포화에 의한 흙의 무게 증가
③ 활동 면에서의 양압력 증가
④ 수평저항력의 증가

해설
침투수에 의하여 옹벽의 수평저항력이 감소된다.

36 RCD(reverse circulation drill)) 공법의 시공방법 설명 중 옳지 않은 것은?

① 물을 사용하여 약 0.2~0.3kg/cm² 의 정수압으로 공벽을 안정시킨다.
② 기종에 따라 35°정도의 경사 말뚝 시공이 가능하다.
③ 케이싱 없이 굴삭이 가능한 공법이다.
④ 수압을 이용하며, 연약한 흙에 적합하다.

해설
경사말뚝 시공이 가능한 공법은 타입식 기성말뚝 공법중 강관을 이용한 말뚝공법이 가능하다.

37 시공기면을 결정할 때 고려할 사항으로 틀린 것은?

① 토공량이 최대가 되도록 하며, 절토·성토 균형을 시킬 것
② 연약지반, land slide, 낙석의 위험이 있는 지역은 가능한 피할 것
③ 비탈면 등은 흙의 안정성을 고려할 것
④ 암석 굴착은 적게 할 것

해설
시공기면(formation level)
가장 경제적인 시공이 되도록 절,성토량 계획(토공량 최소)을 세우는데 필요한 지반계획고를 정하는 것을 "시공기면"이라고 함

38 아래 그림과 같이 20개의 말뚝으로 구성된 군항이 있다. 이 군항의 효율(E)을 Converse-Labarre 식을 이용해서 구하면?

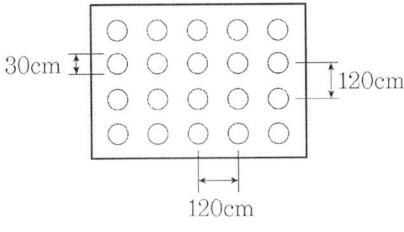

① 0.758
② 0.721
③ 0.684
④ 0.647

해설

군항의 효율(E)

1) $\varnothing = \tan^{-1}\dfrac{D}{S} = \tan^{-1}\dfrac{30}{120} = 14.04°$

2) $E = 1 - \varnothing \cdot \dfrac{m \cdot (n-1) + n \cdot (m-1)}{90 m \cdot n}$

$= 1 - 14.04 \times \dfrac{4(5-1) + 5(4-1)}{90 \times 4 \times 5}$

$= 0.758$

39 TBM(Tunnel Boring Machine)에 의한 굴착의 특징이 아닌 것은?

① 안정성(安定性)이 높다.　　② 여굴에 의한 낭비가 적다.
③ 노무비 절약이 가능하다.　　④ 복잡한 지질의 변화에 대응이 용이하다.

해설

TBM 공법 특징
① 단면형상 변경이 곤란하다.
② 복잡한 지질의 변화에 대응이 어렵다.(연약지반에 적응 곤란)
③ 설비 투자액이 고가이므로 초기 투자비가 많이든다.

40 관암거의 직경이 20cm, 유속이 0.6m/sec, 암거길이가 300m일 때 원활한 배수를 위한 암거낙차를 구하면?(단, Giesler의 공식을 사용하시오.)

① 0.86m　　② 1.35m
③ 1.84m　　④ 2.24m

해설

1) 암거 내의 유속(Giesler 공식)

$V = 20\sqrt{\dfrac{D \cdot h}{L}}$

여기서, V : 관내의 평균유속(m/sec)
　　　　D : 관의 직경(m)
　　　　L : 암거의 길이(m)
　　　　h : 길이 L에 대한 낙차(m)

2) 암거낙차(h)

$h = \dfrac{V^2 \times L}{20^2 \times D} = \dfrac{0.6^2 \times 300}{20^2 \times 0.2} = 1.35m$

정답 39 ④ 40 ②

제3과목 건설재료 및 시험

41 강의 열처리 방법 중 담금질을 한 강에 인성을 주기 위해 변태점 이하의 적당한 온도에서 가열한 다음 냉각시키는 방법은?

① 용융
② 뜨임
③ 풀림
④ 불림

해설

강의 열처리

① 풀 림
  1) 강을 적당한 온도(800~1,000°C)로 일정한 시간가열한 후에 용광로 안에서 서서히 냉각시키는 방법
  2) 강을 연화, 결정조직을 균질화, 내부응력의 제거, 및 강의 기계적 물리적 성질변화를 목적으로 한다.
② 불 림
  1) 강(鋼)의 조직을 균질화 시키기 위해서 변태점이상의 높은 온도로 가열한 후 대기 중에서 냉각시키는 방법이다.
  2) 불균질한 조직을 미세화하고 균질화, 기계적 성질 향상, 강의 내부변형 및 응력의 제거 등을 목적으로 한다.
③ 담금질
  1) 강을 700~750°C 정도 가열했다가 물 또는 기름속에서 급냉시키는 열처리 과정을 말한다.
  2) 강의 강도 및 경도를 증대 시킬 목적으로 한다.
④ 뜨 임
  1) 뜨임은 강을 담금질하면 경도는 커지나 메지기 쉬우므로 이를 변태점 이하의 적당한 온도로 재가열 했다가 공기 속에서 냉각 시키는 방법
  2) 담금질한 강에 인성을 주기위하여 조직을 연화, 안정시켜서 내부응력을 없애는 열처리 방법으로 소려(燒戾)라고도 한다.

42 Hooke의 법칙이 적용되는 인장력을 받는 부재의 늘음량(길이변형량)에 대한 설명으로 틀린 것은?

① 작용외력이 클수록 늘음량도 커진다.
② 재료의 탄성계수가 클수록 늘음량도 커진다.
③ 부재의 길이가 길수록 늘음량도 커진다.
④ 부재의 단면적이 작을수록 늘음량도 커진다.

해설

정탄성계수

1) $E_c = \dfrac{\sigma(\text{응력})}{\varepsilon(\text{변형률})} = \dfrac{P \cdot l}{A \cdot E_c} = \dfrac{P \cdot \ell}{A \cdot \triangle \ell}$

2) 재료의 탄성계수가 클수록 늘음량도 작아진다.

43 도폭선에 심약(心藥)으로 사용되는 것은?
① 흑색화약
② 질화납
③ 뇌홍
④ 면화약

해설
도폭선
도폭선은 면화약을 심약으로 하고 마사 면사 등으로 싸서 방습 포장을 한 것으로 점폭하면 5000m/s의 폭속으로 폭굉한다.

44 토목섬유(Geosynthetics)의 기능과 관련된 용어 중 아래의 표에서 설명하는 기능은?

> 지오텍스타일이나 관련제품을 이용하여 인접한 다른 흙이나 채움재가 서로 섞이지 않도록 방지함

① 배수기능
② 보강기능
③ 여과기능
④ 분리기능

해설
토목섬유의 기능
① 배수 기능 (Drainage Function)
② 필터 기능 (Filtration Function)
③ 분리 기능 (Separation Function)
④ 보강 기능 (Reinforced Function)
⑤ 방수 및 차단 기능

45 콘크리트에 AE제를 혼입했을 때의 설명 중 옳지 않은 것은?
① 유동성이 증가한다.
② 재료의 분리를 줄일 수 있다.
③ 작업하기 쉽고 블리딩이 커진다.
④ 단위 수량을 줄일 수 있다.

해설
AE제 혼입시 작업하기 쉽고 블리딩이 작아진다.

46 굵은 골재의 최대 치수란 질량비로 몇 %이상 통과시키는 체 중에서 최소 치수인 체의 호칭치수를 말하는가?
① 80
② 85
③ 90
④ 95

해설
굵은 골재의 최대 치수란 질량비로 몇 90%이상 통과시키는 체 중에서 최소 치수인 체

47 다음 중 목재의 인공건조법이 아닌 것은?

① 수침법 ② 끓임법
③ 열기법 ④ 증기법

해설
목재의 건조법
1) 자연건조법 : 공기건조법, 침수법
2) 인공건조법
　　· 끓임법(자비법)
　　· 증기건조법
　　· 열기건조법

48 다음 중에서 아스팔트의 점도에 가장 큰 영향을 주는 것은?

① 비중 ② 인화점
③ 연화점 ④ 온도

해설
아스팔트의 점도는 끈적거림의 정도를 나타내는 것으로 온도에 가장 큰 영향을 받는다.

49 전체 500g의 잔골재를 체분석한 결과가 아래 표와 같을 때 조립률은?

체호칭(mm)	10	5	2.5	1.2	0.6	0.3	0.15	Pan
잔류량(g)	0	25	35	65	215	120	35	5

① 2.67 ② 2.87
③ 3.01 ④ 3.22

해설
1) 가적잔류율

체구분	잔류율(%)	가적잔류율(%)
10	0	0
5	5	5
2.5	7	12
1.2	13	25
0.6	43	68
0.3	24	92
0.15	7	99
PAN	1	100

2) $FM = \dfrac{5+12+25+68+92+99}{100} = 3.01$

정답 47 ① 48 ④ 49 ③

50 아스팔트 배합설계 시 가장 중요하게 검토하는 안정도(stability)에 대한 정의로 옳은 것은?
① 교통하중에 의한 아스팔트 혼합물의 변형에 대한 저항성을 말한다.
② 노화작용에 대한 저항성 및 기상작용에 대한 저항성을 말한다.
③ 아스팔트 혼합물의 배합 시 잘 섞일 수 있는 능력을 말한다.
④ 자동차의 제동(Brake)시 적절한 마찰로서 정지할 수 있는 표면조직의 능력이다.

> **해설**
> 안정도
> ① 아스팔트 혼합물이 교통차량의 하중과 고온에 의한 혼합물의 유동 변형에 대한 저항성을 안정도라고 한다.
> ② 도로의 표층포장공사에서 사용되는 가열 아스팔트 혼합물의 안정도를 측정하기 위하여 마샬 안정도시험을 실시한다.

51 다음 중 시멘트 응결시간 측정에 사용하는 기구는?
① 데발(Deval)
② 블레인(Blaine)
③ 오토클레이브(Autoclave)
④ 길모아침(Gillmore needle)

> **해설**
> 시멘트에 대한 응결시간 측정 시험은 길모아침, 비카트침 시험방법이 있다.

52 역청재료의 일반적 성질에 관한 설명으로 틀린 것은?
① 역청재료는 유기질 재료가 가지지 못하는 무기질 재료 특유의 성질을 가지고 있어 포장재료, 주입재료, 방수재료 및 이음재 등에 사용된다.
② 타르(tar)는 석유원유, 석탄, 수목 등의 유기물의 건류에 의하여 얻어진 암흑색의 액상물질로서 아스팔트보다 수분이 많이 포함되어 있다.
③ 역청유제는 역청을 미립자의 상태에서 수중에 분산시켜 혼탁액으로 만든 것이다.
④ 콜타르(coal tar)는 석탄의 건류에 의하여 얻어지는 가스 또는 코우크스를 제조할 때 생기는 부산물이다.

> **해설**
> 역청재료
> 1) 석유, 천연가스, 석탄 등의 가공물
> 2) 역청재료는 원유로부터 얻어지는 유기화합물이다.
> ※ 유기질재료 : 생명체로부터 얻어지는 재료
>   무기질재료 : 무생물체로부터 얻어지는 재료

53 포틀랜드시멘트에 혼합물질을 섞은 시멘트를 혼합시멘트라고 한다. 다음 중 혼합시멘트에 속하지 않은 것은?

① 알루미나시멘트
② 고로슬래그시멘트
③ 플라이애쉬시멘트
④ 포졸란시멘트

해설

혼합 시멘트
① 고로 슬래그 시멘트
② 실리카 시멘트
③ 플라이 애시 시멘트
④ 포졸란 시멘트

54 단위용적 질량이 $1.65t/m^3$인 굵은 골재의 절건밀도가 $2.65g/cm^3$일 때 이 골재의 실적률(A)과 공극률(B)은?

① A=62.3%, B=37.7%
② A=69.7%, B=30.3%
③ A=66.7%, B=33.3%
④ A=71.4%, B=28.6%

해설

① 골재의 실적률(%)

$$실적률 = \frac{단위용적질량}{절건 밀도} \times 100$$

$$= \frac{1.65}{2.65} \times 100 = 62.26\%$$

② 공극률 = 100-실적률(%)
공극률 = 100-62.26=37.7%

55 석재를 모양 및 치수에 따라 분류할 경우 아래의 표에서 설명하는 석재는?

> 면이 원칙적으로 거의 사각형에 가까운 것으로, 2면을 쪼개어 면에 직각으로 측정한 길이가 면의 최소 변의 1.2배 이상일 것

① 각석
② 판석
③ 사고석
④ 견치석

해설

석재의 규격
1) 각 석
   폭이 두께의 3배 미만이고 폭보다 길이가 긴 직육면체형의 석재
2) 판 석
   두께가 15cm 미만이고 폭이 두께의 3배 이상인 판 모양의 석재
3) 견치석
   앞면은 규칙적으로 거의 사각형에 가깝고 길이는 최소변의 1.5배 이상인 석재
4) 활 석(사고석)
   앞면은 거의 정사각형에 가깝고 길이는 최소변의 1.2배 이상인 석재

56 콘크리트용 혼화재료인 플라이애시에 대한 다음 설명 중 틀린 것은?

① 플라이애시는 보존 중에 입자가 응집하여 고결하는 경우가 생기므로 저장에 유의하여야 한다.
② 플라이애시는 인공포졸란 재료로 잠재수경성을 가지고 있다.
③ 플라이애시는 워커빌리티 증가 및 단위수량 감소효과가 있다.
④ 플라이애시 중의 미연탄소분에 의해 AE제 등이 흡착되어 연행공기량이 현저히 감소한다.

> **해설**
> 고로슬래그는 인공포졸란 재료로 잠재수경성을 가지고 있다.

57 다음 혼화재료 중 고강도 및 고내구성을 동시에 만족하는 콘크리트를 제조하는데 가장 적합한 혼화재료는?

① 고로슬래그 미분말 1종
② 고로슬래그 미분말 2종
③ 실리카퓸
④ 플라이애시

> **해설**
> 실리카 퓸
> 1) 장점
>   콘크리트 강도, 내구성, 수밀성을 증대
> 2) 단점
>   ・워커빌리티가 불량
>   ・건조수축 증가
>   ・단위수량 증가

58 포틀랜드 시멘트의 제조에 필요한 주원료는?

① 응회암과 점토
② 석회암과 점토
③ 화강암과 모래
④ 점판암과 모래

> **해설**
> 포틀랜드 시멘트
> 석회석과 점토를 4:1로 혼합하여 1,400~1,500℃ 정도의 소성로를 거쳐 생산된 클링커

59 화강암의 일반적인 특징에 대한 설명으로 틀린 것은?

① 조직이 균일하고 내구성 및 강도가 크다.
② 내화성이 풍부하고 내화구조물용으로 적당하다.
③ 경도 및 자중이 커서 가공 및 시공이 어렵다.
④ 균열이 적기 때문에 큰 재료를 채취할 수 있다.

> **해설**
> 화강암은 압축강도 및 내구성이 크나, 내화성에 취약해 내화 구조물용으로는 부적당하다.

정답 56 ② 57 ③ 58 ② 59 ②

60 골재의 함수상태에 대한 설명으로 틀린 것은?
① 절대건조상태는 105±5℃의 온도에서 일정한 질량이 될 때까지 건조하여 골재 알의 내부에 포함되어 있는 자유수가 완전히 제거된 상태이다.
② 공기 중 건조상태는 골재를 실내에 방치한 경우 골재입자의 표면과 내부의 일부가 건조된 상태이다.
③ 표면건조포화상태는 골재의 표면수는 없고 골재알 속의 빈틈이 물로 차있는 상태이다.
④ 습윤상태는 골재입자의 표면에 물이 부착되어 있으나 골재입자 내부에는 물이 없는 상태이다.

해설
습윤상태는 골재 입자의 내부 및 표면이 물로 젖어있는 상태이다.

제4과목 토질 및 기초

61 샘플러(sampler)의 외경이 6cm, 내경이 5.5cm일 때, 면적비(A_r)는?
① 8.3%
② 9.0%
③ 16%
④ 19%

해설
면적비
① $A_r = \dfrac{D_o^2 - D_i^2}{D_i^2} \times 100$

$= \dfrac{6^2 - 5.5^2}{5.5^2} \times 100 = 19\%$

② 면적비는 샘플러를 삽입함으로서 배제되는 흙체적의 비율을 나타내며 시료면적비가 10%이하인 경우 불교란 시료로 판정

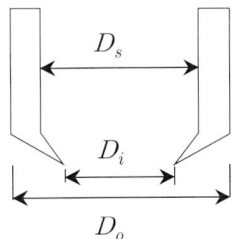

62 기초폭 4m인 연속기초에서 기초면에 작용하는 합력의 연직성분은 10t이고 편심거리가 0.4m일 때, 기초지반에 작용하는 최대 압력은?
① 2t/m²
② 4t/m²
③ 6t/m²
④ 8t/m²

해설
1) $q = \dfrac{R_v}{B}(1 \pm \dfrac{6 \cdot e}{B}) \leq q_{all}$
2) $\dfrac{10}{4} \times (1 \pm \dfrac{6 \times 0.4}{4}) = 4t/m^2$

63 Sand drain공법의 지배 영역에 관한 Barron의 정사각형 배치에서 사주(Sand pile)의 간격을 d, 유효원의 지름을 de라 할 때, de를 구하는 식으로 옳은 것은?

① de=1.13d
② de=1.05d
③ de=1.03d
④ de=1.50d

해설

Sand pile의 배열과 영향원 지름
1) 정삼각형 배열 : $d_e = 1.05d$
2) 정사각형 배열 : $d_e = 1.13d$

64 아래 그림에서 투수계수 K=4.8×10⁻³cm/sec일 때 Darcy 유출속도(v)와 실제 물의 속도(침투속도, v_s)는?

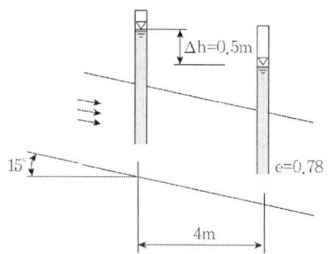

① $v = 3.4 \times 10^{-4}$ cm/sec, $v_s = 5.6 \times 10^{-4}$ cm/sec
② $v = 3.4 \times 10^{-4}$ cm/sec, $v_s = 9.4 \times 10^{-4}$ cm/sec
③ $v = 5.8 \times 10^{-4}$ cm/sec, $v_s = 10.8 \times 10^{-4}$ cm/sec
④ $v = 5.8 \times 10^{-4}$ cm/sec, $v_s = 13.2 \times 10^{-4}$ cm/sec

해설

1) $v = k \cdot i = 4.8 \times 10^{-3} \times \dfrac{50}{\left(\dfrac{400}{\cos 15°}\right)}$

$\quad = 5.8 \times 10^{-4} cm/\sec$

2) $v_s = \dfrac{v}{n} = \dfrac{5.8 \times 10^{-4}}{\dfrac{0.78}{1+0.78}} = 13.2 \times 10^{-4} cm/\sec$

65 다음 중 시료채취에 대한 설명으로 틀린 것은?

① 오거보링(Auger Boring)은 흐트러지지 않은 시료를 채취하는데 적합하다.
② 교란된 흙은 자연상태의 흙보다 전단강도가 작다.
③ 액성한계 및 소성한계 시험에서는 교란시료를 사용하여도 괜찮다.
④ 입도분석시험에서는 교란시료를 사용하여도 괜찮다.

해설

오거보링(Auger Boring)은 흐트러진 시료를 채취하는데 적합하다.

66 어떤 굳은 점토층을 깊이 7m까지 연직 절토하였다. 이 점토층의 일축압축강도가 $1.4kg/cm^2$, 흙의 단위중량이 $2t/m^3$라 하면 파괴에 대한 안전율은?(단, 내부마찰각은 30°)

① 0.5   ② 1.0
③ 1.5   ④ 2.0

해설

직립면의 한계고

1) $H_c = \dfrac{4c}{\gamma}\left(\dfrac{\cos\varnothing}{1-\sin\varnothing}\right) = \dfrac{4c}{\gamma}\tan\left(45° + \dfrac{\varnothing}{2}\right)$

$= \dfrac{4 \times 4.04 \times \tan\left(45° + \dfrac{30}{2}\right)}{2} = 14m$

2) $c = \dfrac{q_u}{2 \cdot \tan\left(45 + \dfrac{\phi}{2}\right)} = \dfrac{14}{2 \times \tan\left(45 + \dfrac{30}{2}\right)}$

$= 4.04 t/m^2$

3) $F_s = \dfrac{H_c}{H} = \dfrac{14}{7} = 2$

여기서, 일축압축강도 $1.4 kg/cm^2 = 14 t/m^2$

67 아래 그림과 같은 지표면에 2개의 집중하중이 작용하고 있다. 3t의 집중하중 작용점 하부 2m지점 A에서의 연직하중의 증가량은 약 얼마인가?(단, 영향계수는 소수점이하 넷째자리까지 구하여 계산하시오.)

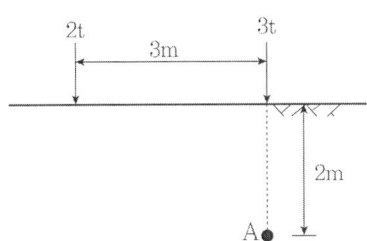

① $0.37 t/m^2$ ② $0.89 t/m^2$
③ $1.42 t/m^2$ ④ $1.94 t/m^2$

해설

1) 3t의 연직하중 증가량

$\triangle \sigma_{z1} = \dfrac{P}{Z^2} \cdot I = \dfrac{P}{Z^2} \cdot \dfrac{3}{2\pi}$

$= \dfrac{3}{2^2} \times \dfrac{3}{2\pi} = 0.36 t/m^2$

여기서 직하상태 영향계수

$I = \dfrac{3}{2\pi}$ 또는 0.4777을 사용

2) 2t의 연직하중 증가량

· $R = \sqrt{3^2 + 2^2} = 3.6056$

- $I = \dfrac{3Z^5}{2\pi R^5} = \dfrac{3 \times 2^5}{2\pi \times 3.6056^5} = 0.0251$
- $\Delta \sigma_{z2} = \dfrac{P}{Z^2} \cdot I = \dfrac{2}{2^2} \times 0.0251 = 0.01 t/m^2$

3) $\Delta \sigma_z = \Delta \sigma_{z_1} + \Delta \sigma_{z_2}$
   $= 0.36 + 0.01 = 0.37 t/m^2$

68 10m 두께의 점토층이 10년 만에 90% 압밀이 된다면, 40m 두께의 동일한 점토층이 90% 압밀에 도달하는 소요되는 기간은?

① 16년 ② 80년
③ 160년 ④ 240년

해설

1) $t_{90} = \dfrac{0.848 H^2}{C_v}$ 에서

$C_v = \dfrac{0.848 \times (\frac{10}{2})^2}{10 \times 365 \times 24} = 0.000242 \, m^2/hr$

2) $t_{90} = \dfrac{0.848 \times (\frac{40}{2})^2}{0.000242} = 1.4 \times 10^6 hr$

$= \dfrac{1.4 \times 10^6}{24 \times 365} = 160$년

69 사면안정 해석방법에 대한 설명으로 틀린 것은?

① 일체법은 활동면 위에 있는 흙덩어리를 하나의 물체로 보고 해석하는 방법이다.
② 절편법은 활동면 위에 있는 흙을 몇 개의 절편으로 분할하여 해석하는 방법이다.
③ 마찰원방법은 점착력과 마찰각을 동시에 갖고 있는 균질한 지반에 적용된다.
④ 절편법은 흙이 균질하지 않아도 적용이 가능하지만, 흙속에 간극수압이 있을 경우 적용이 불가능하다.

해설

절편법
1) 파괴면 위의 흙을 수 개의 절편으로 나눈 후 각각의 절편에 대해 안정성을 계산하는 방법으로
2) $F_s = \dfrac{c.l + (W\cos\theta - U)\tan\varnothing}{W\sin\theta}$

절편법 Fellenius 식에서 간극수압 U를 고려하고 있다.

70 흙의 다짐에 대한 설명으로 틀린 것은?

① 조립토는 세립토보다 최대 건조단위중량이 커진다.
② 습윤측 다짐을 하면 흙 구조가 면모구조가 된다.
③ 최적 함수비로 다질 때 최대 건조단위중량이 된다.
④ 동일한 다짐 에너지에 대해서는 건조측이 습윤측보다 더 큰 강도를 보인다.

해설

습윤측 다짐을 하면 흙 구조가 이산(분산)구조가 된다.

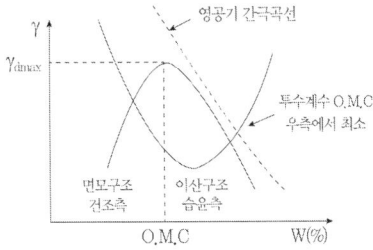

71 성토나 기초지반에 있어 특히 점성토의 압밀 완료 후 추가 성토 시 단기 안정문제를 검토하고자 하는 경우 적용되는 시험법은?

① 비압밀 비배수시험
② 압밀 비배수시험
③ 압밀 배수시험
④ 일축압축시험

해설

CU 시험(압밀 비배수) 적용
1) 점토 지반을 Pre-loading 공법 등으로 미리 압밀 시킨 후에 추가적으로 급속히 재하 성토를 실시하여 비배수 상태의 안정성을 검토하는 경우 적용
2) 한계성토고 이상으로 단계성토시 적용
3) 수위 급강하시 댐 제체의 상류측 안정성 검토적용
4) 이미 안정된 성토 제방에 추가로 급속 성토 시공 후 단기 안정성 검토

72 테르쟈기(Terzaghi)의 얕은 기초에 대한 지지력 공식 $q_u = \alpha c N_c + \beta \gamma_1 B N_\gamma + \gamma_2 D_f N_q$ 에 대한 설명으로 틀린 것은?

① 계수 α, β를 형상계수라 하며 기초의 모양에 따라 결정된다.
② 기초의 깊이 D_f가 클수록 극한지지력도 이와 더불어 커진다고 볼 수 있다.
③ N_c, N_γ, N_q는 지지력계수라 하는데 내부마찰각과 점착력에 의해서 정해진다.
④ γ_1, γ_2는 흙의 단위 중량이며 지하수위 아래에서는 수중단위 중량을 써야 한다.

해설

지지력계수
Nc, Nr, Nq : 지지력계수($\emptyset$ 의 함수)
내부마찰각이 10°까지는 지지력계수 Nr=0

정답 70 ② 71 ② 72 ③

73 자연상태의 모래지반을 다져 e_{min}에 이르도록 했다면 이 지반의 상대밀도는?

① 0%
② 50%
③ 75%
④ 100%

해설

상대밀도

1) $D_r = \dfrac{e_{max} - e}{e_{max} - e_{min}} \times 100$

2) $e = e_{min}$ 조건이 되면 상대밀도는 100%

74 어떤 지반의 미소한 흙요소에 최대 및 최소 주응력이 각각 1kg/cm² 및 0.6kg/cm² 일 때, 최소주응력면과 60°를 이루는 면상의 전단응력은?

① 0.10kg/cm²
② 0.17kg/cm²
③ 0.20kg/cm²
④ 0.27kg/cm²

해설

전단응력

$\tau = \dfrac{\sigma_1 - \sigma_3}{2} \sin 2\theta$

$= \dfrac{(1-0.6)}{2} \sin(2 \times 60°) = 0.17 kg/cm^2$

75 수직방향의 투수계수가 4.5×10^{-8}m/sec이고, 수평방향의 투수계수가 1.6×10^{-8}m/sec 인 균질하고 비등방(非等方)인 흙댐의 유선망을 그린 결과 유로(流路)수가 4개이고 등수두선의 간격수가 18개 이었다. 단위길이(m)당 침투수량은?(단, 댐의 상하류의 수면의 차는 18m이다.)

① 1.1×10^{-7} m³/sec
② 2.3×10^{-7} m³/sec
③ 2.3×10^{-8} m³/sec
④ 1.5×10^{-8} m³/sec

해설

1) $K = \sqrt{K_h \times K_v}$

$= \sqrt{(1.6 \times 10^{-8}) \times (4.5 \times 10^{-8})}$

$= 2.68 \times 10^{-8} m/\sec$

2) $Q = KH \dfrac{N_f}{N_d}$

$= 2.68 \times 10^{-8} \times 18 \times \dfrac{4}{18} \times 1$

$= 1.1 \times 10^{-7} m^3/\sec$

76 도로 연장 3km 건설 구간에서 7개 지점의 시료를 채취하여 다음과 같은 CBR을 구하였다. 이때의 설계 CBR은 얼마인가?

· 7개의 CBR : 5.3, 5.7, 7.6, 8.7, 7.4, 8.6, 7.2

[설계 CBR 계산용 계수]

개수	d_2
2	1.41
3	1.91
4	2.24
5	2.48
6	2.67
7	2.83
8	2.96
9	3.08
10이상	3.18

① 4　　　　　② 5
③ 6　　　　　④ 7

해설

설계 CBR 구하는 방법(일본 도로공단)

설계 $CBR = $ 평균 $CBR - (\dfrac{최대 CBR - 최소 CBR}{d_2})$

설계 $CBR = 7.21 - (\dfrac{8.7 - 5.3}{2.83}) = 6$

여기서 d_2 : n개 지점의 설계 CBR 계산용 계수

77 다음 중 연약점토지반 개량공법이 아닌 것은?

① Preloading 공법　　② Sand drain 공법
③ Paper drain 공법　　④ Vibro floatation 공법

해설

Vibro floatation 공법은 사질토 지반 개량공법

78 간극비(e)와 간극률(n, %)의 관계를 옳게 나타낸 것은?

① $e = \dfrac{1 - n/100}{n/100}$　　　　② $e = \dfrac{n/100}{1 - n/100}$

③ $e = \dfrac{1 + n/100}{n/100}$　　　　④ $e = \dfrac{1 + n/100}{1 - n/100}$

해설

간극비

$e = \dfrac{n}{100 - n} = \dfrac{n/100}{1 - n/100}$

정답 76 ③　77 ④　78 ②

79 분사현상에 대한 안전율이 2.5 이상이 되기 위해서는 △h를 최대 얼마 이하로 하여야 하는가?(단, 간극률(n)=50%)

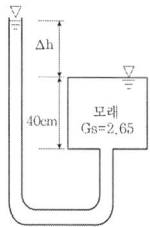

① 7.5cm ② 8.9cm
③ 13.2cm ④ 16.5cm

해설

1) $e = \dfrac{n}{100-n} = \dfrac{50}{100-50} = 1$

2) $F_s = \dfrac{i_c}{i} = \dfrac{\dfrac{G_s-1}{1+e}}{\dfrac{\triangle h}{L}} \geq 2.5 = \dfrac{\left(\dfrac{2.65-1}{1+1}\right)}{\dfrac{\triangle h}{40}} \geq 2.5$

∴ $\triangle h \leq 13.2 cm$

80 옹벽배면의 지표면 경사가 수평이고, 옹벽배면 벽체의 기울기가 연직인 벽체에서 옹벽과 뒷채움 흙사이의 벽면마찰각(δ)을 무시할 경우 Rankine토압과 Coulomb토압의 크기를 비교하면?

① Rankine토압이 Coulomb토압 보다 크다.
② Coulomb토압이 Rankine토압 보다 크다.
③ Rankine토압과 Coulomb토압의 크기는 항상 같다.
④ 주동토압은 Rankine토압이 더 크고, 수동토압은 Coulomb토압이 더 크다.

해설

Rankine 과 Coulomb 토압의 해석적 차이
① Rankine 토압
  1) 벽마찰각(δ)을 무시(설계상 안전측)
  2) 힘의 작용방향이 지표면과 평행하게 작용하며 지표면은 무한히 넓게 존재한다.
  3) 벽체의 경사는 연직($\theta = 0$)벽 상태
  4) 파괴면내 배면토는 모두 소성상태로 봄
  5) 흙은 비압축성이고 균질한 상태의 입자이다.
  6) 지표면 상재하중은 등분포 하중이다.
  7) 토립자는 흙 입자간의 마찰력으로 평형을 유지한다.
② Coulomb 토압
  1) 벽마찰각(δ)을 고려
  2) 힘의 작용방향은 지표면과 무관함.
  3) 벽체의 경사($\theta \neq 0$)상태를 고려함.
  4) 파괴면내 배면토는 흙쐐기 상태로 강체로 간주함.

2018 기출문제
제1회 건설재료시험기사

제1과목 콘크리트공학

01 한중 콘크리트에서 가열한 재료를 믹서에 투입하는 순서로 가장 적합한 것은?

① 굵은 골재 → 잔골재 → 시멘트 → 물
② 물 → 굵은 골재 → 잔골재 → 시멘트
③ 잔골재 → 시멘트 → 굵은 골재 → 물
④ 시멘트 → 잔골재 → 굵은 골재 → 물

해설
한중 콘크리트 가열한 재료를 믹서에 투입하는 순서는 더운물과 굵은골재, 잔골재 순으로 넣어서 믹서 안의 온도가 40°C이하가 되고나서 최종적으로 시멘트를 투입한다.

02 콘크리트의 받아들이기 품질검사 항목 중 염소이온량 시험의 시기 및 횟수에 대한 규정으로 옳은 것은?

① 바다 잔골재를 사용할 경우 2회/일, 그 밖의 경우 1회/주
② 바다 잔골재를 사용할 경우 1회/일, 그 밖의 경우 2회/주
③ 바다 잔골재를 사용할 경우 2회/일, 그 밖의 경우 2회/주
④ 바다 잔골재를 사용할 경우 1회/일, 그 밖의 경우 1회/주

해설
염소이온량 시험은 바다 잔골재를 사용할 경우는 1일에 2회 실시하고, 그 밖의 경우는 1주에 1회 실시한다.

03 섬유보강콘크리트용 섬유로서 갖추어야 할 조건으로 잘못된 것은?

① 섬유의 탄성계수는 시멘트 결합재 탄성계수의 1/4 이하일 것
② 섬유와 시멘트 결합재 사이의 부착성이 좋을 것
③ 섬유의 인장강도가 충분히 클 것
④ 형상비가 50 이상일 것

해설
① 섬유보강 콘크리트용 섬유의 탄성계수는 시멘트 결합재 탄성계수의 1/5이상 이어야하며, 형상비는 50이상으로 한다.
② 강섬유의 평균 인장강도는 500MPa 이상이며, 각각의 인장강도 또한 450MPa이상 이어야 한다.

정답 01 ② 02 ① 03 ①

04 시방배합결과 단위 잔골재량 670kg/m³, 단위 굵은 골재량 1,280kg/m³을 얻었다. 현장골재의 입도만을 고려하여 현장배합으로 수정하면 단위 굵은 골재량은?

[현장 골재 상태]
· 잔골재가 5mm체에 남는 양 : 2%
· 굵은 골재가 5mm체를 통과하는 양 : 4%

① 1,286kg/m³
② 1,297kg/m³
③ 1,312kg/m³
④ 1,320kg/m³

해설
단위 굵은골재량(Y)

$$Y = \frac{100G - a(S+G)}{100-(a+b)}$$

$$= \frac{100 \times 1,280 - 2(670+1,280)}{100-(2+4)} = 1,320 kg/m^3$$

05 묽은 비빔 콘크리트는 블리딩이 크고 이것에 상당하는 침하가 발생한다. 콘크리트의 침하가 철근 및 기타 매설물에 의해 국부적인 방해를 받아 발생하는 침하균열을 방지하기 위한 대책으로 틀린 것은?

① 단위수량을 될 수 있는 한 적게 하고, 슬럼프가 작은 콘크리트를 잘 다짐해서 시공한다.
② 침하종료 이전에 급격하게 굳어져 접착력을 잃지 않는 시멘트나 혼화제를 선정한다.
③ 타설속도를 가능한 빨리하고, 1회의 타설높이를 크게 한다.
④ 균열을 조기에 발견하고, 각재 등으로 두드리는 재타법(再打法)이나 흙손으로 눌러서 균열을 폐색시킨다.

해설
침하균열을 방지하기 위하여 콘크리트 타설속도를 가능한 천천히하고, 1회의 타설높이를 작게 한다.

06 콘크리트의 습윤양생에 대한 설명으로 틀린 것은?

① 습윤양생기간 중에 거푸집판이 건조하더라도 살수를 해서는 안 된다.
② 콘크리트는 타설한 후 경화가 될 때까지 양생기간 동안 직사광선이나 바람에 의해 수분이 증발하지 않도록 보호하여야 한다.
③ 습윤양생에서 습윤상태의 보호기간은 보통 포틀랜드 시멘트를 사용하고 일평균기온이 15℃이상인 경우에 5일간 이상을 표준으로 한다.
④ 막양생을 할 경우에는 사용 전에 살포량, 시공방법 등에 관하여 시험을 통하여 충분히 검토해야 한다.

해설
습윤양생 기간의 표준

일평균 기온	조강 P.C	보통 P.C	고로 슬래그 및 플라이애시시멘트 B종
15℃ 이상	3일	5일	7일
10℃ 이상	4일	7일	9일
5℃ 이상	5일	9일	12일

07 숏크리트에 대한 설명으로 틀린 것은?
① 일반 숏크리트의 장기 설계기준 압축강도는 재령 28일로 설정한다.
② 습식 숏크리트의 배치 후 60분 이내에 뿜어붙이기를 실시하여야 한다.
③ 숏크리트의 초기강도는 재령 3시간에서 1.0~3.0MPa을 표준으로 한다.
④ 굵은 골재의 최대치수는 25mm의 것이 널리 쓰인다.

해설
숏크리트 굵은 골재의 최대치수는 13mm의 것이 널리 쓰인다.

08 거푸집 및 동바리의 구조계산에 관한 설명으로 틀린 것은?
① 고정하중은 철근콘크리트와 거푸집의 중량을 고려하여 합한 하중이며, 철근의 중량을 포함한 콘크리트의 단위중량은 보통콘크리트에서는 24kN/m³을 적용하고, 거푸집 하중은 최소 0.4kN/m²이상을 적용한다.
② 활하중은 작업원, 경량의 장비하중, 기타 콘크리트 타설에 필요한 자재 및 공구 등의 시공하중, 그리고 충격하중을 포함한다.
③ 동바리에 작용하는 수평방향 하중으로는 고정하중의 2% 이상 또는 동바리 상단의 수평방향 단위 길이당 1.5kN/m 이상 중에서 큰 쪽의 하중이 동바리 머리부분에 수평방향으로 작용하는 것으로 가정한다.
④ 벽체 거푸집의 경우에는 거푸집 측면에 대하여 5.0kN/m² 이상의 수평방향 하중이 작용하는 것으로 본다.

해설
벽체 거푸집의 경우에는 거푸집 측면에 대하여 0.5kN/m² 이상의 수평방향 하중이 작용하는 것으로 본다.

09 콘크리트의 압축강도 특성에 대한 설명으로 틀린 것은?
① 시멘트의 분말도가 높아지면 초기압축강도는 커진다.
② 물-시멘트비가 일정하면 굵은 골재의 최대치수가 클수록 콘크리트의 강도는 작아진다.
③ 일반적으로 부순돌을 사용한 콘크리트의 강도는 강자갈을 사용한 콘크리트의 강도보다 작다.
④ 콘크리트의 강도는 일반적으로 표준양생을 한 재령 28일 압축강도를 기준으로 하고 댐콘크리트의 경우는 재령 91일 압축강도를 기준으로 한다.

해설
일반적으로 부순돌을 사용한 콘크리트의 강도는 강자갈을 사용한 콘크리트의 강도보다 크다.

정답 07 ④ 08 ④ 09 ③

10 30회 이상의 시험실적으로부터 구한 콘크리트 압축강도의 표준편차가 4.5MPa이고, 설계기준 압축강도가 40MPa인 경우 배합강도는?

① 46.1MPa
② 46.5MPa
③ 47.0MPa
④ 48.5MPa

해설

$f_{ck} > 35MPa$ 이므로
$f_{cr} = f_{cq} + 1.34S = 40 + 1.34 \times 4.5$
$\quad = 46.03 MPa$
$f_{cr} = 0.9 \cdot f_{cq} + 2.33S$
$\quad = 0.9 \times 40 + 2.33 \times 4.5$
$\quad = 46.49 MPa$
상기값 중 큰 값이 배합강도이므로
$f_{cr} = 46.5 MPa$

11 콘크리트의 다지기에서 내부진동기를 사용하여 다짐하는 방법에 대한 설명으로 틀린 것은?

① 진동다지기를 할 때에는 내부진동기를 하층의 콘크리트 속으로 0.1m정도 찔러 넣는다.
② 1개소당 진동시간은 다짐할 때 시멘트 페이스트가 표면 상부로 약간 부상하기까지 한다.
③ 내부진동기의 삽입간격은 일반적으로 1m이상으로 하는 것이 좋다.
④ 내부진동기의 콘크리트를 횡방향으로 이동시킬 목적으로 사용해서는 안 된다.

해설

내부진동기의 삽입간격은 일반적으로 0.5m이하로 하는 것이 좋다.

12 서중 콘크리트에 대한 설명으로 틀린 것은?

① 하루 평균기온이 25℃를 초과하는 것이 예상되는 경우 서중 콘크리트로 시공하여야 한다.
② 서중 콘크리트의 배합온도는 낮게 관리하여야 한다.
③ 콘크리트를 타설하기 전에는 지반, 거푸집 등 콘크리트로부터 물을 흡수할 우려가 있는 부분을 습윤상태로 유지하여야 한다.
④ 콘크리트를 타설할 때의 콘크리트 온도는 25℃ 이하이어야 한다.

해설

콘크리트를 타설할 때의 콘크리트 온도는 35℃ 이하이어야 한다.

13 프리스트레싱할 때의 콘크리트 강도에 대한 아래 표의 설명에서 (   )안에 알맞은 수치는?

> 프리스트레싱을 할 때의 콘크리트의 압축강도는 어느 정도의 안전도를 확보하기 위하여 프리스트레스를 준 직후, 콘크리트에 일어나는 최대 압축응력의 (   )배 이상이어야 한다.

① 0.8
② 1.0
③ 1.7
④ 2.5

해설
프리스트레싱을 할 때의 콘크리트의 압축강도는 어느 정도의 안전도를 확보하기 위하여 프리스트레스를 준 직후, 콘크리트에 일어나는 최대 압축응력의(1.7)배 이상이어야 한다.

14 레디믹스트 콘크리트에서 구입자의 승인을 얻은 경우를 제외한 일반적인 경우의 염화물함유량은 최대 얼마 이하이어야 하는가?(단, 염소 이온(Cl^-)량)

① $0.2kg/m^3$
② $0.3kg/m^3$
③ $0.4kg/m^3$
④ $0.5kg/m^3$

해설
굳지 않은 콘크리트 중의 전 염화물 이온량은 원칙적으로 $0.3kg/m^3$ 이하로 한다.

15 콘크리트의 휨 강도 시험에 대한 설명으로 틀린 것은?
① 지간은 공시체 높이의 3배로 한다.
② 재하 장치의 설치면과 공시체면과의 사이에 틈새가 생기는 경우 접촉부의 공시체 표면을 평평하게 갈아서 잘 접촉할 수 있도록 한다.
③ 공시체에 하중을 가하는 속도는 가장자리 응력도의 증가율이 매초 0.6±0.4MPa이 되도록 한다.
④ 공시체가 인장쪽 표면의 지간 방향 중심선의 3등분점의 바깥쪽에서 파괴된 경우는 그 시험 결과를 무효로 한다.

해설
콘크리트 휨 강도용 공시체에 하중을 가하는 속도는 가장자리 응력도의 증가율이 매초(0.06±0.04MPa) 되도록 조정하여야 한다.

16 프리플레이스트 콘크리트에 사용하는 재료에 대한 설명으로 틀린 것은?
① 프리플레이스트 콘크리트의 주입 모르타르는 포틀랜드 시멘트를 사용하는 것을 표준으로 한다.
② 잔골재의 조립률은 2.3~3.1 범위로 한다.
③ 굵은 골재의 최소 치수는 15mm 이상으로 하여야 한다.
④ 일반적으로 굵은 골재의 최대치수는 최소 치수의 2~4배 정도로 한다.

해설
잔골재는 입경 2.5mm이하, 조립률은 1.4~2.2 범위로 정한다.

17 콘크리트 타설시 유의사항으로 잘못된 것은?
① 콘크리트 타설 도중 블리딩 수가 있을 경우 그 물을 제거하고 그 위에 콘크리트를 친다.
② 외기온도가 25°C이하인 경우 허용이어치기 시간간격의 표준은 1.5시간을 표준으로 한다.
③ 2층 이상으로 나누어 콘크리트를 타설하는 경우 아래층이 굳기 시작하기 전에 윗층의 콘크리트를 친다.
④ 콘크리트의 자유낙하 높이가 너무 크면 콘크리트의 분리가 일어나므로 슈트, 펌프 배관 등의 배출구와 타설면까지의 높이는 1.5m 이하를 원칙으로 한다.

해설
콜드조인트 방지를 위한 허용이어치기
콘크리트 타설 온도 25°C 이상에서 2시간 이하 25°C 이하에서 2.5시간 이하

18 비파괴 시험방법 중 콘크리트 내의 철근부식 유무를 평가할 수 있는 방법이 아닌 것은?
① 자연전위법
② 분극저항법
③ 전기저항법
④ 전자유도법

해설
철근배근조사를 위해서 RC-Radar, Ferroscan의 장비가 주로 사용되고 있으며, 이들은 전자파레이다법과 전자유도법을 이용한다.

19 프리스트레스트 콘크리트에 대한 설명으로 틀린 것은?
① 굵은 골재 최대치수는 보통의 경우 25mm를 표준으로 한다.
② 팽창성 그라우트의 재령 28일 압축강도는 최소 25MPa 이상이어야 한다.
③ 프리텐션 방식에서는 프리스트레싱 할 때 콘크리트 압축강도가 30MPa 이상이어야 한다.
④ 팽창성 그라우트의 팽창률은 0~10%를 표준으로 한다.

해설
팽창성 그라우트의 재령 28일 압축강도는 최소 20MPa 이상이어야 한다.

20 콘크리트의 탄성계수에 대한 일반적인 설명으로 틀린 것은?
① 압축강도가 클수록 작다.
② 콘크리트의 탄성계수라 함은 할선탄성계수를 말한다.
③ 응력-변형률 곡선에서 구할 수 있다.
④ 콘크리트의 단위용적중량이 증가하면 탄성계수도 커진다.

해설
콘크리트 탄성계수는 압축강도가 클수록 크다.

제2과목 건설시공 및 관리

21 점성토를 다짐하는 기계로서 다음 중 가장 부적합한 것은?
① Tamping roller   ② Tire roller
③ Grid roller   ④ 진동 roller

해설

1) 점성토 다짐장비(Tamping Roller)
   ① turn foot roller
   ② sheeps foots roller
   ③ grid roller
   ④ tapper food roller
2) 사질토 다짐장비
   ① 진동 Roller
   ② 진동 Compactor
   ③ 소일콤팩터

22 아스팔트포장 표면에 발생하는 소성변형(Rutting)에 대한 설명으로 틀린 것은?
① 침입도가 큰 아스팔트를 사용하거나 골재의 최대 치수가 큰 경우에 발생하기 쉽다.
② 종방향 평탄성에는 심각하게 영향을 주지는 않지만 물이 고인다면 수막현상을 일으켜 주행 안전성에 심각한 영향을 줄 수 있다.
③ 하절기의 이상 고온 및 아스콘에 아스팔트량이 많은 경우 발생하기 쉽다.
④ 외기온이 높고 중차량이 많은 저속구간 도로에서 주로 발생하고, 교량구간은 토공구간에 비해 적게 발생한다.

해설

아스콘의 소성변형은 침입도가 큰 아스팔트를 사용하거나 골재의 최대 치수가 작은 경우에 발생하기 쉽다.

23 케이슨을 침하시킬 때 유의사항으로 틀린 것은?
① 침하시 초기 3m까지는 안정하므로 경사이동의 조정이 용이하다.
② 케이슨은 정확한 위치의 확보가 중요하다.
③ 토질에 따라 케이슨의 침하 속도가 다르므로 사전 조사가 중요하다.
④ 편심이 생기지 않도록 주의해야 한다.

해설

케이슨 침하는 초기 3m까지의 정확한 위치 안착이 매우 중요하다. 따라서 정확한 측량 및 침하가 편기가 발생되지 않도록 최대한 신중을 기하여 한다.

정답 21 ④ 22 ① 23 ①

24 터널굴착공법인 TBM공법의 특징에 대한 설명으로 틀린 것은?
① 터널 단면에 대한 분할 굴착시공을 하므로, 지질변화에 대한 확인이 가능하다.
② 기계굴착으로 인해 여굴이 거의 발생하지 않는다.
③ 1km 이하의 비교적 짧은 터널의 시공에는 비경제적인 공법이다.
④ 본바닥 변화에 대하여 적응이 곤란하다.

> **해설**
> TBM 공법 특징
> 1) 전단면 굴착 가능
> 2) 원형단면으로 구조적 안정성 높다
> 3) 시공속도 빠르다
> 4) 구배 회전에 제약
> 5) 복잡한 지질의 변화에 대응이 어렵다.
> 6) 설비 투자액이 고가이므로 초기 투자비가 많이 든다.

25 3.5km 거리에서 20,000m³의 자갈을 4m³ 덤프트럭으로 운반할 경우 1일 1대의 덤프트럭이 운반할 수 있는 양은?(단, 작업시간은 1일 8시간이고, 상·하차 시간 2분, 평균속도 30km/hr로 한다.)
① 100m³ ② 120m³
③ 140m³ ④ 160m³

> **해설**
> 1) $C_{mt} = \dfrac{3.5}{30} + \dfrac{3.5}{30} + 2 = 16분$
> 2) $Q_t = \dfrac{60qtfE_t}{C_{mt}} = \dfrac{60 \times 4}{16} = 15m^3/hr$
> 3) 1일 1대 작업량
> $15m^3/hr \times 8 = 120m^3$

26 아래의 주어진 조건을 이용하여 3점시간법을 적용하여 Activity time을 결정하면?(조건 : 표준값=6시간, 낙관값=3시간, 비관값=8시간)
① 4.3시간 ② 5.2시간
③ 5.8시간 ④ 6.8시간

> **해설**
> 가중 평균치 사용
> $t_e = \dfrac{t_o + 4t_m + t_p}{6} = \dfrac{3 + 4 \times 6 + 8}{6} = 5.8시간$
> 여기서, t_o : 낙관 작업일수
> t_m : 정상 작업일수
> t_p : 비관 작업일수
> t_e : 3점법에 의한 추정공사일수

27 항만공사에서 간만의 차가 큰 장소에 축조되는 항은?

① 하구항(coastal harbor)　　② 개구항(open harbor)
③ 폐구항(closed harbor)　　④ 피난항(refuge harbor)

해설

1) 폐구항
   조수 간만의 차가 큰장소에 선박의 출입이 가능하도록 폐구시켜 놓는 항
2) 개구항
   항구가 항상 개방되어 있는 항
3) 하구항(연안항)
   해안에 있는 연안항으로 대부분의 항이 해당
4) 피난항
   악천후시 배가 피난할 수 있는 항

28 자연 함수비 8%인 흙으로 성토하고자 한다. 다짐한 흙의 함수비를 15%로 관리하도록 규정하였을 때 매층마다 $1m^2$당 몇 kg의 물을 살수해야 하는가?(단, 1층의 다짐 후 두께는 20cm이고, 토량 변화율 C=0.8이며, 원지반상태에서 흙의 단위중량은 $1.8t/m^3$이다.)

① 21.59kg　　② 24.38kg
③ 27.23kg　　④ 29.17kg

해설

1) $1m^3$당 본바닥 체적
   $$= 1 \times 1 \times 0.2 \times \frac{1}{0.8} = 0.25 m^3$$
2) $w = 8\%$일 때 흙의 무게
   $\gamma_t = \dfrac{W}{V}$에서 $1.8 = \dfrac{W}{0.25}$, $W = 0.45t$
3) $w = 8\%$일 때 물의 무게
   $$W_w = \frac{wW}{100+w} = \frac{8 \times 450}{100+8} = 33.33 kg$$
4) $w = 15\%$일 때 물의 무게
   $8 : 33.33 = 15 : W_w$
   ∴ $W_w = 62.49 kg$
5) 살수량 $= 62.49 - 33.33 = 29.17 kg$

29 사이폰 관거(syphon drain)에 대한 다음 설명 중 옳지 않은 것은?
① 암거가 앞뒤의 수로바닥에 비하여 대단히 낮은 위치에 축조된다.
② 일종의 집수암거로 주로 하천의 복류수를 이용하기 위하여 쓰인다.
③ 용수, 배수, 운하 등 성질이 다른 수로가 교차하지만 합류시킬 수 없을 때 사용한다.
④ 다른 수로 혹은 노선과 교차할 때 사용된다.

> **해설**
> 1) 사이펀 암거
>   수로교로서 물을 횡단시키지 못하는 경우에 암거 전후의 수로바닥보다 대단히 낮은 위치에 만들어 물을 횡단시키는 목적으로 설치한다.
> 2) 다공관거
>   관내의 집수 효과를 크게 하기 위해서 관 둘레에 구멍을 내어 하천의 복류수 또는 지하수를 집수하기 위한 집수암거의 일종

30 토적곡선(mass curve)의 성질에 대한 설명 중 옳지 않은 것은?
① 토적곡선이 기선 위에서 끝나면 토량이 부족하고, 반대이면 남는 것을 뜻한다.
② 곡선의 저점은 성토에서 절토로의 변이점이다.
③ 동일단면 내에서 횡방향 유용토는 제외되었으므로 동일단면내의 절토량과 성토량을 구할 수 없다.
④ 교량 등의 토공이 없는 곳에는 기선에 평행한 직선으로 표시한다.

> **해설**
> 유토곡선의 성질
>
>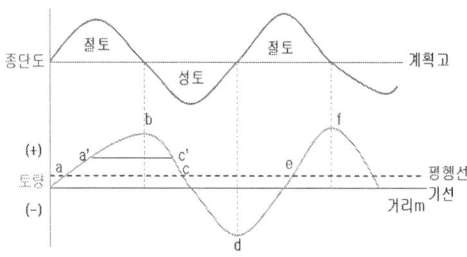
>
> 1) 유토곡선에서 상향구간(a∼b, d∼f)은 절토, 하향구간(b∼d)은 성토
> 2) 절토에서 성토의 경계점은 극대점 성토에서 절토의 경계점은 극소점
> 3) 기선(기본선)에 평행한 임의직선을 그어 곡선과의 교점을 절토와 성토가 평형되게 하는선을 평행선
> 4) 평균운반거리 : a∼c 구간의 평균운반거리는 a' c'
> 5) 토적곡선이 기선 위에서 끝나면 토량이 남는 것을 뜻하고, 반대이면 토량이 부족하다는 뜻.

31 특수터널 공법 중 침매공법에 대한 설명으로 틀린 것은?
① 육상에서 제작하므로 신뢰성이 높은 터널 본체를 만들 수 있다.
② 단면의 형상이 비교적 자유롭다.
③ 협소한 장소의 수로에 적당하다.
④ 수중에 설치하므로 자중이 적고 연약지반 위에도 쉽게 시공할 수 있다.

해설

침매터널 공법의 특징
1) 육상 제작으로 콘크리트 품질관리 용이
2) 단면 형상이 비교적 자유롭고 큰 단면을 만들 수 있다.
3) 연약지반에도 시공이 가능하며 육·해상 공사 동시 진행으로 공기 단축
4) 수심이 깊은 곳에서도 시공이 용이하다.
5) 수중에 설치하므로 부력작용으로 자중이 작아 시공이 용이하다.
6) 유속이 빠른 장소에서는 침설작업이 어렵다
7) 협소한 장소의 수로나 항해 선박이 많은 곳에서는 시공이 어렵다.

32 교대에서 날개벽(Wing)의 역할로 가장 적당한 것은?
① 배면(背面)토사를 보호하고 교대 부근의 세굴을 방지한다.
② 교대의 하중을 부담한다.
③ 유량을 경감하여 토사의 퇴적을 촉진시킨다.
④ 교량의 상부구조를 지지한다.

해설

교대 날개벽 역할
교대 날개벽은 교대배면 성토의 보호 및 세굴방지를 목적으로 한다.

33 뉴매틱 케이슨 기초의 일반적인 특징에 대한 설명으로 틀린 것은?
① 지하수를 저하시키지 않으며, 히빙, 보일링을 방지할 수 있으므로 인접 구조물의 침하우려가 없다.
② 오픈 케이슨보다 침하공정이 빠르고 장애물 제거가 쉽다.
③ 지형 및 용도에 따른 다양한 형상에 대응할 수 있다.
④ 소음과 진동이 없어 도심지 공사에 적합하다.

해설

뉴매틱 케이슨 기초는 소음과 진동이 커서 도심지 공사에 적합하지 않다.

34 지중연속벽 공법에 대한 설명으로 틀린 것은?

① 주변 지반의 침하를 방지할 수 있다.
② 시공 시 소음, 진동이 크다.
③ 벽체의 강성이 높고 지수성이 좋다.
④ 큰 지지력을 얻을 수 있다.

해설

지중연속벽 공법 특징
1) 저소음, 저진동 공법.
2) 벽체의 강성 및 차수성이 우수.
3) 안정액으로 지하수 오염 우려.
4) 공사비가 고가이다.
5) 케이슨 인발시 철근 오름 및 부상의 우려
6) 안정액(비중, 점도)관리가 잘못될 경우 공벽 붕괴 우려.

35 기초의 굴착에 있어서 주변부를 굴착축조하고 그 후 남아 있는 중앙부를 굴착하는 방법은?

① island 공법
② trench cut 공법
③ open cut 공법
④ top down 공법

해설

터파기 공법의 분류
1) OPEN CUT
   ① 토질이 양호하고 부지에 여유가 있을 때 사용하는 터파기 공법
   ② 10m 정도 깊이의 얕은 기초 터파기에 많이 사용

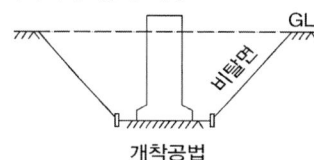

개착공법

2) 아일랜드 공법(Island)
   ① 저면 중앙부분에 섬과 같이 기초부를 먼저 굴착후 기초 콘크리트 및 상부구조물을 시공후 이부분을 발판으로 주변부를 굴착한 후 나머지 부분의 구조물을 시공 해나가는 방식
   ② 20m 정도의 지반이 양호한곳에서 사용하며, 분할시공에 따른 공사비 증가 및 공사기간 길어진다.

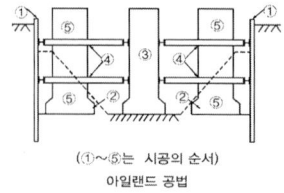

(①~⑤는 시공의 순서)
아일랜드 공법

3) 트랜치 컷(Trench Cut)
   ① 아일랜드 공법과는 반대로 주변부 흙을 굴착 후 기초콘크리트 및 상부 구조물을 시공 후 남아있는 중앙부를 굴착해 나가면서 나머지 부분의 구조물을 시공해 나가는 방식
   ② 20m 정도의 지반이 연약한곳에서 사용하며, Heaving 현상이 예상될 때 적용하며, 분할시공에 따른 공사비 증가 및 공사기간 길어진다.

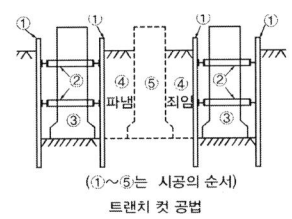

(①~⑤는 시공의 순서)
트랜치 컷 공법

36 다음은 PERT/CPM 공정관리 기법의 공기 단축 요령에 관한 설명이다. 옳지 않은 것은?
① 비용경사가 최소인 주공정부터 공기를 단축한다.
② 주공정선(C.P)상의 공정을 우선 단축한다.
③ 전체의 모든 활동이 주공정선(C.P)화 되면 공기 단축은 절대 불가능하다.
④ 공기 단축에 따라 주공정선(C.P)이 복수화 될 수 있다.

해설

전체의 모든 활동이 주공정선(C.P)화 되어도 공기단축 가능하다.

37 다음 중 포장 두께를 결정하기 위한 시험이 아닌 것은?
① CBR시험
② 평판재하시험
③ 마샬시험
④ 3축압축시험

해설

3축압축시험
동적 3축압축시험을 통하여 포장의 두께를 결정하는 회복탄성계수를 구할 수 있다.

38 Bulldozer의 시간당 작업량은 다음 중 무엇에 반비례하는가?
① 1회 토공량(q)
② 토량환산계수(f)
③ 싸이클타임(C_m)
④ 작업효율(E)

해설

불도져 시간당 작업량
$Q = \dfrac{60 \cdot q \cdot f \cdot E}{C_m}$

39 사질토를 절토하여 45000m³의 성토구간을 다짐 성토하려고 한다. 사질토의 토량 변화율이 L=1.2 C=0.9일 때 운반토량은?
① 48,600m³
② 50,000m³
③ 54,000m³
④ 60,000m³

해설

운반토량 $= \dfrac{L}{C} \times 45,000 = 60,000 m^3$

40 다음 중 비계를 이용하지 않는 강트러스교의 가설공법이 아닌 것은?
① 새들(saddle)공법
② 캔틸레버(cantilever)식 공법
③ 케이블(cable)식 공법
④ 부선(pontoon)식 공법

해설

비계를 사용하는 공법
① 새들(saddle) 공법
② 벤트(bent) 공법
③ 가설 트러스(Erection truss)
④ 스테이징(Staging)공법

제3과목 건설재료 및 시험

41 목재의 강도에 대하여 바르게 설명한 것은?
① 일반적으로 휨 강도는 압축강도보다 작다.
② 일반적으로 섬유에 평행방향의 인장강도는 압축강도보다 크다.
③ 일반적으로 섬유에 평행방향의 압축강도는 섬유에 직각 방향의 압축강도보다 작다.
④ 일반적으로 전단강도는 휨 강도보다 크다.

해설

목재의 강도
① 압축강도는 비중이 크고 함수율이 적을수록 압축강도는 크다.
② 세로 인장강도는 세로 압축강도 보다 2.5배정도 크다.
③ 전단강도는 휨강도보다 작다.
④ 섬유에 평행 방향의 인장강도(세로 인장강도)가 가장 크다.

42 시멘트의 비중을 측정하기 위하여 르샤틀리에 비중병에 0.8cc 눈금까지 등유를 주입하고 시멘트 64g을 가하여 눈금이 21.3cc로 증가되었다. 이 시멘트의 비중은?
① 3.08
② 3.12
③ 3.15
④ 3.18

해설

시멘트 밀도(비중)

$$비중 = \frac{시멘트의\ 질량(g)}{비중병\ 눈금의\ 차(㎖)}$$

$$\frac{64}{21.3-0.8} = 3.12$$

43 염화칼슘(CaCl₂)을 응결 경화 촉진제로 사용한 경우 다음 설명 중 틀린 것은?

① 염화칼슘은 대표적인 응결 경화 촉진제이며, 4% 이상 사용하여야 순결(瞬結)을 방지하고, 장기강도를 증진시킬 수 있다.
② 한중 콘크리트에 사용하면 조기발열의 증가로 동결온도를 낮출 수 있다.
③ 염화칼슘을 사용한 콘크리트는 황산염에 대한 화학저항성이 적기 때문에 주의할 필요가 있다.
④ 응결이 촉진되므로 운반, 타설, 다지기 작업을 신속히 해야 한다.

해설

염화칼슘(CaCl₂)
1) 염화칼슘은 일반적으로 시멘트 중량의 2%이하를 사용한다.
2) 조기강도를 증대시켜 주나 2% 이상 사용하면 큰 효과가 없으며 오히려 순결, 강도저하를 나타낼 수가 있다.

44 전체 15kg의 굵은 골재로 체가름 시험을 한 결과가 아래의 표와 같을 때 조립률은?

체의호칭(mm)	80	50	40	30	25	20	15	10	5
각 체에 남은 양(g)	0	0	300	1800	2400	2100	4200	2400	1800

① 3.5
② 6.47
③ 7.34
④ 8.5

해설

체의 호칭(mm)	80	50	40	30	25	20	15	10	5
각 체에 남은 양(g)	0	0	300	1800	2400	2100	4200	2400	1800
잔유율(%)	0	0	2	12	16	14	28	16	12
가적잔유율(%)	0	0	2	14	30	44	72	88	100

$$FM = \frac{2+44+88+100+500}{100} = 7.34$$

45 도로포장용 스트레이트 아스팔트 재료의 품질검사에 필요한 시험 항목이 아닌 것은?

① 증류시험
② 침입도 시험
③ 톨루엔 가용분
④ 박막가열 시험

해설

1) 톨루엔 가용분
   아스팔트의 순도를 나타내는 척도로서 시료를 톨루엔에 녹여서 필터로 걸러 불용분을 제거한 것
2) 증류시험
   화학 제품의 끓는점 범위 안에서, 초유점(初溜點)과 중간점, 종말점을 발견하기 위한 시험

46 발화점이 295°C 정도이며, 충격에 둔감하고, 폭발위력이 Dynamite보다 우수하며, 흑색 화약의 4배에 달하는 폭약은 어느 것인가?
① TNT
② 니트로 글리세린
③ Slurry 폭약
④ 칼릿(Carlit)

해설
카알릿(Carlit)
과염소산암모늄을 주성분으로 하는 폭약으로 폭발력은 다이너마이트보다 우수하고 흑색화약의 4배에 달하지만 폭속(3,500m/s이상)은 느리다.

47 다음 석재 중 조직이 균질하고 내구성 및 강도가 큰 편이며, 외관이 아름다운 장점이 있는 반면 내화성이 작아 고열을 받는 곳에는 적합하지 않은 것은?
① 화강암
② 응회암
③ 현무암
④ 안산암

해설
화강암은 조직이 균일하고 강도 및 내구성이 크나, 내화성은 작다.

48 굵은 골재의 밀도시험 결과가 아래의 표와 같을 때 이 골재의 표면건조 포화상태의 밀도는?

[시험결과]
- 표면건조 포화상태 시료의 질량 : 4000g
- 절대건조상태 시료의 질량 : 3950g
- 시료의 수중 질량 : 2490g
- 시험온도에서 물의 밀도 : 0.997g/cm³

① 2.57g/cm³
② 2.61g/cm³
③ 2.64g/cm³
④ 2.70g/cm³

해설
표면 건조 포화상태의 밀도(표건밀도)
$$= \frac{B}{B-C} \times p_w$$
$$= \frac{4000}{4000-2490} \times 0.997 = 2.64$$

정답 46 ④ 47 ① 48 ③

49 콘크리트용 잔골재의 안정성에 대한 설명으로 옳은 것은?
① 잔골재의 안정성은 수산화나트륨으로 5회 시험으로 평가하며, 그 손실질량은 10% 이하를 표준으로 한다.
② 잔골재의 안정성은 수산화나트륨으로 3회 시험으로 평가하며, 그 손실질량은 5% 이하를 표준으로 한다.
③ 잔골재의 안정성은 황산나트륨으로 5회 시험으로 평가하며, 그 손실질량은 10% 이하를 표준으로 한다.
④ 잔골재의 안정성은 황산나트륨으로 3회 시험으로 평가하며, 그 손실질량은 5% 이하를 표준으로 한다.

해설

콘크리트용 골재의 품질기준

잔골재	굵은 골재
· 절건밀도는 2.5g/cm³ 이상 · 흡수율은 3% 이하 · 안정성은 10% 이하	· 절건밀도는 2.5g/cm³ 이상 · 흡수율은 3% 이상 · 안정성은 12 % 이하 · 마모율은 40% 이하

50 목재에 관한 다음 설명 중 옳지 않은 것은?
① 제재후의 심재는 변재보다 썩기 쉽다.
② 벌목시기는 가을에서 겨울에 걸친 기간이 가장 적당하다.
③ 목재는 세포막 중에 스며든 결합수가 감소하면 수축변형한다.
④ 목재의 강도는 절대 건조일 때 최대가 된다.

해설

목재의 구조
① 변재
   목질의 중앙부 외관의 연한 색깔 부분으로 연질이며 수액이 이동한다.
② 심재
   목질부분의 중앙부의 암색을 나타내며 수목이 성장하면 변재가 심재로 변해 간다.

51 아스팔트 시료를 일정비율 가열하여 강구의 무게에 의해 시료가 25.4mm 내려갔을 때 온도를 측정한다. 이는 무엇을 구하기 위한 시험인가?
① 침입도
② 인화점
③ 연소점
④ 연화점

해설

아스팔트 연화점
① 아스팔트가 온도가 높아지면서 아스팔트가 액상화가 되는 과정중에 일정한 점도에 도달했을 때의 온도를 연화점이라고 한다.
② 연화점은 시료가 규정된 거리 (25.4mm)로 처졌을 때의 온도를 의미하며, 침입도와 연화점은 반비례 상태로서 연화점은 35~75℃ 정도이다.

정답 49 ③ 50 ① 51 ④

52. 알루미나 시멘트의 특성에 대한 설명으로 틀린 것은?

① 포틀랜드시멘트에 비해 강도발현이 매우 빠르다.
② 내화성이 약하므로 내화물용으로는 부적합하다.
③ 산, 염류, 해수 등의 화학적 침식에 대한 저항성이 크다.
④ 발열량이 크기 때문에 긴급을 요하는 공사나 한중공사의 시공에 적합하다.

해설

알루미나 시멘트
1) 보크사이트와 석회석을 혼합해서 분말로 만든 시멘트
2) 1일 강도가 보통 포틀랜드 시멘트의 28일 강도와 같다.
3) 발열량이 커 한중공사, 긴급공사에 적합하다.
4) 해수 및 기타 화학작용을 받는 곳에 저항성이 크다.
5) 열분해 온도가 높으므로 내화용 콘크리트에 적합하다.
6) 알루미나 시멘트가 조강시멘트보다 조기에 고강도 발현(초조강 시멘트)

53. 아스팔트에 대한 설명 중 잘못된 것은?

① 레이크아스팔트는 지표의 낮은 부분에 퇴적물로 생긴다.
② 아스팔타이트는 원유를 인공적으로 증류하여 제조한 것이다.
③ 샌드아스팔트는 천연 아스팔트가 모래 속에 스며든 것이다.
④ 록아스팔트는 천연 아스팔트가 석회암, 사암 등의 다공질 암석 사이에 스며든 것이다.

해설

천연 아스팔트
① 레이크 아스팔트
② 록 아스팔트
③ 오일샌드 아스팔트
④ 아스팔타이트

54. 풍화한 시멘트의 성질에 대한 설명으로 틀린 것은?

① 비중이 떨어진다.
② 강도의 발현이 저하된다.
③ 응결이 지연된다.
④ 강열감량이 저하된다.

해설

시멘트 풍화의 특성
1) 비중이 떨어짐
2) 분말도 높을수록 풍화 빨라짐
3) 강도가 저하
4) 수화열 작아짐
5) 응결이 지연됨

55 콘크리트용 화학 혼화제의 품질시험 항목이 아닌 것은?
① 침입도 지수(PI)   ② 감수율(%)
③ 응결시간의 차(mim)   ④ 압축강도비(%)

해설
콘크리트 화학혼화제 품질시험 항목
① 감수율 ② 블리딩양의 비 ③ 응결시간 차
④ 압축강도의 비 ⑤ 길이 변화비 ⑥ 상대동탄성 계수

56 콘크리트용으로 사용하는 부순 굵은 골재의 품질 기준에 대한 설명으로 틀린 것은?
① 절대건조밀도는 2.5g/cm³ 이상이어야 한다.
② 흡수율은 5.0% 이하이어야 한다.
③ 마모율은 40% 이하이어야 한다.
④ 입형판정실적률은 55% 이상이어야 한다.

해설
콘크리트용으로 사용하는 부순 굵은 골재 흡수율은 3.0% 이하

57 석재를 사용할 경우 고려해야 할 사항으로 옳지 않은 것은?
① 석재를 다량으로 사용 시 안정적으로 공급할 수 있는지 여부를 조사한다.
② 외벽이나 콘크리트 포장용 석재에는 가급적이면 연석은 피하는 것이 좋다.
③ 내화구조물에는 석재를 사용할 수 없다.
④ 휨응력과 인장응력을 받는 곳은 가급적이면 사용하지 않는 것이 좋다.

해설
응회암은 흡수성이 크나 내화성이 크다.

58 다음 토목섬유 중 폴리머를 판상으로 압축시키면서 격자모양의 형태로 구멍을 내어 만든 후 여러 가지 모양으로 늘린 것으로 연약지반 처리 및 지반 보강용으로 사용되는 것은?
① 지오텍스타일(geotextile)   ② 지오그리드(geogrids)
③ 지오네트(geonets)   ④ 웨빙(webbings)

해설
지오그리드
① 지오그리드는 리브 (rib)사이에 대략 1~10cm의 작은 구멍을 가진 격자형 재료이다.
② 주기능으로 보강 기능 및 분리 기능이 있다.

59 양질의 포졸란을 사용한 콘크리트의 일반적인 특징으로 보기 어려운 것은?
① 워커빌리티가 향상된다.
② 블리딩 현상이 감소한다.
③ 발열량이 적어지므로 단면이 큰 콘크리트에 적합하다.
④ 초기강도는 크나 장기강도가 작아진다.

해설
양질의 포졸란을 사용한 콘크리트는 초기강도는 작고 장기강도가 증가한다.

60 강(鋼)의 화학성분 중에서 취성을 증가시키는 가장 큰 요소는?
① 규소(Si) ② 탄소(C)
③ 인(P)   ④ 크롬(Cr)

해설
인성분이 많으면 강의 취성 및 내식성이 증가한다.

제4과목 토질 및 기초

61 흙 시료의 전단파괴면을 미리 정해놓고 흙의 강도를 구하는 시험은?
① 직접전단시험   ② 평판재하시험
③ 일축압축시험   ④ 삼축압축시험

해설
직접전단시험(Direct shear Test)
상하로 분리된 전단상자에 공시체를 삽입하고 수직하중(3~4개)을 가한 상태로 수평력을 가해 경계면에서 전단파괴를 시켜서 횡축에 수직 응력종축에 전단강도를 취해 각하중에 따른 수직응력과 전단응력을 구하여 파괴포락선을 그린 후 점착력 C와 전단저항각 ϕ를 구한다.

62 흙의 다짐시험에서 다짐에너지를 증가시킬 때 일어나는 결과는?
① 최적함수비는 증가하고, 최대건조 단위중량은 감소한다.
② 최적함수비는 감소하고, 최대건조 단위중량은 증가한다.
③ 최적함수비와 최대건조 단위중량이 모두 감소한다.
④ 최적함수비와 최대건조 단위중량이 모두 증가한다.

해설
다짐에너지가 증가되면 최적함수비는 감소하고 최대 건조단위중량은 증가한다.

정답 59 ④ 60 ③ 61 ① 62 ②

63 Terzaghi의 극한지지력 공식에 대한 설명으로 틀린 것은?
① 기초의 형상에 따라 형상계수를 고려하고 있다.
② 지지력계수 N_c, N_q, N_γ는 내부마찰각에 의해 결정된다.
③ 점성토에서의 극한지지력은 기초의 근입깊이가 깊어지면 증가된다.
④ 극한지지력은 기초의 폭에 관계없이 기초하부의 흙에 의해 결정된다.

해설

$q_u = \alpha c N_c + \beta \gamma_1 B N_\gamma + \gamma_2 D_f N_q$

극한지지력은 기초폭의 크기에 관계있다.

64 반무한 지반의 지표상에 무한길이의 선하중 q_1, q_2가 다음의 그림과 같이 작용할 때 A점에서의 연직응력 증가는?

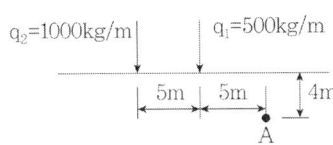

① $3.03 kg/m^2$
② $12.12 kg/m^2$
③ $15.15 kg/m^2$
④ $18.18 kg/m^2$

해설

단위길이당 선하중에 의한 지중응력

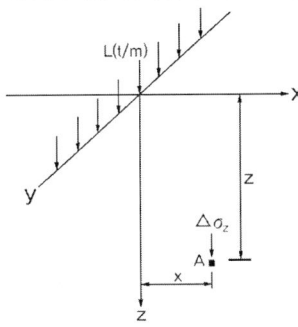

편심거리 x 만큼 떨어진 곳에서의 연직응력 증가량

$\triangle \sigma_{v1} = \dfrac{2L \cdot Z^3}{\pi(x^2+Z^2)^2}$

$= \dfrac{2 \times 500 \times 4^3}{\pi(5^2+4^2)^2} = 12.125 kg/m^2$

$\triangle \sigma_{v2} = \dfrac{2L \cdot Z^3}{\pi(x^2+Z^2)^2}$

$= \dfrac{2 \times 1000 \times 4^3}{\pi(10^2+4^2)^2} = 3.029 kg/m^2$

$\triangle \sigma = 12.125 + 3.029 = 15.15 kg/m^2$

65 포화된 지반의 간극비를 e, 함수비를 w, 간극률을 n, 비중을 G_s라 할 때 다음 중 한계 동수경사를 나타내는 식으로 적절한 것은?

① $\dfrac{Gs+1}{1+e}$
② $\dfrac{e-w}{w(1+e)}$
③ $(1+n)(Gs-1)$
④ $\dfrac{Gs(1-w+e)}{(1+Gs)(1+e)}$

해설

1) $S \cdot e = G_s \cdot \omega$ 포화상태 S=1

$\therefore G_s = \dfrac{e}{w}$

2) 한계동수경사(i_{cr})

$i_{cr} = \dfrac{G_s - 1}{1+e} = \dfrac{\dfrac{e}{w} - 1}{1+e}$

$= \dfrac{\dfrac{e-w}{w}}{1+e} = \dfrac{e-w}{w(1+e)}$

66 그림과 같은 지반에서 하중으로 인하여 수직응력($\triangle \sigma_1$)이 1.0kg/cm² 증가되고, 수평응력($\triangle \sigma_3$)이 0.5kg/cm² 증가되었다면 간극수압은 얼마나 증가되었는가?(단, 간극수압계수 A=0.5 이고 B=1 이다.)

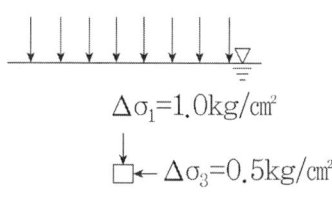

① 0.50kg/cm²
② 0.75kg/cm²
③ 1.00kg/cm²
④ 1.25kg/cm²

해설

$\triangle \mu = B[\triangle \sigma_3 + A(\triangle \sigma_1 - \triangle \sigma_3)]$
$= 1 \times [0.5 + 0.5 \times (1 - 0.5)]$
$= 0.75 kg/cm^2$

67 4.75mm체(4번 체) 통과율이 90%이고, 0.075mm(200번 체) 통과율이 4%, D_{10}=0.25mm, D_{30}=0.6mm, D_{60}=2mm인 흙을 통일분류법으로 분류하면?

① GW ② GP
③ SW ④ SP

해설

1) 0.075mm 통과량 50% 이하이므로 조립토로 분류
   4.75mm통과량 50%이상이므로 모래(S)로 분류
2) 균등계수 및 곡률계수

$$C_u = \frac{D_{60}}{D_{10}} = \frac{2}{0.25} = 8 > 6$$

$$C_g = \frac{D_{30}^2}{D_{10} \cdot D_{60}} = \frac{0.6^2}{0.25 \times 2} = 0.72$$

∴ 균등계수 6이상이나 곡률계수 1~3범위를 벗어나므로 SP로 분류

68 아래 그림과 같은 폭(B) 1.2m, 길이(L) 1.5m인 사각형 얕은 기초에 폭(B) 방향에 대한 편심이 작용하는 경우 지반에 작용하는 최대압축응력은?

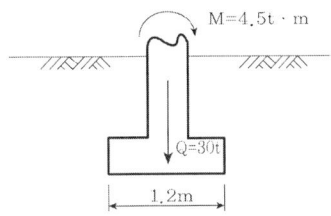

① 29.2t/m² ② 38.5t/m²
③ 39.7t/m² ④ 41.5t/m²

해설

1) 편심거리
   $M = Pe$
   $4.5 = 30 \times e$
   ∴ $e = 0.15$

2) $e < \frac{B}{6} \left(0.15 < \frac{1.2}{6} = 0.2\right)$ 이므로

$$q_{max} = \frac{P}{BL}\left(1 + \frac{6e}{B}\right)$$

$$= \frac{30}{1.2 \times 1.5}\left(1 + \frac{6 \times 0.15}{1.2}\right)$$

$$= 29.17 t/m^2$$

3) $q_{max} \leq q_{all}$

☞ 참고 사항

옹벽 저면에 작용하는 저판의 지반반력 구하는 공식과 동일한 내용임

$$q_{\substack{max\\min}} = \frac{R_v}{B} \cdot (1 \pm \frac{6 \cdot e}{B}) \leq q_{all}$$

69 어떤 점토의 압밀계수는 1.92×10^{-3}cm²/sec, 압축계수는 2.86×10^{-2}cm²/g이었다. 이 점토의 투수계수는?(단, 이 점토의 초기간극비는 0.8이다.)

① 1.05×10^{-5}cm/sec
② 2.05×10^{-5}cm/sec
③ 3.05×10^{-5}cm/sec
④ 4.05×10^{-5}cm/sec

해설

투수계수

$$k = C_v \cdot m_v \cdot r_w = C_v \cdot \frac{a_v}{1+e} \cdot \gamma_w$$

$$= 1.92 \times 10^{-3} \times \frac{2.86 \times 10^{-2}}{1+0.8} \times 1$$

$$= 3.05 \times 10^{-5} cm/\sec$$

70 그림과 같이 옹벽 배면의 지표면에 등분포하중이 작용할 때, 옹벽에 작용하는 전체 주동토압의 합력(P_a)과 옹벽 저면으로부터 합력의 작용점까지의 높이(h)는?

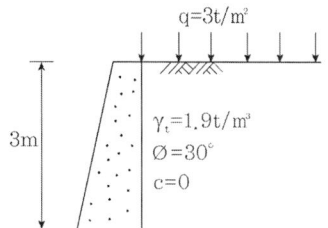

① $P_a = 2.85$t/m, h = 1.26m
② $P_a = 2.85$t/m, h = 1.38m
③ $P_a = 5.85$t/m, h = 1.26m
④ $P_a = 5.85$t/m, h = 1.38m

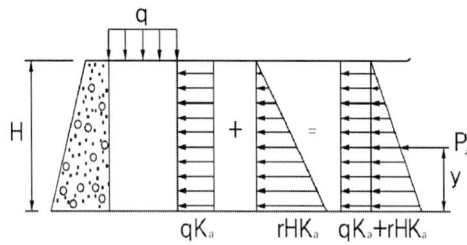

1) 전체주동토압

$$P_A = \frac{1}{2}\gamma_t H^2 K_a + q \cdot K_a H = P_{a1} + P_{a2}$$

$$= \frac{1}{2} \times 1.9 \times 3^2 \times \frac{1}{3} + 3 \times \frac{1}{3} \times 3$$

$$= 2.85 + 3 = 5.85 t/m$$

2) $K_a = \tan^2\left(45° - \frac{30°}{2}\right) = \frac{1}{3}$

3) $P_A \times y = P_{a1} \times \frac{H}{3} + P_{a2} \times \frac{H}{2}$ 식을 이용하여

y를 계산하면

$5.85 \times y = 2.85 \times \dfrac{H}{3} + 3 \times \dfrac{H}{2}$

$\therefore y = 1.26m$

71 유선망(Flow Net)의 성질에 대한 설명으로 틀린 것은?
① 유선과 등수두선은 직교한다.
② 동수경사(i)는 등수두선의 폭에 비례한다.
③ 유선망으로 되는 사각형은 이론상 정사각형이다.
④ 인접한 두 유선 사이, 즉 유로를 흐르는 침투수량은 동일하다.

해설
침투속도 및 동수경사는 유선망의 폭에 반비례한다.

72 다음 중 부마찰력이 발생할 수 있는 경우가 아닌 것은?
① 매립된 생활쓰레기중에 시공된 관측정
② 붕적토에 시공된 말뚝 기초
③ 성토한 연약점토지반에 시공된 말뚝 기초
④ 다짐된 사질지반에 시공된 말뚝기초

해설
다짐된 사질토지반에서는 부마찰력이 발생되지 않는다.

73 피조콘(piezocone) 시험의 목적이 아닌 것은?
① 지층의 연속적인 조사를 통하여 지층 분류 및 지층 변화 분석
② 연속적인 원지반 전단강도의 추이 분석
③ 중간 점토 내 분포한 sand seam 유무 및 발달 정도 확인
④ 불교란 시료 채취

해설
피조콘(piezocone)
1) 피조콘은 기존의 더치콘을 개량하여 콘저항치와 마찰력을 측정하면서 간극수압 및 간극수압 소산이 동시에 측정되는 연약지반 조사장비이다.
2) 측정값
① 선단지지력
② 마찰저항력
③ 간극수압

정답 71 ② 72 ④ 73 ④

74 아래 그림에서 토압계수 K=0.5일 때의 응력경로는 어느 것인가?

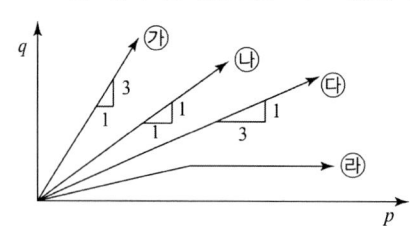

① 가
② 나
③ 다
④ 라

해설

실내시험에 따른 응력경로

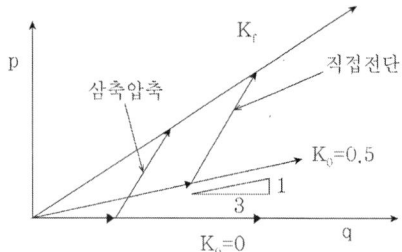

75 표준관입 시험에서 N치가 20으로 측정되는 모래 지반에 대한 설명으로 옳은 것은?
① 내부마찰각이 약 30°~40° 정도인 모래이다.
② 유효상재 하중이 20t/m²인 모래이다.
③ 간극비 1.2인 모래이다.
④ 매우 느슨한 상태이다.

해설

Dunham 공식의 N값 산정

토질입자가 둥글고 균일한(불량입도)경우	$\phi = \sqrt{12N} + 15$
토질입자가 둥글고 입도분포가 양호 토립자가 모가나고 균일한(불량한입도)경우	$\phi = \sqrt{12N} + 20$
토립자가 모가나고 입도분포가 좋을때	$\phi = \sqrt{12N} + 25$

76 다음 중 투수계수를 좌우하는 요인이 아닌 것은?

① 토립자의 비중
② 토립자의 크기
③ 포화도
④ 간극의 형상과 배열

해설

투수계수 좌우하는 요인
1) 흙입자 크기 및 구조
2) 흙입자의 간극 형상 및 배열
3) 포화도

77 크기가 30cm×30cm의 평판을 이용하여 사질토 위에서 평판재하시험을 실시하고 극한 지지력 20t/m²를 얻었다. 크기가 1.8m×1.8m인 정사각형기초의 총허용하중은 약 얼마인가?(단, 안전율 3을 사용)

① 22ton
② 66ton
③ 130ton
④ 150ton

해설

1) 정사각형 기초의 극한지지력

$$q_{u(기초)} = q_{u(재하판)} \cdot \frac{B_{(기초)}}{B_{(재하판)}} = 20 \times \frac{1.8}{0.3} = 120 t/m^2$$

2) $q_a = \dfrac{q_u}{F_s} = \dfrac{120}{3} = 40 t/m^2$

3) $q_a = \dfrac{P}{A}$ 에서

$40 = \dfrac{P}{1.8 \times 1.8}$

∴ $P = 129.6 t$

78 어떤 흙에 대해서 일축압축시험을 한 결과 일축압축 강도가 1.0kg/cm²이고 이 시료의 파괴면과 수평면이 이루는 각이 50°일 때 이 흙의 점착력(C_u)과 내부 마찰각(ϕ)은?

① $c_u = 0.60 kg/cm^2$, $\phi = 10°$
② $c_u = 0.42 kg/cm^2$, $\phi = 50°$
③ $c_u = 0.60 kg/cm^2$, $\phi = 50°$
④ $c_u = 0.42 kg/cm^2$, $\phi = 10°$

해설

1) 내부마찰각 $\theta = 45° + \dfrac{\emptyset}{2}$

$50 = 45 + \dfrac{\emptyset}{2}$

$\emptyset = 10°$

2) 점착력

$c = \dfrac{q_u}{2\tan(45° + \frac{\emptyset}{2})} = \dfrac{1}{2 \cdot \tan(45° + \frac{10}{2})}$

$= 0.42 kg/cm^2$

정답 76 ① 77 ③ 78 ④

79 깊은 기초의 지지력 평가에 관한 설명으로 틀린 것은?

① 현장 타설 콘크리트 말뚝 기초는 동역학적 방법으로 지지력을 추정한다.
② 말뚝 항타분석기(PDA)는 말뚝의 응력분포, 경시 효과 및 해머 효율을 파악할 수 있다.
③ 정역학적 지지력 추정방법은 논리적으로 타당하나 강도정수를 추정하는데 한계성을 내포하고 있다.
④ 동역학적 방법은 항타장비, 말뚝과 지반조건이 고려된 방법으로 해머 효율의 측정이 필요하다.

해설

현장타설 콘크리트 말뚝은 대규모 및 공사의 중요성이 따르는 말뚝시공으로 대다수의 현장타설 말뚝은 정적인 재하시험에 의한 방법 또는 양방향재하시험에 의한다.

80 $\gamma_{sat} = 2.0 t/m^3$인 사질토가 20°로 경사진 무한사면이 있다. 지하수위가 지표면과 일치하는 경우 이 사면의 안전율이 1 이상이 되기 위해서는 흙의 내부마찰각이 최소 몇 도 이상이어야 하는가?

① 18.21°
② 20.52°
③ 36.06°
④ 45.47°

해설

$$F_s = \frac{\gamma_{sub}}{\gamma_{sat}} \cdot \frac{\tan\phi}{\tan i} = \frac{1}{2} \times \frac{\tan\phi}{\tan 20°} \geq 1$$

$\therefore \phi = 36.06°$

2018 기출문제
제2회 건설재료시험기사

제1과목 콘크리트공학

01 콘크리트의 설계기준 압축강도가 40MPa이고, 30회 이상의 시험실적으로부터 구한 압축강도의 표준편차가 5MPa이라면 배합강도는?

① 45.2MPa
② 46.7MPa
③ 47.7MPa
④ 48.2MPa

해설

$f_{ck} = 40MPa > 35MPa$

1) $f_{cr} = f_{ck} + 1.34S$
   $= 40 + 1.34 \times 5 = 46.7MPa$
2) $f_{cr} = 0.9f_{ck} + 2.33S$
   $= 0.9 \times 40 + 2.33 \times 5 = 47.65MPa$
3) 상기 식 중에서 큰 값을 배합강도로 정한다.
   $\therefore f_{cr} = 47.65MPa$

02 콘크리트의 건조수축량에 관한 다음 설명 중 옳은 것은?

① 단위 굵은 골재량이 많을수록 건조수축량은 크다.
② 분말도가 큰 시멘트 일수록 건조수축량은 크다.
③ 습도가 낮고 온도가 높을수록 건조수축량은 작다.
④ 물-결합재비가 동일할 경우 단위수량의 차이에 따라 건조수축량이 달라지는 않는다.

해설

단위 잔골재율이 많을수록 건조수축은 커지며, 또한 습도가 낮고, 온도가 높을수록 건조수축은 커진다.

정답 01 ③ 02 ②

03 콘크리트의 압축강도를 시험하여 거푸집널을 해체하고자 할 때, 아래와 같은 조건에서 콘크리트 압축강도는 얼마 이상인 경우 해체가 가능한가?

- 슬래브 밑면의 거푸집널
- 콘크리트의 설계기준 압축강도 : 24MPa

① 5MPa 이상
② 10MPa 이상
③ 14MPa 이상
④ 16MPa 이상

해설

1) $24 \times \dfrac{2}{3} = 16 MPa$
2) 최소 압축강도 14MPa 보다 크므로 16 사용

[콘크리트 압축강도를 시험한 경우]

부재	콘크리트 압축강도(f_{cu})
확대기초, 보 옆, 기둥 등의 측벽	5MPa 이상
슬래브 및 보의 밑면, 아치 내면	설계기준압축강도의 $\dfrac{2}{3}$배 이상, 또한 최소 14MPa 이상

04 굳지 않은 콘크리트의 성질에 대한 설명으로 옳지 않은 것은?
① 단위 시멘트량이 큰 콘크리트일수록 성형성이 좋다.
② 온도가 높을수록 슬럼프는 감소한다.
③ 둥근 입형의 잔골재를 사용한 콘크리트는 모가진 부순 모래를 사용한 것에 비해 워커빌리티가 나쁘다.
④ 일반적으로 플라이애쉬를 사용한 콘크리트는 워커빌리티가 개선된다.

해설
둥근 입형의 잔골재를 사용한 콘크리트는 모가진 부순 모래를 사용한 것에 비해 내구성 및 워커빌리티가 좋다.

05 프리플레이스트 콘크리트에 대한 일반적인 설명으로 틀린 것은?
① 잔골재의 조립률은 1.4~2.2의 범위로 한다.
② 굵은 골재의 최소 치수는 15mm이상으로 하여야 한다.
③ 대규모 프리플레이스트 콘크리트를 대상으로 할 경우 굵은 골재의 최소 치수를 작게 하는 것이 좋다.
④ 굵은 골재의 최대 치수와 최소 치수와의 차이를 적게 하면 굵은 골재의 실적률이 낮아지고 주입모르타르의 소요량이 많아진다.

해설
대규모 프리플레이스트 콘크리트를 대상으로 할 경우, 굵은 골재의 최소 치수가 클수록 주입모르타르의 주입성이 현저히 개선되므로 굵은골재 최소치수는 40mm 이상이어야 한다.

06 경화한 콘크리트는 건전부와 균열부에서 측정되는 초음파 전파시간이 다르게 되어 전파속도가 다르다. 이러한 전파속도의 차이를 분석함으로써 균열의 깊이를 평가할 수 있는 비파괴 시험방법은?

① Tc-To법
② 전자파 레이더법
③ 분극저항법
④ RC-Radar법

해설
초음파법에 의한 균열 깊이(심도)검사 방법
① Tc-To 법
② T법
③ 기타 : BS법

07 서중콘크리트에 대한 설명으로 틀린 것은?

① 콘크리트를 타설할 때의 콘크리트의 온도는 35°C이하이어야 한다.
② 콘크리트는 비빈 후 즉시 타설하여야 하며, 일반적인 대책을 강구한 경우라도 2시간 이내에 타설하여야 한다.
③ 일반적으로는 기온 10°C의 상승에 대하여 단위수량은 2~5% 증가하므로 소요의 압축강도를 확보하기 위해서는 단위수량에 비례하여 단위 시멘트량의 증가를 검토하여야 한다.
④ 서중콘크리트의 배합온도는 낮게 관리하여야 한다.

해설
콘크리트는 비빈 후 즉시 타설하여야 하며, 일반적인 대책을 강구한 경우라도 1.5시간 이내에 타설하여야 한다.

08 프리텐션 방식의 프리스트레스트 콘크리트에서 프리스트레싱을 할 때의 콘크리트 압축강도는 얼마 이상이어야 하는가?

① 21MPa
② 24MPa
③ 27MPa
④ 30MPa

해설
프리텐션 방식은 콘크리트압축강도 30MPa 이상시 도입하며, 실험이나 기존실적 등을 통해서 안정성이 증명된 경우는 25MPa로 하향 조정할 수 있다

정답 06 ① 07 ② 08 ④

09 콘크리트 타설 및 다지기 작업 시 주의 해야할 사항으로 틀린 것은?

① 연직 시공일 때 슈트 등의 배출구와 타설면까지의 높이는 1.5m이하를 원칙으로 한다.
② 내부진동기를 사용하여 진동다지기를 할 경우 삽입간격은 일반적으로 1m이하로 하는 것이 좋다.
③ 내부진동기를 이용하여 진동다지기를 할 경우 내부진동기를 하층의 콘크리트 속으로 0.1m정도 찔러 넣는다.
④ 타설한 콘크리트를 거푸집 안에서 횡방향으로 이동시켜서는 안 된다.

해설

콘크리트 타설 및 다지기
① 타설한 콘크리트를 거푸집안에서 횡방향으로 원활히 이동시켜서는 안된다.
② 슈트, 펌프배관 등의 배출구와 타설면까지의 높이는 1.5m 이하를 원칙으로 한다.
③ 깊은 보와 두꺼운 벽 등 부재가 두꺼운 경우 내부 진동기의 사용을 원칙으로 한다.
④ 2층으로 나누어 타설할 경우 상층의 콘크리트 타설은 원칙적으로 하층의 콘크리트가 굳기 시작하기 전에 해야 한다.

10 급속 동결 융해에 대한 콘크리트의 저항 시험(KS F 2456)에서 동결 융해 사이클에 대한 설명으로 틀린 것은?

① 동결 융해 1사이클은 공시체 중심부의 온도를 원칙으로 하며 원칙적으로 4℃에서 –18℃로 떨어지고, 다음에 –18℃에서 4℃로 상승되는 것으로 한다.
② 동결 융해 1사이클의 소요 시간은 2시간 이상, 4시간 이하로 한다.
③ 공시체의 중심과 표면의 온도차는 항상 28℃를 초과해서는 안 된다.
④ 동결 융해에서 상태가 바뀌는 순간의 시간이 5분을 초과해서는 안 된다.

해설

동결 융해에서 상태가 바뀌는 순간의 시간이 10분을 초과해서는 안 된다.

11 경량골재콘크리트에 대한 일반적으로 설명으로 틀린 것은?

① 경량골재는 일반골재에 비하여 물을 흡수하기 쉬우므로 충분히 물을 흡수시킨 상태로 사용하여야 한다.
② 경량골재콘크리트는 가볍기 때문에 슬럼프가 작게 나오는 경향이 있다.
③ 운반 중의 재료분리는 보통콘크리트와는 반대로 골재가 위로 떠오르고 시멘트페이스트가 가라앉는 경향이 있다.
④ 경량골재콘크리트는 가볍기 때문에 재료분리가 발생하기 쉬워 다짐 시 진동기를 사용하지 않는 것이 좋다.

해설

경량골재 콘크리트를 보통콘크리트에 비해 진동기를 찔러 넣는 간격을 작게 하고 진동 주는 시간을 약간 길게 해서 다져야 한다.

12 콘크리트 재료의 계량 및 비비기에 대한 설명으로 틀린 것은?
① 계량은 현장 배합에 의해 실시하는 것으로 한다.
② 혼화재의 계량 허용오차는 ±2%이다.
③ 강제식믹서를 사용하여 비비기를 할 경우 비비기 시간은 최소 1분 30초 이상을 표준으로 한다.
④ 비비기는 미리 정해둔 비비기 시간의 3배 이상 계속하지 않아야 한다.

해설

강제식믹서를 사용하여 비비기를 할 경우 비비기 시간은 최소 1분 이상을 표준으로 한다.

13 매스콘크리트의 균열 발생검토에 쓰이는 것으로 콘크리트의 인장강도를 온도에 의한 인장응력으로 나눈 값을 무엇이라고 하는가?
① 성숙도
② 온도균열지수
③ 크리프
④ 동탄성계수

해설

온도 균열지수에 의한 평가

$$I_{cr}(t) = \frac{f_{sp}(t)}{f_t(t)} > 1.5$$

여기서 $f_t(t)$: 부재내부의 온도응력 최대값(MPa)
    $f_{sp}(t)$: 부재내부의 콘크리트 인장강도(MPa)

14 콘크리트에 섬유를 보강하면 섬유의 에너지 흡수능력으로 인해 콘크리트의 여러 역학적 성질이 개선되는데 이들 중 가장 크게 개선되는 성질은?
① 경도
② 인성
③ 전성
④ 연성

해설

1) 인성(toughness)
   재료가 하중을 받아 파괴 될 때까지의 에너지 흡수능력으로 나타낸다.
2) 연성(ductility)
   재료에 인장력을 주어 가늘고 길게 늘어나게 할 수 있는 재료를 연성이 풍부하다고 한다.
3) 전성
   압력을 가하거나 망치로 두드리면 넓은 판으로 얇게 펴지는 성질
4) 경도
   재료의 굵기, 절단, 마모 등에 대한 저항 성질

15 시방배합 결과 콘크리트 1m³에 사용되는 물은 180kg, 시멘트는 390kg, 잔골재는 700kg, 굵은골재는 1100kg이었다. 현장 골재의 상태가 아래의 표와 같을 때 현장배합에 필요한 단위 굵은골재량은?

> · 현장의 잔골재는 5mm체에 남는 것을 10% 포함
> · 현장의 굵은골재는 5mm체를 통과하는 것을 5% 포함
> · 잔골재의 표면수량은 2%
> · 굵은골재의 표면수량은 1%

① 1,060kg ② 1,071kg
③ 1,082kg ④ 1,093kg

해설

1) 입도조정

① 잔골재
$$X = \frac{100S - b(S+G)}{100 - (a+b)}$$
$$= \frac{100 \times 700 - 5(700 + 1,100)}{100 - (10+5)} = 718 kg$$

② 굵은골재
$$Y = \frac{100G - a(S+G)}{100 - (a+b)}$$
$$= \frac{100 \times 1,100 - 10(700 + 1,100)}{100 - (10+5)}$$
$$= 1,082 kg$$

2) 표면수량 보정

① 잔골재
$$S' = X(1 + \frac{c}{100}) = 718 \times (1 + 2/100) = 732 kg$$

② 굵은골재
$$G' = Y(1 + \frac{d}{100})$$
$$= 1,082 \times (1 + 1/100) = 1,093 kg$$

16 프리스트레스트 콘크리트의 그라우트에 대한 설명으로 틀린 것은?

① 팽창성 그라우트에서 팽창률은 0~10%를 표준으로 하여야 한다.
② 블리딩률은 0%를 표준으로 한다.
③ 부재 콘크리트와 긴장재를 일체화시키는 부착강도는 재령 28일의 압축강도로 대신하여 설정할 수 있다.
④ 물-결합재비는 45%이하로 한다.

정답 15 ④ 16 정답없음

17 콘크리트의 고압증기양생에 대한 설명으로 틀린 것은?
① 고압증기양생한 콘크리트는 보통양생한 것에 비해 철근과의 부착강도가 약 2배 정도로 커진다.
② 고압증기양생은 융해성의 유리석회가 없기 때문에 백태현상을 감소시킨다.
③ 고압증기양생을 실시한 콘크리트의 크리프는 감소된다.
④ 고압증기양생한 콘크리트의 수축률은 크게 감소된다.

해설
고압증기양생한 콘크리트는 보통양생 한 것에 비해 철근과의 부착강도가 약 1/2배 정도로 작아진다.

18 다음 관리도의 종류에서 정규분포이론이 적용되지 않는 것은?
① P 관리도(불량률 관리도)
② x 관리도(측정값 자체의 관리도)
③ $\bar{x}$ - R관리도(평균값과 범위의 관리도)
④ $\bar{x}$ - σ관리도(평균값과 표준편차의 관리도)

해설
계수형 관리도 적용이론
1) P관리도 : 이항분포, 불량률 관리도
2) Pn관리도 : 이항분포, 불량률 개수 관리도
3) C관리도 : 푸아송분포, 물품크기 일정시 결점수 관리도
4) U관리도 : 푸아송분포, 단위당 결점수 관리도

19 콘크리트의 배합설계에 대한 설명으로 틀린 것은?
① 콘크리트를 경제적으로 제조한다는 관점에서 될 수 있는 대로 최대 치수가 작은 굵은 골재를 사용하는 것이 일반적으로 유리하다.
② 단위 시멘트량은 원칙적으로 단위수량과 물-결합재비로부터 정하여야 한다.
③ 잔골재율은 소요의 워커빌리티를 얻을 수 있는 범위 내에서 단위수량이 최소가 되도록 시험에 의해 정하여야 한다.
④ 유동화 콘크리트의 경우 유동화 후 콘크리트의 워커빌리티를 고려하여 잔골재율을 결정할 필요가 있다.

해설
콘크리트를 경제적으로 제조한다는 관점에서 될 수 있는 대로 최대 치수가 큰 굵은 골재를 사용하는 것이 일반적으로 유리하다.

20 콘크리트의 초기균열 중 콘크리트 표면수의 증발속도가 블리딩 속도보다 빠른 경우와 같이 급속한 수분 증발이 일어나는 경우 발생하기 쉬운 균열은?

① 거푸집 변형에 의한 균열
② 침하수축균열
③ 소성수축균열
④ 건조수축균열

해설

소성수축 균열 (Plastic Shrinkage Crack)
1) 원인
   ① 타설 후 표면건조로 인한 수축 현상으로 내부에 인장력 발생함. 이 인장력이 Con'c 인장응력 보다 크면 발생함.
   ② 블리딩량이 수분 증발량 보다 적을 때
2) 대책
   ① 타설 초기 수분손실 방지
   ② 비닐 또는 피막양생 실시

제2과목 건설시공 및 관리

21 댐의 기초암반의 변형성이나 강도를 개량하여 균일성을 주기 위하여 기초지반에 걸쳐 격자형으로 그라우팅을 하는 것은?

① 압밀(consolidation) 그라우팅
② 커튼(curtain) 그라우팅
③ 블랭킷(blanket) 그라우팅
④ 림(rim) 그라우팅

해설

댐기초처리 그라우팅 공법
1) 압밀(Consolidation Grouting) 공법
   ① 기초 표층부를 고결시켜 지지력, 수밀성 증대설치하는 그라우팅으로 기초암반의 지내력을 향상.
   ② 기초암반의 변형성이나 강도를 개량하여 기초암반에 균일성을 주기위하여 기초 전반에 격자형태로 그라우팅을 실시
2) 커튼(Curtain Grouting) 공법
   기초지반내의 균열, 간극에 시멘트, 점토, 약액을 주입하여 지수막을 형성 하는 방법으로 기초암반에 침투하는 물을 주로 차수할 목적으로 시공

22 콘크리트 포장 이음부의 시공과 관계가 가장 적은 것은?

① 슬립폼(silp form)
② 타이바(tie bar)
③ 다우월바(dowel var)
④ 프라이머(primer)

해설

아스팔트 포장의 보조기층 위에 살포되는 역청재료로 기층과의 부착성 및 방수를 목적으로 사용

23 일반적인 품질관리순서 중 가장 먼저 결정해야 할 것은?
① 품질 조사 및 품질 검사
② 품질 표준 결정
③ 품질 특성 결정
④ 관리도의 작성

해설
품질관리 순서
1) 품질특성을 선정
2) 품질표준을 결정
3) 작업표준을 결정
4) 규격 대조
5) 공정, 안전 검토

24 배수로의 설계 시 유의해야 할 사항으로 틀린 것은?
① 집수면적이 커야 한다.
② 집수지역은 다소 깊어야 한다.
③ 배수 단면은 하류로 갈수록 커야 한다.
④ 유하속도가 느려야 한다.

해설
배수로의 유하속도가 빨라야 한다.

25 콘크리트 말뚝이나 선단폐쇄 강관말뚝과 같은 타입말뚝은 흙을 횡방향으로 이동시켜서 주위의 흙을 다져주는 효과가 있다. 이러한 말뚝을 무엇이라고 하는가?
① 배토말뚝
② 지지말뚝
③ 주동말뚝
④ 수동말뚝

해설
1) 주동말뚝
말뚝이 수평력을 받는 경우 움직임의 주체가 말뚝이 되어서 지반이 저항하는 형식의 말뚝을 말한다.
2) 수동말뚝
지반이 먼저 움직여서 변형을 일으키고 그 결과 말뚝이 움직이게 되는 경우 지반이 움직임의 주체가 되는 말뚝을 말한다.

26 다음과 같은 특징을 가진 굴착장비의 명칭은?

> 이동차대 위에 설치한 1~5개의 붐(Boom) 끝에 드리프터를 장착하여 동시에 많은 천공을 할 수 있고, 단단한 암이나 터널 굴착에 적용하며, NATM공법에 많이 사용한다.

① Stoper
② Jumbo drill
③ Rock drill
④ Sinker

해설
점보드릴
점보드릴 장비는 터널 NATM 공사의 천공작업에 사용되는 장비로서 상,하 좌,우로 이동작업이 가능하다.

정답 23 ③ 24 ④ 25 ① 26 ②

27 아래의 표에서 설명하는 교량은?

> · PSC 박스형교를 개선한 신개념의 교량 형태
> · 부모멘트 구간에서 PS강재로 인해 단면에 도입되는 축력과 모멘트를 증가시키기 위해 단면 내에 위치하던 PS강재를 낮은 주탑 정부에 external tendon의 형태로 배치하여 부재의 유효높이 이상으로 PS강재의 편심량을 증가시킨 형태의 교량

① 현수교
② Extradosed교
③ 사장교
④ Warren Truss교

해설

Extradosed교
1) 외형은 사장교와 유사하지만 구조공학상의 특성은 PSC 박스 거더교에 가까운 형태의 교량으로,
2) 교량의 하중을 거더만으로 감당하는 것이 아니라 사장교와 같은 케이블을 통하여서 일부 하중을 부담하게 하는 특성을 가지며 통상 100~200m정도의 경간을 가지는 교량에 적용된다. 약자로 'ED교'라고 한다.

28 순폭(殉爆)에 대한 설명으로 옳은 것은?
① 순폭(殉爆)이란 폭파가 완전히 이루어지는 것을 말한다.
② 한 약포 폭발에 감응되어 인접 약포가 폭발되는 것은 순폭(殉爆)이라 한다.
③ 폭파계수, 최소저항선, 천공경 등을 결정하여 표준 장약량을 결정하기 위해 실시한 것을 순폭(殉爆)이라 한다.
④ 누두지수(n)가 1이 되는 경우는 폭약이 가장 유효하게 사용되었음을 나타내며, 이때의 폭발을 순폭(殉爆)이라 한다.

해설

순폭(殉爆)
어느 한 곳에서 화약이 폭발하였을 때에 그것에 유발되어 그 장소에서 떨어진 곳에 있는 화약도 폭발이 되는 것을 순폭이라 한다.

29 흙을 자연 상태로 쌓아 올렸을 때 급경사면은 점차로 붕괴하여 안정된 비탈면이 되는데 이때 형성되는 각도를 무엇이라 하는가?
① 흙의 자연각
② 흙의 경사각
③ 흙의 안정각
④ 흙의 안식각

해설

흙의 안식각
흙의 자연상태로 쌓아올렸을 때 그 경사를 유지할 수 있는 최대 경사각

30 버킷용량이 0.8m³, 버킷계수가 0.9인 백호를 사용하여 12t 덤프트럭 1대에 흙을 적재하고자 할 때 필요한 적재시간은 얼마인가? (단, 흙의 단위무게(γ_t)=1.6t/m³, L=1.2, 백호의 싸이클타임(C_m)=30초, 백호의 작업 효율=0.75)

① 7.13분 ② 7.94분
③ 8.67분 ④ 9.51분

해설

1) $q_t = \dfrac{T}{\gamma_t}L = \dfrac{12}{1.6} \times 1.2 = 9m^3$

2) $n = \dfrac{q_t}{qk} = \dfrac{9}{0.8 \times 0.9} = 12.5 ≒ 13회$

3) $C_{mt} = \dfrac{C_m \cdot n}{60E_s} = \dfrac{30 \times 13}{60 \times 0.75} = 8.67\min$

31 교대 날개벽의 가장 주된 역할은?

① 미관의 향상
② 교대하중의 부담 감소
③ 교대 배면 성토의 보호 및 세굴방지
④ 유량을 경감시켜 토사의 퇴적을 촉진시켜 교대의 보호증진

해설

교대 날개벽은 교대배면 성토의 보호 및 세굴방지를 목적으로 한다.

32 다음 건설기계 중 굴착과 싣기를 같이 할 수 있는 기계가 아닌 것은?

① 백호 ② 트랙터 쇼벨
③ 준설선(dredger) ④ 리퍼(ripper)

해설

유압 리퍼작업(Ripper)
1) 리퍼를 대형불도저 뒤에 날을 달아 유압으로 지반에 날을 박고 끌어당기면서 불도저를 전진시켜 암석을 굴착하는 공법
2) 균열이나 절리가 발달하여 발파가 곤란한 암석의 파쇄 또는 호박돌의 제거작업에 사용한다.

33 0.6m³의 백호(back hoe) 한 대를 사용하여 20000m³의 기초 굴착을 할 때 굴착일수는? (단, 백호의 사이클 타임 : 26sec, 디퍼 계수 : 1.0, 토량환산계수(f) : 0.8, 작업효율(E) : 0.6, 1일 운전시간 8시간)

① 63일 ② 68일
③ 72일 ④ 80일

해설

1) $Q = \dfrac{3,600 \cdot q \cdot k \cdot f \cdot E}{C_m}$

$= \dfrac{3,600 \times 0.6 \times 1.0 \times 0.8 \times 0.6}{26}$

$= 39.88 m^3/hr$

2) 1일작업량 : $39.88 \times 8 = 319.02 m^3/$일
3) 소요일수 : $20,000 \div 319.02 = 62.69$일

34 말뚝이 30개로 형성된 군항 기초에서 말뚝의 효율은 0.75이다. 단항으로 계산할 때 말뚝 한 개의 허용 지지력이 20t이라면 군항의 허용지지력은?

① 450t ② 220t
③ 500t ④ 350t

해설

군항의 허용지지력
$R_{ag} = E N R_a = 0.75 \times 30 \times 20 = 450t$

35 공사 기간의 단축은 비용경사(cost slope)를 고려해야 한다. 다음 표를 보고 비용 경사를 구하면?

표준상태		특급상태	
작업일수	공사비(원)	작업일수	공사비(원)
10	34000	8	44000

① 1000원 ② 2000원
③ 5000원 ④ 10000원

해설

비용경사 $= \dfrac{\text{특급공비} - \text{표준공비}}{\text{표준공기} - \text{특급공기}}$

$= \dfrac{44,000 - 34,000}{10 - 8} = 5,000$원

36 토적곡선(Mass curve)에 대한 설명 중 틀린 것은?
① 동일 단면 내의 절토량, 성토량은 토적곡선에서 구할 수 있다.
② 평균운반거리는 전토량 2등분 선상의 점을 통하는 평행선과 나란한 수평거리로 표시한다.
③ 절토구간의 토적곡선은 상승곡선이 되고, 성토구간의 토적곡선은 하향곡선이 된다.
④ 곡선의 최대값을 나타내는 점은 절토에서 성토로 옮기는 점이다.

해설
토적곡선에서 절토량, 성토량은 토적곡선에서 구할 수 없다(횡방향 토량 배제)

37 도로주행 중 노면의 한 개소를 차량이 집중통과하여 표면의 재료가 마모되고 유동을 일으켜서 노면이 얕게 패인 자국을 무엇이라고 하는가?
① 플러시(Flush)
② 러팅(Rutting)
③ 블로업(Blow up)
④ 블랙베이스(Black base)

해설
소성변형(Rutting) 대책
1) 아스콘에 설계아스팔트량 보다 가급적 아스팔트량을 적게 사용.
2) 굵은골재 최대치수 13 → 19mm사용
3) 양질의 석분 함량 증가
4) 침입도가 작은 아스팔트 사용

38 공기 케이슨 공법에 관한 설명으로 틀린 것은?
① 노동조건의 제약을 받기 때문에 노무비가 과대하다.
② 토질을 확인 할 수 있고 정확한 지지력 측정이 가능하다.
③ 소규모 공사 또는 심도가 얕은 곳에는 비경제적이다.
④ 배수를 하면서 시공하므로 지하수위 변화를 주어 인접지반에 침하를 일으킨다.

해설
공기 케이슨 공법
굴착내부로 공기압을 불어 넣으면서 공기압으로 외부로부터 들어오는 물을 차단하거나 점토지반에서의 히빙을 방지하면서 굴착이 가능한 공법이다.

39 대선 위에 쇼벨계 굴착기인 클램셸을 선박에 장치한 준설선인 그래브 준설선의 특징에 대한 설명으로 틀린 것은?
① 소규모 및 협소한 장소에 적합하다.
② 굳은 토질의 준설에 적합하다.
③ 준설능력이 작다.
④ 준설깊이를 용이하게 조절할 수 있다.

해설
그래브 준설선
1) 준설깊이가 깊고(60m내외) 협소한 곳의 소규모 준설에 적합하다.
2) 약간의 단단한 지반의 준설이 가능하나 굳은토질(파쇄암석, 발파암등)의 준설은 디퍼준설선이 적합하다.

40 지하층을 구축하면서 동시에 지상층도 시공이 가능한 역타공법(Top-down공법)이 현장에서 많이 사용된다. 역타공법의 특징으로 틀린 것은?

① 인접건물이나 인접지대에 영향을 주지 않는 지하굴착 공법이다.
② 대지의 활용도를 극대화할 수 있으므로 도심지에서 유리한 공법이다.
③ 지하층 슬래브와 지하벽체 및 기초 말뚝기둥과의 연결작업이 쉽다.
④ 지하주벽을 먼저 시공하므로 지하수차단이 쉽다.

해설
Top-down공법 단점
지하층 슬래브와 지하벽체 및 기초말뚝 기둥과의 연결작업이 어렵다.

제3과목 건설재료 및 시험

41 로스엔젤레스 시험기에 의한 굵은 골재의 마모시험 결과가 아래와 같을 때 마모감량은?

[시험결과]
- 시험 전 시료의 질량 : 1250g
- 시험 후 1.7mm체에 남은 시료의 질량 : 870g

① 28.3% ② 28.9%
③ 29.7% ④ 30.4%

해설
골재의 마모율
마모감량(%)

$= \dfrac{\text{시험전 시료질량(g)} - \text{시험 후 1.7mm체에 남는 시료질량(g)}}{\text{시험전 시료질량(g)}} \times 100$

$= \dfrac{1250 - 870}{1250} \times 100 = 30.4\%$

42 시멘트의 분말도가 높을 경우 콘크리트에 미치는 영향에 대한 설명으로 틀린 것은?

① 응결이 빠르다.   ② 발열량이 적다.
③ 초기강도가 커진다.   ④ 시멘트의 워커빌리티가 좋아진다.

해설
시멘트 분말도가 높은 경우 발열량이 크다.

43 목재의 장점에 대한 설명으로 틀린 것은?
① 무게가 가벼워서 취급이나 운반이 쉽다.
② 내구성은 석재나 콘크리트보다는 떨어지나 방부처리를 하면 상당한 내구성을 갖는다.
③ 가공이 용이하고 외관이 아름답다.
④ 재질이나 강도가 균일하다.

해설
목재의 재질 및 강도는 균일하지 못하다.

44 아스팔트 품질에 있어 공용성 등급(Performance Grade)을 KS 등에 도입하여 적용하고 있다. 아래 표와 같은 표기에서 "76"의 의미로 옳은 것은?

PG 76-22

① 7일 간의 평균 최고 포장 설계 온도
② 22일 간의 평균 최고 포장 설계 온도
③ 최저 포장 설계 온도
④ 연화점

해설
PG 76-22
1) 76은 7일 평균 최고 포장온도를 의미한다.
2) 22는 최저 포장온도를 의미한다.

45 혼합시멘트 및 특수시멘트에 관한 설명으로 틀린 것은?
① 고로 시멘트는 초기강도는 작으나 장기강도는 보통 포틀랜드 시멘트와 비슷하거나 약간 크다.
② 플라이애시 시멘트는 해수(海水)에 대한 저항성이 크고, 수밀성이 좋아 수리구조물에 유리하다.
③ 알루미나 시멘트는 조기강도가 작고, 발열량이 적기 때문에 여름공사에 적합하다.
④ 초속경(超速硬)시멘트는 응결시간이 짧고 경화 시 발열이 큰 특징을 가지고 있다.

해설
알루미나 시멘트는 조기강도가 크고, 발열량이 크기 때문에 여름공사에 부적합하다.

46 역청재료의 침입도 시험에서 중량 100g의 표준침이 5초 동안에 5mm 관입했다면 이 재료의 침입도는 얼마인가?
① 100
② 50
③ 25
④ 5

해설
침입도는 침의 관입량을 0.1mm 단위로 나타낸 것을 침입도 1로 한다.
1) 0.1 : 1 = 5 : x
2) x = 50

47 스트레이트 아스팔트에 대한 설명으로 틀린 것은?
① 블론 아스팔트에 비해 감온성이 작다.
② 블론 아스팔트에 비해 신장성이 우수하다.
③ 블론 아스팔트에 비해 탄력성이 작다.
④ 주요 용도는 도로, 활주로, 댐 등의 포장용 혼합물의 결합재이다.

해설
스트레이트 아스팔트는 블론 아스팔트에 비해 감온성이 크다.

48 콘크리트용 혼화재로 실리카 퓸(Silica fume)을 사용한 경우 그 효과에 대한 설명으로 잘못된 것은?
① 콘크리트의 재료분리 저항성, 수밀성이 향상된다.
② 알칼리 골재반응의 억제효과가 있다.
③ 내화학약품성이 향상된다.
④ 단위수량과 건조수축이 감소된다.

해설
단위수량과 건조수축을 감소시키는 혼화재료로는 AE 감수제 등이 있다.

49 다음 폭약 중 아래의 표에서 설명하는 것은?

- 다이너마이트보다 발화점이 높고 충격에 둔감하여 취급에 위험성이 적다.
- 큰 돌의 채석, 암석, 경질토사의 절토에 적합하다.
- 유해가스의 발생이 많고 흡수성이 크기 때문에 터널공사에 부적당하다

① 칼릿   ② 니트로글리세린
③ 질산암모늄계 폭약   ④ 무연화약

해설
질산암모늄계 폭약
1) 초안 폭약
  ① 질산암모늄(NH_4NO_3)을 주성분으로 초안 폭약이라 하며, 국내 폭약산업의 초창기부터 널리 사용되고 있는 폭약이다.
  ② 유해가스가 많이 발생하여 주로 석재 채취용과 채광 발파에 사용되고 있으나, 터널공사에는 부적당하다.
2) 초유 폭약(ANFO, 질산암모늄 유제폭약)
  ① 질산암노늄(NH_4NO_3)(94)에 연료유(6)를 섞어 혼합한 초안폭약의 일종이다.
  ② 다른 폭약에 비해 기폭 감도가 둔감하여 취급이 극히 안전하고 가격이 저렴하다

50 다음 중 기상작용에 대한 골재의 저항성을 평가하기 위한 시험은?
① 로스앤젤레스 마모 시험
② 밀도 및 흡수율 시험
③ 안정성 시험
④ 유해물 함량 시험

해설

골재의 안정성시험
1) 골재의 내구성을 알기위해 황산나트륨 또는 황산마그네슘 포화용액으로 골재의 부서짐 저항성을 시험하는 것
2) 골재의 손실질량 백분율

시험용 용액	손실질량 백분율(%)	
	잔 골재	굵은골재
황산나트륨	10%이하	12%이하
황산마그네슘	15%이하	18%이하

51 콘크리트용 혼화재료에 대한 설명으로 틀린 것은?
① 방청제는 철근이나 PC강선이 부식하는 것을 방지하기 위해 사용한다.
② 급결제를 사용한 콘크리트는 초기 28일의 강도증진은 매우 크고, 장기강도의 증진 또한 큰 경우가 많다.
③ 지연제는 시멘트의 수화반응을 늦춰 응결시간을 길게 할 목적으로 사용되는 혼화제이다.
④ 촉진제는 보통 염화칼슘을 사용하며 일반적인 사용량은 시멘트 질량에 대하여 2% 이하를 사용한다.

해설

급결제를 사용한 콘크리트는 초기 28일의 강도증진은 매우 크고, 장기강도의 증진은 적다.

52 철근 콘크리트 구조물에 사용할 굵은 골재에서 유해물인 점토덩어리의 함유량이 0.18%이었다면, 연한 석편의 함유량은 최대 얼마 이하이어야 하는가?
① 2.82%
② 3.82%
③ 4.82%
④ 5.82%

해설

굵은 골재의 유해물 함유량의 허용치

종 류	전체시료에 대한 최대무게 백분율(%)	비 고
점토 덩어리	0.25	철근콘크리트에 적용
연한석편	5.0	

53 콘크리트용 응결촉진제에 대한 설명으로 틀린 것은?

① 조기강도를 증가시키지만 사용량이 과다하면 순결 또는 강도저하를 나타낼 수 있다.
② 한중콘크리트에 있어서 동결이 시작되기 전에 미리 동결에 저항하기 위한 강도를 조기에 얻기 위한 용도로 많이 사용된다.
③ 염화칼슘을 주성분으로 한 촉진제는 콘크리트의 황산염에 대한 저항성을 증가시키는 경향을 나타낸다.
④ PSC강재에 접촉하면 부식 또는 녹이 슬기 쉽다.

해설

염화칼슘을 주성분으로 한 촉진제는 과다하게 사용하는 경우 콘크리트의 철근을 부식 시킨다.

54 골재의 조립률이 6.6인 골재와 5.8인 골재 2종류의 굵은 골재를 중량비 8:2로 혼합한 혼합 골재의 조립률로 옳은 것은?

① 6.24
② 6.34
③ 6.44
④ 6.54

해설

골재의 혼합시 조립률 계산
A골재의 조립률 : a
B골재의 조립률 : b

조립률 $= \dfrac{A \cdot a + B \cdot b}{A+B} = \dfrac{8 \times 6.6 + 2 \times 5.8}{8+2} = 6.44$

55 재료의 성질 중 작은 변형에도 파괴하는 성질을 무엇이라 하는가?

① 소성
② 탄성
③ 연성
④ 취성

해설

취성(脆性)
재료가 외력을 받을 때 갑작스럽게 작은 변형에도 파괴되는 성질

56 재료에 외력을 작용시키고 변형을 억제하면 시간이 경과함에 따라 재료의 응력이 감소하는 현상을 무엇이라 하는가?

① 탄성
② 취성
③ 크리프
④ 릴랙세이션

해설

릴랙세이션
PC 강재에 고장력을 가한 상태 그대로 장기간 양끝을 고정해 두면, 점차 소성 변형하여 인장 응력이 감소해 가는 현상.

정답 53 ③ 54 ③ 55 ④ 56 ④

57 암석의 분류방법 중 보편적으로 사용되며 화성암, 퇴적암, 변성암으로 분류하는 방법은 무엇인가?
① 화학성분에 의한 방법
② 성인에 의한 방법
③ 산출상태에 의한 방법
④ 조직구조에 의한 방법

해설
암석의 성인(사물이 이루어지는 원인)에 따른 분류
1) 화성암 : 화강암, 안산암, 현무암 등
2) 변성암 : 대리석, 편마암, 사문암 등
3) 퇴적암 : 사암, 적판암, 석회암 등

58 시멘트 비중시험(KS L 5110)의 정밀도 및 편차 규정에 대한 설명으로 옳은 것은?
① 동일 시험자가 동일 재료에 대하여 2회 측정한 결과가 ±0.03 이내이어야 한다.
② 동일 시험자가 동일 재료에 대하여 3회 측정한 결과가 ±0.05 이내이어야 한다.
③ 서로 다른 시험자가 동일 재료에 대하여 2회 측정한 결과가 ±0.03 이내이어야 한다.
④ 서로 다른 시험자가 서로 다른 재료에 대하여 3회 측정한 결과가 ±0.05 이내이어야 한다.

해설
시멘트 비중 정밀도 및 편차규정
동일 시험자가 동일 재료에 대하여 2회 측정한 결과가 ±0.03 이내이어야 한다.

59 다음에서 설명하는 토목섬유의 종류와 그 주요기능으로 옳은 것은?

> 폴리머를 판상으로 압축시키면서 격자모양의 그리드 형태로 구멍을 내어 특수하게 만든 후 여러 모양으로 넓게 늘여 편 형태의 토목섬유

① 지오그리드 – 보강, 분리
② 지오네트 – 배수, 보강
③ 지오매트 – 배수, 필터
④ 지오네트 – 보강, 분리

해설
지오그리드
① 지오그리드는 리브(rib)사이에 대략 1~10cm의 작은구멍을 가진 격자형 재료이다.
② 주기능으로 보강 기능 및 분리 기능이 있다.

60 석재의 성질에 대한 일반적인 설명으로 틀린 것은?
① 석재는 모든 강도 가운데 인장강도가 최대이다.
② 석재의 흡수율은 풍화, 파괴, 내구성과 크게 관계가 있다.
③ 석재의 밀도는 조성성분의 성질, 비율, 조직 속의 공극 등에 따라 다르다.
④ 석재는 조암광물의 팽창계수가 서로 다르기 때문에 고온에서는 파괴된다.

해설
석재는 모든 강도 가운데 압축강도가 최대이다.

정답 57 ② 58 ① 59 ① 60 ①

제4과목 토질 및 기초

61 어떤 지반에 대한 토질시험결과 점착력 c=0.50kg/cm², 흙의 단위중량 γ=2.0t/m³이었다. 그 지반에 연직으로 7m를 굴착했다면 안전율은 얼마인가? (단, ϕ=0이다.)

① 1.43
② 1.51
③ 2.11
④ 2.61

해설

직립면의 한계고

$$H_c = \frac{4c}{\gamma}\tan\left(45° + \frac{\varnothing}{2}\right) = \frac{4 \times 5}{2}\tan(45°) = 10$$

$$Fs = \frac{10}{7} = 1.43$$

62 다음 그림과 같이 점토질 지반에 연속기초가 설치되어있다. Terzaghi 공식에 의한 이 기초의 허용지지력은?(단, ϕ=0 이며, 폭(B)=2m, N_c=5.14, N_q=1.0, N_γ=0, 안전율 F_S=3이다.)

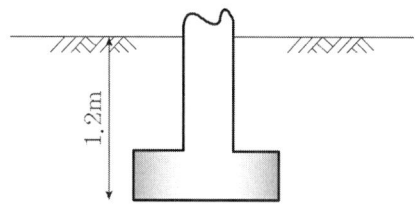

점토질 지반 γ=1.92t/m²

일축압축강도 q_u=14.86t/m²

① 6.4t/m²
② 13.5t/m²
③ 18.5t/m²
④ 40.49t/m²

해설

1) 연속 기초 형상계수 $\alpha = 1$, $\beta = 0.5$
2) $q_u = \alpha c N_c + \beta \gamma_1 B N_r + \gamma_2 D_f N_q$

$$c = \frac{q_u}{2} = \frac{14.86}{2} = 7.43$$

$q_u = 1 \times 7.43 \times 5.14 + 0.5 \times 2 \times 1.92 \times 0 +$
$\quad\quad 1.92 \times 1.2 \times 1$
$\quad = 40.49 t/m^2$

3) $q_a = \dfrac{q_u}{F_s} = \dfrac{40.49}{3}$
$\quad = 13.489 t/m^2$

63 무게 3ton인 단동식 증기 hammer를 사용하여 낙하고 1.2m에서 pile을 타입할 때 1회 타격당 최종 침하량이 2cm이었다. Engineering News공식을 사용하여 허용 지지력을 구하면 얼마인가?

① 13.3t ② 26.7t
③ 80.8t ④ 160t

해설

단동식 증기해머 허용지지력
$R_a = \dfrac{W.H.E}{6(s+0.25)} = \dfrac{3 \times 120}{6 \times (2+0.25)} = 26.7t$

64 수조에 상방향의 침투에 의한 수두를 측정한 결과, 그림과 같이 나타났다. 이때, 수조 속에 있는 흙에 발생하는 침투력을 나타낸 식은? (단, 시료의 단면적은 A, 시료의 길이는 L, 시료의 포화단위중량은 γ_{sat}, 물의 단위중량은 γ_w이다.)

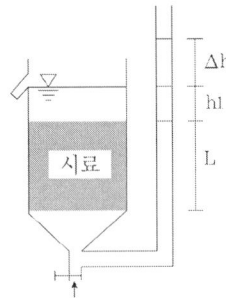

① $\Delta h \cdot \gamma_w \cdot \dfrac{A}{L}$ ② $\Delta h \cdot \gamma_w \cdot A$

③ $\Delta h \cdot \gamma_{sat} \cdot A$ ④ $\dfrac{\gamma_{sat}}{\gamma_w} \cdot A$

해설

침투력(체적당)
$F = i.\gamma_w.V = \dfrac{\Delta h}{L}.\gamma_w.A.L = \Delta h.\gamma_w.A$

65 점토 지반의 강성 기초의 접지압 분포에 대한 설명으로 옳은 것은?

① 기초 모서리 부분에서 최대응력이 발생한다.
② 기초 중앙 부분에서 최대 응력이 발생한다.
③ 기초 밑면의 응력은 어느 부분이나 동일하다.
④ 기초 밑면에서의 응력은 토질에 관계없이 일정하다.

> **해설**
>
> 이론적인 침하와 접지압 분포
> 1) 연성기초(휨성기초, 탄성기초)

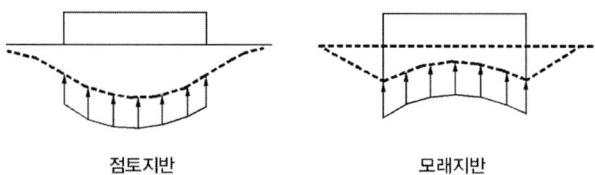

점토지반   모래지반

> ① 연성기초는 기초가 유연하여 접지압이 균등하게 작용함
> ② 점토지반 접시처럼 오목하게 발생되며, 모래지반은 중앙부 보다 모서리쪽 침하가 크게 발생된다.
>
> 2) 강성기초의 접지압 분포

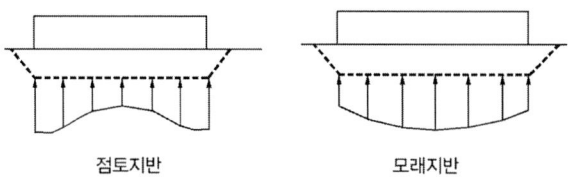

점토지반   모래지반

> ① 기초가 강성이므로 균등침하가 발생된다.
> ② 점토지반에서는 모서리쪽 접지압이 커지고 중앙부 접지압이 줄어든다.
> ③ 모래지반에서는 모서리쪽 접지압이 작고 중앙부 접지압이 커진다.

66 어떤 시료에 대해 액압 1.0kg/cm²를 가해 각 수직변위에 대응하는 수직하중을 측정한 결과가 아래 표와 같다. 파괴시의 축차응력은?(단, 피스톤의 지름과 시료의 지름은 같다고 보며, 시료의 단면적 Ao=18cm², 길이 L=14cm이다.)

$\triangle L$(1/100mm)	0	…	1000	1100	1200	1300	1400
P(kg)	0	…	54.0	58.0	60.0	59.0	58.0

① 3.05kg/cm²
② 2.55kg/cm²
③ 2.05kg/cm²
④ 1.55kg/cm²

> **해설**
>
> 1) 축차응력 $\triangle \sigma_f = \sigma_1 - \sigma_3$
>
> 2) 변형률 $\varepsilon = \dfrac{\triangle L}{L}$
>
> 3) 진단면적 $A = \dfrac{A_0}{1-\varepsilon}$

ε	$1-\varepsilon$	A	$\triangle \sigma_f$
0.0714	0.9286	$\frac{18}{0.9286}=19.38$	$\frac{54}{19.38}=2.79$
0.0786	0.9214	$\frac{18}{0.9214}=19.54$	$\frac{58}{19.54}=2.97$
0.0857	0.9143	$\frac{18}{0.9143}=19.69$	$\frac{60}{19.69}=3.05$
0.0929	0.9071	$\frac{18}{0.9071}=19.84$	$\frac{59}{19.84}=2.97$
0.1	0.9	$\frac{18}{0.9}=20$	$\frac{58}{20}=2.9$

67 다음 시료채취에 사용되는 시료기(sampler) 중 불교란시료 채취에 사용되는 것만 고른 것으로 옳은 것은?

> (1) 분리형 원통 시료기(split spoon sampler)
> (2) 피스톤 튜브 시료기(piston tube sampler)
> (3) 얇은 관 시료기(thin wall tube sampler)
> (4) Laval 시료기(Laval sampler)

① (1), (2), (3) ② (1), (2), (4)
③ (1), (3), (4) ④ (2), (3), (4)

해설

시료 채취기 종류 (Sampling)
① 분리형 원통 시료기(split spoon sampler)
　교란된 시료 채취용으로 채취.
② 피스톤 튜브 시료기(piston tube sampler)
　불교란 시료 채취용으로 사용
③ 얇은관 시료기(thin wall tube sampler)
　불교란 시료 채취용으로 사용
④ Laval 시료기(Laval sampler)
　불교란 시료 채취용으로 사용

68 아래 그림과 같이 3개의 지층으로 이루어진 지반에서 수직방향 등가투수계수는?

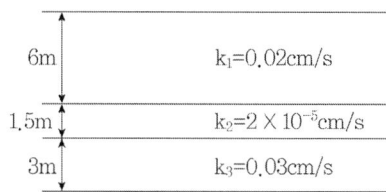

① 2.516×10^{-6} cm/s
② 1.274×10^{-5} cm/s
③ 1.393×10^{-4} cm/s
④ 2.0×10^{-2} cm/s

해설

수직방향 등가투수계수

$$K_v = \frac{H}{\frac{h_1}{K_{v1}} + \frac{h_2}{K_{v2}}} = \frac{600 + 150 + 300}{\frac{600}{0.02} + \frac{150}{2 \times 10^{-5}} + \frac{300}{0.03}}$$

$= 1.393 \times 10^{-4}\, cm/\sec$

69 포화단위중량이 $1.8 t/m^3$인 흙에서의 한계동수경사는 얼마인가?

① 0.8
② 1.0
③ 1.8
④ 2.0

해설

한계동수경사

$i_{cr} = \frac{\gamma_{sub}}{\gamma_w} = \frac{(1.8-1)}{1} = 0.8$

70 점토의 다짐에서 최적함수비보다 함수비가 적은 건조측 및 함수비가 많은 습윤측에 대한 설명으로 옳지 않은 것은?

① 다짐의 목적에 따라 습윤 및 건조측으로 구분하여 다짐계획을 세우는 것이 효과적이다.
② 흙의 강도 증가가 목적인 경우, 건조측에서 다지는 것이 유리하다.
③ 습윤측에서 다지는 경우, 투수계수 증가 효과가 크다.
④ 다짐의 목적이 차수를 목적으로 하는 경우, 습윤측에서 다지는 것이 유리하다.

해설

습윤측에서 다지는 경우, 투수계수가 작아진다.

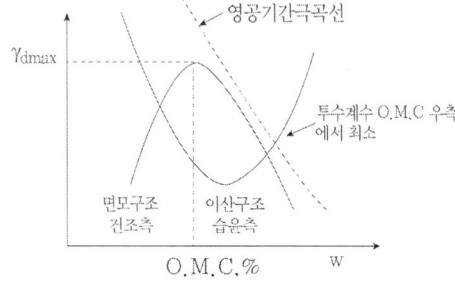

71 노건조한 흙 시료의 부피가 1,000cm³, 무게가 1700g, 비중이 2.65이라면 간극비는?

① 0.71 ② 0.43
③ 0.65 ④ 0.56

해설

1) $\gamma_d = \dfrac{W_s}{V} = \dfrac{1,700}{1,000} = 1.7 g/cm^3$

2) $e = \dfrac{G_s \cdot \gamma_w}{\gamma_d} - 1$
  $= \dfrac{2.65 \times 1}{1.7} - 1 = 0.56$

72 전단마찰각이 25°인 점토의 현장에 작용하는 수직응력이 5t/m²이다. 과거 작용했던 최대하중이 10t/m²이라고 할 때 대상지반의 정지토압계수를 추정하면?

① 0.40 ② 0.57
③ 0.82 ④ 1.14

해설

과압밀 점토 정지토압계수
$K_o = (1 - \sin\varnothing)\sqrt{OCR}$
   $= (1 - \sin 25)\sqrt{2} = 0.82$

여기서, $O.C.R = \dfrac{10}{5} = 2$

73 흙의 공학적 분류방법 중 통일 분류법과 관계없는 것은?

① 소성도 ② 액성한계
③ No.200체 통과율 ④ 군지수

해설

군지수(GI)

1) $GI = 0.2a + 0.005ac + 0.01bd$
  여기서, a=70-35=35(200번체 통과율-35)
       b=70-15=55(0~40범위이므로 40적용)
       c=49-40=9(LL-40)
       d=25-10=15(PI-10)

2) 군지수는 AASHTO 분류 방법에 사용되는 인자이다.
3) 군지수가 크면 노상토 재료로 부적합하다.

74 다음 중 임의 형태 기초에 작용하는 등분포하중으로 인하여 발생하는 지중응력계산에 사용하는 가장 적합한 계산법은?

① Boussinesq 법
② Osterberg 법
③ Newmark 영향원법
④ 2:1 간편법

해설

Newmark 영향원
1) 재하면 형태가 원형 또는 사각형, 집중하중 도로와 같이 사다리꼴 하중은 관계도표로 지중응력을 구할 수 있으나
2) 재하면이 불규칙한 경우는 적용하지 못하므로 임의 평면에 대해 지중응력을 구하는 경우 Newmark 영향원을 이용하여 구할 수 있다.

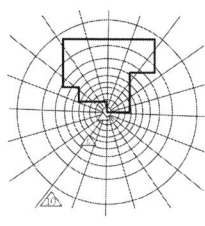

[Newmark 영향원]

$\triangle P = n \cdot I \cdot P$

여기서, $\triangle P$: 지중응력
n : 영향원의 블록수
I : 영향계수
P : 작용하중

75 내부마찰각 $\phi_u=0$, 점착력 $c_u=4.5\text{t/m}^2$, 단위중량이 1.9t/m^3되는 포화된 점토층에 경사각 45°로 높이 8m인 사면을 만들었다. 그림과 같은 하나의 파괴면을 가정했을 때 안전율은?(단, ABCD의 면적은 70m²이고, ABCD의 무게중심은 O점에서 4.5m거리에 위치하며, 호 AC의 길이는 20.0m이다.)

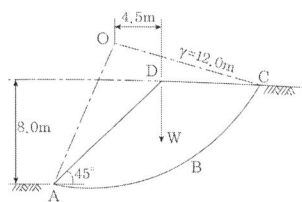

① 1.2
② 1.8
③ 2.5
④ 3.2

해설

1) $Fs = \dfrac{M_r}{M_d} = \dfrac{c_u \cdot L_a \cdot r}{W \cdot d} = \dfrac{1{,}080}{598.5} = 1.83$

2) $M_r = c_u \cdot L_a \cdot r = 4.5 \times 20 \times 12$
   $= 1{,}080\, t.m$

3) $M_D = W \cdot d = A \cdot \gamma \times e = 70 \times 1.9 \times 4.5$
   $= 598.5\, t.m$

76 다음 그림과 같이 피압수압을 받고 있는 2m 두께의 모래층이 있다. 그 위의 포화된 점토층을 5m 깊이로 굴착하는 경우 분사현상이 발생하지 않기 위한 수심(h)은 최소 얼마를 초과하도록 하여야 하는가?

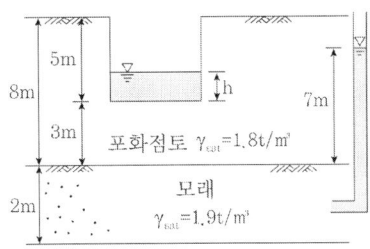

① 1.3m
② 1.6m
③ 1.9m
④ 2.4m

해설

1) $\sigma = 1 \times h + 1.8 \times 3 = h + 5.4$
2) $u = 1 \times 7 = 7 t/m^2$
   $\bar{\sigma} = \sigma - u$이면 heaving이 발생되므로
3) $\bar{\sigma} = \sigma - u = h + 5.4 - 7 = 0$
   $h = 1.6m$

77 Meyerhof의 극한지지력 공식에서 사용하지 않는 계수는?

① 형상계수
② 깊이계수
③ 시간계수
④ 하중경사계수

해설

Meyerhof 지지력 계수
1) 형상계수
2) 깊이계수
3) 경사계수

78 입경이 균일한 포화된 사질지반에 지진이나 진동 등 동적하중이 작용하면 지반에서는 일시적으로 전단강도를 상실하게 되는데, 이러한 현상을 무엇이라고 하는가?

① 분사현상(quick sand)
② 틱소트로피 현상(Thixotropy)
③ 히빙현상(heaving)
④ 액상화현상(liquefaction)

해설

액상화 현상
1) 액상화란 느슨한 포화된 모래지반이 진동이나 충격 영향으로 체적은 압축이 되면서(+)양의 과잉간극수압이 발생됨.
2) 이러한 반복 진동으로 간극수압의 누적이 발생되면서 지반이 액체처럼 강도를 잃게되고 흙의 간극수압 상승으로 유효응력은 감소되고 전단강도가 0인 상태가 되는 현상을 보이게 되는데 이러한 현상을 액상화라고 함.

정답 76 ② 77 ③ 78 ④

79 토질조사에 대한 설명 중 옳지 않은 것은?

① 사운딩(Sounding)이란 지중에 저항체를 삽입하여 토층의 성상을 파악하는 현장시험이다.
② 불교란시료를 얻기 위해서 Foil Sampler, Thin wall tube sampler 등이 사용된다.
③ 표준관입시험은 로드(Rod)의 길이가 길어질수록 N치가 작게 나온다.
④ 베인 시험은 정적인 사운딩이다.

해설

표준관입시험은 로드(Rod)의 길이가 길어질수록 지중응력의 영향으로 N치가 크게 나온다.

80 $2.0\,kg/cm^2$의 구속응력을 가하여 시료를 완전히 압밀시킨 다음, 축차응력을 가하여 비배수 상태로 전단시켜 파괴시 축변형률 ε_f=10%, 축차응력 $\triangle\sigma_f$=2.8kg/cm², 간극수압 $\triangle u_f$=2.1kg/cm²를 얻었다. 파괴시 간극수압계수 A는?(단, 간극수압계수 B는 1.0으로 가정한다.)

① 0.44
② 0.75
③ 1.33
④ 2.27

해설

간극수압계수

$$A = \frac{\triangle u}{\triangle \sigma_f} = \frac{2.1}{2.8} = 0.75$$

정답 79 ③ 80 ②

2018 기출문제
제4회 건설재료시험기사

제1과목 콘크리트공학

01 한중콘크리트에서 주위의 온도가 2°C이고 비볐을 때의 콘크리트의 온도가 26°C이며 비빈 후부터 타설이 끝났을 때까지 90분이 소요되었다면, 타설이 끝났을 때의 콘크리트의 온도는?

① 20.6°C
② 21.6°C
③ 22.6°C
④ 23.6°C

해설
$T_2 = T_1 - 0.15(T_1 - T_0)t$
$= 26 - 0.15(26 - 2) \times 1.5 = 20.6°C$

02 프리스트레스트 콘크리트(PSC)를 철근콘크리트(RC)와 비교할 때 사용재료와 역학적 성질의 특징에 대한 설명으로 틀린 것은?

① 부재 전단면의 유효한 이용
② 뛰어난 부재의 탄성과 복원성
③ 긴장재로 인한 자중과 전단력의 증가
④ 고강도 콘크리트와 고강도 강재의 사용

해설
프리스트레스트 콘크리트는 긴장재로 인하여 자중과 전단력이 감소

03 23회의 압축강도 시험실적으로부터 구한 표준편차가 5MPa이었다. 콘크리트의 설계기준압축강도가 40MPa인 경우 배합강도는? (단, 시험횟수 20회일 때의 표준편차의 보정계수는 1.08이고, 25회일 때의 표준편차의 보정계수는 1.03이다.)

① 47.1MPa
② 47.7MPa
③ 48.3MPa
④ 48.8MPa

해설
1) 시험실적에 따른 표준편차 보정계수

정답 01 ① 02 ③ 03 ③

시험회수	보정계수
15회	1.16
20회	1.08
25회	1.03
30회	1

2) 시험횟수 23회일 때 표준편차의 보정계수

$$\alpha = 1.03 + \frac{(1.08-1.03)}{5} \times 2 = 1.05$$

3) 직선보간 표준편차

$$S = 1.05 \times 5 = 5.25 MPa$$

3) 설계기준 강도 35MPa 초과

$$f_{cr} = f_{ck} + 1.34S$$
$$= 40 + 1.34 \times 5.25 = 47.035 MPa$$
$$f_{cr} = 0.9 \cdot f_{ck} + 2.33S$$
$$= 0.9 \times 40 + 2.33 \times 5.25 = 48.3 MPa$$

두 개 값중에 큰 값 48.3MPa

04 신축이음의 내용으로 적절하지 않은 것은?

① 신축이음에는 필요에 따라 이음재, 지수판 등을 배치하여야 한다.
② 신축이음은 양쪽의 구조물 혹은 부재가 구속되지 않는 구조이어야 한다.
③ 신축이음에는 인장철근 및 압축철근을 배치하여 전단력에 대하여 보강하여야 한다.
④ 신축이음의 단차를 피할 필요가 있는 경우에는 전단 연결재를 사용하는 것이 좋다.

해설

신축이음은 구조물과 구조물을 절연시키므로 이음부에서 인장철근 및 압축철근을 절단시켜준다.

05 콘크리트 구조물의 온도균열에 대한 시공상의 대책으로 틀린 것은?

① 단위시멘트량을 적게 한다.
② 1회의 콘크리트 타설 높이를 줄인다.
③ 수축이음부를 설치하고, 콘크리트 내부온도를 낮춘다.
④ 기존의 콘크리트로 새로운 콘크리트의 온도에 따른 이동을 구속시킨다.

해설

온도균열을 방지하기 위해서 기존 콘크리트와 새로운 콘크리트와 온도에 따른 구속도를 적게 하거나 구속이 생기지 않아야 한다.

06 굵은 골재의 최대치수에 따른 콘크리트 펌프 압송관의 호칭치수에 대한 설명으로 옳은 것은?
① 굵은 골재의 최대치수가 25mm일 때 압송관의 호칭치수는 100mm 이상이어야 한다.
② 굵은 골재의 최대치수가 20mm일 때 압송관의 호칭치수는 100mm 이하이어야 한다.
③ 굵은 골재의 최대치수가 20mm일 때 압송관의 호칭치수는 125mm 이상이어야 한다.
④ 굵은 골재의 최대치수가 40mm일 때 압송관의 호칭치수는 80mm 이상이어야 한다.

해설
· 굵은골재최대치수 20~25mm인 경우
  압송관 호칭치수 : 100mm 이상
· 굵은골재최대치수 40mm 이상인 경우
  압송관 호칭치수 : 125mm 이상

07 콘크리트의 블리딩 시험방법(KS F 2414)에 대한 설명으로 틀린 것은?
① 시험 중에는 실온 (20±3)°C로 한다.
② 블리딩 시험은 굵은 골재의 최대치수가 40mm 이하인 경우에 적용한다.
③ 최초로 기록한 시각에서부터 60분 동안 10분마다, 콘크리트 표면에 스며 나온 물을 빨아낸다.
④ 콘크리트를 블리딩 용기에 채울 때 콘크리트 표면이 용기의 가장자리에서 (30±3) mm 높아지도록 고른다.

해설
콘크리트를 블리딩 용기에 채울 때 콘크리트 표면이 용기의 가장자리에서(30±3)mm 낮아지도록 고른다.

08 콘크리트의 받아들이기 품질 검사항목이 아닌 것은?
① 공기량   ② 평판재하
③ 슬럼프   ④ 펌퍼빌리티

해설
콘크리트 받아들이기 품질검사 항목
1) 공기량시험
2) 슬럼프시험
3) 염화물시험
4) 펌퍼빌리티

정답 06 ① 07 ④ 08 ②

09 프리스트레싱할 때의 콘크리트 압축강도에 대한 설명으로 옳은 것은?
① 프리텐션 방식에 있어서 콘크리트의 압축강도는 40MPa 이상이어야 한다.
② 포스트텐션 방식에 있어서 콘크리트의 압축강도는 20MPa 이상이어야 한다.
③ 프리스트레싱을 할 때의 콘크리트의 압축강도는 프리스트레스를 준 직후, 콘크리트에 일어나는 최대 인장응력의 2.5배 이상이어야 한다.
④ 프리스트레싱을 할 때의 콘크리트의 압축강도는 프리스트레스를 준 직후, 콘크리트에 일어나는 최대 압축응력의 1.7배 이상이어야 한다.

해설
1) 프리스트레싱을 할 때의 콘크리트의 압축강도는 프리스트레스를 준 직후, 콘크리트에 일어나는 최대 압축응력의 1.7배 이상이어야 한다.
2) 프리텐션 방식에 있어서 콘크리트의 압축강도는 30MPa 이상이어야 한다.
3) 포스트텐션 방식에 있어서 콘크리트의 압축강도는 25MPa 이상이어야 한다.

10 서중 콘크리트에 대한 설명으로 틀린 것은?
① 콘크리트 재료는 온도가 낮아질 수 있도록 하여야 한다.
② 콘크리트를 타설할 때의 콘크리트 온도는 35℃ 이하여야 한다.
③ 수화작용에 필요한 수분증발을 방지하기 위해 촉진제를 사용하는 것을 원칙으로 한다.
④ 콘크리트를 타설하기 전에 지반과 거푸집등을 조사하여 콘크리트로부터의 수분흡수로 품질변화의 우려가 있는 부분은 습윤상태로 유지하여야 한다.

해설
촉진제를 사용하는 것은 콘크리트의 수화반응을 촉진시켜서 콘크리트의 초기강도를 빠르게 도달하도록 하는 데 사용한다.

11 일반콘크리트의 배합설계에 대한 설명으로 틀린 것은?
① 제빙화학제가 사용되는 콘크리트의 물-결합재비는 45% 이하로 한다.
② 콘크리트의 탄산화 저항성을 고려하여 물-결합재비를 정할 경우 60% 이하로 한다.
③ 콘크리트의 수밀성을 기준으로 물-결합재비를 정할 경우 그 값은 50%이하로 한다.
④ 구조물에 사용된 콘크리트의 압축강도가 설계기준압축강도보다 작아지지 않도록 현장 콘크리트의 품질변동을 고려하여 콘크리트의 배합강도를 설계기준압축강도보다 충분히 크게 정하여야 한다.

해설
콘크리트의 탄산화 저항성을 고려하여 물-결합재비를 정할 경우 55% 이하로 한다.

12 고압증기양생한 콘크리트의 특징에 대한 설명으로 틀린 것은?
① 고압증기양생한 콘크리트의 수축률은 크게 감소된다.
② 고압증기양생한 콘크리트의 크리프는 크게 감소된다.
③ 고압증기양생한 콘크리트의 외관은 보통양생한 포틀랜드시멘트 콘크리트 색의 특징과 다르며, 흰색을 띤다.
④ 고압증기양생한 콘크리트는 보통양생한 콘크리트와 비교하여 철근과의 부착강도가 약 2배정도가 된다.

> 해설
> 고압증기양생한 콘크리트는 보통양생한 콘크리트와 비교하여 철근과의 부착강도가 약 1/2배정도 감소된다. 따라서 중요한 철근콘크리트 부재의 사용에 있어서 지양할 필요가 있다.

13 시방배합을 통해 단위수량 174kg/m³, 시멘트량 369kg/m³, 잔골재 702kg/m³, 굵은골재 1,049kg/m³을 산출하였다. 현장골재의 입도를 고려하여 현장배합으로 수정한다면 잔골재와 굵은 골재의 양은? (단, 현장 잔골재 중 5mm체에 남는 양이 10%, 굵은골재 중 5mm체를 통과한 양이 5%, 표면수는 고려하지 않는다.)
① 잔골재 : 802kg/m³, 굵은골재 : 949kg/m³
② 잔골재 : 723kg/m³, 굵은골재 : 1,028kg/m³
③ 잔골재 : 637kg/m³, 굵은골재 : 1,114kg/m³
④ 잔골재 : 563kg/m³, 굵은골재 : 1,188kg/m³

> 해설
> 입도조정
> ① 잔골재
> $$X = \frac{100S - b(S+G)}{100 - (a+b)}$$
> $$= \frac{100 \times 702 - 5(702 + 1,049)}{100 - (10+5)} = 723 kg/m^3$$
> ② 굵은골재
> $$Y = \frac{100G - a(S+G)}{100 - (a+b)}$$
> $$= \frac{100 \times 1,049 - 10(702 + 1,049)}{100 - (10+5)} = 1,028 kg/m^3$$

14 방사선 차폐용 콘크리트에 대한 설명으로 틀린 것은?

① 일반적인 경우 슬럼프는 150mm 이하로 하여야 한다.
② 주로 생물체의 방호를 위하여 X선, γ선 및 중성자선을 차폐할 목적으로 사용된다.
③ 방사선 차폐용 콘크리트는 열전도율이 작고, 열팽창률이 커야 하므로 밀도가 낮은 골재를 사용하여야 한다.
④ 물-결합재비는 50%이하를 원칙으로 하고, 워커빌리티 개선을 위하여 품질이 입증된 혼화제를 사용할 수 있다.

해설
방사선 차폐용 콘크리트는 열전도율이 작고, 열팽창률이 작아야 하므로 밀도가 높은 골재를 사용하여야 한다.

15 콘크리트의 워커빌리티 측정 방법이 아닌 것은?

① 지깅 시험
② 흐름 시험
③ 슬럼프 시험
④ Vee-Bee시험

해설
지깅시험
골재 단위중량을 측정하는 시험으로 골재의 최대치수가 40mm를 초과시 시료를 용기에 충전하는 방법이다.

16 경량골재 콘크리트에 대한 설명으로 틀린 것은?

① 일반적으로 기건 단위질량이 1.4~2.0t/m³ 범위의 콘크리트를 말한다.
② 콘크리트의 수밀성을 기준으로 물-결합재비를 정할 경우에는 50% 이하를 표준으로 한다.
③ 천연경량골재는 인공경량골재에 비해 입자의 모양이 좋고 흡수율이 작아 구조용으로 많이 쓰인다.
④ 경량골재 콘크리트는 보통콘크리트보다 동결융해에 대한 저항성이 상당히 나쁘므로 시공 시 유의하여야 한다.

해설
천연경량골재는 인공경량골재에 비해 입형이 불량하며 강도가 약해 콘크리트 구조물에 부적합 하다.

17 콘크리트의 탄산화에 대한 설명으로 틀린 것은?

① 탄산화가 진행된 콘크리트는 알칼리성이 약화되어 콘크리트 자체가 팽창하여 파괴된다.
② 철근주위를 둘러싸고 있는 콘크리트가 탄산화하여 물과 공기가 침투하면 철근을 부식시킨다.
③ 굳은 콘크리트는 표면에서 공기 중의 이산화탄소의 작용을 받아 수산화칼슘이 탄산칼슘으로 바뀐다.
④ 탄산화의 판정은 페놀프탈레인 1%의 알코올용액을 콘크리트의 단면에 뿌려 조사하는 방법이 일반적이다.

해설
탄산화가 진행된 콘크리트는 알칼리성이 약화되어 콘크리트 내부의 철근의 부식으로 철근이 팽창하게 되면서 콘크리트가 파괴된다.

18 콘크리트의 타설에 대한 설명으로 틀린 것은?
① 타설한 콘크리트를 거푸집 안에서 횡방향으로 이동시켜서는 안 된다.
② 콘크리트는 그 표면이 한 구획 내에서는 거의 수평이 되도록 타설하는 것을 원칙으로 한다.
③ 거푸집의 높이가 높아 슈트 등을 사용하는 경우 배출구와 타설 면까지의 높이는 1.5m이하를 원칙으로 한다.
④ 콘크리트를 2층 이상으로 나누어 타설할 경우, 상층의 콘크리트 타설은 하층의 콘크리트가 굳은 후 해야 한다.

> 해설
> 콘크리트를 2층 이상으로 나누어 타설할 경우, 상층의 콘크리트 타설은 하층의 콘크리트가 굳기전에 해야 한다.

19 콘크리트의 강도에 영향을 미치는 요인에 대한 설명으로 옳지 않은 것은?
① 성형시에 가압양생하면 콘크리트의 강도가 크게 된다.
② 물-결합재비가 일정할 때 공기량이 증가하면 압축강도는 감소한다.
③ 부순돌을 사용한 콘크리트의 강도는 강자갈을 사용한 콘크리트의 강도보다 크다.
④ 물-결합재비가 일정할 때 굵은 골재의 최대치수가 클수록 콘크리트의 강도는 커진다.

> 해설
> 물-결합재비가 일정할 때 굵은 골재의 최대치수가 클수록 콘크리트는 단위시멘트량의 감소로 경제적인 콘크리트가 된다.

20 소요의 품질을 갖는 프리플레이스트 콘크리트를 얻기 위한 주입 모르타르의 품질에 대한 설명으로 틀린 것은?
① 굳지 않은 상태에서 압송과 주입이 쉬워야 한다.
② 주입되어 경화되는 사이에 블리딩이 적으며, 팽창하지 않아야 한다.
③ 경화 후 충분한 내구성 및 수밀성과 강재를 보호하는 성능을 가져야 한다.
④ 굵은 골재의 공극을 완벽하게 채울 수 있는 양호한 유동성을 가지며, 주입 작업이 끝날때까지 이 특성이 유지되어야 한다.

> 해설
> 프리플레이스트 콘크리트에 주입되어 모르타르는 경화되는 사이에 블리딩이 적으며, 일정한 범위내 팽창으로 콘크리트 내부 공극을 충분이 채울 수 있어야 한다.

정답 18 ④ 19 ④ 20 ②

제2과목 건설시공 및 관리

21 아래의 표와 같이 공사 일수를 견적한 경우 3점 견적법에 따른 적정 공사 일수는?

> 낙관일수 3일, 정상일수 5일, 비관일수 13일

① 4일 ② 5일
③ 6일 ④ 7일

해설
적정(추정)공사 일수
$$t_e = \frac{t_o + 4t_m + t_p}{6} = \frac{3 + 4 \times 5 + 13}{6} = 6일$$
여기서, t_e : 3점법에 의한 추정공사일수
  t_o : 낙관작업일수
  t_m : 정상작업일수
  t_p : 비관작업일수

22 터널공사에 있어서 TBM공법의 장점을 설명한 것으로 틀린 것은?
① 갱내의 공기오염도가 적다.
② 복잡한 지질변화에 대한 적응성이 좋다.
③ 라이닝의 두께를 얇게 할 수 있다.
④ 동바리공이 간단해진다.

해설
T.B.M 공법은 복잡한 지질변화에 대한 적응성이 떨어진다.

23 암거의 매설깊이는 1.5m, 암거와 암거상부 지하수면 최저점과의 거리가 10cm, 지하수면의 경사가 4.5°이다. 지하수면의 깊이를 1m로 하려면 암거간 매설거리는 얼마로 해야 하는가?
① 4.8m ② 10.2m
③ 15.2m ④ 61m

해설
매설거리(암거간격)
$$D = \frac{2(H - h - h_1)}{\tan\beta} = \frac{2(1.5 - 1 - 0.1)}{\tan 4.5°} = 10.2m$$
여기서 D : 암거간격(매설거리)
  H : 암거 매설깊이
  h : 지하수면의 깊이
  h_1 : 암거와 지하수면의 최저점과의 거리
  β : 지하수면 구배

24 아스팔트 포장의 표면에 부분적인 균열, 변형, 마모 및 붕괴와 같은 파손이 발생할 경우 적용하는 공법을 표면처리라고 하는데 다음 중 이 공법에 속하지 않는 것은?

① 실 코트(Seal Coat) ② 카펫 코트(Carpet Coat)
③ 택 코트(Tack Coat) ④ 포그 실(Fog Seal)

해설

1) 실코트
   표층위 역청재를 살포 후 골재, 모래 등을 포설하는 표면처리 공법
2) 카펫코트
   아스팔트 혼합물을 2.5cm 이하로 얇게 포설하는 표면처리 공법
3) 포그실
   묽은 유화 아스팔트를 포설해서 포장내 균열 공극을 메우는 공법
4) 택코트
   아스팔트 중간층 또는 기층위에 표층과의 부착을 좋게하기 위하여 컷백 아스팔트, 아스팔트 유제, 스트레이트 아스팔트 등을 소량 균일하게 살포하여 시공하는 역청재료(중간층이 없는 경우 기층에 포설)

25 현장 콘크리트 말뚝의 장점에 대한 설명으로 틀린 것은?

① 지층의 깊이에 따라 말뚝길이를 자유로이 조절할 수 있다.
② 말뚝선단에 구근을 만들어 지지력을 크게 할 수 있다.
③ 현장 지반 중에서 제작·양생되므로 품질관리가 쉽다.
④ 말뚝재료의 운반에 제한이 적다.

해설

현장 지반 중에서 제작·양생되므로 품질관리가 어렵다.

26 교량의 구조는 상부구조와 하부구조로 나누어진다. 다음 중 상부구조가 아닌 것은?

① 교대(abutment) ② 브레이싱(bracing)
③ 바닥판(bridge deck) ④ 바닥틀(floor system)

해설

바닥틀은 상부구조로서 바닥을 지지하며 하중을 거더로 전달하는 구조로 세로보와 가로보로 구성되며, 교대는 교량의 하부구조에 해당된다.

27 로드 롤러를 사용하여 전압횟수 4회, 전압포설 두께 0.2m, 유효 전압폭 2.5m, 전압작업 속도를 3km/h로 할 때 시간당 작업량을 구하면? (단, 토량환산계수는 1, 롤러의 효율은 0.8을 적용한다.)

① 300m³/h ② 251m³/h
③ 200m³/h ④ 151m³/h

해설

다짐기계의 다짐토량
$$Q = \frac{1000 \cdot V \cdot W \cdot H \cdot f \cdot E}{N} = \frac{1000 \times 3 \times 2.5 \times 0.2 \times 1 \times 0.8}{4} = 300 m^3/h$$

28 성토높이 8m인 사면에서 비탈구배가 1:1.3일 때 수평거리는?

① 6.2m
② 8.3m
③ 9.4m
④ 10.4m

해설

8×1.3 = 10.4m

29 다음 중 표면차수벽 댐을 채택할 수 있는 조건이 아닌 것은?

① 대량의 점토 확보가 용이한 경우
② 추후 댐 높이의 증축이 예상되는 경우
③ 짧은 공사기간으로 급속시공이 필요한 경우
④ 동절기 및 잦은 강우로 점토시공이 어려운 경우

해설

대량의 점토를 확보할 수 없고, 암석의 확보가 용이한 경우 표면차수벽 댐을 적용할 수 있다.

30 어스 앵커 공법에 대한 설명으로 틀린 것은?

① 영구 구조물에도 사용하나 주로 가설구조물의 고정에 많이 사용한다.
② 앵커를 정착하는 방법은 시멘트 밀크 또는 모르타르를 가압으로 주입하거나 앵커 코어 등을 박아 넣는다.
③ 앵커 케이블은 주로 철근을 사용한다.
④ 앵커의 정착대상 지반을 토사층으로 가정하고 앵커 케이블을 사용하여 긴장력을 주어 구조물을 정착하는 공법이다.

해설

어스앵커 공법에 사용되는 앵커 케이블은 P.S 강선을 사용한다.

31 버킷 준설선(Bucket dredger)의 특징으로 옳은 것은?

① 소규모 준설에서 주로 이용된다.
② 예인선 및 토운선이 필요없다.
③ 비교적 광범위한 토질에 적합하다.
④ 암석 및 굳은 토질에 적합하다.

해설

버킷준설선
상향식 에스컬레이터와 같은 사다리로 물밑까지 내리고 체인으로 연결된 버킷들을 사용해서 바닥의 흙, 모래 등에 준설하며, 대규모 준설 평탄작업에 사용되는 준설공법

32 콘크리트 포장에서 아래의 표에서 설명하는 현상은?

> 콘크리트 포장에서 기온의 상승 등에 따라 콘크리트 슬래브가 팽창할 때 줄눈 등에서 압축력에 견디지 못하고 좌굴을 일으켜 부분적으로 솟아오르는 현상

① spalling
② blow up
③ pumping
④ reflection crack

해설

1) Spalling
   줄눈내부에 비압축성 재료의 침투로 인한 콘크리트 수, 팽창 방해 및 하중 전달장치의 불량으로 줄눈부 파손
2) Pumping
   교통하중 반복에 따른 휨하중에 의해서 슬래브의 침하로 노상, 보조기층내로 우수침투 발생되면서 슬래브 내부에 흙이 이토화 되어서 줄눈사이로 물과 함께 토사가 뿜어져 나오는 현상
3) reflection crack(반사균열)
   기존 콘크리트 포장면 새로운 아스팔트 혼합물로 덧씌우기 할 경우 하부의 기 시공된 상태의 균열이 상층으로 반사되어 발생하는 균열

33 보통토(사질토)를 재료로 하여 36,000m³의 성토를 하는 경우 굴착 및 운반 토량(m³)은 얼마인가? (단, 토량환산계수 L=1.25, C=0.90)

① 굴착토량=40,000, 운반토량=50,000
② 굴착토량=32,400, 운반토량=40,500
③ 굴착토량=28,800, 운반토량=50,000
④ 굴착토량=32,400, 운반토량=45,000

해설

1) 자연상태(굴착토) = 다짐토량 × 1/C
   36,000 × 1/0.9 = 40,000
2) 운반상태(운반토량) = 다짐토량 × L/C
   36,000 × 1.25/0.9 = 50,000

34 어떤 공사에서 하한 규격값 SL=12MPa로 정해져 있다. 측정결과 표준편차의 측정값 1.5MPa, 평균값 $\bar{x}$=18MPa이었다. 이때 규격값에 대한 여유값은?

① 0.4MPa
② 0.8MPa
③ 1.2MPa
④ 1.5MPa

해설

① 양측규격 : 상한과 하한의 규격치 있는 경우
$$\frac{S_U - S_L}{\delta} \geq 6$$
② 편측규격 : 상한 또는 하한의 규격치 있는 경우
$$\frac{S_U - \bar{X}}{\delta} \geq 3 \text{ 또는 } \frac{\bar{X} - S_L}{\delta} \geq 3$$

정답 32 ② 33 ① 34 ④

③ 규격치에 대한 여유치
여유치×δ(표준편차)
$$\frac{18-12}{1.5} = 4 \geq 3$$
(4-3)×(1.5)=1.5MPa

35. 샌드드레인(sand drain)공법에서 영향원의 지름을 de, 모래말뚝의 간격을 d라 할 때 정사각형의 모래말뚝 배열 식으로 옳은 것은?

① de=1.0d
② de=1.05d
③ de=1.08d
④ de=1.13d

해설
de = 1.13d(정사각형)
de = 1.05d(정삼각형)

36. 아래에서 설명하는 심빼기 발파공은?

> 버력이 너무 비산하지 않는 심빼기에 유효하며, 특히 용수가 많을 때 편리하다.

① 노 컷
② 벤치 컷
③ 스윙 컷
④ 피라미드 컷

해설
스윙컷
수직갱에서 주로 사용되며 밑변의 반만큼 먼저 발파시키고 물을 집중시킨 다음 물이 없는 부분을 발파하는 공법

37. 직접기초의 터파기를 하고자 할 때 아래 조건과 같은 경우 가장 적당한 공법은?

> · 토질이 양호
> · 부지에 여유가 있음
> · 흙막이가 필요한 때에는 나무 널말뚝, 강널말뚝 등을 사용

① 오픈 컷 공법
② 아일랜드 공법
③ 언더피닝 공법
④ 트랜치컷 공법

해설
터파기 공법의 분류
1) OPEN CUT
 ① 토질이 양호하고 부지에 여유가 있을 때 사용하는 터파기 공법
 ② 10m 정도 깊이의 얕은 기초 터파기에 많이 사용

정답 35 ④ 36 ③ 37 ①

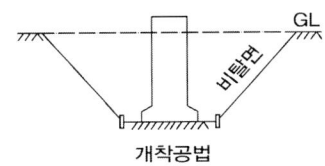
개착공법

2) 아일랜드 공법(Island)
   ① 저면 중앙부분에 섬과 같이 기초부를 먼저 굴착후 기초 콘크리트 및 상부구조물을 시공후 이부분을 발판으로 주변부를 굴착한후 나머지 부분의 구조물을 시공 해나가는 방식
   ② 20m 정도의 지반이 양호한곳에서 사용하며, 분할시공에 따른 공사비 증가 및 공사기간 길어진다.

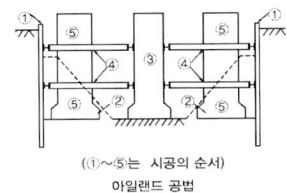
(①~⑤는 시공의 순서)
아일랜드 공법

3) 트랜치 컷(Trench Cut)
   ① 아일랜드 공법과는 반대로 주변부 흙을 굴착후기초콘크리트 및 상부 구조물을 시공후 남아있는 중앙부를 굴착해 나가면서 나머지 부분의 구조물을 시공해 나가는 방식
   ② 20m 정도의 지반이 연약한곳에서 사용하며, Heaving 현상이 예상될 때 적용하며, 분할시공에 따른 공사비 증가 및 공사기간 길어진다.

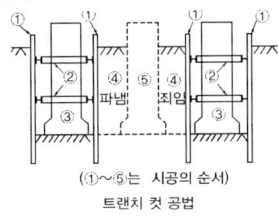
(①~⑤는 시공의 순서)
트랜치 컷 공법

38 흙의 성토작업에서 아래 그림과 같은 쌓기 방법에 대한 설명으로 틀린 것은?

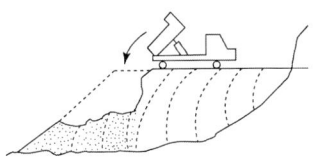

① 전방쌓기법이다.
② 공사비가 싸고 공정이 빠른 장점이 있다.
③ 주로 중요하지 않은 구조물의 공사에 사용된다.
④ 층마다 다소의 수분을 주어서 충분히 다진 후 다음 층을 쌓는 공법이다.

해설

전방쌓기법
전방쌓기법 공법은 매층마다 다짐장비로 하지 않고 흙을 부어가면서 덤프의 자중으로 다짐이 이루어지므로 주로 중요하지 않는 토공사에 적용이 가능한 공법이다.

39 철륜 표면에 다수의 돌기를 붙여 접지면적을 작게 하여 접지압을 증가시킨 다짐기계로 일반성토 다짐보다 비교적 함수비가 많은 점질토 다짐에 적합한 롤러는?

① 진동 롤러
② 탬핑 롤러
③ 타이어 롤러
④ 로드 롤러

해설

전압식 다짐장비
1) 로드롤러(Road Roller)
   ① Macadam roller
      3륜구조로 자갈 및 사질토, 쇄석층, 아스팔트 포장 1차다짐에 적합
   ② Tandem roller 2륜구조로 아스팔트 포장의 마무리 다짐에 적합
2) 타이어롤러(Tire roller)
   아스팔트 포장의 2차 다짐 및 사질토 지반 다짐에 적합
3) 탬핑롤러(Tamping Roller)
   ① 드럼에 다수의 돌기를 붙여 흙의 깊은 위치를 다지는 기계.
   ② 함수비가 높은 점토질 지반의 다짐에 적합

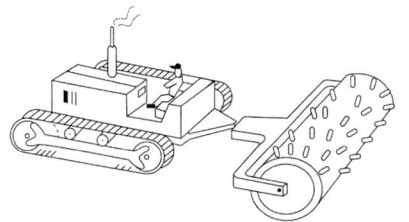

탬핑롤러(Tamping Roller)

40 보강토 옹벽에 대한 설명으로 틀린 것은?

① 기초지반의 부등침하에 대한 영향이 비교적 크다.
② 옹벽시공 현장에서의 콘크리트 타설 작업이 필요 없다.
③ 전면판과 보강재가 제품화 되어 있어 시공속도가 빠르다.
④ 전면판과 보강재의 연결 및 보강재와 흙 사이의 마찰에 의하여 토압을 지지한다.

해설

보강토 옹벽
1) 보강토 옹벽은 흙과 그 속에 매설한 인장강도가 큰 보강재를 마찰력에 의해 일체화 시킴으로서 자중이나 외력에 대하여 저항성 증가시킨 구조체이다.
2) 프리캐스트 제품으로 공기단축 및 용지 폭이 적게 들어 경제적이며, 진동, 소음 등의 건설공해가 적으며, 기초지반에 대한 부등침하의 영향이 비교적 적은 공법

제3과목 건설재료 및 시험

41 시멘트 콘크리트의 워커빌리티(workability)를 증진시키기 위한 혼화재료가 아닌 것은?
① AE제
② 분산제
③ 촉진제
④ 포졸란

해설
촉진제는 시멘트 콘크리트의 수화반응을 촉진시키는 혼화재료이다.

42 사용하는 시멘트에 따른 콘크리트의 1일 압축강도가 작은 것에서 큰 순서로 옳은 것은?
① 조강포틀랜드 시멘트 → 초조강포틀랜드시멘트 → 초속경 시멘트 → 고로슬래그 시멘트
② 초속경 시멘트 → 조강포틀랜드 시멘트 → 초조강포틀랜드 시멘트 → 고로슬래그 시멘트
③ 고로슬래그 시멘트 → 조강포틀랜드 시멘트 → 초조강포틀랜드 시멘트 → 초속경 시멘트
④ 고로슬래그 시멘트 → 초속경 시멘트 → 조강포틀랜드 시멘트 → 초조강포틀랜드 시멘트

해설
1일 압축강도 크기순
고로슬래그 시멘트 < 조강포틀랜드 시멘트 < 초조강포틀랜드 시멘트 < 초속경 시멘트

43 골재의 함수상태에 대한 설명으로 틀린 것은?
① 골재의 표면수는 없고 내부 공극에는 물로 차있는 상태를 골재의 표면건조포화상태라고 한다.
② 골재의 표면 및 내부에 있는 물 전체질량의 절대건조상태 골재 질량에 대한 백분율을 골재의 표면수율이라고 한다.
③ 표면건조포화상태의 골재에 함유되어 있는 전체 수량의 절대건조상태 골재 질량에 대한 백분율을 골재의 흡수율이라고 한다.
④ 골재를 100~110°C의 온도에서 일정한 질량이 될 때까지 건조하여 골재알 내부에 포함되어 있는 자유수가 완전히 제거된 상태를 골재의 절대건조상태라고 한다.

해설
골재의 표면건조 내부포화상태에 대한 골재의 습윤상태 골재 질량에 대한 백분율을 골재의 표면수율이라고 한다.

정답 41 ③ 42 ③ 43 ②

44 다음 ( )안에 들어갈 말로 옳은 것은?

재료가 외력을 받아 변형을 일으킬 때 이에 저항하는 성질로서 외력에 대해 변형을 적게 일으키는 재료는 (   )이/가 큰 재료이다. 이것은 탄성계수와 관계가 있다.

① 강도(strength) ② 강성(stiffness)
③ 인성(toughness) ④ 취성(brittleness)

해설
1) 강성
    재료가 외력을 받아 변형에 저항하는 성질(탄성계수와 관계있음)
2) 강도
    재료가 외력에 저항하는 성질(탄성계수와 관계없음)

45 콘크리트용으로 사용하는 골재의 물리적 성질은 KS F 2527(콘크리트용 골재)의 규정에 적합하여야 한다. 다음 중 부순 잔골재의 품질을 위한 시험항목이 아닌 것은?

① 안정성 ② 마모율
③ 절대건조밀도 ④ 입형판정 실적률

해설
마모율은 굵은골재에 대한 품질 시험항목

46 아스팔트의 성질에 대한 설명으로 틀린 것은?

① 아스팔트의 비중은 침입도가 작을수록 작다.
② 아스팔트의 비중은 온도가 상승할수록 저하된다.
③ 아스팔트는 온도에 따라 컨시스턴시가 현저하게 변화된다.
④ 아스팔트의 강성은 온도가 높을수록, 침입도가 클수록 작다.

해설
아스팔트의 침입도가 작을수록 딱딱한 아스팔트로서 비중이 큰 아스팔트이다.

47 목재의 건조법 중 자연건조법의 종류에 해당하는 것은?

① 끓임법 ② 수침법
③ 열기건조법 ④ 고주파건조법

해설
자연건조법
1) 공기 건조법
2) 수침법

48 실리카 퓸을 콘크리트의 혼화재로 사용할 경우 다음 설명 중 틀린 것은?
① 단위수량과 건조수축이 감소한다.
② 콘크리트 재료분리를 감소시킨다.
③ 수화 초기에 C-S-H 겔을 생성하므로 블리딩이 감소한다.
④ 콘크리트의 조직이 치밀해져 강도가 커지고, 수밀성이 증대된다.

해설
실리카 퓸 특징
1) 건조수축이 증가
2) 워커빌리티가 불량
3) 장기강도 증대
4) 수밀성 증대

49 잔골재에 대한 체가름 시험을 한 결과가 아래의 표와 같을 때 조립률은? (단, 10mm이상 체에 잔류된 잔골재는 없다.)

체의호칭(mm)	5	2.5	1.2	0.6	0.3	0.15	Pan
각 체에 남은 양(%)	2	11	20	22	24	16	5

① 1.0
② 2.63
③ 2.77
④ 3.15

해설

체의호칭(mm)	5	2.5	1.2	0.6	0.3	0.15	Pan
각 체에 남은 양(%)	2	11	20	22	24	16	5
누적잔유량	2	13	33	55	79	95	100

$$FM = \frac{2+13+33+55+79+95}{100} = 2.77$$

50 수지 혼입 아스팔트의 성질에 대한 설명으로 틀린 것은?
① 신도가 크다.
② 점도가 높다.
③ 감온성이 저하한다.
④ 가열 안정성이 좋다.

해설
신도
1) 아스팔트 공시체를 물속에서 일정한 속도로 잡아당기면 실모양으로 늘어난 시료가 절단될 때까지의 길이를 측정
2) 수지 혼입 아스팔트는 신도가 낮다

51 아스팔트의 분류 중 석유 아스팔트에 해당하는 것은?
① 아스팔타이트(asphaltite)　② 록 아스팔트(rock asphalt)
③ 레이크 아스팔트(lake asphalt)　④ 스트레이트 아스팔트(straight asphalt)

해설
천연아스팔트
1) 레이크 아스팔트
2) 록 아스팔트
3) 오일샌드 아스팔트
4) 아스팔타이트

52 아래의 표에서 설명하는 암석은?

> · 사장석, 휘석, 각섬석 등이 주성분으로 중성 화산암석에 속한다.
> · 석질이 강경하고 강도와 내구성, 내화성이 매우 크다.
> · 판상 또는 주상의 절리를 가지고 있어 채석 및 가공이 쉬우나, 조직과 광택이 고르지 못하고 절리가 많아 큰 석재를 얻기 힘들다.
> · 교량, 하천의 호안공사 및 돌쌓기, 부순돌로서 도로용 골재 등 건설공사용으로 많이 사용된다.

① 안산암　② 응회암
③ 화강암　④ 현무암

해설
안산암은 내구성 및 내화성이 크나 절리가 있어 큰암석을 얻기에 불리하다.

53 콘크리트용 강섬유에 대한 설명으로 틀린 것은?
① 형상에 따라 직선섬유와 이형섬유가 있다.
② 강섬유의 평균인장강도는 200MPa 이상이 되어야 한다.
③ 강섬유는 16℃ 이상의 온도에서 지름 안쪽 90°방향으로 구부렸을 때 부러지지 않아야 한다.
④ 강섬유의 인장강도 시험은 강섬유 5ton마다 10개 이상의 시료를 무작위로 추출해서 시행한다.

해설
강섬유의 평균인장강도는 500MPa 이상이며, 각각의 인장강도는 450MPa 이상

54 주로 잠재수경성이 있는 혼화재료는?
① 착색재　② AE제
③ 유동화제　④ 고로슬래그 미분말

해설
잠재수경성
물+실리카가 존재하는 경우를 잠재수경성 이라고 하며 여기에 수산화칼슘($CaOH_2$)더해져서 수경성 상태가 된다.

정답 51 ④　52 ①　53 ②　54 ④

55 굵은 골재로서 최대치수가 40mm 정도인 것으로 체가름 시험을 하고자 할 때 시료의 최소 건조 질량으로 옳은 것은?

① 2kg
② 4kg
③ 6kg
④ 8kg

해설
굵은골재 시료의 최소 건조질량
굵은골재 최대치수의 0.2배를 최소질량으로함.

56 콘크리트용 혼화재료로 사용되는 고로슬래그 미분말에 대한 설명 중 틀린 것은?
① 고로슬래그 미분말을 혼화재로 사용한 콘크리트는 염화물이온 침투를 억제하여 철근부식 억제효과가 있다.
② 고로슬래그 미분말을 사용한 콘크리트는 보통콘크리트보다 콘크리트 내부의 세공경이 작아져 수밀성이 향상된다.
③ 고로슬래그 미분말은 플라이애시나 실리카퓸에 비해 포틀랜드시멘트와의 비중차가 작아 혼화재로 사용할 경우 혼합 및 분산성이 우수하다.
④ 고로슬래그 미분말의 혼합율을 시멘트 중량에 대하여 70% 혼합한 경우 탄산화 속도가 보통콘크리트의 1/2정도로 감소되어 내구성이 향상된다.

해설
고로슬래그 미분말의 혼합율을 시멘트 중량에 대하여 50% 이상 혼합한 경우 탄산화 속도가 보통콘크리트보다 빠르게 진행되어 내구성이 저하될 우려가 있다.

57 다음 중 시멘트에 관한 설명으로 틀린 것은?
① 시멘트의 강도시험은 결합재료로서의 결합력발현의 정도를 알기 위해 실시한다.
② 시멘트는 저장중에 공기와 접촉하면 공기중의 수분 및 이산화탄소를 흡수하여 가벼운 수화반응을 일으키게 되는데, 이것을 풍화라 한다.
③ 응결시간시험은 시멘트의 강도 발현속도를 알기 위해 실시한다. 초결이 빠른 시멘트는 장기강도가 크다.
④ 중용열포틀랜드시멘트는 수화열을 낮추기 위하여 화학조성 중 C_3A의 양을 적게하고 그 대신 장기강도를 발현하기 위하여 C_2S량을 많게 한 시멘트이다.

해설
응결시간시험은 시멘트가 유동성과 점성을 잃고 굳어지는 시간을 알기 위해서 실시하며, 초결이 빠른 시멘트는 초기강도가 크다.

58 금속재료의 특징에 대한 설명으로 옳지 않은 것은?
① 연성과 전성이 작다.
② 금속 고유의 광택이 있다.
③ 전기, 열의 전도율이 크다.
④ 일반적으로 상온에서 결정형을 가진 고체로서 가공성이 좋다.

해설
금속재료는 연성과 전성이 크다.

59 석재를 모양 및 치수에 의해 구분할 때 아래표의 내용에 해당하는 것은?

> 면이 원칙적으로 거의 사각형에 가까운 것으로, 4면을 쪼개어 면에 직각으로 잰 길이는 면의 최소변의 1.5배 이상인 것

① 각석　　　　　　　② 판석
③ 견치석　　　　　　④ 사고석

해설
석재의 종류
1) 각 석
　폭이 두께의 3배 미만이고 폭보다 길이가 긴 직육면체형의 석재
2) 판 석
　두께가 15cm 미만이고 폭이 두께의 3배 이상인 판 모양의 석재
3) 견치석
　앞면은 규칙적으로 거의 사각형에 가깝고 길이는 최소변의 1.5배 이상인 석재
4) 활 석(사고석)
　앞면은 거의 정사각형에 가깝고 길이는 최소변의 1.2배 이상인 석재

60 터널 굴착을 위하여 장약량 4kg으로 시험발파한 결과 누두지수(n)가 1.5, 폭파반경(R)이 3m이었다면, 최소저항선 길이를 5m로 할 때 필요한 장약량은?
① 6.67kg　　　　　　② 11.1kg
③ 18.5kg　　　　　　④ 62.5kg

해설
1) $n(누두지수) = \dfrac{R(폭파반경)}{W(최소저항선)}$
　$1.5 = \dfrac{3}{W}$, $W = 2$
2) $L(장약량) = C(폭파계수) \cdot W^3(최소저항선)$
　$4 = C \times 2^3$, $C = 0.5$
3) $L = 0.5 \times 5^3 = 62.5 kg$

정답 58 ① 59 ③ 60 ④

제4과목 토질 및 기초

61 토질 종류에 따른 다짐 곡선을 설명한 것 중 옳지 않은 것은?
① 점성토에서는 소성이 클수록 최대건조단위 중량은 작고 최적함수비는 크다.
② 조립토에서는 입도분포가 양호할수록 최대건조단위 중량은 크고 최적함수비는 작다.
③ 조립토일수록 다짐 곡선은 완만하고 세립토일수록 다짐 곡선은 급하게 나타난다.
④ 조립토가 세립토에 비하여 최대건조단위 중량이 크게 나타나고 최적함수비는 작게 나타난다.

해설
조립토일수록 다짐 곡선은 급하고 세립토일수록 다짐 곡선은 완만하게 나타난다.

62 유선망의 특성에 관한 설명 중 옳지 않은 것은?
① 유선과 등수두선은 직교한다.
② 인접한 두 유선 사이의 유량은 같다.
③ 인접한 두 등수두선 사이의 동수경사는 같다.
④ 인접한 두 등수두선 사이의 수두손실은 같다.

해설
등수두선
인접한 유선의 손실수두가 같은 곳을 연결한 선으로 등수두선 사이의 동수경사는 다르다.

63 다음 말뚝의 지지력에 대한 설명으로 틀린 것은?
① 말뚝의 지지력을 추정하는 데 말뚝 재하시험이 가장 정확하다.
② 말뚝에 부(負)마찰력이 생기면 지지력이 감소한다.
③ 항타 공식에 의한 말뚝의 허용지지력을 구할 때 안전율을 3으로 한다.
④ 연약한 점토지반에 대한 말뚝의 지지력은 항타 직후보다 시간이 경과함에 따라 증가한다.

해설
말뚝의 허용지지력에 대한 안전율
1) Sander 공식 : Fs = 8
2) Engineering News 공식 : Fs = 6

64 기초의 지지력을 결정하는 방법이 아닌 것은?
① 평판재하시험 이용
② 탄성파시험결과 이용
③ 표준관입시험결과 이용
④ 이론에 의한 지지력 계산

해설
기초의 지지력 결정방법
1) 평판재하시험 이용
2) 표준관입시험결과 이용
3) 이론에 의한 지지력 계산

정답 61 ③ 62 ③ 63 ③ 64 ②

65 다음 토압에 관한 설명 중 옳지 않은 것은?

① 어떤 지반의 정지토압계수가 1.75라면 이 흙은 과압밀상태에 있다.
② 일반적으로 주동토압계수는 1보다 작고 수동토압계수는 1보다 크다.
③ Coulomb 토압이론은 옹벽배면과 뒷채움 흙사이의 벽면 마찰을 무시한 이론이다.
④ 주동토압에서 배면토가 점착력이 있는 경우는 없는 경우보다 토압이 적어진다.

해설
Coulomb 토압이론은 옹벽배면과 뒷채움 흙 사이의 벽면 마찰을 고려한 이론이다.

66 다음 중 사면의 안정해석방법이 아닌 것은?

① 마찰원법
② 비숍(Bishop)의 방법
③ 펠레니우스(Fellenius)방법
④ 테르자기(Terzaghi)의 방법

해설
테르자기(Terzaghi)의 방법은 기초의 지지력에 대한 해석방법

67 다짐에 대한 설명 중 틀린 것은?

① 세립토가 많을수록 최적 함수비는 증가한다.
② 다짐에너지가 클수록 최적 함수비는 감소한다.
③ 세립토가 많을수록 최대건조단위 중량은 증가한다.
④ 다짐곡선이라 함은 건조단위 중량과 함수비 관계를 나타낸 것이다.

해설
세립토가 많을수록 최대건조단위 중량은 감소한다.

정답 65 ③ 66 ④ 67 ③

68 그림과 같은 성층토(成層土)의 연직방향의 평균투수계수(kv)의 계산식으로 옳은 것은? (단, $H_1, H_2, H_3 \cdots$: 각 토층의 두께, $k_1, k_2, k_3 \cdots$: 각 토층의 투수계수)

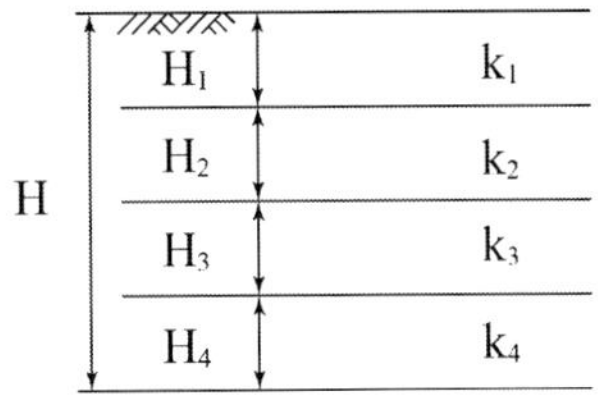

① $k_v = \dfrac{H}{\dfrac{H_1}{k_1} + \dfrac{H_2}{k_2} + \dfrac{H_3}{k_3} + \dfrac{H_4}{k_4}}$

② $k_v = \dfrac{H}{k_1 H_1 + k_2 H_2 + k_3 H_3 + k_4 H_4}$

③ $k_v = \dfrac{1}{4}(k_1 H_1 + k_2 H_2 + k_3 H_3 + k_4 H_4)$

④ $k_v = \dfrac{1}{H}(k_1 H_1 + k_2 H_2 + k_3 H_3 + k_4 H_4)$

해설

1) 연직방향 평균투수계수(k_v)

$k_v = \dfrac{H}{\dfrac{H_1}{k_1} + \dfrac{H_2}{k_2} + \dfrac{H_3}{k_3} + \dfrac{H_4}{k_4}}$

2) 수평방향의 투수계수 (k_h)

∴ $k_h = \dfrac{1}{H}(k_1 \cdot h_1 + k_2 \cdot h_2 + \cdots + k_n \cdot h_n)$

69 말뚝 지지력 공식에서 정적 및 동적 지지력 공식으로 구분할 때, 정적 지지력 공식으로 구분된 항목은 어느 것인가?

① Terzaghi의 공식, Hiley공식
② Terzaghi의 공식, Meyerhof의 공식
③ Hiley 공식, Engineering News 공식
④ Engineering News 공식, Meyerhof의 공식

해설

1) 정적지지력 공식
   (Terzaghi 공식, Meyerhof 공식)
2) 동적지지력 공식
   (Engineering News 공식, Hiley 공식, Sander 공식)

70 A점토층이 전체압밀량의 99%까지 압밀이 이루어지는 데 걸린 시간이 10년이었다면 B점토층의 배수거리와 압밀계수가 다음과 같을 때 99%의 압밀이 이루어지는 데 걸리는 시간은? (단, B점토층의 배수거리(H)는 A점토층의 2배이고, 압밀계수(C_v)는 A점토층의 3배이다.)

① $\dfrac{20}{3}$년　　　　　　② $\dfrac{40}{3}$년

③ $\dfrac{20}{9}$년　　　　　　④ $\dfrac{40}{9}$년

해설

$\dfrac{Tv \cdot H^2}{Cv} : 10년 = \dfrac{Tv \cdot 4H^2}{3 \cdot Cv} : x$

$x : \dfrac{40}{3}$년

71 시료채취기(sampler)의 관입깊이가 100cm이고, 채취된 시료의 길이가 90cm이었다. 채취된 시료 중 길이가 10cm이상인 시료의 합이 60cm 길이가 9cm 이상인 시료의 합이 80cm이었다면 회수율과 RQD는?

① 회수율 = 0.8, RQD = 0.6　　② 회수율 = 0.9, RQD = 0.8
③ 회수율 = 0.9, RQD = 0.6　　④ 회수율 = 0.8, RQD = 0.75

해설

1) 회수율 = $\dfrac{채취된 시료의 길이}{굴착암석의 관입깊이} \times 100(\%)$

   회수율 = $\dfrac{90}{100} \times 100 = 90\%$

2) $RQD = \dfrac{10cm \text{ 이상 회수된 길이의 합}}{굴착 암석의 관입깊이} \times 100(\%)$

   $RQD = \dfrac{60}{100} \times 100 = 60\%$

72 어느 포화된 점토의 자연함수비는 45%이었고, 비중은 2.70이었다. 이 점토의 간극비(e)는?

① 1.22　　　　　　② 1.32
③ 1.42　　　　　　④ 1.52

해설

1) $S \cdot e = G_s \cdot w$

2) $e = \dfrac{2.7 \times 0.45}{1} = 1.22$

73 포화된 점토지반에 성토하중으로 어느 정도 압밀된 후 급속한 파괴가 예상될 때, 이용해야 할 강도정수를 구하는 시험은?

① CU-test
② UU-test
③ UC-test
④ CD-test

해설
압밀 후 급속한 파괴(비배수 상태) 이므로 CU-test 시험을 적용한다.

74 흙댐 등의 침윤선(Seepage line)에 관한 설명으로 옳지 않은 것은?

① 침윤선은 일종의 유선이다.
② 침윤선은 일종의 등압선이다.
③ 침윤선은 일종의 자유수면이다.
④ 침윤선의 형상은 일반적으로 포물선으로 가정한다.

해설
침윤선은 물의 흐르는 자취를 나타내는 유선의 최상단으로서 일종의 자유수면에 해당된다.

75 Mohr의 응력원에 대한 설명 중 틀린 것은?

① Mohr의 응력원에서 응력상태는 파괴포락선 위쪽에 존재할 수 없다.
② Mohr의 응력원이 파괴포락선과 접하지 않을 경우 전단파괴가 발생됨을 뜻한다.
③ 비압밀비배수 시험조건에서 Mohr의 응력원은 수평축과 평행한 형상이 된다.
④ Mohr의 응력원에 접선을 그었을 때 종축과 만나는 점이 점착력 C이고, 그 접선의 기울기가 내부마찰각 ϕ이다.

해설
Mohr의 응력원이 파괴포락선과 접하지 않을 경우 안정적인 상태이다.

76 다음 중 피어(pier) 공법이 아닌 것은?

① 감압공법
② Gow 공법
③ Benoto 공법
④ Chicago공법

해설
피어(pier) 공법
1) Gow 공법
2) Benoto 공법
3) Chicago공법

정답 73 ① 74 ② 75 ② 76 ①

77 입도분석 시험결과가 아래 표와 같다. 이 흙을 통일분류법에 의해 분류하면?

- 0.074mm체 통과율=3%
- 4.75mm체 통과율=65%
- D_{30}=0.13mm
- 2mm체 통과율=40%
- D_{10}=0.10mm
- D_{60}=3.2mm

① GW
② GP
③ SW
④ SP

해설

1) 0.074mm 통과율이 3%이므로 조립토 분류
2) 4.75mm체 통과율이 65%이므로 모래로 분류
3) 입도판정

$$Cu = \frac{D_{60}}{D_{10}} = \frac{3.2}{0.1} = 32$$

$$C_g = \frac{(D_{30})^2}{D_{10} \times D_{60}} = \frac{0.13^2}{0.1 \times 3.2} = 0.053$$

$C_U = 32 \geq 6$이지만 $C_g = 0.053 < 1$ 이므로 입도불량

따라서 ∴ SP로 분류

78 얕은 기초의 파괴 영역에 대한 아래 그림의 설명으로 옳은 것은?

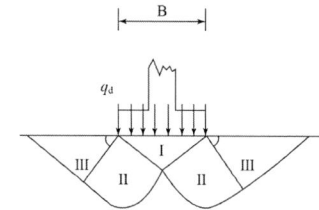

① 영역 III은 수동영역이다.
② 파괴순서는 III→II→I이다.
③ 국부전단파괴의 형상이다.
④ 영역 III에서 수평면과 $45° + \frac{\phi}{2}$의 각을 이룬다.

해설

1) 파괴순서 I→II→III 순으로 파괴
2) 전반전단파괴 형상
3) 영역 III에서 수평면과 $45° - \frac{\phi}{2}$의 각을 이룬다.
4) I : 주동영역
   II : 전단파괴영역
   III : 수동영역

79 어떤 모래의 비중이 2.78, 간극율(n)이 28%일 때 분사현상을 일으키는 한계동수경사는?

① 2
② 4.5
③ 0.78
④ 1.28

해설

한계동수경사

1) $i_{cr} = \dfrac{\gamma_{sub}}{\gamma_w}$

2) $\gamma_{sub} = \dfrac{(Gs-1)}{1+e} \cdot \gamma_w$

3) $e = \dfrac{n}{1-n} = \dfrac{0.28}{1-0.28} = 0.389$

∴ $i_{cr} = \dfrac{\gamma_{sub}}{\gamma_w} = \dfrac{\dfrac{(2.78-1)}{1+0.389}}{1} \times 1 = 1.28$

80 다음 삼축압축시험의 응력경로 중 압밀배수 시험에 대한 것은?

①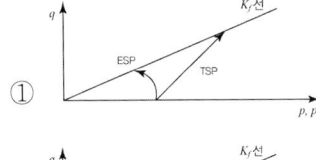
②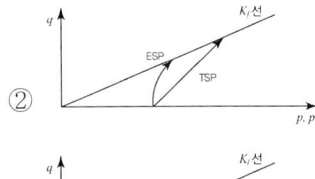
③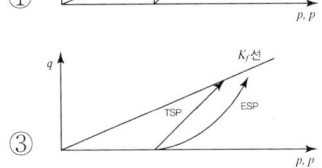
④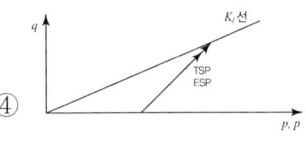

해설

삼축압축시험 CD 시험은 초기에 등방압밀 후 축차응력을 가해서 전단파괴를 시킨다.

2019 기출문제 제1회 건설재료시험기사

제1과목 콘크리트공학

01 프리플레이스트 콘크리트에 사용하는 골재에 대한 설명으로 틀린 것은?
① 잔골재의 조립률은 2.3~3.1 범위로 한다.
② 굵은 골재의 최소 치수는 15mm 이상이어야 한다.
③ 굵은 골재의 최대 치수와 최소 치수와의 차이를 작게 하면 굵은 골재의 실적률이 작아지고 주입모르타르의 소요량이 많아진다.
④ 굵은 골재의 최소 치수가 클수록 주입 모르타르의 주입성이 개선된다.

해설
잔골재의 조립률은 1.4~2.2 범위로 한다.

02 압축강도의 기록이 없는 현장에서 콘크리트 설계기준 압축강도가 28MPa인 경우 배합강도는?
① 30.5MPa   ② 35MPa
③ 36.5MPa   ④ 38MPa

해설
표준편차(s)를 모르고 압축강도 시험횟수가 14회 이하인 경우 콘크리트 배합강도

설계기준 압축강도 f_{ck}(MPa)	배합 강도 f_{cr}(MPa)
21 미만	$f_{ck}+7$
21 이상 35 이하	$f_{ck}+8.5$
35 초과	$1.1f_{ck}+5.0$

03 고압증기양생에 대한 설명으로 틀린 것은?
① 고압증기양생을 실시하면 황산염에 대한 저항성이 향상된다.
② 고압증기양생을 실시하면 보통 양생한 콘크리트에 비해 철근의 부착강도가 크게 향상된다.
③ 고압증기양생을 실시하면 백태현상을 감소시킨다.
④ 고압증기양생을 실시한 콘크리트는 어느 정도의 취성이 있다.

해설
고압증기양생을 실시하면 보통 양생한 콘크리트에 비해 철근의 부착강도가 떨어진다.

정답 01 ① 02 ③ 03 ②

04 유동화 콘크리트에 대한 설명으로 틀린 것은?
① 유동화 콘크리트의 슬럼프 증가량은 50mm 이하를 원칙으로 한다.
② 유동화 콘크리트를 제조할 때 유동화제를 첨가하기 전의 기본 배합의 콘크리트를 베이스 콘크리트라고 한다.
③ 베이스 콘크리트 및 유동화 콘크리트의 슬럼프 및 공기량 시험은 50m³마다 1회씩 실시하는 것을 표준으로 한다.
④ 유동화제는 원액으로 사용하고, 미리 정한 소정의 양을 한꺼번에 첨가하여야 한다.

> **해설**
> 유동화 콘크리트의 슬럼프 증가량은 100mm이하를 원칙으로 한다.

05 아래 표와 같은 조건에서 콘크리트의 배합강도를 결정하면?

[조건]
· 설계기준압축강도(f_{ck}) : 40MPa
· 압축강도의 시험회수 : 23회
· 23회의 압축강도 시험으로부터 구한 표준편차 : 6MPa
· 압축강도 시험회수 20회, 2회인 경우 표준편차의 보정계수 : 각각 1.08, 1.03

① 48.5MPa ② 49.6MPa
③ 50.7MPa ④ 51.2MPa

> **해설**
> 1) 23회일 때 직선보간을 한 표준편차의 보정계수
> $$\alpha = 1.03 + \frac{(1.08-1.03)\times 2}{5} = 1.05$$
> 2) 직선보간한 표준편차
> $S = 1.05 \times 6.0 = 6.3 MPa$
> 3) 배합강도($f_{ck} > 35MPa$)
> · $f_{cr} = f_{cq} + 1.34S = 40 + 1.34 \times 6.3$
> $\quad = 48.44 MPa$
> · $f_{cr} = 0.9 f_{cq} + 2.33 \cdot S$
> $\quad = 0.9 \times 40 + 2.33 \times 6.3$
> $\quad = 50.68 MPa$
> 상기값 중 큰 값이 배합강도이므로 $f_{cr} = 50.7 MPa$

06 AE콘크리트에서 공기량에 영향을 미치는 요인들에 대한 설명으로 잘못된 것은?
① 단위시멘트량이 증가할수록 공기량은 감소한다.
② 배합과 재료가 일정하면 슬럼프가 작을수록 공기량은 증가한다.
③ 콘크리트의 온도가 낮을수록 공기량은 증가한다.
④ 콘크리트가 응결·경화되면 공기량은 증가한다.

해설
콘크리트가 응결·경화되면 공기량은 감소한다.

07 현장의 골재에 대한 체분석 결과 잔골재속에서 5mm체에 남는 것이 6%, 굵은 골재 속에서 5mm체를 통과하는 것이 11%였다. 시방배합표상의 단위잔골재량은 $632kg/m^3$이며, 단위굵은골재량은 $1,176kg/m^3$이다. 현장배합을 위한 단위잔골재량은 얼마인가?(단, 표면수에 대한 보정은 무시한다.)
① $522kg/m^3$
② $537kg/m^3$
③ $612kg/m^3$
④ $648kg/m^3$

해설
입도에 대한 조정
$$X = \frac{100 \cdot S - b \cdot (S+G)}{100 - (a+b)}$$
$$= \frac{100 \times 632 - 11 \times (632 + 1,176)}{100 - (6+11)}$$
$$= 521.8 kg/m^3$$

08 외기온도가 25℃를 넘을 때 콘크리트의 비비기로부터 타설이 끝날 때까지 최대얼마의 시간을 넘어서는 안 되는가?
① 0.5시간
② 1시간
③ 1.5시간
④ 2시간

해설
비비기로부터 타설이 끝날 때까지의 시간은 외기온도가 25℃이상일 때는 1.5시간, 25℃미만일 때는 2시간 이내

09 콘크리트 다지기에 대한 설명 중 옳지 않은 것은?
① 콘크리트 다지기에는 내부진동기 사용을 원칙으로 한다.
② 내부진동기는 콘크리트로부터 천천히 빼내어 구멍이 남지 않도록 해야 한다.
③ 내부진동기는 연직방향으로 일정한 간격을 유지하며 찔러 넣는다.
④ 콘크리트가 한 쪽에 치우쳐 있을 때는 내부진동기로 평평하게 이동시켜야 한다.

해설
내부진동기로 콘크리트를 횡방향으로 이동시킬 목적으로 사용하지 않는다.

10 서중 콘크리트에 대한 설명으로 틀린 것은?
① 콘크리트 재료의 온도를 낮추어서 사용한다.
② 콘크리트를 타설할 때의 콘크리트 온도는 35℃이하이어야 한다.
③ 하루의 평균기온이 25℃를 초과하는 것이 예상되는 경우 서중 콘크리트로 시공하여야 한다.
④ 콘크리트는 비빈 후 1.5시간 이내에 타설하여야 하며, 지연형 감수제를 사용한 경우라도 2시간 이내에 타설하는 것을 원칙으로 한다.

해설
콘크리트는 비빈 후 1.5시간 이내에 타설하여야 하며, 지연형 감수제를 사용한 경우라도 1.5시간 이내에 타설하는 것을 원칙으로 한다.

11 콘크리트 강도시험용 공시체의 제작에 대한 설명으로 틀린 것은?
① 압축강도 시험을 위한 공시체의 지름은 굵은 골재의 최대 치수의 3배 이상, 100mm 이상으로 한다.
② 휨강도 시험용 공시체는 단면이 정사각형인 각주로 하고, 그 한 변의 길이는 굵은 골재의 최대 치수의 3배 이상이며 150mm 이상으로 한다.
③ 몰드를 떼는 시기는 콘크리트 채우기가 끝나고 나서 16시간 이상 3일 이내로 한다.
④ 공시체의 양생 온도는 (20±2)℃로 한다.

해설
휨강도 시험용 공시체는 단면이 정사각형인 각주로 하고, 그 한 변의 길이는 굵은골재의 최대 치수의 4배 이상이며 100mm이상으로 한다.

12 프리스트레스트 콘크리트에서 프리텐션 방식으로 프리스트레싱할 때 콘크리트의 압축강도는 최소 얼마 이상이어야 하는가?
① 30MPa
② 35MPa
③ 40MPa
④ 45MPa

해설
프리텐션 방식으로 프리스트레싱할 때 콘크리트의 압축강도는 30MPa 이상

13 콘크리트 제작 시 재료의 계량에 대한 설명으로 틀린 것은?
① 각 재료는 1배치씩 질량으로 계량하여야 한다.
② 혼화제의 계량허용오차는 ±2%이다.
③ 계량은 현장 배합에 의해 실시하는 것으로 한다.
④ 골재의 계량허용오차는 ±3%이다.

해설
혼화제의 계량허용오차는 ±3%이다.

14 시멘트의 수화반응에 의해 생성된 수산화칼슘이 대기 중의 이산화탄소와 반응하여 콘크리트의 성능을 저하시키는 현상을 무엇이라고 하는가?

① 염해
② 동결융해
③ 탄산화
④ 알칼리 – 골재반응

해설
탄산화(중성화)에 대한 설명이다.

15 프리스트레스트 콘크리트 구조물이 철근 콘크리트 구조물보다 유리한 점을 설명한 것 중 옳지 않은 것은?

① 사용 하중하에서는 균열이 발생하지 않도록 설계되기 때문에 내구성 및 수밀성이 우수하다.
② 부재의 탄력성이 복원력이 강하다.
③ 부재의 중량을 줄일 수 있어 장대교량에 유리하다.
④ 강성이 크기 때문에 변형이 작고, 고온에 대한 저항력이 우수하다.

해설
프리스트레스트 콘크리트 구조물은 철근콘크리트 구조물에 비하여 강성은 작고 변형이 크며 진동에 취약하다.

16 굳지 않은 콘크리트 중의 전 염소이온량은 원칙적으로 몇 kg/m³이하로 하는 것을 표준으로 하는가?

① 0.20kg/m³
② 0.30kg/m³
③ 0.50kg/m³
④ 0.70kg/m³

해설
굳지않은 콘크리트의 염소이온량 0.30kg/m³ 이하

17 지름 150mm, 길이 300mm인 원주형 콘크리트 공시체로 쪼갬 인장 강도 시험을 실시한 결과 공시체가 파괴될 때까지의 최대 하중이 198kN이었다면, 이 공시체의 쪼갬 인장 강도는?

① 2.5MPa
② 2.8MPa
③ 3.1MPa
④ 3.4MPa

해설
쪼갬인장강도 시험

$$(f_{sp}) = \frac{2P}{\pi d\ell}(MPa)$$

$$= \frac{2 \times 198,000}{\pi \times 150 \times 300} = 2.8 N/mm^2 = 2.8 MPa$$

정답 14 ③ 15 ④ 16 ② 17 ②

18 초음파 탐상에 의한 콘크리트 비파괴 시험의 적용가능한 분야로서 거리가 먼 것은?
① 콘크리트 두께 탐상
② 콘크리트의 균열 깊이
③ 콘크리트 내부의 공극 탐상
④ 콘크리트 내의 철근 부식 정도 조사

해설
콘크리트 내의 철근부식 정도 조사(평가)
1) 자연전위법
2) 분극저항법
3) 전기저항법

19 아래의 표에서 설명하는 콘크리트의 성질은?

> 콘크리트를 타설할 때 다짐작업 없이 자중만으로 철근 등을 통과하여 거푸집의 구석구석까지 균질하게 채워지는 정도를 나타내는 굳지 않은 콘크리트의 성질

① 자기 충전성
② 유동성
③ 슬럼프 플로
④ 피니셔빌리티

해설
자기충전성에 대한 설명이다.

20 숏크리트의 시공에 대한 일반적인 설명으로 틀린 것은?
① 건식 숏크리트는 배치 후 45분 이내에 뿜어붙이기를 실시하여야 한다.
② 습식 숏크리트는 배치 후 60분 이내에 뿜어붙이기를 실시하여야 한다.
③ 숏크리트는 타설되는 장소의 대기 온도가 25℃ 이상이 되면 건식 및 습식 숏크리트 모두 뿜어붙이기를 할 수 없다.
④ 숏크리트는 대기 온도가 10℃ 이상일 때 뿜어붙이기를 실시한다.

해설
숏크리트는 타설되는 장소의 대기 온도가 38℃ 이상이 되면 건식 및 습식 숏크리트 모두 뿜어붙이기를 할 수 없다.

정답 18 ④ 19 ① 20 ③

제2과목 건설시공 및 관리

21 교량 가설 공법인 디비닥(Dywidag) 공법의 특징으로 옳은 것은?
① 동바리가 필요하다.
② 시공 블록이 3~4m마다 생기므로 관리가 어렵다.
③ 동일 작업이 반복되지만 시공속도는 느리다.
④ 긴 경간의 PC교 가설이 가능하다.

해설
F.C.M (Free Cantilever Method) : 외팔보공법
1) 기시공된 교각을 중심으로 좌우평형을 유지하며 순차적으로 이동식 작업차를 이용하여 Segment 제작하면서 상부구조시공해 나가는 공법으로 캔틸레버식 가설공법이라고 한다.(Dywidag)
2) 동바리가 불필요하며 이동식 작업차에서 공사를 시행하므로 전천후 시공이 가능하다.
3) 교량외부의 제작장에서 일정길이 만큼 제작 후 연결하는 방식은 P.S.M 공법이다.

22 말뚝의 지지력의 결정하기 위한 방법 중에서 가장 정확한 것은?
① 정역학적 공식
② 동역학적 공식
③ 말뚝의 재하시험
④ 허용지지력 표로서 구하는 방법

해설
말뚝의 지지력 결정은 실제 실물재하를 통하여 구하는 재하시험이 신뢰성이 크다.

23 숏크리트 시공 시 리바운드양을 감소시키는 방법으로 옳지 않은 것은?
① 분사 부착면을 매끄럽게 한다.
② 압력을 일정하게 한다.
③ 벽면과 직각으로 분사한다.
④ 시멘트량을 증가시킨다.

해설
분사 부착면을 거칠게하여 부착력을 증대할수록 리바운드량이 감소된다.

24 AASHTO(1986) 설계법에 의해 아스팔트 포장의 설계 시 두께지수(SN, Structure Number) 결정에 이용되지 않는 것은?
① 각 층의 상대강도계수
② 각 층의 두께
③ 각 층의 배수계수
④ 각 층의 침입도지수

해설
각층의 침입도 지수는 두께지수(SN, StructureNumber)와 관계가 없다.

정답 21 ④ 22 ③ 23 ① 24 ④

25 흙댐을 구조상 분류할 때 중앙에 불투수성의 흙을, 양측에는 투수성 흙을 배치한 것으로 두 가지 이상의 재료를 얻을 수 있는 곳에서 경제적인 댐 형식은?

① 심벽형 댐 ② 균일형 댐
③ 월류 댐   ④ Zone형 댐

해설
Zone형 댐에 대한 설명이다.

26 아래 표와 같은 조건에서 불도저로 압토와 리핑 작업을 동시에 실시할 때 시간당 작업량은?

- 압토 작업만 할 때의 작업량(Q_1) : 40m³/h
- 리핑 작업만 할 때의 작업량(Q_2) : 60m³/h

① 24m³/h ② 37m³/h
③ 40m³/h ④ 50m³/h

해설
불도져 합성 작업량(Q)
$$Q = \frac{Q_1 \times Q_2}{Q_1 + Q_2} = \frac{40 \times 60}{40 + 60} = 24 m^3/h$$

27 불도저(bulldozer) 작업의 경우 다음의 조건에서 본바닥 토량으로 환산한 1시간당 토공 작업량(m³/h)은?(단, 1회 굴착 압토량은 느슨한 상태로 3.0m³, 작업효율=0.6, 토량변화율 L=1.2, 평균 압토 거리=30m, 전진속도 30m/분, 후진속도=60m/분, 기어변속시간=0.5분)

① 45m³/h ② 34m³/h
③ 20m³/h ④ 15m³/h

해설
1) $C_m = \frac{l}{V_1} + \frac{l}{V_2} + t = \frac{30}{30} + \frac{30}{60} + 0.5 = 2분$

2) $Q = \frac{60 \cdot q \cdot f \cdot E}{C_m} = \frac{60 \times 3 \times \frac{1}{1.2} \times 0.6}{2} = 45 m^3/h$

28 지름 400mm, 길이 10m의 강관파일을 항타하여 아래 조건에서 시공하고자 한다. 소요시간은 얼마인가?

- α : 토질계수 4.0
- β : 해머계수 1.2
- N : 15
- F : 작업계수 0.6
- T_w : 0
- T_s : 파일 1본당 세우기 및 위치 조정시간 20분
- T_t : 파일 1본당 해머의 이동 및 준비시간 20분
- T_e : 파일 1본당 해머의 점검 및 급유 등 기타시간 20분
- $T_b = 0.05 \cdot \alpha \cdot \beta \cdot L(N+2)$로 가정한다.

① 124분 ② 136분
③ 145분 ④ 168분

해설

소요시간 $= T_s + T_t + T_e + T_b$
$= 20+20+20+[0.05 \times 4 \times 1.2 \times 10 \times (15+2)]$
$= 100.8$분

소요시간 $= \dfrac{100.8}{0.6(\text{작업계수})} = 168$분

29 토적곡선(Mass curve)에 관한 설명 중 틀린 것은?
① 곡선의 저점 및 정점은 각각 성토에서 절토, 절토에서 성토의 변이점이다.
② 동일 단면내의 절토량, 성토량을 토적곡선에서 구한다.
③ 토적곡선을 작성하려면 먼저 토량 계산서를 작성하여야 한다.
④ 절토에서 성토까지의 평균 운반거리는 절토와 성토의 중심 간의 거리로 표시된다.

해설

동일 단면내의 절토량, 성토량을 토적곡선에서 구할 수 없다(횡방향 토량 배제)

30 옹벽 대신 이용하는 돌쌓기 공사 중 뒤채움에 콘크리트를 이용하고, 줄눈에 모르타르를 사용하는 2m 이상의 돌쌓기 방법은?
① 메쌓기 ② 찰쌓기
③ 견치돌쌓기 ④ 줄쌓기

해설

찰쌓기에 대한 설명이다.

31 다짐공법에서 물다짐공법에 적합한 흙은 어느 것인가?
① 점토질 흙
② 롬(loam)질 흙
③ 실트질 흙
④ 모래질 흙

해설
물다짐은 투수성이 큰 모래질 흙에 적합하다.

32 다음 중 깊은 기초의 종류가 아닌 것은?
① 전면 기초
② 말뚝 기초
③ 피어 기초
④ 케이슨 기초

해설
전면기초는 직접기초(얕은기초)에 해당된다.

33 Terzaghi의 기초에 대한 극한 지지력 공식에 대한 설명 중 옳지 않은 것은?
① 지지력 계수는 내부 마찰각이 커짐에 따라 작아진다.
② 직사각형 단면의 형상계수는 폭과 길이에 따라 정해진다.
③ 근입 깊이가 깊어지면 지지력도 증대된다.
④ 점착력이 $\phi \fallingdotseq 0$인 경우 일축 압축시험에 의해서도 구할 수 있다.

해설
지지력 계수는 내부 마찰각과 점착력에 의하여 커짐에 따라 증가된다.

34 암거의 배열방식 중 여러 개의 흡수거를 1개의 간선 집수거 또는 집수지거로 합류시키게 배치한 방식은?
① 차단식
② 자연식
③ 빗식
④ 사이펀식

해설
빗식에 대한 설명이다.

정답 31 ④ 32 ① 33 ① 34 ③

35 아래의 주어진 조건을 이용하여 3점시간법을 적용하여 activity time을 결정하면?(조건 : 표준값 = 5시간, 낙관값 = 3시간, 비관값 = 10시간)

① 4.5시간 ② 5.0시간
③ 5.5시간 ④ 6.0시간

해설

3점 시간법

$$t_e = \frac{t_o + 4t_m + t_p}{6} = \frac{3 + 4 \times 5 + 10}{6} = 5.5\text{시간}$$

여기서, t_e : 3점법에 의한 추정공사일수
t_o : 낙관작업일수
t_m : 정상작업일수
t_p : 비관작업일수

36 자연 함수비 8%인 흙으로 성토하고자 한다. 다짐한 흙의 함수비를 15%로 관리하도록 규정하였을 때 매 층마다 1m²당 몇 kg의 물을 살수해야 하는가?(단, 1층의 다짐 후 두께는 20cm이고, 토량 변화율 C는 0.9이며, 원지반 상태에서 흙의 단위중량은 1.8t/m³이다.)

① 7.15kg ② 15.84kg
③ 25.93kg ④ 27.22kg

해설

1) $1m^3$당 본바닥 체적
$$= 1 \times 1 \times 0.2 \times \frac{1}{0.9} = 0.222 m^3$$

2) $w = 8\%$일 때 흙의 무게
$$\gamma_t = \frac{W}{V} \text{에서 } 1.8 = \frac{W}{0.222}, W = 400 kg$$

3) $w = 8\%$일 때 물의 무게
$$W_w = \frac{w \cdot W}{100 + w} = \frac{8 \times 400}{100 + 8} = 29.63 kg$$

4) $w = 15\%$일 때 물의 무게
$$8 : 29.63 = 15 : W_w$$
$$\therefore W_w = 55.56 kg$$

5) 살수량 = $55.56 - 29.63 = 25.93 kg$

37 아스팔트 포장의 기층으로서 사용하는 가열 혼합식에 의한 아스팔트 안정처리기층을 무엇이라 하는가?

① 보조기층 ② 블랙베이스
③ 입도조정층 ④ 화이트베이스

해설

블랙베이스에 대한 설명이며, 기층을 시멘트 콘크리트로 하는 경우를 화이트베이스라고 한다.

38 저항선 1.2m일 때 12.15kg의 폭약을 사용하였다면 저항선을 0.8m로 하였을 때 얼마의 폭약이 필요한가?(단, Hauser식을 사용한다.)

① 1.8kg   ② 3.6kg
③ 5.6kg   ④ 7.6kg

해설
1) $L = C \cdot W^3$, $12.15 = C \times 1.2^3$
   $C = 7.03$
2) $L = C \cdot W^3 = 7.03 \times 0.8^3 = 3.6 kg$

39 점성토에서 발생하는 히빙의 방지대책으로 틀린 것은?
① 널말뚝의 근입 깊이를 짧게 한다.
② 표토를 제거하거나 배면의 배수 처리로 하중을 작게 한다.
③ 연약 지반을 개량한다.
④ 부분굴착 및 트렌치 컷 공법을 적용한다.

해설
히빙 방지대책으로 널말뚝의 근입깊이를 길게 한다.

40 품셈에서 수량의 계산 중 플래니미터에 의한 면적을 계산할 때 몇 회 이상 측정하여 평균값을 구하는가?
① 4회   ② 3회
③ 2회   ④ 1회

해설
플래니미터에 의한 면적을 계산할 때는 3회이상 측정 후 평균을 취한다.

제3과목 **건설재료 및 시험**

41 화성암은 산성암, 중성암, 염기성암으로 분류가 되는데, 이때 분류 기준이 되는 것은?
① 규산의 함유량   ② 운모의 함유량
③ 장석의 함유량   ④ 각섬석의 함유량

해설
지구 내부에 용융상태로 마그마가 냉각 응고 된 것으로 규산(실리카) 함유량에 따라 산성암, 중성암, 염기성암으로 분류

정답 38 ② 39 ① 40 ② 41 ①

42 스트레이트 아스팔트에 대한 설명 중 틀린 것은?

① 블론 아스팔트에 비해 투수계수가 크다.
② 블론 아스팔트에 비해 신장성이 크다.
③ 블론 아스팔트에 비해 점착성이 크다.
④ 블론 아스팔트에 비해 온도에 대한 감온성이 크다.

해설

블론 아스팔트는 가열한 스트레이트 아스팔트에 공기를 불어넣어 제조한 아스팔트이므로 투수계수가 큼

43 어떤 모래를 체가름 시험한 결과 다음 표를 얻었다. 이 때 모래의 조립률은?

체	각 체의 잔류율(%)
10mm	0
5mm	2
2.5mm	6
1.2mm	20
0.6mm	28
0.3mm	23
0.15mm	16
PAN	5
합계	100

① 2.68
② 2.73
③ 3.69
④ 5.28

해설

$$조립률 = \frac{각 체에 남은 잔류시료의 중량백분율의 합}{100}$$

$$조립률 = \frac{2+8+28+56+79+95}{100} = 2.68$$

체	각체 잔류율(%)	가적 잔류율(%)
10mm	0	0
5mm	2	2
2.5mm	6	8
1.2mm	20	28
0.6mm	28	56
0.3mm	23	79
0.15mm	16	95
PAN	5	100
합계	100	

정답 42 ① 43 ①

44 주로 화성암에 많이 생기는 절리(joint)로 돌기둥을 배열한 것이 같은 모양의 절리를 무엇이라 하는가?
① 주상절리 ② 구상절리
③ 불규칙 다면괴상절리 ④ 판상저리

해설
주상절리에 대한 설명이다.

45 마샬시험방법에 따라 아스팔트 콘크리트 배합 설계를 진행 중이다. 재료 및 공시체에 대한 측정결과가 아래와 같을 때 포화도는 약 몇 %인가?

- 아스팔트의 밀도(G) : 1.025g/cm³
- 아스팔트의 함량(A) : 5.8%
- 공시체의 실측밀도(d) : 2.366g/cm³
- 공시체의 공극률(V_o) : 4.2%

① 56.0% ② 58.8%
③ 76.1% ④ 77.9%

해설
1) 아스팔트 용적률(체적비)
$$V_a = \frac{W_a \times d}{G_a} = \frac{5.8 \times 2.366}{1.025} = 13.39\%$$
여기서, W_a : 아스팔트 질량비(함량)(%)
G_a : 아스팔트의 밀도(g/cm^3)
d : 공시체의 실측밀도(g/cm^3)

2) 포화도
$$S = \frac{V_a}{V_a + V} \times 100 = \frac{13.39}{13.39 + 4.2} \times 100 = 76.1\%$$
여기서, V : 공극률
V_a : 아스팔트의 체적비

46 아래의 표는 어떤 혼화재료의 종류인가?

CSA계, 석고계, 철분계

① 팽창재 ② AE제
③ 방수제 ④ 급결제

해설
팽창재에 대한 설명이다.

47 금속재료의 일반적 성질에 관한 설명 중 틀린 것은?

① 선철은 철광석 용광로 내에서 환원하여 만들며 주로 제강용 원료가 되며 Si원소가 가장 많고, C원소가 가장 적게 포함되어 있다.
② 탄소강은 0.04~1.7%의 탄소를 함유하는 Fe-C합금으로서 C < 0.3%는 저탄소강, 0.3% < C < 0.6%는 중탄소강, C > 0.6%는 고탄소강이라 한다.
③ 금속재료의 특징은 전기 및 열의 전도율이 크고, 연성과 전성이 풍부하다.
④ 금속재료는 철금속과 비철금속으로 나눌 수 있고, 광택이 있으며, 상온에서 결정형을 가진 고체로서 가공이 용이하다.

해설
1) 철에 탄소가 많으면 경도가 증가하지만 부서짐이 커진다.
2) 선철은 철광석 용광로 내에서 환원하여 만들며 주로 제강용 원료가 되며 Si원소가 가장 많고, C원소가 1.7% 이상으로 많은 C를 포함되어 있다.

48 콘크리트용 강섬유의 품질에 대한 설명으로 틀린 것은?

① 강섬유의 평균 인장강도는 700MPa 이상이 되어야 한다.
② 강섬유는 표면에 유해한 녹이 있어서는 안된다.
③ 강섬유 각각의 인장 강도는 600MPa 이상이어야 한다.
④ 강섬유는 16°C 이상의 온도에서 지름 안쪽 90°(곡선 반지름 3mm)방향으로 구부렸을 때, 부러지지 않아야 한다.

해설
강섬유 각각의 인장 강도는 650MPa 이상이어야 한다.

49 시멘트의 분말도 시험에 관한 설명 중 옳지 않은 것은?

① 분말도 시험은 시멘트 입자의 가는 정도를 알기 위한 시험으로 분말도와 비표면적을 구한다.
② 공기 투과 장치에 의한 방법은 표준시료와 시험시료로 만든 시멘트 베드를 공기가 투과하는 데 요하는 시간을 비교하여 비표면적을 구한다.
③ 표준체에 의한 방법(KS L 5112)은 표준체 $45\mu m$로 쳐서 남는 잔사량을 계량하여 분말도를 구한다.
④ 분말도 작은 시멘트일수록 물과의 접촉 표면적이 크며 수화가 빨리 진행된다.

해설
분말도 큰 시멘트일수록 물과의 접촉 표면적이 크며 수화가 빨리 진행된다.

50 폭약으로 사용되는 칼릿(Carlit)에 대한 설명으로 틀린 것은?

① 칼릿은 다이너마이트보다 발화점이 높다.
② 칼릿은 다이너마이트보다 충격에 둔감하여 취급이 편하다.
③ 칼릿은 폭발력이 다이너마이트보다 우수하다.
④ 칼릿은 유해가스 발생이 적고 흡수성이 적어 터널 공사에 적합하다.

해설
칼릿은 유해가스 발생이 많고 흡수성이 커서 터널 공사에 부적합하다.

정답 47 ① 48 ③ 49 ④ 50 ④

51 콘크리트 배합에 관한 아래 표의 ( )에 들어갈 알맞은 수치는?

> 공사 중에 잔골재의 입도가 변하여 조립률이 ±( ) 이상 차이가 있을 경우에는 워커빌리티가 변화하므로 배합을 수정할 필요가 있다.

① 0.05
② 0.1
③ 0.2
④ 0.3

해설
공사 중에 잔골재의 입도가 변하여 조립률이 ±(0.2) 이상 차이가 있을 경우에는 워커빌리티가 변화하므로 배합을 수정할 필요가 있다.

52 다음 중 일반적인 목재의 비중은?
① 살아있는 상태의 나무비중
② 공기 건조 중의 비중
③ 물에서 포화상태의 비중
④ 절대건조 비중

해설
일반적인 목재의 비중은 공기 건조 중의 비중(기건비중)으로 한다.

53 골재의 취급과 저장 시 주의해야 할 사항으로 틀린 것은?
① 잔골재, 굵은 골재 및 종류, 입도가 다른 골재는 각각 구분하여 별도로 저장한다.
② 골재의 저장설비는 적당한 배수설비를 설치하고 그 용량을 검토하여 표면수가 일정한 골재의 사용이 가능하도록 한다.
③ 골재의 표면수는 굵은 골재는 건조 상태로, 잔골재는 습윤 상태로 저장하는 것이 좋다.
④ 골재는 빙설의 혼입방지, 동결방지를 위한 적당한 시설을 갖추어 저장해야 한다.

해설
표면수가 균일한 골재를 사용할 수 있도록 또 받아들인 골재를 시험한 후 사용할 수 있도록 한다.

54 포틀랜드 시멘트의 클링커에 대한 설명 중 틀린 것은?
① 클링커는 단일조성의 물질이 아니라 C_3S, C_2S, C_3A, C_4AF의 4가지 주요화합물로 구성되어 있다.
② 클링커의 화합물 중 C_3S 및 C_2S는 시멘트 강도의 대부분을 지배한다.
③ C_3A는 수화속도가 대단히 빠르고 발열량이 크며 수축도 크다.
④ 클링커의 화합물 중 C_3S가 많고 C_2S가 적으면 시멘트의 강도 발현이 늦어지지만 장기재령은 향상된다.

해설
클링커의 화합물 중 C_3S가 많고 C_2S가 적으면 시멘트의 강도 발현이 빨라지고 초기강도가 증가된다.

정답 51 ③ 52 ② 53 ③ 54 ④

55 다음 설명 중 틀린 것은?
① 혼화재에는 플라이애시, 고로슬래그 미분말, 규산백토 등이 있다.
② 혼화제에는 AE제, 경화촉진제, 방수제 등이 있다.
③ 혼화재는 그 사용량이 비교적 적어서 그 자체의 부피가 콘크리트 배합의 계산에서 무시하여도 좋다.
④ AE제에 의해 만들어진 공기를 연행공기라 한다.

해설
혼화제에는 AE제, 경화촉진제, 방수제 등이 있다.

56 다음 강재의 응력 – 변형률 곡선에 관한 설명 중 잘못된 것은?

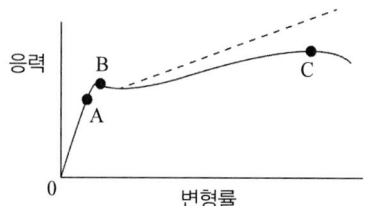

① A점은 응력과 변형률이 비례하는 최대 한도지점이다.
② B점은 외력을 제거해도 영구변형을 남기지 않고 원래로 돌아가는 응력의 최대한도 지점이다.
③ C점은 부재 응력의 최댓값이다.
④ 강재는 하중을 받아 변형되며 단면이 축소되므로 실제 응력 – 변형률 선은 점선이다.

해설
B점(항복점)은 외력의 증가가 없는 상태에서 변형이 증가되는 최대응력점

57 다음 중 일반적으로 지연제를 사용하는 경우가 아닌 것은?
① 서중 콘크리트의 시공 시
② 레미콘 운반거리가 멀 때
③ 숏크리트 타설 시
④ 연속 타설 시 콜드 조인트를 방지하기 위해

해설
숏크리트 타설시 급결제를 사용한다.

58 잔골재를 각 상태에서 계량한 결과가 아래와 같을 때 골재의 유효흡수량(%)은?

- 노건조 상태 : 2000g
- 공기 중 건조 상태 : 2066g
- 표면건조포화 상태 : 2124g
- 습윤 상태 : 2152g

① 1.32% ② 2.73%
③ 2.81% ④ 7.60%

해설

유효흡수율 = $\dfrac{\text{표건질량} - \text{기건질량}}{\text{기건질량}} \times 100\%$

$= \dfrac{2,124 - 2,066}{2,066} \times 100 = 2.81\%$

59 역청재에 대한 설명 중 옳지 않은 것은?
① 석유 아스팔트는 원유를 증류한 잔유물을 원료로 한 것이다.
② 아스팔타이트의 성질 및 용도는 스트레이트 아스팔트와 같이 취급한다.
③ 포장용 타르는 타르를 다시 증류하여 수분, 나프타, 경유 등을 유출해 정제한 것이다.
④ 역청유제는 역청을 유화제 수용액 중에 미립자의 상태로 분포시킨 것이다.

해설

아스팔타이트의 성질 및 용도는 블로운 아스팔트와 같이 취급한다.

60 시멘트 모르타르의 압축강도 시험에서 공시체의 양생온도는?
① (10±2)°C ② (15±2)°C
③ (23±2)°C ④ (30±2)°C

해설

시멘트 모르타르의 압축강도 시험에서 공시체의 양생온도는 (23±2)°C 이다.

제4과목 토질 및 기초

61 Meyerhof의 일반 지지력 공식에 포함되는 계수가 아닌 것은?
① 국부전단계수 ② 근입깊이계수
③ 경사하중계수 ④ 형상계수

해설

Meyerhof 지지력 계수
1) 형상계수 : 기초의 형상을 고려한 계수
2) 깊이계수 : 기초의 근입깊이를 고려한 계수
3) 경사계수 : 기초 중심에 작용하는 하중의 방향을 고려한 계수

정답 58 ③ 59 ② 60 ③ 61 ①

62 다음의 투수계수에 대한 설명 중 옳지 않은 것은?

① 투수계수는 간극비가 클수록 크다.
② 투수계수는 흙의 입자가 클수록 크다.
③ 투수계수는 물의 온도가 높을수록 크다.
④ 투수계수는 물의 단위중량에 반비례한다.

> **해설**
>
> 1) Taylor 경험식
>
> $$k = D_{10}^2 \cdot \frac{r_w}{\mu} \cdot \frac{e^3}{1+e} \cdot C$$
>
> 2) 투수계수는 물의 단위중량에 비례한다.

63 흙의 다짐시험을 실시한 결과 다음과 같았다. 이 흙의 건조단위중량은 얼마인가?

> ① 몰드 + 젖은 시료 무게 : 3612g
> ② 몰드 무게 : 2143g
> ③ 젖은 흙의 함수비 : 15.4%
> ④ 몰드의 체적 : 944cm³

① 1.35g/cm³   ② 1.56g/cm³
③ 1.31g/cm³   ④ 1.42g/cm³

> **해설**
>
> 1) $\gamma_t = \dfrac{W}{V} = \dfrac{(3{,}612 - 2{,}143)}{944} = 1.56 g/cm^3$
>
> 2) $\gamma_d = \dfrac{\gamma_t}{1 + \dfrac{w}{100}} = \dfrac{1.56}{1 + \dfrac{15.4}{100}} = 1.35 g/cm^3$

64 시료가 점토인지 아닌지 알아보고자 할 때 가장 거리가 먼 것은?

① 소성지수   ② 소성도표 A선
③ 포화도   ④ 200번체 통과량

> **해설**
>
> 포화도는 해당사항이 없다.

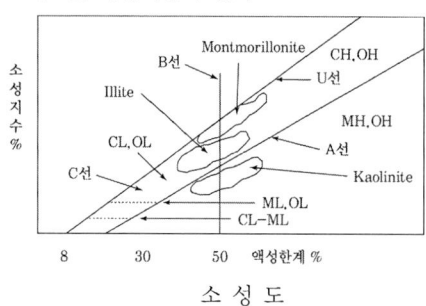

정답 62 ④ 63 ① 64 ③

65 말뚝에서 부마찰력에 관한 설명 중 옳지 않은 것은?
① 아래쪽으로 작용하는 마찰력이다.
② 부마찰력이 작용하면 말뚝의 지지력은 증가한다.
③ 압밀층을 관통하여 견고한 지반에 말뚝을 박으면 일어나기 쉽다.
④ 연약지반에 말뚝을 박은 후 그 위에 성토를 하면 일어나기 쉽다.

해설
부마찰력이 작용하면 말뚝의 지지력은 감소한다.

66 보링(boring)에 관한 설명으로 틀린 것은?
① 보링(boring)에는 회전식(rotary boring)과 충격식(percussion boring)이 있다.
② 충격식은 굴진속도가 빠르고 비용도 싸지만 분말상의 교란된 시료만 얻어진다.
③ 회전식은 시간과 공사비가 많이 들뿐만 아니라 확실한 코어(core)도 얻을 수 없다.
④ 보링은 지반의 상황을 판단하기 위해 실시한다.

해설
회전식 보링 로드 선단에 드릴비트를 고속회전 및 가압시켜 토사 및 암반을 절삭분쇄 하는데 시간과 공사비가 적게 들며 확실한 코어(core)를 얻을 수 있다.

67 다음 지반 개량공법 중 연약한 점토지반에 적당하지 않은 것은?
① 샌드 드레인 공법   ② 프리로딩 공법
③ 치환 공법   ④ 바이브로 플로테이션 공법

해설
바이브로 플로테이션 공법은 사질토 지반개량공법에 적합하다.

68 흙이 동상을 일으키기 위한 조건으로 가장 거리가 먼 것은?
① 아이스 렌즈를 형성하기 위한 충분한 물의 공급이 있을 것
② 양(+)이온을 다량 함유할 것
③ 0°C 이하의 온도가 오랫동안 지속될 것
④ 동상이 일어나기 쉬운 토질일 것

해설
동상조건
1) 동상이 일어나기 쉬운 실트질 토질
2) 0°C 이하의 온도가 오랫동안 지속
3) 충분한 물의 공급

정답 65 ② 66 ③ 67 ④ 68 ②

69 어떤 사질 기초지반의 평판재하 시험결과 항복강도 $60t/m^2$, 극한강도가 $100t/m^2$이었다. 그리고 그 기초는 지표에서 1.5m 깊이에 설치 될 것이고 그 기초 지반의 단위중량이 $1.8t/m^3$일 때 지지력 계수 N_q=5이었다. 이 기초의 장기 허용지지력은?

① $24.7t/m^2$
② $26.9t/m^2$
③ $30t/m^2$
④ $34.5t/m^2$

해설

1) $q_a = q_t + \dfrac{1}{3} \cdot \gamma \cdot D_f \cdot N_q$

2) $q_t = \dfrac{q_y}{2} = \dfrac{60}{2} = 30 t/m^2$

   $q_t = \dfrac{q_u}{3} = \dfrac{100}{3} = 33.3 t/m^2$

   둘 중 작은 것 $q_t = 30 t/m^2$

   $\therefore q_a = q_t + \dfrac{1}{3} \cdot \gamma \cdot D_f \cdot N_q$
   $= 30 + \dfrac{1}{3} \times 1.8 \times 1.5 \times 5 = 34.5 t/m^2$

70 흙댐에서 상류면 사면의 활동에 대한 안전율이 가장 저하되는 경우는?

① 만수된 물의 수위가 갑자기 저하할 때이다.
② 흙댐에 물을 담는 도중이다.
③ 흙댐이 만수되었을 때이다.
④ 만수된 물이 천천히 빠져나갈 때이다.

해설

흙댐에서 상류면 사면의 활동에 대한 안전율이 가장 저하되는 경우는 흙댐에서 만수된 물의 수위가 갑자기 저하하는 경우 발생된다.

71 세립토를 비중계법으로 입도분석을 할 때 반드시 분산제를 쓴다. 다음 설명 중 옳지 않은 것은?

① 입자의 면모화를 방지하기 위하여 사용한다.
② 분산제의 종류는 소성지수에 따라 달라진다.
③ 현탁액이 산성이면 알칼리성의 분산제를 쓴다.
④ 시험도중 물의 변질을 방지하기 위하여 분산제를 사용한다.

해설

비중 시험도중 흙입자의 면모화를 방지하기 위하여 분산제를 사용한다.

72 비중이 2.67, 함수비가 35%이며, 두께 10m인 포화점토층이 압밀 후에 함수비가 25%로 되었다면, 이 토층 높이의 변화량은 얼마인가?

① 113cm　　　　　　　　② 128cm
③ 138cm　　　　　　　　④ 155cm

해설

1) $\triangle H = \dfrac{\triangle e}{1+e} \cdot H = \dfrac{e_1 - e_2}{1+e_1} \cdot H$

2) $e_1 = \dfrac{G_s \cdot w}{S} = \dfrac{2.67 \times 0.35}{1} = 0.9345$

$e_2 = \dfrac{G_s \cdot w}{S} = \dfrac{2.67 \times 0.25}{1} = 0.6675$

$\therefore \triangle H = \dfrac{(0.9345 - 0.6675)}{1 + 0.9345} \times 1,000 = 138\,cm$

73 아래 그림과 같은 모래지반에서 깊이 4m지점에서의 전단강도는?(단, 모래의 내부마찰각 $\phi=30°$이며, 점착력 C=0)

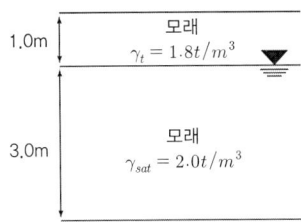

① 4.50t/m²　　　　　　　② 2.77t/m²
③ 2.32t/m²　　　　　　　④ 1.86t/m²

해설

1) $S = c + \overline{\sigma} \cdot \tan \phi$
2) $\overline{\sigma} = 1 \times 1.8 + 3 \times 1 = 4.8 t/m^2$
$\therefore S = 0 + 4.8 \times \tan 30° = 2.77 t/m^2$

74 100% 포화된 흐트러지지 않은 시료의 부피가 20.5cm³이고 무게는 34.2g 이었다. 이 시료를 오븐(Oven) 건조 시킨 후의 무게는 22.6g이었다. 간극비는?

① 1.3　　　　　　　　　② 1.5
③ 2.1　　　　　　　　　④ 2.6

해설

$e = \dfrac{V_v}{V_S} = \dfrac{V_v}{V - V_v}$

에서 포화도 100% 이므로

$V_v = V_w = W_w = W - W_s = 34.2 - 22.6 = 11.6 cm^3$

$\therefore e = \dfrac{11.6}{20.5 - 11.6} = 1.3\%$

정답 72 ③　73 ②　74 ①

75 연약점토지반에 성토제방을 시공하고자 한다. 성토로 인한 재하속도가 과잉간극수압이 소산되는 속도보다 빠를 경우, 지반의 강도정수를 구하는 가장 적합한 시험방법은?

① 압밀 배수시험
② 압밀 비배수시험
③ 비압밀 비배수시험
④ 직접전단시험

해설

UU(Unconsolidated – Undrained) 시험(비압밀 비배수)
· 시공속도가 과잉간극수압 소산속도보다 빠를 때
· 점토지반에 제방 성토 직후 초기 사면안정 해석하는 경우
· 점토지반에 급속히 성토 시공을 하였을 경우 초기 안정성 검토
· UU 조건 지반위에 구조물을 시공한 직후의 초기 안정성 검토

76 유효응력에 관한 설명 중 옳지 않은 것은?

① 포화된 흙인 경우 전응력에서 공극수압을 뺀 값이다.
② 항상 전응력보다는 작은 값이다.
③ 점토지반의 압밀에 관계되는 응력이다.
④ 건조한 지반에서는 전응력과 같은 값으로 본다.

해설

부의 간극수압이 발생하는 경우 유효응력이 전응력보다 크게 발생된다.

77 다음 중 Rankine 토압이론의 기본가정에 속하지 않는 것은?

① 흙은 비압축성이고 균질의 입자이다.
② 지표면은 무한히 넓게 존재한다.
③ 옹벽과 흙과의 마찰을 고려한다.
④ 토압은 지표면에 평행하게 작용한다.

해설

Rankine의 이론
1) 횡방향 팽창 또는 압축에 의한 소성파괴 상태에 따른 토압으로 벽면 마찰을 무시한 소성이론
2) Rankine 토압이론은 벽마찰각 무시로 주동토압의 크기는 Coulomb 이론에 의한 값보다 10%정도 크게 과대평가 된다.

78 유선망의 특징을 설명한 것 중 옳지 않은 것은?

① 각 유로의 투수량은 같다.
② 인접한 두 등수두선 사이의 수두손실은 같다.
③ 유선망을 이루는 사변형은 이론상 정사각형이다.
④ 동수경사는 유선망의 폭에 비례한다.

해설

동수경사는 유선망의 폭에 반비례한다.

정답 75 ③ 76 ② 77 ③ 78 ④

79 기초가 갖추어야 할 조건이 아닌 것은?
① 동결, 세굴 등에 안전하도록 최소의 근입깊이를 가져야 한다.
② 기초의 시공이 가능하고 침하량이 허용치를 넘지 않아야 한다.
③ 상부로부터 오는 하중을 안전하게 지지하고 기초지반에 전달하여야 한다.
④ 미관상 아름답고 주변에서 쉽게 구득할 수 있는 재료로 설계되어야 한다.

해설
기초공의 구조상 요구조건
1) 기초의 시공이 가능할 것
2) 최소한의 근입깊이가 확보될 것
3) 충분한 지지력을 확보하고 침하가 허용침하 이내 일 것
4) 경제성이 확보될 것
5) 기초 깊이는 동결깊이 이상일 것.

80 흙의 강도에 대한 설명으로 틀린 것은?
① 점성토에서는 내부마찰각이 작고 사질토에서는 점착력이 작다.
② 일축압축 시험은 주로 점성토에 많이 사용한다.
③ 이론상 모래의 내부마찰각은 0이다.
④ 흙의 전단응력은 내부마찰각과 점착력의 두 성분으로 이루어진다.

해설
이론상 점토의 내부마찰각은 0 이다.

정답 79 ④ 80 ③

2019 기출문제 제2회 건설재료시험기사

제1과목 콘크리트공학

01 다음 중 경화콘크리트의 강도 추정을 위한 비파괴 시험법이 아닌 것은?
① 반발경도법
② 초음파속도법
③ 조합법
④ 비중계법

해설
강도 추정을 위한 비파괴 시험법
1) 반발경도법
2) 초음파 속도법
3) 조합법

02 콘크리트의 다짐방법으로 내부진동기를 사용한 경우와 비교할 때 원심력 다짐의 특징이 아닌 것은?
① 물-시멘트비를 줄일 수 있다.
② 강도가 감소하는 경향이 있다.
③ 재료분리가 일어나기 쉽다.
④ 원통형의 제품을 생산하기 쉽다.

해설
원심력 다짐의 특징
1) 물-시멘트비를 줄일 수 있다.
2) 재료분리가 일어나기 쉽다.
3) 강도가 증가하는 경향이 있다.
4) 원통형의 제품을 생산하기 쉽다.

03 해양 콘크리트 구조물이 해양 환경에 의한 철근 부식의 영향을 가장 많이 받는 위치는?
① 해 중
② 해상대기중
③ 물보라 지역
④ 구조물의 내부

해설
물보라 지역은 파도의 영향으로 해양구조물의 해양환경에서 가장 취약한 부분이다.

정답 01 ④ 02 ② 03 ③

04 콘크리트의 워커빌리티(workability)를 측정하기 위한 시험 방법 중 콘크리트에 일정한 에너지를 가하여 밀도의 변화를 수치적으로 나타내는 시험법은?

① 흐름 시험(flow test)
② 슬럼프 시험(slump test)
③ 리몰딩 시험(remolding test)
④ 다짐 계수 시험(compacting factor test)

해설
다짐 계수 시험(compacting factor test)이 시험기는 상부 호퍼에 시료를 다져넣고 신속하게 하부 호퍼로 시료를 낙하시킨 다음 다시 아래 실린더 몰드에 시료를 낙하시킨 후 몰드 윗면을 고르게 한 다음 무게 측정비를 계수치로 나타내는 시험

05 팽창콘크리트의 팽창률에 대한 설명으로 틀린 것은?

① 콘크리트의 팽창률은 일반적으로 재령 28일에 대한 시험치를 기준으로 한다.
② 수축 보상용 콘크리트의 팽창률은 $(150 \sim 250) \times 10^{-6}$을 표준으로 한다.
③ 화학적 프리스트레스용 콘크리트의 팽창률은 $(200 \sim 700) \times 10^{-6}$을 표준으로 한다.
④ 공장제품에 사용되는 화학적 프리스트레스용 콘크리트의 팽창률은 $(200 \sim 1000) \times 10^{-6}$을 표준으로 한다.

해설
콘크리트 팽창률은 일반적으로 재령 7일에 대한 시험값을 기준으로 한다.

06 굵은 골재 최대 치수는 질량비로서 전체 골재질량의 몇 % 이상을 통과시키는 체의 최소 호칭치수를 의미하는가?

① 80%
② 85%
③ 90%
④ 95%

해설
굵은 골재 최대 치수는 질량비로서 전체 골재질량의 90% 이상을 통과시키는 체의 최소 호칭치수로 한다.

07 단면적이 $600cm^2$인 프리스트레스트 콘크리트에서 콘크리트 도심에 PS강선을 배치하고 초기프리스트레스 $P_i=340000N$을 가할 때 콘크리트의 탄성변형에 의한 프리스트레스의 감소량은 얼마인가?(단, 탄성계수비 n=6이다.)

① 34MPa
② 38MPa
③ 42MPa
④ 46MPa

해설
$$\triangle f_p = E_p \varepsilon_p = E_c \varepsilon_c = E_p \frac{f_c}{E_c} = nf_c = n\frac{P}{A}$$
$$= 6 \times \frac{340,000}{600 \times 10^2} = 34 MPa$$

정답 04 ④ 05 ① 06 ③ 07 ①

08. 매스 콘크리트의 균열을 방지하기 위한 대책으로 잘못된 것은?

① 수화열이 적은 시멘트를 사용한다.
② 단위 시멘트량을 적게 한다.
③ 슬럼프를 크게 한다.
④ 프리쿨링을 실시한다.

해설
매스 콘크리트 균열을 방지하기 위해서는 슬럼프를 작게 한다.

09. 레디믹스트 콘크리트에서 보통콘크리트 공기량의 허용 오차는?

① ±1%   ② ±1.5%
③ ±2%   ④ ±2.5%

해설
공기량의 허용오차
1) 일반 콘크리트 : 4.5% ±1.5%
2) 경량골재 콘크리트 : 5.5% ±1.5%
3) 고강도 콘크리트 : 3.5 ± 1.5%

10. 유동화 콘크리트의 슬럼프 증가량은 몇 mm 이하를 원칙으로 하는가?

① 50mm   ② 80mm
③ 100mm   ④ 120mm

해설
유동화 콘크리트의 슬럼프 증가량은 100mm 이하를 원칙

11. 소규모 공사에서 배합강도, f_{cr}=24MPa을 얻기 위해서 f_{28}=-21.0+21.5$\frac{C}{W}$ 식을 사용한다면 시멘트-물비는?

① 1.94   ② 2.00
③ 2.09   ④ 2.15

해설
$24 = -21 + 21.5\frac{C}{W}$, $45 = 21.5\frac{C}{W}$

$\frac{C}{W} = 2.09$

정답 08 ③ 09 ② 10 ③ 11 ③

12 결합재로 시멘트와 시멘트 혼화용 폴리머(또는 폴리머 혼화제)를 사용한 콘크리트는?

① 폴리머 시멘트 콘크리트
② 폴리머 함침 콘크리트
③ 폴리머 콘크리트
④ 레진 콘크리트

해설

폴리머 시멘트 콘크리트(Polymer Cement Concrete)
1) 시멘트 콘크리트에서 결합재인 시멘트의 일부를 폴리머라텍스 등으로 시멘트 사용량의 5~30% 대체시켜 만든 것을 폴리머 시멘트 콘크리트라 한다.
2) 특 징
  가. 고강도 (120MPa)
  나. 휨강도 우수
  다. 인장강도 크다
  라. 동결융해 저항성 크다
  마. 내화학성 우수

13 다음은 고강도 콘크리트에 대한 설명이다. 옳지 않은 것은?

① 고강도 콘크리트는 공기연행 콘크리트로 하는 것을 원칙으로 한다.
② 고강도 콘크리트에 사용하는 골재의 품질기준에 의하면, 잔골재의 염화물 이온량은 0.02% 이하이다.
③ 고강도 콘크리트의 설계기준압축강도는 일반적으로 40MPa 이상으로 하며, 고강도 경량골재 콘크리트는 27MPa 이상으로 한다.
④ 고강도 콘크리트에 사용하는 골재의 품질기준에 의하면, 잔골재의 흡수율은 3% 이하, 굵은 골재의 흡수율은 2% 이하이다.

해설

고강도 콘크리트
기상의 변화가 심하거나 동결융해에 대한 대책이 필요한 경우를 제외하고 공기연행제를 사용하지 않는 것을 원칙으로 한다.

14 콘크리트의 양생에 대한 설명 중 틀린 것은?

① 수밀성 콘크리트의 습윤 양생 기간은 일반 경우보다 길게 한다.
② 양생은 장기 강도에 영향을 끼치므로 28일 이후의 양생에 특히 주의한다.
③ 콘크리트를 타설한 후 급격히 온도가 상승할 경우 콘크리트가 건조하지 않도록 주의한다.
④ 콘크리트를 타설한 후 경화를 시작하기까지 직사광선을 피한다.

해설

양생은 장기 강도에 영향을 끼치므로 28일 이전의 양생에 특히 주의한다.

15 시방배합표상 단위잔골재량은 643kg/m³이며, 단위 굵은 골재량은 1,212kg/m³이다. 현장배합을 위한 단위 잔골재량은 얼마인가?(단, 현장 골재의 체분석 결과 잔골재 중 5mm체에 남는 것이 5%, 굵은 골재 중 5mm체를 통과하는 것이 10%이다.)

① 538kg/m³
② 588kg/m³
③ 613kg/m³
④ 637kg/m³

해설

단위잔골재량(X)

$$X = \frac{100S - b(S+G)}{100 - (a+b)}$$

$$= \frac{100 \times 643 - 10(643 + 1{,}212)}{100 - (5+10)} = 538 kg$$

16 양단이 정착된 프리텐션 부재의 한 단에서의 활동량이 2mm로 양단 활동량이 4mm일 때 강재의 길이가 10m라면 이 때의 프리스트레스 감소량으로 맞는 것은?(단, 긴장재의 탄성계수 (E_p)=2.0×10⁵MPa)

① 80MPa
② 100MPa
③ 120MPa
④ 140MPa

해설

$$\triangle f_p = E_p \cdot \epsilon_p = E_p \cdot \frac{\Delta l}{l}$$

$$= (2.0 \times 10^5) \times \frac{4}{10{,}000} = 80 MPa$$

17 콘크리트의 동결융해에 대한 설명 중 틀린 것은?

① 다공질의 골재를 사용한 콘크리트는 일반적으로 동결융해에 대한 저항성이 떨어진다.
② 콘크리트의 표층박리(scaling)는 동결융해작용에 의한 피해의 일종이다.
③ 동결융해에 의한 콘크리트의 피해는 콘크리트가 물로 포화되었을 때 가장 크다.
④ 콘크리트의 초기 동결융해에 대한 저항성을 높이기 위해서는 물-시멘트비를 크게 한다.

해설

콘크리트의 초기 동결융해에 대한 저항성을 높이기 위해서는 물-시멘트비를 작게 한다.

18 일반콘크리트의 비비기는 미리 정해둔 비비기 시간의 최대 몇 배 이상 계속해서는 안되는가?
① 2배
② 3배
③ 4배
④ 5배

해설
일반콘크리트의 비비기는 미리 정해둔 비비기 시간의 최대 3배 이상 계속해서는 안된다.

19 공기연행 콘크리트의 공기량에 대한 설명으로 옳은 것은?(단, 굵은 골재의 최대치수는 40mm을 사용한 일반콘크리트로서 보통 노출인 경우)
① 4.0%를 표준으로 하며, 그 허용 오차는 ±1.0%로 한다.
② 4.5%를 표준으로 하며, 그 허용 오차는 ±1.0%로 한다.
③ 4.0%를 표준으로 하며, 그 허용 오차는 ±1.5%로 한다.
④ 4.5%를 표준으로 하며, 그 허용 오차는 ±1.5%로 한다.

해설
공기량 허용 오차
1) 일반 콘크리트 : 4.5% ± 1.5%
2) 경량골재 콘크리트 : 5.5% ± 1.5%
3) 고강도 콘크리트 : 3.5 ± 1.5%

20 압축강도에 의한 콘크리트의 품질검사에서 판정기준으로 옳은 것은?(단, 설계기준압축강도로부터 배합을 정한 경우로서 $f_{ck} > 35MPa$인 콘크리트이며, 일반콘크리트 표준시방서 규정을 따른다.)
① ㉠ 연속 3회 시험값의 평균이 f_{ck}의 95% 이상
　㉡ 1회 시험값이 f_{ck}의 90% 이상
② ㉠ 연속 3회 시험값의 평균이 f_{ck}의 95% 이상
　㉡ 1회 시험값이 f_{ck}의 95% 이상
③ ㉠ 연속 3회 시험값의 평균이 f_{ck} 이상
　㉡ 1회 시험값이 (f_{ck}-3.5MPa) 이상
④ ㉠ 연속 3회 시험값의 평균이 f_{ck} 이상
　㉡ 1회 시험값이 f_{ck}의 90% 이상

해설
판정기준
1) $f_{ck} \leq 35MPa$인 경우 판정기준
 · 연속3회 시험값의 평균값이 f_{ck} 이상
 · 1회 시험값이 $f_{ck} - 3.5MPa$ 이상
2) $f_{ck} > 35MPa$인 경우 판정기준
 · 연속3회 시험값의 평균값이 f_{ck} 이상
 · 1회 시험값이 f_{ck}의 90% 이상

제2과목 건설시공 및 관리

21 아래의 표에서 설명하는 아스팔트 포장의 파손은?

> • 골재 입자가 분리됨으로써 표층으로부터 하부로 진행되는 탈리 과정이다.
> • 표층에 잔골재가 부족하거나 아스팔트층의 현장 밀도가 낮은 경우에 주로 발생한다.

① 영구 변형(Rutting)
② 라벨링(Raveling)
③ 블록 균열
④ 피로 균열

해설

아스팔트 포장의 Raveling
1) 골재에 세립먼지가 두껍게 형성되어 아스팔트 피막이 먼지를 코팅하게 되는 경우 골재 입자가 분리 되는 탈리현상이다.
2) 주로 잔골재가 부족한 표층에 골재 분리현상이 발생되며 또한 다짐이 부적절한 경우(현장밀도가 낮을 경우)발생된다.

22 다짐 장비 중 마무리 다짐 및 아스팔트 포장의 끝손질에 사용하면 가장 유용한 장비는?

① 탠덤 롤러
② 타이어 롤러
③ 탬핑 롤러
④ 머캐덤 롤러

해설

다짐장비
1) Macadam roller
   3륜구조로 자갈 및 사질토, 쇄석층, 아스팔트 포장 1차다짐에 적합
2) 타이어롤러(Tire roller)
   아스팔트 포장의 2차 다짐 및 사질토 지반다짐에 적합
3) Tandem roller
   2륜구조로 아스팔트 포장의 마무리 다짐에 적합

23 공사일수를 3점 시간 추정법에 의해 산정할 경우 적절한 공사 일수는?(단, 낙관일수는 6일, 정상일수는 8일, 비관일수는 10일이다.)

① 6일
② 7일
③ 8일
④ 9일

해설

$$t_c = \frac{t_0 + 4t_m + t_p}{6} = \frac{6 + 4 \times 8 + 10}{6} = 8일$$

24 사장교를 케이블 형상에 따라 분류할 때 그 종류가 아닌 것은?
① 프랫형(Pratt)
② 방사형(Radiating)
③ 하프형(Harp)
④ 별형(Star)

해설
Cable 배열 형태
1) 방사형
2) 하프형(Harp)
3) 팬형(fan)
4) 별형(star)

25 필형 댐(fill type dam)의 설명으로 옳은 것은?
① 필형 댐은 여수로가 반드시 필요하지는 않다.
② 암반강도 면에서는 기초 암반에 걸리는 단위 체적당 힘은 콘크리트 댐보다 크므로 콘크리트 댐보다 제약이 많다.
③ 필형 댐은 홍수 시 월류에도 대단히 안정하다.
④ 필형 댐에서는 여수로를 댐 본체(本體)에 설치할 수 없다.

해설
필형 댐은 암석, 필터, 토사층으로 구성되어 있으며 댐 월류시 안정성에 매우 위험하다 따라서 여수로가 반드시 필요하며, 암반강도면에서는 기초 암반에 걸리는 단위체적당 힘은 콘크리트 댐보다 작게 작용한다.

26 암석 시험발파의 주된 목적으로 옳은 것은?
① 폭파계수 C를 구하려고 한다.
② 발파량을 추정하려고 한다.
③ 폭약의 종류를 결정하려고 한다.
④ 발파장비를 결정하려고 한다.

해설
시험발파 목적
1) 본발파 앞서 발파방법과 사용장약량 등을 변화시키면서 발파하여 암석의 비산상태, 장약량에 대한 기준을 정하여 본발파의 우수한 폭파계수(C)를 정하며,
2) 또한 방호시설 및 민원(소음, 진동, 비산)에 대한 대책을 수립하기 위해서 소음과 진동에 대한 계측을 실시하는 발파를 말한다.

27 아스팔트계 포장에서 거북등 균열(Alligator Cracking)이 발생하였다면 그 원인으로 가장 적당한 것은?
① 아스팔트와 골재 사이의 접착이 불량하다.
② 아스팔트를 가열할 때 Overheat 하였다.
③ 포장의 전압이 부족하다.
④ 노반의 지지력이 부족하다.

해설
거북등 균열의 원인은 토공(노상)의 다짐불량에 따른 지지력 부족으로 발생이 된다.

정답 24 ① 25 ④ 26 ① 27 ④

28 공정관리 기법인 PERT기법을 설명한 것 중 틀린 것은?
① 공법의 주목적은 공기 단축이다.
② 신규 사업, 비반복 사업에 많이 이용된다.
③ 3점 시간 추정법을 사용한다.
④ activity 중심의 일정으로 계산한다.

해설
PERT기법은 event 중심으로 일정을 계산

29 다음 조건일 때 트랙터 셔블(Tractor shovel) 운전 1시간당 싣기 작업량은?(단, 버킷 용량 $1.0m^3$, 버킷 계수 1.0, 사이클 타임 50초, f=1.0, E=0.75)
① $125m^3/h$
② $90m^3/h$
③ $54m^3/h$
④ $40m^3/h$

해설
$$Q = \frac{3{,}600 \cdot q \cdot k \cdot f \cdot E}{Cm}$$
$$= \frac{3{,}600 \times 1 \times 1 \times 1 \times 0.75}{50} = 54 m^3/h$$

30 옹벽 등 구조물의 뒤채움 재료에 대한 조건으로 틀린 것은?
① 투수성이 있어야 한다.
② 압축성이 좋아야 한다.
③ 다짐이 양호해야 한다.
④ 물의 침입에 의한 강도 저하가 적어야 한다.

해설
구조물 뒤채움 재료는 압축성이 작아야 한다.

31 터널의 계획, 설계, 시공 시 본바닥의 성질 및 지질구조를 가장 정확하게 알기 위한 조사 방법은?
① 물리적 탐사
② 탄성파 탐사
③ 전기 탐사
④ 보링(Boring)

해설
1) 보링 조사방법은 터널의 계획, 설계, 시공시 본바닥의 성질 및 지질 구조를 가장 정확하게 파악할 수 있는 조사방법이다.
2) 회전 타격에 의한 시추, 코어로부터 단층 파쇄대, 연약층의 경계 위치 및 규모 등 막장 전방의 지반상태를 파악이 가능하다.

정답 28 ④ 29 ③ 30 ② 31 ④

32 다음과 같은 점토 지반에서 연속 기초의 극한 지지력을 Terzaghi 방법으로 구하면 얼마인가?(단, 흙의 점착력 $1.5t/m^2$, 기초의 깊이 1m, 흙의 단위중량 $1.6t/m^3$, 지지력 계수 N_c= 5.3, N_q=1.0)

① $7.05t/m^2$
② $8.78t/m^2$
③ $9.55t/m^2$
④ $12.98t/m^2$

해설

$$q_u = \alpha \cdot c \cdot N_c + \beta \cdot B \cdot \gamma_1 \cdot N_r + \gamma_2 \cdot D_f \cdot N_q$$
$$= 1 \times 1.5 \times 5.3 + 1.6 \times 1 \times 1$$
$$= 9.55 t/m^2$$

33 성토재료로서 사질토와 점성토의 특징에 관한 설명 중 옳지 않은 것은?
① 사질토는 횡방향 압력이 크고 점성토는 작다.
② 사질토는 다짐과 배수가 양호하다.
③ 점성토는 전단강도가 작고 압축성과 소성이 크다.
④ 사질토는 동결 피해가 작고 점성토는 동결 피해가 크다.

해설
점성토에 작용하는 수동토압의 횡방향 압력은 사질토 보다 크다.

34 옹벽에 작용하는 토압을 산정하기 위해 Rankine의 토압론을 적용하고자 한다. Rankine 토압계산 시 이용되는 기본 가정이 아닌 것은?
① 토압은 지표에 평행하게 작용한다.
② 흙은 매우 균질한 재료이다.
③ 흙은 비압축성 재료이다.
④ 지표면은 유한한 평면으로 존재한다.

해설
Rankine 토압
1) 벽마찰각(δ)을 무시(설계상 안전측)
2) 힘의 작용방향이 지표면과 평행하게 작용하며 지표면은 무한히 넓게 존재한다.
3) 벽체의 경사는 연직($\theta = 0$)벽 상태
4) 파괴면내 배면토는 모두 소성상태로 봄
5) 흙은 비압축성이고 균질한 상태의 입자이다.
6) 지표면 상재하중은 등분포 하중이다.
7) 토립자는 흙 입자간의 마찰력으로 평형을 유지한다.

정답 32 ③ 33 ① 34 ④

35 말뚝 기초공사에는 많은 말뚝을 박아야 하는데 일반적인 원칙은?
① 외측에서 먼저 박는다.
② 중앙부에서 먼저 박는다.
③ 중앙부에서 좀 떨어진 부분부터 먼저 박는다.
④ +자형으로 먼저 박는다.

해설
말뚝 기초공사 시공시 원칙
1) 중앙부 → 외측으로 시공
2) 육지 → 바닷가쪽으로 시공

36 각종 준설선에 관한 설명 중 옳지 않은 것은?
① 그래브준설선은 버킷으로 해저의 토사를 굴삭하여 적재하고 운반하는 준설선을 말한다.
② 디퍼준설선은 파쇄된 암석이나 발파된 암석의 준설에는 부적당하다.
③ 펌프준설선은 사질해저의 대량준설과 매립을 동시에 시행할 수 있다.
④ 쇄암선은 해저의 암반을 파쇄하는데 사용한다.

해설
디퍼준설선은 파쇄된 암석이나 발파된 암석의 준설에 적당하다.

37 도로공사에서 성토해야 할 토량이 36,000m³인데 흐트러진 토량이 30,000m³가 있다. 이때 L=1.25, C=0.9라면 자연상태 토량의 부족 토량은?
① 8,000m³
② 12,000m³
③ 16,000m³
④ 20,000m³

해설
1) 자연상태토량 = $\dfrac{\text{다짐토량}}{C} = \dfrac{36,000}{0.9} = 40,000 m^3$

2) 자연상태토량 = $\dfrac{\text{운반토량}}{L} = \dfrac{30,000}{1.25} = 24,000 m^3$

∴ 자연상태 부족토량
40,000-24,000=16,000m³

38 불투수층에서 최소 침강 지하수면까지의 거리를 1m, 암거의 간격 10m, 투수계수 k=1×10-5cm/s라 할 때 이 암거의 단위 길이당 배수량을 Donnan식에 의하여 구하면 얼마인가?

① $2×10^{-2} cm^3/cm/s$
② $2×10^{-4} cm^3/cm/s$
③ $4×10^{-2} cm^3/cm/s$
④ $4×10^{-4} cm^3/cm/s$

해설

$$D = \frac{4K}{Q}(H_o^2 - h_o^2)$$

여기서, D : 암거의 간격
 Q : 암거의 단위길이당 배수량
 H_0^2 : 최소 침강지하수면까지의 거리
 h_0^2 : 암거매립 위치까지의 거리
 K : 투수계수

$$1,000 = \frac{4 \times 10^{-5}}{Q}(100^2 - 0)$$

$$\therefore Q = 4 \times 10^{-4} cm^3/cm/\sec$$

39 단독 말뚝의 지지력과 비교하여 무리 말뚝 한 개의 지지력에 관한 설명으로 옳은 것은?(단, 마찰말뚝이라 한다.)

① 두 말뚝의 지지력이 똑같다.
② 무리 말뚝의 지지력이 크다.
③ 무리 말뚝의 지지력이 작다.
④ 무리 말뚝의 크기에 따라 다르다.

해설

무리말뚝은 인근말뚝과의 응력의 중첩으로 단독 말뚝에 비하여 지지력이 작아진다.

40 본바닥의 토량 500m³을 6일 동안에 걸쳐 성토장까지 운반하고자 한다. 이 때 필요한 덤프트럭은 몇 대인가?(단, 토량 변화율 L=1.20, 1대 1일당의 운반횟수는 5회, 덤프트럭의 적재용량은 5m³으로 한다.)

① 1대
② 4대
③ 6대
④ 8대

해설

1) D/T 1일 운반량
 5m³ × 5회 = 25m³/일
2) D/T 대수
$$\frac{500m^3 \times 1.2}{25m^3 \times 6일} = 4대$$

제3과목 건설재료 및 시험

41 고무혼입 아스팔트(rubberized asphalt)를 스트레이트 아스팔트와 비교할 때 특징으로 옳지 않은 것은?

① 응집성 및 부착성이 크다.
② 내노화성이 크다.
③ 마찰계수가 크다.
④ 감온성이 크다.

해설
고무혼입 아스팔트(rubberized asphalt)는 스트레이트 아스팔트에 비하여 감온성이 작다.

42 용어의 설명으로 틀린 것은?

① 인장력에 재료가 길게 늘어나는 성질을 연성이라 한다.
② 외력에 의한 변형이 크게 일어나는 재료를 강성이 큰 재료라고 한다.
③ 작은 변형에도 쉽게 파괴되는 성질을 취성이라 한다.
④ 재료를 두들길 때 얇게 퍼지는 성질을 전성이라 한다.

해설
1) 강성
   외력이 작용시 변형에 대하여 저항하는 성질
2) 강도
   외력이 작용시 외력에 대하여 저항하는 성질

43 목재에 대한 설명으로 틀린 것은?

① 목재의 벌목에 적당한 시기는 가을에서 겨울에 걸친 기간이다.
② 목재의 건조방법 중 끓임법은 자연건조법의 일종이다.
③ 목재의 방부처리법은 표면처리법과 방부제 주입법으로 크게 나눌 수 있다.
④ 목재의 비중은 보통 기건비중을 말하며 이때의 함수율은 15% 전후이다.

해설
목재의 건조법
1) 자연건조법 : 공기건조법, 침수법
2) 인공건조법 : 끓임법(자비법), 증기건조법, 열기건조법

정답 41 ④ 42 ② 43 ②

44 콘크리트용 굵은 골재의 내구성을 판단하기 위해서 황산나트륨에 의한 안정성 시험을 할 경우 조작을 5번 반복했을 때 굵은 골재의 손실질량은 얼마 이하를 표준으로 하는가?

① 5%   ② 8%
③ 10%   ④ 12%

[해설]

골재의 안정성 시험
1) 골재의 안정성 시험은 골재의 내구성을 알기위해 황산나트륨 용액으로 골재의 부서짐 작용에 대한 저항성을 확인하는 시험이다.
2) 5회 시험했을 때 손실 질량 백분율

시험 용액	손실 질량비(%)	
	잔골재	굵은골재
황산나트륨	10이하	12이하

45 잔골재의 밀도 및 흡수율 시험(KS F 2504)에 대한 설명으로 틀린 것은?

① 일반적으로 플라스크는 검정된 것으로써 100mL로 하는 경우가 많다.
② 절대 건조 상태의 체적에 대한 절대 건조 상태의 질량을 진밀도라고 한다.
③ 밀도는 2회 시험의 평균값으로 결정하는데 이때 시험값은 평균과의 차이가 $0.01g/cm^3$ 이하여야 한다.
④ 흡수율은 2회 시험의 평균값으로 결정하는데 이때 시험값은 평균과의 차이가 0.05% 이하여야 한다.

[해설]

일반적으로 플라스크는 검정된 것으로써 500mL로 하는 경우가 많다.

46 시멘트 조성 광물에서 수축률이 가장 큰 것은?

① C_3S ② C_3A
③ C_4AF ④ C_2S

[해설]

시멘트 조성광물 중 C_3A가 수축률이 가장 크다.

47 아스팔트의 특성에 대한 설명 중 틀린 것은?

① 점성과 감온성이 있다.
② 불투수성이어서 방수재료로도 사용된다.
③ 점착성이 크고 부착성이 좋기 때문에 결합재료, 접착재료로 사용된다.
④ 아스팔트는 증발감량이 작다.

[해설]

아스팔트는 증발감량이 크다.

48 포틀랜드시멘트 주성분의 함유 비율에 대한 시멘트의 특성을 설명한 것으로 옳은 것은?

① 수경률(H.M)이 크면 초기 강도가 크고 수화열이 큰 시멘트가 생긴다.
② 규산율(S.M)이 크면 C_3A가 많이 생성되어 초기 강도가 크다.
③ 철률(I.M)이 크면 초기 강도는 작고 수화열이 작아지며 화학 저항성이 높은 시멘트가 된다.
④ 일반적으로 중용열 포틀랜드 시멘트가 조강 포틀랜드 시멘트보다 수경률(H.M)이 크다.

> **해설**
> 1) 규산율(S.M)이 높은 시멘트는 일반적으로 C_2S 생성량이 많아서 장기강도 발현에 유리함
> 2) 수경률(H.M)이 크면 초기 강도가 크고 수화열이 큰 시멘트가 생긴다.

49 고로슬래그 미분말을 사용한 콘크리트에 대한 설명으로 잘못된 것은?

① 수밀성이 향상된다.
② 염화물이온 침투 억제에 의한 철근 부식 억제에 효과가 있다.
③ 수화발열 속도가 빨라 조기강도가 향상된다.
④ 블리딩이 작고 유동성이 향상된다.

> **해설**
> 고로슬래그 미분말을 사용한 콘크리트는 수화발열 속도가 느리고 장기강도가 향상된다.

50 석재의 내구성에 관한 설명으로 옳지 않은 것은?

① 알루미나 화합물, 규산, 규산염류는 풍화가 잘 되지 않는 조암광물이다.
② 동일한 석재라도 풍토, 기후, 노출 상태에 따라 풍화 속도가 다르다.
③ 흡수율이 작은 석재일수록 동해를 받기 쉽고 내구성이 약하다.
④ 조암광물의 풍화 정도에 따라 내구성이 달라진다.

> **해설**
> 흡수율이 작은 석재일수록 동해를 받기 어렵고 내구성이 크다.

51 다음 중 토목공사 발파에 사용되는 것으로 폭발력이 가장 약한 것은?

① 흑색화약
② T.N.T
③ 다이너마이트(dynamite)
④ 칼릿(carlit)

> **해설**
> 흑색 화약
> 1) 흑색화약은 KNO_3(초석), C(목탄), S(황)등의 3 성분으로 구성 되어 있으며, 이 성분의 개개 성질을 보면 폭발성이 없으나 이들을 혼합하면 폭발성을 갖는다.
> 2) 폭파력은 그다지 강력하지 않으나 값이 싸고, 취급 및 보관이 용이하여 위험성이 작고, 발화가 간단하여 소규모 폭파에 사용되는 화약이다.

정답 48 ① 49 ③ 50 ③ 51 ①

52 광물질 혼화재 중의 실리카가 시멘트 수화 생성물인 수산화칼슘과 반응하여 장기 강도 증진 효과를 발휘하는 현상을 무엇이라 하는가?

① 포졸란 반응(pozzolan reaction) ② 수화 반응(hydration reaction)
③ 볼 베어링(ball bearing) 작용 ④ 충전(filler) 효과

해설

포졸란 반응
1) 잠재수경성은 혼화재료에 있는 실리카 성분이 물과 있는 상태에서는 잠재적인 수경성 상태로 보이다, 시멘트의 수산화칼슘이 들어가면서 수경성 반응을 보이는 현상을 포졸란 반응이라고 한다.
2) 이러한 포졸란 반응을 가장 크게 가지고 있는 것이 고르슬래그 미분말이다.

53 잔골재의 조립률 2.3, 굵은 골재의 조립률 7.0을 사용하여 잔골재와 굵은 골재를 1 : 1.5의 비율로 혼합하여 이때 혼합된 골재의 조립률은?

① 4.92 ② 5.12
③ 5.32 ④ 5.52

해설

골재의 혼합시 조립률 계산
· 골재의 조립률 : a
· B골재의 조립률 : b

$$조립률 = \frac{A \cdot a + B \cdot b}{A + B}$$
$$= \frac{1 \times 2.3 + 1.5 \times 7}{1 + 1.5} = 5.12$$

54 컷백 아스팔트(Cutback asphalt) 중 건조가 가장 빠른 것은?

① MC ② SC
③ LC ④ RC

해설

컷백 아스팔트(cutback asphalt)
1) 급속 경화(RC)
   가솔린으로 컷 백 시킨 것으로 용해유의 증발 속도가 매우 빠르다.
2) 중속 경화(MC)
   등유로 컷 백 시킨 것으로 용해유의 증발 속도가 비교적 느리다.
3) 완속 경화(SC)
   중유로 컷 백 시킨 것으로 용해유의 증발 속도가 늦어 경화 시간이 오래 걸린다.

55 시멘트의 저장 방법으로 옳지 않은 것은?
① 방습 구조로 된 사일로(silo) 또는 창고에 품종별로 구분하여 저장한다.
② 3개월 이상 장기간 저장한 시멘트는 사용하기 전에 시험을 실시한다.
③ 포대시멘트는 지상 100mm 이상 되는 마루에 쌓아 저장한다.
④ 저장 중에 약간이라도 굳은 시멘트는 공사에 사용해서는 안 된다.

> **해설**
> 포대시멘트는 지상 300mm 이상 되는 마루에 쌓아 저장한다.

56 길이가 15cm인 어떤 금속을 17cm로 인장시켰을 때 폭이 6cm에서 5.8cm가 되었다. 이 금속의 푸아송 비는?
① 0.15
② 0.20
③ 0.25
④ 0.30

> **해설**
> 푸아송비 $\nu = \dfrac{\frac{\Delta d}{d}}{\frac{\Delta l}{l}} = \dfrac{\frac{0.2}{6}}{\frac{2}{15}} = 0.25$

57 어떤 모래를 체가름 시험한 결과가 아래의 표와 같을 때 조립률은?

체	10mm	5mm	2.5mm	1.2mm	0.6mm	0.3mm	0.15mm	팬
체의 잔류율(%)	0	2	8	20	26	23	16	5

① 2.56
② 2.68
③ 2.72
④ 3.72

> **해설**
>
> | 체(mm) | 10 | 5 | 2.5 | 1.2 | 0.6 | 0.3 | 0.15 | 팬 |
> |---|---|---|---|---|---|---|---|---|
> | 체의 잔류율(%) | 0 | 2 | 8 | 20 | 26 | 23 | 16 | 5 |
> | 누적 잔류율(%) | 0 | 2 | 10 | 30 | 56 | 79 | 95 | 100 |
>
> $FM = \dfrac{0+2+10+30+56+79+95}{100} = 2.72$

58 콘크리트용 혼화재료에 관한 설명 중 틀린 것은?
① 플라이애시를 사용한 콘크리트의 경우 목표 공기량을 얻기 위해서는 플라이애시를 사용하지 않은 콘크리트에 비해 AE제의 사용량이 증가된다.
② 고로슬래그 미분말은 비결정질의 유리질 재료로 잠재수경성을 가지고 있으며, 유리화율이 높을수록 잠재수경성 반응은 커진다.
③ 실리카퓸은 평균입경이 $0.1\mu m$ 크기의 초미립자로 이루어진 비결정질 재료로 포졸란 반응을 한다.
④ 팽창재를 사용한 콘크리트 팽창률 및 압축강도는 팽창재 혼입량이 증가되면 될수록 증가한다.

해설
1) 팽창재를 사용한 콘크리트 팽창률은 팽창재 혼입량이 증가되면 될수록 증가한다.
2) 팽창재를 사용한다고 압축강도가 증가되지는 않는다.

59 토목섬유(geotextiles)의 특징에 대한 설명으로 틀린 것은?
① 인장강도가 크다.   ② 탄성계수가 작다.
③ 차수성, 분리성, 배수성이 크다.   ④ 수축을 방지한다.

해설
토목섬유의 특징
1) 인장강도가 크다.
2) 탄성계수가 크다.
3) 차수, 분리, 배수, 보강, 필터 기능이 있다.
4) 수축을 방지한다.
5) 강섬유의 평균인장강도는 500MPa이상, 각각의 인장강도는 450MPa 이상

60 암석의 구조에 대한 설명 중 옳은 것은?
① 암석의 가공이나 채석에 이용되는 것으로 갈라지기 쉬운 면을 석리라 한다.
② 퇴적암이나 변성암의 일부에는 생기는 평행상의 절리를 벽개라 한다.
③ 암석 특유의 천연적으로 갈라진 금을 절리라 한다.
④ 암석을 구성하고 있는 조암광물의 집합 상태에 따라 생기는 눈모양을 층리라 한다.

해설
1) 암석의 가공이나 채석에 이용되는 것으로 갈라지기 쉬운 면을 석목(돌눈)라 한다.
2) 퇴적암이나 변성암의 일부에는 생기는 평행상의 절리를 층리라 한다.
3) 암석을 구성하고 있는 조암광물의 집합 상태에 따라 생기는 눈모양을 석리라 한다.

제4과목 토질 및 기초

61 Rod에 붙인 어떤 저항체를 지중에 넣어 관입, 인발 및 회전에 의해 흙의 전단강도를 측정하는 원위치 시험은?

① 보링(boring)
② 사운딩(sounding)
③ 시료채취(sampling)
④ 비파괴 시험(NDT)

해설

1) 사운딩(Sounding)이란 현장에서 Rod 선단에 장착된 저항체를 땅속에 관입시켜 관입, 회전, 인발등의 저항 정도로 지반의 상태를 파악하는 원위치 시험을 사운딩이라 한다.
2) 사운딩의 종류
   ① 정적사운딩 (점성토 지반)
   휴대용 원추관입시험기, 화란식 원추관입시험기, 스웨덴식 관입시험기, 이스키미터, 베인시험기 등이 있다.
   ② 동적사운딩 (사질토 지반)
   동적원추 관입시험기, 표준 관입시험기(S.P.T) 등이 있다.

62 사면의 안정에 관한 다음 설명 중 옳지 않은 것은?

① 임계 활동면이란 안전율이 가장 크게 나타나는 활동면을 말한다.
② 안전율이 최소로 되는 활동면을 이루는 원을 임계원이라 한다.
③ 활동면에 발생하는 전단응력이 흙의 전단강도를 초과할 경우 활동이 일어난다.
④ 활동면은 일반적으로 원형활동면으로 가정한다.

해설

임계 활동면이란 안전율이 최소인 불안전한 활동면을 말한다.

63 모래의 밀도에 따라 일어나는 전단특성에 대한 다음 설명 중 옳지 않은 것은?

① 다시 성형한 시료의 강도는 작아지지만 조밀한 모래에서는 시간이 경과됨에 따라 강도가 회복된다.
② 내부마찰각(ϕ)은 조밀한 모래일수록 크다.
③ 직접 전단시험에 있어서 전단응력과 수평변위 곡선은 조밀한 모래에서는 peak가 생긴다.
④ 조밀한 모래에서는 전단변형이 계속 진행되면 부피가 팽창한다.

해설

틱소트로피(thixotropy)
점성토시료를 교란시켜 재성형을 한 경우 시간이 지남에 따라 강도가 증가하는 현상

64 모래지반에 30cm×30cm의 재하판으로 재하 실험을 한 결과 10t/m²의 극한 지지력을 얻었다. 4m×4m의 기초를 설치할 때 기대되는 극한 지지력은?

① 10t/m²   ② 100t/m²
③ 133t/m² ④ 154t/m²

해설

사질토 기초지지력

$$q_{u(f)} = q_{u(p)} \cdot \frac{B_{(f)}}{B_{(p)}} = 10 \times \frac{4}{0.3} = 133 t/m^2$$

65 단동식 증기 해머로 말뚝을 박았다. 해머의 무게 2.5t, 낙하고 3m, 타격 당 말뚝의 평균 관입량 1cm, 안전율 6일 때 Engineering-News 공식으로 허용지지력을 구하면?

① 250t   ② 200t
③ 100t   ④ 50t

해설

단동식 증기해머

$$R_a = \frac{W \cdot H}{6(S+0.254)} = \frac{2.5 \times 300}{(0.25+1) \times 6} = 100t$$

66 흙의 다짐 효과에 대한 설명 중 틀린 것은?

① 흙의 다짐중량 증가   ② 투수계수 감소
③ 전단강도 저하   ④ 지반의 지지력 증가

해설

흙의 다짐효과
1) 전단강도 증가
2) 압축성 감소
3) 투수성 감소
4) 지지력 증가

67 아래 그림과 같이 지표면에 집중하중이 작용할 때 A점에서 발생하는 연직응력의 증가량은?

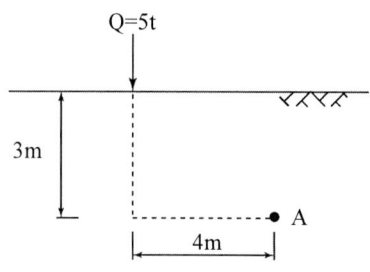

① 20.6kg/m²
② 24.4kg/m²
③ 27.2kg/m²
④ 30.3kg/m²

해설

1) $\triangle\sigma_z = \dfrac{P}{Z^2} \cdot I = \dfrac{P}{Z^2} \times \dfrac{3Z^5}{2\pi R^5}$

2) $R = \sqrt{3^2 + 4^2} = 5$

∴ $\triangle\sigma_z = \dfrac{5000}{3^2} \times \dfrac{3 \times 3^5}{2 \times \pi \times 5^5} = 20.6 kg/m^2$

68 다음 중 점성토 지반의 개량공법으로 거리가 먼 것은?
① paper drain 공법
② vibro-flotation 공법
③ chemico pile 공법
④ sand compaction pile 공법

해설

진동을 사용하는 vibro-flotation 공법은 사질토 지반 개량공법에 적용한다.

69 다음은 전단시험을 한 응력경로이다. 어느 경우인가?

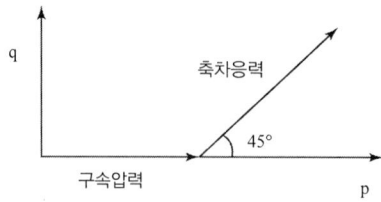

① 초기단계의 최대주응력과 최소주응력이 같은 상태에서 시행한 삼축압축시험의 전응력 경로이다.
② 초기단계의 최대주응력과 최소주응력이 같은 상태에서 시행한 일축압축시험의 전응력 경로이다.
③ 초기단계의 최대주응력과 최소주응력이 같은 상태에서 $K_0=0.5$인 조건에서 시행한 삼축압축시험의 전응력 경로이다.
④ 초기단계의 최대주응력과 최소주응력이 같은 상태에서 $K_0=0.7$인 조건에서 시행한 일축압축시험의 전응력 경로이다.

> 해설

전단시험 응력경로

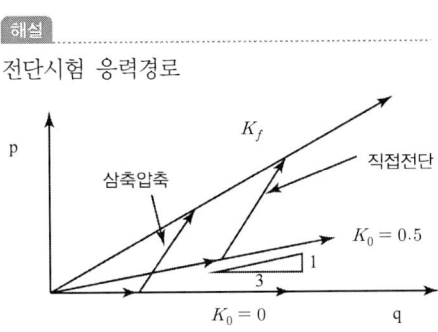

삼축압축시험은 초기에 등방압축을 한 후 축차응력을 가해 전단파괴 시키는 전응력 경로를 설명하고 있다.

70 다음과 같이 널말뚝을 박은 지반의 유선망을 작도하는데 있어서 경계조건에 대한 설명으로 틀린 것은?

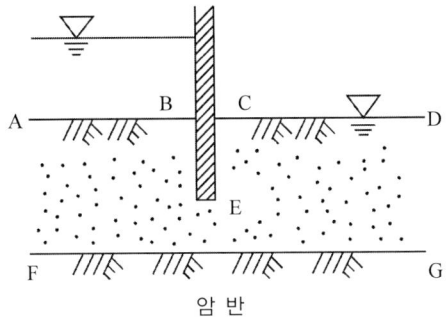

① $\overline{AB}$는 등수두선이다.
② $\overline{CD}$는 등수두선이다.
③ $\overline{FG}$는 유선이다.
④ $\overline{BEC}$는 등수두선이다.

> 해설

$\overline{BEC}$는 유선이다.

71 아래 그림과 같은 3m×3m 크기의 정사각형 기초의 극한지지력을 Terzaghi 공식으로 구하면?(단, 내부마찰각(ϕ)은 20°, 점착력(c)은 5t/m², 지지력계수 N_c=18, N_γ=5, N_q=7.5이다.)

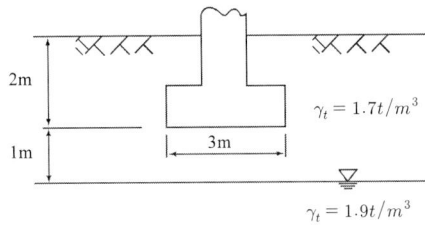

① 135.71t/m²
② 149.52t/m²
③ 157.26t/m²
④ 174.38t/m²

해설

Terzaghi 극한지지력 공식

$q_u = \alpha c N_c + \beta B \gamma_1 N_r + \gamma_2 D_f N_q$

여기서 $\gamma_1 = (1.7 \times 1 + (1.9-1) \times 2) \times \dfrac{1}{3} = 1.17$

$\therefore q_u = \alpha c N_c + \beta B \gamma_1 N_r + \gamma_2 D_f N_q$
$= 1.3 \times 5 \times 18 + 0.4 \times 3 \times 1.17 \times 5 +$
$1.7 \times 2 \times 7.5$
$= 149.52 t/m^2$

72 흙 입자의 비중은 2.56, 함수비는 35%, 습윤단위중량은 1.75g/cm³일 때 간극률은 약 얼마인가?

① 32% ② 37%
③ 43% ④ 49%

해설

1) $n = \dfrac{V_v}{V} \times 100 = \dfrac{e}{1+e} \times 100$

2) $\gamma_t = \dfrac{(G_s + S \cdot e)}{1+e} \cdot \gamma_w = 1.75$

$= \dfrac{(2.56 + 0.896)}{1+e} \times 1 = 1.75$

$e = 0.975$

여기서, $S \cdot e = G_s \cdot w = 2.56 \times 0.35 = 0.896$

$\therefore n = \dfrac{0.975}{1 + 0.975} \times 100 = 49\%$

73 토압에 대한 다음 설명 중 옳은 것은?

① 일반적으로 정지토압 계수는 주동토압 계수보다 작다.
② Rankine 이론에 의한 주동토압의 크기는 Coulomb 이론에 의한 값보다 작다.
③ 옹벽, 흙막이벽체, 널말뚝 중 토압분포가 삼각형 분포에 가장 가까운 것은 옹벽이다.
④ 극한 주동상태는 수동상태보다 훨씬 더 큰 변위에서 발생한다.

해설

토압 일반론
1) 일반적으로 정지토압 계수는 주동토압 계수보다 크다.
2) Rankine 이론에 의한 주동토압의 크기는 Coulomb 이론에 의한 값보다 크다.
3) 극한 수동상태는 주동상태보다 훨씬 더 큰 변위에서 발생한다.
4) 옹벽, 흙막이벽체, 널말뚝 중 토압분포가 삼각형 분포에 가장 가까운 것은 옹벽이다.

74 어떤 종류의 흙에 대해 직접전단(일면전단) 시험을 한 결과 아래 표와 같은 결과를 얻었다. 이 값으로부터 점착력(c)을 구하면?(단, 시료의 단면적은 10cm²이다.)

수직하중(kg)	10.0	20.0	30.0
전단력(kg)	24.785	25.570	26.355

① 3.0kg/cm² ② 2.7kg/cm²
③ 2.4kg/cm² ④ 1.9kg/cm²

해설

구분	σ	τ_f	$\sigma \cdot \tau_f$	σ^2
1	1	2.479	2.479	1
2	2	2.557	5.114	4
3	3	2.636	7.907	9
합계(Σ)	6	7.67	15.50	14

1) $\sigma_1 = \dfrac{P}{A} = \dfrac{10}{10} = 1$

$\tau_{f1} = \dfrac{S}{A} = \dfrac{24.785}{10} = 2.479$

2) $c = \dfrac{(\Sigma \tau_f \cdot \Sigma \sigma^2) - ((\Sigma \sigma \cdot \tau_f) \cdot \Sigma \sigma)}{n \cdot \Sigma \sigma^2 - \Sigma \sigma}$

$= \dfrac{(7.67 \times 14) - (15.5 \times 6)}{3 \times 14 - 6^2} = 2.4 kg/cm^2$

75 예민비가 큰 점토란 어느 것인가?
① 입자의 모양이 날카로운 점토
② 입자가 가늘고 긴 형태의 점토
③ 다시 반죽했을 때 강도가 감소하는 점토
④ 다시 반죽했을 때 강도가 증가하는 점토

해설

예민비
1) 예민비는 불교란시료와 교란시료의 일축압축강도비를 나타낸다.
2) 예민비

$S_t = \dfrac{불교란 흙의 일축압축강도(q_u)}{교란시킨 흙의 일축압축강도(q_{ur})}$

76 그림과 같이 모래층에 널말뚝을 설치하여 물막이공 내의 물을 배수하였을 때, 분사현상이 일어나지 않게 하려면 얼마의 압력(↓)을 가하여야 하는가?(단, 모래의 비중은 2.65, 간극비는 0.65, 안전율은 3)

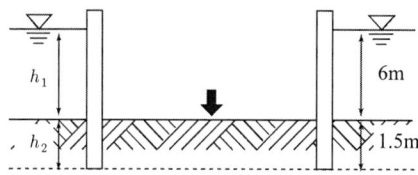

① 6.5t/m³
② 16.5t/m³
③ 23t/m³
④ 33t/m³

해설

1) $\gamma_{sub} = \dfrac{G_s - 1}{1+e}\gamma_w = \dfrac{2.65-1}{1+0.65} = 1 t/m^3$

2) $\overline{\sigma} = \gamma_{sub} h_2 = 1 \times 1.5 = 1.5 t/m^2$

3) $F = \gamma_w h_1 = 1 \times 6 = 6 t/m^2$

4) F_s(안전율) $= \dfrac{\text{흙의 유효응력}(\overline{\sigma})}{\text{수두차에 의한 침투압력}(h_1 \cdot \gamma_w)}$

$F_s = \dfrac{\overline{\sigma} + \triangle \overline{\sigma}}{F}$ 에서 $3 = \dfrac{1.5 + \triangle \overline{\sigma}}{6}$

$\triangle \overline{\sigma} = 16.5 t/m^2$

77 표준압밀실험을 하였더니 하중 강도가 2.4kg/cm²에서 3.6kg/cm²로 증가할 때 간극비는 1.8에서 1.2로 감소하였다. 이 흙의 최종침하량은 약 얼마인가?(단, 압밀층의 두께는 20m이다.)

① 428.64cm
② 214.29cm
③ 642.86cm
④ 285.71cm

해설

1) $S = m_v \cdot \triangle P \cdot H = \dfrac{a_v}{1+e_1} \cdot \triangle P \cdot H$

2) $a_v = \dfrac{e_1 - e_2}{P_2 - P_1} = \dfrac{1.8 - 1.2}{3.6 - 2.4} = 0.5$

∴ $S = \dfrac{0.5}{1+1.8} \times (3.6 - 2.4) \times 2{,}000 = 428.6 \, cm$

78 토립자가 둥글고 입도분포가 나쁜 모래 지반에서 표준관입시험을 한 결과 N치는 10이었다. 이 모래의 내부 마찰각을 Dunham의 공식으로 구하면?

① 21°　　　　　　　　　② 26°
③ 31°　　　　　　　　　④ 36°

해설

Dunham 공식
$\phi = \sqrt{12N} + 15 = \sqrt{12 \times 10} + 15 = 26°$

79 말뚝의 부마찰력에 대한 설명 중 틀린 것은?
① 부마찰력이 작용하면 지지력이 감소한다.
② 연약지반에 말뚝을 박은 후 그 위에 성토를 한 경우 일어나기 쉽다.
③ 부마찰력은 말뚝 주변 침하량이 말뚝의 침하량보다 클 때 아래로 끌어내리는 마찰력을 말한다.
④ 연약한 점토에 있어서 상대변위의 속도가 느릴수록 부마찰력은 크다.

해설

연약한 점토에 있어서 상대변위의 속도가 클수록 부마찰력은 크다.

80 유선망의 특징을 설명한 것으로 옳지 않은 것은?
① 각 유로의 침투유량은 같다.
② 유선과 등수두선은 서로 직교한다.
③ 유선망으로 이루어지는 사각형은 이론상 정사각형이다.
④ 침투속도 및 동수경사는 유선망의 폭에 비례한다.

해설

침투속도 및 동수경사는 유선망의 폭에 반비례한다.

정답 78 ② 79 ④ 80 ④

2019 기출문제
제4회 건설재료시험기사

제1과목 콘크리트공학

01 콘크리트 양생 중 적절한 수분공급을 하지 않아 수분의 증발이 원인이 되어 타설 후부터 콘크리트의 응결, 종결 시까지 발생할 수 있는 결함으로 가장 적당한 것은?
① 초기 건조균열이 발생한다.
② 콘크리트의 부등침하에 의한 침하수축 균열이 발생한다.
③ 시멘트, 골재입자 등이 침하함으로써 물의 분리 상승 정도가 증가한다.
④ 블리딩에 의하여 콘크리트 표면에 미세한 물질이 떠올라 이음부 약점이 된다.

해설
콘크리트 양생 중 적절한 수분 공급을 하지 않아 수분의 증발의 원인 되는 균열은 초기 건조수축 균열 이다.

02 콘크리트의 타설에 대한 설명으로 틀린 것은?
① 한 구획 내의 콘크리트의 타설이 완료될 때까지 연속해서 타설하여야 한다.
② 타설한 콘크리트를 거푸집 안에서 횡방향으로 이동시켜서는 안 된다.
③ 외기온도가 25℃이하일 경우 허용 이어치기 시간간격은 2.5시간을 표준으로 한다.
④ 콘크리트를 2층 이상으로 나누어 타설할 경우, 상층의 콘크리트 타설은 원칙적으로 하층의 콘크리트가 굳은 뒤에 타설하여야 한다.

해설
콘크리트를 2층 이상으로 나누어 타설할 경우, 하층의 콘크리트가 굳기 시작하기 전에 상층부를 타설해야 한다.

03 고유동 콘크리트를 제조할 때에는 유동성, 재료 분리저항성 및 자기 충전성을 관리하여야 한다. 이때 유동성을 관리하기 위해 필요한 시험은?
① 깔때기 유하시간
② 슬럼프 플로시험
③ 500mm 플로 도달시간
④ 충전장치를 이용한 간극 통과성 시험

해설
슬럼프 플로우 시험(흐름시험 : Flow Test)
1) 중력에 의한 콘크리트 퍼짐 정도로 콘크리트 재료 분리 저항성 및 유동성을 측정하는 시험
2) 콘크리트 중에 굵은 골재 최대 치수가 40mm 이하인 고유동 콘크리트, 수중 불분리성 콘크리트 및 고강도 콘크리트의 워커빌리티를 측정하는데 사용

정답 01 ① 02 ④ 03 ②

04 일반콘크리트 제조 시 목표하는 시멘트의 1회 계량 분량은 317kg이다. 그러나 현장에서 계량된 시멘트의 계측 값은 313kg으로 나타났다. 이러한 경우의 계량오차와 합격·불합격 여부를 정확히 판단한 것은?

① 계량오차 : -0.63%, 합격
② 계량오차 : -0.63%, 불합격
③ 계량오차 : -1.26%, 합격
④ 계량오차 : -1.26%, 불합격

해설
시멘트 317kg의 계량 오차 ±1% 313.83~320.17 사이에 들어오면 합격이나 오차 -1.26% 이으로 불합격

05 섬유보강 콘크리트에 대한 설명으로 틀린 것은?
① 섬유보강 콘크리트는 콘크리트의 인장강도와 균열에 대한 저항성을 높인 콘크리트이다.
② 믹서는 섬유를 콘크리트 속에 균일하게 분산시킬 수 있는 가경식 믹서를 사용하는 것을 원칙으로 한다.
③ 섬유보강 콘크리트에 사용하는 섬유는 섬유와 시멘트 결합재 사이의 부착성이 양호하고, 섬유의 인장강도가 커야 한다.
④ 시멘트계 복합재료용 섬유는 강섬유, 유리섬유, 탄소섬유 등의 무기계 섬유와 아라미드섬유, 비닐론 섬유 등의 유기계 섬유로 분류한다.

해설
배합시 섬유 뭉침현상을 최소화 하기 위하여 강제식 믹서 사용을 원칙으로 한다.

06 시방배합에서 규정된 배합의 표시 방법에 포함되지 않는 것은?
① 잔골재율
② 물 – 결합재비
③ 슬럼프 범위
④ 잔골재의 최대치수

해설
시방배합에 표시방법 중 잔골재 최대치수가 아니라 굵은골재 최대치수를 표시한다.

07 프리스트레스트 콘크리트에서 프리스트레싱할 때의 일반적인 사항으로 틀린 것은?
① 긴장재는 이것을 구성하는 각각의 PS강재에 소정의 인장력이 주어지도록 긴장하여야 한다.
② 긴장재를 긴장할 때 정확한 인장력이 주어지도록 하기 위해 인장력을 설계값 이상으로 주었다가 다시 설계값으로 낮추는 방법으로 시공하여야 한다.
③ 긴장재에 대해 순차적으로 프리스트레싱을 실시할 경우는 각 단계에 있어서 콘크리트에 유해한 응력이 생기지 않도록 하여야 한다.
④ 프리텐션 방식의 경우 긴장재에 주는 인장력은 고정장치의 활동에 의한 손실을 고려하여야 한다.

해설
프리스트레싱할 때 긴장재에 인장력을 설계값 이상으로 주었다가 다시 설계 값으로 낮추는 방법으로 시공하지 않아야 한다.

08 거푸집의 높이가 높을 경우, 거푸집에 투입구를 설치하거나 연직슈트 또는 펌프배관의 배출구를 타설면 가까운 곳까지 내려서 콘크리트를 타설하여야 한다. 이때 슈트, 펌프배관 등의 배출구와 타설 면까지의 높이는 몇 m 이하를 원칙으로 하는가?

① 1.0m
② 1.5m
③ 2.0m
④ 2.5m

해설
슈트, 펌프배관 등의 배출구와 타설 면까지의 높이는 1.5m 이하를 원칙으로 한다.

09 30회 이상의 시험실적으로부터 구한 콘크리트 압축강도의 표준편차가 2.5MPa이고, 콘크리트의 설계기준압축강도가 30MPa일 때 콘크리트 배합강도는?

① 32.33MPa
② 33.35MPa
③ 34.25MPa
④ 35.33MPa

해설
설계기준 강도 35MPa 이하
1) $f_{cr} = f_{cq} + 1.34S$
   $= 30 + 1.34 \times 2.5 = 33.35 MPa$
2) $f_{cr} = (f_{cq} - 3.5) + 2.33S$
   $= (30 - 3.5) + 2.33 \times 2.5 = 32.33 MPa$
둘 중 큰 값이므로 33.35MPa

10 한중 콘크리트에 대한 설명으로 틀린 것은?
① 하루의 평균기온이 4℃ 이하로 예상될 때에 시공하는 콘크리트이다.
② 단위수량은 소요의 워커빌리티를 유지할 수 있는 범위 내에서 되도록 적게 정하여야 한다.
③ 한중 콘크리트는 소요의 압축강도가 얻어질 때까지는 콘크리트의 온도를 5℃ 이상으로 유지해야 한다.
④ 물, 시멘트 및 골재를 가열하여 재료의 온도를 높일 경우에는 균일하게 가열하여 항상 소요온도의 재료가 얻어질 수 있도록 해야 한다.

해설
한중 콘크리트 시공시 시멘트를 가열하지 않는다.

11 쪼갬 인장 강도 시험(KS F 2423)으로부터 최대 하중 P=100kN을 얻었다. 원주 공시체의 지름이 100mm, 길이가 200mm일 때 이 공시체의 쪼갬 인장 강도는?

① 1.27MPa ② 1.59MPa
③ 3.18MPa ④ 6.36MPa

해설

$(f_{sp}) = \dfrac{2P}{\pi d \ell}(MPa)$

$= \dfrac{2 \times 100,000 N}{\pi \times 100 \times 200} = 3.18 N/mm^2 = 3.18 MPa$

12 매스 콘크리트의 온도균열 발생에 대한 검토는 온도균열지수에 의해 평가하는 것을 원칙으로 한다. 철근이 배치된 일반적인 구조물의 표준적인 온도균열지수의 값 중 균열발생을 제한할 경우의 값으로 옳은 것은?(단, 표준시방서에 따른다.)

① 1.5 이상 ② 1.2~1.5
③ 0.7~1.2 ④ 0.7 이하

해설

온도균열지수

구 분	온도 균열 지수
균열발생을 방지하여야 할 경우	1.5 이상
균열발생을 제한할 경우	1.2~1.5
유해한 균열발생을 제한할 경우	0.7~1.2

13 구조체 콘크리트의 압축강도 비파괴 시험에 사용되는 슈미트 해머로 구조체가 경량 콘크리트인 경우에 사용하는 슈미트 해머는?

① N형 슈미트 해머 ② L형 슈미트 해머
③ P형 슈미트 해머 ④ M형 슈미트 해머

해설

슈미트 해머 종류
1) N형 슈미트 해머 : 보통 콘크리트
2) P형 슈미트 해머 : 저강도 콘크리트
3) L형 슈미트 해머 : 경량 콘크리트
4) M형 슈미트 해머 : 매스 콘크리트

14 프리스트레스트 콘크리트와 철근콘크리트의 비교 설명으로 틀린 것은?

① 프리스트레스트 콘크리트는 철근콘크리트에 비하여 내화성에 있어서는 불리하다.
② 프리스트레스트 콘크리트는 철근콘크리트에 비하여 강성이 커서 변형이 적고 진동에 강하다.
③ 프리스트레스트 콘크리트는 철근콘크리트에 비하여 고강도의 콘크리트와 강재를 사용하게 된다.
④ 프리스트레스트 콘크리트는 균열이 발생하지 않도록 설계되기 때문에 내구성 및 수밀성이 좋다.

해설

PSC 콘크리트 특징
1) PSC의 장점
   ① RC 보에 비하여 탄성적이고 복원성이 높다
   ② 고강도 콘크리트를 사용하므로 내구성이 우수하다.
   ③ RC보에 비하여 복부의 폭을 얇게 할 수 있어서 부재의 자중을 줄일 수 있다.
   ④ 부재의 처짐이 적다
2) PSC의 단점
   ① RC에 비하여 강성이 작아 변형이 크고 진동에 취약하다.
   ② 고강도 강재는 고온(400°C이상)에 접하는 경우 강도 감소로 RC보다 내화성이 불리하다.

15 굵은 골재의 최대치수에 대한 설명으로 옳은 것은?

① 단면이 큰 구조물인 경우 25mm를 표준으로 한다.
② 거푸집 양 측면 사이의 최소 거리의 3/4을 초과하지 않아야 한다.
③ 개별 철근, 다발철근, 긴장재 또는 덕트 사이 최소 순간격의 3/4을 초과하지 않아야 한다.
④ 무근 콘크리트인 경우 20mm를 표준으로 하며, 또한 부재 최소 치수의 1/5을 초과해서는 안 된다.

해설

굵은골재 최대치수

구조물의 종류		굵은골재 최대치수	
무근 콘크리트		40mm이하, 부재 최소치수의 1/4 이하	
철근 콘크리트	일반적인 경우	20mm 또는 25mm 이하	-거푸집 양측면 사이의 최소거리의 1/5 -슬래브 두께의 1/3
	단면이 큰 경우	40mm 이하	-개별철근, 다발철근, 긴장재 또는 덕트 사이 최소 순간격의 3/4을 초과하지 않아야 한다.
댐 콘크리트		150mm 이하	
포장 콘크리트		40mm 이하	

16 설계기준압축강도가 21MPa인 콘크리트로부터 5개의 공시체를 만들어 압축강도 시험을 한 결과 압축강도가 아래의 표와 같을 때, 품질관리를 위한 압축강도의 변동계수 값은 약 얼마인가?(단, 표준편차는 불편분산의 개념으로 구한다.)

[시험결과]
22, 23, 24, 27, 29 (MPa)

① 11.7%
② 13.6%
③ 15.2%
④ 17.4%

해설

1) 변동계수

$$변동계수(V) = \frac{S}{\overline{x}} \times 100(\%)$$

2) 표준편차

$$S = \sqrt{\frac{\sum(X_i - \overline{x})^2}{n-1}} = \sqrt{\frac{34}{4}} = 2.92$$

3) 압축강도 시험 평균값

$$\overline{x} = \frac{22+23+24+27+29}{5} = 25$$

4) 편차의 제곱합

$$\Sigma(22-25)^2 + (23-25)^2 + (24-25)^2 + (27-25)^2 + (29-25)^2 = 34$$

여기서 V : 변동계수
S : 표준편차
X_i : 각 강도의 시험값
$\overline{x}$: n회의 압축강도 시험 평균값
n : 압축강도 시험횟수
$\sum(X_i - \overline{x})^2$: 편차의 제곱합

∴ 변동계수$(V) = \frac{S}{\overline{x}} \times 100(\%) = \frac{2.92}{25} \times 100 = 11.7\%$

17 기존 구조물의 철근부식을 평가할 수 있는 비파괴 시험방법이 아닌 것은?

① 자연전위법
② 분극저항법
③ 전기저항법
④ 관입저항법

해설

관입저항법(Probe Penetration Test)
1) 총을 사용하여 탐침(Probe)을 콘크리트 내에 관입 시킨 후 침투 깊이를 측정함으로써 콘크리트의 압축강도 및 균질성을 평가하는 방법이다.
2) 장비가 간단하여 작동하기 쉬우므로 적은 훈련으로도 현장에서 쉽게 사용할 수 있고, 시험체에 손상을 입히지 않는다는 장점이 있으나, 정확한 콘크리트 강도를 제시하지 않을 수 있고 탐침을 제거하기 어려워 콘크리트 표면에 손상이 남을 수 있다는 단점이 있다.

18 콘크리트 공시체의 압축강도에 관한 설명으로 옳은 것은?
① 하중재하속도가 빠를수록 강도가 작게 나타난다.
② 시험 직전에 공시체를 건조시키면 강도가 크게 감소한다.
③ 공시체의 표면에 요철이 있는 경우는 압축강도가 크게 나타난다.
④ 원주형 공시체의 직경과 입방체 공시체의 한 변의 길이가 같으면 원주형 공시체의 강도가 작다.

해설

콘크리트 공시체 압축강도
1) 재하속도가 빠를수록 압축강도는 높게 평가된다.
2) 모양이 다르면 크기가 작은 공시체의 압축강도가 높게 평가된다.
3) 원주형 공시체의 직경과 입방체 공시체에 의한 변의 길이가 같으면 원주형 공시체의 강도가 크다.
4) 공시체에 따른 압축강도 크기 정육면체 > 원주형 > 각주형
5) 원주형과 각주형 공시체는 직경 또는 한 변의 길이(D)와 높이(H)의 비(H/D)가 작을수록 압축강도는 높게 평가된다.

19 콘크리트 압축강도 시험용 공시체를 제작하는 방법에 대한 설명으로 틀린 것은?
① 공시체는 지름의 2배의 높이를 가진 원기둥형으로 한다.
② 콘크리트를 몰드에 채울 때 2층 이상으로 거의 동일한 두께로 나눠서 채운다.
③ 콘크리트를 몰드에 채울 때 각 층의 두께는 100mm를 초과해서는 안 된다.
④ 몰드를 떼는 시기는 콘크리트 채우기가 끝나고 나서 16시간 이상 3일 이내로 한다.

해설

콘크리트를 몰드에 각 층의 채우는 두께는 160mm를 넘어서는 안 된다.

20 일반적인 수중 콘크리트의 재료 및 시공 상의 주의사항으로 옳은 것은?
① 물의 흐름을 막은 정수 중에는 콘크리트를 수중에 낙하시킬 수 있다.
② 물 – 결합재비는 40% 이하, 단위 결합재량은 300kg/m³ 이상을 표준으로 한다.
③ 수중에서 시공할 때의 강도가 표준공시체 강도의 0.6~0.8배가 되도록 배합강도를 설정하여야 한다.
④ 트레미를 사용하여 콘크리트를 타설할 경우, 콘크리트를 타설하는 동안 일정한 속도로 수평 이동시켜야 한다.

해설

수중 콘크리트
1) 수중 콘크리트의 물-결합재비 및 단위시멘트량

종류	일반 수중콘크리트	현장타설말뚝 및 지하연속벽
물-결합재비	50% 이하	55% 이하
단위 시멘트량	370kg/m³	350kg/m³

2) 물의 흐름을 막은 정수 중에도 콘크리트를 수중에 낙하시 0.5m 이내
3) 트레미를 사용하여 콘크리트를 타설하는 경우 콘크리트를 타설하는 동안 수평 이동 시켜서는 안된다.

정답 18 ④ 19 ③ 20 ③

제2과목 건설시공 및 관리

21 옹벽을 구조적 특성에 따라 분류할 때 여기에 속하지 않는 것은?
① 돌쌓기 옹벽 ② 중력식 옹벽
③ 부벽식 옹벽 ④ 캔틸레버식 옹벽

해설
돌쌓기 옹벽은 옹벽의 구조적 특성에 따른 분류에 해당되지 않는다.

22 방파제를 크게 보통방파제와 특수방파제로 분류할 때 특수방파제에 속하지 않는 것은?
① 공기 방파제 ② 부양 방파제
③ 잠수 방파제 ④ 콘크리트 단괴식 방파제

해설
콘크리트 단괴식 방파제는 일반적인 보통 방파제로 분류

23 다져진 토량 37,800m³을 성토하는데 흐트러진 토량(운반토량)으로 30,000m³이 있을 때, 부족 토량은 자연 상태 토량으로 얼마인가? (단, 토량변화율 L=1.25, C=0.9이다.)
① 22,000m³ ② 18,000m³
③ 15,000m³ ④ 11,000m³

해설
1) 본바닥토량 = $37,800 \times \dfrac{1}{0.9} = 42,000$

2) 본바닥토량 = $30,000 \times \dfrac{1}{1.25} = 24,000$

3) 부족토량 = $42,000 - 24,000 = 18,000 m^3$

24 운동장, 광장 등 넓은 지역의 배수방법으로 적당한 것은?
① 암거 배수 ② 지표 배수
③ 개수로 배수 ④ 맹암거 배수

해설
맹암거
① 지하수의 집. 배수를 위하여 모래, 자갈, 호박돌, 다발로 묶은 나뭇가지 등을 땅 속에 매설한 일종의 수로이다.
② 주로 운동장 또는 광장과 같은 넓은 지역의 배수를 위하여 설치한다.

25 히빙(Heaving)의 방지대책으로 틀린 것은?
① 굴착저면의 지반개량을 실시한다.
② 흙막이벽의 근입 깊이를 증대시킨다.
③ 굴착공법을 부분굴착에서 전면굴착으로 변경한다.
④ 중력배수나 강제배수 같은 지하수의 배수대책을 수립한다.

해설
굴착공법을 부분굴착에서 전면 굴착으로 변경 시 급격한 히빙(Heaving) 및 붕괴 발생 우려가 있다.

26 아래 그림과 같은 지형에서 시공 기준면의 표고를 30m로 할 때 총 토공량은?(단, 격자점의 숫자는 표고를 나타내며 단위는 m이다.)

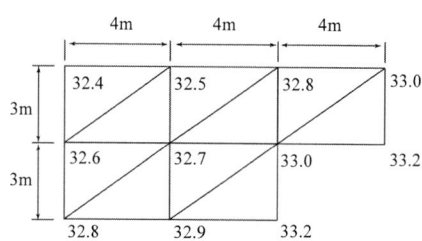

① 142m³
② 168m³
③ 184m³
④ 213m³

해설
삼각형 분할법
$$V = \frac{a \times b}{6}(\Sigma h_1 + 2\Sigma h_2 + 3\Sigma h_3 + 4\Sigma h_4 + ... + n\Sigma h_n)$$
$$V = \frac{4 \times 3}{6}[(2.4+3.2+3.2) + 2 \times (3+2.8) + 3 \times (2.5+2.8+2.9+2.6) + 5 \times 3 + 6 \times 2.7]$$
$$= 168 m^3$$

27 아스팔트 포장에서 프라임코트(Prime coat)의 중요 목적이 아닌 것은?
① 배수층 역할을 하여 노상토의 지지력을 증대시킨다.
② 보조기층에서 모세관 작용에 의한 물의 상승을 차단한다.
③ 보조기층과 그 위에 시공될 아스팔트 혼합물과의 융합을 좋게 한다.
④ 기층 마무리 후 아스팔트 포설까지의 기층과 보조기층의 파손 및 표면수의 침투, 강우에 의한 세굴을 방지한다.

해설
프라임 코트(Prime coat)
1) 보조기층 또는 기층 등에 침투시켜 이들 층의 방수성을 확보한다.
2) 보조기층에서 모세관 현상에 의해 올라오는 물의 상승을 차단한다.
3) 보조기층과 기층 아스팔트 혼합물과의 부착이 잘되도록 살포하는 역청재료이다.

28 20,000m³의 본바닥을 버킷용량 0.6m³의 백호를 이용하여 굴착할 때 아래 조건에 의한 공기를 구하면?

[조건]
- 버킷계수 : 1.2
- Cm : 25초
- 뒷정리 : 2일
- 작업효율 : 0.8
- 1일 작업시간 : 8시간
- 토량의 변화율 : L=1.3, C=0.9

① 24일 ② 42일
③ 186일 ④ 314일

해설

1) $Q = \dfrac{3{,}600 \cdot q \cdot k \cdot f \cdot E}{C_m}$

$= \dfrac{3{,}600 \times 0.6 \times 1.2 \times \dfrac{1}{1.3} \times 0.8}{25}$

$= 63.80 \, m^3/hr$

2) 1일작업량 : $63.80 \times 8 = 510.4 \, m^3/$일
3) 소요일수 : $20{,}000 \div 510.4 ≒ 40$일
∴ 전체소요일수 : 40+2 = 42일

29 공정관리에서 PERT와 CPM의 비교 설명으로 옳은 것은?
① PERT는 반복사업에, CPM은 신규사업에 좋다.
② PERT는 1점 시간추정이고, CPM은 3점 시간추정이다.
③ PERT는 작업활동 중심관리이고, CPM은 작업단계 중심관리이다.
④ PERT는 공기 단축이 주목적이고, CPM은 공사비 절감이 주목적이다.

해설

공정관리 기법
1) PERT 기법(신비 3기event)
  가. 신규사업, 비 반복사업, 경험이 없는 사업 등에 활용
  나. 소요시간 추정 (3점법 확률 계산)
  다. 가중 평균치 사용

  $t_e = \dfrac{t_o + 4t_m + t_p}{6}$

  여기서, t_o : 낙관 작업일수
  t_m : 정상 작업일수
  t_p : 비관 작업일수
  t_e : 3점법에 의한 추정공사일수
  라. 작업단계(event) 중심관리(결합점 중심관리)
  마. 확률론적 검토
  바. 공기 단축이 목적

2) CPM 기법
   가. 반복사업, 경험이 있는 사업에 적용한다.
   나. 1점 시간 추정(t_m)
   다. 작업활동(Activity) 중심관리
   라. 비용견적, 비용구배, 일정단축
   바. 공비 절감이 목적

30 부마찰력에 대한 설명으로 틀린 것은?
① 말뚝이 타입된 지반이 압밀 진행 중일 때 발생된다.
② 지하수위의 감소로 체적이 감소할 때 발생된다.
③ 말뚝의 주면마찰력이 선단지지력보다 클 때 발생된다.
④ 상재 하중이 말뚝과 지표에 작용하여 침하할 경우에 발생된다.

해설

부마찰력 (Negative skin friction)
1) 점성토 지반에서 타설한 말뚝의 침하량보다 연약지반의 침하가 더 커서 말뚝주면 아래쪽으로 작용하는 마찰력이 발생하게 되는데 이러한 주면 마찰력을 부마찰력
2) 부마찰력은 말뚝의 침하량을 증가 및 말뚝의 지지력을 감소시키며 때때로 부마찰력이 매우 큰 경우 중립축 부근에서 말뚝의 파손이 발생될 수 있다.

31 터널의 시공에 사용되는 숏크리트 습식공법의 장점으로 틀린 것은?
① 분진이 적다.   ② 품질관리가 용이하다.
③ 장거리 압송이 가능하다.   ④ 대규모 터널 작업에 적합하다.

해설

숏크리트 공법의 종류 및 특징

구 분	건 식	습 식
Con'c 품질	품질관리 어렵다	품질관리 쉽다
운반시간 제약	적 다	크 다
압송 거리	장거리 (500m)	단거리
분진 발생	큼	적음
반 발 량	큼	적음
청소,유지보수	Nozzle 청소쉽다	어렵다

32 시료의 평균값이 279.1, 범위의 평균값이 56.32, 군의 크기에 따라 정하는 계수가 0.73일 때 상부관리한계선(UCL) 값은?

① 316.0　　　　　　　　② 320.2
③ 338.0　　　　　　　　④ 342.1

해설

$\bar{x} - R$ 관리도의 관리한계선

1) 중심선 $CL = \bar{x}$
2) 상한 관리 한계 $UCL = \bar{x} + A_2 \cdot \bar{R}$

　여기서, $\bar{x}$: x의 평균치
　　　　　$\bar{R}$: 범위 R의 평균치
　　　　　A_2 : 군의 크기에 따라 정하는 계수

∴ 상한 관리 한계
$UCL = \bar{x} + A_2 \cdot \bar{R} = 279.1 + 0.73 \times 56.32$
$\qquad = 320.2$

33 아스팔트 포장과 콘크리트 포장을 비교 설명한 것 중 아스팔트 포장의 특징으로 틀린 것은?

① 초기 공사비가 고가이다.
② 양생기간이 거의 필요 없다.
③ 주행성이 콘크리트 포장보다 좋다.
④ 보수 작업이 콘크리트 포장보다 쉽다.

해설

포장 형식별 특징 비교

구 분	아스팔트 포장	시멘트 콘크리트 포장(JCP)
시 공 성	즉시 교통 소통 가능	양생후 교통 소통
내 구 성	불 리(rutting)	유 리
경 제 성	유지관리비 과다	초기 투자비 과다
평 탄 성	평탄한 구조	다소 평탄한 구조
주 행 성	유 리	불 리
소 음	적 음	많 음
시공실적	실적 많음	실적 적음

34 건설기계 규격의 일반적인 표현방법으로 옳은 것은?
① 불도저 – 총 중량(ton)
② 모터 스크레이퍼 – 중량(ton)
③ 트랙터 셔블 – 버킷 면적(m²)
④ 모터 그레이더 – 최대 견인력(ton)

해설

건설기계의 규격표시

건 설 기 계	규 격
Bulldozer, Roller	전 장비 중량(ton)
Shovel 계 굴착기	버킷 용량(m³)
Track shovel	버킷 용량(m³)
Motor grader	Blade의 길이(m)

35 교량 가설의 위치 선정에 대한 설명으로 틀린 것은?
① 하천과 유수가 안정한 곳일 것
② 하폭이 넓을 때는 굴곡부일 것
③ 하천과 양안의 지질이 양호한 곳일 것
④ 교각의 축방향이 유수의 방향과 평행하게 되는 곳일 것

해설

교량의 위치 선정시 고려사항
1) 하천과 양안의 지질이 양호한곳
2) 하천과 유수가 안정적인 곳
3) 하상의 변동이 크고 굴곡부(만곡부) 세굴영향이 큰 곳을 피할 것
4) 교각의 축방향이 유수의 방향과 평행한 곳

36 다음 중 직접기초 굴착 시 저면 중앙부에 섬과 같이 기초부를 먼저 구축하여 이것을 발판으로 주면부를 시공하는 방법은?
① Cut 공법
② Island 공법
③ Open cut 공법
④ Deep well 공법

해설

아일랜드 공법(Island)
1) 저면 중앙부분에 섬과 같이 기초부를 먼저 굴착 후 기초 콘크리트 및 상부구조물을 시공 후 이부분을 발판으로 주변부를 굴착한후 나머지 부분의 구조물을 시공 해나가는 방식
2) 20m 정도의 지반이 양호한 곳에서 사용하며, 분할시공에 따른 공사비 증가 및 공사기간 길어진다.

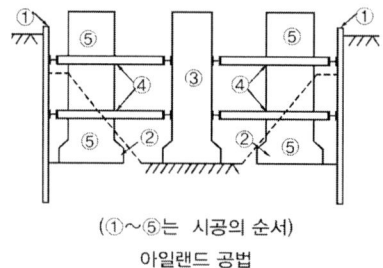

(①~⑤는 시공의 순서)
아일랜드 공법

37 기계화 시공에 있어서 중장비의 비용계산 중 기계손료를 구성하는 요소가 아닌 것은?
① 관리비
② 정비비
③ 인건비
④ 감가상각비

해설
기계손료 구성
1) 감가상각비(구입가격, 내용년수)
2) 정비비
3) 관리비

38 돌쌓기에 대한 설명으로 틀린 것은?
① 메쌓기는 콘크리트를 사용하지 않는다.
② 찰쌓기는 뒤채움에 콘크리트를 사용한다.
③ 메쌓기는 쌓는 높이의 제한을 받지 않는다.
④ 일반적으로 찰쌓기는 메쌓기보다 높이 쌓을 수 있다.

해설
메쌓기 방식은 몰탈을 사용하지 않아 쌓는 높이에 많은 제약이 따른다.

39 록 볼트의 정착형식은 선단 정착형, 전면 접착형, 혼합형으로 구분할 수 있다. 이에 대한 설명으로 틀린 것은?
① 록 볼트 전장에서 원지반을 구속하는 경우에는 전면 접착형이다.
② 암괴의 봉합효과를 목적으로 하는 것은 선단 정착형이며, 그중 쐐기형이 많이 쓰인다.
③ 선단을 기계적으로 정착한 후 시멘트 밀크를 주입하는 것은 혼합형이다.
④ 경암, 보통암, 토사 원지반에서 팽창성 원지반까지 적용범위가 넓은 것은 전면 접착형이다.

해설
록볼트는 NATM 터널에서 충전형이 일반적으로 가장 많이 사용된다.

40 토목공사용 기계는 작업종류에 따라 굴삭, 운반, 부설, 다짐 및 정지 등으로 구분된다. 다음 중 운반용 기계가 아닌 것은?
① 탬퍼
② 불도저
③ 덤프트럭
④ 벨트 컨베이어

해설
탬퍼는 구조물의 뒷채움부 다짐용 장비로 사용된다.

정답 37 ③ 38 ③ 39 ② 40 ①

제3과목 건설재료 및 시험

41 플라이 애시에 대한 설명으로 틀린 것은?
① 초기의 수화반응의 증대로 초기강도가 크다.
② 사용수량을 감소시키며 유동성을 개선한다.
③ 알칼리-골재 반응에 의한 팽창을 억제한다.
④ 화력발전소의 보일러에서 나오는 산업폐기물이다.

해설
플라이 애시는 초기 수화반응이 느리며 장기 강도에 크다.

42 직경 200mm, 길이 5m의 강봉에 축방향으로 400kN의 인장력을 가하여 변형을 측정한 결과 직경이 0.1mm 줄어들고 길이가 10mm 늘어났을 때 이 재료의 푸아송 비는?
① 0.25
② 0.5
③ 1.0
④ 4.0

해설
푸아송비 $(\nu) = \dfrac{공시체\ 횡방향\ 변형률}{공시체\ 축방향\ 변형률}$

∴ 푸아송비 $= \dfrac{0.1/200}{10/5000} = 0.25$

43 시멘트의 응결시험 방법으로 옳은 것은?
① 비비 시험
② 오토클레이브 방법
③ 길모어 침에 의한 방법
④ 공기 투과 장치에 의한 방법

해설
시멘트의 응결시험은 비카침 및 길모어침에 의해 시멘트 응결시간 측정

44 어떤 시멘트의 주요 성분이 아래 표와 같을 때 이 시멘트의 수경률은?

화학성분	조성비(%)	화학성분	조성비(%)
SiO_2	21.9	CaO	63.7
Al_2O_3	5.2	MgO	1.2
Fe_2O_3	2.8	SO_3	1.4

① 2.0
② 2.05
③ 2.10
④ 2.15

해설
수경률 $(H.M) = \dfrac{CaO - 0.7 \times SO_3}{SiO_2 + Al_2O_3 + Fe_2O_3}$

∴ 수경률 : $\dfrac{63.7 - 0.7 \times 1.4}{21.9 + 5.2 + 2.8} = 2.1$

정답 41 ① 42 ① 43 ③ 44 ③

45 다음 콘크리트용 골재에 대한 설명으로 틀린 것은?

① 골재의 비중이 클수록 흡수량이 작아 내구적이다.
② 조립률이 같은 골재라도 서로 다른 입도곡선을 가질 수 있다.
③ 콘크리트의 압축강도는 물-시멘트비가 동일한 경우 굵은 골재 최대치수가 커짐에 따라 증가한다.
④ 굵은 골재 최대치수를 크게 하면 같은 슬럼프의 콘크리트를 제조하는데 필요한 단위수량을 감소시킬 수 있다.

해설

굵은골재 최대치수가 커짐에 따라 강도, 내구성, 수밀성 측면에서 유리해지나, 근본적으로 물-시멘트비를 줄이지 않고 동일한 조건상태에서는 압축강도의 증가를 가져오지 못한다. 특히 고강도 콘크리트에서는 잔골재의 사용에 따라 강도의 크기가 영향을 받는 특성이 있다.

46 골재의 표준체에 의한 체가름시험에서 굵은 골재란 다음 중 어느 것인가?

① 10mm체를 전부 통과하고 5mm체를 거의 통과하며 0.15mm체에 거의 남는 골재
② 10mm체를 전부 통과하고 5mm체를 거의 통과하며 1.2mm체에 거의 남는 골재
③ 40mm체에 거의 남는 골재
④ 5mm체에 거의 다 남는 골재

해설

시방배합상 굵은골재 잔골재
1) 5mm 체를 100% 통과하는 것은 잔골재
2) 5mm 체에 100% 남는 것은 굵은골재

47 아래의 표에서 설명하는 것은?

- 시멘트를 염산 및 탄산나트륨용액에 넣었을 때 녹지 않고 남는 부분을 말한다.
- 이 양은 소성반응의 완전여부를 알아내는 척도가 된다.
- 보통 포틀랜드시멘트의 경우 이 양은 일반적으로 점토성분의 미소성에 의하여 발생되며 약 0.1%~0.6% 정도이다.

① 수경률
② 규산율
③ 강열감량
④ 불용해 잔분

해설

불용해 잔분
1) 시멘트를 염산 및 탄산나트륨 용액을 넣었을 때 녹지않고 남는 부분을 "불용해잔분"
2) 소성반응의 완전여부를 알아내는 척도의 기준으로 보통 P.C의 "불용해잔분"은 0.1~0.6% 정도임.

정답 45 ③ 46 ④ 47 ④

48 어떤 목재의 함수율을 시험한 결과 건조 전 목재의 중량은 165g이고, 비중이 1.5일 때 함수율은 얼마인가?(단, 목재의 절대 건조중량은 142g이었다.)

① 13.9% ② 15.2%
③ 16.2% ④ 17.2%

해설

$$함수율 = \frac{건조\ 전중량 - 건조\ 후중량}{건조\ 후중량}$$

$$\therefore 함수율 = \frac{165-142}{142} \times 100 = 16.2\%$$

49 다음 골재의 함수상태를 표시한 것 중 틀린 것은?

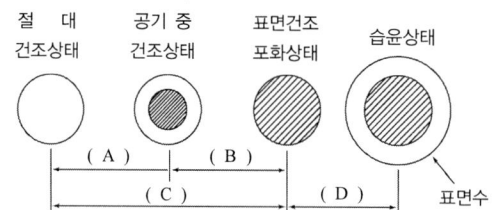

① A : 기건 함수량 ② B : 유효흡수량
③ C : 함수량   ④ D : 표면수량

해설

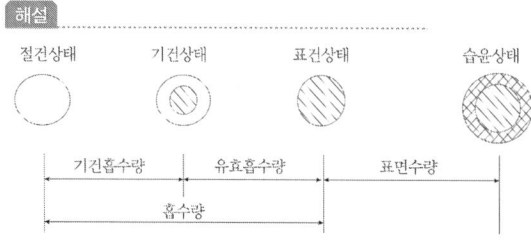

50 일반적으로 포장용 타르로 가장 많이 사용되는 것은?

① 피치   ② 잔류타르
③ 컷백타르   ④ 혼성타르

해설

컷백 타르
거친 타르를 증류하여 오일 성분과 피치 성분으로 나누고 얻어진 피치에 유출(留出) 오일을 여러 비율로 혼합하여 묽게 한 타르. 주로 포장용 타르로서 가장 많이 사용된다.

정답 48 ③ 49 ③ 50 ③

51 재료의 일반적 성질 중 아래 표에 해당하는 성질은 무엇인가?

> 외력에 의해서 변형된 재료가 외력을 제거했을 때, 원형으로 되돌아가지 않고 변형된 그대로 있는 성질

① 인성 ② 취성
③ 탄성 ④ 소성

해설
소성
외력에 의해 변형된 재료가 외력을 제거했을 때 원래대로 돌아가지 않고 변형이 남게되는 성질

52 콘크리트용 골재에 요구되는 성질 중 옳지 않은 것은?
① 화학적으로 안정할 것
② 골재의 입도 크기가 동일할 것
③ 물리적으로 안정하고 내구성이 클 것
④ 시멘트 풀과의 부착력이 큰 표면조직을 가질 것

해설
콘크리트용 골재의 입도 크기는 크고 작은 것이 골고루 섞여 있어야 한다.

53 다음 중 기폭약의 종류가 아닌 것은?
① 니트로글리세린 ② 뇌산수은
③ 질화납 ④ DDNP

해설
기폭약
1) 연소 또는 폭발에 의하여 다른 화약 등에 점화 또는 점폭을 목적으로 하는 화약류를 기폭약이라 한다.
2) 기폭약 종류
 · 뇌홍($Hg(ONC_2)$, 뇌산수은)
 · 질화납($Pb(N_3)_2$, 아지화연)
 · D.D.N.P(디아조디니트로페놀)

54 토목섬유 중 지오텍스타일의 기능을 설명한 것으로 틀린 것은?
① 배수 : 물이 흙으로부터 여러 형태의 배수로로 빠져나갈 수 있도록 한다.
② 보강 : 토목섬유의 인장강도는 흙의 지지력을 증가시킨다.
③ 여과 : 입도가 다른 두 개의 층 사이에 배치되어 침투수 통과 시 토립자의 이동을 방지한다.
④ 혼합 : 도로 시공 시 여러 개의 흙층을 혼합하여 결합시키는 역할을 한다.

해설
토목섬유 기능
1) 배수기능 2) 필터기능
3) 차단기능 4) 보강기능
5) 분리기능

정답 51 ④ 52 ② 53 ① 54 ④

55 다음 중 천연아스팔트의 종류가 아닌 것은?
① 록(Rock)아스팔트
② 샌드(Sand)아스팔트
③ 블론(Blown)아스팔트
④ 레이크(Lake)아스팔트

해설
천연아스팔트
1) 레이크 아스팔트
2) 록 아스팔트
3) 오일샌드 아스팔트
4) 아스팔타이트

56 콘크리트용 혼화재료에 대한 설명으로 틀린 것은?
① 팽창재를 사용한 콘크리트의 수밀성은 일반적으로 작아지는 경향이 있다.
② 촉진제는 저온에서 강도발현이 우수하기 때문에 한중콘크리트에 사용된다.
③ 발포제를 사용한 콘크리트는 내부 기포에 의해 단열성 및 내화성이 떨어진다.
④ 착색재로 사용되는 안료를 혼합한 콘크리트는 보통콘크리트에 비해 강도가 저하된다.

해설
발포제를 사용한 콘크리트는 내부 기포에 의해 단열성 및 내화성이 증가한다.

57 다음 석재 중에서 압축강도가 가장 큰 것은?
① 사암
② 응회암
③ 안산암
④ 화강암

해설
석재중 압축강도가 가장 큰 것은 화강암 이다.

58 반 고체 상태의 아스팔트성 재료를 3.2mm 두께의 얇은 막 형태로 163°C로 5시간 가열한 후 침입도 시험을 실시하여 원 시료와의 비율을 측정하며, 가열 손실량도 측정하는 시험법은?
① 증발감량 시험
② 피막박리 시험
③ 박막가열 시험
④ 아스팔트 제품이 증류시험

해설
박막가열 시험
1) 아스팔트의 열이나 공기 등의 작용에 의해 변질되는 경향을 파악하기 위한 시험
2) 아스팔트 재료를 3.2mm 두께의 얇은 막 형태로 163°C로 5시간 가열한 후 침입도 시험을 실시하여 침입도 및 신도를 파악.

정답 55 ③ 56 ③ 57 ④ 58 ③

59 AE콘크리트의 AE제에 대한 특징으로 틀린 것은?
① AE제는 미소한 독립기포를 콘크리트 중에 균일하게 분포시킨다.
② AE 공기알의 지름은 대부분 0.025~0.25mm 정도이다.
③ AE제는 동결 융해에 대한 저항성을 감소시킨다.
④ AE제는 표면 활성제이다.

해설
AE제는 동결 융해에 대한 저항성을 향상 시킨다.

60 다음 암석 중 일반적으로 공극률이 가장 큰 것은?
① 사암　　　　　　　② 화강암
③ 응회암　　　　　　④ 대리석

해설
사암
모래가 오랫동안 퇴적되어 높은열과 압력으로 형성된 암석으로 사암이 공극률이 가장 크다

제4과목　토질 및 기초

61 지중응력을 구하는 공식 중 Newmark의 영향원법을 사용했을 때 재해면적 내의 영향원 요소 수가 20개, 등분포하중이 100kN/m²인 경우 연직응력증가량($\triangle \sigma_z$)은?(단, 영향계수는 0.005이다.)
① 1kN/m²　　　　　　② 10kN/m²
③ 50kN/m²　　　　　　④ 100kN/m²

해설
$\triangle P = n \cdot I \cdot P$
여기서, $\triangle P$: 지중응력
　　　　n : 영향원의 블록수
　　　　I : 영향계수
　　　　P : 작용하중
∴ $\triangle P = 20 \times 0.005 \times 100 = 10 kN/m^2$

62 말뚝이 20개인 군항기초의 효율이 0.80이고, 단항으로 계산된 말뚝 1개의 허용지지력이 200kN일 때, 이 군항의 허용지지력은?
① 1,600kN　　　　　　② 2,000kN
③ 3,200kN　　　　　　④ 4,000kN

해설
$R_{ag} = ENR_a = 0.80 \times 20 \times 200 = 3,200 kN$

63 간극비가 0.80이고 토립자의 비중이 2.70인 지반에 허용되는 최대 동수경사는 약 얼마인가?(단, 지반의 분사현상에 대한 안전율은 3이다.)

① 0.11
② 0.31
③ 0.61
④ 0.91

해설

1) $F = \dfrac{i_c}{i} = 3$, $i = \dfrac{i_c}{3}$

2) $i_c = \dfrac{G_s - 1}{1 + e} = \dfrac{2.7 - 1}{1 + 0.8} = 0.94$

$\therefore i = \dfrac{0.94}{3} = 0.31$

64 액성한계가 60%인 점토의 흐트러지지 않은 시료에 대하여 압축지수를 Skempton(1994)의 방법에 의하여 구한 값은?

① 0.16
② 0.28
③ 0.35
④ 0.45

해설

Skempton의 경험식에 의한 Cc 값의 추정
1) 불교란 시료의 압축지수(Cc)
$C_c = 0.009(w_L - 10)$
$= 0.009(60 - 10) = 0.45$
2) 교란시료의 압축지수(Cc)
$C_c = 0.007(w_L - 10)$
여기서 w_L : 액성한계

65 흙의 전단강도에 대한 설명으로 틀린 것은?(단, c_u : 점착력, q_u : 일축압축강도, ϕ : 내부마찰각이다.)

① 예민비가 큰 흙을 Quick clay라고 한다.
② 흙 댐에 있어서 수위급강하 때의 안정문제는 c' 및 ϕ'를 사용해야 한다.
③ 일축압축강도시험으로부터 구한 점착력 c_u는 $\dfrac{1}{2} \times q_u \times \tan^2\left(45° - \dfrac{\phi}{2}\right)$이다.
④ Mohr-coulomb의 파괴기준에 의하면 포화점토의 비압밀 비배수 상태의 내부마찰각은 0이다.

해설

점착력
$c = \dfrac{q_u}{2\tan\left(45° + \dfrac{\phi}{2}\right)} = \dfrac{q_u}{2}\tan\left(45° - \dfrac{\phi}{2}\right)$

66 상하류의 수위 차 h=10m, 투수계수 K=1×10⁻⁵ cm/s, 투수층 유로의 수 N_f=3, 등수두면 수 N_d=9인 흙 댐의 단위 m당 1일 침투수량은?

① 0.0864m³/day ② 0.864m³/day
③ 0.288m³/day ④ 0.0288m³/day

해설

$$Q = KH\frac{N_f}{N_d} = (1 \times 10^{-7}) \times 10 \times \frac{3}{9}$$
$$= 3.3 \times 10^{-7} m^3/\sec$$
$$= 3.3 \times 10^{-7} \times (24 \times 60 \times 60)$$
$$= 0.0285 m^3/day$$

67 어떤 점토지반에서 베인 시험을 실시하였다. 베인의 지름이 50mm, 높이가 100mm, 파괴 시 토크가 59N·m일 때 이 점토의 점착력은?

① 129kN/m² ② 157kN/m²
③ 213kN/m² ④ 276kN/m²

해설

$$점착력(C) = \frac{M_{\max}}{\pi D^2 (\frac{H}{2} + \frac{D}{6})}$$
$$= \frac{0.059}{\pi \times 0.05^2 (\frac{0.1}{2} + \frac{0.05}{6})}$$
$$= 129 kN/m^2$$

68 Rankine 토압이론의 가정 사항으로 틀린 것은?

① 지표면은 무한히 넓게 존재한다.
② 흙은 비압축성의 균질한 재료이다.
③ 토압은 지표면에 평행하게 작용한다.
④ 흙은 입자 간의 점착력에 의해 평형을 유지한다.

해설

Rankine 토압이론
1) 벽마찰각(δ)을 무시(설계상 안전측)
2) 힘의 작용방향이 지표면과 평행하게 작용하며 지표면은 무한히 넓게 존재한다.
3) 벽체의 경사는 연직($\theta = 0$)벽 상태
4) 파괴면내 배면토는 모두 소성상태로 봄
5) 흙은 비압축성이고 균질한 상태의 입자이다.
6) 지표면 상재하중은 등분포 하중이다.
7) 토립자는 흙 입자간의 마찰력으로 평형을 유지한다.

정답 66 ④ 67 ① 68 ④

69 다음 표는 흙의 다짐에 대해 설명한 것이다. 옳게 설명한 것을 모두 고른 것은?

> (1) 사질토에서 다짐에너지가 클수록 최대건조단위중량은 커지고 최적 함수비는 줄어든다.
> (2) 입도분포가 좋은 사질토가 입도분포가 균등한 사질토보다 더 잘 다져진다.
> (3) 다짐곡선은 반드시 영공기 간극곡선의 왼쪽에 그려진다.
> (4) 양족롤러는 점성토를 다지는데 적합하다.
> (5) 점성토에서 흙은 최적함수비보다 큰 함수비로 다지면 면모구조를 보이고 작은 함수비로 다지면 이산구조를 보인다.

① (1), (2), (3), (4)
② (1), (2), (3), (5)
③ (1), (4), (5)
④ (2), (4), (5)

해설
점성토에서 흙은 최적함수비보다 큰 함수비로 다지면 이산구조를 보이고 작은 함수비로 다지면 면모구조를 보인다.

70 그림은 확대 기초를 설치했을 때 지반의 전단 파괴형상을 가정(Terzaghi의 가정)한 것이다. 다음 설명 중 틀린 것은?(단, ϕ는 내부마찰각이다.)

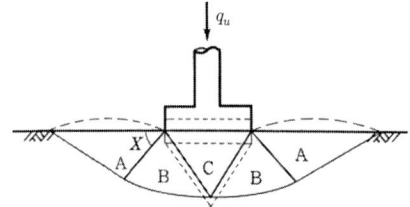

① 파괴 순서는 C→B→A이다.
② 전반전단(General Shear)일 때의 파괴형상이다.
③ A영역에서 각 X는 수평선과 $45° + \dfrac{\phi}{2}$의 각을 이룬다.
④ C영역은 탄성영역이며, A영역은 수동영역이다.

해설
영역 A에서 수평면과 $45° - \dfrac{\phi}{2}$의 각을 이룬다.

71 현장 도로 토공에서 모래치환법에 의한 흙의 밀도 시험을 하였다. 파낸 구멍의 체적이 $1,960cm^3$, 흙의 질량이 3,390g이고, 이 흙의 함수비는 10%이었다. 실험실에서 구한 최대 건조 밀도가 $1.65g/cm^3$ 일 때 다짐도는?

① 85.6% ② 91.0%
③ 95.2% ④ 98.7%

해설

1) γ_t(습윤상태) $= \dfrac{W}{V} = \dfrac{3,390}{1,960} = 1.73 g/cm^3$

2) γ_d(건조상태) $= \dfrac{\gamma_t}{1+\dfrac{w}{100}} = \dfrac{1.73}{1+\dfrac{10}{100}} = 1.57 g/cm^3$

3) C_d(상대다짐도) $= \dfrac{\gamma_d}{\gamma_{d\max}} \times 100$
$= \dfrac{1.57}{1.65} \times 100 = 95.2\%$

72 그림과 같은 점성토 지반의 토질시험 결과 내부마찰각 $\phi=30°$, 점착력 $c=15kN/m^2$일 때 A점의 전단강도는?(단, 물의 단위중량은 $9.81kN/m^3$이다.)

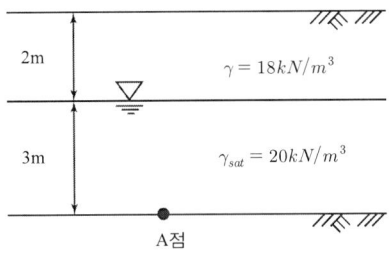

① $44.61kN/m^2$ ② $53.43kN/m^2$
③ $68.69kN/m^2$ ④ $70.41kN/m^2$

해설

1) 유효응력

전응력 $\sigma = 2 \times 18 + 3 \times 20 = 96 kN/m^2$

간극수압 $u = 3 \times 9.81 = 29.43 kN/m^2$

유효응력 $\overline{\sigma} = \sigma - u = 96 - 29.43 = 66.57 kN/m^2$

2) 전단강도

$\tau = c + \overline{\sigma} \tan\phi = 15 + 66.57 \tan 30°$
$= 53.43 kN/m^2$

73 4m×4m 크기인 정사각형 기초를 내부마찰각 $\phi=20°$, 점착력 c=30kN/m²인 지반에 설치하였다. 흙의 단위중량(γ)=19kN/m³이고 안전율(FS)을 3으로 할 때 Terzaghi 지지력 공식으로 기초의 허용하중을 구하면? (단, 기초의 근입깊이는 1m이고, 전반전단 파괴가 발생한다고 가정하며, N_c=17.69, N_q=7.44, N_γ=4.97이다.)

① 4,780kN ② 5,239kN
③ 5,672kN ④ 6,218kN

해설

1) 기초형상계수는 정사각형 기초이므로
   $\alpha=1.3$, $\beta=0.4$이다.
2) $q_u = \alpha CN_c + \beta B\gamma_1 N_\gamma + D_f \gamma_2 N_q$
   $= 1.3 \times 30 \times 17.69 + 0.4 \times 4 \times 19 \times 4.97$
   $+ 1 \times 19 \times 7.44 = 982.36 kN/m^2$
3) $q_a = \dfrac{q_u}{F_s} = \dfrac{982.36}{3} = 327.45 kN/m^2$
   $q_a = \dfrac{P}{A}$ 에서 $327.45 = \dfrac{P}{4 \times 4}$
4) $P = 5,239 kN$

74 어떤 흙의 자연함수비가 액성한계 보다 많으면 그 흙의 상태로 옳은 것은?

① 고체 상태에 있다.   ② 반고체 상태에 있다.
③ 소성 상태에 있다.   ④ 액체 상태에 있다.

해설

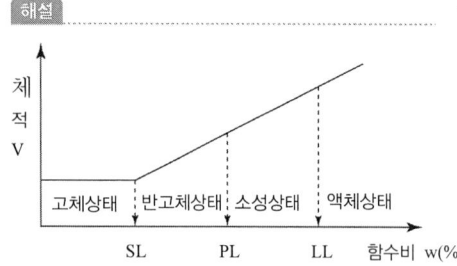

흙의 자연함수비가 액성한계보다 많으면 액체상태에 있다.

75 연약지반 개량공법 중에서 점성토지반에 쓰이는 공법은?

① 전기충격공법   ② 폭파다짐공법
③ 생석회 말뚝공법   ④ 바이브로 플로테이션 공법

해설

① 사질토 지반개량공법
  1) 진동다짐(Vibroflotation)공법
  2) 다짐모래말뚝 (Sand Compaction Pile) 공법

3) 동다짐 공법(동압밀 공법)
② 점성토의 지반 개량 공법
  1) 치환 공법
  2) preloading 공법(사전압밀 공법)
  3) 전기침투 공법
  4) 생석회 말뚝(Chemico pile)공법 등

76 흙의 전단시험에서 배수조건이 아닌 것은?
① 비압밀 비배수
② 압밀 비배수
③ 비압밀 배수
④ 압밀 배수

해설
삼축압축 시험의 종류(배수조건에 따른 분류)
1) UU(Unconsolidated – Undrained) 시험(비압밀 비배수)
2) CU(Consolidated – Undrained)시험(압밀 비배수)
3) CD(Consolidated – Drained)시험(압밀 배수)

77 사면파괴가 일어날 수 있는 원인으로 옳지 않은 것은?
① 흙 중의 수분의 증가
② 과잉간극수압의 감소
③ 굴착에 따른 구속력의 감소
④ 지진에 의한 수평방향력의 증가

해설
과잉간극수압의 증가는 사면붕괴(파괴)를 가져온다.

78 다음은 시험 종류와 시험으로부터 얻을 수 있는 값을 연결한 것이다. 연결이 틀린 것은?
① 비중계분석시험 – 흙의 비중(G_s)
② 삼축압축시험 – 강도정수(c, ϕ)
③ 일축압축시험 – 흙의 예민비(S_t)
④ 평판재하시험 – 지반반력계수(k_s)

해설
비중계 분석시험-흙의 입도분석(NO 200체 이하)에 사용된다.

79 함수비가 20%인 어떤 흙 1200g과 함수비가 30%인 어떤 흙 2600g을 섞으면 그 흙의 함수비는 약 얼마인가?

① 21.1%
② 25.0%
③ 26.7%
④ 29.5%

해설
$$\frac{(20 \times 1{,}200 + 30 \times 2{,}600)}{(1{,}200 + 2{,}600)} = 26.8\%$$

80 유선망은 이론상 정사각형으로 이루어진다. 동수경사가 가장 큰 곳은?

① 어느 곳이나 동일함
② 땅속 제일 깊은 곳
③ 정사각형이 가장 큰 곳
④ 정사각형이 가장 작은 곳

해설
$i = \dfrac{\triangle h}{L}$ 에서 정사각형의 길이 L이 작아질수록 동수경사 i는 커짐

정답 79 ③ 80 ④

2020 기출문제
제1, 2회 건설재료시험기사

제1과목 콘크리트공학

01 압력법에 의한 굳지 않은 콘크리트의 공기량 시험(KS F 2421)중 물을 붓고 시험하는 경우(주수법)의 공기량 측정기 용량은 최소 얼마 이상으로 하여야 하는가?
① 3L
② 5L
③ 7L
④ 9L

해설
1) 주수법 : 5L
2) 무주수법 : 7L

02 고압증기양생한 콘크리트에 대한 설명으로 틀린 것은?
① 고압증기양생한 콘크리트는 어느 정도의 취성을 갖는다.
② 고압증기양생한 콘크리트는 보통양생한 것에 비해 백태현상이 감소된다.
③ 고압증기양생한 콘크리트는 보통양생한 것에 비해 열팽창계수와 탄성계수가 매우 작다.
④ 고압증기양생한 콘크리트는 보통양생한것에 비해 철근의 부착강도가 약 1/2이 되므로 철근콘크리트 부재에 적용하는 것은 바람직하지 못하다.

해설
고압증기양생한 콘크리트는 보통 양생한 콘크리트와 열팽창계수 및 탄성계수에 차이가 없다.

03 콘크리트의 받아들이기 품질검사에 대한 설명으로 틀린 것은?
① 콘크리트의 받아들이기 검사는 콘크리트가 타설된 이후에 실시하는 것을 원칙으로 한다.
② 굳지 않은 콘크리트의 상태는 외관 관찰에 의하며, 콘크리트 타설 개시 및 타설 중 수시로 검사하여야 한다.
③ 바다 잔골재를 사용한 콘크리트의 염소이온량은 1일에 2회 시험하여야 한다.
④ 강도검사는 콘크리트의 배합검사를 실시하는 것을 표준으로 한다.

해설
콘크리트 강도검사는 콘크리트의 배합검사를 실시하는 것을 표준으로 하며 배합검사를 하지 않는 경우에는 압축강도시험에 의한 검사를 실시한다.

정답 01 ② 02 ③ 03 ①

04 콘크리트 다지기에 대한 설명으로 틀린 것은?
① 내부진동기는 연직방향으로 일정한 간격으로 찔러 넣는다.
② 내부진동기를 하층의 콘크리트 속으로 0.1m 정도 찔러 넣는다.
③ 내부진동기는 콘크리트를 횡방향으로 이동시킬 목적으로 사용해서는 안 된다.
④ 콘크리트를 타설한 직후에는 절대 거푸집의 외측에 진동을 주어서는 안 된다.

> **해설**
> 콘크리트 타설 후 외부 거푸집에 대하여 외부 진동장비로 충격을 주어서 거푸집 내부에 구석구석 콘크리트가 잘 채워질 수 있도록 하며 밀실한 콘크리트가 되도록하는 것이 필요하다.

05 수중 콘크리트의 시공에서 주의해야 할 사항으로 틀린 것은?
① 콘크리트는 수중에 낙하시키지 않아야 한다.
② 물막이를 설치하여 물을 정지시킨 정수 중에서 타설하는 것을 원칙으로 한다.
③ 한 구획의 콘크리트 타설을 완료한 후 레이턴스를 모두 제거하고 다시 타설하여야 한다.
④ 완전히 물막이를 할 수 없어 콘크리트를 유수 중에 타설할 때 한계유속은 5m/s이하로 하여야 한다.

> **해설**
> 완전히 물막이를 할 수 없어 콘크리트를 유수 중에 타설할 때 한계유속은 5cm/s 이하로 하여야 한다.

06 골재의 단위용적이 $0.7m^3$인 콘크리트에서 잔골재율이 40%이고, 잔골재의 비중이 2.58이면 단위 잔골재량은 얼마인가?
① $710.6kg/m^3$
② $722.4kg/m^3$
③ $745.2kg/m^3$
④ $750.0kg/m^3$

> **해설**
> 단위 잔골재량
> S = 잔골재단위용적 × 잔골재밀도
>   = (0.7×0.4)×2.58×1,000
>   = $722.4kg/m^3$

정답 04 ④ 05 ④ 06 ②

07 15회의 시험실적으로부터 구한 콘크리트 압축강도의 표준편차가 2.5MPa이고, 콘크리트의 설계기준 압축강도가 30MPa인 경우 콘크리트의 배합강도는?

① 32.89MPa
② 33.26MPa
③ 33.89MPa
④ 34.26MPa

해설

1) 시험실적에 따른 표준편차 보정계수

시험회수	보정계수
15회	1.16
20회	1.08
25회	1.03
30회	1

2) 시험횟수 15회일 때 표준편차의 보정계수가 1.16이므로 수정된 표준편차
$S = 1.16 \times 2.5 = 2.9 MPa$

3) 설계기준 강도 35MPa 이하이므로
$f_{cr} = f_{cq} + 1.34S$
$= 30 + 1.34 \times 2.9 = 33.89 MPa$
$f_{cr} = (f_{cq} - 3.5) + 2.33S$
$= (30 - 3.5) + 2.33 \times 2.9$
$= 33.26 MPa$
두 값 중에서 큰 값을 배합강도를 정한다.
∴ $f_{cr} = 33.89 MPa$

08 경량골재 콘크리트의 특징으로 틀린 것은?

① 강도가 작다.
② 흡수율이 작다.
③ 탄성계수가 작다.
④ 열전도율이 작다.

해설

경량골재는 흡수율이 크다.

09 프리스트레스트 콘크리트에 대한 설명으로 틀린 것은?

① 프리스트레싱할 때의 콘크리트 압축강도는 프리텐션 방식으로 시공할 경우 30MPa이상이어야 한다.
② 프리스트레스트 그라우트에 사용하는 혼화제는 블리딩 발생이 없는 타입의 사용을 표준으로 한다.
③ 서중 시공의 경우에는 지연제를 겸한 감수제를 사용하여 그라우트 온도가 상승되거나 그라우트가 급결되지 않도록 하여야 한다.
④ 굵은 골재의 최대 치수는 보통의 경우 40mm를 표준으로 한다. 그러나 부재치수, 철근간격, 펌프압송 등의 사정에 따라 25mm를 사용할 수도 있다.

해설

프리스트레스트 콘크리트 굵은골재 최대치수는 보통의 경우 25mm를 표준으로하며, 부재치수, 철근간격, 펌프압송 등의 사정에 따라 20mm를 사용할 수도 있다.

10 콘크리트의 재료분리 현상을 줄이기 위한 사항으로 틀린 것은?
① 잔골재율을 증가시킨다.
② 물-시멘트비를 작게 한다.
③ 포졸란을 적당량 혼합한다.
④ 굵은 골재를 많이 사용한다.

해설
일반적으로 굵은골재를 많이 사용하면 콘크리트강도, 내구성, 수밀성 등이 좋아지나 지나치게 많이 사용하면 잔골재율 및 단위수량의 감소로 콘크리트 작업성이 떨어져서 재료분리의 원인이 된다.

11 숏크리트 시공에 대한 주의사항으로 틀린 것은?
① 숏크리트 작업에서 반발량이 최소가 되도록 하고, 리바운드된 재료는 즉시 혼합하여 사용하여야 한다.
② 숏크리트는 빠르게 운반하고, 급결제를 첨가한 후는 바로 뿜어붙이기 작업을 실시하여야 한다.
③ 대기 온도가 10°C이상일 때 뿜어붙이기를 실시하며, 그 이하의 온도일 때는 적절한 온도대책을 세운 후 실시한다.
④ 숏크리트는 뿜어붙인 콘크리트가 흘러내리지 않는 범위의 적당한 두께를 뿜어붙이고, 소정의 두께가 될 때까지 반복해서 뿜어붙여야 한다.

해설
숏크리트 작업에서 반발량이 최소가 되도록 하고, 리바운드된 재료는 혼합하여 사용해서는 안된다.

12 유동화 콘크리트에 대한 설명으로 틀린 것은?
① 유동화 콘크리트의 슬럼프 값은 최대 210 mm이하로 한다.
② 유동화제는 질량 또는 용적으로 계량하고, 그 계량 오차는 1회에 1% 이내로 한다.
③ 유동화 콘크리트의 슬럼프 증가량은 100 mm이하를 원칙으로 하며, 50~80mm를 표준으로 한다.
④ 베이스 콘크리트 및 유동화 콘크리트의 슬럼프 및 공기량 시험은 50m³마다 1회씩 실시하는 것을 표준으로 한다.

해설
유동화제 첨가량은 일반적으로 콘크리트를 비비는 용적 계산에서 무시해도 좋다.(시멘트 질량의 1%이하)

13 일반콘크리트 비비기로부터 타설이 끝날때까지의 시간 한도로 옳은 것은?
① 외기온도에 상관없이 1.5시간을 넘어서는 안 된다.
② 외기온도에 상관없이 2시간을 넘어서는 안 된다.
③ 외기온도가 25°C이상일 때에는 1.5시간, 25°C미만일 때에는 2시간을 넘어서는 안 된다.
④ 외기온도가 25°C 이상일 때에는 2시간, 25°C미만일 때에는 2.5시간을 넘어서는 안 된다.

해설
외기온도가 25°C이상일 때에는 1.5시간, 25°C미만일 때에는 2시간을 넘어서는 안 된다.

정답 10 ④ 11 ① 12 ② 13 ③

14 프리스트레스트 콘크리트 그라우트에 대한 설명으로 틀린 것은?
① 물-결합재비는 55%이하로 한다.
② 블리딩률은 0%를 표준으로 한다.
③ 팽창률은 팽창성 그라우트에서는 0~10%를 표준으로 하여야 한다.
④ 부재 콘크리트와 긴장재를 일체화시키는 부착강도는 재령 28일의 압축강도로 대신하여 설정할 수 있다.

해설
프리스트레스트 콘크리트 그라우트
1) 블리딩률은 0%를 표준으로 한다.
2) 팽창성 그라우트의 팽창률은 0~10%를 표준으로 한다.
3) 물-결합재비는 45% 이하로 한다.

15 콘크리트 타설에 대한 설명으로 틀린 것은?
① 콘크리트를 2층 이상으로 나누어 타설할 경우, 상층의 콘크리트 타설은 원칙적으로 하층의 콘크리트가 굳기 시작하기 전에 해야 한다.
② 콘크리트 타설 도중에 표면에 떠올라 고인블리딩수가 있을 경우에는 표면에 홈을 만들어 제거하여야 한다.
③ 한 구획 내의 콘크리트는 타설이 완료될 때까지 연속해서 타설해야 한다.
④ 콘크리트는 그 표면이 한 구획 내에서는 거의 수평이 되도록 타설하는 것을 원칙으로 한다.

해설
블리딩에 의하여 고인물을 제거하기 위하여 표면에 홈을 만드는 경우 오히려 시공이음의 하자가 될 수 있다.

16 콘크리트의 작업성(workability)을 증진시키기 위한 방법으로서 적당하지 않은 것은?
① 입도나 입형이 좋은 골재를 사용한다.
② 혼화재료로서 AE제나 감수제를 사용한다.
③ 일반적으로 콘크리트 반죽의 온도상승을 막아야 한다.
④ 일정한 슬럼프의 범위에서 시멘트량을 줄인다.

해설
일정한 슬럼프의 범위에서 시멘트량을 줄이면 단위수량도 감소되어 작업성이 감소된다.

17 한중 콘크리트에 대한 설명으로 틀린 것은?
① 하루의 평균기온이 4℃ 이하가 예상되는 조건일 때는 한중 콘크리트로 시공하여야 한다.
② 재료를 가열할 경우, 물 또는 골재를 가열하는 것으로 하며, 시멘트는 어떠한 경우라도 직접 가열할 수 없다.
③ 한중 콘크리트에는 공기연행 콘크리트를 사용하는 것을 원칙으로 한다.
④ 타설할 때의 콘크리트 온도는 구조물의 단면치수, 기상조건 등을 고려하여 25~30℃의 범위에서 정하여야 한다.

해설
타설할 때의 콘크리트 온도는 구조물의 단면 치수, 기상 조건 등을 고려하여 5 ~ 20℃의 범위에서 정하여야 한다. 기상 조건이 가혹한 경우나 부재 두께가 얇을 경우에는 칠 때의 콘크리트의 최저온도는 10℃ 정도를 확보하여야 한다.

18 콘크리트의 성능저하 원인의 하나인 알칼리골재 반응에 대한 설명으로 틀린 것은?
① 알칼리골재 반응을 억제하기 위하여 단위시멘트량을 크게 하여야 한다.
② 알칼리골재 반응은 고로슬래그 미분말, 플라이애시 등의 포졸란 재료에 의해 억제된다.
③ 알칼리골재 반응은 알칼리-실리카 반응, 알칼리-탄산염 반응, 알칼리-실리케이트 반응으로 분류한다.
④ 알카리골재 반응이 진행되면 무근콘크리트에서는 거북이등과 같은 균열이 진행된다.

해설
알카리 골재 반응을 억제하기 위하여 단위시멘트량 사용을 줄여서 시멘트의 알카리 성분 함량 낮추는 것이 필요하다.

19 콘크리트 배합설계 시 굵은 골재 최대치수의 선정방법으로 틀린 것은?
① 단면이 큰 구조물인 경우 40mm를 표준으로 한다.
② 일반적인 구조물의 경우 20mm 또는 25mm를 표준으로 한다.
③ 거푸집 양 측면 사이의 최소 거리의 1/3을 초과해서는 안 된다.
④ 개별 철근, 다발철근, 긴장재 또는 덕트사이 최소 순간격의 3/4을 초과해서는 안된다.

해설
굵은골재 최대치수 선정방법
1) 거푸집 양 측면 사이의 최소 거리의 1/5을 초과해서는 안 된다.
2) 슬래브 두께의 1/3 이하

20 콘크리트의 크리프에 영향을 미치는 요인에 대한 설명으로 틀린 것은?
① 온도가 높을수록 크리프는 증가한다.
② 조강시멘트는 보통시멘트보다 크리프가 작다.
③ 단위 시멘트량이 많을수록 크리프는 감소한다.
④ 물-시멘트비, 응력이 클수록 크리프는 증가한다.

해설
단위 시멘트량이 많을수록 크리프는 증가한다.

제2과목 건설시공 및 관리

21 보강토 옹벽의 뒤채움재료로 가장 적합한 흙은?
① 점토질흙
② 실트질흙
③ 유기질흙
④ 모래 섞인 자갈

해설
보강토 뒷채움재는 흙의 마찰각이 있는 모래 섞인 자갈이 적합하다.

22 준설능력이 크고 대규모 공사에 적합하여 비교적 넓은 면적의 토질준설에 알맞고 선(船)형에 따라 경질토 준설도 가능한 준설선은?
① 그래브 준설선
② 디퍼 준설선
③ 버킷 준설선
④ 펌프 준설선

해설
버킷 준설선(Bucket Dredger)
1) Bucket 준설선은 상향식 에스컬레이터와 같은 사다리를 물밑까지 내리고 체인으로 연결된 많은 버킷들이 사다리 주위를 무한궤도로 돌게 하면서 바닥의 흙·모래 등을 긁어 담는 준설방식
2) 특 징
   준설능력이 크고 대규모 공사에 적합하다. 넓은 면적의 토질 준설에 적합하고 선(船)형에 따라 경질토 준설이 가능하다. 굴착면을 평탄하게 해저를 비교적 고르게 준설할 수 있다.

23 37,800m³(완성된 토량)의 성토를 하는데 유용토가 40,000m³(느슨한 토량)이 있다. 이때 부족한 토량은 본바닥 토량으로 얼마인가?(단, 흙의 종류는 사질토이고 토량의 변화율은 L=1.25, C=0.90이다.)

① 8,000m³　　② 9,000m³
③ 10,000m³　　④ 11,000m³

해설

1) 본바닥토량 = $37,800 \times \frac{1}{0.9} = 42,000$

2) 본바닥토량 = $40,000 \times \frac{1}{1.25} = 32,000$

3) 부족토량 = $42,000 - 32,000 = 10,000 m^3$

24 벤치 컷에서 벤치의 높이가 8m, 천공간경이 4m, 최소 저항선이 4m일 때 암석 굴착할 경우 장약량은? (단, 폭파계수(C)는 0.181이다.)

① 20.0kg　　② 23.2kg
③ 31.2kg　　④ 35.6kg

해설

장약량(L)

L = C · S · W · H
 = 0.181×4×4×8 = 23.2kg

여기서 L : 장약량(kg), C : 폭파계수
　　　　W : 최소저항선(m), H : 벤치높이(m)
　　　　S : 천공간격

25 유토곡선(Mass curve)의 성질에 대한 설명으로 틀린 것은?

① 유토곡선의 최댓값, 최솟값을 표시하는 점은 절토와 성토의 경계를 말한다.
② 유토곡선의 상승부분은 성토, 하강부분은 절토를 의미한다.
③ 유토곡선의 기선아래에서 종결될 때에는 토량이 부족하고 기선위에서 종결될 때에는 토량이 남는다.
④ 기선상에서의 토량은 "0"이다.

해설

유토곡선의 성질

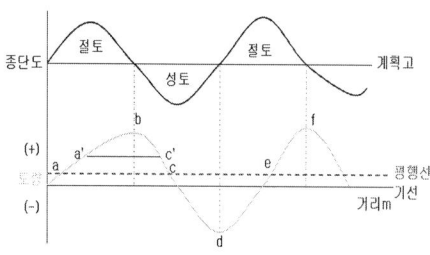

1) 유토곡선에서 상향구간(a∩b, d∩f)은 절토, 하향구간(b~d)은 성토

2) 절토에서 성토의 경계점은 극대점 성토에서 절토의 경계점은 극소점
3) 기선(기본선)에 평행한 임의직선을 그어 곡선과의 교점을 절토와 성토가 평형되게 하는선을 평행선
4) 평균운반거리 : a∩c 구간의 평균운반거리는 a'c'
5) 토적곡선이 기선 위에서 끝나면 토량이 남는것을 뜻하고, 반대이면 토량이 부족하다는 뜻.

26 교량의 구조에 따른 분류 중 아래에서 설명하는 교량 형식은?

> 주탑, 케이블, 주형의 3요소로 구성되어 있고, 케이블을 주형에 정착시킨 교량형식이며, 장지간 교량에 적합한 형식으로서 국내 서해대교에 적용된 형식이다.

① 사장교
② 현수교
③ 아치교
④ 트러스교

해설

사장교(cable-stayed girder bridge)
1) 주탑에서 비스듬히 친 케이블로 거더를 매단 교량으로 경간(徑間) 200~340m 정도 범위의 도로교에 많이 사용되며, 미관이 뛰어난 설계가 가능하다.
2) 한국에는 올림픽대교, 서해대교, 인천대교, 진도대교, 돌산대교 등이 있다

27 공기케이슨 공법의 장점에 대한 설명으로 틀린 것은?

① 토층의 확인이 가능하다.
② 장애물 제거가 용이하다.
③ 보일링 현상 및 히빙 현상의 방지로 인접구조물에 대한 피해가 없다.
④ 소규모의 공사나 깊이가 얕은 경우에도 경제적이다.

해설

대규모의 공사나 깊이가 깊은 경우에 경제적이다.

28 아스팔트 콘크리트포장의 소성변형(rutting)에 대한 설명으로 틀린 것은?

① 아스팔트 콘크리트포장의 노면에서 차의 바퀴가 집중적으로 통과하는 위치에 생기는 도로연장 방향으로의 변형을 말한다.
② 하절기의 이상 고온 및 아스팔트량이 많은 경우 발생하기 쉽다.
③ 침입도가 작은 아스팔트를 사용하거나 골재의 최대치수가 큰 경우 발생하기 쉽다.
④ 변형이 발생한 위치에 물이 고일 경우 수막현상 등을 일으켜 주행 안전성에 심각한 영향을 줄 수 있다.

해설

침입도가 큰 아스팔트를 사용하거나 골재의 최대치수가 작은 경우 발생하기 쉽다.

29 그림과 같은 절토 단면도에서 길이 300m에 대한 토량은?

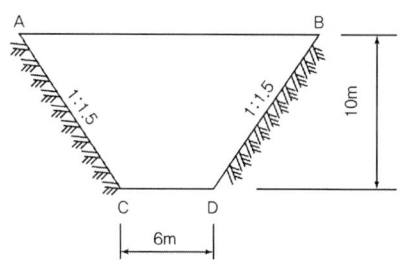

① 5700m³
② 6030m³
③ 6300m³
④ 6600m³

해설

∴ 토량 : $\dfrac{(36+6)}{2} \times 300 = 6,300 m^3$

30 PERT와 CPM의 차이점에 대한 설명으로 틀린 것은?
① PERT의 주목적은 공기단축, CPM은 공사비 절감이다.
② PERT는 작업 중심의 일정계산이고, CPM은 결합점 중심의 일정계산이다.
③ PERT는 3점 시간 추정이고, CPM은 1점시간 추정이다.
④ PERT의 이용은 신규사업, 비반복사업에 이용되고, CPM은 반복사업, 경험이 있는 사업에 이용된다.

해설

PERT는 결합점 중심의 일정계산이고, CPM은 작업활동 중심의 일정계산이다.

31 댐에 관한 일반적인 설명으로 틀린 것은?
① 흙댐(Earth dam)은 기초가 다소 불량해도 시공할 수 있다.
② 중력식 댐(Gravity dam)은 안전율이 가장 높고 내구성도 크나 설계이론이 복잡하다.
③ 아치 댐(Arch dam)은 암반이 견고하고 계곡폭이 좁은 곳에 적합하다.
④ 부벽식 댐(Buttress dam)은 구조가 복잡하여 시공이 곤란하고 강성이 부족한 것이 단점이다.

해설

중력식 댐은 설계이론이 간단하고 자중이 크므로 견고한 지반이 필요하다.

32 암거의 배열방식 중 집수지거를 향하여 지형의 경사가 완만하고, 같은 습윤상태인 곳에 적합하며, 1개의 간선집수지 또는 집수지거로 가능한 한 많은 흡수거를 합류하도록 배열하는 방식은?

① 자연식(Natural system)
② 차단식(Intercepting system)
③ 빗식(Gridiron system)
④ 집단식(Grouping system)

해설

암거의 배열방식
(1) 자연식
　자연지형에 맞추어서 암거를 매설하는 방식
(2) 차단식
　인접한 지대, 배수 지구를 둘러싼 높은 지대에서의 침투수를 차단할 수 있는 위치에 설치하여 배수구 내의 침투수를 막을 수 있는 곳에 암거를 설치하는 배열방식
(3) 빗 식
　집수 지거를 향하여 지형의 경사가 완만하고 같은 습윤상태인 곳에 적합한 배열방식으로, 1개의 간선 집수지 또는 집수지거로 되도록 많은 흡수거를 합류하도록 만든 배열방식
(4) 집단식
　1개 지구내에 여러개의 형태의 소규모 암거배수를 집단적으로 설치하여 배수시키는 배열방식
(5) 어골식
　길이가 길고 폭이 좁은 오목한 지대의 중앙에 집수지거가 가로로 배치되어 있고 흡수거가 그 양쪽에서 합류하여 물고기뼈와 같은 형태의 배열방식

33 강말뚝의 부식에 대한 대책으로 적당하지 않은 것은?

① 초음파법
② 전기 방식법
③ 도장에 의한 방법
④ 말뚝의 두께를 증가시키는 방법

해설

초음파법은 음파를 피사체에 보내 돌아오는 파의 시간을 가지고 구조물의 강도 및 결함유무 등을 파악

34 흙의 지지력 시험과 직접적인 관계가 없는 것은?

① 평판재하시험
② CBR 시험
③ 표준관입시험
④ 정수위 투수시험

해설

정수위 투수시험은 투수계수 관련 시험이다.

정답 32 ③　33 ①　34 ④

35 아래 그림과 같은 네트워크 공정표에서 전체공기는?

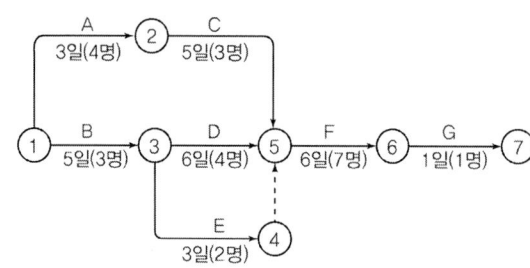

① 12일 ② 15일
③ 18일 ④ 21일

해설

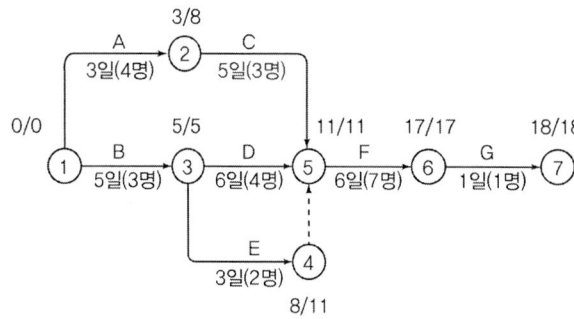

C.P : B → D → F → G
전체 공기 : 18일

36 딥퍼(dipper)용량이 0.8m³일 때 파워 셔블의 1일 작업량을 구하면? (단, 사이클 타임은 30초, 딥퍼계수는 1.0, 흙의 토량 변화율(L)은 1.25, 작업효율은 0.6, 1일 운전시간은 8시간이다.)

① 286.64m³/day ② 324.52m³/day
③ 368.64m³/day ④ 452.50m³/day

해설

1) 시간당 작업량

$$Q = \frac{3,600 q \cdot k \cdot f \cdot E}{C_m}$$

$$= \frac{3,600 \times 0.8 \times 1.0 \times \frac{1}{1.25} \times 0.6}{30}$$

$$= 46.08 m^3/hr$$

2) 1일 작업량

46.08×8=368.64m³/day

∴ 1일 작업량 : 368.64m³/day

정답 35 ③ 36 ③

37 15t의 덤프트럭에 1.2m³의 버킷을 갖는 백호로 흙을 적재하고자 한다. 흙의 밀도가 1.7t/m³이고, 토량변화율 L=1.25이고, 버킷계수가 0.9일 때 트럭 1대당 백호 적재횟수?

① 5회
② 8회
③ 11회
④ 14회

해설

1) $q_t = \dfrac{T}{\gamma_t}L = \dfrac{15}{1.7} \times 1.25 = 11.03 m^3$

2) $n = \dfrac{q_t}{qk} = \dfrac{11.03}{1.2 \times 0.9} = 10.21 ≒ 11$회

38 폭우 시 옹벽 배면의 흙은 다량의 물을 함유하게 되는데 뒤채움 흙에 배수 시설이 불량할 경우 침투수가 옹벽에 미치는 영향에 대한 설명으로 틀린 것은?

① 수평 저항력의 증가
② 활동면에서의 양압력 증가
③ 옹벽 저면에서의 양압력 증가
④ 포화 또는 부분포화에 의한 흙의 무게 증가

해설
배수시설이 불량한 경우 수평력 증가 한다.

39 시멘트 콘크리트 포장에 대한 설명으로 틀린 것은?

① 내구성이 풍부하다.
② 재료구입이 용이하다.
③ 부분적인 보수가 곤란하다.
④ 양생기간이 짧고, 주행성이 좋다.

해설
시멘트 콘크리트 포장은 양생 기간이 길고 주행성이 아스콘 포장보다 안좋다.

40 다음에서 설명하는 조절발파 공법의 명칭은?

> 원리는 쿠션 블라스팅 공법과 같으나 굴착선에 따라 천공하여 주굴착의 발파공과 동시에 점화하고 그 최종단에서 발파시키는 것이 이 공법의 특징이다.

① 벤치 컷
② 라인 드릴링
③ 프리스플리팅
④ 스무스 블라스팅

해설
스무스 블라스팅(Smooth Blasting)
1) 터널 단면의 최 외각부의 발파공에 주로 사용하며 여굴을 최소화하기 위해서 Line Drilling 하거나 큰 천공경에 작은 약포경을 사용하여 Decoupling 지수를 높이면서 정밀화약(FINEX)을 사용하는 발파공법
2) 원리는 쿠션블라스팅과 같으나 굴착선에 따라 천공하여 주굴착의 발파공과 동시에 점화하고 그 최종단에서 발파시키는 것이 이 공법의 특징.

정답 37 ③ 38 ① 39 ④ 40 ④

제3과목 건설재료 및 시험

41 강의 열처리 방법 중에서 800~1000°C로 가열시킨 후 공기 중에서 서서히 냉각하여 강 속의 조직이 치밀하게 되고 잔류응력이 제거되게 하는 방법은?

① 뜨임
② 풀림
③ 불림
④ 담금질

해설

강의 열처리
① 풀 림
  1) 강을 적당한 온도(800~1,000°C)로 일정한 시간 가열한 후에 용광로 안에서 서서히 냉각시키는 방법
  2) 강을 연화, 결정조직을 균질화, 내부응력의 제거, 및 강의 기계적 물리적 성질변화를 목적으로 한다.
② 불 림
  1) 800~1000°C로 가열시킨 후 공기 중에서 서서히 냉각하여 강속의 조직이 치밀하게되고 잔류응력이 제거되게 하는 방법
  2) 불균질한 조직을 미세화하고 균질화, 기계적 성질 향상, 강의 내부변형 및 응력의 제거 등을 목적으로 한다.
③ 담금질
  1) 강을 700~750°C 정도 가열했다가 물 또는 기름속에서 급냉시키는 열처리 과정을 말한다.
  2) 강의 강도 및 경도를 증대 시킬 목적으로 한다.
④ 뜨 임
  1) 뜨임은 강을 담금질하면 경도는 커지나 메지기 쉬우므로 이를 변태점 이하의 적당한온도로 재가열 했다가 공기 속에서 냉각 시키는 방법
  2) 담금질한 강에 인성을 주기위하여 조직을 연화, 안정시켜서 내부응력을 없애는 열처리방법으로 소려(燒戾)라고도 한다.

42 목재의 건조방법 중 인공건조법이 아닌 것은?

① 수침법
② 끓임법
③ 증기법
④ 열기법

해설

목재의 건조법
1) 자연건조법 : 공기건조법, 침수법
2) 인공건조법 : 끓임법(자비법), 증기건조법, 열기건조법

43 분말도가 큰 시멘트의 성질에 대한 설명으로 옳은 것은?
① 응결이 늦고 발열량이 많아진다.
② 초기 강도는 작으나 장기 강도의 증진이 크다.
③ 물에 접촉하는 면적이 커서 수화작용이 늦다.
④ 워커빌리티(workability)가 좋은 콘크리트를 얻을 수 있다.

해설
분말도가 높은 시멘트는 물에 접촉되는 면적이 커져 워커빌리티가 좋은 콘크리트를 얻을 수 있다.

44 암석의 분류 중 성인(지질학적)에 의한 분류의 결과가 아닌 것은?
① 화성암　　　　　　　② 퇴적암
③ 변성암　　　　　　　④ 점토질암

해설
암석의 분류
1) 화성암
2) 퇴적암
3) 변성암

45 토목섬유 중 폴리머를 판상으로 압축시키면서 격자모양의 형태로 구멍을 내어 만든 후 여러 가지 모양으로 늘린 것으로 연약지반 처리 및 지반 보강용으로 사용되는 것은?
① 웨빙(webbing)　　　　② 지오그리드(geogrid)
③ 지오텍스타일(geotextile)　④ 지오멤브레인(geomembrane)

해설
지오그리드
① 지오그리드는 리브(rib)사이에 대략 1~10 cm의 작은구멍을 가진 격자형 재료이다.
② 주기능으로 보강 기능 및 분리 기능이 있다.

46 포틀랜드 시멘트(KS L 5201)에서 1종인 보통 포틀랜드 시멘트의 비카 시험에 따른 초결 및 종결 시간에 대한 규정으로 옳은 것은?
① 초결 : 60분 이상, 종결 : 10시간 이하
② 초결 : 50분 이상, 종결 : 15시간 이하
③ 초결 : 40분 이상, 종결 : 9시간 이하
④ 초결 : 120분 이상, 종결 : 10시간 이하

해설
포틀랜드 시멘트(KS L 5201)에서 1종인 보통 포틀랜드 시멘트의 비카 시험에 따른 초결 및 종결 시간에 대한 규정은 초결 : 60분 이상, 종결 : 10시간 이하

정답　43 ④　44 ④　45 ②　46 ①

47 콘크리트용 잔골재의 안정성에 대한 설명으로 옳은 것은?

① 잔골재의 안정성은 수산화나트륨으로 5회 시험으로 평가하며, 그 손실질량은 10%이하를 표준으로 한다.
② 잔골재의 안정성은 수산화나트륨으로 3회 시험으로 평가하며, 그 손실질량은 5%이하를 표준으로 한다.
③ 잔골재의 안정성은 황산나트륨으로 5회 시험으로 평가하며, 그 손실질량은 10%이하를 표준으로 한다.
④ 잔골재의 안정성은 황산나트륨으로 3회 시험으로 평가하며, 그 손실질량은 5%이하를 표준으로 한다.

해설

콘크리트용 골재의 품질기준

잔골재	굵은 골재
· 절건밀도는 2.5g/cm³ 이상 · 흡수율은 3% 이하 · 안정성은 10% 이하	· 절건밀도는 2.5g/cm³ 이상 · 흡수율은 3% 이상 · 안정성은 12% 이하 · 마모율은 40% 이하

48 대폭파 또는 수중폭파에서 동시 폭파를 실시하기 위하여 뇌관 대신에 사용하는 것은?

① 도화선 ② 도폭선
③ 첨장약 ④ 공업용 뇌관

해설

도폭선

1) 도폭선은 폭약을 금속 또는 섬유로 피복한 끈모양의 화공품으로서, 대폭파와 수중 폭파 등을 동시 폭파할 경우 뇌관 대신 사용하는 기폭 용품이다.
2) 면화약을 심약으로 하고 마사 면사 등으로 싸서 방습 포장을 한 것으로 점폭하면 5000m/s의 폭속으로 폭굉한다.

49 부순 굵은 골재의 품질에 대한 설명으로 틀린 것은?
① 마모율은 30% 이하이어야 한다.
② 흡수율은 3% 이하이어야 한다.
③ 입자 모양 판정 실적률 시험을 실시하여 그 값이 55% 이상이어야 한다.
④ 0.08mm체 통과량은 1.0% 이하이어야 한다.

해설

콘크리트용 골재의 품질기준

잔골재	굵은 골재
· 절건밀도는 2.5g/cm³ 이상 · 흡수율은 3% 이하 · 안정성은 10% 이하	· 절건밀도는 2.5g/cm³ 이상 · 흡수율은 3% 이상 · 안정성은 12% 이하 · 마모율은 40% 이하

50 플라이애시를 사용한 콘크리트의 특성으로 옳은 것은?
① 작업성 저하 ② 수화열 증가
③ 단위수량 감소 ④ 건조수축 증가

해설

플라이애시를 사용한 콘크리트는 단위수량이 감소한다.

51 아스팔트의 침입도 시험기를 사용하여 온도 25°C로 일정한 조건에서 100g의 표준 침이 3mm 관입했다면, 이 재료의 침입도는 얼마인가?
① 3 ② 6
③ 30 ④ 60

해설

침입도
침입도는 침의 관입량을 0.1mm 단위로 나타낸 것을 침입도 1로 한다.
1) 0.1 : 1 = 3 : x
2) x = 30

52 콘크리트 내부에 미세한 크기의 독립기포를 형성하여 워커빌리티 및 동결융해에 대한 저항성을 높이기 위하여 사용하는 혼화제는?
① 고성능감수제 ② 팽창제
③ 발포제 ④ AE제

해설

AE제는 워커빌리티 및 동결 융해에 대한 저항성을 향상 시킨다.

53 잔골재 A의 조립률이 2.5이고, 잔골재 B의 조립률이 2.9일 때, 이 잔골재 A와 B를 섞어 조립률 2.8의 잔골재를 만들려면 A와 B의 질량비를 얼마로 섞어야 하는가? (단, 질량비는 A:B로 나타낸다.)
① 1 : 1 ② 1 : 2
③ 1 : 3 ④ 1 : 4

해설
1) A+B=100 ················ ①
2) (2.5A+2.9B)=2.8(A+B)······ ②
3) ②에서 2.5A+2.9B=2.8A+2.8B
   0.3A-0.1B = 0 ········ ③
   0.3A=0.1(100-A)
   0.3A=10-0.1A
4) A = 25%(1), B=75%(3)

54 역청 재료의 성질 및 시험에 대한 설명으로 틀린 것은?
① 인화점은 연소점보다 30~60°C 정도 높다.
② 일반적으로 가열속도가 빠르면 인화점은 떨어진다.
③ 연화점 시험 시 시료를 환에 주입하고 4시간 이내에 시험을 종료한다.
④ 연화점 시험 시 중탕 온도를 연화점이 80°C이하인 경우는 5°C로, 80°C초과인 경우는 32°C로 15분간 유지한다.

해설
1) 아스팔트의 인화점은 250~320°C이고 연소점은 인화점보다 25~60°C 정도 높다.
2) 아스팔트를 가열했을 때 인화하는데 이때의 최저 온도를 인화점이라 한다.
3) 아스팔트를 계속 가열하여 불꽃이 5초 동안 계속 될때의 최저 온도를 연소점이라 한다.

55 아스팔트 시료를 일정비율 가열하여 강구의 무게에 의해 시료가 25mm 내려갔을 때 온도를 측정한다. 이는 무엇을 구하기 위한 시험인가?
① 침입도 ② 인화점
③ 연소점 ④ 연화점

해설
연화점은 시료가 규정된 거리 (25.4mm)로 처졌을 때의 온도를 의미하며, 침입도와 연화점은 반비례 상태로서 연화점은 35~75°C 정도이다.

56 콘크리트용 혼화재료에 대한 설명으로 틀린 것은?
① 고로슬래그 시멘트를 사용한 콘크리트의 경우 목표 공기량을 얻기 위해서는 보통 콘크리트에 비하여 AE제의 사용량이 증가된다.
② 고로슬래그 미분말은 비결정질의 유리질 재료로 잠재수경성을 가지고 있으며, 유리화율이 높을수록 잠재수경성 반응은 커진다.
③ 팽창재를 사용한 콘크리트의 팽창률 및 압축강도는 팽창재 혼입량이 증가할수록 계속 증가한다.
④ 실리카 품은 입경이 $1\mu m$이하, 평균입경은 $0.1\mu m$정도의 초미립자로 이루어진 비결정질 재료로 시멘트 수화에서 생성되는 수산화칼슘과 강력한 포졸란 반응을 한다.

해설
1) 팽창재를 사용한 콘크리트 팽창률은 팽창재 혼입량이 증가되면 될수록 증가한다.
2) 팽창재를 사용한다고 압축강도가 증가 되지는 않는다.

57 잔골재의 유해물 함유량 허용한도 중 점토덩어리인 경우 중량백분율로 최댓값은 얼마인가?
① 1%   ② 2%
③ 3%   ④ 4%

해설
잔골재의 유해물 함유량

종 류	최대값
점토 덩어리	1
염화물(NaCl 환산량)	0.04

58 포틀랜드 시멘트의 주성분 비율 중 수경률(Hydraulic Modulus)에 대한 설명으로 틀린 것은?
① 수경률은 CaO성분이 많을 경우 커진다.
② 수경률은 다른 성분이 일정할 경우 석고량이 많을수록 커진다.
③ 수경률이 크면 초기강도가 커진다.
④ 수경률이 크면 수화열이 큰 시멘트가 생긴다.

해설
수경률(Hydraulic modulus)
1) 수경률(HM) = $\dfrac{CaO}{SiO_2 + Al_2O_3 + Fe_2O_3}$
2) 수경률은 산성성분에 대한 염기성분의 비율을 나타내는 것으로 수경률이 클수록 초기강도가 증가하며, 석고량과는 관계가 없다.

59 단위용적질량이 1.65kg/L인 굵은 골재의 절건밀도가 2.65kg/L일 때 이 골재의 공극률은 얼마인가?

① 28.6% ② 30.3%
③ 33.3% ④ 37.7%

해설

1) 실적률
$$= \frac{골재의 단위질량(100+흡수율)}{골재의 표건밀도}$$
$$= \frac{골재의 단위용적질량}{골재의 절건밀도} \times 100$$
$$= \frac{1.65}{2.65} \times 100 = 62.26\%$$

2) 공극률
100-실적률=100-62.26=37.74

60 재료의 역학적 성질 중 재료를 두들길 때 얇게 퍼지는 성질을 무엇이라 하는가?

① 인성 ② 강성
③ 전성 ④ 취성

해설

전성
압력을 가하거나 망치로 두드리면 넓은 판으로 얇게 퍼지는 성질

제4과목 토질 및 기초

61 사운딩(Sounding)의 종류에서 사질토에 가장 적합하고 점성토에서도 쓰이는 시험법은?

① 표준 관입 시험 ② 베인 전단 시험
③ 더치 콘 관입 시험 ④ 이스키미터(Iskymeter)

해설

표준관입시험
중공의 Split Spoon Sampler를 Drill Rod에 장착하여 (63.5±0.5)kg의 해머로 (76±1)cm의 높이에서 타격하여 Sampler가 30cm 관입 될 때까지 요구되는 타격횟수 N값을 구하는 시험으로, 처음 관입시 Rod 회전으로 인한 교란된 흙을 배제하기 위하여 15cm 관입에 해당하는 N값은 제외한 후 그 후 30cm 관입에 대한 타격수로 N값을 구한다.

62 지표면에 설치된 2m×2m의 정사각형 기초에 100kN/m²의 등분포 하중이 작용하고 있을 때 5m 깊이에 있어서의 연직응력 증가량을 2:1 분포법으로 계산한 값은?

① 0.83kN/m² ② 8.16kN/m²
③ 19.75kN/m² ④ 28.57kN/m²

해설

$$\triangle \sigma_v = \frac{q_s \cdot B \cdot L}{(B+Z)(L+Z)} = \frac{100 \times 2 \times 2}{(2+5) \times (2+5)}$$
$$= 8.16 kN/m^2$$

63 어떤 흙의 입경가적곡선에서 D_{10}=0.05mm, D_{30}=0.09mm, D_{60}=0.15mm이었다. 균등계수(C_u)와 곡률계수(C_g)의 값은?

① 균등계수=1.7, 곡률계수=2.45 ② 균등계수=2.4, 곡률계수=1.82
③ 균등계수=3.0, 곡률계수=1.08 ④ 균등계수=3.5, 곡률계수=2.08

해설

1) 균등계수 $C_u = \dfrac{D_{60}}{D_{10}} = \dfrac{0.15}{0.05} = 3$

2) 곡률계수 $C_g = \dfrac{D_{30}^2}{D_{10} \cdot D_{60}} = \dfrac{0.09^2}{0.05 \times 0.15} = 1.08$

64 다음 중 일시적인 지반 개량 공법에 속하는 것은?

① 동결공법 ② 프리로딩 공법
③ 약액주입 공법 ④ 모래다짐말뚝 공법

해설

일시적 지반 개량 공법
1) 생석회 Pile 공법(산화 칼슘 CaO)
2) 소결공법
3) 동결공법
4) Well point 공법
5) 대기압공법

65 압밀시험결과 시간-침하량 곡선에서 구할 수 없는 값은?

① 초기 압축비
② 압밀 계수
③ 1차 압밀비
④ 선행압밀 압력

해설
선행압밀 하중은 e-logP 곡선에서 구할 수 있다.

66 100% 포화된 흐트러지지 않은 시료의 부피가 20cm³이고 질량이 36g이었다. 이 시료를 건조로에서 건조시킨 후의 질량이 24g일 때 간극비는 얼마인가?

① 1.36
② 1.50
③ 1.62
④ 1.70

해설

1) $V_v = V_w = \dfrac{W_w}{\gamma_w} = W_w = W - W_s$
   $= 36 - 24 = 12 cm^3$

2) $e = \dfrac{V_v}{V_s} = \dfrac{V_v}{V - V_v} = \dfrac{12}{20 - 12} = 1.5$

67 Terzaghi의 1차원 압밀이론에 대한 가정으로 틀린 것은?

① 흙은 균질하다.
② 흙은 완전 포화되어 있다.
③ 압축과 흐름은 1차원적이다.
④ 압밀이 진행되면 투수계수는 감소한다.

해설
Terzaghi의 1차 압밀 가정사항
1) 흙은 균질하고 토립자 공극은 완전포화되어있다.
2) 흙 입자와 물의 비압축성이다.
3) 흙 속의 물은 Darcy 법칙에 따르며 투수계수는 압력크기와 상관없이 일정하다.
4) 압밀침하는 일축방향 (1차원)으로만 진행된다.
5) 어떤 압력이 작용해도 토립자의 성질은 변하지 않는다.

68 흙의 투수성에서 사용되는 Darcy의 법칙($Q = k \cdot \dfrac{\triangle h}{L} \cdot A$)에 대한 설명으로 틀린 것은?

① △h는 수두차이다.
② 투수계수(k)의 차원은 속도의 차원(cm/s)과 같다.
③ A는 실제로 물이 통하는 공극부분의 단면적이다.
④ 물의 흐름이 난류인 경우에는 Darcy의 법칙이 성립하지 않는다.

해설
A는 물의 흐름 방향에 직교하는 흙의 단면적이다.

정답 65 ④ 66 ② 67 ④ 68 ③

69 평판 재하 시험에서 재하판의 크기에 의한 영향(scale effect)에 관한 설명으로 틀린 것은?
① 사질토 지반의 지지력은 재하판의 폭에 비례한다.
② 점토지반의 지지력은 재하판의 폭에 무관하다.
③ 사질토 지반의 침하량은 재하판의 폭이 커지면 약간 커지기는 하지만 비례하는 정도는 아니다.
④ 점토지반의 침하량은 재하판의 폭에 무관하다.

해설

재하판 크기에 대한 보정
1) 점성토 기초지지력
$$q_{u(f)} = q_{u(p)}$$
2) 점성토 즉시 침하량
$$S_f = S_p \cdot \frac{B_f}{B_p}$$
점성토 지반의 침하량은 기초크기가 증가하면 지중응력 범위가 증가하여 침하 대상층이 더 커지게된다. 따라서 실제기초 크기와 재하판 크기에 따른침하량은 비례관계가 성립
3) 사질토 기초지지력
$$q_{u(f)} = q_{u(p)} \cdot \frac{B_{(f)}}{B_{(p)}}$$
4) 사질토 즉시 침하량
$$S_f = S_p \cdot \left(\frac{2B_f}{B_p + B_f}\right)^2$$

70 Paper drain 설계 시 Drain paper의 폭이 10cm, 두께가 0.3cm일 때 Drain paper의 등치환산원의 직경이 약 얼마이면 Sand drain과 동등한 값으로 볼 수 있는가? (단, 형상계수(α)는 0.75이다.)
① 5cm ② 8cm
③ 10cm ④ 15cm

해설

등치환산원 직경
$$D = \alpha \frac{2A + 2B}{\pi} = 0.75 \times \frac{2 \times 10 + 2 \times 0.3}{\pi} = 5cm$$

정답 69 ④ 70 ①

71 점착력이 8kN/m², 내부 마찰각이 30°, 단위중량 16kN/m³인 흙이 있다. 이 흙에 인장균열은 약 몇 m 깊이까지 발생할 것인가?

① 6.92m
② 3.73m
③ 1.73m
④ 1.00m

해설

인장균열깊이

$$Z_c = \frac{2c\tan\left(45°+\frac{\phi}{2}\right)}{\gamma_t} = \frac{2\times 8\times \tan\left(45+\frac{30}{2}\right)}{16} = 1.73m$$

72 그림에서 A점 흙의 강도정수가 c'=30kN/m², ϕ'=30°일 때, A점에서의 전단강도는? (단, 물의 단위중량은 9.81kN/m³이다.)

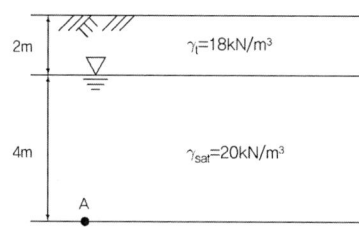

① 69.31kN/m²
② 74.32kN/m²
③ 96.97kN/m²
④ 103.92kN/m²

해설

1) 지반의 전단강도
   $\tau = c + \bar{\sigma}\cdot\tan\phi$
2) 유효응력
   $\bar{\sigma} = 18\times 2 + (20-9.81)\times 4 = 76.76 kN/m^2$
   ∴ 전단강도 = 30 + 76.76tan30°
   　　　　 = 74.32kN/m²

73 말뚝 지지력에 관한 여러 가지 공식 중 정역학적 지지력 공식이 아닌 것은?

① Dörr의 공식
② Terzaghi의 공식
③ Meyerhof의 공식
④ Engineering news 공식

해설

Engineering-News 공식은 동역학적 공식에 해당된다.

74 외경이 50.8mm, 내경이 34.9mm인 스플릿 스푼 샘플러의 면적비는?

① 112%   ② 106%
③ 53%   ④ 46%

해설

면적비

면적비는 샘플러를 삽입함으로써 배제되는 흙체적의 비율을 나타내며 시료면적비가 10%이하 시 불교란으로 판정

$$A_r = \frac{D_o^2 - D_i^2}{D_i^2} \times 100$$

$$A_r = \frac{50.8^2 - 34.9^2}{34.9^2} \times 100 = 112\%$$

75 성토나 기초지반에 있어 특히 점성토의 압밀 완료 후 추가 성토 시 단기 안정문제를 검토하고자 하는 경우 적용되는 시험법은?

① 비압밀 비배수시험   ② 압밀 비배수시험
③ 압밀 배수시험   ④ 일축압축시험

해설

CU 시험(압밀 비배수) 적용

1) 점토 지반을 Pre-loading 공법 등으로 미리 압밀 시킨 후에 추가적으로 급속히 재하 성토를 실시하여 비배수 상태의 안정성을 검토하는 경우 적용
2) 한계성토고 이상으로 단계성토시 적용
3) 수위 급강하시 댐 제체의 상류측 안정성 검토적용
4) 이미 안정된 성토 제방에 추가로 급속 성토시공후 단기 안정성 검토

76 아래 그림과 같은 지반의 A점에서 전응력(σ), 간극수압(u), 유효응력(σ')을 구하면?(단, 물의 단위중량은 9.81kN/m³이다.)

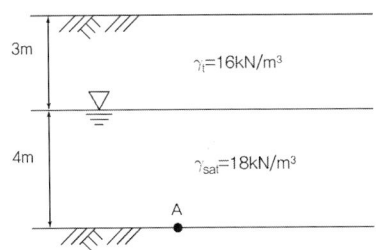

① σ=100kN/m², u=9.8kN/m², σ'=90.2kN/m²
② σ=100kN/m², u=29.4kN/m², σ'=70.6kN/m²
③ σ=120kN/m², u=19.6kN/m², σ'=100.4kN/m²
④ σ=120kN/m², u=39.2kN/m², σ'=80.8kN/m²

해설

전응력 $\sigma = 16 \times 3 + 18 \times 4 = 120 kN/m^2$

간극수압 $u = 9.81 \times 4 = 39.2 kN/m^2$

유효응력 $\sigma' = 120 - 39.2 = 80.8 kN/m^2$

77 그림과 같은 점토지반에서 안전수(m)가 0.1인 경우 높이 5m의 사면에 있어서 안전율은?

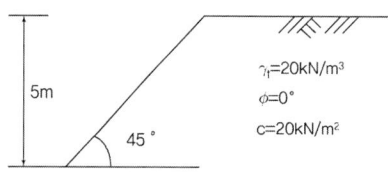

① 1.0
② 1.25
③ 1.50
④ 2.0

해설

안전율 $= \dfrac{H_c}{H}$

1) $H_c = \dfrac{N_s \cdot c}{\gamma_t} = \dfrac{\dfrac{1}{m} \times c}{\gamma_t}$

$H_c = \dfrac{N_s \cdot c}{\gamma_t} = \dfrac{\dfrac{1}{m} \times c}{\gamma_t} = \dfrac{\dfrac{1}{0.1} \times 20}{20} = 10m$

여기서 N_s : 안정계수

∴ 안전율 $= \dfrac{H_c}{H} = \dfrac{10}{5} = 2$

78 흙의 다짐에 대한 설명으로 틀린 것은?

① 최적함수비로 다질 때 흙의 건조밀도는 최대가 된다.
② 최대건조밀도는 점성토에 비해 사질토일수록 크다.
③ 최적함수비는 점성토일수록 작다.
④ 점성토일수록 다짐곡선은 완만하다.

해설

최적함수비는 점성토일수록 크다.

79 얕은 기초에 대한 Terzaghi의 수정지지력 공식은 아래의 표와 같다. 4m×5m의 직사각형 기초를 사용할 경우 형상계수 α와 β의 값으로 옳은 것은?

$$q_u = \alpha c N_c + \beta \gamma_1 B N_\gamma + \gamma_2 D_f N_q$$

① α=1.18, β=0.32
② α=1.24, β=0.42
③ α=1.28, β=0.42
④ α=1.32, β=0.38

해설

$\alpha = 1 + 0.3 \cdot \dfrac{B}{L} = 1 + 0.3 \times \dfrac{4}{5} = 1.24$

$\beta = 0.5 - 0.1 \cdot \dfrac{B}{L} = 0.5 - 0.1 \times \dfrac{4}{5} = 0.42$

80 어느 모래층의 간극률이 35%, 비중이 2.66이다. 이 모래의 분사현상(Quick Sand)에 대한 한계동수경사는 얼마인가?

① 0.99
② 1.08
③ 1.16
④ 1.32

해설

한계동수경사

1) $i_{cr} = \dfrac{\gamma_{sub}}{\gamma_w}$

2) $\gamma_{sub} = \dfrac{(Gs - 1)}{1 + e} \cdot \gamma_w$

3) $e = \dfrac{n}{1 - n} = \dfrac{0.35}{1 - 0.35} = 0.538$

$\therefore i_{cr} = \dfrac{\gamma_{sub}}{\gamma_w} = \dfrac{\dfrac{(2.66 - 1)}{1 + 0.538}}{1} \times 1 = 1.08$

정답 79 ② 80 ②

2020 기출문제 제3회 건설재료시험기사

제1과목 　 콘크리트공학

01 한중 콘크리트의 양생에 관한 사항 중 틀린 것은?
① 콘크리트 타설한 직후에 찬바람이 콘크리트 표면에 닿는 것을 방지하였다.
② 소요 압축강도가 얻어질 때까지 콘크리트의 온도를 5℃이상으로 유지하여 양생하였다.
③ 소요 압축강도에 도달한 후 2일간은 구조물을 0℃ 이상으로 유지하여 양생하였다.
④ 구조물이 보통의 노출상태였기 때문에 콘크리트 압축강도가 3MPa인 것을 확인하고 초기양생을 중단하였다.

해설
1) 한중 콘크리트는 소요 압축강도가 얻어질 때까지 콘크리트의 온도를 5℃이상으로 유지하여야 하며, 또한 소요 압축강도에 도달한 후 2일간은 구조물의 어느 부분이라도 0℃이상이 되도록 유지하여야 한다.
2) 구조물이 보통의 노출상태였기 때문에 콘크리트 압축강도가 5MPa인 것을 확인하고 초기양생을 중단하였다.

02 구속되어 있지 않은 무근 콘크리트 부재의 건조수축률이 500×10^{-6}일 때 콘크리트에 작용하는 응력의 크기는? (단, 콘크리트의 탄성계수는 25GPa이다.)
① 인장응력 5.0MPa
② 압축응력 12.5MPa
③ 인장응력 12.5MPa
④ 응력이 발생하지 않는다.

해설
콘크리트 구조물이 구속되어 있지 않은 무근 콘크리트 조건이므로 콘크리트에 응력이 발생하지 않는다.

03 콘크리트의 탄산화 반응에 대한 설명 중 틀린 것은?
① 온도가 높을수록 탄산화 속도는 빨라진다.
② 이 반응으로 시멘트의 알칼리성이 상실되어 철근의 부식을 촉진시킨다.
③ 보통포틀랜드시멘트의 탄산화 속도는 혼합시멘트의 탄산화 속도보다 빠르다.
④ 경화한 콘크리트의 표면에서 공기 중의 탄산가스에 의해 수산화칼슘이 탄산칼슘으로 바뀌는 반응이다.

해설
1) 보통포틀랜드 시멘트의 탄산화 속도는 혼합시멘트의 탄산화 속도보다 느리다.
2) 보통포틀랜드 시멘트가 혼합시멘트보다 시멘트 성분(알칼리 성분)이 많아 탄산화 저항성에 유리하다.

정답 01 ④ 02 ④ 03 ③

04 단위골재의 절대용적이 0.70m³인 콘크리트에서 잔골재율이 30%일 경우 잔골재의 표건밀도가 2.60g/cm³이라면 단위 잔골재량은 얼마인가?

① 485kg
② 546kg
③ 603kg
④ 683kg

해설

단위 잔골재량
= 단위 잔골재 절대체적×잔골재율×잔골재 비중×1,000
= (0.7×0.3)×2.6×1,000=546kg

05 일반 콘크리트의 비비기에 대한 설명으로 틀린 것은?

① 비비기를 시작하기 전에 미리 믹서 내부를 모르타르로 부착시켜야 한다.
② 비비기는 미리 정해둔 비비기 시간의 3배 이상 계속해서는 안 된다.
③ 믹서 안의 콘크리트를 전부 꺼낸 후에 다음 비비기 재료를 투입하여야 한다.
④ 믹서 안에 재료를 투입한 후의 비비기 시간은 가경식 믹서의 경우 3분 이상을 표준으로 한다.

해설

일반 콘크리트 비비기
1) 가경식 믹서일 때 : 1분 30초 이상
2) 강제식 믹서일 때 : 1분 이상

06 압축강도에 의한 콘크리트의 품질 검사의 시기 및 횟수, 판정기준에 대한 내용으로 틀린 것은?

① 배합이 변경 될 때마다 실시한다.
② 1회/일, 또는 구조물의 중요도와 공사의 규모에 따라 120m³ 마다 1회 실시한다.
③ 연속 3회 시험 값의 평균이 설계기준 압축강도 이상이 되어야 합격이다.
④ 설계기준압축강도가 30MPa이고, 1회 시험 값이 27MPa인 경우 불합격이다.

해설

· 시험값 ≥ (f_{ck}-3.5)
· 27MPa ≥ 26.5MPa
  ∴ 합격

07 다음 중 치밀하고 내구성이 양호한 콘크리트를 만들기 위하여 조기에 콘크리트의 경화를 촉진시키는 가장 효과적인 양생방법은?

① 습윤양생
② 피막양생
③ 살수양생
④ 오토클레이브양생

해설

고압증기양생(오토클레이브 양생)
1) 표준양생의 28일 강도를 약 24시간 만에 달성할 수 있다.
2) 용해성의 유리석회가 없기 때문에 백태 현상이 감소된다.
3) 열팽창계수와 탄성계수는 고압증기 양생에 따른 영향을 받지 않는다.
4) 보통 양생한 것에 비해 철근 부착강도가 약 $\frac{1}{2}$로 감소되므로 철근콘크리트 부재에 적용하는 것은 바람직하지 못하다.
5) 양생온도를 높게하면 단기강도는 증가하나 장기강도가 감소하면서 수축과 균열이 발생된다.
6) 황산염에 대한 저항성이 향상된다.

08 해양 콘크리트의 시공에 대한 설명으로 틀린 것은?

① 보통 포틀랜드 시멘트를 사용한 경우 5일 정도는 직접 해수에 닿지 않도록 보호하여야 한다.
② 만조위로부터 위로 0.6m, 간조위로부터 아래로 0.6m 사이의 감조부분에 시공이음이 생기지 않도록 한다.
③ 굵은 골재 최대치수가 20mm이고 물보라 지역인 경우, 내구성을 확보하기 위한 최소 단위결합재량은 280kg/m³이다.
④ 해상 대기 중에 건설되는 일반 현장 시공의 경우 공기연행 콘크리트의 최대 물-결합재비는 45%로 한다.

해설

단위 시멘트량은 일반적으로 280~300 kg/m³ 이상, 수중 : 300kg/m³ 해상대기중, 물 보라(비말대구간) : 330kg/m³ 이상으로 한다.

09 숏크리트에 대한 설명 중 틀린 것은?

① 일반 숏크리트의 장기 설계기준압축강도는 재령 28일로 설정하며, 그 값은 21MPa이상으로 한다.
② 영구 지보재로 숏크리트를 적용할 경우 재령 28일 부착강도는 1.0MPa이상이 되도록 한다.
③ 숏크리트의 분진농도는 10mg/m³ 이하로 하며, 뿜어붙이기 작업 개소로부터 5m 지점에 측정한다.
④ 영구 지보재 개념으로 숏크리트를 적용할 경우 초기강도는 3시간 1.0~3.0MPa, 24시간 강도 5.0~10.0MPa 이상으로 한다.

해설

숏크리트의 분진농도는 5mg/m³이하로 하며, 뿜어붙이기 작업 개소로부터 5m 지점에 측정한다.

정답 07 ④ 08 ③ 09 ③

10 포장용 시멘트 콘크리트의 배합기준으로 틀린 것은?
① 설계기준 휨강도(f_{28})는 4.5MPa 이상이어야 한다.
② 굵은 골재의 최대치수는 40mm 이하이어야 한다.
③ 슬럼프값은 80mm 이하이어야 한다.
④ AE콘크리트의 공기량 범위는 4~6%이어야 한다.

해설

포장용 콘크리트의 배합기준

항 목	기 준
설계기준 휨강도 (f_{28})	4.5 MPa 이상
단 위 수 량	150 kg/m³ 이하
굵은 골재의 최대치수	40mm 이하
슬 럼 프	40mm 이하
공기연행 콘크리트의 공기량 범위	4~6%

11 비벼진 콘크리트를 현장의 거푸집까지 운반하는 방법이 아닌 것은?
① 슈트
② 드래그라인
③ 벨트 컨베이어
④ 콘크리트 펌프

해설

드래그라인
1) 드래그라인은 버킷을 와이어로프에 달아 내는 형식으로 토사를 긁어서 굴삭하는 장비
2) 주로 기계보다 낮은 장소의 굴삭에 적합하고 하상 굴착이나 골재 채취에 사용된다.

12 철근이 배치된 일반적인 구조물의 표준적인 온도균열지수의 값 중 균열 발생을 방지하여야 할 경우의 값으로 옳은 것은?
① 1.5이상
② 1.2~1.5
③ 0.7~1.2
④ 0.7 이하

해설

온도균열지수
1) 균열발생을 방지하여야 할 경우 : 1.5이상
2) 균열 발생을 제한할 경우 : 1.2~1.5
3) 유해한 균열 발생을 제한할 경우: 0.7~1.2

13 크리프(Creep)의 양을 좌우하는 요소로서 가장 거리가 먼 것은?
① 재하 되는 기간
② 재하 되는 응력의 크기
③ 재하 되는 콘크리트의 AE제 첨가 여부
④ 재하가 시작하는 시점의 콘크리트의 재령과 강도

> **해설**
> 재하되는 콘크리트의 AE제 첨가여부는 크리프의 양을 좌우하는 요소와는 거리가 멀다.

14 프리스트레스트 콘크리트에 대한 설명 중 틀린 것은?
① 포스트텐션방식에서는 긴장재와 콘크리트와의 부착력에 의해 콘크리트에 압축력이 도입된다.
② 프리텐션방식에서는 프리스트레스 도입시의 콘크리트 압축강도가 일반적으로 30MPa 이상 요구된다.
③ 외력에 의해 인장응력을 상쇄하기 위하여 미리 인위적으로 콘크리트에 준 응력을 프리스트레스라고 한다.
④ 프리스트레스 도입 후 긴장재의 릴랙세이션, 콘크리트의 크리프와 건조수축 등에 의해 프리스트레스의 손실이 발생한다.

> **해설**
> 포스트텐션방식에서는 긴장재에 긴장력을 도입한 후 긴장재의 상향 솟음에 의해 콘크리트 하단부에 압축력이 도입된다.

15 시방배합을 통해 단위수량 170kg/m³, 시멘트량 370kg/m³, 잔골재 700kg/m³, 굵은 골재 1,050kg/m³을 산출하였다. 현장골재의 입도를 고려하여 현장배합으로 수정한다면 잔골재의 양은? (단, 현장골재의 입도는 잔골재 중 5mm체에 남는 양이 10%이고, 굵은 골재 중 5mm 체를 통과한 양이 5%이다.)
① 721kg/m³
② 735kg/m³
③ 752kg/m³
④ 767kg/m³

> **해설**
> 잔골재 입도조정(X)
> $$X = \frac{100 \cdot S - b(S+G)}{100 - (a+b)}$$
> $$= \frac{100 \times 700 - 5(700 + 1{,}050)}{100 - (10+5)}$$
> $$= 721 kg/m^3$$

16 일반 콘크리트 다지기에 대한 설명으로 틀린 것은?
① 콘크리트 다지기에는 내부진동기의 사용을 원칙으로 하나, 얇은 벽 등 내부진동기의 사용이 곤란한 장소에서는 거푸집 진동기를 사용해도 좋다.
② 내부진동기를 사용할 때 하층의 콘크리트속으로 진동기가 삽입되지 않도록 하여야 한다.
③ 내부진동기는 연직으로 찔러 넣으며, 삽입간격은 일반적으로 0.5m 이하로 하는 것이 좋다.
④ 내부진동기를 사용할 때 1개소당 진동시간은 다짐할 때 시멘트풀이 표면 상부로 약간 부상하기까지가 적절하다.

해설
내부진동기를 사용할 때 하층의 콘크리트 속으로 진동기가 삽입도록 하여야 한다.

17 굳지 않은 콘크리트에서 재료분리가 일어나는 원인으로 볼 수 없는 것은?
① 단위골재량이 적은 경우
② 단위수량이 너무 많은 경우
③ 입자가 거친 잔골재를 사용한 경우
④ 굵은 골재의 최대치수가 지나치게 큰 경우

해설
단위골재량이 적은 경우는 콘크리트 재료분리에 영향을 미치지 않는다.

18 프리스트레스트 콘크리트 그라우트의 덕트 내의 충전성을 확보하기 위한 조건으로 틀린 것은?
① 블리딩률은 0%를 표준으로 한다.
② 비팽창성 그라우트에서의 팽창률은 -0.5~ 0.5%를 표준으로 한다.
③ 팽창성 그라우트에서의 팽창률은 0~10%를 표준으로 한다.
④ 물-결합재비를 55% 이하로 한다.

해설
물-결합재비는 45% 이하로 한다.

19 온도균열을 완화하기 위한 시공 상의 대책으로 맞지 않는 것은?
① 단위시멘트량을 크게 한다.
② 수화열이 낮은 시멘트를 선택한다.
③ 1회에 타설하는 높이를 줄인다.
④ 사전에 재료의 온도를 가능한 한 적절하게 낮추어 사용한다.

해설
온도균열을 줄이기 위해서 단위시멘트량을 작게 한다.

정답 16 ② 17 ① 18 ④ 19 ①

20 콘크리트의 배합강도를 결정하기 위해서는 30회 이상의 시험실적으로부터 구한 콘크리트 압축강도의 표준편차가 필요하다. 시험횟수가 29회 이하인 경우는 압축강도의 표준편차에 보정계수를 곱하여 그 값을 구하는데 시험횟수가 23회인 경우 보정계수 값은?

① 1.10　　　　　　　　② 1.07
③ 1.05　　　　　　　　④ 1.03

해설
23회일 때 직선보간을 한 표준편차의 보정계수
$$\alpha = 1.03 + \frac{(1.08 - 1.03) \times 2}{5} = 1.05$$

제2과목 건설시공 및 관리

21 운동장 또는 광장 등 넓은 지역의 배수는 주로 어떤 배수방법으로 하는 것이 적당한가?

① 암거 배수　　　　　② 지표 배수
③ 맹암거 배수　　　　④ 개수로 배수

해설
맹암거
① 지하수의 집. 배수를 위하여 모래, 자갈, 호박돌, 다발로 묶은 나뭇가지 등을 땅 속에 매설한 일종의 수로이다.
② 주로 운동장 또는 광장과 같은 넓은 지역의 배수를 위하여 설치한다.

22 건설사업의 기획, 설계, 시공, 유지관리 등 전과정의 정보를 발주자, 관련업체 등이 전산망을 통하여 교환·공유하기 위한 통합 정보시스템을 무엇이라 하는가?

① Turn Key　　　　　② 건설B2B
③ 건설CALS　　　　　④ 건설EVMS

해설
건설사업의 기획, 설계, 시공, 유지관리 등 전과정의 정보를 발주자, 관련업체 등이 전산망을 통하여 교환·공유하기 위한 통합정보시스템을 건설CALS라고 한다.

23 터널공사에서 사용하는 발파 방법 중 번 컷(Burn Cut)공법의 장점에 대한 설명으로 틀린 것은?

① 폭약이 절약된다.
② 긴 구멍의 굴착이 용이하다.
③ 발파 시 버력의 비산거리가 짧다.
④ 빈 구멍을 자유면으로 하여 연직 발파를 하므로 천공이 쉽다.

해설

번 컷(Burn-cut)
Jumbo Drill 로 $\phi 102mm$ 대구경의 무장약공을 1~3공을 천공하고 무장약공을 자유면으로하여 나머지 공을 평행하게 천공하여 일정한 시차로 발파시키는 공법으로 버력의 비산거리가 짧고 좁은 도갱에서 장공(긴구멍) 발파에 유리하다.

24 그림과 같은 단면으로 성토 후 비탈면에 떼붙임을 하려고 한다. 성토량과 떼붙임 면적을 계산하면? (단, 마구리면의 떼붙임은 제외한다.)

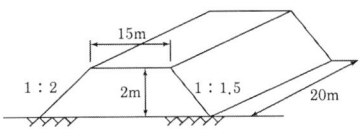

① 성토량 : 370m³, 떼붙임 면적 : 161.6m²
② 성토량 : 370m³, 떼붙임 면적 : 61.6m²
③ 성토량 : 740m³, 떼붙임 면적 : 161.6m²
④ 성토량 : 740m³, 떼붙임 면적 : 61.6m²

해설

1) 성토량
$$\frac{(15+15+4+3)}{2} \times 2 \times 20 = 740 m^2$$

2) 떼붙임
$$(\sqrt{2^2+4^2}) \times 20 + (\sqrt{2^2+3^2}) \times 20 = 161.6 m^2$$

25 공사 기간의 단축과 연장은 비용경사(cost slope)를 고려하여 하게 되는데 다음 표를 보고 비용 경사를 구하면?

표준상태		특급상태	
공기	비용	공기	비용
10일	35,000원	8일	45,000원

① 5,000원/일
② 10,000원/일
③ 15,000원/일
④ 20,000원/일

해설

$$\text{비용경사} = \frac{\text{특급공비} - \text{표준공비}}{\text{표준공기} - \text{특급공기}} = \frac{45,000 - 35,000}{10 - 8} = 5,000원$$

26 벤토나이트 공법을 써서 굴착벽면의 붕괴를 막으면서 굴착된 구멍에 철근 콘크리트를 넣어 말뚝이나 벽체를 연속적으로 만드는 공법은?

① Slurry wall 공법
② Earth drill 공법
③ Earth anchor 공법
④ Open cut 공법

해설

Slurry Wall 공법
가이드월을 따라 굴착장비로 계획바닥까지 굴착 후 안정액(벤토나이트)으로 벽체붕괴를 방지하면서 철근망 삽입 후 수중 콘크리트를 트레미관을 통해 지하에 타설하면서 지중 연속벽을 축조하는 공법으로, 대표적인 공법은 이코스공법, 엘제공법 등이 있다.

27 댐 기초의 시공에서 기초 암반의 변형성이나 강도를 개량하여 균일성을 주기 위하여 기초 전반에 걸쳐 격자형으로 그라우팅을 하는 방법은?

① 커튼 그라우팅
② 블랭킷 그라우팅
③ 콘택트 그라우팅
④ 콘솔리데이션 그라우팅

해설

압밀(Consolidation Grouting) 공법
1) 발파 굴착 등으로 느슨해진 불량 암반 부위의 지반을 보강, 안정 목적으로 설치하는 그라우팅으로 기초암반의 지내력을 향상.
2) 기초암반의 변형성이나 강도를 개량하여 기초암반에 균일성을 주기위하여 기초 전반에 격자형태로 그라우팅을 실시
3) 시공위치 : 기초면에 전면적 시공
4) 주입공 배치 : 3m × 3m (격자형)

28 아스팔트 콘크리트 포장에서 표층에 대한 설명으로 틀린 것은?

① 노상 바로 위의 인공층이다.
② 표면수가 내부로 침입하는 것을 막는다.
③ 기층에 비해 골재의 치수가 작은 편이다.
④ 교통에 의한 마모와 박리에 저항하는 층이다.

해설

노상 바로 위는 동상방지층 또는 보조기층으로 구성되어 있다.

29 8t 덤프트럭으로 보통 토사를 운반하고자 할 때, 적재 장비를 버킷용량 2.0m³인 백호를 사용하는 경우 백호의 적재횟수는? (단, 흙의 밀도는 1.5t/m³, 토량변화율(L)=1.2, 버킷계수(K)=0.85, 백호의 사이클 타임은 25초이다.)

① 2회　　　　　　　　　② 4회
③ 6회　　　　　　　　　④ 8회

해설

1) $q_t = \dfrac{T}{r_t}L = \dfrac{8}{1.5} \times 1.2 = 6.4 m^3$

2) $n = \dfrac{q_t}{q \cdot k} = \dfrac{6.4}{2 \times 0.85} = 3.76 = 4회$

30 다음에서 설명하는 교량 가설공법의 명칭은?

> 캔틸레버 공법의 일종으로 일정한 길이로 분할된 세그먼트를 공장에서 제작하여 가설현장에서는 크레인 등의 가설장비를 이용하여 상부구조를 완성하는 공법

① F.S.M　　　　　　　② I.L.M
③ M.S.S　　　　　　　④ P.S.M

해설

캔틸레버 공법의 일종으로 일정한 길이로 분할된 세그먼트를 공장에서 제작하여 가설현장에서는 크레인 등의 가설장비를 이용하여 상부구조를 완성하는 공법은 P.S.M 공법

31 토공에서 토취장 선정 시 고려하여야 할 사항으로 틀린 것은?

① 토질이 양호할 것
② 토량이 충분할 것
③ 성토장소를 향하여 상향경사(1/5~1/10)일 것
④ 운반로 조건이 양호하며, 가깝고 유지관리가 용이할 것

해설

성토 장소를 향하여 하향구배 $\dfrac{1}{50} \sim \dfrac{1}{100}$ 정도를 유지할 것

32 피어기초 중 기계에 의한 시공법이 아닌 것은?

① 베노토(Benoto) 공법　　　　② 시카고(Chicago) 공법
③ 어스 드릴 (Earth drill) 공법　　④ 리버스 서큘레이션(Reverse circulation)공법

해설

피어기초(기계)
1) Benoto 공법(all casing 공법)
2) Earth drill 공법
3) RCD 공법

정답　29 ②　30 ④　31 ③　32 ②

33 아스팔트포장에서 표층에 가해지는 하중을 분산시켜 보조기층에 전달하며, 교통하중에 의한 전단에 저항하는 역할을 하는 층은?

① 기층
② 노상
③ 노체
④ 차단층

해설
포장의 기층 아래층은 보조기층

34 셔블계 굴착기 가운데 수중작업에 많이 쓰이며, 협소한 장소의 깊은 굴착에 가장 적합한 건설기계는?

① 클램셸
② 파워셔블
③ 어스드릴
④ 파일드라이버

해설
크렘셸(Clam-shall)
1) 우물통과 같은 협소한 장소의 깊은굴착에 유리하다.
2) 지하철 등의 개착공사에서 버팀보 등이 많을 때에 사용에 좋다

35 교각기초를 위해 바깥지름이 10m, 깊이가 20m, 측벽두께가 50cm인 우물통 기초를 시공 중에 있다. 지반의 극한지지력이 200kN/m², 단위면적당 주면마찰력(f_s)이 5kN/m², 수중부력은 100kN일 때, 우물통이 침하하기 위한 최소 상부하중(자중+재하중)은?

① 5,201kN
② 6,227kN
③ 7,107kN
④ 7,523kN

해설
우물통 침하 조건식
W+WL ≥ F+P+U
여기서, W : 우물통하중
　　　　WL : 재하중
　　　　F : 주면마찰력
　　　　P : 선단지지력
　　　　U : 양압력

$$W + WL = 200 \times \left(\frac{\pi \times 10^2}{4} - \frac{\pi \times 9^2}{4} \right) + \pi \times 10 \times 20 \times 5 + 100 = 6,226 kN$$

정답 33 ① 34 ① 35 ②

36 암석을 발파할 때 암석이 외부의 공기 및 물과 접하는 표면을 자유면이라 한다. 이 자유면으로부터 폭약의 중심까지의 최단거리를 무엇이라 하는가?

① 보안거리
② 누두반경
③ 적정심도
④ 최소저항선

해설

최소저항선
암석을 발파할 때 암석이 외부의 공기 및 물과 접하는 표면을 자유면이라 한다. 이 자유면으로부터 폭약의 중심까지의 최단거리를 최소저항선

37 다음 중 보일링 현상이 가장 잘 발생하는 지반은?

① 모래질 지반
② 실트질 지반
③ 점토질 지반
④ 사질점토 지반

해설

보일링 현상은 모래지반에서 잘 발생되며, 히빙현상은 점토질지반에서 잘 발생된다.

38 로드 롤러를 사용하여 전압횟수 4회, 전압포설 두께 0.3m, 1회의 유효 전압폭 2.5m, 전압작업 속도를 3km/h로 할 때 시간당 작업량을 구하면? (단, 토량환산계수(f)는 1.0, 롤러의 효율(E)은 0.8을 적용한다.)

① 300m³/h
② 450m³/h
③ 600m³/h
④ 750m³/h

해설

다짐기계의 시간당 작업량
$$Q = \frac{1,000 \cdot V \cdot W \cdot H \cdot f \cdot E}{N}$$
$$= \frac{1,000 \times 3 \times 2.5 \times 0.3 \times 1 \times 0.8}{4} = 450 m^3/h$$

39 오픈 케이슨(Open caisson) 공법에 대한 설명으로 틀린 것은?

① 전석과 같은 장애물이 많은 곳에서의 작업은 곤란하다.
② 케이슨의 침하시 주면마찰력을 줄이기 위해 진동발파공법을 적용할 수 있다.
③ 케이슨의 선단부를 보호하고 침하를 쉽게 하기 위하여 커브 슈(curb shoe)라는 날끝을 붙인다.
④ 굴착 시 지하수를 저하시키지 않으면, 히빙이나 보일링 현상의 염려가 없어 인접구조물의 침하 우려가 없다.

해설

굴착 시 지하수를 저하시키지 않으면, 히빙이나 보일링 현상의 염려가 있으며, 인접구조물의 침하를 발생시킨다.

40 다져진 토량 45,000m³를 성토하는데 흐트러진 토량 30,000m³가 있다. 이때 부족토량은 자연 상태의 토량(m³)으로 얼마인가? (단, 토량변화율 L=1.25, C=0.9이다.)

① 18,600m³ ② 19,400m³
③ 23,800m³ ④ 26,000m³

해설

1) 본바닥토량 = $45,000 \times \dfrac{1}{0.9} = 50,000$

2) 본바닥토량 = $30,000 \times \dfrac{1}{1.25} = 24,000$

3) 부족토량 = $50,000 - 24,000 = 26,000 m^3$

제3과목 건설재료 및 시험

41 중용열 포틀랜드 시멘트의 장기 강도를 높여주기 위해 포함시키는 성분은?

① C_2S ② C_3A
③ CaO ④ MgO

해설

규산 이석회(C_2S)(벨라이트) : $2CaO \cdot SiO_2$
시멘트 수산화 작용이 늦고 콘크리트 장기강도가 크게 나타난다.

42 습윤 상태의 질량이 100g인 골재를 건조시켜 표면 건조 포화 상태에서 95g, 기건 상태에서 93g, 절대 건조 상태에서 92g이 되었을 때 유효 흡수율은?

① 2.2% ② 3.2%
③ 4.2% ④ 5.2%

해설

유효흡수율

$\dfrac{표건질량 - 기건질량}{기건질량} \times 100\%$

$\dfrac{95-93}{92} \times 100 = 2.2\%$

43 공시체 크기 50mm×50mm×300mm의 암석을 지간 250mm로 하여 중앙에서 압력을 가했더니 1,000N 에서 파괴 되었다. 이때 휨강도는?

① 2MPa
② 20MPa
③ 3MPa
④ 30MPa

해설

휨 강도 $= \dfrac{3Pl}{2bd^2} (MPa) = \dfrac{3 \times 1,000 \times 250}{2 \times 50 \times 50^2} = 3MPa$

여기서, P : 공시체의 파괴될 때의 압력 (N)
　　　　b : 공시체의 폭 (mm)
　　　　d : 공시체의 두께 (mm)
　　　　l : 지간 (mm)

44 토목섬유(Geosynthetics)의 기능과 관련된 용어 중 아래의 표에서 설명하는 기능은?

> 지오텍스타일이나 관련제품을 이용하여 인접한 다른 흙이나 채움재가 서로 섞이지 않도록 방지함

① 배수기능
② 보강기능
③ 여과기능
④ 분리기능

해설

토목섬유의 기능 중 인접한 다른흙과 채움재가 서로 섞이지 않도록 하는 기능은 분리기능에 해당된다.

45 아스팔트에 대한 설명으로 틀린 것은?

① 레이크 아스팔트는 천연 아스팔트의 하나이다.
② 석유 아스팔트는 증류방법에 의해서 스트레이트 아스팔트와 블론 아스팔트로 나눈다.
③ 아스팔트 유제는 유화제를 함유한 물속에 역청재를 분산시킨 것이다.
④ 피치는 아스팔트의 잔류물로서 얻어진다.

해설

피치(pitch)
석탄, 목재, 그외에 유기 물질의 건류에 의해 얻어지는 타르를 증류할 때에 얻어지는 흑색의 탄소질 고형 잔류물의 총칭

46 석재 사용 시 주의사항 중 틀린 것은?

① 석재는 예각부가 생기면 부서지기 쉬우므로 표면에 심한 요철 부분이 없어야 한다.
② 석재를 사용할 경우에는 휨응력과 인장응력을 받는 부재에 사용하여야 한다.
③ 석재를 압축부재에 사용할 경우에는 석재의 자연층에 직각으로 위치하여 사용하여야 한다.
④ 석재를 장기간 보존할 경우에는 석재 표면을 도포하여 우수의 침투방지 및 함수로 인한 동해방지에 유의하여야 한다.

해설
석재를 사용할 경우에는 휨응력과 인장응력을 받는 부재에 사용해서는 안된다.

47 잔골재 밀도시험의 결과가 아래 표와 같을 때 이 잔골재의 진밀도는?

- 검정된 용량을 나타낸 눈금까지 물을 채운 플라스크의 질량 : 665g
- 표면 건조 포화 상태 시료의 질량 : 500g
- 절대 건조 상태 시료의 질량 : 495g
- 시료와 물로 검정된 용량을 나타낸 눈금까지 채운 플라스크의 질량 : 975g
- 시험온도에서의 물의 밀도 : 0.997g/cm³

① 2.62g/cm³ ② 2.67g/cm³
③ 2.72g/cm³ ④ 2.77g/cm³

해설
잔골재의 진밀도
$$= \frac{A}{B+A-C} \times \rho_w$$
$$= \frac{495}{665+495-975} \times 0.997 = 2.67 g/cm^3$$

48 알루미늄 분말이나 아연 분말을 콘크리트에 혼입하여 수소가스를 발생시켜 PSC용 그라우트의 충전성을 좋게 하기 위하여 사용하는 혼화제는?

① 유동화제 ② 방수제
③ AE제 ④ 발포제

해설
발포제
알루미늄 분말 또는 아연분말로 콘크리트 속의 미세기포를 형성시켜 PC용 그라우팅 재료에 사용된다.

49 일반적인 콘크리트용 골재에 대한 설명으로 틀린 것은?
① 잔골재의 절대건조밀도는 0.0025g/mm³ 이상의 값을 표준으로 한다.
② 굵은 골재의 절대건조밀도는 0.0025g/mm³ 이상의 값을 표준으로 한다.
③ 잔골재의 흡수율은 5.0% 이하의 값을 표준으로 한다.
④ 굵은 골재의 안정성은 황산나트륨으로 5회 시험을 하여 평가한다.

해설
잔골재의 흡수율은 3.0% 이하의 값을 표준으로 한다.

50 아래 표에서 설명하는 있는 목재의 종류로 옳은 것은?

> · 각재를 얇은 톱으로 켜서 만든다.
> · 단단한 목재일 때 많이 사용되며 아름다운 결이 얻어진다.
> · 고급의 합판에 사용되나 톱밥이 많아 비경제적이다.
> · 공업적인 용도에는 거의 사용되지 않는다.

① M.D.F
② 소드 베니어
③ 로터리 베니어
④ 슬라이스트 베니어

해설
소드 베니어(Sawed Veneer)
판재를 얇은 작은 톱으로 켜서 만든 단판으로 아름다운 결을 얻을 수 있어, 고급 합판에 사용되나 톱밥이 많아 비경제적이다.

51 시멘트의 화학적 성분 중 주성분이 아닌 것은?
① 석회
② 실리카
③ 알루미나
④ 산화마그네슘

해설
시멘트의 화학적 주성분
1) 석회
2) 실리카
3) 알루미나

52 고로 슬래그 시멘트는 제철소의 용광로에서 선철을 만들 때 부산물로 얻은 슬래그를 포틀랜드 시멘트 클링커에 섞어서 만든 시멘트이다. 그 특성에 대한 설명을 틀린 것은?
① 내열성이 크고, 수밀성이 좋다.
② 초기 강도가 작으나 장기 강도는 큰 편이다.
③ 수화열이 커서 매스 콘크리트에는 적합하지 않다.
④ 일반적으로 내화학성이 좋으므로 해수, 하수, 공장폐수 등에 접하는 콘크리트에 적합하다.

[해설]
수화열이 작아서 매스 콘크리트에는 적합하다.

53 블론 아스팔트와 스트레이트 아스팔트의 성질에 관한 설명으로 틀린 것은?
① 스트레이트 아스팔트는 블론 아스팔트보다 연화점이 낮다.
② 스트레이트 아스팔트는 블론 아스팔트보다 감온성이 작다.
③ 블론 아스팔트는 스트레이트 아스팔트보다 유동성이 작다.
④ 블론 아스팔트는 스트레이트 아스팔트보다 방수성이 작다.

[해설]
1) 스트레이트 아스팔트는 블론 아스팔트보다 감온성이 크다.
2) 아스팔트는 저온에서 딱딱해지거나 고온에서 연화되는데 이렇게 변화하는 정도를 감온성이라 한다.

54 Hooke의 법칙이 적용되는 인장력을 받는 부재의 늘음량(길이변형량)에 대한 설명으로 틀린 것은?
① 재료의 탄성계수가 클수록 늘음량도 커진다.
② 부재의 단면적이 작을수록 늘음량도 커진다.
③ 부재의 길이가 길수록 늘음량도 커진다.
④ 작용외력이 클수록 늘음량도 커진다.

[해설]
재료의 탄성계수가 클수록 응력은 커지고 응력이 커지면 늘음량(변형량)은 줄어든다.

55 스트레이트 아스팔트와 비교한 고무혼입 아스팔트의 특징으로 틀린 것은?
① 내후성이 크다.
② 응집성 및 부착력이 크다.
③ 탄성 및 충격저항이 크다.
④ 감온성이 크고 마찰계수가 작다.

[해설]
고무혼입 아스팔트는 스트레이트 아스팔트에 비하여 감온성이 작고 마찰계수가 크다.

56 콘크리트용 혼화재료에 대한 설명으로 틀린 것은?
① 감수제는 시멘트 입자를 분산시켜 콘크리트의 단위수량을 감소시키는 작용을 한다.
② 촉진제는 시멘트의 수화작용을 촉진하는 혼화제로서 보통 나프탈렌 설폰산염을 많이 사용한다.
③ 지연제는 여름철에 레미콘의 슬럼프 손실 및 콜드 조인트의 방지 등에 효과가 있다.
④ 급결제는 시멘트의 응결시간을 촉진하기 위하여 사용하며 숏크리트, 물막이 공법등에 사용한다.

해설
촉진제는 보통 염화칼슘을 사용하며 일반적인 사용량은 시멘트 질량에 대하여 2% 이하를 사용한다.

57 강모래를 이용한 콘크리트와 비교한 부순 잔골재를 이용한 콘크리트의 특징을 설명한 것으로 틀린 것은?
① 동일 슬럼프를 얻기 위해서는 단위수량이 더 많이 필요하다.
② 미세한 분말량이 많아질 경우 건조수축률은 증대한다.
③ 미세한 분말량이 많아짐에 따라 응결의 초결시간과 종결시간이 길어진다.
④ 미세한 분말량이 많아지면 공기량이 줄어들기 때문에 필요시 공기량을 증가시켜야 한다.

해설
부순잔골재 증가는 미분량이 콘크리트 내에서 충전효과를 일으켜서 공기량감소, 슬럼프감소, 건조수축 증가, bleeding 감소, 압축강도 증가가 대체적으로 발생되며, 응결시간이 짧아진다.

58 포졸란을 사용한 콘크리트의 성질에 대한 설명으로 틀린 것은?
① 수밀성이 크고 발열량이 적다.
② 해수 등에 대한 화학적 저항성이 크다.
③ 강도의 증진이 빠르고 초기강도가 크다.
④ 워커빌리티를 개선시키고 재료의 분리가 적다.

해설
강도의 증진이 느리고 장기강도가 크다.

59 표점거리는 50mm, 지름은 14mm의 원형 단면봉으로 인장시험을 실시하였다. 축인장하중이 100kN이 작용하였을 때, 표점거리는 50.433mm, 지름은 13.970mm가 측정되었다면 이 재료의 푸아송 비는?
① 0.07
② 0.247
③ 0.347
④ 0.5

해설
푸아송 비
$$\nu = \frac{\frac{\triangle d}{d}}{\frac{\triangle l}{l}} = \frac{\frac{0.03}{14}}{\frac{0.433}{50}} = 0.247$$

정답 56 ② 57 ③ 58 ③ 59 ②

60 니트로글리세린을 20%정도 함유하고 있으며 찐득한 엿 형태의 것으로 폭약 중 폭발력이 가장 강하고 수중에서도 사용이 가능한 폭약은?

① 칼릿
② 함수폭약
③ 니트로글리콜
④ 교질다이너마이트

해설

교질 다이너마이트
NC(니트로셀룰로오스) NG(니트로글리세린)20%를 가하여 교질상태로 융합한 플라스틱한 황색의 엿 같은 물질로 폭약 중에서 폭발력이 가장 강하여 터널과 암석 발파에 주로 사용하고 또한 수중용으로도 사용한다.

제4과목 토질 및 기초

61 흙의 활성도에 대한 설명으로 틀린 것은?

① 점토의 활성도가 클수록 물을 많이 흡수하여 팽창이 많이 일어난다.
② 활성도는 $2\mu m$ 이하의 점토함유율에 대한 액성지수의 비로 정의된다.
③ 활성도는 점토광물의 종류에 따라 다르므로 활성도로부터 점토를 구성하는 점토광물을 추정할 수 있다.
④ 흙 입자의 크기가 작을수록 비표면적이 커져 물을 많이 흡수하므로, 흙의 활성은 점토에서 뚜렷이 나타난다.

해설

활성도는 $2\mu m$ 이하의 점토함유율에 대한 소성지수의 비로 정의된다.

62 도로의 평판 재하 시험방법(KS F 2310)에서 시험을 끝낼 수 있는 조건이 아닌 것은?

① 재하 응력이 현장에서 예상할 수 있는 가장 큰 접지 압력의 크기를 넘으면 시험을 멈춘다.
② 재하 응력이 그 지반의 항복점을 넘을 때 시험을 멈춘다.
③ 침하가 더 이상 일어나지 않을 때 시험을 멈춘다.
④ 침하량이 15mm에 달할 때 시험을 멈춘다.

해설

침하가 더 이상 일어나지 않을 때 시험을 멈추면 그 지반의 파괴가 되어서 지반의 지지력을 상실하게된다.

정답 60 ④ 61 ② 62 ③

63 흙의 다짐에 대한 설명 중 틀린 것은?
① 일반적으로 흙의 건조밀도는 가하는 다짐 에너지가 클수록 크다.
② 모래질 흙은 진동 또는 진동을 동반하는 다짐 방법이 유효하다.
③ 건조밀도-함수비 곡선에서 최적 함수비와 최대건조밀도를 구할 수 있다.
④ 모래질을 많이 포함한 흙의 건조밀도-함수비 곡선의 경사는 완만하다.

해설
모래질을 많이 포함한 흙의 건조밀도 함수비 곡선의 경사는 급하다.

64 표준관입시험(SPT)을 할 때 처음 150mm 관입에 요하는 N값은 제외하고, 그 후 300mm 관입에 요하는 타격수로 N값을 구한다. 그 이유로 옳은 것은?
① 흙은 보통 150mm 밑부터 그 흙의 성질을 가장 잘 나타낸다.
② 관입봉의 길이가 정확히 450mm 이므로 이에 맞도록 관입시키기 위함이다.
③ 정확히 300mm를 관입시키기가 어려워서 150mm 관입에 요하는 N값을 제외한다.
④ 보링구멍 밑면 흙이 보링에 의하여 흐트러져 150mm 관입 후부터 N값을 측정한다.

해설
보링구멍 밑면 흙이 보링에 의하여 흐트러진 상태의 토질을 제외한 150mm 관입 후부터 N값을 측정한다.

65 흐트러지지 않은 시료를 이용하여 액성한계 40%, 소성한계 22.3%를 얻었다. 정규압밀 점토의 압축지수(C_c)값을 Terzaghi와 Peck의 경험식에 의해 구하면?
① 0.25
② 0.27
③ 0.30
④ 0.35

해설
불교란 시료의 압축지수(Cc)
$C_c = 0.009(w_L - 10) = 0.009 \times (40 - 10) = 0.27$

66 그림에서 흙의 단면적이 40cm²이고 투수계수가 0.1cm/s 일 때 흙 속을 통과하는 유량은?

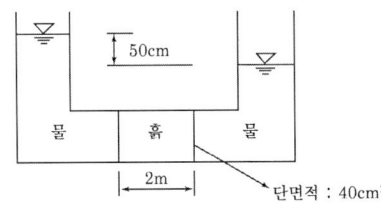

① 1m³/h
② 1cm³/s
③ 100m³/h
④ 100cm³/s

해설
흙속을 통과하는 유량
$Q = KiA = K\dfrac{h}{L}A = 0.1 \times \dfrac{50}{200} \times 40 = 1 \text{cm}^3/\text{sec}$

67 다음 중 흙댐(Dam)의 사면안정 검토 시 가장 위험한 상태는?

① 상류사면의 경우 시공 중과 만수위일 때
② 상류사면의 경우 시공 직후와 수위 급강하일 때
③ 하류사면의 경우 시공 직후와 수위 급강하일 때
④ 하류사면의 경우 시공 중과 만수위일 때

> **해설**
>
> 흙댐 사면안정은 상류사면의 경우 시공 직후와 수위 급강하일 때 잔류수압에 의한 사면의 붕괴 우려가 가장 크다.

68 그림과 같은 지반에서 유효응력에 대한 점착력 및 마찰각이 각각 $c'=10\text{kN/m}^2$, $\phi'=20°$일 때, A점에서의 전단강도는? (단, 물의 단위중량은 9.81kN/m^3이다.)

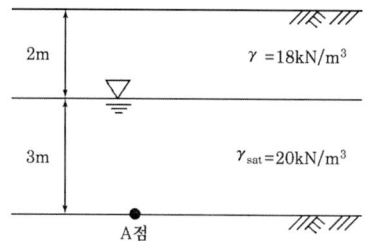

① 34.23kN/m^2
② 44.94kN/m^2
③ 54.25kN/m^2
④ 66.17kN/m^2

> **해설**
>
> 1) 지반의 전단강도
> $\tau = c + \overline{\sigma}\cdot\tan\phi$
> 2) 유효응력
> $\overline{\sigma} = 18 \times 2 + (20-9.81) \times 3 = 66.57\,kN/m^2$
>
> ∴ 전단강도
> $\tau = 10 + 66.57\tan20° = 34.23\,kN/m^2$

69 모래지층 사이에 두께 6m의 점토층이 있다. 이 점토의 토질시험 결과가 아래 표와 같을 때, 이 점토층의 90% 압밀을 요하는 시간은 약 얼마인가? (단, 1년은 365일로 하고, 물의 단위중량(γ_w)은 9.81kN/m³이다.)

- 간극비(e)=1.5
- 압축계수(a_v)=4×10⁻³m²/kN
- 투수계수(k)=3×10⁻⁷cm/s

① 50.7년 ② 12.7년
③ 5.07년 ④ 1.27년

해설

1) $t_{90} = \dfrac{0.848H^2}{C_v}$

2) $K = C_v m_v \gamma_w = C_v \cdot \dfrac{a_v}{1+e_1} \cdot \gamma_w$

$C_v = \dfrac{3 \times 10^{-9} \times (1+1.5)}{4 \times 10^{-3} \times 9.81}$

$C_v = 1.911 \times 10^{-7} m^2/\sec$

∴ $t_{90} = \dfrac{0.848H^2}{C_v} = \dfrac{0.848 \times \left(\dfrac{6}{2}\right)^2}{1.911 \times 10^{-7}}$

= 399,372,05.65초
= 399,372,05.65 ÷ (365×24×60×60)
= 1.27년

70 아래 그림에서 각 층의 손실수두 $\triangle h_1$, $\triangle h_2$, $\triangle h_3$를 각각 구한 값으로 옳은 것은? (단, k는 cm/s, H와 △h는 m단위이다.)

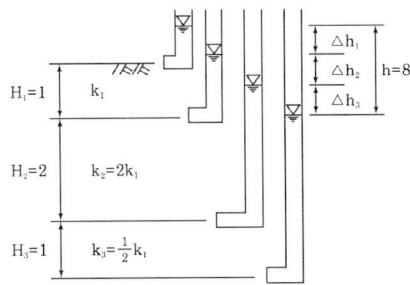

① $\triangle h_1$=2, $\triangle h_2$=2, $\triangle h_3$=4
② $\triangle h_1$=2, $\triangle h_2$=3, $\triangle h_3$=3
③ $\triangle h_1$=2, $\triangle h_2$=4, $\triangle h_3$=2
④ $\triangle h_1$=2, $\triangle h_2$=5, $\triangle h_3$=1

해설

각 층의 손실수두

1) $\triangle h_1 = \dfrac{H_1}{K_1} = \dfrac{1}{K_1}$

2) $\triangle h_2 = \dfrac{H_2}{K_2} = \dfrac{2}{2K_1} = \dfrac{1}{K_1}$

3) $\triangle h_3 = \dfrac{H_3}{K_3} = \dfrac{1}{\frac{1}{2}K_1} = \dfrac{2}{K_1}$

4) 총 손실수두가 8m에 대하여 1 : 1 : 2 비율을 고려하면 2m, 2m, 4m 이다.

71 흙의 동상에 영향을 미치는 요소가 아닌 것은?

① 모관 상승고
② 흙의 투수계수
③ 흙의 전단강도
④ 동결온도의 계속시간

해설

동상을 지배하는 인자
1) 흙의 투수성
2) 모관상승고의 크기
3) 동결온도의 지속시간

72 5m×10m의 장방형 기초위에 q=60kN/m²의 등분포하중이 작용할 때, 지표면 아래 10m 에서의 연직응력증가량($\triangle \sigma_v$)은? (단, 2:1 응력분포법을 사용한다.)

① 10kN/m²
② 20kN/m²
③ 30kN/m²
④ 40kN/m²

해설

$\triangle \sigma_v = \dfrac{B \cdot L \cdot q_s}{(B+Z)(L+Z)}$

$= \dfrac{5 \times 10 \times 60}{(5+10)(10+10)} = 10 kN/m^2$

73 기초의 구비조건에 대한 설명 중 틀린 것은?

① 상부하중을 안전하게 지지해야 한다.
② 기초 깊이는 동결 깊이 이하여야 한다.
③ 기초는 전체침하나 부등침하가 전혀 없어야 한다.
④ 기초는 기술적, 경제적으로 시공 가능하여야 한다.

해설

기초는 전체침하나 부등침하가 허용침하량 이내에 있어야 한다.

정답 71 ③ 72 ① 73 ③

74 다짐되지 않은 두께 2m, 상대밀도 40%의 느슨한 사질토 지반이 있다. 실내시험결과 최대 및 최소 간극비가 0.80, 0.40으로 각각 산출되었다. 이 사질토를 상대밀도 70%까지 다짐할 때 두께는 얼마나 감소되겠는가?

① 12.41cm
② 14.63cm
③ 22.71cm
④ 25.83cm

해설

상대밀도

1) $D_r = \dfrac{e_{max} - e_1}{e_{max} - e_{min}} \times 100$

$40 = \dfrac{0.8 - e_1}{0.8 - 0.4} \times 100$

$\therefore e_1 = 0.64$

$70 = \dfrac{0.8 - e_2}{0.8 - 0.4} \times 100$

$\therefore e_2 = 0.52$

2) $\Delta H = \dfrac{e_1 - e_2}{1 + e_1} H = \dfrac{0.64 - 0.52}{1 + 0.64} \times 200 = 14.63 cm$

75 Terzaghi의 얕은 기초에 대한 수정지지력 공식에서 형상계수에 대한 설명 중 틀린 것은? (단, B는 단변의 길이, L은 장변의 길이이다.)

① 연속기초에서 α=1.0, β=0.5이다.
② 원형기초에서 α=1.3, β=0.6이다.
③ 정사각형기초에서 α=1.3, β=0.4이다.
④ 직사각형기초에서 $\alpha = 1 + 0.3\dfrac{B}{L}$, $\beta = 0.5 - 0.1\dfrac{B}{L}$이다.

해설

기초의 형상계수

구분	연속	정사각형(정방형)	원형	직사각형
α	1.0	1.3	1.3	$1 + 0.3\dfrac{B}{L}$
β	0.5	0.4	0.3	$0.5 - 0.1\dfrac{B}{L}$

정답 74 ② 75 ②

76 그림과 같이 수평지표면 위에 등분포하중 q가 작용할 때 연직옹벽에 작용하는 주동토압의 공식으로 옳은 것은? (단, 뒤채움 흙은 사질토이며, 이 사질토의 단위중량을 γ, 내부마찰각을 ϕ라 한다.)

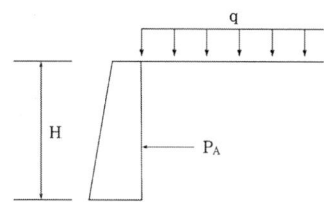

① $P_a = \left(\dfrac{1}{2}\gamma H^2 + qH\right)\tan^2\left(45° - \dfrac{\phi}{2}\right)$ ② $P_a = \left(\dfrac{1}{2}\gamma H^2 + qH\right)\tan^2\left(45° + \dfrac{\phi}{2}\right)$

③ $P_a = \left(\dfrac{1}{2}\gamma H^2 + qH\right)\tan^2\phi$ ④ $P_a = \left(\dfrac{1}{2}\gamma H^2 + q\right)\tan^2\phi$

해설

수평지표면 위에 등분포하중 q가 작용시 주동토압

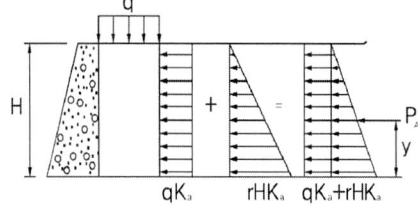

전체주동토압

$P_A = \dfrac{1}{2}\gamma_t H^2 K_a + q \cdot K_a H$

$K_a = \tan^2\left(45° - \dfrac{30°}{2}\right)$

77 모래나 점토 같은 입상재료를 전단할 때 발생하는 다일러턴시(dilatancy) 현상과 간극수압의 변화에 대한 설명으로 틀린 것은?

① 정규압밀 점토에서는 (-) 다일러턴시에 (+)의 간극수압이 발생한다.
② 과압밀 점토에서는 (+) 다일러턴시에 (-)의 간극수압이 발생한다.
③ 조밀한 모래에서는 (+) 다일러턴시가 일어난다.
④ 느슨한 모래에서는 (+) 다일러턴시가 일어난다.

해설

다일러턴시(Dilatancy) 현상
1) 시료에 전단응력을 가하면 느슨한 모래 또는 정규압밀점토의 경우 체적이 감소하고 조밀한 모래 또는 과압밀점토는 체적이 증가하는 경향을 보인다.
2) 이와 같이 전단변형에 따른 체적변화를 Dilatancy라 한다.
3) 이때 체적이 감소될 때 (-) Dilatancy가 되면서(+)양의 과잉간극수압 발생되며,
4) 흙의 체적이 증가될 때 (+) Dilatancy가 되면서(-)부의 과잉간극수압발생

5) 느슨한 모래에서는 (-) 다일러턴시가 일어난다.

78 중심 간격이 2m, 지름 40cm인 말뚝을 가로 4개, 세로 5개씩 전체 20개의 말뚝을 박았다. 말뚝 한 개의 허용지지력이 150kN이라면 이 군항의 허용지지력은 약 얼마인가? (단, 군말뚝의 효율은 Converse- Labarre 공식을 사용한다.)

① 4,500kN
② 3,000kN
③ 2,415kN
④ 1,215kN

해설

1) 허용지지력
$R_{ag} = E.N.R_a$

2) $E = 1 - \varnothing \cdot \dfrac{m.(n-1) + n.(m-1)}{90m.n}$

$= 1 - 11.31 \times \dfrac{4(5-1) + 5(4-1)}{90 \times 4 \times 5}$

$= 0.805$

3) $\varnothing = \tan^{-1}\dfrac{D}{S} = \tan^{-1}\dfrac{40}{200} = 11.31°$

여기서, E : 말뚝의 효율
N : 말뚝의 총수
R_a : 단항의 허용지지력
S : 말뚝의 중심간격
D : 말뚝의 지름

∴ $R_{ag} = E.N.R_a = 0.805 \times 20 \times 150 = 2,415 \text{ ton}$

78 ③

79 포화된 점토에 대하여 비압밀비배수(UU) 삼축압축시험을 하였을 때의 결과에 대한 설명으로 옳은 것은? (단, ϕ는 마찰각이고 c는 점착력이다.)

① ϕ와 c가 나타나지 않는다.
② ϕ와 c가 모두 "0"이 아니다.
③ ϕ는 "0"이고 c는 "0"이 아니다.
④ ϕ는 "0"이 아니지만 c는 "0"이다.

해설

uu 시험은 ϕ는 "0"이고 c는 "0"이 아니다.

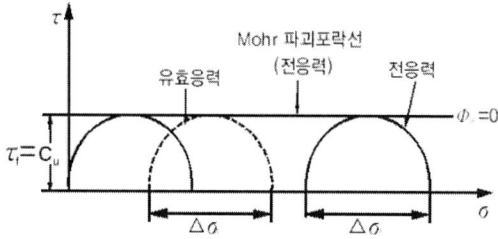

80 연약지반 개량공법에 대한 설명 중 틀린 것은?

① 샌드드레인 공법은 2차 압밀비가 높은 점토 및 이탄 같은 유기질 흙에 큰 효과가 있다.
② 화학적 변화에 의한 흙의 강화공법으로는 소결 공법, 전기화학적 공법 등이 있다.
③ 동압밀공법 적용 시 과잉간극 수압의 소산에 의한 강도증가가 발생한다.
④ 장기간에 걸친 배수공법은 샌드드레인이 페이퍼 드레인보다 유리하다.

해설

샌드 드레인(Sand drain)공법
연약한 점토질지반에 모래기둥 시공하여 점성토층의 배수거리를 짧게하여 압밀을 촉진시켜서 공기 단축하는 공법으로 1차압밀 침하를 촉진으로 주로 사용된다.

2020 기출문제 제4회 건설재료시험기사

제1과목 콘크리트공학

01 프리스트레스트 콘크리트에서 굵은 골재의 최대 치수는 보통의 경우 얼마를 표준으로 하는가?
① 15mm
② 25mm
③ 40mm
④ 50mm

해설
프리스트레스트 콘크리트에서 굵은골재 최대치수 표준은 25mm를 기준으로 한다.

02 콘크리트의 내구성 향상 방안으로 틀린 것은?
① 알칼리금속이나 염화물의 함유량이 많은 재료를 사용한다.
② 내구성이 우수한 골재를 사용한다.
③ 물-결합재비를 될 수 있는 한 적게 한다.
④ 목적에 맞는 시멘트나 혼화재료를 사용한다.

해설
콘크리트 내구성 향상 방안으로 알칼리금속이나 염화물의 함유량이 적은 재료를 사용한다.

03 고강도 콘크리트에 대한 설명으로 틀린 것은?
① 콘크리트의 강도를 확보하기 위하여 공기 연행제를 사용하는 것을 원칙으로 한다.
② 고강도 콘크리트의 설계기준압축강도는 일반적으로 40MPa 이상으로 하며, 고강도경량골재 콘크리트는 27MPa 이상으로 한다.
③ 고강도 콘크리트에 사용되는 굵은 골재의 최대 치수는 40mm 이하로서 가능한 25mm 이하로 하며, 철근 최소 수평 순간격의 3/4이내의 것을 사용하도록 한다.
④ 단위 시멘트량은 소요의 워커빌리티 및 강도를 얻을 수 있는 범위 내에서 가능한 적게 되도록 시험에 의해 정하여야 한다.

해설
고강도 콘크리트
기상의 변화가 심하거나 동결융해에 대한 대책이 필요한 경우를 제외하고 공기연행제를 사용하지 않는 것을 원칙으로 한다.

정답 01 ② 02 ① 03 ①

04 콘크리트의 받아들이기 품질 검사 항목 중 염소이온량 시험의 시기 및 횟수에 대한 규정으로 옳은 것은?

① 바다 잔골재를 사용할 경우 : 2회/일, 그 밖의 경우 : 1회/주
② 바다 잔골재를 사용할 경우 : 1회/일, 그 밖의 경우 : 2회/주
③ 바다 잔골재를 사용할 경우 : 2회/일, 그 밖의 경우 : 2회/주
④ 바다 잔골재를 사용할 경우 : 1회/일, 그 밖의 경우 : 1회/주

해설
염소이온량 시험은 바다 잔골재를 사용할 경우는 1일에 2회 실시하고, 그 밖의 경우는 1주에 1회 실시한다.

05 순환골재 콘크리트에 대한 설명으로 틀린 것은?

① 순환골재 콘크리트의 공기량은 보통골재를 사용한 콘크리트보다 1% 크게 하여야 한다.
② 순환골재 콘크리트의 제조에 있어서 순환 굵은 골재의 최대 치수는 40mm 이하로 하되, 가능하면 25mm 이하의 것을 사용하는 것이 좋다.
③ 콘크리트용 순환골재의 품질을 정하는 기준항목 중 절개 건조 밀도(g/cm^3)는 순환굵은 골재인 경우 2.5이상, 순환잔골재인 경우 2.3이상이어야 한다.
④ 순환골재를 사용하여 설계기준압축강도 27MPa 이하의 콘크리트를 제조할 경우 순환굵은골재의 최대 치환량은 총 굵은 골재 용적의 60%, 순환잔골재의 최대 치환량은 총 잔골재 용적의 30% 이하로 한다.

해설
순환 굵은골재의 최대치수는 20mm 또는 25mm 이하로 하되, 가능한 20mm 이하를 권장한다.

06 콘크리트 압축강도 추정을 위한 반발경도 시험(KS F 2730)에 대한 설명으로 틀린 것은?

① 콘크리트는 함수율이 증가함에 따라 반발경도가 크게 측정되므로 콘크리트 습윤상태에 따른 보정을 실시하여야 한다.
② 0°C 이하의 온도에서 콘크리트는 정상보다 높은 반발경도를 나타내므로, 콘크리트 내부가 완전히 융해된 후에 시험해야 한다.
③ 타격 위치는 가장자리로부터 100mm 이상 떨어지고 서로 30mm 이내로 근접해서는 안 된다.
④ 시험할 콘크리트 부재는 두께가 100mm 이상이어야 하며, 하나의 구조체에 고정되어야 한다.

해설
슈미트 해머는 콘크리트 표면의 습윤상태에 있으면 건조상태인 경우보다 반발경도가 작게 측정된다.

07 콘크리트의 압축강도를 시험하여 거푸집널을 해체하고자 할 때, 아래와 같은 조건에서 콘크리트 압축강도(f_{cu})가 얼마 이상인 경우 해체 가능한가?

> · 부재 : 슬래브의 밑면(단층구조)
> · 콘크리트의 설계기준 압축강도 : 24MPa

① 7MPa 이상
② 10MPa 이상
③ 13MPa 이상
④ 16MPa 이상

해설

1) $f_{ck} \times \dfrac{2}{3} = 24 \times \dfrac{2}{3} = 16 MPa$
2) 슬래브 밑변 최소압축강도 = 14MPa
   ∴ 콘크리트 압축강도 : 16MPa

08 콘크리트의 건조수축 특성에 대한 설명으로 틀린 것은?

① 콘크리트 부재의 크기는 콘크리트 내의 수분이동 속도와 양에 영향을 주므로 건조수축에도 영향을 준다.
② 일반적으로 골재의 탄성계수가 클수록 콘크리트의 수축을 효과적으로 감소시킬 수 있다.
③ 단위 수량이 증가할수록 콘크리트의 건조수축량은 증가한다.
④ 증기양생을 한 콘크리트의 경우 건조수축이 증가한다.

해설

고압증기 양생은 표준온도로 양생한 콘크리트에 비하여 수축률이 다소 감소하는 향이 있다.

09 프리스트레스트 콘크리트에서 프리스트레싱할 때의 유의사항에 대한 설명으로 틀린 것은?

① 긴장재에 대해 순차적으로 프리스트레싱을 실시할 경우는 각 단계에 있어서 콘크리트에 유해한 응력이 생기지 않도록 한다.
② 프리텐션 방식의 경우 긴장재에 주는 인장력은 고정장치의 활동에 의한 손실을 고려하여야 한다.
③ 프리스트레싱 작업 중에는 어떠한 경우라도 인장장치 또는 고정장치 뒤에 사람이 서 있지 않도록 하여야 한다.
④ 긴장재에 인장력이 주어지도록 긴장할 때 인장력을 설계값 이상으로 주었다가 다시 설계값으로 낮추어 정확한 힘이 전달되도록 시공하여야 한다.

해설

긴장재는 이것을 구성하는 각각의 PS강재에 소정의 인장력이 주어지도록 긴장하여야 하는데, 이때 인장력을 설계값 이상으로 주었다가 다시 설계값으로 낮추는 방법으로 시공하면 안된다.

10 서중 콘크리트에 대한 설명으로 틀린 것은?

① 하루 평균기온이 25°C를 초과하는 것이 예상되는 경우 서중 콘크리트로 시공한다.
② 일반적으로는 기온 10°C의 상승에 대하여 단위수량은 2~5% 감소하므로 단위수량에 비례하여 단위 시멘트량의 감소를 검토하여야 한다.
③ 콘크리트를 타설하기 전에 지반과 거푸집등을 조사하여 콘크리트로부터의 수분흡수로 품질변화의 우려가 있는 부분은 습윤 상태로 유지하는 등의 조치를 하여야 한다.
④ 콘크리트는 비빈 후 즉시 타설하여야 하며, 일반적인 대책을 강구한 경우라도 1.5시간 이내에 타설하여야 한다.

해설

일반적으로는 기온 10°C의 상승에 대하여 단위수량은 2~5% 증가하므로 단위수량에 비례하여 단위시멘트량의 증가를 검토하여야 한다.

11 경화한 콘크리트는 건전부와 균열부에서 측정되는 초음파 전파시간이 다르게 되어 전파속도가 다르다. 이러한 전파속도의 차이를 분석함으로써 균열의 깊이를 평가할 수 있는 비파괴 시험방법은?

① Tc-To법
② 분극저항법
③ RC-Rader법
④ 전자파 레이더법

해설

Tc-To 법
1) 종파용 발, 수진자를 개구부를 중심으로 등간격L/2로 설치하였을 때, 균열선단부를 회절한 초음파의 전달시간 Tc와 균열이 없는 부분에서의 발,수진자의 거리L에서의 전파시간 To로부터 균열의 심도를 구하는 방법이다.
2) 균열깊이(심도)

$$d = \frac{L}{2} \cdot \sqrt{\left(\frac{T_c}{T_o}\right)^2 - 1}$$

여기서, d : 균열깊이(심도)
T_c : 균열을 사이에 두고 측정한 전파시간(μs)
T_o : 건전부 표면에서의 전파시간(μs)
L : 송신 및 수신 양 탐촉자의 거리

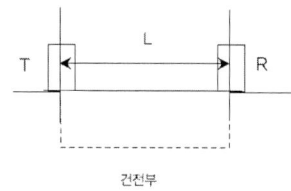
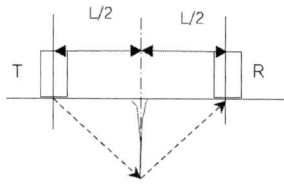

12 수중 콘크리트에 대한 설명으로 틀린 것은?
① 일반 수중 콘크리트는 수중에서 시공할 때의 강도가 표준공시체 강도의 0.2~0.5배가 되도록 배합강도를 설정하여야 한다.
② 수중 불분리성 콘크리트에 사용하는 굵은 골재의 최대 치수는 40mm이하를 표준으로 한다.
③ 지하연속벽에 사용하는 수중 콘크리트의 경우, 지하연속벽을 가설만으로 이용할 경우에는 단위 시멘트량은 300kg/m³이상으로 하여야 한다.
④ 일반 수중 콘크리트의 타설에서 완전히 물막이를 할 수 없는 경우에도 유속은 50mm/s이하로 하여야 한다.

> **해설**
> 일반 수중 콘크리트는 수중에서 시공할 때의 강도가 표준공시체 강도의 0.6~0.8배가 되도록 배합강도를 설정하여야 한다.

13 콘크리트 배합에 관한 일반적인 설명으로 틀린 것은?
① 유동화 콘크리트의 경우, 유동화 후 콘크리트의 워커빌리티를 고려하여 잔골재율을 결정할 필요가 있다.
② 잔골재율은 소요의 워커빌리티를 얻을 수 있는 범위 내에서 단위수량이 최대가 되도록 시험에 의하여 정하여야 한다.
③ 공사 중에 잔골재의 입도가 변하여 조립률이 ±0.20 이상 차이가 있을 경우에는 워커빌리티가 변화하므로 배합을 수정할 필요가 있다.
④ 고성능 공기연행감수제를 사용한 콘크리트의 경우로서 물-결합재비 및 슬럼프가 같으면, 일반적인 공기연행 감수제를 사용한 콘크리트와 비교하여 잔골재율을 1~2%정도 크게 하는 것이 좋다.

> **해설**
> 잔골재율은 소요의 워커빌리티를 얻을 수 있는 범위 내에서 단위수량이 최소가 되도록 시험에 의하여 정하여야 한다.

14 콘크리트 배합설계에서 압축강도의 표준편차를 알지 못하고 설계기준 압축강도(f_{ck})가 25MPa일 때 콘크리트 표준시방서에 따른 배합강도(f_{cr})는?
① 30.5MPa
② 32.0MPa
③ 33.5MPa
④ 35.0MPa

> **해설**
> 표준편차를 모르고 압축강도 시험횟수 14회 이하인 경우 콘크리트 배합강도
> f_{ck} : 21미만인 경우 f_{ck}+7
> f_{ck} : 21이상~35이하인 경우 f_{ck}+8.5
> f_{ck} : 35초과 $1.1f_{ck}$+5
> ∴ $f_{cr} = f_{ck}$+8.5=25+8.5=33.5MPa

정답 12 ① 13 ② 14 ③

15 콘크리트 시방배합설계 계산에서 단위골재의 절대용적이 689L이고, 잔골재율이 41%, 굵은 골재의 표건밀도가 2.65g/cm³일 경우 단위 굵은 골재량은?

① 730.34kg
② 1,021.24kg
③ 1,077.25kg
④ 1,137.11kg

해설

단위굵은골재량
$[0.689 \times (1-0.41) \times (2.65 \times 10^3)] = 1,077.25$ kg

16 거푸집의 높이가 높을 경우, 연직슈트 또는 펌프배관의 배출구를 타설면 가까운 곳까지 내려서 콘크리트를 타설해야 한다. 이 경우 슈트, 펌프배관, 버킷, 호퍼 등의 배출구와 타설 면까지의 높이는 최대 몇 m 이하를 원칙으로 하는가?

① 0.5m
② 1.0m
③ 1.5m
④ 2.0m

해설

슈트, 펌프배관 등의 배출구와 타설면까지의 높이는 1.5m 이하를 원칙으로 한다.

17 콘크리트의 타설에 대한 설명으로 틀린 것은?

① 타설한 콘크리트를 거푸집 안에서 횡방향으로 이동시켜서는 안 된다.
② 한 구획내의 콘크리트는 타설이 완료될 때까지 연속해서 타설하여야 한다.
③ 콘크리트 타설 도중 표면에 떠올라 고인 블리딩수가 있을 경우에는 콘크리트 표면에 홈을 만들어 배수 처리하여야 한다.
④ 콘크리트는 그 표면이 한 구획 내에서는 거의 수평이 되도록 타설하는 것을 원칙으로 한다.

해설

콘크리트 타설 도중 표면에 떠올라 고인 블리딩수가 있을 경우에는 적당한 방법으로 이 물을 제거한 후가 아니면 그 위에 콘크리트를 쳐서는 안 되며, 고인 물을 제거하기 위하여 콘크리트 표면에 홈을 만들어 흐르게 해서는 안 된다.

18 한중 콘크리트에서 주위의 기온이 영하 6°C, 비볐을 때의 콘크리트의 온도가 영상 15°C, 비빈 후부터 타설이 끝났을 때까지의 시간은 2시간이 소요되었다면 콘크리트 타설이 끝났을 때의 콘크리트 온도는 얼마인가?

① 6.7°C
② 7.2°C
③ 7.8°C
④ 8.7°C

해설

한중콘크리트 타설완료 후 콘크리트 온도
$T_2 = T_1 - 0.15(T_1 - T_0) \cdot t$
$= 15 - 0.15(15 - (-6)) \times 2$
$= 8.7°C$

여기서, T_2 : 타설후 콘크리트 온도(°C)
T_1 : 비볐을 때 콘크리트 온도(°C)
T_0 : 주위의 온도(°C)
t : 비빈후부터 타설이 끝났을 때 까지의 시간

19 압력법에 의한 굳지 않은 콘크리트의 공기량시험(KS F 2421)에 대한 설명으로 틀린 것은?

① 물을 붓지 않고 시험(무주수법) 하는 경우 용기의 용적은 7L 이상으로 한다.
② 물을 붓고 시험(주수법) 하는 경우 용기의 용적은 적어도 5L로 한다.
③ 인공 경량 골재와 같은 다공질 골재를 사용한 콘크리트에 대해서도 적용된다.
④ 결과의 계산에서 콘크리트의 공기량은 콘크리트의 겉보기 공기량에서 골재 수정계수를 뺀 값이다.

해설

압력법에 의한 콘크리트의 공기량 시험은 워싱턴형 공기량 측정기를 사용하여, 공기실에 일정한 압력을 콘크리트에 주었을 때 공기량으로 인하여 내부압력이 감소되는 것으로부터 공기량을 구하는 시험으로 인공 경량골재와 같은 경량골재콘크리트에 대해서는 부적당하다.

20 팽창 콘크리트의 양생에 대한 설명으로 틀린 것은?

① 콘크리트를 타설한 후에는 살수 등 기타의 방법으로 습윤 상태를 유지하며 콘크리트 온도는 2°C 이상을 5일간 이상 유지시켜야 한다.
② 보온양생, 급열양생, 증기양생 등의 촉진양생을 실시하면 충분한 소요의 품질을 확보할 수가 없어 품질확인을 위한 시험을 할 필요가 없어 편리하다.
③ 거푸집을 제거한 후 콘크리트의 노출면, 특히 슬래브 상부 및 외벽 면은 직사일광, 급격한 건조 및 추위를 막기 위해 필요에 따라 양생매트·시트 또는 살수 등에 의한 적당한 양생을 실시하여야 한다.
④ 콘크리트 거푸집널의 존치기간은 평균기온 20°C 미만인 경우에는 5일 이상, 20°C이상인 경우에는 3일 이상을 원칙으로 한다.

해설

보온 양생, 급열 양생, 증기 양생 그밖의 촉진 양생을 실시할 경우에는 소요의 품질이 얻어지는지를 시험에 의해 확인하여야 한다.

제2과목 건설시공 및 관리

21 댐 기초처리를 위한 그라우팅의 종류 중 아래에서 설명하는 것은?

> 기초암반의 변형성이나 강도를 개량하여 균일성을 주기 위하여 기초 전반에 걸쳐 격자형으로 그라우팅을 하는 방법이다.

① 커튼 그라우팅
② 블랭킷 그라우팅
③ 콘택트 그라우팅
④ 콘솔리데이션 그라우팅

해설

압밀(Consolidation Grouting) 공법
1) 발파 굴착 등으로 느슨해진 불량 암반 부위의 지반을 보강, 안정 목적으로 설치하는 그라우팅으로 기초암반의 지내력을 향상시킨다.
2) 기초암반의 변형성이나 강도를 개량하여 기초암반에 균일성을 주기 위하여 기초 전반에 격자형태로 그라우팅을 실시
3) 시공 위치 : 기초면에 전면적 시공
4) 주입공 배치 : 3m × 3m (격자형)

22 도로 토공을 위한 횡단 측량 결과가 아래 그림과 같을 때 Simpson 제 2법칙에 의해 횡단면적을 구하면? (단, 그림의 단위는 m이다.)

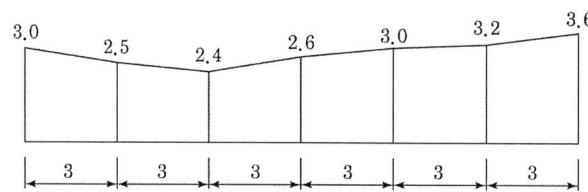

① 50.74m²
② 54.27m²
③ 57.63m²
④ 61.35m²

해설

심프슨 제2법칙

$$A = \frac{3d}{8}(y_o + y_n + 3\sum_{y\text{나머지}} + 2\sum_{y3\text{배수}})$$

$$= \frac{3 \times 3}{8}[3.0 + 3.6 + 3 \times (2.5 + 2.4 + 3.0 + 3.2) + 2 \times (2.6)] = 50.74 m^2$$

23 사질토로 25,000m³의 성토공사를 할 경우 굴착 토량(자연 상태 토량) 및 운반 토량(흐트러진 상태 토량)은 얼마인가? (단, 토량 변화율 L=1.25, C=0.9이다.)

① 굴착 토량=35,600.2m³, 운반 토량=23,650.5m³
② 굴착 토량=27,777.8m³, 운반 토량=34,722.2m³
③ 굴착 토량=27,531.5m³, 운반 토량=36,375.2m³
④ 굴착 토량=19,865.3m³, 운반 토량=28,652.8m³

해설
1) 굴착토량(자연)
$$= 25,000 \times \frac{1}{C} = 25,000 \times \frac{1}{0.9} = 27,777.8 m^3$$
2) 운반토량
$$= 25,000 \times \frac{L}{C} = 25,000 \times \frac{1.25}{0.9} = 34,722.2 m^3$$

24 하수도 관로의 최소 흙두께(매설깊이)는 원칙적으로 얼마를 하도록 되어 있는가?

① 1.2m ② 1.0m
③ 0.8m ④ 0.5m

해설
관로의 최소 흙두께는 원칙적으로 1m로 하나, 연결관, 노면하중, 노반두께 및 다른 매설물의 관계, 동결심도, 기타 도로점용조건을 고려하여 적절한 흙두께로 한다.

25 아스팔트 콘크리트 포장과 비교한 시멘트 콘크리트 포장의 특성에 대한 설명으로 틀린 것은?

① 내구성이 커서 유지관리비가 저렴하다.
② 표층은 교통하중을 하부 층으로 전달하는 역할을 한다.
③ 국부적 파손에 대한 보수가 곤란하다.
④ 시공 후 충분한 강도를 얻는데 까지 장시간의 양생이 필요하다.

해설
표층(슬래브)자체가 교통하중에 의해서 발생되는 응력을 표층(슬래브)의 강성으로 휨에 대하여 저항을 한다.

26 교대에서 날개벽(Wing)의 역할로 가장 적당한 것은?

① 교대의 하중을 부담한다.
② 교량의 상부구조를 지지한다.
③ 유량을 경감하여 토사의 퇴적을 촉진시킨다.
④ 배면(背面)토사를 보호하고 교대 부근의 세굴을 방지한다.

해설
교대 날개벽 역할
교대 날개벽은 교대배면 성토의 보호 및 세굴방지를 목적으로 한다.

정답 23 ② 24 ② 25 ② 26 ④

27 뉴매틱 케이슨(Pneumatic Caisson)공법의 특징으로 틀린 것은?
① 소음과 진동이 커서 도시에서는 부적합하다.
② 기초 지반 토질의 확인 및 정확한 지지력의 측정이 가능하다.
③ 굴착 깊이에 제한이 없고 소규모 공사나 심도 깊은 공사에 경제적이다.
④ 기초 지반의 보일링 현상 및 히빙 현상을 방지할 수 있으므로 인접 구조물의 피해 우려가 없다.

해설
뉴매틱 케이슨 기초는 굴착깊이에 제한이 있고 대규모 공사에 경제적이나 소음과 진동이 커서 도심지 공사에 적합하지 않다.

28 터널 보강공법 중 숏크리트의 시공에서 탈락률을 감소시키는 방법으로 틀린 것은?
① 벽면과 직각으로 분사한다.
② 분사 부착면을 거칠게 한다.
③ 배합 시 시멘트량을 감소시킨다.
④ 호스의 압력을 일정하게 유지한다.

해설
숏크리트 탈락률을 감소시키기 방법으로 배합 시 시멘트량을 증가시킨다.

29 샌드 드레인(sand drain)공법에서 영향원의 지름을 d_e, 모래말뚝의 간격을 d라 할 때 정삼각형의 모래말뚝 배열 식으로 옳은 것은?
① d_e=1.13d
② d_e=1.10d
③ d_e=1.05d
④ d_e=1.01d

해설
샌드드레인 모래말뚝 배열식
d_e = 1.13d(정사각형)
d_e = 1.05d(정삼각형)

정답 27 ③ 28 ③ 29 ③

30 자연 함수비 8%인 흙으로 성토하고자 한다. 다짐한 흙의 함수비를 15%로 관리하도록 규정하였을 때 매 층마다 1m²당 몇 kg의 물을 살수해야 하는가? (단, 1층의 다짐 후 두께는 20cm이고, 토량 변화율 C=0.8이며, 원지반 상태에서 흙의 밀도는 1.8t/m³이다.)

① 21.59kg　　　　　　　　　② 24.38kg
③ 27.23kg　　　　　　　　　④ 29.17kg

해설

1) 1m³당 본바닥 체적
$$= 1 \times 1 \times 0.2 \times \frac{1}{0.8} = 0.25 m^3$$

2) $w=8\%$일 때 흙의 무게
$$\gamma_t = \frac{W}{V} \text{에서 } 1.8 = \frac{W}{0.25}, W = 0.45t$$

3) $w=8\%$일 때 물의 무게
$$W_w = \frac{wW}{100+w} = \frac{8 \times 450}{100+8} = 33.33 kg$$

4) $w=15\%$일 때 물의 무게
$$8 : 33.33 = 15 : W_w$$
$$\therefore W_w = 62.49 kg$$

5) 살수량 $= 62.49 - 33.33 = 29.17 kg$

31 터널 굴착 공법인 TBM공법의 특징에 대한 설명으로 틀린 것은?
① 터널 단면에 대한 분할 굴착시공을 하므로, 지질변화에 대한 확인이 가능하다.
② 기계굴착으로 인해 여굴이 거의 발생하지 않는다.
③ 1km 이하의 비교적 짧은 터널의 시공에는 비경제적인 공법이다.
④ 본바닥 변화에 대하여 적응이 곤란하다.

해설

터널 단면에 대한 분할 굴착시공이 아닌 전단면 굴착 시공으로, 지질변화에 대한 확인 어렵다.

32 주공정선(critical path)에 대한 설명으로 틀린 것은?
① 주공정선(critical path)상에서 모든 여유는 0(zero)이다.
② 주공정선(critical path)은 반드시 하나만 존재한다.
③ 공정의 단축 수단은 주공정선(critical path)의 단축에 착안해야 한다.
④ 주공정선(critical path)에 의해 전체 공정이 좌우된다.

해설

주공정선(critical path)은 여러개가 존재 할 수 있다.

정답 30 ④ 31 ① 32 ②

33 폭우 시 옹벽 배면의 흙은 다량의 물을 함유하게 되는데 뒤채움 토사에 배수 시설이 불량할 경우 침투수가 옹벽에 미치는 영향에 대한 설명으로 틀린 것은?

① 활동면에서의 양압력 발생
② 옹벽 저면에 대한 양압력 발생
③ 수동저항(passive resistance)의 증가
④ 포화 또는 부분포화에 의한 흙의 무게 증가

해설
수동저항(passive resistance)이 감소한다.

34 PERT 공정 관리 기법에 대한 설명으로 틀린 것은?

① PERT 기법에서는 시간 견적을 3점법으로 확률 계산한다.
② PERT 기법은 결합점(Node)중심의 일정 계산을 한다.
③ PERT 기법은 공기 단축을 목적으로 한다.
④ PERT 기법은 경험이 있는 사업 및 반복사업에 이용된다.

해설
공정관리 기법
1) PERT 기법(신비 3기event)
  가. 신규사업, 비 반복사업, 경험이 없는 사업 등에 활용
  나. 소요시간 추정 (3점법 확률 계산)
  다. 가중 평균치 사용
  $$t_e = \frac{t_o + 4t_m + t_p}{6}$$
  여기서, t_o : 낙관 작업일수
  t_m : 정상 작업일수
  t_p : 비관 작업일수
  t_e : 3점법에 의한 추정공사일수
  라. 작업단계(event) 중심관리(결합점 중심관리)
  마. 확률론적 검토
  바. 공기 단축이 목적
2) CPM 기법
  가. 반복사업, 경험이 있는 사업에 적용한다.
  나. 1점 시간 추정(t_m)
  다. 작업활동(Activity) 중심관리
  라. 비용견적, 비용구배, 일정단축
  바. 공비 절감이 목적

35 불도저의 종류 중 배토판의 좌, 우를 밑으로 10~40cm 정도 기울여 경사면 굴착이나 도랑파기 작업에 유리한 것은?

① U도저
② 틸트도저
③ 레이크도저
④ 스트레이트도저

해설

불도져 분류

분류	개요
틸트 도저 (Tilt Dozer)	배토판의 좌우(10~40cm)를 밑으로 기울게하여 도량 파기, 경사굴착 등을 한다.
스트레이트 도저 (Straight Dozer)	배토판의 상단부를 전후로 이동하여 조정하므로 도랑파기 또는 동결지반의 굴착에 편리하다.
앵글 도저 (Angle Dozer)	배토판을 진행 방향에 전후로 20~30°이동시켜서 배토판의 작업각도를 변동할 수 있어 굴착토사를 한쪽으로 이동 시킬 수 있다.
레이크 도저 (Rake Dozer)	배토판 대신에 레이크를 정착하여 벌개제근, 나무뿌리제거 작업등을 할 수 있다.

36 유효다짐폭 3m의 10t 머캐덤 롤러(macadam roller) 1대를 사용하여 성토의 다짐을 시행할 때 평균 깔기 두께가 20cm, 평균작업속도가 2km/h, 다짐횟수를 10회, 작업효율을 0.6으로 하면 시간당 작업량은? (단, 토량환산계수(f)는 0.8로 한다.)

① 57.6m³/h
② 76.2m³/h
③ 85.4m³/h
④ 92.7m³/h

해설

운전 1시간당 다짐 토량

$$Q = \frac{1,000 \times V \times W \times H \times f \times E}{N}$$

$$Q = \frac{1,000 \times 2 \times 3 \times 0.2 \times 0.8 \times 0.6}{10} = 57.6 m^3/hr$$

37 교량가설공법 중 동바리를 이용하는 공법이 아닌 것은?
① 새들(Saddle) 공법
② 벤트(Bent) 공법
③ 외팔보(Free Cantilever) 공법
④ 가설 트러스(Erection Truss) 공법

해설
교량가설 공법
1) 비계를 사용하는 공법
 · 새들(saddle) 공법
 · 벤트(bent) 공법
 · 이렉션트러스(election truss) 공법
 · 스테이징 벤트(staging bent) 공법
2) 비계를 사용하지 않는 공법
 · ILM 공법
 · 캔틸레버식 공법(FCM 공법)
 · 케이블 공법

38 보조기층, 입도 조정기층 등에 침투시켜 이들 층의 방수성을 높이고 그 위에 포설하는 아스팔트 혼합물과의 부착이 잘되게 하기 위하여 보조기층 또는 기층 위에 역청재를 살포하는 것을 무엇이라 하는가?
① 프라임 코트(prime coat)
② 택 코트(tack coat)
③ 실 코트(seal coat)
④ 패칭(patching)

해설
프라임 코트(Prime coat)
1) 보조기층 또는 기층 등에 침투시켜 이들 층의 방수성을 확보한다.
2) 보조기층에서 모세관 현상에 의해 올라오는 물의 상승을 차단한다.
3) 보조기층과 기층 아스팔트 혼합물과의 부착이 잘되도록 살포하는 역청재료이다.

39 지반중에 초고압으로 가압된 경화재를 에어제트와 함께 이중관 선단에 부착된 분사노즐로 분사시켜 지반의 토립자를 교반하여 경화재와 혼합 고결시키는 공법은?
① LW공법
② SGR공법
③ SCW공법
④ JSP공법

해설
J.S.P(Jumbo Special Pile)
J.S.P 공법은 교반혼합공법(C.C.P공법)에서 발전된 것으로 교반혼합공법은 수평 방향으로 $200kg/cm^2$의 고압의 경화재(Cement Paste)를 분사하여서 지반의 토립자와 교반하여 경화재와 토립자를 혼합 고결시키는 공법

40 어느 토공현장의 흙의 운반거리가 60m, 전진속도 40m/min, 후진속도 80m/min, 기어변속시간 30초, 작업효율 0.8, 1회의 압토량 2.3m³, 토량변화율(L)이 1.2라면 불도저의 시간당 작업량은? (단, 본바닥 토량으로 구하시오.)

① 33.45m³/h
② 39.27m³/h
③ 45.62m³/h
④ 51.93m³/h

해설

1) $C_m = \dfrac{L}{V_1} + \dfrac{L}{V_2} + t_g$

$= \dfrac{60}{40} + \dfrac{60}{80} + \dfrac{30}{60} = 2.75$분

2) $Q = \dfrac{60 \cdot q \cdot f \cdot E}{C_m}$

$= \dfrac{60 \times 2.3 \times \dfrac{1}{1.2} \times 0.8}{2.75} = 33.45 \, m^3/hr$

제3과목 건설재료 및 시험

41 아스팔트 혼합물에서 채움재(filler)를 혼합하는 목적은 다음 중 어느 것인가?

① 아스팔트의 공극을 메우기 위해서
② 아스팔트의 비중을 높이기 위해서
③ 아스팔트의 침입도를 높이기 위해서
④ 아스팔트의 내열성을 증가시키기 위해서

해설

아스팔트 혼합물에서 채움재(filler)역할
1) Asp 골재 틈을 메워 Asp 시멘트 소요량을 감소
2) Asp 시멘트와 일체로 되어 보강재 역할

42 면이 원칙적으로 거의 사각형에 가까운 것으로, 4면을 쪼개어 면에 직각으로 측정한 길이가 면의 최소 변의 1.5배 이상인 석재는?

① 사고석
② 견치석
③ 각석
④ 판석

해설

견치석
앞면은 규칙적으로 거의 사각형에 가깝고 길이는 최소변의 1.5배 이상인 석재.

43 양이온계 유화 아스팔트 중 택 코트용으로 사용하는 것은?
① RS(C)-1
② RS(C)-2
③ RS(C)-3
④ RS(C)-4

해설
아스팔트 유제의 종류

양이온계 유화 아스팔트	음이온계 유화 아스팔트	용 도
RS(C)-1	RS(A)-1	보통 침투용 및 표면 처리용
RS(C)-2	RS(A)-2	동절기 침투용 및 동절기 표면 처리용
RS(C)-3	RS(A)-3	프라임 코트용
RS(C)-4	RS(A)-4	택 코트용

44 콘크리트용 천연 굵은 골재의 유해물 함유량 한도(질량백분율)에 대한 설명으로 틀린 것은?
① 연한 석편은 2.0%이하여야 한다.
② 점토덩어리는 0.25%이하여야 한다.
③ 0.08mm체 통과량은 1.0% 이하여야 한다.
④ 콘크리트의 외관이 중요한 경우 석탄, 갈탄 등으로 밀도 $0.002g/mm^3$의 액체에 뜨는 것은 0.5% 이하여야 한다.

해설
굵은골재 유해함유량의 허용치
1) 점토덩어리 함유량 : 0.25%, 연한석편 : 5%이하
2) 점토덩어리와 연한석편 함유량 그 합은 5%를 초과하지 않아야 한다.

45 화약에 대한 설명으로 틀린 것은?
① 흑색화약은 원용적의 약 300배의 가스로 팽창하여 2,000°C의 열과 660MPa의 압력을 발생시킨다.
② 무연화약은 흑색화약에 비해 낮은 압력을 비교적 장기간 작용시킬 수 있다.
③ 흑색화약은 내습성이 뛰어나 젖어도 쉽게 발화하는 장점이 있다.
④ 무연화약은 연소성을 조절할 수 있으므로 총탄, 포탄, 로켓 등의 발사에 사용된다.

해설
흑색 화약은 화학적으로 극히 안정하나, 습기에 약하다.

46 어떤 재료의 푸아송 비가 $\frac{1}{3}$이고, 탄성계수가 2×10^5MPa일 때 전단탄성계수는?

① 25,600MPa
② 75,0600MPa
③ 544,000MPa
④ 229,500MPa

해설

전단탄성계수
$$G = \frac{E_c}{2 \cdot (1+\nu)} = \frac{2 \times 10^5}{2 \times (1+\frac{1}{3})} = 75,000 MPa$$

47 콘크리트용 화학 혼화제(KS F 2560)에서 규정하고 있는 AE제의 품질 성능(화학 혼화제의 요구 성능)에 대한 규정항목이 아닌 것은?

① 감수율
② 경시 변화량
③ 길이 변화비
④ 블리딩양의 비

해설

경시변화량 시험은 고성능 AE감수제의 슬럼프 변화량을 알아보는 시험이다.

48 표면 건조 포화 상태의 시료 1780g을 공기 중에서 건조시켰더니 1731g이 되었고, 이를 다시 노건조시켰더니 1709g이 되었다. 이 골재시료의 흡수율은?

① 1.3%
② 2.8%
③ 3.9%
④ 4.2%

해설

흡수율
$$\frac{표건질량 - 절건질량}{절건질량} \times 100$$
$$\frac{1780-1709}{1709} \times 100 = 4.2\%$$

49 시멘트의 응결에 대한 설명으로 틀린 것은?

① 단위 수량이 많으면 응결은 지연된다.
② 온도가 높을수록 응결은 빨라진다.
③ C_3A가 많을수록 응결은 지연된다.
④ 분말도가 높으면 응결은 빨라진다.

해설

C_3A가 많을수록 응결은 빠르게 일어난다.

정답 46 ② 47 ② 48 ④ 49 ③

50 혼화재로서 실리카 퓸을 사용한 콘크리트의 특성으로 틀린 것은?

① 내화학약품성이 향상된다.
② 재료분리 저항성이 향상된다.
③ 소요의 단위수량이 감소된다.
④ 콘크리트의 강도가 증가된다.

해설

실리카 퓸 특징
1) 장점
   ① 콘크리트 강도, 내구성, 수밀성을 증대
   ② 골재와 결합재간의 부착력 증대로 콘크리트 강도를 증대시켜 고강도 콘크리트를 만드는데 사용된다.
   ③ 알카리 골재반응 억제 효과
2) 단점
   ① 워커빌리티가 불량
   ② 건조수축 증가
   ③ 단위수량 증가.

51 석재의 일반적인 성질에 대한 설명으로 틀린 것은?

① 암석의 압축강도가 50MPa이상을 경석, 10MPa이상 ~ 50MPa 미만을 준경석, 10MPa미만을 연석이라 한다.
② 암석의 구조에서 암석특유의 천연적으로 갈라진 금을 절리, 퇴적암이나 변성암에서 나타나는 평행의 절리를 층리라 한다.
③ 석재는 강도 중에서 압축강도가 제일 크며, 인장, 휨 및 전단강도는 작기 때문에 구조용으로 사용할 경우 주로 압축력을 받는 부분에 사용된다.
④ 석재는 열에 대한 양도체이기 때문에 열의 분포가 균일하며, 1000°C이상의 고온으로 가열하여도 잘 견디는 내화성 재료이다.

해설

석재로 사용되는 암석은 열의 불균등분포가 생겨 내부열응력에 의해 1000°C 이상으로 가열하면 조직이 파괴된다.

52 시멘트 클링커 화합물의 특성으로 틀린 것은?

① C_3S는 C_2S에 비하여 수화열이 크고 초기강도가 크다.
② C_2S는 수화열이 작으며 장기강도발현성과 화학저항성이 우수하다.
③ C_3A는 수화속도가 매우 빠르지만 수화발열량과 수축은 매우 적다.
④ C_4AF는 화학저항성이 양호해서 내황산염시멘트에 많이 함유되어 있다.

해설

C3A는 수화속도가 매우 빠르며 수화 발열량과 수축이 매우 크다.

정답 50 ③ 51 ④ 52 ③

53 아스팔트의 인화점과 연소점에 대한 설명을 틀린 것은?

① 아스팔트를 가열하여 어느 일정 온도에 도달할 때 화기를 가까이 했을 경우 인화하는데, 이때 최저온도를 인화점이라 한다.
② 아스팔트가 인화되어 연소할 때의 최고온도를 연소점이라 한다.
③ 인화점은 연소점보다 온도가 낮다.
④ 아스팔트의 가열 시에 위험도를 알기 위해 인화점과 연소점을 측정한다.

해설
아스팔트의 인화점과 연소점
1) 아스팔트를 가열했을 때 인화하는데 이때의 최저 온도를 인화점이라 한다.
2) 아스팔트를 계속 가열하여 불꽃이 5초 동안 계속 될 때의 최저 온도를 연소점 이라한다.

54 다음에서 설명하는 토목섬유의 종류와 그 주요기능으로 옳은 것은?

> 폴리머를 판상으로 압축시키면서 격자 모양의 그리드 형태로 구멍을 내어 특수하게 만든 후 여러 모양으로 넓게 늘여 편 형태의 토목섬유

① 지오그리드-보강
② 지오멤브레인-보강
③ 지오네트-차단
④ 지오매트-차단

해설
지오그리드
1) 지오그리드는 리브 (rib)사이에 대략 1~10 cm의 작은 구멍을 가진 격자형 재료이다.
2) 주기능으로 보강 기능 및 분리 기능이 있다.

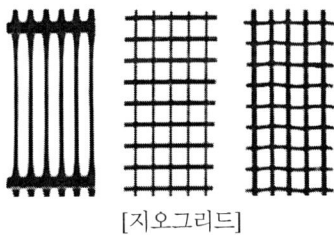
[지오그리드]

55 콘크리트용 골재(KS F 2527)에 규정되어 있는 콘크리트용 골재의 물리적 성질에 대한 설명으로 틀린 것은? (단, 천연골재의 굵은 골재, 잔골재이다.)

① 굵은 골재의 절대건조 밀도는 $2.5g/cm^3$이상이어야 한다.
② 잔골재의 안정성은 15%이하이어야 한다.
③ 잔골재의 흡수율은 3.0%이하이어야 한다.
④ 굵은 골재의 마모율은 40%이하이어야 한다.

해설
잔골재의 안정성은 10% 이하
굵은골재의 안정성은 12% 이하

56 재료의 역학적 성질에 대한 설명으로 옳은 것은?
① 전성은 재료를 두들길 때 얇게 펴지는 성질이다.
② 크리프는 하중이 반복 작용할 때 재료가 정적강도보다도 낮은 강도에서 파괴되는 현상이다.
③ 연성은 하중을 받으면 작은 변형에서도 갑작스런 파괴가 일어나는 성질이다.
④ 소성은 하중을 받아 변형된 재료가 하중이 제거 되었을 때 다시 원래대로 돌아가려는 성질이다.

> **해설**
> 1) 경도
>   재료의 긁기, 절단, 마모 등에 대한 저항성질
> 2) 연성
>   재료에 인장력을 주었을 때 재료가 가늘고 길게 늘어나는 성질
> 3) 소성
>   하중을 받아 변형된 재료가 하중이 제거되었을 때에 다시 원래대로 돌아가지 못하는 성질
> 4) 전성
>   압력을 가하거나 망치로 두드리면 넓은 판으로 얇게 펴지는 성질
> 5) 크리프(creep)
>   소재에 일정한 하중이 가해진 상태에서 시간의 경과에 따라 소재의 변형이 계속되는 현상

57 AE제를 사용한 콘크리트의 특성에 대한 설명으로 틀린 것은?
① 철근과의 부착강도가 작다.
② 동결융해에 대한 저항성이 크다.
③ 콘크리트 블리딩 현상이 증가된다.
④ 콘크리트의 워커빌리티를 개선하는 데 효과가 있다.

> **해설**
> AE제를 사용한 콘크리트의 블리딩 현상이 감소된다.

58 콘크리트용 골재의 알칼리골재 반응에 대한 설명 중 틀린 것은?
① 알칼리골재 반응은 반응성 있는 골재에 의해 콘크리트에 이상팽창을 일으켜 거북등 모양의 균열을 일으키는 것이다.
② 콘크리트의 팽창량에 미치는 영향은 시멘트 중의 Na_2O량과 K_2O량의 비 및 반응성 골재의 특성에 의해 달라진다.
③ 알칼리골재 반응은 고로슬래그시멘트 및 플라이애시시멘트를 사용하여 억제할 수 있다.
④ 알칼리골재 반응을 억제하기 위하여 시멘트에 포함되어 있는 총 알칼리량을 높여야 한다.

> **해설**
> 알칼리골재 반응을 억제하기 위하여 시멘트에 포함되어 있는 총 알칼리량을 줄여야 한다.

정답 56 ① 57 ③ 58 ④

59 목재의 강도 중 가장 큰 것은?
① 섬유에 평행방향의 압축강도
② 섬유에 직각방향의 압축강도
③ 섬유에 평행방향의 인장강도
④ 섬유에 평행방향의 전단강도

해설
목재의 강도
① 압축강도는 비중이 크고 함수율이 적을수록 압축강도는 크다.
② 세로 인장강도는 세로 압축강도 보다 2.5배 정도 크다.
③ 전단강도는 휨강도보다 작다.
④ 섬유에 평행 방향의 인장강도(세로 인장강도)가 가장 크다.

60 시멘트의 강도 시험(KS L ISO 679)을 실시하기 위해 시험용 모르타르를 제작하고자 한다. 1회분의 재료로서 시멘트 450g이 사용되었다면 필요한 표준사의 질량은?
① 1103g
② 1215g
③ 1350g
④ 1575g

해설
시멘트와 모래(표준사) 질량비 1 : 3
450×3=1,350g

제4과목 토질 및 기초

61 다음 지반 개량공법 중 연약한 점토지반에 적당하지 않은 것은?
① 프리로딩 공법
② 샌드 드레인 공법
③ 생석회 말뚝 공법
④ 바이브로 플로테이션 공법

해설
바이브로 플로테이션 공법은 사질토 지반 개량공법에 적합하다.

62 사질토에 대한 직접 전단시험을 실시하여 다음과 같은 결과를 얻었다. 내부마찰각은 약 얼마인가?

수직응력(kN/m²)	30	60	90
최대전단응력(kN/m²)	17.3	34.6	51.9

① 25°
② 30°
③ 35°
④ 40°

해설
$\tau = c + \sigma \cdot \tan\phi$ 에서
$\phi = \tan^{-1}\left(\dfrac{34.6 - 17.3}{60 - 30}\right) = 30°$

63 유선망의 특징에 대한 설명으로 틀린 것은?
① 각 유로의 침투유량은 같다.
② 유선과 등수두선은 서로 직교한다.
③ 인접한 유선 사이의 수두 감소량(head loss)은 동일하다.
④ 침투속도 및 동수경사는 유선망의 폭에 반비례한다.

[해설]
인접한 등수두선간의 수두차는 모두 같다.

64 두께 H인 점토층에 압밀하중을 가하여 요구되는 압밀도에 달할때까지 소요되는 기간이 단면배수일 경우 400일이었다면 양면배수일 때는 며칠이 걸리겠는가?
① 800일
② 400일
③ 200일
④ 100일

[해설]

1) $t = \dfrac{T_v \cdot H^2}{C_v}$

2) $t_1 : H_1^2 = t_2 : H_2^2$ 이므로

3) $400 : H^2 = t_2 : \left(\dfrac{H}{2}\right)^2$

∴ $t_2 = \dfrac{400 \cdot \left(\dfrac{H}{2}\right)^2}{H^2} = 100$일

65 사질토 지반에 축조되는 강성기초의 접지압분포에 대한 설명으로 옳은 것은?
① 기초 모서리 부분에서 최대 응력이 발생한다.
② 기초에 작용하는 접지압 분포는 토질에 관계없이 일정하다.
③ 기초의 중앙 부분에서 최대 응력이 발생한다.
④ 기초 밑면의 응력은 어느 부분이나 동일하다.

[해설]
강성기초의 접지압 분포

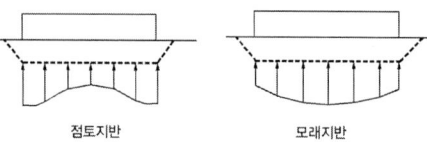

점토지반   모래지반

가. 기초가 강성이므로 균등침하가 발생된다.
나. 점토지반에서는 모서리쪽 접지압이 커지고 중앙부 접지압이 줄어든다.
다. 모래지반에서는 모서리쪽 접지압이 작고 중앙부 접지압이 커진다.

66 Terzaghi의 극한지지력 공식에 대한 설명으로 틀린 것은?

① 기초의 형상에 따라 형상계수를 고려하고 있다.
② 지지력계수 N_c, N_q, N_γ는 내부마찰각에 의해 결정된다.
③ 점성토에서의 극한지지력은 기초의 근입깊이가 깊어지면 증가된다.
④ 사질토에서의 극한지지력은 기초의 폭에 관계없이 기초 하부의 흙에 의해 결정된다.

해설

$q_u = \alpha c N_c + \beta \gamma_1 B N_\gamma + \gamma_2 D_f N_q$

극한지지력은 기초폭의 크기에 관계있다.

67 γ_t=19kN/m³, ϕ=30°인 뒤채움 모래를 이용하여 8m 높이의 보강토 옹벽을 설치하고자 한다. 폭 75mm, 두께 3.69mm의 보강띠를 연직방향 설치간격 Sv=0.5m, 수평방향 설치간격 Sh=1.0m로 시공하고자 할 때, 보강띠에 작용하는 최대 힘(T_{max})의 크기는?

① 15.33kN
② 25.33kN
③ 35.33kN
④ 45.33kN

해설

보강띠에 작용하는 최대 힘
$T_{max} = \gamma \cdot H \cdot K_a \cdot S_v \cdot S_h$
여기서 주동토압계수는
$K_a = \tan^2\left(45° - \dfrac{\phi}{2}\right)$
$= \tan^2\left(45° - \dfrac{30°}{2}\right) = \dfrac{1}{3}$

∴ $T_{max} = 19 \times 8 \times \dfrac{1}{3} \times 0.5 \times 1 = 25.33 kN$

68 사운딩에 대한 설명으로 틀린 것은?

① 로드 선단에 지중저항체를 설치하고 지반내 관입, 압입, 또는 회전하거나 인발하여 그 저항치로부터 지반의 특성을 파악하는 지반조사방법이다.
② 정적사운딩과 동적사운딩이 있다.
③ 압입식 사운딩의 대표적인 방법은 Standard Penetration Test(SPT)이다.
④ 특수사운딩 중 측압사운딩의 공내횡방향 재하시험은 보링공을 기계적으로 수평으로 확장시키면서 측압과 수평변위를 측정한다.

해설

1) 압입식 사운딩의 대표적인 방법은 베인(Vane) 시험
2) Standard Penetration Test(S.P.T)는 동적사운딩의 대표적인 방법.

69 현장 흙의 밀도 시험 중 모래치환법에서 모래는 무엇을 구하기 위하여 사용하는가?
① 시험구멍에서 파낸 흙의 중량
② 시험구멍의 체적
③ 지반의 지지력
④ 흙의 함수비

해설
모래치환법의 모래는 파낸 구멍속에 채워진 모래의 질량을 모래의 밀도로 나누어 구멍속의 체적을 알기 위함이다.

70 습윤단위중량이 $19kN/m^3$, 함수비 25%, 비중이 2.7인 경우 건조단위중량과 포화도는? (단, 물의 단위중량은 $9.81kN/m^3$이다.)
① $17.3kN/m^3$, 97.8%
② $17.3kN/m^3$, 90.9%
③ $15.2kN/m^3$, 97.8%
④ $15.2kN/m^3$, 90.9%

해설
1) $\gamma_d = \dfrac{\gamma_t}{1+\dfrac{\omega}{100}} = \dfrac{19}{1+\dfrac{25}{100}} = 15.2 N/m^3$

2) $S = \dfrac{G_s \cdot \omega}{e}$

여기서, $e = \dfrac{\gamma_w}{\gamma_d} \cdot G_s - 1 = \dfrac{9.81}{15.2} \times 2.7 - 1$
$= 0.7426$

$S = \dfrac{2.7 \times 0.25}{0.7426} \times 100 = 90.9\%$

71 어떤 시료를 입도분석 한 결과, 0.075mm체 통과율이 65%이었고, 애터버그한계 시험결과 액성한계가 40%이었으며 소성도표(Plasticity chart)에서 A선 위의 구역에 위치한다면 이 시료의 통일분류법(USCS)상 기호로서 옳은 것은? (단, 시료는 무기질이다.)
① CL
② ML
③ CH
④ MH

해설
1) 0.075mm체 통과량 50%이상이므로 세립토이며 A선 위에 위치하므로 점토(C)로 분류되며,
2) LL=40% < 50%이므로 저압축성(L)이므로 CL이다.

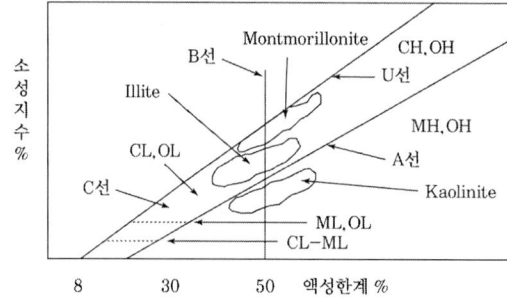

72 어떤 점토의 압밀계수는 $1.92\times10^{-7}\,\text{m}^2/\text{s}$, 압축계수는 $2.86\times10^{-1}\,\text{m}^2/\text{kN}$이었다. 이 점토의 투수계수는? (단, 이 점토의 초기간극비는 0.8이고, 물의 단위중량은 $9.81\,\text{kN/m}^3$이다.)

① $0.99\times10^{-5}\,\text{cm/s}$
② $1.99\times10^{-5}\,\text{cm/s}$
③ $2.99\times10^{-5}\,\text{cm/s}$
④ $3.99\times10^{-5}\,\text{cm/s}$

해설

1) $k = C_v \cdot m_v \cdot \gamma_w = C_v \left(\dfrac{a_v}{1+e_0}\right)\gamma_w$

2) $m_v = \dfrac{a_v}{1+e_o} = \dfrac{2.86\times10^{-1}}{1+0.8} = 0.159\,m^2/kN$

$\therefore k = C_v \cdot m_v \cdot \gamma_w$
$= 1.92\times10^{-7}m^2/s \times 0.159\,m^2/kN \times 9.81\,kN/m^3$
$= 2.99\times10^{-7}m/s = 2.99\times10^{-5}cm/s$

73 전체 시추코어 길이가 150cm이고 이중 회수된 코어 길이의 합이 80cm이었으며, 10cm 이상인 코어 길이의 합이 70cm이었을 때 코어의 회수율(TCR)은?

① 56.67%
② 53.33%
③ 46.67%
④ 43.33%

해설

회수율 $= \dfrac{\text{채취된 시료의 길이}}{\text{굴착 암석의 관입깊이}} \times 100(\%)$

회수율 $= \dfrac{80}{150} \times 100 = 53.33\%$

$RQD = \dfrac{10cm\ \text{이상 회수된 길이의 합}}{\text{굴착 암석의 관입깊이}} \times 100(\%)$

74 단위중량(γ_t)=19kN/m³, 내부마찰각(ϕ)=30°, 정지토압계수(K_o)=0.5인 균질한 사질토 지반이 있다. 이 지반의 지표면 아래 2m 지점에 지하수위면이 있고 지하수위면 아래의 포화단위중량(γ_{sat})=20kN/m³이다. 이때 지표면 아래 4m 지점에서 지반 내 응력에 대한 설명으로 틀린 것은? (단, 물의 단위중량은 $9.81\,\text{kN/m}^3$이다.)

① 연직응력(σ_v)은 80kN/m²이다.
② 간극수압(u)은 19.62kN/m²이다.
③ 유효연직응력($\sigma_v{'}$)은 58.38kN/m²이다.
④ 유효수평응력($\sigma_h{'}$)은 29.19kN/m²이다.

해설

$\sigma_v = 19\times2+20\times2 = 78\,\text{kN/m}^2$
$u = 9.81\times2 = 19.62\,\text{kN/m}^2$
$\sigma_v{'} = 78-19.62 = 58.38\,\text{kN/m}^2$
$\sigma_h{'} = 58.38\times0.5 = 29.19\,\text{kN/m}^2$

정답 72 ③ 73 ② 74 ①

75 말뚝기초의 지반거동에 대한 설명으로 틀린 것은?

① 연약지반상에 타입되어 지반이 먼저 변형하고 그 결과 말뚝이 저항하는 말뚝을 주동말뚝이라 한다.
② 말뚝에 작용한 하중은 말뚝주변의 마찰력과 말뚝선단의 지지력에 의하여 주변 지반에 전달된다.
③ 기성말뚝을 타입하면 전단파괴를 일으키며 말뚝 주위의 지반은 교란된다.
④ 말뚝 타입 후 지지력의 증가 또는 감소현상을 시간효과(time effect)라 한다.

[해설]
주동말뚝
말뚝이 수평력을 받는 경우 움직임의 주체가 말뚝이 되어서 지반이 저항하는 형식의 말뚝을 말한다.

76 아래의 공식은 흙 시료에 삼축압력이 작용할 때 흙 시료 내부에 발생하는 간극수압을 구하는 공식이다. 이 식에 대한 설명으로 틀린 것은?

$$\triangle u = B[\triangle \sigma_3 + A(\triangle \sigma_1 - \triangle \sigma_3)]$$

① 포화된 흙의 경우 B=1이다.
② 간극수압계수 A값은 언제나 (+)의 값을 갖는다.
③ 간극수압계수 A값은 삼축압축시험에서 구할 수 있다.
④ 포화된 점토에서 구속응력을 일정하게 두고 간극수압을 측정했다면, 축차응력과 간극수압으로부터 A값을 계산할 수 있다.

[해설]
간극수압계수 A
1) 정규압밀점토 A ≒ 1
2) 약간 과압밀점토 0 < A < 1
3) 심한 과압밀점토 A < 0

77 그림과 같은 모래시료의 분사현상에 대한 안전율을 3.0이상이 되도록 하려면 수두차 h를 최대 얼마 이하로 하여야 하는가?

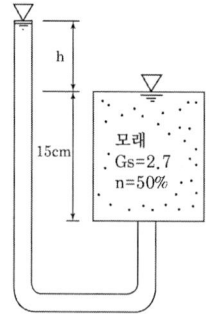

① 12.75cm ② 9.75cm
③ 4.25cm ④ 3.25cm

해설

1) $F_s = \dfrac{i_c}{i} = \dfrac{\dfrac{G_s-1}{1+e}}{\dfrac{h}{L}} \geq 3.0$

2) $e = \dfrac{n}{100-n} = \dfrac{50}{100-50} = 1$

$\therefore F_s = \dfrac{i_c}{i} = \dfrac{\dfrac{G_s-1}{1+e}}{\dfrac{h}{L}} \geq 3.0$

$\dfrac{\dfrac{2.7-1}{1+1}}{\dfrac{\Delta h}{15}} \geq 3.0$

$\therefore \Delta h \leq 4.25 cm$

78 그림과 같이 c=0인 모래로 이루어진 무한사면이 안정을 유지(안전율≥1)하기 위한 경사각(β)의 크기로 옳은 것은? (단, 물의 단위중량은 $9.81kN/m^3$이다.)

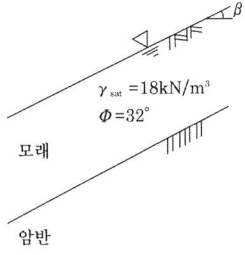

① $\beta \leq 7.94°$
② $\beta \leq 15.87°$
③ $\beta \leq 23.79°$
④ $\beta \leq 31.76°$

해설

$F_s = \dfrac{\gamma_{sub}}{\gamma_{sat}} \cdot \dfrac{\tan\phi}{\tan i}$

$1 = \dfrac{(18-9.81)}{18} \times \dfrac{\tan 32°}{\tan\beta}$

$\therefore \tan\beta = \dfrac{(18-9.81) \times 1 \times \tan 32°}{18} = 0.2843$

$\beta = \tan^{-1} 0.2843 = 15.87°$

79 동상 방지대책에 대한 설명으로 틀린 것은?

① 배수구 등을 설치하여 지하수위를 저하시킨다.
② 지표의 흙을 화학약품으로 처리하여 동결온도를 내린다.
③ 동결 깊이보다 깊은 흙을 동결하지 않는 흙으로 치환한다.
④ 모관수의 상승을 차단하기 위해 조립의 차단층을 지하수위보다 높은 위치에 설치한다.

해설
동결 깊이보다 깊은 흙은 동결하지 않는 흙으로 치환하지 않는다.

80 두 개의 규소판 사이에 한 개의 알루미늄판이 결합된 3층 구조가 무수히 많이 연결되어 형성된 점토광물로서 각 3층 구조 사이에는 칼륨이온(K^+)으로 결합되어 있는 것은?

① 일라이트(illite)
② 카올리나이트(kaolinite)
③ 할로이사이트(halloysite)
④ 몬모릴로나이트(montmorillonite)

해설
일라이트 점토광물 구조는 두 개의 실리카 쉬트 사이에 깁사이트 쉬트 한 개가 끼어 있는 2:1 기본구조를 이루며 기본구조와 기본구조 사이에는 K^+ 이온에 의하여 결합되어 있다.

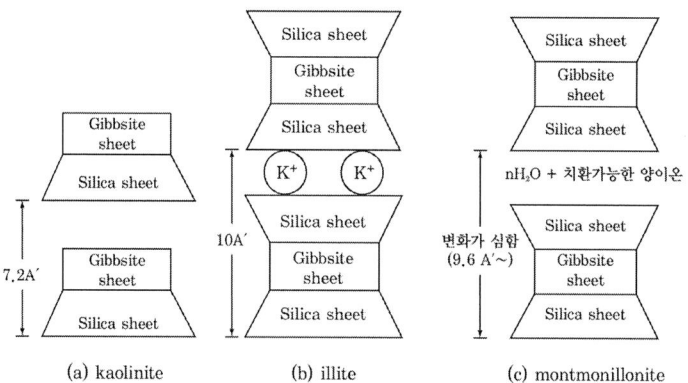

(a) kaolinite   (b) illite   (c) montmonillonite

정답 79 ③ 80 ①

2021 기출문제
제1회 건설재료시험기사

제1과목 콘크리트공학

01 수중 콘크리트에 대한 설명으로 틀린 것은?
① 수중 콘크리트를 시공할 때 시멘트가 물에 씻겨서 흘러나오지 않도록 트레미나 콘크리트 펌프를 사용해서 타설하여야 한다.
② 수중 콘크리트를 타설할 때 완전히 물막이를 할 수 없는 경우에도 유속은 50mm/s 이하로 하여야 한다.
③ 일반 수중 콘크리트는 수중에서 시공할 때의 강도가 표준공시체 강도의 1.2~1.3배가 되도록 배합강도를 설정하여야 한다.
④ 수중 콘크리트의 비비는 시간은 시험에 의해 콘크리트 소요의 품질을 확인하여 정하여야 하며, 강제식 믹서의 경우 비비기 시간은 90~180초를 표준으로 한다.

해설
일반 수중 콘크리트는 수중에서 시공할 때의 강도가 표준공시체 강도의 0.6~0.8배가 되도록 배합강도를 설정하여야 한다.

02 프리스트레싱할 때의 콘크리트 강도에 대한 아래 설명에서 (　)안에 알맞은 수치는?

> 프리스트레싱을 할 때의 콘크리트의 압축강도는 어느 정도의 안전도를 확보하기 위하여 프리스트레스를 준 직후, 콘크리트에 일어나는 최대 압축응력의 (　)배 이상이어야 한다.

① 1.5　② 1.7
③ 2.0　④ 2.5

해설
프리스트레싱 작업시 콘크리트의 압축강도는 프리스트레싱후 콘크리트에서 발생되는 최대 압축응력의 최소 1.7배 이상

정답　01 ③　02 ②

03 섬유보강 콘크리트에 대한 설명으로 틀린 것은?

① 섬유보강 콘크리트 $1m^3$ 중 포함된 섬유의 용적 백분율(%)을 섬유 혼입률이라고 한다.
② 보강용 섬유를 혼입하여 주로 인성, 균열억제, 내충격성 및 내마모성 등을 높인 콘크리트를 섬유보강 콘크리트라고 한다.
③ 섬유보강 콘크리트의 비비기에 사용하는 믹서는 가경식 믹서를 사용하는 것을 원칙으로 한다.
④ 섬유보강 콘크리트의 배합은 소요의 품질을 만족하는 범위 내에서 단위수량을 될 수 있는 대로 적게 되도록 정하여야 한다.

해설
배합시 섬유 뭉침현상을 최소화 하기 위하여 강제식 믹서 사용을 원칙으로 한다.

04 콘크리트의 크리프(creep)에 대한 설명으로 틀린 것은?

① 조강 시멘트는 보통 시멘트보다 크리프가 크다.
② 재하기간 중의 대기의 습도가 낮을수록 크리프가 크다.
③ 응력은 변화가 없는데 변형은 시간에 따라 증가하는 현상을 크리프라 한다.
④ 물-시멘트비가 큰 콘크리트는 물-시멘트비가 작은 콘크리트보다 크리프가 크게 일어난다.

해설
조강시멘트가 보통시멘트 보다 초기발현이 좋아서 역학적으로 우수하므로 크리프가 작다.

05 굳지 않은 콘크리트의 워커빌리티를 측정하기 위한 시험 방법이 아닌 것은?

① 슬럼프 시험 ② 구관입 시험
③ Vee-Bee 시험 ④ Vicat 장치에 의한 시험

해설
시멘트의 응결시험은 비카침 및 길모어침에 의해 시멘트 응결시간 측정한다.

06 콘크리트 타설 및 다지기 작업에 대한 설명으로 틀린 것은?

① 타설한 콘크리트를 거푸집 안에서 횡방향으로 이동시켜서는 안 된다.
② 연직 시공일 때 슈트 등의 배출구와 타설면까지의 높이는 1.5m이하를 원칙으로 한다.
③ 내부진동기를 사용하여 진동다지기를 할 경우 삽입간격은 1.0m이하로 하는 것이 좋다.
④ 내부진동기를 사용하여 진동다지기를 할 경우 내부진동기를 하층의 콘크리트 속으로 0.1m정도 찔러 넣는다.

해설
콘크리트 타설 및 다지기
① 타설한 콘크리트를 거푸집안에서 횡방향으로 원활히 이동시켜서는 안된다.
② 슈트, 펌프배관 등의 배출구와 타설면까지의 높이는 1.5m 이하를 원칙으로 한다.
③ 깊은 보와 두꺼운 벽 등 부재가 두꺼운 경우 내부 진동기의 사용을 원칙으로 한다.
④ 2층으로 나누어 타설할 경우 상층의 콘크리트 타설은 원칙적으로 하층의 콘크리트가 굳기 시작하기 전에

정답 03 ③ 04 ① 05 ④ 06 ③

해야 한다.
⑤ 내부진동기는 연직으로 찔러 넣으며 삽입간격은 일반적으로 0.5m 이하로 한다.

07 현장 배합에 의한 재료량 및 재료의 계량값이 아래의 표와 같을 때 계량오차를 초과하여 불합격인 재료는?

재료 구분	물	시멘트	플라이애시	잔골재
현장배합(kg)	145	272	68	820
계량값(kg)	144	270	65	844

① 물
② 시멘트
③ 플라이애시
④ 잔골재

해설

1) 재료계량의 허용오차
   시멘트(-1%, +2%), 물(-2%, +1%)(KS F4009 기준)
   시멘트(±1%), 물(±1%)(콘크리트 시방서 기준)
   혼화재 : ±2%이내
   골재, 혼화제 : ±3%이내
2) 플라이애시 계량오차
   $= \dfrac{68-65}{65} \times 100$
   $= 4.62\% > 2\%$이상 이므로 불합격이다.

08 레디믹스트 콘크리트(KS F 4009)에 따른 콘크리트 받아들이기 검사에서 강도 시험에 대한 설명으로 틀린 것은?

① 1회 시험결과는 3개의 공시체를 제작하여 시험한 평균값으로 한다.
② 콘크리트의 강도 시험 횟수는 450m^3를 1로트로 하여 150m^3당 1회의 비율로 한다.
③ 받아들이기 검사용 시료는 레디믹스트 콘크리트를 제조하는 배치플랜트에서 채취하는 것을 원칙으로 한다.
④ 1회의 시험결과는 구입자가 지정한 호칭강도의 85% 이상, 3회의 시험 결과 평균값은 호칭 강도 값 이상이어야 한다.

해설
콘크리트 받아들이기 품질검사는 콘크리트가 타설되기 전에 실시하는 것을 원칙으로 한다.

09 콘크리트 비비기에 대한 설명으로 틀린 것은?

① 재료를 믹서에 투입하는 순서는 강도시험, 블리딩시험 등의 결과 또는 실적을 참고로해서 정하여야 한다.
② 비비기는 미리 정해 둔 비비기 시간 이상 계속해서는 안 된다.
③ 비비기 시간에 대한 시험을 실시하지 않은 경우 가경식 믹서일 때 비비기 최소시간은 1분 30초 이상을 표준으로 한다.
④ 연속믹서를 사용할 경우, 비비기 시작 후 최초에 배출되는 콘크리트는 사용해서는 안된다.

해설
비비기는 미리 정해둔 비비기 시간의 3배 이상 계속하지 않아야 한다.

10 프리플레이스트 콘크리트에서 주입모르타르의 품질에 대한 설명으로 틀린 것은?

① 유하시간의 설정 값은 16~20초를 표준으로 한다.
② 블리딩률의 설정 값은 시험 시작 후 3시간에서의 값이 5% 이하가 되도록 한다.
③ 팽창률의 설정 값은 시험 시작 후 3시간에서의 값이 5~10%인 것을 표준으로 한다.
④ 모르타르가 굵은 골재의 공극에 주입될 때 재료분리가 적고 주입되어 경화되는 사이에 블리딩이 적으며 소요의 팽창을 하여야 한다.

해설
프리플레이스트 콘크리트 주입 모르타르의 블리딩률의 설정값은 시험 시작 후 3시간에서의 값이 3%이하가 되는 것으로 한다.

11 콘크리트의 받아들이기 품질 검사 항목이 아닌 것은?

① 공기량
② 슬럼프
③ 평판재하
④ 펌퍼빌리티

해설
평판재해시험은 지반에 대한 지지력을 확인하는 시험이다.

12 알칼리 골재반응(alkali-aggregate reaction)에 대한 설명으로 틀린 것은?

① 콘크리트 중의 알칼리 이온이 골재 중의 실리카 성분과 결합하여 구조물에 균열을 발생시키는 것을 말한다.
② 알칼리골재반응의 진행에 필수적인 3요소는 반응성 골재의 존재와 알칼리량 및 반응을 촉진하는 수분의 공급이다.
③ 알칼리골재반응이 진행되면 구조물의 표면에 불규칙한(거북이등 모양 등) 균열이 생기는 등의 손상이 발생한다.
④ 알칼리골재반응을 억제하기 위하여 포틀랜드시멘트의 등가알칼리량이 6%이하의 시멘트를 사용하는 것이 좋다.

해설
알카리골재반응은 시멘트의 알카리성분과 골재의 실리카 성분에 의해 주로 발생되므로 시멘트의 알카리 성분을 제한해주는 것이 필요하다.(전알칼리량 0.6%이하),

13 급속 동결 융해에 대한 콘크리트의 저항 시험(KS F 2456)에서 동결 융해 사이클에 대한 설명으로 틀린 것은?

① 동결 융해 1사이클은 공시체 중심부의 온도를 원칙으로 하며 원칙적으로 4℃에서 –18℃로 떨어지고, 다음에 –18℃에서 4℃로 상승되는 것으로 한다.
② 동결 융해 1사이클의 소요 시간은 2시간 이상, 4시간 이하로 한다.
③ 공시체의 중심과 표면의 온도차는 항상 28℃를 초과해서는 안 된다.
④ 동결 융해에서 상태가 바뀌는 순간의 시간이 5분을 초과해서는 안 된다.

해설
동결 융해에서 상태가 바뀌는 순간의 시간이 10분을 초과해서는 안 된다.

14 프리스트레스트 콘크리트의 프리스트레싱에 대한 설명으로 틀린 것은?

① 긴장재에 대해 순차적으로 프리스트레싱을 실시할 경우 각 단계에 있어서 콘크리트에 유해한 응력이 발생하지 않도록 하여야 한다.
② 긴장재는 이것을 구성하는 각각의 PS 강재에 소정의 인장력이 주어지도록 긴장하여야 한다. 이때 인장력을 설계값 이상으로 주었다가 다시 설계값으로 낮추는 방법으로 시공하여야 한다.
③ 프리텐션 방식의 경우 긴장재에 주는 인장력은 고정장치의 활동에 의한 손실을 고려하여야 한다.
④ 프리스트레싱 작업 중에는 어떠한 경우라도 인장장치 또는 고정장치 뒤에 사람이 서 있지 않도록 하여야 한다.

해설
긴장재는 이것을 구성하는 각각의 PS강재에 소정의 인장력이 주어지도록 긴장하여야 하는데, 이때 인장력을 설계값 이상으로 주었다가 다시 설계값으로 낮추는 방법으로 시공하면 안된다.

15 매스 콘크리트에 대한 설명으로 틀린 것은?

① 벽체구조물의 온도균열을 제어하기 위해 설치하는 수축이음의 단면 감소율은 20%이상으로 하여야 한다.
② 철근이 배치된 일반적인 구조물에서 균열 발생을 제한할 경우 온도균열지수는 1.2~1.5이다.
③ 저발열형 시멘트를 사용하는 경우 91일 정도의 장기 재령을 설계기준압축강도의 기준 재령으로 하는 것이 바람직하다.
④ 매스 콘크리트로 다루어야 하는 구조물의 부재치수는 일반적인 표준으로서 넓이가 넓은 평판구조의 경우 두께 0.8m 이상, 하단이 구속된 벽체의 경우 두께 0.5m이상으로 한다.

해설
수축이음을 설치할 경우 계획된 위치에서 균열 발생을 확실히 유도(온도균열을 제어)하기 위해서 수축이음의 단면감소율을 35%이상으로 하여야 한다.

정답 13 ④ 14 ② 15 ①

16 고강도 콘크리트에 대한 설명으로 틀린 것은?

① 보통중량콘크리트에서 설계기준압축강도가 40MPa이상인 콘크리트를 고강도 콘크리트라고 한다.
② 경량골재 콘크리트에서 설계기준압축강도가 21MPa 이상인 콘크리트를 고강도 콘크리트라고 한다.
③ 기상의 변화가 심하거나 동결융해에 대한 대책이 필요한 경우를 제외하고는 공기연행제를 사용하지 않는 것을 원칙으로 한다.
④ 단위 시멘트량은 소요의 워커빌리티 및 강도를 얻을 수 있는 범위 내에서 가능한 한 적게 되도록 시험에 의해 정하여야 한다.

해설
고강도 콘크리트의 설계기준압축강도는 일반적으로 40MPa 이상으로 하며, 고강도 경량골재 콘크리트는 27MPa 이상으로 한다.

17 고압증기양생을 한 콘크리트의 특징으로 틀린 것은?

① 건조수축이 증가한다.
② 철근의 부착강도가 감소한다.
③ 황산염에 대한 저항성이 증대된다.
④ 매우 짧은 기간에 고강도가 얻어진다.

해설
고압증기 양생은 표준온도로 양생한 콘크리트에 비하여 수축률이 다소 감소하는 경향이 있다.

18 설계기준압축강도(f_{ck})를 21MPa로 배합한 콘크리트 공시체 20개에 대한 압축강도시험 결과, 표준편차가 3.0MPa이었을 때 콘크리트의 배합강도는?

① 25.34MPa
② 25.05MPa
③ 24.49MPa
④ 24.08MPa

해설
1) 시험 횟수 20회시 수정 표준편차
  $s = 3.0 \times 1.08 = 3.24 MPa$
2) $f_{ck} \leq 35 MPa$이므로
  · $f_{cr} = f_{ck} + 1.34 \cdot s = 21 + 1.34 \times 3.24$
    $= 25.34 MPa$
  · $f_{cr} = (f_{ck} - 3.5) + 2.33 \cdot s$
    $= (21 - 3.5) + 2.33 \times 3.24$
    $= 25.05 MPa$
  상기값 중 큰 값이 배합강도이므로
  $f_{cr} = 25.34 MPa$

19 일반콘크리트 배합설계 시 콘크리트의 압축강도를 기준으로 물-결합재비를 정하는 경우, 압축강도 시험에 사용하는 공시체는 재령 며칠을 표준으로 하는가?

① 7일 ② 14일
③ 21일 ④ 28일

해설
콘크리트의 강도는 일반적으로 표준양생을 한 재령 28일 압축강도를 기준으로 하고 댐콘크리트의 경우는 재령 91일 압축강도를 기준으로 한다.

20 단위 골재의 절대 용적이 0.70m³인 콘크리트에서 잔골재율이 40%이고, 굵은 골재의 표건밀도가 2.65g/cm³이면 단위 굵은 골재량은?

① 722.4kg/m³ ② 742kg/m³
③ 984.6kg/m³ ④ 1,113kg/m³

해설
1) 단위 잔골재 절대용적
  $= V_{(S+G)} \times S/a = 0.7 \times 0.4 = 0.28 m^3$
2) 단위 굵은골재 절대용적
  $= 0.7 - 0.28 = 0.42 m^3$
3) 단위 굵은골재량
  $= 0.42 \times 2.65 \times 1,000 = 1,113 kg/m^3$

제2과목 건설시공 및 관리

21 로드 롤러를 사용하여 전압횟수 4회, 전압포설 두께 0.2m, 유효 전압폭 2.5m, 전압작업 속도를 3km/h로 할 때 시간당 작업량은? (단, 토량환산계수는 1, 롤러의 효율은 0.8을 적용한다.)

① 151m³/h ② 200m³/h
③ 251m³/h ④ 300m³/h

해설
다짐기계의 다짐토량
$Q = \dfrac{1,000 \cdot V \cdot W \cdot H \cdot f \cdot E}{N}$
$= \dfrac{1,000 \times 3 \times 2.5 \times 0.2 \times 1 \times 0.8}{4} = 300 m^3/h$

22. 아스팔트 포장의 특성에 대한 설명으로 틀린 것은?

① 부분파손에 대한 보수가 용이하다.
② 교통하중을 슬래브가 휨 저항으로 지지한다.
③ 양생기간이 짧아 시공 후 즉시 교통 개방이 가능하다.
④ 잦은 덧씌우기 등으로 인해 유지관리비가 많이 소요된다.

해설

콘크리트 슬래브
콘크리트 슬래브 자체가 상부하중에 의한 응력을 휨 저항으로 지지한다.

23. 폭우 시 옹벽 배면에는 침투수압이 발생되는데, 이 침투수가 옹벽에 미치는 영향에 대한 설명으로 틀린 것은?

① 활동면에서의 양압력 발생
② 옹벽 저면에 대한 양압력 발생
③ 수동저항력(passive resistance)의 증가
④ 포화 또는 부분 포화에 의한 흙의 무게 증가

해설

폭우 시 옹벽 배면에 침투수가 옹벽에 작용시 옹벽 전면의 수동저항력이 감소한다.

24. 콘크리트 말뚝이나 선단폐쇄 강관말뚝과 같은 타입말뚝은 흙을 횡방향으로 이동시켜서 주위의 흙을 다져주는 효과가 있다. 이러한 말뚝을 무엇이라고 하는가?

① 배토말뚝
② 지지말뚝
③ 주동말뚝
④ 수동말뚝

해설

1) 배토말뚝
   타입말뚝처럼 주변지반과 선단지반의 흙이 말뚝에 의해서 지반토가 밀려서 인접지반이 영향을 받게되는 말뚝
2) 비배토 말뚝
   현장타설말뚝 처럼 말뚝이 위치 하는곳의 지반토를 제거하여 인접지반에 영향을 주지 않는 말뚝

25. 옹벽의 안정상 수평 저항력을 증가시키기 위하여 경제성과 시공성을 고려할 경우 가장 적합한 방법은?

① 옹벽의 비탈경사를 크게 한다.
② 옹벽 배면의 흙을 포화시킨다.
③ 옹벽의 저판 밑에 돌기물(shear key)을 만든다.
④ 배면의 본바닥에 앵커 타이(Anchor tie)나 앵커벽을 설치한다.

해설

옹벽 저판 밑에 돌기(key)를 배면쪽으로 설치하여 수평력에 대한 저항을 키우는 방법이 옹벽의 활동 안정성을 높이는 가장 유리한 방법 중 하나다.

정답 22 ② 23 ③ 24 ① 25 ③

26 아래 그림과 같은 지형에서 등고선법에 의한 전체 토량을 구하면? (단, 각 등고선간의 높이차는 20m 이고, A_1의 면적은 1,400m², A_2의 면적은 950m², A_3의 면적은 600m², A_4의 면적은 250m², A_5의 면적은 100m²이다.)

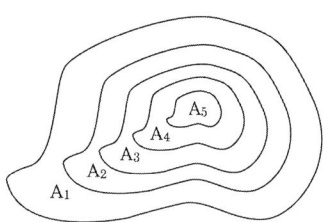

① 56,000m³
② 50,000m³
③ 44,400m³
④ 38,200m³

해설

등고선법(n 단면수가 홀수 인 경우)
전체 토적 (V)
$V = h/3 \{A_1 + A_n + 4(A_2 + \cdots + A_{n-1}) + 2(A_3 + \ldots + A_{n-2})\}$
$V = \frac{20}{3} \times \{1,400+100+4\times(950+250)+2\times(600)\}$
=50,000m³
여기서, $4\times(A_2 + \cdots + A_{n-1})$: 짝수
$2\times(A_3 + \cdots + A_{n-2})$: 홀수

27 전면에 달린 배토판의 좌, 우를 밑으로 10~40cm 정도 기울어지게 하여 경사면 굴착이나 도랑파기 작업에 유리한 도저는?

① 틸트 도저
② 앵글 도저
③ 레이크 도저
④ 스트레이트 도저

해설

틸트 도저
배토판의 좌우(10~40cm)를 밑으로 기울게하여 도량파기, 경사굴착 등을 한다.

분 류	개 요
스트레이트 도저 (Straight Dozer)	배토판의 상단부를 전후로 이동하여 조정하므로 도랑파기 또는 동결지반의 굴착에 편리하다.
앵글 도저 (Angle Dozer)	배토판을 진행 방향에 전후로 20~30°이동시켜서 배토판의 작업각도를 변동할 수 있어 굴착토사를 한쪽으로 이동 시킬 수 있다.
레이크 도저 (Rake Dozer)	배토판 대신에 레이크를 정착하여 벌개제근, 나무뿌리제거 작업등을 할 수 있다.

28 터널계측에서 일상계측(A 계측)항목이 아닌 것은?

① 내공변위 측정
② 천단침하 측정
③ 터널 내 관찰조사
④ 록볼트 축력 측정

해설

일상계측(A계측)은 터널에서 가장 일반적으로 하는 계측의 종류
① 갱내 관찰조사
② 내공변위 측정
③ rock bolt 인발시험
④ 천단침하 측정
⑤ 지표침하측정

29 아래에서 설명하는 굴착공법의 명칭은?

> 굴착폭이 넓은 경우에 비탈면 개착공법과 흙막이벽 개착공법의 장점을 이용한 공법으로 굴착저면 중앙부에 기초부를 먼저 구축하고 이것을 발판으로 하여 주변부를 시공하는 공법이다.

① 역타 공법
② 언더피닝 공법
③ 아일랜드 공법
④ 트렌치 컷 공법

해설

1) 아일랜드 공법(Island)
   ① 저면 중앙부분에 섬과 같이 기초부를 먼저 굴착후 기초 콘크리트 및 상부구조물을 시공후 이 부분을 발판으로 주변부를 굴착한후 나머지 부분의 구조물을 시공 해나가는 방식
   ② 20m 정도의 지반이 양호한곳에서 사용하며, 분할시공에 따른 공사비 증가 및 공사기간 길어진다.

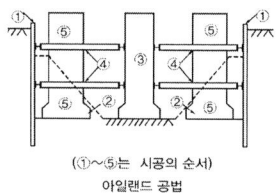

(①~⑤는 시공의 순서)
아일랜드 공법

2) 트랜치 컷(Trench Cut)
   ① 아일랜드 공법과는 반대로 주변부 흙을 굴착후 기초콘크리트 및 상부 구조물을 시공후 남아있는 중앙부를 굴착해 나가면서 나머지 부분의 구조물을 시공해 나가는 방식
   ② 20m 정도의 지반이 연약한곳에서 사용하며, Heaving 현상이 예상될 때 적용하며, 분할시공에 따른 공사비 증가 및 공사기간 길어진다.

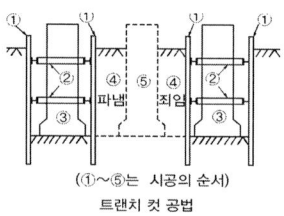

(①~⑤는 시공의 순서)
트랜치 컷 공법

3) 역타공법
   역타공법은 1층 바닥을 시공한후 상, 하부를 동시에 시공에 나가는 공기단축에 유리한 흙막이 공법으로 구조물의 형태가 일정하지 않을 경우에는 역타공법의 적용이 곤란하다.

30 37,800m³(완성된 토량)의 성토를 하는데 유용토가 30,000m³(느슨한 토량)이 있다. 이 때 부족한 토량은 본바닥 토량으로 얼마인가? (단, 흙의 종류는 사질토이고, 토량의 변화율은 L=1.25, C=0.90이다.)

① 12,000m³
② 13,800m³
③ 16,200m³
④ 18,000m³

해설

1) 본바닥토량 = $37,800 \times \dfrac{1}{0.9} = 42,000$

2) 본바닥토량 = $30,000 \times \dfrac{1}{1.25} = 24,000$

3) 부족토량 = $42,000 - 24,000 = 18,000 m^3$

31 뉴매틱 케이슨(Pneumatic caisson)공법의 장점에 대한 설명으로 틀린 것은?

① 오픈 케이슨보다 침하공정이 빠르고 장애물 제거가 쉽다.
② 시공 시에 토질 확인 가능 및 지지력 측정이 가능하다.
③ 압축공기를 이용하여 시공하므로 소규모 공사나 심도가 얕은 기초공사에 경제적이다.
④ 지하수를 저하시키지 않으며, 히빙 현상 및 보일링 현상을 방지할 수 있으므로 인접 구조물의 침하 우려가 없다.

해설

뉴메틱케이슨 기초(Pneumatic Caisson) 특징
1) 오픈케이슨 보다 침하속도가 빠르고 장애물 제거가 용이하다.
2) 일반적인 굴착깊이는 30~40m로 제한되어 있다.
3) 토질 및 토층에 대한 확인이 용이하고 정확한 지지력 측정이 가능하다.
4) 콘크리트 시공의 품질관리가 확실하여 신뢰성이 높다.
5) 공기압으로 heaving 또는 boiling 발생을 방지할 수 있다.
6) 기계설비가 대규모로 공사비가 비싸고 소규모 공사에는 비경제적이다.

32 PERT 공정 관리 기법에 대한 설명으로 틀린 것은? (단, t_e : 기대시간, a : 낙관적 시간, m : 정상시간, b : 비관적 시간)

① 경험이 없는 공사의 공기 단축을 목적으로 한다.
② 결합점(Node) 중심의 일정 계산을 한다.
③ 3점 시간 견적법에 따른 기대시간은 $t_e = \dfrac{1}{6}(a+4m+b)$로 계산한다.
④ 3점 시간 견적법에서 시간 간의 관계는 비관적 시간 < 정상 시간 < 낙관적 시간이 성립 된다.

해설

1) PERT 기법
 가. 신규사업, 비 반복사업, 경험이 없는 사업 등에 활용
 나. 소요시간 추정 (3점법 확률 계산)

다. 가중 평균치 사용
$$t_e = \frac{t_o + 4t_m + t_p}{6}$$
여기서, t_o : 낙관 작업일수
t_m : 정상 작업일수
t_p : 비관작업일수
t_e : 3점법에 의한 추정공사일수
라. 작업단계(event) 중심관리(결합점 중심관)
마. 확률론적 검토
바. 공기 단축이 목적
사. 낙관적시간 〈 정상시간 〈 비관적시간

2) CPM 기법
가. 반복사업, 경험이 있는 사업에 적용한다.
나. 1점 시간 추정(t_m)
다. 작업활동(Activity) 중심관리
라. 비용견적, 비용구배, 일정단축
바. 공비 절감이 목적

33 이동식 작업차 또는 가설용 트러스를 이용하여 교각의 좌, 우로 평형을 유지하면서 분할된 거더(길이 2~5m)를 순차적으로 시공하는 교량 가설공법은?
① FCM 공법
② FSM 공법
③ ILM공법
④ MSS 공법

해설
F.C.M (Free Cantilever Method) : 외팔보공법
1) 기시공된 교각을 중심으로 좌우평형을 유지하며 순차적으로 이동식 작업차를 이용하여 분할된 거더(Segment)를 순차적으로 제작하면서 상부구조를 시공해 나가는 공법으로 캔틸레버식 가설공법이라고 한다.(Dywidag)
2) 동바리가 불필요하며 이동식 작업차에서 공사를 시행하므로 전천후 시공이 가능하다.

34 딥퍼의 용량이 $0.6m^3$, 딥퍼 계수가 0.85, 작업효율이 0.9, 흙의 토량변화율(L)이 1.2, 사이클 타임이 25초인 파워 셔블의 시간당 작업량은?
① $52.45m^3/h$
② $55.08m^3/h$
③ $64.84m^3/h$
④ $79.32m^3/h$

해설
시간당 작업량
$$Q = \frac{3,600 q.k.f.E}{C_m} = \frac{3,600 \times 0.6 \times 0.85 \times \frac{1}{1.2} \times 0.9}{25} = 55.08 m^3/hr$$

35 터널 굴착공법 중 TBM공법의 특징에 대한 설명으로 틀린 것은?
① 낙석이 적다.
② 단면형상의 변경이 용이하다.
③ 여굴이 거의 발생하지 않는다.
④ 주변 암반에 대한 이완이 거의 없다.

해설
TBM 공법 특징
① 단면형상 변경이 곤란하다
② 복잡한 지질의 변화에 대응이 어렵다.(연약지반에 적응 곤란)
③ 설비 투자액이 고가이므로 초기 투자비가 많이든다.

36 콘크리트 포장에서 아래에서 설명하는 현상은?

> 콘크리트 포장에서 줄눈부에 이물질이 침입하여 기온의 상승 등에 따라 슬래브가 팽창할 때 줄눈 등에서 압축력에 견디지 못하고 좌굴을 일으켜 솟아오르는 현상

① scaling
② spalling
③ blow up
④ pumping

해설
가. Blow Up
　슬래브의 줄눈 또는 균열 부근에서 습도나 온도가 높을 때 이물질 때문에 열팽창을 유지하지 못해 발생하는 일종의 좌굴현상
나. Pumping
　교통하중 반복에 따른 휨하중에 의해서 슬래브의 침하로 노상 및 보조기층내로 우수침투 발생되면서 슬래브 내부에 흙이 이토화 되어서 줄눈사이로 물과 함께 토사가 뿜어져 나오는 현상
다. Spalling
　줄눈내부에 비압축성 재료의 침투로 인한 콘크리트 수, 팽창 방해 및 하중 전달장치의 불량

37 댐의 그라우팅(grouting)에 관한 설명으로 옳은 것은?
① 커튼 그라우팅(curtain grouting)은 기초 암반의 변형성이나 강도를 개량하기 위하여 실시한다.
② 콘솔리데이션 그라우팅(consolidation grouting)은 기초 암반의 지내력 등을 개량하기 위하여 실시한다.
③ 콘택트 그라우팅(contact grouting)은 시공이음으로 누수 방지를 위하여 실시한다.
④ 림 그라우팅(rim grouting)은 콘크리트와 암반사이의 공극을 메우기 위하여 실시한다.

해설
1) 커튼(Curtain Grouting) 공법
　기초지반내의 균열, 간극에 시멘트, 점토, 약액을 주입하여 지수막을 형성하는 방법으로 기초암반에 침투하는 물을 차수할 목적으로 시공
2) 콘택트(Contact Grouting) 공법
　암반위에 콘크리트 타설 후 콘크리트와 암반부의 사이의 공극 충진을 하기 위하여 실시하는 Grouting
3) 림(Rim Grouting)공법

정답 35 ② 36 ③ 37 ②

댐의 또는 저수지 주변에 차수대를 연장하기 위해서 실시하는 것으로 차수 그라우팅에 준하여 실시

4) 압밀(Consolidation Grouting) 공법

발파 굴착 등으로 느슨해진 불량 암반 부위의 지반을 보강, 안정 목적으로 설치하는 그라우팅으로 기초암반의 지내력을 향상시킨다.

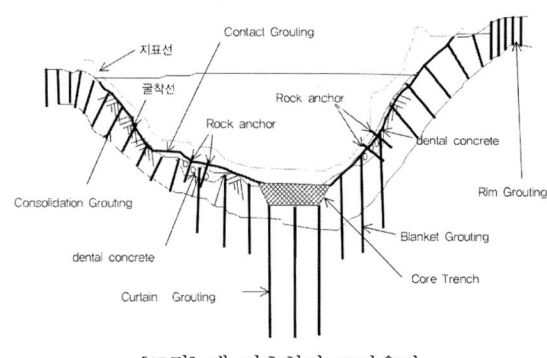

[그림] 댐 기초처리 그라우팅

38 암석의 발파이론에서 Hauser의 발파 기본식은? (단, L=폭약량, C=발파계수, W=최소 저항선이다.)

① $L=C \cdot W$
② $L=C \cdot W^2$
③ $L=C \cdot W^3$
④ $L=C \cdot W^4$

해설

Hauser의 발파식

$L = C \cdot W^3$

여기서, L : 장약량
C : 발파 계수
W : 최소 저항선

39 지하수 침강 최소깊이가 2m, 암거매립간격이 10m, 투수계수가 1.0×10^{-5} cm/s일 때, 불투수층에 놓인 암거 1m당 1시간 동안의 배수량은 몇 리터(L)인가? (단, Donnan식에 의해 구하시오.)

① 0.58L
② 1.00L
③ 1.58L
④ 2.00L

해설

$D = \dfrac{4K}{Q}(H_o^2 - h_o^2)$

여기서, D : 암거의 간격
Q : 암거의 단위길이당 배수량
H_0^2 : 최소침강지하수면까지의 거리
h_0^2 : 암거매립위치까지의 거리
K : 투수계수

$$10 = \frac{4 \times 10^{-7}}{Q}(2^2 - 0)$$

$$\therefore Q = 1.6 \times 10^{-7} \, m^3/\sec$$
$$= 1.6 \times 10^{-7} \times (60 \times 60)$$
$$= 0.000576 \, m^3/hr = 0.58 L/hr$$

40 토량곡선(mass curve)에 대한 설명으로 틀린 것은?
① 곡선의 극소점은 성토에서 절토로 옮기는 점이고 곡선의 극대점은 절토에서 성토로 옮기는 점이다.
② 토량곡선과 기선에 평행한 선분이 만나는 두 점 사이의 성토량 및 절토량은 균형을 이룬다.
③ 절토부분에서는 곡선이 위로 향하고 성토부분에서는 곡선이 아래로 향한다.
④ 토량곡선이 기선의 위에서 끝나면 토량이 모자란 경우이다.

해설
유토곡선의 성질

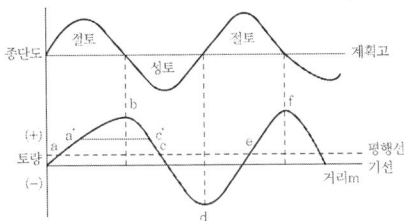

1) 유토곡선에서 상향구간(a~b, d~f)은 절토, 하향구간(b~d)은 성토
2) 절토에서 성토의 경계점은 극대점 성토에서 절토의 경계점은 극소점
3) 기선(기본선)에 평행한 임의직선을 그어 곡선과의 교점을 절토와 성토가 평형되게 하는선을 평행선
4) 평균운반거리 : a~c 구간의 평균운반거리는 a' c'
5) 토적곡선이 기선 위에서 끝나면 토량이 남는것을 뜻하고, 반대이면 토량이 부족하다는 뜻.

제3과목 건설재료 및 시험

41 목재 시험편의 질량을 측정한 결과 건조 전 질량이 30g, 건조 후 질량이 25g일 때 이 목재의 함수율은?
① 10% ② 15%
③ 20% ④ 25%

해설
$$함수율 = \frac{건조\ 전중량 - 건조\ 후중량}{건조\ 후중량}$$

$$\therefore 함수율 = \frac{30-25}{25} \times 100 = 20\%$$

42 포틀랜드 시멘트(KS L 5201)에 규정되어 있는 보통 포틀랜드 시멘트의 응결시간으로 옳은 것은?
① 초결 10분 이상, 종결 1시간 이하
② 초결 30분 이상, 종결 1시간 이하
③ 초결 60분 이상, 종결 10시간 이하
④ 초결 90분 이상, 종결 10시간 이하

> **해설**
> 포틀랜드 시멘트(KS L 5201)에서 1종인 보통 포틀랜드 시멘트의 비카 시험에 따른 초결 및 종결 시간에 대한 규정은 초결 : 60분 이상, 종결 : 10시간 이하

43 콘크리트용 혼화재로 사용되는 플라이 애시가 콘크리트의 성질에 미치는 영향에 대한 설명으로 틀린 것은?
① 콘크리트의 화학저항성이 향상된다.
② 포졸란 반응에 의해 콘크리트의 수밀성이 향상된다.
③ 표면이 매끄러운 구형 입자로 되어 있어 콘크리트의 워커빌리티가 향상된다.
④ 포졸란 반응에 의해 콘크리트의 중성화 억제효과가 향상된다.

> **해설**
> 포졸란 반응으로 시멘트의 수산기 부족으로 콘크리트에 중성화가 생길 가능성이 커진다.

44 인공 경량골재에 대한 설명으로 옳은 것은?
① 밀도는 입경에 따라 다르며 입경이 클수록 작다.
② 인공 경량골재에는 응회암, 경석화산자갈등이 있다.
③ 인공 경량골재의 품질을 밀도로 나타낼 때 절대건조상태의 밀도를 사용한다.
④ 인공 경량골재는 순간 흡수량이 비교적 적기 때문에 컨시스턴시를 상승시킨다.

> **해설**
> 1) 밀도는 입경에 따라 다르며 입경이 클수록 크다.
> 2) 인공 경량골재에는 팽창성 혈암 , 팽창성 점토 등이 있다.
> 3) 인공 경량골재는 순간 흡수량이 비교적 크기 때문에 컨시스턴스를 감소시킨다.
> 4) 인공 경량골재의 품질을 밀도로 나타낼 때 절대건조상태의 밀도를 사용한다.

45 다음 중 재료에 작용하는 반복하중과 가장 밀접한 관계가 있는 성질은?
① 피로(fatigue)
② 크리프(creep)
③ 응력완화(relaxation)
④ 건조수축(dry shrinkage)

> **해설**
> 재료에 반복하중의 작용은 피로에 의한 파괴를 가져온다.

46 다음 중 목면, 마사, 폐지 등을 물에서 혼합하여 원지를 만든 후 여기에 스트레이트 아스팔트를 침투시켜 만든 것으로 아스팔트 방수의 중간층재로 사용되는 것은?

① 아스팔트 타일(tile)
② 아스팔트 펠트(felt)
③ 아스팔트 시멘트(cement)
④ 아스팔트 콤파운드(compound)

해설

아스팔트 펠트
종이 부스러기·마(麻) 부스러기 등을 원료로 하여 만든 원종이에 스트레이트 아스팔트를 침투시킨 성형품으로 방수공사 재료 등에 주로 사용된다.

47 콘크리트용 골재가 갖추어야 할 성질에 대한 설명으로 틀린 것은?

① 물리, 화학적으로 안정하고 내구성이 클 것
② 크고 작은 알맹이의 혼합이 적당할 것
③ 깨끗하고 불순물이 섞이지 않을 것
④ 골재의 모양은 모나고 길어야 할 것

해설

모양은 콘크리트에 유동성이 있게 하고 공간율이 적어 시멘트를 절약할 수 있는 둥근 것이 좋고, 넓거나, 길쭉한 것, 예각으로 된 것은 좋지 않음.

48 어떤 석재를 건조기(105±5°C) 속에서 24시간 건조시킨 후 질량을 측정해보니 1,000g이었다. 이것을 완전히 흡수시켜 물속에서 질량을 측정해보니 800g 이었고 물속에서 꺼내 표면을 잘 닦고 질량을 측정해보니 1,200g 이었다면 이 석재의 표면 건조 포화 상태의 비중은?

① 1.50
② 2.50
③ 2.75
④ 3.00

해설

석재의 표면 건조 포화 상태의 비중

비중 $= \dfrac{A}{B-C} = \dfrac{1,000}{1,200-800} = 2.5$

여기서, A : 공시체의 건조 질량 (g)
B : 공시체의 침수 후 표면 건조 포화상태의 공시체의 질량 (g)
C : 공시체의 물속 질량 (g)

49 골재의 조립률 및 입도에 대한 설명으로 틀린 것은?

① 콘크리트용 잔골재의 조립률은 일반적으로 2.3~3.1범위에 해당되는 것이 좋다.
② 1개의 조립률에는 무수한 입도곡선이 존재하지만, 1개의 입도곡선에는 1개의 조립률이 존재한다.
③ 골재의 입도를 수량적으로 나타내는 한 방법으로 조립률이 있으며, 표준체 12개를 1조로 하여 체가름 시험을 한다.
④ 골재는 작은 입자와 굵은 입자가 적당히 혼합되어 있을 때 입자의 크기가 균일한 경우보다 워커빌리티 면에서 유리하다.

해설

조립률
골재의 조립율(F.M)은 콘크리트에 사용되는 골재의 입도 정도를 표시하는 지표로서 75, 40, 20, 10. 5. 2.5, 1.2, 0.6, 0.3, 0.15mm의 10개 체로 골재체가름 시험을 하였을 때 각체에 남는 누계량의 중량 백분율의 합을 100으로 나눈 값을 말한다.

50 토목섬유 중 직포형과 부직포형이 있으며 분리, 배수, 보강, 여과기능을 갖고 오탁방지망, drain board, pack drain포대, geo web등에 사용되는 자재는?

① 지오네트 ② 지오그리드
③ 지오맴브레인 ④ 지오텍스타일

해설

지오텍스타일
① 합성 고분자 재료를 써서 만들어진 투수성을 갖는 토질 안정용 섬유제품을 말한다.
② 직포형과 부직포형이 있으며 분리, 배수, 보강, 여과 기능을 갖고 오탁방지망, drain board, pack drain, geo web 등에 사용된다.

부직포형

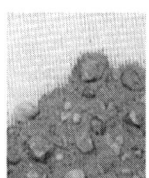
직포형

51 포틀랜드 시멘트의 클링커에 대한 설명으로 틀린 것은?

① C_3A는 수화속도가 대단히 빠르고 발열량이크며 수축도 크다.
② 클링커의 화합물 중 C_3S 및 C_2S는 시멘트 강도의 대부분을 지배한다.
③ 클링커는 단일조성의 물질이 아니라 C_3S, C_2S, C_3A, C_4AF의 4가지 주요화합물로 구성되어 있다.
④ 클링커의 화합물 중 C_2S가 많고 C_3S가 적으면 시멘트의 강도 발현이 빨라져 초기강도가 향상된다.

해설

클링커의 화합물 중 C_2S가 많고 C_3S가 적으면 시멘트의 강도 발현이 느려지고 장기강도가 향상된다.

52 시멘트의 분말도와 물리적 성질에 대한 설명으로 틀린 것은?
① 분말도가 높을수록 블리딩이 많게 된다.
② 분말도가 높을수록 콘크리트의 초기 강도가 크다.
③ 분말도가 높은 시멘트는 작업이 용이한 콘크리트를 얻을 수 있다.
④ 분말도가 높으면 수축률이 커지기 쉽고 콘크리트에 균열이 발생할 우려가 있다.

해설

시멘트 분말도가 커질수록 시멘트 입자의 비표면적이 크게되어 수화열이 커지며, 초기강도가 빠르게 발현된다. 따라서 콘크리트 표면의 건조수축이 크게되며, 분말도가 높을수록 블리딩이 줄어든다.

53 도로의 표층공사에서 사용되는 가열아스팔트 혼합물의 안정도는 어떤 시험으로 판정하는가?
① 마샬 시험
② 엥글러 시험
③ 박막가열 시험
④ 레드우드 시험

해설

마샬시험
아스팔트 혼합물의 안정도 시험의 하나로, 혼합물의 배합 설계용에 널리 이용되고 있다. 1분간 50mm(2in)의 일정 속도로 가압하여 피 시험체가 파괴할 때까지 나타난 최대 하중(마샬안정도)과 그것에 대응하는 변형량(플로우값)을 측정한다.

54 석재의 성질에 대한 설명으로 틀린 것은?
① 대리석은 강도는 강하나 풍화되기 쉽다.
② 응회암은 내화성이 크나 강도 및 내구성은 작다.
③ 안산암은 강도가 크고 가공이 용이하므로 조각에 적당하다.
④ 화강암은 강도, 내구성 및 내화성이 크므로 조각 등에 적당하다.

해설

화강암은 강도 및 내구성이 우수하나 내화성에는 취약하다.

55 콘크리트용 화학 혼화제(KS F 2560)에서 규정하고 있는 화학 혼화제의 요구성능 항목이 아닌 것은?
① 감수율
② 압축강도비
③ 침입도 지수
④ 블리딩양의 비

해설

아스팔트 바인더의 온도에 대한 민감성을 나타내는 방법으로 침입도 지수가 사용된다.

56 철근 콘크리트용 봉강(KS D 3504)에서 기호가 SD300으로 표시된 철근을 설명한 것으로 옳은 것은?

① 항복점이 300MPa 이상인 이형철근 ② 항복점이 300MPa 이상인 원형철근
③ 인장강도가 300MPa 이상인 이형철근 ④ 인장강도가 300MPa 이상인 원형철근

> **해설**
> SD300 : 항복점 300MPa 이상인 이형철근

57 콘크리트에서 AE제를 사용하는 목적으로 틀린 것은?

① 워커빌리티를 개선시키기 위해
② 철근과의 부착력을 증진시키기 위해
③ 재료의 분리, 블리딩을 감소시키기 위해
④ 동결융해에 대한 저항성을 증가시키기 위해

> **해설**
> AE제는 콘크리트의 워커빌리티 및 동결에 대한 저항성을 향상시킨다.

58 다음 중 폭발력이 가장 강하고 수중에서도 폭발할 수 있는 폭약은?

① 분상 다이너마이트 ② 교질 다이너마이트
③ 규조토 다이너마이트 ④ 스트레이트 다이너마이트

> **해설**
> 교질 다이너마이트
> NC(니트로셀룰로오스) NG(니트로글리세린)20%를 가하여 교질상태로 융합한 플라스틱한 황색의 엿 같은 물질로 폭약 중에서 폭발력이 가장 강하여 터널과 암석 발파에 주로 사용하고 또한 수중용으로도 사용한다.

59 골재의 실적률 시험에서 아래와 같은 결과를 얻었을 때 골재의 공극률은?

- 골재의 단위용적질량(T) : 1,500kg/L
- 골재의 표건 밀도(d_s) : 2,600kg/L
- 골재의 흡수율(Q) : 1.5%

① 41.4% ② 42.3%
③ 43.6% ④ 57.7%

> **해설**
> 1) 실적률
> $$= \frac{\text{골재의 단위용적질량} \times (100 + \text{흡수율})}{\text{골재의 표건밀도}}$$
> $$= \frac{\text{골재의 단위용적질량}}{\text{골재의 절건밀도}} \times 100$$
> $$= \frac{1500(100+1.5)}{2600} = 58.56\%$$
> 2) 공극률 = 100-실적률 = 100-58.56 = 41.44%

정답 56 ① 57 ② 58 ② 59 ①

60 스트레이트 아스팔트와 비교하여 고무혼입 아스팔트(rubberized asphalt)의 일반적인 성질에 대한 설명으로 옳은 것은?

① 탄성이 작다.
② 응집성이 작다.
③ 감온성이 작다.
④ 마찰계수가 작다.

해설

고무혼입 아스팔트
1) 고무혼입 아스팔트는 스트레이트 아스팔트에 고무를 2~5% 정도 혼입 후 아스팔트 성질을 개선한 특수 아스팔트
2) 고무 혼입 아스팔트 특징(감온성만 작다)
   · 감온성이 작다.
   · 응집성, 부착성이 크다.
   · 탄성, 충격저항성이 크다.
   · 내노화성이 크다.
   · 마찰계수가 크다.

제4과목 토질 및 기초

61 흙 시료의 전단시험 중 일어나는 다일러턴시(Dilatancy)현상에 대한 설명으로 틀린 것은?

① 흙이 전단될 때 전단면 부근의 흙입자가 재배열되면서 부피가 팽창하거나 수축하는 현상을 다일러턴시라 부른다.
② 사질토 시료는 전단 중 다일러턴시가 일어나지 않는 한계의 간극비가 존재한다.
③ 정규압밀 점토의 경우 정(+)의 다일러턴시가 일어난다.
④ 느슨한 모래는 보통 부(-)의 다일러턴시가 일어난다.

해설

다이러턴시 (Dilatancy) 현상
1) 시료에 전단응력을 가하면 느슨한 모래 또는 정규압밀점토의 경우 체적이 감소하고 조밀한 모래 또는 과압밀점토는 체적이 증가하는 경향을 보인다.
2) 이와 같이 전단변형에 따른 체적변화를 Dilatancy라 한다.
3) 이때 체적이 감소될 때 (−) Dilatancy가 되면서 (+)양의 과잉간극수압 발생되며,
4) 흙의 체적이 증가될 때 (+) Dilatancy가 되면서 (-)부의 과잉간극수압발생

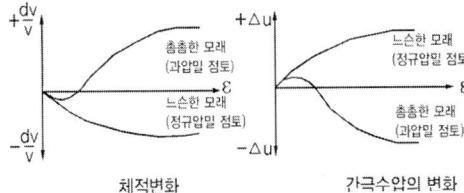

62 어떤 지반에 대한 흙의 입도분석결과 곡률계수(C_g)는 1.5, 균등계수(C_u)는 15이고 입자는 모난 형상이었다. 이때 Dunham의 공식에 의한 흙의 내부마찰각(ϕ)의 추정치는? (단, 표준관입시험 결과 N치는 10이었다.)

① 25°   ② 30°
③ 36°   ④ 40°

해설

1) Dunham 공식의 N값의 산정

토질입자가 둥글고 균일한(불량입도)경우	$\phi = \sqrt{12N} + 15$
토질입자가 둥글고 입도분포가 양호 토립자가 모가나고 균일한(불량한입도)경우	$\phi = \sqrt{12N} + 20$
토립자가 모가나고 입도분포가 좋을 때	$\phi = \sqrt{12N} + 25$

2) 곡률계수 1.5(1~3)입도양호 균등계수 15 입도 양호 입자는 모난 형상 이므로 아래식을 사용
$\phi = \sqrt{12N} + 25$
$= \sqrt{(12 \times 10)} + 25 = 35.95°$

63 다짐에 대한 설명으로 틀린 것은?
① 다짐에너지는 래머(rammer)의 중량에 비례한다.
② 입도배합이 양호한 흙에서는 최대건조 단위중량이 높다.
③ 동일한 흙일지라도 다짐기계에 따라 다짐효과는 다르다.
④ 세립토가 많을수록 최적함수비가 감소한다.

해설
세립토가 많을수록 최적함수비가 증가한다.

64 포화단위중량(γ_{sat})이 19.62kN/m³인 사질토로된 무한사면이 20°로 경사져 있다. 지하수위가 지표면과 일치하는 경우 이 사면의 안전율이 1 이상이 되기 위해서는 흙의 내부마찰각이 최소 몇 도 이상이어야 하는가? (단, 물의 단위중량은 9.81kN/m³이다.)

① 18.21°   ② 20.52°
③ 36.06°   ④ 45.47°

해설

무한사면 안전율

$F_s = \dfrac{c'}{\gamma_{sat} h \cos i \sin i} + \dfrac{\gamma_{sub} \cdot \tan \phi'}{\gamma_{sat} \cdot \tan i}$ 에서

사질토 지반이므로 c=0

$F_s = \dfrac{\gamma_{sub}}{\gamma_{sat}} \cdot \dfrac{\tan \phi}{\tan i} = \dfrac{(19.62 - 9.81)}{19.62} \times \dfrac{\tan \phi}{\tan 20°} \geq 1$

$\phi = \tan^{-1}(\dfrac{1}{0.5} \times \tan 20°)$

∴ $\phi \geq 36.05°$ 이므로 36.06°

65 그림에서 지표면으로부터 깊이 6m에서의 연직응력(σ_v)과 수평응력(σ_h)의 크기를 구하면? (단, 토압계수는 0.6이다.)

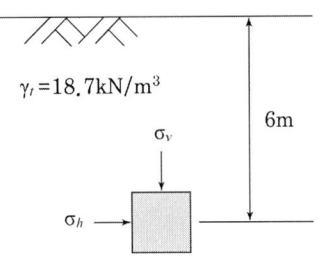

① σ_v=87.3kN/m², σ_h=52.4kN/m²
② σ_v=95.2kN/m², σ_h=57.1kN/m²
③ σ_v=112.2kN/m², σ_h=67.3kN/m²
④ σ_v=123.4N/m², σ_h=74.0kN/m²

해설

1) 연직응력 $\sigma_v = \gamma_t h$
   $= 18.7 \times 6$
   $= 112.2 kN/m^2$
2) 수평응력 $\sigma_h = \sigma_v K$
   $= 112.2 \times 0.6$
   $= 67.3 kN/m^2$

66 압밀시험에서 얻은 e-logP곡선으로 구할 수 있는 것이 아닌 것은?
① 선행압밀압력
② 팽창지수
③ 압축지수
④ 압밀계수

해설

압밀시험으로부터 구하는 각종 계수
1) 압축지수(C_c)
2) 팽창지수(C_s)
3) 압축계수(a_v)
4) 선행압밀하중(P_c)
5) 체적변화계수(m_v)

67 시료채취 시 샘플러(sampler)의 외경이 6cm, 내경이 5.5cm일 때, 면적비는?
① 8.3%
② 9.0%
③ 16%
④ 19%

해설

면적비는 샘플러를 삽입함으로서 배제되는 흙체적의 비율을 나타내며 시료면적비가 10% 이하시 불교란으로 판정

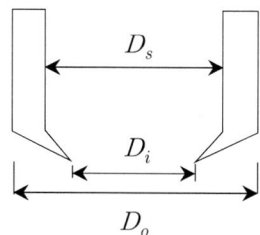

$$A_r = \frac{D_o^2 - D_i^2}{D_i^2} \times 100$$

$$A_r = \frac{6^2 - 5.5^2}{5.5^2} \times 100 = 19\%$$

68 그림에서 a-a'면 바로 아래의 유효응력은? (단, 흙의 간극비(e)는 0.4, 비중(Gs)은 2.65, 물의 단위중량 은 9.81kN/m³이다.)

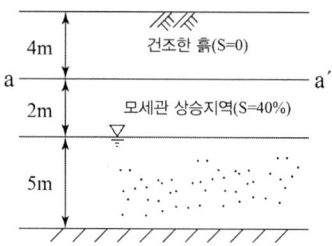

① 68.2kN/m²
② 82.1kN/m²
③ 97.4kN/m²
④ 102.1kN/m²

해설

1) 건조단위중량

$$\frac{G_s}{1+e} \cdot \gamma_w = \frac{2.65}{1+0.4} \times 9.81 = 18.57 kN/m^2$$

2) $a-a'$ 면에서의 유효응력

$$\overline{\sigma} = h_1 \times \gamma_d + h_2 \times \gamma_w \times \frac{S}{100}$$
$$= 4 \times 18.57 + 2 \times 9.81 \times 0.4 = 82.1 kN/m^2$$

69 도로의 평판재하 시험에서 시험을 멈추는 조건으로 틀린 것은?

① 완전히 침하가 멈출 때
② 침하량이 15mm에 달할 때
③ 재하 응력이 지반의 항복점을 넘을 때
④ 재하 응력이 현장에서 예상할 수 있는 가장 큰 접지 압력의 크기를 넘을 때

해설

지반이 완전히 침하가 멈추는 경우는 지반이 활동 파괴가 발생되는 상태이므로 그전에 평판재하시험을 멈추어 야 한다.

70 아래와 같은 상황에서 강도정수 결정에 적합한 삼축압축시험의 종류는?

> 최근에 매립된 포화 점성토지반 위에 구조물을 시공한 직후의 초기 안정검토에 필요한 지반 강도정수 결정

① 비압밀 비배수시험(UU)
② 비압밀 배수시험(UD)
③ 압밀 비배수시험(CU)
④ 압밀 배수시험(CD)

해설
UU-test를 사용하는 경우
1) 점토지반에 제방 성토 직후 초기 사면안정 해석하는 경우
2) 시공속도가 과잉간극수압 소산속도보다 빠를 때
3) 점토지반에 급속성토 시공후

71 베인전단시험(vane shear test)에 대한 설명으로 틀린 것은?

① 베인전단시험으로부터 흙의 내부마찰각을 측정할 수 있다.
② 현장 원위치 시험의 일종으로 점토의 비배수 전단강도를 구할 수 있다.
③ 연약하거나 중간 정도의 점성토 지반에 적용된다.
④ 십자형의 베인(vane)을 땅 속에 압입한 후, 회전모멘트를 가해서 흙의 원통형으로 전단 파괴될 때 저항모멘트를 구함으로써 비배수 전단강도를 측정하게 된다.

해설
베인전단시험은 연약한 점토지반에 대한 전단강도를 확인하는 시험이므로 내부마찰각을 측정하지는 않는다.

72 연약지반 개량공법 중 점성토지반에 이용되는 공법은?

① 전기충격 공법
② 폭파다짐 공법
③ 생석회말뚝 공법
④ 바이브로플로테이션 공법

해설
[사질토 지반개량공법]
1) 진동다짐(Vibroflotation)공법
2) 다짐모래말뚝 (Sand Compaction Pile) 공법
3) 동다짐 공법(동압밀 공법)
4) 전기충격공법

[점성토의 지반 개량 공법]
1) 치환 공법
2) preloading 공법(사전압밀 공법)
3) 전기침투 공법
4) 생석회 말뚝(Chemico pile)공법 등

- 전기침투공법 : 물의 성질 중 전기가 양극에서 음극으로 흐르는 원리를 이용하여 Well Point를 음극봉으로 하여 탈수시키는 공법
- 전기충격공법 : 사질토 지반에서 워터젯트로 굴진하면서 물을 공급하여 지반을 포화상태로 만든 후 방전전극을 삽입하여 대전류를 흘려 지반 속에서 고압방전을 일으켜 이때의 충격으로 지반을 다짐

73 주동토압을 P_A, 수동토압을 P_P, 정지토압을 P_O라 할 때 토압의 크기를 비교한 것으로 옳은 것은?

① $P_A > P_P > P_O$
② $P_P > P_O > P_A$
③ $P_P > P_A > P_O$
④ $P_O > P_A > P_P$

해설

토압의 크기
수동토압 > 정지토압 > 주동토압

74 흙의 내부마찰각이 20°, 점착력이 50kN/m², 습윤단위중량이 17kN/m³, 지하수위 아래 흙의 포화단위중량이 19kN/m³일 때 3m×3m크기의 정사각형 기초의 극한지지력을 Terzaghi의 공식으로 구하면?
(단, 지하수위는 기초바닥 깊이와 같으며 물의 단위중량은 9.81kN/m³이고, 지지력계수 Nc=18, N_γ=5, Nq=7.5이다.)

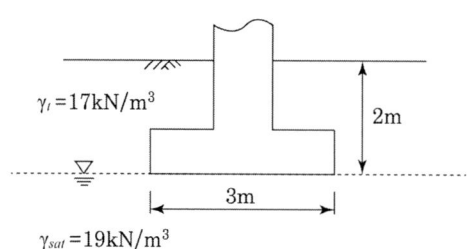

① 1,231.24kN/m²
② 1,337.31kN/m²
③ 1,480.14kN/m²
④ 1,540.42kN/m²

해설

1) 기초형상계수는 정사각형 기초이므로
   $\alpha = 1.3, \ \beta = 0.4$
2) 극한지지력
   $q_u = \alpha C N_c + \beta B \gamma_1 N_\gamma + D_f \gamma_2 N_q$
   $= 1.3 \times 50 \times 18 + 0.4 \times 3 \times (19 - 9.81)$
   $\times 5 + 17 \times 2 \times 7.5 = 1,480.14 kN/m^2$

75 그림과 같은 지반내의 유선망이 주어졌을 때 폭 10m에 대한 침투 유량은? (단, 투수계수(K)는 2.2×10^{-2}cm/s이다.)

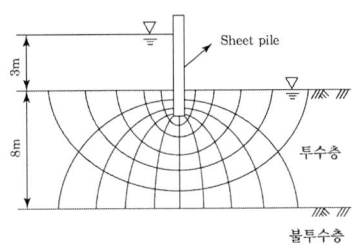

① 3.96cm³/s   ② 39.6cm³/s
③ 396cm³/s   ④ 3960cm³/s

해설
침투유량(폭10m)
$$Q = K \Delta H \frac{N_f(유면수)}{N_d(등수두면수)} \times 폭$$
$$= (2.2 \times 10^{-2}) \times 300 \times \frac{6}{10} \times 1000$$
$$= 3960 cm^3/sec$$

76 어떤 모래층의 간극비(e)는 0.2, 비중(Gs)은 2.60이었다. 이 모래가 분사현상(Quick Sand)이 일어나는 한계 동수경사(ic)는?

① 0.56   ② 0.95
③ 1.33   ④ 1.80

해설
한계동수경사
$$i_{cr} = \frac{G_s - 1}{1 + e} = \frac{2.6 - 1}{1 + 0.2} = 1.33$$

77 20개의 무리말뚝에 있어서 효율이 0.75이고, 단항으로 계산된 말뚝 한 개의 허용지지력이 150kN일 때 무리말뚝의 허용지지력은?

① 1,125kN   ② 2,250kN
③ 3,000kN   ④ 4,000kN

해설
$R_{ag} = ENR_a = 0.75 \times 20 \times 150 = 2,250 kN$

78 연약지반 위에 성토를 실시한 다음, 말뚝을 시공하였다. 시공 후 발생될 수 있는 현상에 대한 설명으로 옳은 것은?

① 성토를 실시하였으므로 말뚝의 지지력은 점차 증가한다.
② 말뚝을 암반층 상단에 위치하도록 시공하였다면 말뚝의 지지력에는 변함이 없다.
③ 압밀이 진행됨에 따라 지반의 전단강도가 증가되므로 말뚝의 지지력은 점차 증가된다.
④ 압밀로 인해 부주면마찰력이 발생되므로 말뚝의 지지력은 감소된다.

해설

연약지반위 성토 실시를 하는 경우 연약지반내 지반의 침하로 인하여 말뚝 주변에 부의 마찰력이 발생되며, 이는 말뚝의 지지력 감소를 가져온다.

79 흙의 분류법인 AASHTO분류법과 통일분류법을 비교·분석한 내용으로 틀린 것은?

① 통일분류법은 0.075mm체 통과율 35%를 기준으로 조립토와 세립토로 분류하는데 이것은 AASHTO 분류법보다 적합하다.
② 통일분류법은 입도분포, 액성한계, 소성지수 등을 주요 분류인자로 한 분류법이다.
③ AASHTO분류법은 입도분포, 군지수 등을 주요 분류인자로 한 분류법이다.
④ 통일분류법은 유기질토 분류방법이 있으나 AASHTO분류법은 없다.

해설

통일분류법은 0.075mm체 통과율 50%를 기준으로 조립토와 세립토를 분류하며, 이는 AASHTO 분류법보다 정확도가 떨어진다.

80 상·하층이 모래로 되어 있는 두께 2m의 점토층이 어떤 하중을 받고 있다. 이 점토층의 투수계수가 5×10^{-7}cm/s, 체적변화계수(m_v)가 5.0cm²/kN일 때 90% 압밀에 요구되는 시간은? (단, 물의 단위중량은 9.81kN/m³이다.)

① 약 5.6일   ② 약 9.8일
③ 약 15.2일   ④ 약 47.2일

해설

1) $t_{90} = \dfrac{0.848 \times H^2}{C_v}$

2) $C_v = \dfrac{k}{m_v \cdot \gamma_w}$

$= \dfrac{5 \times 10^{-9} m/s}{5 \times 10^{-4} m^2/kN \times 9.81 kN/m^3}$

$= 0.000001 m^2/s$

$\therefore t_{90} = \dfrac{0.848 \times (\frac{2}{2})^2}{0.000001} = 848,000$초

$= 848,000 \times \dfrac{1}{60 \times 60 \times 24} = 9.81$일

2021 기출문제
제2회 건설재료시험기사

제1과목 콘크리트공학

01 시방배합을 통해 단위수량 174kg/m³, 시멘트량 369kg/m³, 잔골재 702kg/m³, 굵은골재 1,049kg/m³을 산출하였다. 현장골재의 입도를 고려하여 현장배합으로 수정한다면 잔골재와 굵은 골재의 양은? (단, 현장 잔골재 중 5mm체에 남는 양이 10%, 굵은 골재 중 5mm체를 통과한 양이 5%, 표면수는 고려하지 않는다.)

① 잔골재 : 802kg/m³, 굵은 골재 : 949kg/m³
② 잔골재 : 723kg/m³, 굵은 골재 : 1,028kg/m³
③ 잔골재 : 637kg/m³, 굵은 골재 : 1,114kg/m³
④ 잔골재 : 563kg/m³, 굵은 골재 : 1,188kg/m³

해설

입도조정
① 잔골재
$$X = \frac{100S - b(S+G)}{100 - (a+b)}$$
$$= \frac{100 \times 702 - 5(702 + 1,049)}{100 - (10+5)} = 723 kg/m^3$$

② 굵은골재
$$Y = \frac{100G - a(S+G)}{100 - (a+b)}$$
$$= \frac{100 \times 1,049 - 10(702 + 1,049)}{100 - (10+5)}$$
$$= 1,028 kg/m^3$$

02 유동화 콘크리트에 대한 설명으로 틀린 것은?

① 슬럼프 증가량은 100mm 이하를 원칙으로 한다.
② 유동화 콘크리트의 재유동화는 원칙적으로 할 수 없다.
③ 유동화제는 희석시켜 사용하고, 미리 정한 소정의 양을 1/3씩 3번에 나누어 첨가한다.
④ 베이스 콘크리트 및 유동화 콘크리트의 슬럼프 및 공기량 시험은 50m³마다 1회씩 실시하는 것을 표준으로 한다.

해설

유동화제는 원액으로 사용하고, 미리 정한 소정의 양을 한꺼번에 첨가하여야 한다.

정답 01 ② 02 ③

03 콘크리트의 품질관리에 쓰이는 관리도 중 정규분포이론을 적용한 계량 값의 관리도에 속하지 않는 것은?

① $\bar{x} - R$관리도(평균값과 범위의 관리도)
② $\bar{x} - \sigma$관리도(평균값과 표준편차의 관리도)
③ x관리도(측정값 자체의 관리도)
④ p관리도(불량률 관리도)

해설
P관리도는 이항분포 이론을 적용한다.

04 양단이 정착된 프리텐션 부재의 한 단에서의 활동량이 2mm로 양단 활동량이 4mm일 때 강재의 길이가 10m라면 이 때의 프리스트레스 감소량은? (단, 긴장재의 탄성계수(E_p)=2.0×10^{5}MPa)

① 80MPa
② 100MPa
③ 120MPa
④ 140MPa

해설
$$\triangle f_p = E_p \cdot \epsilon_p = E_p \cdot \frac{\Delta l}{l}$$
$$= (2.0 \times 10^5) \times \frac{4}{10,000} = 80 MPa$$

05 물-시멘트비가 40%이고 단위 시멘트량이 400kg/m³, 시멘트의 비중이 3.1, 공기량이 2%인 콘크리트의 단위 골재량의 절대 부피는?

① 0.48m³
② 0.54m³
③ 0.69m³
④ 0.72m³

해설
W/C=0.4에서 W=400×40=160kg/m³
$$V = 1 - \left(\frac{단위수량}{1,000} + \frac{단위시멘트량}{시멘트비중 \times 1,000} + \frac{공기량}{100}\right)$$
$$= 1 - \left(\frac{160}{1,000} + \frac{400}{3.1 \times 1,000} + \frac{2}{100}\right)$$
$$= 0.691 m^3$$

06 매스 콘크리트에 대한 아래의 설명에서 (　　　)안에 들어갈 알맞은 수치는?

> 매스 콘크리트로 다루어야 하는 구조물의 부재 치수는 일반적인 표준으로서 넓이가 넓은 평판구조의 경우 두께 (㉮)m이상, 하단이 구속된 벽조의 경우 두께 (㉯)m 이상으로 한다.

① ㉮ : 0.8, ㉯ : 0.5
② ㉮ : 1.0, ㉯ : 0.5
③ ㉮ : 0.5, ㉯ : 0.8
④ ㉮ : 0.5, ㉯ : 1.0

해설
매스콘크리트로 다루어야 하는 구조물의 부재치수는 일반적인 표준으로서 넓이가 넓은 평판구조의 경우 두께 0.8m 이상, 하단이 구속된 벽의 경우 두께 0.5m 이상되는 구조물을 매스콘크리트로 분류

07 콘크리트의 슬럼프 시험에 대한 설명으로 틀린 것은?
① 콘크리트 시료를 거의 같은 양의 3층으로 나눠서 채우며 각 층을 다짐봉으로 고르게 한 후 25회씩 다진다.
② 슬럼프콘은 윗면의 안지름이 100mm, 밑면의 안지름이 200mm, 높이가 300mm인 원추형을 사용한다.
③ 다짐봉은 지름 16mm, 길이 500~600mm의 강 또는 금속제 원형봉으로 그 앞끝을 반구모양으로 한다.
④ 슬럼프는 콘크리트를 채운 후 콘을 연직방향으로 들어 올렸을 때 무너지고 난 후 남은 시료의 높이를 말한다.

해설
슬럼프는 콘크리트를 채운 후 콘을 연직방향으로 들어 올렸을 때 콘크리트가 내려앉은 높이를 말한다.

08 한중 콘크리트에 대한 설명으로 틀린 것은?
① 공기연행콘크리트를 사용하는 것을 원칙으로 한다.
② 심한 기상작용을 받는 콘크리트의 양생종료시의 소요압축강도의 표준은 2.5MPa 이다.
③ 타설할 때의 콘크리트 온도는 구조물의 단면치수, 기상조건 등을 고려하여(5~20)℃의 범위에서 정한다.
④ 단위수량은 초기동해 저감 및 방지를 위하여 소요의 워커빌리티를 유지할 수 있는 범위 내에서 되도록 적게 한다.

해설
한중 콘크리트는 소요의 압축강도가 얻어질 때까지는 콘크리트의 압축강도를 5MPa 이상으로 유지해야 한다.

09 일반콘크리트에서 비비기 시간에 대한 시험을 실시하지 않은 경우 비비기 최소시간은 강제식 믹서일 때 얼마 이상을 표준으로 하는가?

① 30초 이상
② 1분 이상
③ 1분 30초 이상
④ 2분 이상

해설

일반 콘크리트 비비기
1) 가경식 믹서일 때 : 1분 30초 이상
2) 강제식 믹서일 때 : 1분 이상

10 프리스트레스트 콘크리트에서 프리텐션 방식으로 프리스트레싱할 때 콘크리트의 압축강도는 최소 몇 MPa이상이어야 하는가?

① 25MPa
② 30MPa
③ 35MPa
④ 40MPa

해설

프리텐션 방식으로 프리스트레싱할 때 콘크리트의 압축강도는 30MPa 이상

11 아래 표와 같은 조건에서 콘크리트의 배합강도를 결정하면?

[조건]
- 설계기준압축강도(f_{ck}) : 40MPa
- 압축강도의 시험회수 : 23회
- 23회의 압축강도 시험으로부터 구한 표준편차 : 6MPa
- 압축강도 시험회수 20회, 25회인 경우 표준편차의 보정계수 : 각각 1.08, 1.03

① 48.5MPa
② 49.6MPa
③ 50.7MPa
④ 51.2MPa

해설

1) 수정표준편차

$$1.03 + \left(\frac{1.08 - 1.03}{25 - 20} \times 2\right) = 1.05 (23회 \ 보정계수)$$

2) 설계기준 강도 35MPa 이상이므로

$f_{cr} = f_{cq} + 1.34S$
$\quad = 40 + 1.34 \times 6.3 = 48.4 MPa$

$f_{cr} = 0.9 \cdot f_{cq} + 2.33 \cdot S$
$\quad = 0.9 \times 40 + 2.33 \times 6.3$
$\quad = 50.68 MPa$

두 값 중에서 큰 값을 배합강도를 정한다.
∴ $f_{cr} = 50.7 MPa$

12 구조물이 공용 중의 발생되는 손상을 복구하는데 있어서 보수 및 보강 공사를 시행한다. 다음 중 보수 공법에 속하지 않는 것은?

① 에폭시 주입 공법
② 철근 방청 공법
③ 표면 피복 공법
④ 강판 접착 공법

해설

강판 접착 공법
강판보강공법은 콘크리트구조물의 철근량의 부족에 의한 내력부족을 구조물의 인장측 표면에 강판을 부착하여 구조물의 내력을 향상시키는 보강공법으로, 강판을 보나 슬래브의 하단이나 상단에 접착하여 휨에 대한 내력을 증가시키거나, 보의 측면에 접착하여 전단 강도를 증가시키는 방법

13 아래의 표에서 설명하는 콘크리트의 성질은?

> 콘크리트를 타설할 때 다짐작업 없이 자중만으로 철근 등을 통과하여 거푸집의 구석구석까지 균질하게 채워지는 정도를 나타내는 굳지 않은 콘크리트의 성질

① 유동성
② 자기 충전성
③ 슬럼프 플로
④ 피니셔빌리티

해설

자기 충전성
자기 충전성이란 콘크리트를 타설 할 때 다짐작업 없이 자중만으로 철근 등을 통과하여 거푸집의 구석구석을 균질하게 채워지는 정도를 나타내는 굳지않은 콘크리트 성질

14 콘크리트의 타설에 대한 설명으로 틀린 것은?

① 타설한 콘크리트를 거푸집 안에서 횡방향으로 이동시켜서는 안 된다.
② 콘크리트는 그 표면이 한 구획 내에서는 거의 수평이 되도록 타설하는 것을 원칙으로 한다.
③ 거푸집의 높이가 높아 슈트 등을 사용하는 경우 배출구와 타설 면까지의 높이는 1.5m이하를 원칙으로 한다.
④ 콘크리트를 2층 이상으로 나누어 타설할 경우, 상층의 콘크리트 타설은 하층의 콘크리트가 굳은 후 해야 한다.

해설

콘크리트를 2층 이상으로 나누어 타설할 경우, 상층의 콘크리트 타설은 하층의 콘크리트가 굳기 전에 해야 한다.

정답 12 ④ 13 ② 14 ④

15 지름이 150mm, 길이가 200mm인 원주형 공시체에 대한 쪼갬 인장 강도시험 결과 최대하중이 120kN 일 때 이 공시체의 쪼갬 인장 강도는?

① 1.27MPa
② 2.55MPa
③ 6.03MPa
④ 7.66MPa

해설

쪼갬인장강도 시험

$$(f_{sp}) = \frac{2P}{\pi d \ell}(MPa)$$

$$= \frac{2 \times 120,000N}{\pi \times 150 \times 200} = 2.55 N/mm^2 = 2.55 MPa$$

16 팽창 콘크리트의 팽창률에 대한 설명으로 틀린 것은?

① 콘크리트의 팽창률은 일반적으로 재령 28일에 대한 시험치를 기준으로 한다.
② 수축보상용 콘크리트의 팽창률은 $(150 \sim 250) \times 10^{-6}$을 표준으로 한다.
③ 화학적 프리스트레스용 콘크리트의 팽창률은 $(200 \sim 700) \times 10^{-6}$을 표준으로 한다.
④ 공장제품에 사용하는 화학적 프리스트레스용 콘크리트의 팽창률은 $(200 \sim 1,000) \times 10^{-6}$을 표준으로 한다.

해설

콘크리트 팽창률은 일반적으로 재령 7일에 대한 시험값을 기준

17 고압증기양생한 콘크리트의 특징에 대한 설명으로 틀린 것은?

① 고압증기양생한 콘크리트의 수축률은 크게 감소된다.
② 고압증기양생한 콘크리트의 크리프는 크게 감소된다.
③ 고압증기양생한 콘크리트의 외관은 보통양생한 포틀랜드시멘트 콘크리트 색의 특징과 다르며, 흰색을 띤다.
④ 고압증기양생한 콘크리트는 보통양생한 콘크리트와 비교하여 철근과의 부착강도가 약 2배정도가 된다.

해설

고압증기양생한 콘크리트는 보통양생한 것에 비해 철근의 부착강도가 약 1/2이되므로 철근콘크리트 부재에 적용하는 것은 바람직하지 못한다.

18 폴리머 시멘트 콘크리트에 대한 설명으로 틀린 것은?

① 비비기는 기계비빔을 원칙으로 한다.
② 폴리머-시멘트 비는 (5~30)%범위로 한다.
③ 물-결합재비는 (30~60)%의 범위에서 가능한 한 적게 정하여야 한다.
④ 시공 후 1~3일간 습윤 양생을 실시하며, 사용될 때까지의 양생 기간은 14일을 표준으로 한다.

해설

시공 후 1~3일간 습윤 양생을 실시하며, 사용될 때까지의 양생 기간은 7일을 표준으로 한다.

정답 15 ② 16 ① 17 ④ 18 ④

19 연직시공이음의 시공에 대한 설명으로 틀린 것은?

① 시공이음면의 거푸집을 견고하게 지지하고 이음부분의 콘크리트는 진동기를 써서 충분히 다져야 한다.
② 구 콘크리트의 시공이음면은 쇠솔이나 쪼아내기 등에 의해 거칠게 하고, 수분을 흡수시킨 후에 시멘트풀 등을 바른 후 새 콘크리트를 타설하여 이어나가야 한다.
③ 새 콘크리트를 타설할 때는 신·구 콘크리트가 충분히 밀착되도록 잘 다져야 하며, 새 콘크리트를 타설한 후에는 재진동 다지기를 하여서는 안 된다.
④ 겨울철의 시공이음면 거푸집 제거시기는 콘크리트를 타설하고 난 후 10~15시간 정도로 한다.

해설
새 콘크리트를 타설할 때는 신·구 콘크리트가 충분히 밀착되도록 잘 다져야 하며, 새 콘크리트를 타설한 후에 적당한 시기에 재진동 다지기를 하는 것이 좋다.

20 콘크리트의 크리프(creep)에 대한 설명으로 틀린 것은?

① 재하기간 중의 대기의 습도가 높을수록 크리프는 크다.
② 단위 시멘트량이 많을수록 크리프는 크다.
③ 부재치수가 작을수록 크리프는 크다.
④ 재하 응력이 클수록 크리프는 크다.

해설
재하기간 중의 대기의 습도가 높을수록 크리프는 작다.

제2과목　건설시공 및 관리

21 성토재료의 요구조건으로 틀린 것은?

① 투수계수가 작을 것
② 압축성, 흡수성이 클 것
③ 성토 후 압밀침하가 작을 것
④ 비탈면의 안정에 필요한 전단강도를 보유할 것

해설
성토재료는 압축성 및 흡수성이 작아야 한다.

22 아래와 같은 조건에서 파워셔블의 시간당 작업량은?

- 버킷의 용량 q=0.6m³
- 버킷 계수 K=0.9
- 토량 환산계수 f=0.8
- 작업효율 E=0.7
- 사이클 타임 Cm=25초

① 0.73m³/h ② 1.13m³/h
③ 43.55m³/h ④ 68.04m³/h

해설

$$Q = \frac{3,600 \cdot q \cdot k \cdot f \cdot E}{C_m}$$
$$= \frac{3,600 \times 0.6 \times 0.9 \times 0.8 \times 0.7}{25}$$
$$= 43.55 m^3/hr$$

23 터널의 시공법 중 침매공법의 특징에 대한 설명으로 틀린 것은?
① 수심이 깊은 곳에서도 시공이 가능하다.
② 협소한 장소의 수로나 항행선박이 많은 곳에 적합하다.
③ 단면형상이 비교적 자유롭고 큰 단면으로 시공할 수 있다.
④ 육상에서 제작하므로 신뢰성이 높은 터널본체를 만들 수 있다.

해설
침매공법은 협소한 장소의 수로나 항행 선박이 많은 곳에 부적합하다.

24 굴착 단면의 양단을 먼저 버팀대공법으로 굴착하여 기초공과 벽체를 구축한 다음 이것을 흙막이공으로 하여 중앙부의 나머지 부분을 굴착 시공하는 공법으로 주로 넓은 면의 굴착에 유리한 공법은 무엇인가?
① Island공법
② Open cut공법
③ Well point공법
④ Trench cut공법

해설
트랜치 컷(Trench Cut)
① 아일랜드 공법과는 반대로 주변부 흙을 굴착 후 기초콘크리트 및 상부 구조물을 시공후 남아있는 중앙부를 굴착해 나가면서 나머지 부분의 구조물을 시공해 나가는 방식
② 20m 정도의 지반이 연약한곳에서 사용하며, Heaving 현상이 예상될 때 적용하며, 분할시공에 따른 공사비 증가 및 공사기간 길어진다.

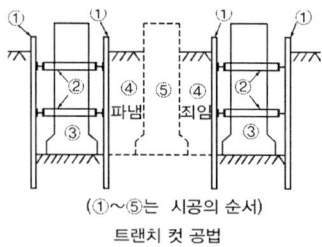

(①~⑤는 시공의 순서)
트랜치 컷 공법

25 여수로(Spill way)의 종류 중 댐의 본체에서 완전히 분리시켜 댐의 가장자리에 설치하고 월류부는 보통 수평으로 하는 것은?

① 슈트(Chute)식 여수로
② 사이펀(Siphon) 여수로
③ 측수로(Side channel) 여수로
④ 글로리 홀(Glory hole) 여수로

해설

① 슈트식(Chute) 여수토
　1) 댐 본체에서 완전히 분리시켜 설치하는 여수토
　2) 댐 가장자리 위치에 설치하고 월류부는 보통 수평으로 한다.
② 측수로 여수토
　1) Rock fill 댐 같이 댐 정상부를 월류 시킬 수 없을 때 댐의 한쪽 또는 양쪽에 설치하는 여수토
　2) 월류부는 난류를 막기 위하여 굳은 암반상에 일직선으로 설치한다.
③ 사이펀 여수토
　1) 사이펀 여수토는 여수로 설치 공간에 제한을 받는 경우 제체 안에 설치하는 관로시설물 로서 유출부로부터 공기 유입을 막기 위하여 관로 끝을 U형태로 구부리며 유입된 공기는 사이펀 마루(Crown)에서 방출 되도록 만든 여수토
　2) 상하류면의 수위차를 이용한 것으로 자유월류 방식에 비하여 다량의 물을 하류로 배출시킬 수 있다.
④ 나팔관형 여수토(그롤리홀 여수토)
　1) 원형나팔관으로 되어 있고 자유낙하부, 곡관부, 원형 터널 등으로 구성 되어있다.
　2) 유수의 유입에 의한 여수토 터널 내부 부압이 발생될 가능성이 있으므로 유의해야 한다.

26 현장에서 하는 타설 피어공법 중에서 콘크리트 타설 후 Casing tube의 인발 시 철근이 따라 뽑히는 현상이 발생하기 쉬운 공법은?

① reverse circulation 공법
② earth drill 공법
③ benoto 공법
④ gow 공법

해설

Benoto 공법(All casing 공법)
케이싱에 부착된 요동기(Oscillator)로 케이싱을 요동시키면서 케이싱 내부의 토사를 해머그랩 또는 개폐형버킷 장비로 흙을 배토시키면서 현타말뚝을 시공해 나가는 공법으로 케이싱 인발시 삽입된 철근망이 인발되는 공상현상이 발생 우려가 있다.

27 큰 중량의 중추를 높은 곳에서 낙하시켜 지반에 가해지는 충격에너지와 그 때의 진동에 의해 지반을 다지는 개량공법으로 대부분의 지반에 지하수위와 관계없이 시공이 가능하고 시공 중 사운딩을 실시하여 개량효과를 점검하는 시공법은?

① 동다짐공법
② 폭파다짐공법
③ 지하연속벽공법
④ 바이브로 플로테이션공법

해설

동다짐공법
무거운추(10~200ton)를 크레인을 이용하여 10m이상 높이에서 낙하시켜 지표면에 가해지는 충격에너지가 지반의 심층까지 다짐을 해주는 공법이다.

28 보조기층의 보호 및 수분의 모관 상승을 차단하고 아스팔트 혼합물과의 접착성을 향상시키기 위하여 실시하는 것은?

① 프라임 코트(prime coat)
② 실 코드(seal coat)
③ 택 코드(tack coat)
④ 피치(pitch)

해설

프라임 코트(Prime coat)
1) 보조기층 또는 기층 등에 침투시켜 이들 층의 방수성을 확보한다.
2) 보조기층 에서 모세관 현상에 의해 올라오는 물의 상승을 차단한다.
3) 보조기층과 기층 아스팔트 혼합물과의 부착이 잘되도록 살포하는 역청재료이다.

29 불도저로 압토와 리핑 작업을 동시에 실시한다. 각 작업시의 작업량이 아래와 같을 때 시간당 합성작업량은?

> 압토 작업만 할 때의 작업량 $Q_1 = 50m^3/h$
> 리핑 작업만 할 때의 작업량 $Q_2 = 80m^3/h$

① $28.54m^3/h$
② $30.77m^3/h$
③ $32.84m^3/h$
④ $34.25m^3/h$

해설

불도져 합성 작업량(Q)

$$Q = \frac{Q_1 \times Q_2}{Q_1 + Q_2} = \frac{50 \times 80}{50 + 80} = 30.77 m^3/hr$$

30 역 T형 옹벽에 대한 설명으로 옳은 것은?

① 자중만으로 토압에 저항한다.
② 자중이 다른 형식의 옹벽보다 대단히 크다.
③ 자중과 뒤채움 토사의 중량으로 토압에 저항한다.
④ 일반적으로 옹벽의 높이가 낮은 경우에 사용된다.

해설

역 T형 옹벽
1) 철근콘크리트로 만들어진 옹벽을 캔틸레버식 옹역이라고 하며 역T형 옹벽이라고도 함.
2) 가장보편적으로 사용되는 옹벽으로 3~10m 높이로 자중과 뒷채움 토사의 중량으로 토압에 저항하는 형식이다.

31 버럭이 너무 비산하지 않는 심빼기에 유효하고, 수직도갱 밑에 물이 많이 고였을 때 적당한 심빼기 공법은?

① 노 컷 ② 번 컷
③ V 컷 ④ 스윙 컷

해설

스윙컷
수직갱에서 주로 사용되며 밑변의 반만큼 먼저 발파시키고 물을 집중시킨 다음 물이 없는 부분을 발파하는 공법

32 주탑, 케이블, 주형의 3요소로 구성되어 있고, 케이블을 거더에 정착시킨 교량 형식으로서 아래의 그림과 같은 형식의 교량은?

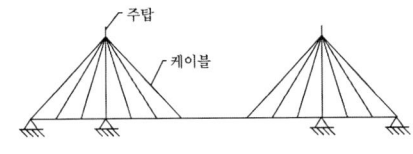

① 거더교 ② 아치교
③ 현수교 ④ 사장교

해설

사장교(cable-stayed girder bridge)
1) 주탑에서 비스듬히 친 케이블로 거더를 매단 교량으로 경간(徑間) 200~340m 정도 범위의 도로교에 많이 사용되며, 미관이 뛰어난 설계가 가능하다.
2) 한국에는 올림픽대교, 서해대교, 인천대교, 진도대교, 돌산대교 등이 있다

33 케이슨 기초 중 오픈케이슨 공법의 특징에 대한 설명으로 틀린 것은?

① 기계설비가 비교적 간단하다.
② 굴착 시 히빙이나 보일링 현상의 우려가 있다.
③ 큰 전석이나 장애물이 있는 경우 침하작업이 지연된다.
④ 일반적인 굴착 깊이는 30~40m정도로 침하깊이에 제한을 받는다.

해설

일반적인 굴착깊이 30~40m 정도의 굴착깊이의 제한은 뉴메틱케이슨 공법에 해당된다.

34 어떤 공사의 공정에 따른 비용 증가율이 아래의 그림과 같을 때 이 공정을 계획보다 3일 단축하고자 하면, 소요되는 추가 비용은 약 얼마인가?

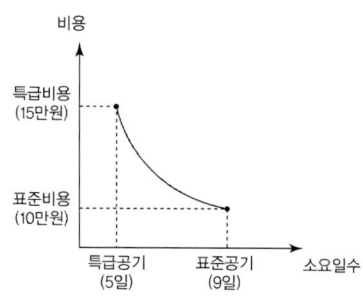

① 40,000원 ② 37,500원
③ 35,000원 ④ 32,500원

해설

추가공사비

추가공사비 : 비용경사 × 단축일수

1) 비용경사 $= \dfrac{특급공비 - 표준공비}{표준공기 - 특급공기}$

$= \dfrac{150,000 - 100,000}{9 - 5} = 12,500$원/일

2) 단축일수 : 3일

∴ 추가공사비 = 12,500×3 = 37,500원

35 PERT기법과 CPM기법의 비교 설명 중 PERT기법에 관련된 내용이 아닌 것은?
① 공사비 절감을 주목적으로 한다. ② 비반복 사업을 대상으로 한다.
③ 신규 사업을 대상으로 한다. ④ 3점 견적법으로 공기를 추정한다.

해설

공사비 절감을 목적으로 하는 것은 CPM 기법에 해당된다.

36 아래 그림과 같은 유토곡선에서 A-B구간의 평균운반거리를 구하면?

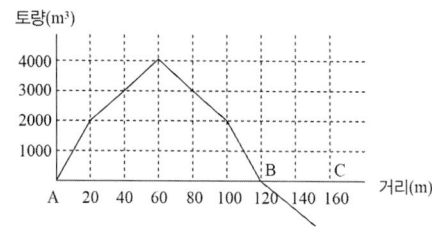

① 40m ② 60m
③ 80m ④ 100m

해설

A-B 구간 평균 토량 2,000에서 100-20=80m

37 45,000m³의 성토공사를 위하여 토량의 변화율이 L=1.2, C=0.9인 현장 흙을 굴착운반하고자 한다. 이때 운반토량은 얼마인가?

① 33,750m³   ② 45,000m³
③ 54,000m³   ④ 60,000m³

해설

성토토량 $\times \dfrac{L}{C} = 45,000 \times \dfrac{1.2}{0.9} = 60,000 m^3$

38 관내의 집수효과를 크게 하기 위하여 관 둘레에 구멍을 뚫어 지하에 매설하는 집수암거의 일종으로 하천의 복류수를 주로 이용하기 위하여 쓰이는 것은?

① 관거   ② 함거
③ 다공 관거   ④ 사이펀 관거

해설

다공관거

1) 관내의 집수 효과를 크게 하기 위해서 관 둘레에 구멍을 내어 하천의 복류수 또는 지하수를 집수하기 위한 집수암거의 일종이다.
2) 복류수(伏流水)를 취수하기 위해 하천이나 호소(湖沼)의 저부 또는 측부에 흐름의 방향과 직각 또는 평행으로 매설한 유공(有孔) 관거(管渠)이다.

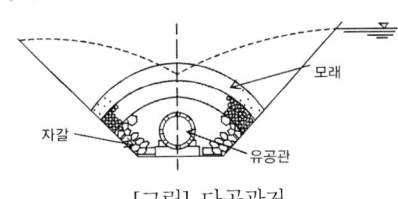

[그림] 다공관거

39 아스팔트포장의 파손현상 중 차량하중에 의해 발생한 변형량의 일부가 회복되지 못하여 발생하는 영구변형으로 차량통과위치에 균일하게 발생하는 침하를 보이는 아스팔트포장의 대표적인 파손현상을 무엇이라 하는가?

① 피로균열   ② 저온균열
③ 루팅(Rutting)   ④ 라벨링(Revelling)

해설

소성변형(Rutting) 방지대책

1) 아스팔트 포장에 가장 크게 만연하고 있는 손상형태는 소성변형이 있다.
2) 도로 주행 중에 노면의 한 개소를 차량이 집중 통과하여 표면의 재료가 마모되고 유동을 일으켜서 노면이 얇게 패인 자국을 소성변형(Rutting)이라고 한다.
3) 여름철 고온시 중차량이 많이 다니고, 정체가 심한 도로에서 횡방향 밀림현상에 의해서 발생한 요철로서 대형 교통사고의 원인이 된다.

40 운반토량 1,200m³을 용적이 5m³인 덤프트럭으로 운반하려고 한다. 트럭의 평균속도는 10km/h이고, 상하차 시간이 각각 4분일 때 하루에 전량을 운반하려면 몇 대의 트럭이 필요한가? (단, 1일 덤프트럭 가동시간은 8시간이며, 토사장까지의 거리는 2km이다.)

① 12대 ② 14대
③ 16대 ④ 18대

해설

1) $C_{mt} = \dfrac{60 \times 2}{10} + \dfrac{60 \times 2}{10} + 4 \times 2 = 32분$

   상하차 시간 각각 4분씩이므로 8분

2) $Q = \dfrac{60 q_t f E_t}{C_{mt}}$

   $= \dfrac{60 \times 5 \times 1 \times 1}{32} = 9.38 m^3/hr$

3) 1일 트럭 1대 운반량

   $9.38 \times 8 = 75 m^3$

∴ 트럭대수 $= \dfrac{1,200}{75} = 16$대

제3과목 건설재료 및 시험

41 아래는 굵은 골재의 밀도 시험 결과이다. 이때 골재의 표면 건조 포화 상태의 밀도는?

- 절대 건조 상태의 시료 질량 : 2,000g
- 표면 건조 포화 상태의 시료 질량 : 2100g
- 침지된 시료의 수중 질량 : 1,300g
- 시험 온도에서의 물의 밀도 : 1g/cm³

① 2.63g/cm³ ② 2.65g/cm³
③ 2.67g/cm³ ④ 2.69g/cm³

해설

$\dfrac{B}{B-C} \times \rho_w = \dfrac{2,100}{2,100-1,300} \times 1 = 2.63 g/cm^3$

42 콘크리트용 혼화재료인 플라이애시에 대한 설명으로 틀린 것은?

① 플라이애시는 워커빌리티 증가 및 단위수량 감소효과가 있다.
② 초기재령에서의 강도는 크게 나타나지만 강도의 증진율이 낮다.
③ 플라이애시 중의 미연탄소분에 의해 AE제 등이 흡착되어 연행공기량이 현저히 감소한다.
④ 플라이애시는 보존 중에 입자가 응집하여 고결하는 경우가 생기므로 저장에 유의하여야 한다.

해설

초기재령에서의 강도가 작게 나타나며, 강도의 증진율이 낮다.

43 목재의 함수율을 측정하기 위해 시험을 실시한 결과가 아래와 같을 때 함수율은 얼마인가?

- 시험편의 건조 전 질량 : 2,750g
- 시험편의 건조 후 질량 : 2,350g

① 15% ② 17%
③ 19% ④ 21%

해설

목재의 함수율

$$\frac{건조\ 전\ 중량(W_1) - 건조\ 후\ 중량(W_2)}{건조\ 후\ 중량(W_2)} \times 100(\%)$$

$$= \frac{2,750 - 2,350}{2,350} \times 100 = 17\%$$

44 지오텍스타일의 특징에 대한 설명으로 틀린 것은?

① 인장강도가 크다. ② 수축을 방지한다.
③ 탄성계수가 크다. ④ 열에 강하고 무게가 무겁다.

해설

지오텍스타일
① 합성 고분자 재료를 써서 만들어진 투수성을 갖는 토질 안정용 섬유제품으로 열에 취약하고 무게가 가볍다.
② 직포형과 부직포형이 있으며 분리, 배수, 보강, 여과 기능을 갖고 오탁방지망, drain board, pack drain, geo web 등에 사용된다.

45 재료에 외력을 작용시키고 변형을 억제하면 시간이 경과함에 따라 재료의 응력이 감소하는 현상을 무엇이라 하는가?

① 탄성 ② 취성
③ 크리프 ④ 릴랙세이션

해설

PS강재의 Relaxation
P.S 강재를 긴장한 채 일정한 길이를 유지하면 시간의 경과에 따라 인장응력이 감소하게 되는데 이러한 현상을 PS강재의 Relaxation 이라 한다.

정답 43 ② 44 ④ 45 ④

46 고무혼입 아스팔트와 스트레이트 아스팔트를 비교한 설명으로 틀린 것은?

① 감온성은 스트레이트 아스팔트가 크다.
② 응집성은 스트레이트 아스팔트가 크다.
③ 마찰계수는 고무혼입 아스팔트가 크다.
④ 충격저항성은 고무혼입 아스팔트가 크다.

해설

고무 혼입 아스팔트
1) 스트레이트 아스팔트에 고무를 2~5% 정도 혼입후 아스팔트의 성질을 개선한 특수 아스팔트를 말한다.
2) 고무 혼입 아스팔트의 특징
　스트레이트 아스팔트에 비해서 감온성이 작다.
　스트레이트 아스팔트에 비해서 응집성이 크다.
3) 스트레이트 아스팔트에 비해서 탄성 및 충격저항이 크다.
4) 스트레이트 아스팔트에 비해서 마찰 계수가 크다.

47 아래와 같은 특성을 가지는 시멘트는?

- 발열량이 대단히 많으며 조강성이 크다.
- 열분해 온도가 높으므로(1300°C정도) 내화용 콘크리트에 적합하다.
- 산, 염류, 해수 등의 화학적 침식에 대한 저항성이 크다.

① 고로 시멘트　　　　　　② 알루미나 시멘트
③ 플라이애시 시멘트　　　④ 백색 포틀랜드 시멘트

해설

알루미나 시멘트
1) 보크사이트와 석회석을 혼합해서 분말로 만든 시멘트
2) 1일 강도가 보통 포틀랜드 시멘트의 28일 강도와 같다.
3) 발열량이 커 한중공사, 긴급공사에 적합하다.
4) 해수 및 기타 화학작용을 받는 곳에 저항성이 크다.
5) 열분해 온도가 높으므로 내화용 콘크리트에 적합하다.

48 아스팔트의 분류 중 석유 아스팔트에 해당하는 것은?

① 아스팔타이트(asphaltite)　　　② 록 아스팔트(rock asphalt)
③ 레이크 아스팔트(lake asphalt)　④ 스트레이트 아스팔트(straight asphalt)

해설

천연아스팔트
1) 레이크 아스팔트
2) 록 아스팔트
3) 오일샌드 아스팔트
4) 아스팔타이트

49 다음 중 화성암에 속하지 않는 것은?

① 편마암 ② 섬록암
③ 현무암 ④ 화강암

해설

화성암 (화성안에 현무 있다)
1) 화강암(압축강도, 내구성 크나 내화성이 취약)
2) 섬록암
3) 안산암
4) 현무암

50 실리카 퓸을 콘크리트의 혼화재로 사용할 때 나타나는 특징으로 틀린 것은?

① 단위수량과 건조수축이 감소한다.
② 콘크리트의 재료분리를 감소시킨다.
③ 수화 초기에 C-S-H겔을 생성하므로 블리딩이 감소한다.
④ 콘크리트의 조직이 치밀해져 강도가 커지고, 수밀성이 증대된다.

해설

실리카 퓸(Silica Fume) 특징
1) 장기강도 및 내구성 증대
2) 장기적으로 동결에 대한 저항성 증대
3) 시멘트 질량의 5~15% 범위내 치환되면 콘크리트 고강도화
4) 초기 수화열 감소
5) 화학적 저항성 증대
6) W/C가 너무적어서 건조수축 발생가능성 있으나 블리딩은 줄어듬

51 아스팔트 혼합물의 마샬 안정도 시험을 실시한 결과가 아래와 같을 때 아스팔트 혼합물의 용적률 및 포화도는 얼마인가?

- 아스팔트의 밀도 : 1.03g/cm³
- 아스팔트 혼합률 : 4.5%
- 실측 밀도 : 2.355g/cm³
- 공극률 : 5.3%

① 용적률=8.65%, 포화도=62.0% ② 용적률=9.42%, 포화도=64.0%
③ 용적률=10.29%, 포화도=66.0% ④ 용적률=11.26% 포화도=68.0%

해설

1) 아스팔트 용적률(부피비)

$$V_a = \frac{W_a \times d}{G_a} = \frac{4.5 \times 2.355}{1.03} = 10.29\%$$

2) 아스팔트 포화도

$$S = \frac{V_a}{V_a + V} \times 100(\%) = \frac{10.29}{10.29 + 5.3} \times 100 = 66\%$$

52 시멘트의 비중시험(KS L 5110)에서 정밀도 및 편차에 대한 규정으로 옳은 것은?
① 동일 시험자가 동일 재료에 대하여 3회 측정한 결과가 ±0.05 이내이어야 한다.
② 동일 시험자가 동일 재료에 대하여 2회 측정한 결과가 ±0.03 이내이어야 한다.
③ 서로 다른 시험자가 동일 재료에 대하여 3회 측정한 결과가 ±0.05 이내이어야 한다.
④ 서로 다른 시험자가 동일 재료에 대하여 2회 측정한 결과가 ±0.03 이내이어야 한다.

해설
시멘트 비중 정밀도 및 편차규정
동일 시험자가 동일 재료에 대하여 2회 측정한 결과가 ±0.03 이내이어야 한다.

53 시멘트가 풍화작용과 탄산화작용을 받은 정도를 나타내는 척도로 고온으로 가열하여 시멘트 중량의 감소율을 나타내는 것은?
① 수경률
② 규산율
③ 강열감량
④ 불용해잔분

해설
풍화 정도를 판단하는 방법(강열감량)
1) 시멘트를 1,000℃ 가열후 감소되는 질량 측정후 백분율로 나타내서 시멘트 풍화정도를 판단
2) 강열감량

$$\frac{물 + CO_2와\ 결합된\ Cement량}{최초의\ 시멘트량} \times 100\%$$

3) Fresh 한 시멘트 강열감량 범위는 0.5~0.8%이며 관리기준은 3%이하로 한다.

54 콘크리트용 잔골재로 사용하고자 하는 바다모래(해사)의 염분에 대한 대책으로 틀린 것은?
① 콘크리트용 혼화제로 방청제를 사용한다.
② 살수법, 침수법 및 자연방치법 등에 의해서 염분을 사전에 제거한다.
③ 콘크리트를 가능한 빈배합으로 하여 수밀성을 향상시킨다.
④ 염분이 많은 바다모래를 사용할 경우 콘크리트에 사용되는 철근을 아연도금 등으로 방청하여 사용한다.

해설
콘크리트를 가능한 부배합으로 하여 수밀성을 향상시킨다.

55 콘크리트용 모래에 포함되어 있는 유기불순물 시험에 대한 설명으로 옳은 것은?
① 무수황산나트륨을 시약으로 사용한다.
② 모래시료는 2분법으로 채취하는 것을 원칙으로 한다.
③ 식별용 표준색 용액은 염소이온을 0.1% 함유한 염화나트륨 수용액과 0.5% 함유한 염화나트륨 수용액을 사용한다.
④ 시험 결과 시험 용액의 색도가 표준색용액보다 연한 경우 콘크리트용으로 사용할 수 있다.

해설
잔골재 유기불순물 시험
1) 콘크리트에 사용되는 자연모래 중에 함유되어있는 유기 불순물의 양을 측정하는 시험으로
2) 콘크리트 강도, 내구성을 저하시키는 유기물을 색조를 통하여 파악하는 시험
3) 시험결과 용액의 색도가 표준색 용액보다 연한 경우 합격으로 한다.

56 다음 중 천연 경량골재가 아닌 것은?
① 용암　　　　　　　　　　② 응회암
③ 팽창성 혈암　　　　　　　④ 경석화산자갈

해설
인공경량골재는 점토, 혈암 등을 고온으로 소성한 것으로 팽창성 혈암은 인공경량골재에 해당된다.

57 콘크리트 내부에 독립된 미세기포를 발생시켜 콘크리트의 워커빌리티 개선과 동결융해에 대한 저항성을 갖도록 하기 위해 사용하는 혼화제는?
① AE제　　　　　　　　　　② 지연제
③ 기포제　　　　　　　　　④ 응결・경화촉진제

해설
AE제
콘크리트용 계면활성제(surface active agent)의 일종으로 콘크리트 내부에 독립된 미세기포를 발생시켜 콘크리트의 워커빌리티 개선과 동결융해에 대한 저항성을 갖도록 하기 위해 사용하는 혼화제이다.

58 암석의 구조에 대한 설명으로 틀린 것은?
① 석목은 암석의 갈라지기 쉬운 면을 말하며 돌눈이라고도 한다.
② 절리는 암석 특유의 천연적으로 갈라진 금으로 화성암에서 많이 보인다.
③ 층리는 암석을 구성하는 조암광물의 집합상태에 따라 생기는 눈 모양을 말한다.
④ 편리는 변성암에서 된 절리로 암석이 얇은 판자모양 등으로 갈라지는 성질을 말한다.

해설
층리는 퇴적암이나 변성암의 일부에서 생기는 평행상의 절리.

59 이형철근의 인장시험 데이터가 아래와 같을 때 파단 연신율은?

- 원단면적(A_o)=190mm²
- 표점거리(l_o)=128mm
- 파단 후 표점거리(l)=156mm
- 파단 후 단면적(A)=130mm²
- 최대인장하중$(P_{\max})$=11,800kN

① 19.85%   ② 21.88%
③ 23.85%   ④ 25.88%

해설

파단연신율 = $\dfrac{l - l_o}{l_o} \times 100$

$= \dfrac{156 - 128}{128} \times 100 = 21.88\%$

60 수중에서 폭발하며 발화점이 높고, 구리와 화합하면 위험하므로 뇌관의 관체는 알루미늄을 사용하는 기폭약은?

① 뇌산수은   ② 질화납
③ DDNP   ④ 칼릿

해설

질화납
물속에서도 폭발하며, 낮은 온도로 가열해도 분해되는 일이 없으므로 물 속에 저장하면 안전하다. 결점으로는 발화점이 높고, 결정 입자에 따라 예민한 것과 둔한 것이 있으므로 폭발의 확실성이 적다. 기폭력은 뇌홍보다도 우수하며, 뇌관의 관체로는 알루미늄을 사용한다.

제4과목 토질 및 기초

61 연속 기초에 대한 Terzaghi의 극한지지력 공식은 $q_u = cN_c + 0.5\gamma_1 BN_\gamma + \gamma_2 D_f N_q$로 나타낼 수 있다. 아래 그림과 같은 경우 극한지지력 공식의 두 번째 항의 단위중량(γ_1)의 값은? (단, 물의 단위중량은 9.81kN/m³이다.)

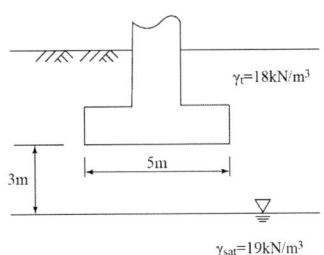

① 14.48kN/m³ ② 16.00kN/m³
③ 17.45kN/m³ ④ 18.20kN/m³

해설

지하수위가 기초바닥 아래에 있는 경우

$\gamma_1 = \dfrac{1}{B}(d \cdot \gamma_t + (B-d) \cdot \gamma_{sub})$

$= \dfrac{1}{5}[3 \times 18 + (5-3) \times (19-9.81)]$

$= 14.48 t/m^3$

62 토질시험 결과 내부마찰각이 30°, 점착력이 50kN/m², 간극수압이 800kN/m², 파괴면에 작용하는 수직응력이 3,000kN/m²일 때 이 흙의 전단응력은?

① 1,270kN/m² ② 1,320kN/m²
③ 1,580kN/m² ④ 1,950kN/m²

해설

전단응력
$\tau = c + (\sigma - u) \cdot \tan\varnothing$
$= 50 + (3,000 - 800) \cdot \tan 30 = 1,320 kN/m^2$

63 내부마찰각이 30°, 단위중량이 18kN/m³ 인 흙의 인장균열 깊이가 3m일 때 점착력은?

① 15.6kN/m² ② 16.7kN/m²
③ 17.5kN/m² ④ 18.1kN/m²

해설

점착력

$Z_c = \dfrac{2c \tan\left(45° + \dfrac{\phi}{2}\right)}{\gamma_t}$ 에서 $c = \dfrac{3 \times 18}{2 \cdot \tan\left(45 + \dfrac{30}{2}\right)} = 15.6 kN/m^2$

64 토립자가 둥글고 입도분포가 양호한 모래지반에서 N치를 측정한 결과 N=19가 되었을 경우, Dunham의 공식에 의한 이 모래의 내부 마찰각(ϕ)은?

① 20° ② 25°
③ 30° ④ 35°

해설

토질입자가 둥글고 균일한(불량입도)경우	$\phi = \sqrt{12N} + 15$
토질입자가 둥글고 입도분포가 양호 토립자가 모가나고 균일한(불량한입도)경우	$\phi = \sqrt{12N} + 20$
토립자가 모가나고 입도분포가 좋을때	$\phi = \sqrt{12N} + 25$

$\varnothing = \sqrt{12 \times 19} + 20 = 35°$

65 흙의 포화단위중량이 20kN/m³인 포화점토층을 45°경사로 8m를 굴착하였다. 흙의 강도정수 C_u =65kN/m², ϕ=0°이다. 그림과 같은 파괴면에 대하여 사면의 안전율은? (단, ABCD의 면적은 70m²이고 O점에서 ABCD의 무게중심까지의 수직거리는 4.5m이다.)

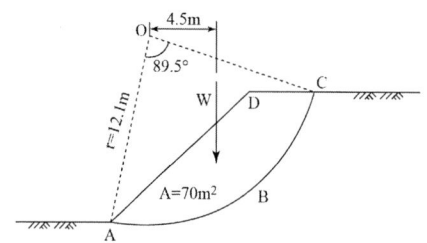

① 4.72 ② 4.21
③ 2.67 ④ 2.36

해설

안전율

$Fs = \dfrac{M_r}{M_d} = \dfrac{c_u \cdot L_a \cdot r}{W \cdot d}$ 여기서

1) $M_r = c_u \cdot L_a \cdot r$ 에서
   · $c_u = 65\,kN/m^2$
   · $360 : \pi D = 89.5 : L_a$, $L_a = 18.9m$
   · 반경 $r = 12.1m$
   $M_r = c_u \cdot L_a \cdot r = 65 \times 18.9 \times 12.1 = 14,865\,t \cdot m$

2) $M_D = A \cdot \gamma \times e = 70 \times 20 \times 4.5 = 6,300\,t \cdot m$

∴ $Fs = \dfrac{M_r}{M_d} = \dfrac{c_u \cdot L_a \cdot r}{W \cdot d} = \dfrac{14865}{6300} = 2.36$

66 아래와 같은 조건에서 AASHTO분류법에 따른 군지수(GI)는?

- 흙의 액성한계 : 45%
- 흙의 소성한계 : 25%
- 200번체 통과율 : 50%

① 7 ② 10
③ 13 ④ 16

해설

군지수 : $GI = 0.2a + 0.005ac + 0.01bd$

여기서, a=50-35=15
   b=50-15=35
   c=45-40=5(LL-40)
   d=20-10=10(PI-10)

GI=0.2×15+0.005×15×5+0.01×35×10
 =6.8
 =7(정수처리)

67 점토층 지반위에 성토를 급속히 하려한다. 성토 직후에 있어서 이 점토의 안정성을 검토하는데 필요한 강도정수를 구하는 합리적인 시험은?

① 비압밀 비배수시험(UU-test)   ② 압밀 비배수시험(CU-test)
③ 압밀 배수시험(CD-test)   ④ 투수시험

해설

점토지반 비압밀 상태 및 급속성토로 인한 비배수 상태 조건에 해당된다. 따라서 UU시험으로 실내에서 시험을 할 수 있다.

68 점토 지반에 있어서 강성 기초의 접지압 분포에 대한 설명으로 옳은 것은?

① 접지압은 어느 부분이나 동일하다.
② 접지압은 토질에 관계없이 일정하다.
③ 기초의 모서리 부분에서 접지압이 최대가 된다.
④ 기초의 중앙 부분에서 접지압이 최대가 된다.

해설

이론적인 침하와 접지압 분포
① 연성기초(휨성기초, 탄성기초)

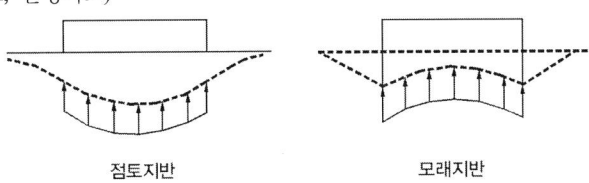

점토지반   모래지반

1) 연성기초는 기초가 유연하여 접지압이 균등하게 작용함
2) 점토지반 접시처럼 오목하게 발생되며, 모래지반은 중앙부 보다 모서리쪽 침하가 크게 발생된다.

② 강성기초의 접지압 분포

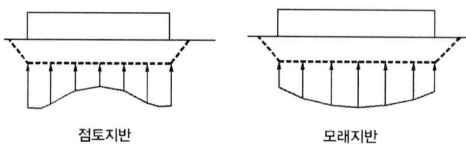

점토지반   모래지반

1) 기초가 강성이므로 균등침하가 발생된다.
2) 점토지반에서는 모서리쪽 접지압이 커지고 중앙부 접지압이 줄어든다.
3) 모래지반에서는 모서리쪽 접지압이 작고 중앙부 접지압이 커진다.

69 흙의 다짐곡선은 흙의 종류나 입도 및 다짐에너지 등의 영향으로 변한다. 흙의 다짐 특성에 대한 설명으로 틀린 것은?

① 세립토가 많을수록 최적함수비는 증가한다.
② 점토질 흙은 최대건조단위중량이 작고 사질토는 크다.
③ 일반적으로 최대건조단위중량이 큰 흙일수록 최적함수비도 커진다.
④ 점성토는 건조측에서 물을 많이 흡수하므로 팽창이 크고 습윤측에서는 팽창이 작다.

해설
일반적으로 최대건조단위중량이 큰 흙일수록 최적함수비도 작아진다.

70 그림과 같은 지반에 대해 수직방향 등가투수계수를 구하면?

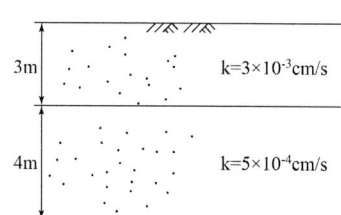

① 3.89×10^{-4} cm/s
② 7.78×10^{-4} cm/s
③ 1.57×10^{-3} cm/s
④ 3.14×10^{-3} cm/s

해설
$$K_v = \frac{H}{\frac{h_1}{K_{v1}} + \frac{h_2}{K_{v2}}} = \frac{300+400}{\frac{300}{3\times 10^{-3}} + \frac{400}{5\times 10^{-4}}}$$
$$= 7.78 \times 10^{-4} cm/\sec$$

71 통일분류법에 의한 분류기호와 흙의 성질을 표현한 것으로 틀린 것은?

① SM : 실트 섞인 모래
② GC : 점토 섞인 자갈
③ CL : 소성이 큰 무기질 점토
④ GP : 입도분포가 불량한 자갈

해설
CL : 저압축성 점토

72 다음 중 연약점토지반 개량공법이 아닌 것은?

① 프리로딩(Pre-loading) 공법
② 샌드 드레인(Sand drain) 공법
③ 페이퍼 드레인(Paper drain) 공법
④ 바이브로 플로테이션(Vibro flotation) 공법

해설
바이브로 플로테이션(Vibro flotation) 공법은 사질토 지반개량 공법에 해당된다.

73 다음 중 동상에 대한 대책으로 틀린 것은?

① 모관수의 상승을 차단한다.
② 지표부근에 단열재료를 매립한다.
③ 배수구를 설치하여 지하수위를 낮춘다.
④ 동결심도 상부의 흙을 실트질 흙으로 치환한다.

해설
동결심도 상부의 흙을 실트질 흙으로 치환하는 경우 모관수 상승이 커져서 동상의 발생 가능성이 높아진다.

74 현장에서 채취한 흙 시료에 대하여 아래 조건과 같이 압밀시험을 실시하였다. 이 시료에 320kPa의 압밀압력을 가했을 때, 0.2cm의 최종 압밀침하가 발생되었다면 압밀이 완료된 후 시료의 간극비는? (단, 물의 단위중량은 9.81kN/m³이다.)

- 시료의 단면적(A) : 30cm²
- 시료의 초기 높이(H) : 2.6cm
- 시료의 비중(G_s) : 2.5
- 시료의 건조중량(W_s) : 1.18N

① 0.125
② 0.385
③ 0.500
④ 0.625

해설
$H : 1+e_0 = \triangle H : e_0 - e_1$ 에서

$\triangle H = \dfrac{e_0 - e_1}{1+e_0} \cdot H$ 가 되고 여기서

초기 간극비 (e_0)

$e_0 = \dfrac{\gamma_w}{\gamma_d} \cdot G_s - 1$ 식에서

$\gamma_d = \dfrac{W_s}{V} = \dfrac{1.18N}{78cm^3} = \dfrac{1.18 \times 10^{-3} kN}{78 \times 10^{-6} m^3} = 15.13 kN/m^3$

여기서, $V = A \times H = 30 \times 2.6 = 78 cm^3$

$e_0 = \dfrac{9.81}{15.13} \times 2.5 - 1 = 0.621$

상기식 $\triangle H = \dfrac{e_0 - e_1}{1 + e_0} \cdot H$ 식에서

$0.2 = \dfrac{0.621 - e_1}{1 + 0.621} \times 2.6$, $e_1 = \dfrac{(1.615 - 0.324)}{2.6} = 0.5$

75 일반적인 기초의 필요조건으로 틀린 것은?

① 침하를 허용해서는 안 된다.
② 지지력에 대해 안정해야 한다.
③ 사용성, 경제성이 좋아야 한다.
④ 동해를 받지 않는 최소한의 근입깊이를 가져야 한다.

해설
침하는 허용침하 이내에 들어와야 한다.

76 노상토 지지력비(CBR)시험에서 피스톤 2.5mm 관입될 때와 5.0mm 관입될 때를 비교한 결과, 관입량 5.0mm에서 CBR이 더 큰 경우 CBR 값을 결정하는 방법으로 옳은 것은?

① 그대로 관입량 5.0mm일 때의 CBR 값으로 한다.
② 2.5mm 값과 5.0mm 값의 평균을 CR 값으로 한다.
③ 5.0mm 값을 무시하고 2.5mm 값을 표준으로 하여 CBR 값으로 한다.
④ 새로운 공시체로 재시험을 하며, 재시험 결과도 5.0mm 값이 크게 나오면 관입량 5.0mm일 때의 CBR값으로 한다.

해설
CBR의 결정
1) CBR5.0 < CBR2.5의 경우 CBR2.5 을 CBR값으로 한다.
2) CBR5.0 ≥ CBR2.5 로 재시험에서도 결과가 동일하게 나오는 경우는 CBR5.0을 CBR값으로 결정한다.

77 단면적이 100cm², 길이가 30cm인 모래 시료에 대하여 정수두 투수시험을 실시하였다. 이때 수두차가 50cm, 5분 동안 집수된 물이 350cm³이었다면 이 시료의 투수계수는?

① 0.001cm/s   ② 0.007cm/s
③ 0.01cm/s   ④ 0.07cm/s

해설
시료의 투수계수
$k = \dfrac{Q_t \cdot L}{A \cdot h \cdot t} = \dfrac{350 \times 30}{100 \times 50 \times 5 \times 60}$
$= 0.007 cm/\sec$

78 다음 중 사운딩 시험이 아닌 것은?
① 표준관입시험   ② 평판재하시험
③ 콘 관입시험   ④ 베인 시험

해설
사운딩(Sounding)이란 지중에 저항체를 삽입하여 토층의 성상을 파악하는 현장시험이다

79 흙 속에 있는 한 점의 최대 및 최소 주응력이 각각 200kN/m² 및 100kN/m²일 때 최대 주응력면과 30°를 이루는 평면상의 전단응력을 구한 값은?
① 10.5kN/m²   ② 21.5kN/m²
③ 32.3kN/m²   ④ 43.3kN/m²

해설
평면상의 전단응력
$\tau = \dfrac{\sigma_1 - \sigma_3}{2} \sin 2\theta = (\dfrac{200-100}{2}) \times \sin(2 \times 30)$
$= 43.3 kN/m^2$

80 그림과 같은 지반에서 재하순간 수주(水柱)가 지표면으로부터 5m이었다. 20% 압밀이 일어난 후 지표면으로부터 수주의 높이는? (단, 물의 단위중량은 9.81kN/m³이다.)

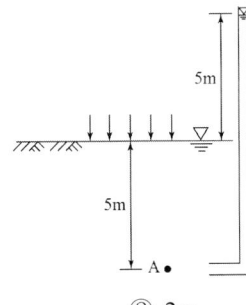

① 1m   ② 2m
③ 3m   ④ 4m

해설
지표면으로부터 수주의 높이
$5 - (5 \times 0.2) = 4m$

2021 기출문제 제4회 건설재료시험기사

제1과목 콘크리트공학

01 콘크리트의 워커빌리티에 영향을 미치는 요인에 대한 설명으로 틀린 것은?
① 포졸란 혼화재를 사용하면 콘크리트의 점성을 개선하는 효과가 있어 워커빌리티가 좋아진다.
② 일반적으로 단위시멘트 사용량이 많은 부배합의 경우는 빈배합의 경우보다 워커빌리티는 좋아진다.
③ 골재의 입도분포가 양호하고 입형이 둥글면 워커빌리티는 좋아진다.
④ 같은 배합의 경우라도 온도가 높으면 워커빌리티는 좋아진다.

해설
같은 배합의 경우라도 온도가 높으면 워커빌리티가 나빠진다.

02 고강도 콘크리트에 대한 일반적인 설명으로 틀린 것은?
① 단위 시멘트량은 소요의 워커빌리티 및 강도를 얻을 수 있는 범위 내에서 가능한 한 적게 되도록 시험에 의해 정하여야 한다.
② 잔골재율은 소요의 워커빌리티를 얻도록 시험에 의하여 결정하여야 하며, 가능한 작게 하도록 한다.
③ 고강도 콘크리트의 설계기준압축강도는 보통콘크리트에서 40MPa 이상, 경량골재 콘크리트는 27MPa 이상으로 한다.
④ 고강도 콘크리트의 워커빌리티 확보를 위해 공기연행제를 사용함을 원칙으로 한다.

해설
고강도 콘크리트
기상의 변화가 심하거나 동결융해에 대한 대책이 필요한 경우를 제외하고 공기연행제를 사용하지 않는 것을 원칙으로 한다.

정답 01 ④ 02 ④

03 콘크리트를 제조할 때 재료의 계량에 대한 설명으로 틀린 것은?
① 계량은 시방 배합에 의해 실시하여야 한다.
② 유효 흡수율의 시험에서 골재에 흡수시키는 시간은 실용상으로 보통 15~30분간의 흡수율을 유효 흡수율로 보아도 좋다.
③ 골재의 경우 1회 계량분의 계량 허용오차는 ±3%이다.
④ 혼화재의 경우 1회 계량분의 계량 허용오차는 ±2%이다.

> 해설
계량은 현장 배합에 의해 실시하여야 한다.

04 프리스트레스트 콘크리트에 대한 설명으로 틀린 것은?
① 긴장재에 긴장을 주는 시기에 따라서 포스트텐션방식과 프리텐션방식으로 분류된다.
② 프리텐션방식에 있어서 프리스트레싱할 때의 콘크리트의 압축강도는 20MPa이상이어야 한다.
③ 프리스트레싱을 할 때의 콘크리트의 압축강도는 프리스트레스를 준 직후에 콘크리트에 일어나는 최대 압축 응력의 1.7배 이상이어야 한다.
④ 그라우트 시공은 프리스트레싱이 끝나고 8시간이 경과한 다음 가능한 한 빨리 하여야 한다.

> 해설
프리텐션방식에 있어서 프리스트레싱할 때의 콘크리트의 압축강도는 30MPa이상이어야 한다.

05 경량골재 콘크리트에서 경량골재의 유해물 함유량의 한도로 틀린 것은?
① 경량골재의 강열감량은 5% 이하이어야 한다.
② 경량골재의 점토 덩어리 양은 2%이하이어야 한다.
③ 경량골재의 철 오염물 시험 결과, 진한얼룩이 생기지 않아야 한다.
④ 경량골재 중 굵은 골재의 부립률은 15%이하이어야 한다.

> 해설
굵은골재의 부립률은 공사 시작 전, 공사중 1회/월, 부립률 상한값 10%로 관리
부립률 : 경량골재 중 물에 뜨는 입자의 질량백분율

06 골재의 내구성 시험 중 황산나트륨에 의한 안정성 시험의 경우 조작을 5회 반복하였을 때 굵은 골재의 손실질량은 최대 얼마 이하를 표준으로 하는가?
① 4% ② 7%
③ 12% ④ 15%

> 해설
골재의 안정성 시험
1) 골재의 안정성 시험은 골재의 내구성을 알기위해 황산나트륨 용액으로 골재의 부서짐 작용에 대한 저항성을 확인하는 시험이다.
2) 5회 시험했을 때 손실 질량 백분율

시험 용액	손실 질량비(%)	
	잔골재	굵은골재
황산나트륨	10이하	12이하

07 콘크리트의 압축강도(f_{cu})를 시험하여 거푸집널의 해체시기를 결정하고자 한다. 아래와 같은 조건일 경우 콘크리트의 압축강도(f_{cu})가 얼마 이상인 경우 거푸집널을 해체할 수 있는가?

- 부재 : 슬래브 및 보의 밑면(단층구조)
- 설계기준압축강도(f_{ck}) : 30MPa

① 5MPa　　② 10MPa
③ 13MPa　　④ 20MPa

해설

거푸집 널 해체시기

부재	콘크리트 압축강도(f_{cu})
확대기초, 보 옆, 기둥 등의 측벽	5MPa 이상
슬래브 및 보의 밑면, 아치 내면	설계기준압축강도의 $\frac{2}{3}$배 이상, 또한 최소 14MPa 이상

1) $f_{ck} \times \frac{2}{3} = 30 \times \frac{2}{3} = 20 MPa$
2) 슬래브 밑변 최소 압축강도=14MPa
∴ 콘크리트 압축강도 : 20MPa

08 내부진동기의 사용 방법으로 틀린 것은?
① 내부진동기를 하층의 콘크리트 속으로 0.1m정도 찔러 넣는다.
② 내부진동기는 연직으로 찔러 넣으며 삽입간격은 일반적으로 1.0m 이상으로 한다.
③ 내부진동기의 1개소당 진동 시간은 다짐할 때 시멘트풀이 표면 상부로 약간 부상하기 까지가 적절하다.
④ 내부진동기는 콘크리트로부터 천천히 빼내어 구멍이 남지 않도록 한다.

해설

내부진동기는 연직으로 찔러 넣으며, 삽입간격을 일반적으로 0.5m 이하로 하는 것이 좋다.

09 해양 콘크리트에 대한 설명으로 틀린 것은?
① 육상구조물 중에 해풍의 영향을 많이 받는 구조물도 해양 콘크리트로 취급하여야 한다.
② 해수는 알칼리골재반응의 반응성을 촉진하는 경우가 있으므로 충분한 검토를 하여야 한다.
③ 단위결합재량을 작게 하면 균등질의 밀실한 콘크리트를 얻을 수 있고, 각종 염류의 화학적 침식에 대한 저항성이 커진다.
④ 해수작용에 대한 저항성 향상을 위하여 고로슬래그 시멘트, 플라이 애시 시멘트 등을 사용할 수 있다.

해설
단위결합재량을 크게 하면 균등질의 밀실한 콘크리트를 얻을 수 있고, 각종 염류의 화학적 침식에 대한 저항성이 커진다.

10 일반콘크리트의 배합에서 물-결합재비에 대한 설명으로 틀린 것은?
① 콘크리트의 물-결합재비는 원칙적으로 60%이하이어야 한다.
② 물-결합재비는 소요의 강도, 내구성, 수밀성 및 균열저항성 등을 고려하여 정하여야 한다.
③ 압축강도와 물-결합재비와의 관계는 시험에 의하여 정하는 것을 원칙으로 하고, 이때 공시체는 재령 7일을 표준으로 한다.
④ 배합에 사용할 물-결합재비는 기준 재령의 결합재-물비와 압축강도와의 관계식에서 배합강도에 해당하는 결합재-물비 값의 역수로 한다.

해설
콘크리트의 압축강도를 기준으로 물-결합재비를 정하는 경우, 압축강도와 물-결합재비와의 관계는 시험에 의하여 정하는 것을 원칙으로 하며, 이 때 공시체는 재령 28일을 기준으로 한다.

11 콘크리트의 설계기준압축강도(f_{ck})가 20MPa 인 콘크리트의 탄성계수는?(단, 보통중량골재를 사용한 콘크리트로 단위질량이 2300kg/m³인 경우이다.)
① 1.58×10^4 MPa
② 2.45×10^4 MPa
③ 3.85×10^4 MPa
④ 4.45×10^4 MPa

해설
콘크리트 탄성계수
$E_c = 0.077 m_c^{1.5} \cdot \sqrt[3]{f_{cu}}$
$= 0.077 \times 2300^{1.5} \times \sqrt[3]{24}$
$= 2.45 \times 10^4 MPa$
여기서, $f_{cu} = f_{ck} + \triangle f = 20 + 4 = 24$

12 150×150×550mm의 휨강도 시험용 장방형 공시체를 4점 재하 장치에 의해 시험한 결과 지간 방향 중심선의 4점 사이에서 재하하중(P)이 30kN일 때 공시체가 파괴되었다. 공시체의 휨강도는 얼마인가? (단, 지간 길이는 450mm이다.)

① 4MPa
② 4.5MPa
③ 5MPa
④ 5.5MPa

해설

공시체의 휨강도
$$f_b = \frac{P \cdot \ell}{bd^2} = \frac{30,000 \times 450}{150 \times 150^2} = 4MPa$$

13 굳지 않은 콘크리트의 슬럼프(slump) 및 슬럼프시험에 대한 설명으로 틀린 것은?

① 슬럼프콘의 규격은 밑면의 안지름은 200mm, 윗면의 안지름은 100mm, 높이는 300mm이다.
② 슬럼프콘에 콘크리트를 채우기 시작하고나서 슬럼프콘을 들어 올리기를 종료할 때까지의 시간은 3분 이내로 한다.
③ 굵은 골재의 최대 치수가 30mm를 넘는 콘크리트의 경우에는 30mm가 넘는 굵은골재를 제거한다.
④ 슬럼프콘을 가만히 연직으로 들어 올리고, 콘크리트의 중앙부에서 공시체 높이와의 차를 5mm 단위로 측정하여 이것을 슬럼프 값으로 한다.

해설

굵은 골재의 최대 치수가 40mm를 넘는 콘크리트의 경우에는 40mm가 넘는 굵은 골재를 제거한다.

14 품질기준강도가 28MPa 이고, 15회의 압축강도 시험으로부터 구한 표준편차가 3.0MPa일 때 콘크리트의 배합강도를 구하면?

① 29.32MPa
② 32.12MPa
③ 32.66MPa
④ 36.52MPa

해설

1) 15회일 때 표준편차 보정계수
   1.16
2) 직선보간한 수정 표준편차
   $s = 3 \times 1.16 = 3.48 MPa$
3) 배합강도($f_{ck} \leq 35 MPa$)
   $f_{cr} = f_{ck} + 1.34s$
   $= 28 + 1.34 \times 3.48 = 32.66 MPa$
   $f_{cr} = (f_{ck} - 3.5) + 2.33s$
   $= (28 - 3.5) + 2.33 \times 3.48$
   $= 32.61 MPa$
두 값 중 큰 값이 배합강도이므로
∴ $f_{cr} = 32.66 MPa$

15 한중 콘크리트에 대한 설명으로 틀린 것은?
　① 하루의 평균기온이 10℃ 이하가 예상되는 조건일 때는 한중 콘크리트로 시공하여야 한다.
　② 한중 콘크리트에는 공기연행콘크리트를 사용하는 것을 원칙으로 한다.
　③ 재료를 가열할 경우 시멘트는 어떠한 경우라도 직접 가열할 수 없다.
　④ 기상조건이 가혹한 경우나 부재두께가 얇을 경우에는 타설할 때의 콘크리트의 최저 온도는 10℃ 정도를 확보하여야 한다.

해설
하루의 평균기온이 4℃ 이하가 예상되는 조건일 때는 한중 콘크리트로 시공하여야 한다.

16 일반콘크리트 배합에서 잔골재율에 대한 설명으로 틀린 것은?
　① 고성능AE감수제를 사용한 콘크리트의 경우로서 물-결합재비 및 슬럼프가 같으면, 일반적인 공기연행감수제를 사용한 콘크리트와 비교하여 잔골재율을 10~20%정도 작게 하는 것이 좋다.
　② 콘크리트 펌프시공의 경우에는 펌프의 성능, 배관, 압송거리 등에 따라 적절한 잔골재율을 결정하여야 한다.
　③ 유동화 콘크리트의 경우, 유동화 후 콘크리트의 워커빌리티를 고려하여 잔골재율을 결정할 필요가 있다.
　④ 잔골재율은 소요의 워커빌리티를 얻을 수 있는 범위 내에서 단위수량이 최소가 되도록 시험에 의해 정하여야 한다.

해설
고성능 공기연행 감수제를 사용한 콘크리트의 경우로서 물-결합재비 및 슬럼프가 같으면 일반적인 공기연행 감수제를 사용한 콘크리트와 비교하여 잔골재율을 1~2% 크게 하는 것이 좋다.

17 오토클레이브(Autoclave) 양생에 대한 설명으로 틀린 것은?
　① 양생온도 약 180℃ 정도, 증기압 약 0.8MPa정도의 고온고압 상태에서 양생하는 방법이다.
　② 오토클레이브 양생을 실시한 콘크리트의 외관은 보통 양생한 포틀랜드시멘트 콘크리트 색의 특징과 다르며, 흰색을 띤다.
　③ 오토클레이브 양생을 실시한 콘크리트는 어느 정도의 취성을 가지게 된다.
　④ 오토클레이브 양생은 고강도 콘크리트를 얻을 수 있어 철근콘크리트 부재에 적용할 경우 특히 유리하다.

해설
고압증기 양생은 보통 양생한 것에 비해 철근의 부착강도가 약 $\frac{1}{2}$로 줄어들어 철근 콘크리트 부재에 적용하는 것은 바람직하지 못하다.

정답　15 ① 16 ① 17 ④

18 프리스트레스트 콘크리트의 원리를 설명하는 3가지 개념에 속하지 않는 것은?

① 내력 모멘트의 개념　　② 모멘트 분배의 개념
③ 균등질 보의 개념　　　④ 하중평형의 개념

해설
P.S.C의 기본개념
1) 응력개념(균질보의 개념)
2) 강도개념(내력 모멘트 개념)
3) 하중평형개념(등가하중개념)

19 페놀프탈레인 1% 에탄올 용액을 구조체 콘크리트 또는 코어공시체에 분무하여 측정할 수 있는 것은?

① 균열 폭과 깊이　　　② 철근의 부식정도
③ 콘크리트의 투수성　　④ 콘크리트의 탄산화 깊이

해설
페놀프탈레인 용액 1% 알콜용액으로 코어 공시체로부터 콘크리트 중성화(탄산화) 깊이를 파악할 수 있다.

20 수중 콘크리트에 대한 설명으로 틀린 것은?

① 수중 콘크리트는 물막이를 설치하여 물을 정지시킨 정수 중에서 타설하여야 한다.
② 수중 콘크리트는 트레미나 콘크리트 펌프를 사용해서 타설하여야 한다.
③ 일반 수중 콘크리트의 물-결합재비는 60%이하를 표준으로 한다.
④ 수중 콘크리트는 콘크리트가 경화될 때까지 물의 유동을 방지해야 한다.

해설
일반 수중 콘크리트의 물-결합재비는 50%이하를 표준으로 한다.

제2과목 건설시공 및 관리

21 작업거리가 60m인 불도저 작업에 있어서 전진속도 40m/min 후진속도 50m/min 기어조작시간 15초일 때 사이클 타임은?

① 2.7min　　　　② 2.95min
③ 17.7min　　　④ 19.35min

해설
$$C_m = \frac{l}{V_1} + \frac{l}{V_2} + t_g$$
$$= \frac{60}{40} + \frac{60}{50} + \frac{15}{60} = 2.95 \text{min}$$

22 3점 견적법에 따른 적정 공사일수는? (단, 낙관일수=5일, 정상일수=7일, 비관일수=15일)

① 6일　　　　　　　　② 7일
③ 8일　　　　　　　　④ 9일

해설

$$t_e = \frac{t_o + 4t_m + t_p}{6} = \frac{5 + 4 \times 7 + 15}{6} = 8일$$

여기서, t_o : 낙관 작업일수
　　　　t_m : 정상 작업일수
　　　　t_p : 비관 작업일수

23 AASHTO(1986) 설계법에 의해 아스팔트 포장의 설계 시 두께지수(SN, Structure Number) 결정에 이용되지 않는 것은?

① 각 층의 두께　　　　　　② 각 층의 배수계수
③ 각 층의 침입도지수　　　④ 각 층의 상대강도계수

해설

각층의 침입도 지수는 두께지수(SN, Structure Number)와 관계가 없다.

24 오픈케이슨 공법의 장점에 대한 설명으로 틀린 것은?

① 공사비가 비교적 싸다.
② 기계굴착이므로 시공이 빠르다.
③ 가설비 및 기계설비가 비교적 간단하다.
④ 호박돌 및 기타 장애물이 있을시 제거작업이 쉽다.

해설

뉴메틱 케이슨 기초(Pneumatic Caisson)
1) 오픈케이슨 보다 침하속도가 빠르고 장애물 제거가 용이하다.
2) 일반적인 굴착깊이는 30~40m로 제한되어 있다.

25 콘크리트 포장 이음부의 시공과 관계가 가장 적은 것은?

① 타이바(tie bar)　　　　　② 프라이머(primer)
③ 슬립폼(slip form)　　　　④ 다우월바(dowel bar)

해설

프라이머(primer)
아스팔트 포장의 보조기층 위에 살포되는 역청재료로 기층과의 부착성 및 방수를 목적으로 사용

정답　22 ③　23 ③　24 ④　25 ②

26 암거의 배열방식 중 여러 개의 흡수거를 1개의 간선 집수거 또는 집수지거로 합류시키게 배치한 방식은?

① 차단식
② 자연식
③ 빗식
④ 사이펀식

해설
빗 식
집수 지거를 향하여 지형의 경사가 완만하고 같은 습윤상태인 곳에 적합한 배열방식으로, 1개의 간선 집수지 또는 집수지거로 되도록 많은 흡수거를 합류하도록 만든 배열방식

27 성토에 사용되는 흙의 조건으로 틀린 것은?

① 취급하기 쉬어야 한다.
② 충분한 전단강도를 가져야 한다.
③ 도로성토에서는 투수성이 양호해야 한다.
④ 가급적 점토성분을 많이 포함하고 자갈 및 왕모래 등은 적어야 한다.

해설
성토용재료의 구비조건
1) 공학적으로 안정된 재료
2) 전단강도(지지력)가 큰 재료
3) 투수성이 큰 재료
4) 압축성이 적은 재료

28 연약 점토지반에 시트 파일을 박고 내부를 굴착하였을 때 외부의 흙 무게에 의해 굴착 저면이 부풀어 오르는 현상을 무엇이라 하는가?

① 히빙(Heaving)
② 보일링(Boiling)
③ 파이핑(Piping)
④ 슬라이딩(Sliding)

해설
Heaving 현상
연약한 점토를 굴착할 때 흙막이 배면의 토괴중량이 굴착저면 하단의 지반 지지력보다 크게 되어 지반내의 흙이 전단활동 되면서 굴착 저면이 부풀어 오르는 현상

29 보강토 옹벽에 대한 설명으로 틀린 것은?
① 옹벽시공 현장에서의 콘크리트 타설 작업이 필요 없다.
② 전면판과 보강재가 제품화 되어 있어 시공속도가 빠르다.
③ 지진 위험지역에서는 기존의 옹벽에 비하여 안정적이지 못하다.
④ 전면판과 보강재의 연결 및 보강재와 흙 사이의 마찰에 의하여 토압을 지지한다.

해설

보강토 옹벽
1) 보강토 옹벽은 흙과 그 속에 매설한 인장강도가 큰 보강재를 마찰력에 의해 일체화 시킴으로서 자중이나 외력에 대하여 저항성 증가시킨 구조체이다.
2) 프리캐스트 제품으로 공기단축 및 용지 폭이 적게 들어 경제적이며, 진동, 소음 등의 건설공해가 적으며, 기초지반에 대한 부등침하의 영향이 비교적 적은 공법

30 발파에 의한 터널공사 시공 중 발파진동 저감 대책으로 틀린 것은?
① 동시 발파
② 정밀한 천공
③ 장약량 조절
④ 방진공(무장약공) 수행

해설

발파시 동시발파는 발파소음 및 진동이 크게된다.

31 36,000m³(완성된 토량)의 흙 쌓기를 하는데 유용토가 30,000m³(느슨한 토량=운반토량)이 있다. 이때 부족한 토량은 본바닥 토량으로 얼마인가? (단, 흙의 종류는 사질토이고, 토량의 변화율은 L=1.25, C=0.9 이다.)
① 18,000m³
② 16,000m³
③ 13,800m³
④ 7,800m³

해설

1) 본바닥토량 = $36,000 \times \frac{1}{0.9} = 40,000$

2) 본바닥토량 = $30,000 \times \frac{1}{1.25} = 24,000$

∴ 부족토량 = $40,000 - 24,000 = 16,000 m^3$

32 부벽식 옹벽에 대한 설명으로 틀린 것은?

① 토압을 받지 않는 쪽에 부벽부재를 가지는 것을 뒷부벽식 옹벽이라고 한다.
② 뒷부벽은 T형보로 설계하여야 하며, 앞부벽은 직사각형보로 설계하여야 한다.
③ 토압에 저항하는 앞면 수직벽과 이와 직교하는 밑판 및 수직부벽으로 이루어지고 있다.
④ 밑판은 부벽을 지점으로 하는 연속판으로서 윗부분의 토사중량과 지점반력과의 차이로서 설계하게 된다.

해설
토압을 받지 않는 쪽에 부벽부재를 가지는 것을 앞부벽식 옹벽이라고 한다.

33 현장에서 타설하는 피어공법 중 시공 시 케이싱튜브를 인발할 때 철근이 따라 올라오는 공상(共上)현상이 일어나는 단점이 있는 공법은?

① 시카고 공법
② 돗바늘 공법
③ 베노토 공법
④ RCD(Reverse Circulation Drill)공법

해설
베노토 공법
케이싱을 사용하는 공법은 베노토공법이며, 케이싱을 뽑을 때 수직도가 맞지 않으면 케이싱에 의하여 철근망이 따라 올라오는 공상현상이 발생될 수 있다.

34 1회 굴착토량이 3.2m³, 토량 환산계수가 0.77, 불도저의 작업효율이 0.6, 사이클 타임이 2.5분, 1일 작업시간(불도저)이 7시간, 1개월에 22일 작업한다면 이 공사는 몇 개월 소요되겠는가? (단, 성토량은 20,000m³이고, 불도저 1대로 작업하는 경우이다.)

① 약 3.7개월
② 약 4.2개월
③ 약 5.6개월
④ 약 6개월

해설

1) 공사의 소요개월 = $\dfrac{성토량}{불도저\,1개월\,작업량}$

2) 불도저 시간당 작업량 = $\dfrac{60 \cdot q \cdot f \cdot E}{Cm} = \dfrac{60 \times 3.2 \times 0.77 \times 0.6}{2.5} = 35.48 m^3/hr$

3) 불도저 1개월 작업량
$35.48 \times 7 \times 22 = 5,464 m^3/월$

∴ 공사 소요개월 = $\dfrac{20,000}{5,464} = 3.7개월$

35 항만의 방파제를 크게 경사제, 직립제, 혼성제, 특수방파제로 나눌 경우 각 방파제에 대한 설명으로 옳은 것은?

① 경사제는 주로 수심이 깊은 곳 및 파고가 높은 곳에 적용되며, 공사비와 유지보수비가 다른 형식의 방파제와 비교하여 가장 저렴하다.
② 직립제는 연약지반에 가장 적합한 형식으로서 파랑을 전부 반시키킴으로 인해 전면해저의 세굴 염려가 없다.
③ 혼성제는 사석부를 기초로 하고 그 위에 직립부의 본체를 설치하는 형식으로 경사제와 직립제의 장점을 고려한 것이다.
④ 특수방파제는 항구 내가 안전하도록 하기 위해 파도가 방파제를 절대 넘지 않도록 설계하여야 한다.

해설

보통 방파제의 종류
1) 경사제
 · 경사제는 방파제 중에서 가장 원시적이고 전통적으로 가장 많이 사용해 온 양식제
 · 경사제는 수심이 얕고 파고가 비교적 작은 소규모의 어항에 주로 축조된다.
 · 파고가 높은 곳에서는 피해 빈도수가 많아지고, 유지보수비가 많이든다.
2) 직립제
 · 전면을 연직으로 구조물을 만들어 파도를 몸체로 반사시키는 것을 목적으로하고 있어 반사식 방파제
 · 직립제는 지반이 견고하여 파에 의하여 세굴될 염려가 거의 없는 경우에 적용
3) 혼성제
 · 사석부는 경사제 형식을 취하고 본체는 직립제 형식을 혼용한 형식으로 혼성제는 방파제 공사에서 가장 많이 사용
 · 제체 전체가 일체로 되어 파력에 강하다.
 · 수심이 깊은 곳에 건설할 수 있다.
4) 특수방파제
 · 특수방파제는 방파제의 기존 기능은 물론 항내의 해수 통수 및 예기치 못한 자연재해에 효과적 대비하기 위해 설치

36 토적곡선(Mass curve)에 대한 설명으로 틀린 것은?

① 곡선의 저점 및 정점은 각각 성토에서 절토, 절토에서 성토의 변이점이다.
② 동일 단면 내의 절토량과 성토량을 토적곡선에서 구한다.
③ 토적곡선을 작성하려면 먼저 토량 계산서를 작성하여야 한다.
④ 절토에서 성토까지의 평균 운반거리는 절토와 성토의 중심 간의 거리로 표시된다.

해설

토적곡선에서 절토량, 성토량은 토적곡선에서 구할 수 없다(횡방향 토량 배제)

[참고] 유토곡선의 성질

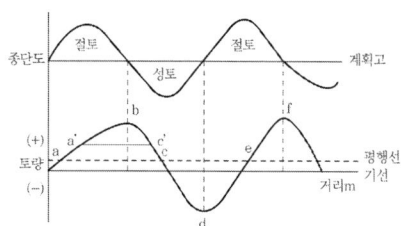

1) 유토곡선에서 상향구간(a~b, d~f)은 절토, 하향구간(b~d)은 성토
2) 절토에서 성토의 경계점은 극대점 성토에서 절토의 경계점은 극소점
3) 기선(기본선)에 평행한 임의직선을 그어 곡선과의 교점을 절토와 성토가 평형되게 하는선을 평행선
4) 평균운반거리 : a~c 구간의 평균운반거리는 a' c'
5) 토적곡선이 기선 위에서 끝나면 토량이 남는것을 뜻하고, 반대이면 토량이 부족하다는 뜻.

37 콘크리트 압축강도 시험에 있어서 10개의 공시체를 측정한 결과, 평균치는 18MPa, 표준편차는 1MPa일 때의 변동계수는?

① 3.46% ② 5.56%
③ 8.21% ④ 11.11%

해설

변동계수(V) = $\dfrac{S}{\bar{x}} \times 100 = \dfrac{1}{18} \times 100$
= 5.56%

38 암석의 발파이론에서 Hauser의 발파 기본식은? (단, L=폭약량, C=발파계수, W=최소저항선)

① $L = C \cdot W$ ② $L = C \cdot W^2$
③ $L = C \cdot W^3$ ④ $L = C \cdot W^4$

해설

Hauser의 발파식
$L = C \cdot W^3$

39 버킷의 용량이 0.6m³, 버킷계수가 0.9, 토량변화율(L)=1.25, 작업효율이 0.7, 사이클 타임이 25초인 파워 셔블의 시간당 작업량은?

① 68.0m³/h
② 61.2m³/h
③ 54.4m³/h
④ 43.5m³/h

해설

시간당 작업량

$Q = \dfrac{3,600 \cdot q \cdot k \cdot f \cdot E}{C_m}$

$= \dfrac{3,600 \times 0.6 \times 0.9 \times \dfrac{1}{1.25} \times 0.7}{25}$

$= 43.55 m^3/hr$

40 교량의 구조는 상부구조와 하부구조로 나누어진다. 다음 중 상부구조가 아닌 것은?

① 교대(abutment)
② 브레이싱(bracing)
③ 바닥판(bridge deck)
④ 바닥틀(floor system)

해설

교량하부구조의 구성
1) 교 대
2) 교 각
3) 구 체
4) 날개벽
5) 기 초

제3과목 건설재료 및 시험

41 건설재료용 석재에 대한 설명으로 틀린 것은?

① 대리석은 강도는 매우 크지만 내구성이 약하며, 풍화하기 쉬우므로 실외에 사용하는 경우는 드물고, 실내장식용으로 많이 사용된다.
② 석회암은 석회물질이 침전·응고한 것으로서 용도는 석회, 시멘트, 비료 등의 원료 및 제철시의 용매제 등에 사용된다.
③ 혈암(頁岩)은 점토가 불완전하게 응고된 것으로서, 색조는 흑색, 적갈색 및 녹색이 있으며, 부순돌, 인공경량골재 및 시멘트 제조시 원료로 많이 사용된다.
④ 화강암은 화성암 중에서도 심성암에 속하며, 화강암의 특징은 조직이 불균일하고 내구성, 강도가 적고, 내화성이 크다.

해설

화강암
1) 조직이 균일하고 내구성 및 강도가 크다.
2) 풍화나 마모에 강하다.
3) 내화성이 작다.

정답 39 ④ 40 ① 41 ④

42 재료의 성질을 나타내는 용어의 설명으로 틀린 것은?

① 인장력에 재료가 길게 늘어나는 성질을 연성이라 한다.
② 외력에 의한 변형이 크게 일어나는 재료를 강성이 큰 재료라고 한다.
③ 작은 변형에도 쉽게 파괴되는 성질을 취성이라 한다.
④ 재료를 두들길 때 엷게 퍼지는 성질을 전성이라 한다.

해설

재료의 성질
1) 강성
  재료가 외력을 받아 변형에 저항하는 성질로서, 탄성계수와 관계가 있다.
2) 강도
  재료가 외력에 대하여 저항하는 성질로서, 탄성계수와 직접적인 관계가 없다.

43 표점거리 L=50mm, 지름 D=14mm의 원형 단면봉을 가지고 인장시험을 하였다. 축 인장 하중 P=100kN이 작용하였을 때, 표점거리 L=50.433mm와 지름 D=13.970mm가 측정되었다. 이 재료의 탄성계수는 약 얼마인가?

① 143,000MPa
② 75,000MPa
③ 27,000MPa
④ 8,000MPa

해설

탄성계수

$$E = \frac{f}{\epsilon} = \frac{P/A}{\triangle l/l} = \frac{Pl}{A \cdot \triangle l}$$

$$= \frac{100,000 \times 50}{153.938 \times 0.433} = 75,013 MPa$$

여기서, $A = \frac{\pi D^2}{4} = \frac{\pi \times 14^2}{4} = 153.938 mm^2$

$\triangle l = 50.433 - 50 = 0.433 mm$

44 콘크리트용 골재의 품질판정에 대한 설명으로 틀린 것은?

① 조립률로 골재의 입형을 판정할 수 있다.
② 체가름 시험을 통하여 골재의 입도를 판정할 수 있다.
③ 골재의 입도가 일정한 경우 실적률을 통하여 골재 입형을 판정할 수 있다.
④ 황산나트륨 용액에 골재를 침수시켜 건조시키는 조작을 반복하여 골재의 안정성을 판정할 수 있다.

해설

조립률이란 골재의 입도를 수치적으로 나타낸 것으로서 조립률로 골재의 입도를 판정할 수 으며, 골재의 입형은 골재의 실적률로 판정한다.

45 잔골재의 조립률 2.3, 굵은 골재의 조립률 7.0을 사용하여 잔골재와 굵은 골재를 1 : 1.5의 비율로 혼합하면 이때 혼합된 골재의 조립률은?

① 4.92　　　　　　　　　② 5.12
③ 5.32　　　　　　　　　④ 5.52

해설

$$FM = \frac{A \cdot a + B \cdot b}{A + B} = \frac{(1 \times 2.3) + (1.5 \times 7.0)}{1 + 1.5} = 5.12$$

46 역청재료의 점도를 측정하는 시험방법이 아닌 것은?

① 환구법　　　　　　　　② 스토머법
③ 앵글러법　　　　　　　④ 세이볼트법

해설

환구법
아스팔트를 서서히 가열하여 아스팔트가 차츰 연화해서 액상이 되어 가는 온도를 측정하는 시험

47 굵은 골재의 밀도시험 결과가 아래의 표와 같을 때 이 골재의 표면 건조 포화 상태의 밀도는?

[시험결과]
· 표면 건조 포화 상태 시료의 질량 : 4,000g
· 절대 건조 상태 시료의 질량 : 3,950g
· 시료의 수중 질량 : 2,490g
· 시험 온도에서 물의 밀도 : 0.997g/cm³

① 2.57g/cm³　　　　　　② 2.60g/cm³
③ 2.64g/cm³　　　　　　④ 2.70g/cm³

해설

표면건조 포화상태 밀도

$$\frac{B}{B-C} \times \rho_w = \frac{4,000}{4,000 - 2,490} \times 0.997 = 2.64 g/cm^3$$

48 콘크리트용 강섬유의 품질에 대한 설명으로 틀린 것은?

① 강섬유의 평균 인장강도는 700MPa 이상이 되어야 한다.
② 강섬유는 표면에 유해한 녹이 있어서는 안 된다.
③ 강섬유 각각의 인장 강도는 600MPa 이상이어야 한다.
④ 강섬유는 16℃이상의 온도에서 지름 안쪽 90°(곡선 반지름 3mm)방향으로 구부렸을 때, 부러지지 않아야 한다.

해설

강섬유 각각의 인장강도는 450MPa 이상이어야 한다.

정답　45 ②　46 ①　47 ③　48 ③

49 아스팔트 시료 채취량 100g을 가지고 증발감량 시험을 실시하였더니 증발 후 시료의 질량이 93g이 되었다. 이 아스팔트의 증발감량(증발 무게 변화율)은?

① +7.5%   ② -7.5%
③ +7.0%   ④ -7.0%

해설

증발감량
휘발성 물질을 많이 함유한 아스팔트의 증발에 의한 감량을 측정하는 시험

$$V = \frac{W - W_s}{W_s} \times 100 = \frac{93 - 100}{100} \times 100 = -7\%$$

여기서, V = 증발무게 변화율(%)
Ws = 시료채취량(g)
W = 증발 후 시료의 무게(g)

50 콘크리트용 혼화재료로 사용되는 고로슬래그 미분말에 대한 설명으로 틀린 것은?

① 탄산화에 대한 내구성이 증진된다.
② 잠재수경성이 있어 수밀성이 향상된다.
③ 염화물이온 침투를 억제하여 철근부식 억제효과가 있다.
④ 포틀랜드시멘트와의 비중차가 작아 혼화재로 사용할 경우 혼합 및 분산성이 우수하다.

해설

고로슬래그 사용으로 시멘트의 염기성 저하로 탄산화에 대한 내구성이 저하된다.

51 암석의 물리적 성질에 대한 설명으로 틀린 것은?

① 석재의 비중은 조암광물의 성질, 비율, 공극의 정도 등에 따라 달라진다.
② 암석의 흡수율은 시료의 중량에 대한 공극을 채우고 있는 물의 중량을 백분율로 나타낸다.
③ 일반적으로 석재의 비중이라면 절대 건조 비중을 말한다.
④ 암석의 공극률이란 암석에 포함된 전 공극과 겉보기체적의 비를 말한다.

해설

1) 석재의 비중은 일반적으로 겉보기 비중을 말한다.
2) 비중은 보통 2.65g/cm³
3) 석재의 밀도(비중)이 클수록 흡수율이 작고, 압축강도가 크다.

[참고] 겉보기 밀도(비중)
물질의 단위 체적당의 질량을 밀도라 정의하지만 섬유나 가벼운 돌과 같이 물질 자신의 표면이나 내부에 공극을 가진 물질에 있어서는 밀도외에 그 공극을 포함한 밀도를 보는데 이를 겉보기 밀도

52 컷백(Cut back) 아스팔트에 대한 설명으로 틀린 것은?

① 대부분의 도로포장에 사용된다.
② 경화 속도가 빠른 것부터 느린 순서로 나누면 RC > MC > SC순이다.
③ 컷백 아스팔트를 사용할 때는 가열하여 사용하여야 한다.
④ 침입도 60~120 정도의 연한 스트레이트 아스팔트에 용제를 가해 유동성을 좋게 한 것이다.

해설

컷백 아스팔트를 사용할 때는 원유 중의 아스팔트 성분이 열에 의한 변화가 생기지 쉬우므로 가열해서는 안된다.

53 폴리머시멘트 콘크리트의 특징에 대한 설명으로 틀린 것은?

① 방수성, 불투수성이 양호하다.
② 내충격성 및 내마모성이 좋다.
③ 동결융해 저항성이 양호하다.
④ 건조수축이 커서 균열발생이 쉽다.

해설

폴리머 콘크리트(Polymer Concrete)
보통 포틀랜드 시멘트를 사용한 콘크리트는 경제적, 구조 특성상 장점이 있으나 결합체가 시멘트 수화물로 늦은경화 작은 인장강도, 큰건조수축, 내약품성 등에 대한 취약한 문제점을 개선한 콘크리트를 폴리머 콘크리트

54 아래는 잔골재의 입도에 대한 설명이다. ( )안에 들어갈 알맞은 값은?

> 잔골재의 조립률이 콘크리트 배합을 정할 때 가정한 잔골재의 조립률에 비하여 ( )이상의 변화를 나타내었을 때는 배합의 적정성 확인 후 배합 보완 및 변경 등을 검토하여야 한다.

① ±0.1
② ±0.2
③ ±0.3
④ ±0.4

해설

콘크리트 배합을 정할 때 가정한 잔골재의 조립률에 비하여 조립률이 ±0.2% 이상의 변화를 나타내었을 때는 배합을 변경하여야 한다.

55 합판에 대한 설명으로 틀린 것은?

① 로터리 베니어는 증기에 가열 연화되어진 둥근 원목을 나이테에 따라 연속적으로 감아 둔 종이를 펴는 것과 같이 얇게 벗겨낸 것이다.
② 슬라이스트 베니어는 끌로서 각목을 얇게 절단한 것으로 아름다운 결을 장식용으로 이용하기에 좋은 특징이 있다.
③ 합판의 종류는 내수성과 내구성의 정도에 따라 섬유판, 조각판, 적층판, 강화적층재 등이 있다.
④ 합판의 특징은 동일한 원재로부터 많은 정목판과 나무결 무늬판이 제조되며, 팽창 수축 등에 의한 결점이 없고 방향에 따른 강도 차이가 없다.

해설

합판의 종류
1) 일반합판
   일반 포장용 및 건축용합판
2) O.S.B 합판
   원목의 칩을 합포하여 만든 합판
3) 태고합판
   양면에 필름을 접착하고 열에 달구어서 생산된 합판
4) 코아합판
   양면에 베니어를 속에는 목판을 접합 하여 생산되는 합판

56 시멘트에 대한 설명으로 틀린 것은?

① 제조법에는 건식법, 습식법, 반습식법 등이 있다.
② 분말도가 작을수록 수화반응이 빠르고 조기 강도가 크다.
③ 포틀랜드 시멘트는 석회질 원료와 점토질 원료를 혼합하여 만든다.
④ 저장할 때는 바닥에서 30cm이상 떨어진 마루에 적재하되 13포대 이하로 쌓아야 한다.

해설

분말도가 클수록 수화반응이 빠르고 조기강도가 크다.

57 다이너마이트 중 폭발력이 가장 강하여 터널과 암석발파에 주로 사용되는 것은?

① 교질 다이너마이트 ② 분상 다이너마이트
③ 규조토 다이너마이트 ④ 스트레이트 다이너마이트

해설

교질 다이너마이트
NC(니트로셀룰로오스) NG(니트로글리세린)20%를 가하여 교질상태로 융합한 플라스틱한 황색의 엿 같은 물질로 폭약 중에서 폭발력이 가장 강하여 터널과 암석 발파에 주로 사용하고 또한 수중용으로도 사용한다.

58 플라이애시에 대한 설명으로 틀린 것은?
① 표면이 매끄러운 구형입자로 되어 있어 콘크리트의 워커빌리티를 좋게 한다.
② 플라이애시를 사용한 콘크리트는 초기재령에서의 강도는 다소 작으나 장기재령의 강도는 증가한다.
③ 양질의 플라이애시를 적절히 사용함으로써 건조, 습윤에 따른 체적 변화와 동결융해에 대한 저항성을 향상시켜 준다.
④ 플라이애시에 포함되어 있는 함유탄소분의 일부가 AE제를 흡착하는 성질이 있어 소요의 공기량을 얻기 위한 AE제의 사용량을 줄일 수 있다.

해설
플라이애시 중의 미연탄소분에 의해 AE제 등이 흡착되어 연행공기량이 현저히 감소한다.

59 콘크리트의 건조수축균열을 방지하고 화학적 프리스트레스를 도입하는데 사용되는 시멘트는?
① 팽창시멘트
② 초속경시멘트
③ 알루미나시멘트
④ 고로슬래그시멘트

해설
팽창시멘트
1) 보통 포틀랜드 시멘트에서 발생되는 수축성을 개선할 목적으로 사용한다.
2) 팽창시멘트 종류
   수축보상용 시멘트 및 화학적 프리스트레스 도입용 시멘트가 있다.

60 AE제의 기능에 대한 설명으로 틀린 것은?
① 연행공기의 증가는 콘크리트의 워커빌리티 개선 효과를 나타낸다.
② 연행공기량은 재료분리를 억제하고, 블리딩을 감소시킨다.
③ 물의 동결에 의한 팽창응력을 기포가 흡수함으로써 콘크리트의 동결융해에 대한 내구성을 개선한다.
④ 갇힌공기와는 달리 AE제에 의한 연행공기는 그 양이 다소 많아져도 강도손실을 일으키지 않는다.

해설
갇힌공기와 마찬가지로 AE제에 의한 연행공기는 양이 지나치게 많으면 콘크리트의 내구성을 저하시킨다.

정답 58 ④ 59 ① 60 ④

제4과목 토질 및 기초

61 흙의 다짐 시험 시 래머의 질량이 2.5kg 낙하고 30cm, 3층으로 각 층 다짐 횟수가 25회일 때 다짐에너지는? (단, 몰드의 체적은 1,000cm³이다.)

① 0.66kg·cm/cm³
② 5.63kg·cm/cm³
③ 6.96kg·cm/cm³
④ 10.45kg·cm/cm³

해설
다짐에너지
$$E_c = \frac{W_R \cdot H \cdot N_B \cdot N_L}{V} = \frac{2.5 \times 30 \times 25 \times 3}{1,000}$$
$$= 5.63 kg \cdot cm/cm^3$$

62 어떤 흙 시료의 변수위 투수시험을 한 결과가 아래와 같을 때 15℃에서의 투수계수는?

- 스탠드파이프 내경(d) : 4.3mm
- 측정 개시시간(t_1) : 09시 20분
- 측정 완료시간(t_2) : 09시 30분
- 시료의 지름(D) : 5.0cm
- 시료의 길이(L) : 20.0cm
- t_1에서 수위(H_1) : 30cm
- t_2에서 수위(H_2) : 15cm
- 수온 : 15℃

① 1.75×10^{-3} cm/s
② 1.71×10^{-4} cm/s
③ 3.93×10^{-4} cm/s
④ 7.42×10^{-5} cm/s

해설

1) $A = \dfrac{\pi \times 5^2}{4} = 19.6349 cm^2$

2) $a = \dfrac{\pi \times 0.43^2}{4} = 0.1452 cm^2$

여기서, A : 시료의 단면적
　　　　a : Stand pipe 단면적

3) $K = \dfrac{2.3aL}{A \cdot t} \log \dfrac{h_1}{h_2}$

$= \dfrac{2.3 \times 0.1452 \times 20}{19.6349 \times 600} \times \log \dfrac{30}{15}$

$\fallingdotseq 1.71 \times 10^{-4} cm/s$

63 통일분류법으로 흙을 분류할 때 사용하는 인자가 아닌 것은?

① 군지수
② 입도 분포
③ 색, 냄새
④ 애터버그 한계

해설
군지수는 AASHTO 분류방법에 속한다.

64 말뚝의 부주면마찰력에 대한 설명으로 옳은 것은?

① 부주면마찰력이 작용하면 지지력이 증가한다.
② 연약지반에 말뚝을 박은 후 그 위에 성토를 한 경우에는 발생하지 않는다.
③ 연약한 점토에 있어서는 상대변위의 속도가 느릴수록 부주면 마찰력은 크다.
④ 부주면마찰력은 말뚝 주변 침하량이 말뚝의 침하량보다 클 때 아래로 끌어내리는 마찰력을 말한다.

해설
부마찰력
1) 점성토 지반에서 타설한 말뚝의 침하량보다 연약지반의 침하가 더 커서 말뚝주면 아래쪽으로 작용하는 마찰력이 발생하게 되는데 이러한 마찰력을 부마찰력
2) 부마찰력은 말뚝의 침하량을 증가 및 말뚝의 지지력을 감소시키며 때때로 부마찰력이 매우 큰 경우 중립축 부근에서 말뚝의 파손이 발생될 수 있다.

65 압밀시험 결과 중 시간-침하량 곡선에서 구할 수 없는 값은?

① 압밀계수
② 압축지수
③ 초기 압축비
④ 1차 압밀비

해설
압밀시험으로부터 구하는 각종 계수
1) 압축지수(C_c)
2) 팽창지수(C_s)
3) 압축계수(a_v)
4) 선행압밀하중(P_c)
5) 체적변화계수(m_v)

66 분할법에 의한 사면안정 해석 시에 제일 먼저 결정되어야 할 사항은?

① 분할절편의 중량
② 가상파괴 활동면
③ 활동면상의 마찰력
④ 각 절편의 공극수압

해설
절편법
1) 사면을 여러 개의 절편으로 나누어 각 절편에 대해 안정성을 해석하는 방법으로 일반적으로 많이 사용된다.
2) 제일 먼저사면의 활동 파괴면을 원형 또는 평면으로 가정한다.

정답 63 ① 64 ④ 65 ② 66 ②

67 모래지반에 30cm×30cm의 재하판으로 재하실험을 한 결과 100kN/m²의 극한 지지력을 얻었다. 4m×4m의 기초를 설치할 때 기대되는 극한지지력은?

① 100kN/m²
② 1,000kN/m²
③ 1,333kN/m²
④ 1,540kN/m²

해설

극한지지력

$q_{u(f)} = q_{u(p)} \cdot \dfrac{B_{(f)}}{B_{(p)}}$ 식에서

∴ $q_{u(f)} = 100 \times \dfrac{4}{0.3} = 1,333 kN/m^2$

68 지표면에 연직 집중하중이 작용할 때 Boussinesq의 지중 연직응력 증가량에 대한 설명으로 옳은 것은? (단, E : 흙의 탄성계수, μ : 흙의 푸아송비)

① E 및 μ와는 무관하다.
② E와는 무관하지만 μ에는 정비례한다.
③ μ와는 무관하지만 E에는 정비례한다.
④ E와 μ에는 정비례한다.

해설

집중하중과 응력의 상관성
1) 연직응력의 증가는 변형계수(E)와 무관하다.
2) 수평응력은 포와송비(μ)와 관계가 있다.

$$푸아송비(\nu) = \dfrac{공시체\ 횡방향\ 변형률}{공시체\ 축방향\ 변형률}$$

69 포화된 점성토 흙에 대한 일축압축시험 결과, 일축압축강도는 100kN/m²이었다. 이 시료의 점착력은?

① 25kN/m²
② 33.3kN/m²
③ 50kN/m²
④ 100kN/m²

해설

$c = \dfrac{q_u}{2\tan\left(45° + \dfrac{\varnothing}{2}\right)} = \dfrac{100}{2} = 50 kN/m^2$

70 토질조사에서 사운딩(Sounding)에 대한 설명으로 옳은 것은?
① 동적인 사운딩 방법은 주로 점성토에 유효하다.
② 표준관입 시험(S.P.T)은 정적인 사운딩이다.
③ 베인전단시험은 동적인 사운딩이다.
④ 사운딩은 주로 원위치 시험으로서 의미가 있고 예비조사에 사용하는 경우가 많다.

해설

사운딩
Rod에 붙인 어떤 저항체를 지중에 넣어 관입, 인발 및 회전에 의해 흙의 전단강도를 측정하는 원위치 시험으로 예비조사에 주로 사용된다.

71 2m×3m 크기의 직사각형 기초에 60kN/m²의 등분포하중이 작용할 때 2:1 분포법으로 구한 기초 아래 10m 깊이에서의 응력 증가량은?
① 2.31kN/m²
② 5.43kN/m²
③ 13.3kN/m²
④ 18.3kN/m²

해설

$$\triangle \sigma_v = \frac{q_s \cdot B \cdot L}{(B+Z)(L+Z)}$$
$$= \frac{60 \times 2 \times 3}{(2+10) \times (3+10)} = 2.31 kN/m^2$$

72 Jaky의 정지토압계수(K_o)를 구하는 공식은?
① $K_o = 1 + \sin\phi$
② $K_o = 1 - \sin\phi$
③ $K_o = 1 - \cos\phi$
④ $K_o = 1 + \cos\phi$

해설

Jaky의 정지토압 계수 공식
$K_o = 1 - \sin\phi$

정답 70 ④ 71 ① 72 ②

73 모래의 밀도에 따라 일어나는 전단특성에 대한 설명으로 틀린 것은?
① 내부마찰각(ϕ)은 조밀한 모래일수록 크다.
② 조밀한 모래에서는 전단변형이 계속 진행되면 부피가 팽창한다.
③ 직접 전단시험에 있어서 전단응력과 수평변위 곡선은 조밀한 모래에서 정점을 보인다.
④ 시료를 재성형하면 강도가 작아지지만 조밀한 모래에서는 시간이 경과됨에 따라 강도가 회복 된다.

> **해설**
> 사질토의 전단특성
> 1) 시료에 전단응력을 가하면 느슨한 모래 또는 정규압밀점토의 경우 체적이 감소하고 조밀한 모래 또는 과압밀점토는 체적이 증가하는 경향을 보인다.
> 2) 이때 체적이 감소될 때 (-) Dilatancy가 되면서(+)양의 과잉간극수압 발생되며,
> 3) 흙의 체적이 증가될 때 (+) Dilatancy가 되면서(-)부의 과잉간극수압발생

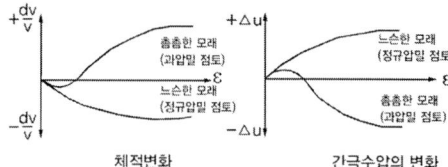

74 다음 중 사질토 지반의 개량공법에 속하지 않는 것은?
① 다짐 말뚝 공법   ② 전기 충격 공법
③ 생석회 말뚝 공법   ④ 바이브로 플로테이션(vibro-flotation)공법

> **해설**
> 생석회 말뚝 공법은 점성토 지반 개량공법에 속한다.

75 그림과 같은 지층단면에서 지표면에 가해진 $50kN/m^2$의 상재하중으로 인한 점토층(정규압밀점토)의 1차 압밀 최종침하량(S)과 침하량이 5cm일 때의 평균압밀도(U)는? (단, 물의 단위중량은 $9.81kN/m^3$이다.)

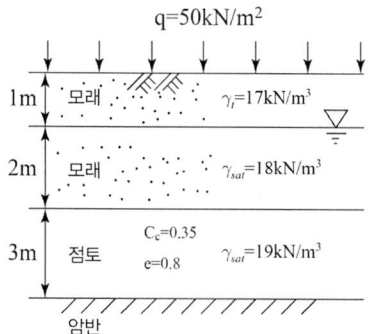

① S=18.3cm, U=27%   ② S=18.3cm, U=22%
③ S=14.7cm, U=27%   ④ S=14.7cm, U=22%

해설

1) 1차압밀침하량(정규압밀점토)

$$S = \frac{C_c}{1+e_o} H \log \frac{P_o + \triangle P}{P_o}$$

$$= \frac{0.35}{1+0.8} 3 \log \frac{41.18+50}{47.18} = 18.3 cm$$

여기서 $P_0 = 17 \times 1 + (18-9.81) \times 2 + (19-9.8) \times 1.5$
$= 47.18 kN/m^2$

2) 평균압밀도

$$\overline{U} = \frac{S_t}{S} \times 100 = \frac{5}{18.3} \times 100 = 27\%$$

76 그림과 같은 조건에서 분사현상에 대한 안전율은? (단, 모래의 포화단위중량은 $19.62kN/m^3$이고, 물의 단위중량은 $9.81kN/m^3$이다.)

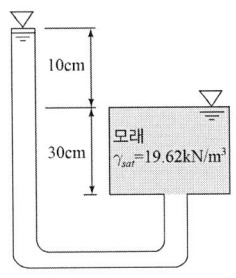

① 1.0　　② 2.0
③ 2.5　　④ 3.0

해설

1) $i = \frac{H}{L} = \frac{10}{30} = 0.33$

2) $i_c = \frac{\gamma_{sub}}{\gamma_w} = \frac{(19.62 - 9.81)}{9.81} = 1$

∴ $F = \frac{i_c}{i} = \frac{1}{0.33} = 3$

77 Terzaghi의 얕은 기초 지지력 공식($q_u = \alpha c N_c + \beta \gamma_1 B N_\gamma + \gamma_2 D_f N_q$)에 대한 설명으로 틀린 것은?

① 계수 α, β를 형상계수라 하며 기초의 모양에 따라 결정된다.
② 지지력계수인 N_c, N_γ, N_q는 내부마찰각과 점착력에 의해서 정해진다.
③ 기초의 설치 깊이 D_f가 클수록 극한지지력도 이와 더불어 커진다고 볼 수 있다.
④ γ_1는 흙의 단위중량이며, 기초 바닥이 지하수위 보다 아래에 위치하면 수중단위중량을 써야 한다.

해설

$N_c, N_q, N_{\gamma'}$는 내부마찰각에 의한 지지력 계수

78 흙 시료 채취에 대한 설명으로 틀린 것은?

① 교란의 효과는 소성이 낮은 흙이 소성이 높은 흙보다 크다.
② 교란된 흙은 자연 상태의 흙보다 압축강도가 작다.
③ 교란된 흙은 자연 상태의 흙보다 전단강도가 작다.
④ 흙 시료 채취 직후에 비교적 교란되지 않은 코어(core)는 부(負)의 과잉간극수압이 생긴다.

해설

교란의 효과는 소성이 낮은 흙이 소성이 높은 흙보다 작다.

79 현장 모래지반의 습윤단위중량을 측정한 결과 18kN/m³으로 얻어졌으며 동일한 모래를 채취하여 실내에서 가장 조밀한 상태의 간극비를 구한 결과 e_{min}=0.45, 가장 느슨한 상태의 간극비를 구한 결과 e_{max}=0.92를 얻었다. 현장상태의 상대밀도는 약 몇 %인가? (단, 물의 단위중량은 9.81kN/m³, 모래의 비중은 2.7이고, 현장상태의 함수비는 10%이다.)

① 44%
② 54%
③ 64%
④ 74%

해설

1) 상대밀도 $D_r = \dfrac{e_{max} - e}{e_{max} - e_{min}} \times 100$

2) 습윤밀도

$$\gamma_t = \dfrac{(G_s + S \cdot e)}{1+e} \cdot \gamma_w = \dfrac{(G_s + G_s \cdot w)}{1+e} \gamma_w$$

$$18 = \dfrac{(2.7 + 2.7 \times 0.1)}{1+e} \times 9.81$$

$18 + 18 \cdot e = 29.14$

여기서, 간극비 e

$e = 0.62$

∴ 상대밀도 $D_r = \dfrac{e_{max} - e}{e_{max} - e_{min}} \times 100$

$= \dfrac{0.92 - 0.62}{0.92 - 0.45} \times 100 = 64\%$

80 Sand drain공법의 지배 영역에 관한 Barron의 정사각형 배치에서 Sand pile의 중심 간격을 d, 유효원의 지름을 d_e라 할 때 d_e를 구하는 식으로 옳은 것은?

① $d_e=1.03d$　　　② $d_e=1.05d$
③ $d_e=1.13d$　　　④ $d_e=1.50d$

> **해설**
>
> 샌드 드레인 유효지름
> 1) 정삼각형 배치 $d_e=1.05d$
> 2) 정사각형 배치 $d_e=1.13d$

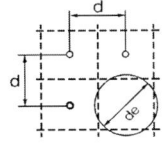
정사각형 배치

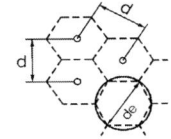
정삼각형 배치

2022 기출문제 제1회 건설재료시험기사

제1과목 콘크리트공학

01 일반적인 경우 콘크리트의 건조수축에 가장 큰 영향을 미치는 요인은?
① 단위 굵은 골재량
② 단위 시멘트량
③ 잔골재율
④ 단위수량

해설
단위수량이 많아지고 적어짐에 따라 콘크리트 표면의 건조수축에 크게 영향을 미친다.

02 유동화 콘크리트에 대한 설명으로 틀린 것은?
① 미리 비빈 베이스 콘크리트에 유동화제를 첨가하여 유동성을 증대시킨 콘크리트를 유동화 콘크리트라고 한다.
② 유동화제는 희석하여 사용하고, 미리 정한 소정의 양을 2~3회 나누어 첨가하며, 계량은 질량 또는 용적으로 계량하고, 그 계량오차는 1회에 1% 이내로 한다.
③ 유동화 콘크리트의 슬럼프 증가량은 100mm 이하를 원칙으로 하며, 50~80mm를 표준으로 한다.
④ 베이스 콘크리트 및 유동화 콘크리트의 슬럼프 및 공기량 시험은 50m^3마다 1회씩 실시하는 것을 표준으로 한다.

해설
1) 유동화제는 물에 희석해서는 안되고 원액으로 사용하고, 미리 정한 소정의 양을 한꺼번에 첨가하여 유동화시킨다.
2) 유동화 콘크리트의 재유동화는 원칙적으로 할 수 없으며, 부득이한 경우 책임기술자의 승인하에 1회에 한하여 재유동화 할 수 있다.
3) 베이스콘크리트 및 유동화콘크리트의 슬럼프 및 공기량 시험은 50m^3마다 1회씩 실시하는 것을 표준으로 한다.

03 고압증기양생에 대한 설명으로 틀린 것은?
① 고압증기양생을 실시하면 백태현상을 감소시킨다.
② 고압증기양생을 실시하면 황산염에 대한 저항성이 향상된다.
③ 고압증기양생을 실시한 콘크리트는 어느정도의 취성이 있다.
④ 고압증기양생을 실시하면 보통 양생한 콘크리트에 비해 철근의 부착강도가 크게 향상된다.

해설
고압증기양생을 실시하면 보통 양생한 콘크리트에 비해 철근의 부착강도가 작게될 가능성이 있다.

정답 01 ④ 02 ② 03 ④

04 PS강재에 요구되는 일반적인 성질로 틀린 것은?
① 인장 강도가 작을 것
② 릴랙세이션이 작을 것
③ 콘크리트와 부착력이 클 것
④ 어느 정도의 피로 강도를 가질 것

해설
PS강재에 요구되는 일반적인 성질로 인장강도가 클 것

05 콘크리트 다지기에 대한 설명으로 틀린 것은?
① 콘크리트 다지기에는 내부진동기의 사용을 원칙으로 하나, 사용이 곤란한 장소에서는 거푸집 진동기를 사용할 수 있다.
② 콘크리트는 타설 직후 바로 충분히 다져서 구석구석까지 채워져 밀실한 콘크리트가 되도록 하여야 한다.
③ 진동다지기를 할 때에는 내부진동기를 하층의 콘크리트 속으로 0.1m 정도 찔러 넣는다.
④ 재 진동은 콘크리트에 나쁜 영향이 생기므로 하지 않는 것을 원칙으로 한다.

해설
재 진동을 할 경우에는 콘크리트에 나쁜 영향이 생기지 않도록 초결이 일어나기 전에 실시하여야 한다.

06 현장 타설 말뚝에 사용하는 수중 콘크리트의 타설에 대한 설명으로 틀린 것은?
① 굵은 골재 최대 치수 25mm의 경우, 관지름이 200~250mm의 트레미를 사용하여야 한다.
② 먼저 타설하는 부분의 콘크리트 타설속도는 8~10m/h로 실시하여야 한다.
③ 콘크리트 상면은 설계면 보다 0.5m 이상 높이로 여유 있게 타설하고 경화한 후 이것을 제거하여야 한다.
④ 콘크리트 타설하는 도중에는 콘크리트 속의 트레미의 삽입 깊이는 2m 이상으로 하여야 한다.

해설
현장타설 말뚝 콘크리트의 타설속도는 일반적으로 먼저 타설하는 부분의 경우 4~9m/h, 나중에 타설하는 부분의 경우 8~10m/h로 실시한다.

07 23회의 시험실적으로부터 구한 압축강도의 표준편차가 4MPa이었고, 콘크리트의 품질기준강도(f_{cq})가 30MPa일 때 배합강도는? (단, 표준편차의 보정계수는 시험횟수가 20회인 경우 1.08이고, 25회인 경우 1.03이다.)
① 34.4MPa
② 35.7MPa
③ 36.3MPa
④ 38.5MPa

해설
배합강도($f_{cq} \leq 35 MPa$)
$f_{cr} = f_{cq} + 1.34 \cdot s$
$f_{cr} = (f_{cq} - 3.5) + 2.33 \cdot s$

1) 23회일 때 표준편차 보정계수(직선보간)
   25회일 때 1.03을 사용하여 1회 시험시 보정계수
   $$23\text{회 보정계수} = 1.03(25\text{회}) + \frac{(1.08-1.03)\times 2}{25-20} = 1.05$$
2) 직선보간한 수정 표준편차
   $s = 4 \times 1.05 = 4.2 MPa$
   배합강도($f_{cq} \leq 35 Mpa$)
   $f_{cr} = f_{cq} + 1.34 \cdot s$
   $\quad = 30 + 1.34 \times 4.2 = 35.63 MPa$
   $f_{cr} = (f_{cq} - 3.5) + 2.33 \cdot s$
   $\quad = (30 - 3.5) + 2.33 \times 4.2$
   $\quad = 36.29 MPa$
   두 값 중 큰 값이 배합강도이므로
   $\therefore f_{cr} = 36.29 MPa$

08 숏크리트의 특징에 대한 설명으로 틀린 것은?
① 용수가 있는 곳에서도 시공하기 쉽다.
② 수밀성이 적고 작업 시에 분진이 생긴다.
③ 노즐맨의 기술에 의하여 품질, 시공성 등에 변동이 생긴다.
④ 임의 방향으로 시공 가능하나 리바운드 등의 재료손실이 많다.

해설
용수가 있는 곳에서는 시공하기 어렵다.

09 현장의 골재에 대한 체분석 결과 잔골재 속에서 5mm체에 남는 것이 6%, 굵은 골재속에서 5mm체를 통과하는 것이 11%이었다. 시방배합표상의 단위 잔골재량이 632kg/m³, 단위 굵은 골재량이 1,176kg/m³일 때 현장배합을 위한 단위 잔골재량은? (단, 표면수에 대한 보정은 무시한다.)
① 522kg/m³
② 537kg/m³
③ 612kg/m³
④ 648kg/m³

해설
단위잔골재량(X)
$$X = \frac{100S - b(S+G)}{100-(a+b)}$$
$$= \frac{100 \times 632 - 11 \times (632+1,176)}{100-(6+11)}$$
$$= 521.83 kg/m^3$$

10 프리텐션 방식의 프리스트레스트 콘크리트에서 프리스트레싱을 할 때의 콘크리트 압축강도는 얼마 이상이어야 하는가?

① 21MPa　　　　　　　　　② 24MPa
③ 27MPa　　　　　　　　　④ 30MPa

해설
프리텐션 방식은 콘크리트압축강도 30MPa 이상시 도입하며, 실험이나 기존실적 등을 통해서 안정성이 증명된 경우는 25MPa로 하향 조정할 수 있다.

11 시멘트의 수화반응에 의해 생성된 수산화칼슘이 대기 중의 이산화탄소와 반응하여 콘크리트의 성능을 저하시키는 현상을 무엇이라고 하는가?

① 염해　　　　　　　　　　② 탄산화
③ 동결융해　　　　　　　　④ 알칼리-골재반응

해설
중성화 (탄산화)
콘크리트가 강도 발현시 수화반응에 의해 생성된 수산화칼슘은 PH 12.0~13.0 정도의 강알카리성이나 대기중의 탄산가스와 접촉시 반응하여 탄산화 되는 현상으로 탄산칼슘은 PH = 8.5~10 정도로서 탄산화가 콘크리트 내부로 진행되어 철근을 보호하는 부동태막을 파괴되면서 철근의 부식을 유발하는 현상을 중성화현상

12 콘크리트 배합설계에서 잔골재율(S/a)을 작게하였을 때 나타나는 현상으로 틀린 것은?

① 소요의 워커빌리티를 얻기 위하여 필요한 단위 시멘트량이 증가한다.
② 소요의 워커빌리티를 얻기 위하여 필요한 단위수량이 감소한다.
③ 재료분리가 발생되기 쉽다.
④ 워커빌리티가 나빠진다.

해설
소요의 워커빌리티를 얻기 위하여 필요한 단위 시멘트량이 감소한다.

13 ϕ100×200mm인 원주형 공시체를 사용한 쪼갬 인장 강도 시험에서 파괴하중이 100kN이면 콘크리트의 쪼갬 인장 강도는?

① 1.6MPa　　　　　　　　② 2.5MPa
③ 3.2MPa　　　　　　　　④ 5.0MPa

해설
쪼갬인장강도 시험
$$(f_{sp}) = \frac{2P}{\pi d \ell}(Mpa)$$
$$= \frac{2 \times 100,000 N}{\pi \times 100 \times 200} = 3.18 N/mm^2$$
$$= 3.18 MPa$$

14 콘크리트의 받아들이기 품질 검사에 대한 설명으로 틀린 것은?
① 콘크리트를 타설한 후에 실시한다.
② 내구성 검사는 공기량, 염화물 함유량을 측정하는 것으로 한다.
③ 강도검사는 압축강도 시험에 의한 검사를 실시한다.
④ 워커빌리티의 검사는 굵은 골재 최대 치수 및 슬럼프가 설정치를 만족하는지의 여부를 확인함과 동시에 재료 분리 저항성을 외관관찰에 의해 확인하여야 한다.

> **해설**
> 콘크리트를 타설하기 전에 실시한다.

15 콘크리트 재료의 계량 및 비비기에 대한 설명으로 옳은 것은?
① 비비기는 미리 정해 둔 비비기 시간의 4배 이상 계속하지 않아야 한다.
② 비비기 시간은 강제식 믹서의 경우에는 1분 30초 이상을 표준으로 한다.
③ 재료의 계량은 시방 배합에 의해 실시한다.
④ 골재 계량의 허용오차는 3%이다.

> **해설**
> ① 비비기는 미리 정해 둔 비비기 시간의 3배 이상 계속하지 않아야 한다.
> ② 비비기 시간은 강제식 믹서의 경우에는 1분 이상을 표준으로 한다.
> ③ 재료의 계량은 현장 배합에 의해 실시한다.
> ④ 골재 계량의 허용오차는 3%이다.

16 콘크리트의 휨 강도 시험에 대한 설명으로 틀린 것은?
① 공시체 단면 한 변의 길이는 굵은 골재 최대 치수의 4배 이상이면서 100mm 이상으로 한다.
② 공시체의 길이는 단면의 한 변의 길이의 3배 보다 80mm 이상 길어야 한다.
③ 공시체에 하중을 가하는 속도는 가장자리 응력도의 증가율이 매초 0.6±0.4MPa이 되도록 조정하여야 한다.
④ 공시체가 인장쪽 표면의 지간 방향 중심선의 4점의 바깥쪽에서 파괴된 경우는 그 시험 결과를 무효로 한다.

> **해설**
> 공시체에 하중을 가하는 속도는 가장자리 응력도의 증가율이 매초 0.06±0.04MPa이 되도록 조정하여야 한다.

17 경량골재 콘크리트에 대한 설명으로 옳은 것은?
① 내구성이 보통 콘크리트보다 크다.
② 열전도율은 보통 콘크리트보다 작다.
③ 동결융해에 대한 저항성은 보통 콘크리트보다 크다.
④ 건조수축에 의한 변형이 생기지 않는다.

> **해설**
>
> 경량골재 콘크리트
> ① 내구성이 보통 콘크리트보다 작다.
> ② 열전도율은 보통 콘크리트보다 작다.
> ③ 동결융해에 대한 저항성은 보통 콘크리트보다 작다.
> ④ 건조수축에 의한 변형이 생긴다.

18 콘크리트의 초기균열 중 콘크리트 표면수의 증발속도가 블리딩 속도보다 빠른 경우와 같이 급속한 수분 증발이 일어나는 경우 발생하기 쉬운 균열은?
① 거푸집 변형에 의한 균열
② 침하수축균열
③ 건조수축균열
④ 소성수축균열

> **해설**
>
> 소성수축균열
> 콘크리트의 초기균열 중 콘크리트 표면수의 증발속도가 블리딩 속도보다 빠른 경우와 같이 급속한 수분 증발이 일어나는 경우 발생하기 쉬운 균열

19 한중콘크리트의 동결융해에 대한 내구성 개선에 주로 사용되는 혼화재료는?
① AE제
② 포졸란
③ 지연제
④ 플라이애시

> **해설**
>
> AE제는 미소한 독립기포를 콘크리트 중에 균일하게 분포시켜 동결융해 저항성 및 워커빌리티를 좋게한다.

20 콘크리트의 운반 및 타설에 관한 설명으로 틀린 것은?
① 신속하게 운반하여 즉시 타설하고 충분히 다져야 한다.
② 공사 개시 전에 운반, 타설 등에 관하여 미리 충분한 계획을 세워야 한다.
③ 비비기로부터 타설이 끝날 때까지의 시간은 원칙적으로 외기온도가 25°C이상일 때는 1.0시간을 넘어서는 안 된다.
④ 운반 중에 재료분리가 일어났으면 충분히 다시 비벼서 균질한 상태로 콘크리트를 타설하여야 한다.

> **해설**
>
> 외기온도가 25°C이상일 때에는 1.5시간, 25°C미만일 때에는 2시간을 넘어서는 안 된다.

정답 17 ② 18 ④ 19 ① 20 ③

제2과목 건설시공 및 관리

21 버킷의 용량이 $0.8m^3$, 버킷계수가 0.9인 백호를 사용하여 12t 덤프트럭 1대에 흙을 적재하고자 할 때 필요한 적재시간은? (단, 백호의 사이클타임(C_m)은 30초, 백호의 작업효율(E)은 0.75, 흙의 습윤밀도(ρ_t)는 $1.6t/m^3$, 토량변화율(L)은 1.2이다.)

① 7.13분   ② 7.94분
③ 8.67분   ④ 9.51분

해설

적재시간 $C_{mt} = \dfrac{C_m \cdot n}{60 E_s}$

1) $n = \dfrac{q_t}{qk} = \dfrac{11.25}{0.8 \times 0.9 \times 0.75 \times 1.2} = 17.36$회

2) $q_t = \dfrac{T}{\gamma_t} L = \dfrac{15}{1.6} \times 1.2 = 11.25 m^3$

∴ $C_{mt} = \dfrac{C_m \cdot n}{60 E_s} = \dfrac{30 \times 17.36}{60} = 8.67\min$

22 RCD(Reverse Circulation Drill)공법의 특징에 대한 설명으로 틀린 것은?

① 케이싱 없이 굴착이 가능한 공법이다.
② 엔진의 소음 외에는 소음 및 진동 공해가 거의 없다.
③ 굴착 중 투수층을 만났을 때 급격한 수위저하로 공벽이 붕괴될 수 있다.
④ 기종에 따라 약 35° 정도의 경사 말뚝 시공이 가능하다.

해설
현장타설말뚝 중에서는 올케이싱(Beneto)공법이 15도 경사까지 경사말뚝 시공이 가능하다.

23 옹벽 등 구조물의 뒤채움 재료에 대한 조건으로 틀린 것은?

① 투수성이 있어야 한다.   ② 압축성이 좋아야 한다.
③ 다짐이 양호해야 한다.   ④ 물의 침입에 의한 강도 저하가 적어야 한다.

해설
옹벽 등 구조물의 뒤채움 재료로 압축성이 큰재료는 큰 침하를 동반한다.

24 흙의 성토작업에서 아래 그림과 같은 쌓기 방법은?

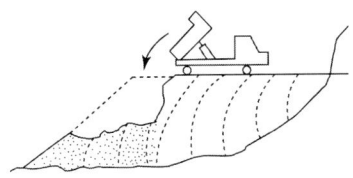

① 수평층 쌓기
② 전방층 쌓기
③ 비계층 쌓기
④ 물다짐 공법

해설
전방층 쌓기
1) 도로, 철도, 방조제 등에서 낮은 축제에 사용되며 공사 중 압밀이 진행 중인 상태로 시공되어 준공 후 잔류침하가 우려되어 품질관리 어려움.
2) 공기 단축 및 공사비가 저렴하게 시공하는 방법

전방층 쌓기

25 공정관리에서 PERT와 CPM의 비교 설명으로 옳은 것은?
① PERT는 반복사업에, CPM은 신규사업에 좋다.
② PERT는 1점 시간추정이고, CPM은 3점 시간추정이다.
③ PERT는 작업활동 중심관리이고, CPM은 작업단계 중심관리이다.
④ PERT는 공기 단축이 주목적이고, CPM은 공사비 절감이 주목적이다.

해설
네트워크 (Network) 공정표
1) PERT 기법(신비 3기event)
  가. 신규사업, 비 반복사업, 경험이 없는 사업 등에 활용
  나. 소요시간 추정 (3점법 확률 계산)
  다. 가중 평균치 사용
  $t_e = \dfrac{t_o + 4t_m + t_p}{6}$
  여기서, t_o : 낙관 작업일수
  t_m : 정상 작업일수
  t_p : 비관 작업일수
  t_e : 3점법에 의한 추정공사일수
  라. 작업단계(event) 중심관리(결합점 중심관리)
  마. 확률론적 검토
  바. 공기 단축이 목적

2) CPM 기법
   가. 반복사업, 경험이 있는 사업에 적용한다.
   나. 1점 시간 추정 $(t_m)(t_m)$
   다. 작업활동(Activity) 중심관리
   라. 비용견적, 비용구배, 일정단축
   바. 공비 절감이 목적

26 아래에서 설명하는 심빼기 발파공법의 명칭은?

- 버력이 너무 비산하지 않는 심빼기에 유효하며, 특히 용수가 많을 때 편리하다.
- 밑면의 반만큼 먼저 발파하여 놓고 물이 그 곳에 집중되면 물이 없는 부분을 발파하는 방법이다.

① 노 컷   ② 번 컷
③ 스윙 컷   ④ 피라미드 컷

해설

스윙컷
수직갱에서 주로 사용되며 밑변의 반만큼 먼저 발파시키고 물을 집중시킨다음 물이 없는 부분을 발파하는 공법

27 그림과 같이 20개의 말뚝으로 구성된 무리말뚝이 있다. 이 무리말뚝의 효율(E)을 Converse-Labarre식을 이용해서 구하면?

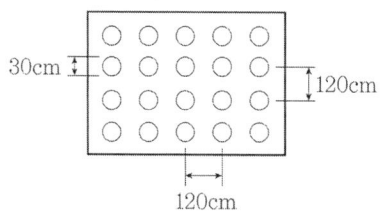

① 0.647   ② 0.684
③ 0.721   ④ 0.758

해설

$$E = 1 - \frac{\varnothing}{90}\left[\frac{(n-1)m + (m-1)n}{m \cdot n}\right]$$

여기서 $\varnothing = \tan^{-1}\dfrac{0.3(말뚝직경)}{1.2(말뚝중심간격)} = 14.04$

$E = 1 - \dfrac{14.04}{90} \times \left(\dfrac{(4-1)\times 5 + (5-1)\times 4}{5 \times 4}\right)$

$= 0.758$

28 배수로의 설계 시 유의해야 할 사항으로 틀린 것은?
① 집수면적이 커야 한다.
② 유하속도는 느릴수록 좋다.
③ 집수지역은 다소 깊어야 한다.
④ 배수 단면은 하류로 갈수록 커야 한다.

해설
유속을 빠르게 하여 흙의 퇴적 발생을 가급적 줄여야 한다.

29 그림과 같은 네트워크 공정표에서 주공정선(CP)으로 옳은 것은?

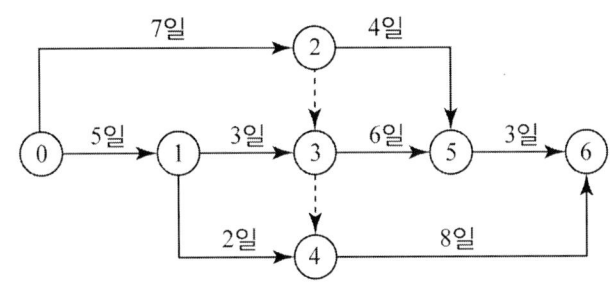

① 0 → 1 → 3 → 5 → 6
② 0 → 1 → 3 → 4 → 6
③ 0 → 2 → 5 → 6
④ 0 → 1 → 4 → 6

해설
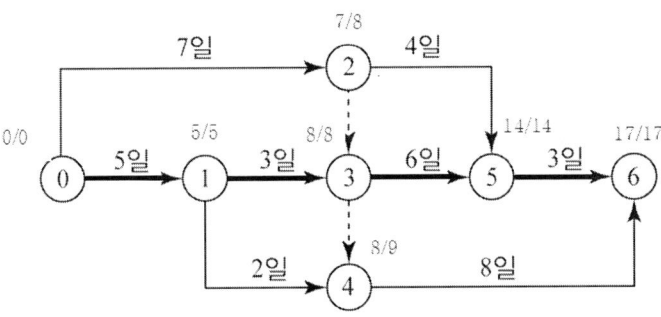

30 콘크리트교의 가설공법 중 현장타설 콘크리트에 의한 공법의 종류에 속하지 않는 것은?
① 동바리공법(FSM 공법)
② 캔틸레버 공법(FCM 공법)
③ 이동식 비계공법(MSS 공법)
④ 프리캐스트 세그먼트공법(PSM 공법)

해설
프리캐스트 세그먼트공법(PSM 공법)은 공장제작 공법에 해당된다.

31 터널공사에 있어서 TBM공법의 특징에 대한 설명으로 틀린 것은?
 ① 여굴이 거의 발생하지 않는다.
 ② 주변 암반에 대한 이완이 거의 없다.
 ③ 복잡한 지질변화에 대한 적응성이 좋다.
 ④ 갱내의 분진, 진동 등 환경조건이 양호하다.

> **해설**
> TBM 공법은 기계식 굴착공법으로 단면형상은 원형단면을 유지하며, 단면형상의 변경이 용이하지 않으며 지질의 변화에 대한 대처 능력이 떨어진다.

32 옹벽을 구조적 특성에 따라 분류할 때 여기에 속하지 않는 것은?
 ① 돌쌓기 옹벽
 ② 중력식 옹벽
 ③ 부벽식 옹벽
 ④ 캔틸레버식 옹벽

> **해설**
> 돌쌓기 옹벽 시공방법
> 메쌓기 : 몰탈을 사용하지 않고 쌓는 것
> 찰쌓기 : 몰탈이나 콘크리트를 사용하여 쌓는 것

33 무한궤도식 건설기계의 운전중량이 22t, 접지길이가 270cm, 무한궤도의 폭(슈폭)이 55cm일 때 이 건설기계의 접지압은? (단, 무한궤도 트랙의 수는 2개이다.)
 ① 0.37kg/cm²
 ② 0.74kg/cm²
 ③ 1.48kg/cm²
 ④ 2.96kg/cm²

> **해설**
> 접지압 = $\dfrac{22,000}{270 \times 55 \times 2} = 0.74 kg/cm^2$

34 아스팔트 포장과 콘크리트 포장을 비교 설명한 것 중 아스팔트 포장의 특징으로 틀린 것은?
 ① 초기 공사비가 고가이다.
 ② 양생기간이 거의 필요 없다.
 ③ 주행성이 콘크리트 포장보다 좋다.
 ④ 보수 작업이 콘크리트 포장보다 쉽다.

> **해설**
> 아스팔트 포장은 콘크리트 포장에 비하여 초기 공사비가 적게 들어간다.

35 30,000m³의 성토 공사를 위하여 토량의 변화율이 L=1.2, C=0.9인 현장 흙을 굴착 운반하고자 한다. 이때 운반 토량은?

① 22,500m³ ② 32,400m³
③ 40,000m³ ④ 62,500m³

해설

1) 본바닥토량
$$30,000 \times \frac{1}{C} = 30,000 \times \frac{1}{0.9} = 33,333 m^3$$

2) 운반토량 = $33,333 \times 1.2 = 40,000 m^3$

36 토적곡선(mass curve)의 성질에 대한 설명으로 틀린 것은?

① 토적곡선상에 동일 단면 내의 절토량과 성토량은 구할 수 없다.
② 토적곡선이 기선 아래에서 종결될 때에는 토량이 부족하고, 기선 위에서 종결될 때는 토량이 남는다.
③ 기선에 평행한 임의의 직선을 그어 토적곡선과 교차하는 인접한 교차점 사이의 절토량과 성토량은 서로 같다.
④ 토적곡선이 평형선 위쪽에 있을 때 절취토는 우에서 좌로 운반되고, 반대로 아래쪽에 있을 때는 좌에서 우로 운반된다.

해설

토적곡선의 성질

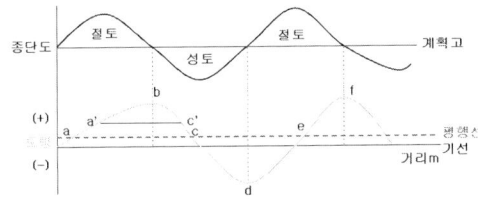

1) 토적곡선상에 동일 단면 내의 절토량과 성토량은 구할 수 없다.
2) 토적곡선이 기선 아래에서 종결될 때에는 토량이 부족하고, 기선 위에서 종결될 때는 토량이 남는다.
3) 기선에 평행한 임의의 직선을 그어 토적곡선과 교차하는 인접한 교차점 사이의 절토량과 성토량은 서로 같다.
4) 토적곡선이 평형선 위쪽에 있을 때 절취토는 좌에서 우로 운반되고 반대로 아래쪽에 있을때는 우에서 좌로 운반된다.

37 디퍼 준설선(Dipper Dredger)의 특징으로 틀린 것은?
① 기계의 고장이 비교적 적다.
② 작업장소가 넓지 않아도 된다.
③ 암석이나 굳은 지반의 준설에 적합하고 굴착력이 우수하다.
④ 준설비가 비교적 저렴하고, 연속식에 비하여 작업능률이 뛰어나다.

해설

디퍼 준설선(Dipper Dredger)
1) 동력으로 작동되는 강력한 셔블을 가지고 물밑 바닥을 퍼올리는 것으로, 바닥의 토질이 까다로운 바위가 아니면 어떤 것이라도 준설가능
2) 연질토사부터 파쇄된 암석, 발파된 암석 등의 준설에 적합
3) 경사면 준설에 적합하다.
4) 준설(작업)능력이 적고 준설비(단가)가 고가이다.

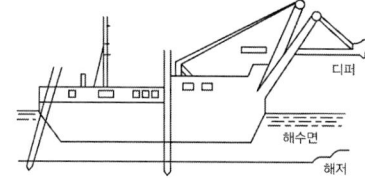

38 우물통의 침하 공법 중 초기에는 자중으로 침하되지만 심도가 깊어짐에 따라 콘크리트 블록, 흙가마니 등이 사용되는 공법은?
① 분기식 침하공법
② 물하중식 침하 공법
③ 재하중에 의한 공법
④ 발파에 의한 침하 공법

해설

분기식 침하공법
케이슨과 흙의 사이를 (air pocket) 공기를 사용해서 분리시켜 케이슨의 침하를 촉진

39 아스팔트 포장의 안정성 부족으로 인해 발생하는 대표적인 파손은 소성변형(바퀴자국, 측방유동)이다. 소성변형의 원인이 아닌 것은?
① 수막현상
② 중차량 통행
③ 여름철 고온 현상
④ 표시된 차선을 따라 차량이 일정위치로 주행

해설

소성변형
1) 아스팔트 포장에 가장 크게 만연하고 있는 손상형태는 소성변형이 있다.
2) 도로 주행 중에 노면의 한 개소를 차량이 집중 통과하여 표면의 재료가 마모되고 유동을 일으켜서 노면이 얕게 패인 자국을 소성변형(Rutting)이라고 한다.
3) 여름철 고온시 중차량이 많이 다니고, 정체가 심한 도로에서 횡방향 밀림현상에 의해서 발생한 요철로서 대형 교통사고의 원인이 된다.

40 흙 댐(Earth dam)의 특징에 대한 설명으로 틀린 것은?
① 성토용 재료의 구입이 용이하며 경제적이다.
② 높은 댐의 축조가 어려우며, 내진력이 약하다.
③ 여수로의 설치가 필요치 않아 공사비가 저렴하다.
④ 기초 지반이 비교적 견고하지 않더라도 축조가 가능하다.

해설
필댐(fill dam)의 특징
1) 현장 부근의 자연재료를 사용하여 댐을 시공한다.
2) 일반적으로 토공용 중장비를 사용한다.
3) 기초바닥의 지반이 암반이 아닌 풍화암에도 시공이 가능하다.
4) 홍수시 월류 방지를 위한 여수로 설치가 필요하며, 침하가 발생된다.
5) 저렴한 재료의 사용으로 콘크리트 댐에 비하여 공사비가 저렴하다.
6) 비교적 댐의 높이가 낮은 경우에 적용된다.

제3과목 건설재료 및 시험

41 콘크리트용 혼화제에 대한 일반적인 설명으로 틀린 것은?
① AE제에 의한 연행공기는 시멘트, 골재입자 주위에서 베어링(bearing)과 같은 작용을 함으로써 콘크리트의 워커빌리티를 개선하는 효과가 있다.
② 고성능 감수제는 그 사용방법에 따라 고강도 콘크리트용 감수제와 유동화제로 나누어지지만 기본적인 성능은 동일하다.
③ 촉진제는 응결시간이 빠르고 조기강도를 증대시키는 효과가 있기 때문에 여름철공사에 사용하면 유리하다.
④ 지연제는 사일로, 대형구조물 및 수조 등과 같이 연속 타설을 필요로 하는 콘크리트구조에 작업이음의 발생 등의 방지에 유효하다.

해설
촉진제는 응결시간이 빠르고 조기강도를 증대시키는 효과가 있기 때문에 겨울철공사에 사용하면 유리하다.

42 아스팔트의 성질에 대한 설명으로 틀린 것은?
① 아스팔트의 밀도는 침입도가 작을수록 작다.
② 아스팔트의 밀도는 온도가 상승할수록 저하된다.
③ 아스팔트는 온도에 따라 컨시스턴시가 현저하게 변화된다.
④ 아스팔트의 강성은 온도가 높을수록, 침입도가 클수록 작다.

해설
아스팔트의 밀도는 침입도가 클수록 작다.

정답 40 ③ 41 ③ 42 ①

43 도폭선에서 심약(心藥)으로 사용되는 것은?
① 뇌홍 ② 질화납
③ 면화약 ④ 피크린산

해설
1) 심약은 도화선, 도폭선 등에 들어있는 화약, 또는 폭약을 말한다.
2) 도폭선은 면화약을 심약으로 사용하고 금속 또는 섬유로 피복한 끈 모양의 화공품으로서, 대폭파와 수중폭파 등을 동시 폭파할 경우 뇌관 대신 사용하는 기폭용품이다.

44 냉간가공을 했을 때 강재의 특성으로 틀린 것은?
① 경도가 증가한다. ② 신장률이 증가한다.
③ 항복점이 증가한다. ④ 인장강도가 증가한다.

해설
냉간가공
1) 재료의 가공에 있어서 비교적 낮은 온도에서 재료를 변형시키는 것으로 압축 프레스 등을 이용해 재료를 찍어내기 등의 방법을 이용해 재료(깡통, 식판 등)의 모양을 만드는 것을 말한다.
2) 냉간가공을 하면 금속의 기계적 성질이 변화하며 그 영향은 인장강도, 항복점 탄성한계, 경도 등의 성질은 점차 증가되고, 연신율, 단면수축률, 비중, 신장 등은 반대로 감소된다.

45 시멘트의 강열감량(ignition loss)에 대한 설명으로 틀린 것은?
① 강열감량은 시멘트에 약 1000°C에 강한 열을 가했을 때의 시멘트 중량감소량을 말한다.
② 강열감량은 주로 시멘트 속에 포함된 H_2O와 CO_2의 양이다.
③ 강열감량은 클링커와 혼합하는 석고의 결정수량과 거의 같은 양이다.
④ 시멘트가 풍화하면 강열감량이 적어지므로 풍화의 정도를 파악하는데 사용된다.

해설
1) 시멘트가 풍화하면 강열감량이 커지므로 풍화의 정도를 파악하는데 사용된다.
2) 강열감량 = $\dfrac{물 + CO_2 와\ 결합된\ Cement량}{최초의\ 시멘트량} \times 100\%$

46 굵은 골재의 밀도 시험 결과가 아래와 같을 때 이 골재의 표면 건조 포화 상태의 밀도는?

- 절대 건조 상태의 시료 질량 : 2,000g
- 표면 건조 포화 상태의 시료 질량 : 2,090g
- 침지된 시료의 수중질량 : 1,290g
- 시험 온도에서의 물의 밀도 : 1g/cm³

① 2.50g/cm³ ② 2.61g/cm³
③ 2.68g/cm³ ④ 2.82g/cm³

해설
표면건조 포화상태 밀도
$\dfrac{B}{B-C} \times \rho_w = \dfrac{2,090}{2,090-1,290} \times 1 = 2.61 g/cm^3$

정답 43 ③ 44 ② 45 ④ 46 ②

47 잔골재를 계량한 결과가 아래와 같을 때 흡수율은?

- 절대 건조 상태 시료의 질량 : 950g
- 공기 중 건조 상태 시료의 질량 : 970g
- 표면 건조 포화 상태 시료의 질량 : 980g
- 습윤 상태 시료의 질량 : 1,000g

① 2.06%   ② 3.06%
③ 3.16%   ④ 3.26%

해설

$$흡수율(\%) = \frac{m - A}{A} \times 100$$
$$= \frac{980 - 950}{950} \times 100 = 3.16\%$$

48 스트레이트 아스팔트와 비교한 고무혼입 아스팔트(rubberized asphalt)의 특징으로 틀린 것은?

① 응집성 및 부착력이 크다.   ② 마찰계수가 크다.
③ 충격저항이 크다.   ④ 감온성이 크다.

해설

고무 혼입 아스팔트의 특징
1) 스트레이트 아스팔트에 비해서 감온성이 작다.
2) 스트레이트 아스팔트에 비해서 응집성이 크다.
3) 스트레이트 아스팔트에 비해서 탄성 및 충격저항이 크다.
4) 스트레이트 아스팔트에 비해서 마찰 계수가 크다.

49 로스앤젤레스 시험기에 의한 굵은 골재의 마모 시험 결과가 아래와 같을 때 마모감량은?

- 시험 전 시료의 질량 : 5000g
- 시험 후 1.7mm의 망체에 남은 시료의 질량 : 4321g

① 6.4%   ② 7.4%
③ 13.6%   ④ 15.7%

해설

마모감량

$$R = \frac{시험전시료질량 - 시험후 1.7mm 체 남는질량}{시험전시료질량} \times 100$$
$$= \frac{5,000 - 4321}{5,000} \times 100 = 13.6\%$$

정답 47 ③ 48 ④ 49 ③

50 방청제를 사용한 콘크리트에서 방청제의 작용에 의한 방식 방법으로 틀린 것은?
  ① 콘크리트 중의 철근표면의 부동태 피막을 보강하는 방법
  ② 콘크리트 중의 이산화탄소를 소비하여 철근에 도달하지 않도록 하는 방법
  ③ 콘크리트 중의 염소이온을 결합하여 고정하는 방법
  ④ 콘크리트의 내부를 치밀하게 하여 부식성 물질의 침투를 막는 방법

  해설
  방청제
  1) 콘크리트 등의 염화물에 의한 철근의 부식을 억제할 목적으로 사용한다.
  2) 주성분으로 이황산소다, 인산염, 염화 제1주석, 리그닌설폰 염화칼슘염 등 사용된다.
  3) 방청제의 방식방법
    ① 철근 표면의 부동태 피막을 보강한다.
    ② 산소를 소비하거나 염소이온을 결합하여 고정한다.
    ③ 콘크리트 내부를 치밀하게 하여 부식성 물질의 침투를 막는다.

51 토목섬유가 힘을 받아 한 방향으로 찢어지는 특성을 측정하는 시험법은 무엇인가?
  ① 인열강도시험   ② 할렬강도시험
  ③ 봉합강도시험   ④ 직접전단시험

  해설
  인열강도란 토목섬유을 찢는데 필요한 힘을 말한다.

52 화성암은 산성암, 중성암, 염기성암으로 분류가 되는데, 이때 분류 기준이 되는 것은?
  ① 규산의 함유량   ② 운모의 함유량
  ③ 장석의 함유량   ④ 각섬석의 함유량

  해설
  화성암은 산성암, 중성암, 염기성암으로 분류하는데 분류기준은 규산의 함유량을 기준으로 한다.

53 석재로서 화강암의 특징에 대한 설명으로 틀린 것은?
  ① 조직이 균일하고 내구성 및 강도가 크다.
  ② 외관이 아름다워 장식재로 사용할 수 있다.
  ③ 균열이 적기 때문에 비교적 큰 재료를 채취할 수 있다.
  ④ 내화성이 강하므로 고열을 받는 내화용 재료로 많이 사용된다.

  해설
  석재로서 화강암은 내화성에 취약하다.

54 시멘트의 응결에 영향을 미치는 요소에 대한 설명으로 틀린 것은?
① 풍화된 시멘트는 일반적으로 응결이 빨라진다.
② 온도가 높을수록 응결은 빨라진다.
③ 배합 수량이 많을수록 응결은 지연된다.
④ 석고의 첨가량이 많을수록 응결은 지연된다.

해설
풍화된 시멘트는 일반적으로 응결이 느려진다.

55 혼화재 중 대표적인 포졸란의 일종으로서, 석탄 화력발전소 등에서 미분탄을 연소시킬 때 불연 부분이 용융상태로 부유한 것을 냉각 고화시켜 채취한 미분탄재를 무엇이라고 하는가?
① 플라이애시
② 고로슬래그
③ 실리카흄
④ 소성점토

해설
1) 고로슬래그
용광로에서 철광석으로부터 선철을 만들 때 생기는 슬래그[鑛滓]로서 철 이외의 불순물이 모인 것
2) 실리카흄
실리콘 제조 시 발생하는 초미립자의 규소 부산물을 전기집진장치에 의해서 얻어지는 혼화재로 초고강도 콘크리트 제조에 사용된다.

56 골재의 취급과 저장 시 주의해야 할 사항으로 틀린 것은?
① 잔골재, 굵은 골재 및 종류, 입도가 다른 골재는 각각 구분하여 별도로 저장한다.
② 골재의 저장설비는 적당한 배수설비를 설치하고 그 용량을 검토하여 표면수가 균일한 골재의 사용이 가능하도록 한다.
③ 골재의 표면수는 굵은 골재는 건조 상태로, 잔골재는 습윤 상태로 저장하는 것이 좋다.
④ 골재는 빙설의 혼입방지, 동결방지를 위한 적당한 시설을 갖추어 저장해야 한다.

해설
골재의 표면수는 굵은 골재 및 잔골재는 표건 상태로 저장하는 것이 좋다.

정답 54 ① 55 ① 56 ③

57 아래는 길모어 침에 의한 시멘트의 응결시간 시험 방법(KS L 5103)에서 습도에 대한 내용이다. 아래의 ( )안에 들어갈 내용으로 옳은 것은?

> 시험실의 상대 습도는 (㉠)이상이어야 하며, 습기함이나 습기실은 시험체를 (㉡)이상의 상대습도에서 저장할 수 있는 구조이어야 한다.

① ㉠ : 30%, ㉡ : 60%
② ㉠ : 50%, ㉡ : 70%
③ ㉠ : 30%, ㉡ : 80%
④ ㉠ : 50%, ㉡ : 90%

해설
시험실의 상대 습도는 (50%)이상이어야 하며, 습기함이나 습기실은 시험체를 (90%)이상의 상대습도에서 저장할 수 있는 구조이어야 한다.

58 아래에서 설명하는 합판은?

> 끌로 각재를 얇게 절단한 것으로서, 곧은 결과 무늬 결을 자유로이 얻을 수 있어 장식용으로 이용할 수 있는 특징이 있다.

① 소드 베니어
② 로터리 베니어
③ 파티클 보드(PB)
④ 슬라이스트 베니어

해설
제조 방법에 의한 분류
1) 로터리 베니어(Rotary Veneer)(a)
   목재의 이용 효율이 높고 가장 널리 쓰이는 방법으로서, 둥근 원목을 나이테에 따라 회전시키면서 얇게 깎아내는 방법으로 낭비가 적다.
2) 슬라이스트 베니어(Sliced Veneer)(b)
   끌로 각재를 얇게 절단한 것으로서 곧은결과 무늬결을 얻을 수 있어 장식용으로 이용할 수 있다.
3) 소드 베니어(Sawed Veneer)(c)
   판재를 얇은 작은 톱으로 켜서 만든 단판으로 아름다운 결이 얻을 수 있어, 고급 합판에 사용되나 톱밥이 많아 비경제적이다.
4) 파티클 보드
   목재로 사용하고 남는 폐자재를 작은 칩의 형태로 분쇄 후 접착제를 첨가하여 강한 열과 힘으로 압착해 만든 판상형 가공재

59 다음 강재의 응력-변형률 곡선에 대한 설명으로 틀린 것은?

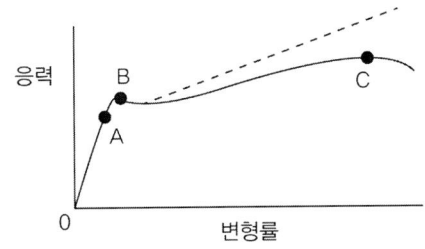

① A점은 응력과 변형률이 비례하는 최대한도지점이다.
② B점은 외력을 제거해도 영구변형을 남기지 않고 원래로 돌아가는 응력의 최대한도 지점이다.
③ C점은 부재 응력의 최댓값이다.
④ 강재는 하중을 받아 변형되며 단면이 축소되므로 실제 응력-변형률 선은 점선이다.

해설
B점은 응력-변형률도에서 항복점(Yielding Pont)라 한다. 항복점은 외력의 증가가없는 상태에서 변형이 증가되는 최대 응력점

60 도로포장용 아스팔트는 수분을 함유하지 않고 몇 °C까지 가열하여도 거품이 생기지 않아야 하는가?
① 150°C
② 175°C
③ 220°C
④ 280°C

해설
도로포장용 아스팔트는 수분을 함유하지 않고 175°C까지 가열하여도 거품이 생기지 않아야한다.

제4과목 토질 및 기초

61 비교적 가는 모래와 실트가 물속에서 침강하여 고리 모양을 이루며 작은 아치를 형성한 구조로 단립구조보다 간극비가 크고 충격과 진동에 약한 흙의 구조는?
① 봉소구조
② 낱알구조
③ 분산구조
④ 면모구조

해설
비점성토의 구조
1) 단립구조(자갈, 모래)
   모래, 자갈이 있으며, 입자사이의 마찰력에 의하여 맞물려 있는 구조를 가지는 특징이 있다.
2) 봉소구조(실트, 가는 모래)
   실트(silt)가 있으며, 아주 가는 모래와 silt가 물속에 침강하여 이루어져있으며, 간극비 크고 충격과 진동에 약한 흙의 구조이다.

62 모래시료에 대해서 압밀배수 삼축압축시험을 실시하였다. 초기 단계에서 구속응력(σ_3)은 100kN/m² 이고, 전단파괴시에 작용된 축차응력(σ_{df})은 200kN/m²이었다. 이와 같은 모래시료의 내부마찰각(ϕ) 및 파괴면에 작용하는 전단응력(τ_f)의 크기는?

① ϕ=30°, τ_f=115.47kN/m² ② ϕ=40°, τ_f=115.47kN/m²
③ ϕ=30°, τ_f=86.60kN/m² ④ ϕ=40°, τ_f=86.60kN/m²

해설

1) $\sigma_3' = 100 kg/cm^2$

   $\sigma_1' = \sigma_3' + \sigma_{df} = 100 + 200$

   $= 300 kg/cm^2$

2) $\sin\phi' = \dfrac{\sigma_1' - \sigma_3'}{\sigma_1' + \sigma_3'} = \dfrac{300-100}{300+100} = 0.5$

   $\therefore \phi' = 30°$

3) $\tau = \dfrac{\sigma_1' - \sigma_3'}{2} \sin 2\theta$

   $= \dfrac{\sigma_1' - \sigma_3'}{2} \sin\left(2 \times 45 - \dfrac{\emptyset}{2}\right)$

   $= \dfrac{300-100}{2} \sin\left(2 \times (45 - \dfrac{30}{2})\right)$

   $= 86.6 kg/cm^2$

63 말뚝의 부주면마찰력에 대한 설명으로 틀린 것은?

① 연약한 지반에서 주로 발생한다.
② 말뚝 주변의 지반이 말뚝보다 더 침하될 때 발생한다.
③ 말뚝주면에 역청 코팅을 하면 부주면 마찰력을 감소시킬 수 있다.
④ 부주면 마찰력의 크기는 말뚝과 흙 사이의 상대적인 변위속도와는 큰 연관성이 없다.

해설

부주면마찰력의 크기는 말뚝과 흙 사이의 상대적인 변위속도와는 큰 연관성이 있다.

64 말뚝기초에 대한 설명으로 틀린 것은?

① 군항은 전달되는 응력이 겹쳐지므로 말뚝 1개의 지지력에 말뚝 개수를 곱한 값보다 지지력이 크다.
② 동역학적 지지력 공식 중 엔지니어링 뉴스 공식의 안전율(Fs)은 6이다.
③ 부주면마찰력이 발생하면 말뚝의 지지력은 감소한다.
④ 말뚝기초는 기초의 분류에서 깊은 기초에 속한다.

해설

군항은 전달되는 응력이 겹쳐지므로 말뚝 1개의 지지력에 말뚝 개수를 곱한 값보다 지지력이 작다.

65 두께 9m의 점토층에서 하중강도 P_1일 때 간극비는 2.0이고 하중강도를 P_2로 증가시키면 간극비는 1.8로 감소되었다. 이 점토층의 최종 압밀 침하량은?

① 20cm
② 30cm
③ 50cm
④ 60cm

해설

$H : \triangle H = 1+e_1 : e_1-e_2$ 식에서

$\triangle H = \dfrac{e_1-e_2}{1+e_1} \cdot H = \dfrac{2-1.8}{1+2} \times 900 = 60cm$

66 그림과 같이 3개의 지층으로 이루어진 지반에서 토층에서 수직한 방향의 평균 투수계수(kv)는?

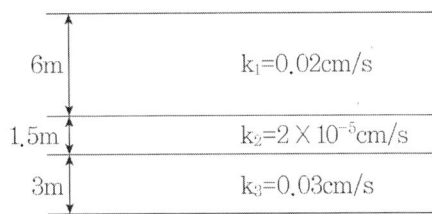

① 2.515×10^{-6} cm/s
② 1.274×10^{-5} cm/s
③ 1.393×10^{-4} cm/s
④ 2.0×10^{-2} cm/s

해설

수직한 방향 평균 투수계수

$K_v = \dfrac{H}{\dfrac{h_1}{K_{v1}} + \dfrac{h_2}{K_{v2}} + \dfrac{h_3}{K_{v3}}}$

$= \dfrac{600+150+300}{\dfrac{600}{0.02} + \dfrac{150}{2 \times 10^{-5}} + \dfrac{300}{0.03}}$

$= 1.393 \times 10^{-4} cm/\sec$

67 아래 그림과 같은 흙의 구성도에서 체적 V를 1로 했을 때의 간극의 체적은? (단, 간극률은 n, 함수비는 w, 흙입자의 비중은 G_s, 물의 단위중량은 γ_w)

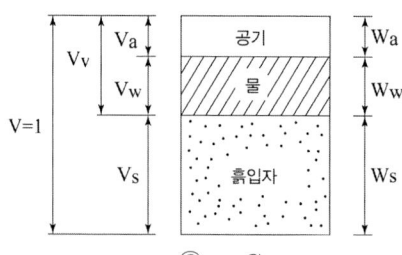

① n
② wG_s
③ $\gamma_w(1-n)$
④ $[G_s - n(G_s - 1)]\gamma_w$

해설

간극률 $n = \dfrac{V_v}{V} \times 100\%$

$\therefore V_v = \dfrac{n \cdot V}{100} = \dfrac{n}{100} = n$

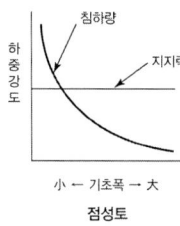
점성토

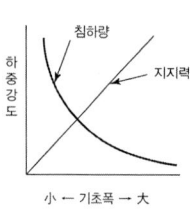
사질토

68 평판재하시험에 대한 설명으로 틀린 것은?
① 순수한 점토지반의 지지력은 재하판 크기와 관계없다.
② 순수한 모래지반의 지지력은 재하판의 폭에 비례한다.
③ 순수한 점토지반의 침하량은 재하판의 폭에 비례한다.
④ 순수한 모래지반의 침하량은 재하판의 폭에 관계없다.

해설

1) 점성토
   기초지지력 $q_{u(f)} = q_{u(p)}$
   즉시 침하량 $S_f = S_p \cdot \dfrac{B_f}{B_p}$

2) 사질토
   기초지지력 $q_{u(f)} = q_{u(p)} \cdot \dfrac{B_{(f)}}{B_{(p)}}$
   즉시 침하량 $S_f = S_p \cdot \left(\dfrac{2B_f}{B_p + B_f}\right)^2$

69 두께 2cm의 점토시료에 대한 압밀 시험결과 50%의 압밀을 일으키는데 6분이 걸렸다. 같은 조건하에서 두께 3.6m의 점토층 위에 축조한 구조물이 50%의 압밀에 도달하는데 며칠이 걸리는가?

① 1350일　　　② 270일
③ 135일　　　④ 27일

해설

50% 압밀에 도달하는 시간 $t_{50} = \dfrac{T_v \cdot H^2}{C_v}$

1) 2cm 시료 점토의 압밀계수
 log t법

$$C_v = \dfrac{T_v \cdot H^2}{t_{50}}$$

$$= \dfrac{0.197 \times (\frac{0.02}{2})^2}{6} = \dfrac{0.197 \times (\frac{0.02}{2})^2}{6 \times \frac{1}{60} \times \frac{1}{24}}$$

$$= 4.728 m^2 \times 10^{-3}/일$$

2) 3.6m 점토가 50% 압밀에 도달하는 시간

$$\therefore t_{50} = \dfrac{T_v \cdot H^2}{C_v} = \dfrac{0.197 \times (\frac{3.6}{2})^2}{4.728 \times 10^{-3}} = 135일$$

70 토립자가 둥글고 입도분포가 나쁜 모래 지반에서 표준관입시험을 한 결과 N값은 10이었다. 이 모래의 내부 마찰각(ϕ)을 Dunham의 공식을 구하면?

① 21°　　　② 26°
③ 31°　　　④ 36°

해설

Dunham 공식의 N값 산정

토질입자가 둥글고 균일한(불량입도)경우	$\phi = \sqrt{12N} + 15$
토질입자가 둥글고 입도분포가 양호 토립자가 모가나고 균일한(불량한입도)경우	$\phi = \sqrt{12N} + 20$
토립자가 모가나고 입도분포가 좋을때	$\phi = \sqrt{12N} + 25$

$\phi = \sqrt{12N} + 15$
 $= \sqrt{12 \times 10} + 15 = 25.95°$

71 그림과 같이 폭이 2m, 길이가 3m인 기초에 100kN/m²의 등분포 하중이 작용할 때, A점 아래 4m 깊이에서의 연직응력 증가량은? (단, 아래 표의 영향계수 값을 활용하여 구하며, $m = \dfrac{B}{z}$, $n = \dfrac{L}{z}$이고, B는 직사각형 단면의 폭, L은 직사각형 단면의 길이, z는 토층의 깊이이다.)

[영향계수(I) 값]

m	0.25	0.5	0.5	0.5
n	0.5	0.25	0.75	1.0
I	0.048	0.048	0.115	0.122

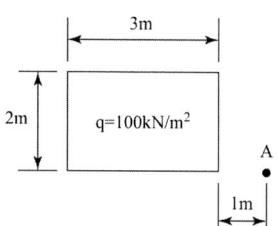

① 6.7kN/m² ② 7.4kN/m²
③ 12.2kN/m² ④ 17.0kN/m²

해설

$\triangle \sigma_v = q_s \cdot I_B$

1) 직사각형 (3+1)m×2m

$m = \dfrac{B}{Z} = \dfrac{2}{4} = 0.5,\ n = \dfrac{L}{Z} = \dfrac{4}{4} = 1$

$I_B(m,n) = 0.122$

2) 직사각형 (1m×2m)

$m = \dfrac{B}{Z} = \dfrac{2}{4} = 0.5,\ n = \dfrac{L}{Z} = \dfrac{1}{4} = 0.25$

$I_B(m,n) = 0.048$

∴ 연직응력 증가량

$\triangle \sigma_v = q_s \cdot I_B = 100 \times (0.122 - 0.048)$
$= 7.4 kN/m^2$

72 기초가 갖추어야 할 조건이 아닌 것은?
① 동결, 세굴 등에 안전하도록 최소한의 근입깊이를 가져야 한다.
② 기초의 시공이 가능하고 침하량이 허용치를 넘지 않아야 한다.
③ 상부로부터 오는 하중을 안전하게 지지하고 기초지반에 전달하여야 한다.
④ 기관상 아름답고 주변에서 쉽게 구득할 수 있는 재료로 설계되어야 한다.

해설

기초공의 구조상 요구조건
1) 기초의 시공이 가능할 것
2) 최소한의 근입깊이가 확보될 것
3) 충분한 지지력을 확보하고 침하가 허용침하 이내일 것
4) 경제성이 확보될 것
5) 기초 깊이는 동결깊이 이상일 것

73 벽체에 작용하는 주동토압을 Pa, 수동토압을 Pp, 정지토압을 Po라 할 때 크기의 비교로 옳은 것은?

① Pa > Pp > Po
② Pp > Po > Pa
③ Pp > Pa > Po
④ Po > Pa > Pp

해설

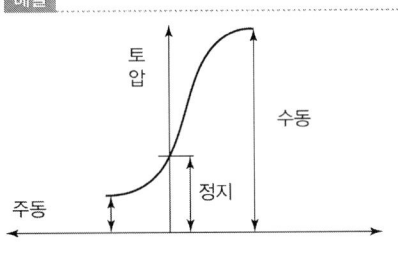

토압크기 : Pp > Po > Pa

74 지반개량공법 중 주로 모래질 지반을 개량하는데 사용되는 공법은?

① 프리로딩 공법
② 생석회 말뚝 공법
③ 페이퍼 드레인 공법
④ 바이브로 플로테이션 공법

해설

① 사질토 지반개량공법
  1) 진동다짐(Vibroflotation)공법
  2) 다짐모래말뚝 (Sand Compaction Pile) 공법
  3) 동다짐 공법(동압밀 공법)
② 점성토의 지반 개량 공법
  1) 치환 공법
  2) preloading 공법(사전압밀 공법)
  3) 전기침투 공법
  4) 생석회 말뚝(Chemico pile)공법 등

75 포화된 점토에 대하여 비압밀 비배수(UU)시험을 하였을 때 결과에 대한 설명으로 옳은 것은? (단, ϕ : 내부마찰각, c : 점착력)

① ϕ와 c가 나타나지 않는다.
② ϕ와 c가 모두 "0"이 아니다.
③ ϕ는 "0"이 아니지만 c는 "0"이다.
④ ϕ는 "0"이고 c는 "0"이 아니다.

해설

UU(Unconsolidated –Undrained) 시험(비압밀 비배수)
· 시공속도가 과잉간극수압 소산속도보다 빠를 때
· 점토지반에 제방 성토 직후 초기 사면안정해석하는 경우
· 점토지반에 급속히 성토 시공을 하였을 경우 초기 안정성 검토
· UU 조건 지반위에 구조물을 시공한 직후의 초기 안정성 검토
· ϕ는 "0"이고 c는 "0"이 아니다.

76 흙의 다짐시험에서 다짐에너지를 증가시킬 때 일어나는 결과는?
① 최적함수비는 증가하고, 최대건조 단위중량은 감소한다.
② 최적함수비는 감소하고, 최대건조 단위중량은 증가한다.
③ 최적함수비와 최대건조단위중량이 모두 감소한다.
④ 최적함수비와 최대건조단위중량이 모두 증가한다.

해설
양입도에서 다짐에너지 클수록 건조밀도 증가하고 최적함수비는 감소한다.

77 점토지반으로부터 불교란 시료를 채취하였다. 이 시료의 지름이 50mm, 길이가 100mm, 습윤 질량이 350g, 함수비가 40%일 때 이 시료의 건조밀도는?
① $1.78g/cm^3$ ② $1.43g/cm^3$
③ $1.27g/cm^3$ ④ $1.14g/cm^3$

해설
1) 시료의 습윤밀도
$$\gamma_t = \frac{W}{V} = \frac{350}{196.35} = 1.783 g/cm^3$$
여기서 $V = \frac{\pi \cdot D^2}{4} \times L$
$$= \frac{\pi \times 0.5^2}{4} \times 10 = 196.35 cm^3$$

2) 시료의 건조밀도
$$\gamma_d = \frac{\gamma_t}{1+\frac{w}{100}} = \frac{1.78}{1+\frac{40}{100}} = 1.27 g/cm^3$$
$$\therefore \gamma_d = 1.27 g/cm^3$$

78 응력경로(stress path)에 대한 설명으로 틀린 것은?
① 응력경로는 특성상 전응력으로만 나타낼 수 있다.
② 응력경로란 시료가 받는 응력의 변화과정을 응력공간에 궤적으로 나타낸 것이다.
③ 응력경로는 Mohr의 응력원에서 전단응력이 최대인 점을 연결하여 구한다.
④ 시료가 받는 응력상태에 대한 응력경로는 직선 또는 곡선으로 나타난다.

해설
응력경로(stress path)
① 응력경로란?
  1) Mohr원의 정점을 연결한선으로 전단응력이 최대인 점을 연결하여 구한다.
  2) 응력경로는 전응력경로와 유효응력경로로 표시할 수 있다.

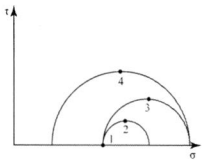
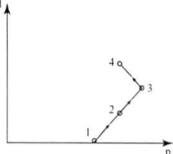

② 응력경로 종류 및 좌표
  1) 전응력 경로
  $$p = \frac{\sigma_1 + \sigma_3}{2}, \quad q = \frac{\sigma_1 - \sigma_3}{2}$$
  2) 유효응력 경로
  $$p' = \frac{(\sigma_1 - u) + (\sigma_3 - u)}{2} \quad q' = q = \frac{\sigma_1 - \sigma_3}{2}$$

79 유선망의 특징에 대한 설명으로 틀린 것은?
① 각 유로의 침투수량은 같다.
② 동수경사는 유선망의 폭에 비례한다.
③ 인접한 두 등수두선 사이의 수두손실은 같다.
④ 유선망을 이루는 사변형은 이론상 정사각형이다.

해설
침투속도 및 동수구배는 유선망의 폭에 반비례한다.

80 암반층 위에 5m 두께의 토층이 경사 15°의 자연사면으로 되어 있다. 이 토층의 강도정수 c=15kN/m², ϕ=30°이며, 포화단위중량(γ_{sat})은 18kN/m³이다. 지하수면은 토층의 지표면과 일치하고 침투는 경사면과 대략 평행이다. 이때 사면의 안전율은? (단, 물의 단위중량은 9.81kN/m³이다.)
① 0.85
② 1.15
③ 1.65
④ 2.05

해설
무한사면 안전율
$$F_s = \frac{c'}{\gamma_{sat} h \cos i \sin i} + \frac{\gamma_{sub} \cdot \tan \varnothing'}{\gamma_{sat} \cdot \tan i}$$
$$= \frac{15}{18 \times 5 \times \cos 15° \times \sin 15°} + \frac{(18 - 9.8)}{18} \times \frac{\tan 30}{\tan 15} = 1.65$$

2022 기출문제 제2회 건설재료시험기사

제1과목 콘크리트공학

01 콘크리트의 양생에 대한 설명으로 틀린 것은?
① 거푸집판이 건조될 우려가 있는 경우에는 살수하여 습윤 상태로 유지하여야 한다.
② 막양생제는 콘크리트 표면의 물빛(水光)이 없어진 직후에 얼룩이 생기지 않도록 살포하여야 한다.
③ 콘크리트는 양생 기간 중에 유해한 작용으로부터 보호하여야 하며, 재령 5일이 될 때까지는 물에 씻기지 않도록 보호한다.
④ 고로 슬래그 시멘트 2종을 사용한 경우, 습윤 양생의 기간은 보통 포틀랜드 시멘트를 사용한 경우보다 짧게 하여야 한다.

해설
고로 슬래그 시멘트 2종을 사용한 경우, 습윤 양생의 기간은 보통 포틀랜드 시멘트를 사용한 경우보다 길게 하여야 한다.

02 프리스트레스트 콘크리트 부재에서 프리스트레스의 손실 원인 중 프리스트레스 도입 후에 발생하는 시간적 손실의 원인에 해당하는 것은?
① 정착장치의 활동
② 콘크리트의 탄성수축
③ 긴장재 응력의 릴랙세이션
④ 포스트텐션 긴장재와 덕트 사이의 마찰

해설
1) 도입 시 일어나는 손실원인(마탄활동)
   ① 콘크리트의 탄성변형
   ② PS강재와 시스 사이의 마찰
   ③ 정착장치의 활동
2) 도입 후 손실원인(건CR)
   ① 콘크리트 크리프
   ② 콘크리트 건조수축
   ③ PS강재의 Relaxation

정답 01 ④ 02 ③

03 일반콘크리트의 비비기는 미리 정해 둔 비비기 시간의 최대 몇 배 이상 계속해서는 안 되는가?
① 2배   ② 3배
③ 4배   ④ 5배

해설
일반콘크리트의 비비기는 미리 정해 둔 비비기 시간의 최대 3배 이상 계속해야 한다.

04 소요의 품질을 갖는 프리플레이스트 콘크리트를 얻기 위한 주입 모르타르의 품질에 대한 설명으로 틀린 것은?
① 굳지 않은 상태에서 압송과 주입이 쉬워야 한다.
② 굵은 골재의 공극을 완벽하게 채울 수 있는 양호한 유동성을 가지며, 주입 작업이 끝날 때까지 이 특성이 유지되어야 한다.
③ 모르타르가 굵은 골재의 공극에 주입되어 경화되는 사이에 블리딩이 적으며, 팽창하지 않아야 한다.
④ 경화 후 충분한 내구성 및 수밀성과 강재를 보호하는 성능을 가져야 한다.

해설
프리플레이스트 콘크리트에 주입되어 모르타르는 경화되는 사이에 블리딩이 적으며, 일정한 범위내 팽창으로 콘크리트 내부 공극을 충분이 채울 수 있어야 한다.

05 콘크리트의 시방배합이 아래의 표와 같을 때 공기량은 얼마인가? (단, 시멘트의 밀도는 $3.15g/cm^3$, 잔골재의 표건 밀도는 $2.60g/cm^3$, 굵은 골재의 표건 밀도는 $2.65g/cm^3$이다.)

[시방배합표(kg/m^3)]

물	시멘트	잔골재	굵은골재
180	360	745	990

① 2.6%   ② 3.6%
③ 4.6%   ④ 5.6%

해설
$$공기량 = 1 - \left(\frac{180}{1,000} + \frac{360}{3.15 \times 1,000} + \frac{745}{2.60 \times 1,000} + \frac{990}{2.65 \times 1,000}\right)$$
$= 0.0456 \times 100 = 4.6\%$

06 비파괴 시험 방법 중 콘크리트 내의 철근부식 유무를 평가할 수 있는 방법이 아닌 것은?
① 반발경도법   ② 자연전위법
③ 분극저항법   ④ 전기저항법

해설
반발경도법으로 콘크리트의 강도를 추정할 수 있다.

07 프리스트레스트 콘크리트에 대한 설명으로 틀린 것은?

① 굵은 골재의 최대 치수는 보통의 경우 25mm를 표준으로 한다.
② 프리스트레스트 콘크리트용 그라우트의 물-결합재비는 45% 이하로 하여야 한다.
③ 프리텐션 방식으로 프리스트레싱할 때 콘크리트의 압축강도는 30MPa 이상이어야 한다.
④ 프리스트레싱할 때 긴장재에 인장력을 설계값 이상으로 주었다가 다시 설계값으로 낮추는 방법으로 시공하여야 한다.

해설
프리스트레싱할 때 긴장재에 인장력을 설계값 이상으로 주었다가 다시 설계 값으로 낮추는 방법으로 시공하지 않아야 한다.

08 아래는 고강도 콘크리트의 타설에 대한 내용으로 ( )안에 들어갈 알맞은 값은?

> 수직부재에 타설하는 콘크리트의 강도와 수평부재에 타설하는 콘크리트 강도의 차가 ( )배를 초과하는 경우에는 수직부재에 타설한 고강도 콘크리트는 수직-수평부재의 접합면으로부터 수평부재 쪽으로 안전한 내민 길이를 확보하도록 하여야 한다.

① 1.4 ② 1.6
③ 1.8 ④ 2.0

해설
수직부재에 타설하는 콘크리트의 강도와 수평부재에 타설하는 콘크리트 강도의 차가 (1.4)배를 초과하는 경우에는 수직부재에 타설한 고강도 콘크리트는 수직-수평부재의 접합면으로부터 수평부재 쪽으로 안전한 내민 길이를 확보하도록 하여야 한다.
수직부재(기둥)(40)MPa/수평부재강도(24MPa)≥1.4이상인 경우

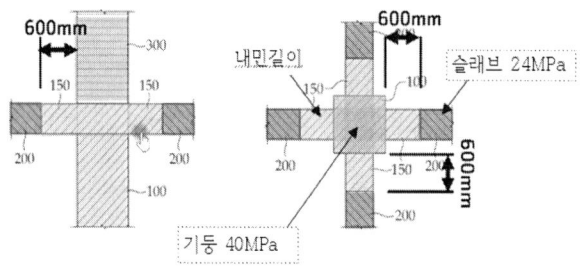

09 콘크리트 압축 강도 시험에서 공시체에 하중을 가하는 속도는 압축응력도의 증가율이 매초 몇 MPa이 되도록 하여야 하는가?

① (6.0±0.4)MPa ② (6.0±0.04)MPa
③ (0.6±0.4)MPa ④ (0.06±0.04)MPa

해설
압축응력도의 증가율이 매초 (0.6±0.4)MPa

10 아래는 압축강도에 의한 콘크리트의 품질 검사 판정기준으로 ( )안에 들어갈 알맞은 값은? (단, 호칭강도(f_{cn})로부터 배합을 정한 경우이며, f_{cn}>35MPa이다.)

[판정기준]
① 연속 (㉠)회 시험값의 평균이 호칭강도 이상
② 1회 시험값이 호칭강도의 (㉡)%이상

① ㉠ : 3, ㉡ 90
② ㉠ : 5, ㉡ 90
③ ㉠ : 3, ㉡ 80
④ ㉠ : 5, ㉡ 80

해설

콘크리트 압축강도판정기준
1) $f_{cn} \le 35MPa$인 경우 판정기준
 · 연속3회 시험값의 평균이 f_{cn}(호칭강도)이상
 · 1회 시험값이 f_{cn}-3.5MPa이상
2) $f_{cn} > 35MPa$인 경우 판정기준
 · 연속3회 시험값의 평균이 f_{cn}(호칭강도)이상
 · 1회 시험값이 f_{cn}의 90% 이상($0.9f_{ck}$)

11 콘크리트의 압축강도를 기준으로 거푸집널을 해체하고자 할 때 확대기초, 보, 기둥 등의 측면 거푸집 널은 압축강도가 최소 얼마 이상인 경우 해체할 수 있는가?

① 5MPa 이상
② 14MPa 이상
③ 설계기준압축강도의 $\frac{1}{3}$ 이상
④ 설계기준압축강도의 $\frac{2}{3}$ 이상

해설

콘크리트의 압축강도를 시험한 경우 거푸집널의 해체 시기

부재	콘크리트 압축강도(f_{cu})
확대기초, 보 옆, 기둥 등의 측벽	5MPa 이상
슬래브 및 보의 밑면, 아치 내면	설계기준압축강도의 $\frac{2}{3}$ 배 이상, 또한 최소 14MPa 이상

12 일반콘크리트 타설에 대한 설명으로 틀린 것은?

① 타설한 콘크리트를 거푸집 안에서 횡방향으로 이동시켜서는 안 된다.
② 한 구획 내의 콘크리트 타설이 완료될 때까지 연속해서 타설하여야 한다.
③ 콘크리트는 그 표면이 한 구획 내에서는 거의 수평이 되도록 타설하는 것을 원칙으로 한다.
④ 콘크리트 타설 도중 표면에 떠올라 고인 블리딩수가 있을 경우에는 콘크리트 표면에 홈을 만들어 흐르게 하여 제거한다.

> **해설**
>
> 콘크리트 타설 도중 표면에 떠올라 고인 블리딩수가 있을 경우에는 적당한 방법으로 이 물을 제거한 후가 아니면 그 위에 콘크리트를 쳐서는 안 되며, 고인 물을 제거하기 위하여 콘크리트 표면에 홈을 만들어 흐르게 해서는 안 된다.

13 매스 콘크리트의 온도균열 발생에 대한 검토는 온도균열지수에 의해 평가하는 것을 원칙으로 한다. 철근이 배치된 일반적인 구조물의 표준적인 온도균열지수의 값 중 균열발생을 제한할 경우의 값으로 옳은 것은?

① 1.5 이상
② 1.2~1.5
③ 0.7~1.2
④ 0.7 이하

> **해설**
>
> 표준적인 온도균열지수
>
> | 구 분 | 온도 균열 지수 |
> | --- | --- |
> | 균열발생을 방지하여야 할 경우 | 1.5 이상 |
> | 균열발생을 제한할 경우 | 1.2~1.5 |
> | 유해한 균열발생을 제한할 경우 | 0.7~1.2 |

14 굳지 않은 콘크리트의 워커빌리티에 대한 설명으로 옳은 것은?

① 시멘트의 비표면적은 워커빌리티에 영향을 주지 않는다.
② 모양이 각진 골재를 사용하면 워커빌리티가 개선된다.
③ AE제, 플라이애시를 사용하면 워커빌리티가 개선된다.
④ 콘크리트의 온도가 높을수록 슬럼프는 증가하며 워커빌리티가 개선된다.

> **해설**
>
> 1) 시멘트의 비표면적은 워커빌리티에 영향을 준다.
> 2) 모양이 각진 골재를 사용하면 워커빌리티가 불량해진다.
> 3) 콘크리트의 온도가 높을수록 슬럼프는 증가하며 워커빌리티가 불량하게 된다.

정답 12 ④ 13 ② 14 ③

15 숏크리트의 시공에 대한 일반적인 설명으로 틀린 것은?
① 건식 숏크리트는 배치 후 45분 이내에 뿜어붙이기를 실시하여야 한다.
② 습식 숏크리트는 배치 후 60분 이내에 뿜어붙이기를 실시하여야 한다.
③ 숏크리트는 타설되는 장소의 대기 온도가 25℃ 이상이 되면 건식 및 습식 숏크리트 모두 뿜어붙이기를 할 수 없다.
④ 숏크리트는 대기 온도가 10℃ 이상일 때 뿜어붙이기를 실시한다.

[해설]
숏크리트는 타설 장소의 대기온도가 38℃ 이상이 되면 건식 및 습식 숏크리트 모두 뿜어붙이기를 할 수 없다.

16 22회의 압축강도 시험 결과로부터 구한 압축강도의 표준편차가 5MPa이었고, 콘크리트의 호칭강도 (f_{cn})가 40MPa일 때 배합강도는? (단, 표준편차의 보정계수는 시험횟수가 20회인 경우 1.08이고, 25회인 경우 1.03이다.)

① 47.10MPa
② 47.65MPa
③ 48.35MPa
④ 48.85MPa

[해설]
배합강도
$f_{cn} > 35MPa$ 이므로
· $f_{cr} = f_{cn} + 1.34 \cdot s$
· $f_{cr} = 0.9 \cdot f_{cn} + 2.33 \cdot s$

1) 22회일 때 직선보간을 한 표준편차의 보정계수
$$\alpha = 1.03 + \frac{(1.08 - 1.03) \times 3}{5} = 1.06$$
2) 직선보간한 표준편차
$s = 5 \times 1.06 = 5.3 MPa$

∴ 배합강도
$f_{cn} > 35MPa$ 이므로
· $f_{cr} = f_{cn} + 1.34 \cdot s = 40 + 1.34 \times 5.3$
　　$= 47.10 MPa$
· $f_{cr} = 0.9 \cdot f_{cn} + 2.33 \cdot s$
　　$= 0.9 \times 40 + 2.33 \times 5.3$
　　$= 48.35 MPa$
상기값 중 큰 값이 배합강도이므로
$f_{cr} = 48.35 MPa$

17 시방배합 결과 콘크리트 1m³에 사용되는 물은 180kg, 시멘트는 390kg, 잔골재는 700kg, 굵은 골재는 1,100kg이었다. 현장 골재의 상태가 아래와 같을 때 현장배합에 필요한 단위 굵은 골재량은?

- 현장의 잔골재는 5mm체에 남는 것을 10% 포함
- 현장의 굵은 골재는 5mm체를 통과하는 것을 5% 포함
- 잔골재의 표면수량은 2%
- 굵은 골재의 표면수량은 1%

① 1060kg ② 1071kg
③ 1082kg ④ 1093kg

해설

1) 입도조정
   굵은골재
   $$Y = \frac{100G - a(S+G)}{100-(a+b)} = \frac{100 \times 1,100 - 10(700+1,100)}{100-(10+5)}$$
   $= 1,082 kg$

2) 표면수량 보정
   $1,082 \times (1+0.01) = 1,093 kg/m^3$

18 아래는 유동화 콘크리트의 슬럼프에 대한 내용으로 ( )안에 들어갈 알맞은 값은?

유동화 콘크리트의 슬럼프는 (㉠)mm 이하를 원칙으로 하며, 슬럼프 증가량은 유동화제의 첨가량에 따라 커지지만 너무 크게 되면 재료 분리가 발생할 가능성이 높아지므로 (㉡)mm이하를 원칙으로 한다.

① ㉠ : 180, ㉡ : 100
② ㉠ : 210, ㉡ : 100
③ ㉠ : 180, ㉡ : 150
④ ㉠ : 210, ㉡ : 150

해설

유동화 콘크리트의 슬럼프는 (210)mm 이하를 원칙으로 하며, 슬럼프 증가량은 유동화제의 첨가량에 따라 커지지만 너무 크게 되면 재료 분리가 발생할 가능성이 높아지므로 (100)mm이하를 원칙으로 한다.

19 급속 동결 융해에 대한 콘크리트의 저항 시험방법에서 동결 융해 1사이클의 소요시간으로 옳은 것은?

① 1시간 이상, 2시간 이하로 한다.
② 2시간 이상, 4시간 이하로 한다.
③ 4시간 이상, 5시간 이하로 한다.
④ 5시간 이상, 7시간 이하로 한다.

해설

동결 융해 1사이클의 소요시간은 2시간이상, 4시간 이하로 한다.

20 콘크리트의 크리프에 대한 설명으로 틀린 것은?
① 부재의 치수가 작을수록 콘크리트는 증가한다.
② 단위시멘트량이 많을수록 크리프는 증가한다.
③ 조강 시멘트는 보통 시멘트보다 크리프가 작다.
④ 상대습도가 높고, 온도가 낮을수록 크리프는 증가한다.

해설
상대습도가 높고, 온도가 낮을수록 크리프는 감소한다.

제2과목 건설시공 및 관리

21 45,000m³의 성토 공사를 위하여 토량의 변화율이 L=1.2, C=0.9인 현장 흙을 굴착 운반하고자 한다. 이때 운반 토량은?
① 60,000m³
② 55,000m³
③ 50,000m³
④ 45,000m³

해설
성토토량 $\times \dfrac{L}{C} = 45,000 \times \dfrac{1.2}{0.9} = 60,000 m^3$

22 현장 타설 콘크리트 말뚝의 장점에 대한 설명으로 틀린 것은?
① 지층의 깊이에 따라 말뚝의 길이를 자유로이 조절할 수 있다.
② 말뚝선단에 구근을 만들어 지지력을 크게 할 수 있다.
③ 현장 지반 중에서 제작·양생되므로 품질관리가 쉽다.
④ 시공 중에 발생하는 소음 및 진동이 적어 도심지 공사에도 적합하다.

해설
현장 지반 중에서 제작·양생되므로 품질관리가 어렵다.

23 폭우 시 옹벽 배면에 배수시설이 취약하면 옹벽저면을 통하여 침투수의 수위가 올라간다. 이 침투수가 옹벽에 미치는 영향으로 틀린 것은?
① 활동면에서의 양압력 발생
② 옹벽 저면에 대한 양압력 발생
③ 수동저항(passive resistance)의 증가
④ 포화 또는 부분포화에 의한 흙의 무게 증가

해설
수동저항(passive resistance)의 감소

정답 20 ④ 21 ① 22 ③ 23 ③

24 도로 파손의 주요 원인인 소성변형의 억제방법 중 하나로 기존의 밀입도 아스팔트 혼합물 대신 상대적으로 큰 입경의 골재를 이용하는 아스팔트 포장방법을 무엇이라 하는가?

① SBR
② SBA
③ SMR
④ SMA

해설

SMA(Stone Mastic Asphalt)
1) 소성변형의 억제방법 중 하나로 기존의 밀입도 아스팔트 혼합물 대신 상대적으로 큰 입경의 골재를 이용하는 아스팔트 포장 방법이다.
2) 아스팔트 바인더 자체의 물성변화에 따른 혼합물의 개념보다는 골재의 맞물림 특성을 최대로 하고 아스팔트는 가능한 많이 함유케 하여 기존의 밀입도 아스팔트 혼합물의 단점을 보완한 개념의 혼합물

25 공사일수를 3점 시간 추정법에 의해 산정할 경우 적절한 공사 일수는? (단, 낙관일수는 6일, 정상일수는 8일, 비관일수는 10일이다.)

① 6일
② 7일
③ 8일
④ 9일

해설

적정 공사일수 산정

$$t_e = \frac{t_o + 4t_m + t_p}{6} = \frac{6 + 4 \times 8 + 10}{6} = 8일$$

26 말뚝의 부주면 마찰력(negative friction)에 대한 설명으로 틀린 것은?

① 말뚝의 주변지반이 말뚝의 침하량 보다 상대적으로 큰 침하를 일으키는 경우 부주면 마찰력이 생긴다.
② 지하수위가 상승할 경우 부주면 마찰력이 생긴다.
③ 표면적이 작은 말뚝을 사용하여 부주면 마찰력을 줄일 수 있다.
④ 말뚝 직경보다 약간 큰 케이싱을 박아서 부주면 마찰력을 차단할 수 있다.

해설

지하수위가 상승할 경우 부주면 마찰력이 감소한다.

27 아래 그림과 같은 지형에서 시공 기준면의 표고를 30m로 할 때 총 토공량은? (단, 격자점의 숫자는 표고를 나타내며 단위는 m이다.)

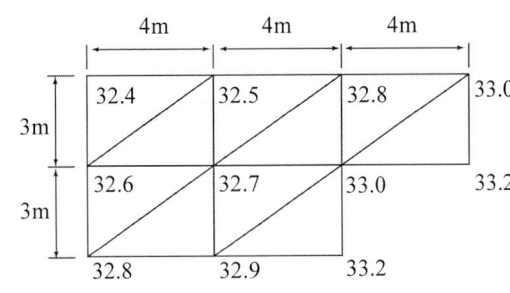

① 142m³
② 168m³
③ 184m³
④ 213m³

해설

삼각형 분할법

$$V = \frac{a \times b}{6}(\Sigma h_1 + 2\Sigma h_2 + 3\Sigma h_3 + 4\Sigma h_4 + .. + n\Sigma h_n)$$

$$V = \frac{4 \times 3}{6}(2.4+3.2+3.2) + 2 \times (3+2.8) + 3 \times (2.5+2.8+2.9+2.6) + 5 \times (3+2.7)$$
$$= 168 m^3$$

28 줄눈이 벌어지거나 단차가 발생하는 것을 막기 위해 세로 줄눈 등을 횡단하여 콘크리트 슬래브의 중앙에 설치하는 이형 철근을 무엇이라 하는가?

① 타이바
② 루팅
③ 슬립바
④ 컬러코트

해설

타이바
타이바는 하중전달 기능이 아니라 인접 슬래브면을 견고하게 연결시켜 노상면상의 측방향으로 밀려남을 방지하는 목적으로 사용하는 것으로 맹줄눈, 맞댄줄눈, 교합줄눈 등을 횡단하는 콘크리트 슬래브에 삽입한 이형강봉으로 줄눈이 벌어지거나 층이 지는 것을 막는 작용을 한다.

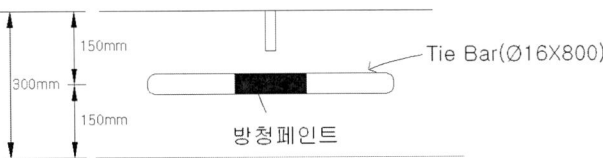

29 공기 케이슨 공법에 대한 설명으로 틀린 것은?
① 장애물의 제거가 용이하고 경사의 교정이 가능하다.
② 토질을 확인 할 수 있고 정확한 지지력 측정이 가능하다.
③ 소규모 공사 또는 심도가 얕은 곳에는 비경제적이다.
④ 배수를 하면서 시공하므로 지하수위 변화를 주어 인접지반에 침하를 일으킨다.

[해설]
굴착내부로 공기압을 불어 넣으면서 공기압으로 외부로부터 들어오는 물을 차단하거나 점토지반에서의 히빙을 방지하면서 굴착이 가능한 공법이다.

30 착암기로 표준암을 천공하여 60cm/min의 천공속도를 얻었다. 천공 깊이 3m, 천공수 15공을 한 대의 착암기로 암반을 천공할 경우 소요되는 총 소요 시간은? (단, 표준암에 대한 천공 대상암의 암석저항 계수는 1.35, 작업조건계수는 0.6, 전천공시간에 대한 순천공시간의 비율은 0.65이다.)
① 2.0시간
② 2.4시간
③ 3.0시간
④ 3.4시간

[해설]
총소요시간
1) 천공속도 $V_T = \alpha(C_1 C_2) V$
  $= 0.65 \times (1.35 \times 0.6) \times 60$
  $= 31.59 cm/\min$
2) 천공시간 $t = \dfrac{L}{V_T} = \dfrac{300}{31.59} = 9.50$분
3) 총 소요시간 $= 9.5 \times 15 = 142.5$분
  $= 2.4$시간

31 관의 지름(D)이 20cm, 관의 길이(L)가 300m, 관내의 평균유속(V)이 0.6m/s일 때 원활한 배수를 위한 관 길이에 대한 낙차는? (단, Giesler의 공식에 의한다.)
① 0.86m
② 1.35m
③ 1.84m
④ 2.24m

[해설]
$V = 20\sqrt{\dfrac{D \cdot h}{L}}$ 에서
$h = (\dfrac{V}{20} \times L)^2 / D = (\dfrac{0.6}{20})^2 \times 300 / 0.2 = 1.35m$
여기서, V : 관내의 평균유속(m/sec)
  D : 관의 직경(m)
  L : 암거의 길이(m)
  h : 길이 L에 대한 낙차(m)

32 토공현장에서 흙의 운반거리가 60m, 불도저의 전진속도가 40m/min, 후진속도가 100m/min, 기어 변속시간이 0.25분이고, 1회의 압토량이 2.3m³, 작업효율이 0.65일 때 불도저의 시간당 작업량을 본바닥 토량으로 구하면? (단, 토량의 변화율 C=0.9, L=1.25이다.)

① 27.4m³/h
② 30.5m³/h
③ 38.6m³/h
④ 42.4m³/h

해설

시간당 작업량

$$Q = \frac{60 \cdot q \cdot f \cdot E}{C_m}$$

$$C_m = \frac{l}{V_1} + \frac{l}{V_2} + t_g$$

$$= \frac{60}{40} + \frac{60}{100} + 0.25 = 2.35 \min$$

∴ 시간당 작업량(본바닥)

$$Q = \frac{60 \cdot q \cdot f \cdot E}{C_m} = \frac{60 \times 2.3 \times \frac{1}{1.25} \times 0.65}{2.35} = 30.5 m^3/h$$

33 교량 가설 공법 중 동바리를 사용하는 공법에 해당하는 것은?

① 새들식 공법
② 크레인식 공법
③ 이동벤트식 공법
④ 캔틸레버식 공법

해설

교량가설 공법
1) 비계(동바리)를 사용하는 공법
 · 새들(saddle) 공법
 · 벤트(bent) 공법
 · 이렉션트러스(election truss) 공법
 · 스테이징 벤트(staging bent) 공법
2) 비계(동바리)를 사용하지 않는 공법
 · ILM 공법
 · 캔틸레버식 공법(FCM 공법)
 · 케이블 공법
 · 이동식 벤트 공법

34 암거 둘레의 흙이 포화된 경우 지하수위가 상승할 때 암거가 빈 상태로 되면 양압력 때문에 암거가 뜨는 일이 있다. 이를 방지하기 위한 수단으로 틀린 것은?

① 자중을 증가시킨다.
② 흙 쌓기의 양을 증가시킨다.
③ 암거의 토압과 마찰력을 감소시킨다.
④ 배수공법으로 지하수위를 저하시킨다.

해설
암거의 토압과 마찰력을 증가시킨다.

35 역타(Top-down) 공법에 대한 설명으로 틀린 것은?

① 작업 능률이 높아 시공성이 우수하며, 공사비용이 저렴하다.
② 상부 구조물과 지하 구조물을 동시에 시공하므로 공기단축이 가능하다.
③ 건물 본체의 바닥 및 보를 구축한 후 이를 지지구조로 사용하여 흙막이의 안정성이 높다.
④ 1층 바닥을 선시공하여 작업장으로 활용하고 악천후에도 하부 굴착과 구조물의 시공이 가능하다.

해설
작업 능률이 높아 시공성이 우수하나 공사비용이 비싸다

36 운반토량 1200m³을 용적이 8m³인 덤프트럭으로 운반하려고 한다. 트럭의 평균속도는 10km/h이고, 상·하차 시간이 각각 4분일 때 하루에 전량을 운반하려면 몇 대의 트럭이 필요한가? (단, 1일 덤프트럭 가동시간은 8시간이며, 토사장까지의 거리는 2km이다.)

① 10대
② 13대
③ 15대
④ 18대

해설
트럭대수

1) $C_{mt} = \dfrac{60 \times 2}{10} + \dfrac{60 \times 2}{10} + 4 \times 2 = 32$분

 상하차 시간 각각 4분씩이므로 8분

2) $Q = \dfrac{60 \cdot q_t \cdot f \cdot e}{C_{mt}}$

 $= \dfrac{60 \times 8}{32} = 15 m^3/hr$

3) 1일 트럭 1대 운반량

 $15 \times 8 = 120 m^3$

 ∴ 트럭대수 $= \dfrac{1,200}{120} = 10$대

37 그림과 같이 성토 높이가 8m인 사면에서 비탈 경사가 1:1.3일 때 수평거리 x는?

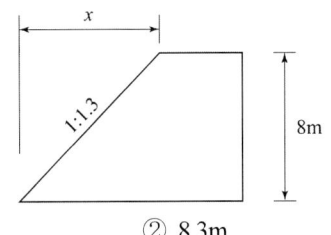

① 6.2m　　　　　　　　② 8.3m
③ 9.4m　　　　　　　　④ 10.4m

해설

1 : 1.3 = 8 : x
$X = 1.3 \times 8 = 10.4m$

38 CPM기법 중 더미(dummy)에 대한 설명으로 옳은 것은?
① 시간은 필요 없으나 자원은 필요한 활동이다.
② 자원은 필요 없으나 시간은 필요한 활동이다.
③ 자원과 시간이 필요 없는 명목상의 활동이다.
④ 자원과 시간이 모두 필요한 활동이다.

해설

더미(dummy)
시간과 자원이 필요하지 않는 명목상의 활동이다.

39 TBM공법에 대한 설명으로 틀린 것은?
① 폭약을 사용하지 않고, 원형으로 굴착하므로 역학적으로도 안전하다.
② 기계의 시공 충격으로 인하여 발파공법보다 동바리공이 더 많이 필요하다.
③ 기계에 의한 굴착이므로 작업환경이 양호하며 낙반 등의 사고 위험이 적다.
④ 발파공법에 비하여 특히 암질에 의한 제약을 많이 받기 때문에 지질조사가 중요하다.

해설

기계의 시공 충격으로 인하여 발파공법보다 동바리공이 많이 사용되지 않는다.

40 록 볼트의 정착형식은 선단 정착형, 전면 접착형, 혼합형으로 구분할 수 있다. 이에 대한 설명으로 틀린 것은?

① 록 볼트 전장에서 원지반을 구속하는 경우에는 전면 접착형이다.
② 선단을 기계적으로 정착한 후 시멘트 밀크를 주입하는 것은 혼합형이다.
③ 경암, 보통암, 토사 원지반에서 팽창성 원지반까지 적용범위가 넓은 것은 전면 접착형이다.
④ 암괴의 봉합효과를 목적으로 하는 것은 선단 정착형이며, 그 중 쐐기형이 많이 사용된다.

해설

록볼트는 NATM 터널에서 충전형이 일반적으로 가장 많이 사용된다.

구분	적용범위
선단정착형	절리 또는 균열발달이 비교적 적은 경암 또는 보통암 중에서 일부 사용
전면접착형	경암, 보통암, 연암, 토사 원지반에서 팽창성 원지반까지 적용
혼합형(선단정착+전면접착)	팽창성 원지반 또는 프리스트레스를 도입하는 경우 유효

제3과목 건설재료 및 시험

41 콘크리트용 인공경량골재에 대한 설명으로 틀린 것은?

① 인공경량골재의 부립률이 클수록 콘크리트의 압축강도는 저하된다.
② 흡수율이 큰 인공경량골재를 사용할 경우 프리웨팅(pre-wetting)하여 사용하는 것이 좋다.
③ 인공경량골재를 사용하는 콘크리트는 공기연행 콘크리트로 하는 것을 원칙으로 한다.
④ 인공경량골재를 사용한 콘크리트의 탄성계수는 보통골재를 사용한 콘크리트 탄성계수보다 크다.

해설

인공경량골재를 사용한 콘크리트의 탄성계수는 보통골재를 사용한 콘크리트 탄성계수보다 작다.

42 터널 굴착을 위하여 장약량 4kg으로 시험 발파한 결과 누두지수(n)가 1.5, 폭파반경(R)이 3m이었다면, 최소저항선 길이를 5m로 할 때 필요한 장약량은?

① 6.67kg
② 11.1kg
③ 18.5kg
④ 62.5kg

해설

장약량 $L = C \cdot W^3$

1) $n(누두지수) = \dfrac{R(폭파반경)}{W(최소저항선)}$

   $1.5 = \dfrac{3}{W}$, $W = 2$

2) L(장약량) = C(폭파계수) · W³(최소저항선)

   $4 = C \times 2^3$
   $C = 0.5$
   ∴ $L = 0.5 \times 5^3 = 62.5$kg

43 아래 설명에 해당하는 재료의 일반적 성질은?

> 외력에 의해서 변형된 재료가 외력을 제거했을 때, 원형으로 되돌아가지 않고 변형된 그대로 있는 성질

① 탄성 ② 소성
③ 취성 ④ 인성

해설
외력에 의해서 변형된 재료가 외력을 제거했을 때, 원형으로 되돌아가지 않고 변형된 그대로 있는 성질을 소성 이라한다.

44 혼화재료 중 감수제에 대한 설명으로 틀린 것은?
① 시멘트 입자를 분산시킴으로서 단위수량을 줄인다.
② 공기연행 작용이 없는 감수제와 공기연행 작용을 함께 하는 AE감소제 등으로 나누어진다.
③ 감수제를 사용하면 동결융해에 대한 저항성이 증대된다.
④ 감수제를 사용하면 동일한 워커빌리티 및 강도의 콘크리트를 얻기 위해 시멘트가 더 많이 들어가야 한다.

해설
동일 워커빌리티 및 강도의 콘크리트를 얻기 위하여 필요한 단위시멘트량을 감소시킨다.

45 콘크리트용 혼화재료의 일반적인 성질에 대한 설명으로 틀린 것은?
① 방청제는 철근이나 PC강선이 부식하는 것을 방지하기 위해 사용한다.
② 지연제는 시멘트의 수화반응을 늦춰 응결시간을 길게 할 목적으로 사용되는 혼화제이다.
③ 촉진제는 보통 염화칼슘을 사용하며 일반적인 사용량은 시멘트 질량에 대하여 2% 이하를 사용한다.
④ 급결제를 사용한 콘크리트는 초기 28일의 강도증진은 매우 크고, 장기강도의 증진 또한 큰 경우가 많다.

해설
급결제를 사용한 콘크리트는 초기 재령 3시간 및 1일 강도증진이 크다

46 시멘트의 응결시험 방법으로 옳은 것은?
① 비비 시험 ② 오토클레이브 방법
③ 길모어 침에 의한 방법 ④ 공기 투과 장치에 의한 방법

해설
시멘트의 응결시험 방법
1) 길모어 침에 의한 방법
2) 비카 침에 의한 방법

정답 43 ② 44 ④ 45 ④ 46 ③

47 암석의 구조에 대한 설명으로 옳은 것은?

① 암석 특유의 천연적으로 갈라진 금을 절리라 한다.
② 퇴적암이나 변성암의 일부에서 생기는 평행상의 절리를 벽개라 한다.
③ 암석의 가공이나 채석에 이용되는 것으로 갈라지기 쉬운 면을 석리라 한다.
④ 암석을 구성하고 있는 조암광물의 집합상태에 따라 생기는 눈모양을 층리라 한다.

해설

1) 절 리
   암석 특유의 천연적으로 갈라진 금으로 주로 화성암에서 볼 수 있는 형태
2) 층 리
   퇴적암이나 변성암의 일부에서 생기는 평행상의 절리로 수성암에서 주로 볼 수 있다.
3) 편 리
   변성암에서 주로 생기는 불규칙한 절리.
4) 석 리
   조암 광물의 접합상태에 따라 생기는 눈의 모양을 석리. (석리모양)
5) 석 목(돌 눈)
   암석의 가공이나 채석에 이용하는 것으로 석재의 갈라지기 쉬운 면을 석목 또는 돌눈.(석목면)
6) 벽 개
   암석의 잘 갈라지는 면을 벽개.

48 스트레이트 아스팔트에 대한 설명으로 틀린 것은?

① 블론 아스팔트에 비해 투수계수가 크다.
② 블론 아스팔트에 비해 신장성이 크다.
③ 블론 아스팔트에 비해 점착성이 크다.
④ 블론 아스팔트에 비해 감온성이 크다.

해설

블론 아스팔트에 비해 투수계수가 작다.

49 다음은 비철금속 재료 중 어떤 것에 대한 설명인가?

- 비중은 약 8.93 정도이다.
- 전기 및 열전도율이 높다.
- 전성과 연성이 크다.
- 부식하면 청록색이 된다.

① 니켈
② 구리
③ 주석
④ 알루미늄

해설

구리의 성질
1) 비중은 8.93 정도이다.
2) 전기 및 열전도율이 높다.
3) 부식이 잘 안되나, 부식하면 청록색으로 변한다.
4) 전성과 연성이 크다.

50 아래와 같은 경량 굵은 골재에 대한 밀도 및 흡수율 시험을 하고자 할 때 1회 시험에 사용되는 시료의 최소 질량은?

> · 경량 굵은 골재의 최대 치수 : 50mm
> · 경량 굵은 골재의 추정 밀도 : 1.4g/cm³

① 2.0kg ② 2.5kg
③ 2.8kg ④ 5.0kg

해설

$$m_{\min} = \frac{d_{\max} \times De}{25} = \frac{50 \times 1.4}{25} = 2.8 kg$$

51 시멘트의 저장 및 사용에 대한 설명으로 틀린 것은?
① 시멘트는 방습적인 구조물에 저장한다.
② 시멘트를 쌓아올리는 높이는 13포대 이하로 하는 것이 바람직하다.
③ 저장 중에 약간 굳은 시멘트는 품질검사 후 사용한다.
④ 시멘트의 온도는 일반적으로 50℃ 이하에서 사용한다.

해설
저장 중에 약간 굳은 시멘트는 사용해서는 안된다.

52 콘크리트용으로 사용하는 굵은 골재의 안정성은 황산나트륨으로 5회 시험을 하여 평가한다. 이때 손질질량은 몇 %이하를 표준으로 하는가?
① 15% ② 12%
③ 10% ④ 7%

해설
골재의 안정성시험
1) 골재의 내구성을 알기위해 황산나트륨 또는 황산마그네슘 포화용액으로 골재의 부서짐 저항성을 시험하는 것
2) 골재의 손실질량 백분율

시험용 용액	손실질량 백분율(%)	
	잔 골 재	굵은골재
황산나트륨	10%이하	12%이하
황산마그네슘	15%이하	18%이하

53 제철소에서 발생하는 산업부산물로서 냉수나 차가운 공기 등으로 급랭한 후 미분쇄하여 사용하는 혼화재료는?
① 고로슬래그 미분말
② 플라이애시
③ 실리카 품
④ 화산회

해설
고로슬래그 미분말은 용광로에서 선철과 동시에 생성되는 슬래그를 급냉하여 얻은 혼화재료로서 잠재수경성 반응이 가장 크게 나타난다.

54 시멘트의 일반적인 성질에 대한 설명으로 틀린 것은?
① 시멘트가 불안정하면 이상팽창 등을 일으켜 콘크리트에 균열을 발생시킨다.
② 시멘트의 입자가 작고 온도가 높을수록 수화속도가 빠르게 되어 초기강도가 증가된다.
③ 시멘트의 분말도가 높으면 수축이 크고 균열발생의 가능성이 크며, 시멘트 자체가 풍화되기 쉽다.
④ 시멘트의 응결 시간은 수량이 많고 온도가 낮으면 빨라지고, 분말도가 높거나 C3A의 양이 많으면 느리게 된다.

해설
시멘트의 응결 시간은 수량이 많고 온도가 낮으면 느려지고, 분말도가 높거나 C3A의 양이 많으면 빠르게 된다.

55 목재의 건조에 대한 설명으로 틀린 것은?
① 건조 시 목재의 강도 및 내구성이 증가한다.
② 목재 건조 시 방부제 등의 약제주입을 용이하게 할 수 있다.
③ 목재 건조 시 균류에 의한 부식과 벌레에 의한 피해를 예방할 수 있다.
④ 목재의 자연건조법 중 수침법을 사용하면 공기 건조의 시간이 길어진다.

해설
목재의 자연건조법 중 *수침법을 사용하면 공기 건조 시간을 단축하고 변형을 적게한다.
*수침법 : 원목을 흐르는 담수에 1년 정도 담가두는 방법

56 석재를 사용할 경우 고려해야 할 사항으로 틀린 것은?
① 내화구조물에는 석재를 사용할 수 없다.
② 석재를 다량으로 사용 시 안정적으로 공급할 수 있는지 여부를 조사한다.
③ 휨응력과 인장응력을 받는 곳은 가급적이면 사용하지 않는 것이 좋다.
④ 외벽이나 콘크리트 포장용 석재에는 가급적이면 연석은 피하는 것이 좋다.

해설
내화구조물에는 석재를 사용할 수 있다.

57 지오신세틱스 - 제2부(KS K ISO10318-2)에서 아래 그림이 나타내는 토목섬유의 주요기능은?

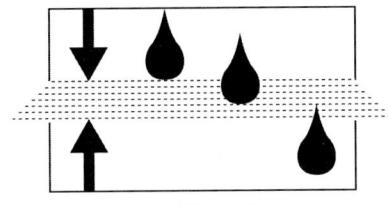

① 배수　　　　　　　　　② 여과
③ 보호　　　　　　　　　④ 분리

해설
지오신세틱스 토목섬유의 주기능 배수, 여과, 분리, 보강 기능중 상기 조건은 흙입자는 보호하고 물만 투과시키는 여과기능을 나타낸다.

58 역청재료의 침입도 지수(PI)를 구하는 식으로 옳은 것은? (단, $A = \dfrac{\log 800 - \log P_{25}}{\text{연화점} - 25}$ 이고, P_{25}는 25°C에서의 침입도이다.)

① $\dfrac{30}{1+50A} - 10$　　　　② $\dfrac{25}{1+50A} - 10$

③ $\dfrac{30}{1+40A} - 10$　　　　④ $\dfrac{25}{1+40A} - 10$

해설
1) 아스팔트 바인더는 온도가 높아지면 연성이 증가하고 온도가 낮아지면 점성이 증가하는 특성을 갖는다. Pfeiffer 외(1936)는 아스팔트 바인더의 온도에 대한 민감성을 나타내는 방법으로 침입도 지수를 제시하였다.
2) 침입도지수 : $PI = \dfrac{30}{1+50A} - 10$

59 마샬시험방법에 따라 아스팔트 콘크리트 배합설계를 진행 중이다. 재료 및 공시체에 대한 측정결과가 아래와 같을 때 포화도는?

- 아스팔트의 밀도(G) : 1.030g/cm³
- 아스팔트의 혼합률(A) : 6.3%
- 공시체의 실측밀도(d): 2.435g/cm³
- 공시체의 공극률(Vo) : 4.8%

① 58%　　　　　　　　　② 66%
③ 71%　　　　　　　　　④ 76%

해설
포화도 $S = \dfrac{V_a}{V_a + V} \times 100$

1) 아스팔트 용적률(체적비)

정답　57 ②　58 ①　59 ④

$$V_a = \frac{W_a \times d}{G_a} = \frac{6.3 \times 2.435}{1.030} = 14.89\%$$

여기서, W_a : 아스팔트 질량비(혼합률)(%)
  G_a : 아스팔트의 밀도(g/cm³)
  d : 공시체의 실측밀도(g/cm³)

2) 포화도

$$S = \frac{V_a}{V_a + V} \times 100 = \frac{14.89}{14.89 + 4.8} \times 100 = 75.6\%$$
$$= 0.7562 = 75.62\%$$

여기서, V : 공극률
  V_a : 아스팔트의 체적비

60 다음 중 골재의 조립률을 구하는데 사용되는 표준체의 크기가 아닌 것은?

① 40mm ② 10mm
③ 1.5mm ④ 0.3mm

해설

표준체
표준체 75mm, 40mm, 20mm, 10mm, 5mm, 2.5mm, 1.2mm, 0.6mm, 0.3mm, 0.15mm 체

제4과목 토질 및 기초

61 그림과 같은 지반에서 하중으로 인하여 수직응력($\triangle \sigma_1$)이 100kN/m² 증가되고 수평응력($\triangle \sigma_3$)이 50kN/m² 증가되었다면 간극수압은 얼마나 증가되었는가? (단, 간극수압계수 A=0.5이고, B=1이다.)

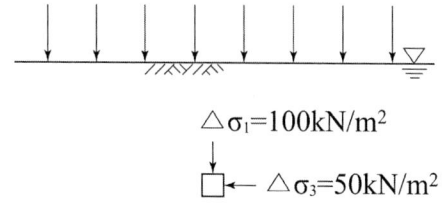

① 50kN/m² ② 75kN/m²
③ 100kN/m² ④ 125kN/m²

해설

$\triangle u = B[\triangle \sigma_3 + A(\triangle \sigma_1 - \triangle \sigma_3)]$

$= B[\triangle \sigma_3 + A(\triangle \sigma_1 - \triangle \sigma_3)]$

$= 1 \times [50 + 0.5(100 - 50)]$

$= 75 kN/m^2$

62 접지압(또는 지반반력)이 그림과 같이 되는 경우는?

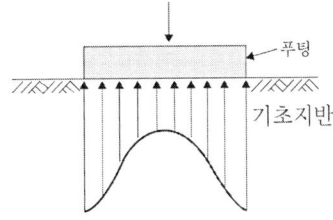

① 푸팅 : 강성, 기초지반 : 점토
② 푸팅 : 강성, 기초지반 : 모래
③ 푸팅 : 연성, 기초지반 : 점토
④ 푸팅 : 연성, 기초지반 : 모래

해설

강성기초의 접지압 분포

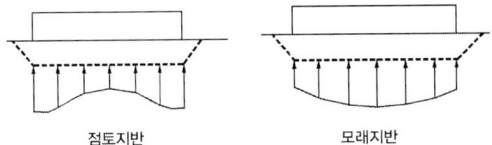

1) 기초가 강성이므로 균등침하가 발생된다.
2) 점토지반에서는 모서리쪽 접지압이 커지고 중앙부 접지압이 줄어든다.
3) 모래지반에서는 모서리쪽 접지압이 작고 중앙부 접지압이 커진다.

연성기초(휨성기초, 탄성기초)

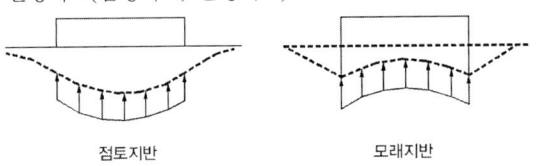

1) 연성기초는 기초가 유연하여 접지압이 균등하게 작용함
2) 점토지반 접시처럼 오목하게 발생되며, 모래지반은 중앙부 보다 모서리쪽 침하가 크게 발생된다.

63 Terzaghi의 1차 압밀에 대한 설명으로 틀린 것은?

① 압밀방정식은 점토 내에 발생하는 과잉간극수압의 변화를 시간과 배수거리에 따라 나타낸 것이다.
② 압밀방정식을 풀면 압밀도를 시간계수의 함수로 나타낼 수 있다.
③ 평균압밀도는 시간에 따른 압밀침하량을 최종압밀침하량으로 나누면 구할 수 있다.
④ 압밀도는 배수거리에 비례하고, 압밀계수에 반비례 한다.

해설

압밀도는 배수거리에 반비례하고, 압밀계수에 비례 한다.

64 간극비 $e_1=0.80$인 어떤 모래의 투수계수가 $k_1=8.5\times10^{-2}$cm/s일 때, 이 모래를 다져서 간극비를 $e_2=0.57$로 하면 투수계수 k_2는?

① 4.1×10^{-1}cm/s
② 8.1×10^{-2}cm/s
③ 3.5×10^{-2}cm/s
④ 8.5×10^{-3}cm/s

해설

$K_1 : K_2 = \dfrac{e_1^3}{1+e_1} : \dfrac{e_2^3}{1+e_2}$ 에서

$K_2 = \dfrac{\dfrac{0.57^3}{1+0.57}}{\dfrac{0.8^3}{1+0.8}} \times 8.5 \times 10^{-2}$

$= 3.5 \times 10^{-2} cm/\sec$

65 표준관입시험(S.P.T) 결과 N값이 25이었고, 이때 채취한 교란시료로 입도시험을 한 결과 입자가 둥글고, 입도분포가 불량할 때 Dunham의 공식으로 구한 내부 마찰각(ϕ)은?

① 32.3°
② 37.3°
③ 42.3°
④ 48.3°

해설

토질입자가 둥글고 균일한(불량입도)경우	$\phi = \sqrt{12N} + 15$
토질입자가 둥글고 입도분포가 양호 토립자가 모가나고 균일한(불량한입도)경우	$\phi = \sqrt{12N} + 20$
토립자가 모가나고 입도분포가 좋을때	$\phi = \sqrt{12N} + 25$

$\varnothing = \sqrt{12N} + 15 = \sqrt{12\times25} + 15 = 32.32°$

66 흙의 다짐에 대한 설명으로 틀린 것은?

① 다짐에 의하여 간극이 작아지고 부착력이 커져서 역학적 강도 및 지지력은 증대하고, 압축성, 흡수성 및 투수성은 감소한다.
② 점토를 최적함수비보다 약간 건조측의 함수비로 다지면 면모구조를 가지게 된다.
③ 점토를 최적함수비보다 약간 습윤측에서 다지면 투수계수가 감소하게 된다.
④ 면모구조를 파괴시키지 못할 정도의 작은 압력으로 점토시료를 압밀할 경우 건조측 다짐을 한 시료가 습윤측 다짐을 한 시료보다 압축성이 크게 된다.

해설

면모구조를 파괴시키지 못할 정도의 작은 압력으로 점토시료를 압밀할 경우 건조측 다짐을 한 시료가 습윤측 다짐을 한 시료보다 압축성이 작게 된다.

67 현장에서 완전히 포화되었던 시료라 할지라도 시료 채취 시 기포가 형성되어 포화도가 저하될 수 있다. 이 경우 생성된 기포를 원상태로 용해시키기 위해 작용시키는 압력을 무엇이라고 하는가?

① 배압(back pressure)
② 축차응력(deviator stress)
③ 구속압력(confined pressure)
④ 선행압밀압력(preconsolidation pressure)

해설
시료를 포화상태로하여 현장간극수압의 조건과 일치시키기 위하여 실험실에서 통상 2~3kg/cm²의 압력을 가하게 되는데 이때의 압력을 배압이라 한다.

68 지표에 설치된 3m×3m의 정사각형 기초에 80kN/m²의 등분포하중이 작용할 때, 지표면 아래 5m 깊이에서의 연직응력의 증가량은? (단, 2:1분포법을 사용한다.)

① 7.15kN/m²
② 9.20kN/m²
③ 11.25kN/m²
④ 13.10kN/m²

해설
$$\triangle \sigma_v = \frac{B \cdot L \cdot q_s}{(B+Z)(L+Z)} = \frac{3 \times 3 \times 80}{(3+5)(3+5)} = 11.25 kN/m^2$$

69 지표면이 수평이고 옹벽의 뒷면과 흙과의 마찰각이 0°인 연직옹벽에서 Coulomb토압과 Rankine 토압은 어떤 관계가 있는가? (단, 점착력은 무시한다.)

① Coulomb 토압은 항상 Rankine 토압보다 크다.
② Coulomb 토압과 Rankine 토압은 같다.
③ Coulomb 토압이 Rankine 토압보다 작다.
④ 옹벽의 형상과 흙의 상태에 따라 클 때도 있고 작을 때도 있다.

해설
Coulomb의 토압은 흙과 벽마찰각을 무시하고 뒷채움은 수평이며, 작용하는 하중이 등분포하중일 때 Rankine 토압과 같아진다.

70 그림과 같이 지표면에 집중하중이 작용할 때 A점에서 발생하는 연직응력의 증가량은?

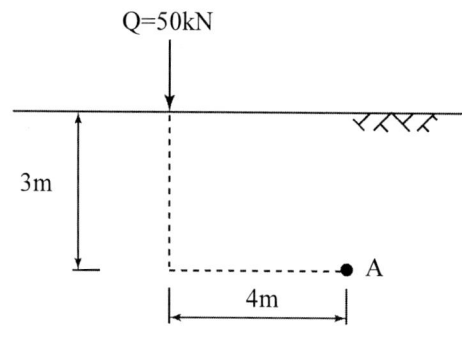

① $0.21 kN/m^2$
② $0.24 kN/m^2$
③ $0.27 kN/m^2$
④ $0.30 kN/m^2$

해설

1) $\triangle \sigma_z = \dfrac{P}{Z^2} \cdot I = \dfrac{P}{Z^2} \times \dfrac{3Z^5}{2\pi R^5}$
2) $R = \sqrt{3^2 + 4^2} = 5$

$\therefore \triangle \sigma_z = \dfrac{50}{3^2} \times \dfrac{3 \times 3^5}{2 \times \pi \times 5^5} = 0.21 kN/m^2$

71 다음 지반 개량공법 중 연약한 점토지반에 적합하지 않은 것은?

① 프리로딩 공법
② 샌드 드레인 공법
③ 페이퍼 드레인 공법
④ 바이브로 플로테이션 공법

해설

바이브로 플로테이션 공법은 사질토 지반 개량공법

72 3층 구조로 구조결합 사이에 치환성 양이온이 있어서 활성이 크고, 시트(sheet) 사이에 물이 들어가 팽창·수축이 크고, 공학적 안정성이 약한 점토 광물은?

① sand
② illite
③ kaolinite
④ montmorillonite

해설

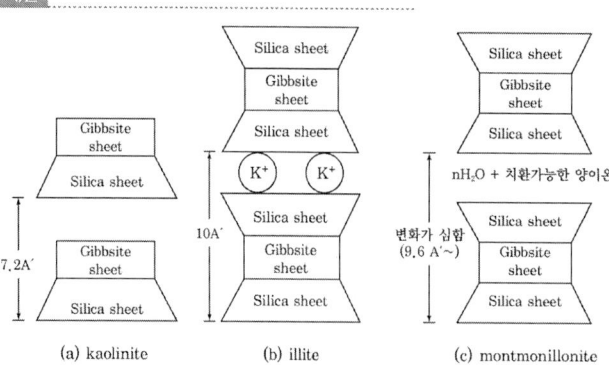

(a) kaolinite (b) illite (c) montmorillonite

3대 점토광물의 기본 구조
① Kaolinite (고령토)
　1) 수축, 팽창이 없어 공학적 안정성이 대단히 좋다
　2) 활성이 적다.
　3) 수소결합의 2층 판상구조
② Illite(일라이트)
　1) 수축, 팽창이 거의 없지만 공학적 안전성은 중간
　2) 두 개의 규소판 사이에 한 개의 알루미늄판이 결합된 3층 판상구조 사이에 칼륨이온 (K^+) 으로 결합되어 있는 점토광물
③ Montmorillonite(몬모릴로나이트)
　1) 팽창, 수축이 커 공학적 안정성이 제일 불안전
　2) 활성도가 제일 크다.
　3) 3층 판상구조로 구조 결합 사이에 치환성 양이온이 있어서 활성이 제일 크다.

73 연약지반에 구조물을 축조할 때 피에조미터를 설치하여 과잉간극수압의 변화를 측정한 결과 어떤 점에서 구조물 축조 직후 과잉간극수압이 100kN/m²이었고, 4년 후에 20kN/m²이었다. 이때의 압밀도는?

① 20%　② 40%
③ 60%　④ 80%

해설

압밀도 $= 1 - \dfrac{20(4년후\ 간극수압)}{100(초기간극수압)} \times 100 = 80\%$

74 다음 연약지반 개량공법 중 일시적인 개량공법은?

① 치환 공법　② 동결 공법
③ 약액주입 공법　④ 모래다짐말뚝 공법

해설

일시적 지반개량공법
1) well point 공법
2) deep well 공법
3) 대기압 공법
4) 동결 공법

75 사면안정 해석방법에 대한 설명으로 틀린 것은?

① 일체법은 활동면 위에 있는 흙덩어리를 하나의 물체로 보고 해석하는 방법이다.
② 마찰원법은 점착력과 마찰각을 동시에 갖고 있는 균질한 지반에 적용된다.
③ 절편법은 활동면 위에 있는 흙을 여러 개의 절편으로 분할하여 해석하는 방법이다.
④ 절편법은 흙이 균질하지 않아도 적용이 가능하지만, 흙 속에 간극수압이 있을 경우 적용이 불가능하다.

해설

절편법(분할법)
1) 파괴면 위의 흙을 수 개의 절편으로 나눈 후 각각의 절편에 대해 안정성을 계산하는 방법으로
2) $F_s = \dfrac{c.l + (W\cos\theta - U)\tan\varnothing}{W\sin\theta}$
 절편법 Fellenius 식에서 간극수압 U를 고려하고 있다.

76 도로의 평판 재하 시험에서 1.25mm 침하량에 해당하는 하중 강도가 250kN/m²일 때 지반반력 계수는?

① 100MN/m³
② 200MN/m³
③ 1,000MN/m³
④ 2,000MN/m³

해설

지지력 계수
$$\dfrac{하중강도}{침하량} = \dfrac{250}{0.00125} = 200{,}000 kN/m^3 = 200 MN/m^3$$

77 4.75mm체(4번 체) 통과율이 90%, 0.075mm체(200번 체) 통과율이 4%이고, D_{10}=0.25mm, D_{30}=0.6mm, D_{60}=2mm인 흙을 통일분류법으로 분류하면?

① GP
② GW
③ SP
④ SW

해설

1) 0.075mm 통과량 50%이하이므로 조립토로 분류
 4.75mm통과량 50%이상이므로 모래(S)로 분류
2) 균등계수 및 곡률계수
$$C_u = \dfrac{D_{60}}{D_{10}} = \dfrac{2}{0.25} = 8 > 6$$
$$C_g = \dfrac{D_{30}^2}{D_{10} \cdot D_{60}} = \dfrac{0.6^2}{0.25 \times 2} = 0.72$$
∴ 균등계수 6이상이나 곡률계수 1~3범위를 벗어나므로 SP로 분류

78 그림과 같이 동일한 두께의 3층으로 된 수평 모래층이 있을 때 토층에 수직한 방향의 평균 투수계수 (k_v)는?

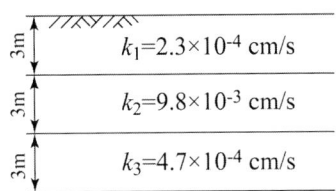

① 2.38×10^{-3} cm/s
② 3.01×10^{-4} cm/s
③ 4.56×10^{-4} cm/s
④ 5.60×10^{-4} cm/s

해설

수직한 방향 평균 투수계수

$$K_v = \frac{H}{\frac{h_1}{K_{v1}} + \frac{h_2}{K_{v2}} + \frac{h_3}{K_{v3}}}$$

$$= \frac{300 + 300 + 300}{\frac{300}{2.3 \times 10^{-4}} + \frac{300}{9.8 \times 10^{-3}} + \frac{300}{4.7 \times 10^{-4}}}$$

$$= 4.56 \times 10^{-4} cm/\sec$$

79 어떤 점토지반에서 베인 시험을 실시하였다. 베인의 지름이 50mm, 높이가 100mm, 파괴 시 토크가 59N·m일 때 이 점토의 점착력은?

① $129 kN/m^2$
② $157 kN/m^2$
③ $213 kN/m^2$
④ $276 kN/m^2$

해설

$$점착력(C) = \frac{M_{\max}}{\pi D^2(\frac{H}{2} + \frac{D}{6})}$$

$$= \frac{0.059}{\pi \times 0.05^2(\frac{0.1}{2} + \frac{0.05}{6})}$$

$$= 129 kN/m^2$$

80 그림과 같은 정사각형 기초에서 안전율을 3으로 할 때 Terzaghi의 공식을 사용하여 지지력을 구하고자 한다. 이때 한 변의 최소길이(B)는? (단, 물의 단위중량은 $9.81kN/m^3$, 점착력(c)은 $60kN/m^2$, 내부 마찰각(ϕ)은 0°이고, 지지력계수 $N_c = 5.7$, $N_q = 1.0$, $N_\gamma = 0$이다.)

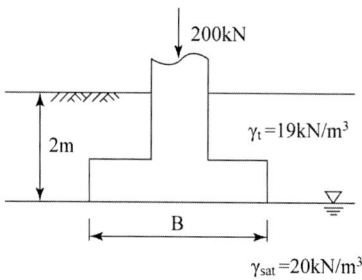

① 1.12m
② 1.43m
③ 1.51m
④ 1.62m

해설

1) $q_u = \alpha c N_c + \beta B \gamma_1 N_r + D_f \gamma_2 N_q$
   $= 1.3 \times 60 \times 5.7 + 0 + 2 \times 19 \times 1$
   $= 482.6 kN/m^2$

2) $q_a = \dfrac{q_u}{F_s} = \dfrac{482.6}{3} = 160.87 kN/m^2$

3) $q_a = \dfrac{Q_a}{A}$ 에서 $160.87 = \dfrac{200}{B^2}$
   $\therefore B = 1.12m$

정답 80 ①

CBT 모의고사
제1회 건설재료시험기사

제1과목 콘크리트공학

01 한중(寒中) 콘크리트에 사용하는 재료에 대한 설명으로 옳지 않은 것은?
① 한중 콘크리트에는 AE 콘크리트를 사용하는 것을 원칙으로 한다.
② 물-결합재비는 원칙적으로 60%이하로 한다.
③ 골재는 시트 등으로 덮어서 동결이 방지 되도록 저장해야 한다.
④ 시멘트는 냉각되지 않도록 하고, 사용시 직접 가열하여 온도 저하를 방지하는 것이 좋다.

해설
시멘트는 직접 가열해서는 안된다.

02 콘크리트의 압축강도를 시험하여 슬래브 및 보 밑면의 거푸집과 동바리를 떼어낼 때 콘크리트 압축강도 기준값으로 옳은 것은?
① 설계기준강도×1/3이상, 14MPa이상
② 설계기준강도×2/3이상, 14MPa이상
③ 설계기준강도×1/3이상, 10MPa이상
④ 설계기준강도×2/3이상, 10MPa이상

해설
콘크리트의 압축강도를 시험한 경우 거푸집 및 동바리 해체시기

부재	콘크리트 압축강도(f_{cu})
확대기초, 보 옆, 기둥 등의 측벽	5MPa 이상
슬래브 및 보의 밑면, 아치 내면	설계기준압축강도의 $\frac{2}{3}$배 이상, 또한 최소 14MPa 이상

03 벽 또는 기둥과 같은 높이가 높은 콘크리트를 연속해서 타설할 경우 콘크리트를 쳐 올라가는 속도로서 가장 적당한 것은?
① 30분에 0.5~1m 정도
② 30분에 1~1.5m 정도
③ 30분에 1.5~2m 정도
④ 30분에 2~2.5m 정도

해설
벽 기둥과 같은 높은 콘크리트의 타설속도는 일반적으로 30분에 1~1.5m가 적당하다.

정답 01 ④ 02 ② 03 ②

04 단위 골재량의 절대부피가 $800 l$인 콘크리트에서 잔골재율(S/a)이 40%이고, 굵은 골재의 표건밀도가 $2.65g/cm^3$이면, 단위 굵은골재량은 얼마인가?

① 848kg
② 1,272kg
③ 1,044kg
④ 2,120kg

해설

1) 단위 잔골재 절대체적($1m^3 = 1000L$)
   $= 0.8 \times 0.4 = 0.32 m^3$
2) 단위 굵은골재 절대체적
   $= 0.8 - 0.32 = 0.48 m^3$
3) 단위 굵은골재량
   $= 0.48 \times 2.65 \times 1,000 = 1,272 kg$

05 콘크리트 구조물의 전자파레이더법에 의한 비파괴시험에서 진공 중에서 전자파의 속도를 C, 콘크리트의 비유전율을 ϵ_γ이라 할 때 콘크리트 내의 전자파의 속도 V를 구하는 식으로 맞는 것은?

① $V = C \cdot \epsilon_\gamma (m/s)$
② $V = C/\epsilon_\gamma (m/s)$
③ $V = C \cdot \sqrt{\epsilon_\gamma} (m/s)$
④ $V = C/\sqrt{\epsilon_\gamma} (m/s)$

해설

콘크리트 내의 전자파속도(V)
$V = C/\sqrt{\epsilon_\gamma} (m/s)$
여기서, C : 진공 중에서의 전자파속도
ϵ_γ : 콘크리트의 비유전율

06 압력법에 의한 굳지 않은 콘크리트의 공기량시험(KS F 2421)중 물을 붓고 시험하는 경우(주수법)의 공기량 측정 용량은 최소 얼마 이상으로 하는가?

① 3L
② 5L
③ 7L
④ 9L

해설

1) 주수법 : 5L
2) 무주수법 : 7L

정답 04 ② 05 ④ 06 ②

07 현장의 골재에 대한 체분석 결과 잔골재 속에 5mm체에 남는 것이 4%, 굵은골재 속에 5mm체를 통과하는 것이 10%였다. 시방배합표상의 단위 잔골재량은 643kg/m³ 이며, 단위 굵은골재량은 1,212kg/m³이다. 현장 배합을 위한 단위 잔골재량은 얼마인가?

① 532kg/m³
② 588kg/m³
③ 613kg/m³
④ 637kg/m³

해설

단위잔골재량(X)

$$X = \frac{100S - b(S+G)}{100 - (a+b)}$$

$$= \frac{100 \times 643 - 10(643 + 1,212)}{100 - (4+10)} = 532kg$$

08 고유동 콘크리트에서 굳지 않은 콘크리트의 유동성을 관리하는 시험으로 옳은 것은?

① 슬럼프 플로 시험
② 간극 통과성 시험
③ 깔때기 유하시험
④ 자기 충전 시험

해설

고유동 콘크리트에서 유동성은 슬럼프 플로시험으로 한다.

09 일반 콘크리트의 제조 시 굵은골재 목표 1회 계량분은 2,530kg이나 현장에서 굵은골재 저울에 의한 계량치는 2,500kg이다. 계량오차와 허용치 여부에 대해 옳은 것은?

① 계량오차 : -1%, 허용치 만족 여부 : 합격
② 계량오차 : -2%, 허용치 만족 여부 : 합격
③ 계량오차 : -1%, 허용치 만족 여부 : 불합격
④ 계량오차 : -2%, 허용치 만족 여부 : 불합격

해설

1) 계량오차 = $\frac{2500 - 2530}{2530} \times 100 = -1.19\%$

2) 골재의 허용 오차는 ±3% 이므로 합격

10 고강도 콘크리트의 타설에 대한 내용 중 ( )에 적합한 것은?

> 기둥 부재에 쳐 넣은 콘크리트 강도와 슬래브나 보에 쳐 넣은 콘크리트 강도의 차가 ( )배 이상일 경우에는 기둥에 사용한 콘크리트가 수평부재의 접합면에서 0.6m정도 충분히 수평재 쪽으로 안전한 내민 길이를 확보한다.

① 0.6 ② 1.0
③ 1.4 ④ 1.6

해설
수직부재에 부어넣는 콘크리트의 강도와 수평부재에 부어넣는 콘크리트 강도의 차가 1.4배 이상일 경우에는 수직부재에 부어넣는 고강도 콘크리트는 수직-수평부재의 접합면으로부터 수평부재쪽으로 안전한 내민길이를 확보하도록 한다.

11 콘크리트의 품질관리 중 받아들이기 품질검사에 대한 설명으로 틀린 것은?
① 콘크리트의 받아들이기 품질관리는 콘크리트를 타설하기 전에 실시한다.
② 강도 검사는 콘크리트의 배합검사를 실시하는 것을 표준으로 한다.
③ 내구성 검사는 공기량, 염소이온량을 측정하는 것으로 한다.
④ 워커빌리티 검사는 잔골재율의 설정치를 만족하는지의 여부를 확인하고 재료분리 저항성을 실험에 의하여 확인한다.

해설
콘크리트의 받아들이기 품질검사에서 워커빌리티의 검사는 굵은골재 최대치수 및 슬럼프가 설정치를 만족하는 지의 여부를 확인하고 동시에 재료분리에 대한 저항성을 외관관찰로 확인하는 검사다.

12 굳지 않은 콘크리트의 성질에 대한 설명으로 잘못된 것은?
① 단위 시멘트량이 큰 콘크리트일수록 성형성이 좋다.
② 온도가 높을수록 슬럼프는 감소된다.
③ 둥근 입형의 잔골재를 사용한 콘크리트는 모가 진 부순모래를 사용한 것에 비해 워커빌리티가 나쁘다.
④ 일반적으로 플라이 애시를 사용한 콘크리트는 워커빌리티가 개선된다.

해설
둥근 입형의 잔골재를 사용하면 워커빌리티는 좋아진다.

13 숏크리트에 대한 설명으로 틀린 것은?
   ① 일반 숏크리트의 장기 설계기준 압축강도는 재령 28일로 설정한다.
   ② 습식 숏크리트는 배치 후 60분 이내에 뿜어붙이기를 실시하여야 한다.
   ③ 숏크리트의 초기강도는 재령 3시간에서 1.0~3.0MPa을 표준으로 한다.
   ④ 굵은골재의 최대치수는 25mm의 것이 널리 쓰인다.

   해설
   숏크리트용 굵은골재에는 부순돌 및 강자갈이 사용되며, 최대치수는 8~20mm로 한다.

14 콘크리트용 화학혼화제의 일반적인 특성에 관한 다음 설명 중 잘못된 것은?
   ① 고성능 공기연행 감수제는 감수효과가 현저히 크지만, 시간경과와 더불어 콘크리트 슬럼프가 공기연행제보다 저하되기 쉽다.
   ② 공기연행제는 독립된 미세한 공기포를 연행시키는 기능을 갖고, 콘크리트의 동결융해 저항성을 현저히 증대시킨다.
   ③ 감수제는 시멘트 입자를 정전기적인 반발작용에 따라 분산시켜 콘크리트의 단위수량을 감소시킨다.
   ④ 공기연행 감수제는 시멘트 분산작용과 공기연행작용을 병행하여 감수효과가 크다.

   해설
   고성능 AE감수제는 종래의 감수제에 비해 w/c를 획기적으로 감수가 가능하고, 슬럼프 저하가 적은 혼화제이다.

15 콘크리트 구조물의 온도 균열에 대한 시공상의 대책으로 틀린 것은?
   ① 단위시멘트량을 적게 한다.
   ② 1회의 콘크리트 타설 높이를 줄인다.
   ③ 수축이음부를 설치하고, 콘크리트 내부 온도를 낮춘다.
   ④ 기존의 콘크리트로 새로운 콘크리트의 온도에 따른 이동을 구속시킨다.

   해설
   온도에 따른 이동을 구속시키면 온도에 따른 균열이 더 크게 발생된다. 따라서 온도에 따른 구속도를 적게 하며, 수축이음부의 설치간격을 줄이고 팽창제사용 단위시멘트량을 적게 사용, 프리쿨링, 파이프 쿨링 등의 방법을 강구하는 것이 중요하다.

16 굳지 않은 콘크리트에 관한 설명으로 틀린 것은?

① 잔골재의 세립분 함유량 및 잔골재율이 작으면 콘크리트의 재료분리 경향이 커진다.
② 단위시멘트량을 크게 하면 성형성이 나빠진다.
③ 혼합시 콘크리트의 온도가 높으면 슬럼프 값은 저하한다.
④ 포졸란 재료를 사용하면 세립이 부족한 잔골재를 사용한 콘크리트의 워커빌리티를 개선한다.

해설

1) 잔골재에 세립분 함유량 및 잔골재량이 너무 작으면 골재의 유동성이 떨어져 재료분리가 일어날 가능성이 크며 반대로 잔골재율이 너무 크게 되면 단위수량이 늘어나 재료분리의 가능성이 생긴다. 따라서 과도한 잔골재율의 변동이 없도록 배합설계를 하는 것이 필요하다.
2) 단위시멘트량이 크면 시멘트의 부착성이 커져서 변형에 대한 저항성이 증가돼 성형성이 유지된다.

17 일반적인 경우 콘크리트의 건조수축에 가장 큰 영향을 미치는 요인은?

① 단위시멘트량
② 단위수량
③ 잔골재율
④ 단위굵은골재량

해설

단위수량이 많을수록 콘크리트 내부물의 표면장력에 의한 시멘트페이스트 수축이 커져 건조 수축량이 증가된다.

18 프리스트레스트콘크리트(PSC)와 철근콘크리트(RC)의 비교 설명으로 틀린 것은?

① PSC는 RC에 비하여 강성이 커서 변형이 작고 진동에 강하다.
② PSC는 RC에 비하여 고강도의 콘크리트와 강재를 사용하게 된다.
③ PSC는 RC에 비하여 탄성적이고 복원성이 크다.
④ PSC는 균열이 발생하지 않도록 설계되기 때문에 내구성 및 수밀성이 좋다.

해설

PSC는 단면이 작아 처짐(변형) 및 진동이 RC에 비해서 크게 발생된다.

19 경화 전의 콘크리트에 발생하는 균열에 관한 설명 중 틀린 것은?

① 초기수축균열은 콘크리트로부터의 급격한 수분증발이 주요 발생원인이다.
② 초기수축균열을 플라스틱수축균열이라고도 한다.
③ 침하균열은 블리딩이 많은 콘크리트일수록 적게 된다.
④ 침하균열은 콘크리트를 친 후 1~3시간 지나 상부표면에 주로 발생한다.

해설

침하균열은 블리딩이 많이 생길수록 많이 발생한다.

20 거푸집 및 동바리의 구조계산에 관한 설명으로 틀린 것은?

① 고정하중은 철근콘크리트와 거푸집의 중량을 고려하여 합한 하중이며, 철근의 중량을 포함한 콘크리트의 단위중량은 보통콘크리트에서는 24kN/m^3을 적용하고, 거푸집 하중은 최소 0.4kN/m^3이상을 적용한다.
② 활하중은 작업원, 경량의 장비하중, 기타 콘크리트 타설에 필요한 자재 및 공구 등의 시공하중, 그리고 충격하중을 포함한다.
③ 동바리에 작용하는 수평방향 하중으로는 고정하중의 2%이상 또는 동바리 상단의 수평방향 단위길이당 1.5kN/m 이상 중에서 큰 쪽의 하중이 동바리 머리부분에 수평방향으로 작용하는 것으로 가정한다.
④ 벽체 거푸집의 경우에는 거푸집 측면에 대하여 5kN/m^2이상의 수평방향 하중이 작용하는 것으로 본다.

[해설]
동바리 : 고정하중 2%이상 또는 1.5kN/m이상 고려
옹벽거푸집 : 0.5kN/m^2이상

제2과목　건설시공 및 관리

21 토량의 변화율이 L=1.2, C=0.9일 때, 보통 흙으로 45,000m^3의 성토를 하고자 한다. 운반하여야 할 토량은?

① 33,750m^3
② 45,000m^3
③ 54,000m^3
④ 60,000m^3

[해설]
1) 본바닥토량=45,000÷0.9=50,000m^3
2) 운반토량=50,000×1.2=60,000m^3

22 아스팔트 콘크리트 포장과 비교한 시멘트 콘크리트 포장의 특성에 대한 설명으로 틀린 것은?

① 내구성이 커서 유지관리비가 저렴하다.
② 표층은 교통하중을 하부층으로 전달하는 역할을 한다.
③ 국부적 파손에 대한 보수가 곤란하다.
④ 시공 후 충분한 강도를 얻는 데까지 장시간의 양생이 필요하다.

[해설]
시멘트 콘크리트 구조특성상 상부하중을 표층(콘크리트슬래브)에서 부담하고 하부구조까지 응력이 미치지 않는다.

23 교량구조 중 좌우의 주형을 연결하여 구조물의 횡방향지지 및 강성을 확보, 횡하중의 받침부로 원활한 하중 전달을 하기 위해 설치된 구조는 무엇인가?

① 브레이싱 ② 교대
③ 바닥틀 ④ 구체

해설
브레이싱(bracing)은 교량의 좌우 주형을 연결하여 구조물 횡방향지지, 교량단면 형상유지, 강성의 확보를 하기위해 설치되는 구조물이다.

24 토적곡선(mass curve)에 대한 설명 중 틀린 것은?

① 동일 단면 내의 절토량, 성토량은 토적곡선에서 구할 수 있다.
② 평균 운반거리는 절토량 2등분 선상의 점을 통하는 평행선과 나란한 수평거리로 표시한다.
③ 절토구간의 토적곡선은 상승곡선이 되고 성토구간의 토적곡선은 하향곡선이 된다.
④ 곡선의 최대값을 나타내는 점은 절토에서 성토로 옮기는 점이다.

해설
토적곡선에서 절토량, 성토량은 토적곡선에서 구할 수 없다(횡방향 토량 배제).

25 지반안정용액을 주수하면서 수직굴착하고 철근콘크리트를 타설한 후 굴착하는 공법으로 타공법에 비해 차수성이 우수하고 지반변위가 작은 토류공법은?

① 강널말뚝 흙막이벽 ② 벽강관 널말뚝 흙막이벽
③ 벽식 연속 지중벽 공법 ④ Top down 공법

해설
벽식 연속지중벽 공법(Slurry wall)에 대한 설명으로 도심지 소음진동이 적고 차수효과가 우수한 흙막이 공법

26 연약지반처리 공법으로서 적당하지 않은 것은?

① 바이브로플로테이션 공법 ② 침매공법
③ 버티컬 드레인 공법 ④ 치환공법

해설
침매공법은 터널시공 공법으로 해저터널공사 적용에 유용한 공법이다.

27 항만공사에서 간만의 차가 큰 장소에 축조되는 항은?
① 하구항(coastal harbor)
② 개구항(open harbor)
③ 폐구항(closed harbor)
④ 피난항(refuge harbor)

해설
1) 폐구항
  조수 간만의 차가 큰장소에 선박의 출입이 가능하도록 폐구시켜 놓는 항.
2) 하구항
  하구에 위치한 항구를 하구항이라한다. 연안의 일반적인 항만과 달리 대규모의 방파제가 필요 없고 또한 소형선에 의하여 상류까지의 내륙운송이 가능한 이점이 있지만, 하천에 유입되는 토사 때문에 항로의 수심을 유지하기 곤란한 단점이 있다.
3) 개구항
  간만(干滿)에 관계없이 언제나 자유롭게 배가 출입하고 정박할 수 있는 항구
4) 피난항
  태풍 등 날씨가 좋지 않을 때 선박이 태풍과 파도를 피하기 위한 항구

28 지하 굴착에 따라 수반되는 지하수를 배출할 때 주변지반에 미치는 영향을 설명한 것으로 틀린 것은?
① 흙막이벽에 작용하는 주동토압의 감소
② 흙막이벽에 작용하는 수동토압의 감소
③ 히빙(Heaving) 방지
④ 지반의 압축침하와 압밀침하 발생

해설
1) 지하수가 배출되면 연직응력은 증가하나 수평응력은 감소하고(주동토압감소) 배면 지반이 침하가 발생된다.
2) 주동토압의 감소로 수동토압은 증가된다.

29 아스팔트 포장 시공 단계에서 보조기층의 보호 및 수분의 모관상승을 차단하고 아스팔트 혼합물과의 접착성을 좋게 하기 위하여 실시하는 것은 무엇인가?
① 택 코트(tack coat)
② 프라임 코트(prime coat)
③ 실 코트(seal coat)
④ 컬러 코트(color coat)

해설
프라임 코트에 대한 설명이다.

30 공상현상에 대한 대책으로 올바르지 않은 것은?
① 말뚝은 수직으로 굴착하고 철근도 수직으로 세운다.
② 철근이 뽑혀올라오지 않도록 slime의 생성을 촉진한다.
③ 철근망을 달아매는 기계를 사용하여 세우는 도중의 비틀림, 좌굴을 방지한다.
④ 콘크리트를 Chute 내에서 절대로 흘리지 않게 한다.

해설
공상현상은 공내 수직도가 맞지 않아서 생기는 현상으로 Slime 생성과는 전혀 관계없다.

정답 27 ③ 28 ② 29 ② 30 ②

31 샌드 드레인 공법에서 Sand pile을 정삼각형 배치할 경우 모래기둥의 간격은?(단, Sand pile의 유효지름은 40cm이다.)

① 35.3cm
② 36.9cm
③ 38.1cm
④ 39.2cm

해설
1) $d_e = 1.05d$
2) $40 = 1.05d$
∴ 모래기둥 간격 $d = 38.1\text{cm}$

32 8t 덤프 트럭으로 보통 토사를 운반하고자 할 때, 적재장비를 버킷용량 $2.0m^3$인 백호를 사용하는 경우 백호의 적재횟수는?(단, 흙의 γ=1.5t/m³, 토량변화율(L)=1.2, 버킷계수(K)=0.85, 백호의 사이클 시간(C_{ms})=25s, 작업효율(E)=0.75)

① 2회
② 4회
③ 6회
④ 8회

해설
1) $q_t = \dfrac{T}{r_t}L = \dfrac{8}{1.5} \times 1.2 = 6.4 m^3$
2) $n = \dfrac{q_t}{q \cdot k} = \dfrac{6.4}{2 \times 0.85} = 3.76 = 4회$
∴ 적재횟수 : 4회

33 사이폰 관거(syphon drain)에 대한 다음 설명 중 옳지 않은 것은?

① 암거가 앞뒤의 수로바닥에 비하여 대단히 낮은 위치에 축조된다.
② 일종의 집수암거로 주로 하천의 복류수를 이용하기 위하여 쓰인다.
③ 용수, 배수, 운하 등 성질이 다른 수로가 교차하지만 합류시킬 수 없을 때 사용한다.
④ 다른 수로 혹은 노선과 교차할 때 사용된다.

해설
사이펀 암거
수로교로서 물을 횡단시키지 못하는 경우에 암거 전후의 수로바닥보다 대단히 낮은 위치에 만들어 물을 횡단시키는 목적으로 설치한다.

34 철륜 표면에 다수의 돌기를 붙여 접지면적을 작게 하여 접지압을 증가시킨 다짐기계로 일반 성토 다짐보다 비교적 함수비가 많은 점질토 다짐에 적합한 롤러는?

① 진동롤러　　　　　　② 탬핑롤러
③ 타이어 롤러　　　　　④ 로드 롤러

해설

전압식 다짐장비
1) 로드롤러(Road Roller)
　가. Macadam roller
　　　3륜구조로 자갈 및 사질토, 쇄석층, 아스팔트 포장 1차다짐에 적합
　나. Tandem roller 2륜구조로 아스팔트 포장의 마무리 다짐에 적합
2) 타이어롤러(Tire roller)
　아스팔트 포장의 2차 다짐 및 사질토 지반 다짐에 적합
3) 탬핑롤러(Tamping Roller)
　가. 드럼에 다수의 돌기를 붙여 흙의 깊은 위치를 다지는 기계.
　나. 함수비가 높은 점토질 지반의 다짐에 적합

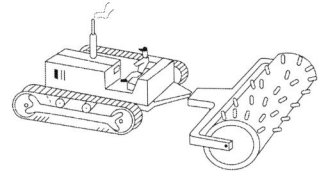

탬핑롤러(Tamping Roller)

35 $\bar{x} - R$ 관리도에서 필요하지 않은 관리선은?

① UCL　　　　　　② PCL
③ LCL　　　　　　④ CL

해설

$\bar{x} - R$ 관리도
・중심선 : CL
・상부 관리한계 : UCL
・하부 관리한계 : LCL

36 디퍼 준설선(Dipper Dredger)의 특징으로 틀린 것은?
① 암석이나 굳은 토질에도 적합하다.
② 작업장소가 넓지 않아도 된다.
③ 준설비가 비교적 작고, 연속식에 비하여 작업능률이 뛰어나다.
④ 기계의 고장이 비교적 적다.

해설
디퍼 준설선
1) 동력으로 작동되는 강력한 셔블을 가지고 바닥을 퍼올리는 장비
2) 연질토사부터 파쇄된 암석까지 준설에 적합
3) 경사면 준설이 가능
4) 준설능력이 적으므로 준설단가가 고가

37 다음의 연약지반 처리 공법 중에서 일시적인 공법이 아닌 것은?
① 약액주입공법 ② 동결공법
③ 대기압공법   ④ 웰포인트 공법

해설
일시적인 주입공법
1) 웰포인트(well point)공법
2) 대기압공법
3) 동결공법
4) 전기침투공법
5) 소결공법

38 다음 공정표에 대한 설명으로 가장 적합한 것은?

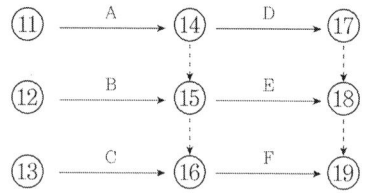

① D는 A, B가 완료하여야 시작할 수 있다.
② F는 A, B, C가 완료하여야 시작할 수 있다.
③ E는 A만 완료하면 시작할 수 있다.
④ E는 A, D가 완료하여야 시작할 수 있다.

해설
1) D는 A가 완료하여야 시작할 수 있다.
2) F는 A,B,C가 완료하여야 시작할 수 있다.
3) E는 A,B가 완료하여야 시작할 수 있다.

39 점성토에서 발생하는 히빙의 방지대책으로 틀린 것은?
① 널말뚝의 근입 깊이를 짧게 한다.
② 표토를 제거하거나 배면의 배수 처리로 하중을 작게 한다.
③ 연약지반을 개량한다.
④ 부분굴착 및 트렌치 컷 공법을 적용한다.

해설
히빙방지대책으로 널말뚝의 근입깊이를 길게 한다.

40 공정관리법 가운데 CPM에 대한 설명으로 옳은 것은?
① 최소비용에 관련된 이론이 없다.
② 경험이 없는 사업에 적용한다.
③ 활동 중심의 일정 계산을 한다.
④ 3점 추정방법으로 공기를 추정한다.

해설
CPM은 반복적, 경험있는 사업, 1점시간추정, 공비절감 목적으로 사용되는 공정관리기법이다.

제3과목 건설재료 및 시험

41 경량골재 콘크리트에 사용되는 경량골재에 대한 설명 중 틀린 것은?
① 깨끗하고, 강하며 내구적이어야 하고 적당한 입도 및 단위질량을 가져야 한다.
② 골재의 씻기 시험에 의하여 손실되는 양은 10%이하로 하여야 한다.
③ 굵은 골재의 최대 치수는 원칙적으로 25mm로 한다.
④ 경량골재 중 잔골재는 건조된 상태의 최대 단위질량이 1,100kg/m³이어야 한다.

해설
경량골재 콘크리트의 굵은골재 최대치수는 원칙적으로 20mm로 한다.

42 시멘트의 분말도와 물리적 성질에 관한 설명 중 틀린 것은?
① 시멘트의 분말도는 높을수록 콘크리트의 초기 강도가 크다.
② 분말도가 높은 시멘트는 작업이 용이한 콘크리트를 얻을 수 있다.
③ 분말도가 높으면 수축률이 커지기 쉽고 콘크리트에 틈이 생길 가능성이 많다.
④ 분말도가 높으면 내구성이 따라서 증가한다.

해설
분말도가 큰 시멘트는 초기강도는 증가되나 궁극적으로 표면의 건조수축량이 커져서 내구성이 증가 되지는 않는다.

정답 39 ① 40 ③ 41 ③ 42 ④

43 암석은 그 성인(成因)에 따라 대별되는데 편마암, 대리석 등은 어느 암으로 분류되는가?

① 수성암 ② 화성암
③ 변성암 ④ 석회질암

해설
암석의 성인에 따른 분류
1) 화성암 : 화강암, 안산암, 현무암 등
2) 변성암 : 대리석, 편마암, 사문암 등
3) 퇴적암 : 사암, 적판암, 석회암 등

44 다음 골재의 함수상태를 표시한 것 중 틀린 것은?

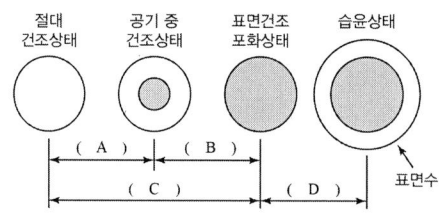

① A : 기건 함수량 ② B : 유효 흡수량
③ C : 함수량 ④ D : 표면수량

해설
C는 흡수량이다.

45 콘크리트용 골재(骨材)에 요구되는 성질 중 옳지 않은 것은?

① 물리적으로 안정하고 내구성이 클 것
② 화학적으로 안정할 것
③ 시멘트 풀과의 부착력이 큰 표면조직을 가질 것
④ 골재의 입도 크기가 균일할 것

해설
골재의 입도는 크고 작은 입도로 골고루 섞여있어야 한다.

46 어떤 재료의 포아송 비가 1/3이고, 탄성계수는 2×10^5 MPa 일 때 전단 탄성계수는?

① 25,600MPa ② 75,000MPa
③ 544,000MPa ④ 229,500MPa

해설
$$G = \frac{E_c}{2.(1+\nu)} = \frac{2 \times 10^5}{2 \times (1+\frac{1}{3})} = 75,000 MPa$$

47 다음 특성을 가지는 시멘트는?

> · 발열량이 대단히 많으며 조강성이 크다.
> · 열분해 온도가 높으므로 (1,300°C정도) 내화용 콘크리트에 적합하다.
> · 해수 기타 화학작용을 받는 곳에 저항성이 크다.

① 플라이애시 시멘트
② 고로 시멘트
③ 백색 포틀랜드 시멘트
④ 알루미나 시멘트

해설
알루미나(Al_2O_3)의 함량이 30 ~ 40%인 고급(혼합·조강)시멘트의 하나. 보통 포틀랜드 시멘트와는 달리 규산(SiO_2)의 양과 알루미나의 양이 정반대이다. 단시간에 경화하고 해수, 화학약품 등에 저항력이 크며, 취약성이 있고 수화 열량이 많다. 동기 공사, 해안 공사, 긴급공사 등에 쓰인다.

48 아스팔트 혼합재에서 채움재(filer)를 혼합하는 목적은 다음 중 어느 것인가?

① 아스팔트의 비중을 높이기 위해서
② 아스팔트의 침입도를 높이기 위해서
③ 아스팔트의 공극을 메우기 위해서
④ 아스팔트의 내열성을 증가시키기 위해서

해설
채움재는 아스팔트 혼합물의 공극을 채워서 점도를 증가 시킨다.

49 콘크리트 중의 염화물 함유량은 콘크리트 중에 함유된 염화물 이온의 총량으로 표시하는데 비빌 때 콘크리트 중의 전염화물 이온량은 원칙적으로 얼마 이하로 하여야 하는가?

① $0.5kg/m^3$
② $0.3kg/m^3$
③ $0.2kg/m^3$
④ $0.1kg/m^3$

해설
염화물 함유량 시험
1) 굳지 않은 콘크리트 중의 전 염소이온량은 원칙적으로 $0.3kg/m^3$ 이하로 표시
2) 염소이온량 검사 횟수
　① 바다 잔골재 : 2회/일
　② 그 외 경우는 1회/주

50 시멘트와 관련된 내용의 연결이 잘못된 것은?
① 비카트 침(Vicat needle)-시멘트 응결시간 시험
② 수경률-시멘트 원료의 조합비
③ 강열감량-시멘트의 풍화정도
④ 르샤틀리에 플라스크-시멘트 분말도 시험

해설
르샤틀리에 플라스크
시멘트 비중시험에 사용되는 기구이다.

51 암석 전체의 체적에 대한 공극의 비율을 공극률(porosity)이라고 한다. 다음 암석 중 일반적으로 공극률이 가장 큰 것은?
① 화강암   ② 사암
③ 응회암   ④ 대리석

해설
모래가 오랫동안 퇴적되어 높은열과 압력으로 형성된 암석으로 사암이 공극률이 가장 크다.

52 다음 혼화재료에 대한 설명 중 틀린 것은?
① 사용량에 따라 혼화재와 혼화제로 나뉜다.
② 콘크리트의 성능을 개선, 향상시킬 목적으로 사용되는 재료이다.
③ 혼화제는 비록 1%이하의 양이 소요되지만 콘크리트의 배합 계산 시 고려해야 한다.
④ 혼화재료를 사용할 때는 반드시 시험 또는 검토를 거쳐 성능을 확인하여야 한다.

해설
혼화재료
1) 혼화재 : 콘크리트 배합계산에서 고려되는 것(시멘트 중량의 5%이상 사용)
2) 혼화제 : 콘크리트 배합계산에서 무시되는 것(시멘트 중량의 1%이하 사용)

53 콘크리트용 골재에 사용되는 하천골재 및 육상골재 중의 미립분이 콘크리트의 품질에 미치는 영향에 대한 설명 중 틀린 것은?
① 골재 중의 미립분이 증가하면 콘크리트의 단위수량이 증가한다.
② 골재 중의 미립분이 증가하면 콘크리트의 레이턴스가 감소한다.
③ 골재 중의 미립분이 증가하면 콘크리트의 블리딩이 감소한다.
④ 골재 중의 미립분이 증가하면 콘크리트의 건조수축이 증가한다.

해설
0.3mm 이하의 미립분이 콘크리트에 많이 들어있으면 단위수량이 증가하고, 블리딩이 감소하며, 표면에 레이턴스가 많아진다.

정답 50 ④ 51 ② 52 ③ 53 ②

54 천연 아스팔트에 속하지 않는 것은?
① 록 아스팔트
② 레이크 아스팔트
③ 샌드 아스팔트
④ 스트레이트 아스팔트

해설
천연 아스팔트
1) 레이크 아스팔트
2) 록 아스팔트
3) 오일샌드 아스팔트
4) 아스팔타이트

55 콘크리트용 화학 혼화제(KS F 2560)에서 규정하고 있는 AE제의 품질 성능에 대한 규정항목이 아닌 것은?
① 경시 변화량
② 감수율
③ 블리딩양의 비
④ 길이 변화비

해설
경시변화량 시험은 고성능 AE감수제 의 슬럼프 변화량을 알아보는 시험이다.

56 다음 중 시멘트의 성질과 그 성질을 측정하는 시험기의 연결이 잘못된 것은?
① 안정성-오토클레이브
② 비중-르샤틀리에병
③ 응결-비카트침
④ 유동성-길모아침

해설
시멘트 응결시험
1) 비카트침
2) 길모어침

57 혼화재료의 일반적인 사용목적이 아닌 것은?
① 강도 증가
② 발열량 증가
③ 수밀성 증진
④ 응결, 경화시간 조절

58 포틀랜드 시멘트의 제조에 필요한 주원료는?
① 응회암과 점토
② 석회암과 점토
③ 화강암과 모래
④ 점판암과 모래

해설
포틀랜드 시멘트
석회석과 점토를 4:1로 혼합하여 1,400~1,500℃ 정도의 소성로를 거쳐 생산된 클링커

정답 54 ④ 55 ① 56 ④ 57 ② 58 ②

59 화강암의 일반적인 특징에 대한 설명으로 틀린 것은?
① 조직이 균일하고 내구성 및 강도가 크다.
② 내화성이 풍부하고 내화구조물용으로 적당하다.
③ 경도 및 자중이 커서 가공 및 시공이 어렵다.
④ 균열이 적기 때문에 큰 재료를 채취할 수 있다.

해설
화강암은 압축강도 및 내구성이 크나, 내화성에 취약해 내화 구조물용으로는 부적당하다.

60 골재의 함수상태에 대한 설명으로 틀린 것은?
① 절대건조상태는 105±5°C의 온도에서 일정한 질량이 될 때까지 건조하여 골재 알의 내부에 포함되어 있는 자유수가 완전히 제거된 상태이다.
② 공기 중 건조상태는 골재를 실내에 방치한 경우 골재입자의 표면과 내부의 일부가 건조된 상태이다.
③ 표면건조포화상태는 골재의 표면수는 없고 골재알 속의 빈틈이 물로 차있는 상태이다.
④ 습윤상태는 골재입자의 표면에 물이 부착되어 있으나 골재입자 내부에는 물이 없는 상태이다.

해설
습윤상태는 골재 입자의 내부 및 표면이 물로 젖어있는 상태이다.

제4과목 토질 및 기초

61 압밀시험결과 시간-침하량 곡선에서 구할 수 없는 값은?
① 1차 압밀비 (γ_p) ② 초기 침하비
③ 선행압밀 하중(P_c) ④ 압밀계수 (C_v)

해설
e-logP 곡선에서 선행압밀하중을 구할 수 있다.

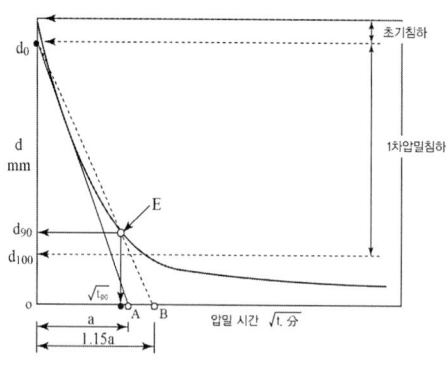

[시간-침하량 곡선]

62 사면의 안정에 관한 다음 설명 중 옳지 않은 것은?

① 임계 활동면이란 안전율이 가장 크게 나타나는 활동면을 말한다.
② 안전율이 최소로 되는 활동면을 이루는 원을 임계원이라 한다.
③ 활동면에 발생하는 전단응력이 흙의 전단강도를 초과할 경우 활동이 일어난다.
④ 활동면은 일반적으로 원형활동면으로 가정한다.

해설
임계 활동면이란 안전율이 최소인 불안전한 활동면을 말한다.

63 Rod에 붙인 어떤 저항체를 지중에 넣어 관입, 인발 및 회전에 흙의 전단강도를 측정하는 원위치 시험은?

① 보링(boring)
② 사운딩(sounding)
③ 시료채취(sampling)
④ 비파괴 시험(NDT)

해설
1) 사운딩(Sounding)이란 현장에서 Rod 선단에 장착된 저항체를 땅속에 관입시켜 관입, 회전, 인발등의 저항 정도로 지반의 상태를 파악하는 원위치 시험을 사운딩이라 한다.
2) 사운딩의 종류
   ① 정적사운딩 (점성토 지반)
      휴대용 원추관입시험기, 화란식 원추관입시험기, 스웨덴식 관입시험기, 이스키미터, 베인시험기 등이 있다.
   ② 동적사운딩 (사질토 지반)
      동적원추 관입시험기, 표준 관입시험기(S.P.T) 등이 있다.

64 다음 표의 설명과 같은 경우 강도정수 결정에 적합한 삼축압축 시험의 종류?

> 최근에 매립된 포화 점성토 지반 위에 구조물을 시공한 직후의 초기 안정 검토에 필요한 지반 강도 정수 결정

① 압밀배수 시험(CD)
② 압밀비배수 시험(CU)
③ 비압밀비배수 시험(UU)
④ 비압밀배수 시험(UD)

해설
UU-test를 사용하는 경우
1) 점토지반에 제방 성토 직후 초기 사면안정해석하는 경우
2) 시공속도가 과잉간극수압 소산속도보다 빠를 때
3) 점토지반에 급속성토 시공후

65 다음 중 시료채취에 대한 설명으로 틀린 것은?

① 오거보링(Auger Boring)은 흐트러지지 않은 시료를 채취하는데 적합하다.
② 교란된 흙은 자연상태의 흙보다 전단강도가 작다.
③ 액성한계 및 소성한계 시험에서는 교란시료를 사용하여도 괜찮다.
④ 입도분석시험에서는 교란시료를 사용하여도 괜찮다.

해설
오거보링(Auger Boring)은 흐트러진 시료를 채취하는데 적합하다.

66 어떤 굳은 점토층을 깊이 7m까지 연직 절토하였다. 이 점토층의 일축압축강도가 1.4kg/cm^2, 흙의 단위중량이 2t/m^3라 하면 파괴에 대한 안전율은?(단, 내부마찰각은 30°)

① 0.5　　　　　　　　　　② 1.0
③ 1.5　　　　　　　　　　④ 2.0

해설
직립면의 한계고

1) $H_c = \dfrac{4c}{\gamma}\left(\dfrac{\cos\varnothing}{1-\sin\varnothing}\right) = \dfrac{4c}{\gamma}\tan\left(45° + \dfrac{\varnothing}{2}\right)$

$= \dfrac{4 \times 4.04 \times \tan\left(45° + \dfrac{30}{2}\right)}{2} = 14m$

2) $c = \dfrac{q_u}{2\cdot\tan\left(45 + \dfrac{\varnothing}{2}\right)} = \dfrac{14}{2 \times \tan\left(45 + \dfrac{30}{2}\right)}$

$= 4.04 t/m^2$

$\therefore F_s = \dfrac{H_c}{H} = \dfrac{14}{7} = 2$

67 아래 그림과 같은 지표면에 2개의 집중하중이 작용하고 있다. 3t의 집중하중 작용점 하부 2m지점 A에서의 연직하중의 증가량은 약 얼마인가?(단, 영향계수는 소수점이하 넷째자리까지 구하여 계산하시오.)

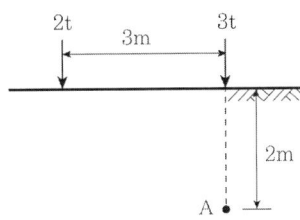

① $0.37t/m^2$
② $0.89t/m^2$
③ $1.42t/m^2$
④ $1.94t/m^2$

해설

1) 3t의 연직하중 증가량

$$\Delta \sigma_{z1} = \frac{P}{Z^2} \cdot I = \frac{P}{Z^2} \cdot \frac{3}{2\pi}$$

$$= \frac{3}{2^2} \times \frac{3}{2\pi} = 0.36 t/m^2$$

여기서 직하상태 영향계수

$I = \frac{3}{2\pi}$ 또는 0.4777을 사용

2) 2t의 연직하중 증가량

· $R = \sqrt{3^2 + 2^2} = 3.6056$

· $I = \frac{3Z^5}{2\pi R^5} = \frac{3 \times 2^5}{2\pi \times 3.6056^5} = 0.0251$

· $\Delta \sigma_{z2} = \frac{P}{Z^2} \cdot I = \frac{2}{2^2} \times 0.0251 = 0.01 t/m^2$

3) $\Delta \sigma_z = \Delta \sigma_{z_1} + \Delta \sigma_{z_2} = 0.36 + 0.01 = 0.37 t/m^2$

68 흙의 투수성에서 사용되는 Darcy의 법칙($Q = k \cdot \frac{\triangle h}{L} \cdot A$)에 대한 설명으로 틀린 것은?

① △h는 수두차이다.
② 투수계수(k)의 차원은 속도의 차원(cm/s)과 같다.
③ A는 실제로 물이 통하는 공극부분의 단면적이다.
④ 물의 흐름이 난류인 경우에는 Darcy의 법칙이 성립하지 않는다.

해설

A는 물의 흐름 방향에 직교하는 흙의 단면적이다.

69 평판 재하 시험에서 재하판의 크기에 의한 영향(scale effect)에 관한 설명으로 틀린 것은?

① 사질토 지반의 지지력은 재하판의 폭에 비례한다.
② 점토지반의 지지력은 재하판의 폭에 무관하다.
③ 사질토 지반의 침하량은 재하판의 폭이 커지면 약간 커지기는 하지만 비례하는 정도는 아니다.
④ 점토지반의 침하량은 재하판의 폭에 무관하다.

해설

재하판 크기에 대한 보정
1) 점성토 기초지지력

$$q_{u(f)} = q_{u(p)}$$

2) 점성토 즉시 침하량

$$S_f = S_p \cdot \frac{B_f}{B_p}$$

점성토 지반의 침하량은 기초크기가 증가하면 지중응력 범위가 증가하여 침하 대상층이 더 커지게된다. 따라서 실제기초 크기와 재하판 크기에 따른침하량은 비례관계가 성립

3) 사질토 기초지지력

$$q_{u(f)} = q_{u(p)} \cdot \frac{B_{(f)}}{B_{(p)}}$$

4) 사질토 즉시 침하량

$$S_f = S_p \cdot \left(\frac{2B_f}{B_p + B_f}\right)^2$$

70 Paper drain 설계 시 Drain paper의 폭이 10cm, 두께가 0.3cm일 때 Drain paper의 등치환산원의 직경이 약 얼마이면 Sand drain과 동등한 값으로 볼 수 있는가? (단, 형상계수(α)는 0.75이다.)

① 5cm
② 8cm
③ 10cm
④ 15cm

해설

등치환산원 직경

$$D = \alpha \frac{2A + 2B}{\pi} = 0.75 \times \frac{2 \times 10 + 2 \times 0.3}{\pi} = 5cm$$

71 어떤 시료를 입도분석 한 결과, 0.075mm체 통과율이 65%이었고, 애터버그한계 시험결과 액성한계가 40%이었으며 소성도표(Plasticity chart)에서 A선 위의 구역에 위치한다면 이 시료의 통일분류법 (USCS)상 기호로서 옳은 것은? (단, 시료는 무기질이다.)

① CL   ② ML
③ CH   ④ MH

해설

1) 0.075mm체 통과량 50%이상이므로 세립토이며 A선 위에 위치하므로 점토(C)로 분류되며,
2) $LL = 40\% < 50\%$ 이므로 저압축성(L)이므로 CL이다.

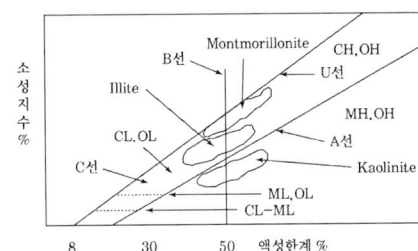

72 어떤 점토의 압밀계수는 $1.92 \times 10^{-7} m^2/s$, 압축계수는 $2.86 \times 10^{-1} m^2/kN$이었다. 이 점토의 투수계수는? (단, 이 점토의 초기간극비는 0.8이고, 물의 단위중량은 $9.81 kN/m^3$이다.)

① $0.99 \times 10^{-5} cm/s$ ② $1.99 \times 10^{-5} cm/s$
③ $2.99 \times 10^{-5} cm/s$ ④ $3.99 \times 10^{-5} cm/s$

해설

1) $k = C_v \cdot m_v \cdot \gamma_w = C_v \left(\dfrac{a_v}{1+e_0}\right)\gamma_w$

2) $m_v = \dfrac{a_v}{1+e_o} = \dfrac{2.86 \times 10^{-1}}{1+0.8} = 0.159$

$\therefore k = C_v \cdot m_v \cdot \gamma_w$
$= 1.92 \times 10^{-7} \times 0.159 \times 9.81$
$= 2.99 \times 10^{-5} cm/s$

73 전체 시추코어 길이가 150cm이고 이중 회수된 코어 길이의 합이 80cm이었으며, 10cm 이상인 코어 길이의 합이 70cm이었을 때 코어의 회수율(TCR)은?

① 56.67%   ② 53.33%
③ 46.67%   ④ 43.33%

해설

회수율 = $\dfrac{\text{채취된 시료의 길이}}{\text{굴착 암석의 관입깊이}} \times 100(\%)$

회수율 = $\dfrac{80}{150} \times 100 = 53.33\%$

$RQD = \dfrac{10cm \text{ 이상 회수된 길이의 합}}{\text{굴착 암석의 관입깊이}} \times 100(\%)$

74. 다음 중 사질토 지반의 개량공법에 속하지 않는 것은?

① 다짐 말뚝 공법
② 전기 충격 공법
③ 생석회 말뚝 공법
④ 바이브로 플로테이션(vibro-flotation)공법

해설

생석회 말뚝 공법은 점성토 지반 개량공법에 속한다.

75. 그림과 같은 지층단면에서 지표면에 가해진 $50kN/m^2$의 상재하중으로 인한 점토층(정규압밀점토)의 1차 압밀 최종침하량(S)과 침하량이 5cm일 때의 평균압밀도(U)는? (단, 물의 단위중량은 $9.81kN/m^3$이다.)

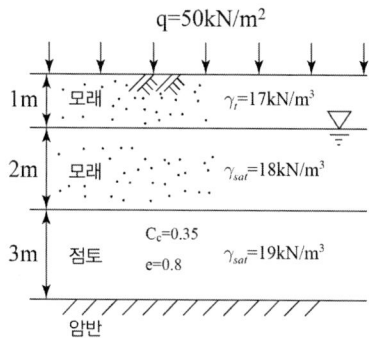

① S=18.3cm, U=27%
② S=18.3cm, U=22%
③ S=14.7cm, U=27%
④ S=14.7cm, U=22%

해설

1) 1차압밀침하량(정규압밀점토)

$$S = \frac{C_c}{1+e_o} H \log \frac{P_o + \Delta P}{P_o}$$

$$= \frac{0.35}{1+0.8} \cdot 3 \log \frac{41.18 + 50}{47.18} = 18.3 cm$$

여기서
$P_0 = 17 \times 1 + (18 - 9.81) \times 2 + (19 - 9.8) \times 1.5$
$= 47.18 kN/m^2$

2) 평균압밀도

$$\overline{U} = \frac{S_t}{S} \times 100$$

$$= \frac{5}{18.3} \times 100 = 27\%$$

76 도로의 평판 재하 시험에서 1.25mm 침하량에 해당하는 하중 강도가 250kN/m²일 때 지반반력 계수는?

① 100MN/m³
② 200MN/m³
③ 1,000MN/m³
④ 2,000MN/m³

해설
지지력 계수
$$\frac{하중강도}{침하량} = \frac{250}{0.00125}$$
$$= 200,000 kN/m^3 = 200 MN/m^3$$

77 말뚝의 부마찰력에 대한 설명 중 틀린 것은?

① 부마찰력이 작용하면 지지력이 감소한다.
② 연약지반에 말뚝을 박은 후 그 위에 성토를 한 경우 일어나기 쉽다.
③ 부마찰력은 말뚝 주변 침하량이 말뚝의 침하량보다 클 때 아래로 끌어내리는 마찰력을 말한다.
④ 연약한 점토에 있어서 상대변위의 속도가 느릴수록 부마찰력은 크다.

해설
연약한 점토에 있어서 상대변위의 속도가 클수록 부마찰력은 크다.

78 다음은 시험 종류와 시험으로부터 얻을 수 있는 값을 연결한 것이다. 연결이 틀린 것은?

① 비중계분석시험 – 흙의 비중(G_s)
② 삼축압축시험 – 강도정수(c, ϕ)
③ 일축압축시험 – 흙의 예민비(S_t)
④ 평판재하시험 – 지반반력계수(k_s)

해설
비중계 분석시험-흙의 입도분석(NO 200체 이하)에 사용된다.

79 함수비가 20%인 어떤 흙 1,200g과 함수비가 30%인 어떤 흙 2,600g을 섞으면 그 흙의 함수비는 약 얼마인가?

① 21.1%
② 25.0%
③ 26.7%
④ 29.5%

해설
$$\frac{(20 \times 1,200 + 30 \times 2,600)}{(1,200 + 2,600)} = 26.8\%$$

정답 76 ② 77 ④ 78 ① 79 ③

80 Jaky의 정지토압계수(K_o)를 구하는 공식은?

① $K_o = 1 + \sin\phi$
② $K_o = 1 - \sin\phi$
③ $K_o = 1 - \cos\phi$
④ $K_o = 1 + \cos\phi$

해설

Jaky의 정지토압 계수 공식
$K_o = 1 - \sin\phi$

CBT 모의고사
제2회 건설재료시험기사

제1과목 콘크리트공학

01 콘크리트 진동다지기에서 내부진동기 사용방법의 표준으로 틀린 것은?
① 2층 이상으로 나누어 타설한 경우 상층콘크리트의 다지기에서 내부진동기는 하층의 콘크리트 속으로 찔러 넣으면 안된다.
② 내부진동기의 삽입간격은 일반적으로 0.5m 이하로 하는 것이 좋다.
③ 1개소당 진동시간은 다짐할 때 시멘트 페이스트가 표면 상부로 약간 부상하기 까지한다.
④ 내부진동기는 콘크리트를 횡방향으로 이동시킬 목적으로 사용하지 않아야 한다.

해설
내부진동기를 하층의 콘크리트 속으로 0.1m이상 정도 찔러 넣어서 상하로 충분한 다짐을 하여야 한다.

02 콘크리트 시방배합설계 계산에서 단위골재의 절대용적이 689ℓ이고, 잔골재율이 41%, 굵은골재의 표건밀도가 $2.65g/cm^3$일 경우 단위굵은골재량은?
① 739kg
② 1,021kg
③ 1,077kg
④ 1,137kg

해설
단위굵은골재량
$[0.689 \times (1-0.41) \times (2.65 \times 10^3)] = 1,077 kg$

03 거푸집 및 동바리 구조계산에 대한 설명으로 틀린 것은?
① 고정하중은 철근 콘크리트와 거푸집의 중량을 고려하여 합한 하중이며, 콘크리트의 단위 중량은 철근의 중량을 포함하여 보통 콘크리트에서는 $24kN/m^3$을 적용한다.
② 활하중은 구조물의 수평투영면적(연직방향으로 투영시킨 수평면적)당 최소 $2.5kN/m^2$ 이상으로 하여야 한다.
③ 고정하중과 활하중을 합한 연직하중은 슬래브 두께에 관계없이 최소 $5.0kN/m^2$ 이상을 고려하여 거푸집 및 동바리를 설계하여야 한다.
④ 목재 거푸집 및 수평부재는 집중하중이 작용하는 캔틸레버보로 검토하여야 한다.

해설
목재 거푸집 및 수평부재는 등분포하중이 작용하는 단순보로 검토하여야 한다.

정답 01 ① 02 ③ 03 ④

04 콘크리트 비파괴 시험방법 중 철근 부식상태를 평가할 수 있는 시험법은?
① 초음파속도법
② 전자유도법
③ 전자파 레이더법
④ 자연전위법

해설
철근의 부식상태 평가 방법
① 전기화학적인 자연전위법
② 분극 저항법
③ 전기적인 전기저항법

05 일반 콘크리트에 사용되는 재료의 계량허용오차에 대한 설명으로 틀린 것은?
① 잔골재 : ±3%
② 혼화제 : ±3%
③ 혼화재 : ±3%
④ 굵은 골재 : ±3%

해설
계량 허용오차
- 골재 및 혼화제 ±3%
- 시멘트 : -1%, +2%
- 물 : -2%, +1%
- 혼화재 : ±2%

06 프리스트레싱할 때의 콘크리트 강도에 대한 아래 표의 설명에서 (   )안에 알맞은 수치는?

> 프리스트레싱을 할 때의 콘크리트의 압축강도는 어느 정도의 안전도를 확보하기 위하여 프리스트레스를 준 직후, 콘크리트에 일어나는 최대 압축응력의 (   )배 이상이어야 한다.

① 0.8
② 1.0
③ 1.7
④ 2.5

해설
프리스트레싱을 할 때의 콘크리트의 압축강도는 어느 정도의 안전도를 확보하기 위하여 프리스트레스를 준 직후, 콘크리트에 일어나는 최대 압축응력의 (1.7)배 이상이어야 한다.

07 경화한 콘크리트는 건전부와 균열부에서 측정되는 초음파 전파시간이 다르게 되어 전파속도가 다르다. 이러한 전파속도의 차이를 분석함으로써 균열의 깊이를 평가할 수 있는 비파괴 시험방법은?
① Tc-To법
② 전자파 레이더법
③ 분극저항법
④ RC-Radar법

해설
초음파법에 의한 균열 깊이(심도)검사 방법
① Tc-To 법
② T법
③ 기타 : BS법

정답 04 ④ 05 ③ 06 ③ 07 ①

08 콘크리트 타설 및 다지기 작업 시 주의 해야할 사항으로 틀린 것은?
① 연직 시공일 때 슈트 등의 배출구와 타설면까지의 높이는 1.5m이하를 원칙으로 한다.
② 내부진동기를 사용하여 진동다지기를 할 경우 삽입간격은 일반적으로 1m이하로 하는 것이 좋다.
③ 내부진동기를 이용하여 진동다지기를 할 경우 내부진동기를 하층의 콘크리트 속으로 0.1m정도 찔러 넣는다.
④ 타설한 콘크리트를 거푸집 안에서 횡방향으로 이동시켜서는 안 된다.

[해설]
콘크리트 타설 및 다지기
① 타설한 콘크리트를 거푸집안에서 횡방향으로 원활히 이동시켜서는 안된다.
② 슈트, 펌프배관 등의 배출구와 타설면까지의 높이는 1.5m 이하를 원칙으로 한다.
③ 깊은 보와 두꺼운 벽 등 부재가 두꺼운 경우 내부 진동기의 사용을 원칙으로 한다.
④ 2층으로 나누어 타설할 경우 상층의 콘크리트 타설은 원칙적으로 하층의 콘크리트가 굳기 시작하기 전에 해야 한다.

09 프리스트레싱할 때의 콘크리트 압축강도에 대한 설명으로 옳은 것은?
① 프리텐션 방식에 있어서 콘크리트의 압축강도는 40MPa 이상이어야 한다.
② 포스트텐션 방식에 있어서 콘크리트의 압축강도는 20MPa 이상이어야 한다.
③ 프리스트레싱을 할 때의 콘크리트의 압축강도는 프리스트레스를 준 직후, 콘크리트에 일어나는 최대 인장응력의 2.5배 이상이어야 한다.
④ 프리스트레싱을 할 때의 콘크리트의 압축강도는 프리스트레스를 준 직후, 콘크리트에 일어나는 최대 압축응력의 1.7배 이상이어야 한다.

[해설]
1) 프리스트레싱을 할 때의 콘크리트의 압축강도는 프리스트레스를 준 직후, 콘크리트에 일어나는 최대 압축응력의 1.7배 이상이어야 한다.
2) 프리텐션 방식에 있어서 콘크리트의 압축강도는 30MPa 이상이어야 한다.
3) 포스트텐션 방식에 있어서 콘크리트의 압축강도는 25MPa 이상이어야 한다.

10 콘크리트의 블리딩시험(KS F 2414)에 대한 설명으로 틀린 것은?
① 블리딩 시험은 굵은골재의 최대 치수가 50mm 이하인 경우에 적용한다.
② 콘크리트를 블리딩 용기에 채울 때 콘크리트 표면이 용기의 가장자리에서 3±0.3cm 높아지도록 고른다.
③ 시험 중에는 실온 20±3°C로 한다.
④ 기록한 처음 시각에서 60분 동안 10분마다, 콘크리트 표면에 스며나온 물을 빨아낸다.

[해설]
블리딩 용기에 채울 때 콘크리트 표면이 용기의 가장자리에서 3±0.3cm낮게 고른다.

정답 08 ② 09 ④ 10 ②

11 콘크리트의 압축강도를 시험하여 거푸집널을 해체하고자 할 때, 아래와 같은 조건에서 콘크리트 압축강도는 얼마 이상인 경우 해체가 가능한가?

- 슬래브 밑면의 거푸집널
- 콘크리트의 설계기준 압축강도 : 24MPa

① 5MPa 이상   ② 10MPa 이상
③ 14MPa 이상   ④ 16MPa 이상

해설

1) $24 \times \dfrac{2}{3} = 16 MPa$
2) 최소 압축강도 14MPa 보다 크므로 16 사용

[콘크리트 압축강도를 시험한 경우]

부재	콘크리트 압축강도(f_{cu})
확대기초, 보 옆, 기둥 등의 측벽	5MPa 이상
슬래브 및 보의 밑면, 아치 내면	설계기준압축강도의 $\dfrac{2}{3}$배 이상, 또한 최소 14MPa 이상

12 다음의 비파괴검사 시험 방법 중 철근배근 조사 방법은?

① 초음파속도법   ② 전자파 레이더법
③ 인발법   ④ 슈미트 해머법

해설

철근 배근 비파괴 검사법
1) 전자파 레이더법
2) 전자 유도법
3) 방사선법

13 매스 콘크리트의 타설온도를 낮추는 선행냉각(pre-cooling)방법으로 적절하지 않은 것은?

① 냉수나 얼음을 따로따로 혹은 조합해서 배합수로 사용하는 방법
② 냉각한 골재를 사용하는 방법
③ 액체질소를 사용하는 방법
④ 관로식 냉각 방법

해설

관로식 냉각(Pipe-cooling)방법은 선행냉각방식이 아닌 후행냉각방식이다.

14 프리스트레스트 콘크리트 구조물이 철근콘크리트 구조물보다 유리한 점을 설명한 것 중 옳지 않은 것은?

① 사용하중하에서는 균열이 발생하지 않도록 설계되기 때문에 내구성 및 수밀성이 우수하다.
② 콘크리트의 전단면을 유효하게 이용할 수 있어 동일한 하중에 대해 부재 처짐 이 작다.
③ 충격하중이나 반복하중에 대해 저항력이 크며 부재의 중량을 줄일 수 있어 장대교량에 유리하다.
④ 강성이 크기 때문에 변형이 작고, 고온에 대한 저항력이 우수하다.

> 해설

RC에 비해 강성이 작아 변형이 크고 내화성에 불리하다.

15 다음은 고강도 콘크리트에 대한 설명이다. 옳지 않은 것은?

① 고강도 콘크리트는 공기연행 콘크리트로 하는 것을 원칙으로 한다.
② 고강도 콘크리트에 사용하는 골재의 품질기준에 의하면, 잔골재의 염화물 이온량은 0.02% 이하이다.
③ 고강도 콘크리트의 설계기준압축강도는 일반적으로 40MPa 이상으로 하며, 고강도 경량골재 콘크리트는 27MPa 이상으로 한다.
④ 고강도 콘크리트에 사용하는 골재의 품질기준에 의하면, 잔골재의 흡수율은 3% 이하, 굵은 골재의 흡수율은 2% 이하이다.

> 해설

고강도 콘크리트
기상의 변화가 심하거나 동결융해에 대한 대책이 필요한 경우를 제외하고 공기연행제를 사용하지 않는 것을 원칙으로 한다.

16 공기연행 콘크리트의 공기량에 대한 설명으로 옳은 것은?(단, 굵은 골재의 최대치수는 40mm을 사용한 일반콘크리트로서 보통 노출인 경우)

① 4.0%를 표준으로 하며, 그 허용 오차는 ±1.0%로 한다.
② 4.5%를 표준으로 하며, 그 허용 오차는 ±1.0%로 한다.
③ 4.0%를 표준으로 하며, 그 허용 오차는 ±1.5%로 한다.
④ 4.5%를 표준으로 하며, 그 허용 오차는 ±1.5%로 한다.

> 해설

공기량 허용 오차
1) 일반 콘크리트 : 4.5% ± 1.5%
2) 경량골재 콘크리트 : 5.5% ± 1.5%
3) 고강도 콘크리트 : 3.5 ± 1.5%

정답 14 ④ 15 ① 16 ④

17 아래 표와 같은 조건에서 콘크리트의 배합강도를 결정하면?

[조건]
- 설계기준압축강도(f_{ck}) : 40MPa
- 압축강도의 시험회수 : 23회
- 23회의 압축강도 시험으로부터 구한 표준편차 : 6MPa
- 압축강도 시험회수 20회, 25회인 경우 표준편차의 보정계수 : 각각 1.08, 1.03

① 48.5MPa ② 49.6MPa
③ 50.7MPa ④ 51.2MPa

해설

1) 수정표준편차

$$1.03 + \left(\frac{1.08 - 1.03}{25 - 20} \times 2\right) = 1.05 (23회\ 보정계수)$$

2) 설계기준 강도 35MPa 이상이므로

$f_{cr} = f_{cq} + 1.34 \cdot S$
$\quad = 40 + 1.34 \times 6.3 = 48.4 MPa$

$f_{cr} = 0.9 \cdot f_{cq} + 2.33 \cdot S$
$\quad = 0.9 \times 40 + 2.33 \times 6.3$
$\quad = 50.68 MPa$

두 값 중에서 큰 값을 배합강도를 정한다.
∴ $f_{cr} = 50.7 MPa$

18 외기온도가 25℃를 넘을 때 콘크리트의 비비기로부터 타설이 끝날 때까지 최대얼마의 시간을 넘어서는 안 되는가?

① 0.5시간 ② 1시간
③ 1.5시간 ④ 2시간

해설

비비기로부터 타설이 끝날 때까지의 시간은 외기온도가 25℃이상일 때는 1.5시간, 25℃미만일 때는 2시간 이내

19 서중 콘크리트에 대한 설명으로 틀린 것은?

① 콘크리트 재료의 온도를 낮추서 사용한다.
② 콘크리트를 타설할 때의 콘크리트 온도는 35℃이하이어야 한다.
③ 하루의 평균기온이 25℃를 초과하는 것이 예상되는 경우 서중 콘크리트로 시공하여야 한다.
④ 콘크리트는 비빈 후 1.5시간 이내에 타설하여야 하며, 지연형 감수제를 사용한 경우라도 2시간 이내에 타설하는 것을 원칙으로 한다.

해설

콘크리트는 비빈 후 1.5시간 이내에 타설하여야 하며, 지연형 감수제를 사용한 경우라도 1.5시간 이내에 타설하는 것을 원칙으로 한다.

20 콘크리트의 재료분리 현상을 줄이기 위한 사항으로 틀린 것은?
① 잔골재율을 증가시킨다. ② 물-시멘트비를 작게 한다.
③ 포졸란을 적당량 혼합한다. ④ 굵은 골재를 많이 사용한다.

해설
일반적으로 굵은골재를 많이 사용하면 콘크리트강도, 내구성, 수밀성 등이 좋아지나 지나치게 많이 사용하면 잔골재율 및 단위수량의 감소로 콘크리트 작업성이 떨어져서 재료분리의 원인이 된다.

제2과목 건설시공 및 관리

21 다져진 토량 37,800m³를 성토하는데 흐트러진 토량 30,000m³가 있다. 이 때, 부족토량은 자연 상태 토량(m³)으로 얼마인가?(단, 토량변화율 L = 1.25, C = 0.9)
① 22,000m³ ② 18,000m³
③ 15,000m³ ④ 11,000m³

해설
부족토량
$= 37,800 \times \dfrac{1}{0.9} = 42,000 m^3 (자연상태)$
$= 30,000 \times \dfrac{1}{1.25} = 24,000 m^3 (자연상태)$
$= 42,000 - 24,000 = 18,000 m^3$

22 특수터널 공법 중 침매공법에 대한 설명으로 틀린 것은?
① 육상에서 제작하므로 신뢰성이 높은 터널 본체를 만들 수 있다.
② 단면의 형상이 비교적 자유롭다.
③ 협소한 장소의 수로에 적당하다.
④ 수중에 설치하므로 자중이 적고 연약지반 위에도 쉽게 시공할 수 있다.

해설
침매터널 공법의 특징
1) 육상 제작으로 콘크리트 품질관리 용이
2) 단면 형상이 비교적 자유롭고 큰 단면을 만들 수 있다.
3) 연약지반에도 시공이 가능하며 육·해상 공사 동시 진행으로 공기 단축
4) 수심이 깊은 곳에서도 시공이 용이하다.
5) 수중에 설치하므로 부력작용으로 자중이 작아 시공이 용이하다.
6) 유속이 빠른 장소에서는 침설작업이 어렵다
7) 협소한 장소의 수로나 항해 선박이 많은 곳에서는 시공이 어렵다.

정답 20 ④ 21 ② 22 ③

23 말뚝이 30개로 형성된 군항 기초에서 말뚝의 효율은 0.75이다. 단항으로 계산할 때 말뚝 한 개의 허용 지지력이 20t이라면 군항의 허용지지력은?

① 450t
② 220t
③ 500t
④ 350t

해설
군항의 허용지지력
$R_{ag} = ENR_a = 0.75 \times 30 \times 20 = 450t$

24 도로주행 중 노면의 한 개소를 차량이 집중통과하여 표면의 재료가 마모되고 유동을 일으켜서 노면이 얕게 패인 자국을 무엇이라고 하는가?

① 플러시(Flush)
② 러팅(Rutting)
③ 블로업(Blow up)
④ 블랙베이스(Black base)

해설
소성변형(Rutting) 대책
1) 아스콘에 설계아스팔트량 보다 가급적 아스팔트량을 적게 사용.
2) 굵은골재 최대치수 13 → 19mm사용
3) 양질의 석분 함량 증가
4) 침입도가 작은 아스팔트 사용

25 로드 롤러를 사용하여 전압횟수 4회, 전압포설 두께 0.2m, 유효 전압폭 2.5m, 전압작업 속도를 3km/h로 할 때 시간당 작업량을 구하면? (단, 토량환산계수는 1, 롤러의 효율은 0.8을 적용한다.)

① 300m³/h
② 251m³/h
③ 200m³/h
④ 151m³/h

해설
다짐기계의 다짐토량
$Q = \dfrac{1,000 \cdot V \cdot W \cdot H \cdot f \cdot E}{N} = \dfrac{1,000 \times 3 \times 2.5 \times 0.2 \times 1 \times 0.8}{4} = 300 m^3/h$

26 옹벽을 구조적 특성에 따라 분류할 때 여기에 속하지 않는 것은?

① 돌쌓기 옹벽
② 중력식 옹벽
③ 부벽식 옹벽
④ 캔틸레버식 옹벽

해설
돌쌓기 옹벽은 옹벽의 구조적 특성에 따른 분류에 해당되지 않는다.

정답 23 ① 24 ② 25 ① 26 ①

27 다져진 토량 37,800m³을 성토하는데 흐트러진 토량(운반토량)으로 30,000m³이 있을 때, 부족 토량은 자연 상태 토량으로 얼마인가? (단, 토량변화율 L=1.25, C=0.9이다.)

① 22,000m³
② 18,000m³
③ 15,000m³
④ 11,000m³

해설

1) 본바닥토량 = $37,800 \times \dfrac{1}{0.9} = 42,000$

2) 본바닥토량 = $30,000 \times \dfrac{1}{1.25} = 24,000$

3) 부족토량 = $42,000 - 24,000 = 18,000 m^3$

28 기계화 시공에 있어서 중장비의 비용계산 중 기계손료를 구성하는 요소가 아닌 것은?

① 관리비
② 정비비
③ 인건비
④ 감가상각비

해설

기계손료 구성
1) 감가상각비(구입가격, 내용년수)
2) 정비비
3) 관리비

29 돌쌓기에 대한 설명으로 틀린 것은?

① 메쌓기는 콘크리트를 사용하지 않는다.
② 찰쌓기는 뒤채움에 콘크리트를 사용한다.
③ 메쌓기는 쌓는 높이의 제한을 받지 않는다.
④ 일반적으로 찰쌓기는 메쌓기보다 높이 쌓을 수 있다.

해설

메쌓기 방식은 몰탈을 사용하지 않아 쌓는 높이에 많은 제약이 따른다.

30 필형 댐(fill type dam)의 설명으로 옳은 것은?

① 필형 댐은 여수로가 반드시 필요하지는 않다.
② 암반강도 면에서는 기초암반에 걸리는 단위 체적당의 힘은 콘크리트 댐보다 크므로 콘크리트 댐보다 제약이 많다.
③ 필형 댐은 홍수시 월류에도 대단히 안정하다.
④ 필형 댐에서는 여수로를 댐 본체(本體)에 설치할 수 없다.

해설

필형 댐에서는 여수로나 방류설비 등을 제체의 가운데나 위 또는 바닥에 둘 수가 없기 때문에 주변의 원지반에 설치한다.

정답 27 ② 28 ③ 29 ③ 30 ④

31 암석 시험발파의 주된 목적으로 옳은 것은?

① 폭파계수 C를 구하려고 한다.
② 발파량을 추정하려고 한다.
③ 폭약의 종류를 결정하려고 한다.
④ 발파장비를 결정하려고 한다.

해설

시험발파 목적
1) 본발파 앞서 발파방법과 사용장약량 등을 변화시키면서 발파하여 암석의 비산상태, 장약량에 대한 기준을 정하여 본발파의 우수한 폭파계수(C)를 정하며,
2) 또한 방호시설 및 민원(소음, 진동, 비산)에 대한 대책을 수립하기 위해서 소음과 진동에 대한 계측을 실시하는 발파를 말한다.

32 아스팔트계 포장에서 거북등 균열(Alligator Cracking)이 발생하였다면 그 원인으로 가장 적당한 것은?

① 아스팔트와 골재 사이의 접착이 불량하다.
② 아스팔트를 가열할 때 Overheat 하였다.
③ 포장의 전압이 부족하다.
④ 노반의 지지력이 부족하다.

해설

거북등 균열의 원인은 토공(노상)의 다짐불량에 따른 지지력 부족으로 발생이 된다.

33 말뚝의 지지력의 결정하기 위한 방법 중에서 가장 정확한 것은?

① 정역학적 공식
② 동역학적 공식
③ 말뚝의 재하시험
④ 허용지지력 표로서 구하는 방법

해설

말뚝의 지지력 결정은 실제 실물재하를 통하여 구하는 재하시험이 신뢰성이 크다.

34 교각기초를 위해 바깥지름이 10m, 깊이가 20m, 측벽두께가 50cm인 우물통 기초를 시공 중에 있다. 지반의 극한지지력이 200kN/m², 단위면적당 주면마찰력(f_s)이 5kN/m², 수중부력은 100kN일 때, 우물통이 침하하기 위한 최소 상부하중(자중+재하중)은?

① 5,201kN
② 6,227kN
③ 7,107kN
④ 7,523kN

해설

우물통 침하 조건식
W+WL ≥ F+P+U
여기서, W : 우물통하중
WL : 재하중
F : 주면마찰력
P : 선단지지력
U : 양압력

$W + WL = 200 \times \left(\frac{\pi \times 10^2}{4} - \frac{\pi \times 9^2}{4} \right) + \pi \times 10 \times 20$
$\times 5 + 100 = 6,226 kN$

35 자연 함수비 8%인 흙으로 성토하고자 한다. 다짐한 흙의 함수비를 15%로 관리하도록 규정하였을 때 매 층마다 1m²당 몇 kg의 물을 살수해야 하는가? (단, 1층의 다짐 후 두께는 20cm이고, 토량 변화율 C=0.8이며, 원지반 상태에서 흙의 밀도는 1.8t/m³이다.)

① 21.59kg
② 24.38kg
③ 27.23kg
④ 29.17kg

해설

1) 1m³당 본바닥 체적
$= 1 \times 1 \times 0.2 \times \frac{1}{0.8} = 0.25 m^3$

2) $w = 8\%$일 때 흙의 무게
$\gamma_t = \frac{W}{V}$ 에서 $1.8 = \frac{W}{0.25}$, $W = 0.45t$

3) $w = 8\%$일 때 물의 무게
$W_w = \frac{wW}{100+w} = \frac{8 \times 450}{100+8} = 33.33 kg$

4) $w = 15\%$일 때 물의 무게
$8 : 33.33 = 15 : W_w$
∴ $W_w = 62.49 kg$

5) 살수량 $= 62.49 - 33.33 = 29.17 kg$

36 폭우 시 옹벽 배면의 흙은 다량의 물을 함유하게 되는데 뒤채움 토사에 배수 시설이 불량할 경우 침투수가 옹벽에 미치는 영향에 대한 설명으로 틀린 것은?

① 활동면에서의 양압력 발생
② 옹벽 저면에 대한 양압력 발생
③ 수동저항(passive resistance)의 증가
④ 포화 또는 부분포화에 의한 흙의 무게 증가

해설
수동저항(passive resistance)이 감소한다.

37 이동식 작업차 또는 가설용 트러스를 이용하여 교각의 좌, 우로 평형을 유지하면서 분할된 거더(길이 2~5m)를 순차적으로 시공하는 교량 가설공법은?

① FCM 공법
② FSM 공법
③ ILM공법
④ MSS 공법

해설
F.C.M (Free Cantilever Method) : 외팔보공법
1) 기시공된 교각을 중심으로 좌우평형을 유지하며 순차적으로 이동식 작업차를 이용하여 분할된 거더(Segment)를 순차적으로 제작하면서 상부구조를 시공해 나가는 공법으로 캔틸레버식 가설공법이라고 한다.(Dywidag)
2) 동바리가 불필요하며 이동식 작업차에서 공사를 시행하므로 전천후 시공이 가능하다.

38 성토시공 공법 중 두께가 90~120cm로 하천제방, 도로, 철도의 축제에 시공되며, 층마다 일정 기간 동안 방치하여 자연침하를 기다려 다음 층을 위에 쌓아 올리는 방법은?

① 물 다짐 공법
② 비계 쌓기법
③ 전방 쌓기법
④ 수평층 쌓기법

해설
수평층 쌓기법에 대한 설명이다.

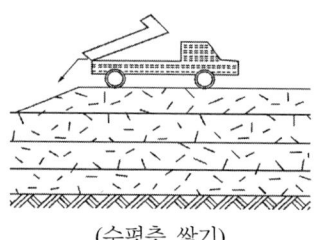

(수평층 쌓기)

39 흙댐을 구조상 분류할 때 중앙에 불투성의 흙을, 양측에는 투수성 흙을 배치한 것으로 두 가지 이상의 재료를 얻을 수 있는 곳에서 경제적인 댐 형식은?

① 심벽형 댐
② 균일형 댐
③ 월류 댐
④ Zone형 댐

해설

중심 Zone형 필댐(fill dam)
1) 제체 내 심벽과 투과층의 Zone을 두어 각층의 투수 특성을 이용하는 댐을 Zone형 필댐이라 한다.
2) 투수성재료(Rock zone), 반투수성재료(Filter zone), 불투수성재료(Core zone)로 구성 되어있다.

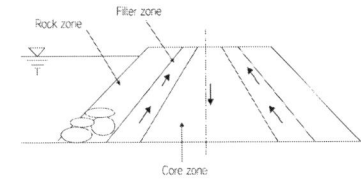

40 다음은 아스팔트 포장의 단면도이다. 상단부터 (A~E) 차례대로 옳게 기술한 것은?

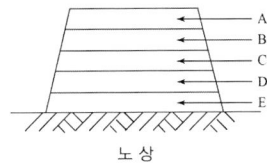

① 차단층, 중간층, 표층, 기층, 보조기층
② 표층, 기층, 중간층, 보조기층, 차단층
③ 표층, 중간층, 차단층, 기층, 보조기층
④ 표층, 중간층, 기층, 보조기층, 차단층

제3과목 건설재료 및 시험

41 토목섬유재료인 EPS 블록은 고분자 재료중 어떤 원료를 주로 사용 하는가?

① 폴리에틸렌
② 폴리스틸렌
③ 폴리아미드
④ 폴리프로필렌

해설

토목섬유재료인 EPS 블록은 폴리스틸렌을 주 원료로 사용한다.

42 재료의 역학적 성질 중 재료를 얇게 펴서 늘일 수 있는 성질을 무엇이라 하는가?
① 인성 ② 강성
③ 전성 ④ 취성

해설
전성 : 압력을 가하거나 망치로 두드리면 넓은 판으로 얇게 펴지는 성질

43 조립률이 3.43인 모래 A와 조립률이 2.36인 모래 B를 혼합하여 조립률 2.80의 모래 C를 만들려면 모래 A와 B는 얼마를 섞어야 하는가? (단, A : B의 질량비)
① 41(%) : 59(%)
② 43(%) : 57(%)
③ 40(%) : 60(%)
④ 38(%) : 62(%)

해설
A+B = 100 ·········· ①
$2.8 = \dfrac{A \times 3.43 + B \times 2.36}{A+B}$ ·········· ②
2.8A+2.8B=3.43A+2.36B
0.63A = 0.44B
0.63×(100-B)=0.44B
A = 41%, B=59%

44 콘크리트에 AE제를 혼입했을 때의 설명 중 옳지 않은 것은?
① 유동성이 증가한다.
② 재료의 분리를 줄일 수 있다.
③ 작업하기 쉽고 블리딩이 커진다.
④ 단위 수량을 줄일 수 있다.

해설
AE제 혼입시 작업하기 쉽고 블리딩이 작아진다.

45 목재에 관한 다음 설명 중 옳지 않은 것은?
① 제재후의 심재는 변재보다 썩기 쉽다.
② 벌목시기는 가을에서 겨울에 걸친 기간이 가장 적당하다.
③ 목재는 세포막 중에 스며든 결합수가 감소하면 수축변형한다.
④ 목재의 강도는 절대 건조일 때 최대가 된다.

해설
목재의 구조
① 변재
목질의 중앙부 외관의 연한 색깔 부분으로 연질이며 수액이 이동한다.
② 심재
목질부분의 중앙부의 암색을 나타내며 수목이 성장하면 변재가 심재로 변해 간다.

46 콘크리트용 화학 혼화제의 품질시험 항목이 아닌 것은?
① 침입도 지수(PI)
② 감수율(%)
③ 응결시간의 차(mim)
④ 압축강도비(%)

해설
콘크리트 화학혼화제 품질시형 항목
① 감수율　　② 블리딩양의 비　　③ 응결시간 차
④ 압축강도의 비　⑤ 길이 변화비　⑥ 상대동탄성 계수

47 재료에 외력을 작용시키고 변형을 억제하면 시간이 경과함에 따라 재료의 응력이 감소하는 현상을 무엇이라 하는가?
① 탄성
② 취성
③ 크리프
④ 릴랙세이션

해설
릴랙세이션
PC 강재에 고장력을 가한 상태 그대로 장기간 양끝을 고정해 두면, 점차 소성 변형하여 인장 응력이 감소해 가는 현상.

48 다음 중 시멘트에 관한 설명으로 틀린 것은?
① 시멘트의 강도시험은 결합재료로서의 결합력발현의 정도를 알기 위해 실시한다.
② 시멘트는 저장중에 공기와 접촉하면 공기중의 수분 및 이산화탄소를 흡수하여 가벼운 수화반응을 일으키게 되는데, 이것을 풍화라 한다.
③ 응결시간시험은 시멘트의 강도 발현속도를 알기 위해 실시한다. 초결이 빠른 시멘트는 장기강도가 크다.
④ 중용열포틀랜드시멘트는 수화열을 낮추기 위하여 화학조성 중 C_3A의 양을 적게하고 그 대신 장기강도를 발현하기 위하여 C_2S량을 많게 한 시멘트이다.

해설
응결시간시험은 시멘트가 유동성과 점성을 잃고 굳어지는 시간을 알기 위해서 실시하며, 초결이 빠른 시멘트는 초기강도가 크다.

49 토목섬유 중 지오텍스타일의 기능을 설명한 것으로 틀린 것은?
① 배수 : 물이 흙으로부터 여러 형태의 배수로로 빠져나갈 수 있도록 한다.
② 보강 : 토목섬유의 인장강도는 흙의 지지력을 증가시킨다.
③ 여과 : 입도가 다른 두 개의 층 사이에 배치되어 침투수 통과 시 토립자의 이동을 방지한다.
④ 혼합 : 도로 시공 시 여러 개의 흙층을 혼합하여 결합시키는 역할을 한다.

해설
토목섬유 기능
1) 배수기능
2) 필터기능
3) 차단기능
4) 보강기능
5) 분리기능

50 토목섬유(geotextiles)의 특징에 대한 설명으로 틀린 것은?
① 인장강도가 크다.
② 탄성계수가 작다.
③ 차수성, 분리성, 배수성이 크다.
④ 수축을 방지한다.

해설
토목섬유는 탄성계수가 크다.

51 어떤 모래를 체가름 시험한 결과 다음 표를 얻었다. 이 때 모래의 조립률은?

체	각 체의 잔류율(%)
10mm	0
5mm	2
2.5mm	6
1.2mm	20
0.6mm	28
0.3mm	23
0.15mm	16
PAN	5
합계	100

① 2.68
② 2.73
③ 3.69
④ 5.28

해설
조립률 = $\dfrac{각\ 체에\ 남은\ 잔류시료의\ 중량백분율의\ 합}{100}$

조립률 = $\dfrac{2+8+28+56+79+95}{100} = 2.68$

체	각체 잔류율(%)	가적 잔류율(%)
10mm	0	0
5mm	2	2
2.5mm	6	8
1.2mm	20	28
0.6mm	28	56
0.3mm	23	79
0.15mm	16	95
PAN	5	100
합계	100	

52 다음 중 일반적으로 지연제를 사용하는 경우가 아닌 것은?
① 서중 콘크리트의 시공 시
② 레미콘 운반거리가 멀 때
③ 숏크리트 타설 시
④ 연속 타설 시 콜드 조인트를 방지하기 위해

해설
숏크리트 타설시 급결제를 사용한다.

53 포틀랜드 시멘트(KS L 5201)에서 1종인 보통 포틀랜드 시멘트의 비카 시험에 따른 초결 및 종결 시간에 대한 규정으로 옳은 것은?
① 초결 : 60분 이상, 종결 : 10시간 이하
② 초결 : 50분 이상, 종결 : 15시간 이하
③ 초결 : 40분 이상, 종결 : 9시간 이하
④ 초결 : 120분 이상, 종결 : 10시간 이하

해설
포틀랜드 시멘트(KS L 5201)에서 1종인 보통 포틀랜드 시멘트의 비카 시험에 따른 초결 및 종결 시간에 대한 규정은 초결 : 60분 이상, 종결 : 10시간 이하

54 플라이애시를 사용한 콘크리트의 특성으로 옳은 것은?
① 작업성 저하
② 수화열 증가
③ 단위수량 감소
④ 건조수축 증가

해설
플라이애시를 사용한 콘크리트는 단위수량이 감소한다.

55 고무혼입 아스팔트(rubberized asphalt)를 스트레이트 아스팔트와 비교할 때 특징으로 옳지 않은 것은?

① 응집성 및 부착성이 크다.
② 내노화성이 크다.
③ 마찰계수가 크다.
④ 감온성이 크다.

> **해설**
> 고무혼입 아스팔트(rubberized asphalt)는 스트레이트 아스팔트에 비하여 감온성이 작다.

56 잔골재의 유해물 함유량 허용한도 중 점토덩어리인 경우 중량백분율로 최댓값은 얼마인가?

① 1%
② 2%
③ 3%
④ 4%

> **해설**
> 잔골재의 유해물 함유량

종류	최대값
점토 덩어리	1
염화물(NaCl 환산량)	0.04

57 단위용적질량이 1.65kg/L인 굵은 골재의 절건밀도가 2.65kg/L일 때 이 골재의 공극률은 얼마인가?

① 28.6%
② 30.3%
③ 33.3%
④ 37.7%

> **해설**
> 1) 실적률
>
> $$= \frac{골재의\ 단위질량(100+흡수율)}{골재의\ 표건밀도}$$
>
> $$= \frac{골재의\ 단위용적질량}{골재의\ 절건밀도} \times 100$$
>
> $$= \frac{1.65}{2.65} \times 100 = 62.26\%$$
>
> 2) 공극률
>   100−실적률=100−62.26=37.73

58 시멘트의 화학적 성분 중 주성분이 아닌 것은?

① 석회
② 실리카
③ 알루미나
④ 산화마그네슘

해설
시멘트의 화학적 주성분
1) 석회
2) 실리카
3) 알루미나

59 철근 콘크리트용 봉강(KS D 3504)에서 기호가 SD300으로 표시된 철근을 설명한 것으로 옳은 것은?

① 항복점이 300MPa 이상인 이형철근
② 항복점이 300MPa 이상인 원형철근
③ 인장강도가 300MPa 이상인 이형철근
④ 인장강도가 300MPa 이상인 원형철근

해설
SD300 : 항복점 300MPa 이상인 이형철근

60 제철소에서 발생하는 산업부산물로서 찬공기나 냉수로 급냉한 후 미분쇄하여 사용하는 혼화재는?

① 고로슬래그 미분말
② 플라이애시
③ 화산회
④ 실리카흄

해설
고로슬래그 미분말에 대한 설명이다.

제4과목 토질 및 기초

61 아래 그림과 같은 무한 사면이 있다. 흙과 암반의 경계면에서 흙의 강도정수 $c=1.8t/m^2$, $\phi=25°$이고, 흙의 단위중량 $\gamma=1.9t/m^3$인 경우 경계면에서 활동에 대한 안전율을 구하면?

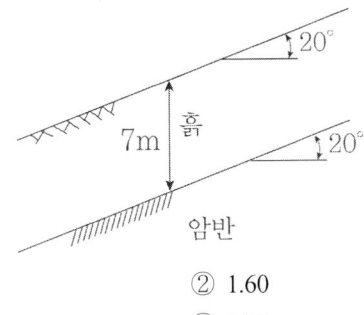

① 1.55
② 1.60
③ 1.65
④ 1.70

해설

Fellenius 일반식

1) $F_s = \dfrac{c'.l + (W\cos.i - ul)\tan \varnothing'}{W\sin.i}$

여기서 $W = \gamma.h.b = \gamma.h$ 여기서 b=1m

$l = \dfrac{1}{\cos.i}$

분모, 분자에 $\cos \cdot i$를 곱해주면

$F_s = \dfrac{c' + (\gamma.h.\cos^2 i - u)\tan \varnothing'}{\gamma.h.\sin i.\cos i}$

$F_s = \dfrac{1.8 + (1.9 \times 7 \times \cos(20)^2 - 0)\tan 25}{1.9 \times 7 \times \sin 20 \times \cos 20} = 1.7$

62 중심간격이 2.0m, 지름 40cm인 말뚝을 가로 4개, 세로 5개씩 전체 20개의 말뚝을 박았다. 말뚝 한 개의 허용지지력이 15ton이라면 이 군항의 허용지지력은 약 얼마인가? (단, 군말뚝의 효율은 Converse-Labarre 공식을 사용)

① 450.0t
② 300.0t
③ 241.5t
④ 114.5t

해설

군항의 허용지지력(R_{ag})

1) $R_{ag} = E.N.R_a = 0.805 \times 20 \times 15 = 241.5 ton$

2) $\varnothing = \tan^{-1}\dfrac{D}{S} = \tan^{-1}\dfrac{40}{200} = 11.31°$

$E = 1 - \varnothing.\dfrac{m.(n-1) + n.(m-1)}{90 m.n}$

$= 1 - 11.31 \times \dfrac{4(5-1) + 5(4-1)}{90 \times 4 \times 5}$

$= 0.805$

여기서, E : 말뚝의 효율
N : 말뚝의 총수
R_a : 단항의 허용지지력

63 사질토 지반에 축조되는 강성기초의 접지압 분포에 대한 설명 중 맞는 것은?
① 기초 모서리 부분에서 최대 응력이 발생한다.
② 기초에 작용하는 접지압 분포는 토질에 관계없이 일정하다.
③ 기초의 중앙 부분에서 최대 응력이 발생한다.
④ 기초 밑면의 응력은 어느 부분이나 동일하다.

해설

강성기초의 접지압 분포

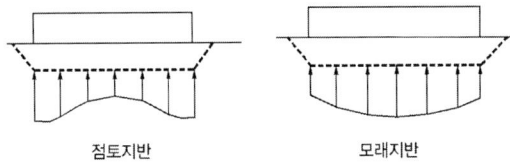

점토지반   모래지반

가. 기초가 강성이므로 균등침하가 발생된다.
나. 점토지반에서는 모서리쪽 접지압이 커지고 중앙부 접지압이 줄어든다.
다. 모래지반에서는 모서리쪽 접지압이 작고 중앙부 접지압이 커진다.

64 다음 중 시료채취에 대한 설명으로 틀린 것은?
① 오거보링(Auger Boring)은 흐트러지지 않은 시료를 채취하는데 적합하다.
② 교란된 흙은 자연상태의 흙보다 전단강도가 작다.
③ 액성한계 및 소성한계 시험에서는 교란시료를 사용하여도 괜찮다.
④ 입도분석시험에서는 교란시료를 사용하여도 괜찮다.

해설

오거보링(Auger Boring)은 흐트러진 시료를 채취하는데 적합하다.

65 자연상태의 모래지반을 다져 e_{min}에 이르도록 했다면 이 지반의 상대밀도는?
① 0%   ② 50%
③ 75%   ④ 100%

해설

상대밀도

1) $D_r = \dfrac{e_{max} - e}{e_{max} - e_{min}} \times 100$

2) $e = e_{min}$ 조건이 되면 상대밀도는 100%

66 Meyerhof의 극한지지력 공식에서 사용하지 않는 계수는?
① 형상계수 ② 깊이계수
③ 시간계수 ④ 하중경사계수

해설
Meyerhof 지지력 계수
1) 형상계수
2) 깊이계수
3) 경사계수

67 포화된 점토지반에 성토하중으로 어느 정도 압밀된 후 급속한 파괴가 예상될 때, 이용해야 할 강도정수를 구하는 시험은?
① CU-test ② UU-test
③ UC-test ④ CD-test

해설
압밀 후 급속한 파괴(비배수 상태) 이므로 CU-test 시험을 적용한다.

68 그림과 같은 점성토 지반의 토질시험 결과 내부마찰각 $\phi=30°$, 점착력 $c=15kN/m^2$일 때 A점의 전단강도는?(단, 물의 단위중량은 $9.81kN/m^3$이다.)

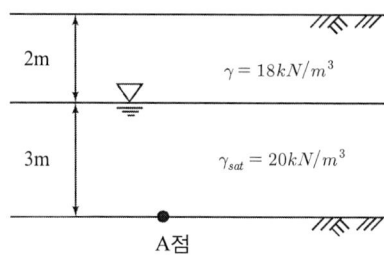

① $44.61kN/m^2$ ② $53.43kN/m^2$
③ $68.69kN/m^2$ ④ $70.41kN/m^2$

해설
1) 유효응력
   전응력 $\sigma = 2 \times 18 + 3 \times 20 = 96 kN/m^2$
   간극수압 $u = 3 \times 9.81 = 29.43 kN/m^2$
   유효응력 $\bar{\sigma} = \sigma - u = 96 - 29.43 = 66.57 kN/m^2$
2) 전단강도
   $\tau = c + \bar{\sigma} \tan \phi = 15 + 66.57 \tan 30°$
   $= 53.43 kN/m^2$

69 유선망의 특징을 설명한 것으로 옳지 않은 것은?
① 각 유로의 침투유량은 같다.
② 유선과 등수두선은 서로 직교한다.
③ 유선망으로 이루어지는 사각형은 이론상 정사각형이다.
④ 침투속도 및 동수구배는 유선망의 폭에 비례한다.

해설
침투속도 및 동수구배는 유선망의 폭에 반비례한다.

70 아래 그림과 같은 모래지반에서 깊이 4m지점에서의 전단강도는?(단, 모래의 내부마찰각 $\phi=30°$이며, 점착력 C=0)

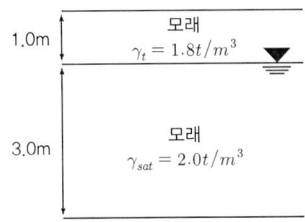

① $4.50t/m^2$
② $2.77t/m^2$
③ $2.32t/m^2$
④ $1.86t/m^2$

해설
1) $S = c + \overline{\sigma} \cdot \tan\phi$
2) $\overline{\sigma} = 1 \times 1.8 + 3 \times 1 = 4.8 t/m^2$
∴ $S = 0 + 4.8 \times \tan 30° = 2.77 t/m^2$

71 포화된 점토에 대하여 비압밀비배수(UU) 삼축압축시험을 하였을 때의 결과에 대한 설명으로 옳은 것은? (단, ϕ는 마찰각이고 c는 점착력이다.)
① ϕ와 c가 나타나지 않는다.
② ϕ와 c가 모두 "0"이 아니다.
③ ϕ는 "0"이고 c는 "0"이 아니다.
④ ϕ는 "0"이 아니지만 c는 "0"이다.

해설
uu 시험은 ϕ는 "0"이고 c는 "0"이 아니다.

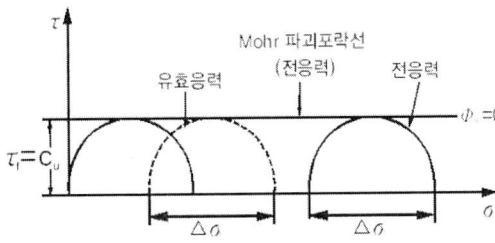

72 다짐에 대한 설명으로 틀린 것은?

① 다짐에너지는 래머(rammer)의 중량에 비례한다.
② 입도배합이 양호한 흙에서는 최대건조 단위중량이 높다.
③ 동일한 흙일지라도 다짐기계에 따라 다짐효과는 다르다.
④ 세립토가 많을수록 최적함수비가 감소한다.

해설
세립토가 많을수록 최적함수비가 증가한다.

73 그림에서 지표면으로부터 깊이 6m에서의 연직응력(σ_v)과 수평응력(σ_h)의 크기를 구하면? (단, 토압계수는 0.6이다.)

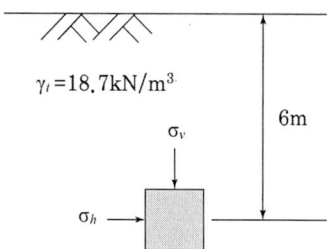

① σ_v=87.3kN/m², σ_h=52.4kN/m²
② σ_v=95.2kN/m², σ_h=57.1kN/m²
③ σ_v=112.2kN/m², σ_h=67.3kN/m²
④ σ_v=123.4N/m², σ_h=74.0kN/m²

해설
1) 연직응력 $\sigma_v = \gamma_t h$
$= 18.7 \times 6$
$= 112.2 kN/m^2$
2) 수평응력 $\sigma_h = \sigma_v K$
$= 112.2 \times 0.6$
$= 67.3 kN/m^2$

74 상·하층이 모래로 되어 있는 두께 2m의 점토층이 어떤 하중을 받고 있다. 이 점토층의 투수계수가 $5×10^{-7}$cm/s, 체적변화계수(mv)가 5.0cm^2/kN일 때 90% 압밀에 요구되는 시간은? (단, 물의 단위중량은 9.81kN/m^{3}이다.)

① 약 5.6일 ② 약 9.8일
③ 약 15.2일 ④ 약 47.2일

해설

1) $t_{90} = \dfrac{0.848 \times H^2}{C_v}$

2) $C_v = \dfrac{k}{m_v \cdot \gamma_w}$

$= \dfrac{5 \times 10^{-9} m/s}{5 \times 10^{-4} m^2/kN \times 9.81 kN/m^3}$

$= 0.000001 m^2/s$

$\therefore t_{90} = \dfrac{0.848 \times (\frac{2}{2})^2}{0.000001} = 848,000$초

$= 848,000 \times \dfrac{1}{60 \times 60 \times 24} = 9.81$일

75 점착력이 5t/m^2, γ_t=1.8t/m^{3}의 비배수상태(ϕ=0)인 포화된 점성토 지반에 직경 40cm, 길이 10m의 PHC 말뚝이 항타시공되었다. 이 말뚝의 선단지지력은? (단, Meyerhof 방법을 사용)

① 1.57t ② 3.23t
③ 5.65t ④ 45t

해설

Meyerhof 공식에 의한 (비배수 상태)($\varnothing = 0$)포화점토시 선단지지력

$Q_p = A_p \cdot q_p = A_p \cdot 9c_u$

$Q_p = \dfrac{3.14 \times 0.4^2}{4} \cdot (9 \times 5) = 5.65 ton$

여기서, Q_p : 말뚝의 선단지지력
A_p : 말뚝하단의 면적
q_p : 단위선단지지력
c_u : 말뚝하단 흙의 비배수 점착력

76 내부마찰각이 30°, 단위중량이 1.8t/m³인 흙의 인장균열 깊이가 3m일 때 점착력은?

① 1.56t/m²
② 1.67t/m²
③ 1.75t/m²
④ 1.81t/m²

해설

인장균열깊이

$$Z_c = \frac{2c}{\gamma_t} \tan\left(45° + \frac{\varnothing}{2}\right)$$

$$c = \frac{Z_c \times \gamma_t}{2\tan\left(45 + \frac{\varnothing}{20}\right)} = \frac{3 \times 1.8}{2 \cdot \tan\left(45 + \frac{30}{2}\right)} = 1.56 t/m^2$$

77 말뚝재하시험 시 연약점토지반인 경우는 pile의 타입 후 20여일 지난 다음 말뚝재하시험을 한다. 그 이유는?

① 주면 마찰력이 너무 크게 작용하기 때문에
② 부마찰력이 생겼기 때문에
③ 타입시 주변이 교란되었기 때문에
④ 주위가 압축되었기 때문에

해설

Thixotropy 현상
연약지반에 말뚝을 타입 후 말뚝 주변지반의 교란으로 말뚝의 주면 마찰력이 작아지나 시간이 경과한 후 Thixotropy 현상에 의하여 주변 지반의 강도가 어느정도 회복이 되어지게 되므로 말뚝 타입 후 바로 지지력 측정을 하지 않고 20여일 정도 지난 후 지지력을 측정한다.

78 3층 구조로 구조결합 사이에 치환성 양이온이 있어서 활성이 크고 시트 사이에 물이 들어가 팽창 수축이 크고 공학적 안정성은 약한 점토광물은?

① Kaolinite
② illite
③ Montmorillonite
④ Sand

해설

Montmorillonite에 대한 설명이다.

79 크기가 1m×2m인 기초에 10t/m²의 등분포하중이 작용할 때 기초 아래 4m인 점의 압력증가는 얼마인가?(단, 2:1 분포법을 이용한다.)

① 0.67t/m² ② 0.33t/m²
③ 0.22t/m² ④ 0.11t/m²

해설

$$\triangle \sigma_v = \frac{q_s \cdot B \cdot L}{(B+Z)(L+Z)}$$
$$= \frac{10 \times 1 \times 2}{(1+4) \times (2+4)} = 0.67 t/m^2$$

80 두께 5m의 점토층을 90% 압밀하는데 50일이 걸렸다. 같은 조건하에서 10m의 점토층을 90% 압밀하는데 걸리는 시간은?

① 100일 ② 160일
③ 200일 ④ 240일

해설

1) $50 : 5^2 = X : 10^2$
2) $X = \frac{10^2}{5^2} \times 50 = 200$일

CBT 모의고사 제3회 건설재료시험기사

제1과목 콘크리트공학

01 일반적인 수중콘크리트에 관한 설명으로 틀린 것은?
① 물-결합재비는 50%이하, 단위시멘트량은 370kg/m³이상을 표준으로 한다.
② 잔골재율을 적절한 범위 내에서 크게 하여 점성이 풍부한 배합으로 할 필요가 있다.
③ 수중콘크리트의 치기는 물을 정지시킨 정수 중에서 치는 것이 좋다.
④ 강제식 배치믹서를 사용하여 비비는 경우 콘크리트가 드럼내부에 부착되어 충분히 비벼지지 못할 경우가 있기 때문에 믹서는 가경식 배치믹서를 사용하여야 한다.

[해설]
가경식 배치믹서를 사용하여 비비는 경우 콘크리트가 드럼내부에 부착되어 충분히 비벼지지 못할 경우가 있기 때문에 믹서는 강제식 배치믹서를 사용하여야 한다.

02 아래 표의 조건과 같을 경우 콘크리트의 압축강도(f_{cu})를 시험하여 거푸집널의 해체시기를 결정하고자 한다. 콘크리트의 압축 강도(f_{cu})가 몇 MPa 이상인 경우 거푸집널을 해체할 수 있는가?

- 설계기준압축강도(f_{ck})가 30MPa
- 슬래브 및 보의 밑면 거푸집

① 5MPa   ② 10MPa
③ 14MPa   ④ 20MPa

[해설]

부재	콘크리트 압축강도(f_{cu})
확대기초, 보 옆, 기둥 등의 측벽	5MPa 이상
슬래브 및 보의 밑면, 아치 내면	설계기준압축강도의 $\frac{2}{3}$배 이상, 또한 최소 14MPa 이상

정답 01 ④ 02 ④

03 섬유보강 콘크리트에 대한 설명으로 틀린 것은?
① 강섬유보강 콘크리트의 경우, 소요단위수량은 강섬유의 용적 혼입률 1% 증가에 대하여 약 20kg/m³정도 증가한다.
② 섬유보강으로 인해 인장강도, 휨강도, 전단강도 및 인성은 증대되지만, 압축강도는 그다지 변화하지 않는다.
③ 강제식 믹서를 이용한 경우, 섬유보강 콘크리트의 비비기 부하는 일반 콘크리트에 비해 2~4배 커지는 수가 있다.
④ 섬유혼입률은 섬유보강 콘크리트 1m³중에 점유하는 섬유의 질량백분율(%)로서 보통 0.5~2.0% 정도이다.

해설
섬유혼입률은 섬유보강 콘크리트 1m³중에 점유하는 섬유의 용적백분율(%)로서 보통 0.5~2.0% 정도이다.

04 일반 콘크리트의 배합에서 물-결합재비에 대한 설명으로 틀린 것은?
① 물-결합재비는 소요의 강도, 내구성, 수밀성, 균열저항성 등을 고려하여 정하여야 한다.
② 제빙화학제가 사용되는 콘크리트의 물-결합재비는 55% 이하로 한다.
③ 콘크리트의 수밀성을 기준으로 물-결합재비를 정할 경우 그 값은 50%이하로 한다.
④ 콘크리트의 탄산화 저항성을 고려하여 물-결합재비를 정할 경우 55%이하로 한다.

해설
제빙화학제가 사용되는 콘크리트의 물-결합재비는 45% 이하로 한다.

05 프리스트레스트 콘크리트에 있어서 프리스트레싱을 할 때의 콘크리트의 압축강도는 프리스트레스를 준 직후 콘크리트에 일어나는 최대압축응력의 최소 몇 배 이상이어야 하는가?
① 1.3배 ② 1.5배
③ 1.7배 ④ 2.0배

해설
프리스트레싱을 할 때의 콘크리트의 압축강도는 어느 정도의 안전도를 확보하기 위하여 프리스트레스를 준 직후, 콘크리트에 일어나는 최대 압축응력의 1.7배 이상이어야 한다.

06 일반 콘크리트에 사용되는 재료의 계량허용오차에 대한 설명으로 틀린 것은?
① 잔골재 : ±3% ② 혼화제 : ±3%
③ 혼화재 : ±3% ④ 굵은 골재 : ±3%

해설
계량 허용오차
- 골재 및 혼화제 ±3%
- 물 : -2%, +1%
- 시멘트 : -1%, +2%
- 혼화재 : ±2%

07 프리플레이스트 콘크리트에 사용하는 재료에 대한 설명으로 틀린 것은?
① 프리플레이스트 콘크리트의 주입 모르타르는 포틀랜드 시멘트를 사용하는 것을 표준으로 한다.
② 잔골재의 조립률은 2.3~3.1 범위로 한다.
③ 굵은 골재의 최소 치수는 15mm 이상으로 하여야 한다.
④ 일반적으로 굵은 골재의 최대치수는 최소 치수의 2~4배 정도로 한다.

해설
잔골재는 입경 2.5mm이하, 조립률은 1.4~2.2 범위로 정한다.

08 굵은 골재의 최대치수에 따른 콘크리트 펌프 압송관의 호칭치수에 대한 설명으로 옳은 것은?
① 굵은 골재의 최대치수가 25mm일 때 압송관의 호칭치수는 100mm 이상이어야 한다.
② 굵은 골재의 최대치수가 20mm일 때 압송관의 호칭치수는 100mm 이하이어야 한다.
③ 굵은 골재의 최대치수가 20mm일 때 압송관의 호칭치수는 125mm 이상이어야 한다.
④ 굵은 골재의 최대치수가 40mm일 때 압송관의 호칭치수는 80mm 이상이어야 한다.

해설
· 굵은골재최대치수 20~25mm인 경우
  압송관 호칭치수 : 100mm 이상
· 굵은골재최대치수 40mm 이상인 경우
  압송관 호칭치수 : 125mm 이상

09 방사선 차폐용 콘크리트에 대한 설명으로 틀린 것은?
① 일반적인 경우 슬럼프는 150mm 이하로 하여야 한다.
② 주로 생물체의 방호를 위하여 X선, γ선 및 중성자선을 차폐할 목적으로 사용된다.
③ 방사선 차폐용 콘크리트는 열전도율이 작고, 열팽창률이 커야 하므로 밀도가 낮은 골재를 사용하여야 한다.
④ 물-결합재비는 50%이하를 원칙으로 하고, 워커빌리티 개선을 위하여 품질이 입증된 혼화제를 사용할 수 있다.

해설
방사선 차폐용 콘크리트는 열전도율이 작고, 열팽창률이 작아야 하므로 밀도가 높은 골재를 사용하여야 한다.

10 시방배합에서 규정된 배합의 표시 방법에 포함되지 않는 것은?
① 잔골재율   ② 물 – 결합재비
③ 슬럼프 범위   ④ 잔골재의 최대치수

해설
시방배합에 표시방법 중 잔골재 최대치수가 아니라 굵은골재 최대치수를 표시한다.

정답 07 ② 08 ① 09 ③ 10 ④

11 외기온도가 25°C를 넘을 때 콘크리트의 비비기로부터 치기가 끝날 때까지 얼마의 시간을 넘어서는 안 되는가?
① 0.5시간
② 1시간
③ 1.5시간
④ 2시간

해설
25°C 이하 : 2시간

12 공기연행 콘크리트의 공기량에 대한 설명으로 옳은 것은?(단, 굵은 골재의 최대치수는 40mm을 사용한 일반콘크리트로서 보통 노출인 경우)
① 4.0%를 표준으로 하며, 그 허용오차는 ±1.0%로 한다.
② 4.5%를 표준으로 하며, 그 허용오차는 ±1.0%로 한다.
③ 4.0%를 표준으로 하며, 그 허용오차는 ±1.5%로 한다.
④ 4.5%를 표준으로 하며, 그 허용오차는 ±1.5%로 한다.

해설
굵은골재 최대치수 40mm인 경우 공기량은 4.5%를 표준으로 하며, 그 허용오차는 ±1.5%로 한다.

13 굳은 콘크리트의 압축강도 시험에 대한 설명으로 잘못된 것은?
① 공시체 양생은 20±2°C에서 습윤상태로 양생한다.
② 공시체는 지름의 3배의 높이를 가진 원기둥형으로 하며, 그 지름은 굵은골재의 최대치수의 3배 이상, 150mm 이상으로 한다.
③ 몰드를 떼는 시기는 채우기가 끝나고 나서 16시간 이상 3일 이내로 한다.
④ 하중을 가하는 속도는 압축 응력도의 증가율이 매초 0.6±0.4MPa이 되도록 한다.

해설
콘크리트 압축강도 공시체
1) 지름은 굵은골재 최대치수의 3배 이상, 100mm이상으로 한다.
2) 참고 : 인장강도 굵은골재 최대치수 4배이상 150mm 이상

14 콘크리트의 블리딩시험(KS F 2414)에 대한 설명으로 틀린 것은?
① 블리딩 시험은 굵은골재의 최대 치수가 50mm 이하인 경우에 적용한다.
② 콘크리트를 블리딩 용기에 채울 때 콘크리트 표면이 용기의 가장자리에서 3±0.3cm 높아지도록 고른다.
③ 시험 중에는 실온 20±3°C로 한다.
④ 기록한 처음 시각에서 60분 동안 10분마다, 콘크리트 표면에 스며나온 물을 빨아낸다.

해설
블리딩 용기에 채울 때 콘크리트 표면이 용기의 가장자리에서 3±0.3cm낮게 고른다.

15 22회의 시험실적으로부터 구한 콘크리트 압축강도의 표준편차가 4MPa이고, 실제기준 압축강도가 40MPa인 경우 배합강도는? (단, 시험횟수가 20회인 경우 표준편차의 보정계수는 1.08이고, 시험횟수가 25회인 경우 표준편차의 보정계수는 1.03이다.)

① 46.5MPa ② 47.2MPa
③ 45.9MPa ④ 48.9MPa

해설

1) 22회일 때 표준편차 보정계수
$= 1.03 + \dfrac{(1.08-1.03) \times 3}{5} = 1.06$

2) 직선보간한 표준편차
$S = 1.06 \times 4 = 4.24 MPa$

3) 배합강도
$f_{cr} = f_{cq} + 1.34 \cdot S$
$= 40 + 1.34 \times 4.24 = 45.68 MPa$
$f_{cr} = 0.9 \cdot f_{cq} + 2.33 \cdot S$
$= 0.9 \times 40 + 2.33 \times 4.24$
$= 45.88 MPa$

두 값 중 큰 값이 배합강도이므로
∴ $f_{cr} = 45.88 MPa$

16 콘크리트의 받아들이기 품질검사 항목에 따른 판정기준으로 틀린 것은?

① 공기량의 허용오차는 ±1.5%이다.
② 염소이온량은 원칙적으로 0.3kg/m^3이하이어야 한다.
③ 슬럼프값이 30mm 이상 80mm미만일 경우의 허용오차는 ±15mm이다.
④ 콘크리트 펌프의 최대 이론토출압력에 대한 최대 압송부하의 비율이 70%이하 이어야 한다.

해설

콘크리트 받아들이기 품질검사중 콘크리트 펌프의 최대 이론토출압력에 대한 최대 압송부하의 비율은 80%이하로 한다.

17 수중 불분리성 콘크리트의 타설에 대한 설명으로 틀린 것은?

① 유속이 50mm/s정도 이하의 정수 중에서 수중 낙하높이 0.5m 이하에서 타설한다.
② 콘크리트 펌프로 압송할 경우, 압송압력은 보통 콘크리트의 2~3배 정도 요구된다.
③ 품질저하 및 불균일성을 방지하기 위해 수중 유동거리는 10m 이하로 한다.
④ 소규모 공사 등에는 버킷을 이용하여 시공할 수도 있다.

해설

품질저하 및 불균일성을 방지하기 위해 수중 유동거리는 5m 이하로 한다.

18 시방배합 결과 물 180kg/m³, 잔골재 650kg/m³, 굵은골재 1000kg/m³을 얻었다. 잔골재의 흡수율이 2%, 표면수율이 3%라고 하면 현장배합상의 단위 잔골재량은?

① 637.0kg/m³
② 656.5kg/m³
③ 663.0kg/m³
④ 669.5kg/m³

해설

표면수 보정에 따른 단위 잔골재량
단위 잔골재량=650×1.03=669.5kg/m³

19 아래 표와 같은 조건의 시방배합에서 굵은골재의 단위량은 약 얼마인가?

- 단위수량=189kg, S/a=50%, W/C=50%
- 시멘트 밀도=3.15g/cm³
- 잔골재 표건밀도=2.6g/cm³
- 굵은골재 표건밀도=2.7g/cm³
- 공기량=1.5%

① 935kg
② 1,115kg
③ 1,042kg
④ 913kg

해설

1) 단위시멘트량

$$\frac{W}{C}=50\%, \quad \therefore C=\frac{189}{0.5}=378kg$$

2) 단위골재의 체적

$$V=1-\left(\frac{189}{1,000}+\frac{378}{3.15\times1,000}+\frac{1.5}{100}\right)=0.676m^3$$

3) 굵은골재의 체적

$$0.676\times(1-0.5)=0.338m^3$$

4) 굵은골재량

$$2.7\times0.338\times1,000=913kg$$

20 매스 콘크리트에 대한 다음 표의설명에서 빈칸에 알맞은 수치는?

매스 콘크리트로 다루어야 하는 구조물의 부재 치수는 일반적인 표준으로서 넓이가 넓은 평판구조의 경우 두께 (㉮)m 이상, 하단이 구속된 벽조의 경우 두께 (㉯)m이상으로 한다.

① ㉮ : 0.8, ㉯ : 0.5
② ㉮ : 1.0, ㉯ : 0.5
③ ㉮ : 0.5, ㉯ : 0.8
④ ㉮ : 0.5, ㉯ : 1.0

해설

매스콘크리트로 다루어야 하는 구조물의 부재치수는 일반적인 표준으로서 넓이가 넓은 평판구조의 경우 두께 0.8m 이상, 하단이 구속된 벽의 경우 두께 0.5m 이상되는 구조물을 매스콘크리트로 분류

제2과목 건설시공 및 관리

21 옹벽의 수평 저항력을 증가시키기 위해 경제성과 시공성을 고려할 경우 다음 중 가장 적합한 방법은?
① 옹벽의 비탈구배를 크게 한다.
② 옹벽 전면에 Apron를 설치한다.
③ 옹벽 기초밑판에 돌기 Key를 설치한다.
④ 옹벽 배면에 Anchor를 설치한다.

해설

활동에 대한 안정
① 안정조건 : $F_S = \dfrac{\text{저면마찰력의 합}}{\text{수평력의 합}} \geq 1.5$
② 대 책 : Shear Key 설치, 말뚝기초시공, 밑판의 길이를 증대
※ Shear Key(돌기물) 설치가 가장 유리한 방법

22 공정관리 수법중 Net work 공정의 특징에 관한 설명으로 옳지 않은 것은?
① 간단하게 작성할 수 있다.
② 합리적으로 설득성이 있다.
③ 중점적으로 관리할 수 있다.
④ 전체와 부분의 관계가 명백하다.

해설

Net work 공정은 작업의 세분화로 공정작성 및 수정이 어렵다.

23 기초를 시공할 때 지면의 굴착 공사에 있어서 굴착면이 무너지거나 변형이 일어나지 않도록 흙막이 지보공을 설치하는데 이 지보공의 설비가 아닌 것은?
① 흙막이판
② 널 말뚝
③ 띠장
④ 우물통

해설

우물통은 교량의 케이슨 기초 공법에 해당된다.

24 RCD(reverse circulation drill)) 공법의 시공방법 설명 중 옳지 않은 것은?
① 물을 사용하여 약 0.2~0.3kg/cm^{2}의 정수압으로 공벽을 안정시킨다.
② 기종에 따라 35°정도의 경사 말뚝 시공이 가능하다.
③ 케이싱 없이 굴삭이 가능한 공법이다.
④ 수압을 이용하며, 연약한 흙에 적합하다.

해설

경사말뚝 시공이 가능한 공법은 타입식 기성말뚝 공법중 강관을 이용한 말뚝공법이 가능하다.

25 케이슨을 침하시킬 때 유의사항으로 틀린 것은?
① 침하시 초기 3m까지는 안정하므로 경사이동의 조정이 용이하다.
② 케이슨은 정확한 위치의 확보가 중요하다.
③ 토질에 따라 케이슨의 침하 속도가 다르므로 사전 조사가 중요하다.
④ 편심이 생기지 않도록 주의해야 한다.

해설
케이슨 침하는 초기 3m까지의 정확한 위치 안착이 매우 중요하다. 따라서 정확한 측량 및 침하가 편기가 발생되지 않도록 최대한 신중을 기하여 한다.

26 콘크리트 포장에서 아래의 표에서 설명하는 현상은?

> 콘크리트 포장에서 기온의 상승 등에 따라 콘크리트 슬래브가 팽창할 때 줄눈 등에서 압축력에 견디지 못하고 좌굴을 일으켜 부분적으로 솟아오르는 현상

① spalling
② blow up
③ pumping
④ reflection crack

해설
1) Spalling
줄눈내부에 비압축성 재료의 침투로 인한 콘크리트 수, 팽창 방해 및 하중 전달장치의 불량으로 줄눈부 파손
2) Pumping
교통하중 반복에 따른 휨하중에 의해서 슬래브의 침하로 노상, 보조기층내로 우수침투 발생되면서 슬래브 내부에 흙이 이토화 되어서 줄눈사이로 물과 함께 토사가 뿜어져 나오는 현상
3) reflection crack(반사균열)
기존 콘크리트 포장면 새로운 아스팔트 혼합물로 덧씌우기 할 경우 하부의 기 시공된 상태의 균열이 상층으로 반사되어 발생하는 균열

27 공정관리에서 PERT와 CPM의 비교 설명으로 옳은 것은?
① PERT는 반복사업에, CPM은 신규사업에 좋다.
② PERT는 1점 시간추정이고, CPM은 3점 시간추정이다.
③ PERT는 작업활동 중심관리이고, CPM은 작업단계 중심관리이다.
④ PERT는 공기 단축이 주목적이고, CPM은 공사비 절감이 주목적이다.

해설
공정관리 기법
1) PERT 기법(신비 3기event)
   가. 신규사업, 비 반복사업, 경험이 없는 사업 등에 활용
   나. 소요시간 추정 (3점법 확률 계산)
   다. 가중 평균치 사용
   $$t_e = \frac{t_o + 4t_m + t_p}{6}$$
   여기서, t_o : 낙관 작업일수
          t_m : 정상 작업일수
          t_p : 비관 작업일수
          t_e : 3점법에 의한 추정공사일수
   라. 작업단계(event) 중심관리(결합점 중심관리)
   마. 확률론적 검토
   바. 공기 단축이 목적

28 시료의 평균값이 279.1, 범위의 평균값이 56.32, 군의 크기에 따라 정하는 계수가 0.73일 때 상부관리한계선(UCL) 값은?
① 316.0
② 320.2
③ 338.0
④ 342.1

해설
$\bar{x} - R$관리도의 관리한계선
1) 중심선 $CL = \bar{x}$
2) 상한 관리 한계 $UCL = \bar{x} + A_2 \cdot \bar{R}$
   여기서, $\bar{x}$: x의 평균치
          $\bar{R}$: 범위 R의 평균치
          A_2 : 군의 크기에 따라 정하는 계수
∴ 상한 관리 한계
   $UCL = \bar{x} + A_2 \cdot \bar{R} = 279.1 + 0.73 \times 56.32$
        $= 320.2$

29 다짐 장비 중 마무리 다짐 및 아스팔트 포장의 끝손질에 사용하면 가장 유용한 장비는?

① 탠덤 롤러
② 타이어 롤러
③ 탬핑 롤러
④ 머캐덤 롤러

해설

다짐장비
1) Macadam roller
   3륜구조로 자갈 및 사질토, 쇄석층, 아스팔트 포장 1차다짐에 적합
2) 타이어롤러(Tire roller)
   아스팔트 포장의 2차 다짐 및 사질토 지반다짐에 적합
3) Tandem roller
   2륜구조로 아스팔트 포장의 마무리 다짐에 적합

30 암석 시험발파의 주된 목적으로 옳은 것은?

① 폭파계수 C를 구하려고 한다.
② 발파량을 추정하려고 한다.
③ 폭약의 종류를 결정하려고 한다.
④ 발파장비를 결정하려고 한다.

해설

시험발파 목적
1) 본발파 앞서 발파방법과 사용장약량 등을 변화시키면서 발파하여 암석의 비산상태, 장약량에 대한 기준을 정하여 본발파의 우수한 폭파계수(C)를 정하며,
2) 또한 방호시설 및 민원(소음, 진동, 비산)에 대한 대책을 수립하기 위해서 소음과 진동에 대한 계측을 실시하는 발파를 말한다.

31 다음과 같은 점토 지반에서 연속 기초의 극한 지지력을 Terzaghi 방법으로 구하면 얼마인가?(단, 흙의 점착력 $1.5t/m^2$, 기초의 깊이 1m, 흙의 단위중량 $1.6t/m^3$, 지지력 계수 N_c= 5.3, N_q=1.0)

① $7.05t/m^2$
② $8.78t/m^2$
③ $9.55t/m^2$
④ $12.98t/m^2$

해설

$q_u = \alpha \cdot c \cdot N_c + \beta \cdot B \cdot \gamma_1 \cdot N_r + \gamma_2 \cdot D_f \cdot N_q$
  $= 1 \times 1.5 \times 5.3 + 1.6 \times 1 \times 1$
  $= 9.55 t/m^2$

32 옹벽에 작용하는 토압을 산정하기 위해 Rankine의 토압론을 적용하고자 한다. Rankine 토압계산 시 이용되는 기본 가정이 아닌 것은?

① 토압은 지표에 평행하게 작용한다.
② 흙은 매우 균질한 재료이다.
③ 흙은 비압축성 재료이다.
④ 지표면은 유한한 평면으로 존재한다.

해설

Rankine 토압
1) 벽마찰각(δ)을 무시(설계상 안전측)
2) 힘의 작용방향이 지표면과 평행하게 작용하며 지표면은 무한히 넓게 존재한다.
3) 벽체의 경사는 연직($\theta = 0$)벽 상태
4) 파괴면내 배면토는 모두 소성상태로 봄
5) 흙은 비압축성이고 균질한 상태의 입자이다.
6) 지표면 상재하중은 등분포 하중이다.
7) 토립자는 흙 입자간의 마찰력으로 평형을 유지한다.

33 암거의 배열방식 중 집수지거를 향하여 지형의 경사가 완만하고, 같은 습윤상태인 곳에 적합하며, 1개의 간선집수지 또는 집수지거로 가능한 한 많은 흡수거를 합류하도록 배열하는 방식은?

① 자연식(Natural system)
② 차단식(Intercepting system)
③ 빗식(Gridiron system)
④ 집단식(Grouping system)

해설

암거의 배열방식
(1) 자연식
　자연지형에 맞추어서 암거를 매설하는 방식
(2) 차단식
　인접한 지대, 배수 지구를 둘러싼 높은 지대에서의 침투수를 차단할 수 있는 위치에 설치하여 배수구 내의 침투수를 막을 수 있는 곳에 암거를 설치하는 배열방식
(3) 빗 식
　집수 지거를 향하여 지형의 경사가 완만하고 같은 습윤상태인 곳에 적합한 배열방식으로, 1개의 간선 집수지 또는 집수지거로 되도록 많은 흡수거를 합류하도록 만든 배열방식
(4) 집단식
　1개 지구내에 여러개의 형태의 소규모 암거배수를 집단적으로 설치하여 배수시키는 배열방식
(5) 어골식
　길이가 길고 폭이 좁은 오목한 지대의 중앙에 집수지거가 가로로 배치되어 있고 흡수거가 그 양쪽에서 합류하여 물고기뼈와 같은 형태의 배열방식

34 어느 토공현장의 흙의 운반거리가 60m, 전진속도 40m/min, 후진속도 80m/min, 기어변속시간 30초, 작업효율 0.8, 1회의 압토량 2.3m³, 토량변화율(L)이 1.2라면 불도저의 시간당 작업량은? (단, 본바닥 토량으로 구하시오.)

① 33.45m³/h
② 39.27m³/h
③ 45.62m³/h
④ 51.93m³/h

해설

1) $C_m = \dfrac{L}{V_1} + \dfrac{L}{V_2} + t_g$

   $= \dfrac{60}{40} + \dfrac{60}{80} + \dfrac{30}{60} = 2.75$분

2) $Q = \dfrac{60 \cdot q \cdot f \cdot E}{C_m}$

   $= \dfrac{60 \times 2.3 \times \dfrac{1}{1.2} \times 0.8}{2.75} = 33.45\, m^3/hr$

35 전면에 달린 배토판의 좌, 우를 밑으로 10~40cm 정도 기울어지게 하여 경사면 굴착이나 도랑파기 작업에 유리한 도저는?

① 틸트 도저
② 앵글 도저
③ 레이크 도저
④ 스트레이트 도저

해설

틸트 도저
배토판의 좌우(10~40cm)를 밑으로 기울게하여 도랑파기, 경사굴착 등을 한다.

분 류	개 요
스트레이트 도저 (Straight Dozer)	배토판의 상단부를 전후로 이동하여 조정하므로 도랑파기 또는 동결지반의 굴착에 편리하다.
앵글 도저 (Angle Dozer)	배토판을 진행 방향에 전후로 20~30°이동시켜서 배토판의 작업각도를 변동할 수 있어 굴착토사를 한쪽으로 이동 시킬 수 있다.
레이크 도저 (Rake Dozer)	배토판 대신에 레이크를 정착하여 벌개제근, 나무뿌리제거 작업등을 할 수 있다.

36 아래에서 설명하는 심빼기 발파공은?

> 버력이 너무 비산하지 않는 심빼기에 유효하며, 특히 용수가 많을 때 편리하다.

① 노 컷
② 벤치 컷
③ 스윙 컷
④ 피라미드 컷

해설
스윙컷
수직갱에서 주로 사용되며 밑변의 반만큼 먼저 발파시키고 물을 집중시킨 다음 물이 없는 부분을 발파하는 공법

37 터널의 시공에 사용되는 숏크리트 습식공법의 장점으로 틀린 것은?

① 분진이 적다.
② 품질관리가 용이하다.
③ 장거리 압송이 가능하다.
④ 대규모 터널 작업에 적합하다.

해설
숏크리트 공법의 종류 및 특징

구 분	건 식	습 식
Con'c 품질	품질관리 어렵다	품질관리 쉽다
운반시간 제약	적 다	크 다
압송 거리	장거리 (500m)	단거리
분진 발생	큼	적음
반 발 량	큼	적음
청소,유지보수	Nozzle 청소쉽다	어렵다

38 점보드릴(Jumbo drill)에 대한 설명으로 옳지 않은 것은?

① 착암기를 싣고 굴착작업을 할 수 있도록 되어있는 장비이다.
② 한 대의 Jumbo 위에는 여러 대의 착암기를 장치할 수 있다.
③ 상·하로 자유로이 이동작업이 가능하나 좌·우로의 조정은 불가능하다.
④ NATM 공법에 많이 사용한다.

해설
점보드릴 장비
점보드릴 장비는 터널 NATM 공사의 천공작업에 사용되는 장비로서 상,하 좌,우로 이동작업이 가능하다.

39 공사일수를 3점 시간 추정법에 의해 산정할 경우 적절한 공사 일수는?(단, 낙관일수는 6일, 정상일수는 8일, 비관일수는 10일이다.)

① 6일
② 7일
③ 8일
④ 9일

해설

$$t_c = \frac{t_0 + 4t_m + t_p}{6} = \frac{6 + 4 \times 8 + 10}{6} = 8일$$

40 어느 토공현장에서 흙의 운반거리가 60m, 불도저의 전진속도 40m/min, 후진속도 60m/min, 1회의 압토량 2.5m³, 기어 변속시간 0.25분이고, 작업효율 0.65일 때 불도저의 시간당 작업량을 본바닥 토량으로 구하면? (단, 토질은 보통토, 평탄지로 토량의 변화율 C=0.9, L=1.25이다.)

① 27.3m³/h
② 28.4m³/h
③ 38.6m³/h
④ 42.4m³/h

해설

1) $C_m = \frac{l}{V_1} + \frac{l}{V_2} + t_g$

$= \frac{60}{40} + \frac{60}{60} + 0.25 = 2.75분$

2) $Q = \frac{60 \cdot q \cdot f \cdot E}{C_m} = \frac{60 \times 2.5 \times \frac{1}{1.25} \times 0.65}{2.75}$

$= 28.36 m^3/hr$

제3과목 건설재료 및 시험

41 암석의 분류중 성인(지질학적)에 의한 분류의 결과가 아닌 것은?

① 화성암
② 퇴적암
③ 점토질암
④ 변성암

해설

1) 화성암
 지구 내부에 용융상태로 마그마가 냉각 응고 된 것으로 규산(실리카)의 함유량에 딸 산성암, 중성암, 염기성암으로 분류
2) 퇴적암
 물, 바람의 작용으로 퇴적되어 이루어진 암석
3) 변성암
 높은 열, 압력 작용으로 암석이 변질 작용을 받아 생성된 암석

42 굵은 골재의 최대 치수란 질량비로 몇 %이상 통과시키는 체 중에서 최소 치수인 체의 호칭치수를 말하는가?
① 80
② 85
③ 90
④ 95

해설
굵은 골재의 최대 치수란 질량비로 몇 90%이상 통과시키는 체 중에서 최소 치수인 체

43 석재를 모양 및 치수에 따라 분류할 경우 아래의 표에서 설명하는 석재는?

> 면이 원칙적으로 거의 사각형에 가까운 것으로, 2면을 쪼개어 면에 직각으로 측정한 길이가 면의 최소 변의 1.2배 이상일 것

① 각석
② 판석
③ 사고석
④ 견치석

해설
석재의 규격
1) 각 석
　폭이 두께의 3배 미만이고 폭보다 길이가 긴 직육면체형의 석재
2) 판 석
　두께가 15cm 미만이고 폭이 두께의 3배 이상인 판 모양의 석재
3) 견치석
　앞면은 규칙적으로 거의 사각형에 가깝고 길이는 최소변의 1.5배 이상인 석재
4) 활 석(사고석)
　앞면은 거의 정사각형에 가깝고 길이는 최소변의 1.2배 이상인 석재

44 콘크리트용 혼화재로 실리카 퓸(Silica fume)을 사용한 경우 그 효과에 대한 설명으로 잘못된 것은?
① 콘크리트의 재료분리 저항성, 수밀성이 향상된다.
② 알칼리 골재반응의 억제효과가 있다.
③ 내화학약품성이 향상된다.
④ 단위수량과 건조수축이 감소된다.

해설
단위수량과 건조수축을 감소시키는 혼화재료로는 AE 감수제 등이 있다.

45 골재의 함수상태에 대한 설명으로 틀린 것은?

① 골재의 표면수는 없고 내부 공극에는 물로 차있는 상태를 골재의 표면건조포화상태라고 한다.
② 골재의 표면 및 내부에 있는 물 전체질량의 절대건조상태 골재 질량에 대한 백분율을 골재의 표면수율이라고 한다.
③ 표면건조포화상태의 골재에 함유되어 있는 전체 수량의 절대건조상태 골재 질량에 대한 백분율을 골재의 흡수율이라고 한다.
④ 골재를 100~110°C의 온도에서 일정한 질량이 될 때까지 건조하여 골재알 내부에 포함되어 있는 자유수가 완전히 제거된 상태를 골재의 절대건조상태라고 한다.

> 해설
> 골재의 표면건조 내부포화상태에 대한 골재의 습윤상태 골재 질량에 대한 백분율을 골재의 표면수율이라고 한다.

46 터널 굴착을 위하여 장약량 4kg으로 시험발파한 결과 누두지수(n)가 1.5, 폭파반경(R)이 3m이었다면, 최소저항선 길이를 5m로 할 때 필요한 장약량은?

① 6.67kg ② 11.1kg
③ 18.5kg ④ 62.5kg

> 해설
> 1) $n(누두지수) = \dfrac{R(폭파반경)}{W(최소저항선)}$
> $1.5 = \dfrac{3}{W}$, $W = 2$
> 2) $L(장약량) = C(폭파계수) \cdot W^3(최소저항선)$
> $4 = C \times 2^3$, $C = 0.5$
> 3) $L = 0.5 \times 5^3 = 62.5 kg$

47 플라이 애시에 대한 설명으로 틀린 것은?

① 초기의 수화반응의 증대로 초기강도가 크다.
② 사용수량을 감소시키며 유동성을 개선한다.
③ 알칼리-골재 반응에 의한 팽창을 억제한다.
④ 화력발전소의 보일러에서 나오는 산업폐기물이다.

> 해설
> 플라이 애시는 초기 수화반응이 느리며 장기 강도에 크다.

48 직경 200mm, 길이 5m의 강봉에 축방향으로 400kN의 인장력을 가하여 변형을 측정한 결과 직경이 0.1mm 줄어들고 길이가 10mm 늘어났을 때 이 재료의 푸아송 비는?

① 0.25
② 0.5
③ 1.0
④ 4.0

해설

푸아송비 $(\nu) = \dfrac{\text{공시체 횡방향 변형률}}{\text{공시체 축방향 변형률}}$

∴ 푸아송비 $= \dfrac{0.1/200}{10/5,000} = 0.25$

49 콘크리트용 굵은 골재의 내구성을 판단하기 위해서 황산나트륨에 의한 안정성 시험을 할 경우 조작을 5번 반복했을 때 굵은 골재의 손실질량은 얼마 이하를 표준으로 하는가?

① 5%
② 8%
③ 10%
④ 12%

해설

골재의 안정성 시험
1) 골재의 안정성 시험은 골재의 내구성을 알기위해 황산나트륨 용액으로 골재의 부서짐 작용에 대한 저항성을 확인하는 시험이다.
2) 5회 시험했을 때 손실 질량 백분율

시험 용액	손실 질량비(%)	
	잔골재	굵은골재
황산나트륨	10이하	12이하

50 잔골재의 밀도 및 흡수율 시험(KS F 2504)에 대한 설명으로 틀린 것은?

① 일반적으로 플라스크는 검정된 것으로써 100mL로 하는 경우가 많다.
② 절대 건조 상태의 체적에 대한 절대 건조 상태의 질량을 진밀도라고 한다.
③ 밀도는 2회 시험의 평균값으로 결정하는데 이때 시험값은 평균과의 차이가 0.01g/cm^3 이하여야 한다.
④ 흡수율은 2회 시험의 평균값으로 결정하는데 이때 시험값은 평균과의 차이가 0.05% 이하여야 한다.

해설

일반적으로 플라스크는 검정된 것으로써 500mL로 하는 경우가 많다.

51 콘크리트 배합에 관한 아래 표의 ( )에 들어갈 알맞은 수치는?

> 공사 중에 잔골재의 입도가 변하여 조립률이 ±( ) 이상 차이가 있을 경우에는 워커빌리티가 변화하므로 배합을 수정할 필요가 있다.

① 0.05
② 0.1
③ 0.2
④ 0.3

해설
공사 중에 잔골재의 입도가 변하여 조립률이 ±(0.2) 이상 차이가 있을 경우에는 워커빌리티가 변화하므로 배합을 수정할 필요가 있다.

52 알루미늄 분말이나 아연 분말을 콘크리트에 혼입하여 수소가스를 발생시켜 PSC용 그라우트의 충전성을 좋게 하기 위하여 사용하는 혼화제는?

① 유동화제
② 방수제
③ AE제
④ 발포제

해설
발포제
알루미늄 분말 또는 아연분말로 콘크리트 속의 미세기포를 형성시켜 PC용 그라우팅 재료에 사용된다.

53 표점거리는 50mm, 지름은 14mm의 원형 단면봉으로 인장시험을 실시하였다. 축인장하중이 100kN이 작용하였을 때, 표점거리는 50.433mm, 지름은 13.970mm가 측정되었다면 이 재료의 푸아송 비는?

① 0.07
② 0.247
③ 0.347
④ 0.5

해설
푸아송 비
$$\nu = \frac{\frac{\triangle d}{d}}{\frac{\triangle l}{l}} = \frac{\frac{0.03}{14}}{\frac{0.433}{50}} = 0.247$$

정답 51 ③ 52 ④ 53 ②

54 아스팔트 혼합물에서 채움재(filler)를 혼합하는 목적은 다음 중 어느 것인가?
① 아스팔트의 공극을 메우기 위해서
② 아스팔트의 비중을 높이기 위해서
③ 아스팔트의 침입도를 높이기 위해서
④ 아스팔트의 내열성을 증가시키기 위해서

해설
아스팔트 혼합물에서 채움재(filler)역할
1) Asp 골재 틈을 메워 Asp 시멘트 소요량을 감소
2) Asp 시멘트와 일체로 되어 보강재 역할

55 콘크리트용 화학 혼화제(KS F 2560)에서 규정하고 있는 AE제의 품질 성능(화학 혼화제의 요구 성능)에 대한 규정항목이 아닌 것은?
① 감수율
② 경시 변화량
③ 길이 변화비
④ 블리딩양의 비

해설
경시변화량 시험은 고성능 AE감수제의 슬럼프 변화량을 알아보는 시험이다.

56 혼화재로서 실리카 퓸을 사용한 콘크리트의 특성으로 틀린 것은?
① 내화학약품성이 향상된다.
② 재료분리 저항성이 향상된다.
③ 소요의 단위수량이 감소된다.
④ 콘크리트의 강도가 증가된다.

해설
실리카 퓸 특징
1) 장점
① 콘크리트 강도, 내구성, 수밀성을 증대
② 골재와 결합재간의 부착력 증대로 콘크리트 강도를 증대시켜 고강도 콘크리트를 만드는데 사용된다.
③ 알카리 골재반응 억제 효과
2) 단점
① 워커빌리티가 불량
② 건조수축 증가
③ 단위수량 증가.

57 재료의 역학적 성질에 대한 설명으로 옳은 것은?

① 전성은 재료를 두들길 때 얇게 펴지는 성질이다.
② 크리프는 하중이 반복 작용할 때 재료가 정적강도보다도 낮은 강도에서 파괴되는 현상이다.
③ 연성은 하중을 받으면 작은 변형에서도 갑작스런 파괴가 일어나는 성질이다.
④ 소성은 하중을 받아 변형된 재료가 하중이 제거 되었을 때 다시 원래대로 돌아가려는 성질이다.

해설

1) 경도
   재료의 긁기, 절단, 마모 등에 대한 저항성질
2) 연성
   재료에 인장력을 주었을 때 재료가 가늘고 길게 늘어나는 성질
3) 소성
   하중을 받아 변형된 재료가 하중이 제거되었을 때에 다시 원래대로 돌아가지 못하는 성질
4) 전성
   압력을 가하거나 망치로 두드리면 넓은 판으로 얇게 펴지는 성질
5) 크리프(creep)
   소재에 일정한 하중이 가해진 상태에서 시간의 경과에 따라 소재의 변형이 계속되는 현상

58 골재의 조립률 및 입도에 대한 설명으로 틀린 것은?

① 콘크리트용 잔골재의 조립률은 일반적으로 2.3~3.1범위에 해당되는 것이 좋다.
② 1개의 조립률에는 무수한 입도곡선이 존재하지만, 1개의 입도곡선에는 1개의 조립률이 존재한다.
③ 골재의 입도를 수량적으로 나타내는 한 방법으로 조립률이 있으며, 표준체 12개를 1조로 하여 체가름 시험을 한다.
④ 골재는 작은 입자와 굵은 입자가 적당히 혼합되어 있을 때 입자의 크기가 균일한 경우보다 워커빌리티 면에서 유리하다.

해설

조립률
골재의 조립율(F.M)은 콘크리트에 사용되는 골재의 입도 정도를 표시하는 지표로서 75, 40, 20, 10. 5. 2.5, 1.2, 0.6, 0.3, 0.15mm의 10개 체로 골재체가름 시험을 하였을 때 각체에 남는 누계량의 중량 백분율의 합을 100으로 나눈 값을 말한다.

59 다음 중 폭발력이 가장 강하고 수중에서도 폭발할 수 있는 폭약은?

① 분상 다이너마이트
② 교질 다이너마이트
③ 규조토 다이너마이트
④ 스트레이트 다이너마이트

해설

교질 다이너마이트
NC(니트로셀룰로오스) NG(니트로글리세린)20%를 가하여 교질상태로 융합한 플라스틱한 황색의 엿 같은 물질로 폭약 중에서 폭발력이 가장 강하여 터널과 암석 발파에 주로 사용하고 또한 수중용으로도 사용한다.

60 응결지연제의 사용목적으로 틀린 것은?

① 거푸집의 조기탈형과 장기강도 향상을 위하여 사용한다.
② 시멘트의 수화반응을 늦추어 응결과 경화시간을 길게 할 목적으로 사용한다.
③ 서중콘크리트나 장거리 수송 레미콘의 워커빌리티 저하방지를 도모한다.
④ 콘크리트의 연속타설에서 작업이음을 방지한다.

해설

응결지연제
시멘트 응결지연을 목적으로 사용되는 혼화제로서 서중 콘크리트나 장거리 운반시 사용되며 콜드조인트 방지에 유효하다.

제4과목 토질 및 기초

61 흙의 다짐에 관한 설명 중 옳지 않은 것은?

① 조립토는 세립토보다 최적함수비가 작다.
② 최대 건조단위중량이 큰 흙일수록 최적함수비는 작은 것이 보통이다.
③ 점성토 지반을 다질 때는 진동 로울러로 다지는 것이 유리한다.
④ 일반적으로 다짐 에너지를 크게 할수록 최대 건조단위중량은 커지고 최적함수비는 줄어든다.

해설

점성토 지반을 다질 때는 정적인 상태로 지반을 다져야 한다.

62 연약지반 위에 성토를 실시한 다음, 말뚝을 시공하였다. 시공 후 발생될 수 있는 현상에 대한 설명으로 옳은 것은?

① 성토를 실시하였으므로 말뚝의 지지력은 점차 증가한다.
② 말뚝을 암반층 상단에 위치하도록 시공하였다면 말뚝의 지지력에는 변함이 없다.
③ 압밀이 진행됨에 따라 지반의 전단강도가 증가되므로 말뚝의 지지력은 점차 증가된다.
④ 압밀로 인해 부의 주면마찰력이 발생되므로 말뚝의 지지력은 감소된다.

해설

부마찰력
1) 점성토 지반에서 타설한 말뚝의 침하량보다 연약지반의 침하가 더 커서 말뚝주면이 아래쪽으로 작용하는 마찰력이 발생하게 되는데 이러한 주면 마찰력을 부마찰력
2) 부마찰력 발생으로 말뚝의 지지력은 감소된다.

63 얕은 기초에 대한 Terzaghi의 수정지지력 공식은 아래의 표와 같다. 4m × 5m의 직사각형 기초를 사용할 경우 형상계수 α와 β의 값으로 옳은 것은?

$$q_u = \alpha c N_c + \beta \gamma_1 B N_\gamma + \gamma_2 D_f N_q$$

① α=1.2, β=0.4
② α=1.28, β=0.42
③ α=1.24, β=0.42
④ α=1.32, β=0.38

해설

1) 기초의 형상계수

구 분	연 속	정사각형(정방형)	원 형	직사각형
α	1.0	1.3	1.3	$1+0.3\dfrac{B}{L}$
β	0.5	0.4	0.3	$0.5-0.1\dfrac{B}{L}$

2) 직사각형 형상계수

$\alpha = 1+0.3\dfrac{B}{L} = 1+0.3\times\dfrac{4}{5} = 1.24$

$\beta = 0.5-0.1\dfrac{B}{L} = 0.5-0.1\times\dfrac{4}{5} = 0.42$

64 자연상태의 모래지반을 다져 e_{min}에 이르도록 했다면 이 지반의 상대밀도는?

① 0%
② 50%
③ 75%
④ 100%

해설

상대밀도

1) $D_r = \dfrac{e_{max}-e}{e_{max}-e_{min}} \times 100$

2) $e = e_{min}$ 조건이 되면 상대밀도는 100%

65 수직방향의 투수계수가 4.5×10^{-8}m/sec이고, 수평방향의 투수계수가 1.6×10^{-8}m/sec 인 균질하고 비등방(非等方)인 흙댐의 유선망을 그린 결과 유로(流路)수가 4개이고 등수두선의 간격수가 18개 이었다. 단위길이(m)당 침투수량은?(단, 댐의 상하류의 수면의 차는 18m이다.)

① 1.1×10^{-7}m³/sec ② 2.3×10^{-7}m³/sec
③ 2.3×10^{-8}m³/sec ④ 1.5×10^{-8}m³/sec

해설

1) $K = \sqrt{K_h \times K_v}$
   $= \sqrt{(1.6 \times 10^{-8}) \times (4.5 \times 10^{-8})}$
   $= 2.68 \times 10^{-8} m/\sec$

2) $Q = KH \dfrac{N_f}{N_d}$
   $= 2.68 \times 10^{-8} \times 18 \times \dfrac{4}{18} \times 1$
   $= 1.1 \times 10^{-7} m^3/\sec$

66 A점토층이 전체압밀량의 99%까지 압밀이 이루어지는 데 걸린 시간이 10년이었다면 B점토층의 배수거리와 압밀계수가 다음과 같을 때 99%의 압밀이 이루어지는 데 걸리는 시간은? (단, B점토층의 배수거리(H)는 A점토층의 2배이고, 압밀계수(C_v)는 A점토층의 3배이다.)

① $\dfrac{20}{3}$년 ② $\dfrac{40}{3}$년
③ $\dfrac{20}{9}$년 ④ $\dfrac{40}{9}$년

해설

$\dfrac{Tv.H^2}{Cv} : 10년 = \dfrac{Tv.4H^2}{3.Cv} : x$

$x : \dfrac{40}{3}$년

67 Mohr의 응력원에 대한 설명 중 틀린 것은?

① Mohr의 응력원에서 응력상태는 파괴포락선 위쪽에 존재할 수 없다.
② Mohr의 응력원이 파괴포락선과 접하지 않을 경우 전단파괴가 발생됨을 뜻한다.
③ 비압밀비배수 시험조건에서 Mohr의 응력원은 수평축과 평행한 형상이 된다.
④ Mohr의 응력원에 접선을 그었을 때 종축과 만나는 점이 점착력 C이고, 그 접선의 기울기가 내부마찰각 ϕ이다.

해설

Mohr의 응력원이 파괴포락선과 접하지 않을 경우 안정적인 상태이다.

68 사운딩(Sounding)의 종류에서 사질토에 가장 적합하고 점성토에서도 쓰이는 시험법은?
① 표준 관입 시험
② 베인 전단 시험
③ 더치 콘 관입 시험
④ 이스키미터(Iskymeter)

해설
표준관입시험
중공의 Split Spoon Sampler를 Drill Rod에 장착하여 (63.5±0.5)kg의 해머로 (76±1)cm의 높이에서 타격하여 Sampler가 30cm 관입 될 때까지 요구되는 타격횟수 N값을 구하는 시험으로, 처음 관입시 Rod 회전으로 인한 교란된 흙을 배제하기 위하여 15cm 관입에 해당하는 N값은 제외한 후 그 후 30cm 관입에 대한 타격수로 N값을 구한다.

69 압밀시험결과 시간-침하량 곡선에서 구할 수 없는 값은?
① 초기 압축비
② 압밀 계수
③ 1차 압밀비
④ 선행압밀 압력

해설
선행압밀 하중은 e-logP 곡선에서 구할 수 있다.

70 아래 그림과 같은 지반의 A점에서 전응력(σ), 간극수압(u), 유효응력(σ')을 구하면?(단, 물의 단위중량은 9.81kN/m³이다.)

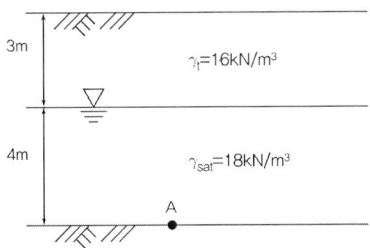

① σ=100kN/m², u=9.8kN/m², σ'=90.2kN/m²
② σ=100kN/m², u=29.4kN/m², σ'=70.6kN/m²
③ σ=120kN/m², u=19.6kN/m², σ'=100.4kN/m²
④ σ=120kN/m², u=39.2kN/m², σ'=80.8kN/m²

71 흙의 동상에 영향을 미치는 요소가 아닌 것은?

① 모관 상승고
② 흙의 투수계수
③ 흙의 전단강도
④ 동결온도의 계속시간

해설
동상을 지배하는 인자
1) 흙의 투수성
2) 모관상승고의 크기
3) 동결온도의 지속시간

72 모래나 점토 같은 입상재료를 전단할 때 발생하는 다일러턴시(dilatancy) 현상과 간극수압의 변화에 대한 설명으로 틀린 것은?

① 정규압밀 점토에서는 (-) 다일러턴시에 (+)의 간극수압이 발생한다.
② 과압밀 점토에서는 (+) 다일러턴시에 (-)의 간극수압이 발생한다.
③ 조밀한 모래에서는 (+) 다일러턴시가 일어난다.
④ 느슨한 모래에서는 (+) 다일러턴시가 일어난다.

해설
다일러턴시(Dilatancy) 현상
1) 시료에 전단응력을 가하면 느슨한 모래 또는 정규압밀점토의 경우 체적이 감소하고 조밀한 모래 또는 과압밀점토는 체적이 증가하는 경향을 보인다.
2) 이와 같이 전단변형에 따른 체적변화를 Dilatancy라 한다.
3) 이때 체적이 감소될 때 (-) Dilatancy가 되면서(+)양의 과잉간극수압 발생되며,
4) 흙의 체적이 증가될 때 (+) Dilatancy가 되면서(-)부의 과잉간극수압발생

73 유선망의 특징에 대한 설명으로 틀린 것은?

① 각 유로의 침투유량은 같다.
② 유선과 등수두선은 서로 직교한다.
③ 인접한 유선 사이의 수두 감소량(head loss)은 동일하다.
④ 침투속도 및 동수경사는 유선망의 폭에 반비례한다.

해설
인접한 등수두선간의 수두차는 모두 같다.

정답 71 ③ 72 ④ 73 ③

74 흙의 분류법인 AASHTO분류법과 통일분류법을 비교·분석한 내용으로 틀린 것은?

① 통일분류법은 0.075mm체 통과율 35%를 기준으로 조립토와 세립토로 분류하는데 이것은 AASHTO 분류법보다 적합하다.
② 통일분류법은 입도분포, 액성한계, 소성지수 등을 주요 분류인자로 한 분류법이다.
③ AASHTO분류법은 입도분포, 군지수 등을 주요 분류인자로 한 분류법이다.
④ 통일분류법은 유기질토 분류방법이 있으나 AASHTO분류법은 없다.

해설
통일분류법은 0.075mm체 통과율 50%를 기준으로 조립토와 세립토를 분류하며, 이는 AASHTO 분류법보다 정확도가 떨어진다.

75 상·하층이 모래로 되어 있는 두께 2m의 점토층이 어떤 하중을 받고 있다. 이 점토층의 투수계수가 5×10^{-9}m/s, 체적변화계수(m_v)가 5.0cm²/kN일 때 90% 압밀에 요구되는 시간은? (단, 물의 단위중량은 9.81kN/m³이다.)

① 약 5.6일 ② 약 9.8일
③ 약 15.2일 ④ 약 47.2일

해설

1) $t_{90} = \dfrac{0.848 \times H^2}{C_v}$

2) $C_v = \dfrac{k}{m_v \cdot \gamma_w}$

$= \dfrac{5 \times 10^{-9} m/s}{5 \times 10^{-4} m^2/kN \times 9.81 kN/m^3}$

$= 0.000001 m^2/s$

$\therefore t_{90} = \dfrac{0.848 \times (\frac{2}{2})^2}{0.000001} = 848,000$초

$= 848,000 \times \dfrac{1}{60 \times 60 \times 24} = 9.81$일

76 그림에서 안전율 3을 고려하는 경우, 수두차 h를 최소 얼마로 높일 때 모래시료에 분사현상이 발생하겠는가?

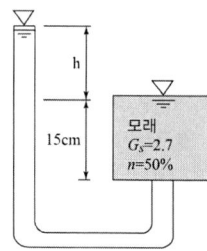

① 12.75cm ② 9.75cm
③ 4.25cm ④ 3.25cm

해설

한계동수 경사에 의한 분사현상

$$F_s = \frac{i_{cr}}{ic} = \frac{0.85}{\frac{\triangle H}{L}} = \frac{0.85}{\frac{\triangle H}{15}}$$

$$\triangle H = \frac{0.85 \times 15}{3} = 4.25 cm$$

$$i = \frac{\triangle H}{L} = \frac{\triangle H}{15}$$

$$i_{cr} = \frac{G_s - 1}{1+e} = \frac{2.7-1}{1+1} = 0.85$$

$$e = \frac{n}{100-n} = \frac{50}{100-50} = 1$$

77 사질토에 대한 직접 전단시험을 실시하여 다음과 같은 결과를 얻었다. 내부마찰각은 약 얼마인가?

수직응력(t/m²)	3	6	9
최대전단응력(t/m²)	1.73	3.46	5.19

① 25° ② 30°
③ 35° ④ 40°

해설

$$\varnothing = \tan^{-1}(\frac{3.46-1.73}{6-3}) = 30°$$

78 흙 속에서 물의 흐름에 대한 설명으로 틀린 것은?

① 투수계수는 온도에 비례하고 점성에 반비례한다.
② 불포화토는 포화토에 비해 유효응력이 작고, 투수계수가 크다.
③ 흙 속의 침투수량은 Darcy 법칙, 유선망, 침투해석 프로그램 등에 의해 구할 수 있다.
④ 흙 속에서 물이 흐를 때 수두차가 커져 한계동수구배에 이르면 분사현상이 발생한다.

해설

1) 온도가 증가함에 따라 물의 점성계수는 감소하고 투수계수는 증가한다.

$$k_{15} = k_t \cdot \frac{\eta_t}{\eta_{15}}$$

여기서, k_{15} : 15°에서의 투수계수
η_{15} : 15°에서의 점성계수
k_t : t시간에서의 투수계수
η_t : t시간에서의 점성계수

2) 흙이 포화되지 않았다면 기포가 물의 흐름을 방해하므로 포화도가 높을수록 투수계수는 커진다.

79 다음 중 사면의 안정해석 방법이 아닌 것은?

① 마찰원법
② 비숍(Bishop)의 방법
③ 펠레니우스(Fellenius) 방법
④ 테르자기(Terzaghi)의 방법

80 다음 현장시험 중 Sounding의 종류가 아닌 것은?

① Vane 시험
② 표준관입 시험
③ 동적 원추관입 시험
④ 평판재하 시험

해설

사운딩(Sounding)
1) 현장에서 Rod 선단에 장착된 저항체를 땅속에 관입시켜 관입, 회전, 인발등의 저항 정도로 지반의 상태를 파악하는 원위치 시험을 사운딩이라 한다.
2) 사운딩의 종류
① 정적사운딩 (점성토 지반)
휴대용 원추관입시험기, 화란식 원추 관입시험기, 스웨덴식 관입시험기, 이스키미터, 베인시험기 등
② 동적사운딩 (사질토 지반)
동적원추 관입시험기, 표준 관입시험기(S.P.T)등

정답 78 ② 79 ④ 80 ④

제4회 건설재료시험기사 CBT 모의고사

제1과목 콘크리트공학

01 프리스트레스트 콘크리트에 사용하는 그라우트에 대한 설명으로 틀린 것은?
① 팽창성 그라우트의 팽창률은 0~10%를 표준으로 한다.
② 블리딩률은 5% 이하를 표준으로 한다.
③ 팽창성 그라우트의 재령 28일의 압축강도는 20MPa 이상을 표준으로 한다.
④ 물-결합재비는 45% 이하로 한다.

해설
프리스트레스트 콘크리트 그라우트 블리딩률은 0% 를 표준으로 한다.

02 서중 콘크리트에 대한 설명으로 틀린 것은?
① 콘크리트를 타설할 때의 콘크리트 온도는 35℃이하이어야 한다.
② 타설을 끝낸 콘크리트에는 살수, 덮개 등의 조치를 하여 표면의 건조를 억제한다.
③ 배관에 의해 유동화 콘크리트를 타설 할 때, 운반 후 타설 완료까지 1시간 이내로 하여야 한다.
④ 일반적으로는 기온 10℃의 상승에 대하여 단위수량은 2~5% 정도 증가하는 경향이 있다.

해설
서중 콘크리트는 지연형 감수제를 사용한 경우라도 1.5시간 이내 타설 완료하여야 한다.

03 콘크리트의 습윤양생에 대한 설명으로 틀린 것은?
① 습윤양생기간 중에 거푸집판이 건조하더라도 살수를 해서는 안 된다.
② 콘크리트는 타설한 후 경화가 될 때까지 양생기간 동안 직사광선이나 바람에 의해 수분이 증발하지 않도록 보호하여야 한다.
③ 습윤양생에서 습윤상태의 보호기간은 보통 포틀랜드 시멘트를 사용하고 일평균기온이 15℃이상인 경우에 5일간 이상을 표준으로 한다.
④ 막양생을 할 경우에는 사용 전에 살포량, 시공방법 등에 관하여 시험을 통하여 충분히 검토해야 한다.

정답 01 ② 02 ③ 03 ①

해설

습윤양생 기간의 표준

일평균 기온	조강 P.C	보통 P.C	고로 슬래그 및 플라이애시시멘트 B종
15°C 이상	3일	5일	7일
10°C 이상	4일	7일	9일
5°C 이상	5일	9일	12일

04 서중 콘크리트에 대한 설명으로 틀린 것은?
① 하루 평균기온이 25°C를 초과하는 것이 예상되는 경우 서중 콘크리트로 시공하여야 한다.
② 서중 콘크리트의 배합온도는 낮게 관리하여야 한다.
③ 콘크리트를 타설하기 전에는 지반, 거푸집 등 콘크리트로부터 물을 흡수할 우려가 있는 부분을 습윤상태로 유지하여야 한다.
④ 콘크리트를 타설할 때의 콘크리트 온도는 25°C 이하이어야 한다.

해설
콘크리트를 타설할 때의 콘크리트 온도는 35°C 이하이어야 한다.

05 경화한 콘크리트는 건전부와 균열부에서 측정되는 초음파 전파시간이 다르게 되어 전파속도가 다르다. 이러한 전파속도의 차이를 분석함으로써 균열의 깊이를 평가할 수 있는 비파괴 시험방법은?
① Tc-To법
② 전자파 레이더법
③ 분극저항법
④ RC-Radar법

해설
초음파법에 의한 균열 깊이(심도)검사 방법
① Tc-To 법
② T법
③ 기타 : BS법

06 굵은 골재 최대 치수는 질량비로서 전체 골재질량의 몇 % 이상을 통과시키는 체의 최소 호칭치수를 의미하는가?
① 80%
② 85%
③ 90%
④ 95%

해설
굵은 골재 최대 치수는 질량비로서 전체 골재질량의 90% 이상을 통과시키는 체의 최소 호칭치수로 한다.

정답 04 ④ 05 ① 06 ③

07 레디믹스트 콘크리트에서 보통콘크리트 공기량의 허용 오차는?

① ±1% ② ±1.5%
③ ±2% ④ ±2.5%

해설
공기량의 허용오차
1) 일반 콘크리트 : 4.5% ±1.5%
2) 경량골재 콘크리트 : 5.5% ±1.5%
3) 고강도 콘크리트 : 3.5 ± 1.5%

08 유동화 콘크리트의 슬럼프 증가량은 몇mm 이하를 원칙으로 하는가?

① 50mm ② 80mm
③ 100mm ④ 120mm

해설
유동화 콘크리트의 슬럼프 증가량은 100mm 이하를 원칙

09 소규모 공사에서 배합강도, f_{cr}=24MPa을 얻기 위해서 f_{28}=−21.0+21.5$\frac{C}{W}$식을 사용한다면 시멘트-물비는?

① 1.94 ② 2.00
③ 2.09 ④ 2.15

해설
$24 = -21 + 21.5\frac{C}{W}$, $45 = 21.5\frac{C}{W}$

$\frac{C}{W} = 2.09$

10 프리스트레스트 콘크리트에 대한 설명 중 틀린 것은?

① 포스트텐션방식에서는 긴장재와 콘크리트와의 부착력에 의해 콘크리트에 압축력이 도입된다.
② 프리텐션방식에서는 프리스트레스 도입시의 콘크리트 압축강도가 일반적으로 30MPa 이상 요구된다.
③ 외력에 의해 인장응력을 상쇄하기 위하여 미리 인위적으로 콘크리트에 준 응력을 프리스트레스라고 한다.
④ 프리스트레스 도입 후 긴장재의 릴랙세이션, 콘크리트의 크리프와 건조수축 등에 의해 프리스트레스의 손실이 발생한다.

해설
포스트텐션방식에서는 긴장재에 긴장력을 도입한 후 긴장재의 상향 솟음에 의해 콘크리트 하단부에 압축력이 도입된다.

11 콘크리트 시방배합설계 계산에서 단위골재의 절대용적이 689L이고, 잔골재율이 41%, 굵은 골재의 표건밀도가 2.65g/cm³일 경우 단위 굵은 골재량은?

① 730.34kg
② 1021.24kg
③ 1077.25kg
④ 1137.11kg

해설

단위굵은골재량
$[0.689 \times (1-0.41) \times (2.65 \times 10^3)] = 1{,}077.25$kg

12 한중 콘크리트에서 주위의 기온이 영하 6℃, 비볐을 때의 콘크리트의 온도가 영상 15℃, 비빈 후부터 타설이 끝났을 때까지의 시간은 2시간이 소요되었다면 콘크리트 타설이 끝났을 때의 콘크리트 온도는 얼마인가?

① 6.7℃
② 7.2℃
③ 7.8℃
④ 8.7℃

해설

한중콘크리트 타설완료 후 콘크리트 온도
$T_2 = T_1 - 0.15(T_1 - T_0) \cdot t$
$\quad = 15 - 0.15\{15 - (-6)\} \times 2$
$\quad = 8.7℃$

여기서, T_2 : 타설후 콘크리트 온도(℃)
$\qquad T_1$: 비볐을 때 콘크리트 온도(℃)
$\qquad T_0$: 주위의 온도(℃)
$\qquad t$: 비빈후부터 타설이 끝났을 때 까지의 시간

13 압력법에 의한 굳지 않은 콘크리트의 공기량시험(KS F 2421)에 대한 설명으로 틀린 것은?

① 물을 붓지 않고 시험(무주수법) 하는 경우 용기의 용적은 7L 이상으로 한다.
② 물을 붓고 시험(주수법) 하는 경우 용기의 용적은 적어도 5L로 한다.
③ 인공 경량 골재와 같은 다공질 골재를 사용한 콘크리트에 대해서도 적용된다.
④ 결과의 계산에서 콘크리트의 공기량은 콘크리트의 겉보기 공기량에서 골재 수정계수를 뺀 값이다.

해설

압력법에 의한 콘크리트의 공기량 시험은 워싱턴형 공기량 측정기를 사용하여, 공기실에 일정한 압력을 콘크리트에 주었을 때 공기량으로 인하여 내부압력이 감소되는 것으로부터 공기량을 구하는 시험으로 인공경량골재와 같은 경량골재콘크리트에 대해서는 부적당하다.

14 프리스트레싱할 때의 콘크리트 강도에 대한 아래 설명에서 (　)안에 알맞은 수치는?

프리스트레싱을 할 때의 콘크리트의 압축강도는 어느 정도의 안전도를 확보하기 위하여 프리스트레스를 준 직후, 콘크리트에 일어나는 최대 압축응력의 (　)배 이상이어야 한다.

① 1.5　　　② 1.7
③ 2.0　　　④ 2.5

해설
프리스트레싱 작업시 콘크리트의 압축강도는 프리스트레싱후 콘크리트에서 발생되는 최대 압축응력의 최소 1.7배 이상

15 매스 콘크리트에 대한 설명으로 틀린 것은?

① 벽체구조물의 온도균열을 제어하기 위해 설치하는 수축이음의 단면 감소율은 20%이상으로 하여야 한다.
② 철근이 배치된 일반적인 구조물에서 균열 발생을 제한할 경우 온도균열지수는 1.2~1.5이다.
③ 저발열형 시멘트를 사용하는 경우 91일 정도의 장기 재령을 설계기준압축강도의 기준 재령으로 하는 것이 바람직하다.
④ 매스 콘크리트로 다루어야 하는 구조물의 부재치수는 일반적인 표준으로서 넓이가 넓은 평판구조의 경우 두께 0.8m 이상, 하단이 구속된 벽체의 경우 두께 0.5m이상으로 한다.

해설
수축이음을 설치할 경우 계획된 위치에서 균열 발생을 확실히 유도(온도균열을 제어)하기 위해서 수축이음의 단면감소율을 35%이상으로 하여야 한다.

16 설계기준압축강도(f_{ck})를 21MPa로 배합한 콘크리트 공시체 20개에 대한 압축강도시험 결과, 표준편차가 3.0MPa이었을 때 콘크리트의 배합강도는?

① 25.34MPa　　　② 25.05MPa
③ 24.49MPa　　　④ 24.08MPa

해설
1) 시험 횟수 20회시 수정 표준편차
　$s = 3.0 \times 1.08 = 3.24 MPa$
2) $f_{ck} \leq 35 MPa$이므로
　・ $f_{cr} = f_{cq} + 1.34 \cdot s = 21 + 1.34 \times 3.24$
　　　$= 25.34 MPa$
　・ $f_{cr} = (f_{cq} - 3.5) + 2.33 \cdot s$
　　　$= (21 - 3.5) + 2.33 \times 3.24$
　　　$= 25.05 MPa$
　상기값 중 큰 값이 배합강도이므로
　$f_{cr} = 25.34 MPa$

17 콘크리트의 중성화에 관한 설명으로 틀린 것은?
① 콘크리트 중의 수산화칼슘이 공기중의 탄산가스와 반응하면 중성화가 진행된다.
② 중성화가 철근의 위치까지 도달하면 철근은 부식되기 시작한다.
③ 공기중의 탄산가스의 농도가 높을수록, 온도가 높을수록 중성화 속도는 빨라진다.
④ 중성화의 대책으로는 플라이애시와 같은 실리카질 혼화재를 시멘트와 혼합하여 사용하는 것이 좋다.

해설
플라이애시와 같은 실리카질 혼화재를 시멘트와 혼합하여 사용하면 시멘트의 알카리성분이 감소하여 중성화 발생가능성이 있을 수 있다.

18 콘크리트 받아들이기 품질관리에 대한 설명으로 틀린 것은?(단, 콘크리트표준시방서 규정을 따른다.)
① 콘크리트 슬럼프시험은 압축강도 시험용 공시체 채취시 및 타설 중에 품질변화가 인정될 때 실시한다.
② 염소이온량 시험은 바다 잔골재를 사용할 경우는 1일에 2회 실시하고, 그 밖의 경우는 1주에 1회 실시한다.
③ 콘크리트 받아들이기 품질검사는 콘크리트가 타설되고 난 후에 실시하는 것을 원칙으로 한다.
④ 굳지 않은 콘크리트의 상태에 대한 검사는 외관 관찰로서 콘크리트 타설 개시 및 타설 중 수시로 실시한다.

해설
콘크리트 받아들이기 품질검사는 콘크리트가 타설되기 전에 실시하는 것을 원칙으로 한다.

19 다음 중 프리스트레스트 콘크리트의 프리스트레스 감소의 원인이 아닌 것은?
① 강재의 릴렉세이션   ② 콘크리트의 건조수축
③ 콘크리트의 크리프   ④ 쉬이스관의 크기

해설
1) PS 도입시 일어나는 손실원인
 · 콘크리트의 탄성변형
 · PS강재와 시스 사이의 마찰
 · 정착장치의 활동
2) 도입 후 손실원인
 · 콘크리트 크리프
 · 콘크리트 건조수축
 · PS강재의 Relaxation

정답 17 ④ 18 ③ 19 ④

20 알칼리 골재반응(alkali-aggregate reaction)에 대한 설명으로 틀린 것은?
① 콘크리트 중의 알칼리 이온이 골재 중의 실리카 성분과 결합하여 구조물에 균열을 발생시키는 것을 말한다.
② 알칼리골재반응의 진행에 필수적인 3요소는 반응성 골재의 존재와 알칼리량 및 반응을 촉진하는 수분의 공급이다.
③ 알칼리골재반응이 진행되면 구조물의 표면에 불규칙한(거북이등 모양 등) 균열이 생기는 등의 손상이 발생한다.
④ 알칼리골재반응을 억제하기 위하여 포틀랜드시멘트의 등가알칼리량이 6%이하의 시멘트를 사용하는 것이 좋다.

해설
알카리골재반응은 시멘트의 알카리성분과 골재의 실리카 성분에 의해 주로 발생되므로 시멘트의 알카리 성분을 제한해주는 것이 필요하다.(전알칼리량 0.6%이하),

제2과목 건설시공 및 관리

21 오픈 케이슨 기초의 특징에 대한 일반적인 설명으로 틀린 것은?
① 기계설비가 비교적 간단하다.
② 다른 케이슨 기초와 비교하여 공사비가 싸다.
③ 침하 깊이의 제한을 받지 않는다.
④ 굴착 시 히빙이나 보일링 현상의 우려가 없다.

해설
뉴메틱케이슨 기초(Pneumatic Caisson) 특징
1) 오픈케이슨 보다 침하속도가 빠르고 장애물 제거가 용이하다.
2) 일반적인 굴착깊이는 30~40m로 제한되어 있다.
3) 토질 및 토층에 대한 확인이 용이하고 정확한지지력 측정이 가능하다.
4) 콘크리트 시공의 품질관리가 확실하여 신뢰성이 높다.
5) 공기압으로 heaving 또는 boiling 발생을 방지할 수 있다.
6) 기계설비가 대규모로 공사비가 비싸고 소규모 공사에는 비경제적이다.

22 다음 중 보일링 현상이 가장 잘 생기는 지반은?
① 사질지반   ② 사질점토지반
③ 보통토   ④ 점토질지반

해설
보일링 현상은 사질토 모래 지반에서 발생된다.

23 교량 가설공법 중 압출공법(ILM)의 특징을 설명한 것으로 틀린 것은?
① 비계작업 없이 시공할 수 있으므로 계곡 등과 같은 교량 밑의 장해물에 관계없이 시공할 수 있다.
② 기하학적인 형상에 적용이 용이하므로 곡선교 및 곡선의 변화가 많은 교량의 시공에 적합하다.
③ 대형 크레인 등 거치장비가 필요하다.
④ 몰드 및 추진성에 제한이 있어 상부 구조물의 횡단면과 두께가 일정해야 한다.

해설
I.L.M 공법은 곡선교 및 곡선의 변화가 많은 교량의 시공에 적합하지 않다.

24 관암거의 직경이 20cm, 유속이 0.6m/sec, 암거길이가 300m일 때 원활한 배수를 위한 암거낙차를 구하면?(단, Giesler의 공식을 사용하시오.)
① 0.86m
② 1.35m
③ 1.84m
④ 2.24m

해설
1) 암거 내의 유속(Giesler 공식)
$$V = 20\sqrt{\frac{D \cdot h}{L}}$$
여기서, V : 관내의 평균유속(m/sec)
　　　　D : 관의 직경(m)
　　　　L : 암거의 길이(m)
　　　　h : 길이 L에 대한 낙차(m)

2) 암거낙차(h)
$$h = \frac{V^2 \times L}{20^2 \times D} = \frac{0.6^2 \times 300}{20^2 \times 0.2} = 1.35m$$

25 터널굴착공법인 TBM공법의 특징에 대한 설명으로 틀린 것은?
① 터널 단면에 대한 분할 굴착시공을 하므로, 지질변화에 대한 확인이 가능하다.
② 기계굴착으로 인해 여굴이 거의 발생하지 않는다.
③ 1km 이하의 비교적 짧은 터널의 시공에는 비경제적인 공법이다.
④ 본바닥 변화에 대하여 적응이 곤란하다.

해설
TBM 공법 특징
1) 전단면 굴착 가능
2) 원형단면으로 구조적 안정성 높다
3) 시공속도 빠르다
4) 구배 회전에 제약
5) 복잡한 지질의 변화에 대응이 어렵다.
6) 설비 투자액이 고가이므로 초기 투자비가 많이 든다.

26 사이폰 관거(syphon drain)에 대한 다음 설명 중 옳지 않은 것은?

① 암거가 앞뒤의 수로바닥에 비하여 대단히 낮은 위치에 축조된다.
② 일종의 집수암거로 주로 하천의 복류수를 이용하기 위하여 쓰인다.
③ 용수, 배수, 운하 등 성질이 다른 수로가 교차하지만 합류시킬 수 없을 때 사용한다.
④ 다른 수로 혹은 노선과 교차할 때 사용된다.

해설

1) 사이펀 암거
 수로교로서 물을 횡단시키지 못하는 경우에 암거 전후의 수로바닥보다 대단히 낮은 위치에 만들어 물을 횡단시키는 목적으로 설치한다.
2) 다공관거
 관내의 집수 효과를 크게 하기 위해서 관 둘레에 구멍을 내어 하천의 복류수 또는 지하수를 집수하기 위한 집수암거의 일종

27 특수터널 공법 중 침매공법에 대한 설명으로 틀린 것은?

① 육상에서 제작하므로 신뢰성이 높은 터널 본체를 만들 수 있다.
② 단면의 형상이 비교적 자유롭다.
③ 협소한 장소의 수로에 적당하다.
④ 수중에 설치하므로 자중이 적고 연약지반 위에도 쉽게 시공할 수 있다.

해설

침매터널 공법의 특징
1) 육상 제작으로 콘크리트 품질관리 용이
2) 단면 형상이 비교적 자유롭고 큰 단면을 만들 수 있다.
3) 연약지반에도 시공이 가능하며 육·해상 공사 동시 진행으로 공기 단축
4) 수심이 깊은 곳에서도 시공이 용이하다.
5) 수중에 설치하므로 부력작용으로 자중이 작아 시공이 용이하다.
6) 유속이 빠른 장소에서는 침설작업이 어렵다
7) 협소한 장소의 수로나 항해 선박이 많은 곳에서는 시공이 어렵다.

28 아스팔트 포장의 표면에 부분적인 균열, 변형, 마모 및 붕괴와 같은 파손이 발생할 경우 적용하는 공법을 표면처리라고 하는데 다음 중 이 공법에 속하지 않는 것은?

① 실 코드(Seal Coat) ② 카펫 코트(Carpet Coat)
③ 택 코트(Tack Coat) ④ 포그 실(Fog Seal)

해설

1) 실코트
   표층위 역청재를 살포 후 골재, 모래 등을 포설하는 표면처리 공법
2) 카펫코트
   아스팔트 혼합물을 2.5cm 이하로 얇게 포설하는 표면처리 공법
3) 포그실
   묽은 유화 아스팔트를 포설해서 포장내 균열 공극을 메우는 공법
4) 택코트
   아스팔트 중간층 또는 기층위에 표층과의 부착을 좋게하기 위하여 컷백 아스팔트, 아스팔트 유제, 스트레이트 아스팔트 등을 소량 균일하게 살포하여 시공하는 역청재료(중간층이 없는 경우 기층에 포설)

29 콘크리트 포장에서 아래의 표에서 설명하는 현상은?

> 콘크리트 포장에서 기온의 상승 등에 따라 콘크리트 슬래브가 팽창할 때 줄눈 등에서 압축력에 견디지 못하고 좌굴을 일으켜 부분적으로 솟아오르는 현상

① spalling ② blow up
③ pumping ④ reflection crack

해설

1) Spalling
   줄눈내부에 비압축성 재료의 침투로 인한 콘크리트 수, 팽창 방해 및 하중 전달장치의 불량으로 줄눈부 파손
2) Pumping
   교통하중 반복에 따른 휨하중에 의해서 슬래브의 침하로 노상, 보조기층내로 우수침투 발생되면서 슬래브 내부에 흙이 이토화 되어서 줄눈사이로 물과 함께 토사가 뿜어져 나오는 현상
3) reflection crack(반사균열)
   기존 콘크리트 포장면 새로운 아스팔트 혼합물로 덧씌우기 할 경우 하부의 기 시공된 상태의 균열이 상층으로 반사되어 발생하는 균열

30 흙의 성토작업에서 아래 그림과 같은 쌓기 방법에 대한 설명으로 틀린 것은?

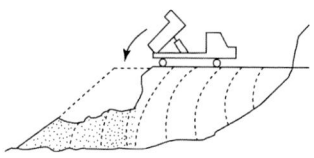

① 전방쌓기법이다.
② 공사비가 싸고 공정이 빠른 장점이 있다.
③ 주로 중요하지 않은 구조물의 공사에 사용된다.
④ 층마다 다소의 수분을 주어서 충분히 다진 후 다음 층을 쌓는 공법이다.

> **해설**
> 전방쌓기법
> 전방쌓기법 공법은 매층마다 다짐장비로 하지 않고 흙을 부어가면서 덤프의 자중으로 다짐이 이루어지므로 주로 중요하지 않는 토공사에 적용이 가능한 공법이다.

31 트랙터의 단위중량 17t, 전장비 중량 23t, 접지장 270cm, 캐터필러 폭 55cm, 캐터필러의 중심거리가 2m일 때 불도저의 평균 접지압은 얼마인가?

① 0.37kg/cm²
② 0.77kg/cm²
③ 1.11kg/cm²
④ 2.96kg/cm²

> **해설**
> $$접지압 = \frac{전장비중량}{접지면적} = \frac{23,000}{270 \times 55 \times 2}$$
> $$= 0.77 kg/cm^2$$

32 폭우 시 옹벽 배면의 흙은 다량의 물을 함유하게 되는데 뒷채움 토사에 배수 시설이 불량할 경우 침투수가 옹벽에 미치는 영향에 대한 설명으로 틀린 것은?

① 포화 또는 부분포화에 의한 흙의 무게증가
② 활동면에서의 양압력 발생
③ 수동저항(passive resistance)의 증가
④ 옹벽저면에 대한 양압력 발생으로 안정성 감소

> **해설**
> 침투의 영향으로 주동토압의 증가가 발생된다.

33 보통토(사질토)를 재료로 하여 35,000m³의 성토를 하는 경우 굴착 및 운반 토량(m³)은 얼마인가?(단, 토량환산계수 L=1.25, C=0.90)

① 굴착토량=38,889, 운반토량=48,611
② 굴착토량=32,400, 운반토량=40,500
③ 굴착토량=28,800, 운반토량=50,000
④ 굴착토량=32,400, 운반토량=45,000

해설

1) $C = \dfrac{성토한 토량}{굴착할 토량}$

∴ 굴착할 토량 $= \dfrac{35,000}{0.9} = 38,889 m^3$

2) $L = \dfrac{운반할 토량}{굴착할 토량}$

∴ 운반할 토량 $= 1.25 \times 38,889 = 48,611 m^3$

34 T.B.M(tunnel boring machine)공법에 대한 설명으로 거리가 먼 것은?

① 폭약을 사용하지 않고, 원형으로 굴착하므로 역학적으로도 안전하다.
② 기계의 시공 충격으로 인하여 폭파에 의한 터널굴착공법보다 동바리공이 더 많이 필요하다.
③ 굴착은 필요 이상의 큰 단면을 하지 않으므로 라이닝과 본바닥에 밀착되어 재료가 절약된다.
④ 굴착 진전이 비교적 빠른 반면, 다량의 열이 발생되므로 냉각설비가 필요하다.

해설

기계식 굴착공법 특성상 폭파에 의한 터널굴착 공법에 비하여 동바리 사용이 적다

35 운반토량 1200m³을 용적이 5m³인 덤프트럭으로 운반하려고 한다. 트럭의 평균속도는 10km/h이고, 상하차 시간이 각각 4분일 때 하루에 전량을 운반하려면 몇 대의 트럭이 필요한가? (단, 1일 덤프트럭 가동시간은 8시간이며, 토사장까지의 거리는 2km이다.)

① 12대
② 14대
③ 16대
④ 18대

해설

1) $C_{mt} = \dfrac{60 \times 2}{10} + \dfrac{60 \times 2}{10} + 4 \times 2 = 32$분

상하차 시간 각각 4분씩이므로 8분

2) $Q = \dfrac{60 q_t f E_t}{C_{mt}}$

$= \dfrac{60 \times 5 \times 1 \times 1}{32} = 9.38 m^3/hr$

3) 1일 트럭 1대 운반량

$9.38 \times 8 = 75 m^3$

∴ 트럭대수 $= \dfrac{1,200}{75} = 16$대

36 토량의 변화율이 L=1.2, C=0.9일 때, 보통 흙으로 45,000m³의 성토를 하고자 한다. 운반하여야 할 토량은?

① 33,750m³
② 45,000m³
③ 54,000m³
④ 60,000m³

해설
1) 본바닥토량=45,000÷0.9=50,000m³
2) 운반토량=50,000×1.2=60,000m³

37 도로를 신설할 때 실시하는 토질조사 중 보링(boring)에 대한 설명으로 틀린 것은?

① 토층이 변화하는 곳에는 보링의 간격을 줄인다.
② 기복이 심한 장소에는 절토와 성토 중에서 성토부분에만 보링을 실시한다.
③ 토층의 단면이 균일하면 보링의 간격을 늘려도 된다.
④ 보링의 간격은 토층 단면의 균일성, 지형 조건에 따라 달리한다.

해설
기복이 심한 곳에서 절토 및 성토 구간 모두다 보링을 실시한다.

38 Network 공정표에서 주공정선에 대한 설명 중 틀린 것은?

① 공정 단축은 주공정선에서 한다.
② 주공정선상에서 총 여유시간(TF)은 0이다.
③ 주공정선은 반드시 1개가 존재하게 된다.
④ 주공정선은 작업경로 중에서 가장 긴 경로이다.

해설
주공정선(CP)은 네트워크상의 최장 경로로서 CP가 2개 이상 있을 수 있다.

39 TBM(Tunnel Boring Machine)공법을 이용하여 암석을 굴착하여 터널 단면을 만들려고 한다. TBM 공법의 단점이 아닌 것은?

① 설비투자액이 고가이므로 초기 투자비가 많이 든다.
② 본바닥 변화에 대하여 적응이 곤란하다.
③ 지반에 따라 적용범위에 제약을 받는다.
④ lining 두께가 두꺼워야 한다.

해설
TBM으로 굴착하는 터널의 지질은 대부분 산악암반등 같이 지질이 좋은 조건에 시공되므로 별도로 Lining 두께가 두꺼워야할 이유가 없다.

40 보조기층, 입도 조정기층 등에 침투시켜 이들 층의 방수성을 높이고 그 위에 포설하는 아스팔트 혼합물과의 부착이 잘되게 하기 위하여 보조기층 또는 기층 위에 역청재를 살포하는 것을 무엇이라 하는가?

① 프라임 코트(prime coat)
② 택 코트(tack coat)
③ 실 코트(seal coat)
④ 패칭(patching)

해설

프라임 코트(Prime coat)
1) 보조기층 또는 기층 등에 침투시켜 이들 층의 방수성을 확보한다.
2) 보조기층 에서 모세관 현상에 의해 올라오는 물의 상승을 차단한다.
3) 보조기층과 기층 아스팔트 혼합물과의 부착이 잘되도록 살포하는 역청재료이다.

제3과목 건설재료 및 시험

41 아스팔트 포장용 혼합물의 아스팔트 함유량 시험(KS F 2354)에 사용되는 시약이 아닌 것은?

① 염화메틸렌
② 탄산암모늄 용액
③ 황산나트륨
④ 삼염화에틸렌

해설

아스팔트 함유량 시험에 사용되는 시약
1) 포화탄산암모늄 용액
2) 염화에틸렌
3) 삼염화에틸렌
4) 삼염화에탄

42 건설용 재료로 목재를 사용하기 위하여 목재를 건조시키는 목적 및 효과로 틀린 것은?

① 가공성을 향상 시킨다.
② 균류의 발생을 방지할 수 있다.
③ 수축균열 및 부정변형을 방지할 수 있다.
④ 목재의 중량을 경감시킬 수 있다.

해설

목재의 건조 목적 중 가공성은 해당되지 않는다.

43 아래의 표에서 설명하는 아스팔트의 성질은?

> 고체상에서 액상으로 되는 과정 중에 일정한 반죽질기(즉, 점도)에 달했을 때의 온도를 나타내는 것으로 일반적인 측정방법으로는 환구법이 사용된다.

① 연화점
② 인화점
③ 신 도
④ 연소점

해설

연화점
1) 아스팔트가 온도가 높아지면서 아스팔트가 액상화가 되는 과정 중에 일정한 점도에 도달했을 때의 온도를 연화점이라 한다.
2) 연화점은 시료가 규정된 거리 (25.4mm)로 처졌을 때의 온도를 의미하며, 침입도와 연화점은 반비례 상태로서 연화점은 35~75℃정도로 일반적인 측정방법으로 환구법을 사용한다.

44 강의 열처리 방법 중 담금질을 한 강에 인성을 주기 위해 변태점 이하의 적당한 온도에서 가열한 다음 냉각시키는 방법은?

① 용융
② 뜨임
③ 풀림
④ 불림

해설

강의 열처리
① 풀 림
  1) 강을 적당한 온도(800~1,000℃)로 일정한 시간가열한 후에 용광로 안에서 서서히 냉각시키는 방법
  2) 강을 연화, 결정조직을 균질화, 내부응력의 제거, 및 강의 기계적 물리적 성질변화를 목적으로 한다.
② 불 림
  1) 강(鋼)의 조직을 균질화 시키기 위해서 변태점이상의 높은 온도로 가열한 후 대기 중에서 냉각시키는 방법이다.
  2) 불균질한 조직을 미세화하고 균질화, 기계적 성질 향상, 강의 내부변형 및 응력의 제거 등을 목적으로 한다.
③ 담금질
  1) 강을 700~750℃ 정도 가열했다가 물 또는 기름속에서 급냉시키는 열처리 과정을 말한다.
  2) 강의 강도 및 경도를 증대 시킬 목적으로 한다.
④ 뜨 임
  1) 뜨임은 강을 담금질하면 경도는 커지나 메지기 쉬우므로 이를 변태점 이하의 적당한 온도로 재가열 했다가 공기 속에서 냉각 시키는 방법
  2) 담금질한 강에 인성을 주기위하여 조직을 연화, 안정시켜서 내부응력을 없애는 열처리 방법으로 소려(燒戾)라고도 한다.

45 콘크리트용 혼화재료인 플라이애시에 대한 다음 설명 중 틀린 것은?
① 플라이애시는 보존 중에 입자가 응집하여 고결하는 경우가 생기므로 저장에 유의하여야 한다.
② 플라이애시는 인공포졸란 재료로 잠재수경성을 가지고 있다.
③ 플라이애시는 워커빌리티 증가 및 단위수량 감소효과가 있다.
④ 플라이애시 중의 미연탄소분에 의해 AE제 등이 흡착되어 연행공기량이 현저히 감소한다.

해설
고로슬래그는 인공포졸란 재료로 잠재수경성을 가지고 있다.

46 발화점이 295°C 정도이며, 충격에 둔감하고, 폭발위력이 Dynamite보다 우수하며, 흑색 화약의 4배에 달하는 폭약은 어느 것인가?
① TNT
② 니트로 글리세린
③ Slurry 폭약
④ 칼릿(Carlit)

해설
카알릿(Carlit)
과염소산암모늄을 주성분으로 하는 폭약으로 폭발력은 다이너마이트보다 우수하고 흑색화약의 4배에 달하지만 폭속(3,500m/s이상)은 느리다.

47 콘크리트용 화학 혼화제의 품질시험 항목이 아닌 것은?
① 침입도 지수(PI)
② 감수율(%)
③ 응결시간의 차(mim)
④ 압축강도비(%)

해설
콘크리트 화학혼화제 품질시험 항목
1) 감수율
2) 블리딩 양의 비
3) 응결시간차
4) 압축강도의 비
5) 길이변화비
6) 상대동탄성계수

정답 45 ② 46 ④ 47 ①

48 골재의 함수상태에 대한 설명으로 틀린 것은?
① 골재의 표면수는 없고 내부 공극에는 물로 차있는 상태를 골재의 표면건조포화상태라고 한다.
② 골재의 표면 및 내부에 있는 물 전체질량의 절대건조상태 골재 질량에 대한 백분율을 골재의 표면수율이라고 한다.
③ 표면건조포화상태의 골재에 함유되어 있는 전체 수량의 절대건조상태 골재 질량에 대한 백분율을 골재의 흡수율이라고 한다.
④ 골재를 100~110°C의 온도에서 일정한 질량이 될 때까지 건조하여 골재알 내부에 포함되어 있는 자유수가 완전히 제거된 상태를 골재의 절대건조상태라고 한다.

해설
골재의 표면건조 내부포화상태에 대한 골재의 습윤상태 골재 질량에 대한 백분율을 골재의 표면수율이라고 한다.

49 직경 200mm, 길이 5m의 강봉에 축방향으로 400kN의 인장력을 가하여 변형을 측정한 결과 직경이 0.1mm 줄어들고 길이가 10mm 늘어났을 때 이 재료의 푸아송 비는?
① 0.25
② 0.5
③ 1.0
④ 4.0

해설
$$\text{푸아송비}\ (\nu) = \frac{\text{공시체 횡방향 변형률}}{\text{공시체 축방향 변형률}}$$
$$\therefore \text{푸아송비} = \frac{0.1/200}{10/5,000} = 0.25$$

50 다음 중 천연아스팔트의 종류가 아닌 것은?
① 록(Rock)아스팔트
② 샌드(Sand)아스팔트
③ 블론(Blown)아스팔트
④ 레이크(Lake)아스팔트

해설
천연아스팔트
1) 레이크 아스팔트
2) 록 아스팔트
3) 오일샌드 아스팔트
4) 아스팔타이트

정답 48 ② 49 ① 50 ③

51 화약류 취급 및 사용 시의 주의점에 대한 설명으로 틀린 것은?
① 뇌관과 폭약은 항상 동일장소에 식별이 용이토록 구분하여 보관함으로서 손실로 인한 작업의 중단이 없도록 하여야 한다.
② 장기간 보관 시는 온도나 습도에 의해 변질하지 않도록 하고 흡수하여 동결하지 않도록 해야 한다.
③ 도화선과 뇌관의 이음부에 수분이 침투하지 못하도록 기름 등을 도포해야 한다.
④ 도화선을 삽입하여 뇌관에 압착할 때 충격이 가해지지 않도록 해야 한다.

해설
폭약의 취급 시 주의사항
뇌관과 폭약은 따로따로 다른 장소에 저장해야 한다.

52 아래의 표에서 설명하는 것은?

- 시멘트를 염산 및 탄산나트륨용액에 넣었을 때 녹지 않고 남는 부분을 말한다.
- 이 양은 소성반응의 완전여부를 알아내는 척도가 된다.
- 보통 포틀랜드시멘트의 경우 이 양은 일반적으로 점토성분의 미소성에 의하여 발생되며 약 0.1%~0.6% 정도이다.

① 수경률
② 규산율
③ 강열감량
④ 불용해 잔분

해설
불용해 잔분
1) 시멘트를 염산 및 탄산나트륨 용액을 넣었을 때 녹지않고 남는 부분을 "불용해잔분"이라 한다.
2) 소성반응의 완전여부를 알아내는 척도의 기준으로 보통 P.C의 "불용해잔분"은 0.1~0.6% 정도이다.

53 석재로서 화강암의 특징에 대한 설명으로 틀린 것은?
① 조직이 균일하고 내구성 및 강도가 크다.
② 외관이 아름다워 장식재로 사용할 수 있다.
③ 균열이 적기 때문에 비교적 큰 재료를 채취할 수 있다.
④ 내화성이 강하므로 고열을 받는 내화용 재료로 많이 사용된다.

해설
석재로서 화강암은 내화성에 취약하다.

54 시멘트의 분말도와 물리적 성질에 관한 설명 중 틀린 것은?
① 시멘트의 분말도는 높을수록 콘크리트의 초기 강도가 크다.
② 분말도가 높은 시멘트는 작업이 용이한 콘크리트를 얻을 수 있다.
③ 분말도가 높으면 수축률이 커지기 쉽고 콘크리트에 틈이 생길 가능성이 많다.
④ 분말도가 높으면 내구성이 따라서 증가한다.

> **해설**
> 분말도가 큰 시멘트는 초기강도는 증가되나 궁극적으로 표면의 건조수축량이 커져서 내구성이 증가 되지는 않는다.

55 경량골재 콘크리트에 사용되는 경량골재에 대한 설명 중 틀린 것은?
① 깨끗하고, 강하며 내구적이어야 하고 적당한 입도 및 단위질량을 가져야 한다.
② 골재의 씻기 시험에 의하여 손실되는 양은 10%이하로 하여야 한다.
③ 굵은 골재의 최대 치수는 원칙적으로 25mm로 한다.
④ 경량골재 중 잔골재는 건조된 상태의 최대 단위질량이 1,100kg/m³이어야 한다.

> **해설**
> 경량골재 콘크리트의 굵은골재 최대치수는 원칙적으로 20mm로 한다.

56 다음 표에서 설명하는 아스팔트의 성질은?

> 고체상에서 액상으로 되는 과정 중에 일정한 반죽질기(즉, 점도)에 달했을 때의 온도를 나타내는 것으로 일반적인 측정방법으로는 환구법이 사용된다.

① 연화점 ② 인화점
③ 신도 ④ 연소점

> **해설**
> 연화점(softening point)에 대한 설명이다.

정답 54 ④ 55 ③ 56 ①

57 목재의 특징에 대한 설명 중 틀린 것은?

① 함수율에 따라 수축팽창이 크다. ② 가연성이 있어 내화성이 작다.
③ 온도에 의한 수축, 팽창이 크다. ④ 부식이 쉽고 충해를 입는다.

해설

목재의 특징
1) 가볍고 취급 및 가공 등이 쉽다.
2) 온도에 의한 수축이 작고 탄성, 인성이 크다.
3) 충격, 진동을 잘 흡수한다.
4) 가연성이므로 내화성이 작다.
5) 재질과 강도가 균일하지 못하다.
6) 함수율에 따른 변형과 팽창, 수축이 크다.

58 대폭파와 수중폭파 등 동시 폭파할 경우 뇌관 대신에 사용하는 기폭용품은?

① 도화선 ② 첨장제
③ 테트릴 ④ 도폭선

해설

기폭용품으로 도폭선에 대한 설명이다.

59 재료에 외력을 작용시키고 변형을 억제하면 시간이 경과함에 따라 재료의 응력이 감소하는 현상을 무엇이라 하는가?

① 탄성 ② 취성
③ 크리프 ④ 릴랙세이션

해설

릴랙세이션
PC 강재에 고장력을 가한 상태 그대로 장기간 양끝을 고정해 두면, 점차 소성 변형하여 인장 응력이 감소해 가는 현상.

정답 57 ③ 58 ④ 59 ④

60 이형철근의 인장시험 데이터가 아래와 같을 때 파단 연신율은?

- 원단면적(A_o)=190mm²
- 표점거리(l_o)=128mm
- 파단 후 표점거리(l)=156mm
- 파단 후 단면적(A)=130mm²
- 최대인장하중$(P_{\max})$=11,800kN

① 19.85%　　② 21.88%
③ 23.85%　　④ 25.88%

해설

파단연신율 $= \dfrac{l - l_o}{l_o} \times 100$

$= \dfrac{156 - 128}{128} \times 100 = 21.88\%$

제4과목　토질 및 기초

61 10m 두께의 점토층이 10년 만에 90% 압밀이 된다면, 40m 두께의 동일한 점토층이 90% 압밀에 도달하는 소요되는 기간은?

① 16년　　② 80년
③ 160년　　④ 240년

해설

1) $t_{90} = \dfrac{0.848 H^2}{C_v}$ 에서

$C_v = \dfrac{0.848 \times (\frac{10}{2})^2}{10 \times 365 \times 24} = 0.000242 \ m^2/hr$

2) $t_{90} = \dfrac{0.848 \times (\frac{40}{2})^2}{0.000242} = 1.4 \times 10^6 hr$

$= \dfrac{1.4 \times 10^6}{24 \times 365} = 160$년

62 테르쟈기(Terzaghi)의 얕은 기초에 대한 지지력 공식 $q_u = \alpha c N_c + \beta \gamma_1 B N_\gamma + \gamma_2 D_f N_q$에 대한 설명으로 틀린 것은?

① 계수 α, β를 형상계수라 하며 기초의 모양에 따라 결정된다.
② 기초의 깊이 D_f가 클수록 극한지지력도 이와 더불어 커진다고 볼 수 있다.
③ N_c, N_γ, N_q는 지지력계수라 하는데 내부마찰과 점착력에 의해서 정해진다.
④ γ_1, γ_2는 흙의 단위 중량이며 지하수위 아래에서는 수중단위 중량을 써야 한다.

해설
지지력계수
Nc, Nr, Nq : 지지력계수($\emptyset$ 의 함수)
내부마찰각이 10°까지는 지지력계수 Nr=0

63 도로 연장 3km 건설 구간에서 7개 지점의 시료를 채취하여 다음과 같은 CBR을 구하였다. 이때의 설계 CBR은 얼마인가?

· 7개의 CBR : 5.3, 5.7, 7.6, 8.7, 7.4, 8.6, 7.2

[설계 CBR 계산용 계수]

개수	d_2
2	1.41
3	1.91
4	2.24
5	2.48
6	2.67
7	2.83
8	2.96
9	3.08
10이상	3.18

① 4
② 5
③ 6
④ 7

해설
설계CBR 구하는 방법(일본 도로공단)

$$설계 CBR = 평균 CBR - (\frac{최대 CBR - 최소 CBR}{d_2})$$

$$설계 CBR = 7.21 - (\frac{8.7 - 5.3}{2.83}) = 6$$

여기서 d_2 : n개 지점의 설계 CBR 계산용 계수

64 그림과 같이 옹벽 배면의 지표면에 등분포하중이 작용할 때, 옹벽에 작용하는 전체 주동토압의 합력(P_a)과 옹벽 저면으로부터 합력의 작용점까지의 높이(h)는?

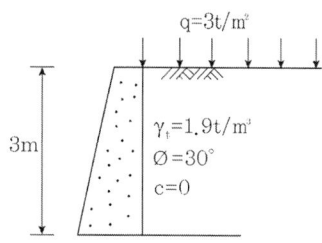

① $P_a = 2.85t/m$, $h = 1.26m$ ② $P_a = 2.85t/m$, $h = 1.38m$
③ $P_a = 5.85t/m$, $h = 1.26m$ ④ $P_a = 5.85t/m$, $h = 1.38m$

해설

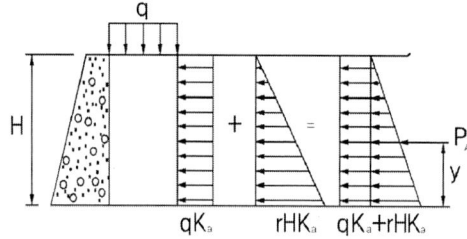

1) 전체주동토압

$$P_A = \frac{1}{2}\gamma_t H^2 K_a + q \cdot K_a H = P_{a1} + P_{a2}$$

$$= \frac{1}{2} \times 1.9 \times 3^2 \times \frac{1}{3} + 3 \times \frac{1}{3} \times 3$$

$$= 2.85 + 3 = 5.85 t/m$$

2) $K_a = \tan^2\left(45° - \frac{30°}{2}\right) = \frac{1}{3}$

3) $P_A \times y = P_{a1} \times \frac{H}{3} + P_{a2} \times \frac{H}{2}$ 식을 이용하여 y를 계산하면

$$5.85 \times y = 2.85 \times \frac{H}{3} + 3 \times \frac{H}{2}$$

∴ $y = 1.26m$

65 어떤 흙에 대해서 일축압축시험을 한 결과 일축압축 강도가 1.0kg/cm²이고 이 시료의 파괴면과 수평면이 이루는 각이 50°일 때 이 흙의 점착력(C_u)과 내부 마찰각(ϕ)은?

① $c_u = 0.60 \text{kg/cm}^2$, $\phi = 10°$
② $c_u = 0.42 \text{kg/cm}^2$, $\phi = 50°$
③ $c_u = 0.60 \text{kg/cm}^2$, $\phi = 50°$
④ $c_u = 0.42 \text{kg/cm}^2$, $\phi = 10°$

해설

1) 내부마찰각 $\theta = 45° + \dfrac{\phi}{2}$

$50 = 45 + \dfrac{\phi}{2}$

$\phi = 10°$

2) 점착력 $c = \dfrac{q_u}{2\tan\left(45° + \dfrac{\phi}{2}\right)} = \dfrac{1}{2 \cdot \tan\left(45° + \dfrac{10}{2}\right)}$

$= 0.42 kg/cm^2$

66 점토의 다짐에서 최적함수비보다 함수비가 적은 건조측 및 함수비가 많은 습윤측에 대한 설명으로 옳지 않은 것은?

① 다짐의 목적에 따라 습윤 및 건조측으로 구분하여 다짐계획을 세우는 것이 효과적이다.
② 흙의 강도 증가가 목적인 경우, 건조측에서 다지는 것이 유리하다.
③ 습윤측에서 다지는 경우, 투수계수 증가 효과가 크다.
④ 다짐의 목적이 차수를 목적으로 하는 경우, 습윤측에서 다지는 것이 유리하다.

해설

습윤측에서 다지는 경우, 투수계수가 작아진다.

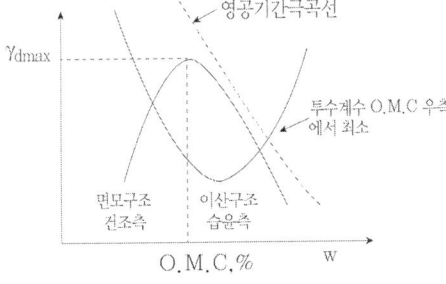

67 2.0kg/cm²의 구속응력을 가하여 시료를 완전히 압밀시킨 다음, 축차응력을 가하여 비배수 상태로 전단시켜 파괴시 축변형률 ε_f=10%, 축차응력 $\triangle\sigma_f$=2.8kg/cm², 간극수압 $\triangle u_f$=2.1kg/cm²를 얻었다. 파괴시 간극수압계수 A는?(단, 간극수압계수 B는 1.0으로 가정한다.)

① 0.44 ② 0.75
③ 1.33 ④ 2.27

해설
간극수압계수
$$A = \frac{\triangle u}{\triangle\sigma_f} = \frac{2.1}{2.8} = 0.75$$

68 기초의 지지력을 결정하는 방법이 아닌 것은?

① 평판재하시험 이용 ② 탄성파시험결과 이용
③ 표준관입시험결과 이용 ④ 이론에 의한 지지력 계산

해설
기초의 지지력 결정방법
1) 평판재하시험 이용
2) 표준관입시험결과 이용
3) 이론에 의한 지지력 계산

69 어느 포화된 점토의 자연함수비는 45%이었고, 비중은 2.70이었다. 이 점토의 간극비(e)는?

① 1.22 ② 1.32
③ 1.42 ④ 1.52

해설
1) S · e = Gs · w
2) $e = \dfrac{2.7 \times 0.45}{1} = 1.22$

70 흙의 전단시험에서 배수조건이 아닌 것은?

① 비압밀 비배수 ② 압밀 비배수
③ 비압밀 배수 ④ 압밀 배수

해설
삼축압축 시험의 종류(배수조건에 따른 분류)
1) UU(Unconsolidated – Undrained) 시험(비압밀 비배수)
2) CU(Consolidated – Undrained)시험(압밀 비배수)
3) CD(Consolidated – Drained)시험(압밀 배수)

71 예민비가 큰 점토란 어느 것인가?
① 입자의 모양이 날카로운 점토
② 입자가 가늘고 긴 형태의 점토
③ 다시 반죽했을 때 강도가 감소하는 점토
④ 다시 반죽했을 때 강도가 증가하는 점토

해설

예민비
1) 예민비는 불교란시료와 교란시료의 일축압축강도비를 나타낸다.
2) 예민비
$$S_t = \frac{불교란\ 흙의\ 일축압축강도(q_u)}{교란시킨\ 흙의\ 일축압축강도(q_{ur})}$$

72 다짐되지 않은 두께 2m, 상대밀도 40%의 느슨한 사질토 지반이 있다. 실내시험결과 최대 및 최소 간극비가 0.80, 0.40으로 각각 산출되었다. 이 사질토를 상대밀도 70%까지 다짐할 때 두께는 얼마나 감소되겠는가?
① 12.41cm
② 14.63cm
③ 22.71cm
④ 25.83cm

해설

상대밀도
1) $D_r = \dfrac{e_{\max} - e_1}{e_{\max} - e_{\min}} \times 100$

$40 = \dfrac{0.8 - e_1}{0.8 - 0.4} \times 100$

$\therefore e_1 = 0.64$

$70 = \dfrac{0.8 - e_2}{0.8 - 0.4} \times 100$

$\therefore e_2 = 0.52$

2) $\triangle H = \dfrac{e_1 - e_2}{1 + e_1} H = \dfrac{0.64 - 0.52}{1 + 0.64} \times 200 = 14.63 cm$

73 두께 H인 점토층에 압밀하중을 가하여 요구되는 압밀도에 달할 때까지 소요되는 기간이 단면배수일 경우 400일이었다면 양면배수일 때는 며칠이 걸리겠는가?

① 800일 ② 400일
③ 200일 ④ 100일

해설

1) $t = \dfrac{T_v \cdot H^2}{C_v}$

2) $t_1 : H_1^2 = t_2 : H_2^2$ 이므로

3) $400 : H^2 = t_2 : \left(\dfrac{H}{2}\right)^2$

∴ $t_2 = \dfrac{400 \cdot \left(\dfrac{H}{2}\right)^2}{H^2} = 100$일

---

74 현장 흙의 밀도 시험 중 모래치환법에서 모래는 무엇을 구하기 위하여 사용하는가?

① 시험구멍에서 파낸 흙의 중량 ② 시험구멍의 체적
③ 지반의 지지력 ④ 흙의 함수비

해설

모래치환법의 모래는 파낸 구멍속에 채워진 모래의 질량을 모래의 밀도로 나누어 구멍속의 체적을 알기 위함이다.

---

75 아래의 공식은 흙 시료에 삼축압력이 작용할 때 흙 시료 내부에 발생하는 간극수압을 구하는 공식이다. 이 식에 대한 설명으로 틀린 것은?

$$\triangle u = B[\triangle \sigma_3 + A(\triangle \sigma_1 - \triangle \sigma_3)]$$

① 포화된 흙의 경우 B=1이다.
② 간극수압계수 A값은 언제나 (+)의 값을 갖는다.
③ 간극수압계수 A값은 삼축압축시험에서 구할 수 있다.
④ 포화된 점토에서 구속응력을 일정하게 두고 간극수압을 측정했다면, 축차응력과 간극수압으로부터 A값을 계산할 수 있다.

해설

간극수압계수 A
1) 정규압밀점토 A ≒ 1
2) 약간 과압밀점토 0 < A < 1
3) 심한 과압밀점토 A < 0

76 아래와 같은 상황에서 강도정수 결정에 적합한 삼축압축시험의 종류는?

> 최근에 매립된 포화 점성토지반 위에 구조물을 시공한 직후의 초기 안정검토에 필요한 지반 강도정수 결정

① 비압밀 비배수시험(UU) ② 비압밀 배수시험(UD)
③ 압밀 비배수시험(CU) ④ 압밀 배수시험(CD)

해설
UU-test를 사용하는 경우
1) 점토지반에 제방 성토 직후 초기 사면안정 해석하는 경우
2) 시공속도가 과잉간극수압 소산속도보다 빠를 때
3) 점토지반에 급속성토 시공 후

77 흙의 분류법인 AASHTO분류법과 통일분류법을 비교·분석한 내용으로 틀린 것은?

① 통일분류법은 0.075mm체 통과율 35%를 기준으로 조립토와 세립토로 분류하는데 이것은 AASHTO 분류법보다 적합하다.
② 통일분류법은 입도분포, 액성한계, 소성지수 등을 주요 분류인자로 한 분류법이다.
③ AASHTO분류법은 입도분포, 군지수 등을 주요 분류인자로 한 분류법이다.
④ 통일분류법은 유기질토 분류방법이 있으나 AASHTO분류법은 없다.

해설
통일분류법은 0.075mm체 통과율 50%를 기준으로 조립토와 세립토를 분류하며, 이는 AASHTO 분류법보다 정확도가 떨어진다.

78 그림과 같은 점토지반에 재하순간 A점에서의 물의 높이가 그림에서와 같이 점토층의 윗면으로부터 5m이었다. 이러한 물의 높이가 4m까지 내려오는데 50일이 걸렸다면, 50%압밀이 일어나는데는 며칠이 더 걸리겠는가?
(단, 10% 압밀시 시간계수 $T_v = 0.008$, 20% 압밀시 $T_v = 0.031$, 50% 압밀시 $T_v = 0.197$이다.)

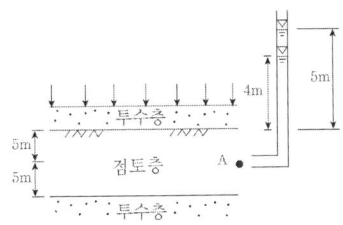

① 268일 ② 618일
③ 1181일 ④ 1231일

해설
1) 수위가 5m에서 4m까지 되었을 때 압밀도(U_z)

$$U_z = 1 - \left(\frac{u_z}{u_i}\right) \times 100$$
$$= 1 - \left(\frac{4}{5}\right) \times 100 = 20\%$$

2) 압밀도 20%가 되었을때의 압밀계수

$$t_{20} = \frac{T_v \cdot H^2}{C_v}$$

$$C_v = \frac{T_v \cdot H^2}{t_{20}} = \frac{0.031 \times \left(\frac{10}{2}\right)^2}{50}$$
$$= 0.0155 m^2/day$$

3) 압밀 50%가 일어나는데 걸린전체시간

$$t_{50} = \frac{0.197 \times \left(\frac{10}{2}\right)^2}{0.0155} = 318일$$

4) 압밀 50%가 일어나는데 50일 이후 추가시간
318일−50일=268일

79 최대주응력이 $10t/m^2$, 최소주응력이 $4t/m^2$일 때 최소주응력 면과 45°를 이루는 평면에 일어나는 수직응력은?

① $7t/m^2$
② $3t/m^2$
③ $6t/m^2$
④ $4\sqrt{2}\ t/m^2$

해설

임의 평면에서 수직응력과 전단응력을 구하는 방법중 Mohr원을 이용한 2θ법

$$\sigma_n = \frac{\sigma_1 + \sigma_3}{2} + \frac{\sigma_1 - \sigma_3}{2} \cdot \cos 2\theta$$
$$= \frac{10+4}{2} + \frac{10-4}{2} \cdot \cos 90°$$
$$= 7t/m^2$$

80 어느 지반에 30cm×30cm 재하판을 이용하여 평판재하시험을 한 결과, 항복하중이 5t, 극한하중이 9t이었다. 이 지반의 허용지지력은?

① 55.6t/m²
② 27.8t/m²
③ 100t/m²
④ 33.3t/m²

해설

지반의 허용지지력 결정
(1) 항복강도(q_y)
$$q_y = \frac{P_y(항복하중)}{A(재하판 크기)} = \frac{5}{0.3 \times 0.3} = 55.6 t/m^2$$
(2) 극한강도(q_u)
$$q_u = \frac{P_u(극한하중)}{A(재하판 크기)} = \frac{9}{0.3 \times 0.3} = 100 t/m^2$$
(3) 재하시험 결과에 의한 허용지지력(q_t)
   1) $q_t = q_y/2 = \dfrac{55.6}{2} = 27.8 t/m^2$
   2) $q_t = q_u/3 = \dfrac{100}{3} = 33.3 t/m^2$
(4) 허용지지력은 위 둘 중 작은값을 사용한다.

정답 80 ②

CBT 모의고사 제5회 건설재료시험기사

제1과목 콘크리트공학

01 일반적인 수중콘크리트에 관한 설명으로 틀린 것은?

① 물-결합재비는 50%이하, 단위시멘트량은 370kg/m³이상을 표준으로 한다.
② 잔골재율을 적절한 범위 내에서 크게 하여 점성이 풍부한 배합으로 할 필요가 있다.
③ 수중콘크리트의 치기는 물을 정지시킨 정수 중에서 치는 것이 좋다.
④ 강제식 배치믹서를 사용하여 비비는 경우 콘크리트가 드럼내부에 부착되어 충분히 비벼지지 못할 경우가 있기 때문에 믹서는 가경식 배치믹서를 사용하여야 한다.

> **해설**
> 가경식 배치믹서를 사용하여 비비는 경우 콘크리트가 드럼내부에 부착되어 충분히 비벼지지 못할 경우가 있기 때문에 믹서는 강제식 배치믹서를 사용하여야 한다.

02 포스트텐션 방식의 프리스트레스트 콘크리트에서 긴장재의 정착장치로 일반적으로 사용되는 방법이 아닌 것은?

① PS강봉을 갈고리로 만들어 정착시키는 방법
② 반지름 방향 또는 원주 방향의 쐐기 작용을 이용한 방법
③ PS강봉의 단부에 나사 전조가공을 하여 너트로 정착하는 방법
④ PS강봉의 단부에 헤딩(heading)가공을 하여 가공된 강재 머리에 의하여 정착하는 방법

03 서중콘크리트에 대한 설명으로 틀린 것은?

① 일반적으로는 기온 10℃의 상승에 대하여 단위수량은 2~5% 감소하므로 단위수량에 비례하여 단위시멘트량의 감소를 검토하여야 한다.
② 하루 평균기온이 25℃를 초과하는 경우 서중 콘크리트로 시공한다.
③ 콘크리트를 타설하기 전에 지반, 거푸집 등을 습윤상태로 유지하기 위해서 살수 또는 덮개 등의 적절한 조치를 취해야 한다.
④ 콘크리트는 비빈 후 즉시 타설하여야 하며, 일반적인 대책을 강구한 경우라도 1.5시간 이내에 타설하여야 한다.

> **해설**
> 일반적으로는 기온 10℃의 상승에 대하여 단위수량은 2~5% 증가하므로 단위수량에 비례하여 단위시멘트량의 증가를 검토하여야 한다.

정답 01 ④ 02 ① 03 ①

04 콘크리트의 내구성 향상 방안으로 옳지 않은 것은?
① 알칼리금속이나 염화물의 함유량이 많은 재료를 사용한다.
② 내구성이 우수한 골재를 사용한다.
③ 물 – 결합재비를 될 수 있는 한 적게 한다.
④ 목적에 맞는 시멘트나 혼화재료를 사용한다.

해설
알칼리금속이나 염화물의 함유량이 적은 재료를 사용한다.

05 콘크리트 구조물의 내화성을 향상시키기 위한 방안으로 틀린 것은?
① 제조 시에 골재는 화강암이나 사암을 사용하면 좋다.
② 콘크리트 표면을 단열재로 보호한다.
③ 내화성능이 약한 강재는 보호하여 피복두께를 충분히 취한다.
④ 철근의 외측 콘크리트가 벗겨지는 것을 방지하기 위하여 팽창성 금속(expanded metal)을 표층부에 넣는다.

해설
화강암은 조직이 균일하고 강도 및 내구성이 크나, 내화성이 작다.

06 숏크리트에 대한 설명으로 틀린 것은?
① 일반 숏크리트의 장기 설계기준 압축강도는 재령 28일로 설정한다.
② 습식 숏크리트의 배치 후 60분 이내에 뿜어붙이기를 실시하여야 한다.
③ 숏크리트의 초기강도는 재령 3시간에서 1.0~3.0MPa을 표준으로 한다.
④ 굵은 골재의 최대치수는 25mm의 것이 널리 쓰인다.

해설
숏크리트 굵은 골재의 최대치수는 13mm의 것이 널리 쓰인다.

정답 04 ① 05 ① 06 ④

07 급속 동결 융해에 대한 콘크리트의 저항 시험(KS F 2456)에서 동결 융해 사이클에 대한 설명으로 틀린 것은?

① 동결 융해 1사이클은 공시체 중심부의 온도를 원칙으로 하며 원칙적으로 4℃에서 –18℃로 떨어지고, 다음에 –18℃에서 4℃로 상승되는 것으로 한다.
② 동결 융해 1사이클의 소요 시간은 2시간 이상, 4시간 이하로 한다.
③ 공시체의 중심과 표면의 온도차는 항상 28℃를 초과해서는 안 된다.
④ 동결 융해에서 상태가 바뀌는 순간의 시간이 5분을 초과해서는 안 된다.

해설
동결 융해에서 상태가 바뀌는 순간의 시간이 10분을 초과해서는 안 된다.

08 다음 관리도의 종류에서 정규분포이론이 적용되지 않는 것은?

① P 관리도(불량률 관리도)
② x 관리도(측정값 자체의 관리도)
③ $\bar{x}$ - R관리도(평균값과 범위의 관리도)
④ $\bar{x}$ - σ관리도(평균값과 표준편차의 관리도)

해설
계수형 관리도 적용이론
1) P관리도 : 이항분포, 불량률 관리도
2) Pn관리도 : 이항분포, 불량률 개수 관리도
3) C관리도 : 푸아송분포, 물품크기 일정시 결점수 관리도
4) U관리도 : 푸아송분포, 단위당 결점수 관리도

09 프리스트레스트 콘크리트(PSC)를 철근콘크리트(RC)와 비교할 때 사용재료와 역학적 성질의 특징에 대한 설명으로 틀린 것은?

① 부재 전단면의 유효한 이용
② 뛰어난 부재의 탄성과 복원성
③ 긴장재로 인한 자중과 전단력의 증가
④ 고강도 콘크리트와 고강도 강재의 사용

해설
프리스트레스트 콘크리트는 긴장재로 인하여 자중과 전단력이 감소

10 방사선 차폐용 콘크리트에 대한 설명으로 틀린 것은?
① 일반적인 경우 슬럼프는 150mm 이하로 하여야 한다.
② 주로 생물체의 방호를 위하여 X선, γ선 및 중성자선을 차폐할 목적으로 사용된다.
③ 방사선 차폐용 콘크리트는 열전도율이 작고, 열팽창률이 커야 하므로 밀도가 낮은 골재를 사용하여야 한다.
④ 물-결합재비는 50%이하를 원칙으로 하고, 워커빌리티 개선을 위하여 품질이 입증된 혼화제를 사용할 수 있다.

해설
방사선 차폐용 콘크리트는 열전도율이 작고, 열팽창률이 작아야 하므로 밀도가 높은 골재를 사용하여야 한다.

11 공칭압축강도가 21MPa인 콘크리트로부터 5개의 공시체를 만들어 압축강도 시험을 한 결과 압축강도가 아래의 표와 같을 때, 품질관리를 위한 압축강도의 변동계수 값은 약 얼마인가?(단, 표준편차는 불편분산의 개념으로 구한다.)

[시험결과]
22, 23, 24, 27, 29 (MPa)

① 11.7%   ② 13.6%
③ 15.2%   ④ 17.4%

해설
1) 변동계수
$$변동계수(V) = \frac{S}{\bar{x}} \times 100(\%)$$
2) 표준편차
$$S = \sqrt{\frac{\sum(X_i - \bar{x})^2}{n-1}} = \sqrt{\frac{34}{4}} = 2.92$$
3) 압축강도 시험 평균값
$$\bar{x} = \frac{22+23+24+27+29}{5} = 25$$
4) 편차의 제곱합
$$\sum(22-25)^2 + (23-25)^2 + (24-25)^2 + (27-25)^2 + (29-25)^2 = 34$$
여기서 V : 변동계수
S : 표준편차
X_i : 각 강도의 시험값
$\bar{x}$: n회의 압축강도 시험 평균값
n : 압축강도 시험횟수
$\sum(X_i - \bar{x})^2$: 편차의 제곱합

∴ 변동계수$(V) = \frac{S}{\bar{x}} \times 100(\%) = \frac{2.92}{25} \times 100 = 11.7\%$

12 콘크리트 압축강도 시험용 공시체를 제작하는 방법에 대한 설명으로 틀린 것은?
① 공시체는 지름의 2배의 높이를 가진 원기둥형으로 한다.
② 콘크리트를 몰드에 채울 때 2층 이상으로 거의 동일한 두께로 나눠서 채운다.
③ 콘크리트를 몰드에 채울 때 각 층의 두께는 100mm를 초과해서는 안 된다.
④ 몰드를 떼는 시기는 콘크리트 채우기가 끝나고 나서 16시간 이상 3일 이내로 한다.

> **해설**
> 콘크리트를 몰드에 각 층의 채우는 두께는 160mm를 넘어서는 안 된다.

13 단면적이 600cm²인 프리스트레스트 콘크리트에서 콘크리트 도심에 PS강선을 배치하고 초기프리스트레스 P_i=340,000N을 가할 때 콘크리트의 탄성변형에 의한 프리스트레스의 감소량은 얼마인가?(단, 탄성계수비 n=6이다.)
① 34MPa
② 38MPa
③ 42MPa
④ 46MPa

> **해설**
> $$\triangle f_p = E_p \varepsilon_p = E_c \varepsilon_c = E_p \frac{f_c}{E_c} = n f_c = n \frac{P}{A}$$
> $$= 6 \times \frac{340,000}{600 \times 10^2} = 34 MPa$$

14 콘크리트 다지기에 대한 설명으로 틀린 것은?
① 내부진동기는 연직방향으로 일정한 간격으로 찔러 넣는다.
② 내부진동기를 하층의 콘크리트 속으로 0.1m 정도 찔러 넣는다.
③ 내부진동기는 콘크리트를 횡방향으로 이동시킬 목적으로 사용해서는 안 된다.
④ 콘크리트를 타설한 직후에는 절대 거푸집의 외측에 진동을 주어서는 안 된다.

> **해설**
> 콘크리트 타설 후 외부 거푸집에 대하여 외부 진동장비로 충격을 주어서 거푸집 내부에 구석구석 콘크리트가 잘 채워질 수 있도록 하며 밀실한 콘크리트가 되도록하는 것이 필요하다.

15 콘크리트의 작업성(workability)을 증진시키기 위한 방법으로서 적당하지 않은 것은?
① 입도나 입형이 좋은 골재를 사용한다.
② 혼화재료로서 AE제나 감수제를 사용한다.
③ 일반적으로 콘크리트 반죽의 온도상승을 막아야 한다.
④ 일정한 슬럼프의 범위에서 시멘트량을 줄인다.

> **해설**
> 일정한 슬럼프의 범위에서 시멘트량을 줄이면 단위수량도 감소되어 작업성이 감소된다.

정답 12 ③ 13 ① 14 ④ 15 ④

16 해양 콘크리트의 시공에 대한 설명으로 틀린 것은?

① 보통 포틀랜드 시멘트를 사용한 경우 5일 정도는 직접 해수에 닿지 않도록 보호하여야 한다.
② 만조위로부터 위로 0.6m, 간조위로부터 아래로 0.6m 사이의 감조부분에 시공이음이 생기지 않도록 한다.
③ 굵은 골재 최대치수가 20mm이고 물보라 지역인 경우, 내구성을 확보하기 위한 최소 단위결합재량은 280kg/m³이다.
④ 해상 대기 중에 건설되는 일반 현장 시공의 경우 공기연행 콘크리트의 최대 물-결합재비는 45%로 한다.

해설
단위 시멘트량은 일반적으로 280~300 kg/m³ 이상, 수중 : 300kg/m³ 해상대기중, 물 보라(비말대구간) : 330kg/m³ 이상으로 한다.

17 시방배합상의 잔골재의 양은 500kg/m³이고 굵은골재의 양은 1000kg/m³이다. 표면수량은 각각 5%와 3%이었다. 현장배합으로 환산한 잔골재와 굵은골재의 양은?

① 잔골재 : 525kg/m³, 굵은골재 : 1030kg/m³
② 잔골재 : 475kg/m³, 굵은골재 : 970kg/m³
③ 잔골재 : 470kg/m³, 굵은골재 : 975kg/m³
④ 잔골재 : 520kg/m³, 굵은골재 : 1025kg/m³

해설
1) 잔골재량
 · 잔골재 표면수량 $500 \times 0.05 = 25kg$
 · 잔골재량 : $500 + 25 = 525kg$
2) 굵은골재량
 · 굵은골재 표면수량 $1,000 \times 0.03 = 30kg$
 · 굵은골재량 : $1,000 + 30 = 1,030kg$

18 아래 표와 같은 조건의 시방배합에서 굵은골재의 단위량은 약 얼마인가?

· 단위수량=189kg, S/a=40%, W/C=50%	· 시멘트 밀도=3.15g/cm³
· 잔골재표건밀도=2.6g/cm³	· 굵은골재표건밀도=2.7g/cm³
· 공기량=1.5%	

① 945kg
② 1,015kg
③ 1,052kg
④ 1,095kg

해설
1) 단위 골재량 전체체적 $V_{(S+G)}$
$$1 - \left(\frac{189}{1,000} + \frac{378}{3.15 \times 1,000} + \frac{1.5}{100} \right) = 0.676 m^3$$
2) 단위 잔골재량
$= 0.676 \times 0.4 \times 2.6 \times 1,000 = 703kg$
3) 단위 굵은골재량
$= 0.676 \times (1-0.4) \times 2.7 \times 1,000 = 1,095kg$

정답 16 ③ 17 ① 18 ④

19 섬유보강콘크리트에 대한 일반적인 설명으로 틀린 것은?

① 섬유보강콘크리트의 비비기에 사용하는 믹서는 가경식 믹서를 사용하는 것을 원칙으로 한다.
② 섬유보강 콘크리트 1m³중에 점유하는 섬유의 용적 백분율(%)을 섬유 혼입률이라고 한다.
③ 보강용 섬유를 혼입하여 주로 인성, 균열억제, 내충격성 및 내마모성 등을 높인 콘크리트를 섬유보강 콘크리트라고 한다.
④ 강섬유보강콘크리트의 보강효과는 강섬유가 길수록 크며, 섬유의 분산 등을 고려하면 굵은골재 최대치수의 1.5배 이상의 길이를 갖는 것이 좋다.

> **해설**
> 섬유보강콘크리트의 비비기에 사용하는 믹서는 강제식 믹서를 사용하는 것을 원칙으로 한다.

20 콘크리트의 호칭강도가 40MPa이고 22회의 압축강도시험결과로부터 구한 압축강도의 표준편차가 5MPa인 경우 배합강도는?(단, 시험횟수가 20회 및 25회인 경우 표준편차의 보정계수는 각각 1.08, 1.03이다.)

① 47.10MPa ② 47.65MPa
③ 48.35MPa ④ 48.85MPa

> **해설**
> 1) 22회일 때 직선보간을 한 표준편차의 보정계수
> $$\alpha = 1.03 + \frac{(1.08-1.03)\times 3}{5} = 1.06$$
> 2) 직선보간한 표준편차
> $S = 1.06 \times 5.0 = 5.3 MPa$
> 3) $f_{cn} > 35 MPa$ 이므로
> $f_{cr} = f_{ck} + 1.34S = 40 + 1.34 \times 5.3$
> $\quad = 47.10 MPa$
> $f_{cr} = 0.9 \cdot f_{ck} + 2.33S$
> $\quad = 0.9 \times 40 + 2.33 \times 5.3 = 48.35 MPa$
> 상기값 중 큰 값이 배합강도이므로
> $f_{cr} = 48.35 MPa$

제2과목 건설시공 및 관리

21 아래의 작업 조건하에서 백호로 굴착 상차작업을 하려고 할 때 시간당 작업량은 본바닥토량으로 얼마인가?

- 작업효율 : 0.6
- Cm : 42초
- 버킷계수 : 0.9
- 버킷용량 : 0.7m³
- L = 1.25, C = 0.9

① 23.3m³/hr
② 25.9m³/hr
③ 29.2m³/hr
④ 40.5m³/hr

해설

$$Q = \frac{3{,}600 \cdot q \cdot k \cdot f \cdot E}{C_m} = \frac{3{,}600 \times 0.7 \times 0.9 \times \frac{1}{1.25} \times 0.6}{25} = 25.9 m^3/hr$$

22 불도저로 압토와 리핑 작업을 동시에 실시한다. 각 작업 시의 작업량이 다음 표와 같을 때 시간당 작업량은?

- 압토 작업만 할 때의 작업량 : $Q_1 = 40 m^3/h$
- 리핑 작업만 할 때의 작업량 : $Q_2 = 60 m^3/h$

① 24m³/h
② 30m³/h
③ 34m³/h
④ 50m³/h

해설

$$Q = \frac{Q_1 Q_2}{Q_1 + Q_2} = \frac{40 \times 60}{40 + 60} = 24 m^3/h$$

23 토공에 대한 설명 중 틀린 것은?

① 시공기면은 현재 공사를 하고 있는 면을 말한다.
② 토공은 굴착, 싣기, 운반, 성토(사토) 등의 4공정으로 이루어진다.
③ 준설은 수저의 토사 등을 굴착하는 작업을 말한다.
④ 법면은 비탈면으로 성토, 절토의 사면을 말한다.

해설

가장 경제적인 시공이 되도록 하기 위해서 절, 성토 토량 계획을 세우는데 필요한 지반 계획고를 정하는 것을 시공기면 이라고 한다.

24 말뚝기초의 부마찰력 감소방법으로 틀린 것은?

① 표면적이 작은 말뚝을 사용하는 방법
② 단면이 하단으로 가면서 증가하는 말뚝을 사용하는 방법
③ 선행하중을 가하여 지반침하를 미리 감소하는 방법
④ 말뚝직경보다 약간 큰 케이싱을 박아서 부 마찰력을 차단하는 방법

해설
부마찰력의 방지대책
① 말뚝 선단면적 증가
② 말뚝 본수증가
③ 말뚝의 근입깊이 증가
④ 이중관(Slip Layer) 사용
⑤ 말뚝표면에 아스팔트(역청재) 도포
⑥ Tapered Pile 사용(단면이 하단으로 가면서 감소하는 말뚝 : 측면경사말뚝)

25 흙쌓기 재료로서 구비해야 할 성질 중 틀린 것은?

① 완성 후 큰 변형이 없도록 지지력이 클 것
② 압축침하가 적도록 압축성이 클 것
③ 흙쌓기 비탈면의 안정에 필요한 전단강도를 가질 것
④ 시공기계의 Trafficability가 확보될 것

해설
압축침하가 적도록 압축성이 작을 것

26 아스팔트 포장의 안정성 부족으로 인해 발생하는 대표적인 파손은 소성변형(바퀴자국, 측방유동)이다. 최근 우리나라의 도로에서 이 소성변형이 문제가 되고 있는데, 다음 중 그 원인이 아닌 것은?

① 여름철 고온 현상
② 중차량 통행
③ 수막현상
④ 표시된 차선을 따라 차량이 일정위치로 주행

해설
소성변형 발생원인
1) Asphalt함량이 과다한 경우
2) 골재의 최대치수가 적은경우
3) 침입도가 큰 아스팔트 사용
4) 시공불량 : 다짐불량, 온도관리 불량 등

27 다음은 어떤 공사의 품질관리에 대한 내용이다. 가장 먼저 해야 할 일은?
① 품질특성의 선정　　　② 작업표준의 결정
③ 관리한계 설정　　　　④ 관리도의 작성

해설
품질관리 순서
1) 품질특성을 선정
2) 품질표준을 결정
3) 작업표준을 결정
4) 규격 대조
5) 공정, 안전 검토

28 폭우시 옹벽 배면에는 침투수압이 발생되는데 이 침투수에 의한 중요 영향으로 옳지 않은 것은?
① 활동면에서의 양압력 증가　　　② 포화에 의한 흙의 무게 증가
③ 옹벽 저면에서의 양압력 증가　　④ 수평 저항력의 증대

해설
수평 저항력이 증대 되는 것이 아니고 수평력이 증대 되므로 구조물의 안정성을 저하시킨다.

29 아래 그림과 같이 20개의 말뚝으로 구성된 군항이 있다. 이 군항의 효율(E)을 Converse-Labarre 식을 이용해서 구하면?

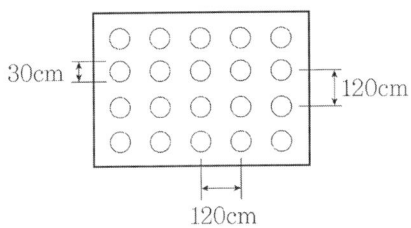

① 0.758　　　② 0.721
③ 0.684　　　④ 0.647

해설
군항의 효율(E)
1) $\varnothing = \tan^{-1}\dfrac{D}{S} = \tan^{-1}\dfrac{30}{120} = 14.04°$
2) $E = 1 - \varnothing \cdot \dfrac{m \cdot (n-1) + n \cdot (m-1)}{90 m \cdot n}$
　$= 1 - 14.04 \times \dfrac{4(5-1) + 5(4-1)}{90 \times 4 \times 5}$
　$= 0.758$

30 항만공사에서 간만의 차가 큰 장소에 축조되는 항은?
① 하구항(coastal harbor)　　② 개구항(open harbor)
③ 폐구항(closed harbor)　　④ 피난항(refuge harbor)

해설

1) 폐구항
   조수 간만의 차가 큰장소에 선박의 출입이 가능하도록 폐구시켜 놓는 항
2) 개구항
   항구가 항상 개방되어 있는 항
3) 하구항(연안항)
   해안에 있는 연안항으로 대부분의 항이 해당
4) 피난항
   악천후시 배가 피난할 수 있는 항

31 교대에서 날개벽(Wing)의 역할로 가장 적당한 것은?
① 배면(背面)토사를 보호하고 교대 부근의 세굴을 방지한다.
② 교대의 하중을 부담한다.
③ 유량을 경감하여 토사의 퇴적을 촉진시킨다.
④ 교량의 상부구조를 지지한다.

해설

교대 날개벽 역할
교대 날개벽은 교대배면 성토의 보호 및 세굴방지를 목적으로 한다.

32 도로주행 중 노면의 한 개소를 차량이 집중통과하여 표면의 재료가 마모되고 유동을 일으켜서 노면이 얕게 패인 자국을 무엇이라고 하는가?
① 플러시(Flush)　　② 러팅(Rutting)
③ 블로업(Blow up)　　④ 블랙베이스(Black base)

해설

소성변형(Rutting) 대책
1) 아스콘에 설계아스팔트량 보다 가급적 아스팔트량을 적게 사용.
2) 굵은골재 최대치수 13 → 19mm사용
3) 양질의 석분 함량 증가
4) 침입도가 작은 아스팔트 사용

33 아스팔트 포장에서 프라임코트(Prime coat)의 중요 목적이 아닌 것은?
① 배수층 역할을 하여 노상토의 지지력을 증대시킨다.
② 보조기층에서 모세관 작용에 의한 물의 상승을 차단한다.
③ 보조기층과 그 위에 시공될 아스팔트 혼합물과의 융합을 좋게 한다.
④ 기층 마무리 후 아스팔트 포설까지의 기층과 보조기층의 파손 및 표면수의 침투, 강우에 의한 세굴을 방지한다.

해설

프라임 코트(Prime coat)
1) 보조기층 또는 기층 등에 침투시켜 이들 층의 방수성을 확보한다.
2) 보조기층 에서 모세관 현상에 의해 올라오는 물의 상승을 차단한다.
3) 보조기층과 기층 아스팔트 혼합물과의 부착이 잘되도록 살포하는 역청재료이다.

34 다짐 장비 중 마무리 다짐 및 아스팔트 포장의 끝손질에 사용하면 가장 유용한 장비는?
① 탠덤 롤러
② 타이어 롤러
③ 탬핑 롤러
④ 머캐덤 롤러

해설

다짐장비
1) Macadam roller
  3륜구조로 자갈 및 사질토, 쇄석층, 아스팔트 포장 1차다짐에 적합
2) 타이어롤러(Tire roller)
  아스팔트 포장의 2차 다짐 및 사질토 지반다짐에 적합
3) Tandem roller
  2륜구조로 아스팔트 포장의 마무리 다짐에 적합

35 터널의 계획, 설계, 시공 시 본바닥의 성질 및 지질구조를 가장 정확하게 알기 위한 조사 방법은?
① 물리적 탐사
② 탄성파 탐사
③ 전기 탐사
④ 보링(Boring)

해설

1) 보링 조사방법은 터널의 계획, 설계, 시공시 본바닥의 성질 및 지질 구조를 가장 정확하게 파악할 수 있는 조사방법이다.
2) 회전 타격에 의한 시추, 코아로부터 단층 파쇄대, 연약층의 경계 위치 및 규모 등 막장 전방의 지반상태를 파악이 가능하다.

정답 33 ① 34 ① 35 ④

36 저항선 1.2m일 때 12.15kg의 폭약을 사용하였다면 저항선을 0.8m로 하였을 때 얼마의 폭약이 필요한가?(단, Hauser식을 사용한다.)

① 1.8kg
② 3.6kg
③ 5.6kg
④ 7.6kg

해설

1) $L = C \cdot W^3$, $12.15 = C \times 1.2^3$
   $C = 7.03$
2) $L = C \cdot W^3 = 7.03 \times 0.8^3 = 3.6 kg$

37 아래 그림과 같은 네트워크 공정표에서 전체공기는?

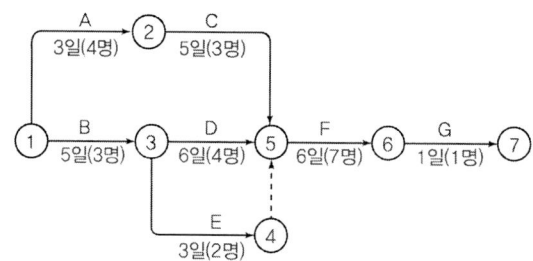

① 12일
② 15일
③ 18일
④ 21일

해설

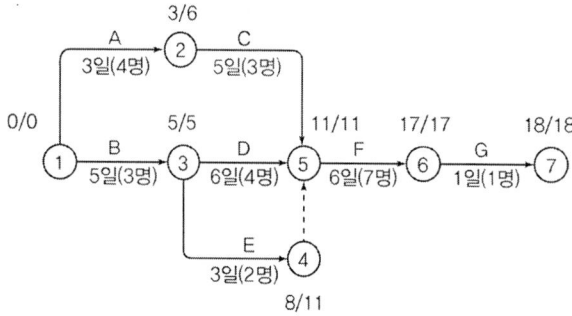

C.P : B → D → F → G
전체 공기 : 18일

38 아스팔트 콘크리트 포장에서 표층에 대한 설명으로 틀린 것은?
① 노상 바로 위의 인공층이다.
② 표면수가 내부로 침입하는 것을 막는다.
③ 기층에 비해 골재의 치수가 작은 편이다.
④ 교통에 의한 마모와 박리에 저항하는 층이다.

해설
노상 바로 위는 동상방지층 또는 보조기층으로 구성되어 있다.

39 피어기초 중 기계에 의한 시공법이 아닌 것은?
① 베노토(Benoto) 공법
② 시카고(Chicago) 공법
③ 어스 드릴 (Earth drill) 공법
④ 리버스 서큘레이션(Reverse circulation)공법

해설
피어기초(기계)
1) Benoto 공법(all casing 공법)
2) Earth drill 공법
3) RCD 공법

40 뉴매틱 케이슨(Pneumatic Caisson)공법의 특징으로 틀린 것은?
① 소음과 진동이 커서 도시에서는 부적합하다.
② 기초 지반 토질의 확인 및 정확한 지지력의 측정이 가능하다.
③ 굴착 깊이에 제한이 없고 소규모 공사나 심도 싶은 공사에 경제적이다.
④ 기초 지반의 보일링 현상 및 히빙 현상을 방지할 수 있으므로 인접 구조물의 피해 우려가 없다.

해설
뉴매틱 케이슨 기초는 굴착깊이에 제한이 있고 대규모 공사에 경제적이나 소음과 진동이 커서 도심지 공사에 적합하지 않다.

제3과목 건설재료 및 시험

41 잔골재에 대한 체가름 시험을 한 결과가 다음 표와 같을 때 조립률은?(단, 10mm 이상 체에 잔류된 잔골재는 없다.)

체의호칭(mm)	5	2.5	1.2	0.6	0.3	0.15	Pan
각 체에 남은 양(%)	2	11	20	22	24	16	5

① 1.0 ② 2.63
③ 2.77 ④ 3.15

해설

체의호칭(mm)	5	2.5	1.2	0.6	0.3	0.15	Pan
각 체에 남은 양(%)	2	11	20	22	24	16	5
누적잔유량	2	13	33	55	79	95	100

$$FM = \frac{2+13+33+55+79+95}{100} = 2.77$$

42 어떤 목재의 함수율을 시험한 결과 건조 전 목재의 중량은 165g이고, 비중이 1.5일 때 함수율은 얼마인가?(단, 목재의 절대 건조 무게는 142g이었다.)

① 13.9% ② 15.2%
③ 16.2% ④ 17.2%

해설

1) 함수율 $= \dfrac{\text{건조 전중량} - \text{건조 후중량}}{\text{건조 후중량}} \times 100$

2) 함수율 $= \dfrac{165-142}{142} \times 100 = 16.2\%$

43 콘크리트용 혼화재료에 의한 포졸란 반응이 콘크리트의 성질에 미치는 영향에 대한 설명으로 틀린 것은?

① 포졸란 반응은 시멘트의 수화반응에 비해 늦어 콘크리트의 초기수화열이 저감된다.
② 포졸란 반응에 의해 모세관 공극이 효과적으로 채워져 콘크리트의 수밀성이 향상된다.
③ 포졸란 반응에 의해 염분의 침투를 막을 수 있어 콘크리트의 내염성이 향상된다.
④ 포졸란 반응은 시멘트에서 생성되는 수산화칼슘을 소모하기 때문에 콘크리트의 중성화 억제효과가 있다.

해설
포졸란 반응으로 콘크리트에 중성화가 생길 가능성이 커진다.

44 콘크리트 내부에 미세 독립기포를 형성하여 워커빌리티 및 동결융해저항성을 높이기 위하여 사용하는 혼화제는?
① 고성능감수제 ② 팽창제
③ 발포제 ④ AE제

해설
AE제
콘크리트용 계면활성제(surface active agent)의 일종으로 콘크리트 내부에 독립된 미세기포를 발생시켜 콘크리트의 워커빌리티 개선과 동결융해에 대한 저항성을 갖도록 하기 위해 사용하는 혼화제이다.

45 대폭파 또는 수중폭파에서 동시폭파를 실시하기 위하여 뇌관 대신에 사용하는 것은?
① 도화선 ② 도폭선
③ 전기뇌관 ④ 첨장약

해설
도폭선
① 도폭선은 폭약을 금속 또는 섬유로 피복한 끈 모양의 화공품으로서, 대폭파와 수중 폭파 등을 동시 폭파할 경우 뇌관 대신 사용하는 기폭용품이다.
② 면화약을 심약으로 하고 마사 면사 등으로 싸서 방습 포장을 한 것으로 점폭하면 5000m/s의 폭속으로 폭굉한다.

46 고무혼입 아스팔트를 스트레이트 아스팔트와 비교할 때 다음 설명 중 옳지 않은 것은?
① 응집성 및 부착력이 크다. ② 마찰계수가 크다.
③ 충격저항이 크다. ④ 감온성이 크다.

해설
고무혼입 아스팔트 특징
1) 스트레이트 아스팔트에 비해서 감온성이 작다.
2) 스트레이트 아스팔트에 비해서 응집성이 크다.
3) 스트레이트 아스팔트에 비해서 탄성 및 충격저항이 크다.
4) 스트레이트 아스팔트에 비해서 마찰 계수가 크다.

47 컷백(cut back) 아스팔트에 대한 설명으로 틀린 것은?
① 대부분의 도로포장에 사용된다.
② 경화 속도 순서로 나누면 RC>MC>SC의 순이다.
③ 컷백 아스팔트를 사용할 때는 가열하여 사용하여야 한다.
④ 침입도 60~120 정도의 연한 스트레이트 아스팔트에 용제를 가해 유동성을 좋게 한 것이다.

해설
컷백 아스팔트를 사용할 때는 원유 중의 아스팔트 성분이 열에 의한 변화가 생기기 쉬우므로 가열해서는 안된다.

정답 44 ④ 45 ② 46 ④ 47 ③

48 표면건조 포화상태의 골재시료 1,782g을 공기중에서 건조시켰더니 1,731g이 되었고, 이를 다시 노건조시켰더니 1,709g이 되었다. 이 골재시료의 흡수율은?
① 1.3%
② 2.8%
③ 3.9%
④ 4.3%

해설

흡수율 $= \dfrac{1,782 - 1,709}{1,709} \times 100 = 4.3\%$

49 석재의 사용시 고려할 사항으로 틀린 것은?
① 인장응력이나 휨응력을 받는 곳은 가능한 사용하지 않는 것이 좋다.
② 콘크리트 포장용이나 외벽에 사용되는 석재는 연석을 피한다.
③ 내화성 재료로 석재는 부적합하다.
④ 석재는 구조용으로 사용할 경우 주로 압축력을 받는 부분에 사용된다.

해설

석재를 내화성 재료로 사용하는 경우 주로 압축력을 받는 부분에 사용한다.

50 아래와 같은 특성을 가지는 시멘트는?

- 발열량이 대단히 많으며 조강성이 크다.
- 열분해 온도가 높으므로(1300°C정도) 내화용 콘크리트에 적합하다.
- 산, 염류, 해수 등의 화학적 침식에 대한 저항성이 크다.

① 고로 시멘트
② 알루미나 시멘트
③ 플라이애시 시멘트
④ 백색 포틀랜드 시멘트

해설

알루미나 시멘트
1) 보크사이트와 석회석을 혼합해서 분말로 만든 시멘트
2) 1일 강도가 보통 포틀랜드 시멘트의 28일 강도와 같다.
3) 발열량이 커 한중공사, 긴급공사에 적합하다.
4) 해수 및 기타 화학작용을 받는 곳에 저항성이 크다.
5) 열분해 온도가 높으므로 내화용 콘크리트에 적합하다.

51 시멘트와 관련된 내용의 연결이 잘못된 것은?
① 비카트 침(Vicat needle)-시멘트 응결시간 시험
② 수경률-시멘트 원료의 조합비
③ 강열감량-시멘트의 풍화정도
④ 르샤틀리에 플라스크-시멘트 분말도 시험

해설

르샤틀리에 플라스크
시멘트 비중시험에 사용되는 기구이다.

52 폭약에 대한 설명으로 틀린 것은?
① 다이너마이트보다 칼릿은 발화점이 높다.
② 다이너마이트의 주성분은 니트로글리세린이다.
③ ANFO폭약은 폭발가스량이 적고 폭발온도는 비교적 높다.
④ 니트로글리세린은 글리세린에 질산과 황산을 혼합하여 반응시켜 만든다.

해설

ANFO(초유폭약)
1) 질산암모늄(94)+연료(6)비율로 섞어 혼합한 초안폭약
2) 취급이 안전하고 가격이 저렴하다
3) 폭발가스량이 많다

53 마샬 시험방법에 따라 아스팔트 콘크리트 배합설계를 진행할 경우 포화도는 몇 %인가?[단, 아스팔트 밀도(G_a) : 1.030g/cm³, 아스팔트의 함량(A) : 6.3%, 공시체의 실측 밀도(d) : 2.435g/cm³, 공시체의 공극률(V) : 4.8%]
① 58% ② 66%
③ 71% ④ 76%

해설

1) 아스팔트 용적률(체적비)

$$V_a = \frac{W_a \times d}{G_a} = \frac{6.3 \times 2.435}{1.03} = 14.89\%$$

여기서, W_a : 아스팔트 질량비(함량)(%)
G_a : 아스팔트의 밀도(g/cm³)
d : 공시체의 실측밀도(g/cm³)

2) 포화도

$$S = \frac{V_a}{V_a + V} = \frac{14.89}{14.89 + 4.8} = 0.7562 = 75.62\%$$

여기서, V : 공극률
V_a : 아스팔트의 체적비

정답 51 ④ 52 ③ 53 ④

54 연화점이 높고 방수공사용으로 많이 사용되고 석유계 아스팔트는?

① 록 아스팔트
② 레이크 아스팔트
③ 블론 아스팔트
④ 스트레이트 아스팔트

해설
블론 아스팔트는 주로 방수재료, 접착제, 방식 도장용등에 사용된다.

55 블리딩에 관한 사항 중 잘못된 것은?

① 블리딩이 많으면 레이턴스도 많아지므로 콘크리트의 이음부에서는 블리딩이 큰 콘크리트는 불리하다.
② 시멘트의 분말도가 높고 단위수량이 적은 콘크리트는 블리딩이 작아진다.
③ 블리딩이 큰 콘크리트는 강도와 수밀성이 작아지나 철근콘크리트에서는 철근과의 부착을 증가시킨다.
④ 콘크리트 치기가 끝나면 블리딩이 발생하며 대략 2~4시간에 끝난다.

해설
블리딩이 큰 콘크리트는 강도 및 수밀성 작아지며 철근과의 부착이 감소한다.

56 고성능 감수제를 사용한 콘크리트에 대한 설명 중 틀린 것은?

① 고성능 감수제는 단위수량을 20~30%정도 크게 감소시킬 수 있어서 고강도 콘크리트 제조에 주로 사용된다.
② 고성능 감수제 사용 콘크리트는 일반적으로 믹싱 후 경과시간 2시간까지는 슬럼프 손실현상이 거의 없다.
③ 고성능 감수제의 첨가량이 증가할수록 워커빌리티는 증가하지만 과도하게 사용하면 재료분리가 발생한다.
④ 고성능 감수제를 사용하면 수량이 대폭 감소되기 때문에 건조수축이 적다.

해설
고성능 감수제
1) 고성능 감수제의 첨가량이 과대하면 슬럼프가 커져서 콘크리트 재료분리가 현저하게 일어난다.
2) 경과시간에 따른 슬럼프 손실은 보통 콘크리트와 비교해서 크기 때문에 슬럼프 손실에 따른 방안 검토가 필요하다.

57 콘크리트용 잔골재의 유해물 중 염화물(NaCl 환산량)의 함유량 한도(질량 백분율)는 몇 %인가?

① 0.04%
② 0.1%
③ 0.5%
④ 1%

해설
염화물 함유량 시험 방법에 따라 시험하였을 때 0.04% 이하여야 한다.

정답 54 ③ 55 ③ 56 ② 57 ①

58 상온에서 액체이며 동해를 입기에 가장 쉬운 폭약은?
① 다이너마이트　　　　　　② 칼릿
③ 니트로글리세린　　　　　④ 질산암모늄계 폭약

해설
니트로글리세린(nitroglycerine, NG)
1) 상온에서 무색, 무취의 투명하고 무거운 기름같은 액체 상태로서, 가장 강력한 폭약으로 충격 및 마찰, 진동에 예민하여 폭발위험성이 크다.
2) 단독으로는 사용하지 못하고 다이너마이트 또는 무연 화약의 화약제조에 사용되며, 동해를 입기 쉽고 점화만으로 연소한다.

59 다음 중 급결제를 사용해야 하는 경우는?
① 레디믹스트 콘크리트의 운반거리가 멀 경우
② 서중 콘크리트를 시공할 경우
③ 연속 타설에 의한 콜드 조인트를 방지하기 위해
④ 숏크리트 타설 시

해설
숏크리트 타설시 타설 벽면과의 신속한 부착을 위하여 급결제를 사용한다.

60 플라이애시에 대한 설명으로 틀린 것은?
① 표면이 매끄러운 구형입자로 되어 있어 콘크리트의 워커빌리티를 좋게 한다.
② 플라이애시를 사용한 콘크리트는 초기재령에서의 강도는 다소 작으나 장기재령의 강도는 증가한다.
③ 양질의 플라이애시를 적절히 사용함으로써 건조, 습윤에 따른 체적 변화와 동결융해에 대한 저항성을 향상시켜 준다.
④ 플라이애시에 포함되어 있는 함유탄소분의 일부가 AE제를 흡착하는 성질이 있어 소요의 공기량을 얻기 위한 AE제의 사용량을 줄일 수 있다.

해설
플라이애시 중의 미연탄소분에 의해 AE제 등이 흡착되어 연행공기량이 현저히 감소한다.

제4과목 토질 및 기초

61 연약지반 위에 성토를 실시한 다음, 말뚝을 시공하였다. 시공 후 발생될 수 있는 현상에 대한 설명으로 옳은 것은?

① 성토를 실시하였으므로 말뚝의 지지력은 점차 증가한다.
② 말뚝을 암반층 상단에 위치하도록 시공하였다면 말뚝의 지지력에는 변함이 없다.
③ 압밀이 진행됨에 따라 지반의 전단강도가 증가되므로 말뚝의 지지력은 점차 증가된다.
④ 압밀로 인해 부의 주면마찰이 발생되므로 말뚝의 지지력은 감소된다.

해설

부마찰력
1) 점성토 지반에서 타설한 말뚝의 침하량보다 연약지반의 침하가 더 커서 말뚝주면이 아래쪽으로 작용하는 마찰력이 발생하게 되는데 이러한 주면 마찰력을 부마찰력
2) 부마찰력 발생으로 말뚝의 지지력은 감소된다.

62 아래 그림에서 투수계수 K=4.8×10⁻³cm/sec일 때 Darcy 유출속도(v)와 실제 물의 속도(침투속도, v_s)는?

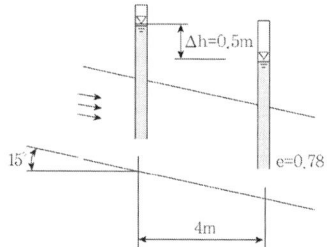

① $v = 3.4 \times 10^{-4}$ cm/sec, $v_s = 5.6 \times 10^{-4}$ cm/sec
② $v = 3.4 \times 10^{-4}$ cm/sec, $v_s = 9.4 \times 10^{-4}$ cm/sec
③ $v = 5.8 \times 10^{-4}$ cm/sec, $v_s = 10.8 \times 10^{-4}$ cm/sec
④ $v = 5.8 \times 10^{-4}$ cm/sec, $v_s = 12.4 \times 10^{-4}$ cm/sec

해설

1) $v = k \cdot i = 4.8 \times 10^{-3} \times \dfrac{50}{\left(\dfrac{400}{\cos 15°}\right)}$

$= 5.8 \times 10^{-4} cm/\sec$

2) $V_s = \dfrac{V}{n}$

$n = \dfrac{e}{1+e} = \dfrac{0.78}{1+0.78} = 0.438$

∴ $V_s = \dfrac{5.4 \times 10^{-4}}{0.438} = 12.4 \times 10^{-4} cm/\sec$

63 어떤 모래의 비중이 2.78, 간극율(n)이 28%일 때 분사현상을 일으키는 한계동수경사는?

① 2
② 4.5
③ 0.78
④ 1.28

해설

한계동수경사 $i_{cr} = \dfrac{\gamma_{sub}}{\gamma_w}$

1) $\gamma_{sub} = \dfrac{(G_s - 1)}{1+e} \cdot \gamma_w$

2) $e = \dfrac{n}{1-n} = \dfrac{0.28}{1-0.28} = 0.389$

∴ $i_{cr} = \dfrac{\gamma_{sub}}{\gamma_w} = \dfrac{\dfrac{(2.78-1)}{1+0.389}}{1} \times 1 = 1.28$

64 상하류의 수위 차 h=10m, 투수계수 K=1×10⁻⁷ cm/s, 투수층 유로의 수 N_f=3, 등수두면 수 N_d=9인 흙 댐의 단위 m당 1일 침투수량은?

① 0.0864m³/day
② 0.864m³/day
③ 0.288m³/day
④ 0.0285m³/day

해설

1일 침투수량

$Q = KH \dfrac{N_f}{N_d} = (1 \times 10^{-7}) \times 10 \times \dfrac{3}{9}$
$= 3.3 \times 10^{-7} m^3/\sec$
$= 3.3 \times 10^{-7} \times (24 \times 60 \times 60)$
$= 0.0285 m^3/day$

65 그림과 같은 점성토 지반의 토질시험 결과 내부마찰각 ϕ=30°, 점착력 c=15kN/m²일 때 A점의 전단강도는?(단, 물의 단위중량은 9.81kN/m³이다.)

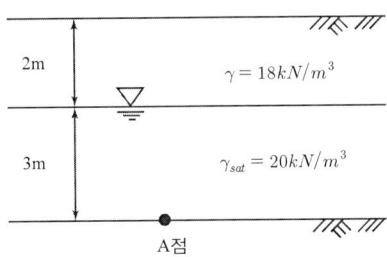

① 44.61kN/m²
② 53.43kN/m²
③ 68.69kN/m²
④ 70.41kN/m²

해설

전단강도 $\tau = c + \bar{\sigma} \tan\phi$

1) 유효응력

전응력 $\sigma = 2 \times 18 + 3 \times 20 = 96 kN/m^2$

간극수압 $u = 3 \times 9.81 = 29.43 kN/m^2$

유효응력 $\bar{\sigma} = \sigma - u = 96 - 29.43 = 66.57 kN/m^2$

2) 전단강도

$\tau = c + \bar{\sigma} \tan\phi = 15 + 66.57 \tan 30°$
$= 53.43 kN/m^2$

66 유선망의 특징에 대한 설명으로 틀린 것은?

① 각 유로의 침투유량은 같다.
② 유선과 등수두선은 서로 직교한다.
③ 인접한 유선 사이의 수두 감소량(head loss)은 동일하다.
④ 침투속도 및 동수경사는 유선망의 폭에 반비례한다.

해설

인접한 등수두선간의 수두차는 모두 같다.

67 연약점토지반에 성토제방을 시공하고자 한다. 성토로 인한 재하속도가 과잉간극수압이 소산되는 속도보다 빠를 경우, 지반의 강도정수를 구하는 가장 적합한 시험방법은?

① 압밀 배수시험
② 압밀 비배수시험
③ 비압밀 비배수시험
④ 직접전단시험

해설

비압밀 비배수 (UU-test)시험에 대한 설명이다.

68 유효응력에 관한 설명 중 옳지 않은 것은?

① 포화된 흙인 경우 전응력에서 공극수압을 뺀 값이다.
② 항상 전응력보다는 작은 값이다.
③ 점토지반의 압밀에 관계되는 응력이다.
④ 건조한 지반에서는 전응력과 같은 값으로 본다.

해설

부의 간극수압이 발생하는 경우 유효응력이 전응력보다 크게 발생된다.

69 점착력이 8kN/m², 내부 마찰각이 30°, 단위중량 16kN/m³인 흙이 있다. 이 흙에 인장균열은 약 몇 m 깊이까지 발생할 것인가?

① 6.92m
② 3.73m
③ 1.73m
④ 1.00m

해설

인장균열깊이

$$Z_c = \frac{2c\tan(45° + \frac{\phi}{2})}{\gamma_t} = \frac{2 \times 8 \times \tan(45 + \frac{30}{2})}{16} = 1.73m$$

70 외경이 50.8mm, 내경이 34.9mm인 스플릿 스푼 샘플러의 면적비는?

① 112%
② 106%
③ 53%
④ 46%

해설

면적비
면적비는 샘플러를 삽입함으로써 배제되는 흙체적의 비율을 나타내며 시료면적비가 10%이하 시 불교란으로 판정

$$A_r = \frac{D_o^2 - D_i^2}{D_i^2} \times 100$$

$$A_r = \frac{50.8^2 - 34.9^2}{34.9^2} \times 100 = 112\%$$

71 연약지반 개량공법에 대한 설명 중 틀린 것은?

① 샌드드레인 공법은 2차 압밀비가 높은 점토 및 이탄 같은 유기질 흙에 큰 효과가 있다.
② 화학적 변화에 의한 흙의 강화공법으로는 소결 공법, 전기화학적 공법 등이 있다.
③ 동압밀공법 적용 시 과잉간극 수압의 소산에 의한 강도증가가 발생한다.
④ 장기간에 걸친 배수공법은 샌드드레인이 페이퍼 드레인보다 유리하다.

해설

샌드 드레인(Sand drain)공법
연약한 점토질지반에 모래기둥 시공하여 점성토층의 배수거리를 짧게하여 압밀을 촉진시켜서 공기 단축하는 공법으로 1차압밀 침하를 촉진으로 주로 사용된다.

72 베인전단시험(vane shear test)에 대한 설명으로 옳지 않은 것은?

① 베인전단시험으로부터 흙의 내부마찰각을 측정할 수 있다.
② 현장 원위치 시험의 일종으로 점토의 비배수 전단강도를 구할 수 있다.
③ 십자형의 베인(vane)을 지중에 압입한 후, 회전모멘트를 가해서 흙이 원통형으로 전단파괴될 때 저항모멘트를 구함으로써 비배수 전단강도를 측정하게 된다.
④ 연약점토지반에 적용된다.

해설

연약한 점성토 지반의 특성을 파악하기 위한 베인전단 시험으로는 흙의 내부마찰각을 측정할 수 없다

73 사질토 지반에 축조되는 강성기초의 접지압분포에 대한 설명으로 옳은 것은?

① 기초 모서리 부분에서 최대 응력이 발생한다.
② 기초에 작용하는 접지압 분포는 토질에 관계없이 일정하다.
③ 기초의 중앙 부분에서 최대 응력이 발생한다.
④ 기초 밑면의 응력은 어느 부분이나 동일하다.

해설

강성기초의 접지압 분포

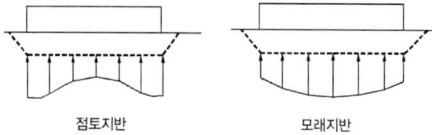

점토지반   모래지반

가. 기초가 강성이므로 균등침하가 발생된다.
나. 점토지반에서는 모서리쪽 접지압이 커지고 중앙부 접지압이 줄어든다.
다. 모래지반에서는 모서리쪽 접지압이 작고 중앙부 접지압이 커진다.

74 사면안정계산에 있어서 Fellenius법과 간편 Bishop법의 비교 설명 중 틀린 것은?

① Fellenius법은 간편 Bishop법보다 계산은 복잡하지만 계산결과는 더 안전측이다.
② 간편 Bishop법은 절편의 양쪽에 작용하는 연직 방향의 합력은 0(zero)이라고 가정한다.
③ Fellenius법은 절편의 양쪽에 작용하는 합력은 0(zero)이라고 가정한다.
④ 간편 Bishop법은 안전율을 시행착오법 으로 구한다.

해설

Fellenius법은 절편과 수평력에 대한 가정을 모두 무시한 방법으로 Bishop보다 계산이 간편해 일반적으로 널리 사용된다. Bishop법은 Fellenius법보다 훨씬 복잡하나 안전율은 거의 실제와 비슷하게 정확치에 가깝게 나타난다.

75 연약 점토층을 관통하여 철근콘크리트 파일을 박았을 때 부마찰력(Negative friction)은?(단, 지반의 일축압축강도 q_u=2t/m², 파일직경 D=50cm, 관입깊이 ℓ=10m 이다.)

① 15.71t
② 18.53t
③ 20.82t
④ 24.24t

해설

$$R_{nf} = f_s \cdot U \cdot \ell = \frac{q_u}{2} \cdot \pi D \cdot \ell$$
$$= \frac{2}{2} \times (\pi \times 0.5 \times 10) = 15.71t$$

76 다음 중 연약점토지반 개량공법이 아닌 것은?

① 프리로딩(Pre-loading) 공법
② 샌드 드레인(Sand drain) 공법
③ 페이퍼 드레인(Paper drain) 공법
④ 바이브로 플로테이션(Vibro flotation) 공법

해설

바이브로 플로테이션(Vibro flotation) 공법은 사질토 지반개량 공법에 해당된다.

77 $\gamma_{sat} = 2.0t/m^3$인 사질토가 30°로 경사진 무한사면이 있다. 지하수위가 지표면과 일치하는 경우 이 사면의 안전율이 1 이상이 되기 위해서는 흙의 내부마찰각이 최소 몇 도 이상이어야 하는가?

① 18.21°
② 20.52°
③ 49.1°
④ 45.47°

해설

$$F_s = \frac{\gamma_{sub}}{\gamma_{sat}} \cdot \frac{\tan\phi}{\tan i} = \frac{1}{2} \times \frac{\tan\phi}{\tan 30°} \geq 1$$
$$\therefore \phi \geq 49.1°$$

78 무게 320kg인 드롭해머(drop hammer)로 2m의 높이에서 말뚝을 때려 박았더니 침하량이 2cm이었다. Sander의 공식을 사용할 때 이 말뚝의 허용지지력은?

① 1,000kg
② 2,000kg
③ 3,000kg
④ 4,000kg

해설

$$R_u = \frac{wh}{8s} = \frac{320 \times 200}{8 \times 2} = 4,000kg$$

79 모래시료에 대해서 압밀배수 삼축압축시험을 실시하였다. 초기 단계에서 구속응력(σ_3)은 100kN/m²이고, 전단파괴시에 작용된 축차응력(σ_{df})은 200kN/m²이었다. 이와 같은 모래시료의 내부마찰각(ϕ) 및 파괴면에 작용하는 전단응력(τ_f)의 크기는?

① $\phi=30°$, $\tau_f=115.47$kN/m²
② $\phi=40°$, $\tau_f=115.47$kN/m²
③ $\phi=30°$, $\tau_f=86.60$kN/m²
④ $\phi=40°$, $\tau_f=86.60$kN/m²

해설

1) $\sigma_3' = 100 kN/m^2$

   $\sigma_1' = \sigma_3' + \sigma_{df} = 100 + 200$

   $\quad\quad = 300 kN/m^2$

2) $\sin\phi' = \dfrac{\sigma_1' - \sigma_3'}{\sigma_1' + \sigma_3'} = \dfrac{300-100}{300+100} = 0.5$

   $\therefore \phi' = 30°$

3) $\tau = \dfrac{\sigma_1' - \sigma_3'}{2} \sin 2\theta$

   $= \dfrac{\sigma_1' - \sigma_3'}{2} \sin\left(2 \times 45 - \dfrac{\phi}{2}\right)$

   $= \dfrac{300-100}{2} \sin\left(2 \times (45 - \dfrac{30}{2})\right)$

   $= 86.6 kN/m^2$

80 예민비가 큰 점토란 어느 것인가?

① 입자의 모양이 날카로운 점토
② 입자가 가늘고 긴 형태의 점토
③ 다시 반죽했을 때 강도가 감소하는 점토
④ 다시 반죽했을 때 강도가 증가하는 점토

해설

예민비
1) 예민비는 불교란시료와 교란시료의 일축압축강도비를 나타낸다.
2) 예민비

$$S_t = \dfrac{\text{불교란 흙의 일축압축강도}(q_u)}{\text{교란시킨 흙의 일축압축강도}(q_{ur})}$$

CBT 모의고사
제6회 건설재료시험기사

제1과목 콘크리트공학

01 콘크리트의 재료분리 현상을 줄이기 위한 사항으로 틀린 것은?
① 잔골재율을 증가시킨다.
② 물-시멘트비를 작게 한다.
③ 굵은 골재를 많이 사용한다.
④ 포졸란을 적당량 혼합한다.

해설
일반적으로 굵은골재를 많이 사용하면 콘크리트 강도, 내구성, 수밀성 등이 좋아지나 지나치게 많이 사용하면 잔골재율 및 단위수량의 감소로 콘크리트 작업성이 떨어져서 재료분리의 원인이 된다.

02 초음파법에 의한 균열깊이 평가방법이 아닌 것은?
① TS법
② Tc-To법
③ BS법
④ Pull-off법

해설
Pull out법은 원주 시험체에 인장하중을 가하고 그 때의 인장강도로부터 콘크리트 압축강도를 추정하는 시험법이다.

03 콘크리트 재료 계량의 허용오차에 대한 설명으로 옳은 것은?
① 혼화재의 계량 허용오차는 ±2%이다.
② 혼화제의 계량 허용오차는 ±2%이다.
③ 골재의 계량 허용오차는 ±2%이다.
④ 시멘트의 계량 허용오차는 ±2%이다.

해설
재료의 계량 허용오차
1) 물, 시멘트 : 1% 이하
2) 골재, 혼화제 : 3%
3) 혼화재 : 2% 이하

정답 01 ③ 02 ④ 03 ①

04 콘크리트 비파괴 시험방법 중 철근 부식상태를 평가할 수 있는 시험법은?
① 초음파속도법
② 전자유도법
③ 전자파 레이더법
④ 자연전위법

해설
철근의 부식상태 평가 방법
① 전기화학적인 자연전위법
② 분극 저항법
③ 전기적인 전기저항법

05 거푸집 및 동바리의 구조계산에 관한 설명으로 틀린 것은?
① 고정하중은 철근콘크리트와 거푸집의 중량을 고려하여 합한 하중이며, 철근의 중량을 포함한 콘크리트의 단위중량은 보통콘크리트에서는 $24kN/m^3$을 적용하고, 거푸집 하중은 최소 $0.4kN/m^2$이상을 적용한다.
② 활하중은 작업원, 경량의 장비하중, 기타 콘크리트 타설에 필요한 자재 및 공구 등의 시공하중, 그리고 충격하중을 포함한다.
③ 동바리에 작용하는 수평방향 하중으로는 고정하중의 2% 이상 또는 동바리 상단의 수평방향 단위길이당 $1.5kN/m$ 이상 중에서 큰 쪽의 하중이 동바리 머리부분에 수평방향으로 작용하는 것으로 가정한다.
④ 벽체 거푸집의 경우에는 거푸집 측면에 대하여 $5.0kN/m^2$ 이상의 수평방향 하중이 작용하는 것으로 본다.

해설
벽체 거푸집의 경우에는 거푸집 측면에 대하여 $0.5kN/m^2$ 이상의 수평방향 하중이 작용하는 것으로 본다.

06 PS 강재에 요구되는 일반적인 특성을 설명한 것으로 옳지 않은 것은?
① 인장강도가 높아야 한다.
② 릴랙세이션이 커야 한다.
③ 어느 정도의 늘음과 인성이 있어야 한다.
④ 항복비가 커야 한다.

해설
PS강재는 릴랙세이션이 작아야 한다.

07 고압증기양생한 콘크리트의 특징에 대한 설명으로 틀린 것은?
① 고압증기양생한 콘크리트의 수축률은 크게 감소된다.
② 고압증기양생한 콘크리트의 크리프는 크게 감소된다.
③ 고압증기양생한 콘크리트의 외관은 보통양생한 포틀랜드시멘트 콘크리트 색의 특징과 다르며, 흰색을 띤다.
④ 고압증기양생한 콘크리트는 보통양생한 콘크리트와 비교하여 철근과의 부착강도가 약 2배정도가 된다.

해설
고압증기양생한 콘크리트는 보통양생한 콘크리트와 비교하여 철근과의 부착강도가 약 1/2배정도 감소된다. 따라서 중요한 철근콘크리트 부재의 사용에 있어서 지양할 필요가 있다.

08 고유동 콘크리트를 제조할 때에는 유동성, 재료 분리저항성 및 자기 충전성을 관리하여야 한다. 이때 유동성을 관리하기 위해 필요한 시험은?
① 깔때기 유하시간
② 슬럼프 플로시험
③ 500mm 플로 도달시간
④ 충전장치를 이용한 간극 통과성 시험

해설
슬럼프 플로우 시험(흐름시험 : Flow Test)
1) 중력에 의한 콘크리트 퍼짐 정도로 콘크리트 재료 분리 저항성 및 유동성을 측정하는 시험
2) 콘크리트 중에 굵은 골재 최대 치수가 40mm 이하인 고유동 콘크리트, 수중 불분리성 콘크리트 및 고강도 콘크리트의 워커빌리티를 측정하는데 사용

09 일반콘크리트 제조 시 목표하는 시멘트의 1회 계량 분량은 317kg이다. 그러나 현장에서 계량된 시멘트의 계측 값은 313kg으로 나타났다. 이러한 경우의 계량오차와 합격·불합격 여부를 정확히 판단한 것은?
① 계량오차 : -0.63%, 합격
② 계량오차 : -0.63%, 불합격
③ 계량오차 : -1.26%, 합격
④ 계량오차 : -1.26%, 불합격

해설
시멘트 317kg의 계량 오차 ±1% 313.83~320.17 사이에 들어오면 합격이나 오차 -1.26% 이으로 불합격

10 아래 표와 같은 조건에서 콘크리트의 배합강도를 결정하면?

[조건]
- 호칭강도(f_{cn}) : 40MPa
- 압축강도의 시험회수 : 23회
- 23회의 압축강도 시험으로부터 구한 표준편차 : 6MPa
- 압축강도 시험회수 20회, 25회인 경우 표준편차의 보정계수 : 각각 1.08, 1.03

① 48.5MPa ② 49.6MPa
③ 50.7MPa ④ 51.2MPa

해설

1) 수정표준편차

$$1.03 + \left(\frac{1.08 - 1.03}{25 - 20} \times 2\right) = 1.05 (23회\ 보정계수)$$

수정표준편차 = 6×1.05 = 6.3

2) 호칭강도 35MPa 이상이므로

$f_{cr} = f_{cn} + 1.34S$
$\quad = 40 + 1.34 \times 6.3 = 48.4 MPa$
$f_{cr} = 0.9 \cdot f_{cn} + 2.33 \cdot S$
$\quad = 0.9 \times 40 + 2.33 \times 6.3$
$\quad = 50.68 MPa$

두 값 중에서 큰 값을 배합강도를 정한다.
∴ $f_{cr} = 50.7 MPa$

11 초음파 탐상에 의한 콘크리트 비파괴 시험의 적용가능한 분야로서 거리가 먼 것은?

① 콘크리트 두께 탐상
② 콘크리트의 균열 깊이
③ 콘크리트 내부의 공극 탐상
④ 콘크리트 내의 철근 부식 정도 조사

해설

콘크리트 내의 철근부식 정도 조사(평가)
1) 자연전위법
2) 분극저항법
3) 전기저항법

12 일반콘크리트 비비기로부터 타설이 끝날때까지의 시간 한도로 옳은 것은?
① 외기온도에 상관없이 1.5시간을 넘어서는 안 된다.
② 외기온도에 상관없이 2시간을 넘어서는 안 된다.
③ 외기온도가 25°C이상일 때에는 1.5시간, 25°C미만일 때에는 2시간을 넘어서는 안 된다.
④ 외기온도가 25°C 이상일 때에는 2시간, 25°C미만일 때에는 2.5시간을 넘어서는 안 된다.

해설
외기온도가 25°C이상일 때에는 1.5시간, 25°C미만일 때에는 2시간을 넘어서는 안 된다.

13 콘크리트의 작업성(workability)을 증진시키기 위한 방법으로서 적당하지 않은 것은?
① 입도나 입형이 좋은 골재를 사용한다.
② 혼화재료로서 AE제나 감수제를 사용한다.
③ 일반적으로 콘크리트 반죽의 온도상승을 막아야 한다.
④ 일정한 슬럼프의 범위에서 시멘트량을 줄인다.

해설
일정한 슬럼프의 범위에서 시멘트량을 줄이면 단위수량도 감소되어 작업성이 감소된다.

14 구속되어 있지 않은 무근 콘크리트 부재의 건조수축률이 $500×10^{-6}$일 때 콘크리트에 작용하는 응력의 크기는? (단, 콘크리트의 탄성계수는 25GPa이다.)
① 인장응력 5.0MPa
② 압축응력 12.5MPa
③ 인장응력 12.5MPa
④ 응력이 발생하지 않는다.

해설
콘크리트 구조물이 구속되어 있지 않은 무근 콘크리트 조건이므로 콘크리트에 응력이 발생하지 않는다.

15 시방배합을 통해 단위수량 170kg/m³, 시멘트량 370kg/m³, 잔골재 700kg/m³, 굵은 골재 1,050kg/m³을 산출하였다. 현장골재의 입도를 고려하여 현장배합으로 수정한다면 잔골재의 양은? (단, 현장골재의 입도는 잔골재 중 5mm체에 남는 양이 10%이고, 굵은 골재 중 5mm 체를 통과한 양이 5%이다.)
① 721kg/m³
② 735kg/m³
③ 752kg/m³
④ 767kg/m³

해설
잔골재 입도조정(X)
$$X = \frac{100 \cdot S - b(S+G)}{100-(a+b)} = \frac{100 \times 700 - 5(700+1,050)}{100-(10+5)} = 721 kg/m^3$$

정답 12 ③ 13 ④ 14 ④ 15 ①

16 굳지 않은 콘크리트에서 재료분리가 일어나는 원인으로 볼 수 없는 것은?

① 단위골재량이 적은 경우
② 단위수량이 너무 많은 경우
③ 입자가 거친 잔골재를 사용한 경우
④ 굵은 골재의 최대치수가 지나치게 큰 경우

[해설]
단위골재량이 적은 경우는 콘크리트 재료분리에 영향을 미치지 않는다.

17 프리스트레스트 콘크리트에서 프리스트레싱할 때의 유의사항에 대한 설명으로 틀린 것은?

① 긴장재에 대해 순차적으로 프리스트레싱을 실시할 경우는 각 단계에 있어서 콘크리트에 유해한 응력이 생기지 않도록 한다.
② 프리텐션 방식의 경우 긴장재에 주는 인장력은 고정장치의 활동에 의한 손실을 고려하여야 한다.
③ 프리스트레싱 작업 중에는 어떠한 경우라도 인장장치 또는 고정장치 뒤에 사람이 서 있지 않도록 하여야 한다.
④ 긴장재에 인장력이 주어지도록 긴장할 때 인장력을 설계값 이상으로 주었다가 다시 설계값으로 낮추어 정확한 힘이 전달되도록 시공하여야 한다.

[해설]
긴장재는 이것을 구성하는 각각의 PS강재에 소정의 인장력이 주어지도록 긴장하여야 하는데, 이때 인장력을 설계값 이상으로 주었다가 다시 설계값으로 낮추는 방법으로 시공하면 안된다.

18 수중 콘크리트에 대한 설명으로 틀린 것은?

① 수중 콘크리트를 시공할 때 시멘트가 물에 씻겨서 흘러나오지 않도록 트레미나 콘크리트 펌프를 사용해서 타설하여야 한다.
② 수중 콘크리트를 타설할 때 완전히 물막이를 할 수 없는 경우에도 유속은 50mm/s 이하로 하여야 한다.
③ 일반 수중 콘크리트는 수중에서 시공할 때의 강도가 표준공시체 강도의 1.2~1.3배가 되도록 배합강도를 설정하여야 한다.
④ 수중 콘크리트의 비비는 시간은 시험에 의해 콘크리트 소요의 품질을 확인하여 정하여야 하며, 강제식 믹서의 경우 비비기 시간은 90~180초를 표준으로 한다.

[해설]
일반 수중 콘크리트는 수중에서 시공할 때의 강도가 표준공시체 강도의 0.6~0.8배가 되도록 배합강도를 설정하여야 한다.

19 매스 콘크리트에 대한 설명으로 틀린 것은?
① 벽체구조물의 온도균열을 제어하기 위해 설치하는 수축이음의 단면 감소율은 20%이상으로 하여야 한다.
② 철근이 배치된 일반적인 구조물에서 균열 발생을 제한할 경우 온도균열지수는 1.2~1.5이다.
③ 저발열형 시멘트를 사용하는 경우 91일 정도의 장기 재령을 설계기준압축강도의 기준 재령으로 하는 것이 바람직하다.
④ 매스 콘크리트로 다루어야 하는 구조물의 부재치수는 일반적인 표준으로서 넓이가 넓은 평판구조의 경우 두께 0.8m 이상, 하단이 구속된 벽체의 경우 두께 0.5m이상으로 한다.

해설
수축이음을 설치할 경우 계획된 위치에서 균열 발생을 확실히 유도(온도균열을 제어)하기 위해서 수축이음의 단면감소율을 35%이상으로 하여야 한다.

20 콘크리트 다지기에 대한 설명으로 틀린 것은?
① 콘크리트 다지기에는 내부진동기 사용을 원칙으로 한다.
② 내부진동기는 콘크리트로부터 천천히 빼내어 구멍이 남지 않도록 해야 한다.
③ 내부진동기는 될 수 있는 대로 연직으로 일정한 간격으로 찔러 넣는다.
④ 콘크리트가 한 쪽에 치우쳐 있을 때는 내부진동기로 평평하게 이동시켜야 한다.

해설
내부진동기로 콘크리트를 횡방향으로 이동시킬 목적으로 사용하지 않는다.

제2과목 건설시공 및 관리

21 사장교를 케이블 형상에 따라 분류할 때 여기에 속하지 않는 것은?
① 방사(radiating)형
② 하프(harp)형
③ 타이드(tied)형
④ 팬(fan)형

해설
Cable 배열 형태
1) 방사형(Radiating)
2) 하프형(Harp)
3) 팬형(Fan)
4) 별형(Star)

정답 19 ① 20 ④ 21 ③

22 15t 덤프트럭으로 토사를 운반하고자 한다. 적재장비로 버킷용량이 2.5m³인 백호를 사용하는 경우 트럭 1대를 적재하는데 소요되는 시간은?(단, 흙의 단위중량은 1.5t/m³, L = 1.25, 버킷계수 K=0.85, 백호의 사이클타임=25sec, 작업효율 E=0.75 이다.)

① 3.33min   ② 3.89min
③ 4.37min   ④ 4.82min

해설

1대를 적재하는데 소요시간 $C_{mt} = \dfrac{C_m \cdot n}{60 E_s}$

1) $q_t = \dfrac{T}{\gamma_t} L = \dfrac{15}{1.5} \times 1.25 = 12.5 m^3$

2) $n = \dfrac{q_t}{qk} = \dfrac{12.5}{2.5 \times 0.85} = 5.88회$

3) $C_{mt} = \dfrac{C_m \cdot n}{60 E_s} = \dfrac{25 \times 6}{60 \times 0.75} = 3.33 \min$

23 100,000m³의 성토공사를 위하여 L=1.2, C=0.8인 현장 흙을 굴착 운반하고자 한다. 운반 토량은?

① 120,000m³   ② 125,000m³
③ 145,000m³   ④ 150,000m³

해설

1) 본바닥토량=다짐토량

$100,000 \times \dfrac{1}{C} = 100,000 \times \dfrac{1}{0.8} = 125,000 m^3$

2) 운반토량=$125,000 \times 1.2 = 150,000 m^3$

24 아스팔트 포장의 안정성 부족으로 인해 발생하는 대표적인 파손은 소성변형(바퀴자국, 측방유동)이다. 최근 우리나라의 도로에서 이 소성변형이 문제가 되고 있는데, 다음 중 그 원인이 아닌 것은?

① 여름철 고온 현상   ② 중차량 통행
③ 수막현상   ④ 표시된 차선을 따라 차량이 일정위치로 주행

해설

소성변형 발생원인
1) Asphalt함량이 과다한 경우
2) 골재의 최대치수가 적은경우
3) 침입도가 큰 아스팔트 사용
4) 시공불량 : 다짐불량, 온도관리 불량 등
5) 기타 : 고온현상, 중차량 통행

25 자연 함수비 8%인 흙으로 성토하고자 한다. 다짐한 흙의 함수비를 15%로 관리하도록 규정하였을 때 매층마다 $1m^2$당 약 몇 kg의 물을 살수해야 하는가?(단, 1층의 다짐 후 두께는 30cm이고, 토량 변화율 C=0.9이며, 원지반상태에서 흙의 단위중량은 $1.8t/m^3$이다.)

① 27.4kg　　　　　　　　② 34.2kg
③ 38.9kg　　　　　　　　④ 46.7kg

해설

1) $1m^3$당 본바닥 체적
$$= 1 \times 1 \times 0.3 \times \frac{1}{0.9} = 0.333 m^3$$

2) $w = 8\%$일 때 흙의 무게
$$\gamma_t = \frac{W}{V} \text{에서 } 1.8 = \frac{W}{0.333}, W = 599.4 kg$$

3) $w = 8\%$일 때 물의 무게
$$W_w = \frac{wW}{100+w} = \frac{8 \times 599.4}{100+8} = 44.4 kg$$

4) $w = 15\%$일 때 물의 무게
$$8 : 44.4 = 15 : W_w$$
$$\therefore W_w = 83.25 kg$$

5) 살수량 = $83.25 - 44.37 = 38.88 kg$

26 15t 불도우저로 60m를 도우저 작업을 할 경우에 시간당 작업능력은?(단, 토질은 보통토, 평탄지로 작업효율 0.65, 불도우저의 전진속도 40m/min, 후진속도 100m/min, 브레이드의 정격용량 $2.3m^3$, 토량의 변화율은 보통토로서 C=0.9, L=1.25이고 기어 변속시간은 0.25분이다.)

① $28.2m^3/h$　　　　　　② $30.5m^3/h$
③ $43.7m^3/h$　　　　　　④ $53.1m^3/h$

해설

1) 시간당 작업능력 $Q = \frac{60 \cdot q \cdot f \cdot E}{C_m}$

$$C_m = \frac{l}{V_1} + \frac{l}{V_2} + t = \frac{60}{40} + \frac{60}{100} + 0.25 = 2.35 \min$$

2) 시간당 작업량 $Q = \frac{60qfE}{C_m} = \frac{60 \times 2.3 \times \frac{1}{1.25} \times 0.65}{2.35} = 30.5 m^3/hr$

27 현장 콘크리트 말뚝의 장점에 대한 설명으로 틀린 것은?
① 지층의 깊이에 따라 말뚝길이를 자유로이 조절할 수 있다.
② 말뚝선단에 구근을 만들어 지지력을 크게 할 수 있다.
③ 현장 지반 중에서 제작·양생되므로 품질관리가 쉽다.
④ 말뚝재료의 운반에 제한이 적다.

해설
현장 지반 중에서 제작·양생되므로 품질관리가 어렵다.

28 터널의 시공에 사용되는 숏크리트 습식공법의 장점으로 틀린 것은?
① 분진이 적다.
② 품질관리가 용이하다.
③ 장거리 압송이 가능하다.
④ 대규모 터널 작업에 적합하다.

해설
숏크리트 공법의 종류 및 특징

구 분	건 식	습 식
Con'c 품질	품질관리 어렵다	품질관리 쉽다
운반시간 제약	적 다	크 다
압송 거리	장거리 (500m)	단거리
분진 발생	큼	적음
반 발 량	큼	적음
청소,유지보수	Nozzle 청소쉽다	어렵다

29 준설능력이 크고 대규모 공사에 적합하여 비교적 넓은 면적의 토질준설에 알맞고 선(船)형에 따라 경질토 준설도 가능한 준설선은?
① 그래브 준설선
② 디퍼 준설선
③ 버킷 준설선
④ 펌프 준설선

해설
버킷 준설선(Bucket Dredger)
1) Bucket 준설선은 상향식 에스컬레이터와 같은 사다리를 물밑까지 내리고 체인으로 연결된 많은 버킷들이 사다리 주위를 무한궤도로 돌게 하면서 바닥의 흙·모래 등을 긁어 담는 준설방식
2) 특 징
준설능력이 크고 대규모 공사에 적합하다. 넓은 면적의 토질 준설에 적합하고 선(船)형에 따라 경질토 준설이 가능하다. 굴착면을 평탄하게 해저를 비교적 고르게 준설할 수 있다.

30 벤치 컷에서 벤치의 높이가 8m, 천공간경이 4m, 최소 저항선이 4m일 때 암석 굴착할 경우 장약량은? (단, 폭파계수(C)는 0.181이다.)

① 20.0kg
② 23.2kg
③ 31.2kg
④ 35.6kg

해설

장약량(L)
$L = C \cdot S \cdot W \cdot H$
$= 0.181 \times 4 \times 4 \times 8 = 23.2$kg
여기서 L : 장약량(kg), C : 폭파계수
W : 최소저항선(m), H : 벤치높이(m)
S : 천공간격

31 암거의 배열방식 중 인접한 높은 지대에서 배수지구로 스며드는 침투수를 차단하기 위하여 구역둘레에 배수암거를 매설하는 방식은?

① 빗식
② 자연식
③ 어골식
④ 차단식

해설

차단식
인접한 지대, 배수 지구를 둘러싼 높은 지대에서의 침투수를 차단할 수 있는 위치에 설치하여 배수구 내의 침투수를 막을 수 있는 곳에 암거를 설치하는 배열방식

32 사이폰 관거(syphon drain)에 대한 다음 설명 중 옳지 않은 것은?

① 암거가 앞뒤의 수로바닥에 비하여 대단히 낮은 위치에 축조된다.
② 일종의 집수암거로 주로 하천의 복류수를 이용하기 위하여 쓰인다.
③ 용수, 배수, 운하 등 성질이 다른 수로가 교차하지만 합류시킬 수 없을 때 사용한다.
④ 다른 수로 혹은 노선과 교차할 때 사용된다.

해설

사이펀 암거
수로교로서 물을 횡단시키지 못하는 경우에 암거 전후의 수로바닥보다 대단히 낮은 위치에 만들어 물을 횡단시키는 목적으로 설치한다.

정답 30 ② 31 ④ 32 ②

33 다음 공정표에 대한 설명으로 가장 적합한 것은?

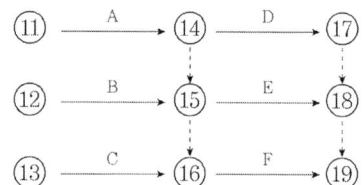

① D는 A,B가 완료하여야 시작할 수 있다. ② F는 A,B,C가 완료하여야 시작할 수 있다.
③ E는 A만 완료하면 시작할 수 있다. ④ E는 A,D가 완료하여야 시작할 수 있다.

해설

1) D는 A가 완료하여야 시작할 수 있다.
2) F는 A,B,C가 완료하여야 시작할 수 있다.
3) E는 A,B가 완료하여야 시작할 수 있다.

34 지중연속벽 공법에 대한 설명으로 틀린 것은?

① 주변 지반의 침하를 방지할 수 있다. ② 시공시 소음, 진동이 크다.
③ 벽체의 강성이 높고 지수성이 좋다. ④ 큰 지지력을 얻을 수 있다.

해설

지중연속벽 공법 특징
1) 저소음, 저진동 공법.
2) 벽체의 강성 및 차수성이 우수.
3) 안정액으로 지하수 오염 우려.
4) 공사비가 고가이다.
5) 케이슨 인발시 철근 오름 및 부상의 우려
6) 안정액(비중, 점도)관리가 잘못될 경우 공벽 붕괴 우려.

35 댐의 그라우트(Grout)에 관한 기술 중 옳은 것은?

① 커튼 그라우트(curtain grout)는 기초암반의 변형성이나 강도를 개량하기 위하여 실시한다.
② 콘솔리데이션 그라우트(consolidation grout)는 기초암반의 지내력 등을 개량하기 위하여 실시한다.
③ 콘택트 그라우트(contact grout)는 기초암반의 지내력 등을 개량하기 위하여 실시한다.
④ 림 그라우트(rim grout)는 콘크리트와 암반 사이의 공극을 메우기 위하여 실시한다.

해설

1) 커튼(Curtain Grouting) 공법
   기초지반내의 균열, 간극에 시멘트, 점토, 약액을 주입하여 지수막을 형성 하는방법으로 기초암반에 침투하는 물을 차수할 목적으로 시공
2) 콘택트(Contact Grouting) 공법
   암반위에 콘크리트 타설 후 콘크리트와 암반부의 사이의 공극 충진을 하기 위하여 실시하는 Grouting
3) 림(Rim Grouting)공법
   댐의 또는 저수지 주변에 차수대를 연장하기 위해서 실시하는 것으로 차수 그라우팅에 준하여 실시
4) 블랭킷(Blanket Grouting) 공법
   기초의 표층부로 흐르는 침투류를 억제 콘솔리데이션과 커튼그라우팅이 효과 증대 목적

36 아래 그림과 같은 유토곡선에서 A-B구간의 평균운반거리를 구하면?

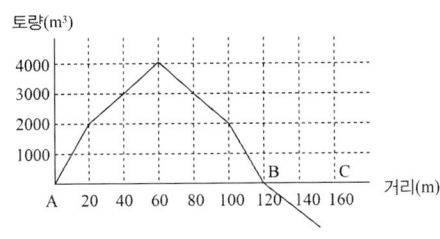

① 40m
② 60m
③ 80m
④ 100m

해설

A-B 구간 평균 토량 2000에서 100-20=80m

37 흙을 자연 상태로 쌓아 올렸을 때 급경사면은 점차로 붕괴하여 안정된 비탈면이 되는데 이때 형성되는 각도를 무엇이라 하는가?

① 흙의 자연각
② 흙의 경사각
③ 흙의 안정각
④ 흙의 안식각

해설

흙의 안식각
흙의 자연상태로 쌓아올렸을 때 그 경사를 유지할 수 있는 최대 경사각

38 암거의 매설깊이가 1.8m이고 암거 상부 지하수면 최저 위치와의 거리 30cm, 지하수면의 경사 6°인 암거가 지하수면의 깊이를 1m로 할 때 암거 간 매설 간격은?

① 4.7m
② 9.5m
③ 8.7m
④ 10.7m

해설

암거의 간격

$$D = \frac{2(H-h-h_1)}{\tan\beta} = \frac{2(1.8-1-0.3)}{\tan 6°} = 9.51m$$

여기서, D : 암거의 간격
H : 암거 깊이
h : 지하수의 깊이
h_1 : 암거와 지하수면과의 최저점거리
β : 지하수면의 경사

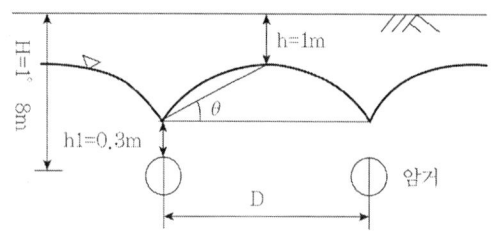

39 공사일수를 3점 견적법에 의해 산정할 때 적정한 공사 일수는?(단 낙관일수 5일, 정상 일수 7일, 비관일수 9일)
① 5일
② 6일
③ 7일
④ 8일

해설
3점법에 의한 추정공사일수
$$t_e = \frac{t_o + 4t_m + t_p}{6} = \frac{5 + 4 \times 7 + 9}{6} = 7일$$

40 공정관리 기법인 PERT 기법을 설명한 것 중 틀린 것은?
① 개발은 미군수국에 의하여 개발되었다.
② 신규사업, 비반복 사업에 많이 이용된다.
③ 3점 시간 추정법을 사용한다.
④ Activity 중심의 일정으로 계산한다.

해설
작업활동(Activity) 중심관리는 CPM 기법에 해당된다.

제3과목 건설재료 및 시험

41 일반구조용 압연강재를 SS330, SS400, SS490등과 같이 표현하고 있다. 이 때 "SS400"에서 400이란 무엇에 대한 최소 기준인가?

① 항복점(N/mm^2)
② 항복점(kg/mm^2)
③ 인장강도(N/mm^2)
④ 연신율(%)

해설
SS(Steel Structure)400 일반 구조용 강재로서 인장강도 400N/mm^{2}를 의미한다.

42 AE제를 사용한 콘크리트의 특성을 설명한 것으로 옳지 않은 것은?

① 동결융해에 대한 저항성이 크다.
② 철근과의 부착강도가 작다.
③ 콘크리트의 워커빌리티를 개선하는 데 효과가 있다.
④ 콘크리트 블리딩 현상이 증가된다.

해설
AE제를 사용한 콘크리트는 블리딩 현상이 감소된다.

43 다음 중 목재의 인공건조법이 아닌 것은?

① 수침법
② 끓임법
③ 열기법
④ 증기법

해설
목재의 건조법
1) 자연건조법 : 공기건조법, 침수법
2) 인공건조법
  · 끓임법(자비법)
  · 증기건조법
  · 열기건조법

44 다음 중 시멘트 응결시간 측정에 사용하는 기구는?

① 데발(Deval)
② 블레인(Blaine)
③ 오토클레이브(Autoclave)
④ 길모아침(Gillmore needle)

해설
시멘트에 대한 응결시간 측정 시험은 길모아침, 비카트침 시험방법이 있다.

정답 41 ③ 42 ④ 43 ① 44 ④

45 포틀랜드시멘트에 혼합물질을 섞은 시멘트를 혼합시멘트라고 한다. 다음 중 혼합시멘트에 속하지 않은 것은?

① 알루미나시멘트
② 고로슬래그시멘트
③ 플라이애쉬시멘트
④ 포졸란시멘트

해설

혼합 시멘트
① 고로 슬래그 시멘트
② 실리카 시멘트
③ 플라이 애시 시멘트
④ 포졸란 시멘트

46 시멘트의 비중을 측정하기 위하여 르샤틀리에 비중병에 0.8cc 눈금까지 등유를 주입하고 시멘트 64g을 가하여 눈금이 21.3cc로 증가되었다. 이 시멘트의 비중은?

① 3.08
② 3.12
③ 3.15
④ 3.18

해설

시멘트 밀도(비중)

$$비중 = \frac{시멘트의\ 질량(g)}{비중병\ 눈금의\ 차(mL)}$$

$$\frac{64}{21.3-0.8} = 3.12$$

47 아스팔트 품질에 있어 공용성 등급(Performance Grade)을 KS 등에 도입하여 적용하고 있다. 아래 표와 같은 표기에서 "76"의 의미로 옳은 것은?

PG 76-22

① 7일 간의 평균 최고 포장 설계 온도
② 22일 간의 평균 최고 포장 설계 온도
③ 최저 포장 설계 온도
④ 연화점

해설

PG 76-22
1) 76은 7일 평균 최고 포장온도를 의미한다.
2) 22는 최저 포장온도를 의미한다.

정답 45 ① 46 ② 47 ①

48 콘크리트용 응결촉진제에 대한 설명으로 틀린 것은?
① 조기강도를 증가시키지만 사용량이 과다하면 순결 또는 강도저하를 나타낼 수 있다.
② 한중콘크리트에 있어서 동결이 시작되기 전에 미리 동결에 저항하기 위한 강도를 조기에 얻기 위한 용도로 많이 사용된다.
③ 염화칼슘을 주성분으로 한 촉진제는 콘크리트의 황산염에 대한 저항성을 증가시키는 경향을 나타낸다.
④ PSC강재에 접촉하면 부식 또는 녹이 슬기 쉽다.

해설
염화칼슘을 주성분으로 한 촉진제는 과다하게 사용하는 경우 콘크리트의 철근을 부식 시킨다.

49 재료의 성질 중 작은 변형에도 파괴하는 성질을 무엇이라 하는가?
① 소성
② 탄성
③ 연성
④ 취성

해설
취성(脆性)
재료가 외력을 받을 때 갑작스럽게 작은 변형에도 파괴되는 성질

50 아스팔트의 분류 중 석유 아스팔트에 해당하는 것은?
① 아스팔타이트(asphaltite)
② 록 아스팔트(rock asphalt)
③ 레이크 아스팔트(lake asphalt)
④ 스트레이트 아스팔트(straight asphalt)

해설
천연아스팔트
1) 레이크 아스팔트
2) 록 아스팔트
3) 오일샌드 아스팔트
4) 아스팔타이트

51 금속재료의 특징에 대한 설명으로 옳지 않은 것은?
① 연성과 전성이 작다.
② 금속 고유의 광택이 있다.
③ 전기, 열의 전도율이 크다.
④ 일반적으로 상온에서 결정형을 가진 고체로서 가공성이 좋다.

해설
금속재료는 연성과 전성이 크다.

52 어떤 목재의 함수율을 시험한 결과 건조 전 목재의 중량은 165g이고, 비중이 1.5일 때 함수율은 얼마인가?(단, 목재의 절대 건조중량은 142g이었다.)
① 13.9% ② 15.2%
③ 16.2% ④ 17.2%

해설

$$함수율 = \frac{건조\ 전중량 - 건조\ 후중량}{건조\ 후중량}$$

$$\therefore\ 함수율 = \frac{165-142}{142} \times 100 = 16.2\%$$

53 시멘트의 응결에 대한 설명으로 틀린 것은?
① 온도가 높을수록 응결은 빨라진다.
② 습도가 높을수록 응결은 빨라진다.
③ 분말도가 낮으면 응결은 빨라진다.
④ C_3A가 많을수록 응결은 빨라진다.

해설
시멘트의 응결은 습도가 낮을수록 빨라진다.

54 다음 석재 중에서 압축강도가 가장 큰 것은?
① 사암 ② 응회암
③ 안산암 ④ 화강암

해설
석재중 압축강도가 가장 큰 것은 화강암 이다.

55 잔골재의 조립률 2.3, 굵은 골재의 조립률 7.0을 사용하여 잔골재와 굵은 골재를 1 : 1.5의 비율로 혼합하면 이때 혼합된 골재의 조립률은?
① 4.92 ② 5.12
③ 5.32 ④ 5.52

해설

$$FM = \frac{A \cdot a + B \cdot b}{A+B} = \frac{(1 \times 2.3)+(1.5 \times 7.0)}{1+1.5} = 5.12$$

정답 52 ③ 53 ② 54 ④ 55 ②

56 시멘트의 저장 방법으로 옳지 않은 것은?
① 방습 구조로 된 사일로(silo) 또는 창고에 품종별로 구분하여 저장한다.
② 3개월 이상 장기간 저장한 시멘트는 사용하기 전에 시험을 실시한다.
③ 포대시멘트는 지상 100mm 이상 되는 마루에 쌓아 저장한다.
④ 저장 중에 약간이라도 굳은 시멘트는 공사에 사용해서는 안 된다.

해설
포대시멘트는 지상 300mm 이상 되는 마루에 쌓아 저장한다.

57 콘크리트용 강섬유의 품질에 대한 설명으로 틀린 것은?
① 강섬유의 평균 인장강도는 700MPa 이상이 되어야 한다.
② 강섬유는 표면에 유해한 녹이 있어서는 안 된다.
③ 강섬유 각각의 인장 강도는 600MPa 이상이어야 한다.
④ 강섬유는 16℃이상의 온도에서 지름 안쪽 90°(곡선 반지름 3mm)방향으로 구부렸을 때, 부러지지 않아야 한다.

해설
강섬유 각각의 인장강도는 650MPa 이상이어야 한다.

58 토목섬유 중 폴리머를 판상으로 압축시키면서 격자모양의 형태로 구멍을 내어 만든 후 여러 가지 모양으로 늘린 것으로 연약지반 처리 및 지반 보강용으로 사용되는 것은?
① 웨빙(webbing)
② 지오그리드(geogrid)
③ 지오텍스타일(geotextile)
④ 지오멤브레인(geomembrane)

해설
지오그리드
① 지오그리드는 리브 (rib)사이에 대략 1~10 cm의 작은구멍을 가진 격자형 재료이다.
② 주기능으로 보강 기능 및 분리 기능이 있다.

59 토목섬유(Geosynthetics)의 기능과 관련된 용어 중 아래의 표에서 설명하는 기능은?

> 지오텍스타일이나 관련제품을 이용하여 인접한 다른 흙이나 채움재가 서로 섞이지 않도록 방지함

① 배수기능
② 보강기능
③ 여과기능
④ 분리기능

해설
토목섬유의 기능 중 인접한 다른흙과 채움재가 서로 섞이지 않도록 하는 기능은 분리기능에 해당된다.

정답 56 ③ 57 ③ 58 ② 59 ④

60 골재의 체가름시험에 사용하는 시료의 최소건조질량에 대한 설명으로 틀린 것은?

① 굵은 골재의 경우 사용하는 골재의 최대치수(mm)의 0.2배를 시료의 최소 건조 질량(kg)으로 한다.
② 잔골재의 경우 1.18mm체를 95%(질량비)이상 통과하는 것에 대한 최소 건조 질량은 100g으로 한다.
③ 잔골재의 경우 1.18mm체를 5%(질량비) 이상 남는 것에 대한 최소 건조 질량은 500g으로 한다.
④ 구조용 경량 골재의 최소 건조 질량은 보통 중량 골재의 최소 건조 질량의 2배로 한다.

[해설]
구조용 경량 골재의 최소건조질량은 보통 중량 골재의 최소 건조 질량의 1/2로 한다.

제4과목 토질 및 기초

61 흐트러지지 않은 연약한 점토시료를 채취하여 일축압축시험을 실시하였다. 공시체의 직경이 35mm, 높이가 100mm이고 파괴 시의 하중계의 읽음값이 2kg, 축방향의 변형량이 12mm일 때 이 시료의 전단강도는?

① $0.04kg/cm^2$
② $0.06kg/cm^2$
③ $0.09kg/cm^2$
④ $0.12kg/cm^2$

[해설]
시료의 전단강도 $\tau = C = \dfrac{q_u}{2}$

여기서 공시체의 진단면적 A_0을 구하면

1) $A_0 = \dfrac{A}{1-\epsilon} = \dfrac{\frac{\pi D^2}{4}}{1-\frac{\Delta l}{l}} = \dfrac{\frac{\pi \times 3.5^2}{4}}{1-\frac{1.2}{10}} = 11.31 cm^2$

2) $\sigma = \dfrac{P}{A_o} = \dfrac{2}{11.31} = 0.177 kg/cm^2$

응력의 최대치 σ는 압축강도 q_u이므로

∴ 시료의 전단강도 $\tau = C = \dfrac{q_u}{2} = \dfrac{0.177}{2} = 0.09 kg/cm^2$

62 다음의 연약지반개량공법에서 일시적인 개량공법은?

① well point 공법
② 치환공법
③ paper drain 공법
④ sand compaction pile

[해설]
일시적 지반개량공법
1) well point 공법
2) deep well 공법
3) 대기압 공법
4) 동결 공법

63 다음 그림에서 A점의 간극 수압은?

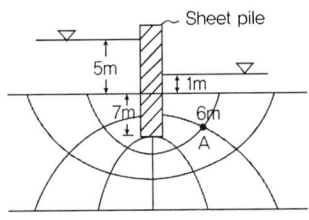

① 4.87t/m²
② 6.67t/m²
③ 12.31t/m²
④ 4.65t/m²

해설

전수두 : $\dfrac{nd'}{nd} \times \triangle h = \dfrac{1}{6} \times 4 = 0.67m$

위치수두 : $-6m$

압력수두 : $0.67 - (-6) = 6.67m$

간극수압 : $1t/m^3 \times 6.67m = 6.67t/m^2$

64 $\phi=33°$인 사질토에 25°경사의 사면을 조성하려고 한다. 이 비탈면의 지표까지 포화되었을 때 안전율을 계산하면?(단, 사면 흙의 $\gamma_{sat}=1.8t/m^3$)

① 0.62
② 0.70
③ 1.12
④ 1.14

해설

$F_s = \dfrac{\gamma_{sub}}{\gamma_{sat}} \cdot \dfrac{\tan\phi}{\tan i} = \dfrac{0.8}{1.8} \times \dfrac{\tan 33°}{\tan 25°} = 0.62$

65 얕은 기초에 대한 Terzaghi의 수정지지력 공식은 아래의 표와 같다. 4m × 5m의 직사각형 기초를 사용할 경우 형상계수 α와 β의 값으로 옳은 것은?

$$q_u = \alpha c N_c + \beta \gamma_1 B N_\gamma + \gamma_2 D_f N_q$$

① $\alpha=1.2$, $\beta=0.4$
② $\alpha=1.28$, $\beta=0.42$
③ $\alpha=1.24$, $\beta=0.42$
④ $\alpha=1.32$, $\beta=0.38$

해설

1) 기초의 형상계수

구 분	연 속	정사각형(정방형)	원 형	직사각형
α	1.0	1.3	1.3	$1+0.3\dfrac{B}{L}$
β	0.5	0.4	0.3	$0.5-0.1\dfrac{B}{L}$

정답 63 ② 64 ① 65 ③

2) 직사각형 형상계수

$$\alpha = 1 + 0.3\frac{B}{L} = 1 + 0.3 \times \frac{4}{5} = 1.24$$

$$\beta = 0.5 - 0.1\frac{B}{L} = 0.5 - 0.1 \times \frac{4}{5} = 0.42$$

66 테르쟈기(Terzaghi)의 얕은 기초에 대한 지지력 공식 $q_u = \alpha c N_c + \beta \gamma_1 B N_\gamma + \gamma_2 D_f N_q$에 대한 설명으로 틀린 것은?

① 계수 α, β를 형상계수라 하며 기초의 모양에 따라 결정된다.
② 기초의 깊이 D_f가 클수록 극한지지력도 이와 더불어 커진다고 볼 수 있다.
③ N_c, N_γ, N_q는 지지력계수라 하는데 내부마찰각과 점착력에 의해서 정해진다.
④ γ_1, γ_2는 흙의 단위 중량이며 지하수위 아래에서는 수중단위 중량을 써야 한다.

해설
지지력계수
Nc, Nr, Nq : 지지력계수($\varnothing$ 의 함수)
내부마찰각이 10°까지는 지지력계수 Nr=0

67 어떤 점토의 압밀계수는 $1.92 \times 10^{-3} \text{cm}^2$/sec, 압축계수는 $2.86 \times 10^{-2} \text{cm}^2$/g이었다. 이 점토의 투수계수는?(단, 이 점토의 초기간극비는 0.8이다.)

① 1.05×10^{-5} cm/sec
② 2.05×10^{-5} cm/sec
③ 3.05×10^{-5} cm/sec
④ 4.05×10^{-5} cm/sec

해설
투수계수

$$k = C_v \cdot m_v \cdot r_w = C_v \cdot \frac{a_v}{1+e} \cdot \gamma_w$$

$$= 1.92 \times 10^{-3} \times \frac{2.86 \times 10^{-2}}{1+0.8} \times 1$$

$$= 3.05 \times 10^{-5} cm/\sec$$

68 포화단위중량이 1.8t/m^3인 흙에서의 한계동수경사는 얼마인가?

① 0.8
② 1.0
③ 1.8
④ 2.0

해설
한계동수경사

$$i_{cr} = \frac{\gamma_{sub}}{\gamma_w} = \frac{(1.8-1)}{1} = 0.8$$

69 Mohr의 응력원에 대한 설명 중 틀린 것은?

① Mohr의 응력원에서 응력상태는 파괴포락선 위쪽에 존재할 수 없다.
② Mohr의 응력원이 파괴포락선과 접하지 않을 경우 전단파괴가 발생됨을 뜻한다.
③ 비압밀비배수 시험조건에서 Mohr의 응력원은 수평축과 평행한 형상이 된다.
④ Mohr의 응력원에 접선을 그었을 때 종축과 만나는 점이 점착력 C이고, 그 접선의 기울기가 내부마찰각 ϕ이다.

> 해설
> Mohr의 응력원이 파괴포락선과 접하지 않을 경우 안정적인 상태이다.

70 말뚝이 20개인 군항기초의 효율이 0.80이고, 단항으로 계산된 말뚝 1개의 허용지지력이 200kN일 때, 이 군항의 허용지지력은?

① 1,600kN ② 2,000kN
③ 3,200kN ④ 4,000kN

> 해설
> $R_{ag} = ENR_a = 0.80 \times 20 \times 200 = 3,200 kN$

71 Rankine 토압이론의 가정 사항으로 틀린 것은?

① 지표면은 무한히 넓게 존재한다.
② 흙은 비압축성의 균질한 재료이다.
③ 토압은 지표면에 평행하게 작용한다.
④ 흙은 입자 간의 점착력에 의해 평형을 유지한다.

> 해설
> Rankine 토압이론
> 1) 벽마찰각(δ)을 무시(설계상 안전측)
> 2) 힘의 작용방향이 지표면과 평행하게 작용하며 지표면은 무한히 넓게 존재한다.
> 3) 벽체의 경사는 연직($\theta = 0$)벽 상태
> 4) 파괴면내 배면토는 모두 소성상태로 봄
> 5) 흙은 비압축성이고 균질한 상태의 입자이다.
> 6) 지표면 상재하중은 등분포 하중이다.
> 7) 토립자는 흙 입자간의 마찰력으로 평형을 유지한다.

72 4m×4m 크기인 정사각형 기초를 내부마찰각 $\phi=20°$, 점착력 $c=30kN/m^2$인 지반에 설치하였다. 흙의 단위중량(γ)=19kN/m³이고 안전율(F_s)을 3으로 할 때 Terzaghi 지지력 공식으로 기초의 허용하중을 구하면? (단, 기초의 근입깊이는 1m이고, 전반전단 파괴가 발생한다고 가정하며, N_c=17.69, N_q=7.44, N_γ=4.97이다.)

① 4,780kN
② 5,239kN
③ 5,672kN
④ 6,218kN

해설

1) 기초형상계수는 정사각형 기초이므로
$\alpha = 1.3$, $\beta = 0.4$이다.

2) $q_u = \alpha CN_c + \beta B\gamma_1 N_\gamma + D_f \gamma_2 N_q$
$= 1.3 \times 30 \times 17.69 + 0.4 \times 4 \times 19 \times 4.97 + 1 \times 19 \times 7.44 = 982.36 kN/m^2$

3) $q_a = \dfrac{q_u}{F_s} = \dfrac{982.36}{3} = 327.45 kN/m^2$

$q_a = \dfrac{P}{A}$에서 $327.45 = \dfrac{P}{4 \times 4}$

∴ 기초의 허용하중 $P = 5,239 kN$

73 아래 그림과 같은 3m×3m 크기의 정사각형 기초의 극한지지력을 Terzaghi 공식으로 구하면?(단, 내부마찰각(ϕ)은 20°, 점착력(c)은 5t/m², 지지력계수 N_c=18, N_γ=5, N_q=7.5이다.)

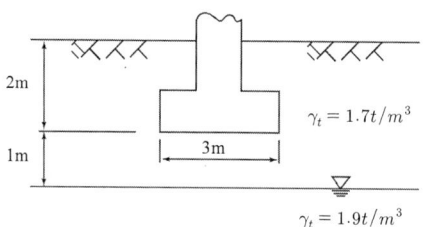

① 135.71t/m²
② 149.52t/m²
③ 157.26t/m²
④ 174.38t/m²

해설

Terzaghi 극한지지력 공식
$q_u = \alpha c N_c + \beta B\gamma_1 N_r + \gamma_2 D_f N_q$

여기서 $\gamma_1 = (1.7 \times 1 + (1.9 - 1) \times 2) \times \dfrac{1}{3} = 1.17$

∴ $q_u = \alpha c N_c + \beta B\gamma_1 N_r + \gamma_2 D_f N_q$
$= 1.3 \times 5 \times 18 + 0.4 \times 3 \times 1.17 \times 5 + 1.7 \times 2 \times 7.5$
$= 149.52 t/m^2$

74 유선망의 특징을 설명한 것 중 옳지 않은 것은?
① 각 유로의 투수량은 같다.
② 인접한 두 등수두선 사이의 수두손실은 같다.
③ 유선망을 이루는 사변형은 이론상 정사각형이다.
④ 동수경사는 유선망의 폭에 비례한다.

해설
동수경사는 유선망의 폭에 반비례한다.

75 압밀시험결과 시간-침하량 곡선에서 구할 수 없는 값은?
① 초기 압축비
② 압밀 계수
③ 1차 압밀비
④ 선행압밀 압력

해설
선행압밀 하중은 e-logP 곡선에서 구할 수 있다.

76 모래지층 사이에 두께 6m의 점토층이 있다. 이 점토의 토질시험 결과가 아래 표와 같을 때, 이 점토층의 90% 압밀을 요하는 시간은 약 얼마인가? (단, 1년은 365일로 하고, 물의 단위중량(γ_w)은 9.81kN/m³이다.)

- 간극비(e)=1.5
- 압축계수(a_v)=4×10⁻³m²/kN
- 투수계수(k)=3×10⁻⁹cm/s

① 50.7년 ② 12.7년
③ 5.07년 ④ 1.27년

해설

1) $t_{90} = \dfrac{0.848H^2}{C_v}$

2) $K = C_v m_v \gamma_w = C_v \cdot \dfrac{a_v}{1+e_1} \cdot \gamma_w$

$C_v = \dfrac{3 \times 10^{-9} \times (1+1.5)}{4 \times 10^{-3} \times 9.81}$

$C_v = 1.911 \times 10^{-7} m^2/\sec$

∴ $t_{90} = \dfrac{0.848H^2}{C_v} = \dfrac{0.848 \times \left(\dfrac{6}{2}\right)^2}{1.911 \times 10^{-7}}$

$= 399,372,05.65$초
$= 399,372,05.65 \div (365 \times 24 \times 60 \times 60)$
$= 1.27$년

정답 74 ④ 75 ④ 76 ④

77 기초의 구비조건에 대한 설명 중 틀린 것은?

① 상부하중을 안전하게 지지해야 한다.
② 기초 깊이는 동결 깊이 이하여야 한다.
③ 기초는 전체침하나 부등침하가 전혀 없어야 한다.
④ 기초는 기술적, 경제적으로 시공 가능하여야 한다.

해설

기초는 전체침하나 부등침하가 허용침하량 이내에 있어야 한다.

78 도로의 평판재하 시험에서 시험을 멈추는 조건으로 틀린 것은?

① 완전히 침하가 멈출 때
② 침하량이 15mm에 달할 때
③ 재하 응력이 지반의 항복점을 넘을 때
④ 재하 응력이 현장에서 예상할 수 있는 가장 큰 접지 압력의 크기를 넘을 때

해설

지반이 완전히 침하가 멈추는 경우는 지반이 활동 파괴가 발생되는 상태이므로 그전에 평판재하시험을 멈추어야 한다.

79 어느 점토의 체가름 시험과 액·소성시험 결과 0.002mm($2\mu m$)이하의 입경이 전시료 중량의 90%, 액성한계 60%, 소성한계 20%이었다. 이 점토 광물의 주성분은 어느 것으로 추정되는가?

① Kaolinite
② Illite
③ Calcite
④ Montmorillonite

해설

활성도에 따른 흙의 분류

$$A = \frac{PI}{2\mu m \text{ 이하의 점토입자의 중량백분률}(\%)}$$

1) $PI = LL - PL = 60 - 20 = 40\%$
2) $A = \frac{40}{90} = 0.44$
3) 판정
   A < 0.75 = 비활성점토(Kaolinite)
   0.75 ≤ A ≤ 1.25 = 보통점토(Illite)
   A > 1.25 = 활성점토(Montmorillonite)
   ∴ Kaolinite로 분류함

80 다음 그림과 같은 Sampler에서 면적비는 얼마인가?

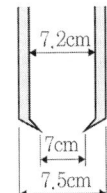

① 5.80% ② 5.97%
③ 14.62% ④ 14.80%

해설

$$A_r = \frac{D_w^2 - D_e^2}{D_e^2} \times 100$$
$$= \frac{7.5^2 - 7^2}{7^2} \times 100$$
$$= 14.79\%$$

CBT 모의고사 제7회 건설재료시험기사

제1과목 콘크리트공학

01 현장의 골재에 대한 체분석 결과 잔골재 속에 5mm체에 남는 것이 4%, 굵은골재 속에 5mm체를 통과하는 것이 10%였다. 시방배합표상의 단위 잔골재량은 643kg/m³이며, 단위 굵은골재량은 1,212kg/m³이다. 현장 배합을 위한 단위 잔골재량은 얼마인가?

① 532kg/m³
② 588kg/m³
③ 613kg/m³
④ 637kg/m³

해설
단위잔골재량(X)
$$X = \frac{100S - b(S+G)}{100-(a+b)} = \frac{100 \times 643 - 10(643+1,212)}{100-(4+10)} = 532 kg$$

02 콘크리트의 중성화에 관한 설명으로 틀린 것은?
① 콘크리트 중의 수산화칼슘이 공기중의 탄산가스와 반응하면 중성화가 진행된다.
② 중성화가 철근의 위치까지 도달하면 철근은 부식되기 시작한다.
③ 공기중의 탄산가스의 농도가 높을수록, 온도가 높을수록 중성화 속도는 빨라진다.
④ 중성화의 대책으로는 플라이애시와 같은 실리카질 혼화재를 시멘트와 혼합하여 사용하는 것이 좋다.

해설
플라이애시와 같은 실리카질 혼화재를 시멘트와 혼합하여 사용하면 시멘트의 알카리성분이 감소하여 중성화 발생가능성이 있을 수 있다.

03 AE콘크리트에 대한 설명 중 옳지 않은 것은?
① 수밀성 및 화학적 저항성이 증대된다.
② 동일한 슬럼프에 대한 사용수량을 감소시킨다.
③ 콘크리트의 유동성을 증가시키고 재료분리에 대한 저항성을 증대시킨다.
④ 물-시멘트비가 일정할 경우 공기량이 증가할수록 강도 및 내구성이 증가한다.

해설
물-시멘트비가 일정할 경우 공기량이 증가할수록 강도 및 내구성이 감소한다.

정답 01 ① 02 ④ 03 ④

04 다음 중 프리스트레스트 콘크리트의 프리스트레스 감소의 원인이 아닌 것은?
① 강재의 릴렉세이션
② 콘크리트의 건조수축
③ 콘크리트의 크리프
④ 쉬이스관의 크기

해설
1) PS 도입시 일어나는 손실원인
  · 콘크리트의 탄성변형
  · PS강재와 시스 사이의 마찰
  · 정착장치의 활동
2) 도입 후 손실원인
  · 콘크리트 크리프
  · 콘크리트 건조수축
  · PS강재의 Relaxation

05 수중콘크리트에 대한 설명으로 틀린 것은?
① 수중콘크리트를 시공할 때 시멘트가 물에 씻겨서 흘러나오지 않도록 트레미나 콘크리트 펌프를 사용해서 타설하여야 한다.
② 수중콘크리트를 타설할 때 완전히 물막이를 할 수 없는 경우에도 유속은 50mm/s 이하로 하여야 한다.
③ 일반 수중콘크리트는 수중에서 시공할 때의 강도가 표준공시체 강도의 1.2~1.5배가 되도록 배합강도를 설정하여야 한다.
④ 수중콘크리트의 비비는 시간은 시험에 의해 콘크리트 소요의 품질을 확인하여 정하여야 하며, 강제식 믹서의 경우 비비기시간은 90~180초를 표준으로 한다.

해설
수중콘크리트
현장타설 콘크리트 말뚝 및 지하연속벽에 적용하는 수중 콘크리트는 수중시공시의 강도를 공기중 시공시 강도의 0.8배 정도, 안정액 중에서의 시공시의 강도는 공기중 시공시의 0.7배의 정도로 보고 배합강도를 설정한다.

06 시방배합결과 단위잔골재량 700kg/m³, 단위굵은골재량 1,300kg/m³을 얻었다. 현장 골재의 입도만을 고려하여 현장배합으로 수정하면 굵은골재의 양은?(단, 현장 잔골재 : 야적 상태에서 포함된 굵은골재 =2%, 현장 굵은골재 :야적 상태에서 포함된 잔골재=4%)
① 1,284kg/m³
② 1,316kg/m³
③ 1,340kg/m³
④ 1,400kg/m³

해설
단위 굵은골재량(Y)
$$Y = \frac{100G - a(S+G)}{100-(a+b)} = \frac{100 \times 1,300 - 2(700+1,300)}{100-(2+4)} = 1,340 kg/m^3$$

정답 04 ④ 05 ③ 06 ③

07 다음의 비파괴검사 시험 방법 중 철근배근 조사 방법은?

① 초음파속도법
② 전자파 레이더법
③ 인발법
④ 슈미트 해머법

해설

철근 배근 비파괴 검사법
1) 전자파 레이더법
2) 전자 유도법
3) 방사선법

08 시방배합 결과 콘크리트 1m³에 사용되는 물은 180kg, 시멘트는 390kg, 잔골재는 700kg, 굵은골재는 1100kg이었다. 현장 골재의 상태가 아래의 표와 같을 때 현장배합에 필요한 단위 굵은골재량은?

- 현장의 잔골재는 5mm체에 남는 것을 10% 포함
- 현장의 굵은골재는 5mm체를 통과하는 것을 5% 포함
- 잔골재의 표면수량은 2%
- 굵은골재의 표면수량은 1%

① 1,060kg
② 1,071kg
③ 1,082kg
④ 1,093kg

해설

1) 입도조정

① 잔골재

$$X = \frac{100S - b(S+G)}{100 - (a+b)}$$

$$= \frac{100 \times 700 - 5(700+1,100)}{100 - (10+5)} = 718 kg$$

② 굵은골재

$$Y = \frac{100G - a(S+G)}{100 - (a+b)}$$

$$= \frac{100 \times 1,100 - 10(700+1,100)}{100 - (10+5)}$$

$$= 1,082 kg$$

2) 표면수량 보정

① 잔골재

$$S' = X(1 + \frac{c}{100}) = 718 \times (1+2/100) = 732 kg$$

② 굵은골재

$$G' = Y(1 + \frac{d}{100})$$

$$= 1,082 \times (1+1/100) = 1,093 kg$$

09 유동화 콘크리트 배합에 대한 설명 중 틀린 것은?

① 슬럼프 증가량은 100mm 이하를 원칙으로 하며 50~80mm를 표준으로 한다.
② 베이스 콘크리트 및 유동화 콘크리트의 슬럼프 및 공기량 시험은 50m³마다 1회씩 실시하는 것을 표준으로 한다.
③ 유동화제는 희석시켜 사용하며 미리 정한 소정의 양을 1/2씩 2번에 나누어 첨가한다.
④ 유동화 콘크리트의 재유동화는 원칙적으로 할 수 없다.

해설
유동화제는 원액으로 사용하고 미리 정한 소정의 양을 한꺼번에 첨가한다.

10 콘크리트의 강도에 영향을 미치는 요인에 대한 설명으로 옳지 않은 것은?

① 성형시에 가압양생하면 콘크리트의 강도가 크게 된다.
② 물-결합재비가 일정할 때 공기량이 증가하면 압축강도는 감소한다.
③ 부순돌을 사용한 콘크리트의 강도는 강자갈을 사용한 콘크리트의 강도보다 크다.
④ 물-결합재비가 일정할 때 굵은 골재의 최대치수가 클수록 콘크리트의 강도는 커진다.

해설
물-결합재비가 일정할 때 굵은 골재의 최대치수가 클수록 콘크리트는 단위시멘트량의 감소로 경제적인 콘크리트가 된다.

11 프리스트레스트 콘크리트 그라우트에 대한 설명으로 틀린 것은?

① 물-결합재비는 55%이하로 한다.
② 블리딩률은 0%를 표준으로 한다.
③ 팽창률은 팽창성 그라우트에서는 0~10%를 표준으로 하여야 한다.
④ 부재 콘크리트와 긴장재를 일체화시키는 부착강도는 재령 28일의 압축강도로 대신하여 설정할 수 있다.

해설
프리스트레스트 콘크리트 그라우트
1) 블리딩률은 0%를 표준으로 한다.
2) 팽창성 그라우트의 팽창률은 0~10%를 표준으로 한다.
3) 물-결합재비는 45% 이하로 한다.

12 매스 콘크리트를 시공할 때 온도균열 대한 검토는 온도균열지수에 의해 평가한다. 다음의 조건에서 재령 28일에서의 온도균열지수는? (단, 보통 포틀랜드 시멘트를 사용한 경우)

- 재령 28일에서의 수화열에 의한 부재 내부의 온도응력 최대값 : 2MPa
- $f_{cu}(t) = \dfrac{t}{a+bt} d_i f_{ck}$, $f_{sp}(t) = 0.44\sqrt{f_{cu}(t)}$
- 콘크리트 호칭압축강도(f_{cn}) : 30MPa
- 보통 포틀랜드 시멘트를 사용할 경우 계수 a, b, d_i의 값

a	b	d_i
4.4	0.95	1.11

① 0.8　　② 1.0
③ 1.2　　④ 1.4

해설

1) 재령 t일의 콘크리트 압축강도(MPa)

$$f_{cu}(t) = \dfrac{t}{a+bt} d_i f_{ck}$$
$$= \dfrac{28}{4.4+0.95\times 28} \times 1.11 \times 30$$
$$= 30.07 MPa$$

2) 재령 t일의 콘크리트 쪼갬 인장강도(MPa)

$$f_{sp}(t) = c\sqrt{f_{cu}(t)}$$
$$= 0.44\sqrt{30.07}$$
$$= 2.41 MPa$$

∴ 온도균열지수

$$I_{cr}(t) = \dfrac{f_{sp}(t)}{f_t(t)} = \dfrac{2.41}{2} = 1.21$$

13 숏크리트의 특징에 대한 설명으로 틀린 것은?

① 임의 방향으로 시공이 가능하나 리바운드 등의 재료손실이 많다.
② 용수가 있는 곳에서도 시공하기 쉽다.
③ 노즐맨의 기술에 의하여 품질, 시공성 등에 변동이 생긴다.
④ 수밀성이 적고 작업 시에 분진이 생긴다.

해설
숏크리트 타설시 용수가 있는 곳에서는 타설작업이 어렵다.

14 다음의 콘크리트 워커빌리티 측정 시험방법 중 틀린 것은?
① 슬럼프 시험
② 리몰딩 시험
③ 구관입 시험
④ 블리딩 시험

> [해설]
> 블리딩 시험은 콘크리트 내부의 물이 표면위로 상승하는 현상을 알아보기 위한 시험이다.

15 내부 진동기를 사용하여 콘크리트를 다질 경우에 옳지 않은 것은?
① 내부 진동기는 하층의 콘크리트 속에 0.1m정도 찔러 다진다.
② 연직방향으로 내부 진동기 삽입간격은 0.5m이하로 한다.
③ 콘크리트를 횡방향으로 이동시킬 목적으로 사용해서는 안 된다.
④ 콘크리트를 타설한 직후에 거푸집 외부에 충격을 줘서는 안 된다.

> [해설]
> 콘크리트 타설한 직후 외벽에 진동을 주거나 충격을 주어서 거푸집 내부 구석 구석에 콘크리트가 채워지도록 외부 진동다짐을 주는 것이 필요하다.

16 숏크리트에 대한 설명으로 틀린 것은?
① 일반 숏크리트의 장기 설계기준 압축강도는 재령 28일로 설정한다.
② 습식 숏크리트는 배치 후 60분 이내에 뿜어붙이기를 실시하여야 한다.
③ 숏크리트의 초기강도는 재령 3시간에서 1.0~3.0MPa을 표준으로 한다.
④ 굵은골재의 최대치수는 25mm의 것이 널리 쓰인다.

> [해설]
> 숏크리트용 굵은골재에는 부순돌 및 강자갈이 사용되며, 최대치수는 8~20mm로 한다.

17 아래 표는 콘크리트 배합설계의 일부이다. 이 배합표에서 골재의 절대 용적은 약 얼마인가?

· 굵은골재 최대치수 : 25mm	· 슬럼프 : 70mm
· 공기량 : 1.2%	· 물 - 시멘트비 : 50%
· 시멘트 절대 용적 : 103L	· 시멘트 밀도 : 3.14g/cm^3
· 잔골재율 : 40%	

① 692L
② 723L
③ 827L
④ 839L

> [해설]
> 1) 잔골재 +굵은골재 절대 용적 =1000-103-161.7-12 = 723.3L
>   여기서, 물의 절대 용적 계산을 위해 물-시멘트에서 시멘트 질량을 계산으로 물의 무게를 계산
>   시멘트 절대용적 × 시멘트 밀도 = 0.103m^3 × 3.14×10^{3}kg/m^3 = 323.42kg
>   물의 밀도는 1g/cm^{3}이며 물-시멘트비가 50% 이므로
>   물의 무게 = 323.42 × 0.5 = 161.7kg=161.7L
>   공기량 (1.2/100) ×1000=12L
> 2) 잔골재율 40%이므로 잔골재와 굵은골재 절대 용적

정답 14 ④ 15 ④ 16 ④ 17 ②

잔골재 절대 용적 : 723.3 × 0.4 = 289.32L
굵은골재 절대 용적 : 723.3 × 0.6 = 433.98L
∴ 골재의 총 절대 용적 = 289.32+433.98 = 723.3L
[정답] 723.3L

18 일반콘크리트에서 재료의 계량 시 허용오차가 가장 큰 것은?

① 시멘트
② 물
③ 혼화제
④ 혼화재

해설

재료의 계량 허용오차
1) 물, 시멘트 : 1% 이하
2) 골재, 혼화제 : 3%
3) 혼화재 : 2% 이하

19 품질기준강도가 28MPa 이고, 15회의 압축강도 시험으로부터 구한 표준편차가 3.0MPa일 때 콘크리트의 배합강도를 구하면?

① 29.32MPa
② 32.12MPa
③ 32.66MPa
④ 36.52MPa

해설

1) 15회일 때 표준편차 보정계수
   1.16
2) 직선보간한 수정 표준편차
   $s = 3 \times 1.16 = 3.48 MPa$
3) 배합강도($f_{cn} \leq 35 MPa$)
   $f_{cr} = f_{cn} + 1.34s = 28 + 1.34 \times 3.48 = 32.66 MPa$
   $f_{cr} = (f_{cn} - 3.5) + 2.33s = (28 - 3.5) + 2.33 \times 3.48 = 32.61 MPa$
두 값 중 큰 값이 배합강도이므로
∴ $f_{cr} = 32.66 MPa$

20 오토클레이브(Autoclave) 양생에 대한 설명으로 틀린 것은?

① 양생온도 약 180℃ 정도, 증기압 약 0.8MPa정도의 고온고압 상태에서 양생하는 방법이다.
② 오토클레이브 양생을 실시한 콘크리트의 외관은 보통 양생한 포틀랜드시멘트 콘크리트 색의 특징과 다르며, 흰색을 띤다.
③ 오토클레이브 양생을 실시한 콘크리트는 어느 정도의 취성을 가지게 된다.
④ 오토클레이브 양생은 고강도 콘크리트를 얻을 수 있어 철근콘크리트 부재에 적용할 경우 특히 유리하다.

해설

고압증기 양생은 보통 양생한 것에 비해 철근의 부착강도가 약 1/2로 줄어들어 철근 콘크리트 부재에 적용하는 것은 바람직하지 못하다.

제2과목 건설시공 및 관리

21 발파에 대한 용어 중 장약중심으로부터 자유면까지의 최단거리를 무엇이라 하는가?
① 최소 누두반경 ② 최소 저항선
③ 누두공 ④ 누두지수

해설
최소저항선(W)
폭약의 중심에서 자유면까지의 최단거리

22 절토사면의 안전율을 증대시키기 위하여 적용하는 사면보강공법이 아닌 것은?
① 앵커공법 ② 숏크리트
③ Soil nailing 공법 ④ 억지말뚝공법

해설
숏크리트 공법은 사면보호공법에 해당된다.

23 40,000m³(완성된 토량)의 성토를 하는데 유용토가 30,000m³(느슨한 토량)이 있다. 이 때 부족한 토량은 본바닥 토량으로 얼마인가? (단, 토량의 변화율은 L=1.25, C=0.90이다.)
① 7,800m³ ② 13,800m³
③ 16,200m³ ④ 20,444m³

해설
1) 자연상태의 토량(완성토량)
$= 40,000 \times \frac{1}{C} = 40,000 \times \frac{1}{0.9} = 44,444 m^3$
2) 자연상태의 토량(유용토)
$= 30,000 \times \frac{1}{L} = 30,000 \times \frac{1}{1.25} = 24,000 m^3$
3) 부족토량 $= 44,444 - 24,000 = 20,444 m^3$

24 지하철 공사의 공법에 관한 다음 설명 중 틀린 것은?
① Open cut 공법은 얕은 곳에서는 경제적이나 노면복공을 하는데 지상에서의 지장이 크다.
② 개방형 실드로 지하수위 아래를 굴착할 때는 압기할 때가 많다.
③ 연속 지중벽 공법은 연약지반에서 적합하고 지수성도 양호하나, 소음 대책이 어렵다.
④ 연속 지중벽 공법의 대표적인 것은 이코스공법, 엘제공법, 솔레턴슈 공법 등이 있다.

해설
연속지중벽 공법
저소음, 저진동 공법으로 건설공해 대책의 일환으로 도심지 대규모 흙막이 공사에 사용된다.

25 토공에서 시공기면을 정할 경우 성토와 절토량이 최소가 되게 하는 것이 경제적이다. 토공의 균형을 알아내기 위해 사용되는 것은?

① 유토곡선
② 토취곡선
③ 균형곡선
④ 평균곡선

해설

유토곡선

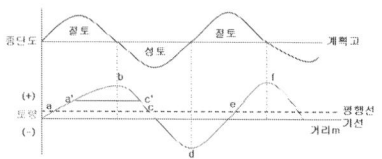

1) 유토곡선에서 상향구간(a∩b, d∩f)은 절토, 하향구간(b∩d)은 성토
2) 절토에서 성토의 경계점은 극대점 성토에서 절토의 경계점은 극소점
3) 기선(기본선)에 평행한 임의직선을 그어 곡선과의 교점을 절토와 성토가 평형되게 하는선을 평행선
4) 평균운반거리 : a∩c 구간의 평균운반거리는 a' c'
5) 토적곡선이 기선 위에서 끝나면 토량이 남는 것을 뜻하고, 반대이면 토량이 부족하다는 뜻이다.

26 그림과 같은 네트워크 공정표에서 주공정선(CP)으로 옳은 것은?

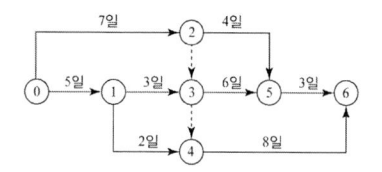

① 0 → 1 → 3 → 5 → 6
② 0 → 1 → 3 → 4 → 6
③ 0 → 2 → 5 → 6
④ 0 → 1 → 4 → 6

해설

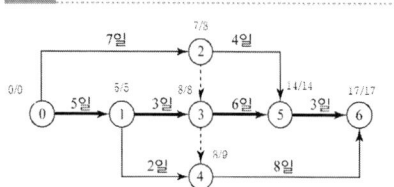

27 터널굴착 방법 중 기계굴착 방법의 특징에 대한 설명으로 틀린 것은?

① 견고한 암반에 주로 적용한다.
② 폭발물을 사용하지 않으므로 안정성이 높다.
③ 원지반의 이완이 적어서 지보공이 절약된다.
④ 기계의 방향제어를 정확히 관리하면 여굴이 감소하므로 굴착량과 콘크리트량을 절감 할 수 있다.

해설

TBM 공법 산악지대 경암굴착이 가능하며, Shield 공법은 주로 연약지반굴착에 적용이 가능하다.

28 아스팔트 포장 시공 단계에서 보조기층의 보호 및 수분의 모관상승을 차단하고 아스팔트 혼합물과의 접착성을 좋게하기 위하여 실시하는 것은 무엇인가?

① 택 코우트(tack coat)
② 프라임 코우트(prime coat)
③ 실 코우트(seal coat)
④ 컬러 코우트(color coat)

해설

프라임 코트(Prime coat)
1) 보조기층 또는 기층 등에 침투시켜 이들 층의 방수성을 확보한다.
2) 보조기층 에서 모세관 현상에 의해 올라오는 물의 상승을 차단한다.
3) 보조기층과 기층 아스팔트 혼합물과의 부착이 잘되도록 살포하는 역청재료이다.

29 교량에서 좌우의 주형을 연결하여 구조물의 횡방향지지, 교량 단면 형상의 유지, 강성의 확보, 횡하중의 받침부로의 원활한 전달 등을 위해서 설치하는 것은?

① 교좌
② 바닥판
③ 바닥틀
④ 브레이싱

해설

브레이싱(bracing)
교량의 좌우 주형을 연결하여 구조물의 횡방향지지, 교량단면 형상유지, 강성의 확보, 횡방향 하중을 받침부로 전달하는 역할을 하는 구조체이다.

30 $\bar{x}-R$ 관리도에서 필요하지 않은 관리선은?

① UCL
② PCL
③ LCL
④ CL

해설

$\bar{x}-R$ 관리도
- 중심선 : CL
- 상부 관리한계 : UCL
- 하부 관리한계 : LCL

31 암거의 매설을 위한 기초공에 대한 설명 중 옳지 않은 것은?

① 기초가 다소 불량한 곳은 침목, 콘크리트 침목 등의 기초공을 해야 한다.
② 기초가 양호하면 암거를 직접 매설하여도 된다.
③ 기초바닥이 매우 불량할 때는 말뚝기초를 하여야 한다.
④ 부등침하의 우려가 있는 기초에는 잡석, 조약돌 등을 포설한다.

해설

부등침하 우려가 있는 경우 기초에 조약돌, 잡석을 포설하면 부등침하의 가능성이 있다.

정답 28 ② 29 ④ 30 ② 31 ④

32 10m³ 덤프 트럭으로 1,200m³의 운반토량을 토사장에 운반할 때 1일 소요 대수는? (단, 트럭의 운반속도 15km/hr, 상하차시간 8분, 1일 작업시간 8시간, 토사장까지의 거리 3km)

① 8대
② 9대
③ 10대
④ 11대

해설

1) $C_m = \dfrac{3 \times 2}{15} \times 60 + 8 = 32$분

2) $Q_t = \dfrac{60 q_t f E_t}{C_m} = \dfrac{60 \times 10 \times 1 \times 1}{32} = 18.75 \text{m}^3/\text{hr}$

3) 1일 운반토량 = 18.75×8 = 150m³

∴ 1일 소요대수 = $\dfrac{1200}{150} = 8$대

33 여수로의 종류 중 댐 정상부를 월류시킬 수 없을 때 댐의 한쪽 또는 양쪽에 설치하며 월류부는 난류를 막기 위해 굳은 암반상에 일직선으로 설치하는 것은?

① 그롤리홀 여수로
② 슈트식 여수로
③ 사이펀 여수로
④ 측수로 여수로

해설

1) 여수토(Spill way)는 댐 축조공사에서 계획 저수량 이상으로 댐으로 흘러드는 홍수량을 안전하게 하류로 방류할 목적으로 설치하는 시설물
2) 측수로 여수토는 Rock fill 댐 같이 댐 정상부를 월류 시킬 수 없을 때 댐의 한쪽 또는 양쪽에 설치하는 여수토, 월류부는 난류를 막기 위하여 굳은 암반상에 일직선으로 설치한다.

34 Boiling 현상은 주로 어떤 지반에 많이 생기는가?

① 모래지반
② 사질점토지반
③ 보통토
④ 점토질지반

해설

Boiling현상은 모래지반에서 주로 발생된다.

35 100,000m³의 성토공사를 위하여 L=1.25, C=0.9인 현장 흙을 굴착 운반하고자 한다. 운반 토량은?

① 138,888.9m³
② 112,500m³
③ 111,111.1m³
④ 88,888.9m³

해설

1) 본바닥토량
$100,000 \times \dfrac{1}{C} = 100,000 \times \dfrac{1}{0.9} = 111,111.11 m^3$

2) 운반토량 = $111,111.11 \times 1.25 = 138,888.9 m^3$

36 디퍼 준설선(Dipper Dredger)의 특징으로 틀린 것은?
① 암석이나 굳은 토질에도 적합하다.
② 작업장소가 넓지 않아도 된다.
③ 준설비가 비교적 작고, 연속식에 비하여 작업능률이 뛰어나다.
④ 기계의 고장이 비교적 적다.

해설
디퍼 준설선
1) 동력으로 작동되는 강력한 셔블을 가지고 바닥을 퍼올리는 장비
2) 연질토사부터 파쇄된 암석까지 준설에 적합
3) 경사면 준설이 가능
4) 준설능력이 적으므로 준설단가가 고가

37 유토곡선에서 구할 수 있는 사항이 아닌 것은?
① 시공 방법 결정
② 토량 배분
③ 공사비 산출 및 노무비 산출
④ 평균 운반거리 산출

해설
유토곡선으로 공사비 및 노무비를 산출할 수 없으며 별도의 단가산출서를 통하여 공사비 및 노무비를 산출함.

38 Preloading공법에 대한 설명 중에서 적당하지 못한 것은?
① 구조물의 잔류 침하를 미리 막는 공법의 일종이다.
② 도로, 방파제 등 구조물 자체가 재하중으로 작용하는 형식이다.
③ 공기가 급한 경우에 적용한다.
④ 압밀에 의한 점성토지반의 강도를 증가시키는 효과가 있다.

해설
Pre-loading 공법
공사기간이 충분한 여유가 있는 경우 상재하중에 의한 연약점토 지반의 압밀을 촉진시켜 지반의 강도를 증진 시키는 공법이다.

39 함수비가 큰 점토질 흙의 다짐에 가장 적합한 기계는?
① 로드롤러
② 진동롤러
③ 탬핑롤러
④ 타이어 롤러

해설
점성토 지반에는 정적인 다짐을 할 수 있는 탬핑롤러가 적합하다.

정답 36 ③ 37 ③ 38 ③ 39 ③

40 내·외관을 동시에 타격하여 소정의 깊이에 도달하면 내관을 뽑아내고 외관안에 콘크리트를 치는 방법으로 외관은 지중에 남겨두는 현장 콘크리트 말뚝은?

① 강널말뚝
② PIP 말뚝
③ 레이몬드말뚝
④ 페데스탈말뚝

해설

소규모 현장타설말뚝기초
① Pedestal 말뚝
　내외 이중관을 박은 후 내관을 빼내고 콘크리트 구근이 만들어 진후 외관을 빼내어 만드는 현장타설 말뚝
② Simplex 말뚝
　단단한 지반에 철제신을 입힌 외관을 박고 무거운 추로 다지면서 외관을 들어 올려 만드는 현장타설 말뚝
③ Raymond 말뚝
　내외관을 동시에 타격하여 소정의 깊이에 도달하면 내관을 뽑아내고 외관 안에 콘크리트를 치는 방법으로 외관은 지중에 남겨 두는 현장타설 말뚝
④ Franky 말뚝
　구근을 만들기 위하여 미리 외관속에 콘크리트를 채워서 지지층 까지 박은 후 외관을 빼면서 추로 콘크리트를 타격하여 만드는 현장타설 말뚝

제3과목　건설재료 및 시험

41 시멘트의 응결시험 시 습기함이나 습기실의 상대습도는 몇 %이상이어야 하는가?

① 30%
② 50%
③ 70%
④ 90%

해설

1) 실험실의 상대습도는 50% 이상
2) 습기함이나 습기실은 90%이상

42 다루기 쉽고 안전하여 안전폭약이라고도 하며, 흡습성이 보통 폭약보다 크므로 취급 시 방습에 특히 유의를 해야 하나, 값이 저렴하여 채석, 채광, 갱 등의 발파에 많이 사용하는 폭약은?

① 질산암모늄계 폭약
② 칼릿
③ 다이너마이트
④ 니트로글리세린

해설

질산암모늄계 폭약
1) 초안 폭약
　① 질산암모늄(NH_4NO_3)을 주성분으로 초안 폭약이라 하며, 국내 폭약산업의 초창기부터 널리 사용되고 있는 폭약이다.
　② 유해가스가 많이 발생하여 주로 석재 채취용과 채광 발파에 사용되고 있으나, 터널공사에는 부적당하다.
2) 초유 폭약(ANFO, 질산암모늄 유제폭약)
　① 질산암모늄(NH_4NO_3)(94)에 연료유(6)를 섞어 혼합한 초안폭약의 일종이다.
　② 다른 폭약에 비해 기폭 감도가 둔감하여 취급이 극히 안전하고 가격이 저렴하다

43 수지 혼입 아스팔트의 성질에 대한 설명으로 틀린 것은?
① 신도가 크다.
② 점도가 높다.
③ 가열 안정성이 좋다.
④ 감온성이 저하한다.

해설
에폭시 수지 혼입 아스팔트는 에폭시 수지를 아스팔트에 혼입하여 아스팔트의 인성, 탄성, 감온성을 개선한 아스팔트로서 신도가 작다.

44 화약류 취급 및 사용 시의 주의점에 대한 설명으로 틀린 것은?
① 뇌관과 폭약은 항상 동일장소에 식별이 용이토록 구분하여 보관함으로서 손실로 인한 작업의 중단이 없도록 하여야 한다.
② 장기간 보관 시는 온도나 습도에 의해 변질하지 않도록 하고 흡수하여 동결하지 않도록 해야 한다.
③ 도화선과 뇌관의 이음부에 수분이 침투하지 못하도록 기름 등을 도포해야 한다.
④ 도화선을 삽입하여 뇌관에 압착할 때 충격이 가해지지 않도록 해야 한다.

해설
폭약의 취급 시 주의사항
뇌관과 폭약은 따로따로 다른 장소에 저장해야 한다.

45 역청재료의 침입도 시험에서 중량 100g의 표준침이 5초 동안에 5mm관입했다면 이 재료의 침입도는 얼마인가?
① 100
② 50
③ 25
④ 5

해설
0.1mm 관입량이 침입도 1로 표시함
따라서 0.1 : 1 = 5 : x
x = 50

46 다이너마이트 중 폭발력이 가장 강하여 터널과 암석발파에 주로 사용되는 것은?
① 규조토 다이너마이트
② 교질 다이너마이트
③ 스트레이트 다이너마이트
④ 분상 다이너마이트

해설
교질 다이너마이트
NC(니트로셀룰로오스) NG(니트로그리세린)20%를 가하여 교질상태로 융합한 플라스틱한 황색의 엿 같은 물질로 폭약 중에서 폭발력이 가장 강하여 터널과 암석 발파에 주로 사용하고 또한 수중용으로도 사용한다.

정답 43 ① 44 ① 45 ② 46 ②

47 시멘트 제조 공정 중 소성이 불충분한 경우 발생하는 현상이 아닌 것은?
① 수화작용이 빨리 일어나 시멘트의 조기 강도가 커진다.
② 시멘트의 밀도가 작아진다.
③ 시멘트의 안정성이 저하되고 장기강도가 저하된다.
④ 시멘트의 주원료인 석회성분의 분리현상이 발생된다.

> **해설**
> 시멘트 소성이 불충분하면 시멘트 비중이 저하되고 시멘트 강도가 저하된다.

48 목재에 대한 설명으로 틀린 것은?
① 목재의 벌목에 적당한 시기는 가을에서 겨울에 걸친 기간이다.
② 목재의 건조방법 중 자비법(煮沸法)은 자연건조법의 일종이다.
③ 목재의 방부처리법은 표면처리법과 방부제 주입법으로 크게 나눌 수 있다.
④ 목재의 비중은 보통 기건비중을 말하며 이때의 함수율은 15% 전후이다.

> **해설**
> 목재의 자연건조법
> 1) 자연건조법 : 공기건조법, 수침법
> 2) 인공건조법 : 끓임법(자비법), 증기건조법, 열기건조법

49 표점거리 L=50mm, 직경 D=14mm의 원형 단면봉을 가지고 인장시험을 하였다. 축인장하중 P=100kN이 작용하였을 때, 표점거리 L=50.633mm와 직경 D=13.970mm가 측정되었다. 이 재료의 탄성계수는 약 얼마인가?
① 143GPa
② 51GPa
③ 27GPa
④ 8GPa

> **해설**
> $$E = \frac{f}{\epsilon} = \frac{P/A}{\triangle l/l} = \frac{Pl}{A \cdot \triangle l} = \frac{100{,}000 \times 50}{153.86 \times 0.633} = 51{,}338 MPa = 51\,GPa$$
> 여기서, $A = \dfrac{\pi D^2}{4} = \dfrac{3.14 \times 14^2}{4} = 153.86\,mm^2$

50 암석의 구조에 대한 설명으로 틀린 것은?
① 석목은 암석의 갈라지기 쉬운 면을 말하며 돌눈이라고도 한다.
② 절리는 암석 특유의 천연적으로 갈라진 금으로 화성암에서 많이 보인다.
③ 층리는 암석을 구성하는 조암광물의 집합상태에 따라 생기는 눈 모양을 말한다.
④ 편리는 변성암에서 된 절리로 암석이 얇은 판자모양 등으로 갈라지는 성질을 말한다.

> **해설**
> 층리는 퇴적암이나 변성암의 일부에서 생기는 평행상의 절리.

51 동일 시험자가 동일 시멘트에 대해 2회의 시멘트 비중시험을 실시한 결과가 다음의 표와 같을 때 이 시멘트의 비중은?

측정번호	1	2
시멘트 무게(g)	64.15	64.10
비중병 눈금의 읽음 차	20.40mL	20.10mL

① 평균값인 3.17을 시멘트의 비중값으로 한다.
② 두 시험 중 작은 값인 3.14를 시멘트의 비중값으로 한다.
③ 2회 측정한 결과가 ±0.03보다 크므로 재 시험을 실시한다.
④ 2회 측정한 평균값과 ±0.02이상 차이나는 시험결과가 있으므로 재시험을 실시한다.

해설

시멘트 비중
1) No 1

$$시멘트비중 = \frac{시멘트의\ 질량}{눈금차} = \frac{64.15}{20.4} = 3.14$$

2) No 2

$$시멘트비중 = \frac{64.1}{20.1} = 3.19$$

· 시험을 2회 이상 실시하여 평균값: 3.17
· 3.14-3.19=-0.05
· ±0.03 보다 오차값이 크므로 재시험

52 시멘트 분말도가 모르타르 및 콘크리트 성질에 미치는 영향을 설명한 것으로 옳은 것은?
① 분말도가 높을수록 강도 발현이 늦어진다.
② 분말도가 높을수록 블리딩이 많게 된다.
③ 분말도가 높을수록 수화열이 적게 된다.
④ 분말도가 높을수록 건조 수축이 크게 된다.

해설

시멘트 분말도가 커질수록 시멘트 입자의 비표면적이 크게되어 수화열이 커지며, 초기강도가 빠르게 발현된다. 따라서 콘크리트표면의 건조수축이 크게되는 문제점이 발생된다.

53 플라이 애시를 사용한 콘크리트에 대한 설명 중 옳지 않은 것은?
① 워커빌리티가 좋아진다.
② 초기강도가 크고 장기강도는 다소 작다.
③ 수화열이 작고 혼합량이 증가하면 응결이 지연된다.
④ 수밀성 개선과 단위수량을 감소시킨다.

해설

플라이 애시를 사용하면 장기강도 증가, 동결융해저항성증대, 건조수축감소, 강도, 내구성, 수밀성이 증대된다.

정답 51 ③ 52 ④ 53 ②

54 시멘트 모르타르 인장강도 시험을 할 때 시멘트 : 표준사의 혼합비율은?

① 무게비 1 : 3
② 부피비 1 : 3
③ 무게비 1 : 2.7
④ 부피비 1 : 2.7

해설
시멘트 모르타르의 인장강도 시험시에 표준 모르타르의 배합은 1:2.7의 비율로 한다.

55 아스팔트의 인화점 및 연소점 시험에 대한 설명으로 잘못된 것은?

① 인화점과 연소점은 °C로 나타내며, 정수치로 보고한다.
② 인화점은 연소점보다 3~6°C 정도 높다.
③ 일반적으로 가열속도가 빠르면 인화점은 떨어진다.
④ 사람과 장치가 같을 때 2회의 시험결과에 있어 그 차가 8°C를 넘지 않을 때에 그 평균값을 취한다.

해설
1) 아스팔트를 가열하여 불을 가까이 하는 순간에 불이 붙을 때의 온도를 인화점이라하고 아스팔트를 계속 가열하면 불꽃이 5초동안 계속될 때의 최저온도를 연소점이라 한다.
2) 연소점은 인화점보다 25~60°C 정도 높다.

56 다음 합성수지 중 열가소성 수지는?

① 멜라민 수지
② 실리콘 수지
③ 요소 수지
④ 아크릴 수지

해설
열가소성 수지
① 열을 가할 때마다 부드럽고 유연하게 되거나 녹으며, 소성을 나타내며 성형되어 상온이 되면 단단하게 굳어지고 소성이 없어진다.
② 폴리염화비닐 수지, 폴리스티렌 수지, 폴리에틸렌 수지, 폴리프로필렌 수지, 아크릴수지, 나일론, 염화비닐 수지 등이 있다.

57 직경 200mm, 길이 5m의 강봉에 축방향으로 400kN의 인장력을 가하여 변형을 측정한 결과 직경이 0.1mm 줄어들고 길이가 10mm 늘어났을 때 이 재료의 푸아송 비는?

① 0.25
② 0.5
③ 1.0
④ 4.0

해설
$$\text{푸아송비}\ (\nu) = \frac{\text{공시체 횡방향 변형률}}{\text{공시체 축방향 변형률}}$$
$$\therefore \text{푸아송비} = \frac{0.1/200}{10/5000} = 0.25$$

정답 54 ③ 55 ② 56 ④ 57 ①

58 실리카 퓸을 혼합한 콘크리트의 성질로서 틀린 것은?

① 콘크리트의 유동화적 특성이 변화하여 블리딩과 재료분리가 감소된다.
② 실리카 퓸은 일반적인 포졸란 재료와 비교하여 담배연기와 같은 정도의 초미립 분말이기 때문에 조기재령에서 포졸란 반응이 발생한다.
③ 마이크로 필러 효과와 포졸란 반응에 의해 0.1㎛ 이상의 큰 공극은 작아지고 미세한 공극이 많아져 골재와 결합재간의 부착력이 증가하여 콘크리트의 강도가 증진된다.
④ 실리카 퓸은 초미립 분말로서 콘크리트의 워커빌리티를 향상시키므로 단위수량을 감소시킬 수 있으며, 플라스틱 수축균열을 방지하는데 효과적이다.

> **해설**
> 실리카 퓸은 합금 제조시 나오는 폐가스를 집진하여 얻어진 초미립자의 부산물로서 고강도 및 고내구성 콘크리트를 만드는데 필수적인 혼화재료이나, 콘크리트 워커빌리티가 불량해지고 건조, 수축 증가 및 단위수량이 증가되는 특성이 있다

59 아래의 표에서 설명하는 것은?

- 시멘트를 염산 및 탄산나트륨용액에 넣었을 때 녹지 않고 남는 부분을 말한다.
- 이 양은 소성반응의 완전여부를 알아내는 척도가 된다.
- 보통 포틀랜드시멘트의 경우 이 양은 일반적으로 점토성분의 미소성에 의하여 발생되며 약 0.1%~0.6% 정도이다.

① 강열감량
② 불용해 잔분
③ 수경률
④ 규산율

> **해설**
> 불용해 잔분
> 1) 시멘트를 염산 및 탄산나트륨 용액을 넣었을 때 녹지않고 남는 부분을 "불용해잔분"
> 2) 소성반응의 완전여부를 알아내는 척도의 기준으로 보통 P.C의 "불용해잔분"은 0.1~0.6% 정도임.

60 아스팔트 시료 채취량 100g을 가지고 증발감량 시험을 실시하였더니 증발 후 시료의 질량이 93g이 되었다. 이 아스팔트의 증발감량(증발 무게 변화율)은?

① +7.5%
② -7.5%
③ +7.0%
④ -7.0%

> **해설**
> 증발감량
> 휘발성 물질을 많이 함유한 아스팔트의 증발에 의한 감량을 측정하는 시험
> $$V = \frac{W - W_s}{W_s} \times 100 = \frac{93 - 100}{100} \times 100 = -7\%$$
> 여기서, V = 증발무게 변화율(%)
> W_s = 시료채취량(g)
> W = 증발 후 시료의 무게(g)

정답 58 ④ 59 ② 60 ④

제4과목 토질 및 기초

61 아래 그림과 같은 지표면에 2개의 집중하중이 작용하고 있다. 3t의 집중하중 작용점 하부 2m지점 A에서의 연직하중의 증가량은 약 얼마인가?(단, 영향계수는 소수점이하 넷째자리까지 구하여 계산하시오.)

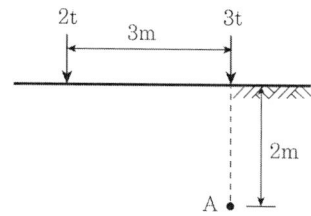

① $0.37t/m^2$
② $0.89t/m^2$
③ $1.42t/m^2$
④ $1.94t/m^2$

해설

1) 3t의 연직하중 증가량

$$\triangle \sigma_{z1} = \frac{P}{Z^2} \cdot I = \frac{P}{Z^2} \cdot \frac{3}{2\pi}$$

$$= \frac{3}{2^2} \times \frac{3}{2\pi} = 0.36 t/m^2$$

여기서 직하상태 영향계수

$I = \frac{3}{2\pi}$ 또는 0.4777을 사용

2) 2t의 연직하중 증가량

· $R = \sqrt{3^2 + 2^2} = 3.6056$

· $I = \frac{3Z^5}{2\pi R^5} = \frac{3 \times 2^5}{2\pi \times 3.6056^5} = 0.0251$

· $\triangle \sigma_{z2} = \frac{P}{Z^2} \cdot I = \frac{2}{2^2} \times 0.0251 = 0.01 t/m^2$

3) $\triangle \sigma_z = \triangle \sigma_{z_1} + \triangle \sigma_{z_2} = 0.36 + 0.01 = 0.37 t/m^2$

62 사면안정 해석방법에 대한 설명으로 틀린 것은?

① 일체법은 활동면 위에 있는 흙덩어리를 하나의 물체로 보고 해석하는 방법이다.
② 절편법은 활동면 위에 있는 흙을 몇 개의 절편으로 분할하여 해석하는 방법이다.
③ 마찰원방법은 점착력과 마찰각을 동시에 갖고 있는 균질한 지반에 적용된다.
④ 절편법은 흙이 균질하지 않아도 적용이 가능하지만, 흙속에 간극수압이 있을 경우 적용이 불가능하다.

해설

절편법(분할법)
1) 파괴면 위의 흙을 수 개의 절편으로 나눈 후 각각의 절편에 대해 안정성을 계산하는 방법으로

2) $F_s = \dfrac{c.l + (W\cos\theta - U)\tan\varnothing}{W\sin\theta}$

절편법 Fellenius 식에서 간극수압 U를 고려하고 있다.

63 깊은 기초의 지지력 평가에 관한 설명으로 틀린 것은?
① 현장 타설 콘크리트 말뚝 기초는 동역학적 방법으로 지지력을 추정한다.
② 말뚝 항타분석기(PDA)는 말뚝의 응력분포, 경시 효과 및 해머 효율을 파악할 수 있다.
③ 정역학적 지지력 추정방법은 논리적으로 타당하나 강도정수를 추정하는데 한계성을 내포하고 있다.
④ 동역학적 방법은 항타장비, 말뚝과 지반조건이 고려된 방법으로 해머 효율의 측정이 필요하다.

해설
현장타설 콘크리트 말뚝은 대규모 및 공사의 중요성이 따르는 말뚝시공으로 대다수의 현장타설 말뚝은 정적인 재하시험에 의한 방법 또는 양방향재하시험에 의한다.

64 다음 시료채취에 사용되는 시료기(sampler) 중 불교란시료 채취에 사용되는 것만 고른 것으로 옳은 것은?

> (1) 분리형 원통 시료기(split spoon sampler)
> (2) 피스톤 튜브 시료기(piston tube sampler)
> (3) 얇은 관 시료기(thin wall tube sampler)
> (4) Laval 시료기(Laval sampler)

① (1), (2), (3)   ② (1), (2), (4)
③ (1), (3), (4)   ④ (2), (3), (4)

해설
시료 채취기 종류 (Sampling)
① 분리형 원통 시료기(split spoon sampler)
　 교란된 시료 채취용으로 채취.
② 피스톤 튜브 시료기(piston tube sampler)
　 불교란 시료 채취용으로 사용
③ 얇은관 시료기(thin wall tube sampler)
　 불교란 시료 채취용으로 사용
④ Laval 시료기(Laval sampler)
　 불교란 시료 채취용으로 사용

정답 63 ① 64 ④

65 다음 현장시험 중 Sounding의 종류가 아닌 것은?

① Vane 시험
② 표준관입 시험
③ 동적 원추관입 시험
④ 평판재하 시험

해설

사운딩(Sounding)
1) 현장에서 Rod 선단에 장착된 저항체를 땅속에 관입시켜 관입, 회전, 인발등의 저항 정도로 지반의 상태를 파악하는 원위치 시험을 사운딩이라 한다.
2) 사운딩의 종류
  ① 정적사운딩 (점성토 지반)
    휴대용 원추관입시험기, 화란식 원추 관입시험기, 스웨덴식 관입시험기, 이스키미터, 베인시험기 등
  ② 동적사운딩 (사질토 지반)
    동적원추 관입시험기, 표준 관입시험기(S.P.T)등

66 간극비가 0.80이고 토립자의 비중이 2.70인 지반에 허용되는 최대 동수경사는 약 얼마인가?(단, 지반의 분사현상에 대한 안전율은 3이다.)

① 0.11
② 0.31
③ 0.61
④ 0.91

해설

1) $F = \dfrac{i_c}{i} = 3$, $i = \dfrac{i_c}{3}$

2) $i_c = \dfrac{G_s - 1}{1 + e} = \dfrac{2.7 - 1}{1 + 0.8} = 0.94$

∴ $i = \dfrac{0.94}{3} = 0.31$

67 어떤 점토지반에서 베인 시험을 실시하였다. 베인의 지름이 50mm, 높이가 100mm, 파괴 시 토크가 59N·m일 때 이 점토의 점착력은?

① 129kN/m²
② 157kN/m²
③ 213kN/m²
④ 276kN/m²

해설

$$\text{점착력}(C) = \dfrac{M_{max}}{\pi D^2 \left(\dfrac{H}{2} + \dfrac{D}{6}\right)}$$

$$= \dfrac{0.059}{\pi \times 0.05^2 \left(\dfrac{0.1}{2} + \dfrac{0.05}{6}\right)}$$

$$= 129 kN/m^2$$

정답 65 ④ 66 ② 67 ①

68 함수비가 20%인 어떤 흙 1200g과 함수비가 30%인 어떤 흙 2600g을 섞으면 그 흙의 함수비는 약 얼마인가?

① 21.1% ② 25.0%
③ 26.7% ④ 29.5%

해설

$$\frac{(20 \times 1,200 + 30 \times 2,600)}{(1,200 + 2,600)} = 26.8\%$$

69 예민비가 큰 점토란 어느 것인가?
① 입자의 모양이 날카로운 점토
② 입자가 가늘고 긴 형태의 점토
③ 다시 반죽했을 때 강도가 감소하는 점토
④ 다시 반죽했을 때 강도가 증가하는 점토

해설

예민비
1) 예민비는 불교란시료와 교란시료의 일축압축강도비를 나타낸다.
2) 예민비

$$S_t = \frac{\text{불교란 흙의 일축압축강도}(q_u)}{\text{교란시킨 흙의 일축압축강도}(q_{ur})}$$

70 다음의 투수계수에 대한 설명 중 옳지 않은 것은?
① 투수계수는 간극비가 클수록 크다.
② 투수계수는 흙의 입자가 클수록 크다.
③ 투수계수는 물의 온도가 높을수록 크다.
④ 투수계수는 물의 단위중량에 반비례한다.

해설

1) Taylor 경험식

$$k = D_{10}^2 \cdot \frac{r_w}{\mu} \cdot \frac{e^3}{1+e} \cdot C$$

2) 투수계수는 물의 단위중량에 비례한다.

71 세립토를 비중계법으로 입도분석을 할 때 반드시 분산제를 쓴다. 다음 설명 중 옳지 않은 것은?
① 입자의 면모화를 방지하기 위하여 사용한다.
② 분산제의 종류는 소성지수에 따라 달라진다.
③ 현탁액이 산성이면 알칼리성의 분산제를 쓴다.
④ 시험도중 물의 변질을 방지하기 위하여 분산제를 사용한다.

해설

비중 시험도중 흙입자의 면모화를 방지하기 위하여 분산제를 사용한다.

72 평판 재하 시험에서 재하판의 크기에 의한 영향(scale effect)에 관한 설명으로 틀린 것은?

① 사질토 지반의 지지력은 재하판의 폭에 비례한다.
② 점토지반의 지지력은 재하판의 폭에 무관하다.
③ 사질토 지반의 침하량은 재하판의 폭이 커지면 약간 커지기는 하지만 비례하는 정도는 아니다.
④ 점토지반의 침하량은 재하판의 폭에 무관하다.

해설

재하판 크기에 대한 보정
1) 점성토 기초지지력

$$q_{u(f)} = q_{u(p)}$$

2) 점성토 즉시 침하량

$$S_f = S_p \cdot \frac{B_f}{B_p}$$

점성토 지반의 침하량은 기초크기가 증가하면 지중응력 범위가 증가하여 침하 대상층이 더 커지게된다. 따라서 실제기초 크기와 재하판 크기에 따른침하량은 비례관계가 성립

3) 사질토 기초지지력

$$q_{u(f)} = q_{u(p)} \cdot \frac{B_{(f)}}{B_{(p)}}$$

4) 사질토 즉시 침하량

$$S_f = S_p \cdot \left(\frac{2B_f}{B_p + B_f}\right)^2$$

73 다짐되지 않은 두께 2m, 상대밀도 40%의 느슨한 사질토 지반이 있다. 실내시험결과 최대 및 최소 간극비가 0.80, 0.40으로 각각 산출되었다. 이 사질토를 상대밀도 70%까지 다짐할 때 두께는 얼마나 감소되겠는가?

① 12.41cm
② 14.63cm
③ 22.71cm
④ 25.83cm

해설

상대밀도

1) $D_r = \dfrac{e_{\max} - e_1}{e_{\max} - e_{\min}} \times 100$

$40 = \dfrac{0.8 - e_1}{0.8 - 0.4} \times 100$

$\therefore e_1 = 0.64$

$70 = \dfrac{0.8 - e_2}{0.8 - 0.4} \times 100$

$\therefore e_2 = 0.52$

2) $\triangle H = \dfrac{e_1 - e_2}{1 + e_1} H = \dfrac{0.64 - 0.52}{1 + 0.64} \times 200 = 14.63 cm$

74 γ_t=19kN/m³, ϕ=30°인 뒤채움 모래를 이용하여 8m 높이의 보강토 옹벽을 설치하고자 한다. 폭 75mm, 두께 3.69mm의 보강띠를 연직방향 설치간격 Sv=0.5m, 수평방향 설치간격 Sh=1.0m로 시공하고자 할 때, 보강띠에 작용하는 최대 힘(T_{max})의 크기는?

① 15.33kN
② 25.33kN
③ 35.33kN
④ 45.33kN

해설

보강띠에 작용하는 최대 힘
$T_{max} = \gamma \cdot H \cdot K_a \cdot S_v \cdot S_h$
여기서 주동토압계수는
$K_a = \tan^2\left(45° - \dfrac{\phi}{2}\right)$
$= \tan^2\left(45° - \dfrac{30°}{2}\right) = \dfrac{1}{3}$

∴ $T_{max} = 19 \times 8 \times \dfrac{1}{3} \times 0.5 \times 1 = 25.33 kN$

75 동상 방지대책에 대한 설명으로 틀린 것은?

① 배수구 등을 설치하여 지하수위를 저하시킨다.
② 지표의 흙을 화학약품으로 처리하여 동결온도를 내린다.
③ 동결 깊이보다 깊은 흙을 동결하지 않는 흙으로 치환한다.
④ 모관수의 상승을 차단하기 위해 조립의 차단층을 지하수위보다 높은 위치에 설치한다.

해설

동결 깊이보다 깊은 흙은 동결하지 않는 흙으로 치환하지 않는다.

76 연약지반 위에 성토를 실시한 다음, 말뚝을 시공하였다. 시공 후 발생될 수 있는 현상에 대한 설명으로 옳은 것은?

① 성토를 실시하였으므로 말뚝의 지지력은 점차 증가한다.
② 말뚝을 암반층 상단에 위치하도록 시공하였다면 말뚝의 지지력에는 변함이 없다.
③ 압밀이 진행됨에 따라 지반의 전단강도가 증가되므로 말뚝의 지지력은 점차 증가된다.
④ 압밀로 인해 부주면마찰력이 발생되므로 말뚝의 지지력은 감소된다.

해설

연약지반위 성토 실시를 하는 경우 연약지반내 지반의 침하로 인하여 말뚝 주변에 부의 마찰력이 발생되며, 이는 말뚝의 지지력 감소를 가져온다.

77 아래 표의 식은 3축 압축시험에 있어서 간극수압을 측정하여 간극수압계수 A를 계산하는 식이다. 이 식에 대한 설명으로 틀린 것은?

$$\triangle \mu = B[\triangle \sigma_3 + A(\triangle \sigma_1 - \triangle \sigma_3)]$$

① 포화된 흙에서는 B=1 이다.
② 정규압밀 점토에서는 A값이 1에 가까운 값을 나타낸다.
③ 포화된 점토에서 구속압력을 일정하게 할 경우 간극수압의 측정값과 축차응력을 알면 A값을 구할 수 있다.
④ 매우 과압밀된 점토의 A값은 언제나 (+)의 값을 갖는다.

해설
간극수압계수 A
1) 정규압밀점토 A≒1
2) 약간 과압밀점토 0 < A < 1
3) 심한 과압밀점토 A < 0

78 모래지반의 현장상태 습윤 단위 중량을 측정한 결과 1.8t/m³으로 얻어졌으며 동일한 모래를 채취하여 실내에서 가장 조밀한 상태의 간극비를 구한 결과 e_{min}=0.45, 가장 느슨한 상태의 간극비를 구한 결과 e_{max}=0.92를 얻었다. 현장상태의 상대밀도는 약 몇 %인가? (단, 모래의 비중 $G_s = 2.7$이고, 현장상태의 함수비 $w = 10\%$ 이다.)

① 44%
② 57%
③ 64%
④ 80%

해설
상대밀도

$D_r = \dfrac{e_{max} - e}{e_{max} - e_{min}} \times 100$

여기서, 습윤밀도 $\gamma_t = \dfrac{(G_s + S \cdot e)}{1+e} \cdot \gamma_w = \dfrac{(G_s + G_s \cdot w)}{1+e} \gamma_w$ 식에서 간극비를 구하면

$1.8 = \dfrac{(2.7 + 2.7 \times 0.1)}{1+e} \times 1$

$e = 0.65$

∴ 상대밀도 $D_r = \dfrac{e_{max} - e}{e_{max} - e_{min}} \times 100 = \dfrac{0.92 - 0.65}{0.92 - 0.45} \times 100 = 57\%$

79 일반적인 기초의 필요조건으로 틀린 것은?
① 동해를 받지 않는 최소한의 근입깊이를 가져야 한다.
② 지지력에 대해 안정해야 한다.
③ 침하를 허용해서는 안 된다.
④ 사용성, 경제성이 좋아야 한다.

해설
기초의 침하는 허용침하량 이내의 균등침하가 발생될 수 있다.

80 어떤 흙에 대한 일축압축시험 결과, 일축압축강도는 1.0kg/cm², 파괴면과 수평면이 이루는 각은 50°였다. 이 시료의 점착력은?
① 0.36kg/cm²
② 0.42kg/cm²
③ 0.5kg/cm²
④ 0.54kg/cm²

해설
점착력 $C = \dfrac{q_u}{2\tan\left(45° + \dfrac{\phi}{2}\right)}$

여기서 파괴면과 수평면이 이루는각은 파괴각(θ) = $\left(45 + \dfrac{\phi}{2}\right)$ 이므로

$C = \dfrac{1}{2 \cdot \tan 50°} = 0.42 kg/cm^2$

# 올배움BOOK 이러닝 강의 및 교재내용 문의

올배움 홈페이지 **www.kisa.co.kr** 에
방문하시면 본 교재의 저자직강 강의를 통하여
자격증 단기합격을 할 수 있습니다.
또한 본 교재의 정오표는
올배움 홈페이지를 통해 확인이 가능하며
그 밖의 다른 의견 및 오탈자를 제보해주시면
더 좋은 강의와 교재로 보답하겠습니다.

www.kisa.co.kr

1544-8509   카톡 ID : kisa

올배움BOOK
홈페이지
바로가기 >

건설재료시험기사 과년도 필기

1판 1쇄 발행 2024년 1월 10일   2판 1쇄 발행 2025년 3월 10일
3판 1쇄 발행 2026년 1월 10일

지 은 이 • 김 현 우
펴 낸 이 • 이 정 훈
펴 낸 곳 •
주   소 • 서울시 금천구 가산디지털1로 168 B동 B105(가산동, 우림라이온스밸리)
전   화 • 1544-8509 / FAX 0505-909-0777
홈페이지 • www.kisa.co.kr
이 메 일 • kisa1997@kisa.co.kr

법인등록번호 • 110111-5784750
I S B N • 979-11-6517-189-6 (13530)

정가 30,000원

이 책에서 내용의 일부 또는 도해를 다음과 같은 행위자들이 사전 승인없이 인용할 경우에는
저작권법 제93조 「손해배상청구권」에 적용 받습니다.
① 단순히 공부할 목적으로 부분 또는 전체를 복제하여 사용하는 학생 또는 복사업자
② 공공기관 및 사설교육기관(학원, 인정직업학교), 단체 등에서 영리를 목적으로 복제·배포하는
   대표, 또는 당해 교육자
③ 디스크 복사 및 기타 정보 재생 시스템을 이용하여 사용하는 자
※ 파본은 구입하신 서점에서 교환해 드립니다.